# TECHNIK UND METHODIK DER BAKTERIOLOGIE UND SEROLOGIE

VON

PROFESSOR DR. M. KLIMMER
OBERMEDIZINALRAT, DIREKTOR DES HYGIENISCHEN
INSTITUTS DER TIERÄRZTL. HOCHSCHULE DRESDEN

MIT 223 ABBILDUNGEN

BERLIN
VERLAG VON JULIUS SPRINGER
1923

ISBN 978-3-642-50481-5 ISBN 978-3-642-50790-8 (eBook)
DOI 10.1007/978-3-642-50790-8



Softcover reprint of the hardcover 1st edition 1923

# Vorwort.

Bei der ungeheuren Fülle von Einzelvorschriften über das bakteriologische und serologische Arbeiten, die vielfach noch wenig gesichtet, in der Literatur weit zerstreut und dem einzelnen nicht immer leicht zugänglich sind, schien mir eine Sammlung und kritische Verarbeitung derselben für das praktische und wissenschaftliche Arbeiten erwünscht. Bei der Verarbeitung des recht umfangreichen Materials habe ich mich einer kurzen, leicht verständlichen Ausdrucksweise bemüht und sie so gehalten, daß auch der wenig geübte Arzt, Tierarzt, Nahrungsmittelchemiker usw. hiernach allein und selbständig arbeiten kann. Um aber auch den sehr vielseitigen Bedürfnissen wissenschaftlicher Institute und Untersuchungsanstalten gerecht zu werden, mußten auch viele weniger gebräuchliche Verfahren usw. aufgenommen werden. Wenn ich auch hoffe, daß meine Technik und Methodik der Bakteriologie und Serologie selbst den weitesten Anforderungen genügt, so habe ich mich, um die Übersichtlichkeit nicht zu gefährden, tunlichst auf die wichtigeren Methoden usw. beschränkt.

Das Buch soll kein Lehrbuch der Bakteriologie und Serologie, sondern eine Anleitung für das praktische Arbeiten auf diesen Gebieten sein. Es soll ein Nachschlagebuch sein, das auf alle einschlägigen Fragen schnell und leicht die gewünschte Antwort gibt. Deshalb habe ich auch auf ein ausführliches Sachregister Wert gelegt. Dagegen habe ich im allgemeinen von wissenschaftlichen Erklärungen und Begründungen abgesehen. Hätte ich auch diese mit aufnehmen wollen, so wäre der Umfang des schon gegen meine anfängliche Absicht größer gewordenen Buches wesentlich vermehrt worden, und das wollte ich im Interesse der Handlichkeit vermeiden.

Als Schlüssel für den Gebrauch des Buches habe ich in dem Abschnitt „Besondere Untersuchungsmethoden für den Nachweis und die Unterscheidung der wichtigsten pathogenen und einiger anderer Mikroorganismen“ auf die einzelnen für den genannten Zweck in Frage kommenden Methoden hingewiesen. Dieser Abschnitt gibt gleichzeitig alles Wissenswerte über fast alle pathogenen und die wichtigsten saprophytischen Bakterien in kürzester Ausdrucksweise wieder.

Bei den außerordentlich gesteigerten Anschaffungskosten für alle Laboratoriumsgegenstände usw. habe ich, so weit wie angängig, auf eine vielfach leicht und billig zu beschaffende, behelfsmäßige Ausstattung des Laboratoriums usw. hingewiesen. Nicht nur der einzelne selbständige Untersucher, sondern auch kommunale und staatliche Anstalten müssen heute die größte Sparsamkeit beachten. Hiernach ist anzunehmen, daß manche Hinweise auf eine Verbilligung erwünscht sein werden. Vielfach kann ohne Beeinträchtigung der Genauigkeit auch mit einfachen Mitteln das erstrebte Ziel erreicht werden.

Bei dem Korrekturlesen haben mich meine langjährigen treuen Mitarbeiter, Herr Privatdozent Dr. Haupt und Herr Assistent Dr. Leipert, wertvoll unterstützt. Ich spreche ihnen auch hier meinen herzlichsten Dank aus. Desgleichen danke ich auch der Verlagsbuchhandlung Julius Springer für ihre Bereitwilligkeit, mit der sie auf alle meine Wünsche eingegangen ist.

Dresden, Michaelis 1922.

**M. Klimmer.**

# Inhaltsverzeichnis.

Seite

A. Universalmethoden, vorwiegend für Schnitte . . . . . . 130
Nach Loeffler, mit Gentianaviolett, nach Kühne mit Karbolmethylenblau, nach Saathoff-Pappenheim mit Methylgrünpyronin, nach Nicolle mit Karbolthionin oder Methylenblau und Tannin, nach Pfeiffer mit Karbolfuchsin, Burrisches Tuscheverfahren, vitale Färbung.

B. Verfahren zur isolierten und Kontrastfärbung von Bakterien und Blutparasiten . . . . . . . . . . . . . . . . . . . . 133
Orcein-Methylenblaufärbung nach Zieler, mit polychromem Methylenblau nach Fränkel, Doppelfärbung nach Manson, Romanowsky, Laveran, Methylenblau-Eosinfärbung für Ausstriche, mit eosinsaurem Methylenblau nach May-Grünwald, nach Ziemann, Verfahren nach Giemsa, Neißer, Sommerfeld, Pick-Jakobsohn, Malachitgrünfärbung nach Loeffler, Doppelfärbung nach Apel, Eosin-Azurfärbung nach Goodall, mit Fuchsin- und Patentblau nach Frosch, für Nekrosebazillen nach Jensen und Ernst, mit Kadmium-Methylenblau nach Quensel.

C. Gramsche Verfahren . . . . . . . . . . . . . . . . . . 138
Gramsche Verfahren für Ausstriche und Schnitte, Abänderungen von Weigert-Kühne, mit Pikrinsäuremethylviolett nach Claudius, mit Anilinwasser-Safranin nach Babes.

D. Kapselfärbung . . . . . . . . . . . . . . . . . . . . . 140
Nach Johne, Olt, Klett, Friedländer, Ribbert, Hoffmann, Boni, Tuscheverfahren nach Gins, v. Riemsdijk, für Schnittpräparate nach Friedländer.

E. Sporenfärbung . . . . . . . . . . . . . . . . . . . . . 142
Nach Koch, Hauser, Möller, Klein, Aujesky, Loeffler, Bunge, Waldmann, Weitzmann usw.

F. Geißelfärbung . . . . . . . . . . . . . . . . . . . . . 144
Nach Ficker, Loeffler, Zettnow, Peppler, Tribondeau, Fichet und Dubreuil, Bunge, Casares-Gil.

G. Färbung von Tuberkelbazillen und anderen säurefesten Bakterien . . . . . . . . . . . . . . . . . . . . . . . . . . 146
I. Für Ausstrichpräparate. Übersicht über die Leistungsfähigkeit der gebräuchlichsten Verfahren; Verfahren nach Ziehl-Neelsen, Günther; gesetzliche Vorschriften, Verfahren nach Ehrlich, Hüllen- und Pikrinmethode nach Spengler, Verfahren nach Jötten-Haarmann, Bender, Kerssenboom, Schädel, Kayser, Ulrichs, Konrich, Schulte-Tigges, Herman, Kronberger, Czaplewski, Fränkel-Gabbet, Much, Weiß, mit Fettfarbstoffen, Leuchtbildverfahren nach Hoffmann und Kochverfahren nach Preis.
II. Für Schnittpräparate Verfahren nach Koch-Ehrlich, Schmorl, Baumgarten (für Leprabazillen).

H. Färbung der Spirochäten . . . . . . . . . . . . . . . . 155
Nachweis im Dunkelfeld, Verfahren nach Shamine, Ölze, Silberstein, Osmium-Giemsa-Tanninverfahren nach Hoffmann, Schnellfärbung mit Giemsalösung nach Hoffmann, Tuscheverfahren nach Burri, Silberimprägnation nach Fontana-Schneemann, Verfahren nach Becker, Schaudinn-Hoffmann, Oppenheim-Sachs, Levaditi-Hoffmann, Giemsa-Schmorl, Eisenalaunhämatoxylinfärbung nach Heidenhain, Verfahren nach Ruppert.

# A. Allgemeiner Teil.

## I. Vorschriften, Anleitungen usw. über das Arbeiten und den Verkehr mit Krankheitserregern.

Das Arbeiten mit Krankheitserregern ist nicht jedermann ohne weiteres erlaubt. Selbst Ärzte, Tierärzte usw. müssen der Polizeibehörde von ihrem Vorhaben Anzeige erstatten und die Arbeitsräume angeben, wenn sie bakteriologische Untersuchungen weiter ausdehnen wollen, als es zu diagnostischen Zwecken für ihre Praxis notwendig ist. Bei Pestverdacht sind auch die bakteriologisch-diagnostischen Untersuchungen an bestimmte staatliche Anstalten mit eigenen Pestlaboratorien zu überweisen. Die Anstellung von Hilfspersonal und das Vorrätighalten von Kulturen unterliegen gleichfalls der behördlichen Genehmigung, wie aus den nachstehenden Vorschriften zu ersehen ist. Ferner bestehen Vorschriften über die Versendung von infektiösem Material (S. 5) und Harn (S. 8). Endlich sind auch Anleitungen für die bakteriologische Feststellung der Cholera (S. 8), des Typhus und der Ruhr (S. 13) des Menschen, für die Ausführung der Wassermannschen Reaktion (s. daselbst) und für die tierärztliche Feststellung der Rindertuberkulose (S. 18), sowie in Preußen für die Nachprüfung des amtstierärztlichen Gutachtens bei Milzbrand, Rauschbrand, Wild- und Rinderseuche (S. 20) erlassen worden.

### Bekanntmachung des Reichskanzlers vom 21. 11. 1917 betr. Vorschriften über Krankheitserreger

und

### Bekanntmachung, betr. Vorschriften über Krankheitserreger. Vom 17. 12. 1921.

#### A. Vorschriften über das Arbeiten und den Verkehr mit Krankheitserregern [1]).

§ 1.

Wer mit Material, das die Erreger der Cholera, der Pest, des Rotzes, der Rinderpest, der Maul- und Klauenseuche oder der Schweinepest enthält, oder mit solchen Erregern selbst arbeiten will, ferner wer derartige Erreger in lebendem Zustand aufbewahren oder abgeben will, bedarf dazu der Erlaubnis der Landes-Zentralbehörde. An Stelle der letzteren treten für das Kaiserliche Gesundheitsamt das Reichsamt des Innern, für Militäranstalten das zuständige Kriegs-

[1]) Reichsgesetzblatt Jg. 1917, Nr. 208, S. 1069.

ministerium, für Marineanstalten das Reichs-Marineamt. Die Erlaubnis darf nur für bestimmte Räume und nur nach Ausweis der erforderlichen wissenschaftlichen Ausbildung erteilt werden. Die den Leitern öffentlicher Anstalten erteilte Erlaubnis gilt auch für die unter ihrer Leitung in diesen Anstalten beschäftigten Personen.

Der Erlaubnis bedarf es nicht bei Untersuchungen, welche der behandelnde Arzt oder Tierarzt zu ausschließlich diagnostischen Zwecken in seiner Praxis bis zur Feststellung der Krankheitsart nach den üblichen diagnostisch-bakteriologischen Untersuchungsmethoden vornimmt.

Der Handel mit Kulturen der im Abs. 1 bezeichneten Erreger ist verboten. Lebende Erreger dieser Art und Material, das solche Erreger enthält, dürfen nur an Personen und Stellen, die von der zuständigen Behörde die Erlaubnis zur Annahme erhalten haben, abgegeben werden.

§ 2.

Wer mit anderen als den im § 1 bezeichneten Erregern von Krankheiten, welche auf Menschen übertragbar sind, oder von Tierkrankheiten, deren Anzeigepflicht, sei es auch nur für einen Teil des Reichsgebiets, eingeführt ist, oder mit Material, welches solche Erreger enthält, arbeiten will, ferner wer derartige Erreger in lebendem Zustande aufbewahren will, bedarf dazu der Erlaubnis der zuständigen Polizeibehörde desjenigen Ortes, in welchem der Arbeits- oder Aufbewahrungsraum liegt. Die Erlaubnis darf nur für bestimmte Räume und nur nach Ausweis der erforderlichen wissenschaftlichen Ausbildung erteilt werden.

Auf Ärzte und Tierärzte finden die Vorschriften in Abs. 1, soweit nicht die Landesregierungen anders bestimmen, mit der Einschränkung Anwendung, daß sie der Polizeibehörde nur eine Anzeige von ihrem Vorhaben unter Angabe des Raumes nach Lage und Beschaffenheit zu erstatten und später jeden Wechsel des Raumes in gleicher Weise anzuzeigen haben.

Weder der Erlaubnis noch der Anzeige bedarf es, wenn die Arbeit und die Aufbewahrung

a) in öffentlichen Krankenhäusern, welche mit den zur Verhinderung einer Verschleppung von Krankheitskeimen erforderlichen Einrichtungen versehen sind, oder
b) in staatlichen, staatlich beaufsichtigten oder kommunalen Anstalten, Anstalten, welche zu einschlägigem Fachunterrichte dienen oder behufs Bekämpfung der Infektionskrankheiten zur Vornahme von Untersuchungen oder zur Herstellung von Schutz- oder Heilstoffen bestimmt sind, oder
c) vom behandelnden Arzte oder Tierarzte zu ausschließlich diagnostischen Zwecken in seiner Praxis bis zur Feststellung der Krankheitsart vorgenommen werden.

§ 3.

Wer lebende Kulturen von den im § 2 Abs. 1 bezeichneten Krankheitserregern oder Material, welches solche Erreger enthält, feilhalten oder verkaufen will, bedarf dazu der Erlaubnis der zuständigen Polizeibehörde des Ortes, in welchem das Geschäft betrieben wird. Die Erlaubnis darf nur für bestimmte Räume und nur an zuverlässige Personen erteilt werden. Auf den Handel mit Kuhpockenlymphe durch die Apotheken finden die vorstehenden Vorschriften keine Anwendung.

Der Händler hat sich vor der Abgabe von Kulturen oder Material von dem Erwerber den Nachweis erbringen zu lassen, daß dieser die im § 2 Abs. 1 vorgeschriebene polizeiliche Erlaubnis zum Arbeiten mit Krankheitserregern oder zur Aufbewahrung von solchen erhalten hat, oder daß er einer solchen Erlaubnis im Hinblick auf Abs. 1 Satz 3 sowie auf § 2 Abs. 2 oder Abs. 3a und b nicht bedarf. Über die erfolgte Abgabe von Kulturen oder Material hat der Händler ein Verzeichnis zu führen, in das die Art der Krankheitserreger oder des Materials, der Tag der Abgabe, der Name und die Wohnung des Erwerbers sowie des etwaigen Überbringers, ferner näheres über die Art des erbrachten Nachweises sofort nach der Verabfolgung vom Abgebenden selbst einzutragen sind, und zwar stets im unmittelbaren Anschluß an die nächst vorhergehende Eintragung. Das Verzeichnis ist drei Jahre lang nach Abschluß aufzubewahren.

§ 4.

Wer eine Tätigkeit der im § 1 Abs. 1, § 2 Abs. 1 und § 3 Abs. 1 bezeichneten Art in dem dafür genehmigten Raume einer anderen Person gestattet oder aufträgt, hat dies der zuständigen Polizeibehörde (§ 2 Abs. 1 und § 3 Abs. 1) unter Angabe des Raumes, sowie der Wohnung, des Berufes, des Vor- und Zunamens dieser Person, sofort anzuzeigen. Diese Bestimmung findet auf Leiter der im § 2 Abs. 3 bezeichneten öffentlichen Krankenhäuser, staatlichen, staatlich beaufsichtigten und kommunalen Anstalten keine Anwendung.

Die sich für die andere Person aus den Bestimmungen in §§ 1 bis 3 ergebenden Pflichten bleiben unberührt. Im Falle eines Wechsels des Raumes darf der neue Raum erst nach Einholung der gemäß § 1 Abs. 1, § 2 Abs. 1 und § 3 Abs. 1 erforderlichen Erlaubnis benutzt werden.

§ 5.

Die im § 1 Abs. 1, § 2 Abs. 1 und § 3 Abs. 1 bezeichnete Tätigkeit sowie die nach § 4 gestattete oder aufgetragene Ausübung solcher Tätigkeit durch andere ist einzustellen, wenn die Erlaubnis der Landes-Zentralbehörde oder Polizeibehörde zurückgenommen oder wenn die Tätigkeit von der zuständigen Behörde untersagt wird. Die Zurücknahme der Erlaubnis oder die Untersagung soll erfolgen, wenn aus Handlungen oder Unterlassungen der betreffenden Person der Mangel derjenigen Eigenschaften erhellt, welche für jene Tätigkeit vorausgesetzt werden müssen. Dasselbe gilt, wenn die baulichen oder sonstigen Einrichtungen der genehmigten Räume den Anforderungen nicht mehr genügen.

§ 6.

Wer eine der im § 1 Abs. 1, § 2 Abs. 1 und § 3 Abs. 1 bezeichneten Handlungen vornimmt, hat — auch wenn er von der Einholung der Erlaubnis oder von der Anzeigepflicht entbunden ist — die Erreger so aufzubewahren, daß sie Unberufenen unzugänglich sind; auch hat er sonst alle Vorkehrungen zu treffen, um eine Verschleppung der Krankheitserreger, insbesondere durch Versuchstiere, zu verhüten. Kulturen, infizierte Versuchstiere und deren Organe sowie sonstiges die Krankheitserreger enthaltendes Material müssen, sobald sie entbehrlich geworden sind, derartig beseitigt werden, daß jede Verschleppung der Krankheitskeime ausgeschlossen wird. Instrumente, Gefäße usw., welche mit infektiösen Gegenständen in Berührung waren, sind sorgfältig zu desinfizieren. Insbesondere müssen alle Personen, welche die Räume betreten, in denen mit den Erregern der Pest, des Rotzes, der Rinderpest oder der Maul- und Klauenseuche oder mit Material, das solche Erreger enthält oder zu enthalten verdächtig ist, gearbeitet wird, leicht desinfizierbare und waschbare Schutzüberkleider anlegen, die vor dem Verlassen der Räume wieder abzulegen sind; diese Schutzkleider sind vor der Ausgabe zur Wäsche in den Arbeitsräumen selbst zu desinfizieren. In den Räumen darf nur bei geschlossenen Türen und Fenstern gearbeitet werden; das Rauchen in den Räumen ist verboten. Sämtliche mit infektionstüchtigem Material in Berührung gekommene Gegenstände, ausgenommen das zur Aufbewahrung bestimmte Material, sind möglichst sofort zu desinfizieren oder zu vernichten. Bei den Arbeiten mit Versuchstieren ist namentlich sorgfältig darauf zu achten, daß ein Entweichen von Tieren oder eine Verstreuung von infektionstüchtigem Material nicht stattfindet. Tiere, welche in den Arbeitsräumen untergebracht waren, sind in diesen selbst zu vernichten; die Kadaver werden zweckmäßig entweder verbrannt oder in konzentrierter Schwefelsäure aufgelöst oder mittels Dampfes sterilisiert. Die Arbeitsräume sind außerhalb der Zeit ihrer Benutzung sicher verschlossen zu halten. Vor dem Verlassen der Räume hat sich der Leiter oder sein Stellvertreter zu vergewissern, daß die Versuchstiere und Kulturen sicher untergebracht sind und daß Infektionsmaterial nicht verstreut ist.

Untersuchungsmaterial und Kulturen der Erreger der im Abs. 2 genannten Krankheiten dürfen in den Räumen nur in besonderen, fest verschließbaren Schränken aufbewahrt werden.

Versuchsstallungen für größere Tiere, an welchen Versuche mit Rotz, der Rinderpest oder mit Maul- und Klauenseuche ausgeführt werden, müssen von anderen

Stallungen getrennt sein. Für sie muß besonderes Stallpersonal vorhanden sein. Auch müssen dort Vorrichtungen getroffen werden, welche gestatten, den Mist, die Streu und die Kadaver der Tiere sofort an Ort und Stelle unschädlich zu beseitigen. Wer diese Stallungen betreten will, hat ein waschbares Überkleid sowie Gummischuhe anzulegen, die beim Verlassen des Stalles abzulegen sind. Diese Schutzkleider sind in allen Stallungen selbst zu desinfizieren. Zweckmäßig werden vor die Ausgänge der Räume und Ställe in Sublimat getränkte dicke Matten gelegt, auf denen alle, die diese Räume verlassen, ihre Schuhsohlen zu desinfizieren haben.

§ 7.

Die zur Aufbewahrung von lebenden Erregern der Pest und zum Arbeiten mit Pest-, Rotz-, Rinderpest- und Maul- und Klauenseuche-Material oder einer dieser Krankheiten verdächtigem Material bestimmten Räume dürfen nur in der Zeit zu anderen bakteriologischen Untersuchungen benutzt werden, während der dort nicht mit Pest-, Rotz-, Rinderpest-, oder Maul- und Klauenseuche-Material gearbeitet wird. Sie müssen bezüglich ihrer Beschaffenheit, Einrichtung und Ausstattung folgende Anforderungen erfüllen:

1. Die Räume sollen durch eine in Stein ausgeführte Wand (ohne Tür) getrennt von anderen Räumen liegen und für sich einen eignen, sicher abschließbaren Eingang besitzen. Das Schloß der Eingangstür darf sich nur mittels des dazu gehörigen Schlüssels öffnen lassen, nicht durch sogenannte Hauptschlüssel. Grundsätzlich sollen wenigstens zwei Räume vorhanden sein, von denen der eine hauptsächlich für die Züchtung der Erreger und für mikroskopische Untersuchungen und dergleichen, der andere hauptsächlich für Unterbringung, Sektion und Vernichtung der kleinen Versuchstiere zu verwenden ist. Die Räume sollen unmittelbar nebeneinander liegen und durch eine abschließbare Zwischentür verbunden sein. Wenn nur ein einziger Raum zur Verfügung steht, und ausnahmsweise für ausreichend erachtet wird, so empfiehlt es sich, diesen so herzurichten, daß eine gesicherte, gesonderte Unterbringung der Versuchstiere darin gewährleistet wird.

2. Die Räume sollen gut lüftbar und für Licht überall, namentlich auch in den Winkeln, leicht zugänglich sein, glatte, undurchlässige, leicht zu reinigende und zu desinfizierende Fußböden und Wände haben; sie sollen keine Öffnungen besitzen, durch welche kleine Tiere und Ratten schlüpfen können. Lüftungsöffnungen sind mit dichten Drahtnetzen zu überziehen. Die Fenster müssen dicht schließen; werden sie geöffnet, so sind Einsätze mit engmaschigem Drahtgitter einzufügen.

3. Die Räume sollen für sich allein mit allen denjenigen Einrichtungen und Instrumenten ausgestattet sein, welche für die Züchtung von Mikroorganismen und zur Anstellung von Tierversuchen erforderlich sind; namentlich dürfen nicht fehlen:

a) ein mit sicherem Schlosse versehener Behälter zur Aufbewahrung lebender Kulturen und verdächtigen Materials (vgl. § 6 Abs. 3);
b) Einrichtungen für sichere Unterbringung der Versuchstiere (am zweckmäßigsten hohe, in Wasserdampf sterilisierbare Glasgefäße mit Drahtumhüllung und fest anschließendem Drahtdeckel mit Watteabschluß), ferner Einrichtungen für die Öffnung der Tiere, für die Vernichtung der Kadaver und sonstiger infizierter Gegenstände, wie Streumaterialien und Futterreste (z. B. Verbrennungsofen, Dampfsterilisator, Gefäße mit konzentrierter Schwefelsäure);
c) ein hinreichend großes Gefäß mit breiter Öffnung für Kresolwasser, in welches Kadaver und Kadaverteile vor der Sektion zur Vernichtung des an ihnen haftenden Ungeziefers gelegt werden können;
d) Einrichtungen zur Desinfektion und Reinigung der Hände (Waschvorrichtung) und aller bei den Arbeiten gebrauchten Gegenstände (z. B. Autoklav oder Dampfsterilisator, Heißluftsterilisator).

4. Andere Gegenstände, als die zur Ausführung der Untersuchung erforderlichen, dürfen in den Räumen nicht untergebracht werden.

Die Verwendung von Dienern bei den Arbeiten mit den Erregern der Pest, des Rotzes, Rinderpest oder der Maul- und Klauenseuche oder mit Material, das solche Erreger enthält oder zu enthalten verdächtig ist, ist nur dann gestattet, wenn sie über die aus einer Verschleppung dieser Krankheitserreger entstehenden Gefahren wohl unterrichtet und in der sachgemäßen Behandlung bakteriologischer Geräte, Kulturen und infizierter Tiere gut ausgebildet sind.

Alle dem Diener etwa übertragenen Arbeiten (wie Reinigung des Laboratoriums, Fütterung der Tiere, Desinfektion und Reinigung der Käfige, Unschädlichmachung und Vernichtung des Mistes, der Streu und der Kadaver) haben nach genauer Anweisung des Leiters zu geschehen.

Der Diener darf nur zur Ausführung von Anordnungen des Leiters oder seines Vertreters in den Arbeitsräumen sich aufhalten, sobald dort mit Pestmaterial gearbeitet wird. Die Kulturen der Erreger der Pest, des Rotzes, der Rinderpest und der Maul- und Klauenseuche sowie das mit solchen behaftete oder verdächtige Material sollen unter sicherem Verschluß aufbewahrt werden und dürfen dem Diener nicht zugänglich sein.

§ 8.

Der Leiter der Arbeiten mit Krankheitserregern hat für die dauernde ordnungsmäßige Instandsetzung und für den gesamten Betrieb in den Arbeitsräumen, namentlich für die Durchführung der bei dem Aufbewahren von Kulturen, insbesondere solchen der Pesterreger, sowie bei Tierversuchen zu beobachtende Maßregeln Sorge zu tragen. Er darf in Behinderungsfällen sowie für einzelne Arbeiten und Verrichtungen nur solche Persönlichkeiten mit seiner Vertretung betrauen oder zu seiner Hilfe heranziehen, welche nach Vorbildung und persönlichen Eigenschaften (Zuverlässigkeit usw.) imstande sind, die volle Verantwortung zu übernehmen (siehe auch § 4 Abs. 1). Ist aus besonderen Gründen anderen Personen der Zutritt zu den Räumen zu gestatten, so hat der Leiter die zur Sicherung gegen Ansteckungsgefahr erforderlichen Maßregeln zu treffen.

## B. Vorschriften über die Versendung von Krankheitserregern.

§ 9.

Die Versendung von lebenden Kulturen der Erreger der Cholera, der Pest oder des Rotzes oder von Material, das die Erreger der Rinderpest, der Maul- und Klauenseuche oder der Schweinepest enthält oder zu enthalten verdächtig ist — dieses nur insofern, als es nach seiner Beschaffenheit für eine solche Versendungsart in Betracht kommen kann (z. B. Bläscheninhalt, Serum) —, hat in zugeschmolzenen Glasröhren zu erfolgen, die, umgeben von einer weichen Hülle (Filtrierpapier und Watte oder Holzwolle), in einem durch übergreifenden Deckel gut verschlossenen Blechgefäße stehen; das letztere ist seinerseits noch in eine Kiste mit Holzwolle oder Watte zu verpacken, es empfiehlt sich, nur frisch angelegte, noch nicht im Brutschrank gehaltene Aussaaten auf festem Nährboden zu versenden.

Die Sendungen müssen mit starkem Bindfaden umschnürt, versiegelt und mit der deutlich geschriebenen Adresse sowie mit dem Vermerke „Vorsicht" versehen werden. Zur Beförderung durch die Post sind die Sendungen als „dringendes Paket" aufzugeben: sie sind den Empfängern telegraphisch anzukündigen. Bei Sendungen an Anstalten ist nicht deren Leiter, sondern die Anstalt als Empfänger zu bezeichnen. Dasselbe gilt hinsichtlich der telegraphischen Ankündigung.

Der Empfänger hat dem Absender den Eingang der Sendung sofort mitzuteilen.

§ 10.

Die Versendung von lebenden Kulturen anderer als der im § 9 bezeichneten Erreger von Krankheiten, welche auf den Menschen übertragbar sind, oder von Tierkrankheiten, deren Anzeigepflicht, sei es auch nur für einen Teil des Reichsgebiets, eingeführt ist, hat in wasserdicht verschlossenen Glasröhren zu erfolgen. Diese Röhren sind entweder in angepaßten Hülsen oder, mit einer weichen Hülle (Holzwolle, Watte oder desgleichen) umgeben, derart in festen Kästen zu verpacken, daß sie unbeweglich liegen und nicht aneinanderstoßen. Die Sendungen müssen fest verschlossen und mit deutlicher Adresse sowie mit dem Vermerk „Vorsicht" versehen werden. Bei Sendungen an Anstalten ist nicht deren Leiter, sondern die Anstalt als Empfänger zu bezeichnen.

Der Empfänger hat dem Absender den Eingang der Sendung sofort mitzuteilen.

§ 11.

Sonstiges Material, welches lebende Erreger von Krankheiten, die auf den Menschen übertragbar sind, oder lebende Erreger von Tierkrankheiten, deren Anzeigepflicht, sei es auch nur für einen Teil des Reichsgebiets, eingeführt ist, enthält oder zu enthalten verdächtig erscheint, ist vor der Versendung unter Beobachtung der nachstehenden Vorschriften so zu verpacken, daß eine Verschleppung von Krankheitskeimen ausgeschlossen ist.

§ 12.

Größere Körperteile und kleinere Tierkadaver sind zunächst in ein mit einem geeigneten Desinfektionsmittel, am besten mit Sublimatlösung durchtränktes und dann gründlich ausgerungenes Tuch einzuhüllen. Sie sind alsdann mit einem undurchlässigen Stoffe (Pergamentpapier oder dgl.) zu umwickeln und fest zu verschnüren; saftreiche Gegenstände sind außerdem in Tücher einzuschlagen oder in Säcke zu verpacken. Die Gegenstände sind sodann in starke, undurchlässige, sicher verschlossene Behälter (Fässer, Kübel, Kisten) zu bringen und in Sägemehl, Kleie, Torfmull, Lohe, Häcksel, Heu, Holzwolle oder ähnlichen, Feuchtigkeit aufsaugenden Stoffen fest und so einzubetten, daß sie sich nicht verschieben können und ein Durchsickern von Flüssigkeit verhindert wird.

Für Köpfe tollwutverdächtiger Tiere ist als Desinfektionsmittel, mit dem die Tücher getränkt werden, ausschließlich Sublimatlösung zu verwenden. Die Versendung solcher Köpfe hat mit der Post als „dringendes Paket“ zu geschehen.

Material, das Rotzerreger enthält oder zu enthalten verdächtig ist, muß zunächst unter Beachtung der im Abs. 1 gegebenen Vorschriften in einen dichten, sicher verschlossenen Behälter verpackt werden; dieser ist in eine starke, dichte Kiste zu bringen. Der Raum zwischen dem Behälter und der Kiste ist mit aufsaugenden Stoffen (Abs. 1) fest auszufüllen.

Werden menschliche oder tierische Körperteile mit der Eisenbahn versandt, so muß der Absender im Frachtbrief bescheinigen, daß Zweck und Verpackung der Sendung denjenigen Vorschriften, welche in der Anlage C der Eisenbahn-Verkehrsordnung für „fäulnisfähige Stoffe“ der in Rede stehenden Art ergangen sind, entsprechen. Die Beförderung solcher Gegenstände als Eilgut oder als beschleunigtes Eilgut ist nach den Eisenbahntarifen ausgeschlossen.

§ 13.

Zur Aufnahme kleinerer Gegenstände, welche lebende Erreger der Cholera, der Pest, des Rotzes, der Rinderpest, der Maul- und Klauenseuche oder der Schweinepest enthalten oder zu enthalten verdächtig sind, eignen sich am besten starkwandige Pulvergläser mit eingeschliffenem Glasstöpsel und weitem Halse, oder, falls sich diese nicht beschaffen lassen, Gläser mit glattem, zylindrischem Halse, die mit gut passenden, frisch ausgekochten Korken zu verschließen sind. Die Gläser müssen vor dem Gebrauch in reinem Wasser frisch ausgekocht und dann durch kräftiges Ausschwenken möglichst vom Wasser befreit sein; sie dürfen aber nicht mit einer Desinfektionsflüssigkeit ausgespült werden. Auch darf zu dem Untersuchungsmaterial Flüssigkeit irgendwelcher Art nicht hinzugesetzt werden. Die Gläser sind durch Überbinden der Öffnung oder des Stöpsels mit Schweinsblase oder Pergamentpapier zu verschließen. An jedem Glase ist ein Zettel fest aufzukleben oder sicher anzubinden, der genaue Angaben über den Inhalt enthält. Deckgläschen werden in signierte Stückchen Fließpapier eingeschlagen und mit Watte fest in einem besonderen Schächtelchen verpackt.

Bei Cholera und Pest darf in eine Sendung in der Regel nur Untersuchungsmaterial von einem Kranken oder einer Leiche gepackt werden. Handelt es sich jedoch um gleichzeitige Übersendung zahlreicher Proben, insbesondere zu Massenuntersuchungen der Umgebung von Cholerakranken, so werden zweckmäßig nur 1—2 ccm der Ausleerungen entnommen, in die üblichen kleinen Glasgefäße gebracht und, wie unten angegeben, verpackt. Dabei ist durch eine entsprechende Kennzeichnung jedes einzelnen Gegenstandes dafür Sorge zu tragen, daß seine Herkunft leicht erkennbar ist (vgl. § 15).

Die Gefäße und Schächtelchen sind in einem widerstandsfähigen Behälter, am besten einer festen Kiste, unter Verwendung von Watte, Sägemehl, Holzwolle oder dgl. (vgl. § 12 Abs. 1) so zu verpacken, daß sie unbeweglich liegen und nicht aneinanderstoßen. Zigarrenkisten, Pappschachteln u. dgl. dürfen nicht verwendet werden. Die Sendungen müssen mit starkem Bindfaden umschnürt und versiegelt sein.

Enthalten kleinere Gegenstände andere lebende Seuchenerreger oder erscheinen sie verdächtig, solche zu enthalten, so können sie in dicht schließenden Gefäßen aus Metall, Steingut oder Glas untergebracht werden. Metallgefäße sind durch einen übergreifenden Deckel, der am Rande mit einem Streifen Heftpflaster verklebt wird, Steingut- und Glasgefäße in der im Abs. 1 angegebenen Weise zu verschließen und zu verpacken.

Falls kleinere Gegenstände mit der Eisenbahn versandt werden, so finden die Bestimmungen des § 12 Abs. 4 Anwendung.

§ 14.

Cholera-, Pest-, Rotz-, Rinderpest- oder Maul- und Klauenseuche- oder Schweinepestmaterial darf nicht mit der Briefpost versandt werden. Dagegen darf in dieser Weise Material, welches lebende Erreger von anderen Tierkrankheiten, deren Anzeigepflicht, sei es auch nur für einen Teil des Reichsgebiets, eingeführt ist, enthält oder verdächtig ist, solche Erreger zu enthalten, verschickt werden; dabei ist folgendermaßen zu verfahren:

Trockene Gegenstände, insbesondere mit Untersuchungsmaterial beschickte Deckgläschen, Objektträger, Fließpapier, Gipsstäbchen, Seidenfäden, Räudeborken usw., sind in mehrere Lagen Fließpapier einzuschlagen, alsdann in Pergamentpapier oder einen anderen undurchlässigen Stoff einzuwickeln und, umhüllt mit Watte, in feste Kästchen aus Holz, Blech, oder dgl. mit gut schließendem Deckel zu legen.

Feuchtes oder flüssiges Material (Auswurf, Erbrochenes, Stuhl, Harn, Eiter oder sonstiges Wundsekret, Punktionsflüssigkeit, Blut, Serum, Abstriche von der Rachenschleimhaut, abgeschnittene oder abgeschabte Gewebsteile usw.) ist in ein Gefäß aus hinreichend starkem Glase mit Korkstöpselverschluß zu bringen. Dieses Gefäß ist in einen Blechbehälter zu verpacken. Um aber das Glasgefäß vor Zertrümmerung zu schützen und etwa aus dem Glasgefäß austretende Flüssigkeit aufzusaugen, ist sowohl auf den Boden als auch in den Deckel des Blechbehälters eine Scheibe Asbestpappe oder eine hinreichend starke Schicht von Fließpapier, Watte oder dgl. zu legen. Der Blechbehälter wird sodann in einen ausgehöhlten, durch einen Deckel verschließbaren Holzblock gebracht. Bei Versendung von Schutzpockenlymphe genügt es, wenn das Glasgefäß unmittelbar in den Holzblock oder in Kästchen von Holz, Blech oder dgl. gelegt wird; jedoch ist dann die Aushöhlung des Blockes oder das Kästchen besonders sorgfältig mit einem weichen, aufsaugenden Stoffe auszupolstern. Die Kästchen oder Holzblöcke sind mit einem roten Zettel zu bekleben, der die Aufschrift „Vorsicht! Infektiöses Material!" enthält.

Die Holzblöcke oder Kästchen sind in den Briefumschlägen derartig unterzubringen, daß sie bei deren Abstempelung nicht beschädigt werden. Am besten geeignet sind an der Innenseite mit Stoffbezug versehene Briefumschläge aus festem Papier, die nur an der einen Schmalseite offen und etwa doppelt so lang wie die Behälter sind; sie werden nicht durch Zukleben, sondern zweckmäßig durch eine kleine Metallklammer geschlossen. Die zum Abstempeln bestimmte Stelle wird am besten durch einen vorgezeichneten Kreis oder den Vermerk „Hier stempeln" gekennzeichnet.

Die Briefsendungen sollen nicht in den Briefkasten geworfen, sondern an den Postschaltern oder auf dem Lande dem Briefträger übergeben werden.

§ 15.

Jeder Sendung ist ein Begleitschein so beizulegen, daß er gegen Durchfeuchtung und Beschmutzung geschützt ist und bei der Öffnung des Behälters leicht in die Augen fällt. Dieser Schein hat genaue Angaben über den Inhalt unter Bezeichnung der Personen (Name, Geschlecht, Alter, Wohnort) oder der Tiere, von denen er stammt, zu enthalten. Außerdem sind bei Material von kranken Menschen oder Tieren anzugeben

die mutmaßliche Art der Erkrankung,
der Tag des Beginns der Erkrankung,
der Tag des Todes,
der Zeitpunkt der Entnahme des Materials,

der Name und der Wohnort des Arztes oder Tierarztes, der die Einsendung veranlaßt hat,
der Zweck der Einsendung.

Bei Untersuchungsmaterial ist auf dem Scheine auch die Stelle anzugeben, welcher das Ergebnis der Untersuchung mitgeteilt werden soll.

Enthält die Sendung Material von verschiedenen Menschen oder Tieren, so ist durch eine entsprechende Kennzeichnung jedes einzelnen Gegenstandes Sorge zu tragen, daß seine Herkunft leicht erkennbar ist.

§ 16.

Auf den Sendungen ist außer der deutlichen Adresse der Name und die Wohnung des Absenders anzugeben und der Vermerk „Vorsicht!“ „Menschliche (Tierische) Untersuchungsstoffe“ anzubringen.

Bei Sendungen an Anstalten ist nicht deren Leiter, sondern die Anstalt als Empfänger zu bezeichnen. Dasselbe gilt hinsichtlich der telegraphischen Ankündigung (§ 17).

§ 17.

Postsendungen mit Material von Cholera, Pest oder Rotz oder Rinderpest oder mit Material, das lebende Erreger einer dieser Krankheiten zu enthalten verdächtig ist, sind als „dringendes Paket“ aufzugeben und den Empfängern rechtzeitig telegraphisch anzukündigen. Diese telegraphische Anzeige hat auch dann zu erfolgen, wenn der Versand von Rotzmaterial mit der Eisenbahn erfolgt.

Nach einer **Verfügung des Reichspostministeriums** sind bei der **Postversendung von Urinproben** die Sendungen nicht als Warenproben sondern als Briefe oder Päckchen aufzuliefern.

Die Verpackung muß so eingerichtet sein, daß der Behälter gegen Bruch und Auslaufen genügend geschützt ist, und daß selbst bei einem Bruch des Behälters die austretende Flüssigkeit durch Watte oder dgl. vollständig aufgesogen wird. Im übrigen gelten hierfür die Bestimmungen in A. D. A. V 1 Anl. 2 § 14. Der Inhalt ist in der Aufschrift in hervortretender Weise ersichtlich zu machen, z. B. „Urinprobe“. Die Sendungen sind nicht durch den Briefkasten, sondern am Schalter oder beim Landbriefträger einzuliefern.

# Anweisung zur Bekämpfung der Cholera[1]).

(Festgestellt in der Sitzung des Bundesrats vom 9. 12. 1915.)

## Anweisung zur Entnahme und Versendung choleraverdächtiger Untersuchungsgegenstände.

### A. Entnahme des Materials.

a) Vom Lebenden.

Zu entnehmen sind 10—20 ccm der Ausleerungen. Ist keine freiwillige Stuhlentleerung zu erhalten, so gelingt es in der Regel, sie durch Einführung von Glyzerin zu bewirken. Wichtig ist es, daß den Ausleerungen kein Desinfektionsmittel beigemischt wird.

Handelt es sich um nachträgliche Feststellung eines abgelaufenen choleraverdächtigen Falles, so kann diese durch Untersuchung einer Blutprobe vermittels des Pfeifferschen Versuchs und der Agglutinationsprobe geschehen. Man entnimmt mindestens 3 ccm Blut durch Venenpunktion am Vorderarm oder mit einem keimfreien blutigen Schröpfkopf und sendet es in einem keimfreien, mit ebensolchem Stopfen verschlossenen Reagenzglase zur weiteren Untersuchung ein. Scheidet sich das Serum rasch ab, so kann zur besseren Haltbarmachung Karbolsäure im Verhältnis von 1 : 200 hinzugesetzt werden: z. B. 0,1 ccm einer 5%igen Lösung von Karbolsäure auf 0,9 ccm Serum.

---

[1]) Verlag von Julius Springer, Berlin 1916.

b) Von der Leiche.

Die Öffnung der Leiche ist sobald als möglich nach dem Tode auszuführen und in der Regel auf die Eröffnung der Bauchhöhle und Herausnahme einer etwa 10 cm langen Darmschlinge aus dem untersten Teile des Dünndarms unmittelbar vor der Ileozökalklappe zu beschränken.

### B. Auswahl und Behandlung der zur Aufnahme des Materials bestimmten Gefäße.

Zur Aufnahme von Gegenständen, welche lebende Choleraerreger enthalten oder solche zu enthalten verdächtig sind, eignen sich am besten starkwandige Pulvergläser mit eingeschliffenem Glasstöpsel und weitem Halse, oder, falls sich diese nicht beschaffen lassen, Gläser mit glattem, zylindrischem Halse, die mit gut passenden, frisch ausgekochten Korken zu verschließen sind. Die Gläser müssen vor dem Gebrauch in reinem Wasser frisch ausgekocht und dann durch kräftiges Ausschwenken möglichst vom Wasser befreit sein; sie dürfen aber nicht mit einer Desinfektionsflüssigkeit ausgespült werden. Auch darf zu dem Untersuchungsmateriale keine Flüssigkeit irgendwelcher Art hinzugesetzt werden. Die Gläser sind durch Überbinden der Öffnung oder des Stöpsels mit Schweinsblase oder Pergamentpapier zu verschließen. An jedem Glase ist ein Zettel fest aufzukleben oder sicher anzubinden, der genaue Angaben über den Inhalt enthält.

Handelt es sich um gleichzeitige Übersendung zahlreicher Proben, insbesondere zu Massenuntersuchungen der Umgebung von Kranken, so werden zweckmäßig nur 1—2 ccm der Ausleerungen entnommen, in die üblichen kleinen Glasgefäße gebracht und, wie unten angegeben, verpackt. Dabei ist durch eine entsprechende Kennzeichnung jedes einzelnen Gegenstandes dafür Sorge zu tragen, daß seine Herkunft leicht erkennbar ist.

### C. Verpackung und Versendung.

Jeder Sendung ist ein Schein beizulegen, auf dem anzugeben sind: die einzelnen Bestandteile der Sendung, Name, Geschlecht, Alter des Kranken oder Gestorbenen, Ort der Erkrankung, Heimats- oder Herkunftsort bei den von auswärts zugereisten Personen, Krankheitsform, Tag und Stunde der Erkrankung und zutreffendenfalls des Todes, Zeitpunkt der Entnahme des Materials und Name und Wohnort des Arztes, der die Einsendung veranlaßt hat, sowie die Stelle, welcher das Ergebnis der Untersuchung mitgeteilt werden soll.

Die Gläser sind in einem widerstandsfähigen Behälter, am besten einer festen Kiste unter Verwendung von Watte, Sägemehl, Holzwolle oder dgl. so zu verpacken, daß sie unbeweglich liegen und nicht aneinander stoßen. Zigarrenkisten, Pappschachteln und dgl. dürfen nicht verwendet werden.

Die Sendung muß mit starkem Bindfaden umschnürt, versiegelt, mit dem Namen und der Wohnung des Absenders und mit der deutlich geschriebenen Adresse der Untersuchungsstelle sowie mit dem Vermerke „Vorsicht! Menschliche Untersuchungsstoffe“ versehen werden.

Bei Beförderung durch die Post ist die Sendung als „dringendes Paket“ aufzugeben und der Untersuchungsstelle, an welche sie gerichtet ist, rechtzeitig telegraphisch anzukündigen.

Bei Sendungen an Anstalten ist nicht deren Leiter, sondern die Anstalt als Empfänger zu bezeichnen. Dasselbe gilt hinsichtlich der telegraphischen Ankündigung.

Bei der Entnahme, Verpackung und Versendung des Materials ist jeder unnütze Zeitverlust zu vermeiden, da sonst das Ergebnis der Untersuchung in Frage gestellt wird.

Bei Massenuntersuchungen empfiehlt es sich, die Proben durch einen Boten der Untersuchungsstelle überbringen zu lassen.

### D. Versendung lebender Kulturen der Choleraerreger.

Die Versendung von lebenden Kulturen der Choleraerreger hat in zugeschmolzenen Glasröhren zu erfolgen, die, umgeben von einer weichen Hülle (Filtrierpapier und Watte oder Holzwolle), in einem durch übergreifenden Deckel gut verschlossenen Blechgefäße stehen; das letztere ist seinerseits noch in einer Kiste mit Holzwolle oder Watte zu verpacken. Es empfiehlt sich, nur frisch angelegte Agarkulturen zu versenden.

Im übrigen sind die im Abschnitt C für die Verpackung und Versendung gegebenen Vorschriften zu befolgen.

Der Empfänger hat dem Absender den Eingang der Sendung sofort mitzuteilen.

## Anleitung für die bakteriologische Feststellung der Cholera.

### I. Untersuchung von Darminhalt, Darmentleerungen und Erbrochenem.

#### 1. Ansetzen der ersten Kulturen.

a) Peptonlösung.

Etwa 1 ccm des Untersuchungsmaterials wird alsbald in ein Kölbchen mit 50 ccm Peptonlösung gebracht. Diese wird zweckmäßig vorher auf Bruttemperatur vorgewärmt.

In besonders wichtigen Fällen, vor allem bei dem ersten Auftreten von Choleraverdacht an einem Orte werden drei Peptonkölbchen beschickt.

Steht eine größere Menge Material zur Verfügung, so lassen sich ganz vereinzelt darin vorhandene Choleravibrionen zuweilen noch dadurch nachweisen, daß man den ganzen nach Ausführung der anderen Untersuchungsverfahren verbleibenden Rest des Materials (bei Leichenmaterial eine ganze eröffnete Darmschlinge) in einen Kolben mit 500 ccm Peptonlösung bringt.

b) Plattenkulturen.

Vier bis sechs Ösen oder einige Tropfen des nötigenfalls mit steriler Kochsalz- oder Peptonlösung verdünnten Materials werden auf eine Dieudonnéplatte gebracht und mit einem Glas- oder Platinspatel verrieben; mit demselben Spatel werden sodann eine weitere Dieudonné- und zwei Agarplatten nacheinander bestrichen. In besonders wichtigen Fällen, vor allem beim ersten Auftreten von Choleraverdacht an einem Orte, empfiehlt es sich, zwei Plattenreihen anzulegen. Die Agarplatten müssen, falls sie nicht bereits vollkommen trocken sind, vor der Impfung im Brutschrank bei 60° oder auch 37° offen, mit der Öffnung nach unten getrocknet werden. Die Dieudonnéplatten dürfen nicht eher als 24 Stunden und nicht später als 8 bis 10 Tage, nachdem sie gegossen sind, verwendet werden; sie sind regelmäßig darauf zu prüfen, daß auf ihnen Choleravibrionen gut, Kolibazillen nicht gedeihen.

Sind keine Dieudonnéplatten vorhanden, so werden gewöhnliche Agarplatten genommen; alsdann ist jedoch die erste Platte nur mit einer Öse des Materials zu beschicken.

#### 2. Mikroskopische Untersuchung.

Hierzu werden Ausstrichpräparate (wenn möglich von einer Schleimflocke) mit 1 : 10 verdünnter Karbolfuchsinlösung unter leichtem Erwärmen kurz gefärbt sowie ein hängender Tropfen in Peptonlösung angelegt und sogleich und nach halbstündigem Verweilen bei 37° untersucht. Finden sich dabei reichliche Vibrionen von charakteristischer Form, so kann der Verdacht auf Cholera ausgesprochen werden.

Von der mikroskopischen Untersuchung kann, sofern es sich nicht um den ersten Fall in einem Orte handelt, nach dem Ermessen des Bakteriologen abgesehen werden.

#### 3. Untersuchung und weitere Verarbeitung der ersten Kulturen.

Nach 5- bis 8stündiger Bebrütung bei 37° werden von der Oberfläche des Peptonkölbchens vorsichtig, ohne die Flüssigkeit zu schütteln, etwa 4 Ösen oder ein größerer Tropfen auf eine Dieudonnéplatte gebracht und mit einem Spatel auf diese sowie danach auf 2 Agarplatten verteilt.

Eine zweite Aussaat wird aus demselben Peptonkölbchen, falls bis dahin nicht bereits eine positive Diagnose gestellt ist, nach 18- bis 24stündiger Bebrütung angelegt.

Waren mehrere Peptonkölbchen angelegt, so sind sie vor der Aussaat mikroskopisch zu untersuchen und die Platten aus demjenigen Kölbchen anzulegen, welches am verdächtigsten erscheint.

Die Plattenkulturen werden nach 8- bis 16stündiger Bebrütung untersucht. Finden sich dabei verdächtige Kolonien, die sich bei mikroskopischer Prüfung als aus Vibrionen bestehend erweisen, so werden sie der Agglutinationsprobe unterworfen.

Zur Vorprüfung kann man von verdächtigen Kolonien zunächst auf einem völlig sauberen Objektträger eine Spur in einem Tropfen 1 : 100 verdünnten agglutinierenden Choleraserums verreiben. Hieran schließen sich die mikroskopische Untersuchung und die endgültige Agglutinationsprobe.

Die endgültige Agglutinationsprobe wird entweder im hängenden Tropfen oder mit abgestuften Serumverdünnungen im Reagenzglase oder Blockschälchen ausgeführt. Bei jedem ersten Falle an einem Orte sowie da, wo die Agglutinationsprobe im hängenden Tropfen nicht ein völlig einwandfreies Ergebnis gehabt hat, ist unbedingt eines der beiden letztgenannten Verfahren, und zwar mit einer Reinkultur anzuwenden.

Eine Reinkultur der als Choleravibrionen erkannten Vibrionen ist zum mindesten von jedem ersten Falle in einer Ortschaft aufzubewahren.

#### 4. Beurteilung der Befunde.

Die Feststellung der Cholera hängt ab von dem positiven Ausfall der Agglutinationsprobe.

Als negativ ist das Ergebnis der Untersuchung erst dann anzusehen, wenn auch die zweite, nach 18—24 Stunden vorgenommene Aussaat aus dem Peptonkölbchen keine Cholerakolonien ergeben hat.

In Anbetracht der entscheidenden Bedeutung der Agglutinationsprobe für die Diagnose sind die im Anhang unter Ziffer 2 enthaltenen Ratschläge sorgfältig zu beachten.

Krankheitsverdächtige sind als unverdächtig, Genesene als nicht mehr ansteckungsfähig anzusehen, wenn die bakteriologischen Untersuchungen an drei durch je eine eintägige Zwischenzeit getrennten Tagen negativ ausgefallen sind.

Bei Ansteckungsverdächtigen ist, sofern eine bakteriologische Untersuchung stattfindet, der Verdacht als beseitigt anzusehen, wenn die an zwei durch eine eintägige Zwischenzeit getrennten Tagen vorgenommenen Untersuchungen der Ausleerungen Choleraerreger nicht haben auffinden lassen.

### II. Untersuchung von Wasser.

1 l des zu untersuchenden Wassers wird mit 100 ccm der Pepton-Stammlösung versetzt und gründlich durchgeschüttelt, dann in Kölbchen zu je 100 ccm verteilt und nach etwa 8- und 24stündigem Verweilen im Brutschrank bei 37° in der Weise untersucht, daß mit Tröpfchen, welche aus der obersten Schicht entnommen sind, mikroskopische Präparate, und von demjenigen Kölbchen, an dessen Oberfläche die meisten Vibrionen vorhanden sind, Dieudonné- und Agarplatten angelegt und wie bei I weiter untersucht werden.

### III. Feststellung abgelaufener Cholerafälle.

Abgelaufene choleraverdächtige Krankheitsfälle lassen sich, vorausgesetzt, daß keine Schutzimpfung gegen Cholera vorhergegangen ist, bisweilen feststellen durch Untersuchung des Blutserums des früher Erkrankten. Aus dem bei Ansetzen eines blutigen Schröpfkopfes oder Venenpunktion gewonnenen Blute läßt man das Serum sich abscheiden und macht damit abgestufte Verdünnungen mit 0,8% Kochsalzlösung behufs Prüfung auf agglutinierende Eigenschaften gegenüber einer bekannten frischen Cholerakultur. Zeigt die Agglutinationsprobe kein eindeutig positives Ergebnis, so ist mit dem Serum der Pfeiffersche Versuch in folgender Weise anzustellen:

Es werden Verdünnungen des Serums mit 20, 100 und 500 Teilen Fleischbrühe hergestellt und davon je 1 ccm, mit je einer Öse einer 16—20stündigen Agarkultur virulenter Choleravibrionen vermischt, einem Meerschweinchen von 200 g Gewicht in die Bauchhöhle eingespritzt. Ein Kontrolltier erhält eine Öse der gleichen Kultur, ohne Serum in 1 ccm Fleischbrühe aufgeschwemmt, in die Bauchhöhle eingespritzt.

Von allen Meerschweinchen sind alsbald nach der Einspritzung sowie 20 Minuten und eine Stunde danach mittels feiner Glasröhrchen Tropfen der Bauchflüssigkeit zur Untersuchung im hängenden Tropfen zu entnehmen. Tritt bei den Serumtieren typische Körnchenbildung oder Auflösung der Vibrionen ein, während beim Kontrolltier reichlich bewegliche oder in der Form erhaltene Vibrionen vorhanden sind, so ist anzunehmen, daß die Person, von welcher das Serum stammt, die Cholera überstanden hat.

Ein negativer Ausfall macht den Verdacht nicht hinfällig.

## Anhang.

### 1. Bereitung der Nährböden.

#### a) Peptonlösung.

Herstellung der Stammlösung: In 1 l destilliertem, sterilisiertem Wasser werden 100 g Peptonum siccum Witte, 100 g Kochsalz, 1 g Kaliumnitrat und 20 g kristallisiertes kohlensaures Natrium in der Wärme gelöst, die Lösung wird filtriert, in Kölbchen zu je 100 ccm abgefüllt und sterilisiert.

Herstellung der Peptonlösung: Von der Stammlösung wird eine Verdünnung von 1 Teil mit 9 Teilen Wasser hergestellt und zu je 50 ccm in Kölbchen, zu je 500 ccm in größere Kolben abgefüllt und sterilisiert.

#### b) Fleischwasserpeptonagar.

$^1/_2$ kg in Stücken gekauftes und im Laboratorium zerkleinertes fettfreies Rindfleisch wird mit 1 l Wasser angesetzt, 24 Stunden lang in der Kälte digeriert, $^1/_2$ Stunde lang gekocht und durch ein Seihtuch gepreßt. Von diesem Fleischwasser wird 1 l mit 10 g Peptonum siccum Witte und 5 g Kochsalz versetzt, $^1/_2$ Stunde lang gekocht, mit Sodalösung neutralisiert, $^3/_4$ Stunden lang gekocht und filtriert. Zu 1 l der so gewonnenen neutralen Fleischwasserpeptonbrühe werden 30 g Agar hinzugesetzt, bis zur Lösung des Agars gekocht und neutralisiert. Zur Herstellung der für Choleravibrionen geeigneten Alkaleszenz fügt man zu je 100 ccm 3 ccm einer $10^0/_0$igen Lösung von kristallisiertem, kohlensaurem Natrium hinzu. Sodann wird der Agar nochmals $^3/_4$ Stunden gekocht, filtriert und, in Kölbchen oder Röhrchen gefüllt, fraktioniert sterilisiert.

#### c) Dieudonné-Agar.

Rinderblut wird in großen, Glasperlen enthaltenden sterilisierten Flaschen aufgefangen, defibriniert und mit gleichen Mengen Normalkalilauge versetzt; diese Mischung wird $^3/_4$ Stunde lang gekocht und ist dann bei Aufbewahrung in fest verschlossenen Flaschen einige Monate haltbar.

Von dieser Blutalkalimischung werden 3 Teile mit 7 Teilen neutralem, $3^0/_0$igem Agar vermischt und zu Platten gegossen. Die Platten müssen wenigstens 24 Stunden stehen und werden dann noch, wenn nötig, durch $^1/_2$stündiges Einstellen in den Brutofen getrocknet, ehe sie gebrauchsfertig sind. Über 8—10 Tage alte Platten sollen nicht mehr verwendet werden.

Sind brauchbare Dieudonné-Platten nicht vorrätig, so kann man sich sofort verwendbare Blutalkaliplatten nach Esch dadurch bereiten, daß man 5 g käufliches Hämoglobin im Mörser zerreibt, in 15 ccm Normalnatronlauge + 15 ccm destilliertem Wasser löst, diese Lösung 1 Stunde im Dampftopf sterilisiert und von ihr 15 ccm zu 85 ccm neutralem Agar gibt.

### 2. Agglutinationsprobe.

Zur Anstellung der Agglutinationsprobe bedarf es eines hochwertigen Serums. Kaninchenserum soll mindestens einen Agglutinationstiter von 1 : 2000, Pferdeserum einen solchen von 1 : 5000 haben und in der Verdünnung 1 : 100 sofort eine echte Cholerakultur agglutinieren.

Bei jeder Untersuchung müssen Kontrollversuche angestellt werden, und zwar:

1. mit der verdächtigen Kultur und mit normalem Serum derselben Tierart, aber in 10fach stärkerer Konzentration;
2. mit derselben Kultur und mit der Verdünnungsflüssigkeit; erforderlichenfalls ist der Agglutinationstiter des Serums mit einer sicheren Cholerakultur

nachzuprüfen. Bei Anstellung der Agglutinationsproben mit sehr jungen, wenige Stunden alten, frisch aus dem Körper gezüchteten Cholerakulturen tritt zuweilen in Kochsalzlösung auch ohne Zusatz von spezifischem Serum Flockenbildung ein. In solchen Fällen ist die Probe mit der Kultur zu wiederholen, nachdem diese im ganzen 12—15 Stunden bei 37° gestanden hat.

a) Agglutinationsprobe im hängenden Tropfen.

Es ist in einem ersten Tropfen diejenige Verdünnung des Serums mit Kochsalzlösung zu benutzen, bei welcher die Testkultur gerade noch augenblicklich zur Haufenbildung gebracht wird, und in einem zweiten Tropfen eine Verdünnung mit einem 5fach stärkeren Gehalt an Serum.

Es muß mit dem spezifischen Serum in diesen beiden Konzentrationen sofort, spätestens aber innerhalb der nächsten 20 Minuten nach Aufbewahrung im Brutschrank bei 37° eine bei schwacher Vergrößerung deutlich erkennbare Häufchenbildung eintreten, während in den Kontrollen die gleichmäßige Trübung bestehen bleibt. Bei diesem Untersuchungsverfahren ist zu berücksichtigen, daß es Vibrionenarten gibt, welche sich im hängenden Tropfen so schwer verreiben lassen, daß leicht Häufchenbildung vorgetäuscht wird.

b) Agglutinationsprobe im Reagenzglase.

Von dem agglutinierenden Serum werden durch Vermischen von 0,8%iger (behufs völliger Klärung 2mal durch gehärtete Filter filtrierter) Kochsalzlösung wenigstens 4 Verdünnungen hergestellt, die in annähernd gleichmäßiger Progression bis etwa zur Titergrenze gehen. Es wird in Reagenzgläsern in je 1 ccm dieser Verdünnungen eine Normalöse oder in $^1/_2$ ccm eine entsprechend kleinere Öse der zu prüfenden Kultur verrieben und durch Schütteln gleichmäßig verteilt. Sofort und nach $^1/_2$stündigem Verweilen im Brutschrank bei 37° werden die Röhrchen besichtigt, und zwar am besten so, daß man sie schräg hält und von unten nach oben mit dem von der Zimmerdecke zurückgeworfenen Tageslichte bei schwacher Lupenvergrößerung betrachtet. Der Ausfall des Versuchs ist nur dann als beweisend anzusehen, wenn unzweifelhafte Haufenbildung (Agglutination) in einer regelrechten Stufenfolge bis annähernd zur Grenze des Titers erfolgt ist, während die Kontrollröhrchen gleichmäßig getrübt bleiben.

## Ratschläge für Ärzte bei Typhus und Ruhr

(bearbeitet im Kais. Gesundheitsamt [Ausgabe 1917].)

### 3. Feststellung der Diagnose.

Es empfiehlt sich, daß der Arzt in jedem Falle so frühzeitig wie möglich je eine Probe des Blutes und der Ausleerungen an die zuständige bakteriologische Untersuchungsstelle unter Angabe der näheren Umstände einsendet.

Durch die Untersuchung des Blutserums kann bei zweifelhaften Fällen von Typhus oder Ruhr die Diagnose häufig rasch geklärt und oft auch nach erfolgter Genesung noch sichergestellt werden. Außerdem lassen sich im Blute Typhuskranker sehr häufig, namentlich in der ersten Zeit der Erkrankung, durch Züchtung Typhusbazillen nachweisen. Zu letzterem Zwecke ist die Einsendung einer größeren Blutmenge (1—2 ccm) angezeigt, während für die Serumuntersuchung schon die Einsendung von etwa $^1/_4$ ccm Blut genügt. Die erforderlichen Blutmengen werden zweckmäßig durch einen Stich in das Ohrläppchen oder einen kleinen Einschnitt gewonnen. Das Blut wird am besten unmittelbar in einem kleinen, engen Reagenzröhrchen aufgefangen, wie solche gemäß der nachfolgenden Ziffer 5 zum Versand abgegeben werden; das Röhrchen ist durch einen Kork- oder Gummistopfen fest zu verschließen.

Auch Ausleerungen und Blutproben anscheinend gesunder Personen sind einzusenden, sofern diese Personen dem Arzt verdächtig erscheinen, Träger des Ansteckungsstoffes zu sein.

Da eine einmalige bakteriologische Untersuchung, wenn sie negativ ausfällt noch nicht sicher beweist, daß kein Typhus vorliegt, so sind die Proben wiederholt einzusenden.

Bekommt ein Arzt in einem Orte einen Typhus- oder Ruhrkranken in Behandlung, so ist es sehr erwünscht, daß er die Ursache und die Herkunft der Krankheit zu ergründen sucht und nachforscht, ob nicht noch weitere verdächtige Fälle in der Umgebung des Kranken oder sonst im Orte sind.

### 4. Versendung des Untersuchungsmaterials.

Die Einsendung von Proben an amtliche bakteriologische Untersuchungsanstalten erfolgt am besten mit der Briefpost. Es sind dabei Versandgefäße zu benutzen, die in ausgehöhlte Holzklötze und Blechbehälter sich einschieben lassen und von den durch die Behörden bekanntgegebenen Stellen unentgeltlich bezogen werden können (z. B. in Preußen und Bayern von den Apotheken).

In jedem Falle müssen die Sendungen fest verschlossen und mit deutlicher Adresse, mit Namen und Wohnung des Absenders sowie mit dem Vermerke: „Vorsicht Untersuchungsmaterial" versehen werden.

Bei der Beförderung als Postpaket ist die Sendung als „Dringendes Paket" aufzugeben.

Jeder Sendung ist ein Schein beizugeben, auf dem verzeichnet sind Name, Geschlecht, Alter und Wohnort des Erkrankten, die mutmaßliche Art der Erkrankung, der Tag des Beginns der Erkrankung, der Tag des etwaigen Todes, der Zeitpunkt der Entnahme des Materials, der Name und Wohnort des Arztes, der das Material entnommen hat, und die Stelle, welcher das Ergebnis der Untersuchung mitgeteilt werden soll.

Unmittelbar nach der Entnahme sind die Proben sobald als möglich zu verpacken und zu versenden, weil sonst das Ergebnis der Untersuchung in Frage gestellt wird.

## Anleitung für die bakteriologische Feststellung des Typhus [1]).

### I. Zur Untersuchung geeignetes Material.

1. Stuhlgang.
2. Harn.
3. Blut aus Roseolaflecken (gewonnen durch oberflächliche Skarifikation der Flecken).
4. Auswurf.
5. Eitrige Absonderungen oder entzündliche Ausschwitzungen jeder Art.
6. Blut. a) Durch Stich in das Ohrläppchen, b) ausnahmsweise durch Punktion der Armvenen in der Menge von 2—3 ccm gewonnen.
7. Beschmutzte Wäschestücke (u. a. Windeln) namentlich bei heftigen Durchfällen.
8. Von Leichen: Milz oder auch (bei nicht gestatteter Obduktion) Milzsaft, durch Aspiration mit einer Injektionsspritze gewonnen, Dünndarmschlingen oder Darminhalt (namentlich vom Zwölffingerdarm). Gekrösdrüsen, Galle, Inhalt von Eiterherden, Lunge, Inhalt der Luftröhrenäste.
9. Wasser in der Menge von 3—5 l aus Kesselbrunnen, a) von der Oberfläche, b) nach vorherigem Aufrühren des Grundes.

### II. Gang der Untersuchung.

#### A. Kultur.

1. Zu I. 1, 4, 5, 7, 8 Anlegung von mindestens 2 Serien Platten auf v. Drigalski-Conradischen Nährboden (vgl. Anhang S. 17). Züchtung bei 37° 18—24 Stunden lang oder 2—3 Tage bei Zimmertemperatur.

Der Oberflächenausstrich geschieht mit Hilfe des von Drigalskischen Glasspatels, nachdem der Stuhlgang mit steriler 0,8%iger Kochsalzlösung verdünnt und verrieben ist.

Von jeder Stuhlprobe werden zweckmäßig wenigstens zwei Plattenserien angelegt. Es empfiehlt sich, eine von den beiden Serien so anzulegen, daß die Öse

---

[1]) Entwurf einer Dienstanweisung für die zur Typhusbekämpfung eingerichteten Untersuchungsämter. Arbeiten aus dem Kais. Gesundheitsamte 1912, Bd. 41, S. 18*.

Stuhlgang usw. in 4—6 Tropfen Bouillon oder Kochsalzlösung aufgeschwemmt und jeder Tropfen auf 1—2 Platten verteilt wird.

2. Zu I. 2. Untersuchung wie bei II. 1. Die Aussaat erfolgt:

Bei Harn, der durch Bakterien getrübt ist, unmittelbar in Menge von mehreren Ösen.

Bei klarem Harn in Menge von einem bis mehreren Kubikzentimetern, die von der Oberfläche des Harnes entnommen werden, ev. nachdem dieser mehrere Stunden gestanden hat.

3. Zu I, 3 und I, 6b. Aussaat in schwach alkalischer Fleischwasserpeptonbrühe, bei I, 3 in Röhrchen mit etwa 10 ccm Brühe, bei I, 6b in Kolben mit etwa 150 ccm Brühe. Züchtung bei 37$^0$; nach etwa 20 Stunden Aussaat auf Platten wie unter II, 1.

4. Zu I, 9. Es empfiehlt sich, das Wasser, namentlich wenn es klar ist, vor Verarbeitung einige Tage bei Zimmertemperatur stehen zu lassen, alsdann einen bis mehrere Kubikzentimeter Wasser von der Oberfläche zu entnehmen und auf je eine Platte zu verteilen. Statt dessen kann auch das folgende Verfahren zur Anwendung kommen: Das zu untersuchende Wasser wird frisch in einen oder mehrere hohe Meßzylinder von je 2 l Rauminhalt gegossen. Zu je 2 l Wasser werden 20 ccm einer sterilisierten 7,75$^0/_0$igen wässerigen Lösung von Natriumhyposulfit (Natrium thiosulfuricum des Arzneibuches für das Deutsche Reich) hinzugefügt und gut gemischt. Darauf werden 20 ccm einer sterilisierten 10$^0/_0$igen Lösung von Bleinitrat in Wasser hinzugesetzt. Der entstehende Niederschlag wird entweder durch Zentrifugieren oder durch Stehenlassen während 18—24 Stunden und Abgießen der überstehenden Flüssigkeitsschicht gewonnen. Zu dem Bodensatz werden 14 ccm einer sterilisierten 100$^0/_0$igen wässerigen Lösung von Natriumhyposulfit (Natrium thiosulfuricum des Arzneibuches für das Deutsche Reich) hinzugefügt, die Mischung wird gut geschüttelt, in ein steriles Röhrchen gegossen und stehen gelassen, bis sich die nichtlöslichen Bestandteile zu Boden gesenkt haben. Von der klaren Lösung werden je 0,2—0,5 ccm wie unter II, 1 zu Platten verarbeitet.

Die auf den in der beschriebenen Weise angelegten Platten gewachsenen Kolonien werden zunächst durch Betrachtung mit dem unbewaffneten Auge auf Größe, Farbe und Durchsichtigkeit geprüft. Die auf Typhusbazillen verdächtigen Kolonien werden sodann auf dem Deckglas auf ihr Verhalten gegenüber stark agglutinierendem Typhusserum makroskopisch untersucht und Reinkulturen von einer Anzahl derselben auf schräg erstarrtem alkalischem Fleischwasserpeptonagar angelegt.

Zur genaueren Bestimmung einer auf die beschriebene Weise gezüchteten Reinkultur dient

a) Prüfung auf Gestalt und Beweglichkeit,
b) die Agglutinationsprobe,
c) Züchtung auf
   1. Bouillon,
   2. schräg erstarrter Gelatine,
   3. Neutralrot-Traubenzuckeragar,
   4. Lackmusmolke,
d) Züchtung auf Kartoffeln,
e) Züchtung auf Gelatineplatten,
f) der Pfeiffersche Versuch,

} kommen nur in Frage, wenn Zweifel bleiben oder die Typhuskolonie aus Wasser, Dung oder einem anderen ungewöhnlichen Medium stammt.

Von jeder festgestellten Typhuskultur ist mindestens eine höchstens 20stündige Reinkultur auf schräg erstarrtem alkalischem Fleischwasserpeptonagar durch Zuschmelzen des Röhrchens luftdicht zu verschließen und für die spätere Nachprüfung, vor Licht geschützt, einen Monat lang bei Zimmertemperatur aufzubewahren.

## B. Agglutinationsprobe.

1. Zur Bestimmung einer verdächtigen Kolonie oder einer Reinkultur.

a) Vorläufige Prüfung im hängenden Tropfen (in 0,8$^0/_0$iger Kochsalzlösung) bei schwacher Vergrößerung. Es muß mit dem spezifischen, möglichst hochwertigen Serum in der Verdünnung von 1 : 100 sofort, spätestens aber während eines 20 Minuten langen Verweilens im Brutschrank bei 37$^0$ deutliche Häufchenbildung eintreten.

b) Bestimmung der Agglutinierbarkeit im Reagenzglas oder Uhrschälchen. Mit dem Testserum werden durch Vermischen mit 0,8%iger (behufs völliger Klärung zweimal durch gehärtete Filter filtrierter) Kochsalzlösung Verdünnungen im Verhältnis von 1 : 100, 1 : 500, 1 : 1000 und 1 : 2000 hergestellt.

Von diesen Verdünnungen wird je 1 ccm in Reagenzröhrchen gegeben, und je eine Öse der zu prüfenden 10—24 Stunden alten Agarkultur darin verrieben und durch Schütteln gleichmäßig verteilt. Nach spätestens dreistündigem Verweilen im Brutschrank bei 37° werden die Röhrchen herausgenommen und besichtigt, und zwar am besten so, daß man sie schräg hält und von unten nach oben mit dem von der Zimmerdecke reflektierten Tageslicht bei schwacher Lupenvergrößerung betrachtet. Der Ausfall des Versuchs ist nur dann als positiv anzusehen, wenn unzweifelhafte Häufchenbildung (Agglutination) erfolgt ist.

Bei jeder Untersuchung müssen Kontrollversuche angestellt werden, und zwar:

1. mit derselben Kultur und mit der Verdünnungsflüssigkeit;
2. mit einer bekannten Typhuskultur von gleichem Alter wie die zu untersuchende Kultur und mit dem Testserum. Fällt der Agglutinationsversuch mit einer Reinkultur negativ aus, so ist die Kultur zunächst durch wiederholte Übertragungen auf Agar fortzuzüchten und dann der Versuch zu wiederholen.

2. Zur Prüfung des Serums eines typhusverdächtigen Menschen.

a) Blutentnahme: Die Entnahme des Blutes erfolgt am besten durch Einstich in das vorher gereinigte Ohrläppchen.

Das tropfenweise herausgedrückte Blut wird in Kapillaren von 6—8 cm Länge und etwa 2 mm lichter Weite, deren spitze abgeschmolzene Enden vorher abgebrochen sind, aufgesogen.

In die schräg nach unten gehaltene Kapillare muß das Blut schnell eintreten. Geschieht das nicht, so ist bereits Gerinnung erfolgt; man hat dann sogleich ein frisches Röhrchen zu nehmen. Die Kapillare muß mindestens bis zur Hälfte gefüllt werden.

Kapillaren lassen sich herstellen aus dünnen, 2 mm weiten oder weiteren Barometerröhrchen über dem Bunsenbrenner oder einer hochbrennenden Spiritusflamme.

b) Gewinnung und Verwendung des Serums: Nach einigen Stunden, im Eisschrank schon nach einer Stunde, hat sich das Serum klar abgesetzt.

Bricht man die Enden der Kapillare so weit ab, daß an dem einen Ende das ausfließende Serum keine Verengerung des Röhrchens mehr zu passieren hat, so erhält man klares Serum, fast ohne Beimengung von Blutkörperchen.

Andernfalls wird zweckmäßig zentrifugiert. Das Serum wird mit einer 1 ccm fassenden, mit $^1/_{100}$ Teilung versehene Pipette abgemessen und mit steriler 0,8%iger Kochsalzlösung auf das 50fache verdünnt. Ergibt diese Verdünnung weniger als 2 ccm, so wird die Probe auf Agglutination auf einem Deckglas angesetzt, andernfalls mit je $^1/_2$—1 ccm in einem dünnen Reagenzglas.

Mikroskopische Agglutinationsprobe: In je einem auf das Deckglas gebrachten Tropfen der Verdünnung des Serums 1 : 50, sowie einer aus dieser bereiteten Verdünnung 1 : 100 wird sowohl von einer Typhuskultur wie von einer Paratyphuskultur vom Typus B, im Falle des negativen Ausfalls auch von einer Paratyphuskultur vom Typus A, eine Nadelspitze so weit verrieben, daß man mit bloßem Auge eben eine Trübung sieht; die Platinnadel wird dann abgebrannt und der Tropfen gleichmäßig weiter verrieben.

Auf dem hohlen Objektträger muß das Deckglas durch den Vaselinerand luftdicht abgeschlossen sein.

Makroskopische Agglutinationsprobe: Das übrige Serum wird durch Zusatz einer gleichen Menge 0,8%iger Kochsalzlösung auf 1 : 100 verdünnt und mit den genannten Kulturen auf Agglutinationsfähigkeit im Reagenzglas geprüft (vgl. B, 1b). Auf je 1 ccm Serumverdünnung wird 1 Normalöse (2 mg) der Kultur an der Wand des Röhrchens sorgfältig verrieben.

Die angesetzten Proben bleiben entweder 3 Stunden bei 37° oder vom Abend bis zum nächsten Morgen bei Zimmertemperatur stehen.

Bei spärlicher Serummenge werden zwecks Feststellung des Grenzwerts gleiche Mengen der Serumverdünnung und einer Aufschwemmung von 2 Normalösen in 1 ccm 0,8%iger Kochsalzlösung mittels Pipette oder Kapillare in ein mit Deckel versehenes Uhrglas oder Blockschälchen gebracht. Die Prüfung erfolgt makroskopisch und mikroskopisch.

c) Prüfung der Reaktion: Die Agglutination, auch bei makroskopischen Proben, ist stets durch das Mikroskop zu kontrollieren, namentlich wenn dem Serum Blutkörperchen beigemengt waren.

Die auf dem Deckglas angesetzte Probe 1 : 50 hat nur orientierenden Wert. Sind in jedem Gesichtsfeld reichlich Häufchen selbst neben noch einzeln liegenden Bakterien enthalten, so ist die Reaktion als positiv zu bezeichnen.

Ist nur die Probe 1 : 50, nicht aber diejenige 1 : 100 positiv, so ist die Einsendung neuer Blutproben nach einigen Tagen zu veranlassen und der Fall solange als ververdächtig anzusehen.

### C. Pfeifferscher Versuch.

Das hierzu verwendete Serum muß möglichst hochwertig sein.

Zur Ausführung des Pfeifferschen Versuchs sind 4 Meerschweinchen von je 200 g Gewicht erforderlich.

Tier A erhält das Fünffache der Titerdosis des Serums.

Tier B erhält das Zehnfache der Titerdosis des Serums.

Tier C dient als Kontrolltier und erhält das 50fache der Titerdosis vom normalen Serum derselben Tierart, von welcher das bei Tier A und B benutzte Serum stammt. Sämtliche Tiere erhalten diese Serumdosen gemischt mit je einer Öse der zu untersuchenden, 18 Stunden bei 37° auf Agar gezüchteten Kultur in 1 ccm Fleischbrühe (nicht Kochsalz- oder Peptonlösung) in die Bauchhöhle eingespritzt.

Tier D erhält nur $^1/_4$ Öse Kultur intraperitoneal, um festzustellen, ob die Kultur für Meerschweinchen virulent ist.

Zur Injektion benutzt man eine Kanüle mit abgestumpfter Spitze. Die Injektion in die Bauchhöhle geschieht nach Durchschneidung der äußeren Haut, es kann dann mit Leichtigkeit die Kanüle in den Bauchraum eingestoßen werden. Die Entnahme des Peritonealexsudats zur mikroskopischen Untersuchung im hängenden Tropfen erfolgt vermittels Glaskapillaren gleichfalls an dieser Stelle. Die Betrachtung des Exsudats geschieht im hängenden Tropfen bei starker Vergrößerung, und zwar 20 Minuten, 1 Stunde und 2 Stunden nach der Injektion.

Bei Tier A und B muß spätestens nach 2 Stunden typische Körnchenbildung oder Auflösung der Bazillen erfolgt sein, während bei Tier C und D eine große Menge lebhaft beweglicher und in ihrer Form gut erhaltener Bazillen vorhanden sein muß. Damit ist die Diagnose gesichert.

## III. Beurteilung des Befundes.

Eine vorläufige Diagnose auf Typhus kann gestellt werden bei charakteristischer Beschaffenheit der Kolonien auf dem v. Drigalski-Conradischen Nähragar und bei positivem Ausfall der Agglutinationsprobe im hängenden Tropfen (II, B, 1 a).

Derartige Fälle sind unter Vorbehalt sofort als Typhus zu melden. Zur endgültigen Feststellung des Typhus ist der positive Ausfall der sämtlichen unter II, A und B angeführten Proben ausreichend; bestehen nach Vornahme dieser Proben noch Zweifel über die Art der gezüchteten Bakterien, so ist der Pfeiffersche Versuch (II, C) vorzunehmen. Zeigt das Serum der untersuchten Person in einer Verdünnung von 1 : 100 mit Typhus- oder Paratyphusbazillen positive Reaktion, so ist der Fall als typhusverdächtig zu melden, wenn auch nur geringe Krankheitserscheinungen vorliegen oder ein Zusammenhang mit Typhusfällen nachweisbar ist.

## Anhang zur Anleitung für die bakteriologische Feststellung des Typhus.

### Herstellung des Nährbodens zum Nachweis der Typhusbazillen nach v. Drigalski-Conradi.

Berechnet auf 2 Liter.

#### I. Bereitung des Agars.

3 Pfund fettfreies Pferdefleisch werden fein gehackt, mit 2 l Wasser übergossen und bis zum nächsten Tage stehen gelassen (im Eisschrank).

Das Fleischwasser wird sodann abgeseiht und der Rückstand — am besten mit einer Fleischpresse — abgepreßt. Die ganze Menge der auf die Weise gewonnenen

Flüssigkeit wird dann gemessen, gekocht und filtriert. Dem Filtrate werden zugefügt:

1% Pepton. sicc. Witte,
1% Nutrose (oder auch 1% Tropon),
0,5% Kochsalz.

Die Mischung wird dann gekocht, alkalisiert und filtriert, unter Zusatz von 3% Agar (zerkleinerter Stangen-Agar) 3 Stunden lang im Dampftopf gekocht, darauf durch Sand (Rohrbecksches Sandfilter) oder Leinwand oder sterilisierte entfettete Baumwolle im Dampftopf filtriert, wiederum alkalisiert und gemessen.

### II. Milchzucker-Lackmuslösung.

300 ccm Lackmuslösung von Kahlbaum-Berlin werden 10 Minuten lang gekocht, erhalten darauf einen Zusatz von 30 g Milchzucker und werden abermals 15 Minuten lang gekocht; bei der Benutzung ist die Flüssigkeit sorgfältig vom Bodensatz abzugießen.

### III. Mischung.

Die heiße Milchzucker-Lackmuslösung (II) wird zu der heißen Agarmasse (I) zugesetzt und die Mischung mit 10%iger Sodalösung bis zur schwach alkalischen Reaktion alkalisiert.

Die Alkalisierung geschieht bei Tage mit dem in dem Nährboden enthaltenen Lackmus als Indikator. Die Farbenprüfung gelingt leicht in dem schräg geneigten Kolbenhalse gegen einen weißen Untergrund oder durch Betrachtung des Schaumes, der beim Schütteln des Kolbens auftritt.

Zu dem schwach alkalischen Nährboden werden 6 ccm einer sterilen warmen 10%igen Sodalösung und 20 ccm einer frischen Lösung von 0,1 g Kristallviolett 0 chemisch rein — Höchst[1]) — in 100 ccm Aq. dest. steril. hinzugefügt.

Der Nährboden wird in Mengen von etwa 200 ccm in Erlenmeyersche Kölbchen abgefüllt und kann so wochenlang aufbewahrt werden. Die Doppelschalen für die Herstellung der Platten müssen einen Durchmesser von 18—20 cm haben. Platten dürfen nicht aufbewahrt, sondern müssen frisch gegossen werden.

# Ausführungsvorschriften des Bundesrats zum Viehseuchengesetz. Vom 7. 12. 1911.

## Anhang.

## Anweisung für die tierärztliche Feststellung der Tuberkulose.

### III, 2. Ausführung der bakteriologischen Untersuchung.

2. a) Lungenauswurf und Ausfluß aus der Gebärmutter werden in eine sterilisierte, auf einer schwarzen Unterlage ruhende Glasschale gebracht und nach Eiterflöckchen durchsucht. Wenn solche vorhanden sind, werden aus ihnen, sonst aus Proben der Gesamtmasse des Materials, mindestens zwei Ausstrichpräparate auf Objektträger angefertigt.

Falls sich im Lungenauswurf und Ausflußmaterial aus der Gebärmutter Eiterflöckchen nicht finden, kann auch die Antiformin- oder eine ähnlich wirkende Methode zur Vorbereitung des Materials für den mikroskopischen Nachweis der Tuberkelbazillen angewandt werden, vorausgesetzt, daß Untersuchungsmaterial in ausreichender Menge zur Verfügung steht. Zur Ausführung der Antiforminmethode wird ein Teil des für diesen Zweck zur Verfügung stehenden Materials mit zwei Teilen einer 50%igen Lösung von Antiformin in destilliertem Wasser versetzt. Unter öfterem Umschütteln des Gemisches tritt die Verflüssigung des Lungenauswurf- oder Gebärmuttermaterials in $^1/_2$—1 Stunde ein. Nachdem zu der dünnflüssigen Mischung des Antiformins mit dem Material unter gutem Umschütteln die gleiche Menge von 96- oder 50%igem Alkohol oder auch Brennspiritus hinzugefügt ist, können die etwa darin enthaltenen Tuberkelbazillen mit Hilfe einer Zentrifuge ausgeschleudert werden.

Das Zentrifugieren hat in einer Zentrifuge, die etwa 3000 Umdrehungen in der Minute macht, mindestens $^1/_4$ Stunde, in einer Zentrifuge, die etwa 1500 Umdrehungen in der Minute macht, mindestens $^1/_2$ Stunde lang zu geschehen. Nach

[1]) Präparate anderer Fabriken sind nicht gleichartig verwendbar.

$^1/_4$ ($^1/_2$) stündigem Zentrifugieren wird die in den Zentrifugenröhrchen über dem Bodensatze stehende Flüssigkeit abgegossen, durch destilliertes Wasser ersetzt und von neuem $^1/_4$ ($^1/_2$) Stunde lang zentrifugiert, um das Antiformin aus dem Bodensatz zu entfernen. Nunmehr werden aus dem Bodensatze mindestens 2 Ausstrichpräparate auf Objektträgern angefertigt.

Milch ist in der Weise zur mikroskopischen Untersuchung auf Tuberkelbazillen vorzubereiten, daß mindestens 20 ccm mit Hilfe einer Zentrifuge $^1/_4$ ($^1/_2$) Stunde lang ausgeschleudert und aus dem hierbei sich abscheidenden Bodensatze mindestens 2 Ausstrichpräparate auf Objektträgern hergestellt werden.

Zur Anfertigung der Ausstrichpräparate für die mikroskopische Untersuchung wird das Material auf sorgfältig gereinigten ungebrauchten Objektträgern möglichst gleichmäßig ausgestrichen. Sobald das auf den Objektträgern ausgestrichene Material lufttrocken geworden ist, wird es in üblicher Weise über der Flamme oder durch 5 Minuten langes Einlegen in Methyl- oder Äthylalkohol fixiert. Wenn das ausgestrichene Material nicht genügend gerinnungsfähiges Eiweiß enthält, um die Fixierung möglich zu machen, ist dem Material etwas Hühnereiweiß oder Blutserum zuzusetzen. Durch Untersuchung von Kontrollpräparaten ist vorher festzustellen, daß die zugesetzte eiweißhaltige Flüssigkeit frei von säurefesten Bazillen ist. Die Färbung geschieht wie folgt:

1. Färben mit Karbolfuchsin (filtrierte Mischung von 100 ccm 5%iger Karbolsäure und 10 ccm gesättigter alkoholischer Fuchsinlösung) während 2 Minuten über der Flamme unter wiederholtem Aufkochen.
2. Behandlung mit 3%igem Salzsäurealkohol[1]), bis das Präparat farblos erscheint (etwa 30 Sekunden lang), und Nachspülen mit Wasser.
3. Nachfärben mit gesättigter wäßriger Methylenblaulösung etwa 10—15 Sekunden lang.
4. Abspülen in Wasser.

Der negative mikroskopische Befund in gefärbten Ausstrichpräparaten schließt nicht aus, daß das Material, aus dem die Ausstrichpräparate angefertigt wurden, trotzdem Tuberkelbazillen enthält. Ein sicheres Ergebnis liefert nur die Verimpfung des Materials an Tiere. Deshalb ist die Entscheidung stets vom Ergebnis des Tierversuchs abhängig zu machen, wenn der mikroskopische Befund in den gefärbten Ausstrichpräparaten negativ ist, desgleichen, wenn der mikroskopische Befund irgend einen Zweifel läßt, ob etwa in den Präparaten vorhandene tuberkelbazillenähnliche Stäbchen Tuberkelbazillen sind oder nicht.

b) Verimpfung von Material auf Versuchstiere.

Lungenauswurf und Ausflußmaterial aus der Gebärmutter können unmittelbar, ohne weitere Vorbereitungen, zur Verimpfung auf Versuchstiere (Meerschweinchen) verwendet werden. Es empfiehlt sich, falls wenig Material zur Verfügung steht, dieses mit sterilisierter physiologischer Kochsalzlösung so zu verdünnen, daß auf jedes Versuchstier mindestens 2 ccm Impfmaterial entfallen.

Milch ist vor der Verimpfung auszuschleudern, und zwar sind für je ein Versuchstier mindestens 20 ccm zu verwenden, die in einer Zentrifuge mit etwa 3000 Umdrehungen in der Minute mindestens $^1/_4$ Stunde, in einer Zentrifuge mit etwa 1500 Umdrehungen in der Minute mindestens $^1/_2$ Stunde lang auszuschleudern sind. Der hierbei sich abscheidende Rahm und Bodensatz sind nach Abgießen der Magermilch zu mischen und als Impfmaterial zu verwenden. Stehen zur Impfung für ein Meerschweinchen 80 ccm Milch oder mehr zur Verfügung, so kann von der Verimpfung der Rahmschicht Abstand genommen werden.

Kot ist vor der Verimpfung zur Abtötung von Begleitbakterien, die Meerschweinchen rasch töten können, mit Antiformin zu behandeln. Etwa 30 g des zu untersuchenden Kotes werden mit 15 ccm Antiformin und 55 ccm destilliertem Wasser vermischt, die Mischung wird 2—3 Stunden stehen gelassen und während dieser Zeit öfters umgeschüttelt. Nach 2—3stündigem Stehen wird die Mischung $^1/_4$ ($^1/_2$) Stunde lang zentrifugiert und sodann die hierbei in den Zentrifugenröhrchen von dem Bodensatze sich abscheidende Flüssigkeit abgegossen. Ist dies geschehen, so wird der Bodensatz mit 10 ccm destilliertem Wasser aufgeschwemmt, durch

[1]) Den teueren 96%igen Alkohol kann man durch den billigen Brennspiritus ersetzen (3 Teile Salzsäure, 97 Teile Brennspiritus). Marx (Münch. med. Wochenschrift 1920, Bd. 67, S. 60) erhielt gute Ergebnisse.

sterilisierte (ausgekochte) Gaze oder grobe Leinewand geseiht und je die Hälfte der durchgeseihten Flüssigkeit an Meerschweinchen verimpft.

Die vorgängige Behandlung mit Antiformin kann auch bei Lungenauswurf und Ausflußmaterial aus der Gebärmutter angewandt werden, wenn sich zeigen sollte, daß nach Verimpfung dieses Materials häufiger vorzeitige Todesfälle bei den Impftieren eintreten. Bei Lungenauswurf und Ausflußmaterial aus der Gebärmutter ist jedoch das Antiformin in etwa $5^0/_0$iger Mischung zu verwenden.

Zu jedem Tierversuche sind mindestens 2 Meerschweinchen zu verwenden. Die Verimpfung des Impfmaterials hat in der Regel in die Muskulatur der inneren und hinteren Fläche eines Hinterschenkels zu erfolgen.

Die geimpften Meerschweinchen können zum Zwecke der Feststellung des Impfergebnisses getötet werden, sobald die der Impfstelle benachbarten Lymphknoten als harte, schmerzlose, von der Umgebung scharf abgegrenzte Knoten von Kleinerbsengröße und darüber hervortreten. Dies kann schon am 10. Tage nach der Impfung der Fall sein. Treten die Lymphdrüsenveränderungen nicht auf, dann sind die Versuchstiere frühestens 6 Wochen nach Vornahme der Impfung zu töten.

Tuberkulose bei den Impftieren ist als festgestellt anzusehen, wenn in der tuberkuloseverdächtigen Veränderung der Tiere einwandfrei Tuberkelbazillen nachgewiesen sind.

Läßt die bakteriologische Untersuchung tuberkuloseverdächtiger Herde bei den Versuchstieren ausnahmsweise einen Zweifel bestehen, so sind die verdächtigen Herde an mindestens 2 weitere Meerschweinchen zu verimpfen, und außerdem ist neues Material von dem in Frage kommenden tuberkuloseverdächtigen Rinde zur Untersuchung einzufordern.

Die Landesregierung kann Abweichungen von der Ausführung des vorstehend geschilderten Verfahrens bei der bakteriologischen Untersuchung der Ausscheidungen tuberkuloseverdächtiger Rinder zulassen.

## Vorschriften für die Nachprüfung des amtstierärztlichen Gutachtens bei Milzbrand, Rauschbrand, Wild- und Rinderseuche.

**[Anlage zum § 9 der Ausführungsbestimmungen (vom 12. April 1912) zum preußischen Ausführungsgesetz zum Viehseuchengesetze vom 25. Juli 1911.]**

Wird eine Nachprüfung des amtstierärztlichen Gutachtens an einer besonderen Untersuchungsstelle erforderlich, so hat der beamtete Tierarzt mit möglichster Beschleunigung der Untersuchungsstelle folgende Untersuchungsproben einzusenden:

a) Drei lufttrockene, ungefärbte, nicht erwärmte Deckglasausstriche, die bei Milzbrand von gefallenen Tieren aus dem Blute einer Ohr- oder Halsvene, von notgeschlachteten Tieren aus den veränderten Teilen der Milzpulpa; bei Rauschbrand vom Saft aus dem Gewebe der Rauschbrandgeschwülste, bei Wild- und Rinderseuche aus den veränderten Teilen der Muskulatur anzufertigen sind.

b) Bei Milzbrand: eine dicke Schicht aus einer Ohr- oder Halsvene frisch entnommenen Blutes oder (bei notgeschlachteten Tieren) von Milzbrei, aufgetragen auf drei Stückchen neuen sauberen Filtrierpapiers (von etwa 10 qcm Größe).

Bei Rauschbrand: ein Stückchen aus dem muskulösen Gewebe der Rauschbrandgeschwülste sowie je eine Probe Galle und Milz, bei Wild- und Rinderseuche je ein Stückchen aus den veränderten Teilen der Muskulatur und aus der Milz.

Diese Untersuchungsproben (a und b) sind zunächst in sauberes Filtrierpapier und sodann in Pergamentpapier einzuschlagen und mit Aufschriften zu versehen, die die Bezeichnung des Tieres, den Tag des Todes, den Namen und Wohnort des Besitzers und den Namen des beamteten Tierarztes enthalten müssen. Die Präparate sind darauf in ein geeignetes Kästchen zu verpacken und der Untersuchungsstelle als Brief zu übersenden. Im übrigen sind die für die Versendung ansteckender Stoffe geltenden Vorschriften zu beachten.

## Anlage a zum deutschen Reichsfleischbeschaugesetze vom 3. 6. 1900 betreffend Anweisung für den biologischen Pferdefleischnachweis mittels der Präzipitinreaktion.

Zur Ausführung der biologischen Untersuchung auf Pferdefleisch und anderes Einhuferfleisch sind mit einem ausgeglühten oder ausgekochten Messer aus der Tiefe des verdächtigen Fleischstückes etwa 30 g Muskelfleisch, möglichst ohne Fettgewebe, von einer frisch hergestellten Schnittfläche zu entnehmen und auf einer ausgekochten, mit ungebrauchtem Schreibpapier bedeckten Unterlage durch Schaben mit einem ausgekochten Messer zu zerkleinern. Die zerkleinerte Fleischmasse wird in ein ausgekochtes oder sonst durch Hitze sterilisiertes, etwa 100 ccm fassendes Erlenmeyersches Kölbchen gebracht, mit Hilfe eines ausgekochten, sterilisierten Glasstabes gleichmäßig verteilt und mit 50 ccm sterilisierter, 0,85%iger Kochsalzlösung übergossen. Gesalzenes Fleisch ist zuvor in einem größeren, sterilisierten Erlenmeyerschen Kolben zu entsalzen, indem man es mit sterilem, destillierten Wasser übergießt und letzteres, ohne zu schütteln, während 10 Minuten mehrmals erneuert. Das Gemisch von Fleisch und 0,85%iger Kochsalzlösung bleibt zur Ausziehung der im Fleische vorhandenen Eiweißsubstanzen etwa 3 Stunden lang bei Zimmertemperatur oder über Nacht im Eisschranke stehen und darf, um eine klare Lösung zu erhalten, nicht geschüttelt werden. Zur Feststellung, ob die für die Untersuchung nötige Menge Eiweiß in Lösung gegangen ist, sind etwa 2 ccm der Ausziehungsflüssigkeit in ein sterilisiertes Reagenzglas zu gießen und tüchtig durchzuschütteln. Entwickelt sich dabei ein feinblasiger Schaum, der längere Zeit stehen bleibt, so ist der Auszug verwendbar. Die zu untersuchende Eiweißlösung muß für die Ausführung der biologischen Untersuchung wie alle übrigen zur Verwendung kommenden Flüssigkeiten vollständig klar sein. Zu diesem Zwecke muß der Fleischauszug filtriert werden, und zwar entweder durch gehärtete Papierfilter oder, wenn hierbei ein klares Filtrat nicht erzielt wird, durch ausgeglühten Kieselgur auf Büchnerschen Trichtern oder auch durch Berkefeldsche Kieselgurkerzen. Das Filtrat ist für die weitere Prüfung geeignet, wenn es wie der unfiltrierte Auszug beim Schütteln schäumt und außerdem eine Probe (etwa 1 ccm) beim Kochen nach Zusatz eines Tropfens Salpetersäure vom spezifischen Gewicht 1,153 eine opalierende Eiweißtrübung gibt, die sich nach etwa 5 Minuten langem Stehen als eben noch erkennbarer, flockiger Niederschlag zu Boden senkt. Dann besitzt das Filtrat die für die biologische Prüfung zweckmäßigste Konzentration des Eiweißes in der Ausziehungsflüssigkeit (etwa 1 : 300). Ist das Filtrat zu konzentriert, so muß es so lange mit sterilisierter Kochsalzlösung verdünnt werden, bis die Salpetersäure-Kochprobe den richtigen Grad der Verdünnung anzeigt. Ferner soll das Filtrat neutral, schwach sauer oder schwach alkalisch reagieren.

Von der filtrierten, neutralen, schwach sauren oder schwach alkalischen, völlig klaren Lösung wird mit ausgekochter oder anderweitig durch Hitze sterilisierter Pipette je 1 ccm in zwei Reagenzröhrchen von je 11 cm Länge und 0,8 cm Durchmesser (Röhrchen 1 und 2) gebracht. In ein Röhrchen 3 wird 1 ccm eines ebenfalls klaren, neutralen, schwach sauer oder schwach alkalisch reagierenden, aus Pferdefleisch in gleicher Weise hergestellten Filtrats eingefüllt. Weitere Röhrchen 4 und 5 werden mit je 1 ccm einer ebenso hergestellten Schweine- und Rindfleischlösung beschickt. In ein Röhrchen 6 wird 1 ccm sterilisierter, 0,85%iger Kochsalzlösung gegossen. Die Röhrchen werden in ein kleines, passendes Reagenzglasgestell eingehängt. Sie müssen vor dem Gebrauche ausgekocht oder anderweitig durch Hitze sterilisiert und vollkommen sauber sein. Zum Einfüllen der verschiedenen Lösungen in die einzelnen Röhrchen sind je besondere sterilisierte Pipetten zu benutzen. Zu den, wie angegeben, beschickten Röhrchen wird, mit Ausnahme von Röhrchen 2, je 0,1 ccm vollständig klares, von Kaninchen gewonnenes, Pferdeeiweiß ausfällendes Serum von bestimmtem Titer so zugesetzt, daß es an der Wand des Röhrchens herabfließt und sich auf seinem Boden ansammelt. Zu Röhrchen 2 wird 0,1 ccm normales, ebenfalls völlig klares Kaninchenserum in gleicher Weise gegeben.

Die Röhrchen sind bei Zimmertemperatur aufzubewahren und dürfen nach dem Serumzusatze nicht geschüttelt werden.

Beurteilung der Ergebnisse. Tritt in Röhrchen 1 ebenso wie in Röhrchen 3 nach etwa 5 Minuten eine hauchartige, in der Regel am Boden des Röhrchens beginnende Trübung auf, die sich innerhalb weiterer 5 Minuten in eine wolkige umwandelt und nach spätestens 30 Minuten als Bodensatz absetzt, während die Lösungen in den übrigen Röhrchen völlig klar bleiben, so handelt es sich um Pferdefleisch (oder anderes Einhuferfleisch). Später entstehende Trübungen dürfen als positive Reaktion nicht aufgefaßt werden. Zur besseren Feststellung der zuerst eintretenden Trübung können die Röhrchen bei auffallendem Tages- oder künstlichem Lichte betrachtet werden, indem hinter das belichtete Reagenzglas eine schwarze Fläche (z. B. schwarzes Papier oder dgl.) geschoben wird.

Das ausfällende Serum muß einen Titer 1 : 20 000 haben, d. h. es muß noch in 1 : 20 000 verdünntem Pferdeblutserum binnen 5 Minuten eine beginnende Trübung herbeiführen. Derartiges Serum ist bis auf weiteres vom Kaiserl. Gesundheitsamte erhältlich. Das Serum wird in Röhrchen von 1 ccm Inhalt versandt. Getrübtes oder auch nur opalisierendes Serum ist nicht zu verwenden. Serum, das durch den Transport trüb geworden ist, darf nur gebraucht werden, wenn es sich in den oberen Schichten binnen 12 Stunden vollkommen klärt, so daß die trübenden Bestandteile entfernt werden können. Zur Untersuchung soll stets nur der Inhalt eines Röhrchens, nicht dagegen eine Mischung mehrerer Röhrchen verwendet werden.

### Anleitung für die Ausführung der Wassermannschen Reaktion[1]).

(Festgestellt in der Sitzung des Reichs-Gesundheitsrats vom 11. Juli 1919) vgl. hierüber „Wassermannsche Reaktion im serologischen Teil.

## II. Entnahme und Verpackung von Untersuchungsmaterial.

Die zur Aufnahme dienenden Glasgefäße sind, wenn sterile nicht vorrätig sind, zuvor trocken zu sterilisieren oder auszukochen (kaltes Ansetzen! Auf den Boden des Topfes Holzwolle legen!). Korken sind mit auszukochen. Gummigegenstände werden mit Wasser und Seife gewaschen, mit Wasser abgespült, 1 Stunde in 1 $^0/_{00}$ige Sublimatlösung gelegt und mit abgekochtem Wasser abgespült. — Die öffentlichen bakteriologischen Untersuchungsämter usw. in Deutschland geben für Einlieferungen an sie besondere Versandpackungen ab, die den Ärzten und Tierärzten auf Wunsch kostenlos zugeschickt werden. Vielfach haben auch die Apotheken Niederlagen für kostenfreien Bezug. Das Untersuchungsmaterial ist so zu entnehmen und zu verpacken, daß es nicht durch Keime von außen verunreinigt wird und daß Infektionsstoffe die Verpackung nicht durchtränken können (S. 7—9, 14). Größere, feuchte Präparate werden in Tücher, Öl- oder Pergamentpapier eingewickelt und mit Feuchtigkeit aufsaugendem Material (Kleie, Sägespäne, Torfmull, Heu usw.) in einer Kiste verpackt oder in ein Blechgefäß eingelötet. Leitz in Berlin bringt Versandkästen in den Handel, die einen herausnehmbaren, hermetisch verschließbaren und im Autoklaven sterilisierbaren Metallkasten enthalten.

Der Begleitbrief ist nicht zu vergessen. Er ist, damit er durch ausgesickerte Flüssigkeit nicht verunreinigt wird, getrennt zu schicken.

### 1. Blut.

Für die Agglutination sind etwa 3 ccm, für die Wassermannsche Reaktion 6—10 ccm und für die Kultur etwa 20 ccm Blut erforderlich.

Die **Entnahme** kleiner Blutmengen geschieht beim **Menschen** aus dem Ohrläppchen oder der Streckseite des Fingers (besser als aus der Fingerkuppe, die schwerer zu desinfizieren ist). Die Haut wird zuvor

---

[1]) Sonderbeilage zu „Veröffentlichungen des Reichsgesundheitsamtes" 1920 Nr. 46, S. 843.

mit Wasser und Seife gereinigt und mit Alkohol und Äther kräftig abgerieben. Es wird ein flacher Schnitt von etwa 1 cm Länge angelegt oder mit einer sterilen Nadel (oder einer neuen Schreibfeder, deren eine Spitze

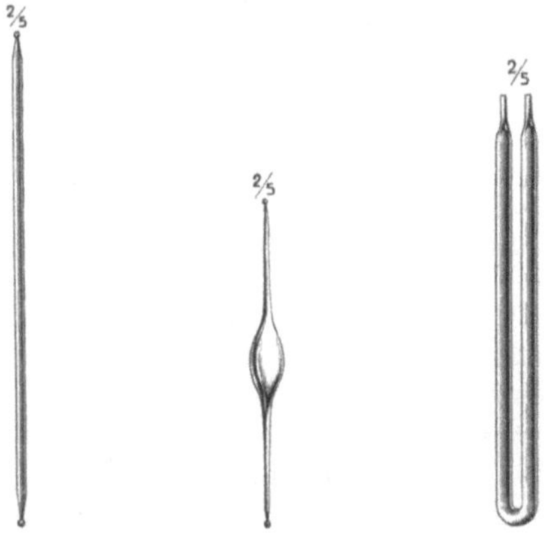


Abb. 1. Abb. 2. Abb. 3.

Gerade, bauchige und U-förmige Blutkapillaren, luftleer, zur Blutentnahme, amtliches Modell.

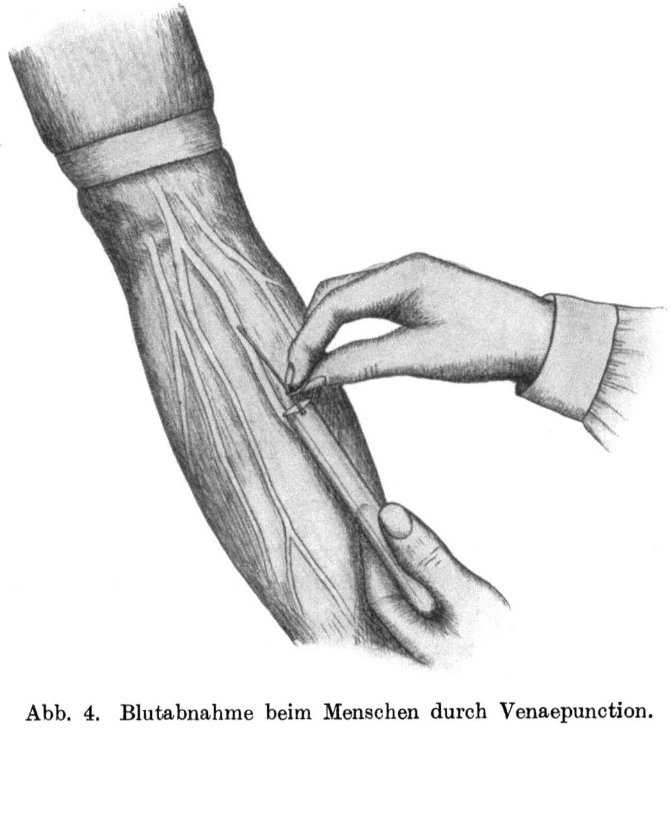

Abb. 4. Blutabnahme beim Menschen durch Venaepunction.

abgebrochen ist, Lanzette oder Wrigthscher Glasnadel usw.) eingestochen und das Blut in sterilem Röhrchen oder einer Kapillare (Abb. 1 bis 3) aufgefangen, die mit Siegellack oder durch Abschmelzen wieder verschlossen wird. Czaplewski fängt das Blut mit einem Wattebausch auf, aus dem das Serum auszentrifugiert wird. (Abb. 7.)

Abb. 5. Kanüle nach Strauß-Casper.

Bei **Säuglingen** und kleinen Kindern sticht man mit einer Lanzette die Ferse an und saugt das austretende Blut in einem U-förmigen Röhrchen auf. Nach Gerinnung des Blutes wird das Serum abzentrifugiert.

Größere Mengen Blut entnimmt man beim **Menschen** mit dem Schröpfkopf (Abb. 6) oder meist durch Venaepunktion aus der V. mediana (Abb. 4) mittels einer Kanüle z. B. nach Strauß-Casper (Abb. 5).

Bei der Venaepunktion (Abb. 4) wird die Haut mit Seifenspiritus, Alkohol, Äther und Sublimat gründlich abgerieben. Sind die Venen undeutlich zu sehen, so läßt man Bewegungen mit den Arm ausführen und komprimiert sodann die Vene zentralwärts von der beabsichtigten Entnahmestelle durch einen

Abb. 6. Blutabnahme beim Menschen mit dem Schröpfkopf.

Gummischlauch oder läßt dies durch einen Assistenten ausführen. Der Radialispuls muß aber noch fühlbar bleiben. Bei sehr fetten Personen muß man zuweilen erst die Haut durchtrennen und die Vene freilegen. Der Bequemlichkeit wegen sticht man die sterilisierte Kanüle (Straußsche Kanüle, Abb. 5, oder Hohlnadel) in der Richtung des Blutstromes (Abb. 4) in die V. mediana parallel zum Arm ein. Nach Beendigung des Aderlasses erhebe man den Arm des Patienten, komprimiere die Stichwunde mit sterilem Wattebausch und lege unter mäßigem Druck eine Mullbinde an.

Bei der Blutabnahme mit dem Schröpfkopf (Abb. 6) wird die Haut gereinigt und desinfiziert. Der Biersche Sauger wird unter starker Kompression des Gummiballes fest auf die Haut des Patienten aufgedrückt. Die betreffende Hautstelle wird allmählich dunkelblaurot. Nach $^1/_2$ Minute wird der Sauger wieder abgenommen und der gespannte Schröpfschnapper aufgesetzt und abgedrückt und ein zweites Mal so aufgesetzt, daß die neuen Schnittlinien die ersten senkrecht schneiden. Hierauf wird der Sauger wieder aufgesetzt. Beim Abnehmen des Saugers ist darauf zu achten, daß das Blut nicht in den Gummiball läuft.

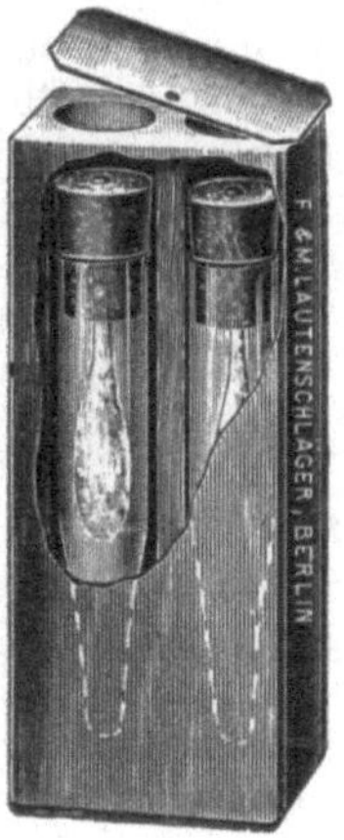

Abb. 7. Bluttupferröhren in Holzbehälter.

Beim **Tier** (Pferd, Rind usw.) entnimmt man das Blut für serologische Untersuchungen mit einer durch Auskochen sterilisierten Hohlnadel aus der V. jugularis und fängt es in einem sterilen Gefäß (Zentrifugenglas) auf. An der Einstichstelle werden die Haare zuvor abgeschoren und die Haut mit Alkohol, Lysol oder dgl. abgerieben.

Zwecks kultureller oder mikroskopischer Untersuchung nimmt man einen kleinen Hautschnitt (am Ohre) vor und verwendet das austretende Blut. Die Haut ist vor dem Einschnitt zu rasieren und mit Alkohol, 1 $^0/_{00}$iger Sublimatlösung und nochmals mit Alkohol gründlich abzureiben. — Über die Blutabnahme bei kleinen Versuchstieren vgl. Abschnitt Tierversuch gegen Ende des bakteriologischen Teiles.

Aus der **Leiche** entnimmt man das Blut am besten mit einer Spritze aus dem Herzen, nachdem man die Einstichstelle mit glühendem Messer abgesenkt hat.

Um das **Blut flüssig zu halten,** defibriniert man das in sterilisierter Flasche mit Glasperlen aufgefangene Blut durch $^1/_4$stündiges Schütteln. Langer[1]) empfiehlt für Züchtungen, das Blut außer mit sterilen Glasperlen gleichzeitig mit Kaolin zu schütteln, um es seiner bakteriziden Kräfte zu berauben. Nach Langer bleiben dann die Keime länger lebensfähig und die Kultur wird erleichtert. Nach Friedberger und Kumagai[2]) wirkt das Kaolin entgegen den Angaben von Bechhold[3]) bakterientötend. Vorsicht ist demnach bei dem Kaolinzusatz immerhin

[1]) Langer, Zur Technik der bakteriologischen Blutuntersuchung. Dtsch. med. Wochenschr. 1920. S. 47.

[2]) Friedberger und Kumagai, Zeitschr. f. Immunitätsforsch. 1912, Bd. 13, S. 127.

[3]) Bechhold, Kolloid-Zeitschr. 1918, Bd. 23, H. 1; Zeitschr. f. Elektrochem. 1918, Bd. 24, S. 147.

geboten. Ferner kann man das Blut durch Zusatz von oxalsaurem Natron (1 g auf 1 l Blut) oder Fluornatrium (1,5—3 g auf 1 l Blut) oder von einer 0,4—0,6%igen Lösung von zitronensaurem Natron in 0,9%iger Kochsalzlösung, die mit gleichen Teilen Blut gemischt wird, flüssig erhalten. Über Serumgewinnung vgl. den betreffenden Abschnitt.

Sollen **Kulturen** angelegt werden, so gibt man 2—3 ccm von dem aus der Hohlnadel abfließenden Blut unmittelbar in 10 ccm Bouillon oder mischt es mit 45°igem verflüssigten Agar und gießt hiermit Platten, oder streicht das ausgeschiedene Serum auf feste Nährböden aus. Für Typhusbazillen (vgl. Abschnitt: Besondere Untersuchungsmethoden) empfiehlt Conradi das Blut in steriler Rindergalle aufzufangen, die auf 9 Teile je 1 Teil Pepton und Glyzerin enthält.

Für die **mikroskopische** Untersuchung bringt man den frisch entnommenen Blutstropfen auf ein gut gereinigtes Deckglas oder einen gut gereinigten Objektträger (S. 47) und zieht ihn aus (S. 103). Fixieren mit absolutem Alkohol, Methylalkohol oder Azeton usw. (S. 104). Oder man legt einen dicken Blutstropfen an, den man gut lufttrocken werden läßt und ohne Fixierung mit 1—2%iger Essigsäure behandelt, um ihn durchsichtig zu machen.

Im Blute kommen gegebenen Falles folgende Krankheitserreger vor: die im Blute schmarotzenden Protozoen (Malariaplasmodien, Trypanosomen usw.), Koli-, Milzbrand-, Pest-, Typhus- und verwandte Bakterien, Pneumo-, Staphylo- und Streptokokken, sowie Tuberkelbazillen; bei Tieren ferner Rotz-, Rotlauf-, Geflügelcholera- und verwandte Bakterien usw. Über die charakteristischen mikroskopischen, kulturellen usw. Merkmale vgl. den Abschnitt „Besondere Untersuchungsmethoden für die pathogenen und einige andere Mikroorganismen".

## 2. Eiter.

Der Eiter ist durch aseptischen Schnitt oder Stich steril zu entnehmen, in sterilen Gefäßen aufzufangen oder sofort zu mikroskopischen Präparaten, Kulturen usw. zu verwenden.

Für die Versendung empfiehlt sich die Entnahme mit sterilem Wattetupfer und Verpackung in steriles Gefäß (Abb. 9).

Abb. 8. Versandgefäß für Sputum und infektiösen Kot.

## 3. Sputum.

Der Lungenauswurf ist möglichst speichelfrei in absolut reinen und sterilen Gefäßen ohne Zusatz von Desinfektionsmitteln aufzufangen (Abb. 8 — hier Löffel entbehrlich).

## 4. Rachen- und Nasensekret und Belag.

Bei sofortiger Verarbeitung entnimmt man die Sekrete bzw. Beläge mit steriler Platinöse. Zur Versendung erfolgt die Entnahme mit einem sterilen Wattebausch, der an einem Draht oder Stäbchen (Wurstspeiler oder aus Zigarrenkistenholz geschnitten) befestigt ist. Der Halter steckt in einem Kork- oder Wattebausch, der das Versandgefäß (Reagenzglas) verschließt (Abb. 9), das vor dem Gebrauch (in der Ofenröhre usw.) zu sterilisieren ist. Das Reagenzglas wird in eine Holzhülse gesteckt und das Ganze in einem wasserdichten Leinwandbeutel verpackt. Zweckmäßige Gefäße hierzu, wie auch für das sonstige Untersuchungsmaterial sind bei den öffentlichen Untersuchungsstellen amtlich eingeführt und daselbst erhältlich.

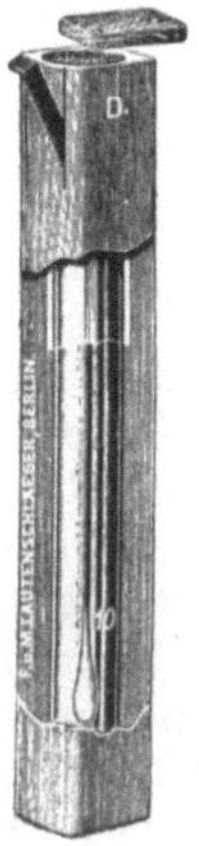

Abb. 9. Versandgefäß für diphtherieverdächtiges Rachen-, Nasensekret, Eiter usw.

## 5. Exsudate und Transsudate.

Sie werden unter streng aseptischen Kautelen mit steriler Spritze oder Hohlnadel, die Zerebrospinalflüssigkeit durch Lumbalpunktion entnommen. Bei pleuritischen Ergüssen benutzt man zur Probepunktion eine sterilisierte 10 ccm-Spritze mit mittelstarker Kanüle. Ergüsse in die Bauchhöhle nimmt man in sitzender Stellung des Kranken mit dem Troikart aus der linken unteren Bauchseite ab. Bei der Lumbalpunktion lagert man den Patienten in Seitenlage mit gekrümmten Rücken und an den Leib gezogenen Beinen. Mit einer 4—10 cm langen Hohlnadel von etwa 1 mm Durchmesser sticht man unterhalb des Bogens des 2., 3. oder 4. Lendenwirbels bei Kindern in der Mittellinie, bei Erwachsenen dicht neben den Dornfortsätzen ein. Fibrinhaltige oder eitrige Exsudate treten vielfach nur tropfenweise oder gar nicht aus. Zur Aufnahme des Exsudats benutzt man sterile, dickwandige Reagenz- oder Zentrifugengläser mit ausgekochten Gummistopfen. Zur Untersuchung dient vielfach nur der auszentrifugierte Bodensatz.

## 6. Fäzes.

Der Kot wird in einem sauberen, mit heißem Wasser ausgespülten Gefäß oder einem besonderen Pappteller ohne Zusatz von Desinfektionsmitteln aufgefangen, in einen kleinen Zylinder eingebracht, in dessen Verschlußkork ein kleiner Löffel befestigt ist (Abb. 8). Bei der Untersuchung werden vielfach (Cholera, Ruhr) Schleimflocken aus dem mit steriler 0,8$^0/_0$iger Kochsalzlösung verrührten Kote herausgefischt und verarbeitet. Vgl. hierüber unter Choleravibrionen und Typhusbazillen im Abschnitt: Besondere Untersuchungsmethoden für die pathogenen und einige andere Mikroorganismen.

## 7. Harn.

Der Harn (möglichst Morgenharn) wird bei der Frau meist, beim Manne vielfach mit sterilem Katheter abgenommen. Beim Manne kann auch der freiwillig entleerte Harn unter Weglassung des ersten Strahles steril aufgefangen werden. Die Öffnung der Harnröhre ist zuvor mit Alkohol, 1$^0/_{00}$iger Sublimatlösung und nochmals mit Alkohol nach Zurückziehung des Präputiums zu reinigen. Zur Untersuchung benutzt man den ausgeschleuderten Bodensatz. Zur Versendung dienen Gefäße wie für den Kot unter Weglassung des Löffels. Zur Untersuchung genügen 10 ccm vollkommen.

### 8. Fleisch für die bakteriologische Fleischbeschau.

Beim Versenden der Fleischprobe entnimmt man einen kompakten Fleischwürfel von etwa 8—10 cm Seitenlänge, der möglichst von Faszien umgeben ist und aus einem Muskel besteht (Quadriceps femoris, Longissimus dorsi, Anconaeen, Biceps brachii, Quadriceps femoris, Semitendinosus usw.). Das Fleisch wird in Kleie oder Sägemehl verpackt. Zweckmäßig schlägt man es zuvor in ein mit Brennspiritus oder einer Desinfektionsflüssigkeit (1‰ige Sublimatlösung usw.) getränktes, sauberes Leinentuch ein. Am sichersten wird eine vorzeitige Fäulnis verhindert, wenn man das genügend große Fleischstück kurz vor dem Verpacken mit einem glühenden Eisen ringsum abbrennt.

Wird die bakteriologische Fleischbeschau an Ort und Stelle vorgenommen, so wählt man vielfach ein Stück Zwerchfellpfeiler oder Halsmuskulatur zur Untersuchung aus.

Der Fleischprobe ist ein handtellergroßes Stück Milz von einem ihrer Enden und zwei uneröffnete Fleischlymphdrüsen beizupacken. Die Proben sind durch die Post mit der Bezeichnung „Eilpaket, jedoch zwischen 10 Uhr abends und 6 Uhr morgens nicht zu bestellen" als portopflichtige Dienstsache an die mit diesen Untersuchungen beauftragten Untersuchungsstellen einzusenden. Über Anreicherung der Keime im Fleisch vgl. S. 260, über Bakterien der Fleischvergiftung unter Typhaceen S. 345.

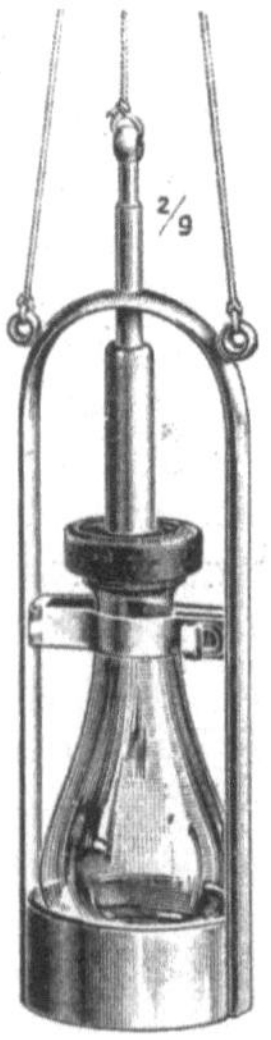


Abb. 10. Apparat zur Entnahme von Wasserproben aus beliebiger Tiefe nach v. Esmarch.

### 9. Milch.

Das Euter wird mit warmem Wasser und Seife abgewaschen, mit 50%igem Spiritus abgerieben und mit steriler Watte oder einem frisch gewaschenen Tuche abgetrocknet. Die erste Milch aus den Strichen der erkrankten Viertel wird beseitigt und erst die weitere (100 ccm) in die Probeflasche gemolken. Beim Versand der Milch zwecks Untersuchung auf Tuberkelbazillen wird auf 100 ccm Milch 0,5 g Borsäure oder ein anderes von der Landesregierung zugelassenes Mittel zur Verhütung der Zersetzung zugesetzt.

### 10. Wasser.

Aus Pumpbrunnen entnimmt man je eine Wasserprobe am Anfang des Pumpens und nach etwa 15 Minuten langem Abpumpen. Das Wasser wird in sterilen Reagenzgläsern nach Abbrennen ihres Randes aufgefangen. Aus Ziehbrunnen, Quellen und offenen Gewässern fängt man das Wasser gleichfalls in sterilen Reagenzgläsern auf durch Herablassen des Röhrchens an einer zuvor ausgekochten Schnur oder man braucht besondere Apparate, die auch zur

Entnahme des Wassers aus tieferen Wasserschichten dienen, so den v. Esmarchsschen Kolben (Abb. 10), dessen Verschluß, ein mit Gummi überzogenes Bleigewicht, in der gewünschten Wassertiefe geöffnet werden kann, oder die sog. Abschlaggläser nach Sclavo (Abb. 11). Diese sind Reagenzgläser, deren Hals in ein dünnes Röhrchen ausgezogen, umgebogen und unter Evakuieren des Röhrchens zugeschmolzen

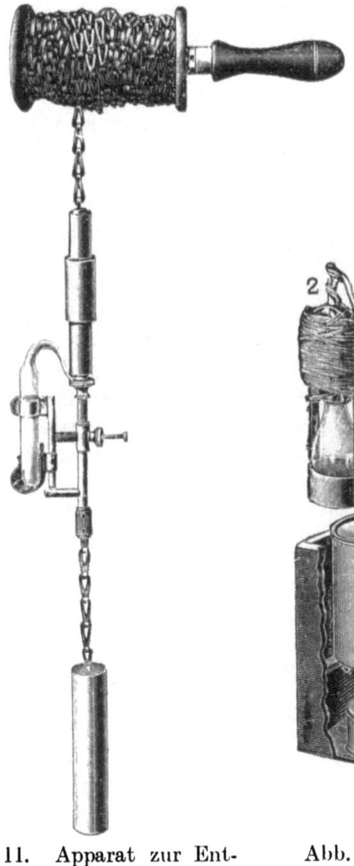

Abb. 11. Apparat zur Entnahme von Wasserproben aus beliebiger Tiefe nach Sclavo-Czaplewski.

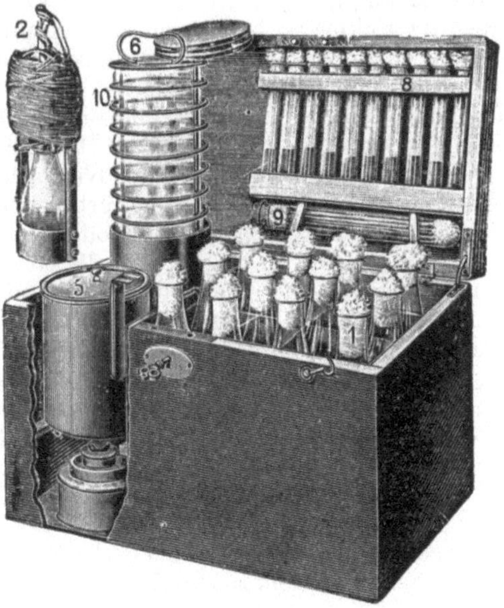


Abb. 12. Wasseruntersuchungskasten nach Proskauer.

ist. Das Röhrchen wird in die gewünschte Tiefe herabgelassen und dann der ausgezogene Hals durch ein herabfallendes Gewicht abgeschlagen. Das Wasser tritt in das Röhrchen ein.

Die Aufbewahrung der Proben erfolgt, wenn die Untersuchung nicht sofort erfolgen kann, in Eis verpackt. Für die Untersuchung an Ort und Stelle haben sich die von verschiedenen Autoren in verschiedener Ausstattung angegebenen Wasseruntersuchungskästen (Abb. 12) gut bewährt.

## III. Regeln für bakteriologische Arbeiten.

Bevor mit bakteriologischen Arbeiten begonnen wird, ist darauf zu achten, daß keine offenen Wunden an den Händen sind, durch die infektiöse Stoffe eindringen können. Offene Wunden sind zuvor mit Collodium elasticum zu verschließen oder zu verbinden.

Während der Arbeit sind Gesicht und namentlich Mund mit den Händen nicht zu berühren. Essen und Rauchen sind zu unterlassen. Etiketten sind nicht anzulecken, sondern mit dem in Wasser eingetauchten Finger anzufeuchten. Auch soll man möglichst vermeiden, mit nicht desinfizierten Fingern das Taschentuch und Türklinken zu berühren.

Beim Arbeiten mit infektiösem Material trage man Schutzkleidung, eine lange Schürze mit breitem Brustlatz oder besser einen Kittel (Operationsmantel) aus Leinwand oder abwaschbarem, undurchlässigen Stoff. Recht zweckmäßig ist es, den Mantel mit Verschluß am Rücken, Brusttasche, einen Schlitz mit übergreifenden Rändern in der Höhe der Taschenuhr, und mit Gürtel zu versehen. Vorne zu verschließende Kittel sollen doppelreihig sein und die Teile breit übereinander greifen. Die Ärmel sind durch ein Bündchen vor dem Handgelenk nicht zu weit zuzuknöpfen.

In die Brusttasche dürfen Kulturen nicht gesteckt werden. Beim Bücken fallen sie leicht heraus, zerbrechen und führen zu einer Infektion des Schuhwerkes und des Fußbodens.

Überschuhe zu tragen oder die Stiefelsohlen beim Verlassen des Laboratoriums auf einem mit Lysol- oder Sublimatlösung getränktem Tuche abzureiben, ist empfehlenswert. Diese Vorsichtsmaßregel ist in Pestlaboratorien unbedingt zu beobachten.

Peinlichste Sauberkeit und Ordnung ist bei allen bakteriologischen Arbeiten erforderlich. Es darf nichts, weder gebrauchtes Fließpapier noch Holzsplitterchen eines gespitzten Bleistiftes, auf den Fußboden geworfen werden oder auf dem Tische herumliegen.

Kulturröhrchen werden in Wassergläsern oder kleinen Pappkästen usw., deren Boden zur Vermeidung des Zerbrechens der Glaskuppen der Röhrchen mit einem Wattebausch bedeckt sind, aufbewahrt. Niemals, auch nach dem Gebrauche nicht, dürfen sie oder Watten auf dem Tisch herumliegen, sondern sie sind mit Wattebausch verschlossen wieder in die für sie bestimmten Wassergläser zurückzustellen.

Zerbrochene Gläser (Deckgläschen, Kulturröhrchen) sind mit der Pinzette in ein Gefäß mit Sublimatlösung zu sammeln. Der Platz ist zur Vermeidung von Verletzungen von den Glassplitterchen sicher zu reinigen und mit 1—2$^0/_{00}$iger Sublimatlösung hinlänglich zu desinfizieren.

Auf dem Arbeitsplatz muß völlige Übersichtlichkeit herrschen. Alle nicht unbedingt notwendigen Gebrauchsgegenstände sind sogleich aufzuräumen.

Infizierte Gegenstände (Platinnadeln, Pinzetten, Scheren, Messer usw.) dürfen unabgeglüht nie auf den Tisch gelegt werden, sie werden ausgeglüht in die betreffenden Behälter (Abb. 32 u. 45) usw. gegeben.

Beim Ausglühen der Platinnadel genügt ein Erhitzen nur des Platindrahtes nicht, auch der Stab, der bei der Entnahme aus den Kulturröhrchen tief in dasselbe eingeführt wird, ist mit zu desinfizieren. Haften an der Öse große Mengen infektiöses Material, so springt dieses bei schnellen Ausglühen noch ungenügend erhitzt leicht ab und infiziert den Tisch. Zur Vermeidung hält man die Öse in den nichtbrennenden Kegel der Flamme, bis das infektiöse Material vollständig verkohlt ist und glüht die Öse dann erst intensiv aus.

Über Abfälle vgl. S. 36, über das Handhaben von Spritzen S. 86.

Bei Arbeiten mit Pipetten unterlasse man, infektiöse Flüssigkeiten mit dem Munde anzusaugen, man bediene sich hierbei der Gummikappen und -hütchen (wie bei Augentropfgläschen) und der spritzenartigen Aufsätze (S. 56). Auch die Benützung eines der Pipette aufgesetzten Gummischlauches mit federndem Quetschhahn kurz oberhalb dem Pipettenende und eines Glasmundstückes am freien Schlauchende ist beim vorsichtigen Arbeiten ungefährlich und kann bei wenig infektiösem Material als Notbehelf dienen. Zur Erhöhung der Sicherheit gibt man in dem oberen Teil der Pipette einen Bausch nicht entfetteter Watte. Ist einmal infektiöses Material in den Mund gelangt, so vermeide man jedes Schlucken, spucke möglichst aus und kaue Äpfel usw., die gleichfalls immer wieder auszuspucken sind. Spülungen mit Sublimat reizen die Schleimhaut und haben leicht zur Folge, daß die Keime sich vermehren; besser sind Ausspülungen des Mundes mit etwa 0,5—1 %iger Salzsäure, verdünntem Wasserstoffsuperoxyd oder verdünntem Alkohol.

Bei Infektion der Kleidung, Wäsche usw. sind sie mit Sublimatlösungen oder im Dampf zu sterilisieren und gegebenenfalls ist sofort ein warmes Bad zu nehmen.

Alle Kulturen, Sera, Nährböden usw. dürfen nicht mehr, als unbedingt zur Arbeit nötig ist, dem Licht ausgesetzt werden. Grelles Sonnenlicht ist stets zu vermeiden. Um Kulturen und Sera auch dem zerstreuten Tageslicht möglichst zu entziehen, stellt man sie beim Gebrauche außerhalb ihres eigentlichen dunklen Aufenthaltortes, z. B. auf dem Arbeitsplatz, in einen kleinen schwarzen Schrank, den man aus einer außen und innen schwarz gestrichenen und mit einem kleinen schwarzen Vorhang versehenen Zigarrenkiste ohne Deckel sich leicht herrichten kann.

Die Hände sind beim Arbeiten mit infektiösem Material des öfteren, stets nach Infektion und Beendigung der Arbeiten zu waschen und zu desinfizieren (S. 34). Das Hilfspersonal ist gleichfalls hierzu immer und immer wieder anzuhalten.

Ehe eine Reinkultur zu anderen Zwecken benutzt wird, impfe man sie zur Sicherung der Reinheit auf frischen Nährboden ab.

Schimmelpilzwucherungen sind vorsichtig zu behandeln. Die betreffenden Gefäße (Reagenzgläschen, Platten usw.) sind möglichst geschlossen zu halten. Die Sporen werden sehr leicht der Luft beigemengt, wodurch der ganze Raum auf längere Zeit verunreinigt und ein steriles Arbeiten sehr erschwert bzw. unmöglich gemacht wird.

Hitzebeständige Keime (Sporen der Heu-, Erd- und Kartoffelbazillen usw.), die meist faltige, häutige Überzüge auf der Oberfläche der Nährböden bilden, überdauern meist die übliche Nährbodensterilisierung und verunreinigen, am Glase usw. haftend, häufig die Nährböden und gefährden die Arbeiten. Zur Vermeidung einer „Verseuchung" sind die betreffenden Gefäße auszusuchen und 2—3 Stunden lang im Dampftopf usw. zu sterilisieren.

Kulturgefäße sind mit Dampf oder trockner Hitze zu desinfizieren und nicht mit chemischen Desinfektionsmitteln (Sublimat usw.), die am Glase leicht teilweise zurückbleiben und dann den nachfolgenden Kulturversuch beeinträchtigen.

Bei unerwarteten Ergebnissen wiederholt man den Versuch. Hat man scheinbar etwas Neues gefunden, so sehe man sich erst in der Literatur um, ob man nicht schon etwas Bekanntes beobachtet hat.

Mißlingen Untersuchungen nach erprobten Methoden, so suche man zunächst im eigenen Arbeiten die Schuld, ehe man das Verfahren oder die hierzu verwendeten Hilfsmittel beschuldigt.

## IV. Das bakteriologische Laboratorium.

Im nachfolgenden soll nicht die Einrichtung eines modernen, mit allen Hilfsmitteln ausgestatteten Laboratoriums gegeben werden — das setze ich als bekannt voraus, bzw. kann beim Besuch eines neuzeitlichen staatlichen Instituts leicht eingesehen werden — sondern ich will hier vielmehr Anleitung geben, wie man sich mit bescheidenen Mitteln eine Arbeitsstätte einrichten kann.

### 1. Der Arbeitsraum und Arbeitsplatz.

Wenn irgend möglich, richtet man sich für bakteriologische Arbeiten einen besonderen Raum als **Laboratorium** ein. Auf jeden Fall sollten Untersuchungen von infektiösem Material nicht in jedem beliebigen Wohnzimmer ausgeführt werden. Jede Berührung infektiösen oder verdächtigen Materials durch unbefugte Hand muß sicher ausgeschlossen werden. Für die Vornahme einfacher Untersuchungen können schon im ärztlichen Sprechzimmer die nötigen Einrichtungen getroffen werden. Ein schmaler Tisch an einem Fenster, ein verschließbarer Schrank für Nährböden usw. und gegebenenfalls ein Wandplatz für einen Brutapparat genügen schon für viele Arbeiten.

Die Herstellung und Sterilisierung der Nährböden usw. nimmt man wegen der sich dabei entwickelnden Wasserdämpfe gern in einem anderweitigen besonderen Zimmer vor. Im Notfall eignet sich für diesen Zweck die Küche. Nach Möglichkeit vermeide man eine unmittelbare Verbindung zwischen bakteriologischen und chemischen Arbeitsräumen. (Säuredämpfe!)

Das Arbeitszimmer soll einen eigenen Zugang haben, hell sein und wenigstens etwas direktes Himmelslicht zum Mikroskopieren erhalten. Direktes Sonnenlicht ist zum Mikroskopieren jedoch nicht geeignet. Störendes Sonnenlicht kann durch Aufstellen eines Papierrahmens oder durch Verkleben des unteren Fensterteiles mit geöltem, weißen Schreibpapier (oder Pergamentpapier) gemildert werden. Wenn möglich, wählt man ein Zimmer nach Norden. Direktes Sonnenlicht schädigt die Virulenz der Bakterien und tötet sie schließlich ab. Auch auf die zu untersuchenden Sera wirkt das Licht schädigend. Sie sind vor Sonnenstrahlen zu schützen. Benutzte Kulturen sind baldigst dem Lichte zu entziehen und in einen dunklen Raum (Schrank usw.) unterzubringen. Zugluft ist nach Möglichkeit auszuschließen. Das bakteriologische Laboratorium darf auch kein Durchgangsraum sein, da der Verkehr stets Staub und mit diesem Keime aufwirbelt. Zur Staubbindung empfiehlt es sich, das Zimmer mit Westrumit[1]) oder $1\,^0/_0$iger Glyzerinlösung aufwischen zu lassen. Als Fußboden hat sich Linoleum bewährt. Die Türen wählt man am besten glatt, ohne Füllungen. Rohrleitungen sind tunlichst in die Wand zu verlegen, Vorhänge, Zuggardinen usw. möglichst wezgulassen oder zwischen den Doppelfenstern anzubringen oder durch Jalousien zu ersetzen.

Das einfachste **Mobilar** hat aus einem schmalen Tisch am Fenster, einem Stuhl oder Schemel und einem verschließbaren Schrank zur Aufnahme von Nährböden, Kulturen und Apparaten zu bestehen.

Der **Arbeitstisch** soll 75—83 cm hoch und etwa ebenso breit sein. Es ist zweckmäßig, ihn mit Schubkasten auszustatten. Die Platte soll leicht zu reinigen und desinfizieren sein. Besteht die Platte aus Holz (wenn möglich Eichenholz), so wird sie in natürlicher Farbe oder schwarz gebeizt[2]), paraffiniert oder mit heißem Leinöl abgerieben. Das Paraffinieren nimmt man in der Weise vor, daß man festes Paraffin heiß mit einem Plätteisen aufträgt. In das paraffinierte Holz kann das infektiöse Material nicht eindringen. Die Tischplatte ist dann leicht abzuwaschen und zu desinfizieren.

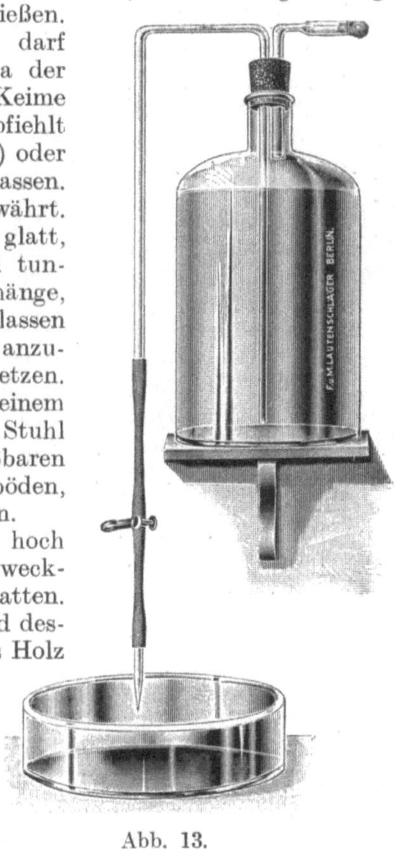

Abb. 13.

[1]) Bezugsquelle für Westrumit: Kontinentale Ölbesprengungs- und Straßenteerungs-Ges. Berlin SW 61, Gitschinerstr. 14.

[2]) Zur Schwarzbeizung streicht man die Platte mit einer $2\,^0/_0$igen wäßrigen Lösung von salzsaurem Anilin, nach dem Eintrocknen mit einer $2\,^0/_0$igen wäßrigen Lösung von doppeltchromsaurem Kali (oder $1\,^0/_0$iger Salpetersäure). Nach erfolgter Trocknung folgt wieder salzsaures Anilin und dann wiederum das genannte Oxydationsmittel. Dies wird so lange fortgesetzt, bis die Holzfasern schwarz gefärbt sind. Die Platte wird hierauf abgewaschen und nach dem Trocknen paraffiniert bzw. mit heißem Leinöl abgerieben.

Beim Arbeiten bedeckt man die Tischplatte vielfach mit grobem Fließ-(Lösch-)papier. Zuweilen belegt man die Holzplatte mit einer dickeren Glastafel. Die am Rand geschliffene Glasplatte läßt man frei aufliegen und faßt sie nicht in einen Holzrahmen. Das hygienisch beste, allerdings auch teuerste Material für die Tischplatte ist französische emaillierte Lava [1]). Glas und geschliffene Lava haben natürlich den Vorteil, sich leicht reinigen und desinfizieren zu lassen, andererseits sind sie verhältnismäßig kalt und hart (Absetzen von Glaskolben). Glasplatten sind beim Kochen, damit sie nicht springen, durch Asbestpappe vor stärkerer Hitze zu schützen.

In einem wohleingerichteten Laboratorium versieht man jeden Arbeitsplatz mit **Wasserzu-** und **-abfluß.** An die Wasserleitung wird dann noch vielfach Wasserstrahlpumpe, Zentrifuge usw. angeschlossen. Im Notfall behilft man sich mit einem Topf mit Ausguß oder mit einer Vorrichtung wie es Abb. 13 zeigt, oder mit einer einfachen Spritzflasche, die jedoch der Infektionsgefahr wegen nicht mit dem Munde anzublasen, sondern durch Umkehren als Ausgußgefäß zu verwenden ist. Als Auffanggefäß benutzt man eine Schale (Waschbecken, Küchenschüssel u. dgl.). Im abfließenden Wasser dürfen nur ungefährliche Dinge gespült und gereinigt werden. Infektiöses Material ist vor dem Weggießen zu desinfizieren. In der Nähe soll Waschgelegenheit mit Seife, häufig zu wechselnden Handtüchern und Desinfektionsflüssigkeit (1 ‰ige Sublimat- oder 3 %ige Saprokresollösung) sein. Letztere befindet sich am besten in einer größeren Flasche, wie es Abb. 13 zeigt. Die Hände werden nach dem Befeuchten mit Desinfektionsflüssigkeit nicht sofort mit Wasser abgespült und abgetrocknet, sondern man läßt die Desinfektionsflüssigkeit längere Zeit einwirken und an den Händen eintrocknen. Zur Vermeidung des Aufspringens der Haut reibt man nachträglich Glyzerin oder Lanolin ein. Verträgt empfindliche Haut Sublimat schlecht, dann nehme man Lysol usw.

Den Arbeitstisch versorgt man, wenn möglich, auch mit einer Zuleitung von **Heiz-** und **Leuchtgas** bzw. **elektrischem** Strom. Als Brenner benützt man für Heizgas Bunsenbrenner mit Sparflamme und Luftregulierung (Abb. 14). Zur Erzeugung größerer Hitze sind Gebläselampen kaum zu entbehren. Wo kein Gas vorhanden ist, begnügt man sich mit einer Spiritusflamme (Abb. 15 und 16) oder einem Benzinbrenner (Abb. 17) zum Ausglühen der Platinnadel und Erhitzen der Ausstrichpräparate beim Färben, sowie mit einem Petroleumbrenner (Abb. 18) oder -Ofen zum Sterilisieren und Kochen.

Als künstliche Lichtquelle kann man zum Mikroskopieren elektrisches Licht (Glühlampe mit mattgeschliffener Birne), Gas- oder Spiritusglühlicht oder eine Petroleum- oder Azetylenlampe benutzen. Stört das seitliche Licht der Lichtquelle, so ist es durch einen Ton- oder Blechzylinder mit einem runden Lichtloch abzublenden, wenn man nicht vorzieht, sich besonderer Mikroskopierlampen [2]) (Abb. 19) zu bedienen. Zu grelles Licht ist durch Einlegen einer Mattscheibe in

[1]) Zu beziehen durch Gillet, Paris, Rue Fénelon 9.
[2]) Bezugsquellen für bakteriologische Utensilien s. Anhang.

den Blendenträger des Mikroskopes zu mildern. Das gelbe künstliche Licht kann man entfärben, wenn man das Licht zuvor durch ein blaues

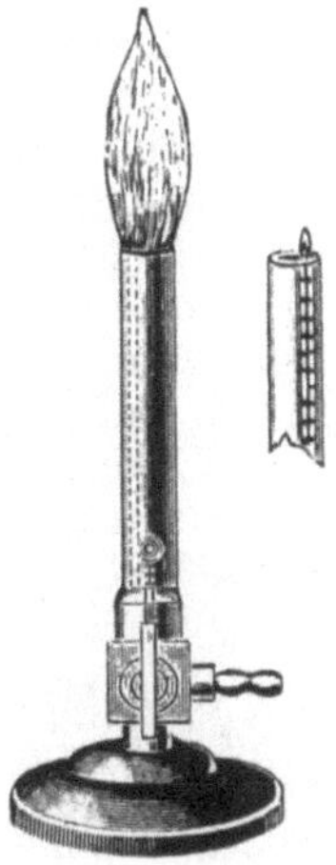

Abb. 14. Bunsenbrenner mit Sparflamme.

Abb. 15. Spirituslampe nach Hugershoff aus Metall, mit Sparflamme.

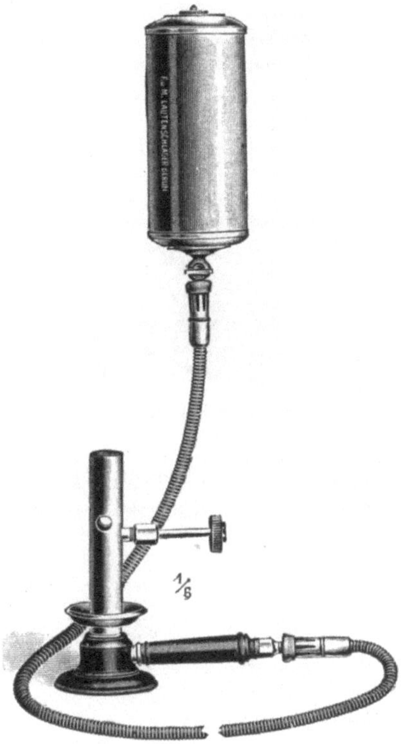


Abb. 16. Spiritusbunsenbrenner.

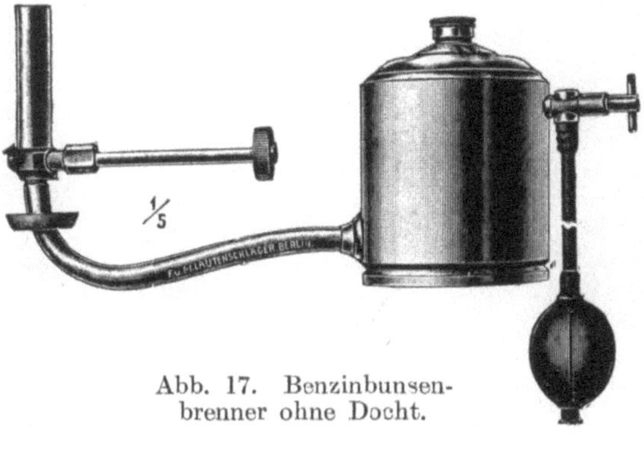


Abb. 17. Benzinbunsenbrenner ohne Docht.

Glas oder blaugefärbtes Wasser schickt. Im ersteren Falle bringt man an der Lampe oder zwischen Lampe und Mikroskop oder im Blendapparat

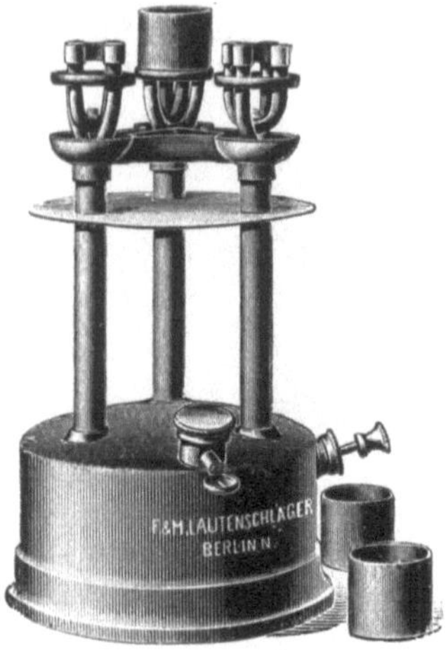


Abb. 18. Petroleumbrenner.

des Mikroskopes eine Scheibe aus blauem Glase an. Benutzt man blaugefärbtes Wasser, so gibt man dieses in eine Schusterkugel, die man in geeigneter Weise zwischen Lampe und Mikroskop befestigt (Abb. 20). Die mit Wasser gefüllte Schusterkugel soll gleichzeitig als Sammellinse für das künstliche Licht wirken. Das Wasser wird mit einer dünnen Kupfervitriollösung unter Zusatz von Ammoniak blau gefärbt. Durch geeignete Abstufung der blauen ammoniakalischen Kupferlösung ist dafür zu sorgen, daß das Licht im mikroskopischen Gesichtsfeld rein weiß erscheint.

Zur Aufnahme von **Abfällen** dient ein großer Steinguttopf unter dem Tisch. Infektiöses Material ist zu desinfizieren, wobei man wertlose Gegenstände, wie Watte, Papier usw. verbrennt, Flüssigkeiten mit Sublimat, Salzsäure, Karbolsäure u. dgl. desinfiziert und Glasgefäße auskocht.

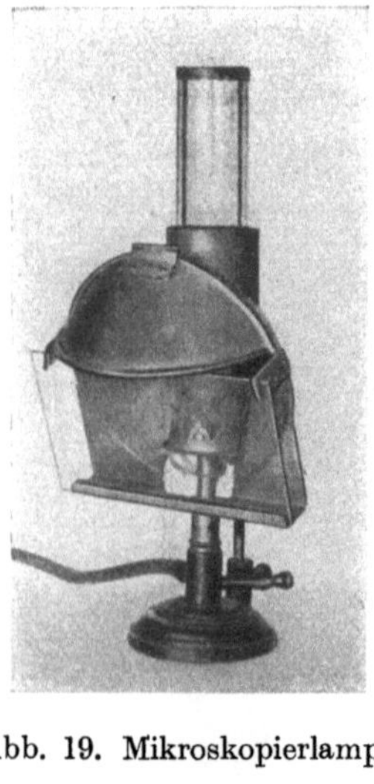

Abb. 19. Mikroskopierlampe.

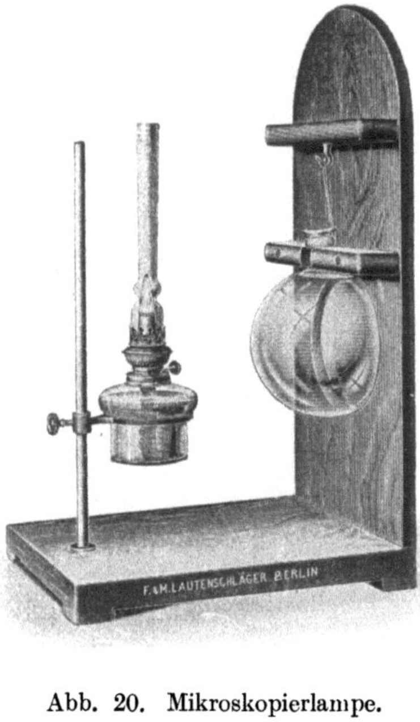


Abb. 20. Mikroskopierlampe.

Der **Arbeitsstuhl** bzw. Schemel soll so hoch sein, daß man auf demselben sitzend bequem in das Mikroskop hineinsehen kann.

## 2. Das Mikroskop.

Zu bakteriologischen Arbeiten ist in erster Linie ein geeignetes Mikroskop notwendig. Ein gutes Instrument kostete vor dem Kriege etwa 250—400 Mk. Falsche Sparsamkeit beim **Ankauf** ist hier besonders verfehlt. Die Zuziehung eines Sachverständigen ist beim Ankauf zu empfehlen. Auf jeden Fall ist sie dann ganz besonders geboten, wenn man ein billigeres Instrument von unbekannter Firma für nur 100—200 Mk. erwerben will. Auf eine Beurteilung der Leistungsfähigkeit des Mikroskopes durch Besichtigung der in der Regel den Mikroskopen beigegebenen

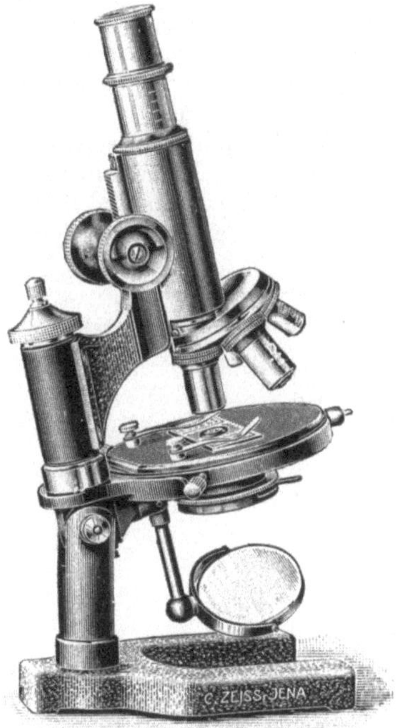


Abb. 21. Reisemikroskop von Zeiß.

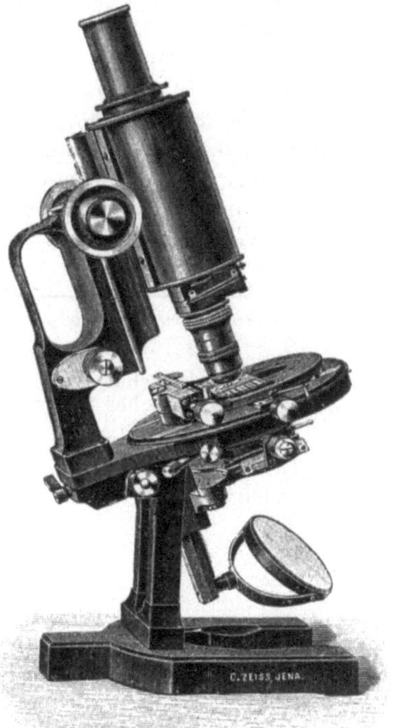


Abb. 22. Mikroskop mit großem Kreuztische von Zeiß.

Diatomeenpräparate lasse man sich nicht ein; nur ein Fachmann weiß, welche Einzelheiten an derartigen Präparaten ein gutes Mikroskop sichtbar machen muß. Um die gleiche Stelle eines mikroskopischen Präparates abwechselnd mit schwacher und starker Linse einstellen und betrachten zu können, ist auf eine gute Zentrierung der verschiedenen Linsensysteme besonders zu achten. Die Trieb- und Mikrometerschrauben sollen einen gleichmäßigen und leichten Gang haben und eine genaue, feststehende Einstellung gestatten. Die Trockensysteme sollen auch mit starkem Okular ein deutliches und farbloses Bild geben. Zur Prüfung der Leistungsfähigkeit der Ölimmersion benutzt man häufig die zarten dünnen Rotlaufbazillen.

Als Bezugsquellen kommen u. a. in Frage Carl Zeiß in Jena oder Berlin NW, Dorotheenstr. 29 (sehr gut, wenn auch teuer), E. Leitz in Wetzlar oder Berlin NW, Luisenstr. 45 (etwas billiger, auch noch recht gut), Voigtländer in Braunschweig, Reichert in Wien usw. Ein recht empfehlenswertes, einfacheres Instrument ist das Reisemikroskop der Firma Zeiß in Jena (Abb. 21). Sehr reich ausgestattet ist das Mikroskop mit Kreuztisch (Abb. 22). Die Preise sind nach dem Kriege wesentlich in die Höhe gegangen. Es empfiehlt sich vor dem Kaufe Kostenanschläge einzufordern.

Das **Mikroskop** besteht aus dem mechanischen (Stativ) und dem wichtigeren optischen Teil, letzterer wiederum aus dem Beobachtungs- und dem Beleuchtungsapparat. Am Beobachtungsapparat unterscheidet man das Okular und Objektiv, am Beleuchtungsapparat den Spiegel, Kondensor und die Blende (Irisblende).

Von Objektiven werden mindestens zwei gebraucht: ein schwaches (Zeiß A, Leitz 3) und ein starkes (Ölimmersion $^1/_{12}$″). Recht notwendig ist noch ein mittleres (Zeiß D, Leitz 6). Bezüglich der Okulare kommt man mit zweien aus (Zeiß 2 u. 4, Leitz I u. IV). Man hat so folgende Vergrößerungen:

| | A | D | Ölimmersion $^1/_{12}$" |
|---|---|---|---|
| Huygenssches Okular 2 | 56 | 175 | 530 |
| Huygenssches Okular 4 | 97 | 390 | 940 |

Die Leistungsfähigkeit des Mikroskopes beim direkten Sehen ist, wie Abbé (1873) theoretisch entwickelt hat, begrenzt. Die Grenze

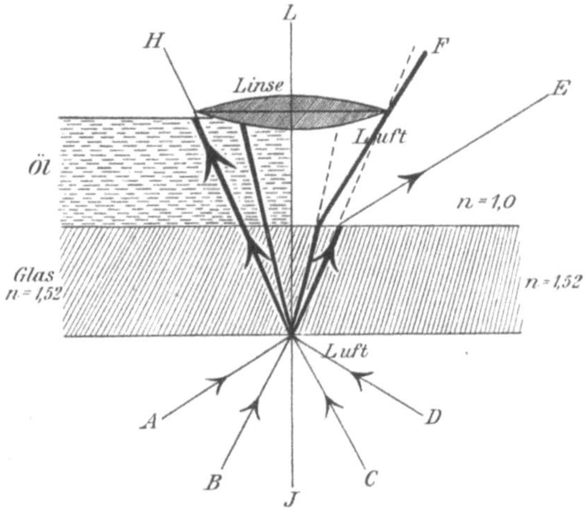


Abb. 23. Ablenkung der Strahlen durch Glas, Luft und Öl.

liegt bei einer linearen Vergrößerung von 1 : 2000. Abbé schreibt hierüber, „daß, wie auch das Mikroskop in bezug auf die förderliche Vergrößerung noch weiter vervollkommnet werden möchte, die Unterscheidungsgrenze für zentrale Beleuchtung doch niemals über den Betrag der ganzen, und für äußerst schiefe Beleuchtung niemals über den der halben Wellenlänge des blauen Lichts (0,43 $\mu$) um ein Nennenswertes hinausgehen wird".

Bei der Benutzung der Ölimmersion ist der Raum zwischen ihr und dem Deckglas (bzw. Objektträger) durch ein Tröpfchen Zedernöl auszufüllen. Letzteres besitzt denselben Brechungsindex wie das Glas. Es stellt also eine optisch homogene Verbindung zwischen dem Deckglas und dem Linsensystem her. Durch das Öl gelangen die von dem Objekt ausgehenden Strahlen ohne irgendwelche Ablenkung und Zerstreuung in das Objektiv (Abb. 23). Hierdurch wird das Leistungs- (Abbildungs- oder Auflösungs)vermögen, d. h. seine Fähigkeit, feine Strukturen, Details innerhalb der Objekte zur Darstellung zu bringen, erhöht. Die anderen Objektive (Zeiß A u. D und Leitz 3 u. 6) sind dagegen stets ohne Öl zu benutzen (Trockensysteme).

Als Ersatz für das teure und zuweilen schwierig zu beschaffende Zedernöl kann man Paraffinöl benutzen. Linsen und ihre Verkittungen werden vom Paraffinöl nicht angegriffen. Der Brechungsindex des Paraffinöls schwankt zwischen 1,461 und 1,520, der des Zedernöls beträgt 1,5163. Durch Zusätze von Rizinusöl oder $\alpha$-Bromonaphthalin (etwa 24 Teile: 76 Teilen flüssigem Paraffin) oder Methylsalizylsäureester (Gaultheriaöl), Zimtaldehyd oder anderen ätherischen Ölen kann der Brechungsindex des Paraffinöls korrigiert werden. Man prüft ihn in der Weise, daß man Deckglassplitter einerseits in Zedernöl, andererseits in das Ersatzöl einlegt und die Präparate unter dem Mikroskop prüft, ob sich die Konturen der Glassplitter mit gleich geringer Schärfe abheben. Ist dieses der Fall, so ist auch die Lichtbrechung dieselbe. Das Paraffinöl hat gegenüber dem Zedernöl den Vorteil, daß ersteres sich nicht trübt und eindickt, es ist fast unbegrenzt haltbar und wesentlich billiger.

Die Objektive sind aus mehreren Linsen zusammengesetzte Linsensysteme. In Hinsicht auf die Korrektion der sphärischen Aberration heißen sie aplanatisch, bezüglich der Farbenkorrektion achromatisch. Bei den Apochromaten sind diese Korrekturen durch Verwendung besonderer Glassorten besonders genau bewirkt worden.

Der Spiegel des Mikroskopes trägt zwei Spiegelflächen: eine plan- und eine hohlgeschliffene. Der Durchmesser seiner Flächen soll den des Kondensors etwas überschreiten. Beim Arbeiten mit dem Kondensor und bei Tageslicht benutzt man den Planspiegel, sonst meist den Hohlspiegel.

Der Kondensor dient zur Beleuchtung der Objekte. Er soll auf- und abwärts verschieblich sein. Bei Tageslicht stellt man den Kondensor hoch ein, bei künstlichem Licht (konvergente Strahlen) schraubt man ihn etwas tiefer. In der Höhe des Präparates soll sich die starke Lichtmenge befinden und hierdurch das Strukturbild auslöschen, dagegen gefärbte Objekte, Bakterien, als Farbenbild um so deutlicher hervortreten lassen. Am Kondensor ist die Irisblende befestigt.

Der mechanische Teil, das Stativ, besteht aus Fuß, Säule, Tubusträger, Tubushülse mit Zahn und Trieb zur groben Einstellung,

Mikrometerschraube zur feinen Einstellung, Tubus und Objekttisch mit einem zentralen kreisförmigen, seltener ovalen Ausschnitt (Abb. 21 und 22).

Der Objekttisch soll groß genug (etwa 10 cm tief) sein, um auch Kulturplatten bequem untersuchen zu können. Ein verstellbarer, dreh-

Abb. 24. Dunkelfeldblendscheibe.

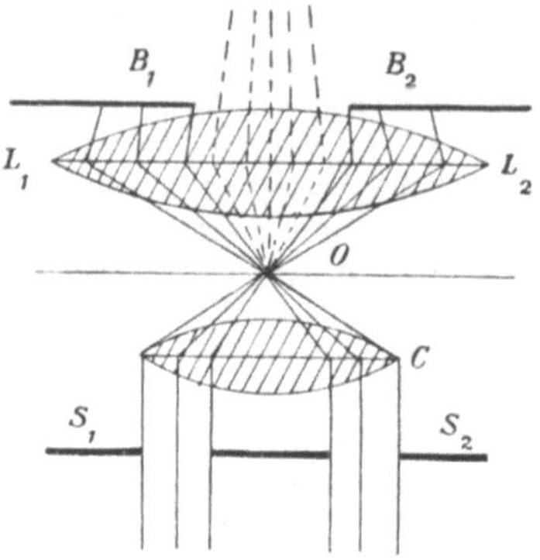


Abb. 25. Strahlengang bei Verwendung der Dunkelfeldblendscheibe ($S_1$ $S_2$), O Objekt, $L_1$ $L_2$ Linse des Objektivs, $B_1$ $B_2$ Blende im Objektiv.

scheibenähnlicher Objekttisch erleichtert die zentrale Einstellung einer bestimmten Stelle des Präparates. Der Kreuztisch (Abb. 22) erleichtert und sichert eine genaue Durchmusterung der Präparate und ermöglicht ein schnelles Wiederauffinden bestimmter Stellen im Präparat. Bei ihm wird der Objektträger in einen Rahmen eingespannt, der in der Ebene des

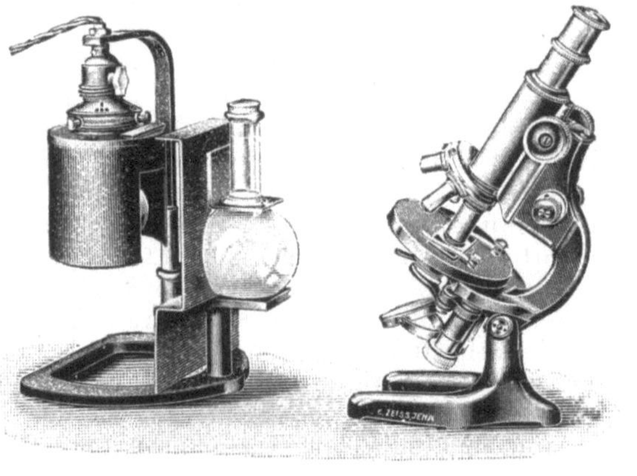

Abb. 26. Einfachste Dunkelfeldbeleuchtung.

Tisches nach zwei zueinander senkrechten Richtungen durch Schrauben bewegt und dessen jeweiliger Stand an Skalen abgelesen werden kann.

Zum bequemen und schnellen Auswechseln der Objektive dient ein Revolverobjektivträger oder Schlittenobjektivwechsler am unteren Tubusende. Beim Gebrauch ist auf das Einschnappen zu achten.

Eine gelenkige Verbindung zwischen Säule und dem oberen Stativteil ist nur für photographische Zwecke erforderlich, im übrigen ermöglicht sie eine leichte Schrägstellung des Mikroskopes und dadurch ein Arbeiten bei ungezwungener Körperhaltung.

Die Untersuchung ungefärbter Bakterienpräparate wird im **Dunkelfeld** wesentlich erleichtert. Hierzu dient der Dunkelfeld-(Paraboloid-) Kondensor (Abb. 27 u. 28) oder die einfache Dunkelfeldblendscheibe (Abb. 24). Letztere wird in den unter dem Abbéschen Kondensor befindlichen Rahmen eingelegt. Die das Objekt treffenden Strahlen werden durch eine in das Objektiv eingelegte Blende ferngehalten, so daß nur im Objekt abgebeugte Strahlen in das Objektiv gelangen können (Abb. 25). Für die in der Praxis am häufigsten vorkommenden Untersuchungen genügt die Dunkelfeldblende. Beim Gebrauch ist auf folgendes zu achten.

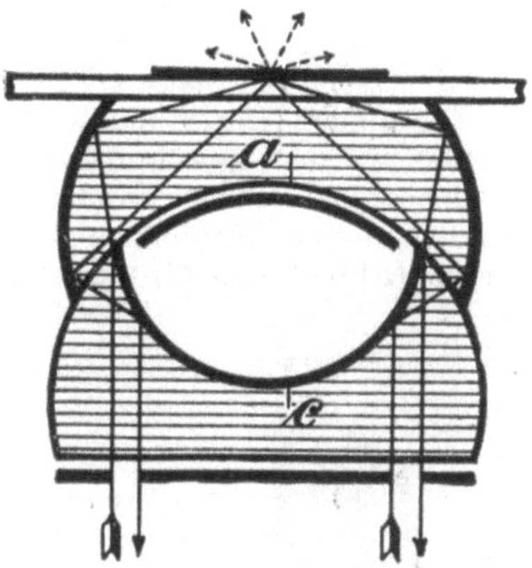

Abb. 27. Strahlengang im Paraboloidkondensor.

Als Lichtquelle dient eine Gasglühlichtlampe oder besser eine elektrische Nernstlampe. Zwischen Lampe und dem Mikroskop (je in etwa 15 cm Entfernung) kommt eine mit ammoniakalischer Kupferlösung gefüllte Schusterkugel (Abb. 26). Das Licht wird mit dem Planspiegel voll aufgefangen. Auch die Randpartien des Spiegels müssen überall gleichmäßig belichtet sein. Als Kondensor dient der gewöhnliche drei-

Abb. 28. Paraboloidkondensor nach Leitz.

linsige Kondensor, num. Apertur 1,40, der bis zum Anschlag in die Höhe geschoben wird. Die Irisblende wird völlig geöffnet oder besser herausgeklappt. In das Diaphragma des Abbéschen Beleuchtungsapparates wird eine Dunkelfeldblende eingelegt. Hierauf wird der Diaphragmaträger eingeklappt. Auf die Oberfläche des Kondensors kommt ein Tröpfchen Zedernöl, auf das der gut gereinigte und mit einem Pinsel abgestäubte 1—1,5 mm starke, kratzerfreie Objektträger ohne Luftblasenbildung aufgelegt wird. Auch das etwa 0,1 mm dicke, kratzerfreie Deckgläschen ist vor dem Gebrauch sauber zu reinigen. Die Objekte müssen in Wasser oder Öl liegen. Mit Vorteil sind Mikroskope mit beweglichem Objekttisch zu verwenden. Zur Untersuchung bedient man sich mittelstarker Objektivtrockensysteme, als Ölimmersion Zeißobjektiv X oder Immersion $^1/_{12}$ mit eingehängter Trichterblende und der Kompensationsokulare Nr. 12 oder 18 (Zeiß). Auch Leitzobjektiv $^1/_{12}$ und Leitzsche periplane Okulare haben sich gut bewährt.

Für feinere Untersuchung benutzt man an Stelle der Dunkelfeldscheibe mit dem gewöhnlichen Kondensor den besonderen Paraboloidkondensor oder Spiegelkondensor (Abb. 27 u. 28). Als Lichtquelle benutzt man eine 1000kerzige Nernstlampe (Zeiß) oder Liliputbogenlampe (Leitz) (Abb. 26 u. 29) oder hängendes Gasglühlicht unter Benutzung

Abb. 29. Dunkelfeldbeleuchtung mit Liliputbogenlampe.

einer Schusterkugel als Sammellinse. Der Abbésche Kondensor wird entfernt. Die Lampe ist 30—50 cm vom Mikroskop entfernt aufzustellen und so zu neigen, daß das aus der Sammellinse austretende Lichtbündel gerade den Planspiegel des Mikroskopes ausfüllt. Es ist scharf darauf zu achten, daß der Planspiegel vollkommen gleichmäßig belichtet ist. Denn ist dies nicht der Fall, so wird das Objekt ungleichmäßig beleuchtet. Unter diesen Verhältnissen (Azimutfehler) löst sich z. B. eine Spirochäte in Punkte auf, während die richtig beleuchtete Spirochäte auch im Dunkelfeld als ein geschlossenes, geschlängeltes Objekt zu sehen ist. Ein gutes Objekt zur Untersuchung auf Azimutfehler sind Erythrozyten, ihr Rand muß gleichmäßig hell erscheinen. Arbeitet man mit Bogenlicht, so kann schon dadurch der Azimutfehler auftreten, daß die negative Kohle den Lichtkrater der positiven teilweise verdeckt.

Um ein mehr diffuses und möglichst intensives Licht und somit ein gutes Leuchtbild zu erhalten, ist zwischen Lichtquelle (Bogenlampe) und Planspiegel eine halb geölte Mattscheibe von geeigneter Korngröße einzuschalten (Hoffmann)[1]). Ohne Mattscheibe erhält man wesentlich schlechtere, meist unbrauchbare Bilder. Für Geißelpräparate empfiehlt Ficker[2]) die Mattscheibe wegzulassen und das Licht durch Stellung der Irisblende und des Spiegels zu regulieren. Um ein gutes Dunkelfeld zu erhalten, muß der Dunkelfeldkondensator genau zentriert werden. Bei dem Leitzschen Kondensator bringt man mit Hilfe eines schwachen Objektives die auf der oberen Kondensorfläche eingeritzten zwei kleinen konzentrischen Ringe in die Mitte des Gesichtsfeldes. Die feinere Zentrierung geschieht dann mit Hilfe von stärkeren Objektiven. Hierauf bringt man auf den gut eingestellten Kondensor einen Tropfen Zedernöl und legt den gut gereinigten, dünnen Objektträger (mit Objekt in Wasser oder Öl und ebenfalls sorgfältig gereinigtem möglichst dünnen Deckglas) auf. Durch Drehen des am Kondensor angebrachten Hebels stellt man auf möglichst dunklen Hintergrund und helles Aufleuchten der Bakterien ein. Mit Hilfe einer zur Hälfte geölten Mattscheibe ist, wenn nötig, für günstige Lichtabblendung zu sorgen. Um den Über-

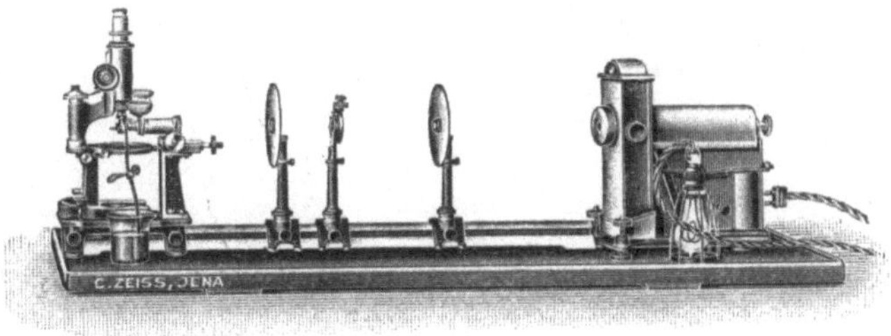


Abb. 30. Einrichtung zur Beobachtung ultramikroskopischer Teilchen in Flüssigkeiten nach Siedentopf und Zsigmondy.

gang von der Dunkelfeldbeleuchtung zu der gewöhnlichen Hellfeldbeleuchtung mit größter Leichtigkeit zu ermöglichen, stellt das Zeißwerk den neuen Siedentopfschen Hell-Dunkelfeldkondensor her. Das Präparat wird mit starken Trockensystemen untersucht. Ungefärbte Objekte (Bakterien, Zellbestandteile usw.) fallen durch ihre helleuchtenden Konturen auf. Selbst kleine und dünne Mikroorganismen und ihre Teile (wie Syphilisspirochäte, Geißeln usw.) werden im Dunkelfeld gut gesehen. Zur Untersuchung im Dunkelfeld eignen sich nicht nur frisches, ungefärbtes Material, sondern auch gehärtete, gefärbte und in Balsam eingebettete Präparate. So sind Bakterien (Spirochäten usw.) auch in Schnittpräparaten (gefärbt oder nach Levaditi mit Silber imprägniert) im Dunkelfeld in ihrer charakteristischen Form gut zu erkennen und leuchten bei richtiger Abblendung schön weiß auf. Bei Gewebsschnitten fallen die plastischen, manchmal fast stereoskopischen Bilder auf. Die Untersuchung im Dunkelfeld eignet sich auch für Harnsedimente. Die Epithelzellen zeichnen sich durch eine leuchtende Linie

[1]) Hoffmann, Dtsch. med. Wochenschr. 1921, Nr. 3 und Berl. klin. Wochenschr. 1921, Nr. 4.
[2]) Ficker, Dtsch. med. Wochenschr. 1921, S. 286.

um den Kern aus, die den gänzlich schwarz erscheinenden Leukozytenkernen fehlt.

Für die gewöhnlichen Bakterien bietet das Dunkelfeld nach Keining im allgemeinen keine besonderen Vorteile, wohl aber für Spirochäten, säurefeste Bakterien (s. daselbst S. 155 und 154) und Geißelpräparate (S. 144) [z. B. zur Unterscheidung von Typhus- und Kolibakterien], sowie für Eumyzeten und Protozoen.

Die Sichtbarmachung von ultramikroskopischen Teilchen nach Zsigmondy und Siedentopf beruht ebenfalls darauf, daß die Teilchen durch seitliche intensive Beleuchtung mit Sonnen- oder Bogenlicht Strahlenkegel abbeugen. Letztere und nicht die Teilchen selbst werden gesehen. Das Ultramikroskop (Abb. 30) gestattet eine etwa 1000fach

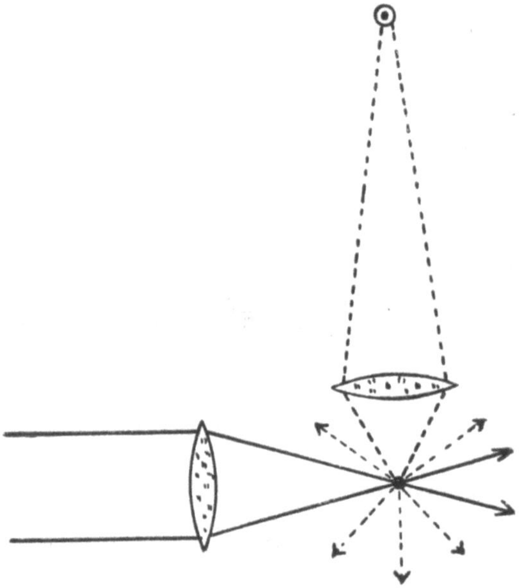

Abb. 31. Beugung des Lichtes an einem ultramikroskopischen Teilchen.

stärkere Vergrößerung als das Mikroskop. Da das Ultramikroskop keinen Aufschluß über die Form der Teilchen gibt, ist es fraglich, ob es für die bakteriologische Forschung eine größere Bedeutung erlangt.

Die Abb. 30 zeigt die Anordnung der Beleuchtungsvorrichtung im Ultramikroskop auf einer optischen Bank (zwecks Zentrierung). Zwischen Mikroskop und Beleuchtung findet sich eine Spaltvorrichtung, durch welche erreicht wird, daß nur Teile von wenigen Mikra des Präparates beleuchtet werden. Dadurch werden Zerstreuungskreise verhindert und ein deutliches Bild der ultramikroskopischen Teilchen ermöglicht.

Abb. 31 erklärt, wie das senkrecht zur optischen Achse im Ultramikroskop einfallende Licht durch Abbiegung der Strahlen an den ultramikroskopischen Teilen ins Mikroskop und damit ins Auge des Untersuchers gelangt. Die ausgezogene Linie zeigt den Gang des Lichtstrahles, die gestrichelte die abgebeugten Strahlen.

Beim **Mikroskopieren** nimmt man Brille oder Klemmer ab. Es ist gut, bei längerem und öfterem Mikroskopieren mit dem Auge zu wechseln. Auch das nicht arbeitende Auge hält man offen.

Der Tubus ist bei den Zeißschen Mikroskopen mit Revolver durch Herausziehen auf 145 mm, bei den Leitzschen auf 155 mm, ohne Revolver auf 170 mm einzustellen.

Zum Beginn stellt man zunächst bei schwacher Vergrößerung und bei offener Blende durch Drehen und Wenden des Spiegels das Licht ein. Das Gesichtsfeld soll gleichmäßig hell aber nicht grell sein. Bei Tageslicht benutzt man den Planspiegel, bei künstlichem Licht meist den Hohlspiegel.

Gefärbte Bakterienpräparate werden bei offener Blende untersucht; dagegen muß bei ungefärbten Präparaten stark abgeblendet werden. Ein mäßiges Abblenden ist auch zum Sichtbarmachen der Struktur der Gewebe usw. notwendig, was aber bei bakteriologischen Untersuchungen nur sehr selten erwünscht ist. Der Abbésche Beleuchtungsapparat ist bei Benutzung des Tageslichtes (parallele Strahlen) hochgestellt, bei künstlichen Lichtquellen, welche näher als 6 m sind (konvergente Strahlen), so gestellt, daß ein Bild der Lichtquelle im Objekt entsteht, oder, mit anderen Worten gesagt, so weit gesenkt, bis das Gesichtsfeld maximal erleuchtet ist.

Es ist sehr zweckmäßig, die Präparate zunächst bei schwächeren Vergrößerungen mit wesentlich größerem Gesichtsfeld anzusehen, um sich geeignete Stellen des Präparates für die stärkeren Vergrößerungen herauszusuchen. Man steigert die Vergrößerung und geht schließlich zur Ölimmersion über. Das Aufsuchen von Bakterien geht bei mittelstarken Vergrößerungen mit dem größeren Gesichtsfeld im allgemeinen wesentlich leichter und schneller vor sich, vorausgesetzt natürlich, daß die betreffenden Bakterien groß genug sind. Glaubt man die gesuchten Bakterien gefunden zu haben, so stellt man sie genau in die Mitte des Gesichtsfeldes ein und sieht sie sich hierauf mit der Ölimmersion an. Etwaige Bakterienbefunde sollte man stets mit der Ölimmersion kontrollieren.

Das Einstellen erfolgt zunächst mit der Triebschraube grob und annähernd richtig und sodann durch die Mikrometerschraube fein und genau. Die Mikrometerschraube soll so eingestellt sein, daß sie beim Vor- und Rückwärtsdrehen ein Heben bzw. Senken des Tubus gestattet. Für Ungeübte ist es empfehlenswert, um eine Beschädigung des Präparates und der Linsen zu verhüten, die grobe Einstellung derart zu bewirken, daß man den Tubus so weit herab bewegt, bis das Objektiv ganz nahe am Deckglas steht (Auge hierbei seitlich in der Höhe des Objekttisches). Hierauf dreht man den Tubus mit der Triebschraube unter Hineinschauen in das Mikroskop langsam und vorsichtig in die Höhe, bis das Bild erscheint. Der richtige Abstand der Frontlinse des Objektives vom Deckglas beträgt bei Leitz 3 etwa 7 mm, bei Leitz 6 etwa 3 mm und bei der Ölimmersion etwa 0,2 mm. Beim längeren Gebrauch der Mikrometerschraube langt man am Ende ihrer Wirksamkeit an. Der Anfänger glaubt dann leicht, daß am Mikroskop bzw. an der Schraube etwas verdorben sei. Das Heilmittel ist aber sehr einfach.

Man dreht die Schraube wieder zurück und hat nun wieder nach beiden Seiten freien Spielraum zum Einstellen.

Mit Daumen und Zeigefinger der linken Hand hält man das Präparat, während die rechte Hand die Einstellvorrichtung bedient. Beim Mikroskopieren hält man die eine Hand stets an der Mikrometerschraube und dreht sie nach Bedarf vor und zurück, um das Präparat in voller Höhe (Dicke) durchzumustern. — Ist das Bild trotz guter Spiegelstellung nicht genügend hell, so sucht man durch Auf- und Abwärtsschrauben des Kondensors die maximale Beleuchtung zu erreichen.

Vor der Benutzung der Ölimmersion ist ein Tropfen Zedernöl (über Ersatz s. S. 39) auf das Deckglas zu bringen und die Frontlinse in diesen einzutauchen. Die anderen Objektive sind stets ohne Öl zu benutzen. Das Immersionsöl hat, wie es Abb. 23 zeigt, den Zweck, auch die seitlichen Lichtstrahlen, welche bei dem Übergang vom Deckglas in die Luft abgebrochen würden, zusammenzuhalten, dem Objektiv zuzuführen und damit die Lichtstärke im Gesichtsfeld zu vergrößern. Das wird dadurch ermöglicht, daß die Immersionsflüssigkeit dieselbe brechende Kraft wie das Deckglas besitzt, während jene der Luft hiervon wesentlich abweicht.

Nach der Benutzung des Mikroskopes wird die Frontlinse des Ölimmersionssystems zunächst trocken, sodann mit Xylol und hierauf wieder trocken abgewischt. Auf diese Weise wird auch an andere Linsen gelangtes Öl oder Kanadabalsam entfernt. Manche Autoren verwerfen das Xylol zum Abwischen der Linsen. Es soll die Verkittung der Linsen lösen. Sie empfehlen dafür Benzin oder Alkohol. Ich verwende Xylol seit über 20 Jahren und habe hierdurch Nachteile nie gesehen. Zum Abwischen benutzt man weiches Waschleder, weiches Fließpapier, Watte, weiche Leinwand u. dgl.

Staub im Okular erkennt man daran, daß der Fleck im Gesichtsfeld beim Drehen des Okulars in gleicher Weise sich mitbewegt. Dagegen verharrt der Fleck, wenn der Staub im Objektiv sitzt, hierbei an derselben Stelle.

Schmutz am Stativ reibt man mit Leinwand oder Waschleder ab, gegebenenfalls unter Benutzung von Benzin (nicht Alkohol). Helle Flecke auf der Hartgummiplatte des Tisches verschwinden zumeist auf Einreiben mit etwas Öl.

Das Mikroskop ist beim Tragen am Fuß, an der Säule oder Handhabe (Abb. 22) anzufassen.

Die Schrauben sind zeitweilig mit gutem Knochenöl leicht einzufetten.

Nach dem Gebrauch kommt das Mikroskop zum Schutze vor Staub und Licht in den Mikroskopkasten oder unter eine Papphülle. Glasglocken (aus braunem Glas) sind weniger zu empfehlen. Bei unvorsichtigem Zusammenprallen der harten, schweren Glasglocke mit Teilen des Mikroskopes werden diese leicht beschädigt. Das Mikroskop ist nicht zu kalt aufzubewahren, sonst schlägt sich beim Arbeiten Kondensationswasser aus der Ausatmungsluft nieder.

Zum **Messen** mikroskopischer Objekte benutzt man das **Mikrometer**, ein mit einer Skala versehenes Glasplättchen. Das Mikrometer wird an die Stelle im Okular eingelegt, wo das reelle Bild des Objektes erscheint.

Es kann so mit letzterem verglichen werden. Die Frontallinse des Okulars vergrößert beide und macht sie dem Auge sichtbar. Aus der Anzahl der abgelesenen Teilstriche am Okularmikrometer und dem vom Optiker angegebenen Mikrometerwert der benutzten Objektive erhält man durch Multiplikation die Größe des gemessenen Objektes. Oder der Maßstab des Okularmikrometers wird mit einem reellen Maßstab, den Objektivmikrometer, ermittelt. Das ist ein Objektträger, der in der Mitte einen feinen Maßstab in 0,01 mm = 10 $\mu$ trägt. An ihm mißt man den Maßstab des Okularmikrometers, nachdem man sie in parallele Lage gebracht hat. Als Maßeinheit dient das Mikromillimeter = Mikron = $\mu$ = 0,001 mm.

Zur Keimzählung auf dicht bewachsenen Platten bedient man sich zuweilen des Okularzählnetzes nach Stein. Es ist dies ein auf der Oberfläche von einem quadratischen Liniennetz durchzogenes Glasplättchen, welches wie das Okularmikrometer in das Okular eingelegt wird. Gleichen Zwecken dient die Okularzählscheibe nach Heim. Sie ist in ein Okular II fest eingesetzt; die obere Linsenfassung ist zur scharfen Einstellung für jedes Auge ausziehbar. Die Zählscheibe trägt Kreise und Durchmesser in ähnlicher Weise und Anordnung wie die Zählplatte nach Lafar (Abb. 154, S. 238), nur natürlich in wesentlich kleiner Ausführung und auf durchsichtigem, farblosen Glas.

### 3. Sonstige Gebrauchsgegenstände für mikroskopische Arbeiten.

**Objektträger.** Das übliche Format ist das englische (76 mm lang, 26 mm breit und etwa 1,2 mm dick) aus weißem oder grünlichem Glas mit geschliffenen Kanten; an den billigeren ungeschliffenen verletzt man sich leicht.

Für die Untersuchungen im hängenden Tropfen (vgl. S. 100) werden sog. hohlgeschliffene Objektträger mit rundem Ausschliff von etwa 15 mm Durchmesser benötigt (Abb. 123, S. 100).

Die **Deckgläser** sollen 0,15—0,17 mm dick sein. Dünnere zerbrechen zu leicht. Dickere sind bei den stärkeren Vergrößerungen nicht zu verwenden. Die übliche Form ist die quadratische von 13—18 mm Seitenlänge.

Genügt zur **Reinigung** der Objektträger und Deckgläschen ein Abwischen mit einem weichen Tuch oder Leder nicht, so benutzt man hierzu verdünnten Alkohol. Die Deckgläschen faßt man nicht an den Flächen, sondern an den Rändern mit Daumen und Zeigefinger der linken Hand an. Mit dem über Daumen und Zeigefinger der rechten Hand gelegten Läppchen reibt man das Gläschen ab. Um das Glas fettfrei zu machen und damit ein besseres und gleichmäßigeres Haften von Flüssigkeiten am Glas zu erreichen, erhitzt man es zuweilen mäßig über der Flamme oder auf einem Stück Blech oder im Trockenschrank auf 160—200°. Für Geißel-, gewisse Blutpräparate usw. müssen absolut fettfreie Gläser benutzt werden. Soweit obiges Verfahren zur Entfettung nicht genügt, kocht man die Gläser $^1/_2$ Stunde in einer Porzellanschale mit etwa 5 bis 10%iger Kaliumpermanganat- oder Kaliumbichromatlösung und 5 bis 10%iger roher Schwefelsäure unter öfterem Umrühren mit einem Glasstab. Hierauf werden die Gläser in Wasser, zuweilen auch in verdünnter Natronlauge, sodann in Alkohol abgespült (nicht mit den fettigen Fingern anfassen!) und durch Abbrennen vom Alkohol befreit. **Gebrauchte Deckgläschen und Objektträger** sammelt man in einem Glas mit konzentrierter Schwefelsäure oder Terpentinöl. Sollen diese Gläser zur

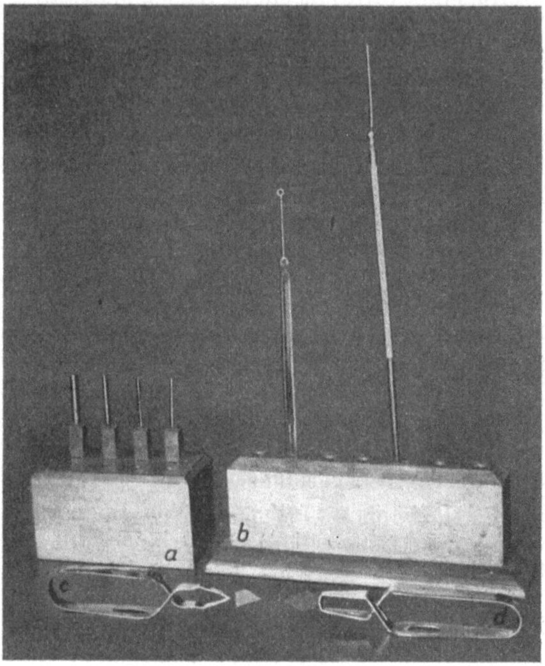


Abb. 32. a Ösenbieger, b Platinnadeln, c schlecht, d gut konstruierte Cornetsche Pinzette.

Wiederbenutzung gereinigt werden, so löst man etwaigen Kanadabalsam durch mehrtägiges Einlegen in Terpentinöl und kocht sie wie oben einige Stunden in stark schwefelsaurer Lösung von übermangansaurem Kali

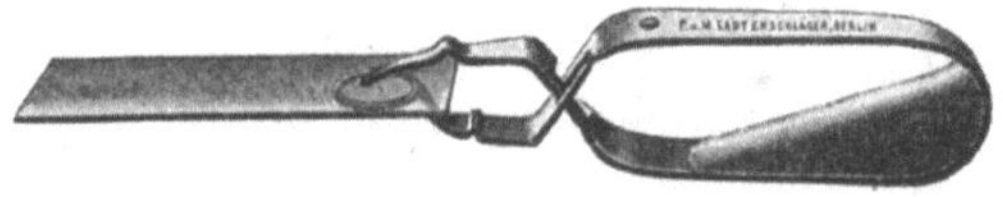

Abb. 33. Debrandsche Pinzette für Objektträger.

(Flüssigkeit muß tief violettrot gefärbt bleiben) in einem Gefäß aus Ton oder besser aus Porzellan. Nach dem Abspülen mit Wasser und Alkohol werden die Gläschen geputzt. Bei der Verwendung bereits benutzter Deckgläschen und Objektträger ist Vorsicht geboten, weil Bazillen zurückgeblieben sein können.

Von **Pinzetten** werden Cornetsche, grobe anatomische und feine Mikroskopierpinzetten benötigt.

Die Cornetschen Pinzetten dienen zum Halten der Deckgläser. Auf Druck öffnen sich die Pinzettenschenkel (Abb. 32), deren Enden möglichst rechtwinklig das zwischen ihnen liegende Deckglas fassen sollen. Stoßen die Pinzettenschenkel zu spitzwinklig auf das dazwischenliegende Deckglas (c), so fließt die auf das Deckglas gegebene Farbflüssigkeit leicht ab. In ähnlicher Ausführung werden auch Pinzetten für Objektträger (Abb. 33) angefertigt. Die Cornetschen Pinzetten bieten den Vorteil, ohne Fingerdruck das Gläschen festzuhalten. Diese Annehmlichkeit ist namentlich dann sehr erwünscht, wenn die Farbflüssigkeiten längere Zeit auf die Objekte, die sich auf dem Gläschen befinden, einwirken müssen. Man stellt dann die beschickten Pinzetten einfach hin und braucht sie nicht zu halten.

Abb. 34. Färbegestell.

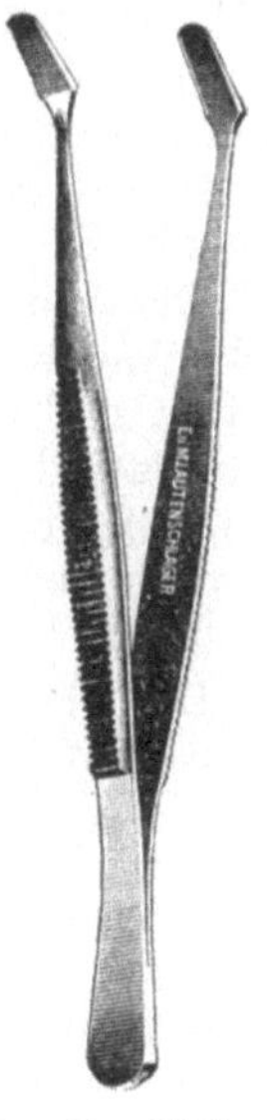

Abb. 35. Kühnesche Pinzette.

Bei Färbungen auf den Objektträgern bedient man sich vielfach eines Färbegestelles (Abb. 34), auf dessen oberen wagrechten Rahmen die beschickten Objektträger gelegt werden, die gegebenenfalls mit dem Brenner von unten aus erwärmt werden können. Der untere Kasten des Farbgestelles dient zum Auffangen etwa abfließender Farbe. In einfacher Weise kann man sich ein Färbegestell für Objektträger aus einem zurecht gebogenen Glasstab oder Draht herstellen, den man auf eine zum Auffangen ablaufender Farbe dienende Schale legt. Als Farbgestelle für Deckgläschen benutzt man auf einem Brettchen aufgeklebte Korke oder eine Gummiplatte mit Gummistreifen oder -stiften, wie sie in Läden für das bequeme Aufnehmen von Geldmünzen in Gebrauch sind. Für vielbeschäftigte Untersuchungsanstalten empfiehlt sich das Färbegestell nach Lux[1]), welches ein getrenntes Auffangen von gebrauchtem

[1]) Lux, Zeitschr. f. wissensch. Mikrosk. u. f. mikr. Technik 1915, Bd. 32, S. 401.

Alkohol gestattet [1]). Dieser wird mit Natronlauge oder Schwefelsäure neutralisiert und im Wasserbad abdestilliert, wobei ein etwa 90%iger Alkohol wieder gewonnen werden kann.

Die groben anatomischen Pinzetten mit tiefen Kerben an den abgerundeten Enden dienen zum Halten von Organen usw. Die feinen Mikroskopier-Pinzetten tragen an den dünn ausgezogenen Enden zumeist ebenfalls Kerben. Schließlich wird für besondere Zwecke die Kühnesche Pinzette mit abgeknickten Enden benötigt (Abb. 35).

**Platinnadeln** bestehen aus einem etwa 6 cm langen Drahtstück aus Platin oder Chromnickel (Prometheus, Frankfurt a. M. West 13, Falkstr. 2), von etwa 0,3—0,6 mm Stärke, das entweder in einem 18—25 cm langem bleistiftdickem Glasstab eingeschmolzen oder an einem 2—3 mm dicken und etwa 20 cm langen Messing- oder Kupferdraht oder bleistiftdickem Rohr aus gleichem Material hart angelötet oder in einem Kolleschen Nadelhalter eingeschraubt wird (Abb. 32b).

Die Glasstäbe springen leicht beim Sterilisieren in der Flamme und gehen auch sonst leicht entzwei. Bei häufigeren bakteriologischen Arbeiten sind die beiden anderen Halter vorzuziehen. Beim Einschmelzen des Platindrahtes in den Glasstab ist das Ende des Platindrahtes mit zu erhitzen und dann in das erweichte Ende des Glasstabes einzuschieben, worauf der entstehende Glasklumpen durch leichtes Ziehen sogleich wieder etwas verlängert wird.

Die Platindrähte werden am Ende verschieden gestaltet. Entweder zieht man den Draht gerade aus und erhält so die Platinnadel, die man evtl. mit der Feile noch zuspitzen, oder zu einem Häkchen umbiegen, oder zu einem Spatel breitklopfen kann, oder man biegt das freie Ende zu einer Öse. Um Ösen bestimmter Größen zu erhalten, bedient man sich des Ösenbiegers nach Czaplewski (Abb. 32, a), in Holzstäbe gefaßte Drahtstücke von bestimmter Stärke, die Ösen von 1, 2, 3 und 5 mm Durchmesser geben.

Zur Eichung der Ösen auf ihr Fassungsvermögen taucht man die Öse bis zu einem bestimmten Punkt 20—50 mal in Wasser, tupft auf einem in einem Wägegläschen befindlichen Fließpapier, das man zuvor in verschlossenem Gefäß auf einer chemischen Wage bis auf Milligramm genau abgewogen hat, ab und wägt das Papier in verschlossenem Gläschen wieder. Aus der Gewichtsdifferenz und der Zahl der übertragenen Ösen wird das Fassungsvermögen einer Öse berechnet.

**Schätzung von Bakteriengewichtsmengen.** Das Fassungsvermögen einer Platinöse von 2 mm Durchmesser beträgt im Mittel 2 mg Bakterien. Eine mittlere Agarkultur enthält etwa 15 Ösen oder 30 mg oder 24 000 Millionen Bakterien. 1 Petrischale hat die Oberfläche von etwa 5 Agarröhrchen, 1 Kolleschale von etwa 12—13 Agarröhrchen.

Vor und nach jedem Gebrauch werden die Platinnadeln und -ösen stets in der Flamme ausgeglüht und in einem mit passenden Bohrungen versehenen Holzklotz, wie Abb. 32 zeigt, aufrechtgestellt und nicht auf den Tisch gelegt.

[1]) Dieses Färbegestell ist bei F. Lux, Ludwigshafen a. Rh. für 30 Mk. zu kaufen.

Von **Scheren** werden gerade und gebogene, kleine und mittelgroße gebraucht. Zur Sektion von Versuchstieren benutzt man vielfach kleine Scheren ohne Vernicklung, da letztere durch das häufige Ausglühen doch bald schadhaft wird. Das gleiche gilt auch von den zu gleichem Zwecke gebrauchten anatomischen Pinzetten und den **Messern.** Von letzteren benötigt man gerade und geballte Skalpelle und sog. Küchen- oder Kartoffelmesser.

**Präparatenfischer** oder **Spatel** (Abb. 36—38) aus Neusilber werden namentlich für Schnittpräparate benötigt.

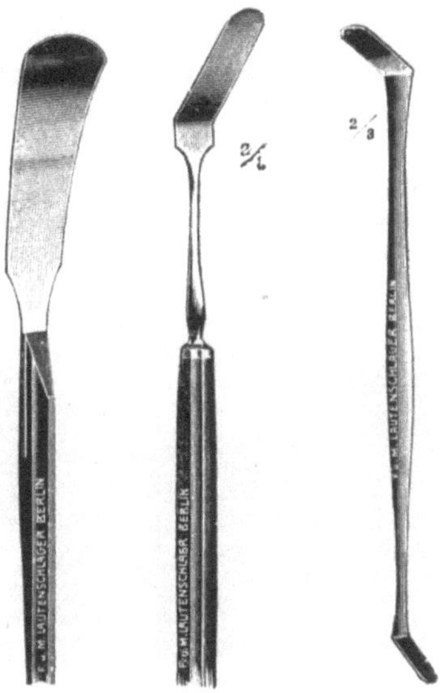


Abb. 36—38. Spatel.

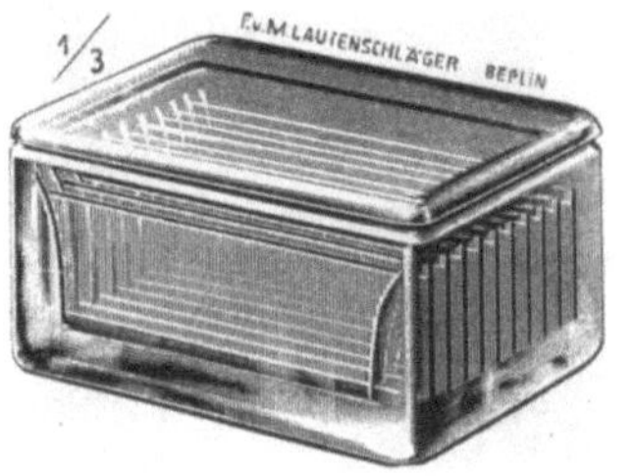


Abb. 39. Farbtrog.

Zur Färbung von Schnittpräparaten, sofern dies nicht auf dem Spatel erfolgt, verwendet man kleine Glasnäpfchen (Salznäpfchen, Schnapsgläschen, Uhrschälchen [teuer, leicht zerbrechlich und leicht umkippend]),

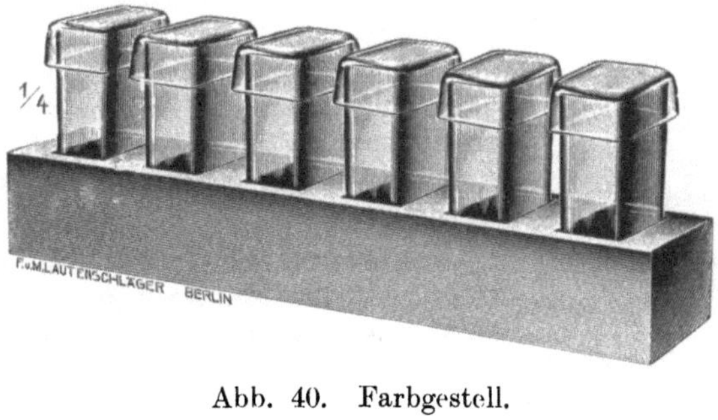


Abb. 40. Farbgestell.

zur Differenzierung von Objektträgerausstrichen usw. Wassergläser (verbrauchen viel Flüssigkeit), Farbküvetten (Abb. 39 u. 40), Reisetrinkgläser, die man zur Verhütung des Umfallens in ein Holzgestell oder einen Kasten stellt und mit Papierbäuschen festklemmt oder zu mehreren zusammenbindet.

**Präpariernadeln.** Hierzu eignen sich gewöhnliche Nadelhalter mit feinen Nähnadeln.

**Zur Aufbewahrung fertiger mikroskopischer Dauerpräparate** eignen sich die tafelförmigen Pappschachteln mit flachgewölbten Klappdeckeln (Abb. 41) oder Kästchen mit Zahnleisten. Will man die Präparate in einem passenden Kästchen einfach übereinander legen, so befestigt man an beiden Enden der Objektträger aus Karton geschnittene Etiketten, damit das Präparat dann hohl liegt. Eine einfache billige Aufbewahrungsweise zeigt Abb. 42.

**Fließpapier,** in Streifen und kleinere Blätter geschnitten, hängt man am

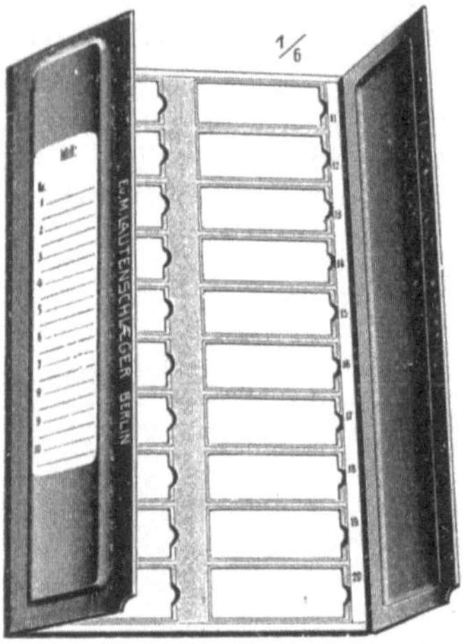

Abb. 41. Präparatenmappe.

Abb. 42. Präparatenkasten.

Arbeitsplatz auf. Es dient zum Signieren der in ein Wasserglas gestellten Reagenzglaskulturen und zum Trocknen der gefärbten Präparate. Zum Schutze der darüber streichenden Finger gegen etwa durchsickernde, bakterienhaltige Flüssigkeit wird zuweilen auf das Fließpapier ein Karton gelegt. Das gebrauchte Papier wird verbrannt, die Kartons sollen, wenn sie wieder benutzt werden, stets mit einer bestimmten Seite auf das Fließpapier gelegt werden.

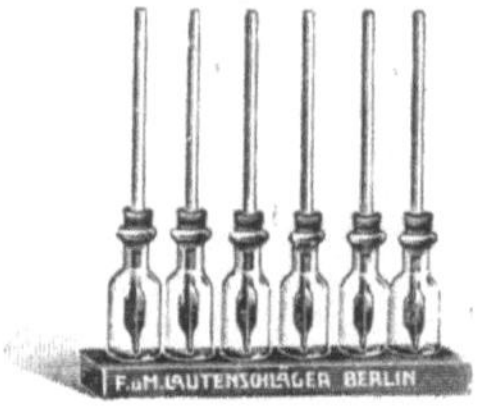

Abb. 43. Block mit Farbflaschen.

Die **Reagenzgläser** müssen, damit sie eine öftere Sterilisation vertragen und keine Stoffe an die Nährböden abgeben, aus gutem Glas gefertigt sein. Die übliche Größe der Röhrchen für Nährböden usw. ist 16:160 mm, für serologische Untersuchungen, meist 9:80 mm und für Präzipitation zuweilen 0,3:2,5 mm mit breit überstehendem Rand zum Einhängen in ein Stativ. Zur Reinigung der Gläser sind zylinderförmige Bürsten nötig. Starke Säuren und Laugen sind hierbei möglichst zu vermeiden, zum mindesten nach Gebrauch durch gründliche Wasserspülung wieder zu entfernen. Das gleiche gilt von Desinfektionsmitteln. Frische Reagenzgläser aus schlechtem Glas geben zuweilen viel Alkali ab und können dadurch sogar den in sie abgefüllten Nährboden verderben. Diesen Übelstand kann man dadurch beheben, daß man sie zuvor mit 1—2%iger Salzsäure auskocht. Ein gutes Glas darf leer

Abb. 44. Schwalbenschwanz- oder Flachbrenneraufsatz.

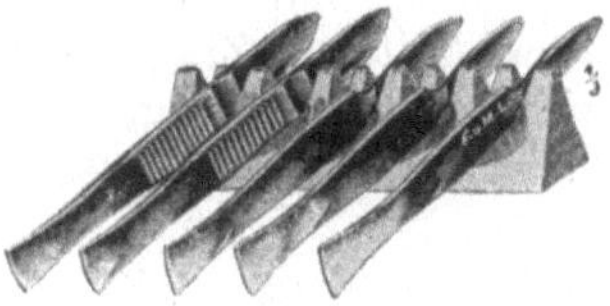

Abb. 45. Messerbänkchen.

erhitzt nicht springen und beim Sterilisieren (150—180°) sich nicht trüben. Gute Gläser sind von Schott in Jena erhältlich.

Zur Aufnahme der als Kulturgefäße dienenden Reagenzgläser verwendet man mit Watte ausgelegte starkwandige Wassergläser, Pappkästchen von etwa gleicher Höhe, durch Scheidewände abgeteilte Zigarrenkisten, leere Konservenbüchsen usw.

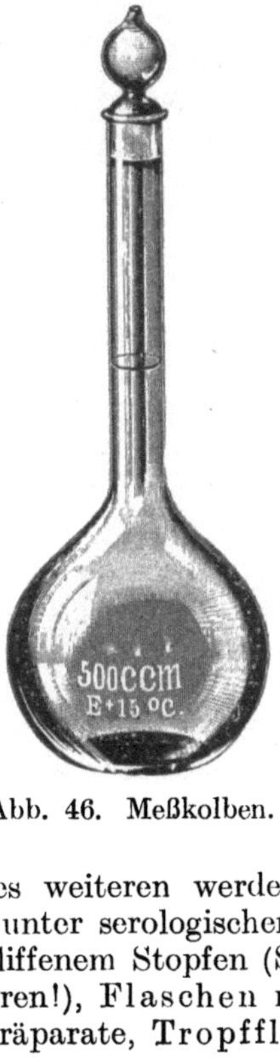


Abb. 46. Meßkolben.

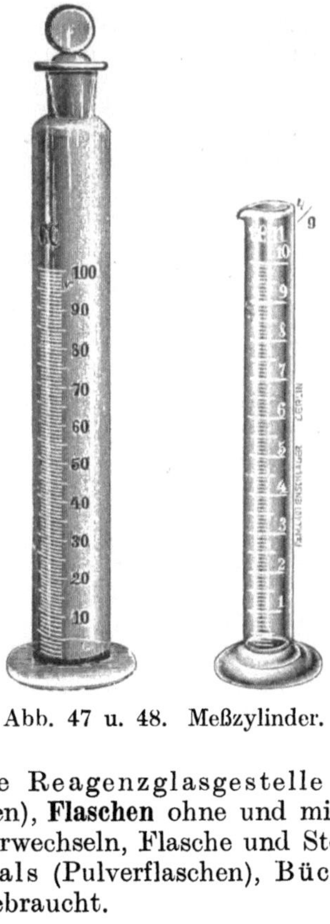


Abb. 47 u. 48. Meßzylinder.

Des weiteren werden sicherstehende Reagenzglasgestelle (vgl. auch unter serologischen Untersuchungen), **Flaschen** ohne und mit eingeschliffenem Stopfen (Stopfen nicht verwechseln, Flasche und Stopfen signieren!), Flaschen mit weitem Hals (Pulverflaschen), Büchsen für Präparate, Tropfflaschen usw. gebraucht.

Als Flaschen für Farblösungen benutzt man signierte Rollflaschen von 50—150 ccm Inhalt, verschlossen mit einem Korkstopfen, durch den eine einfache Glaspipette gesteckt ist (Abb. 43). Eingeschliffene Glasstopfen kitten leicht ein; Gummikappen an den Pipetten sind wenig haltbar. Zur Aufnahme des Kanadabalsams dienen Glasbüchschen mit einem losen Glasstab und einer locker aufsitzenden Glaskappe. Das Immersionsöl kann man in Glasfläschchen aufbewahren,

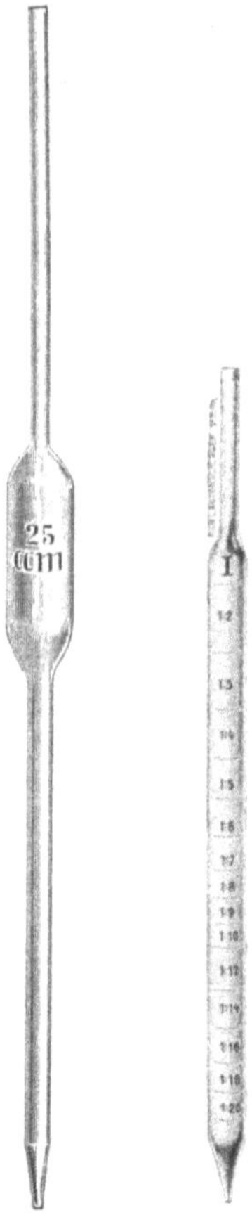


Abb. 49 u. 50. Voll- und Meßpipetten.

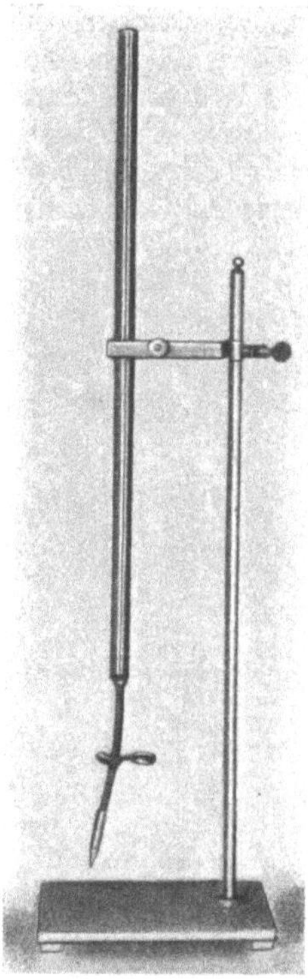

Abb. 51. Bürette.

dessen Kork-, besser Glasstopfen eine Platinöse oder ein dünnes Glasstäbchen trägt. Die Flaschen mit den gebräuchlicheren Farblösungen usw. stellt man in einen Holzblock (Abb. 43).

Zum **Schreiben auf Glas** benutzt man Fettstifte oder, wenn die Schrift haltbar sein soll, einen Diamantstift oder eine Glasätztinte (in größeren Drogerien käuflich, in Guttaperchaflaschen abseits von Glaswaren aufzubewahren) oder Glasschreibtinte aus 1—2 Teilen Wasserglas mit

1 Teil flüssiger chinesischer Tusche oder für dunkle Gläser aus 3—4 Teilen Wasserglas und 1 Teil Bariumsulfat. Oder man bestreicht das Glas mit einer dünnen Lösung von Kanadabalsam (3 Tropfen auf 10 Teile Xylol), worauf man nach dem Trocknen mit gewöhnlicher Tinte schreiben kann. Am schönsten sieht eine eingebrannte Schrift aus.

**Glasstäbe** und **Glasröhren** werden in verschiedener Stärke gebraucht. Man bezieht sie kiloweise. Beim Zerlegen bedient man sich eines

Abb. 52. Vollpipette mit Kugel.

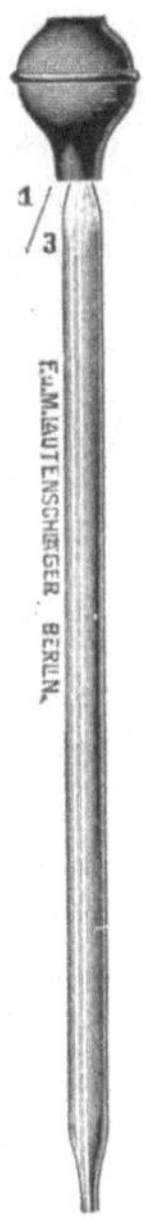


Abb. 53. Pipette mit Gummikappe.

Abb. 54. Sicherheitspipette nach v. Wassermann.

Abb. 55. Hygienische Mikropipette nach W. Weichardt.

Glasmessers oder einer Dreikantfeile zum Einritzen. Hierauf werden die gewünschten Stücke abgebrochen. Die Bruchstellen sind rund zu schmelzen.

Zum Biegen und Ausziehen von Röhren und Stäben erweicht man das Glas zuvor über einem Schwalbenschwanzbrenner (Abb. 44) und biegt es dann in die gewünschte Form oder zieht es aus.

Des weiteren benötigt man Glas- oder Porzellanbänkchen (Abb. 45), einige **Glasnäpfchen** verschiedener Größe, Glasglocken (Käseglocken), Teller, Spitzgläser zum Absetzenlassen von Flüssigkeiten (13—19 cm hoch und von 5—7 cm oberem Durchmesser), schwarze Schalen, so z. B. für Untersuchung von Sputum auf Tuberkelbazillen zum Herausfischen der sog. Linsen; an Stelle von schwarzen Schalen kann man auch einen mit Asphaltlack gestrichenen Suppenteller oder eine Glasschale auf schwarzer Unterlage verwenden, ferner Glastrichter von 4—20 cm oberem Durchmesser, Kochkolben von 100—1000 ccm Inhalt, Erlenmeyersche Kölbchen von 50—200 ccm Inhalt, **Meß**kolben (Abb. 46) mit Marke zu 100, 250, 500 und 1000 ccm Inhalt, Meßzylinder (Abb. 47, 48) zu 5, 10, 25, 50, 100, 250, 500 und 1000 ccm Inhalt, Vollpipetten (Abb. 49) zu 1, 2, 5, 10, 25, 50 ccm, Meßpipetten (Abb. 50) zu 1 und 10 ccm in $^1/_{10}$ und $^1/_{100}$ geteilt. Die Sicherheitspipetten tragen oberhalb der Graduierung eine kugelförmige Erweiterung (Abb. 52). Zur Pipettierung von Giften und infektiösem Material bedient man sich der Gummihütchen, der Kittschen Gummimembran oder der Meyerschen und Wassermannschen Pipetten (Abb. 53—55) die auf dem Prinzip der Stroscheinschen Spritze (Abb. 115, S. 86) beruhen. Bei serologischen Arbeiten benutzt man vielfach die teueren Spezialpipetten wie Präzisions-, Serum-, Mikropipetten, sowie jene nach Mentz, von Krogh, usw., die bei umfangreichen serologischen Arbeiten wertvoll, sonst aber entbehrlich sind. Büretten (Abb. 51) zu 10, 25 und 50 ccm in $^1/_{10}$ ccm geteilt (beim Ablesen ist das Auge in die Höhe der Flüssigkeitsoberfläche zu bringen; nur die Stellung des untersten Punktes des dunklen Meniskus ist zu beachten), Bürettenhalter, Filtrierstative, Thermometer, Quetschhähne mit und ohne Verschraubung Kork- und **Gummi**stopfen verschiedener Größe, Gummischläuche werden ebenfalls gebraucht. Für die Verbindung des Gashahnes mit dem Brenner auf dem Arbeitstisch genügen die billigeren grauen Gasschläuche, dagegen sind für Brut- und Sterilisierapparate am besten angelötete Bleirohre oder feuersichere Metallschläuche zu verwenden. Um vorrätige Gummischläuche, -stopfen, -kappen usw. durch das Lagern nicht hart werden zu lassen, bewahrt man sie zweckmäßig in einem Gefäß (alten Marmeladeneimer usw.) mit doppeltem Boden auf, in dessen Zwischenbodenraum man ein Gefäß oder Wattebausch mit einigen Kubikzentimetern Petroleum, Schwefelkohlenstoff, Terpentinöl oder Ammoniak gibt. Der obere Boden ist durchlocht. Hartgewordene Schläuche werden in warmem Wasser oder 5—6 %iger warmer Ammoniaklösung wieder weich.

Außerdem braucht man: Korkpressen und -bohrer, Fließpapiere, entfettete und nichtentfettete Watte, Asbest und Asbestpappe, Haarpinsel, Leinwand- oder Lederläppchen, Glaswolle, Etiketten, rotes und blaues Lackmuspapier, Dreifüße mit etwa 12 cm Durchmesser, Kochtöpfe in verschiedener Größe aus emailliertem Eisenblech mit möglichst überfassenden Deckel. Um Glasplatten usw. auszukochen, legt man zuvor einen Einsatz mit Füßchen ein. Zum Wasser gibt man vielfach etwa 1 % Soda hinzu.

Als Wasserbäder benutzt man eiserne, innen emaillierte Töpfe oder besondere nach unten konisch verjüngte Gefäße mit Ringen und Einsatz für Reagenzgläser sowie Vorrichtung zur Erzielung eines konstanten Wasserniveaus.

Sandbäder aus einer eisernen Schale von etwa 20 cm Durchmesser sind weiterhin erforderlich, wie

Drahtnetze von 15—20 cm Seitenlänge aus dünnmaschigem Eisen- oder Kupfergewebe, Stative mit Muffen, Klemmen und Ringen.

Auch Exsikkatoren von etwa 15 cm Durchmesser, mit Einsatz aus Porzellan oder Drahtgewebe, gut aufgeschliffenem Deckel und einem seitlich angesetzten Tubus mit Glashahn werden benötigt. Der untere Teil des Exsikkators bzw. der helmartige Deckel wird mit ausgeglühtem Kalziumchlorid oder konzentrierter Schwefelsäure beschickt. Um ein Emporspritzen der Schwefelsäure beim Abheben des festsitzenden Deckels oder beim unvorsichtigen Tragen zu vermeiden, legt man auf die Schwefelsäure eine Lage Glaswolle. Zur Abdichtung des Deckels auf dem Exsikkator dient Vaseline oder eine Mischung von 2 Teilen Schweinefett und 1 Teil Bienenwachs.

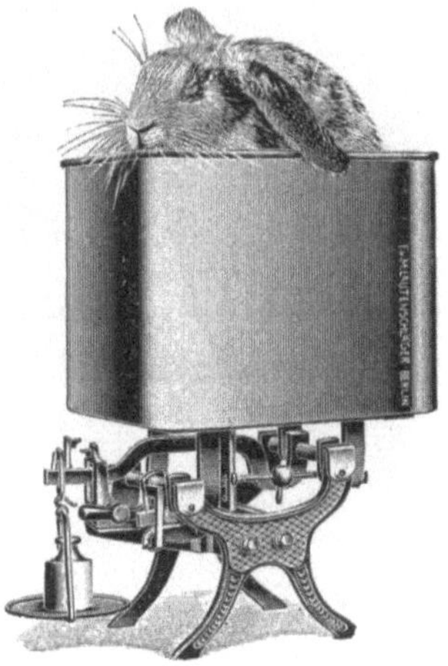

Abb. 56. Tierwage.

Von **Wagen** werden gebraucht:

Tafelwage für 5 kg Belastung mit zugehörigen Gewichten;

Technische Wage für $^1/_2$ kg Belastung; sie soll noch 0,01 g genau zu wägen gestatten. Mit diesen beiden Wagen kommt man zumeist aus. Für die meisten Zwecke genügt schon eine Briefwage. Für sehr feine und exakte Wägung dient eine chemische Wage[1]) mit kurzen Armen für eine Belastung von 200 g, mit einer Empfindlichkeit von 0,1 mg, Reiterverschiebung, Pinselarretierung und einem Satz vergoldeter Gewichte. Sie ist in einem gleichmäßig warmen Raum, etwas entfernt vom Fenster, vor direkten Sonnenstrahlen geschützt auf einem möglichst wagerechten Tisch aufzustellen und mit Hilfe der Fußschrauben in eine völlig wagerechte Lage zu bringen. Bei Nichtbenutzung und vor jeder Änderung der Belastung ist die Wage zu arretieren. Die Gewichte sind nur mit der Pinzette anzufassen. Vor jeder Wägung überzeugt man sich, daß die Wage richtig einspielt.

Zur Wägung von Versuchstieren dient die Tierwage (Abb. 56) nach Wünschmann, die nach Abnahme des für das Tier bestimmten Behälters und des Gegengewichtes auch als Tafelwage (Dezimalwage) für mehrere Kilo Belastung oder bei Benutzung der Gewichtsschale für die Objekte auch als technische Wage mit einer Genauigkeit von Zehntelgramm benutzt werden kann.

---

[1]) Bezugsquellen: F. Sartorius in Göttingen, G. Westphal in Celle, A. Verbeck und Peckholdt in Dresden usw.

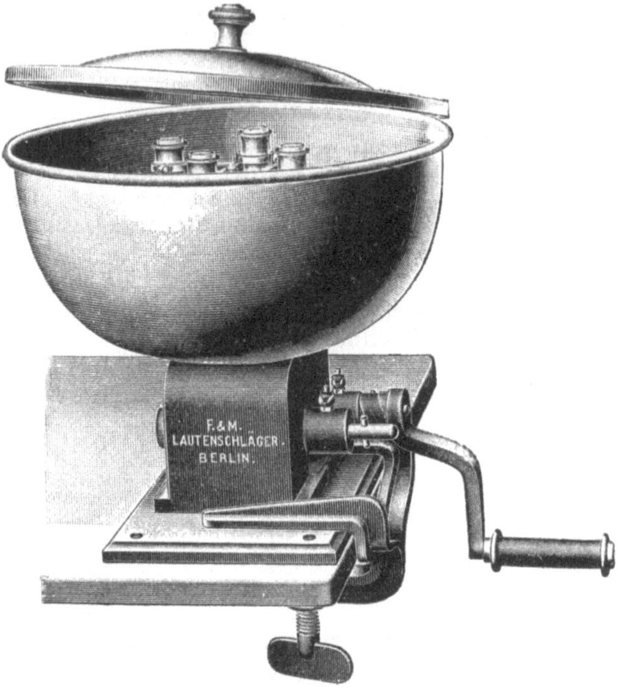


Abb. 57. Zentrifuge mit Handantrieb.

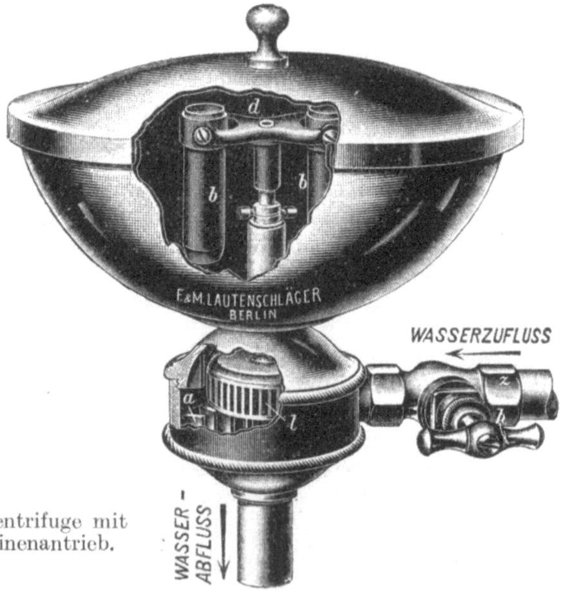


Abb. 58. Zentrifuge mit Wasserturbinenantrieb.

Zur Bestimmung des spezifischen Gewichtes von Flüssigkeiten dient ein Satz von Aräometern oder eine Mohr-Westphalsche Wage.

**Zentrifugen**[1]) (Abb. 57, 58) werden für Hand-, Wasser- und elektrischen Antrieb gebaut. Mit Handantrieb kommt man auf etwa 1500—3000 Umdrehungen in einer Minute. Zentrifugen mit Wasserturbinenantrieb beanspruchen einen Wasserdruck von mindestens zwei Atmosphären. Die Tourenzahl beträgt etwa 1500—1800 in der Minute. Die elektrisch betriebenen Zentrifugen machen etwa 3000 Umdrehungen in der Minute, die für bakteriologische Zwecke übliche Tourenzahl.

Beim Ankauf wende man sich nur an ganz zuverlässige Firmen. Die Einsatzbecher sind von einem soliden Korb aus Metall umgeben und dieser mit einem Deckel versehen. Um die Umdrehungsgeschwindigkeit bequem kontrollieren zu können, wird auf der Zentrifugenachse vielfach ein Tourenzähler (Gyrometer) angebracht. Es ist dieser ein teilweise mit Glyzerin oder Alkohol gefülltes, verschlossenes Glasrohr mit einer Skala. Bei schneller Umdrehung kriecht die Flüssigkeit am Glas empor, und die Luft bildet einen nach unten verjüngten Konus in die Flüssigkeit. Die Spitze des Konus liegt um so tiefer, je höher die Umdrehungsgeschwindigkeit ist.

Abb. 59. Wasserstrahlluftpumpe.

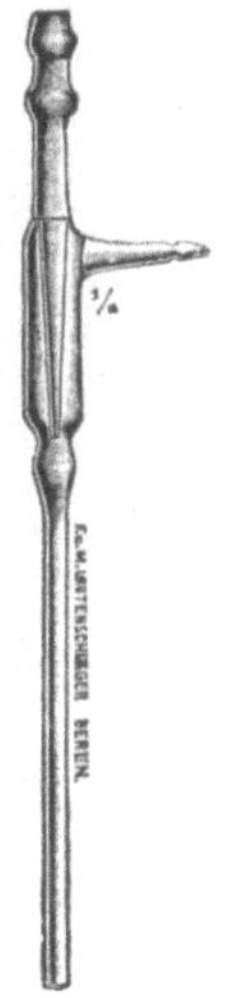

Abb. 60. Wasserluftpumpe.

Für die Benutzung der Zentrifuge gelten folgende Regeln:

1. Die Zentrifuge muß gut geölt sein.
2. Die Zentrifuge muß stets gleichmäßig (symmetrisch) belastet werden. Die einander gegenüberliegenden Gläser müssen vollkommen gleich schwer sein.
3. Vor dem Zentrifugieren entfernt man den Watteverschluß der Zentrifugenröhrchen und ersetzt ihn, wenn ein Verschluß nötig ist, durch Gummi- oder Korkstopfen oder Metalldeckel mit übergreifenden Rand.
4. Die Zentrifuge lasse man allmählich anlaufen sowie auslaufen.
5. Ist die Zentrifuge irgendwie in Unordnung, so sorge man sofort für sachgemäße Reparatur.

**Wasserstrahlluftpumpen** (Abb. 59) werden zum Absaugen (z. B. beim Filtrieren unter vermindertem Druck usw.) und Blasen (namentlich für Gebläselampen zum Glasschmelzen usw.) gebraucht. In kleinen Laboratorien begnügt man sich vielfach mit einfachen Saugpumpen ohne Druckvorrichtung (Abb. 60), die aus Glas früher schon für 3 Mk. erhältlich

---

[1]) Bezugsquellen: Runne in Rohrbach bei Heidelberg, F. u. M. Lautenschläger in Berlin NW usw.

waren. Um bei Druckschwankungen in der Leitung ein Einströmen von Wasser in die Vorlage (Saugflaschen usw.) zu verhüten, schaltet man ein Sicherheitsventil (Abb. 83) oder eine Saugflasche oder größere Woulffsche Flasche dazwischen. Die Saugpumpe soll so hoch über dem Abflußbecken angebracht sein, daß an sie noch ein Gummischlauch von 50 bis 75 cm Länge angesetzt werden kann, der erst die richtige Saugwirkung hervorbringt.

Über Mikrotome nebst Zubehör vgl. S. 112.

## 4. Sonstige Gebrauchsgegenstände für kulturelle Arbeiten.

Außer den bereits erwähnten Platinnadeln (S. 50), Messern, Scheren, Pinzetten (S. 49), Reagenzgläsern, Büretten, Pipetten usw. werden

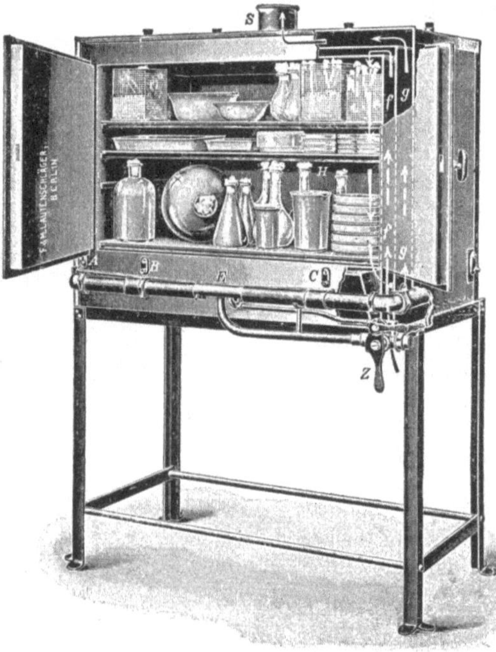


Abb. 61. Heißluftsterilisator.

**Sterilisierungsvorrichtungen** benötigt, und zwar Trocken- und Dampfsterilisierungsapparate.

Die **Trocken- oder Heißluftsterilisatoren** kann man sich für einfache Bedürfnisse in Form einer gefalzten Schwarzblechschachtel billig beschaffen. In den Deckel wird ein Loch zur Aufnahme des Thermometers angebracht. Im Notfall genügt ein einfacher Bratofen (Röhre). Selbst auf eine genaue Kontrolle der Temperatur kann man verzichten. Die Bräunung der Watte, welche bei 170—180° einzutreten pflegt, zeigt an, daß eine genügend hohe Temperatur erreicht wurde. Die Gegenstände werden auf einen Dachziegel gestellt. Nach beendeter Sterilisation läßt man sie bei offener Tür langsam erkalten. In einem wohleingerichteten Laboratorium bedient man sich doppel- bzw. dreifachwandiger, mit Tür usw. versehener Schränke (Abb. 61), die in verschiedenen Preislagen, Größen und Ausführungen u. a. von Lautenschläger, Rohrbeck und Altmann in Berlin usw. in den Handel gebracht werden. Für kleinere Laboratorien genügt eine Höhe, Breite und Tiefe von etwa 30 : 25 : 20 cm.

Abb. 62. Kochscher Dampftopf.

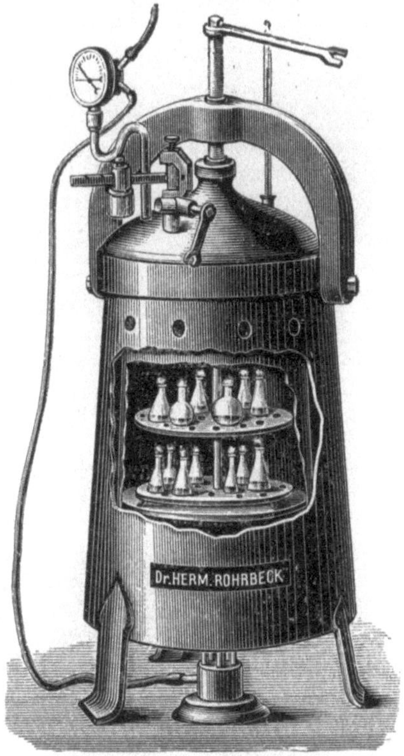


Abb. 63. Autoklav.

Die Heizung geschieht durch Gas, Petroleum, Elektrizität oder schließlich in oder auf einem Ofen.

Auch die **Dampfsterilisatoren** kann man sich für einfache Bedürfnisse billig beschaffen. Zur Not genügt ein höherer, großer Topf aus emailliertem oder verzinktem Blech, in den man ein auf etwa 5—7 cm hohen Füßen ruhendes, durchlochtes Einsatzblech gibt. Den gleichen Zweck erfüllen auch die im Haushalt verwendeten, verhältnismäßig billigen Kartoffeldämpfer oder ein Soxhletscher Milchkocher. Für einfache Verhältnisse eignet sich auch ein kleinerer Dampfzylinder von etwa 24 cm Höhe und 12—15 cm Durchmesser, aus starkem, verzinkten,

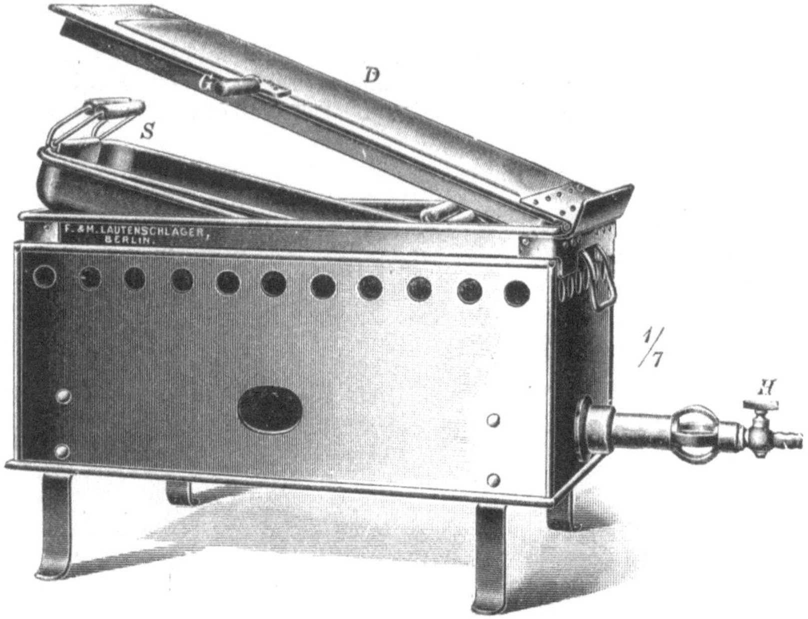


Abb. 64. Instrumentensterilisator.

hartgelöteten Blech mit Einsatz und gutpassendem, übergreifenden Deckel. Bis nahe an das auf etwa 5 cm hohen Füßen ruhende Einsatzblech füllt man das Gefäß mit Wasser. Der Raum über dem Einsatzblech dient zur Aufnahme der zu desinfizierenden Gegenstände.

In wohl eingerichteten Laboratorien benutzt man die meist mit Filz oder

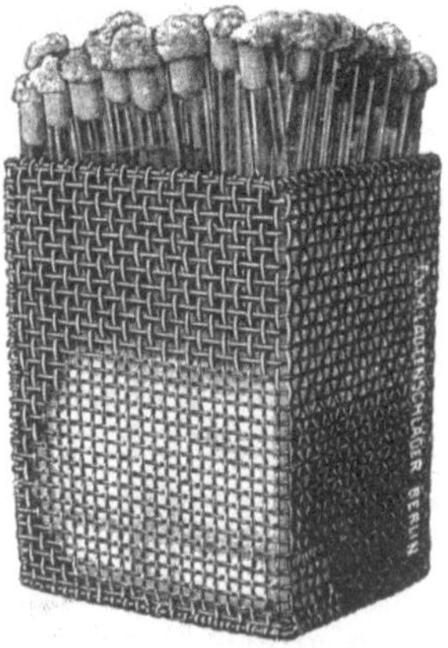

Abb. 65. Drahtkorb.

Abb. 66. Taschen für Glasplatten.

Linoleum bekleideten Kochschen Dampftöpfe (Abb. 62) und Autoklaven (Abb. 63) in verschiedenen Ausführungen und Preislagen (Lauten-

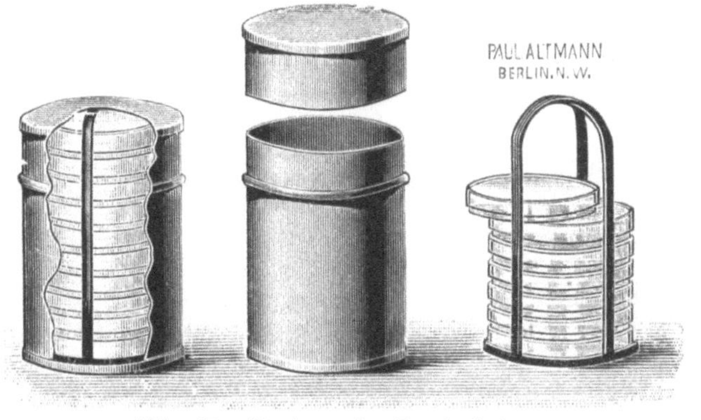


Abb. 67. Büchsen für Petrischalen.

schläger, Rohrbeck, Altmann usw.). In einfacher Form kann man sich einen Dampftopf aus Kupfer-, Zink- oder Eisenblech auch von einem Klempner anfertigen lassen (Zylinder 40 cm hoch mit Wasserstandsrohr, 10 cm über dem Boden ein durchlochter Zwischenboden, abhebbarer Deckel mit Loch für einen Thermometer).

An Stelle besonderer **Instrumentensterilisatoren** (Abb. 64), die zweckmäßig mit automatischem Wasserzufluß versehen werden, kann man zum Auskochen oder Dämpfen von Instrumenten usw. ebenfalls Töpfe, Pfannen usw. mit Deckel benutzen.

Als **Aufnahmegefäße** für das Desinfektionsgut bedient man sich bei den Trockensterilisatoren für Reagenzgläser der Drahtkörbe (Abb. 65), für Platten, Pipetten, Messer, Scheren der Taschen und Büchsen aus Schwarzblech (Abb. 66—68). Die Petrischalen wickelt man oft nur in Papier ein. Man kann sich aber auch mit einfachen Hilfsmitteln behelfen, so an Stelle der Drahtkörbe alte Konservenbüchsen mit mehrfach durchbohrtem Boden und durchlochter Seitenwand und am oberen Ende befestigtem und aus Draht oder Bindfaden hergestelltem Bügel benutzen.

Das im strömenden Dampf zu sterilisierende Gut (in Reagenzgläser abgezogene Nährböden usw.) setzt man gegebenenfalls in Drahtkörbe oder sog. Einsätze (Abb. 69), das sind dünnwandige Blechtöpfe mit durchlochtem Boden und oben durchbrochener Wand. Die teueren und zerbrechlichen Glaskolben, in denen man vielfach die Nährböden sterilisiert und aufbewahrt, kann man durch Blechkannen mit übergreifendem Deckel, in deren Hals man zum Schutze vor Bakterieninfektion noch einen Wattebausch einschiebt, ersetzen. Auch Wein- und Medizinflaschen (kalt ansetzen) mit Watteverschluß eignen sich hierzu.

Abb. 68. Büchse für Pipetten.

Geht man bei der Herstellung der Bouillon, Gelatine und Agar von Fleisch aus, so braucht man eine Fleischhackmaschine (Abb. 70), weniger nötig ist eine Fleischpresse (Abb. 71).

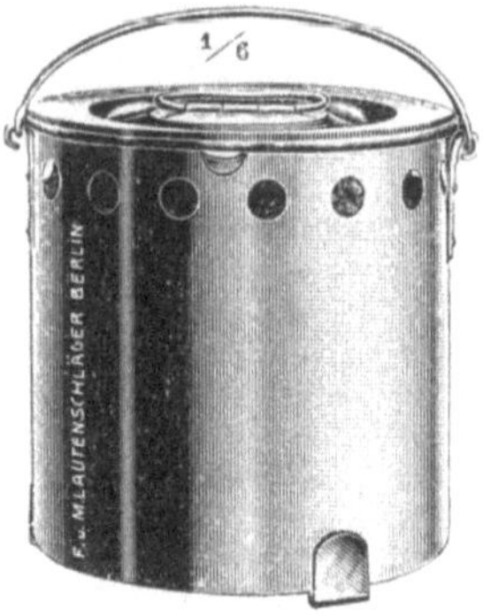


Abb. 69. Einsatz für Reagenzgläser.

Abb. 70. Fleischhackmaschine.

Auf die bei der Herstellung gebrauchten Filtrier-, Neutralisier- und Abfüllvorrichtungen, Drogen und Chemikalien wird bei der Besprechung der Nährböden näher eingegangen werden.

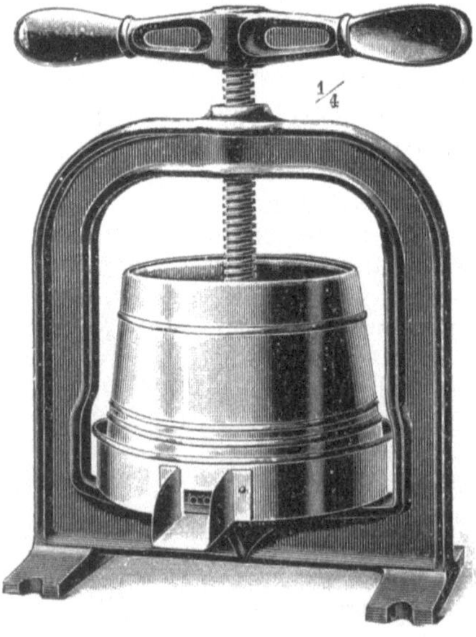


Abb. 71. Fleischpresse.

**Glasplatten**, etwa 1—2 mm stark und etwa 9 × 12 cm groß, sind von jedem Glaser leicht erhältlich; sie dienten früher u. a. zum Plattenkulturverfahren, wozu heute wohl nur noch die sog. **Petrischalen** (Abb. 72), die sog. „Platten", kleine Doppelschalen von 10 cm Durchmesser und 1 cm Höhe, benutzt werden. Die Doppelschalen nach Drigalski-Conradi haben einen Durchmesser von 20 cm, die kleineren Kartoffel-Doppelschalen von 5 cm bei einer Höhe von 2 cm. Zum gleichen Zweck benutzt

Abb. 72. Petrische Doppelschale. 1/3 nat. Größe.

man heute, wenn auch seltener, **Kulturflaschen** (nach Petruschky, Kolle [Abb. 73] usw.). Am Hals sind sie meist mit einer nach innen vorspringenden Querleiste versehen, welche den Nährboden vor einer Berührung mit dem Stopfen schützen soll.

Die Nivellier- und Kühlapparate, die bei der Verwendung der gewöhnlichen Glasplatten zum Plattenverfahren recht notwendig waren, sind heute entbehrlich geworden.

Die **Brutschränke** dienen zur Züchtung der Bakterien bei konstanter Temperatur, und zwar vorwiegend bei 37°. Für bescheidene Ansprüche kommt man mit einem einfachen Paraffinofen (20 × 20 × 20 cm, [Abb. 74]) mit Thermoregulator, Thermometer und Mikrobrenner für etwa 50 Mk. (Friedenspreis) aus. Für größere Ansprüche werden doppelwandige (mit Wasserfüllung), aus Blech gefertigte und mit einem

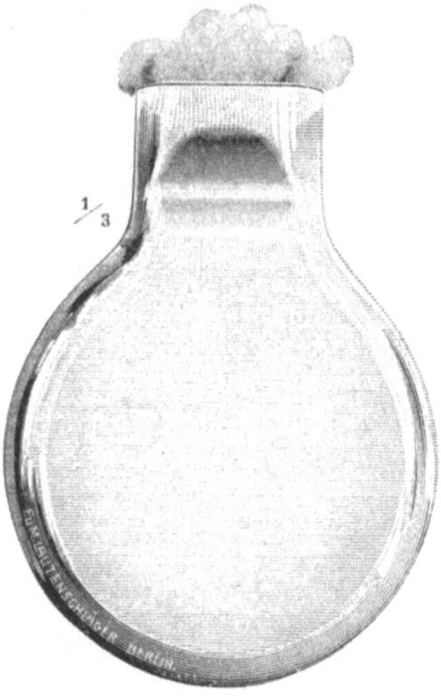


Abb. 73. Kollesche Flasche.

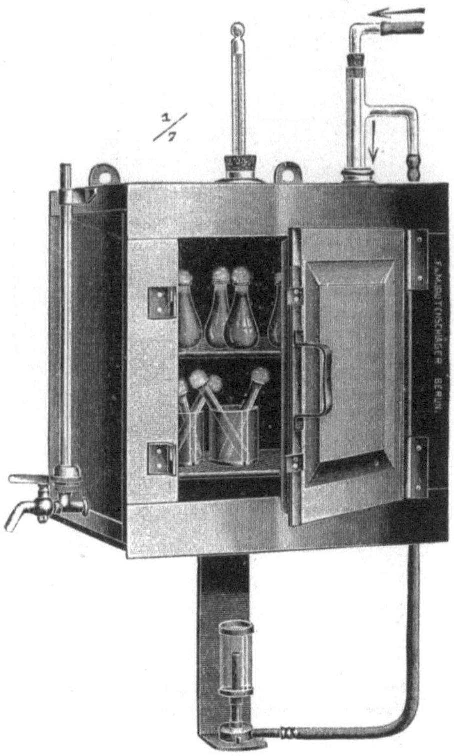


Abb. 74. Universalapparat nach Lautenschläger als Brut-Paraffineinbettungs- und Sterilisationsapparat für Temperaturen bis 90°.

schlechten Wärmeleiter belegte oder hölzerne Brutschränke (Abb. 75) in verschiedener Ausführung von Lautenschläger, Rohrbeck in Berlin usw. in den Handel gebracht. Für kleine Laboratorien kommen Thermostaten aus Kupfer von etwa 40 × 25 × 25 cm, für größere etwa doppelt so große und für große solche von etwa 80 × 60 × 50 cm Innenmaß in Frage, falls man es nicht im letzteren Falle vorzieht, ein Brutzimmer einzurichten. Die Heizung erfolgt mit Gas, Elektrizität oder Petroleum. Bei wenig anspruchsvollen Bakterien genügt es meist, die Kulturen in der Nähe des geheizten Ofens, im Sommer auf den Dachboden usw. aufzustellen. Stets sind sie vor stärkerer Belichtung zu schützen.

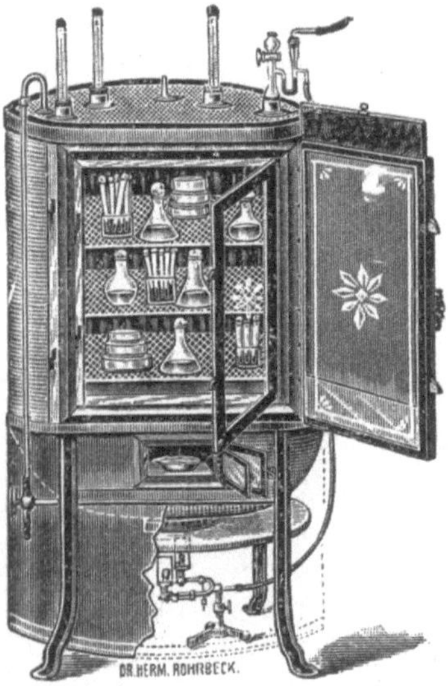


Abb. 75. Thermostat.

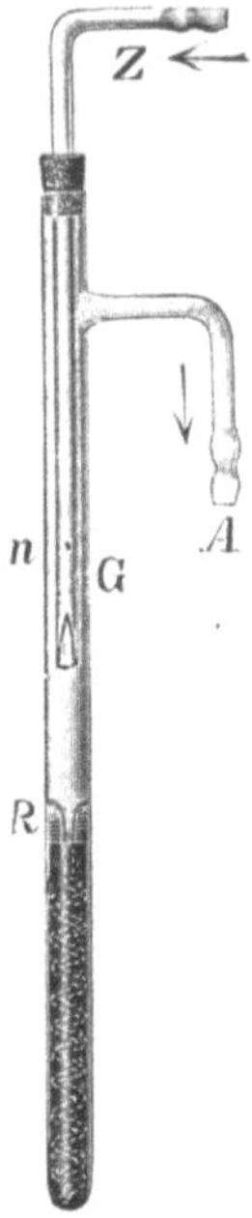


Abb. 76. Thermoregulator.

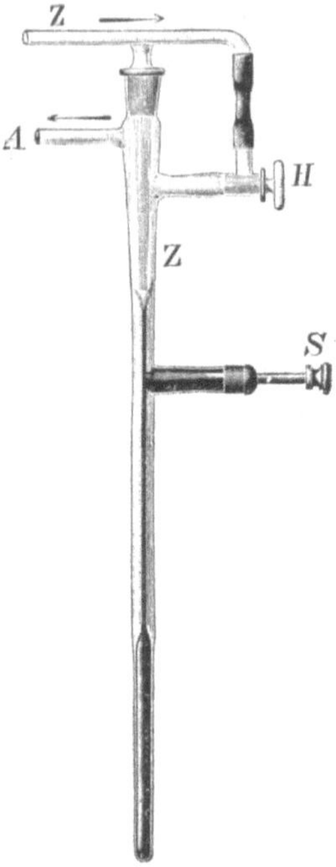


Abb. 77. Reichertscher Quecksilberregulator.

A = Ableitung zum Brenner. G = Gasraum.
Z = Zuleitung für Gas. H = Hilfsleitung.

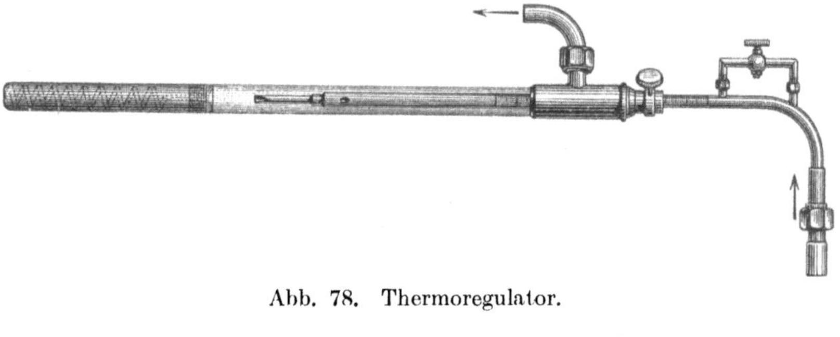

Abb. 78. Thermoregulator.

Zur Erzielung einer konstanten Temperatur dienen die **Thermoregulatoren,** die je nach der Wärmequelle verschieden konstruiert sind. Bei Gasheizung werden die Quecksilberwärmeregler (Abb. 76—79) im allgemeinen bevorzugt. Die Verbindung mit dem Gashahn einerseits und mit dem Brenner andererseits stellt man am besten durch reichlich bemessenes, dünnes, angelötetes Bleirohr oder durch Metallschläuche her. Gummischläuche sind der Feuers- und Explosionsgefahr wegen zu vermeiden.

Der Regulierraum R enthält vorwiegend Quecksilber und außerdem eine Flüssigkeit, deren Wahl sich nach der Temperatur richtet, bei der der Wärmeregler wirken soll.

Man nimmt:

für 20—24° Äthylchlorid,
„ 30—40° Äther,
„ 40—60° Gemisch von Alkohol und Äther,
„ 60—75° Alkohol,
„ 75—90° Gemisch von Alkohol und Wasser,
„ 90—100° Wasser,
„ 120—150° ein Gemisch von Wasser und Anilin oder reines Anilin.

Die Flüssigkeiten bzw. ihre Dämpfe drücken bei den bestimmten Wärmegraden das Quecksilber aus dem Regulierraum durch das Spiralrohr in den Gasraum, wo das Quecksilber das höher oder tiefer eingeführte Gaszuleitungsrohr bei entsprechend höherer oder tieferer Temperatur verschließt. Damit das Gas auch bei völligem Verschluß des seitlichen Schlitzes nicht völlig verlischt, ist die Seitenleitung durch den Hahn H und das Notloch N vorgesehen. Um eine sichere Regelung der Temperatur zu ermöglichen, ist die Gaszufuhr durch die Nebenleitung HN derart gering zu halten, daß die Flamme bei völligem Verschluß der Hauptleitung gerade noch fortbrennt, aber eine stärkere Heizwirkung nicht mehr entfalten kann.

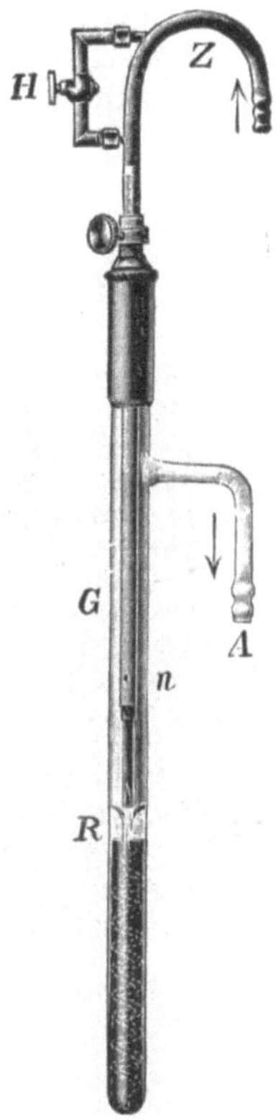


Abb. 79. Thermoregulator.
A = Ableitung zum Brenner.
Z = Zuleitung für Gas.
G = Gasraum.
H = Hilfsleitung.
R = Regulierraum.
N = Notloch.

Beim **Einstellen des Wärmereglers** geht man in der Weise vor, daß das Zuleitungsrohr Z so weit aus dem Gasraume herausgezogen wird, daß seine Öffnung etwa in der Mitte des Gasraumes liegt. Der Hahn an der Gasleitung, der Regulierhahn H und ein etwaiger Hahn am Brenner werden g a n z geöffnet, und das Gas wird am Brenner angebrannt. Ist die gewünschte Temperatur erreicht, so wird das Zuleitungsrohr so tief in den Gasraum hineingeschoben, daß seine untere Öffnung mitsamt dem Schlitze durch das Quecksilber vollständig verschlossen wird. Das Gas kann jetzt seinen Weg nur noch durch die Reserveleitung HN nehmen. Die Gaszufuhr auf diesem Wege wird durch den Hahn H derart geregelt, daß die Flamme gerade noch sicher fortbrennt. Die Regelung der Temperatur erfolgt nunmehr nur noch durch geringes Herausziehen bzw. Hineinschieben des Gaszuleitungsrohres. Die erwähnte Einstellung des Hahnes H und die grobe Einstellung der Gaszufuhr durch die Hauptleitung ZS nimmt man zweckmäßigerweise zuvor in einem hohen Wasserbad oder Becherglas vor.

Bei dem in Abb. 77 wieder gegebenen Reichertschen Quecksilberregler, dessen Genauigkeit etwa 1° beträgt, erfolgt die Regelung der Hauptgaszufuhr durch die Stellschraube S, der Nebenleitung durch die Schraube H.

Der Regulator wird in eine Blechhülse, welche oben ein seitliches Loch zum Eintritt des Wassers hat, gestellt, damit das Quecksilber bei einem zufälligen Zerbrechen des Reglers nicht in den Metallmantel läuft und ihn zerstört.

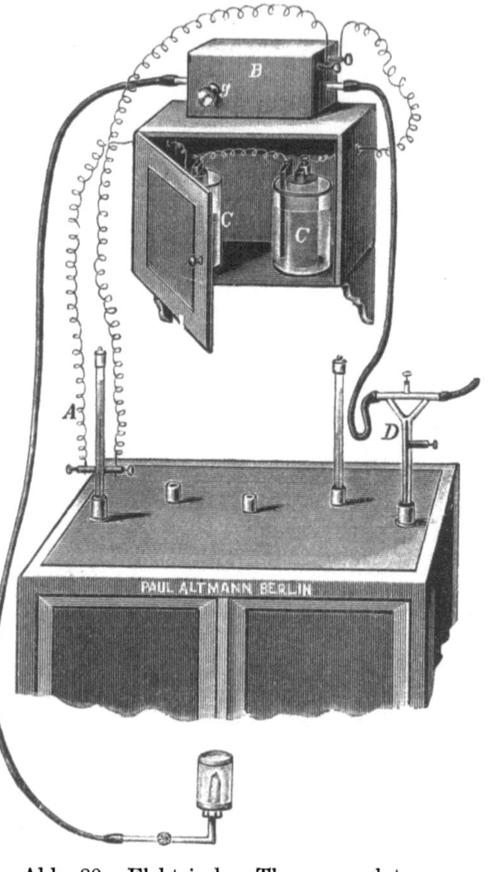

Abb. 80. Elektrischer Thermoregulator.

Die elektrischen Gas- und Wasserregulatoren bestehen aus einem Kontaktthermometer (Abb. 80) und einem Elektromagneten, welcher die Gas- bzw. Wasserzufuhr (vgl. S. 69) regelt. Der elektrische Regulator bietet den Vorteil, daß er zu jeder Zeit auf beliebige Temperatur eingestellt werden kann, was bei den Quecksilberregulatoren nur in sehr beschränktem Maße möglich ist.

Das Kontaktthermometer unterscheidet sich von einem gewöhnlichen Thermometer dadurch, daß in die luftleere Kapillare zwei Platindrähte a und b eingeschmolzen sind. Über ihnen befindet sich ein Glasvorsprung c im Kapillarrohr, der das aufsteigende Quecksilber zwar vorbeifließen läßt, aber dem zurückströmenden Quecksilber so viel Widerstand entgegensetzt, daß hier der Quecksilberfaden abreißt.

Bei der Einstellung des Kontaktthermometers wird die Quecksilbersäule vorsichtig herabgeschleudert. Hierauf stellt man das Thermometer in Wasser, das etwa um 5° wärmer ist als die gewünschte Temperatur. Sobald das Quecksilber den gewünschten Grad erreicht hat, nimmt man das Thermometer sofort aus dem Wasserbad heraus. Ist das Thermometer und der oben erwähnte Elektromagnet in den Stromkreis eingeschaltet, und gelangt die untere Quecksilbersäule bis an den oberen Platindraht a, so wird der Strom geschlossen, der Elektromagnet zieht an, und die Gaszufuhr wird in der Hauptleitung abgestellt. Verläßt die Quecksilbersäule beim Sinken der Temperatur den Platindraht a, so wird der Strom wieder geöffnet, die Wirkung des Elektromagneten läßt nach, und die Gaszufuhr wird wieder freigegeben.

Das geschilderte übliche Kontaktthermometer ist meist nur kurze Zeit brauchbar. Durch das öftere Schließen und Öffnen des Stromkreises und das damit verbundene Überspringen von Funken wird das Quecksilber bald derart verändert, daß der Quecksilberfaden unterhalb des Kontaktes abreißt und der Regulator somit nicht mehr funktioniert. An Stelle dieses Kontaktthermometers empfiehlt es sich, folgenden elektrischen Wärmeregler zu gebrauchen. Man nimmt einen einfachen Quecksilberthermoregulator (Abb. 76), führt den einen Leitungsdraht bis nahe an R ein, den anderen zieht man durch das Zuleitungsrohr Z bis zur unteren Ausmündung ein und befestigt ihn. Durch tieferes Einführen oder höheres Herausziehen stellt man diesen Regler auf die gewünschte Temperatur ein (vgl. auch S. 68). Diesen Regler verbindet man mit der Gasleitung selbst nicht.

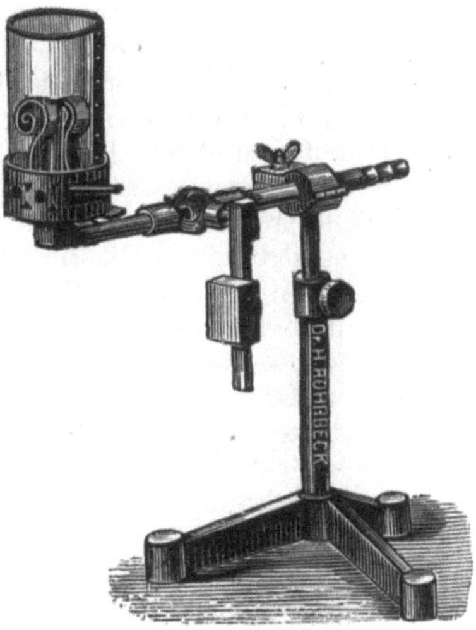

Abb. 81. Sicherheitsbrenner.

Außer den erwähnten Regulatoren werden noch verschiedene andere Quecksilber- sowie auch Metallwärmeregler benutzt.

Bevor der Wärmeschrank noch nicht sicher auf die gewünschte Temperatur eingestellt ist, ist er nicht in Benutzung zu nehmen. Höhere Wärme schädigt viele Bakterien.

Als Brenner für die Brutöfen sind die gewöhnlichen Gasbrenner nicht zu verwenden. Hierzu dienen die **Kochschen Sicherheitsbrenner** (Abb. 81). Ein Zurückschlagen der Flamme wird hier durch ein Drahtnetz an der Gasausströmungsöffnung verhütet; des weiteren wird bei zufälligem Verlöschen der Flamme der weitere Gasaustritt durch einen Hebelhahn automatisch verhindert. Zu diesem Zwecke ragt in die Flamme eine Feder, die vermöge ihrer durch die Hitze der Flamme bedingte Ausdehnung ein mit einem Gewicht belasteten Hebelhahn horizontal festhält. Erlischt die Flamme, so zieht sich die Feder zusammen, der Hebel verliert seine Unterstützung, fällt herab und verschließt damit die Gaszufuhr. Beim Anzünden der Flamme wird der Hebelarm so lange horizontal gehalten, bis er an der in der Flamme erhitzten und hierdurch ausgedehnten Feder eine Unterstützung findet.

Den Brenner umgibt man vielfach mit einem Schutzkasten, der den Vorteil bietet, Wärme (Gas) zu sparen und den Brenner vor Luftströmungen (Erlöschen) zu schützen.

Die elektrische Heizung der Brutöfen wird meist mit leicht auswechselbaren Heizwiderständen (Heizpatronen oder roten Glühlampen) ausgeführt, die im Brutraum eingebaut werden. Als Brutofen verwendet man mit Asbestpappe ausgeschlagene Holzschränkchen. Ein elektrischer Thermoregulator regelt die Wärme.

Die Brutöfen für Petroleumheizung stellt man so ein, daß die Wärme nicht über 38° steigt, oder man bedient sich hierzu der Membranthermoregulatoren, die mit Hilfe eines Hebels die Heizgase nach Bedarf durch die Kanäle des Wasserraums des Brutofens oder nach außen leiten.

Für Brutöfen für konstante Temperatur von 24° und darunter ist außer einer entsprechenden Heizanlage noch eine besondere **Kühlanlage** für die heißere Jahreszeit nötig. Diese besteht aus einem elektrischen Kontaktthermometer, welches bei der eingestellten Maximaltemperatur durch Stromschluß einen Elektromagneten in Bewegung setzt. Dieser Elektromagnet gibt den Wasserzufluß aus einem kleinen Wasserbehälter (dessen Wasserzufluß durch einen Schwimmer geregelt wird) in den unteren Teil des Wassermantels des Brutschrankes frei. Das überschüssige Wasser strömt oben aus dem Wassermantel des Brutschrankes nach der Gosse ab. Das durch den Wassermantel des Brutschrankes strömende Wasser, das durch Eis im Behälter noch gekühlt werden kann, drückt die Temperatur des Brutofens herab, die Quecksilbersäule des Kontaktthermometers sinkt, der elektrische Strom wird unterbrochen, der Elektromagnet hört auf zu wirken, der Wasserzufluß nach dem Brutofen wird unterbrochen. Diese mit Kühlvorrichtungen ausgestatteten Brutöfen sind namentlich für Gelatinekulturen recht erwünscht. Die Mehrkosten betragen etwa 150 Mk. (Vorkriegspreis.)

Ein **Eisschrank** wird vielfach benötigt. In der wärmeren Jahreszeit beträgt die durch ihn zu erzielende Tiefsttemperatur etwa + 7° C.

Die in der Anschaffung und im Betrieb verhältnismäßig teuren und nur wenig leistungsfähigen Eisschränke kann man durch eine einfache, billige und hinsichtlich des Kühlerfolges besser wirkende „Eiskiste" ersetzen. In eine größere (etwa 1 cbm große), weißgestrichene Holzkiste stellt man auf eine etwa 15 cm hohe Isolierschicht von Werg, Watteabfällen oder (billiger, wenn auch weniger gut) Holzwolle eine Blechbüchse von etwa 70 cm Höhe und etwa 50 cm Durchmesser. Der Raum zwischen Büchse und Kiste wird mit oben genanntem Isoliermaterial bis zur Höhe der Büchse fest ausgestopft und mit einem Brett, welches einen Ausschnitt für die Büchse hat, abgedeckt. In die Büchse wird unten das zu kühlende Material gelegt, darüber kommt auf einem Dreifuß stehend ein mit Eis gefüllter kleiner (Marmeladen-)Eimer zu stehen. Die Büchse wird mit einem bloß aufgelegten Blechdeckel und dem innen mit Isoliermaterial gepolsterten Kistendeckel verschlossen. In der heißen Jahreszeit beträgt die Tiefsttemperatur etwa + 5 bis 7°. Der Eisverbrauch ist minimal. Das Eis hält sich etwa 3—5 Tage.

Sehr gut, wenn auch in der Anschaffung und im Betrieb wesentlich teurer, ist der Frigoapparat (Lautenschläger). In einem starken, gut isolierten Holzkasten ist ein Metallkasten zur Aufnahme des Materials eingebaut, der unmittelbar von einer Kältemischung aus zwei Teilen Eis und einem Teil Viehsalz umgeben wird.

Die **Bakterienfiltration** bezweckt, ein keimfreies Filtrat zu liefern, zuweilen die Bakterien im Rückstand anzureichern und eine Trennung des sog. ultravisiblen, filtrierbaren Virus von den sonstigen Mikroorganismen zu ermöglichen. Die Filtration ist gegenüber der Zentrifugation, die etwa gleiche Zwecke verfolgt, viel eingreifender. Bei der Filtration werden zahlreiche, namentlich eiweißhaltige und eiweißartige Stoffe durch Adsorption im Filter zurückgehalten. Mehrfach benutzte Filter sind infolge teilweiser Porenverstopfung für manche kolloidale Stoffe und Toxine vielfach undurchlässig. Die Bakterienfiltration kann man bei trüben Flüssigkeiten durch vorhergehendes Zentrifugieren oder Filtrieren durch Fließpapier oft erleichtern.

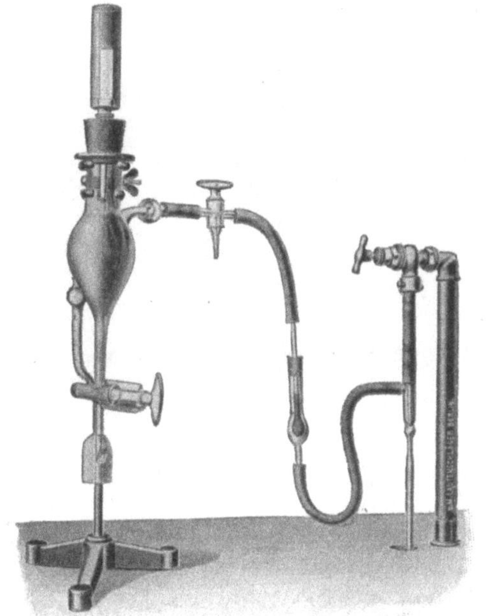

Abb. 82. Filtrier- und Abfüllapparat nach Uhlenhuth.

Man unterscheidet zwei Hauptgruppen von Bakterienfiltern: die Hartfilter und die Weich- oder Asbestfilter.

Bezüglich der Hartfilter sei folgendes erwähnt:

Als Filtermaterial wählt man hartgebrannte Infusorienerde oder Kieselgur (Liliputfilter [Abb. 83], Berkefeld-Filter), Porzellanerde (Pasteur-Chamberland-Kerzen und Reichelfilter [Abb. 85]), Tonmasse (Pukall [Abb. 84]) usw.

Die Form der Filter und der Hilfsapparate ist verschieden. Die Pasteur-Chamberlandschen und Berkefeldschen Filter haben Kerzenform, die Pukallfilter Kolbenform. Die Abb. 82—87 geben vorgenannte Filter wieder und lassen gleichzeitig ihre Gebrauchsweise erkennen.

Als treibende Kraft benutzt man zumeist die Wasserstrahlsaugpumpe, die selbst einen Wasserdruck von einigen Atmosphären erfordert, oder beim Chamberlandschen Apparat den mit einer Handluftpumpe erzeugten positiven Luftdruck von 2—4 Atmosphären. Bei Saugpumpen schaltet man zwischen das Sicherheitsventil e (Abb. 83) und das Aufnahmegefäß für das Filtrat b meist noch eine Woulffsche oder Saugflasche ein, um bei Wasserdruckschwankungen ein Einfließen von Wasser in das Gefäß b sicher zu vermeiden. In die mittlere Öffnung der Woulffschen Flasche schaltet man vielfach ein kurzes Manometer ein. Mit einer guten Wasserstrahlpumpe kann man den Druck auf etwa 8—15 mm Quecksilber erniedrigen.

Die Filtrationskraft der Filter hängt von ihrer Porengröße ab. Die Porengröße der einzelnen Filtersorten ist verschieden. Die Angaben der Firmen sind in dieser Richtung nicht immer hinlänglich zuverlässig.

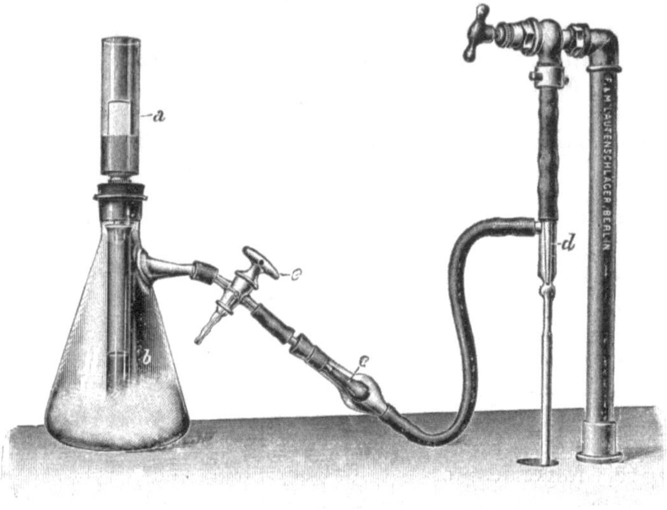


Abb. 83. Filtrierapparat für kleine Mengen. a Liliputfilter, b Auffanggefäß, c Abstellhahn, d Wasserstrahlpumpe, e Rückschlagventil.

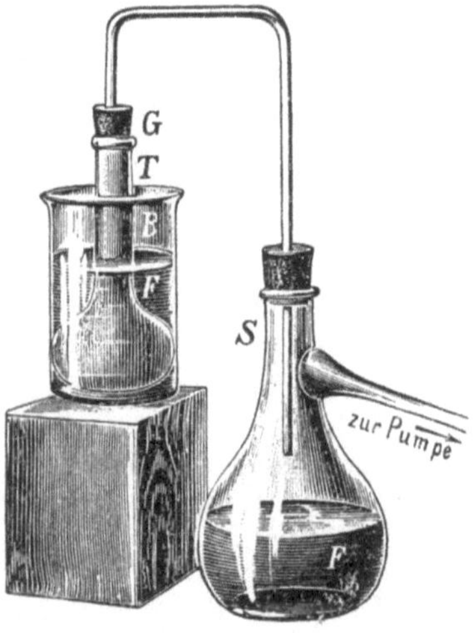


Abb. 84. Filter nach Pukall.

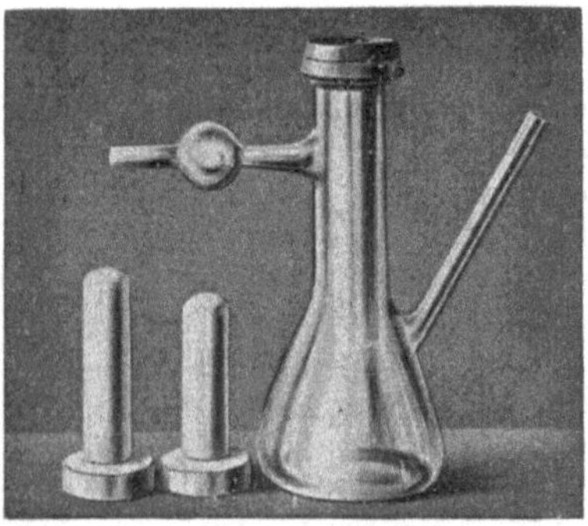

Abb. 85. Filter nach Reichel.

Kommt es auf ein völlig keimfreies Filtrat an, so prüft man das Filter mit einer Aufschwemmung kleiner Bakterien (B. prodigiosum, Spir. parvum oder B. fluorescens liquefaciens) vor. Die mit dem Filtrat angelegten

Kulturen müssen (14 Tage) keimfrei bleiben. Ein keimfreies Filtrat erhält man nur für beschränkte Zeit; denn nach einem oder mehreren Tagen durchdringen die Bakterien die feinen Filterporen.

Bei den Kerzen kann die Flüssigkeit nicht bis zum letzten Rest filtriert werden, er bleibt am Dichtungsring liegen. Durch Überstülpen eines Reagenzglases über die Kerze kann der Rest der Flüssigkeit zum Aufsteigen und zur Filtration gebracht werden, oder man tropft den Flüssigkeitsrest mit einer Pipette auf die Kerze oder bringt die Flüssigkeit durch hineingeworfene Glaskügelchen zum Steigen.

Vor dem Gebrauch der Hartfilter befreit man sie zunächst durch umgekehrte Filtration (Abb. 87) mit steriler Kochsalzlösung von den stets vorhandenen Schmutzteilchen, lockert die Schraube der Filter-

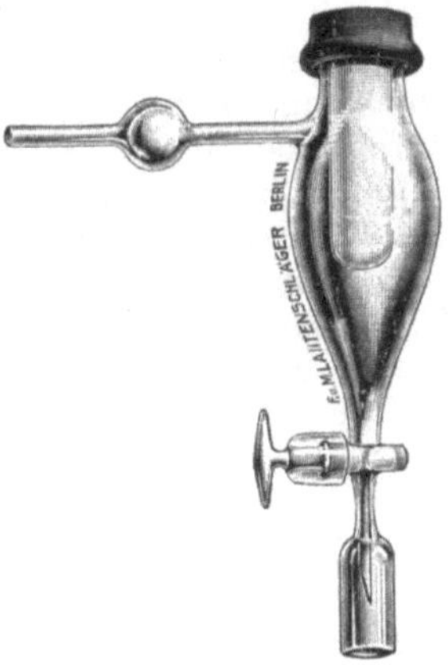

Abb. 86. Filter nach Maaßen.

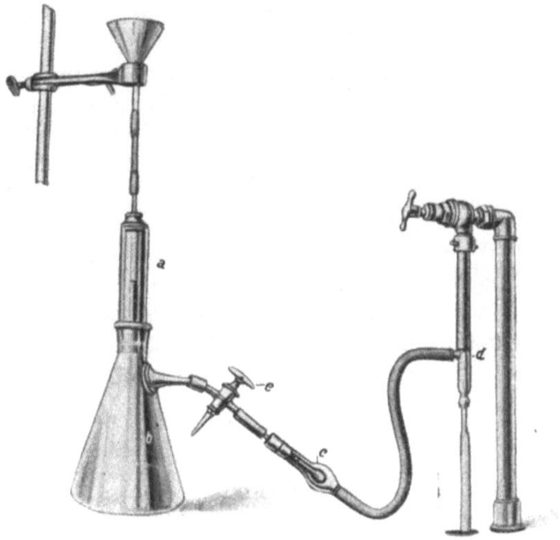

Abb. 87. Umgekehrte Filtration zur Reinigung des Filters. Buchstabenerklärung s. Abb. 83.

kerzen am Glaszylinder, kocht die Kerze in destilliertem Wasser aus und befestigt sie mit einem Gummistopfen auf der Saugflasche (b). Die Öffnungen werden mit Watte lose verschlossen und das Bakterienfilter und die mit dem Filtrat in Berührung kommenden Gefäße usw. im Dampf 2 Stunden sterilisiert. Nach dem Abkühlen wird die Schraube am Glaszylinder mit einer sterilen Zange angezogen und die Filtration vorgenommen. Die ersten Kubikzentimeter Filtrat bestehen vorwiegend aus in der Kerze zurückgebliebenem Wasser, sie werden entfernt.

Beim Reichelfilter (Abb. 85) erfolgt die Abdichtung durch eine Gummikappe, die eine zentrale Öffnung zum Beschicken der Kerze besitzt. In die Kugel des Verbindungsrohres nach der Luftpumpe wird etwas Watte gegeben und das schräge Rohr, das zur Entnahme des Filtrats dient, wird mit Gummischlauch und Quetschhahn luftdicht geschlossen.

Bei der keimfreien Filtration kleinerer Flüssigkeitsmengen verwendet man die Liliputfilter und fängt das Filtrat in einem sterilen Reagenzglas auf (Abb. 83). Nach der Filtration wird das Reagenzglas mit steriler Pinzette herausgenommen und mit einem abgebrannten Wattebausch verschlossen.

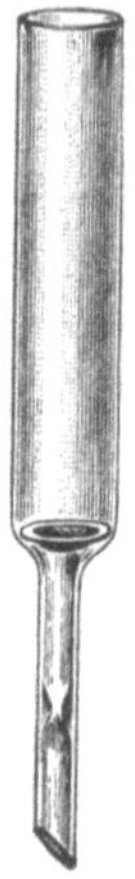

Abb. 88. Asbestfilterröhrchen.

Das Filtrat muß, bei 20 oder 37° einige Tage aufbewahrt, völlig klar bleiben, anderenfalls ist die Filtration zu wiederholen, wenn man es nicht vorzieht, die Flüssigkeit mit Chloroform (S. 166), Phenol (0,5 $^0/_0$), Formalin usw. zu konservieren.

Gebrauchte Filter werden durch Wasser, das man in einer, der vorherigen Benutzung umgekehrten Richtung durchströmen läßt (Abb. 87), gereinigt, hierauf getrocknet und sterilisiert, oder man glüht die Filter in einer Muffe vorsichtig aus. Leider bekommen sie hierbei leicht Sprünge und werden dadurch unbrauchbar.

Das Asbestfilter ist unzerbrechlich, leicht im Dampf zu sterilisieren, billig, verstopft nicht so leicht, und ist leicht dicht zu erhalten. Der Rückstand kann aus den oberen Lagen Asbest, die man durch eine Schicht Fließpapier abgrenzt und so abheben kann, gewonnen werden.

Ein Asbestfilter besteht aus einem Büchnerschen Trichter (Abb. 91) oder dem Soxhletschen Asbestfilterröhrchen ähnlichen Glasröhrchen (Abb. 88). An der Stelle, wo das Röhrchen sich verjüngt, ist vielfach ein Siebkörper eingelassen. Oder man benützt ein Gefäß, wie es das Bakterienfilter in Abb. 83 zeigt

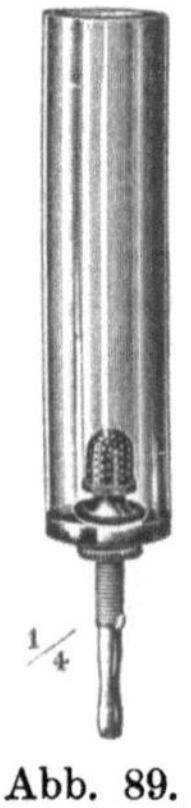


Abb. 89. Bakterien-Asbestfilter nach Heim.

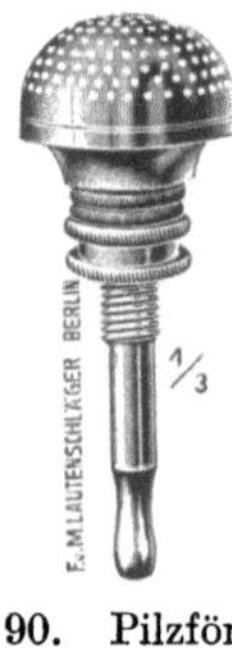


Abb. 90. Pilzförmiger Siebkörper zum Bakterien-Asbestfilter nach Heim.

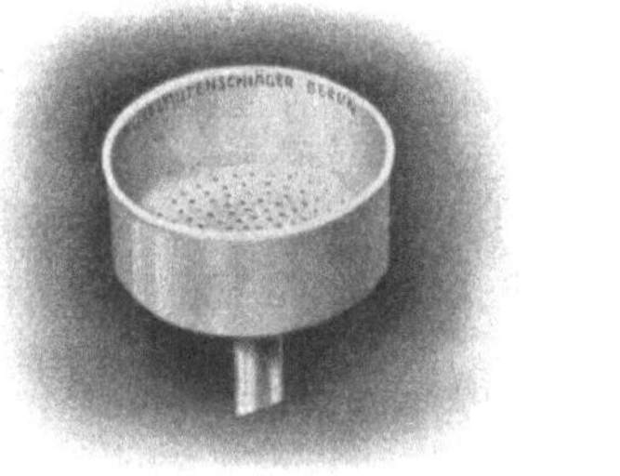

Abb. 91. Büchnerscher Trichter (Nutsche).

das aber an Stelle der Filterkerze einen pilzförmigen Siebkörper (Abb. 90) trägt (Abb. 89).

Der Asbest von 2—4 cm Faserlänge wird vor dem Gebrauch in 1:4 verdünnter Salzsäure ausgekocht und dann so lange in Wasser ausgewaschen, bis er neutral reagiert. Der getrocknete Asbest wird beim Gebrauch in ausgekochtem, warmem Wasser eingeweicht, mit einer Pinzette in das Filterröhrchen eingetragen und festgestampft. Er soll eine etwa 1 cm hohe Schicht bilden. Will man den Filterrückstand gewinnen, so legt man auf diese Asbestschicht ein Fließpapier und gibt noch eine 2 mm hohe, festgedrückte Asbestschicht darüber. Auf den Asbest legt man ein Blatt Fließpapier oder eine durchlochte Porzellanscheibe, um die Filterschicht beim Eingießen der Flüssigkeit nicht zu schädigen.

Zur Sterilisierung wird der Filtermantel oben mit Watte verschlossen, über das Ausflußrohr ein auf das Filtratauffanggefäß passender, durchbohrter Gummistopfen geschoben und mit diesem 1—$1^1/_2$ Stunde im Dampftopf sterilisiert. Der Stopfen sitzt nur lose auf dem Auffanggefäß und wird erst beim Herausnehmen aus dem Dampftopf fest eingedrückt.

Der Gebrauch entspricht dem der Hartfilter, auch für positiven Druck ist ein Asbestfilter konstruiert.

S- oder de Haens Membranfilter [1]). Sie werden durch Eintrocknen von gewissen Kolloiden gewonnen [2]), haben das Aussehen von weißem Glacéleder und sind sehr widerstandsfähig. Je nach der Zahl von Sekunden, in der sie bei einer kreisrunden Fläche von 100 qmm und negativem Druck von 40 mm 100 ccm Wasser hindurchlaufen lassen, bezeichnet man sie als 20—90 Sekundenfilter. In den auch von der Firma E. de Haen hergestellten Trichterapparat werden die Filter flüssigkeitsdicht eingespannt (Abb. 92).

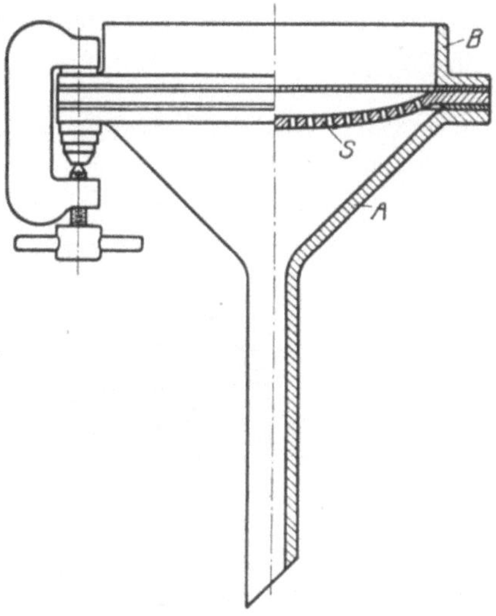


Abb. 92. Membranfilter, eingespannt in den Trichterapparat. A = Trichter, S = Siebplatte, B = ringförmiger Aufsatz, durch 3—4 Klemmschrauben aufeinandergepreßt.

Zur besseren Dichtung des Filterapparates können zwischen die einzelnen Teilstücke Gummiringe gelegt werden. Fettschmierungen sind namentlich beim Filtrieren heißer Flüssigkeiten nicht zu empfehlen.

Beim Filtrieren verbindet man den Trichter mit einer Saugflasche. Die Siebplatte wird, soweit der gelochte mittlere Teil reicht, mit einem angefeuchteten runden Filtrierpapier bedeckt. Über die Siebplatte breitet man das Membranfilter aus, setzt den Aufsatz auf und befestigt ihn

[1]) Hergestellt von der chemischen Fabrik „List" G. m. b. H., E. de Haen, Seelzen b. Hannover.

[2]) R. Zsigmondy und W. Bachmann, Zeitschr. f. anorg. Chem. Bd. 103, S. 121. Vgl. auch Zsigmondy, Zeitschr. f. angew. Chem. 1913, Bd. 26, S. 447.

mit Klemmschrauben. Durch die vorgelegte Saugpumpe wird langsam das Vakuum hergestellt. Nach Anschmiegen des Membranfilters an die gewölbte Siebplatte zieht man die Klemmschrauben fester an. Das Membranfilter ist nun gebrauchsfertig.

Zur Sterilisierung spannt man die Filter in den Trichterapparat fest. Über das Trichterrohr zieht man einen geeigneten durchlochten Gummistopfen, der in die Saugflasche paßt. Das Trichterrohr wird mit einem Wattestopfen verschlossen, der ganze Apparat in ein Tuch eingehüllt und 20 Minuten dem strömenden Wasserdampf ausgesetzt (kaltes Ansetzen!). Nach dem Erkalten des Sterilisators wird der Apparat mit sterilem Wasser beschickt und $^1/_4$ Stunde bei gewöhnlichem Druck stehen gelassen. Hierdurch nehmen die zuvor erweiterten Poren wieder ihre ursprüngliche Dichte an. Nicht sterilisierte Filter können unmittelbar

Abb. 93. Schüttelapparat.

beschickt werden. Das Filtrat fängt man meist in einem sterilem Reagenzglas auf, das man in die Saugflasche gibt.

Die Filter lösen sich in absolutem Alkohol auf.

Nach Eichhoff[1]) stimmen die Angaben über Durchlaßgeschwindigkeit (Dichtigkeit) gut. Die Filter lassen Bakterien nicht, dagegen vollkommen Bakterientoxine (Diphtherietoxine), Antikörper (Agglutinine und Präzipitine) hindurch. Das Membranfilter eignet sich zur Anreicherung bakterienhaltiger Flüssigkeiten ($^1/_{1000}$ % Typhusbazillen in 10 l Wasser sind im Rückstand leicht kulturell nachweisbar).

Die gebrauchten Filter können durch Abreiben mit einer feuchten, nicht zu harten Bürste gereinigt werden.

Von der glatten Oberfläche ist der Filterrückstand durch Zusammenstreichen mit einem kleinen Pinsel usw. leicht zu gewinnen.

---

[1]) Eichhoff, Zentralbl. f. Bakteriol. usw., Abt. I. Orig. 1921, Bd. 86, S. 600.

**Schüttelapparate.** Sie werden bei bakteriologischen und serologischen Arbeiten vielfach benötigt, so u. a. bei der Gewinnung von Bakterienextrakten.

Abb. 94. Schüttelapparat mit Wärmevorrichtung (Kinotherm) nach Uhlenhuth.

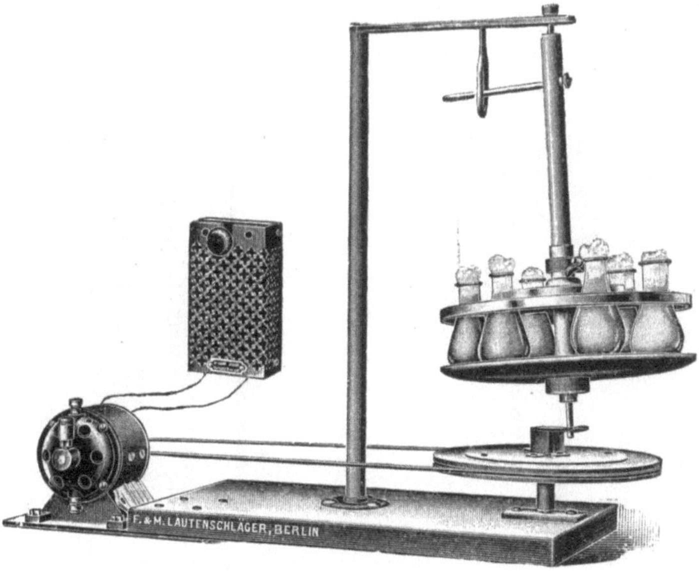


Abb. 95. Schüttelapparat nach Spiegelberg.

Wie es vorstehende Abbildungen (Abb. 93—95) zeigen, weichen die Ausführungen, Antriebsweisen usw. vielfach voneinander ab. Zumeist wird man mit einer Schüttelmaschine, etwa wie sie Abb. 93, zeigt auskommen. Als Antrieb empfiehlt sich ein Elektromotor.

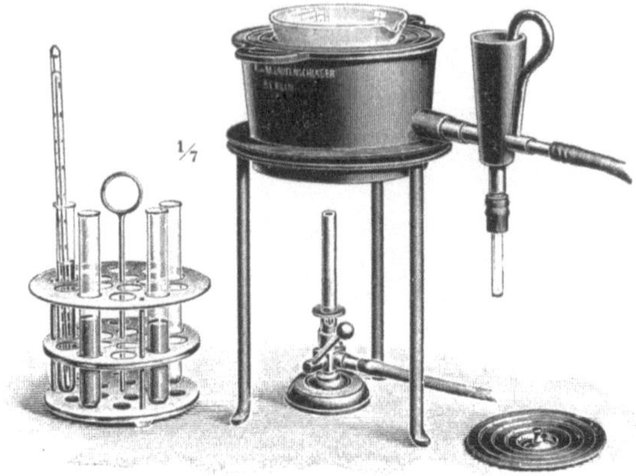


Abb. 96. Wasserbad.

Zum Trocknen benutzt man Wasserbäder (Abb. 96—97) oder Trockenschränke (Abb. 98), in wohleingerichteten größeren Laboratorien auch den Faust-Heimschen Schnell-Eindampfapparat (Abb. 99).

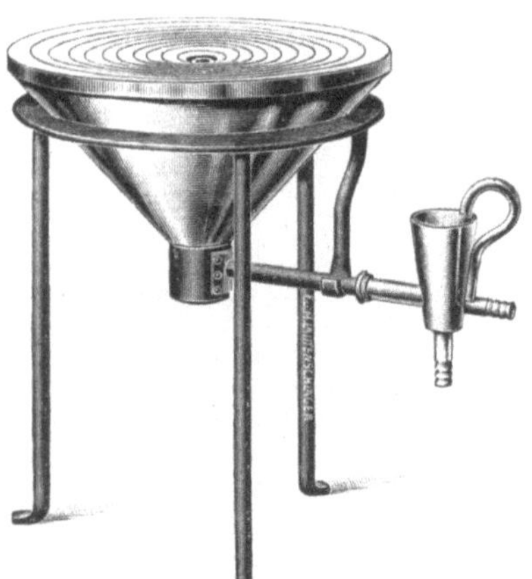

Abb. 97. Wasserbad.

Abb. 98. Trockenschrank.

Auf sonstige Apparate für kulturelle Arbeiten wird im Abschnitt II, Untersuchung in der Kultur, näher eingegangen.

Abb. 99. Faust-Heimscher Schnell-Eindampfapparat.

## 5. Sonstige Gebrauchsgegenstände für Tierversuche.

Für die **Versuchstiere** (Mäuse [geeignet für fast alle Infektionskrankheiten], Meerschweinchen [besonders für Tuberkulose-, Rotz-, Rauschbrand und Anaphylaxieversuche] und Kaninchen [namentlich zur Gewinnung von präzipitierendem, agglutinierendem und immunkörperhaltigem Serum], sodann auch Ratten und endlich Tauben und Hühner [zu Versuchen mit Hühnerpest usw.]) braucht man außer geeigneten Räumen (und zwar möglichst getrennten für gesunde und kranke) noch entsprechende Käfige.

Von den **Mäusen** kommt die zahme weiße Maus, mit der sich leicht umgehen läßt, sodann die graue Hausmaus (Mus musculus) und die Feldmaus (Arvicola arvalis) in Frage. Sie verhalten sich in ihrer Empfänglichkeit für Infektionskrankheiten (z. B. Rotz) nicht immer gleich. Die weißen Mäuse sind in zoologischen Handlungen zu kaufen. Die graue Hausmaus fängt man in Fallen, die so beschaffen sein müssen, daß die Tiere unverletzt bleiben. Vor dem Gebrauch werden die Fallen mit heißem Wasser gebrüht. Als Köder benutzt man leicht gerösteten Speck; zum Anfassen bedient man sich meist der etwa 25 cm langen Mäusezange (Abb. 100).

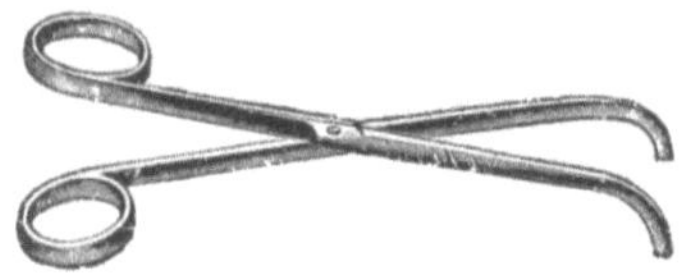

Abb. 100. Mäusezange.

Als Vorrats- und Zuchtkäfig für weiße Mäuse verwendet man Kästen aus Holz, für graue Mäuse aus verzinktem Eisenblech, etwa

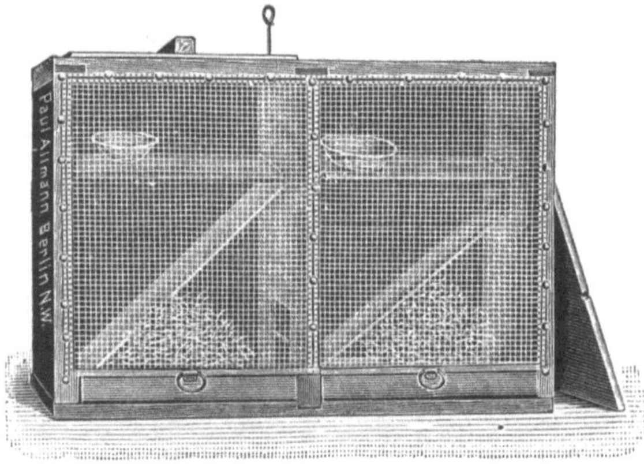


Abb. 101. Mäusezuchtkäfige.

50 × 50 cm groß und 40 cm hoch mit einer Tür, deren Füllung aus Drahtnetz besteht. Sehr zweckmäßig sind auch die in Abb. 101 abgebildeten Doppelkäfige, die durch eine Schiebetür verbunden sind. Die Käfige werden im Jahre 2 mal mit heißem Seifenwasser oder Sodalösung ausgescheuert. Nur bei Krankheiten ist eine Desinfektion (durch Dampf, Kalkmilch usw.) notwendig. In der übrigen Zeit begnügt man sich, den Unrat auszuräumen und neue Einstreu (Torfmull, Sägespäne usw.) zu geben. Zu häufige Reinigung ist in Zuchtkäfigen zu vermeiden; die Jungen werden sonst leicht von den Alten verlassen. — Die Tragezeit beträgt bei den Mäusen etwa 3 Wochen; gewöhnlich werden 4—6 nackte, blinde Junge, im Jahre etwa 5 mal, geworfen. Bei dem abgebildeten

Doppelkäfig geben die Mäuse vielfach zu erkennen, wenn eine Reinigung sich nötig macht. Ist eine Hälfte nämlich zu sehr verschmutzt, so wandern die Tiere meist nach der andern. Man schließt die Scheidewand, erneuert die Streu. Nach Öffnung der Schiebetür ziehen die Tiere nach der Verschmutzung der anderen Hälfte wieder in die alte Wohnung. Nach einiger Zeit reinigt man die verlassene Abteilung usw., ohne hierbei die Brut zu stören.

Als Futter erhalten die Mäuse vorwiegend trockene Semmel, zeitweilig etwas Hafer, Weizen, Roggen oder Glanz (Samen von Glanzgras, Phalaris canariensis), als Getränk Wasser. Nur wenn Junge da sind, gibt man den säugenden Müttern und später den Jungen etwas Milch. Das Futter und Getränk reicht man ihnen in flachen Schalen, welche man zur Vermeidung von Verunreinigungen auf ein leicht erhöhtes Brett aufstellt. Fleisch- und namentlich Pökelfleischfütterung führt leicht zum Tode.

Als Versuchskäfige wählt man für weiße Mäuse zumeist etwa 20 cm hohe, dickwandige Gläser von etwa 12 cm Durchmesser (Mäusegläser, Abb. 102), in die man ein kleines Näpfchen mit Wasser einhängt und die man mit einem beschwerten Drahtnetz oder durchlochten, übergreifenden Blechdeckel verschließt. Als Einstreu gibt man Sägespäne oder Torf, als Futter trockene Semmel.

Abb. 102. Mäuseglas.

Für graue Mäuse eignen sich diese Mäusegläser nicht gut. Die wilden Mäuse springen bei offenem Deckel sehr leicht heraus. Für diese Tiere sind etwa 50 cm hohe Blechbüchsen mit durchlochtem Deckel besser.

Für die Aufbewahrung von Rotz-, Pest- usw. Tieren (Ratten, Mäuse, Meerschweinchen) bestehen besondere Vorschriften (S. 3).

Gesunde **Meerschweinchen** und **Kaninchen** können aus zoologischen Handlungen bezogen werden. Die glatthaarigen Meerschweinchen gelten als widerstandsfähiger gegen interkurrente Krankheiten als die Rosetten- und Angorameerschweinchen; erstere werden deshalb bei Versuchen bevorzugt.

Kaninchen und Meerschweinchen können im Sommer im Freien gehalten werden. Am besten eignen sich geräumige, gut ventilierte, heizbare Ställe mit einem Auslauf ins Freie, wobei zu bedenken ist, daß Kaninchen oft tief graben und unterminieren. Die Ausläufe sind mit Drahtgittern zu umspannen, um Raubzeug (Katzen) abzuhalten. Im Stall hält man die Meerschweinchen und Kaninchen gruppenweise in Verschlägen, in die man mit einem aufklappbaren Deckel und einer Auslaufsöffnung versehene Nistkästen einsetzt.

Als Einstreu gibt man unten trockenen Sand und darauf Moos, Laub, Holzwolle oder kurzgeschnittenes Stroh oder Torfmull. Von Zeit zu Zeit wird der Dung entfernt, die gesäuberte Bucht getrocknet und mit Kalkmilch oder Karbolineum gestrichen.

Die Nahrung besteht im Sommer aus Grünfutter (Gras, Klee, Laub), im Winter aus Heu, Rüben aller Art, namentlich Futtermöhren, gekochten Kartoffeln, Kartoffelschalen und sonstigen Küchenabfällen. Tragenden oder säugenden Muttertieren gibt man etwas Hafer, Kleie oder Brot.

Abb. 103. Käfig für infizierte Kaninchen und Meerschweinchen.

Zur Heuersparnis füttert man das Heu aus einer Raufe, die man aus einer Kiste sich herstellt, indem man eine oder zwei Seitenwände durch Querleisten ersetzt, zwischen denen die Tiere das Heu herausziehen können, ohne aber selbst hineinschlüpfen zu können. Jeder Futterwechsel ist allmählich durchzuführen. Das frische und unverdorbene Futter wird am besten 3 mal täglich pünktlich gereicht.

Das Tränken ist bei Grün- und Rübenfütterung zu unterlassen.

Die Tragezeit beträgt beim Meerschweinchen 60 Tage. Sie werfen im Jahre 3—4 mal je 1—3, seltener 4 behaarte, fertig entwickelte Junge.

Abb. 104. Topfkäfig für infizierte Meerschweinchen.

Trächtige und säugende Meerschweinchen werden isoliert. Frisch säugende Mütter nehmen auch untergeschobene Junge von anderen Müttern an. Schon nach einigen Tagen beginnen die jungen Meerschweinchen neben Muttermilch auch Futter aufzunehmen. Die Säugezeit beträgt beim Meerschweinchen etwa 3 Wochen. Nach 2—3 Monaten erlangen die Meerschweinchen ein Gewicht von 250—300 g und werden nun zu Versuchen und im Alter von 4—5 Monaten zur Zucht benutzt. Schon vor Ablauf der ersten Woche nach dem Werfen können sie erneut belegt werden. Zuweilen wartet man 4 Wochen länger. Zur Vermeidung von Inzucht tauscht man die Böcke im Jahre ein- bis zweimal um.

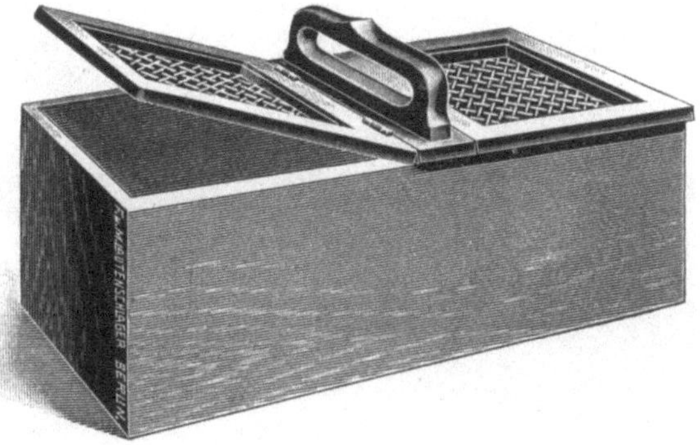

Abb. 105. Tragkäfig.

Die Rammelzeit der *Kaninchen* beginnt im Februar und März und währt etwa bis Oktober. Die Tragezeit beträgt 1 Monat. Alle 5 Wochen (4—7 mal im Jahre) werfen sie 4—12 nackte, noch blinde Junge in einem mit ihrer Bauchwolle ausgefütterten Neste. Die Jungen werden am 9. Tage sehend, saugen bis zum nächsten Wurf (etwa 4—5 Wochen), verlassen mit 2—3 Wochen das Nest und fangen nun schon mit dem Fressen an, sind vom 6.—8. Monat ab zur Zucht zu verwenden und im 12. Monat ausgewachsen.

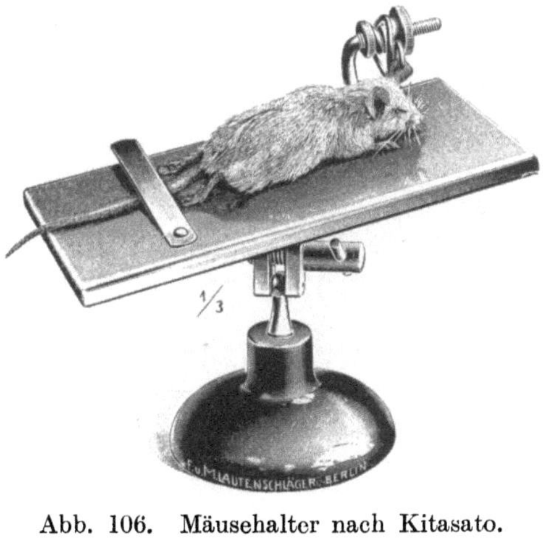

Abb. 106. Mäusehalter nach Kitasato.

*Infizierte Meerschweinchen* und *Kaninchen* werden von den gesunden Tieren getrennt und an einem für Unbefugte unzugänglichen Orte aufbewahrt. Soweit sie nicht in Einzelkäfigen gehalten werden, signiert man sie am besten mit *Ohrmarken* (kleine, flache Drucksachenverschlußklammern, auf die man fortlaufende Nummern geschlagen hat).

Als *Versuchskäfige* eignen sich für infizierte Meerschweinchen und Kaninchen die wiedergegebenen Käfige aus verzinkten Eisenstäben und Blech (Abb. 103), die zwar ziemlich teuer, aber haltbar und leicht in Dampf sterilisierbar sind, sowie den Tieren genügend Platz, Licht und Luft geben. Die Käfige haben herausziehbaren Boden und Einhängegefäße für Futter und Wasser. Billiger sind große Töpfe aus Steingut mit Drahtnetzdeckel (Abb. 104) oder beschwerte Kistendeckel, die aber schwerer sauber zu halten und zu desinfizieren sind. Als Einstreu dient Torf, Stroh oder Sägespäne.

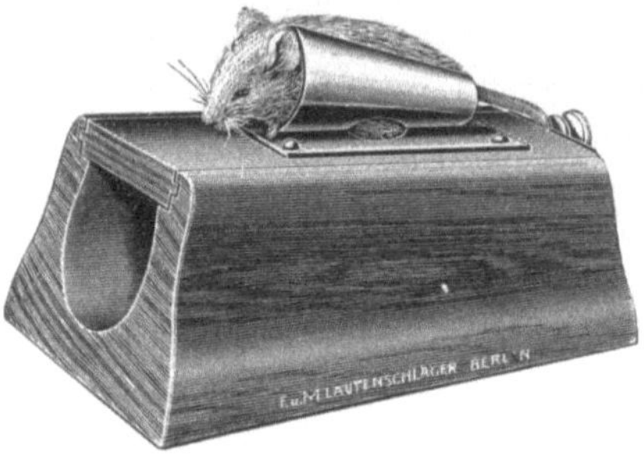

Abb. 107. Mäusehalter nach Lorentz.

Abb. 108. Meerschweinchenhalter nach Voges.

Abb. 109. Meerschweinchenhalter nach Voges.

Für den Transport im Laboratorium dienen **Tragkäfige** (Abb. 105) aus Holz oder Metall mit aufklappbarem Doppeldeckel.

**Graue Ratten** sind nicht ungefährliche Versuchstiere; sie werden gefangen. Die zahmen weißen Ratten sind in zoologischen Handlungen zu kaufen. Als Futter erhalten sie Semmel, Brot, Milch, Hafer, rohes Fleisch usw.

Die gebrauchte Streu der Versuchstiere ist zu verbrennen; die Käfige sind nach jedem Versuch zu **sterilisieren,** und zwar Gläser und Töpfe mit $1\,^0/_{00}$iger Sublimat- oder $1-2\,^0/_0$iger Sapokresollösung, Draht- und Blechkäfige durch strömenden Dampf.

Beim **Ankauf** neuer Tiere achte man auf den Gesundheitszustand. Die Händler schieben mit Vorliebe kranke Tiere ab. Neuangekaufte Versuchstiere läßt man eine mehrwöchige Quarantäne durchmachen. Von den übertragbaren Krankheiten kommen die Räude der Kaninchen und Ratten, die Kokzidiose der Kaninchen, vielfach mit Leberveränderungen, der Kaninchenschnupfen, die Kaninchenseptikämie, Pseudotuberkulose der Nager, ansteckende Lungenentzündung der Meerschweinchen, Septikämie der

Meerschweinchen namentlich nach der Geburt usw. in Frage. Kranke und verdächtige Tiere sind zu isolieren oder zu töten und die gesunden in desinfizierten Käfigen unterzubringen.

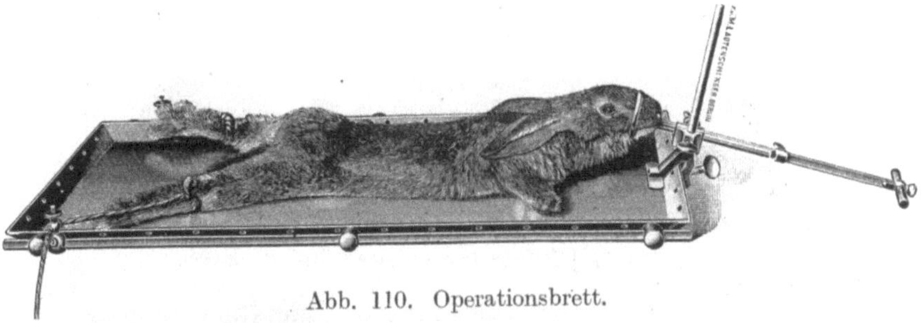

Abb. 110. Operationsbrett.

Als **Operationshalter** und **-brett** dienen bei Mäusen vielfach die in Abb. 106 und 107 wiedergegebenen Mäusehalter nach Kitasato und Lorentz. Für Meerschweinchen benutzt man bei Impfungen am Hinterschenkel und zu Temperaturmessungen vielfach die Hülse nach

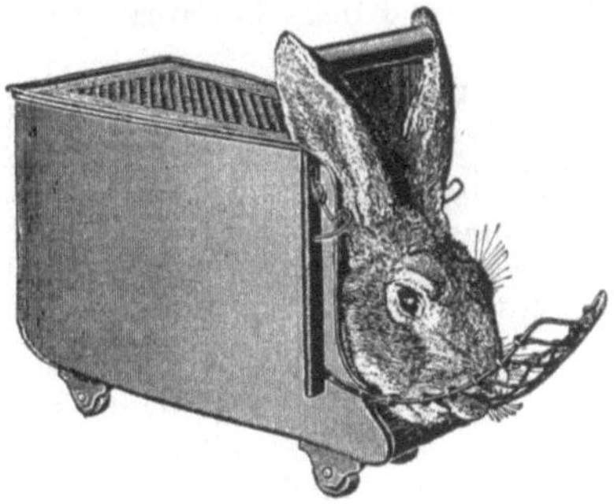

Abb. 111. Kaninchenhalter.

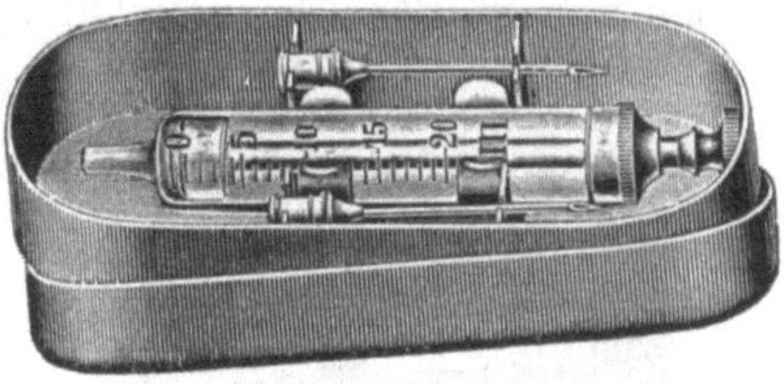

Abb. 112. Pravazsche Spritze.

Voges (Abb. 108 u. 109). oder bei Operationen das auch für Kaninchen sehr geeignete in Abb. 110 wiedergegebene, metallene Operationsbrett. Die Gabel des Kopfhalters wird dem Tier in den Nacken gelegt und der Ring über den Vorkopf geschoben. Hierauf werden die Beine angeschlungen. Beabsichtigt man beim Kaninchen nur einen Eingriff

Abb. 113. Injektionsspritze aus Glas nach Lieberg.

am Ohr, so wird zuweilen der in Abb. 111 wiedergegebene Halter benutzt. Vgl. auch den Abschnitt Tierversuche.

Von den **Spritzen** verwendet man vielfach die Pravazsche (Abb. 112), bei der der Stempel mittels Schraube verstellt und der Glaswand angepreßt werden kann. Die Spritze muß in feuchter oder trockener Hitze sterilisierbar sein. Zur Dichtung zwischen Kolben und Rohr benutzt man vorwiegend Asbest. Die völlig aus Glas gearbeiteten, auch mit einem

Vollstempel aus Glas versehenen Spritzen (Abb. 113) sind gut, aber verhältnismäßig leicht zerbrechlich. Die mit einem Metallstempel verversehene Rekordspritze hat sich gut bewährt.

Weiterhin sind die Kochsche Ballonspritze (Abb. 114) und die Stroscheinsche Spritze (Abb. 115) noch vielfach in Gebrauch. Ihre

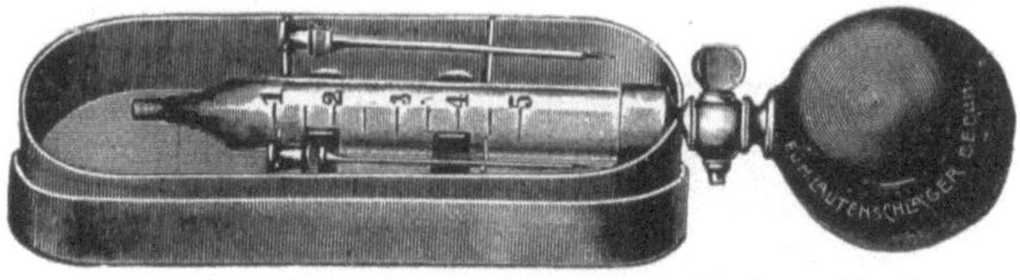

Abb. 114. Injektionsspritzen nach Robert Koch.

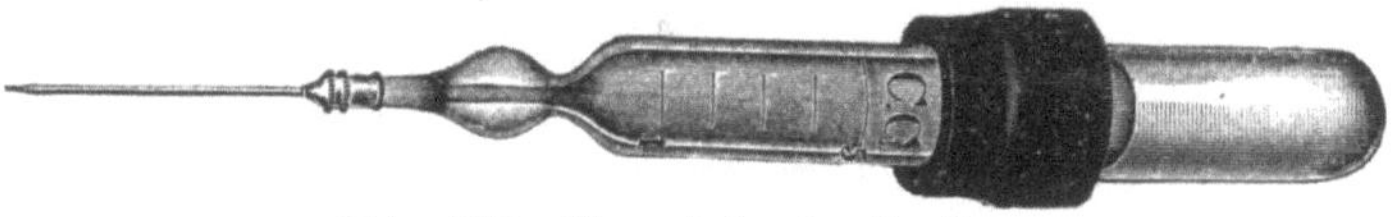

Abb. 115. Stroscheinsche Spritze.

Bedienung erfordert jedoch, namentlich was die Kochsche Spritze anlangt, etwas mehr Übung.

Von Kanülen werden je nach dem Zweck verschieden starke und lange gebraucht. Für dick- und harthäutige Tiere (vor allem Rinder) haben sich die Kanülen mit Olive gut bewährt.

Zum Halten der mit infektiösem Material gefüllten Spritze kann man sich des Halters nach Dönitz (Abb. 116) bedienen. Nach dem Sterilisieren bewahrt man die auseinander genommene Spritze vielfach in Alkohol auf.

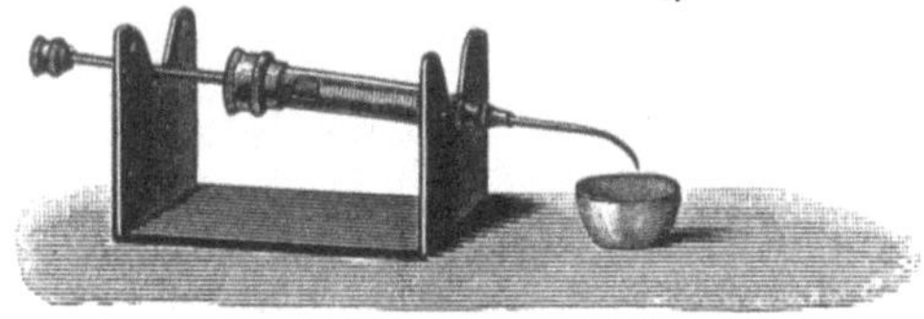

Abb. 116. Spritzenhalter.

Ist beim Gebrauch Luft in die Spritze mit angesaugt, so wird die Öffnung der Spritze nach oben gehalten und der Stempel vorsichtig vorgedrückt. Bei infektiösem Material hält man vor die Öffnung entfettete Watte oder Fließpapier. Sitzt die Spritze fest — meist ist die Ausflußöffnung bzw. Kanüle verstopft —, so ist keine Gewalt anzuwenden. Dies führt oft zum Verspritzen des infektiösen Materials —, sondern es ist vorsichtig die Ursache der Störung festzustellen, bzw. eine andere Spritze oder Kanüle zu benutzen. Zur Vorsicht legt man vielfach um die Verbindungsstelle von Kanüle und Spritze etwas mit Alkohol oder einem Desinfektionsmittel getränkte Watte.

Zur Injektion bzw. Infusion größerer Flüssigkeitsmengen benutzt man die Infusionsapparate (Abb. 117).

Das **Instrumentarium** für Operationen (Messer, Scheren, Pinzetten, Sucher usw.) entspricht dem in der Chirurgie üblichen. Es ist vor allem darauf zu sehen, daß die Instrumente sterilisierbar sind. Bezüglich der Sterilisatoren sei auf S. 63 verwiesen.

Zur Infektion mittels Inhalation bedient man sich eines Zerstäubungsapparates (Abb. 118 u. 119). Das Ausführungsrohr desselben wird durch eine im übrigen mit Watte keimdicht abgeschlossene Öffnung eines Käfigs geführt, der, soweit er nicht luftdicht verschlossen ist, mit

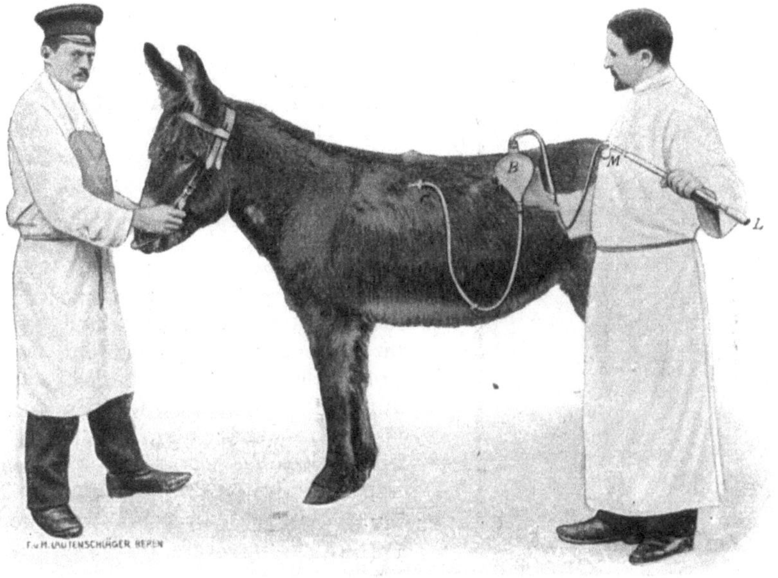


Abb. 117. Infusionsapparate.

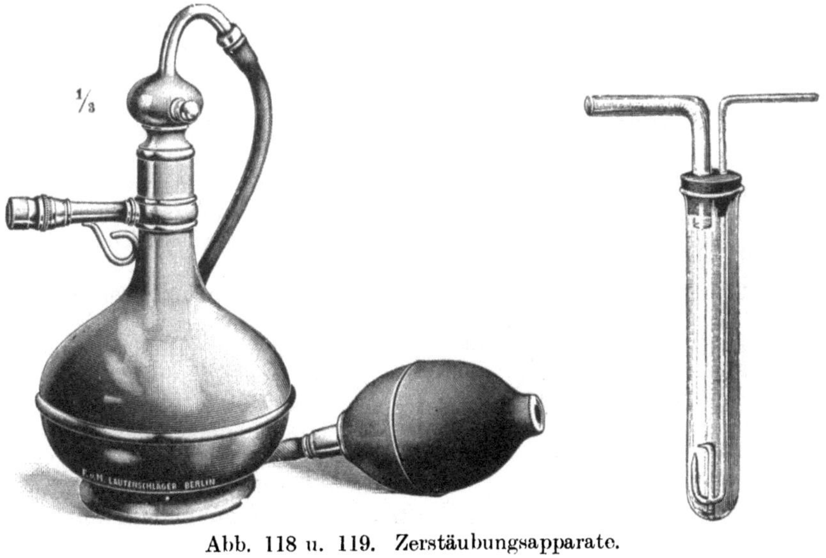


Abb. 118 u. 119. Zerstäubungsapparate.

Watte abgedichtet ist. Die Inhalationsversuche erfordern namentlich zur Vermeidung von Selbstinfektionen besondere Vorsicht des Operateurs.

Die **Sektionsbretter** für die kleineren Laboratoriumstiere (Mäuse, Ratten, Meerschweinchen und Kaninchen) wählt man zwecks leichterer Sterilisierung aus Metall mit aufgebogenen Rändern (Abb. 120) und einer Größe von etwa 12 × 18 cm für Mäuse, 20 × 40 cm für Meerschweinchen und 40 × 60 cm für Kaninchen. An den Ecken sind Exzenterklemmen zum Durchziehen und Festhalten der um die Beine geschlungenen Schnüre angebracht. Wesentlich billiger und im Gebrauch bequemer sind Sektionsbretter aus weichem Holz (Abb. 121) mit leicht erhöhten Leisten, um ein Abfließen von Flüssigkeiten zu verhüten. Auf die Holzbretter werden die Tiere mit großen Nadeln, welche große Glasköpfe tragen, festgesteckt. Um eine Infektion des Brettes zu verhüten, legt man vielfach mit Sublimatlösung getränktes Fließpapier zwischen Brett und Kadaver. Für Mäuse bedient man sich zuweilen einer Wachsunterlage. Mit Terpentin gemischtes Wachs wird geschmolzen und in eine geeignete Blechschale (emaillierter Blechteller usw.) ausgegossen. In das erstarrte Wachs lassen sich die Nadeln gut feststecken. Nach dem Gebrauch wird das Wachs umgeschmolzen und sterilisiert.

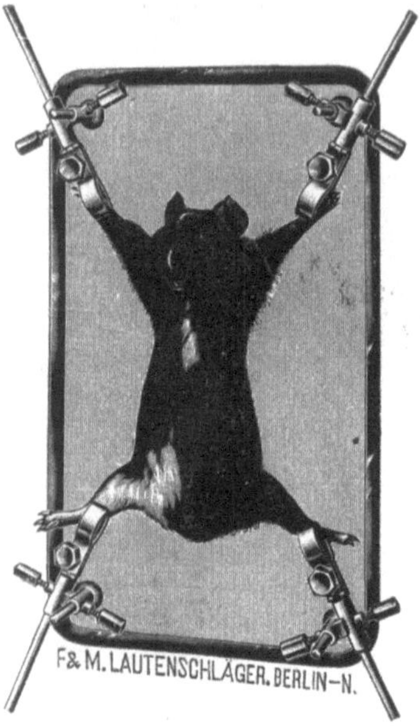

Abb. 120. Sektionsschale.

Zur Sektion benutzt man vielfach stählerne, nicht vernickelte Scheren, Pinzetten und Messer, die man nach Bedarf in der Flamme sterilisiert. Um eine Infektion des Tisches zu vermeiden, legt man die Instrumente auf ein Glas- oder Porzellanmesserbänkchen (Abb. 45, S. 53).

Abb. 121. Sektionsbretter.

Nach beendeter Sektion ist der Kadaver sofort zu verbrennen oder mit in Sublimatlösung getränktem Fließpapier zu bedecken, um eine Verschleppung infektiösen Materials durch Fliegen usw. zu verhüten. Bei der Sektion hochinfektiösen Materials sind die Hände durch Gummihandschuhe zu schützen.

Die speziellen Ausrüstungsgegenstände für die serologischen Untersuchungen werden bei der Besprechung dieser Untersuchungsmethoden mit besprochen werden.

# B. Bakteriologischer Teil.

## I. Die mikroskopische Untersuchung.

### 1. Entnahme und Versand von Untersuchungsmaterial.

Vgl. S. 22 u. ff.

### 2. Anreicherungsverfahren.

Von den Anreicherungsverfahren macht man bei geringem Bakteriengehalt im Untersuchungsmaterial Gebrauch, und zwar sowohl bei dem mikroskopischen als auch kulturellen Nachweis usw. von Krankheitserregern.

Hier handelt es sich ganz vorwiegend um die Anreicherung von Bakterien zwecks mikroskopischen Nachweises. Über die Anreicherungsverfahren für Züchtungszwecke verweise ich auf das Kapitel „Züchtung der Mikroorganismen", Abschnitt C „Anreicherung".

Die Anreicherung nimmt man durch Ausschleudern (Zentrifugieren — 12—24stündiges, ruhiges Stehen wirkt wesentlich unvollkommener), durch Ausschütteln (Ligroinverfahren nach Lange und Nitzsche, S. 95) oder durch Niederschlagen (Ditthorn und Schultz usw., S. 96) vor. Zum Ausschleudern sollte eine Zentrifuge von 3000 Umdrehungen in der Minute benutzt werden. Zum Ausschütteln und Niederschlagen wird eine Zentrifuge nicht benötigt.

Leichtflüssiges Untersuchungsmaterial (Wasser, Harn, Milch usw.) ist genannten Verfahren unmittelbar zugängig, zähflüssiges (Sputum) und festes Gerinnsel (Gewebe) muß zuvor leicht flüssig gemacht (homogenisiert) bzw. gelöst werden. Das bei diesem Verfahren zuzusetzende Wasser ist zuvor durch Bakterienfiltration (S. 71) von etwaigen (säurefesten) Saprophyten zu befreien.

Der **Tuberkelbazillennachweis im Sputum** gibt am häufigsten Anlaß, Anreicherungsverfahren beim mikroskopischen Nachweis heranzuziehen.

Zur Verflüssigung des Sputums (Homogenisierung) benutzt man heute vorwiegend das Antiformin (s. u.). Über Ersatz des teuren Antiformins durch Natriumhypochlorit vgl. S. 90, Anm. 8 und S. 95. — Ferner seien noch erwähnt das Doppelverfahren nach Ellermann und Erlandsen (S. 90), das wegen der hier auftretenden Geruchsbelästigung wenig Anwendung gefunden hat. Auch die Verflüssigung des Sputums mit Ammoniak nach Hammerl und mit Wasserstoffsuperoxyd nach Sachs-Mücke wird kaum noch benutzt.

Das gleiche gilt von den älteren Verfahren nach Biedert[1]), Mühlhäuser[2]), Czaplewski[3]) und Sorgo.

Nach Sachs-Mücke[4]) löst man das Sputum mit Wasserstoffsuperoxyd. Die Tuberkelbazillen gehen beim Zentrifugieren in den Schaum und Bodensatz über. Die zelligen Elemente werden nicht aufgelöst und können den Tuberkelbazillen-Nachweis stören.

Hammerl[5]) versetzt in einer Flasche von 200 ccm Inhalt 5—6 ccm Sputum mit 25—30 ccm Ammoniak, das 1% Kalilauge enthält. Die Flasche wird durch senkrechte Stöße unter zeitweiliger Lüftung des Stopfens geschüttelt. Bei starkem Schäumen läßt man 5—6 Minuten ruhig stehen. Nach Verflüssigung setzt man auf 15 ccm Flüssigkeit unter ständigem Umschwenken 5 ccm Azeton zu und zentrifugiert 30 Minuten. Auch hier werden, wie nach Sachs-Mücke, die zelligen Elemente nicht genügend gelöst.

Bei der **Doppelmethode nach Ellermann und Erlandsen**[6]) werden 10—15 ccm Sputum mit der halben Menge 0,6%iger Sodalösung bei 37° 24—48 Stunden im zugekorkten Zylinder stehen gelassen. Die überstehende Flüssigkeit wird abgegossen, der Rest zentrifugiert. Der Bodensatz wird mit dem vierfachen Volumen 0,25%iger Natronlauge versetzt, gut umgerührt, aufgekocht und zentrifugiert. Vom erhaltenen Bodensatz werden Präparate angefertigt. Bei diesem Verfahren treten öfters Geruchsbelästigungen auf. Das Verfahren erfordert verhältnismäßig viel Zeit, liefert aber gute Ergebnisse und ist insofern dem Antiforminverfahren fast ebenbürtig.

### Das **Antiforminverfahren** nach Uhlenhuth und Xylander[7]):

Das Antiformin (D. R. P.) besteht aus gleichen Teilen 5,6%iger Lösung von Natrium hypochlorosum[8]) und 7,5%iger Natronlauge[9]) und ist als „Antiformin für pharmazeutische und therapeutische Zwecke" von Oskar Kühn, Berlin C 25, Dircksenstr. zu beziehen. Es löst Eiweißkörper (Zellen, Gewebe, Gerinnsel usw.), Zellulose usw. auf, nur wachsartige Körper und somit auch die durch eine Wachshülle bzw. Einlagerung geschützten Tuberkelbazillen und übrigen säurefesten Bazillen löst es nicht auf. In schwächeren (15%igen) Antiforminlösungen bleiben die Tuberkelbazillen sogar einige Stunden lebensfähig und können noch erfolgreich zum Tierversuch benutzt und kultiviert werden. Stärkere Antiforminlösungen schwächen jedoch die Tuberkelbazillen und töten sie schließlich (15%ige nach 12—24 Stunden) ab.

Zur Verflüssigung von 20—30 Teilen Sputum verwendet man meist 15 (10—20) Teile Antiformin und füllt mit destilliertem Wasser auf 100 ccm auf. Die Mischung wird in einer Flasche geschüttelt, bis sie homogen geworden ist (etwa 1—2 Stunde). Durch leichtes Anwärmen auf 38° wird der Vorgang beschleunigt. Die homogenisierte Masse wird ½ Stunde zentrifugiert (2000 bis 4000 Umdrehungen in der Minute). Zusatz gleicher Teile vergällten Spiritus oder destillierten Wassers

---

1) Biedert, Berl. klin. Wochenschr. 1886, Nr. 42/43.

2) Mühlhäuser, Dtsch. med. Wochenschr. 1891, S. 282.

3) Czaplewski, Zeitschr. f. Tuberkulose u. Heilstättenwesen 1900, Bd. 1.

4) Sachs-Mücke, Münch. med. Wochenschr. 1906, S. 1600.

5) Hammerl, ebenda 1909, S. 1955.

6) Ellermann und Erlandsen, Zeitschr. f. Hyg. u. Infektionskrankh. 1908, Bd. 61, S. 219.

7) Uhlenhuth und Xylander, Berl. klin. Wochenschr. 1908, Nr. 29. Arb. a. d. Reichs-Gesundheitsamte Bd. 33, S. 158. — Uhlenhuth, Zentralbl. f. Bakteriol., Parasitenk. u. Infektionskrank.h, Abt. I. Ref. Beiheft 1908, S. 62*.

8) Eine solche Lösung von Natrium hypochlorosum erhält man, wenn man 20 Teile Chlorkalk mit 100 Teilen Wasser anrührt und mit einer Lösung von 25 Teilen Soda in 500 Teilen Wasser versetzt. Nach Absetzenlassen wird die klare Lösung von Natrium hypochlorosum abgehoben. Vgl. a. S. 126 g.

9) Die offizinelle Natronlauge enthält 15% Natriumhydroxyd. Sie ist also mit der gleichen Menge destillierten Wassers zu verdünnen.

begünstigt das Ausschleudern der Tuberkelbazillen. Das Sediment kann auch zu Tier- und Kulturversuchen verwendet werden.

Kleine Sedimentmengen, die aus den gewöhnlichen Zentrifugengläschen schwierig zu entnehmen sind, spült man zuweilen in ein Machenssches Röhrchen (Abb. 122). Der obere Gummistopfen c mit dem Glaskonus f ist entbehrlich. Man zentrifugiert in dem oben offenen Röhrchen, gießt die Flüssigkeit oben ab und läßt völlig ablaufen. Sodann entfernt man den unteren Stopfen d, hält die Kapillare b über einen Objektträger, lockert den Bodensatz mit einer geraden Platinnadel, drückt durch Aufpressen des Daumens auf die obere Öffnung (e) das Sediment auf den Objektträger und verarbeitet es wie üblich. Nach dem Gebrauch sind die Röhrchen durch kräftige Wasserspülung, einstündiges Auskochen, Einlegen in Schwefelsäure, Wasserspülung mit mechanischen Reinigung und trockener Sterilisation wieder zum neuer Gebrauch herzurichten.

Das Antiforminverfahren gilt heute als das beste Anreicherungsverfahren für Tuberkelbazillen (Benda[1]), Schulte[2]), Hundeshagen[3]), Lagrèze[4]), Roepke[5]) usw.). Vielfach sind in den nach den gewöhnlichen Verfahren als negativ befundenen Sputumproben durch Anreicherung mit Antiformin noch in 14—35% positive Befunde erhoben worden. Die gegenteilige Beobachtung von Ditthorn und Schultz, Engelsmann und Brauer werden hierdurch widerlegt. (Die Ursache der abweichenden Befunde ist in der Technik zu suchen.) Dennoch ist das Antiforminverfahren vielfach angegriffen worden. Am häufigsten ist das schlechte Haften des Bodensatzes am Objektträger gegen dieses Verfahren vorgebracht worden, und tatsächlich haftet er infolge des Alkaligehaltes schlecht, wenn nicht besondere Vorsichtsmaßregeln beobachtet werden. Durch Verdünnen der Auflösung vor dem Ausschleudern mit Wasser oder Alkohol, das gleichzeitig das spezifische Gewicht in erwünschter Weise herabsetzt, wird auch der Alkaligehalt vermindert und das Haften ver-

a Rauminhalt = 15 ccm;
b Kapillare;
c Glasmantel;
d Gummistopfen zum Verschluß von b;
e Gummistopfen mit f Glaskonus, der nach Einschieben des Stopfens aufgesetzt wird;
g Seitenöffnung des Mantels c, zur Vermeidung des Überspringens des Inhaltes aus Kapillare auf die Innenwandung des Mantels beim Herausnehmen des Stopfens d.

Abb. 122. Machenssches Röhrchen.

[1]) Benda, Zentralbl. f. Bakteriol., Parasitenk. u. Infektionskrankh., Abt. I Orig., 1921, Bd. 86, S. 465.
[2]) Schulte, Med. Klin. 1910, Nr. 5.
[3]) Hundeshagen, Zentralbl. f. Bakteriol., Parasitenk. u. Infektionskrankh., Abt. I Orig., 1918, Bd. 82, S. 14.
[4]) Lagrèze, Dtsch. med. Wochenschr. 1910, Nr. 2.
[5]) Roepke, ebenda 1911, Nr. 41 und 42.

bessert. Uhlenhuth hatte anfangs ein Auswaschen des Bodensatzes mit physiologischer Kochsalzlösung oder ein Aufstreichen mit etwas frischem Sputum oder Eiweißwasser empfohlen. Diese und andere Maßnahmen (Zusatz von Sublimat — Lagrèze[1]), von Methylalkohol — Bacmeister[2])) sind aber entbehrlich, wenn man nach Schulte[3]) oder Hundeshagen[4]) (s. u.) vorgeht. Diese Modifikationen sind heute besonders empfehlenswert und ganz besonders die von Hundeshagen:

Nach den vergleichenden Untersuchungen von Jötten[5]) wird das Uhlenhuthsche Antiforminverfahren von der Niederschlagsmethode nach Ditthorn-Schultz (S. 96) und dem nicht mit aufgenommenen Schmitz-Brauerschen[6]) Verfahren als Anreicherungsverfahren für den mikroskopischen Nachweis von Tuberkelbazillen nicht übertroffen, übertrifft aber die anderen im Kultur- und Tierversuch.

Die lösende Kraft des Antiformins nimmt natürlich mit seiner Konzentration zu. Höhere Konzentrationen können aber die Anreicherung stören. Sie erhöhen das spezifische Gewicht der Antiformin-Sputummischung und erschweren das Ausschleudern der Tuberkelbazillen bzw. machen es unmöglich, falls das spezifische Gewicht vor dem Zentrifugieren durch Zusatz von Wasser oder Alkohol nicht wieder herabgedrückt worden ist.

Kade setzte die gleiche Tuberkelbazillenaufschwemmung zu gleichen Mengen von Antiforminlösungen verschiedener Konzentration, zentrifugierte 2 Stunden bei einer Umdrehungsgeschwindigkeit von 2000 Touren in der Minute und fand in einem Gesichtsfeld

| | | | | | |
|---|---|---|---|---|---|
| bei | $5\%$iger | Antiforminlösung | durchschnittlich | 4,8 | Tuberkelbazillen |
| „ | $10\%$iger | „ | „ | 3,6 | „ |
| „ | $15\%$iger | „ | „ | 3,5 | „ |
| „ | $25\%$iger | „ | „ | 2,0 | „ |
| „ | $50\%$iger | „ | „ | 1,0 | „ |

Der mikroskopische Nachweis der Tuberkelbazillen wird durch Antiformin kaum je beeinträchtigt. Uhlenhuth[7]) fand die Färbbarkeit erst nach 8 Tage langer Einwirkung von $50\%$igem Antiformin beeinträchtigt. Dagegen scheinen die säurefesten Saprophyten, die so leicht zur Verwechslung mit Tuberkelbazillen bei der mikroskopischen Untersuchung Anlaß geben können (Smegma-, Butter-, Mistbazillus usw.), schon aufgelöst, wenn die Tuberkelbazillen noch nicht geschädigt werden; so berichtet Hall[8]), daß Butterbazillen durch $5\%$ige Antiforminlösung bereits nach 25 Minuten aufgelöst wurden,

---

[1]) Lagrèze, Dtsch. med. Wochenschr. 1910, Nr. 2.
[2]) Bacmeister, Lehrb. d. Lungenkrankh. 1916.
[3]) Schulte, Med. Klin. 1910, Nr. 5.
[4]) Hundeshagen, Zentralbl. f. Bakteriol., Parasitenk. u. Infektionskrankh., Abt. I Orig., 1918, Bd. 82, S. 14.
[5]) Jötten, Arb. a. d. Reichs-Gesundheitsamte, Bd. 52, S. 103.
[6]) Schmitz und Brauer, Zentralbl. f. Bakteriol., Parasitenk. u. Infektionskrankh., Abt. I Orig., 1918, Bd. 81, S. 359.
[7]) Uhlenhuth, l. c.
[8]) Hall, Über den Nachweis der Tuberkelbazillen durch das Antiforminligroinverfahren unter besonderer Berücksichtigung der Darmtuberkulose. Vet.-med. Inaug.-Diss. Gießen 1911.

während Tuberkelbazillen in $15\,^0/_0$iger Antiforminlösung selbst in 24 Stunden färberisch nicht geschädigt wurden. Nach Mießner[1]) werden Geflügeltuberkelbazillen in Hühnerkot durch 24stündige Einwirkung von $40\,^0/_0$igem Antiformin bei $37^0$ nicht, wohl aber die etwa vorhandenen säurefesten Saprophyten aufgelöst. Nach Steggewentz[2]) werden säurefeste Bazillen (Harn-, Milch-, Gras- und Thimotheebazillen) durch $20\,^0/_0$ige Lösung von Antiformin bei Zimmertemperatur in $^1/_4$—$^1/_2$ Stunde restlos aufgelöst, während Tuberkelbazillen in unverdünntem Antiformin bei Zimmertemperatur frühestens erst in 7 Tagen, Paratuberkelbazillen nach 4 Tagen und der Friedmannsche Bazillus in $20\,^0/_0$iger Lösung in 3 Tagen und in $50\,^0/_0$iger Lösung nach 7 Stunden aufgelöst werden. Die säurefesten Saprophyten, die in Wasserleitungsteilen vorkommen, sollen gegen Antiformin ebenso widerstandsfähig wie Tuberkelbazillen sein.

Die Lebensfähigkeit und Virulenz der Tuberkelbazillen wird durch längere Einwirkung von hochprozentigen Antiforminlösungen vernichtet.

Uhlenhuth fand die Tuberkelbazillen nach 6stündiger Einwirkung von $50\,^0/_0$igem Antiformin noch lebend, Hall nach 24stündiger Einwirkung $15\,^0/_0$igen Antiformins avirulent, Schueler[3]) nach 36stündiger Einwirkung von $4\,^0/_0$igem Antiformin noch virulent, von $25\,^0/_0$igem Antiformin nicht mehr infektiös, Mießner und Kühne[4]) nach 2tägiger Einwirkung von $2\,^0/_0$igem Antiformin virulent, nach 3tägiger etwas geschädigt, nach 6stündiger Einwirkung von $10\,^0/_0$iger Antiforminlösung bei Verwendung von Rindertuberkelbazillen in Milch infektionsuntüchtig, von Menschentuberkelbazillen im Sputum und von Rindertuberkelbazillen in Scheidenausfluß virulent, Schmitt[5]) nach $2^1/_2$stündiger Einwirkung von $15\,^0/_0$igem Antiformin virulent (Rindertuberkelbazillen im Lungenauswurf). Ganz allgemein scheinen die Rindertuberkelbazillen gegen Antiformin weniger widerstandsfähig zu sein als der Typus humanus. Hierfür sprechen auch die allgemein günstigen Erfahrungen mit der Antiforminanreicherung in der Humanmedizin und die viel weniger optimistisch klingenden Berichte in der Veterinärmedizin.

Die Begleitbakterien sind gegen Antiformin zwar weniger widerstandsfähig als die Tuberkelbazillen, dennoch kann ihre Tenazität mitunter recht erheblich sein.

Nach Schmitt vernichtet eine $2{,}5\,^0/_0$ige Antiforminlösung die Begleitbakterien bei $^1/_4$—3stündiger Einwirkung im Sputum, in Gebärmutterausflüssen und im Milchbodensatz zwar erheblich, in der Milch jedoch nur wenig. Ganz beseitigt wurden sie hier erst durch $20\,^0/_0$iges Antiformin. Die Milchstreptokokken trotzten zuweilen selbst $20\,^0/_0$igem Antiformin. Die Sporen im Rinderkot wurden bei 2—3stündiger Einwirkung von 10—$15\,^0/_0$igem Antiformin oft nicht zerstört. Nach 1stündiger Wirkung einer 10fachen Menge $2{,}5\,^0/_0$iger Antiforminlösung auf 2 schleimigeitrige Gebärmutterausflüsse waren die Begleitbakterien zerstört. Sepsis der Impftiere ließ sich beim Lungenauswurf und bei Gebärmutterausflüssen

---

[1]) Mießner, Dtsch. tierärztl. Wochenschr. 1921, S. 271.

[2]) Steggewentz, Über das Verhalten säurefester Stäbchen gegenüber Antiformin. Inaug.-Diss. Hannover 1921.

[3]) Schueler, Konservierung von Versandmilchproben ohne Schädigung der Tuberkelbazillen durch Formalin, Borsäure und Antiformin. Vet.-med. Inaug.-Diss. Bern 1910.

[4]) Mießner und Kühne, Mitt. a. d. Kaiser Wilhelms-Institut f. Landwirtschaft in Bromberg 1910, Bd. 2, Heft 3.

[5]) Schmitt, Zeitschr. f. Infektionskrankh., parasit. Krankh. u. Hyg. d. Haustiere, Bd. 2, Heft 2 u. 3.

durch 2,5%iges Antiformin vermeiden. Galtstreptokokken wurden in Milch durch 15%iges Antiformin erst nach 3 Stunden abgetötet. Wachstum trat aber schon nach 2 Stunden nicht mehr ein, wenn die Milch mit der 5fachen Menge 2,5%iger Antiforminlösung versetzt wurde.

Streptokokken werden meist schon nach ¾ Stunden abgetötet, wenn der Bodensatz mit größeren Mengen 2,5%igem Antiformin vermischt wird; im zähschleimigen Bodensatz von Galtmilch bleiben sie mitunter aber auch 3 Stunden lebensfähig.

**Antiforminverfahren,** modifiziert von Hundeshagen[1]). Wässerige Anteile des Sputums werden abgegossen, der eitrige bzw. schleimige Anteil wird verarbeitet. Von diesem wird angefertigt:

1. ein direkter Ausstrich. Ein eitriges Teilchen wird auf kleinem Raume (2 qcm) in nicht allzu dünner Schicht am Ende eines Objektträgers ausgestrichen.
2. Zur Homogenisierung wird 1 Teil Sputum mit 2 Teilen 50%igem Antiformin versetzt. Bei ganz dünnwässerigem Sputum genügt 1 Teil Antiformin auf 1 Teil Sputum.
3. Das Gemisch ist während 10—30 Minuten wiederholt umzuschütteln, wobei rasche Lösung eintritt.
4. Verdünnung der Lösung mit der gleichen bis doppelten Menge destillierten Wassers und gründliches Durchmischen.
5. Zentrifugieren ½—1 Stunde in einem durch trockene Hitze sterilisierten Zentrifugenglas (erforderliche Tourenzahl etwa 2000).
6. Restloses Abgießen der überstehenden Flüssigkeit; das Glas ist mit der Öffnung nach unten auf eine aufsaugende Unterlage (Zellstoff, Watte) 5—10 Minuten hinzustellen.
7. Erst dann sorgfältiges Zusammenkratzen des Bodensatzes mit der Öse und Aufstreichen je einer kleinen Öse auf die Mitte des unter 1. genannten Objektträgers an 2—4 kleinen, nebeneinander liegenden Stellen in nicht zu dünner Schicht auf einen Raum von je nur wenige Millimeter Durchmesser, falls das Tröpfchen ohne weitere Ausbreitung zu undurchsichtig ist. Es empfiehlt sich, die kleinen Ausstriche in verschiedener Dichtigkeit herzustellen. Neben diesen außerhalb des direkten Ausstriches gelegenen Stellen werden noch innerhalb jenes Ausstriches, der inzwischen eingetrocknet ist, etwa zwei Ösen in der gleichen Weise auf ganz kleinem Raum verteilt, am besten ein- für allemal an ganz bestimmten Stellen, z. B. an den zwei Endpolen des direkten Ausstriches.
8. Trocknen hoch über der Flamme, Fixieren und Färben, vorsichtiges Spülen!
9. Nach Abspülen die Präparatenseite nicht mit Fließpapier abtrocknen, sondern durch warme Luft trocken werden lassen.

Beim **Antiforminverfahren,** modifiziert nach Schulte[2]), wird zur Verdünnung des gelösten Sputums (Nr. 4 der Hundeshagenschen Vorschrift) die gleiche Menge Brennspiritus benutzt. Der Bodensatz wird auf Deckgläschen ausgestrichen. Im übrigen stimmen beide Modi-

---

[1]) Hundeshagen, Zentralbl. f. Bakteriol., Parasitenk. u. Infektionskrankh., Abt. I Orig., 1918, Bd. 82, S. 14.

[2]) Schulte, Med. Klin. 1910, Nr. 5.

fikationen in ihren wesentlichsten Punkten überein. Da der Alkoholzusatz die Lebensfähigkeit der Tuberkelbazillen zu schädigen scheint, ist er bei Züchtungen wegzulassen.

**Antiforminverfahren** nach Distaso. Distaso[1]) und Faisca[2]) nehmen die Homogenisierung von 5—6 Eiterflocken mit 1—2 Tropfen 15%iger Antiforminlösung unter Erwärmen über der Flamme auf dem Objektträger vor. Nach der Auflösung wird das Präparat dünn ausgestrichen und weiterbehandelt. Nach den Angaben von Faisca liefert dieses Verfahren 20% mehr positive Ergebnisse als die Zentrifugenmethode.

Da das Zentrifugieren wegfällt, dürfte dieses Verfahren namentlich für den Praktiker sich eignen.

Nach dem **Löfflerschen Verfahren** (Deutsche mediz. Wochenschr. 1910 S. 1987) nimmt man gleiche Teile Sputum und 50%iges Antiformin und kocht über der Flamme. Nach Lösung werden zu 10 ccm der Lösung 1,5 ccm eines Gemisches aus 1 Volumen Chloroform und 9 Volumen Alkohol hinzugesetzt, durchgeschüttelt und 15 Minuten zentrifugiert. Die obere Flüssigkeit wird vorsichtig abgegossen, die Scheibe oberhalb des Chloroforms in toto herausgenommen und zwischen zwei Objektträgern mit einem Tropfen Hühnereiweiß (mit 0,5%iger Karbolsäure konserviert) fein verrieben und der Tuberkelbazillenfärbung unterworfen (S. 146) usw.

Lorentz[3]) weist darauf hin, daß das Antiformin, selbst in Originalflaschen vor grellem Licht geschützt aufbewahrt, Chlor (die wirksamste Substanz des Antiformins) verliert und verhältnismäßig teuer ist. Lorentz empfiehlt als **Antiformin-Ersatz** das wesentlich billigere **Natriumhypochlorit** in 2%iger Lösung. Dieses homogenisiert das Sputum schneller. Die Sedimente sind leichter ausschleuderbar. Die auf den Objektträger ausgestrichenen Sedimente haften besser und erhöhen schon dadurch den Prozentsatz positiver Ergebnisse gegenüber der Homogenisierung der Sputa durch Antiformin.

Die Natriumhypochloritlösung stellt man sich selbst her aus 215 g Chlorkalk, 286 g Soda und 2 l Wasser. Nach gründlicher Mischung läßt man absetzen. Die abgehobene Flüssigkeit enthält bei Verwendung von 25%igem Chlorkalk 2% Natriumhypochlorit. Sie ist mindestens so haltbar wie Antiformin, aber 15 mal billiger als dieses und ohne weitere Verdünnung direkt verwendbar. Die Zusatzmenge dosiert man nach dem Charakter des Sputums.

Das **Ligroinverfahren** nach Lange und Nitzsche wurde in seiner ursprünglichen Form wie folgt ausgeführt:

Zu 5 ccm Sputum gibt man 50 ccm n-Kalilauge. Nach der Homogenisierung werden 50 ccm Leitungswasser und 2 ccm Ligroin zugesetzt und kräftig durchgeschüttelt, bis eine dichte Emulsion entsteht. In einem Wasserbad von 60—65° C scheidet sich das Ligroin rasch ab. Die emporsteigenden Ligrointröpfchen reißen die Tuberkelbazillen mit nach oben, und die Bazillen finden sich stark angereichert in der Grenzschicht der beiden Medien, aus der man das Material zu den Ausstrichen entnimmt.

**Ligroinverfahren** nach Lange und Nitzsche[4]), modifiziert von Bernhardt[5]). 1 Teil Auswurf und 4 Teile 20%iges Antiformin werden kräftig

---

[1]) Distaso, Lancet 1919, Nr. 1, S. 19.

[2]) Faisca, Compt. rend. des scéances de la soc. de biol. 1921, Bd. 84, S. 1002.

[3]) Lorentz, Münch. med. Wochenschr. 1921, S. 1119.

[4]) Lange und Nitsche, Zeitschr. f. Hyg. u. Infektionskrankh. Bd. 67, S. 151. Dtsch. med. Wochenschr. 1909, S. 435.

[5]) Bernhardt, Dtsch. med. Wochenschr. 1909, Nr. 33, sowie Haserodt, Hyg. Rundschau 1909, Heft 12, S. 699.

geschüttelt, 1 bis $1^1/_2$ Stunden bei Zimmerwärme stehen gelassen, mit 2 ccm Ligroin versetzt, kräftig geschüttelt, mit 5 Teilen Wasser versetzt, kräftig geschüttelt und 4—5 Stunden stehen gelassen. Durch Erwärmen auf 60° kann die Ausscheidung des Ligroins beschleunigt werden. Aus dem unteren Teile der Ligroinschicht werden mehrere Platinösen entnommen und auf einem vorgewärmten Objektträger dick ausgestrichen. Die Tuberkelbazillen befinden sich am Rand des Präparates. Eiweißfixierung ist ungeeignet. Die Tuberkelbazillen werden durch das Ligroin abgetötet. Zusatz von $^1/_2$—1 ccm Brennspiritus, der sich zwischen Ligroin und Antiforminsputummischung schichtet, läßt die Grenzschicht schärfer hervortreten (Schulte).

**Niederschlagsmethode** zum Tuberkelbazillennachweis im Sputum.

Das Sputum wird mit Kalilauge oder Antiformin homogenisiert und mit einigen Kubikzentimetern Liquor ferri oxychlorati (Ditthorn und Schultz) oder, besser einer 20%igen Lösung von Zincum aceticum oder chloratum (Fejér, Árpád und Wladimir Schultz[1])) vermengt. Der Niederschlag wird auf den Objektträger aufgetragen, fixiert und gefärbt. Im weißen Zinkniederschlag heben sich die Tuberkelbazillen besser als im rostbraunen Eisenniederschlag ab.

Bei dem **Tuberkelbazillenanreicherungsverfahren** mit **Mastixemulsion** nach Pfeiffer und Robitschek[2]) werden etwa 50 ccm Sputum mit 150 ccm destilliertem Wasser verrieben und in einem Erlenmeyerkolben unter wiederholtem Umschütteln und Umrühren auf einem Wasserbad bis zur fast vollständigen Homogenisierung (etwa $^1/_2$ Stunde) erhitzt. Es werden 8 ccm in ein graduiertes Sedimentierglas entnommen und mit 2 ccm Mastixgebrauchslösung versetzt. Nach 24stündigem Aufenthalt bei 37° wird zentrifugiert. Von dem weißen krümeligen Bodensatz wird oben, in der Mitte und unten eine Probe entnommen und in der sonst üblichen Weise auf Tuberkelbazillen untersucht. Die Aufstriche sollen gut haften, das Mastix wird beim Entfärben mit Alkohol entfernt.

Die Mastixgebrauchslösung wird aus 0,5 ccm Stammlösung durch Verdünnen mit 4,5 ccm absolutem Alkohol und Einblasen aus mäßig weiter Pipette in 20 ccm destilliertes Wasser, das sich in einem Kochkolben befindet, erhalten. Die Stammlösung ist eine 10%ige Lösung von Mastix in möglichst absolutem Alkohol. Einige Stunden nach der Auflösung wird sie filtriert und ist dann unbegrenzt haltbar. Dagegen ist die rötlich-milchweiße Gebrauchslösung nur etwa 2—3 Wochen brauchbar.

Nachprüfungen dieses Verfahrens liegen meines Wissens bisher nicht vor.

Zum Homogenisieren des **Lungenauswurfes vom Rind** benutzt Schmitt[3]) eine nur 2,5%ige Antiforminlösung in 9—10acher Menge. Die Einwirkungsdauer beträgt bis 3—$3^1/_2$ Stunden. Der Bodensatz wird mit Eiweißwasser festgeklebt. Handelt es sich um Bronchialschleimproben (vom Rind) am Mulltupfer, so gibt man in das betreffenden Aufahmegefäß soviel 15%ige Antiforminlösung, bis der Tupfer bedeckt ist. Nach 20stündiger Einwirkung wird die Auflösung in das Machenssche Röhrchen (S. 91) filtriert, mit der gleichen Menge destillierten Wassers verdünnt, zentrifugiert und der Bodensatz weiter verarbeitet.

**Gebärmutterausflüsse vom Rind** homogenisiert Schmitt mit der 10fachen Menge 2,5%iger Antiforminlösung in 10 Minuten bis $3^1/_2$ Stunden, **Milch** (mit wenig Flocken) ebenfalls mit 2,5%igem Antiformin in 3 Stunden bei 37°. Stärkere Antiforminlösungen bringen die Milch zur Gerinnung und sind somit weniger geeignet. Sie können aber zur Homogenisierung der Milchbodensätze Verwendung finden. Starkflockige Milch wird zunächst zentrifugiert und der Bodensatz mit oder ohne Rahm mittels 2,5%iger Antiforminlösung homogenisiert.

---

[1]) Fejér, Árpád und Wladimir Schultz, Ges. Arbeiten aus der Militärheilstätte in Rózsahegy. Budapest 1919, ref. in Zentralbl. f. d. ges. Tuberkuloseforschung 1921, Bd. 15, S. 42.

[2]) Pfeiffer und Robitschek, Zentralbl. f. Bakteriol., Parasitenk. u. Infektionskrankh., Abt. I Orig., 1921, Bd. 87, S. 27.

[3]) Schmitt, Zeitschr. f. Infektionskrankh., parasit. Krankh. u. Hyg. d. Haustiere, Bd. 2, Heft 2/3.

Das Uhlenhuth-Schernsche[1]) Homogenisierungs-Verfahren für Milch erwies sich nach Schmitt[2]) als ungeeignet. Es wird wie folgt ausgeführt:

5 ccm Milch werden mit 5 ccm Alkohol, 5 ccm Äther, 10 ccm 25%iger Antiforminlösung gemischt und mit 25 ccm Kochsalzlösung versetzt und 1/2 Stunde zentrifugiert. Die Flüssigkeit wird vorsichtig abgegossen und der Bodensatz vermischt und verarbeitet.

Den **Rinderkot** homogenisiert Schmitt[2]), wie folgt:

40 g Kot werden mit 73 ccm Wasser und 20 ccm konzentriertem Antiformin oder mit der zehnfachen Menge 2,5—10%iger Antiforminlösung versetzt und nach Homogenisierung zentrifugiert. Die mikroskopische Untersuchung von Rinderkot auf Tuberkelbazillen hat wenig Aussicht, da die Anwesenheit vieler anderer antiformin- und säurefester Bazillen zu Verwechslung oft Anlaß gibt.

Über die Verarbeitung von Material vom Rind vgl. auch S. 18 u. ff.

**Hühnerkot** homogenisiert Mießner[3]) mit 40%igem Antiformin in 24 Stunden bei 37°, wobei angeblich auch die säurefesten Saprophyten mit aufgelöst werden, während die Tuberkelbazillen erhalten bleiben. Hierauf wird durch ein Papierfilter filtriert, mit der doppelten Menge destillierten Wassers versetzt und 15 Minuten bei 3000 Umdrehungen zentrifugiert. Der Bodensatz wird mit 10 ccm sterilem destillierten Wasser aufgenommen und in einem offenen Machensschen Röhrchen (Abb. 122, S. 91) zentrifugiert. Das in der Kapillare befindliche Sediment wird in der auf S. 91 angegebenen Weise auf einen Objektträger gebracht und gefärbt.

Zum Tuberkelbazillennachweis im **menschlichen Kot** (vgl. auch oben) gibt man nach Klose[4]) ein erbsengroßes Stück in 20—25 ccm einer 50%igen Antiforminlösung. Unter mehrfachem Umschütteln wird nach 24stündigem Aufenthalt bei Zimmertemperatur die Mischung zentrifugiert, zweimal mit physiologischer Kochsalzlösung ausgewaschen und der Bodensatz zu mikroskopischen Präparaten verarbeitet. Lorentz[5]) empfiehlt, den Kot (vom Menschen!) mit wiederholt erneuerter 15%iger Antiforminlösung aufzukochen.

Zum Tuberkelbazillennachweis im **Gewebe** werden die Organstücke auf dem Gefriermikrotom in etwa 20—40 $\mu$ dicke Schnitte zerlegt und in 15—20%ige leicht erwärmte Antiforminlösung gebracht, wo sie sich sofort lösen. Diese Lösung wird zentrifugiert, ausgewaschen und mit Eiweißwasser zu Präparaten wie vorher verarbeitet (Merkel[6])).

Zur Anreicherung von Tuberkelbazillen im **Blut** sind zahlreiche Verfahren angegeben, unter denen das Stäubli-Schnittersche[7]) Verfahren als eins der besten gilt.

Man nimmt 10—15 ccm Venenblut, läßt es in die 2—3fache Menge 3%iger Essigsäure oder in die gleiche Menge 2—3%iger Zitronensäure fließen, schüttelt in der mit einigen Glasperlen beschickten Flasche gut durch, läßt 1/2 Stunde stehen und zentrifugiert. Der Bodensatz wird mit Wasser geschüttelt und in der 2—3fachen Menge 15%iger Antiforminlösung homogenisiert. Hierauf wird wieder zentrifugiert. Der Bodensatz wird ausgestrichen und gefärbt. Reste von Blutkörperchen usw. können mitunter Tuberkelbazillen vortäuschen. Wesentlich sicherere Ergebnisse als die mikroskopische Untersuchung liefert auch hier der Impfversuch an Meerschweinchen.

---

1) Uhlenhuth, Zentralbl. f. Bakteriol., Parasitenk. u. Infektionskrankh., Abt. I. Ref. 1910, Bd. 47, S. 197*.

2) Schmitt, Zeitschr. f. Infektionskrankh., parasit. Krankh. u. Hyg. d. Haustiere, Bd. 2, Heft 2/3.

3) Mießner, Dtsch. tierärztl. Wochenschr. 1921, S. 272.

4) Klose, Münch. med. Wochenschr. 1910, Nr. 3.

5) Lorentz, Berl. klin. Wochenschr. 48. Jahrg. Nr. 3.

6) Merkel, Münch. med. Wochenschr. 1910, Nr. 13.

7) Stäubli, Münch. med. Wochenschr. 1908, Nr. 50. — Schnitter, Dtsch. med. Wochenschr. 1909, S. 1566.

**Anreicherungs-** (und Abtötungs)- **Verfahren** nach **Hilgermann** und **Zitek** (Med. Klin. 1920 Nr. 27).

Ein Teil Sputum wird mit 2 Teilen 0,5%iger Lösung von wasserfreier Soda in destilliertem Wasser versetzt, ¾ Stunde bei Zimmertemperatur, sodann 10 bis 15 Minuten (nicht länger) bei 100° gehalten, nach Erkalten zentrifugiert und im Bodensatz die Tuberkelbazillen nachgewiesen (S. 146). Die Autoren geben als Vorzüge ihres Verfahrens Abtöten der Tuberkelbazillen, völlige Lösung des Sputums, leichtes Haften und gute Färbbarkeit der Tuberkelbazillen, einfache und billige Ausführung an.

**Anreicherung von Blutprotozoen** (Plasmodien, Trypanosomen, Spirochäten) nach Höfer (Zentralbl. f. Bakteriol., Parasitenk. u. Infektionskrankh., Abt. I. Orig. 1919. Bd. 83, S. 601).

Etwa 10 ccm steril entnommenes Blut werden in 2%iger Natriumzitratlösung aufgefangen, zentrifugiert, mit physiologischer Kochsalzlösung mehrmals gewaschen und wieder abzentrifugiert. Der Bodensatz wird im Zentrifugenglas mit etwa der 10fachen Dosis hämolytischen Serums bei 37° aufgelöst. Nach erneutem Abzentrifugieren und mehrmaligem Auswaschen enthält der Bodensatz neben einigen resistenten Leukozyten nur die Parasiten, Protozoen und Bakterien, die nicht im geringsten geschädigt sind und die bei aseptischem Arbeiten zu Kultur- und Tierversuchen benutzt werden können. Zum mikroskopischen Nachweis legt man dicke Tropfen (S. 103) oder Ausstriche (S. 102) an. Sie werden mit Alkohol (S. 104) oder Sublimatalkohol (S. 104) fixiert und gefärbt oder im Dunkelfeld (Spirochäten, S. 41) bzw. nach dem Burrischen Tuscheverfahren (S. 131) untersucht. Zur Anfertigung von Schnittpräparaten wird der Bodensatz im Zentrifugenglas mit mehrfachen Mengen Schaudinnschen Sublimatalkohols (konzentrierter, wässeriger Sublimatlösung (etwa 7%ig) 2 Teile und 1 Teil absolutem Alkohol) versetzt und 1 (bis 2) Tage darin belassen, mit Jodalkohol, Thiosulfatlösung und Alkohol von steigender Konzentration (S. 108) behandelt und in Paraffin eingebettet. Bei alten Malariafällen mit wenig Parasiten im Blut empfiehlt sich eine Adrenalinprovokation nach Schittenhelm[1]) vorauszuschicken.

**Anreicherung von Protozoen** (Kokzidien und Amöben) **aus Kot**, vgl. auch Anreicherung von Parasiteneiern aus Kot.

Verfahren nach Cropper und Row[2]). Der Kot (1 g) wird mit der 30fachen Menge Kochsalzlösung gut verrieben und geschüttelt, mit 10—20% ihres Volumens Äther ½ Minute ausgeschüttelt. Nach Trennung der Flüssigkeiten wird die untere Schicht kurz zentrifugiert. Im Sediment sind die Amöbenzysten angereichert. Durch fraktioniertes Zentrifugieren läßt sich die Anreicherung steigern.

Oder die Kotaufschwemmung wird durch Seide von 40 $\mu$ Maschenweite filtriert, das Filtrat fraktioniert zentrifugiert. Die Anreicherung ist hier geringer, aber die Amöbenzysten bleiben am Leben.

**Anreicherung von Parasiteneiern aus Kot.** 1. Verfahren nach Telemann[3]):

Man entnimmt an fünf Stellen der zu untersuchenden Fäzes erbsengroße Teile und schüttelt sie mit Äther und Salzsäure (1: 1) im Reagenzglas aus. Die Lösung wird durch ein feines Haarsieb filtriert und 1 Minute zentrifugiert. Die Parasiteneier gehen in den Bodensatz über, der mikroskopisch untersucht wird.

2. Kochsalzverfahren nach Kofoid und Barber[4]):

Der Kot wird mit wenig Flüssigkeit bis zur breiigen Konsistenz verrührt und in eine gesättigte Kochsalzlösung im Verhältnis 1 : 2 eingebracht. Die spezifisch

[1]) Schittenhelm, Münch. med. Wochenschr. 1818.

[2]) Cropper und Row, Proc. of the R. soc. of med. 1917, Vol. 10, Nr. 5. Ref. in Zentralbl. f. Bakteriol., Parasitenk. u. Infektionskrankh., Abt. I. Ref. Bd. 70, S. 138.

[3]) Telemann, Dtsch. med. Wochenschr. 1908, Jahrg. 34, S. 1510.

[4]) Kofoid und Barber, Journ. of the Americ. med. assoc. 1919, Bd. 71, S. 1557, ref. in Tropical deseases bulletin 1919, Bd. 13, S. 219.

leichteren Wurmeier steigen nach oben und werden oben mit einer Drahtöse entnommen. Fülleborn[1]) empfiehlt auf 1 Teil Kot 20 Teile Kochsalzlösung zu setzen und nach 15—45 Minuten langem Stehen die Proben zur mikroskopischen Untersuchung zu entnehmen. Hobmaier und Taube[2]) zentrifugieren die Kochsalz-Kotaufschwemmung nach Absetzen der gröbsten Bestandteile.

Nöller und Otten[3]) verreiben ein erbsen- bis kleineigroßes (beim Rind) Stück Kot unter tropfenweisem Zusatz von konzentrierter Kochsalzlösung mit einem Holzspatel zu einem homogenen Brei und filtrieren diesen durch ein Drahtsieb von 0,2 cm Maschenweite unter Übergießen von gesättigter Kochsalzlösung (insgesamt etwa 8—25 Teile auf 1 Teil Kot) und Umrühren. Das Filtrat läßt man in einem Erlenmeyer-Kolben von 65—200 ccm Inhalt stehen. Oben, im verjüngten Teil, sammeln sich die Parasiteneier und Kokzidienzysten an und werden nach 25—90 Minuten mit einer umgeknickten Platinöse von etwa 3—4 mm Durchmesser entnommen.

Das Verfahren eignet sich zum Nachweis von Kokzidien (von Mensch, Hühnern, Ente, Gans, Kaninchen, Hund, Schaf, Ziege, Rind, Schwein usw.), Amöben, Eiern von Askariden, Heterakis, Strongyliden, Dochmius (Ankylostomum), Oxyuren, Ecchinorrhynchen, Tänien[3]) vom Pferd und Rind, dagegen eignet es sich nicht für Eier von anderen Tänien und Trematoden; auch beim fetthaltigen Hunde- und Menschenkot versagt die Methode oft; hier gibt das unter 1 genannte Verfahren bessere Resultate.

3. Verfahren nach Yroita[4]):

Von fünf verschiedenen Stellen der Fäzes wird ein erbsengroßes Stück entnommen, das, wenn es sehr hart ist, zunächst mit Kochsalzlösung zu einem Brei verrieben wird. Der breiige Kot wird mit 15 ccm einer Mischung aus 25%igem Antiformin und Äther zu gleichen Teilen versetzt und nach längerem guten Schütteln durch Verbandmull filtriert. Das Filtrat wird 1 Minute zentrifugiert. Die Parasiteneier gehen in die unterste Schicht über, von wo sie mit einer Pipette entnommen werden. Bei sehr reichlichem Bodensatz gibt man einige Kubikzentimeter verdünnte Salzsäure hinzu, schüttelt gut durch und zentrifugiert. Auch jetzt befinden sich die Eier im untersten Teil des Bodensatzes.

### Anhang.

Zur **Anreicherung von Milben** übergießt man nach Sheater[5]) die Borken mit 10 ccm 10%iger Kalilauge, erwärmt bzw. kocht vorsichtig, bis alles aufgehellt ist. Hierauf wird kurz zentrifugiert und der Bodensatz in wenig Wasser aufgenommen. Die Milben und ihre Eier bleiben erhalten.

## 3. Das ungefärbte Präparat.

a) Das **einfache** ungefärbte **Deckglaspräparat**, hergestellt mit frischem Material, dient zur Erkennung krankhafter Veränderungen des Blutes, Harnes und der Organe (Verfettung, Degeneration) usw. und zur vorläufigen Orientierung.

Technik: Von den zu untersuchenden Flüssigkeiten bringt man direkt oder nach Sedimentierung im Spitzglas oder Ausschleudern in der Zentrifuge ein kleines Tröpfchen auf den Objektträger. Es sei nochmals darauf hingewiesen, daß die zur Übertragung benutzte Platinöse vor und nach jedem Gebrauch auszuglühen ist. Bei Organuntersuchungen stellt man eine frische Schnittfläche her und streicht mit der Messerklinge etwas Gewebsbrei ab, den man zur Untersuchung

[1]) Fülleborn, Arch. f. Schiffs- u. Tropenhyg. 1920, Bd. 24, S. 174.
[2]) Hobmaier und Taube, Berl. tierärztl. Wochenschr. 1921, Bd. 37, S. 521.
[3]) Nöller und Otten, Berl. tierärztl. Wochenschr. 1921, Jahrg. 37, S. 481.
[4]) Yroita, Dtsch. med. Wochenschr. 1912.
[5]) Sheather, Journ. of comp. Pathol. and Therap. 1915, Bd. 28, S. 64.

benutzt. Ist das Material zu dick, so verdünnt man mit einem Tröpfchen physiologischer Kochsalzlösung. Die Menge der Flüssigkeit ist so zu wählen, daß nach Auflegen des Deckglases die kapillare Spalte zwischen Deckglas und Objektträger ausgefüllt wird, aber das Material am Rande des Deckglases nicht hervorquillt.

Zur Aufhellung des Präparates benutzt man 2%ige Essigsäure, oder bei eingetrockneten Borken Glyzerin oder Kalilauge. Eiweißpartikelchen, Fibrinfäden usw., die eventuell mit Bakterien verwechselt werden können, werden hierdurch gelöst bzw. aufgehellt. Kleine Fetttröpfchen werden durch Alkohol, Äther oder Chloroform zur Auflösung gebracht.

Festgefügte Massen (Borken, Schimmelpilzrasen usw.) werden zuvor mit zwei Stahlnadeln zerzupft. Zuweilen übt man, nachdem man auf das aufgelegte Deckglas einen zweiten Objektträger gelegt hat, einen mäßigen Druck aus und erhält so nach Abheben des zweiten Objektträgers das Quetschpräparat (geeignet z. B. für Aktinomyzes, Botryomyzes und Eumyzeten). Bei den Schimmelpilzen verdecken oft Sporen und Luftblasen den feineren Bau. Durch Kochen des Präparats mit verdünntem Glyzerin bei aufgelegtem Deckglas kann der Übelstand leicht beseitigt werden.

Abb. 123. Hohlgeschliffener Objektträger, $^3/_4$ natürl. Größe.

Sollen die ungefärbten Präparate aufbewahrt werden, so verteilt man das Material in Glyzerin, Glyzeringelatine (4:1), mit etwas Karbolsäure als Konservierungsmittel, oder Glyzerin-Natriumsilikatlösung (1:10), bringt es auf einen Objektträger, legt ein Deckglas auf (Glyzerin darf am Rand nicht vorquellen!) und befestigt das Deckglas durch einen Ring von dickem Kanadabalsam oder Asphaltlack[1]), der halb auf dem Deckglas, halb auf dem Objektträger zu liegen kommt. Bis zur Erstarrung des Balsams ist das Präparat vorsichtig aufzubewahren. Eine direkte Einbettung des lufttrockenen Präparates in Kanadabalsam ist meist nicht empfehlenswert.

Bei der Untersuchung ungefärbter Präparate ist das Licht im Mikroskop abzublenden! Im Dunkelfeld sind die Bakterien gut zu sehen (S. 41 u. ff.).

b) **Der hängende Tropfen.** Die Untersuchung im hängenden Tropfen dient zur Feststellung der Eigenbewegung, zur Beobachtung der Sporenbildung und -auskeimung, Agglutination usw.

Technik. Um die Höhlung eines zuvor mit Alkohol abgeriebenen, hohlgeschliffenen Objektträgers (Abb. 123) trägt man einen Vaselinering auf. In Ermangelung von hohlgeschliffenen Objektträgern kann man sich in ein passendes Kartonstückchen ein Loch schneiden oder stanzen. Das Kartonstück wird in verflüssigtes Paraffin getaucht und auf einem

[1]) Einen guten Lack erhält man auch durch Auflösen von rotem Siegellack oder braunem Schellack in Alkohol. Vielfach setzt man blaue oder rote Anilinfarbe hinzu.

gewöhnlichen Objektträger festgedrückt. Ein sauber geputztes Deckgläschen (bei längeren Beobachtungen ist es noch durch Eintauchen in Alkohol und vorsichtiges, kurzes Abbrennen zu sterilisieren!) wird auf ein am besten über dunkler Unterlage stehendes Glasbänkchen gelegt und mit einem Tröpfchen des zu untersuchenden, gegebenenfalls mit steriler Kochsalzlösung, Bouillon usw. verdünnten Materials in der Mitte beschickt. Auf das Deckgläschen legt man den vorbereiteten, hohlgeschliffenen Objektträger derart darauf, daß das Tröpfchen auf dem Deckglas frei in den Hohlraum des Objektträgers ragt und der Vaselinering das Deckglas an den Objektträger festklebt. Nun hebt man den Objektträger mitsamt dem Deckglas vorsichtig in die Höhe und dreht ihn um, so daß das Deckglas nach oben zu liegen kommt. Durch entsprechendes Richten des Deckglases und durch Auftragen von etwas Vaseline an den Rändern des Deckglases wird für einen luftdichten Abschluß des vom Deckglas bedeckten Hohlraumes des Objektträgers gesorgt und damit das darin befindliche Tröpfchen vor Austrocknung

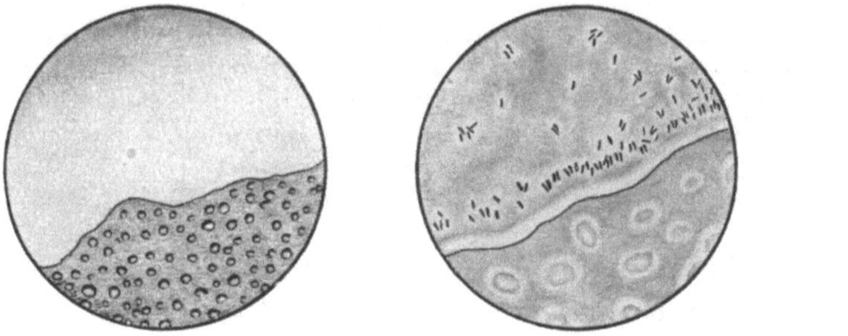

Abb. 124 u. 125. Hängender Tropfen bei schwacher und starker Vergrößerung.

geschützt. Bei der Besichtigung unter dem Mikroskop (Abb. 124 und 125) ist das Licht abzublenden. Zunächst stellt man den Rand des Tropfens bei schwacher Vergrößerung ein (S. 45) und vertauscht das schwache Objektiv gegen das stärkere bzw. die Ölimmersion. Bei stärkeren Vergrößerungen ist die Blende etwas weiter zu wählen. Um die Beweglichkeit der Bakterien festzustellen, genügt zumeist Objektiv D (Zeiß). Nach Einstellung des Tropfenrandes macht die Durchmusterung des Präparates keine Schwierigkeit mehr.

Der hängende Tropfen bleibt wochenlang untersuchungsfähig. Bei streng aseptischen Arbeiten kann die Sporenbildung usw. bei geeigneter Temperatur (heizbarer Objekttisch, zeitweiliges Einstellen in Brutöfen usw.) beobachtet werden. Will man das beobachtete Bild fixieren, so dreht man das Deckgläschen so über den Einschliff, daß eine Ecke über den Rand des Objektträgers herausragt. An dieser wird es vorsichtig gefaßt und vom Objektträger abgehoben. Das nunmehr der Luft ausgesetzte Tröpfchen trocknet bald ein, kann gefärbt, weiter untersucht und aufgehoben werden.

Das Präparat im hängenden Tropfen hat die Nachteile, daß das freiliegende Deckglas sehr leicht zerdrückt wird und die Einstellung für den

Weniggeübten schwierig ist. Bei Zertrümmerung des Deckgläschens ist das Präparat in ein Gefäß mit Sublimatlösung zu legen und Objekttisch sowie Objektiv mit Alkohol gründlich abzureiben.

c) Bei dem **„einfachen Bewegungspräparat“** werden die Nachteile des „hängenden Tropfens“ vermieden.

Technik: Auf einen gewöhnlichen, sauberen Objektträger bringt man einen Tropfen des Untersuchungsmaterials, legt ein Haar hindurch und das Deckglas darüber. Zuerst stellt man das Haar unter dem Mikroskop bei schwacher Vergrößerung ein, regelt die Lichtzufuhr und vertauscht das schwache Objektiv gegen das stärkere Trockensystem (Objektiv D — Okular 4 Zeiß). Ölimmersion ist nicht zu verwenden. Die Eigenbewegung der Bakterien darf mit der passiven Brownschen Molekularbewegung und der durch Flüssigkeitsströmung hervorgerufenen Bewegung nicht verwechselt werden.

Die aktive Eigenbewegung der Mikroorganismen ist daran erkenntlich, daß die Bakterien sich nach verschiedenen Richtungen fortbewegen.

Bei der passiven Brownschen Molekularbewegung, welche auch kleine leblose Objekte (Tuschekörnchen usw.) zeigen, tänzeln die Gebilde an Ort und Stelle ein klein wenig hin und her, und bei den durch Flüssigkeitsströmungen bedingten Bewegungen werden die kleinen Objekte nach einer Richtung mit fortgespült.

d) Untersuchung im **Dunkelfeld.** Vgl. S. 41 u. ff.

## 4. Das gefärbte Deckglas und Objektträgerpräparat.

a) **Herstellung des Ausstriches.** Das Material auf Objektträger auszustreichen und auf ihnen zu färben, ist billiger und bei Massenuntersuchungen bequemer als Deckglasausstriche. Auf einem Objektträger haben mehrere Ausstriche nebeneinander Platz, die gleich auf einmal gefärbt werden. Vielfach umgrenzt man auf dem Objektträger die einzelnen Felder, in die man Aufstriche macht, mit dem Fettstift. Bei der mikroskopischen Untersuchung mit Trockensystemen ist zuvor ein Deckglas aufzulegen (zwischen Deckglas und Objektträger ist Wasser oder Kanadabalsam zu geben). In der Regel untersucht man die Objektträgerpräparate nur mit Ölimmersion, dann sind die Deckgläschen überflüssig. Sollen die Präparate aufbewahrt werden, so ist das Immersionsöl mit Fließpapier abzutupfen, mit einem in Xylol getauchten Pinsel oder Fließpapierstück weiter zu entfernen und das Präparat durch Abtupfen mit Fließpapier oder bei nicht infektiösem Material durch leises Überstreichen mit dem Handballen zu trocknen.

Flüssigkeiten werden mit einer ausgeglühten und wieder abgekühlten Platinöse auf das in eine Cornetsche Pinzette gefaßte Deckglas oder den Objektträger in gleichmäßig dünner Schicht ausgestrichen. Beim Ausstreichen ist darauf zu achten, daß das infektiöse Material nicht zu nahe an den Rand aufgestrichen wird.

Organstücke werden zuvor zwischen zwei Glasplatten zerquetscht, der Organbrei wird an den Plattenrand herangeschoben und an ihm das Glas abgestrichen; oder man stellt eine frische Schnittfläche des

Organstückes her und tupft daran das Glas direkt ab, oder man schabt mit dem Messer etwas Organbrei ab und streicht ihn auf das Glas aus.

Von Reinkulturen auf festen Nährböden werden Präparate in der Weise hergestellt, daß man das Deckglas mit einer kleinen Öse sterilen Wassers beschickt und in diesem Tröpfchen eine minimale Menge der Reinkultur gleichmäßig verteilt und ausstreicht.

Sollen die Bakerien in ihrem natürlichen Zusammenhang als Kolonien untersucht werden, so fertigt man ein sog. „Klatschpräparat" an. Ein in Alkohol getauchtes, durch die Flamme gezogenes, abgebranntes und somit sterilisiertes Deckglas wird auf die zu untersuchende Bakterienkolonie einer Petrischale gelegt, leicht angedrückt und vorsichtig mit der Pinzette, am besten einer besonderen Deckglaspinzette mit abgeknickten Enden (Abb. 35, S. 49), abgehoben. Der Verband der Bakterien bleibt am Gläschen haften.

Zur Schonung zarter Gebilde (Blutkörperchen usw.) wird das Ausstreichen in folgender Weise vorgenommen. Auf einen fettfreien (S. 47) Objektträger bringt man einen Tropfen des Untersuchungsmaterials. Ein zweiter Objektträger wird, wie es die Abb. 126 zeigt, vor dem Tropfen angesetzt. Durch kurzes Hin- und Herbewegen wird die Flüssigkeit durch die Kapillarität in den Falz zwischen den beiden Objektträgern verteilt. Hierauf wird der aufgesetzte Objektträger in der Pfeilrichtung über den anderen Objektträger hinweggeführt und die hinter dem aufgesetzten Objektträger befindliche Flüssigkeit mitgezogen. Oder man geht in folgender Weise vor: Auf die Mitte eines fettfreien Deckglases gibt man ein Tröpfchen des Untersuchungsmaterials. Ein zweites fettfreies Deckglas wird so auf das erste gelegt, daß die Ecken etwas überstehen. Die Flüssigkeit breitet sich zwischen den beiden Deckgläsern in kapillarer Schicht aus. Unter Vermeidung jeden Druckes werden die Deckgläschen voneinander gezogen.

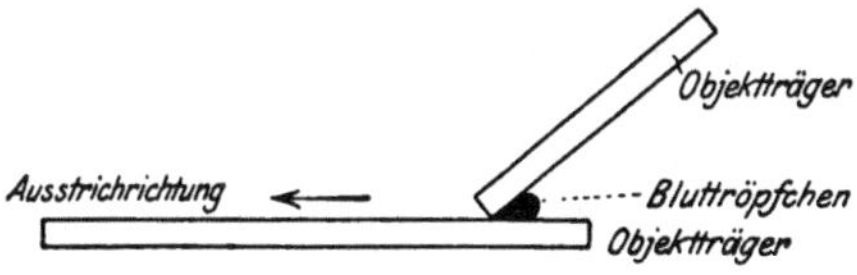

Abb. 126. Blutausstrich.

Bei der Untersuchung von Blut auf Parasiten (Trypanosomen usw.) wendet man bei sehr spärlichem Vorkommen vielfach die **dicken Blutstropfen** an. Auf einem gut gereinigten Objektträger fängt man einige Tropfen steril entnommenes Blut auf, läßt sie zu einem etwa zehnpfennigstückgroßen Tropfen zusammenfließen und gut trocknen, was daran zu erkennen ist, daß die Oberfläche ihr glänzendes Aussehen verliert. Über das Durchsichtigmachen des dicken Tropfens durch Auflösung der roten Blutkörperchen im nicht fixierten Präparat s. S. 104 u. 8,

Die Seite, auf der das Material ausgestrichen ist, nennt man die Butterseite. Um sich vor ihrer Verwechslung mit der Kehrseite des Glases zu schützen, läßt man sie stets mit dem schmalen oder markierten Schenkel der Cornetschen Pinzette übereinstimmen.

b) **Trocknen und Fixieren.** Das mit dem Ausstrich beschickte Deckglas läßt man durch Liegen an der Luft „lufttrocken" werden. Das Trocknen kann durch Bewegung des Präparats etwa 30 cm über der Flamme beschleunigt werden. Zu starkes Erhitzen ist zu vermeiden.

Das lufttrockene Präparat wird gewöhnlich durch dreimaliges Durchziehen durch die Flamme fixiert. Hierzu beschreibt man mit dem Präparat dreimal einen senkrechten, quer durch die Flamme gelegten Kreis von einem Fuß im Durchmesser und legt ihn jeweilig in einer Sekunde zurück. Hierdurch werden die Eiweißkörper homogenisiert, die Bakterien an das Glas fixiert, aber vielfach, namentlich ihre Sporen, nicht abgetötet.

Für manche Objekte (Blutpräparate, Malariaparasiten, Trypanosomen, bipolare Bakterien, Pestbazillen usw.) ist die beschriebene Erhitzung nicht zweckmäßig. Hier wird die Fixierung am einfachsten in der Weise bewirkt, daß man die Präparate in eine Mischung von Alkohol und Äther zu gleichen Teilen taucht und den Äther-Alkohol abdunsten läßt, oder das Präparat $^1/_4$—$^1/_2$ Stunde in absoluten Alkohol oder 2 bis 5 Minuten in Sublimat-Alkohol (S. 127) oder Methylalkohol, oder 5 Minuten in Azeton legt, oder 4—5 Sekunden Formalindämpfen oder $^1/_2$ Minute Osmiumdämpfen aussetzt. Bei der Fixierung mit Osmiumsäuredämpfen geht man am sparsamsten in der Weise vor, daß man einen kleinen Glaszylinder mit eingeschliffenem Stopfen zunächst leicht mit Paraffin auskleidet, etwa $^1/_2$ g Osmiumsäure hineingibt (Osmiumkammer) und dann die zu fixierenden Präparate $^1/_2$ Minute hineinstellt. Für Darstellung der Zellstruktur und für gewisse Bakterien eignet sich die Flemmingsche Lösung (S. 125) am besten. Bei Ausstrichen genügen einige Sekunden zum Fixieren, besonders wenn man die Fixierungsflüssigkeit heiß anwendet, was sich für viele Objekte empfiehlt. Nach Sublimat-Alkohol wäscht man die Ausstriche in 60$^0/_0$igem Alkohol mit Jodzusatz $^1/_4$—$^1/_2$ Stunde, nach Flemmingscher Lösung in destilliertem Wasser 10 Minuten aus. Nach Frosch[1]) gibt Alkoholfixierung die besten Bilder; beim Schmoren werden die zelligen Elemente leicht beeinträchtigt; Formalinhärtung ist minderwertig, und Sublimat- sowie Osmiumsäurefixierung liefert leicht ungleiche Ergebnisse.

c) **Auflösung der Blutkörperchen, Fetttröpfchen und Granula.** Ausstriche von fettreichem Material (Milch usw.) entfettet man zuweilen vor dem Färben durch Auswaschen in Toluol, Xylol oder Äther.

Aus gut lufttrockenen, aber nicht fixierten Blutpräparaten kann man das Hämoglobin durch 1—2$^0/_0$ige Essigsäure ausziehen und dicke Blutstropfen für den Nachweis von Blutparasiten durchsichtig machen.

Bessere Ergebnisse als die einfachen Ausstrich- und Klatschpräparate mit nachfolgendem Schmoren oder der gewöhnlichen feuchten Fixierung liefert ein von Kuhn[2]) abgeändertes Aufklebeverfahren nach v. Wasielewski und Kühn[3]). Es dient vor allem dazu, die Entwicklung von Keimen zu verfolgen. Die Ausführung ist folgende:

---

[1]) Frosch, Zentralbl. f. Bakteriol., Parasitenk. u. Infektionskrankh., Abt. I Orig., Bd. 64 (Festschr. f. F. Löffler) S. 118.

[2]) Kuhn, Berl. klin. Wochenschr. 1921, Nr. 13, S. 296.

[3]) v. Wasielewski und Kühn, Zool. Jahrb. f. Anat. 1914, Bd. 38, S. 253.

Auf die Glasseite einer Agarplatte wird mit Rotstift rings um den Rand ein Kranz von deckglasgroßen Quadraten gezeichnet. In jedem Quadrat wird auf der Agarseite $^{1}/_{2}$ Öse einer frischen Bouillonkultur ausgestrichen und die Platte bebrütet. Zur Untersuchung der Ausstriche schneidet man mit sterilem Messer ein solches Agarquadrat heraus und deckt, ohne zu verschieben, ein Deckglas darauf, das durch Erhitzen in heißer Metallschale keim- und fettfrei gemacht ist. Deckglas mit Agarquadrat werden mit der Pinzette auf zwei Glasbänkchen einer Fixierungsplatte[1]) gelegt. Der Hohlraum unter dem Agar wird mittels einer dünn ausgezogenen und am Ende leicht umgebogenen Glaspipette mit Bichromat-Essigsäure (S. 117) angefüllt. Diese Fixierungsflüssigkeit läßt man bei 2 mm Agardicke 10—15 Minuten einwirken. Sie wird mit der Pipette wieder abgesaugt und durch 75%igen, sodann 50%igen und schließlich 25%igen Alkohol ersetzt, bis der Alkohol möglichst keine Gelbfärbung mehr zeigt. Der letzte Alkohol wird gut abgesaugt. Die ganze Fixierplatte kommt auf mehrere Stunden in eine feuchte Kammer, damit die Bakterien gut am Glas haften. — Bei Amöbenuntersuchungen (v. Wasielewski und Kühn) läßt man den Aufenthalt in feuchter Kammer weg, hier sollen die Bakterien nicht haften. — Je dicker die Kolonien, um so länger ist der Aufenthalt in feuchter Kammer (bis zu 20 Stunden). Zur Entfernung des Agars vom Deckglas faßt man dieses mit der Pinzette (Agar nach unten), schiebt zwischen Deckglas und Agar die Spitze eines Messers und schlägt den Agar ruckartig nach unten. Das Deckglas wird in 15%igem Alkohol gewaschen, bis jede Spur von Gelbfärbung verschwunden ist, in destilliertem Wasser abgespült und mit der Butterseite nach unten auf die verdünnte Giemsalösung (10 ccm destilliertes Wasser, 12 Tropfen Giemsa und 2 Tropfen 1%ige Kalium carbonicum-Lösung) im Blockschälchen gelegt. Frische Kulturen werden bei 50° 16 Stunden, ältere entsprechend länger gefärbt bei einmaliger Erneuerung der Farbe. Hierauf wird das Präparat in Azeton differenziert und in Kanadabalsam eingebettet.

Bei Präparaten, die mit Blut, Exsudaten, Gewebssaft usw. hergestellt sind, stören mitunter die Granula tierischen Ursprungs und können Kokken usw. vortäuschen. Sie unterscheiden sich von letzteren durch ungleichmäßige Größe und unregelmäßige Gruppierung. Durch etwa 10 Sekunden lange Vorbehandlung der Präparate mit 2%iger Essigsäure werden die Granula beseitigt.

d) **Färben.** Das fixierte Präparat wird gefärbt. Gewöhnlich bedient man sich der auf S. 116 erwähnten Gentiana-, Fuchsin- oder Methylenblaulösung. Gentianaviolett färbt von diesen drei Farben am intensivsten. Infolgedessen heben sich die Bakterien von zell- oder eiweißreichem Grund schlechter ab. Am wenigsten intensiv färbt Methylenblau. Es eignet sich somit zur Färbung kernreicher Gewebsausstriche sowie von Eiter und Blut gut. In der Mitte hinsichtlich der färbenden Kraft steht das Fuchsin.

Die Gentianaviolettlösung gibt man wie jede Farbflüssigkeit mit der Pipette, ohne daß dieselbe das Präparat berührt, geschwappt voll auf das Deckglas, gießt in der Regel sogleich ab und wäscht mit Wasser aus. Die Fuchsinlösung, desgleichen die 1:10 verdünnte Karbolfuchsinlösung läßt man etwa 3—5 Sekunden und die Methylenblaulösung, desgleichen die Löfflersche Methylenblaulösung und die Thioninlösung etwa $^{1}/_{4}$—$^{1}/_{2}$ Minute lang einwirken. Zuweilen erwärmt man das Präparat mit der Methylenblaulösung über der Flamme bis Rauch aufsteigt. Über die große Anzahl besonderer Färbeverfahren s. S. 127 u. ff.

Nach Abgießen der Farbe wird das Präparat gewöhnlich im Leitungswasser und zwar in einem Wasserglas oder in schwachem Ausflußstrom

---

[1]) Zu beziehen bei Wiegand, Dresden N, Hauptstr. 22.

abgespült. Das Spülwasser ist vor dem Weggießen in Dampf zu sterilisieren.

e) Ein **Entfärben** ist im allgemeinen nicht nötig. Beim Überfärben usw. kann die Färbung wieder abgeschwächt werden durch Aufkochen mit Wasser, Abspülen in 1—2%iger Essigsäure oder einer Mischung aus gleichen Teilen 0,5%iger Essigsäure und 0,5%iger Tropäolinlösung (00) oder in verdünntem oder absolutem Alkohol usw. Bei den besonderen Färbeverfahren, bei denen auch besondere Entfärbungsmethoden angewendet werden, ist auf letztere besondere Rücksicht genommen.

f) **Auflegen.** Das abgespülte Deckglaspräparat wird mit der aufgestrichenen (Butter-)Seite auf den Objektträger gelegt, das überstehende Wasser mit einigen Lagen Fließpapier abgetupft und die obere Seite des Deckglases mit Fließpapier trocken gerieben, wobei man das Deckglas an einer Ecke festhält. Zur Erkennung der Butterseite des Deckglases dient eine Markierung an der Pinzette. Bei den CornetschenPinzetten läßt man den schmalen, nicht durchbrochenen Schenkel mit der Butterseite übereinstimmen. Im Zweifelsfalle wird man durch einen Ritzversuch mit einer Nadel die Butterseite leicht wiederfinden. Hat man das Präparat im Wasser aufgelegt, so achte man darauf, daß das Wasser zwischen Deckglas und Objektträger nicht verdunstet. Ist dies der Fall, so setzt man am Rande des Deckgläschens ein Tröpfchen Wasser zu, welches durch die Kapillarität leicht darunter gezogen wird. Will man das Deckglaspräparat aufbewahren und in Kanadabalsam einlegen, so legt man das frisch abgespülte Präparat zwischen mehrere Lagen Fließpapier und drückt diese durch sanftes Drüberstreichen an. Um eine Infektion durch anhaftende oder durchfiltrierte Keime zu verhüten, legt man auf das Fließpapier einen Streifen Karton, stets mit derselben Seite nach oben. Hierauf schlägt man die Papierlagen auseinander, faßt das Deckglas in die Pinzette und läßt es gut lufttrocken werden. Inzwischen gibt man auf einen Objektträger ein Tröpfchen Kanadabalsam und legt das Präparat mit der Butterseite auf den Balsam. Damit der Balsam sich dünn und gleichmäßig zwischen Deckglas und Objektträger verteilt, muß er hinlänglich dünnflüssig sein. Zu dicker Balsam ist durch Xylol zu verdünnen. Auch durch leichtes Erwärmen kann man eine gleichmäßige Verteilung begünstigen. Zuweilen verwendet man statt Balsam auch Zedernöl. Es erstarrt gleichfalls bald, schädigt zarte Präparate weniger und ist insofern bequemer, als es beim Mikroskopieren immer zur Hand ist. Zartgefärbte Blutpräparate legt man in Paraffinöl (s. a. S. 39). Das überschüssige Öl wird entfernt, das Deckglas mit Deckglaskitt, Wachs, Gelatine (mit 1% Phenol) oder Kanadabalsam umrandet (vgl. auch S. 100). Ferner empfehlen Rostock[1]) Mastisol und Kauffmann[2]) Taffonal (Beiersdorf und Co., Hamburg).

Deckglaspräparate, die man in Wasser eingelegt hat, müssen, wenn man sie zu Dauerpräparaten verarbeiten will, zunächst abgehoben werden. Dies geschieht in der Weise, daß man am Rande des Deckgläschens reichlich Wasser zusetzt, so daß das Gläschen zu schwimmen

[1]) Rostock, Münch. med. Wochenschr. 1914, 24. Nov.
[2]) Kauffmann, ebenda 1915, S. 174.

anfängt. Hierauf wird eine Ecke des Deckglases über den Objektträger herausgeschoben, mit der Pinzette gefaßt und das Deckglas vorsichtig abgehoben. Es folgt das Trocknen und Einlegen in Balsam wie oben.

Die Objektträgerpräparate werden in der Regel getrocknet, mit Immersionsöl direkt ohne Deckgläschen beschickt und mit der Ölimmersionslinse untersucht.

## 5. Das Schnittpräparat.

Die Schnittpräparate dienen in der Bakteriologie vor allem dem Zweck, die Lagerung der Bakterien in den Geweben und die von ihnen hier hervorgerufenen Veränderungen sichtbar zu machen. Im allgemeinen macht man von Schnittpräparaten in der Bakteriologie wenig Gebrauch.

Zur Herstellung der Schnittpräparate ist das Organstück

1. zu härten (fixieren) und eventuell zu entkalken,
2. zu schneiden,
3. zumeist zu färben.

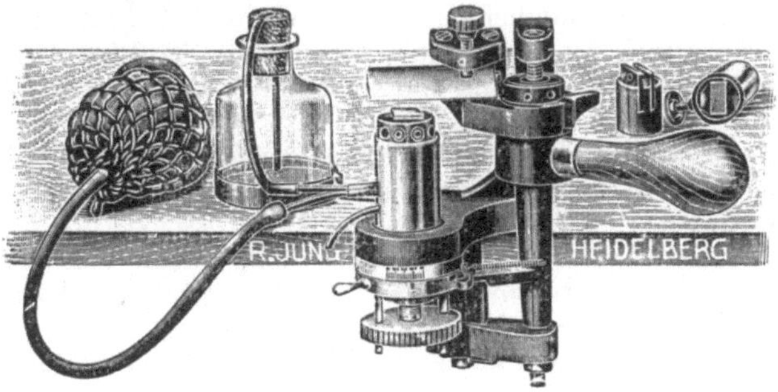


Abb. 127. Äthergefrier- oder Studenten-Mikrotom, R. Jung, Heidelberg.

a) **Das Härten, Fixieren.** Die möglichst bald nach dem Tode entnommenen, etwa $^1/_2$ cm großen Organwürfel werden sofort gehärtet. Bezüglich des Entkalkens sei auf S. 109 verwiesen. Das Härten geschieht

*α*) durch Gefrieren,

*β*) durch sog. Fixation.

*α*) **Die Gefriermethode.** Zum Gefrierverfahren eignen sich frische Organstücke. Vielfach härtet man sie aber auch bei diesem Verfahren etwas vor, um die weitere Arbeit zu erleichtern.

Zur Vorhärtung legt man das Material 1—24 Stunden in eine 4—10%ige Formalinlösung (+ 1% Eisessig) ein und spült sie vor dem Schneiden in Wasser gründlich ab bzw. wässert sie etwa 1 Stunde. Eine vorherige Wässerung empfiehlt sich auch bei anderweitig gehärtetem Material.

Das Gefrieren wird am besten mit flüssiger Kohlensäure, sonst mit Äther, Chloräthyl oder Anästhol[1]), eine Mischung von Chlormethyl in Äthylchlorid, bewirkt, und zwar nimmt man es auf dem Objekttisch

[1]) Anästhol, technisch für Mikrotome bei Dr. Speier u. Karger, Berlin, Lothringerstr. 41.

des für diesen Zweck besonders konstruierten „Gefriermikrotoms" (Abb. 127) vor.

Das Organstück wird mit einem Tropfen Wasser auf die Gefrierplatte gelegt, durch den Kohlensäurestrom, Ätherspray usw. an- und durchgefroren und in feine Schnitte zerlegt. Der Gebrauch des Chloräthyls und Anästhols ist teurer, aber bequemer als des Äthers. Aus dem Gefäß läßt man erstere gegen die Platte des Mikrotoms und dann auf das darauf gelegte Gewebstück ausströmen, das hierbei rasch gefriert. Die Schnitte werden mit dem Finger oder einem Haarpinsel vom Messer abgenommen, im Wasser, physiologischer Kochsalzlösung oder Ringerscher Lösung (S. 126) ausgebreitet und auf einem Spatel aufgefangen. Das Wasser wird vorsichtig abgesaugt. Hierauf tropft man langsam auf die Mitte des Schnittes absoluten Alkohol, 10%iges Formalin (+ 1% Essigsäure) oder Alkohol-Formalin-Essigsäure, bis der Schnitt im Alkohol usw. schwimmt. Dann bringt man ihn in ein Näpfchen mit Alkohol usw., um ihn nach den folgenden Vorschriften weiter zu färben usw.

$\beta$) Die **Fixation.** Für feinere Untersuchungen ist die Fixierung notwendig. Sie liefert die Möglichkeit, genügend dünne Schnitte anzufertigen und zu verarbeiten. Sie erhält die ursprüngliche Struktur der Elemente, verhütet bakterielles Wachstum und Zersetzungen und nimmt den Eiweißkörpern ihre Quellbarkeit.

Von den zahlreichen in der histologischen Technik verwandten Härtungsverfahren kommen für bakteriologische Zwecke nur einige wenige in Frage.

Bei der **Alkoholhärtung** legt man Gewebsstücke von etwa 1 ccm je 24 Stunden lang hintereinander in 50-, 70-, 90%igen Alkohol. Sehr kleine, nicht über einige Millimeter große Stücke kann man sofort in 90%igen und selbst absoluten Alkohol legen. Aus dem 90%igen Alkohol bringt man die Stücke in 95%igen oder absoluten Alkohol, wo sie je nach ihrer Größe 2—24 Stunden bleiben. In die Gefäße legt man die Stücke auf eine Schicht Watte oder hängt die Gewebe in einem Musselinsäckchen in die Härtungsflüssigkeit.

Soll neben den Bakterien auch die feinere Gewebsstruktur dargestellt werden, so eignet sich der Alkohol wegen seiner schrumpfenden Wirkung nicht zur Härtung; in diesen Fällen empfiehlt sich Formalin oder Sublimat.

Bei der Härtung mit **Formalin** kommen die Präparate 3—24 Stunden in eine 4—10%ige Formalin- (oder 1,6—4%ige Formaldehyd)-Lösung, hierauf auf je 6—12 Stunden stufenweise in Alkohol aufsteigender Stärke (50, 60, 70, 80, 90, 95%). Damit die Organstücke allseitig von Flüssigkeit umgeben sind, legt man sie auf Watte oder Fließpapier.

Bei der Härtung mit **Sublimat** kommen die Organstücke 3—6 Stunden in eine wieder erkaltete, heiß gesättigte Sublimatlösung oder 24 Stunden in ein Gemisch von 3 Teilen Sublimat, 1 Teil Eisessig und 100 Teilen Wasser. Nach der Härtung folgt 24stündiges Wässern, Einlegen in 70%igen Alkohol, der durch Jod kräftig braungefärbt ist, unter häufigem Wechsel und Nachhärten in Alkohol wie oben.

Bei der Härtung in **Müllerscher Flüssigkeit** (2,5 g doppeltchromsaures Kali, 1 g schwefelsaures Natron und 100 ccm destilliertes Wasser) werden die Objekte bei Zimmertemperatur 10 Wochen und länger in reichliche

Mengen der Flüssigkeit eingelegt. Die Müllersche Flüssigkeit ist anfangs täglich, in der 2. und 3. Woche jeden 2. Tag und sodann wöchentlich einmal zu erneuern. (Etwaige Schimmelbildung ist durch Kampfer oder Thymolzusatz leicht zu unterdrücken.) Wird die Härtung bei 37° durchgeführt, so genügt 10—14tägige Behandlung. Die gehärteten Präparate werden auf dem Gefriermikrotom geschnitten oder nach 24stündigem Auswaschen in fließendem Wasser und Nachhärten in Alkohol von steigender Konzentration eingebettet.

**Härtung nach Flemming.** Gewebsstücke von höchstens $^1/_2$ cm Seitenlänge werden 1 Stunde bis 1—2 Tage in Flemmingsche Lösung (S. 118) gelegt, in fließendem Wasser 12 Stunden und länger ausgewaschen und mit Alkohol (S. 108) von steigender Konzentration nachbehandelt und eingebettet. Eignet sich für Spirochäten, Bakterienstrukturbilder, Kernteilungsfiguren usw.

Bei der **Schnellhärtung** und **Schnelleinbettung** nach **Henke** und **Zeller** (Zentralbl. f. allg. Pathol. u. pathol. Anat. 1905, Nr. 1) werden die frischen oder $^1/_2$ Stunde in Alkohol oder Formalin (S. 108) vorgehärteten, 1—3 mm dicken Gewebsstücke in die 25fache Menge reines, wasserfreies Azeton, das sich über weißgebranntem Kupfersulfat befindet, 1 bis $1^1/_2$ Stunde bei 37° eingelegt. Hierauf kommen sie $^1/_2$—$1^1/_2$ Stunde in verflüssigtes Paraffin und werden dann eingeschmolzen.

Bei dem **Schnellhärtungs-** und **Einbettungsverfahren** nach **Lubarsch** kommen die dünnen Organstücke $^1/_4$ Stunde in $10^0/_0$ige, mehrmals zu wechselnde Formalinlösung, je 10 Minuten in $95^0/_0$igen (1 × wechseln) und absoluten Alkohol (2 × wechseln), dann in klares Anilinöl, bis sie völlig durchsichtig werden (20—30 Minuten), hierauf in Xylol, das so oft erneuert wird, bis es nicht mehr gelb gefärbt wird. Endlich kommen die Präparate auf etwa 1 Stunde in verflüssigtes Paraffin und werden hierauf in Paraffin eingebettet.

Bei dem **Schnellhärtungs-** und **Einbettungsverfahren** von **Scholz** kommen die frischen oder in Alkohol oder Formalin gelegenen, höchstens 3 mm großen Gewebsstückchen auf $^1/_2$—1 Stunde in reines Azeton bei 37°, aus dem Azeton auf 4—5 Stunden in dünnes Zelloidin bei 37—40°, dann auf 2—3 Stunden in dickes Zelloidin, werden dann eingebettet, schließlich 12—24 Stunden über Chloroform getrocknet und in verdünntem Alkohol noch einige Stunden aufbewahrt.

b) **Die Entkalkung.** Um verkalkte Gewebsteile (z. B. verkalkte Tuberkel, Knochen usw.) schnittfähig zu machen, ist es notwendig, die Kalksalze zu entfernen. Hierbei ist auf folgendes zu achten:

1. Die Entkalkungsflüssigkeit ist reichlich zu bemessen und öfters zu wechseln.
2. Die zu entkalkenden Gewebsstücke sind nicht zu groß zu wählen.
3. Die Gewebsstücke sind nicht länger der Entkalkungsflüssigkeit auszusetzen, als notwendig ist. Knochen sind als entkalkt anzusehen, wenn sie biegsam sind und das Einstechen einer Nadel leicht gestatten.
4. Nach dem Entkalken sind die Gewebsstücke durch ein- bis mehrtägiges Auswaschen in fließendem Wasser vom Entkalkungsmittel gründlich zu befreien.

Für die nachfolgende Einbettung empfiehlt sich Zelloidin. Von den Entkalkungsverfahren kommen hier namentlich folgende in Betracht.

$\alpha$) Trichloressigsäure (Partsch). Die in Alkohol oder Formalin (nicht Sublimat) gut fixierten Objekte von $^1/_2$—1 cm Dicke werden in öfters erneuerter, 5 $^0/_0$iger wässeriger Lösung von Trichloressigsäure unter öfterem Schütteln in 5—6 Tagen entkalkt. Hierauf folgt 48stündiges Auswässern und Nachhärten in Alkohol.

$\beta$) Ameisensäure. Die in Formalin gut vorgehärteten Objekte kommen in 20—25 $^0/_0$ige Ameisensäure oder in eine Mischung von 10 $^0/_0$iger Formalinlösung und 30—40 $^0/_0$iger Ameisensäure zu gleichen Teilen. Die entkalkten Stücke werden mit starkem Alkohol so lange behandelt, bis die Ameisensäure ausgezogen ist (Ausbleiben der sauren Reaktion). Benutzt man die Ameisensäure-Formalinmischung, so kommen sie hierauf 3 Tage in öfters gewechselte, 10 $^0/_0$ige Formalinlösung und hierauf in Wasser. Die Färbbarkeit bleibt gut erhalten.

$\gamma$) Phlorogluzin-Salpetersäure. 1 g Phlorogluzin wird in 10 ccm reiner Salpetersäure unter einem Abzug vorsichtig gelöst. Die rubinrote Lösung wird mit 50 ccm destillierten Wassers verdünnt. Diese Stammlösung kann vor dem Gebrauch durch weiteren Zusatz von 1:5 mit destilliertem Wasser verdünnter Salpetersäure bis auf 300 ccm verdünnt werden. Die Objekte werden je nach ihrer Größe in $^1/_2$—12 Stunden entkalkt. Nach dem Entkalken folgt gründliches Auswaschen und Nachhärten.

$\delta$) Haugsches Verfahren. Es eignet sich für in Sublimat oder Formalin gehärtete Objekte.

Die Entkalkungsflüssigkeit besteht aus

| | | |
|---|---|---|
| 3—9 | ccm | Salpetersäure (spez. Gew. 1,2—1,5) |
| 70 | „ | absolutem Alkohol |
| 30 | „ | destilliertem Wasser |
| 0,25 | g | Kochsalz. |

Der Entkalkung folgt Auswässern und Nachhärten.

c) **Paraffin- und Zelloidineinbettung.** Die gehärteten Präparate werden mit Paraffin oder Zelloidin durchtränkt und eingebettet. Paraffin bietet den Vorteil, die Herstellung dünnerer Schnitte und sog. Serienschnitte zu ermöglichen und nicht, wie vielfach die Zelloidineinbettung, die Färbbarkeit der Bakterien zu gefährden. Bei der letzteren werden durch die mehrtägige Behandlung mit Ätheralkohol die Fett- und Wachssubstanzen der Bakterien gelöst, wodurch die Färbbarkeit, namentlich der Tuberkelbazillen, leidet. Ganz indifferent ist in dieser Richtung die Paraffineinbettung auch nicht, am besten ist diesbezüglich die Anlegung von Gefrierschnitten.

Zur **Paraffineinbettung** benutzt man ein Paraffin, welches bei 55$^0$ schmilzt (bzw. eine Mischung von solchen von 50—60$^0$). Durch Mischung geeigneter Paraffine ist eventuell ein Paraffin von gewünschtem Schmelzpunkt herzustellen. Durch Zusätze von Wachs oder Vaseline (5 $^0/_0$) kann dem Paraffin die mitunter störende Sprödigkeit genommen werden.

Die in absolutem Alkohol gehärteten Organstücke werden zunächst je nach ihrer Größe auf $^1/_2$—3—6 Stunden in Xylol, hierauf 1—12—24 Stunden in eine auf 50$^0$ gehaltene Mischung von Xylol und Paraffin āā und sodann $^1/_2$—12 Stunden in geschmolzenes Paraffin gebracht. Die Gewebe schrumpfen schon über 42° langsam, bei 50° rasch und stark. Zum gleichmäßigen Erwärmen bedient man sich zumeist eines mit einem Thermoregulator versehenen Wärmeschränkchens oder seltener besonderer Wasserbäder.

Bei der Einbettung in Paraffin findet an Stelle von Xylol auch Chloroform und Tetrachlorkohlenstoff Anwendung; aus diesen bringt man die Organstücke usw. in Paraffinöl, Vaselinöl, Petroleum oder Tetralin zur Aufhellung und dann in Paraffin. Man kann auch auf Tetrachlorkohlenstoff und Chloroform beim Petroleum und Tetralin verzichten; es ist dann aber das Paraffin im Thermostat 2—3 mal zu wechseln, da sonst der Petroleumgehalt die zum Schneiden erforderliche Konsistenz des Blockes beeinträchtigt.

Beim Tetralin[1]) (einem vierfach hydrierten Naphthalin, einer wasserklaren Flüssigkeit vom spezifischen Gewicht 0,975 und mit Siedepunkt von 206°) ist auf gute Entwässerung der Präparate zu achten. Aufgenommenes Wasser und Alkohol läßt sich aus dem Tetralin durch Erhitzen leicht austreiben. Die Präparate kommen aus dem absoluten Alkohol in Tetralin und verbleiben dort so lange (1—8 Stunden), bis sie ganz durchsichtig werden. Aus dem Tetralin kommen sie dann in Tetralin-Paraffin und schließlich in reines Paraffin. Das Tetralin hat gegenüber dem teueren Xylol den Vorzug, die Gewebe nicht so hart und spröde zu machen wie das letztere. Das Tetralin eignet sich auch an Stelle von teuerem Xylol zur Entfernung von Paraffin aus den Schnitten.

Nach der Paraffindurchtränkung gießt man in ein mit Vaseline ausgestrichenes Uhrglas, Papierkästchen oder in ein durch Metallwinkel auf einer Glasplatte gebildetes Kästchen verflüssigtes Paraffin und gibt das Objekt hinein. Hierauf ist für eine schnelle Abkühlung des Paraffins durch kaltes Wasser zu sorgen. Der Paraffinblock wird nach dem Erstarren zurechtgeschnitten und auf ein in verflüssigtes Paraffin getauchtes Klötzchen aus Holz oder Stabilit festgeklebt.

Bei der **Zelloidineinbettung** geht man wie folgt vor. Das in Tafeln in den Handel kommende Zelloidin pflegt man vor seiner Auflösung in absolutem Alkohol und Äther āā in kleine Stückchen zu schneiden und im Wärmeschrank oder im Exsikkator über Schwefelsäure zu trocknen.

Die einzubettenden Präparate kommen aus dem absoluten Alkohol auf 24 Stunden in eine Mischung aus absolutem Alkohol und Äther āā, sodann je etwa ebensolange in eine dünnere und schließlich dickere Zelloidinlösung. Die durchtränkten Präparate bringt man in ein kleines Näpfchen oder Papierkästchen, übergießt sie mit dicker Zelloidinlösung und läßt an der Luft erstarren, bis man die Masse mit der Fingerkuppe nicht mehr eindrücken kann. Hierauf schneidet man den Zelloidinblock zurecht und bringt ihn für 1—2 Tage in 70%igen Alkohol. Vor dem Schneiden ist der Block noch auf ein Klötzchen aus Holz oder Stabilit aufzukleben. Auf das Klötzchen bringt man eine dickflüssige Zelloidin-

---

[1]) Tetralin ist zu beziehen bei: Tetralin, G. m. b. H., Rodleben b. Roßlau, und der Chem. Fabrik F. D. Riedel, A.-G., Berlin-Britz. Engrospreis 12 Mk. für 1 kg.

Abb. 128. Schlittenmikrotom von R. Jung in Heidelberg.

schicht, die Unterfläche des Zelloidinblockes wird abgetrocknet, mit Äther befeuchtet und in die Zelloidinschicht des Klötzchens eingedrückt. Zur Härtung kommt das ganze noch für einige Stunden in $85^0/_0$igen Alkohol.

d) **Das Schneiden.** Das Schneiden erfolgt für bakteriologische Zwecke mit dem **Mikrotom.** Für Zelloidinschnitte bedient man sich ganz vorwiegend des Schlittenmikrotoms (Abb. 128), für Paraffinschnitte mitunter auch des Serienmikrotoms (Abb. 129). Für beide kann man auch das billige Gefriermikrotom (Abb. 127) benutzen.

Das erste Erfordernis für gutes Schhneiden sind gut geschliffene und ordentlich abgezogene Messer. Beim **Abziehen** lege man die dem Griff nahe Partie des Messers mit seiner ganzen Fläche quer auf den Riemen. Man zieht

Abb. 129. Mikrotom nach Minot.

es mit dem Rücken voran über denselben derart weg, daß man allmählich während eines Zuges die ganze Länge des Messers über den

Riemen wegführt. Nun wendet man das Messer über den Rücken und zieht es in gleicher Weise zurück.

Um das Messer vor dem Rosten zu bewahren, reibt man die ganze Fläche des Messers mit einem Stück vorher filtrierten reinen Paraffins ein und bewahrt das Messer im Etui auf.

Die Schlittenbahn des Mikrotoms wird vor dem Gebrauch gesäubert und eine Mischung aus 4 Teilen Knochenöl und 1 Teil Petroleum mit einem Pinsel aufgetragen. Glasschienen werden jedoch nicht geölt.

Die **Zelloidinschnitte** werden im langen Schnitt (Abb. 128) mit nur wenig schräggestelltem Messer, das mit 85%igem Alkohol befeuchtet sein muß, geschnitten. Vom Messer gelangen die Schnitte in ein Näpfchen mit 85%igem Alkohol.

Die **Paraffinschnitte** werden dagegen mit mehr oder weniger, bei Serienschnitten völlig quergestelltem (Abb. 129), trockenem Messer geschnitten. Bei richtigem Härtegrad des Paraffins legen sich die Schnitte der Oberfläche des Messers glatt an. Das Rollen der Schnitte kann man durch Anhauchen des Objektes und der Messerklinge oder mit einem weichen Haarpinsel vermeiden. Dieses einfache Verfahren vermag der sog. Schnittstrecker zu ersetzen. Die Paraffinschnitte bringt man zuweilen zur Lösung des Paraffins in Xylol (5 Minuten), überträgt sie dann in Alkohol (5 Minuten) und färbt sie. Feinere Schnitte vertragen vielfach eine derartige Behandlung nicht, sie müssen zuvor auf den Objektträger aufgeklebt werden. Es empfiehlt sich hierzu folgendes Verfahren. Die Schnitte werden direkt oder besser, nachdem man sie zuvor auf Wasser von 45° zur Streckung gebracht hat (glänzende, dem Messer anliegende Seite des Schnittes nach unten), auf dem Objektträger aufgefangen und das Wasser vorsichtig abgetupft. Hierauf kommt das Präparat für 12—24 Stunden in den Wärmeschrank bei 37°. Das Wasser verdunstet vollkommen. Der Schnitt klebt fest am Glas. Hierauf kommt der Objektträger zur Lösung des Paraffins in Xylol (5 Minuten). Der Schnitt wird am Objektträger klebend gefärbt, nachdem er aus dem Xylol für 5 Minuten in Alkohol übertragen worden ist. Besondere Klebemittel (verdünntes Hühnereiweiß mit oder ohne Glyzerin oder 1 Teil Kollodium und 2 Teile Nelkenöl usw., S. 126) zu verwenden, ist meist entbehrlich.

e) **Die Färbung der Schnittpräparate.** Zur Färbung der Schnittpräparate bedient man sich zum Teil der gewöhnlichen Färbemethoden für Ausstrichpräparate zum Teil besonderer Verfahren. Können die zu untersuchenden Bakterien in einer vom Gewebe verschiedenen Farbe dargestellt werden (Gram- oder Tuberkelbazillenfärbung usw.), so ist ihre Erkennung meist leicht. Zur Gegenfärbung des Gewebes wird der Schnitt entweder vor der Gramfärbung mit Pikrokarmin oder nachher meist mit Eosin behandelt. Lassen sich aber die Krankheitserreger nicht in einer von der Gewebsfärbung verschiedenen Farbe darstellen (Typhus-, Cholera-, Pest-, Rotz-, Geflügelcholera-Bazillen usw.), so ist ihre Erkennung im Gewebe schwieriger, da auch die Zellkerne die basischen Anilinfarbstoffe intensiv aufnehmen. Durch vorsichtiges Entfärben mit sehr verdünnter Essigsäure oder verdünntem Alkohol oder Seifenspiritus und gründliches Auswaschen in Wasser muß man versuchen, eine Differenzierung zwischen Bakterien, Zellkernen und übrigen Gewebsbestandteilen herbeizuführen (vgl. a. S. 305).

Nach dem Färben und Auswaschen werden die Schnitte in Alkohol entwässert, hierauf aufgehellt (etwa 2 Minuten) und meist in Kanadabalsam eingelegt.

Die gebräuchlichsten Aufhellungsmittel sind folgende:

a) Origanumöl, löst Zelloidin nicht, eignet sich für alle Einbettungsverfahren.

b) Lavendelöl, Oleum Thymi, Citri usw.

c) Bergamottöl, entfärbt Eosinpräparate schnell.

d) Nelkenöl, ist gegen geringe Wasserreste im Schnitt nicht allzu empfindlich, löst aber Zelloidin und schädigt die Anilinfärbung.

e) Xylol, ist gegen die geringsten Wasserreste sehr empfindlich, schädigt aber die Färbung nicht. Bei längerem Liegen in Xylol kräuseln sich die Schnitte.

f) Anilinöl und Anilin-Xylol (1:5) als Ersatz für Alkohol. Die aufgelegten und mit Fließpapier getrockneten Schnitte werden mit Anilinöl oder Anilinxylol abgespült. Reines Anilinöl zieht die Anilinfarben ziemlich stark aus, was bei dem angegebenen Anilinxylolgemisch nicht der Fall ist. Hierauf gründliches Auswaschen in Xylol.

Die aufgehellten Schnitte werden auf den Objektträger gebracht, sofern sie nicht an denselben bereits angeklebt sind, gut ausgebreitet und das überschüssige Öl usw. durch sanftes Aufdrücken eines vielfach zusammengelegten Fließpapierstreifens entfernt. Nun gibt man einen Tropfen Kanadabalsam auf den Schnitt und legt das Deckglas auf. Nach einigen Tagen ist der Balsam fest geworden. Über andere Einbettungsmittel vgl. S. 106.

## 6. Die Färbeverfahren.

### a) Farben.

Zur Färbung von Bakterien verwendet man fast ausschließlich **Anilinfarben**[1]). Sie sind durch Weigert (1875) in die Bakteriologie eingeführt worden. Die Anilinfarben werden nach P. Ehrlich in basische und saure eingeteilt. Erstere sind Salze von Farbbasen, letztere Salze von Farbsäuren. „Diese Salze stehen also etwa in demselben Verhältnis zueinander wie z. B. essigsaures Chrom und chromsaures Kali“ (Pappenheim). Bei der Mischung von basischen und sauren Farben kann es zur Bildung von Neutralfarben kommen, die als Salze von Farbbasen mit Farbsäuren aufzufassen sind. Zu den basischen Anilinfarben gehören: Methylenblau, Malachitgrün, Safranin, Thionin, die Rosaniline (Fuchsin, Dahlia), die Pararosaniline (Gentianaviolett, Kristallviolett, Methylviolett, Methylgrün, Bismarckbraun oder Vesuvin) usw., zu den sauren Anilinfarben: Eosin, Erythrosin, Aurantia, Orange G, Fluoreszin, Säurefuchsin, Säureviolett, Kongo, Tropaeolin. Zur Bakterienfärbung finden fast ausschließlich die basischen

[1]) Anilin-, Teer-, künstliche oder synthetische Farben stellte man den Mineral-, Pflanzen- und Tierfarben gegenüber.

Anilinfarben, und zwar in erster Linie Methylenblau, Fuchsin und Gentianaviolett Anwendung. Sie besitzen auch zu den Zellkernen eine besondere Affinität, weshalb man sie auch als kernfärbende Anilinfarbstoffe bezeichnet. Die sauren Anilinfarben färben vorwiegend das Protoplasma.

Der Färbeprozeß der Bakterien beruht auf physikalischen (Adsorption) und chemischen Ursachen. Bezüglich der chemischen nimmt man an, daß das Farbsalz zerlegt wird und die Farbbase mit den sauren Komponenten des Kerns eine neue salzartige Verbindung eingeht. Nach der Wittschen „Lösungstheorie" erfolgt diese Vereinigung nicht nach den Molekularverhältnissen, sondern nach schwankenden Verhältnissen, genau so, wie sie beim Zustandekommen irgendwelcher Lösungen obwalten. Diese starren Lösungen des Farbstoffes in der Bakterienzelle finden in gefärbten Gläsern und anderen Objekten, deren Natur als starre Lösungen anerkannt ist, ihr Gegenstück.

Die **Farbwirkung** kann durch die Dauer der Farbeinwirkung, durch physikalische und chemische Mittel beeinflußt werden. Begünstigend wirkt von den physikalischen Mitteln die Wärme (Steigerung der Diffusion, Begünstigung des Ablaufes chemischer Prozesse). Von den chemischen Mitteln sind hier besonders die Beizen zu nennen.

Die Beizen ermöglichen zuweilen (Tuberkelbazillen, Geißeln) erst die Färbung. Des weiteren erhöhen sie die Farbintensität und -echtheit. Die Beizen teilt man in uneigentliche (Laugen, Anilin, Phenol) und eigentliche oder echte Beizen (Jod, Gerbsäure usw.) ein. Die unechten begünstigen u. a. das Eindringen der Farbe in die Bakterienzelle, während die echten Beizen die chemische Affinität des Protoplasma zur Farbe herstellen bzw. steigern. Außerdem wird durch die „Beizen" die Löslichkeit der Farbstofflösungen bis zur beginnenden Ausfällung (Schwebefällung) vermindert und hierdurch die färbende Kraft verstärkt.

Wie Koch (1877) gezeigt hat, bewahren die in dünner Schicht auf Gläschen angetrockneten und fixierten Bakterien ihre Formen und lassen sich durch Behandlung mit Anilinfarben besser sichtbar machen. Da die Färbung zum Teil ein chemischer Prozeß ist, so kann man morphologisch gleiche oder ähnliche Bakterien, welche aber in ihrem chemischen und physikalischen Verhalten voneinander abweichen, durch die Färbung vielfach erfolgreich trennen (säurefeste, grampositive Bakterien von den übrigen).

Die gebräuchlichsten Anilinfarben sind das Methylenblau, Gentianaviolett und Fuchsin.

Das **Methylenblau** färbt vorwiegend Bakterien und Zellkerne und läßt den Untergrund zurücktreten. Bei den Bakterien färbt das Methylenblau fast nur das Entoplasma, infolgedessen erscheinen die Bakterien kleiner als die mit Gentianaviolett oder Fuchsin behandelten, bei denen auch das Ektoplasma mitgefärbt ist. Für bakteriologische Zwecke bevorzugt man das **Methylenblau medicinale Höchst.** Als Bezugsquelle kommt, wie auch für die anderen Farben und Farblösungen, Dr. G. Grübler und Co., Leipzig, Dufourstr. 17, in Frage. Ferner bringt Bram, Leipzig, Farbstofftabletten nach Beintker, Paul Altmann, Berlin N, Luisenstr., Farbstifte in Haltern (entsprechend den Tintenstiften) nach Friedberger[1]) in den Handel. Nach Mayer[2]) treten in den Lösungen der Friedbergerschen Farbstifte Niederschläge auf, die stören. Besser sind die Farbträger nach v. Blücher, die klare Lösungen geben und gut färben.

Methylenblau, und das gleiche gilt auch vom Thionin, eignet sich besonders zur Färbung von Gewebsausstrichen, Blut und Eiter. Für Dauerpräparate eignet sich das verhältnismäßig lichtechte Fuchsin besser.

Die färbende Kraft kann durch Alkalizusatz erhöht werden, vgl. Löfflers Blau S. 121.

Das **Gentianaviolett** färbt intensiver als Methylenblau, infolgedessen heben sich die Bakterien vom Untergrund schlechter ab. Eine Steigerung der färbenden Kraft bewirkt man durch Zusatz von Anilin (Ehrlich) oder Karbolsäure (Fränkel) (S. 117 u. 120).

Das **Fuchsin** steht in der Färbekraft zwischen Methylenblau und Gentianaviolett. Zur Verstärkung benutzt man Karbolsäure (Ziehl). Fuchsin benutzt man gern zur Färbung von Schraubenbakterien (Choleravibrionen).

### b) Farblösungen, Beizen, Fixationsmittel usw.

Für einfachere Untersuchungen kommt man mit Löfflerschem Methylenblau, Ziehlschem Karbolfuchsin und Karbolgentianaviolett aus. Sie sind leicht selbst herzustellen. Sonst bezieht man sie von einer guten Firma oder unter Angabe der Vorschrift und Lieferung der Farbstoffe aus einer Apotheke. Alle drei Lösungen sind, mit destilliertem Wasser hergestellt, lange haltbar. Diese drei verstärkten Farbflüssigkeiten können mit Wasser 1:5 verdünnt in gleicher Weise wie die entsprechenden einfachen Farblösungen verwendet werden. Schwierig herzustellende Farblösungen, z. B. die Giemsalösung, bezieht man fertig. Einfachere Reagenzien (Säuren, Alkohol, Jodjodkaliumlösung usw.) liefert jede Apotheke oder bessere Drogenhandlung.

1. Wässerige Gentianaviolett-, Fuchsin-, Methylenblau- usw. Lösung.

Die Lösungen der gewöhnlichen Anilinfarben bereitet man sich in der Weise, daß man zunächst gesättigte alkoholische Stammlösungen herstellt und vorrätig hält. Aus ihnen stellt man bei Bedarf die zum Färben gebrauchten wässerigen Farblösungen durch Verdünnen mit der 4fachen Menge destillierten Wassers her.

Der bequemeren Übersichtlichkeit halber sind die folgenden Zusammenstellungen der sonstigen gebräuchlichsten Farblösungen alphabetisch geordnet worden.

2. Alaunkarmin.

1 g Karmin wird mit 100 ccm 5%iger Alaunlösung 20 Minuten gekocht und nach dem Erkalten filtriert.

3. Alkalisches Methylenblau, s. u. Löfflers Methylenblau Nr. 56.

4. Anilinwasserfuchsin:

5 g Anilinöl werden mit 100 g Wasser geschüttelt, klar filtriert (Anilinwasser, nicht haltbar), hierauf mit so viel (etwa 11 ccm) gesättigter

---

[1]) Friedberger, Münch. med. Wochenschr. 1916, S. 1675.
[2]) Mayer, Arch. f. Dermatol. u. Syphilis, Orig. 1921, Bl. 131. S. 193.

alkoholischer Fuchsinlösung versetzt, bis das Fuchsin nach Umschütteln (Umrühren) beginnt, sich als grünlich schillerndes Häutchen auszuscheiden. Die Lösung hält sich nur 8—10 Tage. Vor dem Gebrauch filtrieren.

5. Anilinwassergentianaviolett nach Ehrlich bzw.

6. Anilinwassermethylviolett:

100 ccm Anilinwasser (s. unter 4),
11 ccm gesättigte alkoholische Gentiana- bzw. Methylviolettlösung werden gemischt. Kurz vor Gebrauch zu filtrieren. Statt des Stopfens gibt man auf die Flasche einen Trichter mit Filter. Nicht lange haltbar. Durch Zusatz von 10—20% Alkohol etwas haltbarer zu machen. Noch brauchbar, wenn frisches Filtrat tief dunkelblau aussieht. Durch das haltbare Karbolgentiana- (Nr. 47) bzw. Karbolmethylviolett (Nr. 49) jetzt fast verdrängt.

7. Anilinwasser-Safranin nach Babes[1]):

100 Teile Wasser mit 2 Teilen Anilinöl gemischt, auf 60° mit überschüssigem Safranin erwärmt, durch feuchtes Filter filtriert.

8. Antiformin s. u. S. 90.

9. Antimonbeize nach Zettnow s. u. Nr. 94.

10. Beize nach Bunge s. u. Nr. 21.

11. Beize nach Fontana s. u. Nr. 31.

12. Beize nach Heidenhain mit Eisenalaun.

1,5—4 g violetter Eisenalaun (Ferriammoniumsulfat) gelöst zu 100 ccm in destilliertem Wasser.

13. Beize nach Löffler s. u. Nr. 55.

14. Beize nach Peppler s. u. Nr. 74.

15. Beize nach Zettnow s. u. Nr. 94.

16. Bichromat-Essigsäure zur Fixierung. Es sind u. a. folgende zu empfehlen:

| | | |
|---|---|---|
| a) | Calcium bichromicum, 4%ige Lösung | 60 Teile |
| | Kalium bichromicum, 5%ige Lösung | 30 „ |
| | Essigsäure | 5 „ |
| b) | Barium bichromicum, 5%ige Lösung | 80 „ |
| | Kalium bichromicum, 5%ige Lösung | 30 „ |
| | Essigsäure | 5 „ |
| c) | Cuprum bichromicum, 6%ige Lösung | 60 „ |
| | Kalium bichromicum, 5%ige Lösung | 30 „ |
| | Essigsäure | 5 „ |

17. Bismarckbraun (Vesuvin):

2,0 g Bismarckbraun (Vesuvin)
60 ccm 96%iger Alkohol
40 ccm destilliertes Wasser. Die Lösung wird gekocht, nach dem Erkalten filtriert und zur Konservierung mit einigen Tropfen Karbolsäure versetzt. Färbezeit 1—10 Minuten.

18. Blaulösung nach Roux s. u. Nr. 82.

19. Boraxkarmin:

0,5 g Karmin
2,0 g Borax
100,0 ccm destilliertes Wasser unter Umrühren bis zum Sieden erwärmen, tropfenweiser Zusatz von verdünnter Essigsäure unter Umrühren, bis die Farbe umschlägt. Konservierung mit einigen Tropfen Karbolsäure.

---

[1]) Babes. Bull. sect. scient. academ. Roumaine 1916/17, ref. im Zentralbl. f. Bakteriol., Parasitenk. u. Infektionskrankh., Abt. I. Ref. 1921, Bd. 72, S. 90.

20. Boraxmethylenblau- oder Mansons Lösung.

2 g Methylenblau med. pur. Höchst wird in kochender Lösung von
5 g Borax in
100 ccm Wasser gelöst. Nur etwa 6 Wochen haltbar.

21. Bunges Beize:

30 ccm ges. wässerige Tanninlösung
10 ccm Liq. ferri sesquichlorati (1+2 Wasser)
8 ccm ges. wässerige Fuchsinlösung werden gemischt und einige Tage stehen gelassen, bis die anfangs blauviolette Mischung einen schmutzig rotbraunen Ton hat. Bei früherem Gebrauch tropfenweiser Zusatz von Wasserstoffsuperoxyd, bis Farbe rotbraun wird (etwa 14 Tropfen 3%ige Wasserstoffsuperoxydlösung auf 5 ccm Beize). Nicht haltbar. Unmittelbar vor Gebrauch filtrieren.

22. Chrom-Essig-Osmiumsäurelösung nach Flemming:

15 Teile 1%ige Chromsäurelösung,
4 Teile 2%ige Osmiumsäurelösung,
1 Teil Eisessig.

23. Chrysoidin s. u. Nr. 67, c.

24. Czaplewskis Karbolfuchsin s. u. Nr. 44.

25. Ehrlichs Anilinwasser-Gentianaviolett s. u. Nr. 5 u. 6.

26. Ehrlich-Biondis-Triacidlösung. Methylgrün, Fuchsin-S und Orange:

Es werden gesättigte wässerige Lösungen der drei Farben angefertigt. Dieselben müssen mehrere Tage stehen und öfters geschüttelt werden. Dann werden gemischt:

100 ccm Orange, 20 ccm Fuchsin-S und 50 ccm Methylgrün.

Zur Färbung wird 1 Teil der gesättigten Lösung mit 60—100 Teilen Wasser verdünnt. Es wird 24 Stunden gefärbt, unter Wasserleitung gespült, kurz mit Alkohol ausgezogen und nach Xylol in Kanadabalsam eingeschlossen.

27. Eosinlösung:

1 g Eosin
100 ccm Wasser, haltbar. Färbedauer $^1/_2$—2 Minuten.

28. Eosinsaures Methylenblau nach May-Grünwald (Zentralbl. f. inn. Med. 1892):

1‰ige Lösung von wasserlöslichem, gelbem Eosin wird mit 1‰iger Lösung von Methylenblau medicinale Höchst zu gleichen Teilen gemischt. Der Niederschlag wird nach einigen Tagen abfiltriert, mit Wasser gewaschen und eine gesättigte Lösung in Methylalkohol hergestellt. Fertige Farblösung bei Dr. Grübler, Leipzig, Dufourstr. 17.

29. Essigsaures Methylenblau s. u. Nr. 67a.

30. Flemmingsche Lösung s. u. Nr. 22.

31. Fontanas Beize:

Flüssige Karbolsäure 1 ccm, Acid. tannicum 5 g, destilliertes Wasser ad 100 ccm.

32. Fontanas Silberlösung:

0,25%ige Lösung von Silbernitrat in destilliertem Wasser, dazu konzentriertes Ammoniak in kleinsten Tropfen zugesetzt, bis Flüssigkeit leicht opalisiert.

33. Gabbetsche Lösung:

100 ccm 25%ige Schwefelsäure
2,0 g Methylenblau (in Substanz).

34. Giemsasche Lösung für die Romanowskyfärbung (am besten von Grübler, Leipzig, fertig zu beziehen)[1]):

3 g Azur II-Eosin und

0,8 g Azur[1]) II werden über Schwefelsäure im Exsikkator gut getrocknet, fein gepulvert, durch ein feinmaschiges, seidenes Sieb gerieben und in

250 g Glyzerin (Merck, chem. rein) bei 60° gelöst und mit 250 g auf 60° erwärmtem Methylalkohol 1 (Kahlbaum-Berlin) versetzt, gut geschüttelt, 24 Stunden bei Zimmertemperatur stehen gelassen und filtriert. Unmittelbar vor dem Gebrauch wird die Farblösung mit Wasser in einem weiten, graduierten Reagenzglas unter Schütteln derart verdünnt, daß ein Tropfen Farblösung auf 1—2 ccm 30—40° warmes destilliertes Wasser kommt.

Das destillierte Wasser und die Gefäße müssen absolut säurefrei sein. Bei der Prüfung auf Säurefreiheit gibt man zu 10 ccm Wasser 2—3 Tropfen einer frisch hergestellten, möglichst farblosen Lösung von Hämatoxylin in 96%igem Alkohol. Bleibt das Wasser farblos bis gelblich, so gibt man tropfenweise (!) eine 1%ige Natrium- oder Kaliumkarbonatlösung hinzu, bis eine neue Wasserprobe mit der Hämatoxylinlösung innerhalb 5, aber nicht vor Ablauf einer Minute, eine geringe, aber deutliche violette Färbung aufweist. Ein derartiger, geringer Alkaleszenzgrad ist vorteilhaft.

35. Hämalaun nach Mayer:

a) 1 g Haemateinum cristallisatum, gelöst in
50 ccm 90%igem Alkohol unter leichtem Erwärmen im Wasserbad.

b) 50 g Alaun, gelöst in
1000 ccm Wasser.

Lösungen a und b vereint, nach Absetzen filtriert, zur Konservierung etwas Thymol zugesetzt. Gibt man zu dem Hämalaun 2% Eisessig, so erhält man den sehr präzis färbenden sauren Hämalaun.

36. Hämatoxylinlösung:

1 g Hämatoxylin
10 g absoluter Alkohol
100 g Wasser.

Die Lösung muß 4 Wochen reifen und sich hierbei ganz allmählich färben. Eine sich schnell rötende Lösung ist nicht zu gebrauchen. Es war dann das Wasser nicht destilliert oder das Gefäß unsauber.

37. Hämatoxylin mit Alaun nach Böhmer:

Lösung I: 1,0 g Hämatoxylin wird in
10,0 ccm absolutem Alkohol gelöst.

Lösung II: 20 g Alaun werden in
200 ccm warmem destillierten Wasser gelöst und nach dem Erkalten filtriert.

Man läßt beide Lösungen 24 Stunden stehen, mischt sie und läßt sie in einem offenen Gefäß 8 Tage am Licht reifen. Nach Filtrieren ist sodann die Lösung gebrauchsfertig.

38. Hämatoxylin nach Delafield:

400 ccm konzentrierter Lösung von Ammoniakalaun werden mit

4 g Hämatoxylin, das in 25 ccm absolutem Alkohol gelöst ist, gut gemischt. Das Gemisch bleibt 3—4 Tage in einem offenen Gefäß unter öfterem Schütteln am Licht stehen und wird hierauf filtriert. Nun fügt man 100 ccm Methylalkohol hinzu und bewahrt die Lösung in gut verschlossener Flasche auf. Zum Gebrauch wird sie zweckmäßig mit dem gleichen Volumen destillierten Wassers verdünnt.

39. Heidenhains Hämatoxylin-Eisenalaun:

Über Hämatoxylinlösung vgl. Nr. 36, über Eisenalaunlösung Nr. 12. Die Präparate (Schnitte vorher mit Wasser aufgeklebt), kommen auf

---

[1]) Azur-Methylenazur ist der Bestandteil des alkalisch gemachten Methylenblaus (Löfflerschen), auf dem die Rotstichigkeit (Metachromasie) beruht und der das Chromatin der Protozoen und das Volutin der Bakterien rot färbt.

2—12 Stunden in 1,5—4%ige Eisenalaunlösung, hierauf kurzes Abspülen in destilliertem Wasser, färben 24—36 Stunden in mit dem gleichen Volumen destillierten Wassers verdünntem Hämatoxylin. Entfärben in 2½%iger Eisenalaunlösung (unter zeitweiliger mikroskopischer Kontrolle), abspülen in fließendem Wasser 10—15 Minuten.

40. Jenner-Romanowskysche Lösung s. u. Nr. 80.

41. Jod-Jodkalium oder Lugolsche Lösung:

2 g Jodkalium werden in wenig (5—10 ccm) Wasser gelöst
1 g Jod in obiger Lösung völlig gelöst und erst dann auf 300 ccm mit Wasser aufgefüllt.

42. Kadmium-Methylenblaulösung nach Quensel[1]) für Färbung von Gonokokken, Harnzylinder und Zylindroide:

Lösung I: 50 ccm 10%ige wässerige Kadmiumchloridlösung werden mit einer Mischung von 30 ccm konzentrierter, wässeriger, filtrierter Methylenblaulösung (med. pur. Grübler) und 20 ccm konzentrierter Lösung von Sudan III in 70—80%igem Alkohol versetzt. Der Niederschlag wird abfiltriert. Das Filter mit Niederschlag wird auf ein feuchtes Filtrierpapier gelegt, der Niederschlag auf frischem Filter mit 15 ccm destilliertem Wasser gewaschen und sodann durch allmählichen Zusatz von 250 ccm destilliertem Wasser auf dem Filter gelöst (Lösung I).

Lösung II: Einer 10%igen Lösung von Kadmiumchlorid werden gleiche Teile einer gesättigten Lösung von Sudan III in 70—80%igem Alkohol zugesetzt. Nach 24 Stunden wird der Niederschlag abfiltriert, mit Wasser gewaschen und in 70—80%igem Alkohol gelöst (Lösung II).

Im allgemeinen kommt man mit Lösung I aus; sie bewirkt aber keine gute Fettfärbung. Ist diese nicht beabsichtigt, so kann man in Lösung I den Zusatz von Sudan III weglassen[2]); ist aber die Fettfärbung beabsichtigt, so gibt man Sudan III zur Lösung I und fügt außerdem auf 10 ccm Lösung I noch 0,5—1,0 ccm Lösung II hinzu.

43. Kaliblau, s. u. Löfflers Methylenblau Nr. 56.

44. Karbolfuchsin nach Czaplewski:

1 g Fuchsin in einer Reibschale in
5 g flüssiger Karbolsäure gelöst, sodann unter Verreiben zugesetzt
50 ccm chemisch reines Glyzerin
100 ccm destilliertes Wasser.

45. Karbolfuchsin nach Ziehl: Filtrierte Mischung von

10 ccm gesättigter alkoholischer Lösung von Fuchsin (Diamantfuchsin I)
100 ccm 5%ige Karbollösung. Haltbar.

46. Karbolfuchsin verdünnt:

10—20 ccm Karbolfuchsin (nach Ziehl)
100 ccm Wasser.

47. Karbolgentianaviolett nach Fränkel:

10 ccm gesättigte alkoholische Gentianaviolettlösung
90 ccm 2,5%iges Karbolwasser. Haltbar. Guter Ersatz für das nur kurze Zeit haltbare Anilinwassergentianaviolett. Vor dem Gebrauch filtrieren.

48. Karbolmethylenblau nach Kühne (Zentralbl. f. Bakteriol., Parasitenk. u. Infektionskrankh., Abt. I, Bd. 12; Fortschr. d. Med. Bd. 6):

1,5 g Methylenblau in der Reibschale mit
10 ccm absolutem Alkohol übergossen und unter allmählichem Zusatz von
100 ccm 5%igem Karbolwasser verrieben und filtriert.

---

[1]) Quensel, Nord. med. Arkiv, Bd. 50, Abt. III.
[2]) Posner, Berl. klin. Wochenschr. 1918, Bd. 55, Nr. 32, S. 760.

49. Karbolmethylviolett nach Löffler und Much:
10 ccm gesättigte alkoholische Lösung von Methylviolett BN (für Pneumokokken) oder 6B (für Tuberkelbazillen)
100 ccm 2%iges Karbolwasser.
Löffler setzt zu 10 Teilen Karbolmethylviolett noch 1 ccm alkoholische Methylenblaulösung hinzu.

50. Karbolthionin nach Nicolle. (Ann. de l'inst. Pasteur Bd. 9, S. 664).
1 g Thionin
10 ccm absoluter Alkohol
100 ccm 1%iges Karbolwasser.

51. Karboltoluidinblau s. Toluidinblau Nr. 89.

52. Kossel-Romanowskysche Lösung s. Nr. 81.

53. Kühnesches Karbolmethylenblau s. Nr. 48.

54. Lithiumkarmin:
2,5—5 g Karmin
100 g in der Hitze gesättigte, abgekühlte und filtrierte wässerige Lösung von Lithium carbonicum.

55. Löfflers Beize:
10 ccm 20%ige Tanninlösung (in der Hitze herzustellen)
5 ccm kaltgesättigte Eisensulfatlösung — (Ferrosulfat).
1 ccm gesättigte alkoholische Fuchsin- (Methylviolett- oder Wollschwarz-)Lösung.
Diese Löfflersche Beize ist für die Geißelfärbung von Spirillum concentricum gerade richtig. Für Typhusbazillen setzt man noch 1 ccm 1%iger Natronlauge, für B. subtilis 28—30 Tropfen, für B. oedemat. maligni 36—37 Tropfen genannter Lauge, für Choleravibrionen $\frac{1}{2}$ bis 1 Tropfen und für Spirillum rubrum 9 Tropfen einer auf die 1%ige Natronlauge eingestellten Schwefelsäure zu 16 ccm Beize zu.
Über die Bungesche Abänderung vgl. Nr. 21.

56. Löfflers Methylenblau (Zentralbl. f. Bakteriol., Parasitenk. u. Infektionskrankh., Bd. 6, S. 209; Bd. 7):
560 ccm ausgekochtes, vollkommen neutrales destilliertes Wasser
1 ccm Normalkalilauge (56 g festes Ätzkali auf 1000 ccm Wasser)
168 ccm gesättigte alkoholische Methylenblaulösung
oder 30 ccm gesättigte alkoholische Methylenblaulösung (0,5 g Methylenblau in 30 ccm Weingeist)
100 ccm einer 0,01%igen Kalilauge. (Offizinelle Liquor Kalii caustici enthält 15% Kaliumhydroxyd.)

57. Lugolsche Lösung s. Jod-Jodkaliumlösung Nr. 41.

58. Manns Lösung:
35 ccm 1%ige wässerige Methylenblaulösung
35 ccm 1%ige wässerige Eosinlösung (Eosin B Hoechst).
100 ccm destilliertes Wasser.

59. Mansons Lösung s. u. Nr. 20.

60. May-Grünwalds eosinsaures Methylenblau s. u. Nr. 28.

61. Mayers Hämalaun s. Nr. 35.

62. Methylenblau nach Löffler s. u. Löfflers Methylenblau Nr. 56.

63. Methylenblau, polychromes nach Unna s. Nr. 90.

64. Methylgrünpyronin nach Pappenheim (Virchows Arch. f. pathol. Anat. u. Physiol. Bd. 157):
0,15 g Methylgrün (00, krist. gelb, Dr. Grübler-Leipzig)
0,5 g Pyronin
5,0 g 96%iger Alkohol

20,0 g Glyzerin
75,0 g 2%iges Karbolwasser
Filtrieren.

65. Muchs Karbolmethylviolett s. u. Nr. 49.

66. Müllersche Flüssigkeit s. S. 108.

67. Neißersche Körnchenfärbung, Lösungen zur (Hyg. Rundschau 1903, Nr. 14, S. 705);

Lösung a: 1,0 g Methylenblau med. Höchst
20 ccm 96%iger Alkohol
50 ccm Acid. aceticum glaciale (Eisessig)
200 ccm destilliertes Wasser

Lösung b: 0,5 g Kristallviolett
5 ccm Alkohol
150 ccm destilliertes Wasser
Vor dem Gebrauch wird Lösung a und b im Verhältnis 2 : 1 gemischt.

Lösung c: 2 g Chrysoidin
300 ccm Wasser, kochen und filtrieren.

68. Nicolles Karbolthionin s. Nr. 50.

69. Olts Safranin s. Nr. 84.

70. Orceinlösung, saure (Zieler, Zentralbl. f. allg. Pathol. u. pathol. Anat. Bd. 14):

0,1 g Orcein D (Grübler)
2,0 g offizinelle Salpetersäure
100,0 g 70%iger Alkohol.

71. Osmiumsäurelösung nach Flemming s. u. Nr. 22.

72. Pappenheims Lösung s. Methylgrünpyronin Nr. 64.

73. Patentblaulösung nach Frosch[1]).

**Aus einer jahrelang haltbaren Stammlösung von konzentrierter wässeriger Lösung des Farbstoffes gibt man 2—3 Tropfen auf 15—20 ccm destilliertes Wasser und setzt 1—2 Tropfen Eisessig hinzu. Beim Ansäuern schlägt der blaue Farbenton in grün um.**

74. Pepplers Tannin-Chromsäurebeize (Zentralbl. f. Bakteriol., Parasitenk. u. Infektionskrankh., Abt. I, Bd. 29, S. 345):

20 g Tannin in
80 g warmem destillierten Wasser gelöst. Auf 20° abgekühlt
15 ccm einer 2,5%igen schwefelsäurefreien Chromsäurelösung langsam unter Umrühren zugefügt. 4—6 Tage bei Zimmertemperatur (20°, nicht unter 18°) stehen lassen, durch doppeltes Faltenfilter klar filtrieren. Niederschläge belanglos. Vor Gebrauch filtrieren. Aufbewahren nicht unter 18°.

75. Pikrokarmin nach Friedländer:

1 g ammoniakalischer Karmin
1 ccm Ammoniak
50 ccm Wasser; nach Auflösen tropfenweiser Zusatz von
2—4 ccm gesättigter Pikrinsäurelösung, bis der entstehende Niederschlag sich beim Umrühren nicht mehr löst. Etwas Ammoniak löst den Niederschlag wieder, durch einige Tropfen Karbolsäure wird die Farbe haltbar gemacht. Vor dem Gebrauche zu filtrieren.

76. Pikrokarmin nach Weigert:

2 g bestes Karmin mit
4 ccm Ammoniak gemischt, 1—2 Tage in gut verstopftem Gefäß stehen lassen,

---

[1]) Frosch, Zentralbl. f. Bakteriol., Parasitenk. u. Infektionskrankh., Abt. I Orig. Bd. 64 (Festschrift für F. Löffler), S. 118.

200 g konzentrierte wässerige Pikrinsäure, 24 Stunden stehen lassen. 10%ige Essigsäure bis zur beginnenden Trübung, 24 Stunden stehen lassen, filtrieren. Gelingt ein klares Filtrieren nicht, so Trübung durch Spuren von Ammoniak lösen.

77. Polychromes Methylenblau s. Nr. 90.

78. Protargol-Eosin und Sodalösung nach v. Riemsdijk zur Kapselfärbung (Zentralbl. f. Bakteriol., Parasitenk. u. Infektionskrankh., Abt. I Orig. Bd. 86 S. 186).

1. 1 g Protargol (Argentum proteinicum) in 200 ccm kaltes, destilliertes Wasser gegeben, danach wenig geschüttelt und nach Lösung filtriert. Dunkel aufbewahren.
2. 1 g Eosin (gelb, Grübler) in 50 ccm Wassser gelöst
3. Natrium carbonicum 20%ige Lösung.

79. Riemsdijksche Protargol-Eosin- und Sodalösung zur Kapselfärbung s. u. Nr. 78.

80. Romanowskys Lösung nach Jenner:

125 ccm 0,5%ige Lösung von gelbem Eosin (Grübler, Leipzig) in chemisch reinem Methylalkohol
100 ccm 0,5%ige Lösung von Methylenblau medicinale in chemisch reinem Methylalkohol, mit der Eosinlösung zusammengemischt oder
1000 ccm 1,2—1,5%ige Lösung von Eosin in destilliertem Wasser
1000 ccm 1%ige Lösung von Methylenblau med. in destilliertem Wasser.
Die Eosin- und Methylenblaulösungen werden in offener Schale gut gemischt, 24 Stunden stehen gelassen und dann filtriert. Der Rückstand wird getrocknet, abgeschabt vom Filter, mit destilliertem Wasser geschüttelt und auf einem Filter ausgewaschen. Rückstand erneut getrocknet und gepulvert. Vom Pulver, das auch im Handel ist, wird 0,5 g in 100 ccm reinem Methylalkohol gelöst und filtriert.

81. Romanowskys Lösung nach Kossel.

Konzentrierte wässerige Lösung von Methylenblau offizin. „Höchst" wird mit der 10fachen Menge Wasser verdünnt und auf jeden Kubikzentimeter der unverdünnten Stammlösung 3 Tropfen einer 5%igen wässerigen Lösung von kristallisierter Soda hinzugegeben. Die Methylenblaulösung hebt man vielfach zunächst 2 Tage bei 50—60° oder 8 Tage bei 37° auf, damit genügend Rot aus Methylenblau entsteht. Unter Umschütteln setzt man eine 1%ige wässerige Lösung von Eosin A extra Höchst tropfenweise hinzu (auf 1 ccm Stamm-Methylenblaulösung etwa 0,5—1 ccm Eosinlösung). Das Auftreten eines Niederschlags muß vermieden werden.

Die Lösung ist vor dem Gebrauch frisch zu bereiten. Haltbarer ist die Giemsalösung (Nr. 34), die heute die Romanowskische fast völlig verdrängt hat.

82. Rouxsches Blau:

1 g Dahliaviolett
4 g Methylgrün
20 g absoluter Alkohol
400 g Wasser.

Jeder Farbstoff wird für sich in 10 ccm Alkohol gelöst, allmählich mit Wasser versetzt, zusammengegossen und nach 24stündigem Stehen filtriert.

83. Rugesche Lösung:

Eisessig 1,0
Formalin 20,0
Wasser 100,0

Dient vielfach zur Fixierung von Syphilisreizserum bei gleichzeitiger Lösung der roten Blutkörperchen. Zu diesem Zwecke ist die Lösung innerhalb 1 Minute 1—2 mal zu erneuern. Hierauf Spülung in fließendem Wasser.

84. Safranin nach Olt:

3 g Safranin in
100 ccm heißem Wasser gelöst, nach Erkalten filtrieren.

85. Saurer Hämalaun s. Nr. 35.

86. Saure Orceinlösung s. Nr. 70.

87. Sublimatalkohol s. unter u) u. v) S. 127.

88. Tannin-Chromsäurebeize nach Peppler s. u. Nr. 74.

89. Toluidinblaulösung nach Bordet und Gengou:

5 g Toluidinblau Grübler werden gelöst in
100 ccm Alkohol. Hierauf Zusatz von
500 ccm destilliertes Wasser, nach vollständiger Lösung
500 ccm 5%iges Karbolwasser. Nach 1—2 Tagen filtrieren.

90. Unnas polychromes Methylenblau, modifiziert von Michaelis:

200 ccm einer 10%igen wässerigen Methylenblaulösung werden mit
10 „ „ $^1/_{10}$ normalen Natronlauge 15 Minuten gekocht, nach Erkalten mit
10 „ „ $^1/_{10}$ „ Schwefelsäure neutralisiert. Der Bezug der fertigen Lösung des polychromen Methylenblaues von Grübler ist empfehlenswert.

91. Vesuvin s. Bismarckbraun Nr. 17.

92. Wässerige Farblösungen (Fuchsin, Gentianaviolett, Methylenblau usw.) s. u. Nr. 1.

93. Weigertsche Pikrokarminlösung s. u. Nr. 76.

94. Zettnows Antimonbeize[1].

Eine auf 35—50° erwärmte 5%ige Tanninlösung wird mit heißer konzentrierter Lösung von Tartarus stibiatus versetzt, bis gerade ein auch beim Umschütteln bleibender Niederschlag von gerbsaurem Antimon auftritt. Die nach dem Filtrieren fertige Beize soll erkaltet stark opalisieren, im durchfallenden Licht jedoch noch durchscheinend sein, nicht undurchsichtig trübe; bei mäßigem Erwärmen soll sie vollkommen klar werden. Bei zu starkem Niederschlag in der kalten Beize gibt man etwas Tanninlösung zu und erwärmt. Zusatz von 1 Kristall Thymol schützt vor Verderben. Sie ist heiß und klar anzuwenden.

95. Zettnows Silberlösung zur Geißeldarstellung[1].

5 g salpetersaures Silber werden in 30 ccm destilliertem Wasser aufgelöst. Zur kalten und klaren Lösung gibt man eine Lösung von 5 g Magnesium- oder 6 g Natrium-Sulfat in 30 ccm destilliertem Wasser. Das ausfallende Silbersulfat läßt man $^1/_2$ Stunde absetzen, gießt die darüber stehende Flüssigkeit ab, ersetzt sie durch 20 ccm destilliertes Wasser, rührt um, läßt 1—2 Minuten absetzen usw. Auf diese Weise wird das Silbersulfat noch 2mal ausgewaschen. Hierauf bringt man es in eine saubere Flasche, übergießt es mit 500 ccm destilliertem Wasser und erhält bei öfterem Schütteln nach 1 Minute eine gesättigte, etwa 0,6%ige Lösung, während ein Überschuß des Salzes zurückbleibt. Eine beliebige Menge der abgegossenen gesättigten Silbersulfatlösung wird mit gleichen Teilen Wasser verdünnt und so lange mit der im Handel zu erhaltenden 30%igen wässerigen Lösung von Äthylamin versetzt, bis der zuerst entstehende, braunschwarze Niederschlag von Silberoxyd sich eben wieder klar löst. Hierauf gibt man tropfenweise nochmals Silbersulfatlösung hinzu, bis das Silbersulfat sich beim Umschütteln gerade noch völlig löst. Die erhaltene Lösung von Silberoxyd in Äthylamin soll von keinem Stoff einen Überschuß haben, vollkommen klar und farblos sein. Gelbe Färbung deutet auf Überschuß an Silberoxyd. Es setzt sich dann beim Erhitzen ab.

96. Ziehls Lösung s. u. Karbolfuchsin Nr. 45.

---

[1]) Zettnow, Zeitschr. f. Hyg. u. Infektionskrankh. Bd. 30, S. 99.

## Anhang:

## Härtungs-, Konservierungsflüssigkeiten usw.

a) Alkohol, absoluter.

Kupfervitriol wird in einer Kupfer- (oder Porzellan-)Schale erhitzt, bis es weiß wird. Hierauf wird es in etwa fingerdicker Schicht in eine Literflasche gegeben und Alkohol (der gewöhnliche käufliche ist 96%ig, der sog. absolute Alkohol des Handels etwa 99%ig) eingefüllt. Nach Durchschütteln läßt man in gut verschlossener Flasche absetzen.

b) Alkohol, verdünnter.

Die Alkoholverdünnungen nimmt man nach folgender Tabelle vor:

| Prozentgehalt des gesuchten verdünnten Alkohols | Prozentgehalt des zu verdünnenden Alkohols | | | | | | | | |
|---|---|---|---|---|---|---|---|---|---|
| % | 95 % | 90 % | 85 % | 80 % | 75 % | 70 % | 65 % | 60 % | 55 % |
| 90 | 6,5 | | | | | | | | |
| 85 | 13,4 | 6,6 | | | | | | | |
| 80 | 20,2 | 13,8 | 6,8 | | | | | | |
| 75 | 29,7 | 21,9 | 14,5 | 7,2 | | | | | |
| 70 | 39,2 | 31,1 | 23,1 | 15,4 | 7,6 | | | | |
| 65 | 50,7 | 41,5 | 33,0 | 24,7 | 16,4 | 8,2 | | | |
| 60 | 63,2 | 53,7 | 44,5 | 35,4 | 26,5 | 17,6 | 8,8 | | |
| 55 | 78,4 | 67,9 | 57,9 | 48,7 | 38,3 | 28,6 | 19,0 | 9,5 | |
| 50 | 96,4 | 84,7 | 73,9 | 63,0 | 52,4 | 41,7 | 31,3 | 20,5 | 10,4 |

Beispiel: Geht man von 95%igem Alkohol aus und wünscht 70%igen, so geht man in Vertikalreihe des 95%igen Alkohols bis zur Horizontalreihe des 70%igen Alkohols. An der Kreuzungsstelle steht die Zahl 39,2, welche angibt, wieviel Kubikzentimeter Wasser zu 100 ccm 95%igem Alkohol hinzugesetzt werden muß, um aus letzterem den gewünschten 70%igen Alkohol zu erhalten.

c) Antiformin s. unter g und S. 90.

d) Borax-Borsäurelösung zur Konservierung von bakterienhaltigen Flüssigkeiten (Harn, Milch, Sputum usw.):

8 g Borax in
100 g heißem Wasser gelöst. Zusatz von
12 g Borsäure und nochmals
4 g Borax. Nach dem Erkalten filtriert.

Auf 50 ccm Harn usw. gibt man 15 ccm Borax-Borsäurelösung. Den gleichen Zweck erfüllen 0,5 ccm Formalin auf 200 ccm Milch usw. Soll Milch usw. ohne Schädigung etwa vorhandener Tuberkelbazillen auf kürzere Zeit konserviert werden, so gibt man auf 100 ccm Milch 0,5 g Borsäure.

e) Büchsenkitt (für anatomische Präparate).

1. für Alkoholpräparate: Kautschukmasse (Heinrich Miersch, Gummiwarenfabrik, Berlin W, Friedrichstr. 66) wird allein oder mit so viel ungesalzenem Fett durch Erhitzen verflüssigt, daß die gewünschte Konsistenz erhalten wird. Die Masse wird auf das vorgewärmte Gefäß aufgetragen.
2. für Formalinpräparate: Mit Glyzerin verriebene Bleiglätte.
3. für Uhrglaspräparate: Asphaltlack.

f) Chrom-Essig-Osmiumsäurelösung nach Flemming zur Fixierung (Zellstrukturpräparate usw.):

15 Teile 1%ige Chromsäurelösung
4 Teile 2%ige Osmiumsäure
1 Teil Eisessig.

g) Eau de Javelle (Antiformin):

Chlorkalk (Packung von Heister; aus Apotheken beziehen), 200 g, mit 1450 g destilliertem Wasser fein verrieben, in einer gut verschließbaren Flasche gemischt mit einer Lösung von 250 g Natriumkarbonat in 450 ccm destillierten Wassers. Unter wiederholtem Umschütteln 4 Tage im Dunkeln aufbewahren. Filtrat mit 10%iger Kaliumoxalatlösung so lange versetzen, als noch ein Niederschlag entsteht. Nach Absetzen wird filtriert.

h) Eiweißlösung zum Aufkleben:

Ein Hühnereiweiß wird durch ein Tuch gepreßt und mit 50 ccm Glyzerin und 2 Tropfen Formalin gemischt.

i) Exsikkatorfett:

1 Teil Vaseline
4 Teile Hammeltalg geschmolzen und gut durchmischt.

k) Flemmingsche Lösung s. u. f.

l) Glyzeringelatine zum Aufkleben s. S. 100.

m) Kaiserlingsche[1]) Lösung zur Konservierung von anatomischen Präparaten.

1. Lösung I: Formalin 200 ccm, Kalium nitric. 15 g; Wasser 1000 ccm, Kalium acetic. 30 g

An Stelle von Kalium nitricum und aceticum empfiehlt Pick 50 g Karlsbader Salz. Jores[2]) setzt ferner 5% einer konzentrierten Lösung von Chloralhydrat zu. Die Nachbehandlung mit Alkohol fällt dann weg, an ihre Stelle tritt längeres, mindestens 6stündiges Auswässern.

Einwirkungsdauer: 1 Tag

2. Alkohol 95%ig, Einwirkungsdauer etwa 12 Stunden.

3. Lösung II: Kalium aceticum 200 g
Glyzerin 400 g
Wasser 2000 ccm

Zur dauernden Aufbewahrung.

n) Kanadabalsam:

Die Verdünnung wird mit Xylol bewirkt.

o) Lack zum Umranden von Deckglaspräparaten s. Fußnote S. 100.

p) Müllersche Flüssigkeit (vgl. auch S. 108):

2,5 g doppeltchromsaures Kali
1,0 g schwefelsaures Natron
100 ccm destilliertes Wasser.

q) Physiologische Kochsalzlösung:

8,5 g Kochsalz
1000 ccm destilliertes Wasser.

r) Gepufferte physiologische Kochsalzlösung:

8,7 g primäres Kaliumphosphat ($KH_2PO_4$),
165,0 g sekundäres Kaliumphosphat ($K_2HPO_4$) werden in
1000,0 ccm destilliertem Wasser gelöst. Hiervon gibt man
2,0 ccm auf 1 Liter 0,85%ige Kochsalzlösung. Die Wasserstoffionenkonzentration ($p_H$) = 7,4 (Michaelis) (S. 179).

s) Ringersche Lösung:

8,0 g Kochsalz
0,2 g Kalziumchlorid
0,1 g Kaliumchlorid
1000,0 g destilliertes Wasser.

t) Salzsäure-Alkohol:

1—3 g Salzsäure
97 ccm 70%iger Alkohol

---

[1]) Kaiserling, Virchows Arch. f. pathol. Anat. u. Physiol. Bd. 147, S. 389.
[2]) Jores, Verhandl. d. dtsch. pathol. Ges. 1913.

u) Sublimat-Alkohol:

3—4 g Sublimat
0,5 g Kochsalz
100 ccm 50%iger Alkohol.

v) Sublimat-Alkohol nach Schaudinn:

Konzentrierte wässerige Sublimatlösung (etwa 7%ig) 2 Teile
Absoluter Alkohol 1 Teil.

w) Tellyesniczkys Flüssigkeit:

| | |
|---|---|
| 3%ige Lösung von Kalium dichromicum | 100 ccm |
| Essigsäure . . . . . . . . . . . . . . . | 5 ccm |
| Formalin . . . . . . . . . . . . . . . | 10 ccm |

### c) Färbeverfahren.

Über die üblichen Färbeverfahren von Ausstrichen mit Methylenblau, Fuchsin und Gentianaviolett s. S. 105.

Von der sehr großen Zahl der hier in Frage kommenden weiteren Färbeverfahren konnten nur die wichtigsten aufgenommen werden. Sie sind in folgender Weise gruppiert worden.

A. Universalmethoden:

a) Methylenblaufärbung nach Löffler für Schnitte mit nicht gramfesten Bakterien usw. (S. 130).
b) Gentianaviolettfärbung für Schnitte (wie unter a). S. 130.
c) Karbolmethylenblaufärbung nach Kühne für Schnitte (wie bei a). S. 131.
d) Methylgrünpyroninfärbung nach Saathoff-Pappenheim für Ausstriche und Schnitte (wie bei a, namentlich mit Gono-, Meningokokken usw.). S. 131.
e) Karbolthioninfärbung nach Nicolle für Ausstriche und Schnitt (wie bei a). S. 131.
f) Methylenblau-Tanninfärbung nach Nicolle (wie bei a, besonders für Typhus-, Geflügelcholerabazillen usw.). S. 131.
g) Karbolfuchsinfärbung nach Pfeiffer für Schnitte (wie bei a). S. 131.
h) Tuscheverfahren nach Burri (für alle Bakterien, wie Dunkelfeld zu gebrauchen). S. 131.
i) Vitale Färbung (für alle Bakterien, namentlich zur Sichtbarmachung der Bakterienstruktur). S. 132.

B. Verfahren zur isolierten und Kontrastfärbung von Bakterien und Blutparasiten:

a) Orcein-Methylenblaufärbung nach Zieler für Schnitte (für schwerer färbbare Bakterien wie Rotz, aber auch für Typhusbazillen, Streptokokken, Gonokokken usw.). S. 133.
b) Schnittfärbung mit polychromem Methylenblau nach Fränkel. S. 134.
c) Doppelfärbung mit Boraxmethylenblau nach Manson, namentlich für Blutparasiten. S. 134.
d) Doppelfärbung nach Romanowsky (wie c). S. 134.
e) Doppelfärbung mit Eosin-Methylenblau nach Laveran (wie c). S. 134.

f) Doppelfärbung mit Eosin-Methylenblau für Ausstriche und Schnitte (wie c, auch für Negrische Körperchen). S. 134.
g) Doppelfärbung mit eosinsaurem Methylenblau nach May-Grünwald (wie c). S. 134.
h) Eosin-Methylenblaufärbung nach Ziemann (Ausstriche von Protozoen). S. 135.
i) Altes Verfahren nach Giemsa (für Protozoen, Gonokokken usw.). S. 135.
k) Neue Schnellfärbung nach Giemsa (wie bei l). S. 135.
l) Chromatinfärbung nach Giemsa für Ausstriche (für Spirochäten, Trypanosomen usw.). S. 135.
m) Schnittfärbung nach Giemsa S. 135.
n) Bakterienstrukturfärbung, neues Verfahren nach Neißer, für Diphtheriebazillen usw. S. 136.
o) Bakterienstrukturfärbung nach Sommerfeld S. 136.
p) Gonokokkenfärbung nach Neißer S. 136.
q) Gonokokkenfärbung nach Pick-Jakobson S. 136.
r) Malachitgrünfärbung nach Löffler für Trypanosomen S. 136.
s) Doppelfärbung nach Appel (für Blutparasiten) S. 136.
t) Eosin-Azurfärbung für dicke Blutausstriche S. 137.
u) Fuchsin-Patentblaufärbung nach Frosch S. 137.
v) Nekrosebazillenfärbung nach Jensen S. 137.
w) Nekrosebazillenfärbung nach Ernst S. 137.
x) Kadmium-Methylenblaufärbung nach Quensel für Gonokokken usw. S. 138.

C. Gramsche Färbung:

a) Gramsche Färbung für Ausstriche S. 139.
b) Gramsche Färbung für Schnitte S. 139.
c) Gramsche Methode, modifiziert nach Weigert-Kühne S. 139.
d) Gramsche Methode, modifiziert nach Weigert (Fibrinfärbung) S. 140.
e) Claudiussche Färbung mittels Methylviolett-Pikrinsäure für Ausstriche und Schnitte S. 140.
f) Anilinwasser-Safranin-Jodverfahren nach Babes S. 140.

D. Kapselfärbung:

a) nach Johne, für Ausstriche (besonders für Milzbrand) S. 141.
b) nach Olt, für Ausstriche (besonders für Milzbrand) S. 141.
c) nach Klett, Doppelfärbung für Ausstriche (besonders für Milzbrand) S. 141.
d) nach Friedländer, für Ausstriche (besonders für Pneumokokken) S. 141.
e) nach Ribbert S. 141.
f) nach Hoffmann (für Streptokokken) S. 141.
g) nach Gins, Tuscheverfahren, S. 141.
h) nach Friedländer für Schnitte S. 142.
i) nach Boni und Czaplewski S. 142.
k) nach v. Riemsdijk S. 142.

E. Sporenfärbung:
a) nach Koch S. 143.
b) nach Hauser S. 143.
c) nach Möller S. 143.
d) nach Klein S. 143.
e) mittels Anilinwasser-Fuchsin-Chromsäure S. 143.
f) nach Aujesky S. 143.
g) nach der Löfflerschen und Bungeschen Geißelfärbemethode S. 144.
h) nach Waldmann S. 144.
i) nach Konrich-Weitzmann S. 144.

F. Geißelfärbung (daneben auch Sichtbarmachung im Dunkelfeld geeignet):
a) nach Ficker S. 144.
b) nach Löffler S. 145.
c) nach Zettnow (Silberimprägnation) S. 145.
d) nach Peppler S. 145.
e) nach Tribondeau, Fichet und Dubreuil S. 145.
f) nach Bunge S. 146.
g) nach Casares-Gil S. 146.

G. Färbung von Tuberkelbazillen und anderen säurefesten Bazillen:
a) nach Ziehl-Neelsen für Ausstriche S. 148.
b) nach Günther S. 149.
c) gesetzliche Vorschriften (Rindertuberkulose betr.) S. 19 und 149.
d) nach Ehrlich für Ausstriche S. 149.
e) Hüllenmethode nach Spengler S. 149.
f) Pikrinmethode nach Spengler S. 149.
g) nach Jötten-Haarmann S. 150.
h) nach Bender S. 150.
i) nach Kerssenboom S. 150.
k) nach Schädel S. 150.
l) nach Kayser S. 151.
m) nach Ulrichs S. 151.
n) nach Konrich S. 151.
o) nach Schulte-Tigges S. 151.
p) nach Herman S. 151.
q) nach Kronberger S. 152.
r) nach Czaplewsky für Ausstriche S. 152.
s) nach Fränkel-Gabbet S. 153.
t) nach Much (für nach Ziehl nicht färbbares Tuberkelvirus), auch für Schnitte S. 153.
u) nach Weiß S. 153.
v) Färbung mit Fettfarbstoffen S. 153.
w) Leuchtbildverfahren nach Hoffmann S. 154.
x) Kochverfahren nach Preis S. 154.
y) nach Koch-Ehrlich für Schnitte S. 155.
z) nach Schmorl für Schnitte S. 155.
a′ nach Baumgarten für Leprabazillen S. 155.

## A. Universalmethoden, vorwiegend für Schnitte.

a) Nach Löffler[1]) für Schnitte.

1. Färbung in Methylenblaulösung (S. 116) 3—5 Minuten oder in verdünnter Karbolfuchsinlösung (3 Tropfen auf 10 ccm Wasser) je nach der Verdünnung verschieden lange ($^1/_2$—1 Stunde).
2. Auswaschen in Wasser oder 0,5%iger Essigsäure.
3. Entwässern in Alkohol.
4. Übertragen in Origanumöl oder Xylol, Übertragen des gut ausgebreiteten Schnittes mit Hilfe des Spatels auf einen Objektträger; Deckglas oder Abtupfen, Balsam und Deckglas.

b) Mit Gentianaviolett für Schnitte.

1. 2%iges wässeriges Gentianaviolett (S. 116) 10—15 Minuten.
2. Abspülen in Wasser.
3. Entfärben in 70%igem Alkohol, bis die Schnitte keine Farbstoffwolken mehr abgeben (Kontrolle unter dem Mikroskop).
4. Entwässern in absolutem Alkohol.
5. Aufhellen in Xylol oder Origanumöl.

---

[1]) Löffler, Zentralbl. f. Bakteriol., Parasitenk. u. Infektionskrankh., Abt. I. Bd. 6, S. 209, Bd. 7; Dtsch. med. Wochenschr. 1906, Nr. 31; 1907, Nr. 5; 1910, Nr. 43.

c) Nach Kühne[1]) mit Karbolmethylenblau (S. 120) für Schnitte.
1. Färben in Karbolmethylenblau ($^1/_2$—2 Stunden).
2. Abspülen in Wasser.
3. Entfärben in angesäuertem Wasser (10 Tropfen Salzsäure auf 500 ccm Wasser).
4. Abspülen in Lithionkarbonatlösung (6—8 Tropfen konzentrierter wässeriger Lösung auf 100 ccm Wasser).
5. Wasserspülung.
6. Absoluter Alkohol, der mit Methylenblau leicht gefärbt ist, $^1/_2$ Minute.
7. Methylenblauanilin (10 ccm Anilin mit einer Messerspitze Methylenblau verrieben, hiervon 3—5 Tropfen in ein Schälchen mit Anilin — violette Färbung) einige Minuten.
8. Anilinöl.
9. Tereben oder Terpentinöl, Xylol, Balsam. Die Methode ist umständlich, gibt aber gute Bilder.

d) Nach Saathoff-Pappenheim mit Methylgrünpyroninlösung. Für gramnegative Bakterien (Gono-, Meningokokken usw.) geeignet (Dtsch. med. Wochenschr. 1905 Nr. 51).

Ausstriche: Färben 1—2 Minuten, Wasserspülung.

Schnitte:
1. Färben mit Methylgrünpyroninlösung (S. 121) 2—4 Minuten, bei schwer färbbaren Bakterien (Rotzbazillen) bis 12 Stunden.
2. Abspülen in Wasser, bis grünliche Färbung in blaurötliche übergeht.
3. Oberflächliches Abtrocknen.
4. Abspülen in absolutem Alkohol wenige Stunden, bis keine roten Farbwolken mehr abgegeben werden.
5. Xylol und Balsam.

In Zelloidinschnitten ist das Zelloidin nicht zu entfernen.

e) Nach Nicolle[2]) mit Karbolthionin (auch für Deckglaspräparat).
1. Karbolthionin (S. 121) 2—5 Minuten.
2. Abspülen in Wasser.
3. Auswaschen in absolutem Alkohol, Xylol usw.

Bakterien blauviolett, Kerne hellblau.

f) Nach Nicolle mit Methylenblau und Tannin (für Typhus-, Geflügelcholerabazillen usw.).
1. Färben mit Löfflerschem (5—30 Minuten) oder Karbol- ($^1/_2$—1 Minute) Methylenblau (S. 120 und 121).
2. Abspülen in Wasser oder $^1/_2$—1%iger Essigsäure.
3. 10%ige Tanninlösung einige Sekunden.
4. Auswaschen in Wasser, Alkohol, Xylol usw.

g) Nach Pfeiffer mit Karbolfuchsin für Schnitte.
1. Färben in verdünntem Karbolfuchsin (Ziehlsche Lösung (S. 120) 1 : 3 destilliertes Wasser) 15—30 Minuten.
2. Absoluter Alkohol und 1—2 Tropfen Essigsäure auf ein Schälchen, bis Schnitte anfangen rotviolett zu werden.
3. Zedernöl oder Xylol usw.

h) Burrisches Tuscheverfahren[3]).

Ein Tropfen des von der Schnittfläche abgestrichenen Saftes (auch bei bereits fixierten Organen anwendbar) wird mit einem bis neun Tropfen Wasser und einem Tropfen flüssiger chinesischer Tusche (Pelikantusche Nr. 541 von Grübler, Leipzig zu beziehen, hergestellt von Günther und

---

[1]) Kühne, Zentralbl. f. Bakteriol., Parasitenk. u. Infektionskrankh., Abt. I. Bd. 12; Fortschr. d. Med. Bd. 6.

[2]) Nicolle, Annales de l'Institut Pasteur 1895, Bd. 9, S. 64.

[3]) Burri, Das Tuscheverfahren 1909; G. Fischer, Jena, sowie Gins, Zentralbl. f. Bakteriol., Parasitenk. u. Infektionskrankh., Abt. I. Orig. Bd. 52, Heft 5.

Wagner, Hannover und Wien) auf dem Objektträger verrieben und mit dem Rand eines Deckglases oder Objektträgers in dünner Schicht ausgestrichen. Bei richtiger Anfertigung erscheint das trockene, gegen weißes Papier gehaltene Präparat dunkelgrau. Nach dem Trocknen folgt Untersuchung mit Ölimmersion; Spirochäten, Bakterien usw. erscheinen hell auf dunklem Grund, wie es Abb. 130 zeigt. Die Tusche ist vor der Verwendung zu sterilisieren und zu zentrifugieren oder 14 Tage absetzen zu lassen. Durch etwas Formalin ist sie haltbar zu machen; sie eignet sich aber dann nicht für Blutaufstriche. Statt Tusche kann man auch gewisse Farbstoffe (Cyanochin [Grübler, Leipzig], Nigrosin oder Kongorot usw.) verwenden. Unter dem Mikroskop erscheinen die Bakterien hell auf dunklem Untergrund. Bei der Verwendung von Cyanochin, das aus drei Teilen gesättigter wässeriger Chinablau- und einem Teil Cyanosinlösung besteht und vor der Verwendung einige Tage ausreifen und sterilisiert werden

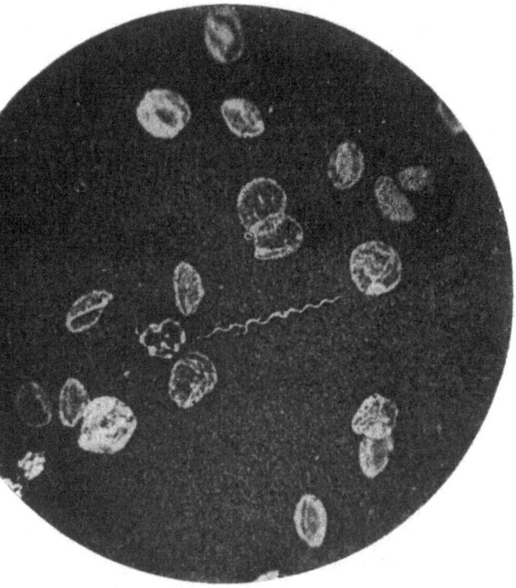

Abb. 130. Tuschepräparat nach Gins. Rekurrensspirochäte, umgeben von roten Blutkörperchen.

muß, tritt gleichzeitig ein gewisser Unterschied zwischen grampositiven (orangerosa bis tiefrosa mit dunklerer Zone) und gramnegativen Bakterien (S. 138) (farblos mit blauviolettem Zentralteil ohne dunkle Zone) auf. Wie die grampositiven Bakterien verhalten sich auch die gramnegativen Meningo-, Gonokokken und Micrococcus catarrhalis.

Vorteile des Tuscheverfahrens sind leichte Herstellungsweise und Haltbarkeit. Namentlich zum Spirochätennachweis zu empfehlen.

### i) Vitale Färbung.

Gut gereinigte Objektträger werden mit einer in der Wärme gesättigten wässerigen Lösung von Methylenblau (BB Höchst) bestrichen oder mit siedender Lösung übergossen. Nach dem Trocknen wischt man sie mit einem Tuche derart ab, daß ein himmelblauer Hauch auf dem Glas zurückbleibt. Hierauf bringt man ein Tröpfchen einer Bakterienkultur auf den gefärbten Objektträger und deckt mit dem Deckglas zu. Alle Bakterien färben sich nach dieser Methode. Beim mikroskopischen Beobachten des

Eintritts und des Fortschreitens der Färbung sieht man, daß die einzelnen Strukturelemente des Bakterienleibes sich verschieden schnell und intensiv färben, es tritt auf diese Weise die Struktur der Bakterienzelle sehr scharf hervor. An Stelle von Methylenblau verwendet man auch Toluidinblau, Brillantkresylblau oder Neutralrot.

Zur Vitalfärbung von Protozoen eignen sich wässerige Lösungen von Neutralrot, Methylenblau, Bismarckbraun (Vesuvin), Brillant-Kresylblau und Nilblau. Seltener verwendet man Auramin und Chrysoidin. Das von Goldmann bei Wirbeltieren erfolgreich benutzte Isaminblau, Pyrrholblau und Trypanblau eignet sich nach Vonwiller nicht für Protozoen (Paramaecium). Von den 1%igen Stammlösungen gibt man auf 3—4 ccm Wasser eine bis mehrere Ösen oder bis einen Tropfen. Das Wasser soll kaum gefärbt erscheinen. Die Verdünnung beträgt etwa 1 : 100000. Die Färbedauer beträgt eine Stunde bis einen Tag. Die Untersuchung nimmt man vielfach im hängenden Tropfen (S. 100) vor. Zur Entfärbung überträgt man die Protozoen in reines Wasser.

Intravital lassen sich alle Protoplasmabestandteile färben. Für Plasmaforschung ist die Vitalfärbung unentbehrlich. Auch der Kern ist der Vitalfärbung zugänglich. Zur Fixierung der Vitalfärbung (mit Brillant-Kresylblau bei Aktinosphärium) eignet sich eine Sublimatlösung folgender Zusammensetzung: Sublimat 375,0, Kochsalz 22,5 und destilliertes Wasser 3000,0, die stark erwärmt und warm filtriert war. Eine Nachbehandlung mit 70 und 96%igem Alkohol schadet meist nichts. Einbetten in Euparal.

Will man mit der Vitalfärbung eine gewöhnliche Kernfärbung vereinigen, so wird das Sublimat durch mehrstündiges Waschen mit destilliertem Wasser entfernt, die Kerne mit Hämatoxylin oder Alaunkarmin gefärbt, erneut mehrere Stunden mit Wasser ausgewaschen und dann wie oben in Euparal eingelegt. Bei Schnittpräparaten ist Karbolxylol zu vermeiden, es vernichtet die Färbung. Dagegen sind brauchbar Nelken- und Origanumöl, Chloroform und Benzol. Von einschlägiger Literatur sei erwähnt: Penard, Arch. f. Protistenk. 1905, Bd. 6, S. 179; Vonwiller daselbst 1918, Bd. 38, S. 279; Henneberg, Zentralbl. f. Bakteriol. usw., Abt. II 1912, Bd. 35, S. 289; Przemicky, Biol. Zentralbl. 1897, Bd. 14, S. 620; Groß, Beitr. z. pathol. Anat. u. z. allg. Pathol. 1911, Bd. 51, S. 528.

Bei höheren Tieren färben sich mit sauren Farbstoffen vornehmlich die mesodermalen Elemente intravital. Im Bindegewebe sind es die Fibroblasten, die ruhenden Wanderzellen (Klasmatozyten, Makrophagen, Histiozyten). Die Erythro-, Leuko- und Lymphozyten nehmen die sauren Farben nicht auf, wohl aber die „Bluthistiozyten“ (ins Blut abgewanderte ruhende Wanderzellen, Kupffersche Sternzellen der Leber, Kapillarepithelien des Knochenmarkes, der Nebenniere und die Retikulumzellen der Lymphknoten, des Thymus und der Milz). Gering ist die Färbung der Deckepithelien der serösen Häute, gut dagegen die Epithelien der Tubuli contorti 1. Ordn. der Niere mit Farbstoffen, die mit dem Harn ausgeschieden werden.

Die ento- und ektodermalen Epithel- und Drüsenzellen färben sich nicht oder nur gering.

Über die Fixation der vitalgefärbten Gebilde mit Formoldämpfen vgl. oben zitierte Arbeit von Groß.

## B. Verfahren zur isolierten und Kontrastfärbung von Bakterien und Blutparasiten.

a) Orcein-Methylenblaufärbung nach Zieler (Zentralbl. f. allg. Pathol. u. pathol. Anat. Bd. 14). Schnittfärbung für schwerer färbbare Bakterien, z. B. Rotz, Typhusbazillen, Gonokokken, Streptobazillen. Aus Zelloidinschnitten ist das Zelloidin vorher zu entfernen.

1. Färbung in saurer Orceinlösung (S. 122, Nr. 70) 8—24 Stunden.
2. Abspülen in 70%igem Alkohol, hierauf in Wasser.

3. Färbung in polychromem Methylenblau (S. 124) 10 Minuten bis 2 Stunden.
4. Ausspülen in Wasser.
5. Auswaschen in Glyzerinäthergemisch (Grübler) (1 : 2—5 Aqua), bis Schnitt hellblau ist und keine Farbe mehr abgibt.
6. Ausspülen in destilliertem Wasser.
7. Nachspülen in 70%igem (5—10 Minuten) und schließlich in absolutem Alkohol.
8. Xylol und Balsam.

Bakterien dunkel- bis schwarzblau, Kernstrukturen dunkelblau, Zelleib hellgraublau bis hellgraubraun, elastische Fasern rotbraun, Untergrund farblos bis bräunlich.

b) Nach Fränkel. Schnittfärbung mit polychromem Methylenblau.

1. Polychromes Methylenblau (S. 124 Nr. 62) 15 Minuten bis 24 Stunden (Überfärbung ist nicht zu befürchten).
2. Abspülen in Wasser.
3. Entfärben in einem Gemisch aus gleichen Teilen ½%iger wässeriger Säurefuchsin- oder Orangelösung, 33%iger Tanninlösung und Glyzerinäthermischung nach Unna. Entfärbung ist unter dem Mikroskop zu kontrollieren. Bestimmte Zeitmaße lassen sich nicht angeben.
4. Abspülen in Wasser, bis ein reiner blauer Farbenton hervortritt.
5. Entwässern in Alkohol usw.

Bazillen dunkelblau, Kerne hellblau, Bindegewebe rot oder orange.

Auch die einfache Färbung mit polychromem Methylenblau 15—30 Minuten, Abspülen in Wasser, Differenzieren in Glyzerinäthermischung 2—3 Minuten, Abspülen in Wasser usw. gibt gute Bilder.

c) Doppelfärbung nach Manson mit Borax-Methylenblau für Blutparasiten.

Das fixierte Präparat wird mit Mansons Borax-Methylenblaulösung (S. 118), die mit destilliertem Wasser so weit verdünnt ist, daß sie im Reagenzglas gerade durchsichtig erscheint, 10—15 Sekunden gefärbt und sorgfältig in Wasser abgespült. Rote Blutkörperchen sind grünlich, Kerne und Parasiten tiefblau.

d) Doppelfärbung nach Romanowsky für Blutparasiten.

Das ½ Stunde in Äther-Alkohol (āā) fixierte Präparat läßt man 5 bis 10 Minuten auf der Romanowskyschen Lösung (S. 123) mit der Präparatenseite nach unten schwimmen. Dann spült man in Wasser ab.

e) Doppelfärbung nach Laveran mit Eosin-Methylenblau, namentlich für Blutpräparate.

Das fixierte Präparat wird mit 1%iger, wässeriger Eosinlösung ½ bis 1 Minute (bis es deutlich rosa erscheint) behandelt, abgegossen und 30 Sekunden mit gesättigtem wässerigem Methylenblau nachgespült. Abwaschen in destilliertem Wasser. Rote Blutkörperchen werden rot, Kerne und Bakterien blau.

f) Methylenblau-Eosinfärbung für Ausstrichpräparate.

Färben mit frischer Mischung von 30,0 Löfflers Methylenblau (S. 121) mit ca. 10,0 (Ausprobieren!) gesättigter alkoholischer Eosinlösung ½ Minute, Wasserspülung. Das Verfahren eignet sich nach Lentz auch für Schnitte und für Negrische Körperchen.

g) Färbung mit May-Grünwalds[1]) eosinsaurem Methylenblau (S. 118 Nr. 28).

Das lufttrockene, nicht geschmorte Präparat wird mit eosinsaurem Methylenblau (S. 118) 2—5 Minuten gefärbt. Auswaschen in neutralem destilliertem Wasser (s. S. 119), dem einige Tropfen der Farblösung zugesetzt sind, 1 Minute. Erythrozyten rot, Kerne blau, eosinophile Granula rot,

[1]) May-Grünwald, Zentralbl. f. inn. Med. 1902.

neutrophile Granula rosa, Mastzellengranula violett, Bakterien dunkelblau, Kapseln rötlich, Protozoen blau.

h) Verfahren nach Ziemann[1]) mit Eosin-Methylenblau. (namentlich für Protozoen-Ausstrichpräparate.

1. Färben mit einer Mischung von 1 Teil 1%iger Lösung von Methylenblau med. pur. Höchst, 5 Teilen 0,1%iger Lösung von Eosin AG oder BA Höchst 30—40 Minuten. Durch Zusatz von 2—4 Teilen Borax zur Methylenblaulösung wird deren Wirksamkeit erhöht. Dann nur 4 Teile Eosin. Färbedauer in diesem Fall 5—10 Minuten.
2. Eventuell Differenzierung mit dünner Eosin- bzw. Methylenblaulösung.
3. Wasserspülung usw.

i) Altes Verfahren nach Giemsa[2]) (namentlich für Protozoen, auch für Gonokokken).

1. Fixierung (25 Minuten) in Äthyl- oder Ätheralkohol āā 10—15 Minuten oder schneller (2—3 Minuten) in Methylalkohol.
2. Abtupfen mit Fließpapier.
3. Giemsalösung für die Romanowskyfärbung (S. 119), frisch hergestellte Verdünnung (1 Tropfen auf je 1 ccm säurefreies, destilliertes Wasser von 30—40° (S. 119!) 10—15 Minuten. Lösung einmal erneuern.
4. Auswaschen in scharfem Wasserstrahl. Trocknen nicht über der Flamme. Balsam oder Zedernöl.

   Chromatin der Parasiten rot, Protoplasma blau, Leukozytenkerne rot bis rotviolett, rote Blutkörperchen rosa bis rotbraun.

k) Neue Schnellfärbung nach Giemsa[3]).

1. Übergießen des sehr dünnen, lufttrockenen, aber nicht fixierten Objektträgerausstriches in einer Petrischale mit 8—15 Tropfen Methylalkohol-Giemsalösung āā, $^1/_2$—1 Minute färben. Schichtseite nach oben; Farbe soll nicht über Objektträgerrand fließen; zudecken.
2. Hinzufügen von 10—15 ccm destilliertem Wasser, gut durchmischen und 5—10 Minuten einwirken lassen.
3. Abspülen, Trocknen, Zedernöl.

l) Ausstrichpräparate nach Giemsa (Chromatinfärbung).

1. Fixieren in Sublimatalkohol (konzentrierte wässerige Sublimatlösung 2 Teile und absoluter Alkohol 1 Teil) 12—24 Stunden.
2. Abspülen in Wasser.
3. Auswaschen in einer 2%igen Jodkaliumlösung, der auf 100 ccm 3 ccm Lugolsche Lösung (S. 120) zugesetzt ist, 5—10 Minuten.
4. Abspülen in Wasser und Einlegen in eine 0,5%ige Natriumthiosulfatlösung 10 Minuten.
5. Auswaschen in fließendem Wasser 5 Minuten.
6. Färben in Giemsa-Lösung (S. 119) 1—12 Stunden.
7. Ausspülen in a) Wasser
   b) Azeton 95 ccm, Xylol 5 ccm
   c) „ 70 „ „ 30 „
   d) „ 30 „ „ 70 „
   e) Xylol

   Einbetten in Zedernöl. Geeignet sind Trypanosomen, Spirochäten usw.

m) Färbung von Schnittpräparaten nach Giemsa[3]). (Geeignet für Trypanosomen und Spirochäten.)

1. Fixieren der nicht über 5 mm dicken Organstücke in Sublimatalkohol (Erneuerung nach 24 Stunden) 48 Stunden. Herausnehmen mit Hornpinzette.

---

[1]) Ziemann, Zentralbl. f. Bakteriol., Parasitenk. u. Infektionskrankh. Abt. I. 1898, Bd. 24, S. 945.

[2]) Giemsa, Zentralbl. f. Bakteriol., Parasitenk. u. Infektionskrankh., Abt. I. Orig. 1904, Bd. 37, S. 308.

[3]) Giemsa, Dtsch. med. Wochenschr. 1909, Nr. 40; 1910, Nr. 12.

2. Einbetten in Paraffin (S. 110), Schneiden, Schnitte aufkleben.
3. Nacheinander auswaschen in Xylol, Alkohol, Wasser.
4. Verdünnte Lugolsche Lösung (S. 120) (3 Teile auf 100 Teile 2%ige Jodkalilösung) 10 Minuten.
5. Abspülen in Wasser, hierauf in 0,5%iger Natriumthiosulfatlösung 10 Minuten und schließlich nochmals in Wasser 5 Minuten.
6. Färben in Giemsalösung (S. 119), verdünnt wie bei altem Verfahren nach Giemsa (S. 135), 2—12 Stunden (Farblösung nach ½ Stunde erneuern). Abspülen nacheinander in Wasser, Azeton und Xylol wie zuvor, Einlegen in Zedernöl.

n) Neues Verfahren nach Neißer[1]) zur Färbung der Bakterienstruktur (Polkörper, Babes-Ernstsche Körperchen) für Aufstriche von Diphtheriebazillen usw.

1. Färben in Mischung von 2 Teilen essigsaurem Methylenblau (S. 122) und 1 Teil Kristallviolett (S. 122, Nr. 67b) etwa 1—3 Sekunden.
2. Wasserspülung.
3. Chrysoidin (S. 122, Nr. 67c) 3 Sekunden.
4. Wasserspülung (Diphtheriebazillen braun mit kleinen Körnchen).

o) Verfahren nach Sommerfeld[2]).

1. Löfflers Methylenblau (S. 121) ½ Minute.
2. Abspülen im Wasser.
3. Formalin-Alkohol ãã einige Sekunden (bis farblos).
4. Wasserspülung.
5. Bismarckbraun (S. 117) oder Eosin (S. 118) oder Chrysoidin (S. 122, Nr. 67c) 3—5 Sekunden.

p) Verfahren nach Neißer zur Färbung von Gonokokken.

1. Gesättigte alkoholische Eosinlösung unter Erwärmen einige Minuten.
2. Absaugen des Eosins.
3. Gesättigte alkoholische Methylenblaulösung ¼ Minute.
4. Wasserspülung (Gonokokken und Zellkern blau, Zelleiber rot).

q) Verfahren nach Pick-Jakobsohn[3]).

1. Mischung von Karbolfuchsin 15 Tropfen, gesättigter alkoholischer Methylenblaulösung 8 Tropfen, destilliertem Wasser 20 ccm, 8—10 Sekunden einwirken lassen.
2. Wasserspülung.

r) Malachitgrünfärbung nach Löffler für Trypanosomen.

Dünne Deckglas-Ausstriche werden mit Alkohol-Äther fixiert (S. 104). Auf Deckglas 3 Tropfen 0,5%ige Natriumarsenicosumlösung und 1 Tropfen 0,5%ige Lösung von Malachitgrün krist. chemisch rein Höchst, Erwärmen bis zum Dampfen 1 Minute.

Abspülen im kräftigen Wasserstrahl.

Aufgießen heißer Mischung von 5 ccm 0,5%igem Glyzerin (purissimum) und 5—10 Tropfen Giemsa-Romanowskylösung (S. 119). Nach 1—5 Minuten abgießen, im kräftigen Wasserstrahl abspülen. Plasma der Trypanosomen blau, Kerne, undulierende Membran und Geißel rot, rote Blutkörperchen rosa. Glyzerin-Giemsamischung ist haltbar.

s) Doppelfärbung nach Appel für Blutparasiten.

Fixieren in Methylalkohol 1—5 Minuten. Trocknen. Färben 15 bis 20 Minuten in einem Gemisch aus

| | |
|---|---|
| 1%iger wässeriger Methylenblaulösung | 1,5 |
| 1%iger Fuchsinlösung | 0,28 |
| destilliertem Wasser | 100,0 |

Abspülen in Wasser.

Parasiten und Leukozytenkerne blau, Leukozytenleiber und rote Blutkörperchen rosa.

---

[1]) Neißer, Hyg. Rundschau 1903, Nr. 14, S. 705.
[2]) Sommerfeld, Dtsch. med. Wochenschr. 1910, Nr. 11.
[3]) Pick-Jakobson, Berl. klin. Wochenschr. 1896, Nr. 36.

t) Eosin-Azurfärbung für dicke Blut-Ausstriche von Piroplasma, Anaplasma, Milzbrand und Küstenfieber nach Goodall[1]).

Dicker Tropfen oder dicke, ungleiche Ausstriche von Blut auf Objektträgern kommen unfixiert, aber gut trocken in ein Bad aus

| | | |
|---|---|---|
| 1%iger wässeriger Eosinlösung | | 2 ccm |
| 1%iger „ | Azur II-Lösung | 4 „ |
| destilliertem Wasser | | 200 „ |

auf 30 Minuten. Hierauf wird in destilliertem Wasser abgespült und bei Zimmertemperatur getrocknet.

u) Fuchsin-Patentblaufärbung nach Frosch[2]).

1. Kunstgerechtes Ausstreichen auf Deckglas oder Objektträger.
2. Fixieren mit absolutem Alkohol.
3. Färben mit einer wässerigen, nicht zu schwachen Verdünnung der alkoholischen Fuchsinstammlösung.
4. Sofort in Patentblau (S. 122) abspülen (auf Objektträger oder im Schälchen), bis Präparat grünblauen Ton annimmt (dickere Stellen bleiben rot).
5. Differenzierung in schwach saurem Wasser (1—2 Tropfen Eisessig auf 20—30 ccm destilliertes Wasser).
6. Trocknen mit Fließpapier usw.

Bakterien und Kerne leuchtend rot, Protoplasma blau, rote Blutkörperchen grün. Farbstoffniederschläge fehlen.

Auf neutrale Reaktion des verwendeten destillierten Wassers ist zu achten. Alkaligehalt verzögert und schädigt die Kontrastfärbung (Erythrozyten dann blau). Nur für Spirochäten- und Rotzbazillen ist alkalische Fuchsinlösung vorzuziehen.

Durch Verlängerung der Patentblaueinwirkung werden die Kerne entfärbt, während die Bakterien isoliert gefärbt bleiben.

Die Färbung versagt bei Verwendung zu alten destillierten Wassers, oder altem, faulem Material (stagnierendem Eiter), sowie sehr alter Aufstriche. Bei Schnittfärbung ist die Patentblaulösung stärker zu verdünnen (ein Tropfen Stammlösung auf 30 ccm Wasser — S. 122) und darauf zu achten, daß die Gegenfarbe durch Alkohol nicht ausgezogen wird.

v) Färbung nach Jensen[3]) für Nekrosebazillen.

Vorhärten in Müllerscher Flüssigkeit (S. 108) oder 4%iger Formalinlösung; Nachhärten in Alkohol (S. 108); Färben in Toluidinwasser-Safranin (hergestellt analog wie Anilinwasser-Gentianaviolett S. 116) einige Minuten, Entwässern in alkoholischer Safraninlösung, hierauf Übertragen in eine konzentrierte Lösung von Fluoreszin in Nelkenöl, reines Nelkenöl, Alkohol, wässeriges Methylgrün, Alkohol, Xylol, Balsam. Nur Nekrose-Bazillen rot, Gewebe grün; andere Bakterien lassen sich auf diese Weise nicht färben.

w) Färbung nach Ernst für Nekrosebazillen. (Ernst, Über Nekrosen und Nekrosebazillen. Monatshefte f. prakt. Tierheilk. Bd. 14, S. 202.)

Vorhärten in Müllerscher Flüssigkeit oder 4%iger Formaldehydlösung und Nachhärten in Alkohol. Alkoholhärtung allein ist unbrauchbar. Schnittfärbung in Anilinwasser-Safraninlösung (100 : 2) oder in 1%iger wässeriger Lösung von Methylenblau medic. oder in Karbolthionin nach Nicolle (S. 151, Nr. 50).

---

[1]) Goodall, Notes on thick film method of staining Piroplasms and Anaplasms, in routine veterinary diagnostic work. Journ. of comp. Pathol. and Therap. 1920. Bd. 33, S. 103.

[2]) Frosch, Zentralbl. f. Bakteriol., Parasitenk. u. Infektionskrankh., Abt. I Orig. Bd. 64 (Festschrift f. F. Löffler), S. 118.

[3]) Jensen, C. O., Ergebn. d. allg. Pathol. u. pathol. Anat. d. Menschen u. d. Tiere, herausgeg. v. Lubarsch und Ostertag, 1897.

x) Kadmium-Methylenblaufärbung nach Quensel[1]) für Gonokokken, Harnzylinder und Zylindroide.

Der abzentrifugierte Harnbodensatz wird einmal mit destilliertem Wasser ausgewaschen (aufgeschwemmt und abzentrifugiert) und nach Quensel im Zentrifugenglas, nach Posner[2]) auf dem Objektträger mit Kadmiummethylenblaulösung versetzt. Posner legt Wert darauf, daß der Sedimenttropfen klein und die Farbmenge relativ groß ist. In wenigen Minuten ist die Färbung vollendet. Für alle bakteriologischen und die meisten zytologischen Fragen sind Trockenpräparate zweckmäßiger.

## C. Das Gramsche Verfahren.

Behandelt man mit Gentiana- oder Methylviolett gefärbte Bakterien mit Jodjodkaliumlösung, so entsteht eine Verbindung von Jod mit Gentiana- bzw. Methylviolett (Jodpararosanilin), die von den verschiedenen Bakterien verschieden festgehalten wird, wenn eine nachträgliche Spülung mit Alkohol folgt. Die einen halten die tiefdunkelblaue Färbung dem Alkohol gegenüber fest, man sagt, sie färben sich nach Gram, sind gram- und alkoholfest bzw. grampositiv; die anderen entfärben sich im Alkohol, sie färben sich nicht nach Gram, sind gramnegativ, nicht gram- und alkoholfest. Dazwischen kommen Übergänge vor. So behalten gewisse Bakterien nur in gewissen Altersstufen die Färbung, bei anderen bleiben nur einzelne Teile gefärbt (Diphtheriebazillen), andere bleiben nur bei kurzer Alkoholwirkung oder bei Verwendung schwächerer Entfärbungsmittel (Propyl-, Butyl- und Amylalkohol, (vgl. Anm. auf S. 139), Anilinöl oder Anilinölxylol 2:1) gefärbt. Vgl. auch S. 305 unter Abortusbazillen-Ausstriche. Die Rosaniline (Fuchsin, Methylenblau) sind für Gramfärbung nicht geeignet.

Nach der Entfärbung nimmt man meist eine Gegenfärbung mit Fuchsin, Eosin, Safranin, Bismarckbraun, 1 : 4—10 verdünntem Karbolfuchsin oder für Gewebszellen mit Karmin oder Pikrokarmin vor. Diese Gegenfärbung dient einerseits zum besseren Abheben der dunkelblauen grampositiven Bakterien vom Untergrund und andererseits zum Sichtbarmachen der gramnegativen Mikroorganismen usw.

Die Gramsche Färbung bietet die Vorteile, daß Bakterien voneinander leichter getrennt und sicherer diagnostiziert werden können, daß die tierischen Zellen entfärbt und die grampositiven Bakterien leichter aufgefunden werden.

Von den Bakterien sind grampositiv: Staphylococcus pyogenes aureus, citreus und albus, Streptococcus pyogenes, equi, mastitidis bovis, Diplococcus pneumoniae Fränkel, Micrococcus tetragenus und botryogenes, alle Sarzinen, viele Fäulnisbakterien, Diphtherie-, Rotlauf- (Pyogenes-), Milzbrand-, Tuberkel-, Lepra-, Rhinosklerombazillen, Aktinomyzes, Trichophyton, Achorion, Monilia albicans = Soor, Hefepilze usw. (Rauschbrand-, Ödembazillen). Die eingeklammerten vertragen starke Entfärbung nicht; gramnegativ sind: Gono- und Meningokokken, Diplococcus catarrhalis, Typhus-, Paratyphus-, Kolibazillen, B. enteritidis,

---

[1]) Quensel, Nord. med. Arkiv, Bd. 50, Abt. III.

[2]) Posner, Berl. klin. Wochenschr. 1918, Bd. 55, Nr. 32, S. 760 und Arch. f. Dermatol. u. Syphilis, Orig. 1921, Bd. 131, S. 461.

B. pyocyaneus, B. abortus Bang, Influenza-, Rotz-, Pest-, Geflügelcholera-, Schweineseuche-, Wild- und Rinderseuche-, Nekrose-, Cholerabazillen, alle Spirochäten und Spirillen (vgl. Anm.).

An der Grenze stehen die Erreger des Starrkrampfes, des Botulismus, des malignen Ödems und des Rauschbrandes, sowie der Baz. pyogenes.

Zur Prüfung einer Bakterienkultur auf ihr Verhalten bei der Gramschen Färbung benutzt man stets eine junge Kultur und streicht, durch gelben Fettstift abgegrenzt, zur Prüfung, daß man richtig gearbeitet hat, gramfeste (Staphylococcus pyogenes) und nichtgramfeste (Bact. coli) auf demselben Objektträger mit aus.

Die gram-(alkohol-)festen (+) Bakterien werden schwarzblau, die nichtgram- (alkohol-) festen (—) durch das zur Nachfärbung benutzte Fuchsin rot gefärbt.

a) Gramsches Verfahren für Ausstriche. Nach der Fixierung Färben mit Anilinwasser- oder Karbolwasser-Gentiana- oder Methylviolett (S. 116 und 120) unter leichtem Erwärmen 1—3 Minuten lang.

Abgießen der Farblösung, nicht abspülen.

Jodjodkaliumlösung (S. 120) 1—3 Minuten.

Abgießen.

Entfärben mit Alkohol [1]) (96%ig), bis keine Farbe mehr abgegeben wird (etwa 1/4 Minute).

Nachfärben mit verdünntem Fuchsin (S. 116) oder Karbolfuchsin (S. 120), Bismarckbraun (S. 117) oder Eosin (S. 118) usw. 5 bis 30 Sekunden.

Abspülen in Wasser, Auflegen.

Handelt es sich bei der Nachfärbung um Sichtbarmachen gramnegativer Bakterien (z. B. Gonokokken), so verwendet man hierbei vorteilhaft 1 : 10 verdünnte Karbolfuchsinlösung.

b) Gramsche Methode für Schnitte. Die Paraffineinbettung ist der Zelloidineinbettung vorzuziehen. (S. 110).

1. Färbung in Karbolwassergentianaviolettlösung (S. 120 Nr. 47) 2 bis 5 Minuten. (Abspülen in Anilinwasser.)
2. Lugolsche Lösung (S. 120 Nr. 41) 1—2 Minuten.
3. Entfärben in Alkohol, bis keine Farbe mehr abgegeben wird. Durch 10 Sekunden langen Aufenthalt in salzsaurem Alkohol (S. 126) kann die Entfärbung beschleunigt werden (Günther). Nach Nicolle: absoluter Alkohol + 10—30 Volumprozent Azeton.
4. Abspülen in Wasser.
5. Nachfärben mit Pikrokarmin (S. 122) oder Bismarckbraun (S. 117 Nr. 17).
6. Abspülen in 60%igem Alkohol.
7. Hintereinander übertragen in 95%igen Alkohol, Nelkenöl, eventuell Kanadabalsam. Man kann auch 5 und 6 vorausnehmen und 1—4 und 7 folgen lassen. Gramfärbbare Bakterien schwarzblau. Kerne oft blaß- bis dunkelblau. Gewebe rot.

c) Gramsche Methode, modifiziert nach Weigert-Kühne (Fortschr. d. Med. Bd. 6; Zentralbl. f. Bakteriol., Parasitenk. u. Infektionskrankh., Abt. I Bd. 12).

1. Vorfärben mit Lithionkarmin (S. 121 Nr. 54) 1/2 Stunde.
2. Entfärben in Alkohol oder salzsaurem Alkohol.
3. Ausspülen in Wasser.

---

[1]) Methylalkohol entfärbt stärker, auch einige grampositive Bakterien. Propyl-, Butyl- und Amylalkohol wirken schwächer als der gewöhnliche Äthylalkohol. In Amylalkohol bleiben Typhus- und Kolibakterien gefärbt, während B. pyocyaneus und die Vibrionen entfärbt werden.

4. Kristallviolett (konzentrierte Lösung 1 : 10 mit Wasser, dem einige Tropfen Salzsäure zugesetzt sind) 5—15 Minuten.
5. Abspülen in Wasser oder 0,6%iger Kochsalzlösung.
6. Trocknen des Schnittes mit Fließpapier.
7. Jodjodkaliumlösung (S. 120 Nr. 41) 1—2 Minuten.
8. Abtrocknen mit Fließpapier.
9. Entfärben mit Anilin oder Anilinxylol (2 : 1), bis keine Farbe mehr abgegeben wird.
10. Xylol und Einlegen in Kanadabalsam.

Sind die Präparate mit Tellyesniczkys Flüssigkeit (S. 127) vorgefärbt, so bleiben bei der Gram-Weigertschen Methode gewisse gramnegative Bakterien, wie B. coli, B. abortus infectiosi Bang und Nekrosebazillen ebenfalls gut gefärbt.

d) Nach der Weigertschen Methode zur Darstellung von Fibrin und Mikroorganismen wird die Entfärbung mit Anilin-Xylol (2: 1) vorgenommen. Hierauf spült man in Xylol und sodann 1 Minute in absolutem Alkohol ab. Nach Eintauchen in verdünnten Alkohol kann die Kontrastfärbung folgen. Dieses Verfahren findet namentlich bei Schnitten Anwendung.

e) Färbung nach Claudius[1]) mit Pikrinsäuremethylviolett.

Dieselbe dient als Ersatz des Gramschen Verfahrens. Es bleiben auch nach diesem Verfahren alle grampositiven Bakterien gefärbt, außerdem noch die an der Grenze stehenden Bazillen des Rauschbrandes und malignen Ödems, sowie der gramnegative Bac. necrosis Bang, während die übrigen gramnegativen auch nach diesem Verfahren entfärbt werden.

Technik: 1%ige wässerige Lösung von Methylviolett 6 B extra (Merck) 1 Minute.

Wasserspülung,
Trocknen zwischen Fließpapier,
Halbkonzentrierte wässerige Pikrinsäurelösung 1 Minute,
Wasserspülung,
Trocknen mit Fließpapier,
Chloroform oder Alkohol oder Nelkenöl bis zur Entfärbung (die Präparate bleiben dabei in einer geschlossenen Flasche), Trocknen, Einlegen in Kanadabalsam.

Schnitt kann mit Lithion-Karmin vorgefärbt werden.

f) Anilinwasser-Safranin-Jodmethode nach Babes[2]).

1. Färben mit Anilinwasser-Safranin (S. 117, Nr. 7).
2. Nachbehandlung mit Jod-Jodkaliumlösung und Auswaschen, wie bei der Gramschen Methode.

Tuberkelbazillen werden nur blaß oder nicht gefärbt, dagegen schön die Leprabazillen mit ihren metachromatischen Körperchen, ferner die Hefepilze, die Kolben von Aktinomyzes, Oidiumformen und ähnliche Pilze; auch für nekrotische Herde und Abszesse zu empfehlen.

Es gibt noch eine große Anzahl von Ersatzverfahren und Abänderungen der Gramschen Methode. Im allgemeinen wird man mit den mitgeteilten Verfahren auskommen.

## D. Kapselfärbung.

Die Darstellung der Bakterienkapsel gelingt in der Regel nur bei Material, das dem Menschen- oder Tierkörper entstammt oder in einer

[1]) Claudius, Annales de l'Institut Pasteur 1897, Bd. 11.
[2]) Babes, Bull. sect. scient. acad. Roumaine 1916/17, p. 211 und Zentralbl. f. Bakteriol., Parasitenk. u. Infektionskrankh., Abt. I. Ref. 1921, Bd. 72, S. 90.

tierischen Flüssigkeit (Serum) gewachsen ist. Untersuchung erfolgt besser in Wasser als in Balsam. Die Kapseln der Bakterien (Abb. 194, S. 322) sind nicht mit Serumhöfen (Abb. 195, S. 322) zu verwechseln!

Ausstrichpräparate:

a) Verfahren nach Johne[1]) (für Milzbrandbazillen).
1. Färben mit 2%iger Gentianaviolettlösung unter Erwärmen, bis Rauch aufsteigt.
2. Abspülen in Wasser.
3. Entfärben in 2%iger Essigsäure 10 Sekunden.
4. Abspülen in Wasser.
5. Auflegen.

b) Verfahren nach Olt[2]) (für Milzbrandbazillen).
1. Färben mit 2%iger Safraninlösung (S. 124 Nr. 84) unter Aufkochen.
2. Abspülen in Wasser (Kapsel färbt sich gelb, Bazillenleib rot).

c) Verfahren nach Klett (Doppelfärbung) (für Milzbrandbazillen).
1. Färben mit Methylenblau (S. 116) unter Aufkochen.
2. Abspülen in Wasser.
3. Nachfärben mit Fuchsinlösung (S. 116) 5 Sekunden.
4. Abspülen in Wasser.

d) Verfahren nach Friedländer[3]), für Deckglaspräparate.
1. 1%ige Essigsäure 2 Minuten.
2. Abspülen, Trocknen.
3. Anilinwassergentianaviolett (S. 117) einige Sekunden.
4. Abspülen in Wasser.

e) Verfahren nach Ribbert.
1. Färbung mit in der Wärme gesättigter Lösung von Dahlia in einem Gemisch aus 100 Wasser, 50 Alkohol und 12,5 Eisessig — einige Minuten.
2. Abspülen in Wasser.

f) Verfahren nach Hoffmann (für Streptokokken).
1. Möglichst dünnen Ausstrich nur lufttrocken werden lassen, nicht fixieren.
2. 0,25%iges eosinsaures Methylenblau[4]) (S. 118) in Methylalkohol, zwei Minuten.
3. Neutrales (!) destilliertes Wasser 1 Minute, Abtrocknen.
4. Auflegen.

g) Tuscheverfahren nach Gins[5]).
1. Nadelkopfgroße Menge Kultur wird im Tuschetropfen[6]) (S. 131) (1:1 Wasser) verrieben und mit der Schmalseite eines Objektträgers auf einem zweiten ausgezogen (vgl. S. 103).
2. Lufttrockene Präparate 1 Minute in konzentrierte Sublimatlösung.
3. Abspülen in Wasser.
4. Karbolthionin (S. 121) 5—10 Minuten.
5. Abspülen in Wasser (Kapsel ungefärbt, Bakterienleib gefärbt).

---

[1]) Johne, Dtsch. tierärztl. Wochenschr. 1894.

[2]) Olt, Dtsch. tierärztl. Wochenschr. 1899, Nr. 1.

[3]) Friedländer, Fortschr. d. Med. 1884, Bd. 3 und Mikrosk. Technik, herausgegeben von Eberth, Berlin 1900.

[4]) Gebrauchsfertig bei Dr. Schwalm-München.

[5]) Gins, Zentralbl. f. Bakteriol., Parasitenk. u. Infektionskrankh., Abt. I Orig. 1909, Bd. 52, S. 620; 1911, Bd. 57, S. 477.

[6]) Die Tusche ist von Dr. G. Grübler & Co. in Leipzig zu beziehen. Nach 14 Tage langem Sedimentieren oder scharfem Zentrifugieren wird eine Öse Tusche auf dem Objektträger mit der gleichen Menge Wasser (1 Öse) verdünnt.

h) Kapselfärbung im Schnitt nach Friedländer für Milzbrandbazillen und andere Kapselbakterien (Fortschr. d. Med. Bd. 13, 1884 und Mikroskopische Technik, herausgeg. v. Eberth, Berlin 1900).

1. Färbung 2—24 Stunden bei 37° in einer Mischung aus konzentrierter alkoholischer Gentianaviolettlösung 50,0, Eisessig 10,0, Wasser 100,0.
2. Auswaschen in 1%iger Essigsäure (Vorsicht!).
3. Ausspülen in Wasser, Alkohol usw.

i) Kapselfärbung nach Boni[1]) (modifiziert nach Czaplewski[2])) beruht darauf, daß sich die Kapsel bei starker Färbung des Grundes (eiweißreiche Exsudate, Blut usw.) ungefärbt scharf abhebt.

Kulturbakterien werden in einem Tröpfchen Eiweißglyzerin möglichst gut auf dem Objektträger verteilt und fein ausgestrichen. Danach wird das Präparat so oft schnell durch die Bunsenflamme gezogen, bis es leichte weißliche Dämpfe entwickelt. Kurze Färbung (20—30 Sekunden) mit Karbolfuchsin (S. 120) (Czaplewski benutzt Karbolgentianaviolett, wobei die Schicht deutlich lebhaft violett gefärbt sein muß). Abspülen, Fixieren mit 1%iger Chromsäure (½—1 Minute), Abspülen in Wasser, Trocknen, Einlegen in Immersionsöl oder Balsam.

Die Chromierung macht die Präparate haltbarer. Die Methode gibt gute Bilder (Lange). Man darf aber nicht zuviel Eiweißglyzerin nehmen.

Nach dieser Methode ist außer bei den üblichen Kapselbakterien (Milzbrand, Pneumokokken usw.) auch bei anderen Bakterien, so B. typhi, coli, subtilis, mallei usw., eine gewisse geringe Kapselbildung nachzuweisen.

Bei Vorfärben mit Karbolfuchsin und Nachfärbung mit Löfflerschem Methylenblau 4—6 Minuten (Boni) erscheinen die Bazillen blau, die Kapsel farblos und der Grund rot. Bei ungefärbtem Grund ist die Kapsel unsichtbar.

k) Verfahren nach v. Riemsdijk (Zentralbl. f. Bakteriol., Parasitenk. u. Infektionskrankh., Abt. I Orig., Bd. 86, S. 186).

1. In ein kleines Reagenzgläschen (Agglutinationsröhrchen) gibt man mit Pipette 5 Tropfen 0,5%ige Protargollösung (S. 123).
2. Hierin verreibt man etwas von den zu untersuchenden Bakterien (Kultur, oder Blut, mit Wasser homogenisiertes Sputum).
3. Hinzu kommen 5 Tropfen Eosinlösung (S. 123), der man zuvor auf 1 ccm 1 Tropfen (aus 1 ccm-Pipette) 20%ige Sodalösung zugesetzt hat.
4. Gut mischen und 10—20 Minuten stehen lassen.
5. Dünner gleichmäßiger Ausstrich auf Objektträger, an der Luft ohne Erwärmung trocknen und sofort in Zedernöl untersuchen. Bakterienzelle schwach rötlich. Äußerer Rand der farblosen Kapsel scharf, rot. Untergrund rötlich.

## E. Sporenfärbung.

Die Sporen heben sich bereits im ungefärbten Präparat als stark lichtbrechende Gebilde vom Bazillenleib ab. Bei der einfachen Färbung mit wässerigen Anilinfarben (S. 116) bleiben sie ungefärbt und treten als farblose, scharf abgegrenzte Gebilde in den gefärbten Bakterien hervor.

---

[1]) Boni, Zentralbl. f. Bakteriol., Parasitenk. u. Infektionskrankh., Abt. I. 1900, Bd. 28, S. 705.

[2]) Czaplewski, Dtsch. med. Wochenschr. 1917 Nr. 43.

Durch besondere Färbeverfahren können sie färberisch zur Darstellung gebracht werden. Die besten Bilder liefert das Verfahren nach Weitzmann-Konrich (i).

a) Verfahren nach Koch.

Das fixierte Deckglaspräparat bringt man auf

1. Anilinwasserfuchsin (S. 116), mit der Butterseite nach unten, zum Schwimmen und färbt unter zeitweiligem Erwärmen auf etwa 50° 24 Stunden lang.
2. Auswaschen in Alkohol, bis keine Farbe mehr abgegeben wird.
3. Nachfärben mit Methylenblau (S. 116) 3—5 Minuten.
4. Abspülen im Wasser.

Die Sporen sind rot, die Bazillenleiber blau gefärbt.

b) Verfahren nach Hauser[1]).

1. Fuchsinlösung (S. 116) 40—50 mal durch die Flammen ziehen, gegebenenfalls Erneuerung der verdampften Farblösung.
2. Entfärben mit 25%iger Schwefelsäure.
3. Abspülen in Wasser.
4. Nachfärben mit Methylenblau (S. 116) ½ Minute.
5. Abspülen.

c) Verfahren nach Möller[2]).

Nach Fixieren durch Erhitzen oder 2 Minuten langem Aufenthalt in absolutem Alkohol

1. Chloroform 2 Minuten } kann auch wegfallen, dient zur Fettlösung.
2. Wasserspülung }
3. 5%ige Chromsäure, ½—2—10 Minuten. Ausprobieren!
4. Wasserspülung.
5. Karbolfuchsinlösung (S. 120) unter Aufkochen 1 Minute.
6. 5%ige Schwefelsäure 5 Sekunden.
7. Abspülen in Wasser.
8. Methylenblau (S. 116) oder Malachitgrün ½ Minute.
9. Abspülen in Wasser.

d) Verfahren nach Klein[3]).

1. Sporenhaltiges Material in physiologischer Kochsalzlösung wird mit der gleichen Menge Karbolfuchsin (S. 120) versetzt und 6 Minuten erwärmt.
2. Aufstreichen, Fixieren des lufttrockenen Präparats.
3. 1%ige Schwefelsäure 1—2 Sekunden.
4. Abspülen in Wasser.
5. Verdünnte Methylenblaulösung 3—4 Minuten. Wasserspülung.

e) Als geeignet hat sich auch folgendes Verfahren erwiesen:

1. Fixieren: 10 mal durch die Flamme ziehen. 2 Minuten Chloroform.
2. Färben mit Anilinwasser-Fuchsin (S. 116). 3—5 mal Aufkochen, zwischen jedem Aufkochen 1—2 Minuten stehen lassen. Abspülen in Wasser, 5 Sekunden bis 10 Minuten 5%ige Chromsäurelösung, Wasserspülung.

f) Nach Aujesky (Zentralbl. f. Bakteriol., Parasitenk. u. Infektionskrankh., Abt. I Bd. 23, S. 329).

Die lufttrockenen, nicht fixierten Ausstriche bringt man in heiße ½%ige Salzsäure auf 3—4 Minuten, Wasserspülung, Trocknen, weiter färben nach Möller von 5—9.

---

[1]) Hauser, Münch. med. Wochenschr. 1887, Nr. 34.

[2]) Möller, Zentralbl. f. Bakteriol., Parasitenk. u. Infektionskrankh., 1891, Bd. 10, S. 273.

[3]) Klein, ebenda Abt. I., 1899, Bd. 25, S. 376.

g) Auch das Löfflersche und Bungesche Geißelfärbe-Verfahren (S. 145 u. 146) kann hier verwendet werden.

h) Sporenfärbung nach Waldmann.

1. Die fixierten Präparate werden mit 0,2%iger wässeriger Fuchsin-, Methylenblau- oder Malachitgrünlösung, die 0,01% Ätzkali enthält, 1—2 Minuten unter Erhitzen bis zum Aufkochen gefärbt.
2. Gründliches Abspülen nach vorherigem kurzen Erwärmen unter Wasser.
3. Gegenfärben mit Methylenblau oder Gentianaviolett, bzw. verdünntem Karbolfuchsin.
4. Abspülen usw.

i) Verfahren nach Konrich-Weitzmann[1].

1. Fixieren (Schmoren),
2. Färben mit heißem Karbolfuchsin 2 Minuten,
3. Wasserspülung,
4. Entfärben mit frisch hergestellter 10%iger wässeriger Natriumsulfitlösung 1 Minute,
5. Wasserspülung,
6. Nachfärben mit Methylenblaulösung (S. 116) 1 Minute,
7. Wasserspülung.

Bazillen blau, Sporen und sporogene Gebilde leuchtend rot.

## F. Geißelfärbung.

Im Dunkelfeld (S. 41) können die Geißeln an lebenden und toten Bakterien besser als im Hellfeld beobachtet werden. Nach Ficker[2] gelingt es im Dunkelfeld bei guten Präparaten ohne weiteres, Typhus- und Kolibazillen zu unterscheiden. Es ist anzunehmen, daß die Geißeldarstellung in Zukunft eine größere praktische Bedeutung erlangt. Zur Färbung eignen sich am besten junge, frische Kulturen, womöglich in eiweißfreien Nährflüssigkeiten (an Stelle von Pepton nimmt man Asparagin und an Stelle des Fleischwassers oder Fleischextraktes wenn möglich eine der Nährsalzlösungen [S. 172]) oder auf steiferer Nähragarplatte. Von der Agarplatte werden die Bakterien mit Wasser abgespritzt und mit Formalin abgetötet. Man läßt die Bakterien 1—3 Tage im Spitzglas absetzen. Zentrifugieren ist nicht zu empfehlen. Der Bodensatz wird in 1%igem Formalinwasser verteilt, wieder zum Absitzen gebracht und das Verfahren zweimal wiederholt, schließlich wird der Bodensatz in sterilem destillierten Wasser aufgenommen. Die Bakterien sind auf fettfreie Deckgläser, ohne viel zu verreiben, sehr dünn auszuziehen (S. 103).

a) Verfahren nach Ficker[2].

Präparierung und Fixierung der Bakterien war bisher für die Geißelfärbung üblich. Beizen 3—5 Minuten mit filtrierter Peppler-Beize (S. 122, Nr. 74). Vorsichtige Wasserspülung, lufttrocken werden lassen, einschließen in Leitungswasser.

Durchsaugen von Farbe (1 Teil einer wässerig konzentrierten Kristallviolettlösung + 50—100 Teile destilliertes Wasser oder Ziehlsche Lösung 1 : 50 mit destilliertem Wasser verdünnt) oder einfacher: gebeiztes lufttrockenes Präparat auflegen auf einen kleinen Tropfen dünnster Farbe.

---

[1]) Weitzmann, Vergleichende Untersuchungen über neuere Färbeverfahren für Tuberkelbazillen. Inaug.-Diss. Dresden-Leipzig 1922.

[2]) Ficker, Dtsch. med. Wochenschr. 1921, S. 286.

b) Verfahren nach Löffler[1]).

1. Löfflersche Beize (S. 121) $1/2$—1 Minute unter Erwärmen bis zum Dampfen.
2. Gründliche Wasserspülung. Entfernung der Beize an den Rändern und der freien Fläche, eventuell mit Fließpapier.
3. Abspülen in Alkohol.
4. Erwärmte Anilinwasserfuchsinlösung (S. 116), durch Zusatz von 1% und mehr einer 1%igen Natronlauge im Zustand der „Schwebefällung", d. h. beginnenden Trübung. Frisch bereiten!
5. Wasserspülung.

Niederschläge bei der Geißelfärbung nach Löffler sind dadurch zu vermeiden, daß man sehr sorgfältig auswäscht und beim Beizen und Färben ein Stück Fließpapier auf das Präparat legt und darauf die Lösungen gießt.

c) Verfahren nach Zettnow[2]).

Die durch mäßige Hitze fixierten Deckglasausstriche werden mit Wasser abgespült und mit der bestrichenen Seite nach unten in ein Blockschälchen gelegt, mit heißer, frisch filtrierter Antimonbeize (S. 124) übergossen, die Schälchen bedeckt und 5—10 Minuten auf eine 70—100° heiße Platte gestellt. Hierauf läßt man das Schälchen abkühlen, bis die Beize sich zu trüben beginnt. Sodann wird das Präparat im fließenden Wasser gründlich abgespült. Hierauf gibt man 4—5 Tropfen der Silberlösung (S. 124) auf das gebeizte Präparat, erwärmt bis zur kräftigen Dampfbildung und bis die Ausstrichränder (nur diese!) schwarz werden. Sind die Geißeln und vielleicht gar die Bakterien nur gelb gefärbt, so ist nicht stark genug erhitzt worden, und die Färbung kann mit neuer Silberlösung verstärkt werden. Dagegen weist ein Niederschlag auf zu starkes Erhitzen hin.

Das mit Silberlösung behandelte Präparat wird in Wasser abgespült, getrocknet und in Balsam eingelegt.

d) Geißelfärbung nach Peppler.

1. Die mit Bakterien beschickten Objektträger werden mit der Beize (Nr. 74 S. 122) geschwappt voll begossen. Einwirkungsdauer 1—5 Minuten. Nicht erwärmen.
2. Abgießen, kräftig abspülen.
3. Frisch filtrierte Karbol-Gentiana- oder Kristallviolettlösung (oder Karbolfuchsin oder Karbolthionin (S. 120), 2 Minuten.
4. Kräftige Wasserspülung, Trocknen. Durch eine minutenlange Einwirkung von Jod-Jodkaliumlösung (S. 120) kann die Färbung verstärkt werden.

e) nach Tribondeau, Fichet und Dubreuil[3]).

Über fettfreie Deckgläschen (S. 47) läßt man eine Aufschwemmung in destilliertem Wasser einer 12—24stündigen Kultur auf leicht alkalischem 2%igem Agar laufen. Nach dem Trocknen fixiert man mit absolutem Alkohol, dessen letzten Reste abgebrannt werden.

Zur Färbung dient folgende Lösung. In einem Porzellanschälchen werden 5 ccm einer Beize aus einem Teil 10%iger wässeriger Tanninlösung und zwei Teilen gesättigter Kalialaunlösung zum Sieden erhitzt, mit

[1]) Löffler, Dtsch. med. Wochenschr. 1906, Nr. 31; 1907, Nr. 5; 1910, Nr. 43; Zentralbl. f. Bakteriol., Parasitenk. u. Infektionskrankh., Abt. I. 1889, Bd. 6, S. 209; 1890, Bd. 7, S. 625.

[2]) Zettnow, Zeitschr. f. Hyg. u. Infektionskrankh. Bd. 30, S. 99 und Klin. Jahrb. Bd. 11, S. 379.

[3]) Tribondeau, Fichet und Dubreuil, Compt. rend. Soc. de Biol. 1916, T. 79, p. 710, und Zentralbl. f. Bakteriol., Parasitenk. u. Infektionskrankh., Abt. I. Ref. 1920, Bd. 69, S. 134.

0,5 ccm alkoholischer Kristallviolettlösung gemischt und erneut aufgekocht.

Zur Herstellung der Kristallviolettlösung geht man von einer 20%igen alkoholischen Lösung aus, von der Verdünnungen 1 : 5, 1 : 10, 1 : 15 und 1 : 20 bereitet werden. Von jeder Verdünnung werden 0,5 ccm zu 5 ccm Beize gesetzt. Die Verdünnung ist die beste, die auf dem Deckglas nach 5—10 Sekunden einen Niederschlag bildet.

Die heiße Mischung von Beize und Kristallviolett wird auf das Deckglas gegossen und nach 15—30 Sekunden durch einen Wasserstrahl energisch abgespült. Die Präparate werden über der Flamme getrocknet.

Die Geißeln sind blauviolett, der Untergrund ist blaßviolett.

f) Verfahren nach Bunge[1]).

1. Frisch filtrierte Bungesche Beize (S. 118) 1—5 Minuten (unter Erwärmen).
2. Wasserspülung.
3. Erwärmte Karbolgentianaviolettlösung (S. 120) und Wasserspülung usw. Auch zur Kapselfärbung. Hier vor Beizung $^1/_2$—1 Minute 5%ige Essigsäure mit nachfolgender Wasserspülung.

g) Verfahren nach Casares-Gil[2]).

Zur Durchführung der Geißelfärbung nach Casares-Gil benötigt man eine Mutterlösung folgender Herstellung:

10 g Tannin und 18 g kristallisiertes Aluminiumchlorid werden in einem Mörser in 30 ccm Alkohol von 70° sorgfältig gelöst. Hierzu setzt man tropfenweise eine Lösung von 10 g Zinkchlorid in 10 g Wasser und 1,5 g Rosanilinhydrochlorid (Fuchsin) hinzu, wobei darauf zu achten ist, daß das Fuchsin im Mörser sehr gut zerquetscht werden muß. Diese Mutterlösung ist ohne Filtration oder Abgießen auf Flaschen abgefüllt jahrelang haltbar.

Zur Färbung der Objektträger- oder Deckglasausstriche mischt man in einem Reagenzglase schnell, mit einem einzigen Stoße, 1 Teil Mutterlösung mit 4 Teilen destilliertem Wasser, schüttelt durch, läßt eine Minute absetzen und filtriert. Die filtrierte Farblösung läßt man — am besten direkt vom Filtertrichter — auf die nur an der Luft getrockneten Präparate tropfen (mitunter gelingt die Färbung auch bei geschmorten Präparaten), bis sie bedeckt sind. Die Farbe läßt man bis zur Bildung einer feinen, metallisch glänzenden Schicht einwirken (etwa 1 Minute). Um eine Ausfällung zu verhindern, wäscht man hierauf schnell mit viel Wasser (am besten unter dem weit offenen Wasserhahn) ab.

Zur nachträglichen Färbung der Bakterien empfiehlt sich 1 bis 2 Minuten Karbolfuchsin oder Methylenblau einwirken zu lassen.

Die Methode soll sehr sichere Resultate selbst in der Hand des Ungeübten geben.

## G. Färbung von Tuberkelbazillen und anderen säurefesten Bakterien.

### I. Ausstrichpräparate.

Die Zahl der Färbeverfahren für Ausstrichpräparate ist heute recht beträchtlich. Beim Nachweis von Tuberkelbazillen im Sputum hat die Ziehl-Neelsensche Methode (a) noch den Vorrang behauptet. Sie bietet große diagnostische Sicherheit. Die hierzu benötigten Farblösungen sind leicht herstellbar und gut haltbar. Das Verfahren ist verhältnismäßig einfach und schnell durchführbar. In den jüngsten Jahren ist das Ziehl-Neelsensche Verfahren aber überholt worden, wie es nachfolgende vergleichende Untersuchungen zeigen.

---

[1]) Bunge, Fortschr. d. Med. 1894.

[2]) Zit. nach Galli-Valerio, Zentralbl. f. Bakteriol., Parasitenk. u. Infektionskrankh., Abt. I Orig. 1915, Bd. 76, S. 233; 1918, Bd. 80, S. 270.

| Untersucher | Unters. Präparate | nach Ziehl-Neelsen | nach Kronberger | nach Weiß | nach Spengler | nach Jötten-Haarmann | nach Schaedel | nach Marx | nach Ulrichs | nach Konrich | nach Bender |
|---|---|---|---|---|---|---|---|---|---|---|---|
| Jötten-Haarmann[1]) | 108 | 44+ | 47+ | 47+ | 48+ | | | | | | |
| Jötten-Haarmann[1]) | 170 | 59+ | | | 61+ | 62+ | | | | | |
| Spreitzer[2]) | 50 | 5,8 | | | | 13,0 | 12,6 | 14,5 | 12,5 | 14,9 | |
| Bender[3]) | 1012 | 163+ | | | | | | | | | 193+ |
| Hetzel[4]) | 20 | 258 | 195 | 235 | 510 | | | | | 311 | |
| Bernblum[5]) | 30 | 23 | 12 | | | | | | | 34 | |
| Weitzmann[6]) | | 88 | | 83 | 119 | 106 | | | | 100 | 110 |

Weitzmann[6]) fand ferner nach Kerssenboom durchschnittlich 117, nach Schulte-Tigges 102 Tuberkelbazillen.

Ferner hatte

Adam[7]) gleiche Ergebnisse nach Ziehl-Neelson und Spengler und etwas bessere nach Herman;

Fitschen[8]) gleiche Ergebnisse (200 Präparate) nach Ziehl-Neelsen und Kronberger;

Rosenthal[9]) gleiche Ergebnisse (200 Präparate) nach Ziehl-Neelsen und Kronberger, sowie Herman;

Lichtweiß[10]) in 32% von 200 Fällen einen höheren Tuberkelbazillen-Befund nach Kronberger gegenüber Ziehl-Neelsen. In 20,5% der nach Ziehl-Neelsen negativen Präparate wurden nach Kronberger Tuberkelbazillen nachgewiesen;

Landolt[11]) nach Spengler 4mal soviel Tuberkelbazillen gefunden als nach Ziehl-Neelsen;

Kirchenstein[12]) nach Spengler 2mal soviel Tuberkelbazillen gefunden als nach Ziehl-Neelsen (200 Fälle);

Kürthi[13]) gleiche Ergebnisse (206 Präparate) nach Ziehl-Neelsen und Herman, aber nach Spengler in 19% mehr + Ergebnisse als nach den beiden vorgenannten Verfahren;

Lichtenhahn[14]) einen höheren Tuberkelbazillen-Befund nach Spengler als nach Ziehl-Neelsen;

---

1) Jötten und Haarmann, Münch. med. Wochenschr. 1920, S. 692.

2) Spreitzer, Zentralbl. f. Bakteriol., Parasitenk. u. Infektionskrankh., Abt. I. Orig. Bd. 86, S. 458. — Oben ist die mittlere Zahl der Tuberkelbazillen im Gesichtsfeld angegeben.

3) Bender, Zentralbl. f. Bakteriol., Parasitenk. u. Infektionskrankh., Abt. I. Orig. 1921, Bd. 86, S. 466.

4) Hetzel, Arch. f. wiss. u. prakt. Tierheilk. 1921, Bd. 47, S. 109. Die Zahlen geben die gefundenen Tuberkelbazillen an.

5) Bernblum, Zentralbl. f. Bakteriol., Parasitenk. u. Infektionskrankh., Abt. I Orig., Bd. 87, S. 23. Die Zahlen geben den mittleren Tuberkelbazillen-Gehalt an.

6) Weitzmann, Vergleichende Untersuchungen über neuere Färbe-Verfahren für Tuberkelbazillen. Vet.-med. Inaug.-Diss. Dresden-Leipzig 1922.

7) Adam, Über einige Tuberkelbazillenfärbemethoden. Inaug.-Diss. Leipzig 1910.

8) Fitschen, Zeitschr. f. Tuberkul. 1917, Bd. 28, S. 29.

9) Rosenthal, Münch. med. Wochenschr. 1918, S. 1282.

10) Lichtweiß, Zeitschr. f. Tuberkul. 1916, Bd. 25, S. 108.

11) Landolt, Zeitschr. f. ärztl. Fortbild. 1911, S. 595.

12) Kirchenstein, Zeitschr. f. Tuberkul. 1913, Bd. 19, S. 72.

13) Kürthi, Wien. klin. Wochenschr. 1907, Nr. 49.

14) Lichtenhahn, Korrespondenzbl. f. Schweizer Ärzte 1910, Nr. 33.

Kerssenboom[1]) gleiche Ergebnisse nach seinem und Spenglers Verfahren (300 Fälle),
Schulte-Tigges[2]) einen höheren Tuberkelbazillen-Befund nach seiner Methode als nach Ziehl-Neelsen;
Kongstedt[3]) in 125 von 1200 Fällen nach Herman einen höheren, in 47 Fällen einen geringeren Tuberkelbazillen-Befund als nach Ziehl-Neelsen;
Caan[4]) einen höheren Tuberkelbazillen-Befund nach Herman als nach Ziehl-Neelsen.

Bei obigen vergleichenden Versuchen mit jeweils gleichem Material wurden die Tuberkelbazillen in den Sputis durch Homogenisieren nicht angereichert. Bender untersuchte die 1012 Sputa auch gleichzeitig nach der Uhlenhuth-Hundeshagenschen Anreicherungsmethode; er hatte hier 197 positive Befunde.

Beim mikroskopischen Nachweis von Tuberkelbazillen hat man sich vor **Verwechselungen mit säurefesten Saprophyten** zu hüten (Smegmabazillen, Mist-, Milch-, Butter-, Gras- usw. Bazillen). Solche säurefeste Bazillen sind auch wiederholt im Leitungs- wie destilliertem Wasser nachgewiesen worden.

Durch Erhitzen auf über $200^0$ verlieren die säurefesten Bazillen ihre Färbbarkeit. Durch Bakterienfilter (S. 71) werden sie natürlich zurückgehalten. Zu Anreicherungsverfahren (Homogenisierung) (S. 89) usw. sollte nur filtriertes Wasser benutzt werden.

In neuerer Zeit ist es Hoffmann gelungen, durch sein Leuchtbildverfahren (S. 41) den Nachweis von Tuberkelbazillen zu erleichtern (vgl. hierüber unter w S. 153) und eine größere Anzahl vorhandener Tuberkelbazillen sichtbar zu machen als nach der sonst üblichen Beleuchtungsweise (Hellfeld), so gibt Zorn[5]) an, daß im Leuchtbild (Dunkelfeld) 2,2, nach Silberstein[6]) sogar 3mal soviel nach Ziehl-Neelsen gefärbte Tuberkelbazillen gesehen werden als im Hellfeld.

a) Nach Ziehl-Neelsen[7]). Findet noch viel Anwendung (vgl., S. 147 u. 150 unter g).

1. Die fixierten Präparate werden mit Karbolfuchsin (Ziehlsche Lösung S. 120) unter wiederholtem Aufkochen 2—3 Minuten gefärbt.
2. $20^0/_0$ige Salpetersäure 2—5 Sekunden. Schonender wirkt ein- oder zweimaliges kurzes Eintauchen in $20^0/_0$ige Schwefelsäure oder 2 bis 5 Sekunden lange Einwirkung von $5^0/_0$iger Schwefelsäure.
3. Auswaschen in $60—70^0/_0$igem Alkohol, bis keine Farbe mehr abgegeben wird, bzw. bis Präparat farblos erscheint, gegebenenfalls unter Wiederholung von 2 und 3.
4. Nachfärben in wässeriger Methylenblaulösung (S. 116) $^1/_2$ Minute (zu starkes Nachfärben ist verwerflich, Tuberkelbazillen nehmen violetten Ton an und verlieren ihren scharfen Kontrast).
5. Wasserspülung. — Tuberkel- und säurefeste Bazillen rot, andere Bakterien, Gewebe usw. blau.

---

[1]) Kerssenboom, Beitr. z. Klin. d. Tuberkul. 1921, Bd. 49, S. 105.
[2]) Schulte-Tigges, Dtsch. med. Wochenschr. 1920, S. 1225.
[3]) Kongstedt, Zentralbl. f. Bakteriol., Parasitenk. u. Infektionskrankh., Abt. I Orig., Bd. 84, S. 513.
[4]) Caan, ebenda 1909, Bd. 49, S. 637.
[5]) Zorn, Zentralbl. f. Bakteriol., Parasitenk. u. Infektionskrankh., Abt. I Orig. Bd. 88, S. 95.
[6]) Silberstein, Dtsch. med. Wochenschr. 1921, S. 775.
[7]) Ziehl, Dtsch. med. Wochenschr. 1882.

b) Nach Günther[1]).

Wie zuvor, nur an Stelle der Salpetersäure unter 2 verwendet er eine Mischung von 3 ccm Salzsäure und 97 ccm absolutem Alkohol, der die darin bewegten Präparate ½—1 Minute ausgesetzt werden.

Das Gram-Günthersche Verfahren findet viel Anwendung.

c) Gesetzliche Vorschriften für die bakteriologische Diagnose der Tuberkulose der Rinder vgl. S. 19.

d) Nach Ehrlich[2]). Findet wegen der geringen Haltbarkeit der unter 1 genannten Farben kaum noch Anwendung.

1. Färben der fixierten Präparate in Anilinwasserfuchsin oder Anilinwassergentianaviolett (S. 116) 3—5 Minuten unter Aufkochen.
2. Entfärben durch 35%ige Salpetersäure ¼ Minute.
3. Auswaschen in 60%igem Alkohol, bis keine Farbe mehr abgegeben wird.
4. Nachfärben mit wässerigem Methylenblau (S. 116) oder bei Vorfärbung mit Gentianaviolett mit Bismarckbraun (S. 117) 1 Minute.
5. Wasserspülung.

e) Hüllenmethode für Perlsucht- und Tuberkelbazillen nach Spengler (Dtsch. med. Wochenschr. 1907, Jahrg. 33, Nr. 9, S. 337). Wenig angewandt.

1. Alkalisieren des Ausstrichpartikels mit wenig (1%) Kali- oder Natronlauge, Herstellung eines Trockenpräparates unter äußerst schonender Erwärmung.
2. Übergießen des Präparats mit Löfflers Methylenblau (S. 121), Abspülen in Wasser.
3. Karbolfuchsin unter gelinder Flammenerwärmung, bis schwache Dämpfe über dem aus der Flamme herausgeführten Präparat aufsteigen. Wasserspülung.
4. Methylenblaunachfärbung unter Zusatz von 1—2 Tropfen 15%iger Salpetersäure zum Methylenblau — einige Sekunden Wasserspülung, Trocknen usw.

„Perlsuchtbazillen in geradezu riesenhafter Größe, weil größer als Tuberkelbazillen.“

f) Pikrinmethode nach Spengler (Dtsch. med. Wochenschr. 1907, S. 337). Durch nachfolgendes Verfahren überholt.

1. Karbolfuchsinfärbung unter Erwärmen, wie vorstehend.
2. Abgießen, Pikrinsäure-Alkohol 2—3 Sekunden, und dazu 3—4 Tropfen 15%ige Salpetersäure und wieder Pikrin bis zur schwachen Gelbfärbung von Sputumbelägen, 5—10 Sekunden. Wasserspülung und Trocknung. Der Pikrinsäure-Alkohol setzt sich aus 50 ccm gesättigter wässeriger Pikrinsäurelösung oder 50 ccm Esbachs Reagens[3]) und 50 ccm absolutem Alkohol zusammen, oder
3. Abspülen mit 60%igem Alkohol direkt nach Pikrinwirkung.
4. Aufgießen von 15%iger Salpetersäure, bis z. B. an Sputumbelägen eine leichte Gelbfärbung sich zeigt (einige Sekunden).
5. Abspülen mit Alkohol.
6. Kontrastfärbung mit Pikrinsäure-Alkohol bis zur Gelblichfärbung von Sputumschichten. Abspülen mit Wasser, Trocknen usw.

Diese Methode ist der Ziehl-Neelsenschen Methode überlegen, aber etwas zeitraubender. Bazillen leuchtend rot, Untergrund gelb, Einstellung der Ölimmersion erschwert.

---

[1]) Günther, Dtsch. med. Wochenschr. 1887, S. 471.

[2]) Ehrlich, ebenda 1882, S. 269.

[3]) Esbachs Reagens besteht aus 10 g Pikrinsäure, 20 g Zitronensäure, gelöst in 1000 ccm destilliertem Wasser.

g) Nach Jötten-Haarmann[1]). Vereinfachte Modifikation der Spenglerschen Pikrinmethode. Ist wie die unter h—m genannten Verfahren der Ziehl-Neelsenschen Methode überlegen (S. 147).

1. Vorfärben mit Karbolfuchsin wie bei Ziehl-Neelsen (S. 148, a).
2. Entfärben mit 15%iger Salpetersäure etwa 20 Sekunden.
3. Kurze Wasserspülung, nochmals Salpetersäure 10 Sekunden und nochmalige Wasserspülung.
4. Spenglers Pikrinsäure-Alkohol (gesättigte wässerige Pikrinsäure und absoluter Alkohol zu gleichen Teilen) 30 Sekunden.
5. Wasserspülung, Trocknen.

Farbkontrast stärker, Gewebe aufgehellt und durchsichtiger, so daß auch die unter Gewebs- und Zellbestandteilen liegenden Tuberkelbazillen leichter als bei Ziehl-Neelsen gesehen werden.

Verfahren nach Tribondeau[2]) stimmt weitgehend mit dem Jötten-Haarmannschen Verfahren überein.

h) Nach Bender[3]).

1. Färben mit Karbolfuchsin (Ziehl-Neelsen) unter Erwärmen bis zum beginnenden Bläschenspringen 2 Minuten.
2. Entfärben mit 3%igem Salzsäurealkohol unter abwechselndem Waschen mit Wasser bis möglichst zum völligen Schwinden der Rotfärbung.
3. Nachfärben mit gesättigter wässeriger Pikrinsäurelösung (etwa 1%) 1 Minute.
4. Gutes Auswaschen in Wasser.

i) Nach Kerssenboom[4]).

Da die nach dem Spenglerschen Verfahren und seinen Abänderungen hergestellten Präparate mit ihrem kaum sichtbaren Untergrund schwer einzustellen sind und ihre Durchmusterung sehr anstrengend ist, kombiniert Kerssenboom sie mit einer schwachen Nachfärbung mit Methylenblau. Sein Verfahren ist folgendes:

1. Färben 1—2 Minuten mit heißem (oder 24 Stunden mit kaltem) Karbolfuchsin.
2. Abspülen in Wasser, Entfärben mit 20%iger Salpetersäure, erneutes Abspülen in Wasser.
3. Pikrinsäure-Alkohol (Acid. picronitr. 5,0, Acid. citric. 10,0, Aqu. dest. 85,0, Alk. abs. 100,0) 1—2 Minuten.
4) Entfärben mit 70%igem Alkohol, Wasserspülung.
5) Kontrastfärbung mit einer 0,005%igen (1 : 100 verdünnten) Methylenblaulösung 1—2 Sekunden.
6. Wasserspülung $^1/_4$ Minute.

k) Nach Schädel[5]) (für Farbenblinde und Normalsichtige zum Nachweis der granulären Form).

1. Färben unter dreimaligem Aufkochen mit einem frisch hergestellten Gemisch aus 1 Teil frisch filtrierter, konzentrierter, alkoholischer Lösung von Methylviolett B. N. und 9 Teilen 2%igem Karbolwasser.
2. Abspülen im Wasserstrahl.
3. Entfärben in 3%igem Salzsäure-Alkohol, bis Präparat grau aussieht.
4. Wasserspülung.
5. Nachfärben mit Bismarckbraun (S. 117) oder Chrysoidin (2 : 300) 2 Minuten.

Tuberkelbazillen erscheinen schwarzviolett, Untergrund braun, läßt die Tuberkelbazillen durchscheinen. Farbkontrast größer

---

[1]) Jötten und Haarmann, Münch. med. Wochenschr. 1920, S. 692.
[2]) Tribondeau, Zentralbl. f. Bakteriol., Parasitenk. u. Infektionskrankh., Abt. I. Ref. Bd. 69, S. 387.
[3]) Bender, Zentralbl. f. Bakteriol., Parasitenk. u. Infektionskrankh., Abt. I Orig., 1921, Bd. 86, S. 465.
[4]) Kerssenboom, Beitr. z. Klin. d. Tuberkul. 1921, Bd. 49, S. 105.
[5]) Schädel, Münch. med. Wochenschr. 1920, S. 693.

als bei Ziehl-Neelsen. Eine Menge granulärer Tuberkelbazillen sind sichtbar. Vgl. auch S. 150 unter g.

l) Nach Kayser (Zentralbl. f. Bakteriol., Parasitenk. u. Infektionskrankh., Abt. I Orig., 1910, Bd. 55. S. 91) und Marx (Münch. med. Wochenschr. 1919, S. 416).

1. Färben mit Karbolfuchsin (wie bei Ziehl-Neelsen).
2. Entfärben durch 5%ige Schwefelsäure 2—3 Sekunden oder salzsauren Alkohol (vorsichtig!) und nachfolgend durch Alkohol, Wasserspülung.
3. Keine oder nur schwache Nachfärbung mit Vesuvin (S. 117) (Kayser), oder mit Chrysoidinlösung (S. 122) 3 Sekunden (Marx).

Diese Methoden sind der alten Ziehl-Neelsenschen überlegen, bei der das Methylenblau zuweilen die Tuberkelbazillen verdeckt. Vgl. auch S. 150 unter g.

Die Chrysoidinlösung erhält man durch Lösung von 1,0 Chrysoidin in 300 ccm kochendem Wasser mit folgender Filtration.

m) Nach Ulrichs[1]).

1. Färbung mit Karbolfuchsin nach Ziehl-Neelsen.
2. Entfärben mit 15%iger Salpetersäure und 70%igem Alkohol.
3. Gegenfärben mit einer 1%igen Lösung von Chromsäure in 60%igem Alkohol 1 Minute.
4. Kurzes Abspülen im Wasserstrahl, Trocknen.

Die Ulrichssche Methode ist nicht so kontrastreich, wie die drei vorhergehenden und das folgende Verfahren. Vgl. auch S. 150 unter g.

n) Nach Konrich[2]). Besonders empfehlenswert.

1. Färben mit heißem Karbolfuchsin $1/2$—2 Minuten — aber nicht kochen lassen (Erhitzen bis zum beginnenden Bläschenspringen).
2. Kräftige Wasserspülung.
3. Entfärben mit 10%iger wässeriger Natriumsulfitlösung bis zur völligen Entfärbung.
4. Wasserspülung.
5. Nachfärben mit Malachitgrün $1/4$—$1/2$ Minute (50,0 gesättigte wässerige Malachitgrünlösung + 100,0 Wasser).

Dieses Verfahren ist infolge des Ersatzes des Alkohols durch Natriumsulfit billiger, ferner sicher (vgl. S. 150 unter g) und gibt schöne Bilder, jedoch für Rot-grün-Farbenblinde ungeeignet.

o) Nach Schulte-Tigges[3]):

1. Färben $1/2$—2 Minuten mit heißem oder 24 Stunden mit kaltem Karbolfuchsin.
2. Abspülen in Wasser.
3. Entfärben mit 10%iger wässeriger Natriumsulfitlösung (die Lösung ist alle 2—3 Tage zu erneuern).
4. Abspülen in Wasser.
5. Gegenfärben mit einer wässerigen, konzentrierten Lösung von Pikrinsäure 5—10 Sekunden.
6. Wasserspülung.

p) Nach Herman (Ann. de l'Jnst. Pasteur 1908, T. 22; vgl. auch Caan, Zentralbl. f. Bakteriol., Parasitenk. u. Infektionskrankh., Abt. I Orig., 1909, Bd. 49, S. 637) für Schnitte und Ausstriche.

Die Gefrierschnitte werden in einer gesättigten Lösung von Sublimat in destilliertem Wasser, der 5% konzentrierte Essigsäure zugesetzt ist,

---

[1]) Ulrichs, Dtsch. med. Wochenschr. 1919, S. 468.

[2]) Konrich, ebenda 1920, S. 741.

[3]) Schulte-Tigges, Dtsch. med. Wochenschr. 1920, S. 1225.

gehärtet und auf dem Objektträger angetrocknet. (Nach Caan eignet sich auch eine Härtung in 10%iger Lösung des käuflichen 40%igen Formalins. Einbetten in Paraffin (S. 110); hier Ankleben mit Eiweiß-Glyzerinlösung.) Färbung mit 6—8 Tropfen einer Ammoniumkarbonat-Kristallviolettlösung (3 Teile einer 1%igen Ammoniumkarbonatlösung in destilliertem Wasser und 1 Teil einer 3%igen Kristallviolettlösung in 95%igem Alkohol) über der Flamme, bis Dämpfe aufsteigen, und stehen lassen 1 Minute.

Entfärben in 10%iger Salpetersäure mehrere Sekunden, sodann in 95%igem Alkohol (eventuell mehrere Male), bis blaßblaue Farbe auftritt. Auswaschen in Wasser (2—3 Minuten), bis Farbenton wiederkehrt. Trocknen, Einlegen in Balsam.

Caan färbt mit Mayers Karminlösung ca. 10 Minuten vor, differenziert mit 1%igem Salzsäurealkohol (1 ccm Salzsäure auf 100 ccm 70%igen Alkohol), und nun folgt Färbung mit Ammoniumkarbonat-Kristallviolett usw. Die Ausstriche werden, wie sonst üblich, fixiert und dann gefärbt usw.

Tuberkelbazillen violettschwarz.

Diese Methode ist der Ziehl-Neelsenschen überlegen[1]). Kongsted[2]) und Bender[3]) warnen aber vor uneingeschränkter Anwendung. Es kommt vereinzelt vor, daß Kokken sich nicht völlig entfärben und zur Verwechslung mit Tuberkelbazillensplittern führen. Ferner sind selbstverständlich nicht alle nach der Hermanschen Methode gefärbten Bazillen tatsächlich Tuberkelbazillen. Aber auch die anderen Verfahren, so auch nach Ziehl-Neelsen, können in dieser Richtung Fehlresultate geben (säurefeste Saphrophyten!).

q) Strukturfärbung für säurefeste Bakterien, speziell für Tuberkuloseerreger nach Kronberger (Beitr. z. Klin. d. Tuberkul. 1910, Bd. 16, S. 157).

1. Fixierung.
2. Karbolfuchsin; gelindes Erwärmen bis zur ersten schwachen Dampfbildung.
3. Entfärben durch 15%ige Salpetersäure.
4. Abspülen mit 60%igem Alkohol.
5. Offizinelle Jodtinktur (1 Jod : 10 Alkohol 90%ig), die mit dem vierfachen Volumen 60%igen Alkohols verdünnt ist, wenige Sekunden.
6. Abspülen im starken Wasserstrahl; Trocknen über der Flamme, Untergrund gelb-rötlich. Hülle der Tuberkelbazillen rosa bis leuchtend rot. „Jedes Stäbchen führt die dunkel-schwarzgefärbten Sporen in ziemlich regelmäßigen Abständen voneinander."

r) Nach Czaplewsky (Hyg. Rundschau, Bd. 4).

1. Färben mit erwärmtem Karbolfuchsin (S. 120).
2. Ohne Wasserspülung eintauchen einige Sekunden in eine Lösung von:

| | | |
|---|---|---|
| Fluoreszin (Grübler) | 1,0 | 2 Tage lang stehen lassen, vom Bodensatz abgießen, mit 5,0 Methylenblau versetzen, einen Tag stehen lassen, vom Bodensatz abgießen. |
| Alkohol | 100,0 | |

3. 10—12maliges Eintauchen in eine 5%ige alkoholische Methylenblaulösung.
4. Wasserspülung usw.

---

[1]) Kayser, Zentralbl. f. Bakteriol., Parasitenk. u. Infektionskrankh., Abt. I Orig., Bd. 55, S. 93. — Caan, ebenda 1919, Bd. 49. — Naegeli, Akerblom und Vernier, Therap. Monatsh. 1909, S. 212 usw.

[2]) Kongsted, Zentralbl. f. Bakteriol., Parasitenk. u. Infektionskrankh., Abt. I Orig., Bd. 84.

[3]) Bender, ebenda Bd. 86, S. 461.

s) Nach Fränkel-Gabbet[1]).

1. Färben wie bei Ziehl-Neelsen (S. 148, a).
2. Entfärben und Gegenfärben gleichzeitig mit Gabbetscher Lösung (S. 118 Nr. 33) 1—2 Minuten.

Dieses Verfahren ist, wie auch die übrigen Methoden (nach Torchetti, Johnes, Rondelli und Buscalioni, Weichselbaum usw.), bei denen ebenfalls Entfärbung und Gegenfärbung gleichzeitig durchgeführt werden, in neuerer Zeit mit Recht als unsicher verlassen worden.

t) Nach Much[2]) zur Färbung des nicht nach Ziehl-Neelsen färbbaren Tuberkulosevirus; auch für Schnitte geeignet.

1. Muchsche Lösung (S. 121 Nr. 49) 24—48 Stunden.
2. Jodjodkaliumlösung (S. 120 Nr. 41) 12 Minuten.
3. 5%ige Salpetersäure 1 Minute.
4. 3%ige Salzsäure 10 Sekunden.
5. Auswaschen in Azeton-Alkohol āā, bis kein Farbstoff mehr abgegeben wird.
6. Gegenfärbung mit stark verdünnter Fuchsin- oder 1%iger Safraninlösung 5—10 Sekunden, oder Bismarckbraun (S. 117 Nr. 17) 1 Minute.
7. Wasserspülung, Trocknen; Schnitte in Alkohol usw.

Bei der Beurteilung der Befunde ist Vorsicht am Platz. Auf Grund eines Granulabefundes (ohne charakteristische Stäbchen) in einem Präparat ist der Nachweis des Tuberkulosevirus noch nicht erbracht.

u) Nach Weiß[3]):

3 Teile filtrierte Karbolfuchsinlösung werden mit 1 Teil filtrierter Lösung von Methylviolett BN (10 ccm konzentrierte alkoholische Methylviolettlösung in 100 ccm eines 2%igen Karbolwassers) gemischt und erneut filtriert.

1. Färbung mit obiger Karbolfuchsin-Methylviolettlösung 1—48 Stunden bei Zimmertemperatur.
2. Lugolsche Lösung 5 Minuten ohne Erhitzen oder unter Erwärmen, bis leichte Dämpfe aufsteigen.
3. 5%ige Salpetersäure 1 Minute.
4. 3%ige Salzsäure 10 Sekunden.
5. Azetonalkohol (āā), bis kein Farbstoff mehr abfließt. Wiederholtes Kontrollieren unter dem Mikroskop.
6. Trocknen zwischen Fließpapier.
7. Nachfärben mit 1%iger Safraninlösung 5—10 Sekunden.

v) Färbung mit Fettfarbstoffen wie Sudan III[4]), Sudan-Gelb, Sudan-Braun, Scharlachrot[5]), Nilblausulfat (Lorrain-Smith)[6]), sowie die Färbemethoden nach Fischler und nach L. Smith-Dietrich eignen sich nach den Untersuchungen von Lommatzsch[7]) nicht zur Färbung von Tuberkelbazillen.

---

[1]) Fränkel, Berl. klin. Wochenschr. 1884.

[2]) Much, Beitr. z. Klin. d. Tuberkul. Bd. 8, S. 85 und 357; Bd. 11, S. 67.

[3]) Weiß, Berl. klin. Wochenschr. 1909, S. 1797.

[4]) Dorset, New York med. Journ. 1899, p. 148; vgl. hierüber vor allem Cowie, zit. nach Sherman, Journ. of infect. dis. 1913, Vol. 12, p. 249.

[5]) Herxheimer, Technik der pathologisch-histologischen Untersuchung 1912, S. 149.

[6]) Lorrain-Smith, Journ. of pathol. a. bacteriol. 1909, II, p. 415.

[7]) Lommatzsch, Zur Färbung des Tuberkelbazillus mit Fettfarbstoffen. Inaug.-Diss. Dresden-Leipzig 1922.

w) Leuchtbildverfahren nach Hoffmann[1]).

Die Ausstrichpräparate werden in der üblichen Weise nach Ziehl-Neelsen (S. 148) behandelt und dann im Dunkelfeld (S. 41) untersucht. Die Tuberkelbazillen und sonstige säurefeste Bakterien leuchten hellgrün auf, zeigen deutliche Granulierung, während die Umgebung dunkel- bis gelbbraun erscheint. Die genannten Bakterien werden leichter und in größerer Zahl im Leuchtbild (Dunkelfeld) als im Hellfeld (bei gewöhnlicher Beleuchtung) gesehen, da hier eine Verdeckung durch Methylenblau wegfällt und auch schlecht gefärbte Bazillen leuchten. Da das Methylenblau hier die Tuberkelbazillen nicht verdeckt, aber die Einstellung wesentlich erleichtert, so ist mit ihm nachzufärben. Bei Anwendung des Zeißschen Wechselkondensors kann man sich im Hellfeld leicht von ihrer roten Farbe überzeugen und so diagnostische Zweifel beheben. Mit dem Zeißschen Paraboloidkondensor kann man sich einen Wechselkondensor dadurch improvisieren, daß man den Paraboloidkondensor ein wenig abwärts zieht und das Dunkelfeld in ein verhältnismäßig gutes Hellfeld verwandelt.

Karbolfuchsinniederschläge im Präparat, die im Hellfeld vielfach stören, erzeugen im Dunkelfeld andere Farbeneffekte (z. B. leuchtend rotgelb) und werden hier leicht als Verunreinigungen erkannt (Keining)[2]). (Vgl. auch S. 148.)

x) Kochverfahren nach Preis[3]).

1. Färben des lufttrockenen, nicht fixierten Präparats mit Karbolfuchsin unter Erhitzen bis zur schwachen Dampfbildung bei stetem Hin- und Herbewegen (1 Minute — nicht länger färben, auch nicht stärker erhitzen). Am besten ist es, die Farbe $1/_4$ Stunde bei $37^0$ einwirken zu lassen.
2. Einstellen in eine Aluminiumschale mit siedendem frischen Wasser 2 Minuten.
3. Nachfärben mit Methylenblau (bei Sputum nur in sehr verdünnter Lösung).

Nur der Typus humanus der Tuberkelbazillen bleibt rot gefärbt, während sämtliche geprüfte, säurefeste Saprophyten (Smegma-, Mist-, Gras- I und II [Möller], Butter- [L. Rabinowitzsch], Harn- [Marpmann], Pseudoperlsucht- [Möller] Bazillus, ferner Korns Bac. friburgiensis I und II, Karlinskis Bazillus aus der Nasenhöhle, der Preissche Bazillus Lombardo Pellegrinos Bact. III) und der Leprabazillen in $1/_2$ bis $1 1/_2$ Minute entfärbt wurden. Auch der Typus bovinus, gallinaceus und poikilothermus sind weniger kochfest (teilweise Entfärbung

[1]) Hoffmann, Dtsch. med. Wochenschr. 1921 Nr. 3 und Berl. klin. Wochenschr. 1921, Nr. 4.

[2]) Keining, Münch. med. Wochenschr. 1921, S. 131.

[3]) Preis, Károly: Kochfestigkeit der Tuberkelbazillen. Gyógyászat 1921, S. 220, 234 (Ungarisch), ref. in Zentralbl. f. d. ges. Tuberkuloseforschung 1922, Bd. 17, S. 420.

nach 1 Minute, ein Teil bleibt aber selbst nach 5 Minuten langem Kochen gefärbt). Der Tuberkelbazillus verliert im trockenen Zustand durch Erhitzen auf 100° seine Kochfestigkeit, deshalb ist das Schmoren zu unterlassen.

### II. Schnittpräparate.

y) Nach Koch-Ehrlich für Schnitte. Formalinhärtung beeinträchtigt Färbbarkeit der Tuberkelbazillen.

1. Färben in Karbolfuchsin (S. 120 Nr. 44) ½ Stunde bei 37° oder 12 Stunden bei Zimmertemperatur. Besser verwendet man hier frische Anilinwasserfuchsinlösung (S. 116).
2. Entfärben in salzsaurem Alkohol (S. 126) einige Sekunden oder in 25%iger Salpetersäure 10 Sekunden.
3. Auswaschen in 70%igem Alkohol, bis keine Farbe mehr abgegeben wird, bzw. Schnitt farblos erscheint, 2 kann rasch wiederholt werden.
4. Nachfärben in Methylenblau (S. 116) 5 Minuten.
5. Abspülen in Wasser oder ¼—½%iger Essigsäure, hierauf in Alkohol.
6. Nelkenöl, eventuell Einlegen in Balsam.

Tuberkelbazillen rot, andere Bakterien und Gewebe blau.

z) Nach Schmorl für Schnitte.

1. Überfärben in Hämatoxylin (S. 119).
2. Auswaschen in Wasser ½ Stunde.
3. Färben in Karbolfuchsin (S. 120) ½—1 Stunde bei 37°.
4. Entfärben in 1%igem Salzsäurealkohol 1 Minute.
5. Auswaschen in 70%igem Alkohol 2—3 Minuten.
6. Abspülen in Wasser.
7. Übertragen in eine Lösung von Lithiumkarbonat (1 Teil konzentrierte Lösung auf 10 Teile Wasser), bis die Schnitte blau erscheinen.
8. Abspülen in Wasser 5—10 Minuten.
9. Absoluter Alkohol, Xylol, Balsam.

a') Färbung der Leprabazillen nach Baumgarten (Zeitschr. f. wiss. Mikroskop., Bd. 1).

1. Halbgesättigte, alkoholisch-wässerige Fuchsinlösung 5 Minuten.
2. Entfärben in einer Mischung von 10 Teilen Alkohol und 1 Teil Salpetersäure 20 Sekunden.
3. Wasserspülung.
4. Nachfärben mit Methylenblau. (Der Tuberkelbazillus bleibt noch ungefärbt.) Für Schnitte absoluter Alkohol, Zedernöl.

## H. Färbung der Spirochäten.

Zum Nachweis von Spirochäten hat das Leuchtbildverfahren (Dunkelfeld — s. a. S. 41) eine sehr große praktische Bedeutung erlangt. Nach Ölze[1]) werden im Giemsapräparat nach Alkohol-Ätherfixierung etwa 7mal, nach Osmiumfixierung etwa 2mal soviel Spirochäten im Dunkelfeld als im Hellfeld gesehen. Silberstein[2]) zählte bei Alkoholfixierung in 6 Präparaten 8 Spirochäten im Hellfeld gegen 40 im Dunkelfeld, nach Osmiumsäurefixierung 25 Spirochäten im Hellfeld gegen 215 im Dunkelfeld. Weit unterlegen ist das Tuscheverfahren. Es gibt nach Ölze von 100 Spirochäten des Dunkelfelds nur 7 wieder. Vermag

[1]) Oelze, Dermatol. Wochenschr. 1920, Nr. 42 und Münch. med. Wochenschr. 1921, Nr. 5.
[2]) Silberstein, Dtsch. med. Wochenschr. 1921, S. 775.

der praktische Arzt die Spirochätenuntersuchung nicht selbst durchzuführen, so empfiehlt sich das Einsenden des Reizserums in zugeschmolzenen Kapillaren an geeignete Laboratorien (Müller)[1]. In den Kapillaren halten sich die Spirochäten tagelang nahezu unverändert.

Das Dunkelfeld erleichtert weiterhin die Differentialdiagnose. Nach Silberstein[2] leuchtet die nach Giemsa gefärbte Spirochaeta pallida hellgrün, während die Refringens einen gelbbraunen Ton zeigt. Dagegen ist eine Unterscheidung der Pallida von der zarten Zahnspirochäte durch die Farbe im Leuchtbild nicht möglich.

a) Nachweis der Spirochaeta pallida im Dunkelfeld.

Auftropfen von Rugescher Lösung (Acid. acet. 1,0, Formalin 20,0, Aq. dest. 100,0) auf den fixierten, möglichst dünnen Sekretausstrich macht Spirochäten in ihrer charakteristischen Form gut sichtbar.

b) Das Verfahren nach Shmamine[3] eignet sich nach Keining[4] vorzüglich für Dunkelfelduntersuchung.

Die Ausstriche werden vorsichtig über der Flamme oder mit Methylalkohol kurz fixiert. Man tropft 10 Tropfen 1%ige Kalilauge und sofort ohne Abgießen 10 Tropfen Fuchsinlösung (1 Teil gesättigte alkoholische + 20 Teile destilliertes Wasser) auf und läßt das Fuchsin so lange (etwa 3 bis 4 Minuten) einwirken, bis es fast farblos geworden ist. Abspülen in Wasser, Trocknen zwischen Fließpapier, Untersuchung im Dunkelfeld. Die Färbung kann durch Wiederholung verstärkt werden.

c) Fluoreszenzfärbung von Spirochäten im vital gefärbten Dunkelfeldpräparat nach Oelze[5].

Zu einem Tropfen Reizserum gibt man einen Tropfen gesättigter wässeriger Chinablaulösung und untersucht im Dunkelfeld (S. 41). Die Spirochäten (Sp. pallida, Mundspirochäten usw.) sind teils ungefärbt, teils leuchtend rot. Beide zeigen ihre natürliche Bewegung. Die ungefärbten Spirochäten heben sich auch im gefärbten Zellhaufen scharf ab.

d) Verfahren nach Silberstein[2] für Dunkelfeld.

Fixieren in Osmiumsäure (S. 104), weniger gut in Alkohol (S. 155). Färben in frischer Giemsalösung (2—3 Tropfen auf 1 ccm destilliertes Wasser) $^3/_4$ Stunde.

Differenzieren in 25%iger Tanninlösung.

e) Osmium-Giemsa-Tanninverfahren nach Hoffmann[6].

Dünne Ausstriche werden in der Osmiumkammer $^1/_2$—1 Minute fixiert, hierauf 12—24 Stunden mit frisch bereiteter, verdünnter Giemsalösung (40 ccm destilliertes Wasser + 5—10 Tropfen 1%iger Lösung von Kalium carbonicum + 50—60 Tropfen Giemsalösung) in einem Farbtrog (Präparat mit der Ausstrichseite schräg gegen die Glaswand gelehnt) gefärbt, abgespült, mit 25—30%iger Tanninlösung 1—2 Minuten oder auch länger entfärbt, abgespült und getrocknet.

f) Schnellfärbung mit Giemsalösung nach Hoffmann[6].

Unfixierte, dünne Ausstriche werden mit frisch bereiteter, verdünnter Giemsalösung (10 ccm destilliertes Wasser + 1—2 Tropfen 1%iger Lösung von Kalium carbonicum + 20—25 Tropfen Giemsalösung) unter Erwärmen

---

[1] Müller, E., Diss. Königsberg 1921. Aus der Universitäts-Klinik für Hautkranke.

[2] Silberstein, Dtsch. med. Wochenschr. 1921, S. 775.

[3] Shmamine, Zentralbl. f. Bakteriol., Parasitenk. u. Infektionskrankh., Abt. I Orig. 1912, Bd. 61, S. 410.

[4] Keining, Münch. med. Wochenschr. 1921, S. 458.

[5] Oelze, Münch. med. Wochenschr. 1920, S. 1354.

[6] Hoffmann, Dermatol. Zeitschr. 1921, Bd. 33, S. 1.

bis zum Dampfen gefärbt, nach dem Abkühlen gießt man die Farbe ab und ersetzt sie durch neue, erwärmt wieder und wiederholt das im ganzen 4—5mal. Zu starkes Erhitzen ist zu vermeiden. Sodann ist mit destilliertem Wasser kurz abzuspülen und mit Tanninlösung wie zuvor zu entfärben usw.

g) Tuscheverfahren nach Burri (vgl. S. 131).

h) Silberimprägnation nach Fontana[1]-Schneemann.

Nach Fixieren mit Rugescher Lösung (S. 123) Beizen mit Fontanas Beize (S. 118). Leichtes Erwärmen bis zur Entwicklung schwacher Dämpfe 20 Sekunden. Abspülen in fließendem Wasser 30 Sekunden. Hierauf werden die Präparate mit 0,25%iger Silbernitratlösung in destilliertem Wasser, dazu konzentrierter Ammoniaklösung in kleinsten Tropfen, bis Flüssigkeit leicht opalesziert, unter schwachem Erwärmen 20—30 Sekunden behandelt. Abspülen 30 Sekunden und Trocknen mit Fließpapier.

Geeignet für Syphilisspirochäten. Nach Hage[2], Schmorl[3], Johan[4], Oelze[5] und Becker[6] ist das Fontanesche Verfahren vorzüglich. Die einzige Schwierigkeit dieses Verfahrens liegt in der schwierigen Herstellung der ammoniakalischen Silberlösung und deren beschränkten Haltbarkeit. Diese Übelstände haben Becker zur Ausarbeitung seines Verfahrens (s. unter i) veranlaßt.

Zur kräftigeren Färbung der Spirochäten empfiehlt Schneemann (Zentralbl. f. Bakteriol., Parasitenk. u. Infektionskrankh., Abt. I Orig., Bd. 86, Heft 1, S. 86) folgende Abänderung:

Der wie oben fixierte und gebeizte Ausstrich wird mit einer 0,25%igen Silbernitratlösung übergossen. Aus einer feinsten Kapillare wird ein Tropfen Ammoniak hinzugefügt. Das Präparat wird vorsichtig geschaukelt. Die Lösung nimmt einen leicht bräunlichen Schimmer an. Das Präparat wird auf einer Heizplatte auf 50—55° erwärmt (horizontale 40 cm lange, an einem Ende durch einen Brenner erhitzte Metallplatte). Die Temperatur wird durch das Schmelzen auf die Platte gelegter Paraffinbröckchen (Schmelzpunkt 50—55°) festgestellt.

Spirochäten tiefschwarz auf hellbraunem Grund.

Für die Darstellung der Spirochäte des Rückfallfiebers und der Weilschen Krankheit verwendet Schneemann außerdem eine 10%ige Tanninlösung als Beize. Einbettung in neutralem (!) Kanadabalsam.

i) Spirochätenfärbung nach Becker (Dtsch. med. Wochenschr. 1920, S. 259).

Dünn ausgestrichenes Reizserum wird 1 Minute mit Rugescher Lösung (S. 123, Nr. 83) behandelt, die ein- oder zweimal erneuert wird, hierauf wird abgespült und gebeizt. Die Beize enthält 10% (statt 5%) Tanninlösung, der man zur Erhöhung der Haltbarkeit 1% Karbolsäure zugesetzt hat. Man läßt sie unter Erwärmen bis zum Aufsteigen leichter Dämpfe $^1/_2$ Minute einwirken.

Die Färbung geschieht mit Ziehlschem Karbolfuchsin (S. 120) in der Wärme $^1/_2$—$^3/_4$ Minute. Abspülen, Trocknen, Untersuchen in Zedernöl.

Spirochäten der Rekurrens, Lues und Weilschen Krankheit färben sich intensiv rot. Untergrund matt. Geeignet für dünne Ausstriche des Reizserums, nicht für dicke Tropfen. Die steilen Windungen der Sp. pallida bleiben gut erhalten. Auch bei kongenitaler Lues (Leberausstrich), Angina Plaut-Vincent usw. geeignet.

---

[1] Fontana, Dermatol. Wochenschr. 1913, Nr. 56.
[2] Hage, Münch. med. Wochenschr. 1916, Nr. 20.
[3] Schmorl, Untersuchungsmethoden 1918.
[4] Johan, Dtsch. med. Wochenschr. 1917, Nr. 39.
[5] Oelze, Münch. med. Wochenschr. 1919, Nr. 38.
[6] Becker, Dtsch. med. Wochenschr. 1920, S. 259.

Dieses Verfahren ist dem Fontanaschen überlegen und dem Giemsaschen ebenbürtig (Schneemann, Zentralbl. f. Bakteriol., Parasitenk. u. Infektionskrankh., Abt. I Orig., Bd. 86, S. 88).

k) Nach Schaudinn und Hoffmann[1]. Ausstrichpräparate.

1. Fixieren in absolutem Alkohol 15—20 Minuten oder in der Flamme.
2. Färben nach alter Giemsamethode (vgl. S. 135) 15—60 Minuten ohne Erwärmen oder mit Giemsas verdünnter neuer Färblösung (S. 119) $^1/_4$ Minute unter Erhitzen, bis Dampf aufsteigt, abgießen und das viermal wiederholen.
3. Wasserspülung (Spirochäten dunkelrot, Kerne rot, Zellen blau).

l) Nach Oppenheim und Sachs[2]. Ausstrichpräparat.

1. Färben der unfixierten Präparate mit Karbolgentianaviolettlösung (S. 120) unter leichtem Erwärmen.
2. Wasserspülung. Trocknen, Balsam.

m) Färbung der Spirochäten nach Levaditi und Hoffmann. Schnittpräparate.

1. Härtung der nicht über 2 mm dicken Organscheiben in $10^0/_0$igem Formalin ($4^0/_0$igem Formaldehyd).
2. $96^0/_0$iger Alkohol 15 Stunden.
3. Wässerung, bis Scheiben untersinken. Wasser mehrmals wechseln.
4. Einhängen der Scheiben an Zwirnsfäden in frische Mischung von 9 Teilen $1{,}5^0/_0$iger Silbernitratlösung und 1 Teil reinsten Pyridins, 1—6 Tage bei 37°, dunkle Flasche mit Glasstopfen.
5. Abspülen in $10^0/_0$iger Pyridinlösung.
6. Frische Mischung von 90 ccm frischer, $4^0/_0$iger wässeriger Pyrogallollösung und 10 ccm Azeton; davon 85 ccm + 15 ccm Pyridin. puriss., Einhängen für 15 Stunden bis 2 Tage, dunkle Flasche mit Glasstopfen.
7. Wasserspülung, schnelle Einbettung in Paraffin (S. 109), Schneiden. Eine Nachfärbung in polychromem Methylenblau (S. 124) ist möglich, aber nicht notwendig. Peinliche Sauberkeit! Frische Lösungen. Spirochäten infolge Versilberung schwarz.

n) Spirochätenfärbung nach Giemsa-Schmorl.

1. Härten in $4^0/_0$iger Formalinlösung.
2. Schneiden auf Gefriermikrotom.
3. Färben in Giemsalösung (S. 119 Nr. 34) 1 Stunde.
4. Übertragen in frische Giemsalösung 12—24 Stunden.
5. Kurz abspülen in destilliertem Wasser.
6. Abspülen in Alkohol, Xylol, Balsam.

o) Eisenalaunhämatoxylinfärbung nach Heidenhain für Spirochäten, Protozoen, Zellstruktur.

Fixierung durch Formalin (S. 108) oder Sublimatlösung (S. 108) mit nachfolgender gründlicher Entfernung des Quecksilbers durch Jodalkohol. Einbettung in Paraffin. Aufkleben der Schnitte auf Objektträger.

Beizung: Die möglichst dünnen Schnitte werden aus destilliertem Wasser in $2^1/_2{}^0/_0$iger Lösung von violettem (!), schwefelsaurem Eisenoxydammon (nicht grünem, schwefelsaurem Eisenoxydulammon) auf 3 bis 6 Stunden übertragen. Zur Vermeidung von Niederschlägen ist der Objektträger senkrecht in die Flüssigkeit einzustellen. Nach sorgfältiger Wasserspülung Färben in einer ausgereiften, mit gleichen Teilen destilliertem Wasser verdünnten Hämatoxylinlösung (S. 119) 24—36 Stunden. Objektträger soll hierbei senkrecht stehen. Gebrauchte Farblösungen können, bei Auftreten von Niederschlägen nach Filtration, wieder benutzt werden.

Nach der Färbung werden die Präparate in einer großen Schale mit 1—2 Liter Leitungswasser abgespült, in obiger $2{,}5^0/_0$iger Eisenalaunlösung

[1] Schaudinn und Hoffmann, Arb. a. d. Kais. Gesundheitsamte 1905, Bd. 22.
[2] Oppenheim und Sachs, Dtsch. med. Wochenschr. 1905. Nr. 29.

differenziert und in der großen Schale mit Wasser abgeschwenkt. Unter dem Mikroskop wird die Differenzierung kontrolliert. Nach Abspülen in Wasser, Alkohol, Xylol folgt Einbetten in Balsam. Grundsubstanz und Bindegewebsfibrillen sollen ganz entfärbt werden, die Zellsubstanz hell oder leicht grau, Kerne, Zentrosomen und Spirochäten schwarz sein. Zuweilen verbindet man die Untersuchung im Dunkelfeld mit Vitalfärbung, so durch Methylenblau (Hoffmann, Mandelbaum) oder Methylviolett-Grübler (Meirowsky). Auch im fixierten und gefärbten Ausstrich- und Schnittpräparat (nach Giemsa oder versilbert) geben die Spirochäten im Dunkelfeld ein glänzendes, kontrastreiches Bild, sogar besser als im Hellfeld bei üblicher Beleuchtung (vgl. a. S. 155).

p) Färbung von Spirochäten usw. nach Ruppert[1]).

Gut lufttrockene, dünne Ausstriche werden 1—2 Minuten mit Rugescher Lösung (S. 123) fixiert, abgespült, unter Kochen mit gesättigter Lösung von Brillant-Reinblau (8 G extra von Bayer u. Co., Leverkusen) gefärbt, abgespült, mit 5fach verdünnter Ziehlscher Lösung 3 Sekunden nachgefärbt, abgespült und getrocknet.

## J. Färbung der Negrischen Körperchen.

a) Nach Lentz (Zentralbl. f. Bakteriol., Parasitenk. u. Infektionskrankh., Abt. I Orig., Bd. 44, Heft 4).

1. 2—3 mm dicke Querschnitte vom Ammonshorn kommen nach Henke-Zellers Schnelleinbettung (S. 109) (Zentralbl. f. allg. Pathol. u. pathol. Anat. 1905, Nr. 1) bei 37° für 30—40 Minuten in wasserfreies Azeton und ebensolange in Paraffin usw. Einbetten in Paraffin und Schneiden. Dauer des Verfahrens 1—$1\frac{1}{2}$ Stunde. Schnitte auf Objektträger antrocknen (S. 113). Abspülen in Xylol, 1 Minute in absoluten Alkohol.
2. Färben mit $\frac{1}{2}$%iger Lösung von Eosin extra B Höchst in 60%igem Alkohol.
3. Wasserspülung.
4. Färben 1 Minute in einer aus Methylenblau B-Patent Höchst hergestellten Löfflerschen Methylenblaulösung (S. 121).
5. Wasserspülung, Trocknen mit Fließpapier.
6. Differenzieren in einem absoluten Alkohol, der auf 6,0 g 1 Tropfen 1%iger Lösung von Natrium causticum in absolutem Alkohol enthält, bis blaßrosa.
7. Behandeln mit einem absoluten Alkohol, der auf 30,0 ccm 1 Tropfen 50%ige Essigsäure enthält, bis Ganglienzellenzüge nur noch als schwachblaue Linien erscheinen.
8. Spülung in absolutem Alkohol, Xylol usw.

Negrische Körperchen karmoisinrot, ihre Innenkörperchen blau, Ganglienzellen nebst Kernen hellblau, ihre Kernkörperchen schwarzblau, rote Blutkörperchen zinnoberrot.

Man kann auch aus einem frischen Ammonshornquerschnitt die Ganglienzellenschicht mit dem Messer herausnehmen, zwischen 2 Objektträgern zerquetschen, ausstreichen, einige Minuten in Methylalkohol fixieren, in absoluten Alkohol abspülen und färben, wie oben.

b) Färbung der Negrischen Körperchen nach Bohne (Zeitschr. f. Hyg. u. Infektionskrankh. 1906, Bd. 52).

1. $\frac{1}{2}$—$\frac{3}{4}$ mm dicke Scheiben aus der Mitte des Ammonshornes in Azeton bei 37° 30—45 Minuten.
2. In flüssiges Paraffin (Schmelzpunkt 55°) 1 Stunde bei 60°, Einbetten in Paraffin.

[1]) Ruppert, Dtsch. med. Wochenschr. 1921, Nr. 36.

3. Schneiden, Aufkleben der Schnitte auf Objektträger.
4. Abspülen in Xylol, Alkohol, Wasser.
5. Manns Lösung (S. 121 Nr. 58) $\frac{1}{2}$—4 Minuten.
6. Abspülung in Wasser, hierauf in absolutem Alkohol.
7. Mischung von 30 ccm absolutem Alkohol und 5 Tropfen einer 1%igen Lösung von Natriumhydroxyd in absolutem Alkohol; 15—20 Sekunden.
8. Abspülen in Alkohol.
9. Abspülen in Wasser 1 Minute.
10. Abspülen in mit Essigsäure leicht angesäuertem Wasser 1—2 Minuten.
11. Abspülen in Alkohol, Xylol, Kanadabalsam.

Negrische Körperchen rot, Gewebe blau.

c) Nach van Gieson (Zentralbl. f. Bakteriol., Parasitenk. u. Infektionskrankh., Abt. I Orig., Bd. 43, Heft 2).

1. Ein etwa $\frac{1}{2}$ erbsengroßes Stück grauer Nervensubstanz wird zwischen Deckglas und Objektträger zerquetscht. Das Deckglas wird dann langsam über den Objektträger gestrichen.
2. Nach Trocknen Methylalkohol einige Sekunden.
3. Färben unter Erwärmen bis Dampfbildung, 1—2 Minuten mit Mischung aus:

| | | | | |
|---|---|---|---|---|
| gesättigter alkoholischer Lösung von | | | Rosanilinviolett | 2 Tropfen, |
| „ wässeriger | „ | „ | Methylenblau, | 1 „ |
| destilliertem Wasser . . . . . . . . . . . . . . | | | | 10 „ |

4. Wasserspülung, Trocknen.

Negrische Körperchen intensiv rot, Chromatinkörnchen blau.

## K. Färbung von Protozoen (Amoeben usw.). Vgl. hierüber auch unter B. S. 133 bis 138.

a) Amöbenfärbung nach Noeller[1]) (Heidenhain-Zeitfärbung), auch für Darmflagellaten und Infusorien geeignet.

Die Feuchtpräparate werden mit Sublimat- oder Pikrinsäuregemischen fixiert (S. 104). Das Sublimat wird hierauf mit Jodalkohol bzw. die Pikrinsäure mit 70%igem Alkohol entfernt.

Einlegen in eine wässerige, frisch bereitete Eisenalaunbeize (S. 117) (1 Stunde bei 37°), Auswaschen in mäßig strömendem Leitungswasser 1—2 Minuten. Heidenhain-Farblösung (S. 119, gereift, aber nicht zu alt) 1 Stunde bei 37°, Abspülen in fließendem Leitungswasser.

Übergießen mit 2%iger Eisenalaunlösung $3\frac{1}{2}$—4 Minuten bei Darmamöben, $1\frac{1}{2}$—$2\frac{1}{3}$ bei Darmflagellaten, 5—6 Minuten bei Infusorien. Gründliches Wässern, durch Alkoholstufen in Xylol und Kanadabalsam überführen.

b) Amöbenfärbung nach Riegel[2]).

1 ccm frischer Mansonscher Lösung (100 ccm heißes destilliertes Wasser, 5 g Borax und 2 g Methylenblau) wird mit 4—5 ccm Chloroform $\frac{1}{2}$ Minute geschüttelt und mit Chloroform auf 10 ccm aufgefüllt. Die Farblösung wird abgehoben und filtriert. Der dünne, frische feuchte Ausstrich des zu färbenden Materials kommt sofort in diese wasserfreie, rötliche, nicht bläuliche Farblösung, Schicht nach oben, auf 20—40 Sekunden (Zysten 1 Minute) und wird rasch in flüssigem, säurefreien Paraffin eingeschlossen.

Die vegetativen Amöben sind violett, tote Amöben graugrün, Zysten teils dunkler, teils heller violett. Untersuchung bei künstlichem Licht mit roten Strahlen und erst einige Zeit nach Fertigstellung (Nachfärbung).

c) Färbung von Flagellaten nach Oehler[3]).

Der zu untersuchende Darminhalt wird mit körperwarmem Agarschleim (1 Agar auf 500 Wasser) vermischt und dünn ausgestrichen. Ohne Fixierung

[1]) Noeller, Arch. f. Schiffs- u. Tropenhyg. 1921, Bd. 25, S. 32 u. 35.
[2]) Riegel, Arch. f. Schiffs- u. Tropenhyg. 1918, S. 217.
[3]) Oehler, Dtsch. med. Wochenschr. 1922, S. 456.

färbt man das gut lufttrockene Präparat mit 2%iger Brillant-Reinblaulösung (8 G extra von Bayer u. Co., Leverkusen) unter leichtem Erwärmen 1 Minute, spült ab, trocknet und schließt mit Paraffin. liquid. ein.

## L. Kernfärbung.

a) Mit Hämalaun.

1. Die Schnitte kommen aus dem Wasser in Hämalaun (S. 119) 2—10 Minuten.
2. Gründliches Auswaschen in mehrmals zu wechselndem Wasser 1/2 bis mehrere Stunden. Bei Überfärbung:
3. Entfärben in Salzsäure-Alkohol (1 Teil Salzsäure, 100 Teilen 70%igen Alkohol) 1/4—1 Minute mit nachfolgendem gründlichen Auswaschen in Wasser.
4. Nachfärben in Eosin (1 g auf 100 ccm 90%igen Alkohol) 1—2 Minuten.
5. Auswaschen in Wasser, Alkohol und Xylol, Kanadabalsam.

b) Kernfärbung mit Bismarckbraun. Die Schnitte kommen aus Alkohol

1. In Bismarckbraun (S. 117) 5—10 Minuten.
2. Auswaschen in mehrmals gewechseltem Alkohol.
3. Xylol, Kanadabalsam.

Kerne braun, Protoplasma schwach bräunlich, Bakterien und Schleim schwarzbraun gefärbt.

c) Färbung mit Hämotoxylin nach Heidenhain.

(Stückfärbung). Farbe: 1/3%ige wässerige Lösung von Hämatoxylin. Kann frisch verwendet, aber in Licht nicht lange aufbewahrt werden.

Färbung: Die in Alkohol oder gesättigter Pikrinsäurelösung fixierten Objekte kommen 24 Stunden in die Farbe, 24 Stunden in mehrmals zu wechselnde 1/2%ige wässerige Kaliumchromatlösung (Kalium chromicum flavum), Auswaschen in Wasser, sodann in Alkohol von steigender Konzentration (S. 108), absoluten Alkohol, Xylol, Paraffin, Schneiden (Dicke nicht über 5 $\mu$). Neben Kernfärbung gute Protoplasmafärbung.

## M. Färberische Differenzierung von Bakterien.

Eine beschränkte färberische Differenzierung von Bakterien ist mit Hilfe des Gramschen Verfahrens, der Methoden für säurefeste Bakterien usw. möglich. Bei einander näherstehenden Bakterien (z. B. B. coli und Paratyphus B) versagen aber diese Verfahren. In neuerer Zeit ist es Bezssonof[1]) gelungen, selbst diese zu differenzieren. Er ging u. a. wie folgt vor:

1. Beize IV (1,0 g Kaliumbichromat + 0,4 g Brechweinstein auf 100 ccm destilliertes Wasser). Beide Komponenten sind getrennt vollständig zu lösen und dann erst zusammenzumischen. 20 Stunden bei 37°.
   Abspülen unter Leitungswasser.
   Abspülen in dreimal gewechseltem destillierten Wasser.
   Wasserblau (0,17%ig) 2 Stunden 100°.
   Abspülen in Leitungswasser und destilliertem Wasser wie zuvor.
   Chrysoidin (0,07%) 1 1/2 Stunde 100°.
   Destilliertes Wasser, Leitungswasser.
   Rose bengale (0,32%) 1/4 Stunde 65°, 14 Stunden 37° destilliertes Wasser (kalt).

B. coli rot, B. paratyphosus B. blau

oder

2. Xylol 5 Minuten.

---

[1]) Bezssonof, Arb. a. d. Inst. f. exp. Therap. und dem Georg Speyer-Hause zu Frankfurt a. M. 1919, Heft 8, S. 59.

Beize III (1,0 g Kaliumbichromat, 1,5 ccm 20%ige Milchsäure und 5 ccm 10%ige Schwefelsäure auf 200 ccm destilliertes Wasser) 45 Minuten (in der Kälte).
Leitungswasser (dreimal gewechselt) und destilliertes Wasser.
Wasserblau (0,17%) 2 Stunden 100°.
Destilliertes Wasser, Leitungswasser.
Chrysoidin (0,07%) 1 Stunde 100°.
Destilliertes Wasser 60°.
Methylviolett (0,12%) $1^1/_4$ Stunde 60°.
Destilliertes Wasser, Leitungswasser bei 60°.

B. coli gelb, B. paratyphosus B. blau.

Die Form der Bakterien leidet unter der langen Hitzewirkung erheblich, so daß meist nur gefärbte, krümelige, amorphe Massen zu sehen sind, selten sind die Bakterien noch gut erhalten.

Bei nachfolgender Versuchsanordnung sind die Bakterien zwar gut erhalten, aber die Farbunterschiede sind weniger deutlich, aber doch derart, daß sie mit bloßem Auge wahrgenommen werden.

3. Beize IV (s. o. unter 1) 14 Stunden 37°.
Leitungswasser und destilliertes Wasser 2 Stunden.
Wasserblau 14 Stunden 37°.
Chrysoidin 1 Stunde 100°.
Destilliertes Wasser bei 50°.
Nachfärben mit Karbolfuchsin 2—3 Sekunden.
Abspülen mit destilliertem Wasser.

B. coli gelblich-grün, B. paratyphosus B. karminrot.

## N. Darstellung der Guarnierischen Körperchen
(vgl. auch „Vakzine-Körperchen" S. 351).

1. Schnittpräparate. Das Untersuchungsmaterial (geimpfte Kaninchenkornea) wird in Sublimatalkohol (S. 127) oder Flemmingscher (S. 109) oder Zenkerscher Lösung (S. 124) gehärtet, die verdächtigen Herde werden aus der beimpften Hornhaut herausgeschnitten und einzeln in Paraffin eingebettet (S. 110). Damit die Hornhaut nicht zu spröde wird, ist an Stelle von Xylol besser Chloroform zu verwenden. Die Schnitte werden mit Hämatoxylin (Delafield — S. 119) oder Alaunkarmin (S. 116) oder Pikrokarmin (S. 122) gefärbt. Die Guarnierischen Körperchen färben sich wie die Kerne. Nachfärbung mit Eosin (S. 118) ist zu empfehlen. Die besten Bilder gibt Ehrlich-Biondis Triazidlösung (S. 118), welche Kerne, Zellplasma, Zelleinschlüsse different färbt und die beiden chromatischen Komponenten und den feineren Bau der Guarnierischen Körperchen erkennen läßt. Ferner sind u. a. auch die Giemsafärbung mit Azetondifferenzierung (S. 135), Färbung nach Mann (S. 121) und nach Ungermann und Zuelzer zu empfehlen. Bei letzterer färbt man mit konzentrierter wässeriger Gentianaviolettlösung, differenziert rasch in Alkohol und färbt mit verdünnter Fuchsinlösung nach.

Bei der mikroskopischen Untersuchung findet man die normal regelmäßig geschichtete, flache Epithellage um die Impfläsion verdickt. Sie besteht hier aus gleichmäßig gequollenen, polygonalen oder rundlichen Zellen. Später dringt das Epithel in die verletzten Bindegewebslamellen der Kornea ein. 24—48 Stunden nach Infektion beginnt eine Degeneration, Nekrose und Abstoßung der Epithelien; es entsteht eine kraterartige Vertiefung im Zentrum des Pockenherdes. Es folgt Regeneration (Zellvermehrung — zahlreiche Mitosen), die nach etwa 5—8 Tagen beendet ist. Während dieses Vorganges treten namentlich im Krater viele eosinophile Leukozyten (nicht mit Guarnierischen Körperchen verwechseln!) auf.

Charakteristisch für die Variola-Vakzineveränderungen sind die Schachtelzellen (gequollene Epithelzellen, deren Kern von einem zentralen rundlichen Gebilde an die Zellwand gedrückt ist, oder Epithelzellen, die andere Epithel oder Schachtelzellen phagozytiert haben), ferner die epithelialen Riesenzellen (große Epithelzellen mit 5—15 Kernen) und vor allem die Guarnierischen Körperchen. Letztere sind von Epithelzellen eingeschlossene, rund bis rundlich eckige Gebilde von verschiedener Größe, die sich mit Kernfarbstoffen stark färben, von einem Hof umgeben sind, mitunter eine oder mehrere zentral gelegene körnige Einlagerungen erkennen lassen und in mehr oder weniger näher räumlicher Beziehung zum Zellkern stehen. Zur Verwechselung können Anlaß geben: phagozytierte Leukozytenkernreste oder Bakterien, abgelöste Teile des Epithelkernes, stark degenerierte, in einer Schachtelzelle liegende Epithelzellen. Bei der Differentialdiagnose ist das gehäufte Auftreten der Guarnierischen Körperchen zu beachten. Die Guarnierischen Körperchen fehlen zuweilen in typischen Pockenherden auf der Kornea, namentlich nach Variolaimpfung, dagegen sind sie in Vakzineherden meist zahlreich. Bei der Diagnostik ist der Bau des Pockenknötchens und die angeführte Veränderungen mit zu beachten.

2. Frisch gefärbte Präparate der abgeschabten Epithelzellen der Conjunctiva corneae. Das Kaninchenauge wird kokainisiert, aus der Orbita herausluxiert, mit Kochsalzlösung gut abgespritzt (Entfernung der Eiterzellen) und unter Lupenkontrolle mit einem kleinen Skalpell mit scharfer, aber stumpfwinkelig geschliffener Schneide unter mäßigem Druck Epithelfetzen abgeschabt. Diese werden auf einem dem Auge fest angelegten Spatel gesammelt und in einem Tropfen physiologischer Kochsalzlösung auf dem Objektträger verteilt. Die Kochsalzlösung wird abgesogen, ein- oder mehrmals zur Entfernung des Schleimes erneuert. Die Kochsalzlösung wird schließlich möglichst vollständig entfernt, ohne daß das Präparat dabei trocken werden darf. Die Gewebsstücke werden in einem Tröpfchen Farblösung (1 ccm $1^0/_0$ige wässerige Methylenblaulösung mit 6 ccm physiologischer Kochsalzlösung oder eine Mischung von 1,5 ccm einer $^1/_4{}^0/_0$igen Brillantecht-Kresylblaulösung mit 5 ccm physiologischer Kochsalzlösung) unter der Präparierlupe möglichst fein zerzupft. Um ein Eintrocknen zu verhüten, setzt man nach Bedarf mit einer feinen Kapillarpipette etwas Farblösung zu. Nach der Zerkleinerung gibt man etwas mehr Farbe zu und hebt das Präparat bis zur genügenden Durchfärbung in der feuchten Kammer (etwa 30 Minuten vom ersten Auftropfen ab gerechnet) auf. Sodann legt man auf das von der Farblösung noch bedeckte Präparat ein Deckglas und umrandet es mit Vaseline.

Die Epithelzellen einer gesunden Hornhaut sind schwach gefärbt, polygonal, kubisch oder mehr zylindrisch, dicht zusammenschließend, und zeigen einen großen bläschenförmigen, blaß gefärbten Kern.

Dagegen zeigt das mit Pockenvirus infizierte Hornhautepithel hydropische (lichtere Färbung, 4—5fach vergrößert mit schwach färbbaren Granula), ödematöse (groß, blaß, fast rund) und absterbende bzw. abgestorbene Zellen. Bei letzteren bildet das koagulierte Eiweiß um den Zellkern einen oder mehrere konzentrische dichtere Ringe (Mantelzelle). Das Zellplasma oder die ganze Zelle färben sich stärker. Auch Schachtelzellen (s. oben) sind hier zu sehen. Wenn die eingeschlossenen Zellen durch Flüssigkeitsverlust kleiner, dichter und homogener geworden sind, können sie zu Verwechselungen mit Guarnierischen Körperchen Anlaß geben. Ferner findet man Riesenzellen (s. unter Schnittpräparat) und die Guarnierischen Körperchen als runde bis ovale, meist blauschwarze intrazelluläre, von einer hellen, mit Flüssigkeit gefällten Vakuole umgebene Gebilde, die einzeln, seltener zu mehreren (bis 12) in einer Zelle auftreten. In älteren Impfherden sind die Guarnierischen Körperchen größer und blasser färbbar.

Zuweilen treten die Guarnierischen Körperchen nur sehr selten, mitunter fast in jeder Zelle auf. Diagnostisch ist die typische Form und Färbung, die Menge und das herdweise Auftreten der Gebilde von Bedeutung.

Die ödematösen Mantel-, Schachtel- und Riesenzellen sind zwar an und für sich nicht für den Pockenprozeß charakteristisch, erlangen aber in der Masse ihres Auftretens in gewissem Grade eine pathognomische Bedeutung.

Mit den Guarnierischen Körperchen können andere einzeln gelegene Zelleinschlüsse sehr leicht verwechselt werden. Die Diagnose kann aber beim Vorhandensein einer größeren Anzahl von Einschlüssen in herdförmiger Aussaat einwandfrei positiv gestellt werden, besonders im Frischpräparat.

## II. Die Untersuchung in der Kultur.

Bei den geringen gestaltlichen und färberischen Unterschieden der Mikroorganismen ist die Leistungsfähigkeit der mikroskopischen Untersuchungsverfahren eng begrenzt. Es ist infolgedessen in der Regel notwendig, die bakterielle Diagnose durch kulturelle Untersuchung zu stützen oder überhaupt erst zu ermöglichen.

Bei der künstlichen Züchtung beabsichtigt man fast ausschließlich die Reinkultur einer bestimmten Bakterienart unter Ausschluß aller anderen. Die notwendige Voraussetzung zur Erlangung einer Reinkultur ist die Keimfreiheit aller Instrumente, Gläser und Nährböden, mit denen das bakterienhaltige Material in Berührung kommt. Diese Keimfreiheit wird durch Sterilisierung der Instrumente usw. erhalten.

## 1. Die Sterilisierung.

Alle diejenigen Instrumente (Platinnadel, eiserne Pinzetten, Scheren, Messer usw.), welche ein starkes Erhitzen in der Flamme **(Ausglühen)** vertragen, werden in der Flamme keimfrei gemacht.

Diejenigen trockenen Gegenstände, welche das Ausglühen nicht vertragen (Glasgegenstände, mit Wattestopfen versehene Reagenzröhrchen, Kolben, Meßzylinder, Pipetten [den Wattestopfen stößt man oben ein Stückchen ins Glasrohr hinein, um mit dem Finger einen sicheren Verschluß herbeiführen zu können] und Büretten, sowie Glasplatten und Schalen, Reibeschalen, mitunter auch Pinzetten, Scheren, Messer usw.) werden, nachdem man sie eventuell mit Watte verschlossen (Reagenzgläschen usw.) und zum Schutze gegen eine nachträgliche Verunreinigung in Papier (Pipetten, Büretten, Platten und Schalen usw.) eingeschlagen oder in Metalltaschen und -büchsen (S. 63) (Platten, Pipetten usw.) gegeben hat, im **Trockensterilisator** (im Notfall Bratofen) (S. 60) einer dreistündigen **Erhitzung** auf 140—150$^0$ oder $^1/_2$ Stunde lang auf 160$^0$ ausgesetzt (kalt ansetzen!).

Chirurgische Instrumente, Spritzen, Gummistopfen und -Schläuche usw., welche selbst bei der vorstehenden höheren Erhitzung im Trockensterilisator leiden würden, **kocht** man im **Instrumentensterilisator** (S. 63) aus. Wertvollere Gummigegenstände, welche beim Auskochen zu stark leiden würden, werden mit Seife und Wasser gewaschen, in Wasser gespült, 1 Stunde in 1$^0/_{00}$ige Sublimatlösung eingelegt und vor dem Gebrauch mit sterilem Wasser abgespült.

Die Nährböden (ausgenommen vor allem Blutserum) werden im **Dampftopf** (S. 61) oder **Autoklaven** an drei aufeinanderfolgenden Tagen je nach der zu sterilisierenden Masse 15—50 Minuten lang von dem Zeitpunkt ab gerechnet, wo der Dampf reichlich ausströmt, dem gesättigten Wasserdampf bei Siedetemperatur und darüber ausgesetzt. Bei der Bakterienabtötung in gebrauchten Kulturgefäßen vor der Reinigung begnügt man sich mit einer einmaligen, $^3/_4$ Stunden langen Erhitzung. Bei der Verwendung von Autoklaven ist darauf zu achten, daß der Dampfaustrittshahn erst dann geschlossen wird, wenn die ganze Luft aus dem Autoklaven durch den Dampf ausgetrieben ist (mit Luft gemischter Dampf wirkt wesentlich schwächer als gesättigter Dampf). Ferner ist nach beendeter Sterilisierung der Dampf nicht zu früh aus dem Autoklaven abzulassen Plötzliche Druckverminderung bedingt heftiges Aufwallen und Verspritzen der eingestellten Nährböden usw.

Gewisse Nährböden (Blutserum) vertragen die Siedehitze nicht. Sie werden an fünf aufeinanderfolgenden Tagen durch einstündiges Erhitzen auf 58—60$^0$ in Wärmeschränken usw. **diskontinuierlich sterilisiert.** Um ein stärkeres Austrocknen zu vermeiden, ist es zweckmäßig, ein offenes Gefäß mit Wasser in den Sterilisierapparat zu stellen. Das Abkühlen läßt man langsam vor sich gehen, damit die etwa vorhandenen Sporen bei 28—37$^0$ hinlänglich Zeit zum Auskeimen haben und die Keime als vegetative Formen am folgenden Tage beim erneuten Erhitzen abgetötet werden.

**Chemikalien** finden zum Keimfreimachen von Nährböden usw. nur beschränkte Anwendung. Am häufigsten verwendet man noch das

Chloroform. Es dient zur Konservierung, seltener zur Sterilisierung flüssiger Nährböden (Blutserum, Lackmusmolke usw.). Da das Chloroform sporenhaltiges Material selbst nach einem halben Jahr nicht sicher abzutöten vermag, ist für eine möglichst keimfreie Gewinnung der betreffenden Nährböden zu sorgen. Selbst zur Abtötung der vegetativen Formen muß das Chloroform längere Zeit (2 Wochen bis 2 Monate) einwirken. Vor der Benutzung der mit $1^1/_2{}^0/_0$ Chloroform versetzten Nährböden sind sie vom überschüssigen, am Boden stehenden Chloroform zu trennen. Das von den Nährböden aufgenommene Chloroform dunstet bald ab und stört in der Regel nicht (vgl. auch S. 198). Gleichen Zwecken dient auch der Zusatz von Toluol im Überschuß.

An Stelle des Chloroforms kann man bei gewissen Nährböden (nicht Serum) den besser wirkenden Äther benutzen. Ein Erfolg ist aber auch hier nur dann zu erwarten, wenn keine besonders widerstandsfähigen Keime zugegen sind und die Einwirkunsgdauer lang genug gewählt wird.

Die nicht flüchtigen Desinfektionsmittel sind im allgemeinen bei der Keimfreimachung der Nährböden, Gläser und Instrumente nicht zu gebrauchen. Es empfiehlt sich auch nicht, die benutzten Kulturgefäße mit Sublimat usw. zu desinfizieren; an ihre Stelle hat die Dampfsterilisation zu treten. Die einzige Ausnahme, wo wir Sublimat bei Nährböden gebrauchen, ist die Vorsterilisierung von vegetabilischen Nährböden (Kartoffeln). Vgl. hierüber S. 204.

Endlich können flüssige Nährböden (z. B. Blutserum), die nicht erhitzt werden dürfen, durch Filtration mittels Bakterienfilter (S. 71) keimfrei gemacht werden.

## 2. Die Nährbodenbereitung.

Je nach der Bakterienart wird man bald den einen oder anderen der heute bereits recht verschiedenen Nährböden zur Züchtung bevorzugen. Im allgemeinen wird man jedoch für die meisten Untersuchungen mit einigen wenigen Nährböden auskommen. Zu den gebräuchlichsten Nährböden gehören der Nähragar, die Nährgelatine und die Nährbouillon, zu denen man eventuell besondere Zusätze (Glyzerin, Traubenzucker usw.) gibt. Die Vorzüge der Gelatine sind volle Durchsichtigkeit und meist sehr charakteristisches Wachstum der Bakterien. Der Nachteil der Gelatine ist die Verflüssigung durch gewisse Bakterienarten und höhere Umgebungstemperatur (22° und darüber). Die Züchtung der Bakterien in Gelatine kann somit nicht bei Körpertemperatur sondern nur bei Zimmertemperatur vorgenommen werden, bei der aber das Wachstum im allgemeinen verlangsamt ist. Die Vorzüge des Agars bestehen in seiner Verwendbarkeit auch bei Körpertemperatur; ferner wird er durch Bakterien niemals verflüssigt. Die Nachteile des Agars sind etwas schwierigeres Handhaben beim Plattengießen infolge schneller Erstarrung und weniger charakteristisches Wachstum der Bakterien. Außer den drei erwähnten Nährböden sind noch eine große Anzahl anderer in die bakteriologische Technik eingeführt worden. Auf S. 190 ist eine Übersicht über sie und ihre Verwendungsweise gegeben. Über ihre Herstellung vgl. S. 167 bis 189 und 192 bis 229.

**a) Fertige Nährböden** sind abgezogen in Reagenzgläsern, Flaschen usw. von den meisten privaten bakteriologischen Instituten sowie Impfstofffabriken zu beziehen[1]).

Der Bezug gebrauchsfertiger Nährböden ist aber verhältnismäßig teuer. Neben diesen fertigen Nährböden sind noch sog. Trockennährböden (Doerr) im Handel zu haben. Sie stellen ein aus glänzenden Blättchen bestehendes Pulver dar. Durch Lösung in der 15fachen Menge kochenden Wassers, Abfüllen und Sterilisierung erhält man die gebrauchsfertigen Nährböden. Die Trockennährböden nach Doerr sind bei der Firma Siebert, Wien IX, Garnisonsgasse, zu beziehen. Ferner liefert die Chemische Fabrik „Bram" in Ölzschau bei Leipzig Trockennährböden.

In jüngster Zeit bringt die Firma Merck in Darmstadt die sog. Ragitnährböden in den Handel[2]). Ragit-Agar besteht aus Agarpulver, Pepton und Maggis gekörnter Bouillon und dem notwendigen Alkali. 42 g des Pulvers geben mit 1 l Wasser 1 Stunde im Dampftopf gekocht, filtriert, abgefüllt und sterilisiert einen Nähragar von der gewöhnlichen Zusammensetzung. Die Ragit-Bouillon enthält Maggis gekörnte Bouillon, Pepton und Alkali; 22 g mit 1 l Wasser gekocht geben die gewöhnliche Bouillon. Die Endotabletten enthalten die Bestandteile des Endoagar. Die erhaltenen Nährböden reagieren schwach alkalisch. Die Zeit- und Müheersparnis ist bei der Herstellung der gebrauchsfertigen Ragitnährböden gegenüber den nicht unbeträchtlich höheren Kosten nicht erheblich. Die meisten Bakterien gedeihen auf den Ragitnährböden, soweit er ihnen überhaupt zusagt, gut.

### b) Herstellen der Nährböden.

$\alpha$) Als **Wasser** kann Leitungs- oder Brunnenwasser verwendet werden, falls es nicht zu hart sowie frei von Eisen, salpetriger Säure und größeren Mengen Salpetersäure sowie von Verunreinigungen ist.

$\beta$) **Fleischwasser, Fleischextraktlösungen und Ersatzstoffe.** Das gemeinsame Ausgangsmaterial für die Herstellung der gebräuchlichsten Nährböden (Agar, Gelatine und Bouillon) ist das sog. Fleischwasser.

Das Fleischwasser stellte man früher ausschließlich durch Ausziehen von frischem Fleisch her. Heute ist dieses Verfahren durch die billigere und bequemere Auflösung von Fleischextrakt in Wasser mehr und mehr verdrängt worden. Die Fleischextraktlösungen färben den Nährboden etwas dunkler, sollen zuweilen sehr widerstandsfähige Sporen enthalten (worauf eventuell bei der Sterilisierung zu achten ist), einen schwankenden Salzgehalt aufweisen und an Güte dem „Fleischwasser" nach-

[1]) Weitere Bezugsquellen: Bakteriol. Laborat. von Dr. Wolff-Eisner, Berlin W, Potsdamerstr. 92 und Dr. Piorkowski, Berlin NW, Luisenstr. 45.

[2]) Ragit-Agar kosten 42 g 1,50, 1 kg 22 Mk., Ragit-Bouillon kosten 22 g 1,10, 1 kg 20 Mk. Endotabletten kosten in Röhrchen zu 10 Stück 2,50 Mk. (Vorkriegspreis). 1 Liter Trocken-Nähr-Agar oder Gelatine oder Bouillon kostet bei Bram zur Zeit 25 Mk., die übrigen Nährböden meist 50 Mk., Löffler-Serum 200 Mk.

stehen. Letzteres kann ich jedoch nach meinen eigenen Erfahrungen nicht bestätigen; ich bin vielmehr der Überzeugung, daß die Vorteile der Fleischextraktlösung ihre etwaigen Nachteile erheblich überwiegen. Ich stelle sie deshalb in den Vordergrund.

Die **Fleischextraktlösung** erhält man durch Auflösung von 0,5—1 g Liebigschem oder 1—2 g Cibilisschen Fleischextrakt oder 1 g Ochsena in 100 ccm Wasser. Noch billiger ist Maggis gekörnte Fleischbrühe. Man nimmt 3 Würfel (12 g) neben 10 g Pepton und 0,025 g Natriumkarbonat auf 1 l Nährboden. Kochsalz ist bereits in genügender Menge vorhanden. In jüngster Zeit wird ein besonderer Fleischextrakt für Nährböden (ohne Gewürzzusatz) u. a. vom Schlachthof Dresden [1]) in den Handel gebracht. Auch die Sterilisatorbrühe auf Schlachthöfen ist gut brauchbar. Man verdünnt sie 1 : 3 mit Wasser.

Das **Fleischwasser** im engeren Sinne wird durch Auslaugen von Fleisch gewonnen. Die Sorte des Fleisches ist zumeist gleichgültig. Das billige Pferdefleisch gibt ein leicht opaleszierendes, an Traubenzucker und Glykogen verhältnismäßig reiches Fleischwasser, worauf bei Gärversuchen, Gewinnung von Diphtheriegift usw. wohl zu achten ist. Der Traubenzucker ist zur angegebenen Verwendung zunächst durch Einimpfen von Bacterium coli oder Hefepilzen, die den Traubenzucker in 16 Stunden bei 37° vergären, zu entfernen. Erneute Prüfung im Gärkölbchen auf restlose Entfernung des Zuckers ist geboten.

Bevorzugt wird im allgemeinen das Fleisch von jüngeren, gutgenährten Tieren und unter diesen namentlich vom Kalb. Als billiges Fleisch kommt das von Freibänken und von Tieren in Frage, die wegen Tuberkulose, Finnen oder Trichinen konfisziert worden sind. Parenchymatöse Organe benutzt man selten. Für die Züchtung von Anaerobiern wird Leber empfohlen. In Gebäranstalten verwendet man zuweilen die Nachgeburten. Endlich kann das Fleischwasser auch aus dem billigen deutschen Tierkörpermehl (100 g auf 1 Liter) hergestellt werden. Amerikanisches Fleischmehl ist hierzu nicht zu gebrauchen. Das Tierkörpermehl quellt man 24 Stunden ein und kocht es dann 2 Stunden, läßt erkalten und hebt das Fett ab.

Das Fleisch wird zunächst von Knochen, Sehnen und Fett befreit und durch die Hackmaschine (Abb. 70) gedreht. Das so zerkleinerte Fleisch wird mit der doppelten Gewichtsmenge Wasser angerührt und entweder 24 Stunden bei Zimmertemperatur mazeriert oder $1^1/_2$ Stunde im Dampftopf oder über offenem Feuer in einem Emailletopf gekocht. Hierauf wird die Brühe durch Filtration vom Fleisch getrennt und die zurückbleibende Fleischmasse gut ausgedrückt, wozu sich eine Fleischpresse (Abb. 71, S. 64) gut eignet. Die Mazerationsbrühe soll der Menge des zugesetzten Wassers entsprechen. Die Kochbrühe ist eventuell durch Zusatz von Wasser auf das Volumen des zum Fleisch zugesetzten Wassers zu bringen. Das so erhaltene Fleischwasser dient ohne weiteres zur Herstellung der Nährböden. Soll Fleischwasser in Vorrat genommen werden, so ist es in mit Watte verschlossenen Gefäßen (Glaskolben usw.) zu sterilisieren.

**Ersatz für Fleischwasser. Harn** läßt sich bei der Kultivierung von manchen Bakterien an Stelle von Fleischwasser verwenden. Er gibt keine Trübungen und kostet nichts, aber die Bakterien wachsen in nicht so charakteristischen Kolonien und weniger üppig. Der Harn soll ein spezifisches Gewicht von 1,010 haben (eventuell verdünnen mit Wasser). Er wird zur Entfernung der das Wachstum mancher Bakterien hemmenden Harnfarbstoffe durch Tierkohle entfärbt.

Soll der Harn zu Untersuchungen über die Fähigkeit von Bakterien, Harnstoff zu vergären, dienen, so ist er zur Verhütung der Harnstoffzersetzung nicht durch Hitze zu sterilisieren. Gewöhnlich ist die zweite Hälfte des beim freiwilligen Harnlassen aus der männlichen Harnröhre abfließenden Urins keimfrei; sonst ist jeder Harn durch Bakterienfiltration leicht keimfrei zu machen.

**Ersatz für Fleischwasser und Pepton: Knochengallerte**[1]. 1 Teil Gallerte wird mit 1 Teil Wasser und 1 Teil Salzsäure 24 Stunden im Wasserbad erhitzt. Nach Neutralisation mit Soda und Filtration wird die abgebaute Gallerte als Pepton in der Menge von 1 % zur nicht mit Salzsäure behandelten Knochengallerte zugesetzt. Letztere wird in heißem Wasser aufgelöst. Die Menge richtet sich nach dem Eindickungsgrad der Gallerte. Die Gallertelösung wird geklärt und filtriert. Es entsteht eine hellgoldgelbe klare Flüssigkeit. Der Zusatz von Kochsalz erübrigt sich. Die Reaktion wird schwach alkalisch gehalten. Die Knochengallerte eignet sich zu Bouillon und Agar. Die Bakterien der Typhus-, Paratyphus-, Koli-, Dysenteriegruppe, Staphylokokken, Sarzinen usw. wachsen gut und in der üblichen Weise auf diesen Nährböden. Für Massenkulturen geeignet.

**Hefewasser** hat sich als Ersatz des teueren Fleisches und Fleischextraktes im allgemeinen gut bewährt. Als Ausgangsmaterial benutzt man entweder Trockennährhefe oder untergärige Bierhefe. Die Branntwein-Getreide-Preßhefe ist weniger geeignet. Bierhefe ist zuvor von den Hopfenharzen zu befreien. Hierzu verteilt man sie in reichlich Wasser, läßt absitzen, hebt das überstehende Wasser ab und wiederholt dieses Auswaschen und Dekantieren dreimal. Nach dem letzten Abheben werden 2,5 kg Rückstand mit 4 l Wasser versetzt und unter Umrühren aufgekocht. Sodann gibt man weitere 5 Liter kaltes Wasser hinzu und läßt mindestens 3 Stunden stehen. Das überstehende Wasser wird abgegossen, filtriert und als Ersatz des Fleischwassers benutzt (Guggenheimer)[2].

Von der Trockennährhefe nimmt man 10—30 g auf einen Liter Nährboden (Fleischwasser) und kocht eine Stunde, wenn möglich im Autoklaven, bei einem Überdruck von 1—1½ Atm. Will man klare Nährböden haben, so werden die ausgelaugten Heferückstände abfiltriert, anderenfalls darin gelassen.

Dem Guggenheimerschen Hefe-Nährboden haftet noch der Nachteil an, daß zu seiner Herstellung noch Pepton benötigt wird.

Als **Ersatz für Fleischwasser und Pepton** empfehlen Gaßner[3])

---

[1]) Standfuß und Kallert, Zentralbl. f. Bakteriol., Parasitenk. u. Infektionskrankh., Abt. I. Orig. Bd. 85, S. 223.

[2]) Gugenheimer, ebenda 1916, Bd. 77, S. 363.

[3]) Gaßner, Zentralbl. f. Bakteriol., Parasitenk. u. Infektionskrankh., Abt. I Orig., Bd. 79.

Hefewasser, Kammann[1]) ein patentiertes Hefenährbodenverfahren und Jötten[2]) nachfolgend erwähnten Hefenährboden.

**Hefewasser nach Gaßner**[3]). 10 l Hefebodensatz der Gärbottiche der Brauereien, der sog. Breihefe oder untergärigen Bierhefe werden mit etwa 20 l Wasser verrührt. Man läßt $^1/_2$ bis 11 Stunden (Jötten) absetzen, hebt das Wasser ab und ersetzt es durch frisches. Das wird so lange (etwa 3—5mal) fortgesetzt, bis das Waschwasser helltrübe bleibt. Hierauf wird die Hefe auf 18 l aufgefüllt, im Autoklaven oder Dampftopf aufgekocht. Nach Absetzen wird die überstehende Flüssigkeit abgehebert oder abfiltriert und dient als Fleischwasser und Pepton oder Nutrose. Zum Haltbarmachen ist sie einzudicken bzw. zu trocknen. Nach Jötten versetzt man das Hefewasser mit 0,5$^0/_0$ Kochsalz und alkalisiert es schwach. In diesem an Stelle von Nährbouillon dienenden Hefewasser wachsen die Bakterien der Typhus-Koligruppe, der Ruhr, der Tuberkulose, Cholera, ferner Strepto- und Staphylokokken gut und charakteristisch, desgleichen auf dem mit Hefewasser hergestellten Agar, Gelatine (Verflüssigung durch Bakterien etwas früher als auf der gewöhnlichen Nährgelatine) und Drigalski-Agar. Zum Endoagar eignet sich das Hefewasser schlechter (zu frühe allgemeine Rötung), desgleichen als Peptonwasser für die Choleraanreicherung.

Zur **Herstellung von Hefepepton nach Kammann**[4]) werden 10 kg Hefe (Branntwein-, Getreide-Preß-Hefe) mit ca. 20 l Wasser 2 Stunden im Autoklaven bei 1$^1/_2$—1 Atmosphären Überdruck behandelt und nach dem Erkalten die Extraktivstofflösung (A) abgehebert bzw. abfiltriert und zurückgestellt. Die zurückbleibende, dickflüssige weißliche Hefemasse wird mit Pepsin und etwa 10 Liter 0,5$^0/_0$iger Salzsäure in 5 Tagen bei 37$^0$ völlig peptonisiert. Die Lösung wird abgehebert oder abfiltriert, mit Natronlauge neutralisiert (B) und bei höchstens 50$^0$ im Faust-Heimschen Apparat (S. 79) oder im Vakuum zur Trockene eingedampft und 1 Stunde bei 100—105$^0$ nachgetrocknet und staubfein gemahlen.

Zur Herstellung von Extraktnährböden werden die oben zurückgestellten die Extraktivstoffe enthaltende Lösung (A.) mit der neutralisierten Peptonlösung vereinigt und wie oben getrocknet und gemahlen.

Zur Herstellung von Hefepeptonlösung werden in 1 l Wasser 10 g Hefepepton, 8 g Kochsalz, 0,1 g Kaliumnitrat und 0,2 g kristallisiertes kohlensaures Natron in der Wärme gelöst, filtriert, abgefüllt und an 3 aufeinanderfolgenden Tagen je 1 Stunde im Dampftopf sterilisiert.

In dieser Hefepeptonlösung, die wie die gewöhnliche Nährbouillon Verwendung findet, wachsen nach Jötten Typhus-, Paratyphus A- und B-, Gärtner-, Ruhr-, Koli-, Proteus-, Cholera-, Faecalis alcaligenes-

---

[1]) Kammann, Patentschr. Nr. 307831, Klasse 30 M, Gruppe 14.

[2]) Jötten, Arb. a. d. Reichs-Gesundheitsamte 1920, Bd. 52, Heft 2, S. 339.

[3]) Gaßner, Zentralbl. f. Bakteriol., Parasitenk. u. Infektionskrankh., Abt. I Orig., Bd. 79.

[4]) Hefepepton, Hefeextrakt und Nährbodengrundstoff werden von der Chemischen Fabrik Dr. Chr. Brunnengräber, Rostock i. M. und den Norddeutschen Chemischen Werken, Hamburg 1, Alsterdamm 8, in den Handel gebracht. 1 kg Hefepepton kosten zur Zeit 490 Mk., Hefeextrakt 130 Mk. und Nährbodengrundstoff, ein Gemisch von Hefepepton und Extrakt, 410 Mk.

Bakterien, Streptokokken, Staphylokokken, farbstoffbildende Bakterien üppig und charakteristisch.

Hefepeptonagar erhält man durch Lösung von 22 g Agar in 1 l Hefepeptonlösung. Wachstum der Bakterien gut, desgleichen auch in dem mit Hefepeptonlösung hergestellten Drigalskiagar. Der mit Hefepepton gewonnene Endoagar rötet sich bei längerer Aufbewahrung. Hierzu ist also Hefepepton weniger geeignet.

Der Hefeextraktagar wird erhalten, wenn man in 1 l Wasser 6 g Hefepepton [1]) + Hefeextraktivstoff [1]), 3 g Kochsalz und 22 g Agar durch $^1/_2$stündiges Kochen im Dampftopf löst. Mit 10$^0/_0$iger Sodalösung wird auf einen Alkaleszenzgrad von 0,05—0,07$^0/_0$ eingestellt. Hierauf wird erneut einige Stunden im Dampftopf gekocht, über Nacht bei Zimmertemperatur stehen gelassen. Der Bodensatz wird abgeschnitten (S. 185), der klare Agar in Kolben verteilt und diese $1^1/_2$ Stunden an zwei aufeinanderfolgenden Tagen im Dampftopf sterilisiert.

Nach Jötten ist das Wachstum von Typhus-, Cholera- und Kruse-Shigabazillen gegenüber dem Hefepeptonagar und gewöhnlichen Nähragar (S. 193) schlechter. Auch zu Drigalski- und Endoplatten eignet sich der Hefeextraktnährboden nicht.

**Hefenährboden nach Jötten** [2]).

10 kg untergärige Bierhefe werden mit 20 l Wasser angerührt und zweimal kurze Zeit, womöglich mittels Zentrifuge gewaschen. Man setzt etwa 1,5 g n-Natronlauge oder kohlensaures Ammonium in dünnem Strahl unter kräftigem Umrühren zu. Die Hefeflocken verschwinden, die Masse wird dunkelbraun. Nach $^1/_2$—1 Stunde setzt man kaltes Leitungswasser zu. Nach Absetzen des Hefebreies wird die Flüssigkeit abgehebert und die Hefemasse mit Wasser verrührt. Nach öfterem Durchmischen wird die gesamte Masse auf 5 Literkolben verteilt und 2 Tage bei 45$^0$ gehalten (Autolyse). Die überstehende braune Extraktlösung wird abgegossen und zurückgestellt, der Bodensatz wird mit Wasser gut ausgelaugt und abzentrifugiert. Die abzentrifugierte Flüssigkeit wird mit der erstgewonnenen Extraktlösung vereint (insgesamt etwa 30—40 Liter), bis zur fleischextraktähnlichen, dickflüssigen Masse eingedickt (Faust-Heimschen Apparat — S. 79) und in Vorrat genommen.

Zur Herstellung von Nährböden geht man vom nicht eingedickten oder eingedampften Hefeextrakt (15 g:1000 g Wasser) aus.

Der nicht eingedickte Hefeextrakt wird $1^1/_2$ Stunde im Dampftopf gekocht, durch Watte oder Fließpapier filtriert, auf Lackmusneutralpunkt eingestellt, mit 0,8$^0/_0$ Kochsalz, 0,01$^0/_0$ Kaliumnitrat und 0,02$^0/_0$ kristallisiertem Natriumkarbonat versetzt und an drei aufeinanderfolgenden Tagen sterilisiert. Zur Bereitung von Agarnährböden werden noch 2,2$^0/_0$ Agar hinzugefügt.

Zur Herstellung von Peptonwasser zur Cholerabazillenanreicherung läßt man die Autolyse bei 45$^0$ drei (statt zwei) Tage einwirken.

In diesen Hefenährböden ist das Wachstum der Bakterien gut und typisch. Zusatz von Pepton ist zwecklos. Der Kohlehydratgehalt der Hefe stört die Gärversuche nicht.

---

[1]) Siehe Anmerkung Seite 170 Nr. 4.

[2]) Jötten, Arb. a. d. Reichs-Gesundheitsamte 1920, Bd. 52, Heft 2, S. 359.

Das Hefeextrakt ist auch zur Herstellung von Neutralrot-, Drigalski- und Endonährböden gut geeignet. Die Endonährböden sind möglichst frisch zu verarbeiten (allmähliche Rötung bei Aufbewahrung).

**Abkochung von Blut.** Blut wird mit der doppelten Menge Wasser versetzt; Gerinnsel sind zuvor durch die Fleischhackmaschine zu zerkleinern. Das Gemisch wird zur Vermeidung des Anbrennens unter stetem Umrühren 10 Minuten gekocht, mit Essigsäure leicht angesäuert und weitere 5 Minuten gekocht. Man läßt absetzen und erkalten, gießt die Flüssigkeit vorsichtig durch ein Seihtuch, dann durch ein Fließpapierfilter und verwendet sie wie das Fleischwasser zur Herstellung von Nährböden.

**Molken.** Milch wird mit Lab bei 40° zur Gerinnung gebracht. Die ausgepreßten Molken werden mit Gelatine und Agar, sowie mit oder ohne Zusatz von 1% Pepton und 0,5% Kochsalz zu Nährböden verarbeitet.

**Salzlösungen** dienen zum Ersatz des Fleischwassers und Peptons und somit zur Herstellung **eiweißfreier Nährböden.**

Die verschiedenen diesbezüglichen Rezepte sind in nachfolgender Tabelle zusammengestellt. Durch Zugabe von Agar (15—30 g auf 1 l) oder Gelatine (100 g auf 1 l) lassen sich auch feste Nährböden gewinnen.

| | Cohn [1] | Fränkel [3] | Uschinsky | Maassen [4] | Proskauer u. Beck [2] |
|---|---|---|---|---|---|
| Phosphorsaures Kalium ($K_2HPO_4$) . . . . . . . | 5,0 | 2,0 | 2,0—2,5 | — | 1,3 ($KH_2PO_4$) |
| Kristallisierte schwefelsaure Magnesia . . . . . . . | 5,0 | — | 0,2—0,4 | 0,4 | 2,5 |
| Phosphorsaurer Kalk . . . . | 0,5 | — | — | — | — |
| Kohlensaures Ammoniak . . | — | — | — | — | 3,5 |
| Weinsaures Ammoniak . . . | 10,0 | — | — | — | — |
| Kochsalz . . . . . . . . . | — | 5,0 | 5—7,0 | — | — |
| Milchsaures Ammoniak . . . | — | 6,0 | 6—7,0 | — | — |
| Asparagin . . . . . . . . . | — | 4,0 | — | 10,1 | — |
| Salzsaurer Kalk (trocken) . | — | — | 0,1 | 0,01 | — |
| Asparaginsaures Natrium . . | — | — | 3,5 | — | — |
| Phosphorsaures Natrium ($Na_2HPO_4$) . . . . . . . | — | — | — | 2,0 | — |
| Kristallisiertes kohlensaures Natrium . . . . . . . . | — | — | — | 2,5 | — |
| Traubenzucker . . . . . . | — | — | — | 5—10,0 | — |
| Apfelsäure . . . . . . . . | — | — | — | 7,0 | — |
| Glyzerin . . . . . . . . . | — | — | 30—40,0 | — | 15,0 |
| Wasser . . . . . . . . . . | 1000,0 | 1000,0 | 1000,0 | 1000,0 | 1000,0 |
| Natronlauge . . . . . . . . | — | bis zur deutlich alkalisch. Reaktion | — | — | — |

[1]) Cohn, Beitr. z. Biol. d. Pflanzen v. F. Cohn 1872.
[2]) Proskauer und Beck, Zeitschr. f. Hyg. u. Infektionskrankh. 1894, Bd. 18.
[3]) Fränkel, Hyg. Rundschau 1894, Bd. 4.
[4]) Maassen, Mitt. a. d. Kais. Gesundheitsamt 1894 Bd. 9.

γ) **Pepton** usw. Das Pepton kommt in verschiedenen Sorten in den Handel. Bevorzugt wird weißes Peptonum siccum purissimum Witte, für die Erzielung einer schönen Indolreaktion (s. S. 267) Peptonum e carne von König in Leipzig. Auch Trypsinpeptone sind an Stelle der erwähnten Pepsinpeptone empfohlen worden.

Gutes Pepton soll weiß, geruchlos, in Wasser zu einer klaren, farblosen Lösung völlig löslich sein, auf Lackmus neutral oder schwach alkalisch reagieren, mit Fehlingscher Lösung eine auch beim Aufkochen bestehen bleibende violette Färbung geben, beim Schütteln einen ziemlich beständigen Schaum bilden, frei von Nitriten (Grießsches Reagens) sein und mit Diphenylamin einen nach etwa 5 Minuten schwachen, aber deutlich erkennbaren, schmalen, hellblauen Ring geben.

Um eine gute, klumpenlose Lösung von Pepton, Nutrose usw. zu erhalten, vermischt man das Pepton mit dem zuzusetzenden Kochsalz und verreibt es mit tropfenweise zugesetztem 60° warmen Fleischwasser. Das Pistill soll die Reibschale nicht berühren. Wenn sich ein klumpenloser Brei bildet, setzt man Fleischwasser in kleinen Portionen weiter zu und reibt das Pulver vom Rande bei.

Nach Brandl[1]) hat sich auch das **Cenovis-Nährbodenpulver**[2]) nach Mandelbaum, ein Gemisch von Hefeextrakt, Pepton und Kochsalz, zur Herstellung von Nährböden in jeder Richtung gut bewährt. 15 g Cenovisnährbodenpulver werden in 1 l Wasser gelöst. Nach Alkalisieren erhält man einen der gewöhnlichen Bouillon gleichwertigen Nährboden, nach weiterem Zusatz von Gelatine oder Agar die entsprechenden festen Nährböden.

Die Selbstherstellung des Peptons hat bei dem hohen Preis des käuflichen Peptons Bedeutung erlangt. Ich gehe hierbei in folgender Weise vor.

**Selbstbereitung von Pepton.** Die Peptone können durch Verdauung von Eiweiß mittels Pepsin in salzsaurem Medium oder mittels Trypsin (Pankreatin) in schwach sodaalkalischer Flüssigkeit gewonnen werden. Die peptische Spaltung macht bei den Albumosen und Peptonen halt, dagegen geht die tryptische Verdauung bis zu den freien Aminosäuren weiter, wenn sie nicht vorher unterbrochen wird.

Die Peptonisierung mit Pepsin und Salzsäure empfehlen Frieber[3]), Steusing[4]).

Die Verdauung mit Trypsin in alkalischer Lösung verwende ich (S. 175), sowie Hottinger (S. 175), Teruuchi und Hida[5]).

Als Ausgangsmaterial dient Fibrin (Frieber), zum menschlichen Genuß ungeeignetes Fleisch, namentlich vom Kalb und Rind (Klimmer) oder Fleischmehl, Blutkuchen, Serum, Leguminosenmehl usw. Das Fleisch wird von Knochen, Sehnen und Fett möglichst befreit und mit

---

[1]) Brandl, Münch. med. Wochenschr. 1921.
[2]) Erhältlich von Cenovis-Nährmittelwerke, München.
[3]) Frieber, Zentralbl. f. Bakteriol., Parasitenk. u. Infektionskrankh., Abt. I Orig. 1921, Bd. 86, S. 424.
[4]) Steusing, Wien. klin. Wochenschr. 1919, S. 858.
[5]) Teruuchi und Hida, Zentralbl. f. Bakteriol., Parasitenk. u. Infektionskrankh., Abt. I. Orig. 1912, Bd. 63, S. 570.

der Hackmaschine zerkleinert. Fibrin und Blutkuchen (von Pferd oder Rind) werden (in einem mit einem Tuch zugebundenen Gefäß) gewässert, abgepreßt und gleichfalls zerkleinert. 1 Teil zerkleinertes Fleisch oder Fibrin werden mit 2 Teilen Wasser versetzt. Bei Fleischmehl nimmt man die doppelte Menge Wasser. Den Fleischbrei usw. gibt man in große Flaschen, die, um ein gründliches Durchschütteln zu ermöglichen, nicht zu hoch anzufüllen sind.

**Ausführung der Pepsinverdauung.** Als Pepsin verwendet man 1—2 g käufliches Pepsinpulver (Pepsinum germanicum Witte-Rostock) auf 1 Liter obigen Fleisch- oder Fibrinbreies (Frieber). Steusing [1]) setzt 10 g Pepsinum germanicum oder den Magen fleischfressender Tiere zu. Auch der Magen vom Schwein (ungesalzen!) oder Labmagen vom Kalb kann Verwendung finden. Die Magenschleimhaut wird mit Wasser abgespült (zuweilen mit der Rückenseite eines Messers oder einem Uhrglas abgeschabt) und zerkleinert. Auf 2 l Fleischbrei rechnet man etwa einen Schweinemagen.

Auf 1 l obigen Fleischbreies und Pepsin gibt man noch etwa 6—7 ccm Salzsäure vom spezifischen Gewicht 1,19 (0,4%), bzw. so viel, daß nach wiederholtem kräftigen Umschütteln eine deutliche schwarzblaue Färbung von Kongorotpapier eintritt. Bramigk [1]) verwendet Schwefelsäure statt Salzsäure. Er gibt auf 1 kg Blutgerinnsel und 3 l Wasser 18 ccm konzentrierte Schwefelsäure.

Die Pepsinverdauung läßt man am besten bei Blut-, sonst auch bei Zimmertemperatur vor sich gehen. Die Lösung von Fibrin ist meist in zwei Tagen beendet. Fleisch wird langsamer verdaut.

Die erhaltene Peptonlösung wird bei Verwendung von Salzsäure zur Verdauung mit etwa 5%iger Natronlauge, bei Verwendung von Schwefelsäure mit Ammoniak oder Bariumhydroxyd gegen Lackmus neutralisiert. Überschüsse sind zu vermeiden. Etwa überschüssiges Bariumhydroxyd wird mit Schwefelsäure bis zur ganz schwach sauren Reaktion ausgefällt. Bei der Neutralisierung tritt ein grobflockiger Niederschlag auf.

Die Peptonlösung wird dann durch Zusatz von 1% Chloroform oder Toluol im Überschuß konserviert. Für gute Verteilung der Konservierungsmittel ist durch häufiges Umschütteln der gut verschlossenen Flasche zu sorgen, oder man dampft die Peptonlösung im Faust-Heimschen Apparat oder in offener Schale auf dem Wasserbad ein.

Zwecks Herstellung der 1%igen Peptonlösung verdünnt man die Peptonlösung mit Wasser etwa 1:2 oder 1:3—4, kocht auf und klärt durch Absitzen des Niederschlages oder Filtration. Die erhaltene, hellgelbe 1%ige Peptonlösung kann sterilisiert in Vorrat genommen werden.

Steusing empfiehlt den Peptongehalt in der ursprünglichen Peptonlösung annähernd zu bestimmen. Man vergleicht im Esbachschen Albuminometer die Fällungen, die in 10 ccm etwa 0,1%iger selbstgewonnener Peptonlösung gegenüber 0,1%iger Witte-Peptonlösung auf Zusatz von 0,5 ccm Salpetersäure und 1,0 ccm 10%iger Phosphormolybdänsäure oder Phosphorwolframsäurelösung nach 1—2 Stunden entstanden sind. Eine schnelle Orientierung über gleichmäßige Konzen-

[1]) Steusing, Wien. klin. Wochenschr. 1919, S. 858.

tration ermöglicht auch die Bestimmung der Refraktion mit dem Zeißschen Eintauchrefraktometer. Bramigk [1]) bestimmt den Abdampfrückstand von 10 ccm. Ferner ist das hergestellte Pepton in Form der üblichen Nährböden mit anspruchsvollen Bakterien im Züchtungsversuch zu prüfen.

**Ausführung der Trypsinverdauung.** Zum menschlichen Genuß ungeeignetes Fleisch (Rindfleisch usw.), Fleischmehl oder Serum, Blutkuchen, Fibrin usw. werden wie oben von Knochen, Sehnen und Fett möglichst befreit und durch die Hackmaschine gedreht. In gleicher Weise werden Bauchspeicheldrüsen vom Rind usw. hergerichtet. Auf etwa 3750 g zerkleinertes Fleisch werden 3—4 l Wasser von 40°, 650 g zerkleinerte Bauchspeicheldrüse, 51,2 g (= 0,8 % des Gesamtgemisches) wasserfreie Soda, in warmem Wasser gelöst, sowie 1—1,5 % Chloroform gegeben, gut durchgeschüttelt und in gut und fest verschlossenen Flaschen etwa 5 Tage bei 37° gehalten und öfters durchgeschüttelt. Nach einem Tag wird die Tryptophanprobe [2]), nach drei Tagen die Biuretreaktion [3]) meist positiv. Nach Abbruch der Verdauung wird die Masse unter dem Abzug aufgekocht, durch ein Seihtuch und hierauf durch Fließpapier filtriert und ausgepreßt. Das Filtrat wird bei mäßiger Temperatur eingedampft. Bei zu langem und starkem Erhitzen bräunt sich die Peptonlösung stärker, was aber auf das Wachstum der Bakterien nach meinen Erfahrungen ziemlich bedeutungslos ist. Die völlige Trocknung ist zuweilen schwierig, durch Verreiben mit Alkohol kann sie begünstigt werden. Nicht völlig getrocknetes Pepton kann durch Chloroform (S. 166) in gut verschlossenen Gefäßen konserviert werden. Die Ausbeute an Trockenpepton beträgt etwa 16—20 %, bezogen auf frisches Fleisch.

**Hottingers Verdauungsbrühe [4]).**

In $1\frac{1}{2}$ l kochendes Wasser wird 1 kg in stark fingerdicke Streifen geschnittenes Fleisch gebracht. Sobald das Wasser wieder kocht, wird es vom Feuer genommen. Das Fleisch wird herausgefischt und durch die Hackmaschine getrieben, das Wasser, in dem das Fleisch gekocht wurde, in eine Weithalsflasche gegeben, mit 1,5 g entwässerter Soda, nach dem Abkühlen auf Handwärme mit 3 g Pancreatinum siccum und 15—20 ccm Chloroform (und Toluol) versetzt. Die Flasche wird verschlossen, der Inhalt kräftig durchgeschüttelt. Hierauf wird das zerkleinerte Fleisch hinzugefügt und erneut durchgeschüttelt. Um ein gutes Durchschütteln zu ermöglichen, sind die Flaschen nur etwa $\frac{3}{4}$ zu füllen. Das Fleisch soll reichlich mit Flüssigkeit bedeckt sein. Gegebenenfalls ist Wasser zuzusetzen. Die Gefäße sind täglich ein bis mehrere Male durchzuschütteln. Die Verdauung vollzieht sich bei 20° in etwa 5 Tagen, bei 37° in 2 Tagen. Sie wird durch leichtes Ansäuern mit Salzsäure unterbrochen [5]) und so gegebenenfalls unter Chloroformzusatz

---

[1]) Bramigk, Zentralbl. f. Bakteriol., Parasitenk. u. Infektionskrankh., Abt. I. Orig. 1921, Bd. 86, S. 427.

[2]) Bei der Tryptophanreaktion wird eine Probe des Verdauungsgemisches gekocht, filtriert, mit Essigsäure vorsichtig schwach angesäuert und mit Bromwasser tropfenweise versetzt. Bei Gegenwart von Tryptophan tritt Rotfärbung auf. Das Bromwasser erhält man durch Schütteln von einigen Tropfen Brom in etwa 20 ccm destilliertem Wasser, Absitzenlassen und Filtrieren.

[3]) Die Biuretreaktion nimmt man wie folgt vor: Eine abgekochte und filtrierte Probe des Verdauungsgemisches wird mit Natronlauge und etwas stark verdünnter Kupfersulfatlösung versetzt. Eintretende rotviolette Färbung zeigt die Reaktion an.

[4]) Hottinger, Zentralbl. f. Bakteriol., Parasitenk. u. Infektionskrankh., Abt. I. Orig. Bd. 67, S. 178.

[5]) Zu schwach oder zu stark angesäuerte Gemische filtrieren schlecht.

vorrätig gehalten. Zur weiteren Verarbeitung wird die Masse durch Fließpapier filtriert, der Rückstand mit Papier in Wasser (3 l auf 1 kg Fleisch) angerührt und wieder filtriert. Die Filtrate werden vereinigt, zehn Minuten gekocht und mit Wasser auf 10—50 Liter [1]) aufgefüllt. Auf 1 Liter Wasser setzt man 20 ccm einer konzentrierten Lösung von nicht gereinigtem Kristallsalz (Rohsalz, reich an erwünschten Magnesium- und Kalziumsalzen) hinzu. Zuvor hat man auf 100 ccm filtrierte Kochsalzlösung noch 5 g zweibasisches Kaliumphosphat ($K_2HPO_4$) und bei weichem Wasser noch eine kleine Messerspitze dreibasisches Kalziumphosphat hinzugegeben und filtriert. Das Wasser enthält dann im Liter 7 g Kochsalz und 1 g Dikaliumphosphat.

Von dem Verdauungsbrei wird nur so viel entnommen, als jeweils benötigt wird und, wie oben gezeigt, verarbeitet. Der Rest wird aufbewahrt. Säure und Chloroform verhindern die Fäulnis.

Für 1 Liter Fleischbrühe genügen 100—200 ccm Brei, der in 1 Liter salzhaltiges Wasser gegossen, filtriert und aufgekocht wird. Nach leichtem Alkalisieren ist der Nährboden fertig.

**Knorrs** [2]) **Verdauungsbrühe aus Blutkuchen.** Sie wird ähnlich wie Hottingers Verdauungsbrühe (S. 175) hergestellt.

1 kg Blutkuchen wird mit 1,5 l Wasser versetzt, eine Stunde unter öfterem Umrühren gekocht, durchgeseiht und abgepreßt. Der Rückstand wird durch die Fleischhackmaschine getrieben und mit der abgegossenen und abgepreßten Flüssigkeit gemischt. Nach Zusatz von 1—2 g Pankreon und Chloroform wird 6—7 Tage bei Zimmertemperatur verdaut. Über den Zusatz von Soda erwähnt Knorr nichts; er ist aber in Mengen von 0,8% wasserfreier Soda zweckmäßig. Die allmählich schokoladenbraun werdende Flüssigkeit wird öfters durchgeschüttelt. Wie bei Hottinger wird angesäuert, durch Fließpapier filtriert und der Rückstand so lange mit Wasser vermengt und filtriert, bis 4 l Filtrat erhalten wird. Nach Zusatz von 100 g Rohsalz und 15 g Kaliumphosphat wird nochmals filtriert und so die Stammlösung erhalten, welche das Fleischwasser und Pepton ersetzt. Ein weiterer Kochsalzzusatz ist nicht nötig. Sie gibt die Tryptophanreaktion. Der Preis beträgt kaum 9 Mk. Zur Herstellung von Nährböden nimmt man 40 Teile Stammlösung, fügt gegebenenfalls Gelatine oder Agar und etwaige besondere Zusätze hinzu und füllt mit Wasser auf 100 Teile auf. Die Bazillen der Typhus-Koligruppe wachsen auf diesen Nährböden ausgezeichnet. Selbst bei Zusatz von nur 25—30% Stammlösung ist das Wachstum noch gut.

Anstatt Pepton ist der **Nährstoff Heyden** (Chem. Fabrik von Heyden, Radebeul b. Dresden), eine Albumose, namentlich für Wasseruntersuchungen und Tuberkelbazillenkultivierung empfohlen worden. Bei der Lösung geht man in der Weise vor, daß man das Präparat mit der dreifachen Menge Wasser verquirlt und schließlich mit heißem, destilliertem Wasser auffüllt.

Für besondere Zwecke (z. B. Lackmuslaktoseagar) ist **Nutrose, Tropon** usw. empfohlen worden. Nutroselösungen sind trübe und durch Fließpapier sehr schwer zu filtrieren. Man läßt daher absetzen, filtriert zunächst durch Watte und dann erst durch Fließpapier. Ganz klar wird die Nutroselösung auch dann nicht. Tropon als Peptonersatz empfiehlt Bitter [3]), und zwar, da reines Tropon gegenwärtig nicht erhältlich, Eisentropon für die farbigen Nährböden zur Züchtung von Bakterien der Ruhr-Typhus-Koligruppe und Malztropon für die gewöhn-

[1]) Für farbstoffbildende Bakterien verdünnt man auf 50 l, für gewöhnliche Laboratoriumsarbeiten auf 30 l, wenn möglichste Bakterienausbeute gewünscht wird, auf 10 l.

[2]) Knorr, Zentralbl. f. Bakteriol., Parasitenk. u. Infektionskrankh., Abt. I. Orig. Bd. 86, S. 598.

[3]) Bitter, Dtsch. med. Wochenschr. 1920, S. 830.

lichen Fleischbrühen, Gelatine und Agar. Statt 1% Pepton sind 2% Tropon zu nehmen.

**Nutroseersatz** nach Leuchs [1]).

9 Teile Serum von Rindern oder anderen Tierarten werden mit 1 Teil offizineller 15%iger Natronlauge gemischt, 2 Tage bei 37° gehalten, dann mit 25%iger Salzsäure bis zur schwach alkalischen Reaktion gegen Lackmus versetzt. Ein Teil dieses vorbehandelten Serums wird mit 4 Teilen Wasser verdünnt, mit 0,5% Kochsalz versetzt, sterilisiert und nach Abkühlung filtriert (Klein [2]).

Bei der Verwendung des so erhaltenen Serumalkalialbuminats (an Stelle der teuren Nutrose) zu den Barsiekowschen Differentialnährböden löst man 1% Trauben- oder Milchzucker, für die Ruhrdifferentiallösungen 2% Mannit oder Maltose oder Saccharose in der vorher 15 Minuten lang im Wasserbad gekochten Kubel-Tiemannschen Lackmuslösung (Kahlbaum) unter nochmaligem 6—8 Minuten langem Kochen und filtriert dann. Auf 1 Teil warme Lackmuszuckerlösung gibt man 20 Teile obiger warmer Serumalkalialbuminatlösung, mischt gut durch, füllt ab und sterilisiert an drei aufeinanderfolgenden Tagen je 10 Minuten in Dampf.

Gildemeister [3]) verwendet verdünntes steriles Serum als Nutroseersatz. Er gewinnt es durch Verdünnen von 5—10 Teilen Rinderserum mit 90—95 Teilen destillierten Wassers und einstündiges Sterilisieren. Das erhaltene Serumwasser verwendet er zu Differentialnährböden nach Barsiekow (S. 211).

$\delta$) **Beurteilung der Ersatzpräparate für Fleischwasser und Pepton.**

Die Ersatzpräparate für Fleischwasser und Pepton, wie Peptonkochsalzlösung, Maggis gekörnte Fleischbrühe (Hart) [4]), Maggibouillon (Ragitagar nach Marx) [5]), Ochsena (Pflanzenfleischextrakt), Nährstoff Heyden, Nutrose, Tropon, Glukose, Somatose, Somatogen, Bioson usw. bieten nach Gaßner [6]) keinen vollen Ersatz, das gleiche gilt auch von Harn [7]), Milch [8]), Quark [9]), Bier [10]), Auszüge aus Bohnen (Noblécourt) [11]), Sojabohnen (Guth) [12]), Möhren (Rochaix) [13]), Makkaroni (Lagerheim) [14]), Kokosnüssen (Reiter) [15]), Mannan, der Wurzel

---

[1]) Leuchs, Dtsch. med. Wochenschr. 1920, S. 1415.

[2]) Klein, Dtsch. med. Wochenschr. 1920. S. 297.

[3]) Gildemeister, Zentralbl. f. Bakteriol., Parasitenk. u. Infektionskrankh., Abt. I Orig. 1921, Bd. 87, S. 75.

[4]) Hart, Zentralbl. f. Bakteriol., Parasitenk. u. Infektionskrankh., Abt. I Orig. 1909, Bd. 50.

[5]) Marx, Münch. med. Wochenschr. 1910, Nr. 7.

[6]) Gaßner, Zentralbl. f. Bakteriol., Parasitenk. u. Infektionskrankh., Abt. I Orig., Bd. 79.

[7]) Heller, Berl. klin. Wochenschr. 1890.

[8]) Raskin, Petersburger med. Wochenschr. 1887.

[9]) Köhlisch und Otto, Zeitschr. f. Hyg. u. Infektionskrankh. 1915, Bd. 80, S. 431.

[10]) Sobel, Dtsch. med. Wochenschr. 1915, S. 1573.

[11]) Noblécourt, Journ. de physiol. et de pathol. gén. 1907, Vol. 9, p. 1024.

[12]) Guth, Dtsch. med. Wochenschr. 1915, S. 1544.

[13]) Rochaix, Cpt. coul. soc. de biol. 1913, t. 74, p. 604.

[14]) Lagerheim, Zentralbl. f. Bakteriol., Parasitenk. u. Infektionskrankh., Bd. 11.

[15]) Reiter, Handb. d. pathog. Mikroorg. Herausgeg. von Kolle und Wassermann, 1912, Bd. 1, S. 409.

der Konjakupflanze (Uyeda)[1]), Gerste, Weizen, Roggen, Hafer, Erbsen, Linsen, Kartoffeln (Holz)[2]), Salzlösungen (S. 172). Bessere Ergebnisse wurden mit Hefe (S. 169 u. ff.) erhalten.

Vom **Kochsalz** verwendet man besser ungereinigtes Salz, wegen seines Gehaltes an Magnesium- und Kalziumsalzen.

Die **sonstigen Zusätze** (Glyzerin, verschiedene Zuckerarten usw., S. 194) sollen nur chemisch rein benützt werden. Über Gelatine, Agar und Ersatzstoffe s. S. 192—194.

### c) Reaktion, Neutralisieren und Alkalisieren der Nährböden.

Die mit Fleischwasser hergestellten Nährböden reagieren sauer. Die Bakterien bevorzugen aber meist eine neutrale bzw. leicht alkalische Reaktion. Eine Ausnahme hiervon machen u. a. Rotz- und Tuberkelbazillen sowie Eumyzeten, welche auf unveränderten sog. **natursauren** Nährböden zumeist besser als auf alkalischen wachsen.

Die Reaktion wird mit Hilfe eines **„Indikators“** festgestellt. Die gebräuchlichsten sind der Lackmusfarbstoff und das Phenolphthalein.

Das Lackmuspapier ist zu beziehen u. a. von Dieterich, Helfenberg i. S. als in Buchform gebundene Streifen aus Fließpapier zur Bestimmung des Lackmusblauneutralpunktes, oder als Duplitestlackmuspapier, bei dem Lackmusrot- und -blau bzw. Neutralviolett nebeneinander auf einem Streifen angebracht sind. Letzteres dient für Nährböden (z. B. Malachitgrünagar), welche an der Grenze der Neutralität bzw. leicht sauer gehalten werden. Die Prüfung der Reaktion hat bei Tageslicht zu erfolgen.

Das Phenolphthalein verwendet man in 1%iger alkoholischer Lösung, die mit sehr stark verdünnter Natronlauge eine Spur rötlich gefärbt ist, oder eingetrocknet auf Fließpapier. Der Farbumschlag ist bei Phenolphthalein schärfer als bei Lackmus; ersteres wird deshalb bevorzugt. Der Neutralitätspunkt beider Indikatoren fällt nicht vollkommen zusammen. Fleischwasser, welches auf Phenolphthalein gerade neutral reagiert, gibt mit Lackmus bereits eine leicht alkalische Reaktion.

Die von Natur leicht sauer reagierenden Fleischwassernährböden werden in der Hitze meist zunächst mit Normalnatronlauge (40 g Natriumhydrat auf 1 l Wasser) **neutralisiert** und dann mit Soda leicht **alkalisch gemacht.** Da der erreichte Neutralitätspunkt beim Erhitzen meist in leicht saure Reaktion umschlägt, kann man einige Tropfen Lauge auf 1 l Nährboden im Überschuß zusetzen.

Das Alkaleszenzoptimum liegt für die meisten Bakterien zwischen dem tieferen Lackmus- und höheren Phenolphthaleinneutralitätspunkt. Infolgedessen muß man die gegen Lackmus neutralisierten Nährböden noch mit etwas Alkali (7 ccm Normalsodalösung [143 g Kristall- oder 53 g wasserfreie Soda auf 1 Liter] auf 1 l Bouillon oder Agar und 5 ccm auf 1 l Gelatine), die gegen Phenolphthalein neutralisierten dagegen

[1]) Uyeda, Zentralbl. f. Bakteriol., Parasitenk. u. Infektionskrankh., Abt. I Ref. 1907, Bd. 39.

[2]) Holz, Zeitschr. f. Hyg. u. Infektionskrankh. 1890, Bd. 8.

mit etwas Säure (16 ccm $\frac{n}{10}$ Milch- oder Salzsäure[1]) auf 1 l Nährboden) versetzen, um den gewünschten Alkalitätspunkt zu erhalten. Oder man titriert eine kleine, abgemessene Menge mit Normal-Natronlauge gegen Phenolphthalein auf Neutral und setzt dann zur übrigen Menge des Nährbodens nur $^3/_4$ derjenigen Menge Normal-Sodalösung hinzu, die zur völligen Neutralisierung gegen Phenolphthalein nötig wäre. Wie alle Normallösungen untereinander äquivalent sind, so entspricht auch 1 ccm n-Natronlauge 1 ccm n-Sodalösung. Die für Tuberkelbazillen geeignetste Reaktion erhält man, wenn man zu der aus 1000,0 Wasser, 10,0 Liebigschem Fleischextrakt, 10,0 Pepton Witte, 5,0 Kochsalz und 20,0 Glyzerin hergestellten Bouillon ohne vorheriges Neutralisieren 8 ccm Normal-Natronlauge hinzufügt. Wird an Stelle von Pepton Nährstoff Heyden benützt, so erhöht man den Zusatz von Normalnatronlauge auf 15 ccm. Für die meisten anderen Bakterien sind 16 ccm n-Lauge zur Peptonbouillon am günstigsten. Streptokokken bevorzugen lackmusneutrale Nährböden und Abortusbazillen phenolphthaleinneutrale.

Die Prüfung der Alkalität der Nährböden durch **Bestimmung der Konzentration der Wasserstoffionen** (Wasserstoffzahl [H*], Eigenwasserstoffzahl [Adam[2]]) bzw. Wasserstoffexponenten $p_H$) hat in Deutschland noch wenig Anwendung gefunden, ist aber in England und Amerika gebräuchlich. Manche Bakterien (B. subtilis, proteus, einige Anaerobier) erlauben einen ziemlich breiten Spielraum der Alkalität, andere (z. B. Pneumokokken, Typhus-, Influenza- und Pestbazillen) verlangen eine genau passende Alkalität.

Als Indikatoren verwenden Clark[3]), Gillespie[4]) u. a. zweifarbige, die von gelb nach rot oder blau umschlagen, Michaelis[5]) einfarbige (von farblos in meist gelb und zwar m-Nitrophenol).

Zur $p_H$-Bestimmung benötigt man:

1. 6—7 Reagenzgläser gleichen Kalibers.
2. Eine Indikator-Lösung: 0,3 g m-Nitrophenol werden in 100 ccm destilliertem Wasser unter mäßigem Erwärmen gelöst. Die Lösung ist haltbar[6]).

---

[1]) $\frac{n}{10}$-Milchsäure enthält in einem Liter 9,0 g reine Milchsäure; Acid. lacticum der Pharm. enthält 15% Wasser; es würden also 10,588 g Acid. lacticum mit destilliertem Wasser auf 1 Liter aufzufüllen sein, um eine $\frac{n}{10}$-Milchsäure zu erhalten. $\frac{n}{10}$-Salzsäure enthält in 1 Liter 3,65 g HCl; die offizinelle Salzsäure enthält 25% HCl. Es ist also 14,6 g offizinelle Salzsäure mit destilliertem Wasser auf 1 l aufzufüllen, um eine $\frac{n}{10}$-Salzsäure zu erhalten. Ein exaktes Einstellen der bei der Nährbodenbereitung verwendeten Normallösungen ist entbehrlich.

[2]) Adam, Zentralbl. f. Bakt. usw. I. Orig. 1922, Bd. 87, S. 481.

[3]) Clark, The Determination of Hydrogen Ions, Baltimore 1920.

[4]) Gillespie, Journ. of the Americ. chem. soc. 1920, Vol. 42, p. 742.

[5]) Michaelis, Zeitschr. f. Immunitätsforsch. u. exp. Therap., Orig. 1921, Bd. 32, S. 194, und Dtsch. med. Wochenschr. 1921, S. 673.

[6]) Kann von Kahlbaum, Berlin, bezogen werden.

3. Eine frisch hergestellte (nur einen Tag haltbare) Verdünnung von 2 ccm n-NaOH auf 200 ccm destilliertes Wasser.
4. Einige graduierte Pipetten zu 10 und 1 ccm.

Ausführung. Dem Beispiel ist die Bestimmung des $p_H$ im frischen Leitungswasser zugrunde gelegt.

1. 10 ccm frisches Leitungswasser werden in einem Reagenzglas mit 0,5 ccm der Indikatorlösung versetzt und 3—4 Minuten hingestellt.
2. 1 ccm Indikatorlösung werden mit 19 ccm oben hergestellter Natronlauge versetzt. Hiervon gibt man 1 ccm in ein Reagenzglas und füllt mit der (indikatorfreien) Natronlauge auf 10,5 ccm auf.
3. In derselben Weise stellt man noch einige andere Indikatorverdünnungen her, indem man von der 20fachen Indikatorverdünnung unter 2 ausgeht; z. B. je 1 Glas mit 1,4, 1,2, 0,8, 0,6 ccm, immer mit Lauge auf 10,5 ccm aufgefüllt[1]).
4. Man sucht diejenige Indikatorverdünnung aus, welche die gleiche Farbtiefe wie das Leitungswasser hat. Man hält neben das Glas

Tabelle.

| α-Dinitrophenol gesättigte wässerige Lösung | | p-Nitrophenol 0,1%ige wässerige Lösung | | m-Nitrophenol 0,3%ige wässerige Lösung | | Phenolphthalein 0,1 g in 75 ccm Alkohol + 175 ccm Wasser | |
|---|---|---|---|---|---|---|---|
| F | $p_H$ | F | $p_H$ | F | $p_H$ | F | $p_H$ |
| 0,81 | 4,7 | 0,50 | 7,2 | 0,69 | 8,7 | 0,80 | 10,3 |
| 0,72 | 4,5 | 0,44 | 7,1 | 0,63 | 8,6 | 0,75 | 10,2 |
| 0,61 | 4,3 | 0,39 | 7,0 | 0,57 | 8,5 | 0,70 | 10,1 |
| 0,51 | 4,1 | 0,34 | 6,9 | 0,52 | 8,4 | 0,65 | 10,0 |
| 0,41 | 3,9 | 0,29 | 6,8 | 0,47 | 8,3 | 0,60 | 9,9 |
| 0,35 | 3,7 | 0,24 | 6,7 | 0,42 | 8,2 | 0,55 | 9,8 |
| 0,25 | 3,5 | 0,20 | 6,6 | 0,36 | 8,1 | 0,50 | 9,7 |
| 0,17 | 3,3 | 0,167 | 6,5 | 0,30 | 8,0 | 0,45 | 9,6 |
| 0,12 | 3,1 | 0,135 | 6,4 | 0,26 | 7,9 | 0,40 | 9,5 |
| 0,076 | 2,9 | 0,111 | 6,3 | 0,23 | 7,8 | 0,34 | 9,4 |
| 0,041 | 2,7 | 0,091 | 6,2 | 0,18 | 7,7 | 0,27 | 9,3 |
| | | 0,073 | 6,1 | 0,15 | 7,6 | 0,21 | 9,2 |
| | | 0,060 | 6,0 | 0,12 | 7,5 | 0,16 | 9,1 |
| | | 0,049 | 5,9 | 0,10 | 7,4 | 0,12 | 9,0 |
| | | 0,039 | 5,8 | 0,080 | 7,3 | 0,09 | 8,9 |
| | | 0,030 | 5,7 | 0,066 | 7,2 | 0,069 | 8,8 |
| | | 0,025 | 5,6 | 0,054 | 7,1 | 0,047 | 8,7 |
| | | 0,020 | 5,5 | 0,043 | 7,0 | 0,030 | 8,6 |
| | | 0,014 | 5,4 | 0,034 | 6,9 | 0,014 | 8,5 |
| | | 0,013 | 5,3 | 0,027 | 6,8 | 0,010 | 8,45 |
| | | 0,010 | 5,2 | 0,022 | 6,7 | | |
| | | 0,0078 | 5,1 | 0,018 | 6,6 | | |
| | | 0,0063 | 5,0 | | | | |
| | | 0,0051 | 4,9 | | | | |
| | | 0,0040 | 4,8 | | | | |
| | | 0,0032 | 4,7 | | | | |

Für Nährböden genügt m-Nitrophenollösung als Indikator.

[1]) Kann von Kahlbaum, Berlin, bezogen werden.

mit dem Leitungswasser immer nur je ein Röhrchen und betrachtet es am besten von oben durch die ganze Länge des Röhrchens bei gutem Tageslicht gegen weißes Schreibpapier.

5. Das Verhältnis der Indikatormenge des als farbgleich betrachteten Laugenröhrchens zu der Indikatormenge im Leitungswasser nennt man den Farbgrad, F. Aus diesem kann man $p_H$ unmittelbar berechnen oder aus nachfolgenden Tabellen entnehmen.

Meist wird das Röhrchen mit Leitungswasser + 0,5 unverdünntem Indikator mit dem Röhrchen mit 1 ccm des 20fach verdünnten Indikators farbgleich sein. F ist also = 0,10 und somit $p_H = 7,4$.

Für Flüssigkeit, deren

$p_H$ = 6,8—7,0, reagiert auf Lackmus amphoter;
$p_H$ = 7,2, färbt rotes Lackmuspapier hellblau;
$p_H$ = 7,3 und darüber blau.

Vergleicht man

$p_H$ mit Phenolphthalein, so ist
$p_H$ 6,8—7,5 = farblos,
7,7 = Umschlag,
7,8—8,0 = blaßrosa,
8,2 = rosa,
8,4 = rot.

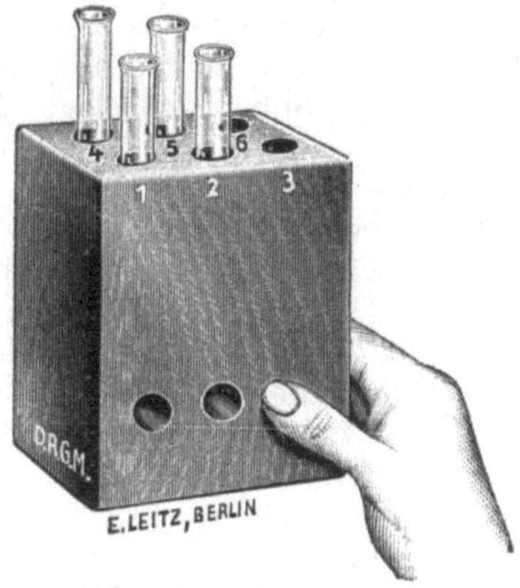

Abb. 131. Komparator.

Bouillon verdünnt man mit 0,85%iger Kochsalzlösung und benützt den nachbeschriebenen Komparator.

Ein Holzblock, 8,5 cm hoch, 9 cm breit und 4,5 cm tief, wird, wie Abb. 131 zeigt, zylindrisch ausgebohrt. Die 8,5 cm tiefen und 1,75 cm weiten Löcher 1—3 sind nebeneinander, dahinter 4—6 angeordnet. Die Löcher 7—9 (Loch 9 ist auf der Abb. 131 durch den Daumen verdeckt) gehen durch den ganzen Block, überkreuzen je ein vorderes und hinteres vorerwähntes Loch. Ihr Durchmesser beträgt 1,3 cm. In die Löcher 1—6 werden Reagenzgläser gesteckt, während die Löcher 7—9 zum Durchsehen bestimmt sind. Der ganze Holzblock, besonders die Innenfläche der Löcher, wird geschwärzt [1]).

In das Reagenzglas in Loch 1 gibt man 2 ccm Bouillon + 4 ccm 0,85%ige Kochsalzlösung und so viel 0,3%ige m-Nitrophenollösung, daß eine für die Abschätzung angenehme Farbtiefe erzeugt wird (etwa 1 ccm).

In das Reagenzglas in Loch 4 gibt man Wasser.

In das Reagenzglas in Loch 2 füllt man 2 ccm Bouillon + 4 ccm Kochsalzlösung und dann noch so viel Kochsalzlösung als in Glas 2 Indikator hinzugefügt worden ist (also 1 ccm).

Das Loch 5 ist für die verschiedenen Indikatorenverdünnungen bestimmt.

[1]) Der Komparator kann von E. Leitz, Berlin, Luisenstr. 45, bezogen werden.

Diese erhält man durch Verdünnen von 8—10 ccm n-NaOH auf 200 ccm mit destilliertem Wasser. Hiervon nimmt man 9 ccm und setzt 1 ccm m-Nitrophenollösung hinzu. Von dieser Indikatorverdünnung gibt man 1 ccm in ein Reagenzglas in Loch 5 und füllt mit der verdünnten Lauge bis zu dem Volumen des Glases 1 bzw. 2 auf. Nun blickt man durch die Löcher 7 und 8 (9 verschließt man mit dem Daumen) gegen den Himmel oder auf ein weißes Papier oder eine Mattscheibe vor einer durchsichtigen Blauscheibe. Nach Befund wechselt man Glas 5 gegen ein anderes aus, das bei gleichem Gesamtvolumen eine andere Indikatormenge (vgl. oben) enthält, bis Farbgleichheit erreicht ist.

Dem von Walpole angegebenen Komparator haftet der Nachteil an, daß die miteinander zu vergleichenden Flüssigkeiten nicht unmittelbar nebeneinander stehen und hierdurch die Genauigkeit leidet [1]). Um diesen Übelstand auszuschalten, hat Schlagintweit [2]) für vorliegende Zwecke folgenden Komparator konstruiert. Er besteht aus 1. einem Rahmen von 4 cm Kantenlänge mit Boden, den man zweckmäßig mit Mull oder ähnlichem belegt, 2. einer horizontalen, mit Ausschnitt versehenen, etwa 8 cm hohen Vorderwand, 3. einem dem ersteren entsprechenden oberen Rahmen, der die einzustellenden Reagenzgläser (ohne umgebogenen oberen Rand) zusammenhält und 4. einer nur durch eine Milchglasmattscheibe gebildeten Hinterwand, die keine Stützen erhält. Die Mattscheibe springt seitlich etwas vor und liegt unten und oben in einer Rinne. Das Gestell ist den Einsatzgläsern anzupassen. Die Hand, die diesen Komparator in Augenhöhe hebt, soll die Gläser tunlichst zusammenpressen. Man muß sich aber hüten, mit der Hand in den Bereich der Mattscheibe zu kommen. Eine Blauscheibe vorzuhalten, ist nach Schlagintweit überflüssig. Die störende scharfe Abgrenzung der Gläser hebt Schlagintweit dadurch auf, daß er die Gläser mit einem schwachen Konvexglas betrachtet, das er zur Beseitigung störender Reflex- und Kontrastwirkungen am okularen Ende eines entsprechend langen, schwarzen Tubus befestigt. Die zu betrachtenden Gläser hält er ein wenig über den Fernpunkt hinaus, so daß die Abgrenzung der Gläser ganz leicht verwaschen erscheint. Bei künstlichem Licht ist zwischen Lichtquelle und Komparator ein Seidenschirm oder ähnliches zu stellen.

Haltbare Indikatorenverdünnungen [3]) erhält man, wenn man statt der Lauge eine etwa 0,1 n-Sodalösung benutzt. Man bereitet sich zunächst eine 10fache Verdünnung der 0,3%igen m-Nitrophenollösung in 0,1 n-Sodalösung, von dieser gibt man in 9 Reagenzgläser 0,27 (F = 0,027) bzw. 0,43 (F = 0,043), 0,66, 1,0, 1,5, 2,3, 3,0, 4,2, 5,2 ccm und füllt mit der Sodalösung auf 7 ccm auf. Die Gläser werden mit Kork und Paraffin verschlossen und bei Nichtbenutzung dunkel aufbewahrt. Die $p_H$ betragen in den 9 Gläsern der Reihe nach 6,8, 7,0, 7,2, 7,4, 7,6, 7,8, 8,0, 8,2, 8,4.

Um Bouillon von genauem $p_H$ zu erhalten, gibt man statt 5 g Koch-

[1]) Hering, Pflügers Arch. Bd. 41.
[2]) Schlagintweit, Dtsch. med. Wochenschr. 1922, S. 251.
[3]) Können von Kahlbaum in Berlin bezogen werden.

salz auf 1 l Bouillon nur 3 g und setzt für die fehlenden 2 g ebensoviel gewöhnliches, käufliches (sekundäres) Natriumphosphat hinzu. Nach der Sterilisation korrigiert man die gewünschte Reaktion durch tropfenweisen Zusatz von gewöhnlicher, starker, offizineller Natronlauge oder Salzsäure. Eine solche Bouillon ändert beim weiteren Sterilisieren ihre Alkalität nicht mehr.

Das Optimum der H-Ionenkonzentration liegt für den

B. abortus Bang $p_H$ = 7,2—7,7,
B. alcaligenes $p_H$ = 7,0—7,9,
B. anthracis $p_H$ = 7,7—8,0,
B. avisepticus $p_H$ = 7,3—7,7,
B. bifidus $p_H$ = 5,5—5,9,
B. butyricus (beweglich) $p_H$ = 6,3,
B. butyricus (unbeweglich) $p_H$ = 5,1,
B. coli $p_H$ = 6,8—8,2,
B. dysenteriae (Shiga, Flexner und Y.) $p_H$ = 7,2—8,0,
B. enteritidis Gärtner $p_H$ = 7,0—8,2,
B. ovisepticus $p_H$ = 7,2—8,0,
B. paratyphosus A $p_H$ = 6,8—8,0,
B. paratyphosus B $p_H$ = 7,0—8,0,
B. paratyphosus abortus equi $p_H$ = 6,8—8,0,
B. pyosepticus viscosus $p_H$ = 7,0—7,5,
B. rhusiopathiae suis $p_H$ = 7,2—7,7,
B. suisepticus $p_H$ = 7,2—7,9,
B. tetani $p_H$ = 7—8 (S. **342**).
B. typhi $p_H$ = 7,2—7,9,
B. vitulisepticus $p_H$ = 7,2—7,5,
Staphylococcus pyogenes aureus $p_H$ = 6,8—8,2,
Streptococcus pyogenes $p_H$ = 7,5—7,7,
Streptococcus equi $p_H$ = 7,0—8,0,
Lungenseucheerreger $p_H$ = 7,6—7,8.

### d) Filtration und Klären der Nährböden.

**Filtration.** Die gekochten und eventuell neutralisierten und alkalisierten Nährböden werden filtriert; für Bouillon und Gelatine benutzt man doppelte Faltenfilter, die vorher angefeuchtet werden. Zum Schutze vor Zerreißung empfiehlt es sich, einen Filterschutz (Abb. 132) in den Trichter zwischen Wand und Filterspitze einzulegen. Beim Agar verwendet man anstatt Fließpapier besser Watte, welche ein schnelleres Filtrieren gestattet. Um etwa 1 l Agar zu filtrieren, legt man einen kleinen Wattebausch auf ein uhrglasförmig gebogenes Drahtnetz oder eine Porzellanfilterscheibe, welcher sie vollkommen und gleichmäßig bedecken soll und die im Trichter zu liegen kommen. Auch ein gewöhnliches Küchensieb leistet hierbei gute Dienste; der Boden wird mit einer Lage Filtrierpapier oder entfetteter Watte bedeckt. Die Watte setzt man zuvor dem Dampf aus, wodurch ihre Filtrationskraft erhöht wird; damit sie vom Agar

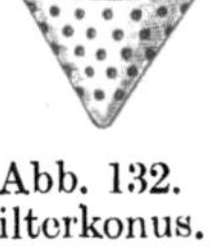
Abb. 132. Filterkonus.

nicht gehoben wird, legt man ein zweites Drahtsieb oder eine durchlochte Porzellanscheibe darüber oder drückt sie mit einem Glasstab fest, oder umwickelt das Sieb (Drahtnetz, Porzellanscheibe) mit der Watte. Handelt es sich darum, größere Mengen Agar zu filtrieren, so nimmt man einen Topf mit siebartig durchlochtem Boden und gibt auf den Boden eine vierfache Lage nicht entfetteter Watte als Filter. Das Filtrat wird in einem daruntergestellten Topf aufgefangen. Zweckmäßigerweise läßt man die Durchlochung des ersten Topfes nicht bis an den Rand hinausgehen, so daß man den Topf mit durchlochtem Boden auf einen zweiten Topf, der ein klein wenig schmäler ist, aufsetzen kann. Es ist darauf zu achten, daß das Filtrat bei Bouillon und Gelatine völlig klar, beim Agar nur leicht opaleszierend ist. Das anfangs meist

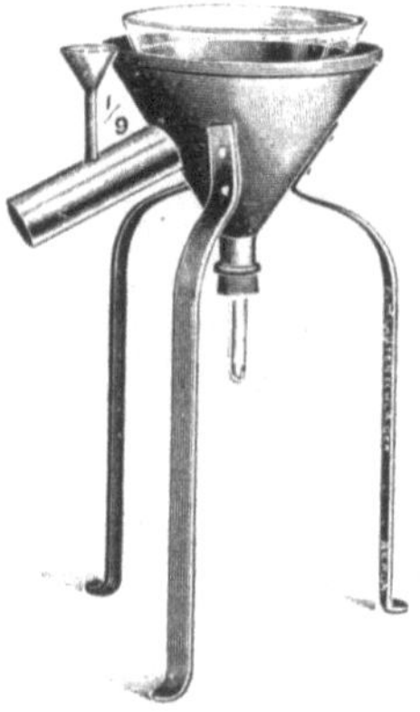

Abb. 133. Heißwassertrichter.

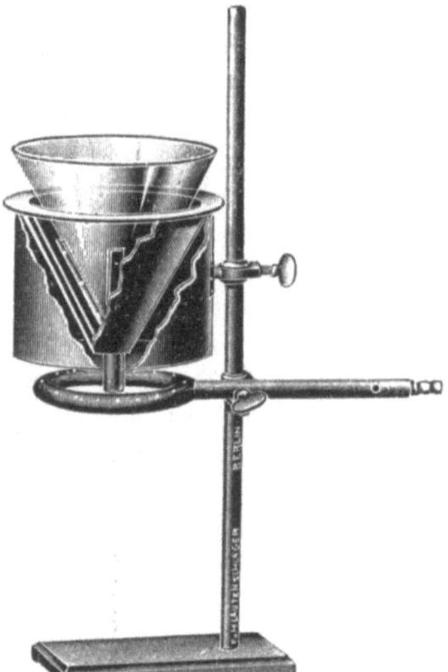

Abb. 134. Heißwassertrichter.

trübe Filtrat gibt man auf das Filter zurück. Über weitere Maßnahmen zur Klärung s. unten.

Gelatine muß bei etwa 60°, Agar nahe bei Siedetemperatur filtriert werden, dies erreicht man am einfachsten dadurch, daß man die Filtration im mehr oder weniger stark geheizten Dampftopf vornimmt oder sich eines Heißwassertrichters (Abb. 133 und 134) bedient.

Der Heißwassertrichter ist meist aus Kupferblech gearbeitet und mit einem seitlichen, blindgeschlossenen Rohr versehen, unter das die Heizflamme kommt. Entweder stellt man ihn doppelwandig her, so daß man einen gewöhnlichen Glas- oder emaillierten Blechtrichter ohne weiteres einsetzen kann, oder einfachwandig mit oberer nach innen ragender Krempe und weitem Hals, in dem ein durchbohrter Gummistopfen zur wasserdichten Einfügung des Ausflußrohres eines Glas- oder Emailtrichters sitzt.

Die Bouillon und Gelatine sollen vollkommen klar und durchsichtig, der Agar nur leicht trübe, ohne sichtbare Flocken sein. Trotz guten Filtrierens ereignet es sich zuweilen, daß der Nährboden (Bouillon, Gelatine und Agar) trübe ist.

Zur **Klärung** kann man zwei Wege einschlagen. Einmal kann man die Nährböden im flüssigen Zustand absetzen lassen und den klaren Teil vom Bodensatz vorsichtig trennen. Bei Gelatine und Agar verfährt man hierbei in der Weise, daß man diese Nährböden nach dem Absetzen in einem hohen zylindrischen Gefäß zunächst völlig erstarren läßt, dann die Randteile durch kurzes Erhitzen vom Gefäß abschmilzt und den im übrigen noch festen Nährbodenzylinder auf ein sauberes Papier, Tuch oder Teller in toto vorsichtig herausschüttet. Der Bodensatz wird mit dem Messer abgeschnitten und der klare Teil weiter verarbeitet. Ein anderes Mal kann man die Klärung auch dadurch bewirken, daß man zu dem verflüssigten und etwa auf 55° abgekühlten Nährboden Blutserum (auf 1 l etwa 20 ccm) oder das mit der doppelten Menge kaltem Wasser geschüttelte Weiße von 1 oder 2 Eiern zusetzt, gut durchschüttelt und $^1/_4$ bis $^1/_2$ Stunde im Dampftopf erhitzt. Nach erfolgter Filtration pflegen dann die Nährböden klar zu sein.

Nährböden, die sich mit Eiweiß nicht klären lassen und namentlich beim Erkalten sich erneut trüben (Phosphate), alkalisiert man bis zum Phenolphthaleinneutralpunkt oder ein wenig darüber hinaus, kocht auf und filtriert; hierauf wird durch Säurezusatz (S. 178) der gewünschte Alkaleszenzgrad wieder hergestellt. Nunmehr bleiben die Nährböden meist klar.

### e) Abfüllen und Aufbewahren der Nährböden.

Die auf die gewünschte Reaktion eingestellten, klar filtrierten Nährböden werden zumeist in Reagenzgläser abgefüllt. Die **Aufnahmegefäße** nebst ihren Verschlüssen aus gewöhnlicher Watte sind zuvor trocken zu sterilisieren (S. 165). Auf gut dichtende Watteverschlüsse ist zu achten. An Stelle von Watte kann man auch den billigeren Zellstoff benutzen. Die Verschlüsse sollen sich der Glaswand glatt und mäßig fest anlegen. Fornet[1]) empfiehlt an Stelle des Watte- und Zellstoffverschlusses eine Glaskappe über das Reagenzglas zu stülpen (Abb. 135). Die Watteverschlüsse haben den Nachteil, als Staub- und Bakterienfänger zu wirken; das Abbrennen ist verschiedentlich unangenehm, Schimmelpilze durchwachsen zuweilen den Wattepfropfen usw. Der Fornetsche Verschluß soll 5—6 cm über das glattrandige, nicht aufgebogene Reagenzglas übergreifen und dicht anliegen. Zum Arbeiten empfiehlt Fornet nebenstehendes Stativ (Abb. 135), in das man die Reagenzgläser einspannt. Die Verdunstung soll ganz unerheblich sein. Für Kulturen von Tuberkelbazillen usw. empfiehlt es sich, die Gläser in eine Büchse zu stellen, deren Boden mit Sublimatlösung bedeckt ist. Ob Bedenken bestehen, daß die beim Abheben der Verschlußkappen auftretenden Luftwirbel die Kulturen verunreinigen könnten,

[1]) Fornet, Zentralbl. f. Bakteriol., Parasitenk. u. Infektionskrankh., Abt. I. Orig. Bd. 86, S. 606.

muß der Gebrauch lehren. Ähnliche Kappen hat Löwy [1]) zur Vervollständigung der Watteverschlüsse empfohlen.

Kommt es beim **Abfüllen** auf genau abgemessene Menge nicht an, so gibt man den flüssigen Nährboden in einen größeren, in ein Stativ gefaßten Glastrichter, der unten einen Gummischlauch mit Quetschhahn trägt. Am freien Ende des Schlauches steckt ein Glasröhrchen mit möglichst kurzer Spitze (Abb. 136). Beim Abfüllen namentlich der Gelatine ist scharf darauf zu achten, daß der Teil des Reagenzglases, wo der Wattepfropf zu sitzen kommt, völlig trocken bleibt, sonst klebt der Wattepfropfen gegebenenfalls recht fest an. Durch Überziehen eines Gummiringes oder Befestigung einer weiteren Schutzröhre über die Ausflußöffnung läßt sich der Übelstand leicht und sicher vermeiden.

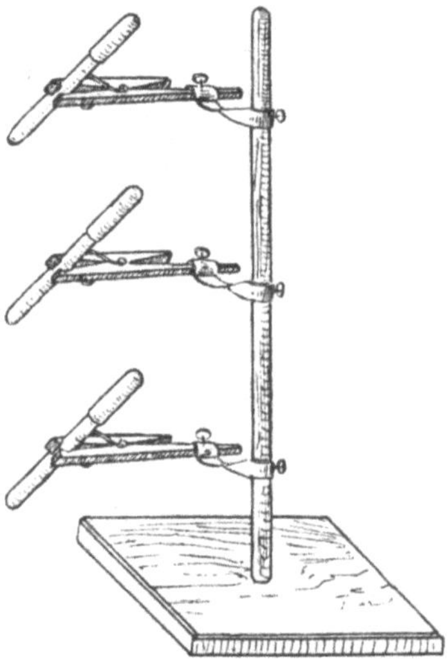

Abb. 135. Gestell mit Fornetschen Reagenzglasverschlüssen.

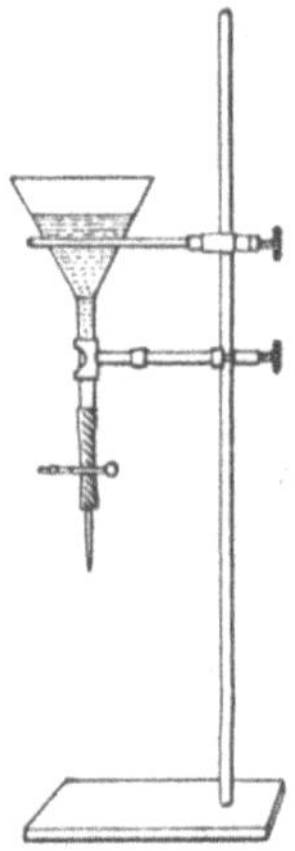

Abb. 136. Einfache Abfüllvorrichtung.

Zur Abfüllung bestimmter Mengen dient u. a. der in Abb. 137 abgebildete Abfülltrichter oder die Abfüllbürette nach Heim (Abb. 138).

Nach dem Abfüllen der Nährböden sind sie zu sterilisieren (S. 165). Zuvor überdeckt man die Wattestopfen vielfach mit Papier oder Pergamentpapier, damit beim Sterilisieren kein Kondenswasser auf die Watte herabtropft und sie durchnäßt. Auf naß gewordenen Wattestopfen keimen die aus der Luft auffallenden Schimmelpilzsporen leicht aus. Die Schimmelpilze durchwuchern leicht den Wattestopfen und verderben den Nährboden.

Vor der Verwendung der Nährböden prüft man sie durch 1—2 Tage langes Einstellen in den Brutofen auf Keimfreiheit.

An dem Behälter der fertigen Nährböden sind Tag der Herstellung, Zusammensetzung und Reaktion zu vermerken!

[1]) Löwy, ebenda 1918, Bd. 81, S. 493.

Um die auf Reagenzgläser abgefüllten Nährböden vor Verderbnis zu bewahren, empfiehlt es sich, die Röhrchen in eine mit gut schließendem Deckel versehene Büchse (z. B. Kakesbüchse) zu stellen und auf sie zur Vermeidung von Schimmelpilzwucherungen eine mit Nelken- oder Pfefferminzöl getränkte Fließpapierlage zu legen. Bei Aufbewahrung an einem dunklen, trockenen, nicht zu warmen Orte bleiben die Nährböden lange gebrauchsfähig.

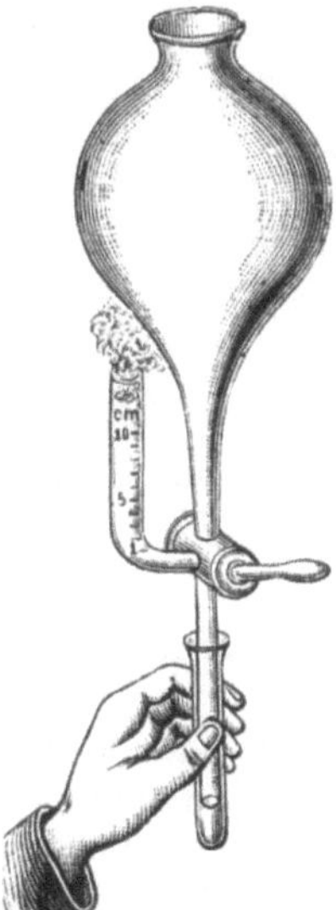

Abb. 137. Apparat zum Abmessen und Einfüllen der Nährböden.

Abb. 138. Abfüllbürette nach Heim. Mit Einteilungen zu je 5, 8 und 10 ccm.

Da die in Reagenzgläser abgezogenen Nährböden der **Austrocknung** stärker ausgesetzt sind, zieht man die wenig gebrauchten Nährböden zweckmäßig zunächst auf **Flaschen** ab und gibt sie erst unmittelbar vor dem Gebrauch in sterile Reagenzgläser, Petrische Schalen usw. Als Vorratsflaschen eignen sich Soxlethmilchflaschen mit Gummiplattenverschluß oder gewöhnliche Rollflaschen zu 100—200 ccm mit Wattepfropfen, den man abbrennt und mit verflüssigtem Paraffin einschmilzt oder mit einer Gummikappe überzieht. Auch Flaschen mit möglichst abnehmbarem Patentverschluß (Carl Rauper, Magdeburg) sind hierzu gut geeignet (Abb. 139—141). Der Verschluß muß beim Sterilisieren zum Entweichen der Luft lose aufgesetzt und hierauf sogleich fest zugedrückt werden. Sehr zweckmäßig ist es, auf den Flaschenhals vor dem Sterilisieren Fließpapierkappen (umgekehrte, doppelte Filter) aufzusetzen, die man nach der Sterilisierung darauf läßt und nach dem eventuellen Verschließen der Flaschen am Halse festbindet. Sie verhüten, daß die Flaschenmündung durch Luftkeime infiziert wird.

Wenn die Flaschen- und Reagenzröhrchenränder gut abgebrannt werden und sonst sorgfältig gearbeitet wird, bleiben die Nährböden bei dem Umfüllen keimfrei.

Zum Verschluß der Kulturröhrchen und zum Schutz gegen Austrocknung eignet sich auch ein Blättchen Woodsches Metall (eine Legierung von Zinn, Blei, Wismut und Kadmium, welche bei 65° schmilzt) oder Rosesches Metall (Zinn, Blei, Wismut; Schmelzpunkt bei 94°). Man geht wie folgt vor. Die Metallstange wird in der Flamme

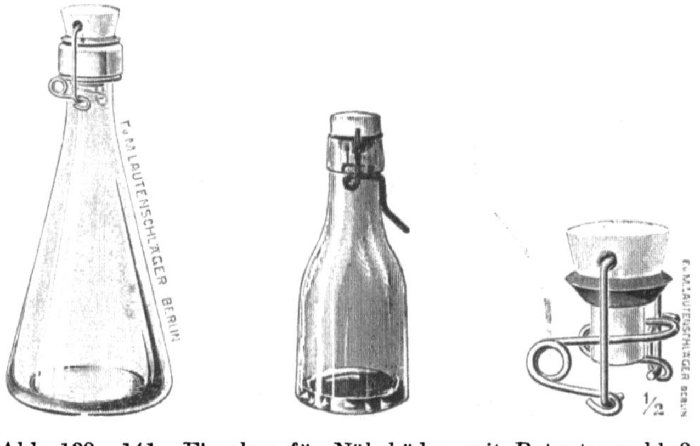

Abb. 139—141. Flaschen für Nährböden mit Patentverschluß.

geschmolzen. Die abschmelzenden Tropfen läßt man aus der Höhe von etwa 30 cm auf eine Glasplatte fallen, wo sie zu etwa markstückgroßen Scheiben erstarren. Der das Reagenzglas usw. verschließende Wattestopfen wird abgebrannt und in das Glas etwas hineingeschoben. Die Metallscheibe wird daraufgelegt und in der Flamme erwärmt. Sie legt sich der Glaswand an und bedingt einen guten Abschluß, der leicht wieder zu lösen ist.

**Eingetrocknete Nährböden** kann man, sofern sie das Kochen vertragen, durch Nachfüllen von sterilem destillierten Wasser und erneutes Kochen und Durchmischen wieder brauchbar machen. Auch leicht verunreinigte Nährböden kann man durch alsbaldige Nachsterilisation noch retten.

**Gebrauchte Nährböden** lassen sich durch Nachsterilisierung und gegebenenfalls durch Filtration wieder ein zweites und selbst drittes Mal benutzen.

**Zur Wiederverwendung gebrauchter Nährböden** (Agar) wird der Nährboden verflüssigt, zusammengegossen, das verdunstete Wasser schätzungsweise ersetzt, die gewünschte Reaktion wieder hergestellt, je 1 l Nährboden mit 20 g in Wasser angerührter Tierkohle versetzt, eine halbe Stunde gedämpft und filtriert. Auf 1 Liter Nährboden werden 6,5 g Pepton und 6,5 g Fleischextrakt nach Lösung in der Reibschale in Wasser zugefügt, die Reaktion kontrolliert, der Nährboden filtriert, geklärt, abgefüllt und sterilisiert.

**Gebrauchter Endoagar** wird geschmolzen, zusammengegossen und sterilisiert. Bei Bedarf wird er verflüssigt, in einer großen Schale erstarren gelassen, in kleine Stücke geschnitten und in eine große Flasche gefüllt. Die Flasche wird zu zwei Drittel gefüllt und mit einem mehrfach eingekerbten Stopfen versehen. Durch ein Glasrohr, das bis nahe zum Boden

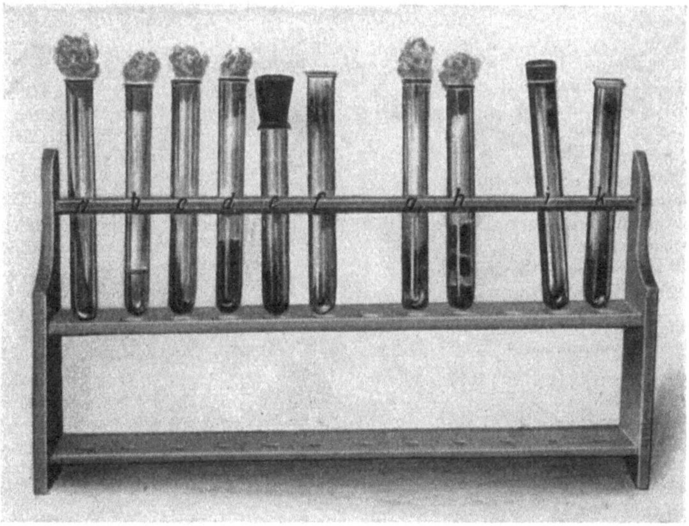

Abb. 142. a schräge Gelatine, b gerade Gelatine, c und d schräger und gerader Agar, e Verschluß mit Gummikappe, f Verschluß mit Paraffin, g und h Schüttelkultur durch Gasblasen zerrissen, i und k Buchnerverschluß.

reicht, wird der Agar 24 Stunden mit Wasser gespült, hierauf auf einem Sieb abtropfen gelassen und sodann geschmolzen. Zur roten Agarlösung kommt so viel Tierkohle, bis ein Tropfen des Agars farblos oder leicht rosa erscheint. Hierauf wird aufgekocht, auf 50° abgekühlt, mit Eiweiß geklärt (S. 185); nach einstündigem Kochen läßt man im Dampftopf langsam abkühlen. Die eiweiß- und tierkohlehaltige Schicht wird abgeschnitten (S. 185). Der Agargehalt wird durch Trocknung ermittelt. Der Agarrückstand wird unter Zusatz von Fleischextrakt, Pepton, Kochsalz usw. zu einem neuen 3%igen Nähragar verarbeitet.

**Sterilisierung.** Die abgefüllten Nährböden werden baldigst sterilisiert (S. 165). Nach dem Sterilisieren werden Gelatine und Agar teils in schräger, teils in gerader Schicht (Abb. 142) zum Erstarren gebracht. Die Erstarrungstemperatur beträgt bei dem Agar etwa 38°, bei der Gelatine 18°.

## 3. Die Nährböden.

Die Zahl der Nährböden ist bereits recht groß. Im nachfolgenden wird über die wichtigsten eine Übersicht gegeben.

## a) Einfache Bouillon-, Gelatine- und Agarnährböden usw.

**Nährbouillon.** Zusammensetzung:

| | | |
|---|---|---|
| Fleischwasser | 1000 ccm | |
| Pepton | 10 g | vor dem Hineingeben mischen, mit tropfenweise zugesetztem Wasser verreiben und lösen. |
| Kochsalz | 5 g | |

In der Wärme und unter Umrühren erfolgt bald die Lösung. Aufkochen, Neutralisieren, Alkalisieren (7 ccm Normalsodalösung auf 1 Liter bei Lackmus als Indikator) (vgl. S. 178), Filtrieren, Abfüllen, wie vorstehend, und Sterilisieren durch einmaliges Erhitzen im Dampftopf vom kräftigen Strömen des Dampfes an gerechnet 40 Minuten oder an drei aufeinanderfolgenden Tagen je 15 Minuten.

**Hottingers Fleischbrühe** s. unter Hottingers Verdauungsbrühe S. 175.

**Knorrs Verdauungsbrühe** s. S. 176.

**Flüssige Hefenährböden** s. S. 170.

**Nährgelatine.** Zusammensetzung:

| | | |
|---|---|---|
| Fleischwasser | 1000 ccm | |
| Pepton | 10 g | Vor dem Hineingeben zusammenmischen und lösen. Vgl. unter Nährbouillon oben. |
| Kochsalz | 5 g | |
| Gelatine | 100 g | |

Die beste Gelatine für Nährböden ist die Emulsionsgelatine [1]) für photographische Zwecke, und zwar genügt die weiche Sorte. Besonders weiße Speisegelatine ist gebleicht und enthält schweflige Säure, die bei der Verarbeitung zwar meist verschwindet, in größeren Mengen aber schädlich wirken kann.

[1]) Bezugsquelle: Deutsche Gelatinefabriken, Schweinfurt.

Die Lösung der Gelatine hat bei etwa 50—60° (nicht darüber!) unter Umrühren zu erfolgen. Hierauf wird gegen blaues Lackmuspapier neutralisiert, kurz aufgekocht, die Reaktion nachgeprüft und eventuell verbessert, sodann filtriert. Zum Alkalisieren nimmt man meist 5 ccm Normalsodalösung (vgl. auch S. 178).

Beim Sterilisieren ist zu hohes und langes Erhitzen zu vermeiden. Die Erstarrungsfähigkeit leidet sonst. 1maliges 40 Minuten langes Sterilisieren oder 3maliges je 15 Minuten im strömenden Dampf genügen vollkommen. Eher ist die Erhitzungsdauer abzukürzen. Nach dem Sterilisieren ist die Gelatine rasch abzukühlen.

Für Wasseruntersuchungen wird amtlich folgende Gelatine empfohlen: In 1000 g Wasser werden 10 g Fleischextrakt Liebig, 10 g Pepton Witte, 5 g Kochsalz gelöst, 1/2 Stunde im Dampf gekocht und nach dem Erkalten und Absetzen filtriert. Auf 900 g dieser Lösung gibt man 100 g Gelatine und kocht nach Quellen und Erweichen der Gelatine höchstens 1/2 Stunde im Dampf. Die heiße Lösung wird mit einer 4%igen (Normal-)Natronlauge neutralisiert (bis blaues Lackmuspapier nicht mehr gerötet wird). Nach 1/4stündigem Kochen im Dampf wird die Reaktion nochmals geprüft und eventuell verbessert. Hierauf fügt man auf 1 Liter 1,5 g kristallisierte, nicht verwitterte Soda, kocht 1/2 Stunde im Dampf, filtriert, füllt je 10 ccm auf sterile Röhrchen ab und sterilisiert durch einmaliges 15—20 Minuten langes Erhitzen im Dampf.

Eine 10%ige Gelatine wird zwischen 24 und 28° weich und dann flüssig. Um eine höher schmelzende Gelatine für den Sommer usw. zu erhalten, erhöht man den Gelatinezusatz auf 15 und 20%. Die Gelatine „Non plus ultra" von Gehe u. Co., Dresden, soll einen Nährboden mit einem Schmelzpunkt von 30° liefern.

Da verschiedene Bakterien die Fähigkeit haben, die Gelatine vorzeitig zu verflüssigen und dadurch die Kolonienzählung bei Keimgehaltsbestimmungen (S. 237) unmöglich zu machen, tötet man diese Bakterienkolonien durch mehrmaliges leichtes Betupfen mit einem feuchten Höllensteinstift („Abstiften") ab. Das überschüssige salpetersaure Silber wird durch die Chloride des Nährbodens unwirksam gemacht.

**Nähragar.** Zusammensetzung:

| | | |
|---|---|---|
| Fleischwasser | 1000 ccm | |
| Pepton | 10 g | miteinander gemischt und in warmem Wasser gelöst; erst nach völliger Lösung des Agars hinzugeben. |
| Kochsalz | 5 g | |
| Agar | 15—20 g | |

Agar-Agar wie er eigentlich heißt (Gelose der Franzosen), ist ein aus Algen (Florideen aus der Gattung Gelidium, Gigartina, Gracillaria usw.) Ostindiens gewonnenes Kohlenhydrat (δ-Galaktan, $C_6H_{10}O_5$). Zu Nährböden ist der teuere Säulen- oder Stangenagar oder der federkielförmige zu benützen. Der pulverförmige ist der Verfälschung ausgesetzt [1]).

Der Agar wird zunächst kleingeschnitten, 1—12 Stunden in Wasser eingequellt, hierauf das Wasser abgegossen und abgepreßt. Sodann

[1]) Bezugsquellen: Grübler in Leipzig, Merck in Darmstadt, Caesar und Lorentz in Halle a. S., Gehe und Co., sowie Becker und Kirsten in Dresden usw.

wird der Agar nur mit Fleischwasser versetzt und im Dampftopf oder über freier Flamme (Asbestscheibe des Anbrennens wegen unterlegen) unter zeitweiligem Umrühren gekocht, bis er in Lösung gegangen ist ($1/_2$—3 Stunden). Das verdampfende Wasser ist zu ersetzen. Zweckmäßig wägt man den Topf vor und nach dem Kochen und gleicht die Differenz durch heißes Wasser aus.

Erst nach völliger Lösung des Agars wird Pepton und Kochsalz zugesetzt. Es folgt Neutralisieren (S. 178), Aufkochen, Nachprüfen der Reaktion und eventuelles Verbessern, sowie Filtrieren (S. 183). Das Alkalisieren des lackmus-neutralen Agars erfolgt meist durch 7 ccm Normalsodalösung auf 1 l Agar. Vgl. auch S. 173.

Der Agar wird in der geschilderten Weise abgezogen und wie Bouillon sterilisiert (S. 192). Der Schmelzpunkt des Agars liegt bei 90°, der Erstarrungspunkt bei 40°. Von den bekannten Bakterien wird Agar nicht verflüssigt.

Auch guter Agar ist nicht vollkommen klar, sondern leicht trübe. Beim Erstarren preßt er etwas Wasser, das sog. Kondenswasser, aus.

**Heyden-Agar** nach Hesse und Niedner[1]), besonders für Wasserbakterien.

8 g Nährstoff Heyden,
13 g Agar
1000 ccm Wasser

(am besten das zu untersuchende) werden bis zur Lösung des Agars im Dampftopf erhitzt, filtriert, abgefüllt und an drei aufeinanderfolgenden Tagen 20 Minuten im Dampftopf sterilisiert.

**Amöbenagar** nach Hilgermann und Weißenberg s. S. 229.

Als **Ersatzmittel für Gelatine und Agar** sind Kieselsäure[2]), Fucus crispus[3]), Carrageen[4]), Sphaerococcus confervoides[5]) usw. empfohlen worden. Außer zu Spezialuntersuchungen haben sie eine Verwendung nicht gefunden.

**Besondere Zusätze zu Nähr-Bouillon, -Gelatine und -Agar.** Die nachgenannten Zusätze werden den Nährböden, soweit nichts anderes bemerkt, vor dem Neutralisieren beigegeben. Selbstverständlich ist stets für eine gründliche Durchmischung zu sorgen.

**Glyzerin** zumeist 2—3 %, selten 5 %.

**Traubenzucker, Milchzucker** und andere **Zuckerarten** in der Regel 0,5—1, seltener 2 %. Der Zuckerzusatz wird erst nach dem Filtrieren beigegeben, da einige Zuckerarten und hochwertige Alkohole sich bei längerer Erhitzung namentlich über 100° zersetzen. Zur Vermeidung dessen gibt man den Zucker (ausgenommen Traubenzucker, den man schon

---

[1]) Hesse und Niedner, Zeitschr. f. Hyg. u. Infektionskrankh. 1906, Bd. 53, S. 259.

[2]) Zentralbl. f. Bakteriol., Parasitenk. u. Infektionskrankh., Bd. 8, S. 410; Bd. 10, S. 209 und Zentralbl. f. Bakteriol. usw., Abt. II, Bd. 1, S. 722.

[3]) Zentralbl. f. Bakteriol., Parasitenk. u. Infektionskrankh., Abt. Bd. 3 S. 540.

[4]) Jahresber. über die Fortschr. in der Lehre von den pathogenen Mikroorganismen, herausgeg. von v. Baumgarten usw. Bd. 2, S. 431.

[5]) Zentralbl. f. Bakteriol., Parasitenk. u. Infektionskrankh., Abt. I Bd. 10, S. 122.

vorher zusetzt) zum bereits sterilisierten Nährboden zu. Der Zucker wird vorher in wenig Wasser gelöst und 20—30 Minuten oder an 3 Tagen je 5—10 Minuten bei 100° sterilisiert.

Die Reinheit der verschiedenen Zuckersorten läßt mitunter zu wünschen übrig, sie ist durch Bestimmung des Schmelzpunktes zu kontrollieren (Lockemann, Zentralbl. f. Bakteriol., Parasitenk. u. Infektionskrankh., Abt. I. Ref. Bd. 57, Beil. 262 *).

Zur Unterscheidung von Bakterienstämmen im Gär- usw. Versuch finden folgende Zuckersorten und Alkohole Verwendung:

Pentosen: Arabinose, Rhamnose (Isodulcit), Xylose.
Hexosen: Glukose, Fruktose, Galaktose, Mannose.
Dihexosen: Saccharose, Laktose, Maltose.
Trihexosen: Raffinose.
Polyhexosen: Amylum solubile (Amidulin), Dextrin, Glykogen, Inulin.
Dreiwertiger Alkohol: Glyzerin.
Vierwertiger Alkohol: Erythrit.
Fünfwertiger Alkohol: Adonit.
Sechswertige Alkohole: Mannit, Dulcit, Sorbit.

**Ameisensaures Natron** wird zu 0,3—0,5%,
**Indigoschwefelsaures Natron** zu 0,1% dem Nährboden zugesetzt.

**Kohlensauren Kalk** (Schlemmkreide) setzt man zuweilen Nährböden zu, um die Säurebildung von Bakterien, namentlich in zuckerhaltigen Nährböden festzustellen (klarer Hof um die Kolonien auf dem durch Kreide getrübten Nährboden) oder um die auftretende Säure abzusättigen und hierdurch die Lebensfähigkeit der Bakterien in Stammkulturen zu verlängern (S. 255).

**Farbstoffe** finden zu differential-diagnostischen Zwecken vielfach Anwendung. Die eventuell auftretenden Farbenumschläge beruhen auf Säure- oder Alkalibildung, ferner auf Reduktion usw. durch gewisse Bakterienarten. Vgl. auch besondere Nährböden für Typhusbazillen usw., ferner Diphtheriebazillen.

## b) Animalische Nährböden und Nährbodenzusätze.

### 1. Nährböden mit Blut, bzw. Blutfarbstoff.

**Blut** a) vom Menschen. Die Fingerbeere wird mit Seifenwasser, Alkohol und Äther gründlich abgerieben und mit einer frisch ausgeglühten und wieder erkalteten Nadel angestochen. Den ersten Blutstropfen läßt man abtropfen, vom zweiten nimmt man von der Kuppe des Tropfens mit der Platinnadel etwas Blut ab, das man auf der Agaroberfläche ausstreicht. In dieser Weise u. a. für die Gonokokkenzüchtung geeignet. Vgl. auch S. 225.

b) von Tieren. Beim Kaninchen sticht man nach Abscheren der Haare und gründlicher Reinigung und Desinfektion die äußere Ohrvene an. Größere Blutmengen hebt man mit steriler Pipette (welche zur bequemeren Handhabung oben ein Stückchen Gummischlauch mit gläsernem Mundstück trägt) ab und setzt es dann meist dem verflüssigten und wieder auf etwa 50° abgekühlten Nährböden zu. Die Nährböden sollen leicht rötlich werden. Das hämoglobinreiche Blut der Taube entnimmt man der großen Flügelvene.

Größere Mengen Blut leitet man (S. 197) in eine sterile, mit Glasperlen beschickte Flasche, die hierbei leicht bewegt, danach kräftig geschüttelt wird. Das so defibrinierte Blut wird im Verhältnis 1:4—5 dem verflüssigten, etwa 50° warmen Nährboden zugesetzt. Da Nachsterilisieren nicht möglich ist, so muß unter aseptischen Kautelen gearbeitet werden.

Bernstein und Epstein[1]) versetzen 400 ccm Blut mit 30 ccm 1%iger Ammoniumoxalatlösung und 1 ccm 35%igem Formalin. Nach ½ Stunde geben sie 431 ccm sterile 0,9%ige Kochsalzlösung hinzu. Nach 24—28 Stunden kann diese Blutmischung mit der 15fachen Menge Nährboden versetzt werden. Der Formalingehalt beträgt dann nur noch 1:36000 und stört bei der Bakterienzüchtung nicht.

Cantani[2]) gibt zum Blut die gleiche Menge Glyzerin. Nach längerer Zeit (nach Poppe in 3—5 Monaten) gehen die etwa vorhandenen Keime im „**Blut-** (Eiweiß- usw.) **Glyzerolat**“ zugrunde. Von dem Gemisch werden ½—¾ ccm auf ein Röhrchen Nährboden zugesetzt und durch 24stündiges Einstellen in den Brutofen auf Keimfreiheit geprüft.

**Gekochtes Blut** s. S. 172.

**Bluthaltiger Glyzerin-Kartoffelagar** nach Bordet und Gengou, sowie nach Shiga, Imai und Eguchi s. S. 206.

**Blutsodaagar** nach Pilon, **Blutalkaliagar** nach Dieudonné S. 218, **Blutagar** nach Esch, sowie nach Schottmüller, **Kochblutagar** nach Voges, Boxer und Bieling, **Blutwasseragar** und **Blutwasser-Optochinagar** nach Bieling S. 226, **Levinthalscher Nährboden, Blutagar** nach Czaplewski S. 227 und **Blutkuchennährboden** nach Cutler S. 229.

**Hämoglobin.** Taubenblut wird unter aseptischen Kautelen in einer mehrfachen Menge steriler 0,85%igen Kochsalzlösung aufgefangen, geschüttelt und abzentrifugiert (bzw. 24 Stunden in der Kälte stehen gelassen). Der rote Bodensatz wird noch zweimal mit steriler Kochsalzlösung ausgewaschen, hierauf das Hämoglobin durch eine Spur Äther gelöst, der Äther bei 30° verdampft und die konzentrierte Hämoglobinlösung zur Trennung von den Stromata durch ein Bakterienfilter gesaugt. Ein Tröpfchen dieser konzentrierten Hämoglobinlösung wird auf den Nährboden aufgestrichen.

Das käufliche Hämoglobin ist keimhaltig und schwer löslich. Vor seiner Verwendung werden 10 g Hämoglobin mit 90 ccm destilliertem Wasser und 10 ccm etwa 10%iger Kalilauge im Dampftopf sterilisiert. Von der sterilen Lösung gibt man 1 ccm auf ein Röhrchen mit etwa 8 ccm Nährboden. Geeignet für die Züchtung von Pneumokokken, Vibrionen usw. Vgl. auch S. 218 u. ff.

**Hämatin.** Defibriniertes Rinderblut wird in Sodalösung gekocht. Die erhaltene Hämatinlösung wird dem neutralisierten Nährboden vor der Filtration zugesetzt. Dabei ist die Menge des Blutes ganz gleichgültig, nur ist zu starke Alkaleszenz zu vermeiden. Die Mischung

---

[1]) Zentralbl. f. Bakteriol., Parasitenk. u. Infektionskrankh., Abt. I. Ref. Bd. 40, S. 155.

[2]) Zentralbl. f. Bakteriol., Parasitenk. u. Infektionskrankh., Abt. I Orig., Bd. 53, S. 471.

wird gut durchgeschüttelt und bleibt 2 bis 4 Wochen unfiltriert stehen, wird dann durch Watte filtriert und abgefüllt. Der Agar zeigt einen grünlichen Stich. (Ghon und v. Preiß[1].)

## 2. Blutserumnährböden usw.

**Blutserum.** Das Blutserum findet in flüssigem und erstarrtem Zustand allein oder gemischt mit anderen Nährböden Anwendung.

**Gewinnung.** Als Auffanggefäße für das Blut dienen hohe, schmale, geradwandige Gefäße (Standzylinder), deren Größe nach der Blutmenge zu wählen ist. Die Gefäße werden mit Wattestopfen verschlossen und trocken sterilisiert (S. 165) oder ausgekocht und mit ausgekochtem Pergamentpapier überbunden. Das Blut entnimmt man bei den Haustieren

a) durch Aderlaß. Durch die geschorene, mit Alkohol, Äther und Sublimatlösung gründlich abgeriebene Haut wird eine sterilisierte Hohlnadel in die darunter liegende, durch geeignete Kompression prall gefüllte Vena (V. jugularis usw.) gestochen und das ausfließende Blut in einem sterilen Zylinder aufgefangen bzw. durch einen auf die Hohlnadel aufgesetzten sterilen Gummischlauch in den mit dem Wattepfropfen versehenen Zylinder geleitet.

b) Auch das beim Schlachten abfließende Blut kann man mit gutem Erfolge zur Serumgewinnung verwenden. Den ersten Teil läßt man wegfließen und den nachfolgenden fängt man in sterilen, hohen, schmalen Gefäßen auf. Das Blut geschächteter Tiere wird durch Anschneiden der Luftröhre und des Schlundes leicht verunreinigt und eignet sich deshalb nicht.

c) Beim Menschen entnimmt man das Blut vorwiegend der Nachgeburt oder der Leiche. Der Nachgeburt entnimmt man das Blut, während sie noch im Uterus sitzt, in folgender Weise: Die Nabelschnur wird nach den ersten Atemzügen des Neugeborenen in der gewöhnlichen Weise doppelt unterbunden und durchschnitten. Hierauf wird der plazentare Stumpf mit Sublimat und sterilem Wasser gereinigt, oberhalb der Unterbindung angeschnitten und das abfließende Blut in sterilem Gefäß aufgefangen. Jede Wehe treibt neues Blut heraus. Insgesamt erhält man auf diese Weise etwa 50 ccm Blut. Da das menschliche Blut schlecht und langsam gerinnt, ist das Gefäß mit dem Blute etwa 24 Stunden ruhig stehen zu lassen. Die Serumausbeute beträgt etwa 20 ccm.

Aus der Leiche entnimmt man das Blut unter aseptischen Kautelen dem Herzen entweder nach Eröffnung des Thorax direkt oder von der V. jugularis aus dem rechten Atrium und Ventrikel. Durch Hochlagern der Beine und Druck auf das Abdomen lassen sich bis über 200 ccm Serum gewinnen. Auch von septischen Leichen kann man brauchbares Serum erhalten.

Behandlung des aufgefangenen Blutes. Die zu etwa $^2/_3$ bis $^3/_4$ mit Blut gefüllten Gefäße verschließt man wieder steril und keim-

[1]) Ghon und Preiß, Zentralbl. f. Bakteriol., Parasitenk. u. Infektionskrankh., Abt. I Orig. 1904, Bd. 35, S. 536.

dicht und läßt sie bis zur völligen Gerinnung ruhig stehen. Hierauf stößt man den an der Glaswand festhaftenden Blutkuchen mit einem sterilen Glasstab usw. ab, um das Auspressen des Serums zu begünstigen. Letzteres sucht man vielfach auch dadurch noch zu fördern, daß man auf den Blutkuchen ein flaches, in den Zylinder gut passendes sterilisiertes Bleigewicht legt (Abb. 143).

Ist genügend klares, hellgelbes Serum ausgepreßt, so wird es mit steriler Pipette, an deren Mundstück zur bequemeren Handhabung ein Gummischlauch mit Quetschhahn und gläsernem Mundstück sich befindet, abgehoben und auf sterile Flaschen oder Reagenzgläser abgefüllt. Die Serumabnahme kann an den folgenden Tagen mehrfach wiederholt werden, bis Bakterienentwicklung (Oberflächenhäutchen, Trübung) sich bemerkbar macht.

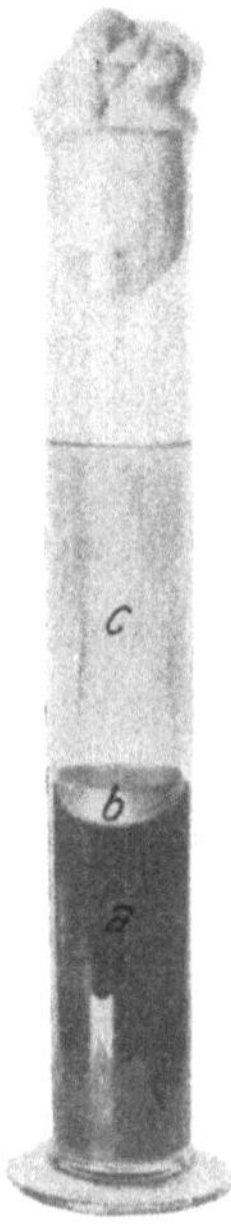

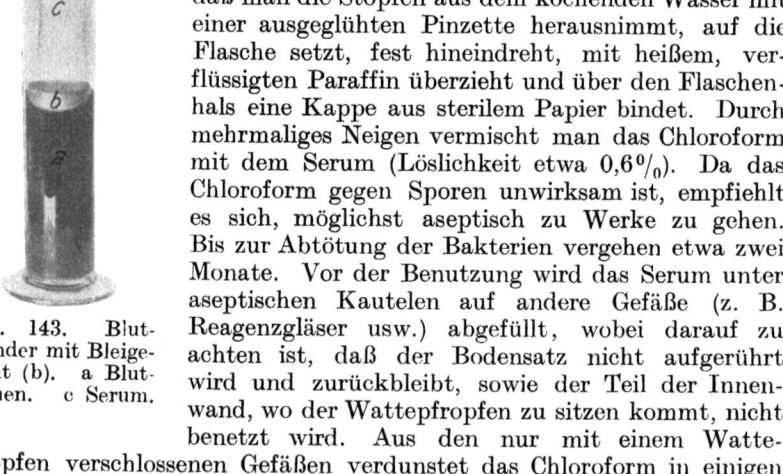

Abb. 143. Blutzylinder mit Bleigewicht (b). a Blutkuchen. c Serum.

Sterilisierung des Serums. Wird das Serum nicht bald gebraucht, so empfiehlt sich die Sterilisierung durch Chloroform. Das auf Flaschen abgefüllte Serum wird mit etwa 1 % Chloroform versetzt. Die Flaschen werden mit frisch ($^1/_4$ Stunde lang) ausgekochten Gummistopfen in der Weise verschlossen, daß man die Stopfen aus dem kochenden Wasser mit einer ausgeglühten Pinzette herausnimmt, auf die Flasche setzt, fest hineindreht, mit heißem, verflüssigten Paraffin überzieht und über den Flaschenhals eine Kappe aus sterilem Papier bindet. Durch mehrmaliges Neigen vermischt man das Chloroform mit dem Serum (Löslichkeit etwa 0,6 %). Da das Chloroform gegen Sporen unwirksam ist, empfiehlt es sich, möglichst aseptisch zu Werke zu gehen. Bis zur Abtötung der Bakterien vergehen etwa zwei Monate. Vor der Benutzung wird das Serum unter aseptischen Kautelen auf andere Gefäße (z. B. Reagenzgläser usw.) abgefüllt, wobei darauf zu achten ist, daß der Bodensatz nicht aufgerührt wird und zurückbleibt, sowie der Teil der Innenwand, wo der Wattepfropfen zu sitzen kommt, nicht benetzt wird. Aus den nur mit einem Wattepfropfen verschlossenen Gefäßen verdunstet das Chloroform in einigen Tagen. In kürzerer Zeit ist dies bei höherer Temperatur (37—55°) zu erreichen (Siedepunkt des Chloroforms liegt bei 61°). Äther ist zur Sterilisierung nicht geeignet.

Wird das Serum früher gebraucht, so daß eine Sterilisierung durch Chloroform nicht in Frage kommt, so nimmt man die fraktionierte, diskontinuierliche Sterilisation vor. Man erhitzt das Serum an 5—6 aufeinanderfolgenden Tagen je 1 Stunde auf 58—60° (S. 165). Durch einfache Erstarrung bei 65—68° ist volle Sterilität vielfach nicht zu erzielen. Etwa 10 % der Proben verderben durch nachträgliche Entwicklung verunreinigender Bakterien.

Weniger gebräuchlich ist die Keimfreimachung des Serums mittels

Filtration durch Bakterienfilter (S. 71), und zwar durch Asbestfilter (Ton- usw. Filter sind weniger geeignet).

Die Erstarrung des Serums wird bei 65—80° bewirkt. Es soll hinlänglich fest und noch gut durchscheinend sein. Unten sammelt

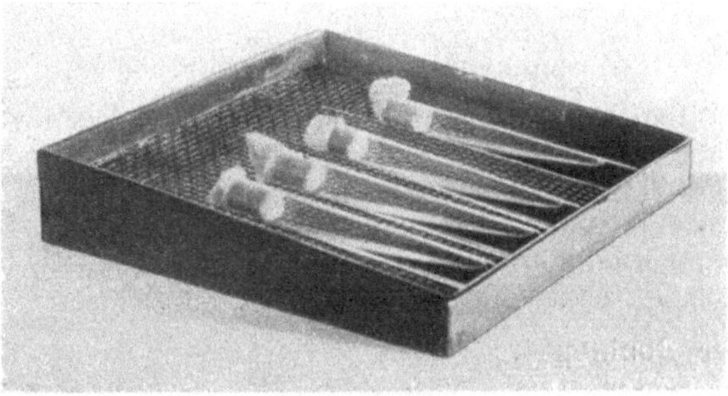

Abb. 144. Einsatz zum Blutserumkoagulator.

sich etwas ausgeschiedenes Wasser an. Die mit dem Serum beschickten Reagenzgläser werden schräg gelegt (besondere Gestelle hierzu s. Abb. 144).

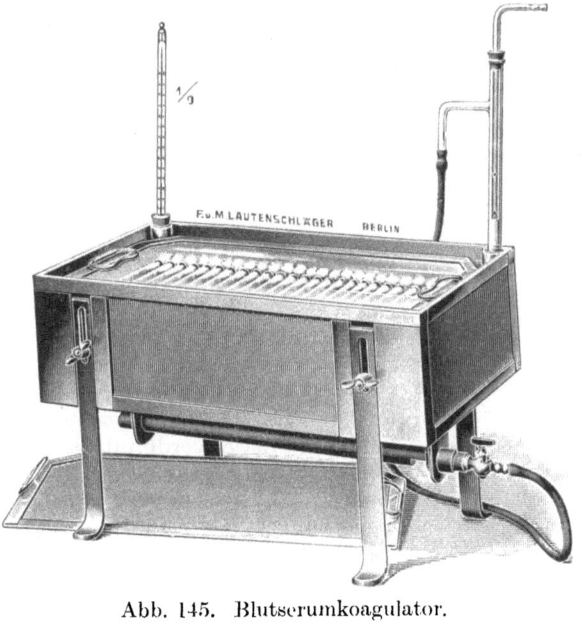


Abb. 145. Blutserumkoagulator.

Als Wärmeschrank kann man, wenn man nicht über einen besonderen Serumkoagulator (Abb. 145) verfügt, einen Paraffin- oder Trockenschrank mit Thermometer und womöglich mit Thermoregulator, und bei einiger Vorsicht selbst eine gewöhnliche Ofenröhre benutzen. Damit das Serum nicht zu stark eintrocknet, setzt man eine offene Schale mit Wasser dazu. Die Gerinnung ist gut, wenn die Masse beim Beklopfen nicht mehr merklich zittert und mit einem Platindraht nicht mehr leicht zerdrückt werden kann. Auftretende „Salzhaut" auf dem Serum stört das Bakterienwachstum; sie ist mit dem Kondenswasser abzuspülen.

## Zusammengesetzte Serumnährböden.

**Serumbouillon bzw. -Glyzerinbouillon** läßt man, wenn man sie flüssig verwendet, aus 1 Teil sterilem, flüssigen Serum und 3—20 Teilen steriler (Glyzerin-)Bouillon bestehen; soll sie erstarrt werden, so sind 3 Teile Serum auf 1 Teil Bouillon zu nehmen.

**Traubenzuckerbouillonserum** ist analog der Serumglyzerinbouillon zusammengesetzt. Über Zuckerzusatz s. S. 194.

**Martinsche Bouillon** [1].

200,0 gewaschene, frische, zerkleinerte Schweinemagen (etwa 5 Magen) werden mit 10,0 Salzsäure (spez. Gew. 1,124) und 1 Liter Wasser versetzt und 24 Stunden bei 50° gehalten, sodann auf Kolben abgefüllt und sterilisiert. Das so erhaltene Pepton eignet sich auch gut zur Indolprobe. Ferner werden 500,0 fett-, sehnen- und knochenfreies Kalbfleisch zerkleinert und mit 1000,0 Wasser 20 Stunden bei 35° mazeriert. Auf 1000,0 Fleischwasser gibt man 1000,0 Schweinemagenauflösung, kocht, neutralisiert, alkalisiert, filtriert, füllt ab und sterilisiert in der üblichen Weise (S. 178). Der Alkalitätsgrad wird zur Züchtung von Lungenseuchenerreger auf $p_H = 7{,}6-7{,}8$ (S. 179) eingestellt. Diesen Alkalitätsgrad erreicht man, wenn man die Alkalisierung der Schweinemagenpeptonlösung mit 75 ccm einer 10%igen Kristallsodalösung auf 1 Liter vornimmt. An Stelle der Sodalösung empfiehlt es sich offizinelle Natronlauge zu nehmen und nach den Vorschriften von Michaelis vorzugehen (S. 179). Die so erhaltene Martinsche Bouillon läßt man 1 Stunde auf dem Wasserbade kochen. Es sollen sich bei richtiger Alkalität Flöckchen ausscheiden, die sich am Boden absetzen und die Bouillon klären. Hierauf wird durch Papier filtriert, auf 40° abgekühlt, mit 7—10% altem (¼—3 Jahre) Pferdeserum versetzt, durch ein Berckefeldfilter filtriert und abgefüllt. Prüfung auf Sterilität durch 24—48stündige Aufbewahrung bei 37°.

**Serumagar.** Mischungsverhältnis: 1 Teil Serum auf 2—4 Teile Agar. Das auf 42° vorgewärmte Serum wird dem verflüssigten, auf 42° abgekühlten Nähragar (mit 2—3% Agar) zugesetzt, durchgemischt und in Petrischalen oder meist in schräger Schicht im Reagenzglas, eventuell nach der Impfung, zur Erstarrung gebracht.

Über das **Löfflersche (Traubenzuckerbouillon)-Serum** vgl. S. 221.

**Schweineserum-Nutrose-Agar** (für Gonokokkenzüchtung). 15 ccm Schweineserum werden mit 35 ccm Wasser verdünnt, mit 2—3 g Glyzerin und 0,8—1 g Nutrose versetzt. Unter stetem Umschütteln wird die Mischung zum Kochen erhitzt, 20—30 Minuten sterilisiert, mit gewöhnlichem 2%igem Agar versetzt und zu Platten ausgegossen.

**Serumgelatineagar.** Verflüssigter Gelatineagar (Nähragar + Nährgelatine $\widehat{aa}$) wird auf 45° abgekühlt, geimpft, mit der halben Menge sterilem, flüssigen Rinderserum versetzt und gut durchgeschüttelt.

Serumagar nach Tochtermann, Serum-Alkalialbuminatagar nach Joos, Nährboden nach Rothe s. S. 222 u. ff., Serumagar nach Beck und Hirnbreiserum S. 224, Kutschers Nährböden

[1]) Ann. de l'inst. Pasteur 1898.

für Gono- und Meningokokken, Schweineserum-Kaseinnatriumphosphat-Agar nach Wassermann S. 225.

**Ersatz des Blutserums.** Als Ersatz für Menschen- usw. Blutserum dienen Amnion-, Pleuritis-, Aszites- und Hydrozelenflüssigkeit, Menschenplazenta und verschiedene, namentlich mit Alkalialbuminat, tierischen Seren, Fleisch- und Organscheiben, Eiern usw. hergestellte Nährböden.

Die Pleuritis-, Aszites- und Hydrozelenflüssigkeit wird wie Serum zu Agar usw. gesetzt (2%iger Nähragar + 20% Aszites und 2% Traubenzucker).

Cantani nimmt 6 Teile Aszitesflüssigkeit (mit gleichen Teilen Glyzerin aufbewahrt) und 1 Teil Blutglyzerolat (S. 196). Von dieser Mischung setzt er $^1/_2$—$^3/_4$ ccm zu einem Röhrchen Agar usw. Strepto-, Diplo-, Gono-, Meningokokken, Diphtherie-, Tuberkelbazillen sollen sehr üppig darauf wachsen.

Die Amnionflüssigkeit unserer Haustiere erhält man auf Schlachthöfen leicht. Sie stellt eine schleimige, fadenziehende, klare Flüssigkeit dar, die gegenüber dem Serum den großen Vorteil bietet, daß sie bei Siedetemperatur nicht gerinnt, sondern im Gegenteil dünnflüssiger wird. Auf etwa 5—10 Teile Nährboden gibt man 1 Teil Amnionflüssigkeit.

### 3. Gekochte Fleisch- und Organscheiben.

**Gekochte Fleisch-** bzw. **Organscheiben** (Leber und Lunge von Hunden und Kaninchen) werden für Tuberkelbazillenzüchtung empfohlen, $^1/_2$ bis $^3/_4$ Stunde im Autoklaven gekocht, in Streifen oder Prismen geschnitten. Bei der Verwendung als Nährboden für Tuberkelbazillen werden sie 1—2 Stunden in 6—8%iges Glyzerinwasser eingelegt und in Reagenzgläschen mit Glyzerinbouillon gebracht. In den Gläsern befindet sich ein dickes Glasstäbchen, auf dem die Gewebsstücke ruhen. Die Bouillon soll so hoch stehen, daß sie die Organstreifen gerade berührt.

**Leberbouillon** nach Würcker für Anaërobier. Unzerkleinerte Leber wird mit der doppelten Menge Wasser gekocht. Zur abgegossenen Brühe wird 1% Pepton und $^1/_2$% Kochsalz hinzugegeben; sie wird mit Natronlauge bis zum Phenolphthaleinneutralpunkt oder darunter versetzt, aufgekocht, filtriert und mit 2% Traubenzucker versetzt.

Die gekochte Leber wird in 1—2 ccm große Würfel geschnitten, sterilisiert und in Vorrat genommen. Zum Gebrauch werden etwa 4 Leberwürfel und so viel obiger Bouillon in ein Reagenzglas gegeben, daß die Bouillon etwa 3 cm über den Leberstücken steht. Nach Sterilisierung ist dieser Leber-Leberbouillon-Nährboden gebrauchsfertig. Nach der Impfung wird eine 2 cm hohe Schicht sterilen flüssigen Paraffins darüber gegeben.

**Leberagar** für Anaërobier. Rinderleber wird in der Hackmaschine zerkleinert; hiervon wird 1 Teil mit 4 Teilen (destilliertem) Wasser im Eisschrank 12—20 Stunden ausgezogen. Die Flüssigkeit wird durch ein Leintuch abgegossen und abgepreßt, mit $1^1/_2$% Pepton, 0,5% Kochsalz und 2% Agar versetzt (S. **193**), auf $p_H = 7{,}2$ (S. 179) eingestellt und aufgekocht. Nach Abkühlung auf 60° fügt man etwas

Serum hinzu, sterilisiert 1 Stunde im Autoklaven, stellt nochmals auf $p_H = 7,2$ ein, filtriert durch Watte. Der Leberagar soll beim Gebrauch nicht zu frisch und nicht zu alt sein.

**Menschenplazentaagar nach Kutscher**[1]. Die möglichst frische Plazenta wird in kleine Stücke zerschnitten und mit dem ausfließenden Gewebssaft usw. abgewogen. Unter Zusatz der doppelten Gewichtsmenge Wasser wird nun, wie aus Fleisch, in der üblichen Weise ein $2^1/_2$%iger Agar bereitet, dem $^1/_2$% NaCl, 1% Traubenzucker, 2% Nutrose und 2% Pepton Chapoteaut zugefügt werden. Der schwach alkalisch reagierende Agar wird in kleinen Kölbchen zu 100 ccm sterilisiert. Zu 3 Teilen dieses verflüssigten, auf 45° abgekühlten Agars wird, um den fertigen Nährboden zu erhalten, 1 Teil steriles (in Kölbchen von 50 ccm 4 Tage hintereinander je 1 Stunde bei 60° gehaltenes) Rinderserum hinzugesetzt. Der Plazentaagar und das Rinderserum können getrennt vorrätig gehalten werden. Die Zusammenmischung erfolgt jeweils kurz vor dem Gebrauch. Der fertige Nährboden ist klar, durchsichtig und reagiert leicht alkalisch.

Weitere animalische Nährböden s. u. Spezialnährböden.

### 4. Sonstige animalische Nährböden und Nährbödenzusätze.

Galle.

Die Gallenblase vom Rind wird mit einem spitzen Messer angestochen, die Galle aufgefangen, $^1/_4$ Stunde im Dampf gekocht, in Reagenzgläser zu 5 ccm abgefüllt und an drei aufeinanderfolgenden Tagen je 20 bis 30 Minuten im Dampftopf sterilisiert. Über Galleröhrchen s. S. 214.

Einährböden.

**1. Gekochtes Ei** kann ähnlich wie Kartoffelstücke unter Zugabe von einigen Tropfen sterilem Wasser in Gefäße verteilt, sterilisiert und als Nährböden verwendet werden.

Die Zugabe von einigen Eiweißwürfeln zu Agarnährböden usw. begünstigt das Wachstum von Pneumo-, Meningo- und Streptokokken sowie von Anaërobiern. Hierzu werden die Eier 10 Minuten gekocht, geschält, das Eidotter entfernt und das Eiweiß in erbsengroße Würfel zerschnitten. Die Würfel von einem Ei werden zu 100 ccm Nährbouillon usw. gesetzt, 30 Minuten auf 100° erhitzt, nach 24 Stunden klar filtriert, abgefüllt und nachsterilisiert.

**2. Eibouillon** nach Besredka und Jupille für Meningo-, Gonokokken, Keuchhusten-, Tuberkelbazillen.

Das Eiweiß wird allmählich mit der 10fachen Menge destillierten Wassers versetzt, gut durchgeschüttelt, aufgekocht, filtriert und sterilisiert. Das Eigelb wird mit der 10fachen Menge destillierten Wassers gemischt, auf 100 ccm Mischung gibt man 1 ccm Normalsodalösung, kocht auf, filtriert und sterilisiert.

---

[1] Kutscher, Zentralbl. f. Bakteriol., Parasitenk. u. Infektionskrankh., Abt. I Orig. 1908, Bd. 45, S. 286.

4 Teile Eiweißabkochung werden mit 1 Teil Eigelbabkochung und 5 Teilen Nährbouillon versetzt. Für Tuberkelbazillenzüchtung nimmt man 2 Teile Eiweißabkochung, 0,5—2 Teile Eigelbabkochung und 10 Teile peptonfreie Nährbouillon.

**3. Blut-Eidotter-Bouillon** nach Bruschettini für Tuberkelbazillen s. S. 224.

**4. Eiernährboden** nach Cutler für Amöben s. S. 229.

**5. Eiernährboden** nach Dorsel s. S. 223.

## Milch.

**Sterile Milch** wird zuweilen ohne weitere Zusätze als Nährboden verwendet. Sie ist unter möglichst aseptischen Kautelen zu ermelken und bei nicht zu hoher Temperatur (Bräunung) zu sterilisieren.

**Milch-Agar** zur Erkennung peptonisierender Bakterien.

Sterile Milch wird mit gleichen Teilen 2%igem Nähragar versetzt und in Platten ausgegossen. Peptonisierende Bakterien lösen das Kasein (heller Hof).

Zu diesem Zwecke kann man sich auch eine Kaseinlösung, wie folgt, herstellen:

| | |
|---|---|
| Kasein | 5 g |
| Sekundäres Kaliumphosphat ($K_2HPO_4$) | 0,3 g |
| Magnesiumsulfat | 0,3 g |
| Kochsalz | 0,1 g |
| Pepton | 10,0 g |
| Wasser | 1000,0 ccm |

**Milchserum und Milchserumagar nach Klimmer und Sommerfeld** [1]) zur Bestimmuug des Keimgehaltes in der Milch usw. Die möglichst sauber gewonnene Milch wird auf 40° erwärmt und mit Labferment (Pulvis ad Serum lactis parandum, Gehe u. Co.) versetzt. Nach erfolgter Gerinnung wird die gelabte Milch zur schnelleren Gewinnung des Milchserums auf ein an den vier Zipfeln aufgehängtes steriles Seihtuch gebracht. Das abfließende, noch stark getrübte Serum muß zunächst ein Fließpapierfilter, hierauf ein Asbestfilter (S. 74) passieren. Das fast klare, nur noch leicht opaleszierende Serum wird auf sterile Flaschen abgefüllt und mit Chloroform sterilisiert (S. 166).

Zur Herstellung des Milchserumagars bereitet man sich zunächst aus 20 g Agar, 7 g Kochsalz, 1000 g Wasser einen klaren, sterilen Agar, derselbe wird verflüssigt, auf 40° abgekühlt und mit obigem sterilen, ebenfalls auf 40° erwärmten Milchserum zu gleichen Teilen versetzt und, da ein nachträgliches Erhitzen das Milchalbumin und -globulin zur Gerinnung bringen würde, sogleich zu Platten usw. verarbeitet. Das vom Milchserum absorbierte Chloroform verdunstet schnell und stört nicht. Beim Entnehmen des Milchserums muß man darauf achten, daß man den chloroformreichen Bodensatz zurückläßt. Vor der Verwendung des Milchserums ist es auf Keimfreiheit zu prüfen.

[1]) Klimmer und Sommerfeldt, Beitrag zur Bestimmung des Keimgehaltes in der Milch. Zeitschr. f. Gärungsphysiologie usw. 1913, Bd. 2, S. 308.

## c) Vegetabilische Nährböden und Nährbodenzusätze.

### 1. Pilznährböden nach Much-Pinner.

Pilze (so Mordschwamm, Rubling, weiße Reizker, Wolfschwamm) werden gereinigt, in der Hackmaschine zerkleinert, getrocknet und zerrieben.

50 g Pilzmasse werden mit 1 l Wasser 24 Stunden bei Zimmertemperatur ausgelaugt, hierauf die Flüssigkeit abgegossen und filtriert. Zur Klärung mischt man 1 Teelöffel Kieselguhr bei, schüttelt gut durch und filtriert.

Das Filtrat gibt mit 5 g Kochsalz und schwach alkalisch gemacht einen der Bouillon entsprechenden flüssigen Nährboden, mit 2% Agar einen brauchbaren Agarnährboden.

### 2. Kartoffelnährböden.

Die Kartoffeln lassen sich beim Züchten der Bakterien erfolgreich benutzen. Sie sind ein leicht zu beschaffender Nährboden, auf dem manche Bakterien (Rotz-, Milzbrand-, Tuberkelbazillen usw.) recht charakteristisch wachsen. Je nach der Sorte und Beschaffenheit der Kartoffeln erleiden die Eigentümlichkeiten der Bakterienkolonien aber mitunter gewisse Abänderungen.

Die Kartoffeln werden teils als halbierte Kartoffeln in feuchter Kammer, teils als Kartoffelscheiben in Doppelschalen, teils als schräg halbierte Kartoffelzylinder in Reagenzgläsern, teils als Kartoffelbrei und -saft mit anderen Nährböden (Gelatine und Agar) benutzt. Die Zubereitung der Kartoffeln geschieht in folgender Weise.

1. **Halbierte Kartoffeln in feuchter Kammer.** Mittelgroße, gesunde, unverletzte Kartoffeln (am besten Salatkartoffeln) werden mit Wasser, Seife und Bürste gründlich gereinigt und abgespült. Hierauf werden unter möglichster Schonung der Oberhaut alle „Augen", Vertiefungen, dickere Borken usw. herausgestochen (senkrechtes Ansetzen des Messers). Sodann werden die Kartoffeln 1—2 Stunden in 1‰iger Sublimatlösung und $^1/_2$—$^3/_4$ Stunde im strömendem Dampf sterilisiert.

Vor dem Gebrauch der im Dampftopf gehaltenen Kartoffeln wird eine feuchte Kammer (Abb. 146) hergerichtet. Hierzu dienen entweder zwei große Doppelschalen oder einfacher ein Teller mit einer Glas- (Käse-)glocke. Die Doppelschalen bzw. Teller und Glocke werden mit einer 1‰igen Sublimatlösung ausgespült, auf den Boden des Tellers bzw. der Unterschale kommt eine mit Sublimat getränkte Scheibe Fließpapier.

Unmittelbar vor Anlegen der Kartoffelkulturen werden für jede Kartoffel ein sog. Kartoffelmesser und für je drei Kartoffelhälften ein kleines Skalpell in der Flamme sterilisiert und derart aufbewahrt, daß eine bakterielle Infektion ausgeschlossen ist. Sodann werden die Hände und Arme bis zum Ellenbogen herauf mit Seife und Bürste gereinigt, wobei auf den Nagelfalz besondere Aufmerksamkeit zu verwenden ist, hierauf mit Wasser und 1‰iger Sublimatlösung abgespült. Die überschüssige Sublimatlösung wird abgeschleudert, nicht abgetrocknet. Die linke Hand (bei Linkshändern die rechte) darf bis zur Fertigstellung der Kulturen nur noch die Kartoffeln, aber keine anderen Gegenstände (Deckel, Messer usw.) anfassen, bzw. wird sogleich mit Sublimatlösung wieder desinfiziert. Mit der rechten Hand hebt man den Deckel vom Dampftopfeinsatze, in dem sich die Kartoffeln befinden, ab. Die linke Hand erfaßt eine Kartoffel. Mit der rechten Hand drückt man das Kartoffelmesser mitten durch die Kartoffel hindurch, wobei sägende Bewegungen zu unterlassen sind, hält aber das Messer noch zwischen den Hälften fest. Die rechte Hand öffnet die feuchte Kammer, in die man die Kartoffel nun hineinlegt, wobei man die Kartoffelhälften mit dem Messer derart auseinanderklappt, daß die Schnittflächen nach oben kommen. Zumeist werden 6 halbe Kartoffeln in einer feuchten Kammer untergebracht. Eine Berührung der Schnittfläche mit den Fingern ist zu vermeiden. Die halbierten Kartoffeln werden sodann mit der Platinöse strichförmig geimpft oder das Material wird mit einem sterilen Skalpell

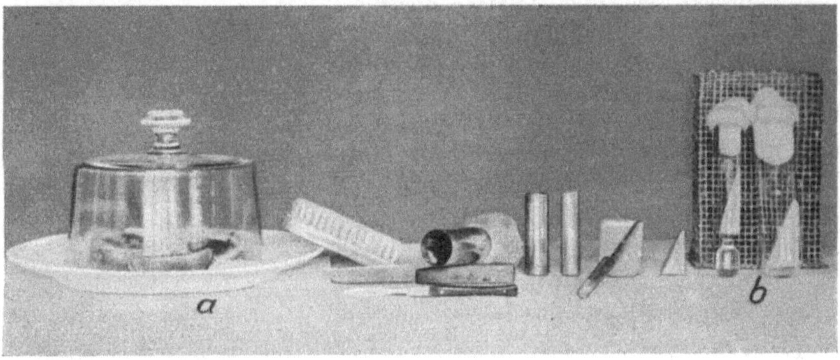


Abb. 146. a Feuchte Kammer mit halbierten Kartoffeln, daneben Bürste, Kartoffelmesser und Skalpell, b Schräghalbierte Kartoffelzylinder in Gläsern, daneben deren Herstellung.

breitgestrichen und nach der im nachfolgenden Abschnitt (S. 231) beschriebenen Weise Verdünnungen angelegt.

2. **Kartoffelscheiben in Doppelschalen.** Die gut mit Wasser, Seife und Bürste gereinigten Kartoffeln werden geschält, unter der Leitung abgespült, mit abgeflammtem Messer in $^1/_2$—1 cm dicke Scheiben zerlegt, nach der Größe der Schalen (Durchmesser etwa 4—5 cm) abgerundet und in den Doppelschalen $^3/_4$ Stunde im Dampf sterilisiert. Vielfach werden die Kartoffeln vor Zerlegung in Scheiben wie unter 1. vorsterilisiert.

3. **Schräghalbierte Kartoffelzylinder in Reagenzgläsern.** Große Kartoffeln werden wie unter 2 gereinigt, geschält und abgespült. Mit einem geschärften, dünnwandigen Rohr (weiten Korkbohrer) werden Stücke von etwa 3—4 cm Länge ausgestochen (Abb. 146b), in der Diagonale durchschnitten, abgespült, jede Hälfte in ein steriles Reagenzglas mit Watteverschluß gegeben und $^3/_4$ Stunde im Dampf sterilisiert. Vielfach werden die Kartoffeln vor dem Ausstechen der Zylinder wie unter 1 vorsterilisiert.

Bei der Herstellung der **alkalischen Glyzerinkartoffeln** (zur Züchtung von Tuberkelbazillen) benutzt man die Rouxschen am unteren Ende mit einer Einziehung versehenen Reagenzgläser (Abb. 146b). In die untere Kugel gibt man 5—6%iges Glyzerinwasser und sodann die halbierten Kartoffelzylinder, die man zuvor in mit Sodalösung leicht alkalisiertem und alkalisch gehaltenen Glyzerinwasser etwa 20 Minuten lang weichgekocht hat. Hierauf folgt Nachsterilisierung im Dampf.

4. **Kartoffelbrei und Kartoffelsaft als Zusatz zu anderen Nährböden.** Die Kartoffeln werden gereinigt, geschält und abgespült wie unter 2. Hierauf werden die Kartoffeln zerrieben und der erhaltene Brei oder abgepreßte Saft, eventuell nach Neutralisieren und Alkalisieren, zu Bouillon, verflüssigtem Agar oder Gelatine zugesetzt. Oder man stellt mit den vorbereiteten Kartoffeln, analog wie mit dem Fleisch, ein Kartoffelwasser her, welches an Stelle des Fleischwassers als Ausgangsmaterial für Bouillon, Agar und Gelatine dient.

5. **Kartoffel-Glyzerin-Agar.** Zu 1000 Teilen wie unter 4 gewonnenen filtrierten Kartoffelsafts gibt man 40 Teile Glyzerin und 15 Teile Agar. Die Mischung wird bis zur Lösung des Agars unter Ersatz des verdampften Wassers gekocht und ohne vorheriges Filtrieren, Klären, Neutralisieren usw. abgefüllt und sterilisiert.

6. **Bluthaltiger Glyzerin-Kartoffelagar** nach Bordet und Gengou für Keuchhustenbazillen.

Lösung A: 100 g in Scheiben zerschnittene Kartoffeln werden mit 200 ccm 4%igem Glyzerinwasser im Autoklaven gekocht.

Lösung B: 5 g Agar werden in 150 ccm 0,6%iger Kochsalzlösung gelöst. Diese Menge Lösung B wird mit 50 ccm Lösung A versetzt und zu je 2—3 ccm in Röhrchen verteilt.

Vor dem Gebrauch wird der Glyzerin-Kartoffelagar verflüssigt, auf 50—60° abgekühlt, mit gleichen Teilen oder halb so viel defibriniertem, steril entnommenen Tier- oder Menschenblut versetzt, gut durchgemischt und in schräger Schicht erstarren gelassen. Vor Verwendung werden die Nährböden, gegen Austrocknung geschützt, im Brutschrank auf Keimfreiheit geprüft.

Shiga, Imai und Eguchi setzen 1% Pepton und 0,5% Kochsalz zu.

### 3. Sonstige vegetabilische Nährböden.

An Stelle von Kartoffeln sind Zuckerrüben, Möhren, rote Rüben, Äpfel, Birnen als Nährböden empfohlen worden. Sie haben aber keine dauernde Verwendung gefunden. Die Zubereitung ist wie bei den Kartoffeln durchzuführen. Das gleiche gilt von Makkaroni, weißen Oblaten, Brotbrei, Aufgüssen von Getreide- und Leguminosenmehlen und -schroten. Beim Züchten von Schimmelpilzen und Hefen verwendet man vielfach das Pflaumendekokt und die Bierwürze.

Das **Pflaumendekokt** erhält man durch $\frac{1}{2}$stündiges Kochen von 100 g getrockneten, entkernten Backpflaumen in $\frac{1}{2}$ l Wasser. Das filtrierte Dekokt wird eventuell mit Agar oder Gelatine versetzt, gekocht, filtriert, abgefüllt und sterilisiert.

Die **Bierwürze** ist in Brauereien als solche erhältlich. Sie wird sowohl flüssig als auch mit Zusatz von Agar und Gelatine nach Kochen, Filtrieren, Abfüllen und Sterilisieren als Nährboden für Trichophyton, Schimmel- und Hefepilze benutzt.

**Brotbrei.** Trockenes Brot wird fein gemahlen, in Erlenmeyerkolben gegeben, bis der Boden bedeckt ist, mit Wasser zum dicken Brei versetzt und an drei aufeinanderfolgenden Tagen sterilisiert. Bei saurer Reaktion ist der Brotnährboden ein guter Nährboden für Eumyzeten (Schimmelpilze, Herpes, Trichophyton usw.).

**Reisscheiben** nach Král für Hautmikrophyten. 100 g Reispulver werden mit 250 ccm abgerahmter Kuhmilch innig verrieben und in einer Porzellanschale unter Umrühren erhitzt. Der dicke Brei wird in ein Zylinderrohr lückenlos eingefüllt. Nach dem Erkalten wird der Reiszylinder herausgeschoben, in Scheiben geschnitten, in Glasdosen verbracht, mit 8 Tropfen Milch versetzt und 1—$1^1/_2$ Stunden im Dampf sterilisiert.

**Weizenextraktagar** nach Heider (Versporungs-Nährboden für Milzbrand-Bazillen).

500 g Weizengrieß werden 24 Stunden mit 1 l Wasser stehen gelassen und dann filtriert. Das Filtrat wird mit 1,5% Agar gekocht und gegen Lackmus neutralisiert. Weitere Zusätze unterbleiben.

**Haferflocken- und Weizengrießnährböden.** 500,0 Haferflocken bzw. Weizengrieß werden mit 1 l Wasser 24 Stunden mazeriert, filtriert, das Filtrat auf 1 l aufgefüllt, mit 5 g Kochsalz und 17,5 g Agar versetzt und gegen Phenolphthalein leicht alkalisiert usw.

Verschiedene Bakterien wachsen sehr gut, andere schlecht. Durch Zusatz von 1% Pepton wird das Wachstum verschiedener Bakterien gebessert. aber Typhus-, Paratyphus-A-, Dysenterie- (Kruse-Shiga)-Bazillen, Bakterien der hämorrhagischen Septikämie, Vibrionen usw. wachsen auch dann noch schlecht.

## d) Besondere Nährböden für Typhus-, Paratyphus, Coli- und Ruhrbazillen.

1. **Lackmusmolke** nach Petruschky[1]). Milch wird bei 40° mit Lab zur Gerinnung gebracht. Die Molke wird abfiltriert, 2 Stunden gekocht, neutralisiert und filtriert. Die Molke soll wasserklar bis grüngelblich aussehen. Auf 100 ccm Molke gibt man 5 ccm sterile Lackmuslösung und tönt den Farbenton durch Alkali- bzw. Säurezusatz auf neutralviolett ab. Die Lackmusmolke wird abfiltriert und sterilisiert.

Herstellungsverfahren nach Vierling[2]). 30 g Magermilchpulver werden in 200 ccm destilliertem Wasser unter Erwärmen auf dem Wasserbade gelöst. Zur Ausfällung des Kaseins setzt man 4 ccm 18%ige Chlorkalziumlösung zu und erhitzt 40 Minuten im strömenden Dampf. Zur Entfernung des überschüssigen Chlorkalziums gibt man

---

[1]) Petruschky, Zentralbl. f. Bakteriol., Parasitenk. u. Infektionskrankh. Abt. 1889, Bd. 6, S. 657.

[2]) Vierling, Zentralbl. f. Bakteriol., Parasitenk. u. Infektionskrankh., Abt. I Orig. 1922, Bd. 88, Heft 1, S. 93.

2 ccm n-Sodalösung zu und erhitzt nochmals 25 Minuten. Filtration durch Faltenfilter, leichtes Auspressen des Kaseinklumpens mittels Tücher. Zu starkes Drücken erzeugt Trübung und ist zu vermeiden. Trübe Molke wird durch eine mit aufgeweichten Filtrierpapierschnitzeln beschickte Nutsche mehrmals filtriert. Durch Zusatz von 150 ccm destilliertem Wasser und 150 ccm physiologischer Kochsalzlösung füllt man auf 500 ccm auf und setzt 0,02—0,03 g Pepton Witte zu (durch Bildung alkalisch reagierender Stoffwechselprodukte aus dem Pepton durch gewisse Bakterien wird der Farbenumschlag beschleunigt). Nach $^1/_2$stündigem Sterilisieren gibt man 20—30 ccm sterile Lackmustinktur Kahlbaum zu. Einstellen des Farbtons mit $^n/_{10}$ Soda- oder Milchsäurelösung. Da bei dem nachfolgenden Sterilisieren der Farbton sich etwas gegen blau verändert, stellt man die Molke etwas röter ein. Je 5 ccm füllt man in sterile Reagenzgläser (möglichst aus Jenenser Glas oder längere Zeit gebrauchte) ein und sterilisiert 5 Minuten nach. Zuvor hat man in jedes Glas etwa 10 mg kohlensauren Kalk gegeben, den man 1 Stunde im Trockenschrank bei 120—140$^0$ (nicht höher!) sterilisiert hat. Durch den Kalkzusatz soll überschüssige Säure gebunden und ein rechtzeitiger Farbenumschlag ermöglicht werden, ohne die Rötung zu beeinträchtigen.

Die Herstellung einer guten Lackmusmolke ist nicht leicht. Sie kann von Kahlbaum in Berlin fertig bezogen werden.

2. a) **Azolithminlösung** nach Seitz[1]), als Ersatz vorstehender Lackmusmolke, besteht aus: Milchzucker 20 g, Traubenzucker 0,4, Dinatriumphosphat 0,5, Ammoniumsulfat 1,0, Natriumzitrat (3bas.) 2,0, Kochsalz 5,0, Pepton. sicc. Witte 0,05, Azolithmin Kahlbaum 0,25, destilliertem Wasser 1000 g. Nach Lösung, Filtration und höchstens $^1/_2$stündiger Sterilisation in der üblichen Weise ist die Azolithminlösung gebrauchsfertig. Sie ist billiger, in der Zusammensetzung konstanter, somit zur Differenzierung der Koli-Typhus-Paratyphus-Gruppe geeigneter als die Lackmusmolke.

2. b) **Chinablaumolke** nach Bitter. Herstellung wie zuvor. An Stelle von Azolithmin werden jedoch zu 200 ccm heißer, farbloser, künstlicher Molke 1—2 Tropfen einer gesättigten, wässerigen Chinablaulösung hinzugefügt. Die Molke soll leicht blau sein.

3. **Lackmus-Nutrose-Milchzuckeragar** nach Drigalski und Conradi[2]). (Vgl. auch S. 348.)

A. Nutroseagar. 3 Pfund fettfreies Pferdefleisch werden fein gehackt, mit 2 l Wasser übergossen und bis zum nächsten Tage im Eisschrank stehen gelassen. Das Fleischwasser wird sodann — am besten mit einer Fleischpresse — abgepreßt. An Stelle von Fleischwasser kann man auch eine 1$^0/_0$ige Lösung von Liebigschem Fleischextrakt benutzen. Nach Zusatz von

| | | |
|---|---|---|
| Pepton. sicc. Witte | 20 g | |
| Nutrose oder Tropon | 20 g | |
| Kochsalz | 10 g | (bei Verwendung von Fleischextrakt kann Kochsalz wegbleiben) |

[1]) Seitz, Zeitschr. f. Hyg. u. Infektionskrankh. 1912, Bd. 71, S. 413.

[2]) Drigalski und Conradi, Zeitschr. f. Hyg. u. Infektionskrankh. 1902, Bd. 39, S. 283.

wird das Gemisch eine Stunde gekocht und durch Leinwand filtriert (eventuell auf 2 l ergänzt).

Dazu werden 60—70 g zerkleinerter Stangenagar gegeben; man läßt ein paar Stunden quellen und kocht drei Stunden im Dampftopf. Der Nutroseagar wird gegen Lackmuspapier schwach alkalisch gemacht, filtriert und $^1/_2$ Stunde im Dampftopf sterilisiert.

B. Lackmusmilchzuckerlösung. 260 ccm Lackmuslösung nach Kubel und Tiemann (C. A. F. Kahlbaum in Berlin) werden 10 Minuten gekocht, dazu 30 g Milchzucker (chemisch rein) gegeben und nochmals 15 Minuten gekocht.

Die heiße Lackmusmilchzuckerlösung wird zum heißen, flüssigen Nutroseagar hinzugegeben, gut durchgemischt, die verschwundene, schwach alkalische Reaktion wieder hergestellt, 3,8 ccm einer heißen, sterilen Normalsodalösung (S. 178) oder 4,0 ccm einer sterilen, warmen, 10$^0/_0$igen Lösung von wasserfreier Soda zugesetzt. Der Schüttelschaum muß bläulich sein, andernfalls ist noch etwas Sodalösung zuzufügen. Schließlich sind 20 ccm einer frisch hergestellten Lösung von 0,1 g Kristallviolett O oder B (chemisch rein Höchst) in 100 ccm warmem, destillierten, sterilisierten Wasser hinzuzugeben. Abfüllen in Flaschen von 100,0 (200,0) ccm; vorsichtiges Sterilisieren. Anwendung vorwiegend in Plattenkulturen.

Vorstehende Vorschrift entspricht den amtlichen Anleitungen für die bakteriologische Feststellung des Typhus, welche hierüber weiterhin vorschreiben:

Die Doppelschalen für die Herstellung der Platten müssen einen Durchmesser von 18—20 cm haben. Platten dürfen nicht aufbewahrt, sondern müssen stets frisch gegossen werden. Der Oberflächenausstrich geschieht mit Hilfe des Drigalskischen Glasspatels (S. 235), nachdem der Stuhlgang mit steriler 0,8$^0/_0$iger Kochsalzlösung verdünnt und verrieben ist. Als erste (Original-)Platte wird eine gewöhnliche Petrischale, als zweite und dritte je eine der großen Doppelschalen verwendet. Von jeder Stuhlprobe werden zweckmäßig zwei Plattenserien angelegt. (Vgl. auch Zusammenstellung am Ende dieses Abschnittes „Besondere Untersuchungsmethoden für die wichtigsten pathogenen und einige andere Mikroorganismen“ S. 348.) Typhus-, Paratyphus- und Ruhrbazillen wachsen blau, Kolibazillen rot.

Zu anderen differentialdiagnostischen Zwecken kann man statt Milchzucker andere Zuckerarten nehmen. Für Ruhrbazillen ist es besser, nur die Hälfte des Kristallvioletts zu nehmen oder es ganz wegzulassen.

4. **Lackmus-Mannitagar, Lackmus-Maltoseagar** usw. enthalten an Stelle des Milchzuckers gleiche Mengen der genannten Zuckerarten, im übrigen sind sie wie der vorstehend genannte Lackmus-Nutrose-Milchzuckeragar zusammengesetzt.

5. **Fuchsinmilchzuckeragar nach Endo** [1]).

| | |
|---|---|
| Fleischwasser oder 1$^0/_0$ige Fleischextraktlösung | 1000 g |
| Pepton . . . . . . . . . . . . . . . . . . | 10 g |
| Kochsalz . . . . . . . . . . . . . . . . . | 5 g |
| Stangenagar (zerkleinert) . . . . . . . . . . | 30—40 g |

[1]) Endo, Zentralbl. f. Bakteriol., Parasitenk. u. Infektionskrankh., Abt. I. Orig. 1904, Bd. 35, S. 109.

Nach einigen Stunden Quellen drei Stunden im Dampftopf kochen. Neutralisieren (Indikator: Lackmus), Zusatz von 7 ccm Normalsodalösung (S. 178) oder 10 ccm einer 10%igen Lösung von Soda, Kochen, Filtrieren.

Es wird sodann hinzugegeben:

| | |
|---|---|
| Chemisch reiner Milchzucker | 10 g |
| Konz. alkoholische, filtrierte Fuchsinlösung | 5 ccm |
| 10%ige frisch bereitete Lösung von nicht verwittertem Natriumsulfit | 25 ccm |

Der Nährboden soll farblos bis leicht rosa sein. Abfüllen, Sterilisieren (zweimal 30 und einmal 20 Minuten im strömenden Dampf). Anwendung in Plattenkulturen. Der Nährboden ist nicht lange haltbar. Typhus-, Paratyphus- und Ruhrbazillen wachsen farblos, Kolibazillen rot.

Der Endosche Nährboden eignet sich ferner zur Anreicherung von Milzbrand- (und Pseudomilzbrand-)bazillen. Die von Jaenisch [1]) empfohlenen Änderungen (10% Pepton und 4% Agar) sind entbehrlich. Eine Unterscheidung von Milzbrand- und Pseudomilzbrandbazillen ist mit dem Endoagar nicht möglich. Ist das auf Milzbrandsporen zu untersuchende Material mit anderen Keimen stark verunreinigt, so ist es zuvor zu einem dünnen Brei anzurühren, durchzuseihen und das Filtrat eine Stunde auf 80° zu erhitzen. Nach Absitzen wird die Flüssigkeit zentrifugiert und das Sediment zu Endoplatten und im Mäuseversuch verarbeitet.

6. Gaehtgens hat den Endoschen Fuchsinagar für die praktische Typhusdiagnose noch mit 0,33% chemisch reinem, kristallisierten **Koffein** versetzt. Das Optimum der Alkaleszenz liegt nach Gaehtgens bei 1,5% Normalnatronlauge unter dem Phenolphthaleinneutralpunkt (vgl. S. 216 unter Koffeinnährboden nach Roth, Ficker und Hoffmann).

Schon einige Jahre früher hatte Marpmann [2]) wohl als erster farbige Nährböden zur Differenzierung von Typhus- und Kolibazillen empfohlen. Seine Vorschrift lautet: 1%ige wässerige Fuchsinlösung wird mit konzentrierter Natriumbisulfitlösung entfärbt und die farblose Lösung zu 2% den gewöhnlichen Agar- oder Gelatinenährböden zugemischt. Abfüllen und Sterilisieren. In gleicher Weise hergestellte, entfärbte Malachitgrünlösung eignet sich ebenfalls gut für Agar.

7. **Neutralrotagar** nach Oldekop (Zentralbl. f. Bakteriol., Parasitenk. u. Infektionskrankh., Abt. I Orig. 1904, Bd. 35, S. 120) zur Differenzierung von Bakterien der Typhus-Koligruppe. Soll dem Neutralrotagar nach Rothberger-Scheffler überlegen sein.

In 500 ccm destilliertem Wasser werden
5 g Liebigs Fleischextrakt,
10 g Pepton und
2,5 g Kochsalz gelöst,
mit Soda schwach alkalisiert, 1 Stunde gekocht und filtriert.

In 100 ccm Filtrat (Reaktion nachprüfen!) werden 0,3 g Agar durch einstündiges Kochen im Dampftopf gelöst, heiß filtriert und mit 1 ccm

[1]) Jaenisch, Zeitschr. f. Fleisch- u. Milchhyg. 1914, Bd. 24, S. 55.
[2]) Marpmann, Zentralbl. f. Bakteriol. usw., Abt. I 1894, Bd. 16, S. 817.

konzentrierter wässeriger Neutralrotlösung und 0,15 g Traubenzucker versetzt, gut durchgemischt, zu je 5 ccm abgefüllt und $1^1/_2$—2 Stunden im strömenden Dampf sterilisiert. Nährboden lange haltbar, soll sogar mit der Zeit brauchbarer werden. Typhus- und Ruhrbazillen verursachen keine Veränderung, Koli- und Paratyphus-B-Bazillen zuerst Fluoreszenz, dann Entfärbung und Gasbildung.

8. **Neutralrotagar** nach Rothberger-Scheffler[1]) erhält man, wenn man auf 100 ccm verflüssigten gewöhnlichen $0{,}3\,^0/_0$igen Traubenzuckeragar 1 ccm einer kalt gesättigten, wässerigen, im Dampf sterilisierten Neutralrotlösung hinzufügt. Der so erhaltene dunkelrote Nährboden wird zur Reduktionsprobe in Stich- oder Schüttelkultur verwendet. Koli- und Paratyphus-B-Bazillen erzeugen zuerst Fluoreszenz, dann Entfärbung und Gas; Typhus- und Ruhrbazillen keine Veränderung.

9. **Lackmus-Nutrose-Traubenzuckerlösung** nach Barsiekow. 10 g Nutrose werden in der bei Pepton (S. 173) beschriebenen Weise in 1000 ccm $0{,}4\,^0/_0$ige Kochsalzlösung eingerieben und 1—2 Stunden gedämpft. Hierauf läßt man absitzen, gießt vorsichtig durch ein Faltenfilter ab (Lösung wird nicht ganz klar) und gibt hinzu 50 ccm sterilisierte Kubel-Tiemannscher Lackmuslösung (Kahlbaum in Berlin), in der 10 g Milchzucker gelöst sind. Bei Rötung wird bis zur schwach rötlichblauen Färbung $^1/_{10}$ Normalnatronlauge zugesetzt, zu etwa 6 ccm in sterile Reagenzgläser abgefüllt und nicht länger als 25—30 Minuten im Dampf sterilisiert.

An Stelle der teueren Nutrose verwendet Leuchs[2]) Serumalkalialbuminat (über Herstellung vgl. S. 177) und Gildemeister[3]) Serumwasser (S. 177). 10 g Trauben- oder Milchzucker, für die Ruhrdifferentialnährböden 20 g Mannit oder Maltose oder Saccharose werden in 50 ccm vorher 15 Minuten lang im Wasserbad gekochter Kubel-Tiemannscher Lackmuslösung (Kahlbaum) unter nochmaligem 6—8 Minuten langem Kochen im Wasserbad gelöst und klar filtriert. Dann werden die Lackmuszuckerlösung und 1000 ccm Serumalkalialbuminatlösung (S. 177) oder 1000 ccm Serumwasser (S. 177) warm gut gemischt, abgefüllt und an drei aufeinanderfolgenden Tagen je 10 Minuten sterilisiert.

Die mit Serumalkalialbuminallösung bzw. Serumwasser hergestellten Barsiekowschen Nährböden gleichen vollkommen den mit Nutrose bereiteten Originalnährböden (durchsichtig blau); die Ausfällung des Serumeiweißes ist ebenso voluminös, der Farbumschlag charakteristisch; sie bieten einen vollen Ersatz für die teueren Original-Nutrosenährböden. Typhusbazillen färben rot, Ruhrbazillen verändern nicht.

10. **Milchzucker-** (oder **Mannit, Maltose, Saccharose** usw.)- **Nutrose-Lackmuslösung** nach Barsiekow. Die Herstellung erfolgt wie oben, an Stelle von Traubenzucker werden jedoch die genannten Zuckerarten verwendet, und zwar Milchzucker in der gleichen Menge, Maltose und Saccharose für die Ruhrdiagnose in der doppelten Menge.

---

[1]) Scheffler, ebenda 1900, Bd. 28, S. 199.
[2]) Leuchs, Dtsch. med. Wochenschr. 1920, S. 1415.
[3]) Gildemeister, Zentralbl. f. Bakteriol., Parasitenk. u. Infektionskrankh., Abt. I. Orig. 1921, Bd. 87, S. 75.

11. **Malachitgrünagar** nach Lentz und Tietz[1]).

Fleischwasser 2000 ccm
Agar 60 g

Quellen lassen und 3 Stunden im Dampftopf kochen. Hierauf werden

Pepton 20 g
Kochsalz 10 g
Nutrose 20 g (kann auch wegbleiben)

in 250 ccm Wasser unter leichtem Erwärmen gelöst und zugefügt.

Neutralisieren [Indikator: Lackmus-Duplitestpapier (S. 178), oder Einstellen des Phenolphthaleinneutralpunktes und Zufügen von 1—1,5 ccm Normalsalzsäure auf 100 ccm Agar]. 1 Stunde kochen, durch Watte filtrieren, Nachprüfen des Agars gegen Duplitestpapier. Der violette Streifen muß eben leicht rot, der rote Streifen deutlich rotviolett werden. Abfüllen und sterilisieren.

Kurz vor dem Gebrauch werden auf 100 ccm heißen Agar, dessen Alkalität bei Abwesenheit von Nutrose 1,8% n-Natronlauge unter dem Phenolphthaleinneutralitätspunkt, oder bei Gegenwart von Nutrose 3,5% n-Natronlauge unter den Phenolphthaleinneutralitätspunkt liegt (3 ccm sterilisierte Rindergalle und) 1 ccm einer Lösung von 1 Teil Malachitgrün I (Höchst) in 60 Teilen destilliertem Wasser zugesetzt. Besser ist es, zunächst je 20 ccm Nähragar mit verschiedenen Mengen (0,05, 0,1, 0,15, 0,2 ccm usw.) 0,2%iger Malachitgrünlösung zu versetzen und Platten davon je zur Hälfte mit Typhus- und Kolibazillen zu besäen. Mit dem Zusatz, der Koli, aber nicht Typhus hemmt, ist der Agarvorrat zu bereiten. Wolff-Eisner empfiehlt, den Farbstoff so zu bemessen, daß der Nährboden ein deutliches, aber noch helles grünes Kolorit annimmt. Die Malachitgrünlösung ist nur 10 Tage haltbar. Anwendung zu Platten in 2 mm hoher Schicht. Auf den aus diesem Nährboden gegossenen Platten erfolgt in 24 Stunden bei 37 eine Anreicherung von Typhus- und Paratyphusbazillen. Die Kolonien werden mit 5 ccm 0,85%iger Kochsalzlösung abgeschwemmt und von der Oberfläche der Kochsalzabschwemmung 1—3 Ösen auf Drigalski-Platten erneut ausgesät.

Nach Samson[2]) ist die Vorkultur auf diesem Lentz-Tietzschen Nährboden der direkten Züchtung auf der Endo- und Drigalski-Platte beim Nachweis von Typhus und vor allem Paratyphus erheblich überlegen.

12. **Grünagar** nach Löffler[3]).

Fleischwasser 1000 ccm
Agar 30 g
Normalsalzsäure[4]) 7,5 ccm

An Stelle des Fleischwassers benutzt man auch eine $^1/_2$%ige Peptonlösung in Leitungswasser. Quellen lassen, $^1/_2$ Stunde kochen.

Zusetzen von 7,5 ccm Normalkalilauge, Neutralisieren mit Sodalösung gegen Lackmus. Zusatz von 5 ccm Normalsodalösung (143 g

[1]) Klin. Jahrb. Bd. 14, S. 495, ref. Zentralbl. f. Bakteriol., Parasitenk. u. Infektionskrankh., Abt. I. Ref. 1907, Bd. 39, S. 404.
[2]) Samsons Hyg. Rundschau 1921, Bd. 31, S. 578.
[3]) Löffler, Dtsch. med. Wochenschr. 1906, S. 289.
[4]) Normalsalzsäure enthält 36,5 g HCl in 1 l, die offizinelle 250 g.

Kristallsoda auf 1 l) und 100 ccm 10%iger Nutroselösung, aufkochen, abfüllen, an zwei aufeinanderfolgenden Tagen sterilisieren. Der klare Agar wird vom Bodensatz abgegossen. Zu je 100 g des flüssigen Agars werden kurz vor dem Gebrauch 2—2,5 ccm 2%ige Lösung von Malachitgrün 120 (Höchst — von der Lentz-Tietzschen Lösung also verschieden) in sterilisiertem, destillierten Wasser (darf nicht aufgekocht werden!) hinzugesetzt und die gut durchgeschüttelte Mischung zu etwa je 15 ccm in Petrischalen ausgegossen. Die Schalen bleiben offen, bis der Agar erstarrt ist. Sie werden besät, zugedeckt und mit der Bodenschale nach oben in den Brutofen gelegt.

13. **Grüngelatine** nach Löffler[1]).

| | |
|---|---|
| Fleischwasser | 1000 ccm |
| Gelatine | 150 g |
| Pepton | 10 g |
| Kochsalz | 5 g |

Langsam erwärmen bis zur vollständigen Lösung der Gelatine, 45 Minuten kochen, heiß mit Sodalösung gegen Lackmus neutralisieren, aufkochen, filtrieren und auf je 100 ccm hinzufügen.

| | |
|---|---|
| doppeltnormale Phosphorsäure [2]) | 3 ccm |
| 2%ige Malachitgrünlösung (120, Höchst, s. unter Grünagar) | 2 ccm |

14. **Grünlösungen** nach Löffler[3]) haben, wie nachstehende Tabelle zeigt, folgende Zusammensetzung:

| | Lösung 1 | Lösung 2 | Lösung 3 | Lösung 4 | Typhuslösung II |
|---|---|---|---|---|---|
| Fleischwasser | — | — | — | 100 (mit Kalilauge neutralis.) | |
| Destilliertes Wasser | 100 | 100 | 100 | | 100 |
| Pepton | 2 | 2 | — | 2 | 2 |
| Nutrose | 1 | 1 | 1 | — | 1 |
| Normalkalilauge[4]) | 1,06 | 1,5 | — | — | — |
| Milchzucker | 5 | 5 | 2 | 5 | — |
| Traubenzucker | 1 | — | — | 1 | 1 |
| Natriumsulfat | — | — | — | 0,5 | |
| Kaliumnitrat | — | — | — | 2 | |
| Kaliumnitrit | — | — | — | 1 | |
| 2%ige Malachitgrünlös. (120, Höchst) | 3 | 3 | 5 | 3 | 1 |

Die Lösung 1 entspricht etwa der späteren[3]) Typhuslösung I, nur beträgt hier der Gehalt an n-Kalilauge 1,5 und von einer 0,2%igen Malachitgrünlösung (krist. chem. rein Höchst) wird 1,0 genommen (anstatt 3 Teile einer 2%igen Malachitgrünlösung 120). Die Lösung 2 entspricht der späteren Paratyphuslösung. Bei der Typhuslösung II ist an Stelle von Malachitgrün 120 Malachitgrün kristall. chem. rein Höchst zu nehmen. Zusätze von 1 Teil einer 0,2%igen Safraninlösung

[1]) Löffler, Dtsch. med. Wochenschr. 1906, S. 289.

[2]) Doppeltnormale Phosphorsäure enthält 65,34 g Phosphorsäure in 1 l. Die offizinelle enthält 250 g in 1 l.

[3]) Löffler, Dtsch. med. Wochenschr. 1906, S. 295 und 1909, S. 1301.

[4]) Normalkalilauge enthält in 1 Liter 46 g festes Kalihydroxyd.

und 3 Teilen einer 1 $^0/_0$igen Reinblaulösung ev. unter Weglassen des Malachitgrüns geben deutlichere Unterschiede.

Zur Herstellung der Grünlösung löst man das Pepton und den Traubenzucker durch Kochen in $^4/_5$ der angegebenen Wassermenge, sodann setzt man die Kalilauge und die in heißes Wasser (Rest der angegebenen Wassermenge) eingequirlte Nutrose und schließlich den Milchzucker hinzu. Es folgt Abfüllen in 100 g-Flaschen und Sterilisierung an drei aufeinanderfolgenden Tagen je 10 Minuten im strömenden Dampf. Zum Gebrauch gibt man auf 100 ccm erkaltete Lösung die vorgeschriebene Malachitgrünlösung, füllt zu je 3—4 ccm in Reagenzgläser ab und nimmt sie in Gebrauch.

15. **Malachitgrün-Safranin-Reinblau-Agar** nach Löffler (Dtsch. med. Wochenschr. 1909, S. 1297).

Zu 1 l 3 $^0/_0$igem neutralen Nähragar gibt man 5 ccm Normalnatronlauge, nach dem Sterilisieren 100 ccm 10 $^0/_0$ige Nutroselösung, sterilisiert erneut den auf Flaschen aus Jenaer Glas abgefüllten Nährboden und läßt absitzen. Vor dem Gebrauch setzt man zu 100 ccm geschmolzenen und auf 45$^0$ abgekühlten Nutroseagar 3 ccm sterilisierte und filtrierte Rindergalle, 1 ccm 0,2 $^0/_0$ige, sterilisierte Safraninlösung (Grübler, Leipzig), 3 ccm 1 $^0/_0$ige sterile Reinblaulösung (doppelt konzentriert, Höchst) und 3—4 ccm 0,2 $^0/_0$ige Malachitgrünlösung (kristallisiert, chemisch rein, Höchst) und gießt zu je 10 ccm in Petrischalen aus.

B. coli wird stark gehemmt, Paratyphusbazillen wachsen üppig als glasig-milchige Kolonien.

Zur Anreicherung von Typhusbazillen dienen ferner

16. **Gallenröhrchen** nach Conradi (Dtsch. med. Wochenschr. 1906 Nr. 1). 0,5 ccm Blut des Typhusverdächtigen wird in 1 ccm Rindergalle, die mit 10 $^0/_0$ Pepton und 10 $^0/_0$ Glyzerin versetzt ist, aufgefangen. Hiervon werden nach 24 Stunden (37$^0$) Drigalski- oder Endo-Platten angelegt.

Kayser nimmt 2,5 ccm Patientenblut und 5,0 ccm sterilisierte Rindergalle.

Weisbach (Hyg. Rundschau 1921, S. 195) empfiehlt mindestens 3 ccm Blut auf ein kleines, 8—10 ccm auf ein großes Gallebouillonröhrchen (20 ccm) zu geben.

Gebrauchsfertige Galleröhrchen nach Conradi und Kayser sind bei E. Merck, Darmstadt, und F. u. M. Lautenschläger, Berlin, erhältlich.

17. **Bile salt medium** nach Mac Conkey[1]) für Bakterien aus Typhus-Koligruppe. Die gewöhnlichen Luft- und Bodenkeime (B. mesentericus, lactis aerogenes, capsulatus usw.) werden gehemmt. Die Stammlösung stellt man her aus:

| | |
|---|---|
| Taurocholsaurem Natrium[2]) | 0,5 |
| Pepton (Witte) | 2,0 |
| Wasser (Leitungswasser oder destilliertes Wasser +0,03 $^0/_0$ $CaCl_2$) | 100,0 |

[1]) Mac Conkey, Americ. Journ. of Hyg. 1908, V. 8, p. 322.

[2]) Die Handelsware ist aus Rindergalle hergestellt. Das taurocholsaure Natron muß gegen Neutralrot neutral reagieren.

Obige Lösung ist 1—2 Stunden im Dampftopf zu dämpfen, heiß zu filtrieren, 24—48 Stunden absetzen zu lassen und nochmals zu filtrieren. Bei der Mischung von Pepton und taurocholsaurem Natron gibt es einen Niederschlag.

Aus dieser Stammlösung bereitet man sich eine Bouillon durch Zusatz von 0,25 ccm einer 1%igen Neutralrotlösung und gegebenenfalls bestimmten Zuckerarten. Zur Gärprobe wird der flüssige Nährboden in Gärröhrchen abgefüllt und dreimal je 15 Minuten bei 100° sterilisiert (nicht länger und bei keiner höheren Temperatur). Die Zuckerzusätze betragen bei Fruchtzucker, Milchzucker, Dulzit und Adonit 0,5%, bei Rohrzucker und Inulin 1%.

Der Agar wird gewonnen durch Auflösung von 2% Agar in obiger Stammlösung (Dampftopf oder Autoklav). Der Agar wird mit Eiweiß geklärt, mit 0,25% einer 1%igen Neutralrotlösung versetzt, in Flaschen zu 80 ccm (reichend für drei Platten) abgefüllt und sterilisiert. Auch dem Agar setzt man bei Bedarf vergärbare Substanz in obigen Mengen zu. Dieser Nährboden wird, wie z. B. der Drigalskische Agar, zu Aufstrichplattenkulturen verwendet. Den in Platten ausgegossenen Agar läßt man nach dem Erstarren im Brutofen vor der Benutzung abtrocknen (Deckschale nach unten, Nährbodenschale aufgeklappt auf Deckschale). Die erste Platte wird in der Mitte mit einer Öse infiziert, das infektiöse Material mit einem gebogenen Glasstab auf diese Platte, sowie ohne neue Infektion auf zwei weitere ausgestrichen.

18. **Laktose-Alizarinagar** nach Guth [1]) zum Nachweis von Typhus- und Paratyphusbakterien.

In 1 l Rind- oder Pferdefleischwasser werden 30 g Stangenagar, 10 g Pepton und 5 g Kochsalz gelöst. Auf 1000 ccm klaren, gegen Lackmus neutralisierten Agar gibt man 50—70 ccm Zehntelnormalnatronlauge und setzt dann 10 g Milchzucker in 20—30 ccm Wasser gelöst, sowie eine heiße, einige Minuten im Kochen gehaltene Lösung von 0,6 g Natriumhydroxyd und 0,8 g Alizarin [2]) in 100 ccm destilliertem Wasser hinzu. Der Nährboden wird dunkelblau mit Stich ins Rote. Bräunlicher Ton weist auf zu schwache alkalische Reaktion hin und macht den Nährboden ungeeignet. (Vorprüfen mit 50 ccm Agar und 5 ccm Alizarinlösung.) Die fertige Mischung wird 1/2 Stunde im strömenden Dampf sterilisiert. Vor dem Plattengießen ist der das Alizarin nur suspendiert enthaltende Agar gut umzuschütteln. B. coli hellt den Nährboden auf und färbt gelb, Typhus-, Paratyphus- und Enteritisbazillen lassen ihn undurchsichtig und bilden grau-blaue Kolonien.

Durch Zusatz von 1,7 ccm einer 0,1%igen Malachitgrünlösung auf 100 ccm fertigen Alizarinagar kann man die Kolibakterien meistens im Wachstum stark hemmen. Dieser Malachitgrünzusatz läßt aber die Typhuskolonien erst nach 40—48 Stunden deutlich hervortreten.

---

1) Guth, Zentralbl. f. Bakteriol., Parasitenk. u. Infektionskrankh., Abt. I. Orig. Bd. 51, S. 190.

2) Das teuere sublimierte Alizarin ist nicht nötig, es genügt trocken Alizarin Kahlbaum (100 g = 2,20 Mk.).

19. **Koffeinnährboden** nach Roth, Ficker und Hoffmann[1]) zur Anreicherung von Typhusbazillen:

100 ccm Rindfleischwasser
6 g Pepton
0,5 g Kochsalz

erhitzen, bis Pepton gelöst; filtrieren; Filtrat in Erlenmeyerkölbchen oder Flaschen abfüllen, 2 Stunden im Dampf sterilisieren. 100 ccm dieser Bouillon werden in einen größeren Erlenmeyerkolben gegossen und mit so viel Normalnatronlauge versetzt, daß der erhaltene Reaktionspunkt um 2,7 ccm Normalnatronlauge unter dem Phenolphthaleinrotpunkt liegt. Um dies zu erreichen, wird zunächst eine Probe von 25 ccm Bouillon kurz zum Sieden erhitzt (Austreiben der $CO_2$), auf Zimmertemperatur im Wasserbad abgekühlt, mit Normalnatronlauge gegen Phenolphthalein titriert und die nötige Laugenmenge berechnet und zugesetzt. Angenommen, es würden auf 25 ccm Bouillon 1,1 ccm Normalnatronlauge verbraucht, so werden nun 100 ccm Bouillon nicht bis zum Neutralpunkt, also nicht mit der vierfachen Menge = 4,4 ccm Normalnatronlauge versetzt, sondern nur mit 4,4—2,7 = 1,7 ccm Normalnatronlauge.

Die so mit Natronlauge versetzten 100 ccm Bouillon werden im Dampf sterilisiert und nach dem Erkalten mit 105 ccm einer 1,2%igen Koffeinlösung versetzt. Das Koffein ist genau abzuwägen und in der Kälte in sterilem Wasser zu lösen. Die Koffeinlösung ist jeweils frisch herzustellen. Sie darf mit der Bouillon nicht erhitzt werden. Das Abmessen der Koffeinlösung hat natürlich im sterilen Meßzylinder zu erfolgen. Schließlich wird mit steriler Pipette 1,4 ccm einer 0,1%igen Kristallviolettlösung hinzugefügt.

20. **Kongorotagar** nach Liebermann und Acél (Dtsch. med. Wochenschr. 1914, S. 2093).

Zu 1 Liter mit Soda schwach alkalisiertem Nähragar setzt man 15 g Milchzucker und 3 g Kongorot in Substanz hinzu. Kochen, gut durchmischen, abfüllen in kleinen Mengen und sterilisieren.

Typhuskolonien rot, durchsichtig. Kolikolonien blauschwarz.

21. **Eichloffs Blauagar** zur Züchtung von Typhus-Paratyphusbazillen aus proteushaltigen Gemischen. Er wird wie der Drigalski-Conradi-Agar hergestellt, jedoch an Stelle von Fleischwasser eine 1%ige Lösung von Eichloffextrakt, einem Magermilchpräparat (erhältlich von Nährmittelfabrik Dr. Eichloff, Greifswald), verwendet.

22. **Mannit-Bouillon** nach Bulir zum Nachweis von B. coli im Wasser.

Zu 1 Liter Fleischwasser (S. 167) werden 25 g Pepton Witte, 15 g Kochsalz und 30 g Mannit hinzugefügt, 1½ Stunde gekocht, neutralisiert, abgefüllt und 2 Stunden im strömenden Dampf sterilisiert.

23. **Peptonwasser** zur Anreicherung von B. coli vgl. S. 221 unten.

24. **Dreifarbennährböden mit Metachromgelb und Wasserblau** nach Gaßner (Zentralbl. f. Bakteriol., Parasitenk. u. Infektionskrankh., Abt. I Orig. Bd. 80, S. 219) zur Typhus-Ruhr-Diagnose.

---

[1]) Roth, Ficker und Hoffmann, Arch. f. Hyg. Bd. 49.

Zu 2 l eines schwach lackmusalkalischen Hefe- (S. 170) oder Fleischwasser-Pepton-Agars fügt man

1. 125 ccm 2%ige Metachromgelblösung (2 Minuten aufgekocht),
2. 175 ccm 1%ige Wasserblaulösung (6 B extra „Agfa") + 100 g Milchzucker (10 Minuten gekocht) hinzu.

Getrenntes Aufkochen ist nötig, sonst treten Fällungen auf.

Der erhaltene Nährboden ist schön grün.

B. coli verfärbt ihn tiefblau, Kolonien im durchfallenden fast blauschwarz, im auffallenden Licht blaugrau (Zentrum mehr blau, Rand mehr grau).

Typhus- und Ruhrbazillen hellen den Nährboden gelblich auf, wachsen im durchfallenden Licht gelbglasig, im auffallenden gelblich grau. Der Farbenumschlag ist auch bei künstlichem Licht deutlich. Störende Kokken und Sporenbildner werden unterdrückt. Nach Penecke (Hyg. Rundschau 1921, S. 267) ist der Gaßnernährboden dem Drigalskischen überlegen, ferner ist er billiger und leichter herstellbar.

25. **Chinablauagar mit Malachitgrün** nach Bitter (Zentralbl. f. Bakteriol., Parasitenk. u. Infektionskrankh., Abt. I Orig. 1911, Bd. 59, S. 474).

Zu einem 2- oder 3%igen Fleischwasser-Pepton-Kochsalzagar, der mit Natronlauge bis zum Lackmuspunkt neutralisiert ist, setzt man 2% Milchzucker, kocht einige Minuten und fügt dann zu 100 ccm heißem Agar 9 Tropfen einer gesättigten, wässerigen Chinablaulösung (Höchst). Nach dem Blauzusatz gibt man noch 2,5 ccm einer 0,1%igen Malachitgrünlösung (krist. extra Höchst) hinzu.

Nach 10 Minuten langem Sterilisieren im Dampftopf gießt man in nicht zu dünne Platten aus.

Alle Säurebildner (Koli) wachsen lebhaft blau, während Nichtsäurebildner (Typhus usw.) farblose oder gelbliche Kolonien bilden. Verdächtige Kolonien sät man auf Drigalski-Platte aus.

26. **Chinablauagar ohne Malachitgrün** nach Bitter. Wie zuvor, jedoch nur 5 Tropfen Chinablaulösung auf 100 ccm Agar und ohne Malachitgrün.

27. **B. coli hemmender Nährboden** nach Pesch[1]) für B. paratyphosus B. In 1 l Wasser werden gelöst 1 g sekundäres Kaliumphosphat ($K_2HPO_4$), 0,5 g Magnesiumsulfat, 0,02 g Kochsalz, eine Spur Ferrosulfat und tertiäres Kalziumphosphat ($Ca_3(PO_4)_2$). Durch Zusatz von Natriumbikarbonat wird der Nährboden schwach alkalisch gemacht, dann Zusatz von 20 g Stangenagar, der durch starkes Auswässern stickstofffrei gemacht wird. Zu diesem Stammagar werden 1,9 g Ammoniumsulfat und 10 g Natriumzitrat gegeben.

Auf diesem Nährboden wachsen schon in 24 Stunden gut Paratyphus B, sowie Stamm Breslau, hingegen B. enteritidis Gärtner und Ratinbazillen in drei Tagen fast nicht und Typhus, Paratyphus A, sowie Koli in drei Tagen überhaupt nicht.

[1]) Pesch, Zentralbl. f. Bakteriol., Parasitenk. u. Infektionskrankh., Abt. I. Orig., Bd. 86, S. 96.

## e) Besondere Nährböden für Choleravibrionen.

1. **Blutsodaagar** nach Pilon. Frisches, defibriniertes Rinderblut wird mit gleichen Teilen 12%iger Sodalösung gemischt, gut durchgeschüttelt und nach 1—6tägigem Stehen 1—1½ Stunden gedämpft. Davon kommen 30 Teile zu 70 Teilen neutralem Agar.

2. **Blutalkaliagar** nach Dieudonné[1]) für Choleravibrionen. Defibriniertes Rinderblut wird mit gleichen Teilen Normalkalilauge gemischt und ½—¾ Stunde im Dampftopf gekocht. Hierauf werden 30 Teile Flüssigkeit in kochendheißem Zustand mit 70 Teilen lackmusneutralem, heißen, 3%igen Agar gut vermischt und in Platten ausgegossen. Die Platten kommen offen ½ Stunde in einen auf 60° erhitzten Trockenschrank und werden vor dem Gebrauch noch 18—24 Stunden zur Verflüchtigung des aus der Blutlösung entwickelten Ammoniaks aufbewahrt. Das Untersuchungsmaterial wird hierauf aufgestrichen.

Koli wächst schwach oder gar nicht und B. faecalis alcaligenes mäßig (kleine, graugrüne, undurchsichtige Kolonien); Choleravibrionen wachsen üppig, in Form von mittelgroßen, saftigen, rauchbraun bis grünlich schimmernden runden Scheibchen. Die Vibrionen zeigen aber sehr häufig Degenerationsformen, während die charakteristische Kommaform vermißt wird. Dient zur Anreicherung von Choleravibrionen. (Vgl. auch unter 4 Aronsonschem Nährboden.)

Kutscher und Hoffmann[2]) trocknen den Dieudonnéschen Nährboden im Faust-Heimschen Apparat zu einem braunen, grobkörnigen haltbaren Pulver, das nach erneuter Auflösung im Wasser und ½stündig. Kochen im Dampftopf sofort verwendbar ist. Dieser Nährboden ist wie der Dieudonnésche Originalnährboden nach Baerthlein und Gildemeister[3]) zuverlässig und brauchbar, obwohl auf ihn der B. faecalis alcaligenes in oft störender Weise wächst.

3. **Hämoglobinagar** nach Esch. In 300 ccm ½-Normalkalilauge werden 50 g Hämoglobin Merck gelöst und eine Stunde im Dampftopf sterilisiert. Zu dieser heißen Lösung mischt man 1700 ccm Neutralagar und gießt Platten, auf die das choleraverdächtige Material ausgesät wird.

Auf dem Hämoglobinagar nach Esch wachsen zwar die Choleravibrionen recht üppig, nach den eigenen Angaben Eschs aber auch zahlreiche andere Bakterien. Die Elektivität dieser Nährböden ist also recht gering. (Vgl. auch unter 4.)

4. **Choleranährboden** nach Aronson[4]). 35 g Agar werden mit 1 l Wasser über Nacht stehen gelassen, dann werden 10 g Pepton, 5 g Kochsalz, 10 g Fleischextrakt hinzugegeben, 4—5 Stunden im Dampftopf gekocht und nach dem Absitzen je 100 ccm in 200 ccm fassende Erlenmeyerkolben abgefüllt.

---

[1]) Zentralbl. f. Bakteriol., Parasitenk. u. Infektionskrankh., Abt. I. Orig., Bd. 50, S. 107.

[2]) Kutscher und Hoffmann, zit. nach Haendel und Baerthlein, Arb. a. d. Reichs-Gesundheitsamte 1912, Bd. 40, Heft 4.

[3]) Baerthlein und Gildemeister, Zentralbl. f. Bakteriol., Parasitenk. u. Infektionskrankh., Abt. I. Orig. 1915, Bd. 76, S. 550.

[4]) Aronson, Dtsch. med. Wochenschr. 1915 Nr. 35.

Auf 100 ccm heißen Agar kommen 6 ccm 10%ige Lösung von wasserfreier Soda, 5 ccm 20%ige Rohrzuckerlösung, 5 ccm 20%ige Dextrinlösung, 0,25 ccm gesättigte, alkoholische Fuchsinlösung und 2,5 ccm 10%ige Natriumsulfitlösung. Der fertige Nährboden ist farblos bis schwachrosa.

Baumgarten und Langer-Zuckerkandl empfehlen die dem Aronsonschen Nährboden zuzusetzende 6 ccm Sodalösung mit Hämin zu sättigen, um kräftigeres Cholerawachstum bei gleicher Elektivität und unbeeinträchtigter Farbreaktion (hochrote Cholera-Kolonien) zu erzielen.

Böttcher[1]) beobachtete, daß durch Zusatz von 6 ccm Sodalösung auf 100 ccm Agar das Cholerawachstum etwas beeinträchtigt wird, was bei einem Sodagehalt von 5,0—5,5 ccm auf 100 ccm Agar nicht mehr der Fall ist. Noch weiter mit dem Sodazusatz herabzugehen, verbietet sich aus dem Grunde, weil dann die Kolibakterien nicht mehr genügend gehemmt werden. Nach Böttcher ist der Dieudonnésche Agar dem Aronsonschen vorzuziehen, dagegen hält Stern[2]) umgekehrt den Aronsonschen für besser als den Dieudonnéschen und Eschschen Nährboden.

Die damit gegossenen Platten werden bei 50° oder längere Zeit bei 37° mit der Schichtseite nach unten getrocknet. Sie sind dann sofort verwendbar.

Kolibazillen wachsen in 15—20 Stunden noch nicht, Cholerabazillen bilden leuchtend rote Kolonien mit farblosem Randsaum. Der Nährboden ist nach Schürmann und Fellmer[3]) gut elektiv.

Die hierzu nötigen Reagenzien sind in Tablettenform bei Merck, Darmstadt, erhältlich.

Nach Hesse (Arb. a. d. Reichsges.-Amt 1920, Bd. 52, H. 4, S. 596) wachsen die meisten Cholerastämme auf Aronsons Nährboden gut und hochrot, einige aber blaß, spärlich und selbst gar nicht, das gleiche ist auch auf Seiffert-Bambergerschem Nährboden zu beobachten. Dagegen wachsen alle Stämme auf Dieudonnés und Baerthlein-Gildemeisterschen Nährboden üppig, rauchbraun und stark glänzend.

Am besten ist letzterer. Dasselbe gute Wachstum aller Stämme wurde mit Aronsonschem und Seiffert-Bambergerschem Nährboden auch dann erreicht, wenn statt 6 ccm nur 4 oder 3 ccm Soda, und zwar chemisch reines Präparat zugesetzt wurde. Die gewöhnliche Handelsware (Natrium carbonicum siccum) gibt schlechtere und ungleichmäßigere Ergebnisse.

Auf Dieudonnéschen Nährboden ist das Wachstum noch etwas besser; er besitzt aber eine geringere Elektivität.

5. **Hesses Malachitgrünnährboden.** Die Herstellung erfolgt wie beim Aronsonschen Nährboden, nur statt der alkoholischen Fuchsinlösung kommen auf 100 ccm Agar 0,4 ccm einer konzentrierten alkoholischen Malachitgrünlösung (Chlorzinkdoppelsalz, kristall. chemisch rein). Die Entfärbung mit Natriumsulfit erfolgt sehr leicht unter annähernd den

---

[1]) Böttcher, ebenda 1915 Nr. 44.
[2]) Stern, Wien. klin. Wochenschr. 1915 Nr. 50.
[3]) Schürmann und Fellmer, Dtsch. med. Wochenschr. 1915 Nr. 40.

gleichen Mengenverhältnissen wie beim Fuchsin. Die Alkalisierung wurde mit 3—4 ccm einer $10^0/_0$igen Lösung von wasserfreier Soda auf 100 ccm Agar vorgenommen. Der Nährboden ist völlig durchsichtig, in dünner Schicht fast farblos. Cholerakolonien wachsen saftig grün, zuweilen erst nach 24—28 Stunden in Kokardenform. Farbreaktion ist spezifischer als die des Aronsonschen Nährbodens. Eine Vereinigung mit der Peptonwassermethode ist hier wie beim Aronsonschen Nährboden nach Hesse unzweckmäßig.

6. **Chlorophyll-Fuchsinagar** nach Seiffert und Bamberger (Münch. med. Wochenschr. 1916, Nr. 15) bietet nach Baumgarten und Langer-Zuckerkandl (Zeitschr. f. Hygiene 1917, Bd. 83, S. 389) sowie Hesse (Arb. a. d. Reichsgesundheitsamte 1920, 52, 596) gegenüber dem Aronsonschen Nährboden keine Vorteile. Es ist deshalb nicht näher auf ihn eingegangen worden.

7. **Hämoglobin-Sodaagar** nach Kabeshima[1]), abgeändert von Baerthlein und Gildemeister[2]). $3^1/_2$ g Hämoglobinextrakt Pfeuffer werden in 10 ccm physiologischer Kochsalzlösung gelöst, mit 10 ccm $5{,}5^0/_0$iger Lösung von wasserfreier Soda (Sodamehl) und 2 ccm Kalilauge versetzt und $^1/_4$ Stunde im Dampftopf sterilisiert. Nach Abkühlen auf unter $50^0$ gibt man 80 ccm $3^0/_0$igen, lackmusneutralen, 80—$90^0$ heißen Agar zu, mischt kräftig durch und gießt in Petri-Schalen aus. Niederschläge sind bedeutungslos. Nach kurzer Trocknung im Brutschrank zur Entfernung des Kondenswassers ist der Nährboden verwendungsfähig. Der Nährboden riecht leicht nach Ammoniak. Kühl aufbewahrte Platten sind etwa 2 Wochen haltbar.

Choleravibrionen wachsen üppig und bilden in 16—18 Stunden mittelgroße, hellgraue, saftige, undurchsichtige Kolonien. Alkaligenes wird gehemmt, aber nicht unterdrückt, desgleichen choleraähnliche Vibrionen. Sehr kümmerlich ist das Wachstum von Pyocyaneus, von Proteus bleibt es meist aus.

8. **Alkalialbuminatgelatine** nach Deycke für Choleravibrionen.

2—3 g Alkalialbuminat (E. Merck in Darmstadt)
1 g Pepton
1 g Kochsalz
10—15 g Gelatine
100 ccm Wasser zur Nährgelatine.

Neutralisieren mit Salzsäure, alkalisieren mit $^2/_3{}^0/_0$ kristallisierter Soda.

Das teuere Alkalialbuminat kann man sich nach folgender Vorschrift selbst herstellen: 1 kg fettfreies, feingehacktes Kalbfleisch läßt man 48 Stunden mit 1200 ccm $3^0/_0$iger Kalilauge bei $37^0$, sodann einige Stunden bei 60—$70^0$ stehen. Der Saft wird abfiltriert und mit verdünnter Salzsäure versetzt, bis kein Niederschlag mehr entsteht. Der Niederschlag wird in konzentrierter Sodalösung bei schwach alkalischer Reaktion gelöst, die Lösung eingedampft und der Rückstand (Alkalialbuminat) bei $100^0$ getrocknet.

---

[1]) Kabeshima, Zentralbl. f. Bakteriol., Parasitenk. u. Infektionskrankh., Abt. I. Orig. 1910, Bd. 70, Heft 3/4.

[2]) Baerthlein und Gildemeister, ebenda 1915, Bd. 76, S. 550.

Wie Dönitz[1]) u. a. nachwiesen, bietet die Alkalialbuminatgelatine gegenüber der mit 3% einer 10%igen Lösung kristallisierter Soda versetzten, gewöhnlichen Gelatine keinen Vorteil.

9. **Peptonwasser.** Die Zusammensetzung ist folgende:

| | |
|---|---|
| Pepton. sicc. Witte | 100,0 |
| Kochsalz | 100,0 |
| Kalium nitricum | 1,0 |
| Kristallisiertes Natrium carbonicum | 2,0 |
| Destilliertes Wasser | 1000,0 |

Die Mischung wird in der Wärme gelöst, in Reagenzgläser oder Kölbchen abgefüllt und sterilisiert. Diese Stammlösung wird vor dem Gebrauch 1 : 9 mit Wasser verdünnt, abgefüllt und sterilisiert. Dieses Peptonwasser eignet sich für die Anreicherung der Choleravibrionen, jedoch nicht für B. coli. Hierfür gibt man dem Peptonwasser folgende Zusammensetzung:

| | |
|---|---|
| Pepton | 10,0 |
| Kochsalz | 5,0 |
| Traubenzucker | 10,0 |
| Wasser | 1000,0 |

Für die Anreicherung von Pneumokokken empfiehlt Wiens leicht alkalisches 10%iges Peptonwasser mit 1% Dextrose. Auf 10 ccm Peptonwasser kommt 1 ccm Blut. Nach 1—2tägigem Aufenthalt der besäten Röhrchen bei 37° wird das Sediment auf Agarplatten aufgestrichen.

## f) Besondere Nährböden für Diphtheriebazillen (vgl. auch S. 309).

1. Das **Löfflersche (Traubenzuckerbouillon-) Serum** [2]) enthält 3 Teile Kälber- oder Hammelserum (S. 197) auf 1 Teil lackmusneutrale bzw. leicht alkalische (0,44 ccm Normalnatronlauge auf 100 ccm Nährboden), 1—2%ige Traubenzuckerbouillon. Die Mischung läßt man in Reagenzgläsern oder Petrischalen erstarren. Das Löfflersche Serum findet bei der Diphtheriediagnose ausgiebige Anwendung. Auch Rinderserum läßt sich hierzu mit gleichgutem Erfolg verwenden.

Da viel Kondenswasser ausgeschieden wird, werden die mit erstarrtem Löfflerschen Serum beschickten Petrischalen umgekehrt aufbewahrt; der Vorrat ist etwa 8—12 Tage haltbar.

2. **Serumagar** nach Tochtermann. Ein 2%iger wässeriger Agar (S. 193) mit 1% Pepton, 0,5% Traubenzucker, 0,3—0,5% Kochsalz wird mit gleichen Teilen oder mit Hammelblutserum im Verhältnis 2 : 3 gemischt, eine Stunde gedämpft, filtriert, auf Reagenzgläser abgefüllt und 1—1½ Stunden sterilisiert. Kolonien der Diphtheriebazillen groß, aber die Bazillen in Form den Pseudodiphtheriebazillen ähnlich.

3. **Deyckes Pepsin-Trypsinagar** (modifiziert von Bosse [3]).)

A. 125 g gehacktes, fettfreies Pferdefleisch, 3 g frisches Pepsin Witte (nicht Pepton!), 400 ccm destilliertes Wasser und 2 ccm 50%iger konzentrierter Salzsäure werden 48 Stunden bei 37°

[1]) Dönitz, Zeitschr. f. Hyg. u. Infektionskrankh. 1894, Bd. 18.

[2]) Löffler, Mitt. a. d. Kais. Gesundheitsamt Bd. 2, S. 461.

[3]) Zentralbl. f. Bakteriol., Parasitenk. u. Infektionskrankh., Abt. I. Orig. Bd. 33, S. 471.

künstlich verdaut (Reaktion kontrollieren, eventuell Salzsäure zusetzen) und dann filtriert. Das Filtrat wird mit 3,9 g wasserfreier Soda versetzt und sterilisiert.

B. Ein Schweinepankreas wird gehackt, 24 Stunden im Eisschrank aufbewahrt, hierauf mit 40 ccm Glyzerin und 100 ccm Wasser versetzt und nochmals einige Tage im Eisschrank gehalten. Der ausgepreßte Saft ist mit einem Stückchen Kampfer im Eisschrank haltbar.

Das Filtrat A wird mit 15 ccm B versetzt, 6 Stunden bei 37° belassen, sterilisiert, mit 5%iger Salzsäure neutralisiert, mit 1950 g Wasser, 6 g Kochsalz und 39 g Agar versetzt und in der üblichen Weise (S. 193) weiter verarbeitet.

4. **Serum-Alkalialbuminatagar** nach Joos[1]) für Diphtheriebazillen.

| | | |
|---|---|---|
| 300 ccm | Blutserum (S. 197) | 2—3 Stunden im Wasserbad von 60—70°, hierauf $^1/_2$—$^3/_4$ Stunde im Dampftopf erwärmt. |
| 50 „ | Normalnatronlösung (S. 178) | |
| 150 „ | destilliertes Wasser | |

Zugabe von 500 ccm alkalischer Bouillon mit 2% Pepton, $1^1/_2$% Kochsalz und 20 g Agar. Nach der Lösung des Agars wird filtriert und sterilisiert. Ausgießen in Petrischalen.

5. **Kleinscher [2]) Nährboden.**

9 Teile Serum werden mit 1 Teil offizineller Natronlauge gemischt, und 2 Tage bei 37° gehalten. Das Gemisch wird mit Salzsäure neutralisiert, mit 4 Teilen Nähragar versetzt und 1 Stunde bei 105° sterilisiert. Dieser Nährboden ist im Gegensatz zum Löfflerserum sicher sterilisierbar, durchsichtig, haltbar, gießbar, sparsam im Serumverbrauch und wird durch peptonisierende Bakterien nicht verflüssigt. Das Wachstum der Diphtheriebazillen ist nach Klein gut und typisch.

6. **Thielscher Nährboden.**

| | |
|---|---|
| Pepton, Nutrose, Traubenzucker | āā 1,0 |
| Kochsalz und Lackmuslösung Kahlbaum | āā 0,5 |
| Destilliertes Wasser | 100,0 |
| Nach Neutralisierung gegen Lackmus 1%ige Lösung von Kristallsoda | 2 ccm |

Diphtheriebazillen röten und trüben in 24 Stunden, Pseudodiphtheriebazillen lassen (meist) blau und klar. Xerosebazillen verändern nicht.

7. **Nährboden** nach Rothe zur Differenzierung von Diphtherieund Pseudodiphtheriebazillen.

| | |
|---|---|
| Lackmuslösung Kahlbaum | 10 ccm |
| Trauben-, oder Frucht-, oder Malz-, oder Rohrzucker | 0,1 g |

Sterilisierung der Lösung an 3 Tagen je 2 Minuten im kochenden Wasserbad. Zu je 10 ccm Lösung werden 90 ccm Serumbouillon (4 Teile Rinderserum und 1 Teil neutraler, zuckerfreier Bouillon [S. 192]) hinzugesetzt und in Form von Platten oder schrägen Nährböden im Reagenzglas zum Erstarren (S. 199) gebracht. Diphtheriebazillen röten bei Gegenwart von Trauben- und Fruchtzucker, Pseudodiphtheriebazillen vergären nur Malz- und Rohrzucker, Xerosebazillen verändern nicht.

---

[1]) Zentralbl. f. Bakteriol., Parasitenk. u. Infektionskrankh., Abt. I. Orig. Bd. 25, S. 296.

[2]) Klein, Dtsch. med. Wochenschr. 1920, S. 297.

8. **Indigokarmin-Säurefuchsin-Zucker-Bouillon** nach Bronstein und Grünblatt[1]) zur Differentialdiagnose der Diphtherie- und Pseudodiphtheriebazillen.

Lösung A: 2%ige wässerige Indigokarminlösung
Lösung B: 10,0 Säurefuchsin
100,0 1%ige Kalilauge.

Zum Gebrauch nimmt man 2 ccm A
1 ccm B
22 ccm destilliertes Wasser.

Mit dieser Mischung (Mankowskisches Reagens) als Indikator wird $\frac{1}{2}$%ige Traubenzuckerbouillon bei 37° auf den Neutralpunkt (blau) eingestellt, zu je 5 ccm abgefüllt und sterilisiert. Das Mankowskische Reagens wird durch Säure rot, durch Alkalien grün. Sein Neutralitätspunkt liegt zwischen denen des Lackmus und Phenolphthaleins.

Die frisch zu verwendende Bouillon wird geimpft und mit ungeimpften Kontrollen 24 Stunden bei 37° gehalten. Hierauf werden den Proben 3 Tropfen Mankowskisches Reagens zugesetzt. Die sterile Bouillon färbt sich blau, die mit Löfflerschen Diphtheriebazillen rubinrot, die mit Pseudodiphtheriebazillen nach einigen Minuten grün. Nach weiteren 12 Stunden nimmt auch die mit Pseudodiphtheriebazillen geimpfte Bouillon rote Farbe an.

Diese Reaktionen beruhen darauf, daß der Diphtheriebazillus Säure bildet, der Pseudodiphtheriebazillus dagegen nicht.

9. **Martinsche Bouillon** für Diphtherietoxingewinnung s. S. 200.

## g) Besondere Nährböden für Tuberkelbazillen.

Im allgemeinen kommt man mit Glyzerinagar und -Bouillon von lackmusneutraler bis natursaurer Reaktion aus. Das tuberkelbazillenhaltige Material ist in die festen Nährböden gleichsam einzureiben. Bei der Züchtung auf flüssigen Nährböden sind kleine, dünne Häutchen auf dem Nährboden schwimmend zu erhalten. Nur die Vogel- und homogenen Tuberkelbazillen werden in den flüssigen Nährboden hineingeimpft.

1. Erstarrtes **Blutserum** mit und ohne Glyzerinzusatz (S. 197).

2. **Eiernährboden** nach Dorset. Die Eier werden mit Wasser gründlich gereinigt und sodann mit 5%igem Karbolwasser abgewaschen. Die beiden Pole werden in der Flamme getrocknet und mit steriler Pinzette geöffnet. Der Inhalt der Eier wird in einen sterilen Erlenmeyerkolben ausgeblasen, Wasser zu 10% des Gewichtes der Eier hinzugegeben und vorsichtig untermischt (Luftblasen dürfen nicht auftreten). Nach Filtration durch ein Seihtuch wird der Nährboden auf Reagenzgläser abgefüllt und durch 2—2$\frac{1}{2}$ stündiges Erhitzen auf 70° in wasserdampfgesättigter Luft zum Gerinnen gebracht. Lubenau gibt zu 10 Eiern an Stelle des Wassers 5%ige Glyzerinbouillon hinzu.

3. **Glyzerinkartoffeln** (S. 206).

---

[1]) Bronstein und Grünblatt, Zentralbl. f. Bakteriol., Parasitenk. u. Infektionskrankh., Abt. I. Orig. 1902, Bd. 32, S. 426.

4. **Agar** nach Beck. 200 ccm Rinderblutserum (S. 197) ohne Chloroform werden mit 1800 ccm Wasser 1—1½ Stunden gedämpft, filtriert und das Filtrat mit 10 g Monokaliumsulfat, 5 g Magnesiumsulfat, 4 g Asparagin und 40 g Glyzerin versetzt, 2—3 Stunden gedämpft, heiß filtriert, mit 3% Fadenagar versetzt usw. Die Reaktion ist schwach sauer zu halten.

5. **Eiweißfreier Nährboden** nach Proskauer und Beck (S. 172).

6. **Hirnbrei-Serum** (für Tuberkelbazillenzüchtung). Frisches Gehirn wird zerkleinert, in gleichen Gewichtsteilen destilliertem Wasser verteilt, unter Umrühren zum Kochen erhitzt, durch ein Koliertuch gepreßt, abgefüllt und zwei Stunden sterilisiert. Hierauf gibt man den dünnen sterilen Hirnbrei unter aseptischen Kautelen zu gleichen Teilen zu einem mit 3% Glyzerin versetzten Serum (S. 197) und läßt die umgeschüttelte Mischung rasch erstarren.

7. **Hirnbreiagar** nach Ficker für Tuberkelbazillen. Fein zermahlenes Hirn wird mit gleichen Gewichtsteilen Wasser unter stetem Umrühren ¼ Stunde gekocht, durch das Seihtuch koliert und abgepreßt, mit 2,5%iger Lösung von Agar in destilliertem Wasser gemischt, 3% Glyzerin hinzugefügt, sterilisiert und kurz vor dem Erstarren zur Verteilung des Hirns durchgeschüttelt.

8. **Gehirnnährboden** nach Petterson s. S. 226.

9. **Blut-Eidotter-Bouillon** nach Bruschettini für Tuberkelbazillen.

100 ccm Kalbfleischnährbouillon
10 ccm defibriniertes Kaninchen- oder Hundeblut
5 ccm Eidotter.

10. **Gentianaviolett-Eiernährboden** nach Petrof[1]). 250 g fein gehacktes Kalbfleisch läßt man mit 212 g Wasser und 37,5 g Glyzerin über Nacht im Kühlschrank stehen. 16—20 frische Eier gut quirlen und durch Gaze filtrieren. 200 ccm Fleischwasser zu 400 ccm Eierfiltrat. Zu 100 ccm dieses Gemisches 1 ccm 1%ige Gentianaviolettlösung mischen, auf Röhrchen abfüllen und im Serumschrank an drei aufeinanderfolgenden Tagen je 30 Minuten auf 85, 75 und 75° erhitzen.

Aus tuberkulösen Sputen wachsen die Tuberkelbazillen von vornherein meist in Reinkultur, wenn man die Sputen, wie folgt, vorbehandelt.

Je nach Konsistenz der Sputen werden diese mit dem gleichen oder mehrfachen Volumen steriler 4%iger NaOH versetzt, geschüttelt, 30 Minuten bei 37° gehalten, nochmals geschüttelt und nochmals 30 Minuten bei 37° digeriert, ¼ Stunde scharf zentrifugiert. Die Flüssigkeit wird bis auf wenige Tropfen abgegossen, der Rückstand wird mit einigen Tropfen Salzsäure versetzt und geschüttelt. Der sich abscheidende Bodensatz wird auf Petrofsche Nährböden ausgestrichen.

11. **Heyden-Agar** nach Hesse für Tuberkelbazillen namentlich im Sputum.

---

[1]) Petrof, Annales de l'inst. Pasteur 1921, p. 558.

5 g Nährstoff Heyden in
50,0 ccm Wasser gelöst, dazu
5,0 g Kochsalz
30,0 g Glyzerin
10—20 g Agar
5 g Normalsodalösung
905 ccm destilliertes Wasser 15 Minuten kochen, filtrieren, sterilisieren, ausgießen in Petrischalen.

## h) Besondere Nährböden für Gono-, Meningokokken usw.

1. **Kutscherscher**[1]) **Nährboden für Meningokokkenzüchtung.**

Die möglichst frische Plazenta wird zerkleinert und mit dem abfließenden Gewebssaft gewogen und mit der doppelten Gewichtsmenge Wasser versetzt. Nun wird in der üblichen Weise, wie sonst aus Fleisch, ein 2%iger Agar hergestellt, dem 0,5% Kochsalz, 1% Traubenzucker, 2% Nutrose und 2% Pepton Chapoteaut zugefügt werden. Der schwach alkalisch reagierende Agar wird in Kölbchen zu 100 ccm abgefüllt und sterilisiert.

3 Teile dieses verflüssigten Agars werden mit 1 Teil sterilem Rinder- oder Pferdeserum (das in Kölbchen von 50 ccm 4 Tage hintereinander je 1 Stunde auf 60° erhitzt worden ist) versetzt, gemischt und zum Erstarren hingelegt.

2. **Blutagar** nach Esch für Meningokokken (Zentralbl. f. Bakteriol., Parasitenk. u. Infektionskrankh., Abt. I. Orig., Bd. 52, S. 150).

| | |
|---|---|
| Nähragar mit 1% Pepton Witte | 60 ccm |
| Steriles defibriniertes Hammelblut | 20 „ |
| Aszitesflüssigkeit | 10 „ |
| Maltose, gelöst in 3 ccm Bouillon | 1 g. |

3. **Blutplatten** nach Abel (für Gonokokken). Auf Agarplatte wird Blut ausgestrichen. Menschenblut entnimmt man aus einer desinfizierten und gut vom Desinfiziens mit sterilem Wasser und steriler Watte befreiten Hautstelle. (Vgl. auch S. 195).

4. **Schweineserum-Nutrose-Agar** nach Wassermann für Gonokokken.

| | |
|---|---|
| 15 ccm Schweineserum (S. 197)<br>30—40 „ Wasser<br>2—3 „ Glyzerin<br>0,8—0,9 g Nutrose (Kaseinnatriumphosphat) | gut durchgemischt, unter Umschütteln aufgekocht, im Dampf sterilisiert und in Vorrat genommen. |

Beim Gebrauch wird diese Mischung mit gleichen Teilen eines 2% Pepton enthaltenden alkalischen Nähragars versetzt und in Platten ausgegossen. Temperaturen über 50° sind hierbei zu vermeiden. Dagegen können Mischungen mit Bouillon statt Agar über freier Flamme sterilisiert werden. Das Schweineserum soll frei sein von Hämoglobin, das sonst stören kann.

5. **Blutagar** nach Schottmüller[2]). Agar wird verflüssigt, auf 45° abgekühlt, mit defibriniertem Menschenblut (Leichenblut aus Herzen,

---

[1]) Kutscher, Zentralbl. f. Bakteriol., Parasitenk. u. Infektionskrankh., Abt. I. Orig. 1908, Bd. 45, S. 286.

[2]) Schottmüller, Münch. med. Wochenschr. 1903, Nr. 20 und 21. Ref. in Zentralbl. f. Bakteriol., Parasitenk. u. Infektionskrankh., Abt. I. Ref. Bd. 34, S. 388.

meist 12—24 Stunden nach dem Tode steril) im Verhältnis 5 Teile Agar zu 2 Teilen Blut innig vermengt und zu Plattenkulturen verarbeitet.

Dient zur Trennung von Streptokokken und verwandten Mikroorganismen. Vgl. S. 340.

6. **Kochblutagar** nach Voges [1]), Boxer [2]) und Bieling [3]) zur Züchtung von Influenzabazillen und Trennung von Streptokokken usw. (vgl. S. 341).

Zu kochendem Agar werden einige Tropfen (Voges, Boxer) frisches, defibriniertes Pferdeblut zugesetzt. Bieling verwendet 3%igen Agar mit 1% Pepton, der zum Kochen erhitzt, mit 15% defibriniertem Pferdeblut gemischt und sofort von der Flamme genommen wird. Nach Abkühlung auf 50—60° wird der schokoladebraune Niederschlag gut aufgeschüttelt und die fein verteilte Mischung zu Platten usw. verarbeitet.

7. **Blutwasseragar** nach Bieling [3]) zur Trennung von Streptokokken usw. (vgl. S. 341). Ein Teil steriles Pferdeblut wird mit zwei Teilen Wasser gemischt und die klare Flüssigkeit mit gleichen Teilen verflüssigtem, auf 60° abgekühltem, 2%igen Traubenzucker-Agar gemischt.

8. **Blutwasser-Optochinagar** nach Bieling [3]) zur Trennung von Streptokokken usw. (vgl. S. 341).

1. Optochin. hydrochloric. 0,1 in 10,0 destilliertem Wasser aufgekocht. Soll nicht länger als drei Tage aufbewahrt werden.
2. 1,0 ccm obige Optochinlösung + 150,0 ccm flüssiger, 3%iger Agar gemischt, auf 60° abgekühlt und mit einer Mischung aus 60 ccm Pferdeblut + 90 ccm Wasser, die eine Stunde bei 60° gehalten wurde, versetzt, gemischt, zu Platten ausgegossen und beimpft.

9. **Gehirnnährboden für Gono-, Meningo- und Pneumokokken** nach Petterson [4]). Gehirnmasse des neugeborenen, toten menschlichen Fötus, wird aseptisch entnommen und 1 Stunde im Schüttelapparat mit keimfreier Aszitesflüssigkeit geschüttelt (Papierkappe über den Stöpsel ziehen) und zu dünnem Brei zertrümmert. Nach einigem Stehen im Eisschrank scheidet sich eine schwach opaleszierende Flüssigkeit oben aus. Diese wird mit 3%igem Agar gemischt. Zusatz von Traubenzucker zu empfehlen. Gono-, Meningo- und Pneumokokken wachsen üppig, Tuberkelbazillen gut.

10. **Aszites-Agar im Plattenguß zur Gonokokkenzüchtung** nach Klein [5]). 2%iger, verflüssigter und auf 45° C abgekühlter Agar wird mit gleichen Teilen keimfrei filtrierten Aszites vermischt. Das erste Röhrchen wird mit 1 Öse verdächtigen Eiter gemischt, daraus 6 Ösen in ein zweites. Ausgießen in Platten. Nach Erstarren werden die Platten mit der Kulturschale nach oben bebrütet.

Vorteile: günstigere Sauerstoffspannung und weicher Nährboden. Gonokokken wachsen üppig und charakteristisch.

11. **Aszites-, Pleuraexsudat- und Hydrozelenagar** s. S. 201.

12. **Peptonwasser für Anreicherung von Pneumokokken** s. S. 221.

---

[1]) Voges, Berl. klin. Wochenschr. 1904, Sept.

[2]) Boxer, Zentralbl. f. Bakteriol., Parasitenk. u. Infektionskrankh., Abt. I. Orig., Bd. 40, S. 593.

[3]) Bieling, ebenda Bd. 86, S. 261.

[4]) Petterson, Dtsch. med. Wochenschr. 1920, S. 1385.

[5]) Klein, Dtsch. med. Wochenschr. 1921, S. 286.

## i) Besondere Nährböden für Influenzabazillen.

1. **Levinthalscher Nährboden für Influenzabazillen** (Zeitschr. f. Hyg. u. Infektionskrankh. 1918, Bd. 86, S. 1; ref. Zentralbl. f. Bakteriol., Parasitenk. u. Infektionskrankh., Abt. I. Ref. 1919, Bd. 68, S. 429). Als bester Nährboden für Influenzabazillen allgemein anerkannt. 100 (oder 200) ccm flüssiger und auf 70° abgekühlter, 2—3%iger Nähragar werden im Erlenmeyerkolben tropfenweise mit 5 (oder 10) ccm frischem Kaninchen- (S. 195) oder Menschenblut versetzt und gut gemischt. Das Blut kann vorher durch Schütteln in steriler Flasche mit Glasperlen defibriniert und beliebig lange auf Eis aufbewahrt in Vorrat genommen werden. (Vor dem Gebrauch gut umzuschütteln.) Das Blutagargemisch wird auf dem Drahtnetz über der Flamme zum Sieden erhitzt. Sobald es in den Kolbenhals aufzusteigen beginnt, wird es von der Flamme weggenommen. Das Aufkochen wird unter Umschütteln zweimal wiederholt. Der Agar wird durch vorsichtiges Abgießen oder mittels sterilen, dünnen Watte- oder Gazefilters von den Gerinnseln getrennt und nochmals aufgekocht, aber nicht im Dampftopf länger sterilisiert. Der zu Schrägagarröhrchen oder zu Platten erstarrte Agar ist durchsichtig, von der üblichen Agarfarbe, gibt die Benzidin- und Guajakprobe (Hämoglobin) und soll Lackmus (Merck) leicht bläuen. Der Agar wird am besten 24 Stunden nach Herstellung benutzt. Er ist sofort bis etwa zwei Wochen nach Bereitung brauchbar.

Schnelles, üppiges Wachstum der Influenzabazillen in Form glasheller, durchsichtiger Kolonien. Identifizierung durch Agglutination mit Patientenserum (1 : 50—100).

2. **Czaplewskischer Blutagar** für Influenzabazillen (Zentralbl. f. Bakteriol., Parasitenk. u. Infektionskrankh., Abt. I. Orig., Bd. 32 S. 667; enthält auch Angaben über den Blutagar nach Pfeiffer, und Grassberger).

Ein Nähragar mit Zusatz von 1% Nährstoff Heyden wird mit einigen Tropfen frischem Tauben- oder Kaninchenblut versetzt und in dünner Schicht zum Erstarren gebracht. (Vgl. auch S. 195).

3. **Vogesscher Kochblutagar** (vgl. S. 226 unter Kochblutagar nach Voges, Boxer und Bieling).

## k) Besondere Nährböden zur Unterdrückung von Proteus.

Auf einem Agarnährboden mit einem Zusatz von 2 ccm einer 5%igen Karbolsäurelösung auf 100 ccm Agar wachsen die meisten Proteusstämme nach Behmer[1]) als runde, homogene Kolonien ohne zu schwärmen; bei einigen wird das Schwärmen nicht ganz aufgehoben.

Auf diesem Karbolsäureagar wachsen Milzbrandbazillen schlecht oder gar nicht, Geflügelcholera-, Hühnertyphus- und Ferkeltyphusbazillen nicht, dagegen gut Rotlauf-, Typhus- und Paratyphus B-Bazillen.

[1]) Behmer, Beiträge zur Biologie und Biochemie des B. proteus und Versuche zur Isolierung pathogener Mikroorganismen aus proteushaltigem Material mittels Agarplatten mit karbolsaurem Zusatz bzw. Eichloffblauplatten. Vet.-med. Inaug.-Diss. Berlin 1921.

Auf Eichloffblauplatten (S. 216) wird Proteus noch besser gehemmt als auf Karbolplatten. Aber auch hier zeigen einzelne Stämme noch geringes Schwärmen.

Auf Eichloffblauplatte wachsen Milzbrandbakterien nicht, Rotlauf-, Geflügelcholera-, Typhus-, Paratyphus-B-, Hühnertyphus- und Ferkeltyphusbazillen dagegen gut.

## l) Besondere Nährböden für azidophile Bakterien.

Zur Züchtung azidophiler Bakterien (Bac. bifidus, Bac. acidophilus, Streptococcus lacticus) aus Bakteriengemischen benützt man mit Essigsäure (0,5%) versetzte Nährböden (Tarozzi-Bouillon — s. dort — usw.). Die freie Essigsäure unterdrückt die Begleitbakterien, beeinträchtigt aber das Wachstum der Azidophilen nicht.

## m) Besondere Nährböden für Eumyzeten.

1. **Plautscher Agar für Favus- und Trichophytonpilze.**

| | |
|---|---|
| Pepton | 1—2,0 |
| Traubenzucker | 1,0 |
| Glyzerin | 0,5 |
| Kochsalz | 2,0 |
| Agar | 2,0 |
| Destilliertes Wasser | 100,0 |

Bereitung wie bei gewöhnlichem Agar, nicht neutralisieren und alkalisieren.

2. Vgl. auch **Brotnährböden** (S. 207), **Bierwürzeagar** (S. 207), **natursaure Nährböden** (S. 178).

## n) Besondere Nährböden für Knöllchenbakterien.

1. **Gelatine für Knöllchenbakterien** (von Rot-, Stein-, Hopfen-, Bockshorn-, Sumpfhorn- und Wundklee, Luzerne, Futter-, englischer oder Spargelerbse, Futterwicke, Pferde- und Gartenbohne, sowie Esparsette) nach Simon:

In 1000 g heißem Wasser werden 110 g Gelatine gelöst, auf 60° abgekühlt, mit 2 ccm Leguminosenauszug (s. u.), 2 g Asparagin und 10 g Traubenzucker versetzt. Nach Neutralisierung gegen Lackmus mit Natronlauge wird mit Apfelsäure deutliche saure Reaktion wieder hergestellt. Klären, Abfüllen und Sterilisieren wie üblich.

2. **Agar für Knöllchenbakterien** (von Lupine, Sojabohne und Serradella) nach Simon:

15 g gut zerkleinerter Stangenagar werden mit 1000 g Wasser kalt angesetzt und bis zur Lösung gekocht. Zusatz von 2 ccm Leguminosenextrakt (s. u.), 10 g Asparagin und einer Messerspitze voll kohlensaurem Kalk. Das verdunstete Wasser wird ersetzt und das Ganze nochmals zwei Stunden gekocht. Filtrieren, Abfüllen und Sterilisieren wie üblich. Züchtung bei Zimmertemperatur.

**Leguminosenextrakt** nach Simon für Züchtung von Knöllchenbakterien. Gut zerkleinertes Stroh verschiedener Leguminosen wird mit heißem Wasser übergossen, zwei Tage unter häufigem Umrühren stehen gelassen und eine Stunde gekocht. Die Flüssigkeit wird abgegossen, abgepreßt, filtriert und so weit eingedampft, daß der Trockensubstanzgehalt 10% beträgt. Aufbewahren in sterilisiertem Zustand.

3. **Leguminoseneiweiß-Traubenzuckeragar** nach Vogel und Zipfel, geeignet für Knöllchenbakterien (durch Einfachheit in Herstellung dem Simonschen Gelatine- und Agarnährboden für Knöllchenbakterien überlegen):

50 g Bohnen- oder Erbsenmehl werden mit wenig kaltem Wasser zu einem gleichmäßigen Brei angerührt und mit Wasser auf ein Liter aufgefüllt. 24stündiges Stehen unter öfterem Umschütteln. Flüssigkeit wird abgehoben, filtriert, auf ein Liter aufgefüllt und mit 30 g Agar und 20 g Traubenzucker ohne jeden weiteren Zusatz (auch nicht von Alkali oder Säure) zu Nähragar verkocht.

### o) Besondere Nährböden für Amöben.

1. **Amöbennährboden** nach Cutler[1]).

a) Eiernährböden: Eiweiß und Dotter eines Eies werden mit Glasperlen geschüttelt, mit 300 ccm destilliertem Wasser versetzt und erneut geschüttelt, dann auf dem Wasserbad langsam unter öfterem kräftigem Schütteln $^1/_2$ Stunde gekocht, zu je 5 ccm auf Röhrchen verteilt und im Autoklaven sterilisiert.

b) Blutkuchennährboden. 500 ccm Blutkuchen vom Menschen werden 1 Stunde in 1 l Wasser gekocht, filtriert, zum Filtrat 0,5% Kochsalz und 1% Pepton gesetzt, abgefüllt und sterilisiert. Vor dem Gebrauch setzt man ein paar Tropfen Blut zu, desgleichen auch bei den Eiernährböden. Fast täglich ist umzuimpfen, da sonst Enzystierung der Amöben eintritt. Auch pathogene Amöben sollen auf diesen Nährböden wachsen. Man verimpft 5—6 Ösen Schleim. Temperaturoptimum ist 28—30°. Schon nach 24 Stunden ist starke Vermehrung zu beobachten. Die Amöben bleiben für Katzen pathogen.

2. **Amöbenagar** nach Hilgermann und Weißenberg enthält

| | |
|---|---|
| Stangenagar | 1,5 |
| Nährbouillon | 10,0 |
| Leitungswasser | 100,0 |

Reaktion schwach alkalisch.

## 4. Die Züchtung der Mikroorganismen.

Bei der Züchtung von Bakterien, die bereits in Reinkultur (im Tier oder auf Nährböden) vorliegen, kann man sowohl die Stich-, Strich-, Tropfen- als auch die Plattenkultur mit Erfolg anwenden. Bei Bakteriengemischen bedient man sich zuweilen mit Unterstützung von Anreicherungsverfahren dagegen fast ausschließlich des Plattenverfahrens, um bei den angelegten Verdünnungen die ausgesäten Keime auseinanderzuziehen, und dann die isolierte Bakterienart abzuimpfen und rein fortzuzüchten. Zur Trennung pathogener Bakterien von saprophytischen Begleitbakterien benutzt man auch vielfach den Tierversuch. Endlich

[1]) Cutler, ref. im Arch. f. Schiffs- u. Tropenhyg. 1919, S. 172.

dient auch das Burrische Tuscheverfahren (Einzellkultur S. 243) zur Reinzüchtung von Mikroorganismen aus Gemischen.

Zur Erhaltung der rein gezüchteten Bakterien genügt es in der Regel, sie alle 4—6 Wochen, Influenzabazillen, Gono-, Meningo-, Pneumokokken etwa alle 10 Tage umzuimpfen (vgl. auch S. 255).

### a) Die Strichkultur.

Man lockert die Verschlußwatte des Reagenzglases durch Drehen. Zurückbleibende Watteflöckchen werden abgebrannt oder mit ausgeglühter Pinzette, niemals mit den Fingern, entfernt. Die Platinöse und der Teil des Halters (Glasstabes), der beim Anlegen der Strichkultur ins Glas eingeführt wird, werden durch senkrechtes Halten in die Flamme sterilisiert, die Platinöse durch leichtes Bewegen in der Luft abgekühlt, die Verschlußwatte aus dem zwischen Daumen und Zeigefinger der

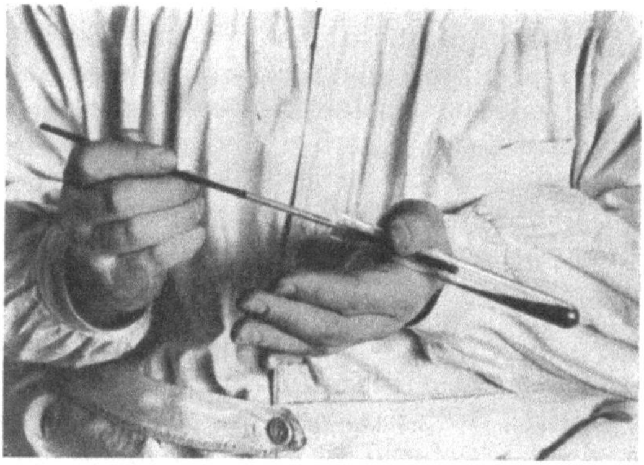

Abb. 147. Anlegen einer Strichkultur.

linken Hand gehaltenen Reagenzgläschen mit schräg erstarrtem Nährboden (Abb. 147, auf Kondenswasser achten!) entfernt und zwischen Ring- und Mittelfinger der linken Hand derart eingeklemmt, daß der in das Glas kommende Teil der Watte die Finger oder irgendwelche Gegenstände nicht berührt. Hierauf taucht man die sterilisierte und inzwischen abgekühlte Platinöse in das Impfmaterial ein, führt sie, ohne an das Glas anzutreffen, bis nahe auf den Grund des Reagenzglases, legt die Öse flach auf den Nährboden auf und zieht sie in gerader oder geschlängelter Linie über den Nährboden. Meist wiederholt man dies mit der anderen Ösenseite und streicht vielfach das Material auf der Oberfläche breit. Auf keinen Fall darf die Nährbodenoberfläche verletzt werden. Hierauf wird das Gläschen mit dem Wattepfropfen wieder verschlossen. Für den Weniggeübten empfiehlt es sich, die Watte zuvor leicht abzubrennen. Die Platinnadel wird ausgeglüht. Die besäten Nährbodengläschen stellt man in ein auf dem Boden mit einer Watteschicht versehenes Gefäß (Wasserglas usw.), legt einen Zettel mit Angaben über Ursprung des Impfmaterials, Bakterienart, Datum und Namen des Versuchsanstellers bei und stellt die Agar-, Kartoffel- usw. Kulturen in den Brutofen usw. Erfolgt die Züchtung bei Zimmertemperatur (Gelatinekulturen usw.), so sind die Kulturen dem ungünstigen Einflusse des Lichtes zu entziehen. Bei den meisten Bakterien genügt der einfache Watteverschluß. Bei Kulturen von Tuberkelbazillen hingegen und anderen sehr langsam wachsenden Bakterien ist es jedoch notwendig, den Nährboden vor Austrocknung zu schützen; dies geschieht am einfachsten in folgender Weise: Der aus dem Reagenzgläschen herausschauende Wattebausch wird in der Flamme abgebrannt, etwas in das Gläschen hineingeschoben und darauf verflüssigtes Paraffin (Schmelzpunkt etwa 55⁰) gegossen. Die sonst noch vielfach gebrauchten Gummikappen sind teuer und meist nur kurze Zeit haltbar. Man legt sie vor Benutzung in Sublimatlösung (1:1000) und zieht sie feucht über das mit außen abgebranntem Wattebausch verschlossene Gläschen (Abb. 142e).

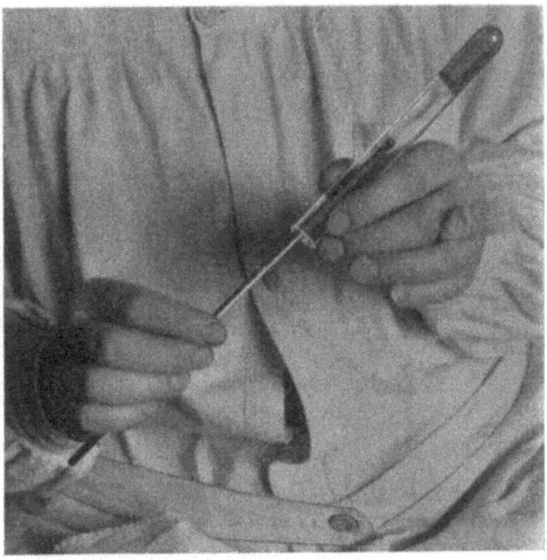

Abb. 148. Anlegen einer Stichkultur.

Die Strichkultur bietet den Vorteil reichlicher Ernte, bequemen Abimpfens und einer teilweisen mikroskopischen Besichtigung der Kolonien auf dem oberen, dünneren Nährbodenende.

Bei den Strichkulturen auf Kartoffelhälften kann man nach obiger Technik vorgehen; vielfach verfährt man, um gleichzeitig Verdünnungen des Impfmaterials zu erhalten, in folgender Weise. Die erste Kartoffelhälfte wird mit der Platinöse infiziert. Hierauf faßt man die betreffende Kartoffelhälfte in die vorher mit Seife nnd Bürste gereinigte und mit Sublimat abgespülte (S. 34) linke Hand und streicht mit einem vorher sterilisierten und wieder erkalteten Skalpell das Impfmaterial auf die Oberfläche der Kartoffel mit Ausnahme des $^1/_2$—1 cm breiten Randes, der frei bleiben muß, gleichmäßig breit. Das am Messer haftende Material wird auf eine zweite und schließlich dritte Kartoffelhälfte in gleicher Weise ausgestrichen. Die vierte Hälfte wird meist direkt wieder mit dem Impfmaterial infiziert und von ihr aus eine 5. und von dieser eine 6. Hälfte besät.

Messer und Platinnadel sind nach dem Gebrauch sofort wieder zu sterilisieren.

### β) Die Stichkultur.

Die Platinnadel ist gut gerade zu richten (keine Öse). Vorbereitung wie bei der Strichkultur. Das Kulturglas mit dem gerade erstarrten Nährboden (Abb. 148) wird mit der Kuppe nach oben gehalten. Der Einstich mit der infizierten Platinnadel erfolgt möglichst in der Mitte des Nährbodens und wird bis zum blinden Ende des Glases fortgeführt. Beim Herausziehen dreht man die Platinnadel etwas, um das Impfmaterial besser abzustreichen. Verschluß des Röhrchens usw. wie bei der Strichkultur.

Zuweilen verbindet man die Stich- und Strichkultur, indem man das Impfmaterial erst auf der Oberfläche des schräg erstarrten Nährbodens aufstreicht und dann in die dickere Schicht die Stichkultur anlegt.

Die Stichkultur gewährt einen gewissen Einblick in das Sauerstoffbedürfnis der Mikroorganismen.

γ) **Die Plattenkultur** (Kochsches Plattenverfahren).

Sie dient 1. zur Trennung der verschiedenen Bakterienarten in Gemischen und Gewinnung zweifelloser Reinkulturen aus den aufgegangenen getrennten Kolonien;

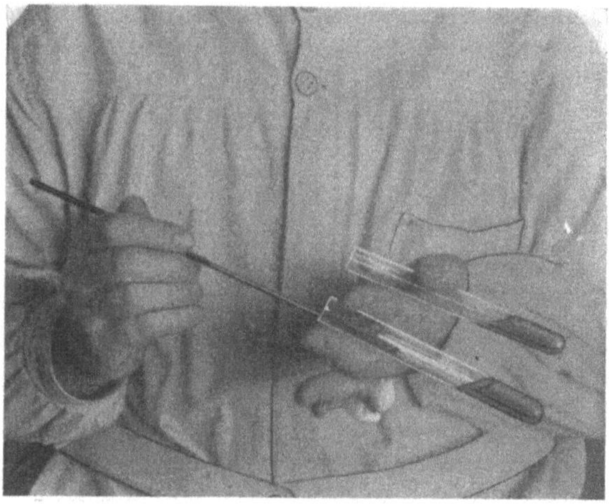

Abb. 149. Überimpfen von einem Reagenzglas in ein anderes.

2. zur bakteriologischen Diagnostik; Größe, Form, Zeichnung, Verflüssigungsvermögen der Kolonien einzelner Bakterienarten ist vielfach verschieden und bis zu einem gewissen Grad charakteristisch; die Plattenkultur kann mit schwacher Vergrößerung leicht durchgemustert werden;

3. zur Bestimmung der Keimmenge.

Zunächst werden die Nährböden — Gelatine in warmem Wasser oder im Brutofen bei 37° oder in der Flamme, Agar im Dampftopf (Dampfbüchse, S. 61) — vollkommen verflüssigt. Die weitere Technik richtet sich danach, ob die Bakterien den verflüssigten Nährböden beigemischt oder auf die wiedererstarrten Nährböden aufgestrichen werden sollen. Im ersteren Falle, Beimischung der Bakterien zu den verflüssigten Nährböden, kühlt man die verflüssigten Nährböden vorsichtig wieder auf etwa Bluttemperatur ab, bei Agarnährböden erfolgt dies in einem auf 41—43° eingestellten Wasserbad, bei Gelatine, soweit die vorausgegangene Erwärmung überhaupt eine Abkühlung verlangt, entweder ebenfalls in genau temperiertem Wasserbad oder einfach unter der Wasserleitung, bis die Gelatineröhrchen, in die volle Hand genommen, sich weder kalt noch warm anfühlen. Nach der Abkühlung werden die Röhrchen mit dem Fettstift jeweilig von 1—3, desgleichen die entsprechenden Petrischen Schalen, numeriert. Die Watten werden gelockert. Das mit 1 signierte Röhrchen wird mit dem zu untersuchenden Material direkt infiziert.

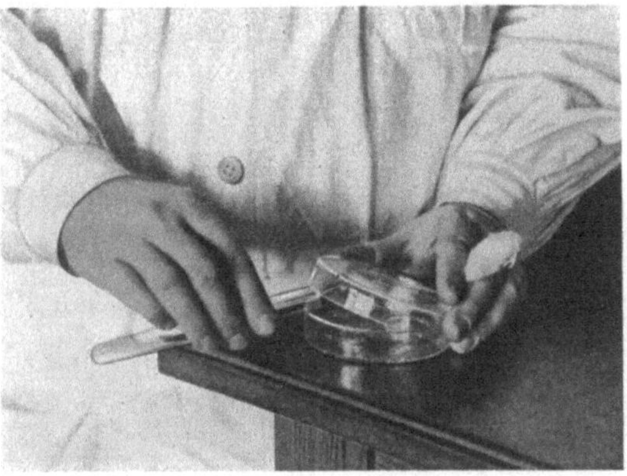

Abb. 150. Anlegen einer Plattenkultur.

Die Infektionsmenge richtet sich nach dem jeweiligen Keimgehalt, im allgemeinen genügen 1(—3) kleine Platinösen (Nr. 2). Mit der frisch ausgeglühten und wieder abgekühlten Platinöse taucht man in das fragliche Material, ohne etwas anderes zu berühren, ein und überträgt das

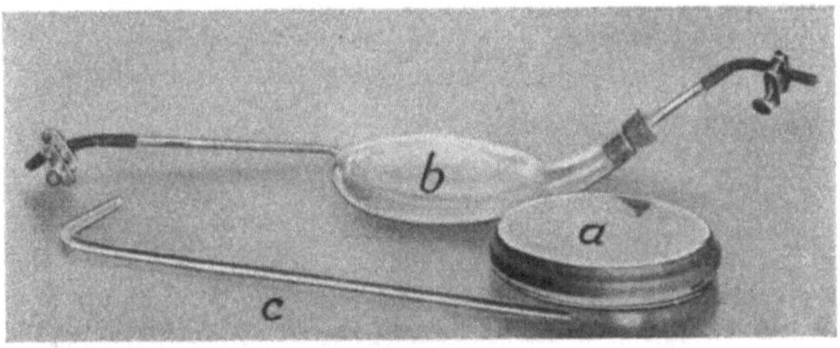


Abb. 151. a Petrische Schale mit Gummibandverschluß, b Kulturflaschen für Anaerobenzucht, c Glasstab für Plattenaufstriche = Spatel nach Drigalski.

Material in das wie in Abb. 147 gehaltene Röhrchen, schlägt die Öse gut aus, verschließt das Röhrchen mit dem inzwischen vorsichtig (vgl. S. 230) zwischen den Fingern gehaltenen Wattepfropfen, glüht die Platinöse wieder aus, mischt den Inhalt des Röhrchens gut durch, wobei aber darauf zu achten ist, daß die Watte nicht infiziert wird. Hierauf überträgt man aus Röhrchen 1 in Röhrchen 2 zumeist 3 bis 5 große Platinösen (Nr. 3 oder 4, S. 50), wobei die Platinöse jeweils in beiden Röhrchen gut auszuschlagen ist. Über die Haltung der Gläser vgl. Abb. 149. Nach Verschluß der Röhrchen mit ihren Wattepfropfen und Ausglühen der Platinnadel wird das Röhrchen 1 in die sterile Schale 1 wie folgt ausgegossen. Der Wattepfropfen wird entfernt und wie zuvor zwischen die Finger genommen; die Öffnung des Röhrchens wird in der Flamme leicht abgebrannt. Die Oberschale wird nur so weit einseitig gehoben, daß die Öffnung des Röhrchens eingeführt und sein Inhalt in die Unterschale ausgegossen werden kann (Abb. 150). Nach dem Ausgießen zieht man das Röhrchen zurück, schließt die Schalen, setzt den Wattepfropfen wieder auf das Röhrchen, achtet darauf, daß kein Tropfen des infizierten Nährbodens außen am Glase herabläuft, stellt das leere Röhrchen einstweilen in ein Wasserglas mit Wattebelag und sorgt sogleich, daß der Nährboden die Unterschale gleichmäßig bedeckt. Hierauf wird der Inhalt des Röhrchens 2 gemischt, von ihm Röhrchen 3 in der bei 2 beschriebenen Weise infiziert; der Inhalt des Röhrchens 2 ausgegossen, für gleichmäßige Verteilung des Nährbodens in der Unterschale gesorgt, Röhrchen 3 gemischt und ebenfalls ausgegossen usw. In dieser Weise kann man noch weitere Verdünnungen vornehmen. Zumeist wird man aber mit zwei Verdünnungen auskommen. Endlich wird die Signatur auf den Petrischen Schalen, soweit dies anfangs noch

Abb. 152. Richtige Haltung einer offenen Platte.

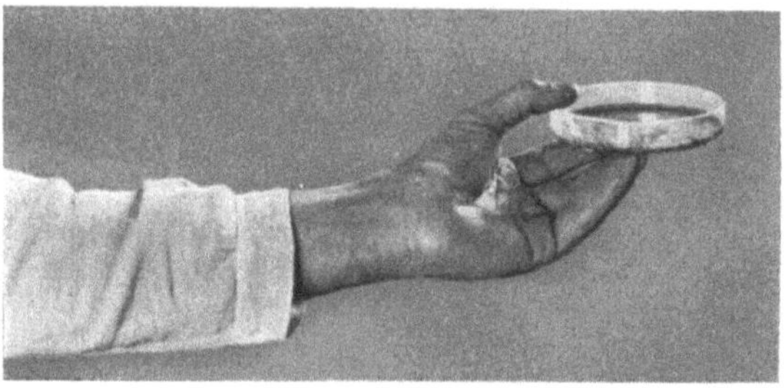

Abb. 153. Falsche Haltung einer offenen Platte.

nicht geschehen ist, durch Hinzufügen des Datums, der Art der Infektion und des Namens ergänzt und die Schalen zur Bebrütung (S. 231) beiseite gestellt, und zwar pflegt man die Agarplatten mit der Deckschale nach unten aufzubewahren, damit das Kondenswasser nicht auf den Agar abtropft, die Agaroberfläche vielmehr trocken bleibt und die Keime auf der Oberfläche getrennt zur Entwicklung kommen. Ist man genötigt, beim Abimpfen usw. die Schale zu öffnen, so halte man sie so, wie es Abb. 152 zeigt.

Das Abimpfen bei nicht dicht besäten Platten erfolgt nach mikroskopischer Durchmusterung mit schwacher Vergrößerung (Abblenden!). Eine Kolonie der gewünschten Bakterienart, die gut getrennt liegt, wird auf der äußeren Seite der Schale mit Fettstift oder Tinte gekennzeichnet, und von ihr werden Stich- oder Strichkulturen (S. 230 und 231) angelegt. Hierauf überzeugt man sich unter dem Mikroskop, daß man nur die gewünschte Kolonie getroffen hat.

Bei dichter Aussaat muß unter mikroskopischer Kontrolle abgestochen werden. Die Kulturschale wird offen unter das Mikroskop gelegt. Man stützt die rechte Hand, welche die Platinnadel schreibfederartig hält, mit dem kleinen Finger auf die Kante des Objekttisches, führt die sterile Platinnadel ohne Berührung der Objektivlinse und Platte ins Gesichtsfeld, sieht in das Mikroskop und berührt mit der Platinnadelspitze die gewünschte Kolonie. Vorsichtig zieht man die Nadel wieder zurück und legt Strich- oder Stichkulturen oder bei Zweifeln an der Reinheit nochmals eine Plattenserie an.

In ähnlicher Weise geht man auch vor, wenn man an Stelle der Petrischen Schalen die **Kolleschen** bzw. **Petruschkyschen Kulturflaschen** (S. 65, Abb. 73) benützt. Zuweilen füllt man die Nährböden gleich in die Kulturflaschen ab. Nach der Verflüssigung, Abkühlung und Impfung der Nährböden in der Flasche, wodurch das Ausgießen umgangen wird, bringt man die Kulturmasse auf der breiten Grundfläche der Flasche zur Erstarrung.

Anschließend sei noch die **Rollkultur** von v. Esmarch erwähnt. Der in weiteren Reagenzgläschen verflüssigte, abgekühlte und infizierte Nährboden (Gelatine) wird unter Wasser- oder Eiskühlung und unter gleichzeitigem Drehen an den Wänden der Röhrchen in dünner, gleichmäßiger Schicht zum Erstarren gebracht. Nach Nuttal geht man hierbei in der Weise vor, daß man in einen Eisblock von etwa 10 cm Länge mit einem mit warmem Wasser gefüllten Reagenzglas eine flache, leicht geneigte Rinne einschmilzt. In diese legt man das geimpfte Röhrchen. Durch Drüberstreichen mit der flachen Hand dreht man das Röhrchen zuerst langsam, dann schneller, bis der Nährboden an der Wandung des Glases erstarrt ist.

Die Kulturflaschen und -röhrchen haben eine größere Verbreitung nicht erlangt (um Massenkulturen handelt es sich an dieser Stelle nicht), da das Abimpfen erschwert ist. Die von Koch ursprünglich benutzten einfachen Glasplatten sind heute verlassen worden, da bei ihnen ein aseptisches Arbeiten außerordentlich erschwert ist usw.; an ihrer Stelle werden die erwähnten Petrischen Doppelschalen verwendet.

Wird das infektiöse Material auf die **in** den **Petrischen Schalen** (oder Kulturflaschen) erstarrten Nährböden **aufgestrichen,** so geht man in folgender Weise vor. Die verflüssigten Nährböden gießt man unter den oben angegebenen Kautelen aus, verteilt sie gleichmäßig in der Unterschale und läßt sie ordentlich erstarren. Agarnährböden werden vielfach zur Abdunstung des Kondenswassers einige Zeit offen in den Brutofen oder Faust-Heimschen Apparat gestellt. Zum Aufstreichen bedient man sich eines etwa rechtwinkelig abgebogenen, abgebrannten und wieder erkalteten Glasstabes (Abb. 151c). Das infektiöse Material wird an einer Stelle aufgetragen und dann über die Oberfläche des Nährbodens mit dem Glasstab verstrichen, wobei der Boden der Schale zum Schutze des Nährbodens gegen Luftkeime nach oben gehalten wird. Beim Halten sollen die Finger mit dem Schalenrand nicht in Berührung kommen. In der Regel werden bei dieser Art der Plattenkultur die Keime hinlänglich auseinander gezogen, was sonst noch dadurch gesteigert werden kann, daß man mit demselben Stab ohne weiteres eine zweite und selbst dritte Platte bestreicht. Befindet sich das zu untersuchende Material an einem Wattetupfer, so streicht man es mit diesem auf die Platten.

Sollen die Platten längere Zeit aufbewahrt werden, so sind sie vor Austrocknung zu schützen. Hierzu eignen sich 1. luftdicht verschließbare Büchsen, in die man noch eine offene Schale mit Wasser stellt, 2. ein um den Rand der Schalenpaare gelegtes Gummiband oder Isolierband, wie es in der Elektrotechnik verwendet wird (Abb. 151a), 3. Ausfüllung des Zwischenraumes der Schalenränder mit Plastilin, verflüssigtem Paraffin, bei Sammlungskulturen mit Siegellack.

### Ersatz des Plattenverfahrens durch fraktionierte Aussaat.

Anstatt das bakterienhaltige Material auf Nährbodenplatten zu verteilen und so namentlich bei dem beschriebenen Verdünnungsverfahren eine Vereinzelung der Keime zu bewirken, kann man dasselbe Ziel auch bei der Verwendung schräg in Röhrchen erstarrter Nährböden erreichen. Die mit fraglichem Material infizierte Platinnadel (bzw. Öse) wird zunächst auf dem einen Nährboden ausgestrichen und dann hintereinander, ohne sie wieder neu zu infizieren, über 2—3 weitere Nährböden geführt. Ist Kondenswasser in den Nährbodenröhrchen vorhanden, so impft man reihenweise dieses mit ein und derselben Öse und läßt dann das Kondenswasser über die ganze Nährbodenoberfläche hin- und herlaufen. Auf dem 2. oder 3. Röhrchen entwickeln sich dann meist isolierte Kolonien, von denen man Reinkulturen anlegen kann.

Um Material zu sparen, kann man beim Reinzüchten von Bakterien aus Gemischen im Platten- als auch Röhrchenverfahren bei fraktionierter Aussaat die ersten Verdünnungen, die in der Regel brauchbare, d. h. hinlänglich getrennte Kolonien doch nicht liefern, auch in der Weise vornehmen, daß man Bouillon- oder Gelatinetröpfchen auf eine sterile Platte oder die Innenseite des Deckels der Petrischen Schale gibt. Der erste Tropfen wird mit dem Untersuchungsmaterial direkt geimpft, nach gutem Durchmischen von diesem der zweite, von diesem der dritte usw. beimpft. Vom letzten Tropfen werden dann die Nährböden infiziert.

### δ) Die Bestimmung der Keimmenge.

Der Keimgehalt läßt sich ermitteln

1. durch Bestimmung der Anzahl von Kolonien, die unter bestimmten Verhältnissen auf Plattenkulturen wachsen (Plattenkulturverfahren).

2. Durch Gewichtsbestimmung der ausgeschleuderten oder durch Chemikalien ausgefällten Bakterien (Rubner). Sie ist unbrauchbar. Alle Verunreinigungen, auch die nicht bakterieller Art, werden mitgewogen. Die Bakterienmasse erleidet beim Trocknen einen wägbaren Verlust flüchtiger Stoffe usw. Verfahren ist hier nicht mit aufgenommen.
3. Durch mikroskopische Auszählung eines gefärbten Bakterienausstriches (Klein[1]).) Dieses Verfahren ist ungenau, da die Dosierung der Ausstrichflüssigkeit mangelhaft ist, die Bakterien im Ausstrich nicht gleichmäßig verteilt sind, die Schicht verschieden dick ist. Verunreinigungen, Farbniederschläge usw. erschweren die Zählung. Verfahren ist nicht mit aufgenommen.
4. Durch mikroskopisches Auszählen der Bakterien in der Zählkammer (Winterberg[2])) (Zählkammerverfahren). Vgl. S. 241.

### 1. Keimbestimmung durch das Plattenverfahren.

Als Nachteile und Fehlerquellen sind hier zu berücksichtigen:

Nicht alle Kolonien gehen nur aus einem Keim, sondern viele auch aus Zellverbänden hervor. Auf die Zahl der Kolonien haben Nährboden, Temperatur, Sauerstoffbedingungen einen großen Einfluß.

Man nimmt eine abgemessene oder abgewogene Menge des Ausgangsmaterials und setzt es den verflüssigten und wieder abgekühlten Nährböden zu. Keimreiches Material ist in bekanntem Verhältnis (1 : 10, 100 usw.) mit steriler Kochsalzlösung, Wasser, Bouillon usw. unter aseptischen Kautelen (sterilen Pipetten, Gefäßen usw.) zu verdünnen, wobei auf gute Durchmischung zu achten ist. Die Keimbestimmung pflegt die sichersten Resultate zu geben, wenn auf einer Platte etwa 100 bis 500 Kolonien aufgehen. Bei unbekanntem Keimgehalt wendet man meist Verdünnungsserien an. Von jeder Verdünnung werden mindestens zwei Platten gegossen. Zu den Nährböden werden abgemessene Mengen des eventuell verdünnten, zu untersuchenden Materials hinzugegeben.

Als Nährboden verwendet man meist Nähragar. Agar ist der Gelatine im allgemeinen vorzuziehen, und zwar schon aus dem Grunde, weil Gelatine vor der Entwicklung aller Kolonien meist schon verflüssigt ist. Über das zur Aufhebung der Verflüssigung vorzunehmende Abstiften vgl. S. 193. Je nach dem Sonderzweck, den die Keimbestimmungen verfolgen, wird man auch andere Nährböden und andere Versuchsbedingungen wählen. Das Untersuchungsmaterial wird tropfenweise auf dem Boden der Kulturschale (Petrischale) verteilt und dann der verflüssigte auf 45° wieder abgekühlte Nährboden darüber gegossen und durch Hin- und Herneigen gut vermischt, wobei aber nichts an die Deckschale kommen darf. Das Mischen kann gründlicher durchgeführt werden, wenn das Untersuchungsmaterial dem Nährboden im Röhrchen zugegeben wird. Es wird dann durch Umschütteln oder mit einem Mischer (einem zu einer Scheibe zusammengelegten Platindraht, dessen

[1]) Klein, Zentralbl. f. Bakteriol., Parasitenk. u. Infektionskrankh., Abt. I. 1900, Bd. 27, S. 834; Arch. f. Hyg. 1902, Bd. 45, S. 117 und 1906, Bd. 59, S. 283.

[2]) Winterberg, Zeitschr. f. Hyg. u. Infektionskrankh. 1898, Bd. 29. S. 75.

längeres, freies Ende in einem Platinnadelhalter eingeschraubt ist) vorgenommen. Bei genauen Bestimmungen sind die ausgegossenen Reagenzgläser mit zu bebrüten und die darin aufgegangenen Kolonien mitzuzählen.

Sehr sauerstoffliebende Bakterien wachsen im Agar schlecht und sterben selbst ab. Um diesen Fehler bei Keimbestimmungen auszuschalten, stellt man sich zunächst die Agar- usw. Platten her, läßt sie im Brutofen oder Faust-Heimschen Apparat abtrocknen und sät nun erst das bakterienhaltige Material darauf (S. 235). Oder man gibt 0,5 ccm der gegebenenfalls mit steriler 0,5%iger Kochsalzlösung verdünnten bakterienhaltigen Flüssigkeit auf die frisch gegossene, erstarrte, feuchte Platte. Um eine bessere Verteilung der Flüssigkeit auf der Agaroberfläche durch Neigen zu ermöglichen, setzt man noch 0,5 ccm sterile Kochsalzlösung hinzu. Die Platten werden im Faust-Heimschen Apparat getrocknet.

Abb. 154. Zählplatte nach Lafar.

Die beschickten Platten werden zumeist bei 37° bebrütet. Die Bebrütung ist so lange fortzusetzen, als noch Kolonien auswachsen, was durch Kontrollzählungen leicht festzustellen ist. Zumeist werden 5 Tage genügen. Bei Wasseruntersuchungen hat man sich auf zwei Tage geeinigt. Bei Zimmertemperatur ist die Bebrütung auf 10 Tage und länger auszudehnen.

Neben Versuchen, bei denen man die Platten unter aeroben Kulturbedingungen hält, sind gegebenenfalls noch Kontrollversuche unter anaëroben Bedingungen (S. 246) durchzuführen.

Die aufgegangenen Kulturen werden vielfach mit bloßem Auge über dunklem Untergrund gezählt. Man hat sich zuvor mit dem Mikroskop zu überzeugen, daß nur makroskopisch sichtbare Kolonien vorhanden sind.

Die gewachsenen Keime werden bei nicht zu großer Zahl (bis etwa 200) vollständig ausgezählt, bei dichterer Aussaat begnügt man sich mit einzelnen Sektoren, wobei die Zählscheibe von Lafar (Abb. 154)[1]) gute Dienste leistet. Die Sektoren sind selbstverständlich so zu verteilen, daß man aus den ausgezählten Sektoren die gesamte Kolonienzahl der ganzen Platte hinlänglich genau berechnen kann.

[1]) Eine Zählscheibe kann man sich aus schwarzem Glanzpapier mit weißer Tinte oder Einritzen mit einer Nadel leicht selbst herrichten. Bei dichter Aussaat schneidet man sich ein 1 qcm großes Stück schwarzes Papier (Rand eines Trauerbriefes) aus, auf das die Platte gelegt wird, und an verschiedenen Stellen der Platte, nach jeweiligem Verschieben, ihre Kolonien ausgezählt werden. Aus dem Durchmesser der Doppelschale wird die Größe in Quadratzentimetern berechnet. Indem man die durchschnittliche Keimzahl für 1 qcm mit dem Flächeninhalt der Platte in Quadratzentimeter multipliziert, erhält man die Zahl der gesamten vorhandenen Kolonien.

Bei der Zählung mit unbewaffnetem Auge markiert man die gezählten Kolonien auf der Kulturschale mit einem Tintenpunkt. Hierdurch kann man auf einfache Weise ein doppeltes Zählen vermeiden. Durch Verwendung des Zählapparats nach Brudny[1]) wird die Arbeit wesentlich vereinfacht. Die gezählten Kolonien werden auf die ganze Platte und schließlich auf 1 ccm oder 1 g oder 1 mg Ausgangsmaterial berechnet.

Die Zählungen mit unbewaffnetem Auge sind nicht sehr zuverlässig, namentlich dann nicht, wenn mehr als hundert Kolonien gewachsen sind. Bei dichterer Aussaat liefert nur die mikroskopische Zählung zuverlässige Ergebnisse.

Abb. 155. Hessescher Schlitten zur Bakterienzählung.

Die mikroskopische Zählung ist nach dem Hesse-Niednerschen[2]) Verfahren schnell und genau durchzuführen. Hierzu bedient man sich des von den genannten Autoren angegebenen, in Abb. 155 wiedergegebenen Schlittens[3]), der auf dem Objekttisch befestigt wird und dessen beweglicher Schlittenteil senkrecht zum Beobachter verschiebbar ist. Als Vergrößerung empfiehlt sich eine 10 bis 50fache (Zeiß Objektiv $a^2$ und Okular 2 bei eingeschobenem Tubus, wodurch das Gesichtsfeld vergrößert wird).

Um ein sicheres und leichtes mikroskopisches Zählen zu ermöglichen, ist auf folgendes zu achten:

1. Die Platten sollen möglichst gleichen lichten Durchmesser (90 bis 94 mm), möglichst ebenen Boden und eckigen, nicht rund umgebogenen Rand haben.

2. Die Nährbodenschicht soll nicht über 1,5 mm dick sein (8 bis 9 ccm Nährboden bei 90—94 mm lichtem Durchmesser der Platten).

3. Das bakterienhaltige Material ist gleichmäßig im Nährboden zu verteilen und durchzumischen, und das Gemisch ist in genau horizontaler Unterlage erstarren zu lassen.

---

[1]) Brudny, Zentralbl. f. Bakteriol., Parasitenk. u. Infektionskrankh., Abt. I. Orig., Bd. 57, S. 478. Der Apparat besteht aus einer Zähltrommel mit einer Reißfeder.

[2]) Hesse-Niedner, Zeitschr. f. Hyg. u. Infektionskrankh. 1906, Bd. 53, S. 267.

[3]) Der Hesse-Niednersche Schlitten wird vom mechanischen Institut von Oscar Leuner in Dresden, Technische Hochschule, Bismarckplatz 18, hergestellt.

Sind nicht mehr als 500 Kolonien gewachsen, so ist die Ringzählung, bei über 500 Kolonien die Gesichtsfeldzählung durchzuführen. Zumeist wird man mit ersterer auskommen.

Bei der Ringzählung nach Hesse und Niedner geht man wie folgt vor:

Man bringt den Schlitten mit der Platte so auf den Objekttisch, daß der Rand der Platte zunächst nahe am Rand des Gesichtsfeldes des Mikroskops erscheint. Die Platte wird langsam um ihren Mittelpunkt unter dem Mikroskop gedreht, wobei sie durch den festen kreisförmigen Schlittenausschnitt immer in gleicher Lage gehalten wird. Die hierbei durch das Gesichtsfeld wandernden Kolonien werden gezählt. Zum bequemeren Zählen empfiehlt es sich, das Okular mit einem Kokon- oder Spinnwebfaden zu versehen, der mit Wachs auf der Blende des

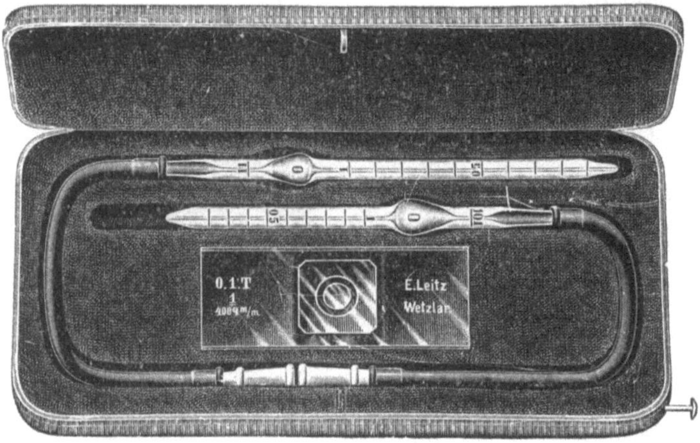


Abb. 156a. **Blutkörper-Zählapparat nach Thoma.** In der Mitte Objektträger mit Zählkammer.

Okulars in deutlicher Sehweite des Beschauers befestigt ist. Damit man aufhört, wenn die Platte ganz herumgedreht ist, zieht man vor dem Zählen von der Mitte nach dem Rand einen Strich. Ist der äußere Ringstreifen gezählt, so verschiebt man die Platte mittels des Schlittens um genau den Durchmesser des Gesichtsfeldes und zählt nun die im nächsten Ringstreifen der Platte befindlichen Kolonien und so fort, bis die Mitte der Platte unter das Gesichtsfeld gelangt und gezählt ist.

Bei der Gesichtsfeldzählung sind mindestens 30 Gesichtsfelder auszuzählen und aus den gefundenen Zahlen das arithmetische Mittel zu ziehen. Aus dem Durchmesser eines Gesichtsfeldes und der Petrischale ist die Gesamtzahl der aufgegangenen Kolonien, sodann aus dieser der Keimgehalt eines Kubikzentimeters usw. des Ausgangsmaterials zu berechnen. Bei sehr dichter Aussaat ist die Zählung durch Verwendung der Okularzählscheibe (S. 47) zu erleichtern.

Sind im Mittel 15 Kolonien im Gesichtsfeld gezählt worden (= m), beträgt der Durchmesser der Petri-Kulturschale 90 mm (= D), der

Durchmesser des Gesichtsfeldes 5,5 mm (= d) und die Verdünnung 1 : 9 (= v), so ist die Keimzahl in 1 ccm des Untersuchungsmaterials:

$$x = \frac{D^2}{d^2} m \cdot v = \frac{90^2}{5{,}5^2} \cdot 15 \cdot 10 = 40165.$$

2. Keimbestimmung durch das Zählkammerverfahren.

Zu diesem Verfahren wird zunächst die 0,1 mm hohe Zählkammer nach Thoma (Abb. 156a) benötigt. Die Zählkammer ist mit einem planparallelen Deckglas zu bedecken. Wird die mikroskopische Untersuchung mit Objektiv D (Zeiß) durchgeführt, so kann das Gläschen 0,2 mm dick sein, bei Verwendung von Objektiv E jedoch nur 0,15 bis 0,17. Außer Pipetten zu 1—5, 10, 15 und 20 ccm werden noch drei in $^1/_{40}$ Grade eingeteilte, geeichte 1 ccm-Pipetten (wie zur Blutzählung gebräuchlich) sowie eine Schüttelpipette[1]) benötigt. Diese ähnelt der Zählpipette nach A. Meyer.

Zur Einstellung des Mikrometernetzes und zur Beurteilung der gleichmäßigen Verteilung des Keimmaterials in der Zählkammer ver-

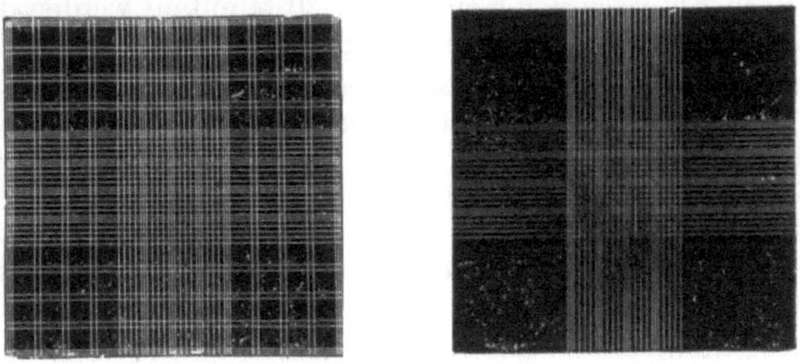

Abb. 156b. Zählkammer nach Thoma und Türk.

wendet man Okular 2 und 12 und Objektiv B (Zeiß), zur Zählung der Keime Objektiv D und Okular 12 oder 18 oder Objektiv E mit Okular 4, in Zweifelsfällen die Kompensationsokulare 8 oder 12 (Zeiß).

Ausführung nach Viehoever [2]): Zu 1 ccm der gut durchgemischten zu untersuchenden Flüssigkeit in einem sterilen Kölbchen setzt man 1 ccm Kupferoxydammoniak hinzu.

Das Kupferoxydammoniak ist frisch herzustellen durch Auflösen von Kupferspänen in Ammoniak bei Gegenwart von Sauerstoff. In eine lange mit Schlauch und Quetschhahn verschlossene Glasröhre füllt man Kupferspäne, übergießt sie völlig mit 30%igem Ammoniak (spez. Gew. 0,91) und bedeckt die obere Rohröffnung mit einer Glaskappe. Die beim Öffnen des Quetschhahns ablaufende Flüssigkeit gießt man so lange zurück, bis reine Zellulose (entfettete Watte) gelöst wird. Das Reagens ist in gut schließenden Gefäßen aufzubewahren, seine Haltbarkeit ist gering.

Die mit Kupferoxydammoniak versetzte bakterienhaltige Flüssigkeit läßt man unter öfterem Umschütteln kurze Zeit verschlossen stehen und gibt dann 1- oder 5%ige Schwefelsäure hinzu, bis völlige Klärung eintritt. Bei wenig Bakterien braucht man etwa 1 ccm 5%ige

[1]) Zu beziehen von O. Kobe, Marburg a. L.

[2]) Viehoever, Zentralbl. f. Bakteriol. usw., Abt. II 1913, Bd. 39, S. 292.

Schwefelsäure, bei sehr vielen Keimen mehrere Kubikzentimeter 1%ige. Sodann fügt man bei 5%iger Schwefelsäure etwa die doppelte Menge, bei 1%iger Schwefelsäure auf je 10 ccm Säure 2—3 ccm Methylenblaulösung (1:10) zu. Burow gibt zu 1 ccm Bakterienaufschwemmung zunächst 10 ccm 1%ige Schwefelsäure und 1 ccm einer 1:20 verdünnten Methylenblaulösung und erst nach Eintritt der Verklumpung 1 ccm Kupriammoniak zur Wiederaufhebung derselben. Die Mischung wird eine Minute umgeschüttelt; noch während des Schüttelns entnimmt man etwa ½ ccm mit der Schüttelpipette heraus, entfernt die außen haftende Flüssigkeit mit Fließpapier, schüttelt den Inhalt in horizontaler Richtung mehrmals durch und bringt dann sofort einen kleinen Tropfen in die Mitte der Zählkammer, die sofort mit einem parallel geschliffenen Deckglas bedeckt wird. Luftblasen sind zu vermeiden. Um dies zu erreichen, setzt man das Deckglas seitlich an und schiebt es in horizontaler Richtung über den Flüssigkeitstropfen. Bei zu großen Tropfen fließt die Flüssigkeit über den Glasrahmen und das Präparat ist zu erneuern, desgleichen bei ungleichmäßiger Verteilung der Keime und stärkerer Häufchenbildung. Nach Absetzen der Keime (15—30 Minuten) werden die Keime in möglichst allen 400 Quadraten ausgezählt.

Bei Sporen zählt man nur die lebenden, die daran zu erkennen sind, daß nur die Membran deutlich blau gefärbt und eine noch deutliche Lichtbrechung vorhanden ist. Abgestorbene Sporen sind dagegen völlig gefärbt und nicht lichtbrechend.

Sind Bakterienfäden verschiedener Länge ohne oder mit unregelmäßiger Septenbildung zu zählen, so bestimmt Viehoever ihre durchschnittliche Länge und berechnet daraus ihre Zahl.

Troester nimmt die Zählung im Dunkelfeld vor. Er benutzt hierzu Objektträger von 0,9 mm Stärke und 0,1 bzw. 0,05 mm Kammertiefe sowie ein Okular-Netzmikrometer, das zuvor mit einem Objektmikrometer ausgewertet wird.

Auch diese Keimzahlbestimmung ist nicht ohne Fehlerquellen. Schon bei der Zählung der verhältnismäßig großen roten Blutkörperchen muß ein geübter Beobachter mit einem Fehler von etwa 7% rechnen (Bürker)[1]. Bei den kleinen Bakterien ist eine große Genauigkeit erst recht nicht zu erwarten. Ferner gibt Burow[2]) an, daß das Kupferoxydammoniak gewisse tote Bakterien aufzulösen vermag.

## Anhang.

**Die Bestimmung des Bakteriengehaltes in Vakzinen** geschieht nach Wright in der Weise, daß man bestimmte Gemische von normalem menschlichen Blut mit bekanntem Erythrozytengehalt und der Vakzine herstellt. Nach Durchmischen streicht man das Gemisch auf einen Objektträger oder Deckgläschen dünn aus und zählt nach Fixieren (Alkohol-Äther S. 104) und Färben (Giemsa, S. 135) die Erythrozyten

---

[1]) Bürker, Zit. nach Troester, Zentralbl. f. Bakteriol., Parasitenk. u. Infektionskrankh., Abt. I, Orig., 1922, Bd. 88, S. 253.

[2]) Burow, Zentralbl. f. Bakteriol., Parasitenk. u. Infektionskrankh., Abt. I. Orig., Bd. 86, S. 527.

und Bakterien in mehreren Gesichtsfeldern aus. Aus den gefundenen Zahlen wird der Bakteriengehalt berechnet.

Bakterienreiche Vakzine kann man in Zentrifugengläsern, die unten stark und gleichmäßig verengt sind (Abb. 157), neben bekannten Standardvakzinen ausschleudern. Aus der Höhe des Bodensatzes (der Bakterienschicht) sind Rückschlüsse auf den Bakteriengehalt möglich.

### ε) Burrisches Tuscheverfahren, Einzell- oder Einkeimkultur.

Das Burrische Tuscheverfahren[1]) dient zur Reinzüchtung einer Mikroorganismenart aus einer Zelle.

Prinzip: Kleinste Tröpfchen einer Bakterientuschemischung werden mit einer Feder auf Gelatinenährboden aufgetragen, mit einem Deckglas bedeckt und mikroskopisch durchgemustert. Diejenigen Tuschetröpfchen, die nur eine Zelle enthalten, werden entweder auf der Gelatine weitergezüchtet oder mit dem Deckglas, an dem sie haften bleiben, in einem geeigneten Nährboden übertragen.

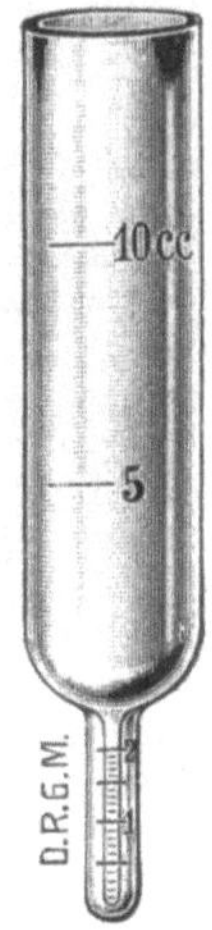

Abb. 157. Trommsdorffsches Röhrchen.

Als Tusche verwendet man nur die Pelikantusche Nr. 541 der Firma Günther, Hannover (zu beziehen von Grübler und Co., Leipzig). 1 Teil Tusche wird mit 9 Teilen destilliertem Wasser verdünnt, in Reagenzgläser zu 5—10 ccm abgefüllt, sterilisiert und zentrifugiert oder wenigstens 8—14 Tage zum Absetzen beiseite gestellt. Zur Vermeidung von Infektion und Verdunstung tränkt man die Watte mit Salizylspiritus (1 g Salizylsäure auf 100 ccm absoluten Alkohol), schiebt sie etwas in das Glas und setzt einen sterilen Korkstopfen auf.

Zur Herstellung der Bakterientuschemischung füllt man je $1/_2$ ccm sterile Tuscheverdünnung (von oben entnehmen, Bodensatz nicht aufrühren!) in kleine sterile Reagenzgläschen (0,6 : 6,0 cm). Zum ersten Gläschen gibt man eine Spur Bakterienmaterials, mischt gut durch, überträgt eine Öse dieser Mischung in das zweite Gläschen usf. In der zweiten Verdünnung stellt man unter dem Mikroskop die Zahl der Bakterien in einem Tuschepunkt fest und setzt so viel Tusche zu, daß nach dem Umschütteln in einem Tuschepunkt gleicher Größe nur noch eine Zelle vorhanden ist. Bei der Original-Burrischen Methode nimmt man die Bakterientuschemischung und -Verdünnung auf dem sterilen Objektträger vor. Von der Oberfläche der verdünnten Tusche entnimmt man mit einer großen (5 mm Durchmesser) Platinöse vier Tropfen Tusche heraus und gibt sie nebeneinander auf einen sterilen, fettfreien Objektträger. Im ersten Tropfen verreibt man mit einer kleinen (1 mm Durchmesser) Öse eine geringe Menge Bakterien. Man überträgt eine kleine Öse aus dem ersten Tropfen in den zweiten, verreibt wieder und überträgt vom 2. Tropfen in den 3. Tropfen, verreibt wieder und überträgt vom 3. Tropfen in den 4. Aus letzterem legt man mit einer in der Flamme sterilisierten (nicht geglühten) feinen Zeichenfeder möglichst kleine Punkte reihenweise auf in steriler Petrischale erstarrter Nährgelatine an und bedeckt sie binnen $1/_2$ Minute einzeln mit sterilen

[1]) Burri, Zentralbl. f. Bakteriol. usw., Abt. II. 1909, Bd. 8.

Deckglasstückchen. Die Punkte werden mit einem starken Trockensystem mikroskopisch untersucht, und die Punkte, die nur einen Keim (helle, scharf begrenzte Gebilde auf bräunlichem Grund) (Abb. 130, S. 132) enthalten, werden markiert.

Die Original-Burrische Methode hat den Vorzug schnellerer Ausführung, aber den Nachteil, daß die Tropfen der Austrocknung stärker ausgesetzt sind. Hat die mikroskopische Kontrolle ergeben, daß die Bakterienmischung nicht gut war, so sind die Tropfen inzwischen mehr oder weniger eingetrocknet und man muß immer wieder von vorne anfangen.

Die zu obigen Versuchen dienende Gelatine braucht bei 18° nicht übersteigender Temperatur nur 10% Gelatine zu enthalten, bei höherer Temperatur ist eine konzentrierte Gelatine zu verwenden. Zu weiche Gelatinen werden beim Aufsetzen der Feder verletzt. Agar ist ungeeignet.

Als Feder eignet sich eine nicht zu spitze Zeichenfeder mit kugeliger Verdickung auf der Unterseite. Spitze Federn verletzen die Gelatine zu leicht, der Tuschpunkt zerfließt dann und wird unbrauchbar. Am besten ist eine weiche Goldfeder eines Füllfederhalters mit Iridiumspitze. Die sterile Feder wird 2—3 mm tief eingetaucht. Man setzt sie dann ganz vorsichtig wippend, nahezu horizontal, auf die Gelatineoberfläche.

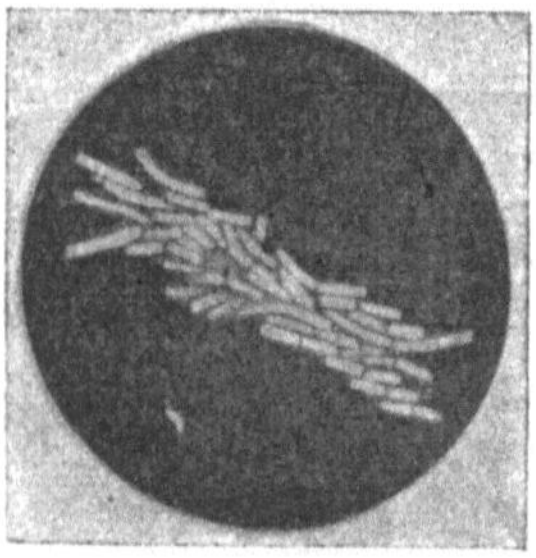

Abb. 158. (24stündige Ein-Zell-Kultur v. B. typhi auf Gelatine 17° C.)

Zum Anfassen der Deckglasstückchen oder 3—4 qmm großen Deckgläschen eignet sich die Kühnsche Pinzette (S. 49).

Bei der Untersuchung der Tuschepunkte nimmt man die Deckschale ab. Die Punkte werden zunächst bei schwacher Vergrößerung genau im Zentrum eingestellt und dann mit starkem Trockensystem (z. B. Objektiv D oder besser E und Okular 4 oder besser Kompensationsokular 12 von Zeiß) untersucht. Der Tuschepunkt soll nicht größer als das Gesichtsfeld sein.

Die isolierten Bakterien werden weitergezüchtet

1. auf der Platte, wenn sie auf Gelatine ohne Verflüssigung derselben gut wachsen. Die Tuschepunkte mit nur einem Keime werden auf dem Deckglas mit Farblösung markiert. Die Gelatineschale wird zugedeckt aufbewahrt, zeitweilig nachuntersucht und schließlich die aus einem Keime entstandene Kolonie abgeimpft (Abb. 158);
2. auf geeigneten Nährböden. Die Tuschepunkte mit nur einem Keim werden mit dem Deckglas steril abgehoben und in die geeigneten, wenn möglich elektiven Nährböden übertragen. Da die Bakterien zuweilen abgestorben sind, soll man sich auf nur einen übertragenen Tuschepunkt nicht verlassen, sondern mehrere, aber jeden in ein besonderes Gläschen, übertragen.

Über elektive Nährböden vgl. S. 207 bis 229 sowie den Abschnitt über „Besondere Untersuchungsmethoden für die wichtigsten pathogenen und einige andere Mikroorganismen“ (S. 305ff.).

### ζ) Die Hefereinzucht.

Bei der Hefereinzucht geht man ebenfalls von der Einzellkultur aus, die man in folgender Weise durchführt.

Eine sehr geringe Menge Hefe wird durch längeres Schütteln in sterilem Wasser gut verteilt und derart verdünnt, daß in einem unter dem Mikroskop geprüften Tröpfchen von bestimmter Größe nur wenige Hefezellen enthalten sind. Verflüssigte Würzegelatine (S. 207) wird mit der Hefeaufschwemmung geimpft. Nach gutem Durchmischen bringt man von der geimpften Würzegelatine ein Tröpfchen auf ein steriles (abgeflammtes) Deckglas, verteilt es gleichmäßig über das Deckglas, das mit der Gelatineschicht nach unten auf einen hohlgeschliffenen Objektträger (vgl. unten Bouillontropfenkultur) oder eine Böttchersche Kammer (Abb. 160) gelegt wird. Nach Erstarren der Gelatineschicht sucht man bei etwa 50facher Vergrößerung die Stellen des Präparates heraus und markiert sie mit Tinte, wo die Hefezellen einzeln und möglichst weit voneinander liegen. Die Präparate werden zwei Tage bei 20° gehalten. Hierauf prüft man die inzwischen zu Kolonien herangewachsenen einzelnen Hefezellen daraufhin, ob sie noch gut isoliert

Abb. 159. Bouillontropfenkultur auf hohlgeschliffenem Objektträger.

Abb. 160. Tropfenkultur in Böttcherscher Kammer.

sind und keine Berührung mit benachbarten Kolonien aufweisen. Die aus einer Hefezelle gewachsenen und noch gut isolierten Kolonien werden (in ein Freudenreich- oder Chamberlandkölbchen, später in ein Pasteurkölbchen) abgeimpft. Endlich kontrolliert man unter dem Mikroskop nach, daß die Platinnadel keine Nachbarkolonie gestreift hat.

### η) Die Schüttelkultur.

Die Nährböden werden wie beim Plattenverfahren (S. 232) verflüssigt, abgekühlt, infiziert, durchgemischt und hierauf in hoher Schicht im selben Reagenzglas wieder zum Erstarren gebracht. Mitunter wird der infizierte Nährboden mit sterilem Nährboden überschichtet.

### ϑ) Die Bouillontropfenkultur.

Hohlgeschliffene Objektträger (S. 100, Abb. 123) werden gründlich mit Alkohol abgerieben, um den Hohlschliff mit einem Vaselinering versehen und sogleich unter die Glasglocke auf ein mit Alkohol abgeriebenes Glasbänkchen mit dem Hohlschliff nach oben gelegt.

Hinlänglich große (18 qmm) Deckgläschen werden mit Alkohol abgerieben, hierauf in Alkohol gelegt, mit der Pinzette herausgehoben; der Alkohol teilweise abgeschleudert und die letzten Reste vorsichtig abgebrannt (nicht zu starkes Erhitzen!). Die auf diese Weise sterilisierten Deckgläschen kommen ebenfalls auf ein mit Alkohol abgeriebenes

Glasbänkchen und werden durch eine Glasglocke vor Luftkeimen geschützt. Auf die Mitte des Deckgläschens wird ein Tröpfchen (Normalöse 3) Bouillon gebracht, das man mit den zu kultivierenden Bakterien schwach infiziert. Hierauf ist das Deckgläschen sofort mit dem hohlgeschliffenen und mit Vaseline bestrichenen Objektträger zuzudecken. Das Deckglas klebt am Objektträger fest. Beide werden vorsichtig herumgedreht, daß das Deckgläschen nach oben zu liegen kommt. Letzteres wird so gerichtet, daß es den Hohlraum gut und sicher abschließt. Am Rand des Deckgläschens streicht man noch etwas Vaseline auf und schmilzt sie mit einem heißen Pinzettenschenkel ein (Abb. 159 und 160).

#### κ) Die Anaerobenzüchtung.

Zur Züchtung von anaeroben Mikroorganismen sind eine größere Anzahl verschiedener Kulturverfahren angegeben worden, von denen hier nur folgende erwähnt seien:

a) Züchtung unter Beschränkung des Luftzutrittes.
b) Buchnersche Pyrogallolmethode.
c) Ersatz der Luft durch Wasserstoff.
d) Zugabe tierischen Gewebes (oder aerober Bakterien).

Grundbedingung für die Anaerobenzüchtung ist die Entfernung der Luft (des Sauerstoffes) durch Auskochen aus den Nährböden und Reagentien vor jedem Gebrauch. Einige Tropfen alkoholischer Methylenblaulösung sollen durch solche sauerstofffreie Nährböden entfärbt werden. Den Nährböden pflegt man reduzierende Stoffe zuzusetzen, so: Traubenzucker (0,5—2%) oder Trauben- und Milchzucker (je 0,5%) oder ameisensaures Natron (0,3—0,5%) oder indigoschwefelsaures Natron (0,1%) [färbt blau, wird durch Bakterienwachstum meist reduziert und entfärbt], oder Schwefelammonium (Ammoniumsulfhydrat) oder Schwefelalkali (4 bis 10 Tropfen einer 10%igen Natriumsulfidlösung auf 10 ccm Bouillon, oder 1 Tropfen auf 10 ccm Agar — gestattet die Entwicklung anaerober Arten selbst bei Luftzutritt — Trenckmann[1])) oder Stücke tierischen Gewebes (Leber) oder von Kartoffeln. Umgekehrt hindert der Zusatz oxydierender Mittel (0,5% chlorsaures Kali oder 0,05% chromsaures Natron) das Wachstum der Anaeroben, ohne jenes der Aeroben zu beeinträchtigen.

Als Nährboden haben sich Leber- und Kartoffelnährböden (S. 201 und 204) gut bewährt. Das größte reduzierende Vermögen haben die Lebernährböden; sie geben die üppigsten Kulturen. Leberagar ist nach v. Rijmsdijk in folgender Weise zu bereiten:

500 g Rinderleber werden mit der Fleischhackmaschine gut zerkleinert und mit 500 ccm Wasser unter zeitweiligem Umrühren ½ Stunde gekocht. Nach dem Absitzen wird die Flüssigkeit abgegossen. Der Leberbrei wird durch ein sehr feines Metallsieb gerieben, mit der abgegossenen Flüssigkeit, 5 g Pepton Witte, 2,5 g Kochsalz und 10 g Agar versetzt, 1 Stunde bei 110° sterilisiert und mit $^1/_{10}$ n-Natronlauge gegen Phenolphthalein neutralisiert. Hierauf gibt man 10 g Traubenzucker und nach gründlichem Durchmischen 500 g verflüssigten 2%igen Traubenzuckeragar und durch 3 maliges je 1 stündiges Erhitzen auf 120° C sterilisierte

[1]) Trenckmann, Zentralbl. f. Bakteriol., Parasitenk. u. Infektionskrankh., Abt. I. Bd. 23, 1898.

Kreide im Überschuß (etwa 5 Löffel) hinzu. Nach Abfüllen sterilisiert man 1 Stunde bei 100° und läßt den Nährboden schräg erstarren.

Den Zutritt von Sauerstoff hält man vielfach durch sterilisiertes flüssiges Paraffin (2 cm hoch) ab. Bei Reagenzglaskulturen verfährt man meist nach der Buchnerschen Pyrogallolmethode (b), wenn man nicht die einfache Kultivierung in hoher Schicht (a) anwendet; bei der Plattenkultur bevorzugt man vielfach die Luftverdrängung durch Wasserstoff (c); bei der Tropfenkultur die hier modifizierte Pyrogallolmethode (b$\gamma$) und bei gewöhnlichen Bouillonkulturen (in Kolben) vielfach die Zugabe tierischen Gewebes ($\delta$).

### a) Anaerobenzüchtung unter Beschränkung des Luftzutrittes.

R. Koch [1]) hielt den Zutritt der Luft dadurch ab, daß er auf die geimpften Gelatineplatten Glimmer- oder Marienglasplättchen legte und leicht festdrückte. Der Luftabschluß läßt sich durch Überschichten des Plättchenrandes mit Nährboden (Sanfelice [2]), Liefmann [3])) noch verbessern. In gleicher Weise kann der Luftzutritt durch Überschichten mit Nährboden, Paraffin usw. verhindert werden.

Die Kultur in hoher Schicht wird in Form der Stich- (S. 231) und Schüttelkultur (S. 245) ausgeführt. Die Reagenzgläschen sind etwa zu $^1/_3$—$^1/_2$ mit dem Nährboden zu füllen. Der Impfstich ist bis zum Boden des Gläschens auszuführen und möglichst durch einige Tropfen des Nährbodens zu verschließen. Die Schüttelkultur gestattet bei entsprechenden Verdünnungen auch eine Reinkultivierung aus Gemischen. Hierbei bietet bei der Züchtung von sporenbildenden Anaerobiern vielfach eine Erhitzung der geimpften Röhrchen, etwa $^1/_2$ Stunde auf 65, 70, 75 und 80°, gewisse Vorteile, indem nichtsporenbildende Begleitbakterien abgetötet werden. Ferner ist das Impfmaterial stark zu verdünnen.

Da das Abstechen einzelner Kolonien aus in hoher Schicht gezüchteten Bakteriengemischen bei Verwendung der gewöhnlichen Reagenzgläser auf Schwierigkeiten stößt, empfiehlt Burri [4]), an Stelle dieser Gläser einfache starkwandige Glasröhren in den Außenmaßen der Reagenzgläser zu verwenden. Die beiderseits zunächst mit Wattepfropfen versehenen sterilisierten Röhren verschließt man sodann, auf der einen Seite mit einem passenden, durch Auskochen sterilisierten Gummistopfen und beschickt sie sodann mit verflüssigten, auf 42° wieder abgekühlten und in den üblichen drei Verdünnungen (S. 232) infizierten Agarnährböden. Den Agar läßt man schnell erstarren und überschichtet ihn noch am besten mit einigen Kubikzentimetern sterilen Agars, den man ebenfalls schnell erstarren läßt. Will man später nach dem Bebrüten aus dem Agarröhrchen einzelne Kolonien abstechen, so entfernt man den Gummistopfen und läßt den Agarzylinder in eine sterile Petrischale gleiten. Mit sterilem Messer wird der Agarzylinder in Scheiben von 1—2 mm Dicke zerlegt und diese in einer sterilen Petrischale flach ausgebreitet, so daß

---

[1]) R. Koch, Mitt. a. d. Kais. Gesundheitsamt 1884, Bd. 2.

[2]) Sanfelice, Zeitschr. f. Hyg. u. Infektionskrankh. Bd. 14, S. 339.

[3]) Liefmann, Zentralbl. f. Bakteriol., Parasitenk. u. Infektionskrankh., Abt. I. Orig., Bd. 46.

[4]) Burri, Zentralbl. f. Bakteriol. usw., Abt. II. 1902, Bd. 8, S. 534.

sie eine Durchmusterung bei schwacher Vergrößerung gestatten. Um abzuimpfende Kolonien ohne bakterielle Verunreinigungen freizulegen, führt man durch das Agarscheibchen von dem der Kolonie entgegengesetzten Punkte der Peripherie ausgehend einen Schnitt durch das Zentrum genau in der Richtung auf die Kolonie, bis auf etwa 2 mm Entfernung von ihr und spaltet nun durch Auseinanderreißen die Schnittlinie fort über die Kolonie hinaus. Von der freigelegten Fläche der Kolonie aus impft man ab. Auch aus gewöhnlichen Reagenzgläsern kann man den Agarzylinder unschwer entfernen, wenn man zunächst den Agar vom Glas losschmilzt und dann den Grund des schräg nach unten gehaltenen Reagenzglases stärker erhitzt. Der sich entwickelnde Wasserdampf treibt die Agarsäule heraus, man fängt sie in einer Petrischale oder auf sterilem Fließpapier auf.

Knorr[1]) empfiehlt als Gefäße für anaerobe Serumkulturen Glasröhren von 2—3 mm Durchmesser und 12—13 cm Länge zu verwenden. Das eine Ende wird ganz, das andere bis auf eine 1—$^1/_2$ mm große Öffnung zugeschmolzen. Mit einer sterilen Pravaz-Spritze füllt man den Nährboden ein. Nach $^1/_2$stündigem Erhitzen im Dampftopf und nachfolgendem Erstarren wird mit frisch ausgezogener Kapillare geimpft und mit sterilem flüssigen Paraffin überschichtet. Die Gläser bewahrt man in sterilen Reagenzgläsern mit Watteverschluß auf. Geeignet für alle Anaeroben, selbst Spir. sput. wächst unter diesen Bedingungen gut.

### b) Anaerobenzüchtung nach der Buchnerschen Pyrogallol-Methode.

Pyrogallol und Natriumhydrosulfit in alkalischer Lösung haben die Fähigkeit, Sauerstoff an sich zu reißen. Hiervon macht man bei der Anaerobenzüchtung vielfach Gebrauch.

Bei der Sauerstoffabsorption durch Pyrogallol und Kalilauge ist die Versuchsanordnung verschieden. Vielfach nimmt man Pyrogallol in Substanz und fügt 1:3—10 verdünnte, frisch ausgekochte Kalilauge hinzu oder man setzt nach Liebigs Angaben[2]) zu 1 Teil 22%ige Pyrogallollösung 5—6 Teile konzentrierte (60%ige) Kalilauge. 1 ccm dieser Mischung soll nach Liebig 12 ccm Sauerstoff in 3 Minuten bei etwa Zimmertemperatur absorbieren. Nach den Versuchen von v. Rijmsdijk[3]) wird aus einem $^1/_2$ l-Gefäß selbst bei einstündigem ruhigen Stehen noch nicht die Hälfte (5,7 ccm statt 12 ccm) der angegebenen Sauerstoffmenge absorbiert. Eine vierfache Menge Pyrogallol-Kalilauge absorbiert in 1 Stunde 10,2 ccm, die 8fache Menge 11,0 ccm Sauerstoff. Als das günstigste Mengenverhältnis hat sich 10 ccm 20%ige Kalilauge auf 3 ccm 44%ige Pyrogallollösung erwiesen. Diese Mischung absorbiert den Sauerstoff aus 400 ccm Luft in der Ruhe in 30—40 Minuten. Eine möglichst große Oberfläche der

---

[1]) Knorr, Zentralbl. f. Bakteriol., Parasitenk. u. Infektionskrankh., Abt. I Orig., 1921, Bd. 86, S. 597.

[2]) Liebig, Zit. nach Treadwell, Analytische Chemie Bd. 1. Leipzig und Wien (F. Deuticke).

[3]) v. Rijmsdijk, Zentralbl. f. Bakteriol., Parasitenk. u. Infektionskrankh., Abt. I. Orig., 1922, Bd. 88, S. 229.

Absorptionsflüssigkeit beschleunigt die Absorption. Höhere Temperatur begünstigt gleichfalls die Absorption. Als Indikator auf die stattgefundene O-Absorption empfiehlt v. Rijmsdijk ein Streifchen Hydrophilgaze (doppelt, 19 Fäden) zu benützen, die in nachfolgender Indikatorflüssigkeit getaucht und an der Reagenzglaswand ausgebreitet wird. Die Indikatorflüssigkeit besteht aus

4,2 ccm 10%ige Traubenzuckerlösung,
0,1 „ normal Natronlauge (40 g in 1 l),
0,1 „ Methylenblaulösung (50 mg Methylenblau Höchst + 30 g destilliertes Wasser).

Mit dem Fortschreiten der O-Absorption bleicht die Farbe der anfangs blauen Hydrophilgaze bis zur völligen Farblosigkeit ab. Durch hinzutretenden O kehrt die blaue Farbe wieder. Dieser Indikator zeigt noch $^2/_5$ mm O an. Dies genügt vollkommen, denn der gegen O empfindlichste Anaerobiont (Bac. butyricus) wächst nach Kruse noch gut bei einer O-Spannung von 1 mm Hg.

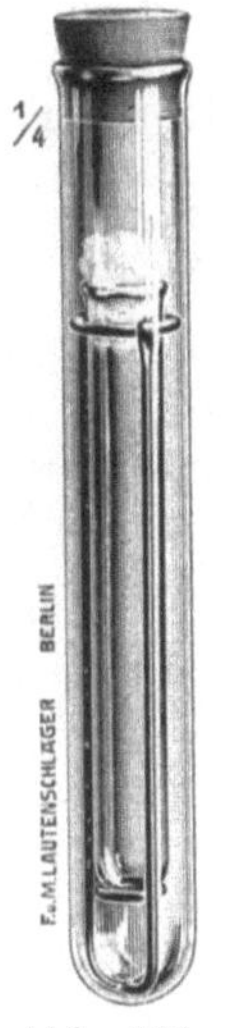

Abb. 161. Anaerobenzüchtung.

*a*) Reagenzglaskulturen. Nach Anlegen einer gewöhnlichen Strich- oder Stichkultur (S. 230 und 231) wird der Wattepfropfen, eventuell nach Abschneiden des oberen Teiles, so tief in das Reagenzglas hineingeschoben, daß sein oberer Rand etwa ein bis zwei Finger breit unter der Öffnung des Glases liegt. Auf die Watte gibt man 1 Messerspitze trockene Pyrogallussäure und etwa 1 ccm frisch ausgekochte Kalilauge (auf jeden Fall nicht mehr, als die Watte aufsaugen kann). Hierauf ist das Gläschen sofort mit einem festschließenden elastischen Kautschukpfropfen oder einem zweiten Wattepfropfen und verflüssigtem Paraffin (Sp. 55°) zu verschließen (Abb. 142i und k). Etwas umständlicher ist der v. Rijmsdijk angegebene Verschluß. An der unteren Seite eines flachen Glaswollstopfens wird der Sauerstoffindikator befestigt und ziemlich tief in das Reagenzglas (Schrägagarkultur) eingeführt. Darüber kommt ein flacher Stopfen aus nicht entfetteter Watte und darüber ein weiterer aus entfetteter Watte, auf den man 1 ccm 20%ige Kalilauge gibt. Es folgt ein Wattepfropfen aus nicht entfetteter Watte mit 1 ccm 44%iger Pyrogallollösung, darüber noch ein Wattepfropfen und schließlich ein mit Paraffin oder Wachs gut abgedichteter Kautschukstopfen. Zuweilen trifft man auch die in Abb. 161 wiedergegebene Anordnung, wobei man in das Außengefäß das Pyrogallol und die Kalilauge gibt. Um nicht jedes einzelne Gläschen mit Pyrogallol, Kalilauge und einem besonderen Verschluß zu versehen, kann man auch eine größere Anzahl von Gläschen und Schalen in eine passende Büchse bringen. Auf den Boden des Sammelgefäßes gibt man auf 100 ccm Luftraum die vorstehend angegebene Menge Pyrogallol und ausgekochter Kalilauge und verschließt sogleich mit dem Deckel, den man mit einem warmen Gemisch von Terpentin und Wachs oder Exsikkatorfett (S. 126) gut dichtet. Bei dieser Anordnung dauert es aber etwa 24 Stunden, bis der Sauerstoff hinlänglich absorbiert ist.

An Stelle des teueren Pyrogallols kann man nach Kulka [1]) auch Natriumhydrosulfit ($Na_2S_2O_4 + H_2O$) benutzen. Man löst etwa 2 g des Salzes in 10 ccm Wasser von 40—50°, tränkt in analoger Weise wie bei der Pyrogallolmethode Watte oder Fließpapier, setzt auf die angegebene Menge noch 10 ccm ausgekochte 10%ige Natronlauge hinzu und verschließt das Gefäß. Braunfärbung tritt hier nicht ein. Trocken aufbewahrt ist das Salz lange haltbar. Die Wirksamkeit entspricht der des Pyrogallols.

β) Plattenkultur. Für dieses Kulturverfahren der Anaeroben unter Absorption des Sauerstoffes durch Pyrogallussäure und Kalilauge eignet sich namentlich die von Lentz empfohlene Methode (Abb. 162). Auf eine sterile dickere Glasplatte von etwa 12 cm Seitenlänge legt man einen nichtsterilisierten, mit alkoholischer Pyrogallollösung getränkten Ring aus Fließpapiermasse [2]), der in das Innere einer Petrischale hineinpaßt und in der Mitte einen scheibenförmigen Ausschnitt von ungefähr

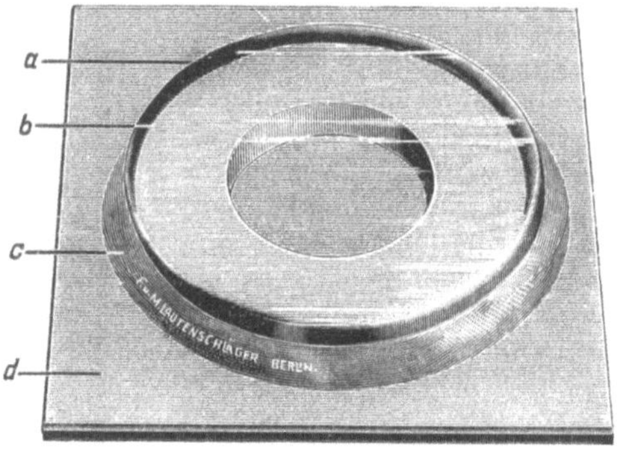


Abb. 162. Anaerobenzüchtung nach Lentz. a Petrischale, b Fließpapierring, c Plastilinring, d Glasplatte.

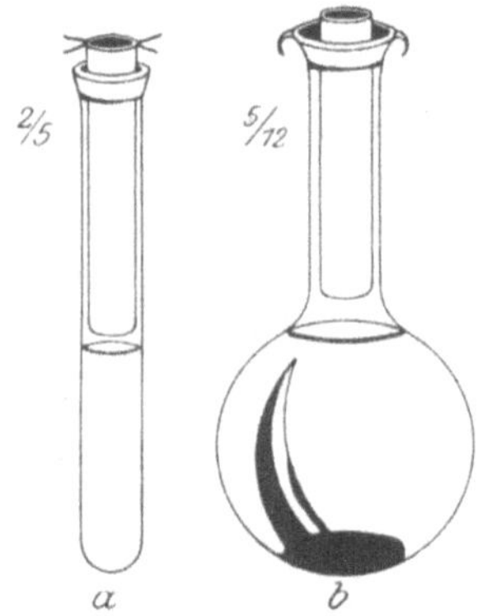


Abb. 163. Anaerobenzüchtung nach Lentz. a im Reagenzglas, b im Kolben.

5 cm Durchmesser hat. Um den Ring gibt man außen einen Ring von Plastilin [1]), einem Gemisch von Ton, Wachs und Gummi. Nachdem man die Petrischale mit geimpftem Agar oder Gelatine beschickt hat und der Nährboden erstarrt ist, tränkt man den Papierring mit 15 ccm einer etwa 3%igen Kalilauge, stülpt sofort die untere Petrischale mit der Öffnung nach unten darüber und drückt den Rand der Schale fest in den Plastilinring ein. Das Plastilin legt sich innen fest an die Schale an und wird außen fest in den Winkel zwischen Platte und Schale eingedrückt. Hierauf wird die Schale bebrütet.

Will man die Schale öffnen, so nimmt man außen das Plastilin weg und löst durch vorsichtiges Drehen die Schale von der Glasplatte. Der Verschluß kann durch neues Auftragen von Plastilin auf die Glasplatte usw. leicht wiederhergestellt werden.

[1]) Zentralbl. f. Bakteriol., Parasitenk. u. Infektionskrankh., Abt. I. Orig., Bd. 59, S. 554.
[2]) Erhältlich bei F. und M. Lautenschläger, Berlin.

Um die Sauerstoffabsorption erst dann einzuleiten, wenn die Platte dicht verschlossen ist, empfiehlt Knorr[1]) quer durch die Deckschale einen Glasstreifen zu kitten, dessen Länge etwa um 1 cm kürzer als der Durchmesser der Schale ist. Die Schale legt man auf eine schräge Unterlage. Der Glasstreifen steht parallel zum Arbeitenden. In die untere Hälfte der Deckschale gibt man Kalilauge, in die obere Pyrogallolpulver. Die beimpfte Kulturschale wird darüber gedeckt und mit Plastilin luftdicht abgeschlossen. Beim Wagrechtstellen fließt die Kalilauge ins Pyrogallol. Das Absorptionsmittel wird so voll ausgenutzt.

Auch für Anaerobenzüchtung in Reagenzgläsern und Kolben kann man in entsprechender Weise Fließpapierzylinder mit Pyrogallol und Kalilauge verwenden (Abb. 163). Den Verschluß bewirkt man durch ein passendes Uhrschälchen und Plastilin.

$\gamma$) Anaerobenzüchtung im hängenden Tropfen. Zunächst wird eine Kultur im hängenden Tropfen (S. 245) angelegt. Hierauf wird das Deckglas erst nach rechts zur Seite geschoben und mit einer Platinöse ein Tropfen starker Pyrogallollösung an die eine Seite des Hohlschliffes gegeben, dann nach links verschoben und ein Tropfen Kalilauge hineingebracht. Das Deckglas wird wieder gut gerichtet und für einen luftdichten Abschluß des Hohlraumes gesorgt. Sodann läßt man die Kalilauge und Pyrogallollösung durch geeignetes Neigen zusammenfließen oder läßt dies durch die nach Einwirkung der Bruttemperatur auftretenden Tröpfchen von Kondenswasser bewirken. Selbstverständlich darf die Bouillontropfenkultur hierbei nicht breit bzw. an die Wandung des Hohlschliffes laufen.

### c) Anaerobenzüchtung unter Ersatz der Luft durch Wasserstoff.

Den Wasserstoff erzeugt man durch Einwirkung von verdünnter Schwefelsäure auf Zink. Sehr geeignet ist hierzu der Kippsche Apparat (Abb. 164). In das mittlere Gefäß gibt man Zink. Zum Schutze gegen ein Durchfallen ins untere Gefäß liegt über der Verengerung eine nicht dichtschließende Kautschukplatte mit zentralem Loch zum Durchstecken des vom obersten Gefäß nach unten führenden Trichterrohres. In das oberste Gefäß gießt man eine kalte, 1 : 4 verdünnte Schwefelsäure. (Schwefelsäure in das Wasser gießen! Vorsicht! starke Hitzeentwicklung!) Vor dem Gebrauch ist erst die Luft aus dem Apparat durch den Wasserstoff zu verdrängen. Das Gas wird durch je eine Waschflasche mit 10%iger Bleinitratlösung und mit Kalilauge versetzter Pyrogallollösung (s. S. 248) hindurchgeleitet. Die ganze Apparatur muß gut dicht sein. Ist der Apparat im Gang, so muß beim Druck auf das Schlauchende die Säure im Apparat vom Zink sogleich weggedrängt werden und im Trichterrohr hochsteigen. Beim Arbeiten mit der Flamme ist größte Vorsicht geboten. (Knallgasexplosion!) Will man sich davon überzeugen, ob alle Luft (Sauerstoff) durch den Wasserstoff verdrängt ist, so fängt man

[1]) Knorr, Zentralbl. f. Bakteriol., Parasitenk. u. Infektionskrankh., Abt. I. Orig. 1921, Bd. 86, S. 596.

das ausströmende Gas mit einem umgekehrten Reagenzglas auf. Verbrennt das Gas im Reagenzglas beim Anzünden ohne jeden Knall, so ist es rein.

Den Wasserstoff läßt man stets oben in ein Gefäß (Abb. 164) eintreten, damit er die schwerere Luft unten herausdrückt.

Für die **Reagenzglas- und Kolbenkultur** sind verschiedene **besondere Gläser** (Abb. 167) hergestellt worden, welche die Durchleitung von Wasserstoff gestatten.

In billigerer Weise kann man das Reagenzglas oder den Kolben mit einem **doppelt durchbohrten Gummistopfen** verschließen; in die Durchbohrungen steckt man eine kurze, unter dem Stopfen endende und eine lange, bis auf den Boden reichende Glasröhre (Abb. 165/6). Die

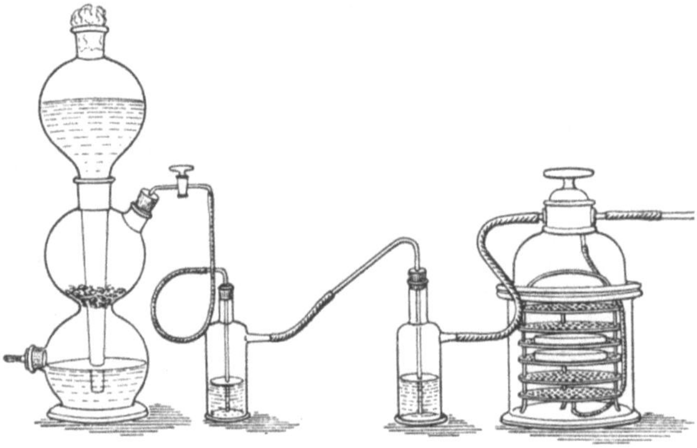


Abb. 164. Anaerobenzüchtung im Wasserstoffstrom. a Kippscher Apparat, b Waschflasche mit Bleinitratlösung, c Waschflasche mit Pyrogallollösung und Kalilauge, d Novyscher Apparat mit Gestell für die Platten.

Armatur ist vor dem Gebrauch selbstverständlich mit zu sterilisieren. Nach dem Impfen läßt man Wasserstoff durchströmen und verschließt sodann die Röhrchen luftdicht.

Oder man leitet in das geimpfte Reagenzglas durch eine dünnwandige, frisch ausgezogene (sterile) Glaskapillare, die man durch den Wattepfropfen sticht, Wasserstoff, dessen Strom durch einen Schraubenquetschhahn leicht zu regeln ist. Das Reagenzglas hält man hierbei mit dem Boden nach oben. Nach Verdrängung der Luft (ca. 10 Minuten — Vorsicht! Knallgas!) schmilzt man das Reagenzglas über der Flamme oben zu, wobei die Kapillare mit eingeschmolzen wird.

Für die **Plattenkultur** verwendet man selten besondere scheibenförmige Kulturflaschen mit Zu- und Ableitungsröhren (S. 233 Abb. 151 b), durch die man den Wasserstoff direkt hindurchleitet. Meist bedient man sich gewöhnlicher Petrischer Schalen, die nach dem Beschicken in ein luftdicht verschließbares mit oben ausmündendem Zu- und unterem

Ableitungsrohr versehenes Gefäß (Abb. 164d) offen auf einem besonderen Träger eingestellt werden. Nach völligem Verdrängen der Luft wird der Wasserstoffstrom abgestellt.

### d) Anaerobenzüchtung unter Zugabe tierischen Gewebes.

Diese Kulturmethode nach Tarozzi[1]) findet namentlich bei Bouillonkulturen Anwendung.

Man geht in der Weise vor, daß man der Bouillon ein Stück von einem aseptisch herausgeschnittenen Organ eines frisch getöteten, gesunden Tieres (1 g auf 10 ccm Bouillon) zusetzt. Die so zubereiteten Nährböden

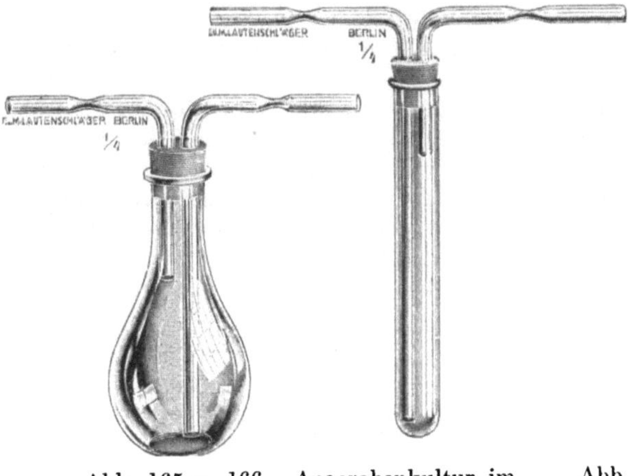


Abb. 165 u. 166. Anaerobenkultur im Wasserstoffstrom.

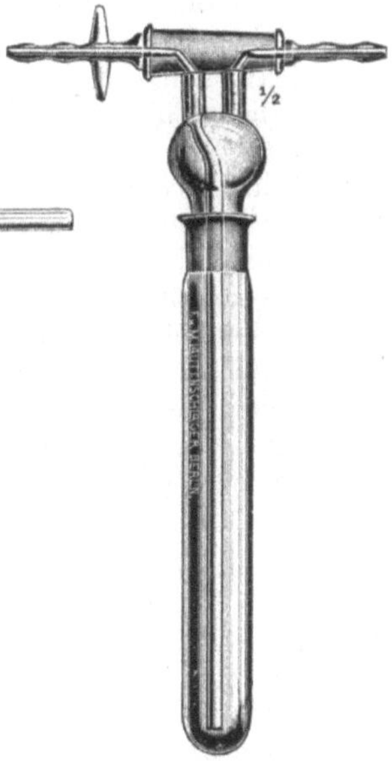


Abb. 167. Anaerobenkultur im Wasserstoffstrom.

werden sterilisiert und ohne Aufschütteln in der tiefsten Schicht reichlich besät. Man kommt bei aseptischen Arbeiten auch ohne nochmalige Sterilisierung zum Ziel. Hier empfiehlt es sich aber, die Nährböden 2—3 Tage bei 37° zu halten, um sie zunächst auf Sterilität zu prüfen. Als Kulturgefäße benutzt man mit Vorliebe die auf S. 262 erwähnten Gärkölbchen oder -röhrchen. Bei frisch ausgekochten Nährböden gelingt die Anaerobenkultur im Gärröhrchen auch ohne Zusatz tierischen Gewebes.

### λ) Die Züchtung des Abortusbazillus Bang.

Die Abortusbazillen Bang nehmen hinsichtlich ihres Sauerstoffbedürfnisses eine Sonderstellung ein. Dem Tierkörper entnommen, wachsen

[1]) Tarozzi, Zentralbl. f. Bakteriol., Parasitenk. u. Infektionskrankh., Abt. I. Orig. Ref. Bd. 39, S. 407 und I. Orig., Bd. 40.

sie weder bei der Sauerstoffspannung der freien Atmosphäre noch unter anaeroben Bedingungen. Legt man eine Agarschüttelkultur (S. 245) in hoher Schicht an, so wachsen sie im Agar nur in einer Zone nahe der Oberfläche des Reagenzgläschens, wo ein Sauerstoffgehalt von etwa 19% herrscht. Ferner wachsen sie bei etwa 100% Sauerstoff. Außer dieser unbequemen Züchtungsweise kann man die Abortusbazillen auch in flüssigen Medien (Serumbouillon usw.) und vor allem nach dem Ascolischen Verfahren kultivieren.

Beim **Ascolischen Züchtungsverfahren** legt man gewöhnliche Aufstrichkulturen auf Agar (S. 230) und daneben auf anderen Agarröhrchen Aufstrichkulturen von Milzbrand- oder Heubazillen an. Mit beiden Aufstrichen im Verhältnis 1:1 (Abortus: Milzbrandbazillenkulturen) beschickt man hohe, schmale Konservenbüchsen, sog. Spargelbüchsen. Die völlig gefüllten Büchsen werden luftdicht verschlossen und bei 37° gehalten. Die Milzbrandkulturen verbrauchen einen Teil des Sauerstoffes und ermöglichen das Wachstum der Abortusbazillen, die in drei bis vier Tagen kleine, tautropfenähnliche, im durchfallenden Licht leicht bräunliche Kolonien bilden. Die so auf künstlichem Nährboden gezüchteten Abortusbazillen wachsen meist schon in der nächsten Generation auch auf mit Paraffin oder nur mit Wattestopfen verschlossenen Kulturröhrchen. Im Notfall schaltet man nochmals eine Züchtung nach dem Ascolischen Verfahren dazwischen. Meist jedoch erfolgt die Anpassung der künstlich gezüchteten Abortusbazillen an die gewöhnliche Sauerstoffspannung ziemlich schnell.

### μ) Die Kultur in vivo.

Dieses Kulturverfahren wird in der Weise durchgeführt, daß man die fraglichen Mikroorganismen in ein Säckchen aus Kollodium oder ein kollodiniertes Schilfsäckchen mit Bouillon gibt. Das Säckchen wird gut zugebunden kollodiniert und meist in die Bauchhöhle geeigneter lebender Versuchstiere (Kaninchen) übertragen.

Durch das Säckchen diffundieren die gelösten Nährstoffe des Wirtes und die Stoffwechselprodukte der Bakterien, während die Leukozyten und Bakterien die Wand des Säckchens nicht zu passieren vermögen.

Die Schilfsäckchen können fertig bezogen werden oder man stellt sie aus der im Innern des Schilfrohres befindlichen feinen Haut her. Da die Schilfsäckchen vielfach nicht genügend dicht sind, überzieht man sie außen mit Kollodium. Zur Bereitung der Kollodiumsäckchen bedient man sich einer 10%igen Auflösung von Kollodium in Ätheralkohol (aa). Nach Art der Rollkulturen (s. d.) wird ein enges Reagenzgläschen mit der Kollodiumlösung ausgekleidet. Nach Erstarrung wird die auskleidende Kollodiumhaut mit einer Pinzette herausgenommen. Oder man taucht die Kuppe eines Reagenzglases (außen) in geschmolzenes Paraffin und nach dem Erkalten in eine Kollodiumlösung. Nach deren Erstarren entfernt man das Paraffin mit Xylol und nimmt das Kollodiumhäutchen ab. Um die Öffnung wird eine Schlinge aus Seide gelegt. Nach Citron stellt man sich die Kollodiumsäckchen wie folgt her. In das spitze Ende einer konisch zulaufenden Gelatinekapsel fügt man nach Durchlochung der Kapsel ein Stückchen dünnen Gummischlauches so ein, daß der Schlauch fest an der Kapsel haftet. Die Kapsel und ein Stück des Gummischlauches werden einige Male in Kollodium eingetaucht und dann freischwebend zum Trocknen aufgehängt. Hierauf füllt man die Kapsel mit Wasser, bringt sie mit dem offenen Gummischlauch nach unten in ein Reagenzröhrchen, das ebenfalls mit Wasser gefüllt und in ein Wasserbad von 60° eingesetzt wird. Die Gelatine löst sich und fließt durch den Gummischlauch nach unten ab. Das zurückbleibende Kollodiumsäckchen ist gleichmäßig dick und mit dem Gummischlauch fest verbunden. Es wird mit Bouillon usw. gefüllt. Die Säckchen werden in Nährlösung sterilisiert, beimpft, abgeschnürt und in Nährbouillon auf ihre Dichte geprüft. Die Säckchen werden zumeist in die Bauchhöhle, seltener unter die Subkutis gebracht, indem man einen Trokar einsticht und das Säckchen durch dessen Röhre mit einem stumpfen Leitstab einführt. Bei dem Einbringen in die Bauchhöhle öffnet man sie nach Enthaaren und Desinfektion (Jodtinktur) der Haut, bringt das Säckchen ein und näht das Bauchfell mit Catgut, die Haut mit Seide zu.

### ν) Das Fortzüchten der Bakterien.

Bakterienarten, die man lebensfähig erhalten will, muß man etwa alle vier Wochen umstechen. Pneumokokken halten sich kaum eine Woche. Meningo- und Gonokokken sowie Influenzabazillen gehen auch bei rechtzeitiger Fortzüchtung auf künstlichen Nährböden meist bald ein. Sporenhaltige Bakterien brauchen nur alle 6 Monate und später fortgezüchtet zu werden. Um die Stammkulturen vor Austrocknung zu schützen, verschließt man die Gläser mit verflüssigtem Paraffin oder mit Plastilin oder schmilzt die Gefäße in der Gebläseflamme ab.

Zur Erhaltung der Lebensfähigkeit und Virulenz von Gono-, Meningo-, Pneumo- und Streptokokken überimpft Ungermann[1]) diese Bakterien mit steriler Glaskapillare auf 2—3 ccm durch Erhitzen auf 60° sterilisiertes Kaninchenserum [Buschke und Langer[2]) verwenden steriles Menschenserum], das mit sterilem flüssigem Paraffin überschichtet ist. Die Meningokokken blieben bis 16 Wochen. Gonokokken 8 Wochen (nach Buschke und Langer 28 Wochen) lebensfähig. Das Verfahren eignet sich auch für Pneumo- und Streptokokken sowie Typhus- und Cholerabakterien. Michael[3]) verwendet zur Züchtung die für die betreffenden Bakterienarten üblichen Nährböden, überschichtet gleichfalls mit flüssigem Paraffin, das er durch einstündiges Erhitzen im Autoklaven sterilisierte. Zum Impfen benutzte er eine Platinöse an langem Draht. Das Paraffin kann nach Sterilisierung wieder benutzt werden. Durch Wassertröpfchen getrübtes Paraffin klärt sich im Brutofen. Gonokokken blieben auf Aszitesagar mit Paraffin überschichtet bei 37° fünf Monate lebensfähig, desgleichen Pneumo-

[1]) Ungermann, Arb. a. d. Reichs-Gesundheitsamte Bd. 51, Heft 1.
[2]) Buschke und Langer, Dtsch. med. Wochenschr. 1921, S. 65.
[3]) Michael, Zentralbl. f. Bakteriol., Parasitenk. u. Infektionskrankh., Abt. I. Orig., Bd. 86. S. 507.

kokken auf Löffler-Nährböden drei Wochen, Influenzabazillen auf Traubenzuckerblutagar vier Wochen, Streptokokken auf Agar einen Monat, Koli-, Typhus-, Shiga-, Alkaligenes-, Proteus-, Pyozyaneus-, Cholera- und Diphtheriebazillen monatelang bis zu $^1/_2$ Jahr.

Manninger[1]) beobachtete, daß Geflügelcholerabakterien in gewöhnlichen Bouillonkulturen $^1/_2$ Jahr lebensfähig blieben.

Nach eigenen[2]) Beobachtungen blieben Kulturen folgender Bakterien auf Agarnährböden, die nach Auswachsen mit festem Paraffin zugeschmolzen und dann dunkel und in einem kühlen Zimmer aufbewahrt wurden, 4 Jahre 8 Monate lebensfähig: B. mallei, enteritidis Gärtner, typhi, coli (zwei von drei Stämmen), paratyphosus B, suipestifer, anthracis (sporenhaltig), mesentericus (sporenhaltig), subtilis (sporenhaltig), mycoides (sporenhaltig) und Saccharomyces mastitidis bovis. Von drei Stämmen des B. abortus Bang war nach $4^1/_4$ Jahren einer lebensfähig, nach $3^3/_4$ Jahren von sieben sämtliche, von sieben nach $3^1/_4$ Jahren nur vier, nach $2^1/_2$ Jahr von sechs sämtliche, von acht nach 2 Jahren sämtliche und nach einem Jahr von 19 nur 17 lebensfähig. Die Aufbewahrung der Abortusbazillen erfolgte gleichfalls zugeschmolzen und vor Licht geschützt, aber in einem nach Süden gelegenen Zimmer. Dagegen waren nachgenannte Bakterien, die wie die zuerst erwähnte Gruppe in einem kühlen Nordzimmer aufbewahrt wurden, nach 4 Jahren 8 Monaten abgestorben: B. tuberculosis Typ. hum. und bov., zahlreiche verschiedene säurefeste Bazillen. B. paratyphosus A. und Streptokokken.

Lebende Bakterienkulturen sowie abgetötete Sammlungskulturen können von F. Králs bakteriologischem Museum, Wien IX, Zimmermanngasse 3, käuflich erworben werden.

#### o) Die Konservierung von Sammlungs-Kulturen.

Die Kulturen werden mit Formalin abgetötet. Man gibt etwa 6 bis 10 Tropfen Formalin auf den quer an der Glasmündung abgeschnittenen Watteverschluß, schiebt diesen um etwa 0,5—1 cm tiefer in das Reagenzglas hinein und verschließt das Glas mit Siegellack, Plastilin oder verflüssigtem Paraffin.

Plattenkulturen werden in der Weise abgetötet, daß man in die unten zu liegen kommende Deckschale eine Scheibe Fließpapier einlegt, diese mit einigen Tropfen Formalin tränkt und die Kulturschale darüber deckt. Am nächsten Tag entfernt man das Fließpapier und dichtet Deck- und Kulturschale mit Siegellack usw. ab.

### 5. Die Anreicherung der Bakterien zwecks Züchtung.

Über Anreicherungsverfahren (Homogenisierung, Antiformin- usw. Behandlung) zwecks mikroskopischen Nachweises von Bakterien s. S. 89. Hier handelt es sich nur um kulturelle Anreicherungsverfahren. Mit-

[1]) Manninger, Zentralbl. f. Bakteriol., Parasitenk. u. Infektionskrankh., Abt. I. Orig., Bd. 83, S. 520.

[2]) Klimmer, Bericht über die tierärztliche Hochschule Dresden, Bd. 13, S. 184.

unter kann man die Reinzüchtung einer bestimmten Bakterienart aus Gemischen dadurch erleichtern, daß man für die gesuchte Art günstige Bedingungen schafft, die aber für die Begleitbakterien mehr oder weniger nachteilig sind [elektive Nährböden: Peptonwasser (S. 221) und Blutalkaliagar (S. 218 u. ff.) usw. für Choleravibrionen, Kolibakterien, Pneumokokken; Koffein-, Alizarin-, Malachitgrün- und Gallennährböden (S. 207, 217), Drigalski- oder Endoagar (S. 208 und 209) usw. für Typhusbazillen usw.].

Im **Harn** kommen Bakterien vielfach in so geringer Menge vor, daß ihr Nachweis erst nach Anreicherung gelingt. Bei Typhusbazillen kann man sich der Gallenanreicherung (S. 214) mit gutem Erfolg bedienen (Travinski)[1]. Ferner leistet die Bebrütung der Harnprobe bei 37° (24—48 Stunden) bei den verschiedensten Bakterien gute Dienste. Krankheitserreger werden nicht nur bei Erkrankung des Harnapparates, sondern auch bei Septikämie, Typhus, Diphtherie (Conradi und Bierast[2]), Beyer)[3]), Pyämie, Osteomyelitis, Endokarditis (Koch[4])) usw. ausgeschieden.

Bei **Wasseruntersuchungen** auf Choleravibrionen oder Typhusbazillen bedient man sich entweder der **„Anreicherungsmethode"**, d. h. man verwandelt die zu untersuchenden Proben durch Zugabe bestimmter Nährlösungen in einen für Choleravibrionen, Typhusbazillen usw. besonders günstigen Nährboden, der gleichzeitig die Begleitbakterien, wie B. coli usw. zurückdrängt, oder man wendet die Fällungsmethode oder das Filtrations- oder das Agglutinationsverfahren an.

Bei der **Fällungsmethode** erzeugt man in größeren Mengen Wasser durch Zusatz chemischer Mittel einen voluminösen Niederschlag, der die im Wasser vorhandenen Bakterien mit niederreißt und hierdurch konzentriert, anreichert. Dieses Verfahren gibt bessere Ergebnisse als das erstgenannte, die sog. Anreicherung, die bisher noch zu keinem befriedigenden Ergebnis geführt hat.

Nach dem von Ficker[5]) verbesserten Schlüder[6])-Valletschen[7]) Verfahren setzt man zu 2 l Wasser in schmalen, sterilisierten Glaszylindern 8 ccm 10%ige Kristallsodalösung hinzu, rührt um und fügt 7 ccm 10%ige Eisensulfatlösung bei, rührt erneut kräftig um und läßt im Eisschrank absetzen oder zentrifugiert. Der Niederschlag wird mit dem etwa halben Volumen 25%iger neutraler Lösung von weinsaurem Kali geschüttelt und gegebenenfalls durch weiteren tropfenweisen Zusatz völlig gelöst, mit zwei Teilen Bouillon verdünnt und auf große Drigalskiplatten aus-

[1]) Travinski, Wien. klin. Wochenschr. 1916.
[2]) Conradi und Bierast, Dtsch. med. Wochenschr. 1912.
[3]) Beyer, Münch. med. Wochenschr. 1913.
[4]) Koch, Zeitschr. f. Hyg. u. Infektionskrankh. 1908, Bd. 61.
[5]) Ficker, Über den Nachweis von Typhusbazillen im Wasser durch Fällung mit Eisensulfat. Hyg. Rundschau 1904, Bd. 14, S. 7.
[6]) Schlüder, Zum Nachweis von Typhusbazillen im Wasser. Zeitschr. f. Hyg. u. Infektionskrankh. 1903, Bd. 42, S. 316.
[7]) Vallet, Arch. de méd. expérimentale et d'anatomie pathologique 1901 Juillet; ref. in Zentralbl. f. Bakteriol., Parasitenk. u. Infektionskrankh., Abt. I. Ref. 1902, Bd. 31, S. 89.

gestrichen. Etwa 75 (Müller[1])) bis 97% (Ficker[2])) der in Wasser eingesäten Typhusbazillen werden wieder gewonnen.

O. Müller[1]) nimmt auf 3 l Wasser 12 ccm 10%ige Sodalösung und 10,5 ccm 10%ige Ferrisulfatlösung oder unter Weglassen der Sodalösung 5 ccm Liquor ferri oxychlorati (die im Wasser vorhandenen Kalksalze bedingen hier schon einen genügenden Niederschlag). Der Niederschlag wird nach Absitzen und Abfiltrieren unmittelbar ohne Zusatz eines Lösungsmittels auf Drigalskiplatten gebracht. Nach Müller werden etwa 90% der eingesäten Typhusbazillen wieder gefunden. Nach Nietner liegt die Grenze der Nachweisbarkeit bei $^1/_{50\,000}$ Öse = 750 Typhusbazillen in 3 l Wasser. Günstige Ergebnisse sind nur bei einem nicht zu hohen Gehalt an Begleitbakterien zu erwarten, was in der Praxis nicht immer zutrifft.

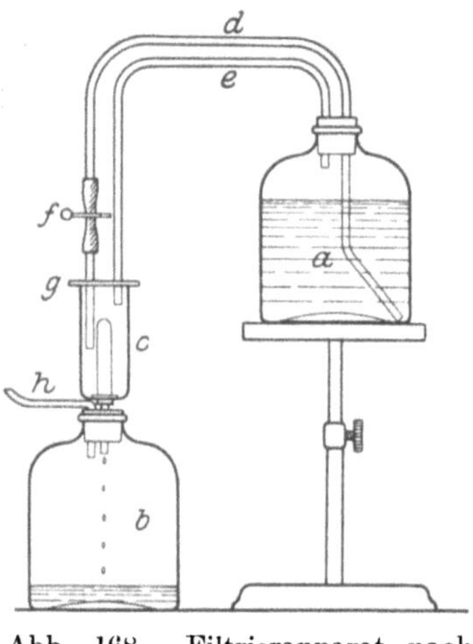

Abb. 168. Filtrierapparat nach Hesse.

Ditthorn und Gildemeister[3]) zentrifugieren oder filtrieren den nach O. Müller erhaltenen Eisenniederschlag durch ein steriles, glattes Filter ab und bringen ihn sogleich in 100 ccm sterile Rindergalle, indem sie die Galle auf das Filter gießen, den Niederschlag darin mit steriler Gummifahne verteilen, das Filter durchstoßen und die Niederschlag-Gallenmischung in sterilem Erlenmeyerkölbchen auffangen. Nach 24stündiger Bebrütung bei 37° wird 1 ccm der Gallenflüssigkeit auf eine große Drigalskiplatte ausgestrichen. Bei negativem Ausfall werden nach 48—72stündiger Bebrütung Drigalskiplatten erneut angelegt. Bei keimarmem Wasser gelingt der Nachweis noch von $^1/_{100\,000\,000}$ Öse = 10 Typhusbazillen in 3 l Wasser. Bei Wässern, die sehr reich an Begleitbakterien sind, versagt auch dieses Verfahren.

Bei dem **Filtrationsverfahren** filtriert man das zu untersuchende Wasser durch Bakterienfilter. Cambier[4]) benutzte hierzu Chamberlandkerzen und Hesse[5]) Berkefeldfilter $10^1/_3$. Das Eindringen der

[1]) D. Müller, Über den Nachweis von Typhusbazillen im Trinkwasser mittels chemischer Fällungsmethoden, insbesondere durch Fällung mit Eisenchlorid. Zeitschr. f. Hyg. u. Infektionskrankh. 1905, Bd. 51, S. 1.

[2]) Ficker, Über den Nachweis von Typhusbazillen im Wasser durch Fällung mit Eisensulfat. Hyg. Rundschau 1904, Bd. 14, S. 7.

[3]) Ditthorn und Gildemeister, Eine Anreicherungsmethode zum Nachweis von Typhusbazillen im Trinkwasser bei der chemischen Fällung mit Eisenchlorid. Hyg. Rundschau 1906, Bd. 16, S. 1376.

[4]) Cambier, Rev. d'hygiène etc. 1902, p. 64; Bienstock, Hyg. Rundschau 1903, Bd. 13, S. 105.

[5]) Hesse, Die Methoden der bakteriologischen Wasseruntersuchung unter besonderer Berücksichtigung des Nachweises mit dem Berkefeldfilter. Arch. f. Hyg. 1913, Bd. 80, S. 11.

Bakterien in die Filterporen verhindert Hesse dadurch, daß er durch das Filter vorher eine $1^0/_{00}$ige, aufgekochte und wieder erkaltete Kieselguraufschwemmung saugte. Zur Filtration größerer Wassermengen (10 l) hat Hesse[1]) einen automatisch wirkenden Filtrierapparat angegeben (Abb. 168).

Nach beendeter Filtration werden die auf und im Kieselgurbelag haftenden Bakterien mit dem Belag durch rückläufige Spülung (3—4 ccm) leicht und völlig abgehoben. Der Rückstand wird auf 2—3 Drigalskiplatten verteilt. $91^0/_0$ der verwendeten Bakterien wurden wieder gefunden. Zur Rückspülung eignet sich die Druckspritze von Altmann-Berlin (Abb. 169).

Das Fällungs- und Filtrationsverfahren findet auch beim Nachweis anderer Bakterien (B. coli) im Wasser Anwendung.

Beim **Agglutinationsverfahren** nach Windelband und Schepilewsky[2]) werden 20 ccm des zu untersuchenden Wassers mit 50 ccm

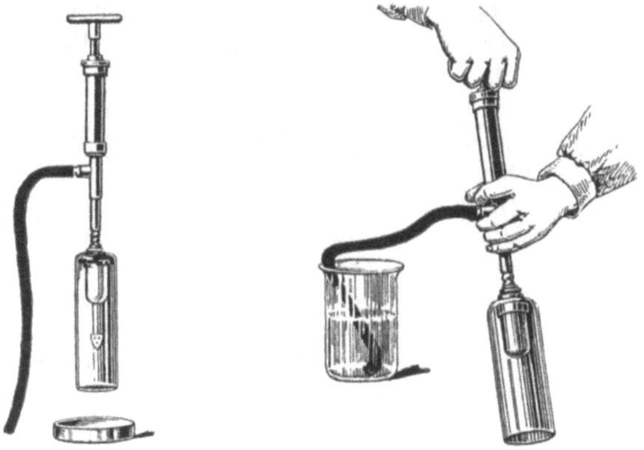

Abb. 169 und 170. Druckspritze.

Nährbouillon versetzt und 24 Stunden bei 37° gehalten. Die nun getrübte Flüssigkeit wird durch Watte filtriert, mit stark agglutinierendem Typhusserum etwa 1:1000—1500 versetzt, 2—3 Stunden bei 37° gehalten und 2 Minuten schwach zentrifugiert (etwa 900 Umdrehungen in der Minute). Die ausgeschleuderten Flocken (agglutinierte Typhusbazillen) werden im sterilen Gläschen mit Glasperlen durch kräftiges Schütteln fein verteilt, und die Bakterienaufschwemmung wird nun auf Drigalskiplatten gebracht. Der Typhusbazillennachweis gelingt noch bei einer Einsaat von $^1/_{10000}$ Öse in 1 l Wasser. Altschüler[3]) arbeitet ähnlich; die agglutinierten und wieder verteilten Typhusbazillen reichert er vor ihrem Aufstreichen auf Drigalskiplatten 24 Stunden bei 37° an.

[1]) Hesse, Zeitschr. f. Hyg. u. Infektionskrankh. Bd. 69, S. 540.

[2]) Schepilewsky, Über den Nachweis der Typhusbakterien im Wasser nach der Methode von Dr. A. Windelband. Zentralbl. f. Bakteriol., Parasitenk. u. Infektionskrankh., Abt. I. Orig., 1913, Bd. 33, S. 394.

[3]) Altschüler, Eine Typhusanreicherungsmethode. Zentralbl. f. Bakteriol., Parasitenk. u. Infektionskrankh., Abt. I. Orig. 1903, Bd. 33, S. 741.

Bei dem **Verdunstungsverfahren** werden 1—10 ccm des (auf Typhusbazillen usw.) zu untersuchenden Wassers auf (Drigalski- usw.) Platten gebracht und (im Faust-Heimschen Apparat [Abb. 99 S. 79] oder offen im Thermostat) zum Verdunsten gebracht[1]).

Bei **Anreicherung** von Bakterien **im Fleisch** (Nachweis von Fleischvergiftung) nimmt man größere Fleischstücke, brennt sie äußerlich zur Vernichtung von außen zufällig an das Fleisch gelangter Keime bis zur Verkohlung ab und hebt sie dann unter aseptischen Kautelen 6, 12 bis 24 Stunden bei 37° auf, entnimmt aus der Mitte Proben und legt damit Platten an.

Oder man bringt unter aseptischen Kautelen aus der Mitte der zu untersuchenden Fleischprobe ein haselnußgroßes Stück (im ganzen oder besser geschabt) in sterile Bouillon mit Rindergalle. Nach 6- und 12-stündigem Aufenthalt bei 37° werden mehrere Ösen Bouillon auf Agar-, Endo-, Drigalski- und Malachitgrünagarplatten übertragen und bebrütet.

Beim Nachweis von Rotlaufbakterien in notgeschlachteten Schweinen hebt man das Untersuchungsmaterial einen Tag bei 20 oder 37° auf. Zur Verhinderung der Fäulnis salzt man die Oberfläche des Fleisches gründlich ein.

Intravitale Anreicherungsorgane für die Angehörigen der Typhus-Koligruppe sind die Leber, Milz, Fleischlymphknoten und Nieren und für Rotlaufbakterien die Nieren.

Um sporenhaltiges Material (Milzbrand-, Rauschbrandbazillen) von nicht sporenbildenden und somit weniger widerstandsfähigen Begleitbakterien zu befreien und die Reinzüchtung der ersteren zu erleichtern, kann man das Uhlenhuthsche Antiforminverfahren (S. 93) benutzen oder die sporenfreien Begleitbakterien durch 5 Minuten bis 1 Stunde langes Erhitzen im Wasserbad auf 70—85° C abtöten. Nach Uhlenhuth vertragen Milzbrandsporen eine siebenstündige Einwirkung von 10%iger Antiforminlösung, nach Kade tötet jedoch die genannte Lösung bereits in etwa vier Stunden Milzbrandsporen (im Rinderkot in etwa 5 Stunden) ab. Die Dampfresistenz der Sporen in den Kadeschen Versuchen betrug im Mittel 7 Minuten. Die sporenfreien Begleitbakterien sind nach einstündiger Einwirkung von 5—10%iger Antiforminlösung beseitigt. Nach Tuchler werden Milzbrandsporen durch 2,5—5%ige Antiforminlösungen in 24 Stunden noch nicht abgetötet. Wenn auch die Reinzüchtung der Milzbrandbazillen aus stark verunreinigtem faulenden Material durch die Behandlung mit Antiformin noch nicht allein gewährleistet wird, so unterstützt sie doch die Isolierung wertvoll. Natürlich müssen die Milzbrandkeime in Sporenform vorliegen.

## 6. Verfahren zur Feststellung von Lebensäußerungen der Bakterien,

soweit sie zur Differentialdiagnose Verwendung finden.

Die Gestalt, das Verhalten gegen Farbstoffe und Entfärbungsmittel, die Wuchsformen auf den gewöhnlichen Nährböden usw. der Mikro-

[1]) Marmann, Centralbl. f. Bakteriol., Parasitenk. u. Infektionskrankh., Abt. I. Orig., Bd. 50.

organismen sind zumeist nicht hinlänglich eindeutig, um sie von ähnlich sich verhaltenden Bakterien sicher trennen zu können. Sehr häufig ist es notwendig, zunächst ihre physiologischen Eigentümlichkeiten (z. B. die Fähigkeit, Schwefelwasserstoff, Gas, Säure zu bilden, Reduktionen zu bewirken usw.) festzustellen. Die hierbei einzuschlagenden Verfahren sollen im nachfolgenden besprochen werden.

$\alpha$) **Untersuchung auf Sauerstoffbedürfnis.** Man legt eine Schüttelkultur (S. 245) an. Obligat aerobe Bakterien wachsen nur in einer schmalen oberflächlichen Schicht, obligat anaerobe Mikroorganismen nur in tieferen Schichten usw.

$\beta$) **Schwefelwasserstoffprobe.** Gewisse Bakterienarten (z. B. Schweinerotlaufbazillen) haben die Fähigkeit, Schwefelwasserstoff zu bilden. Zum Nachweis geht man in der Weise vor, daß man ein angefeuchtetes Bleipapier zwischen zwei Wattestopfen des mit Paraffin oder einer Gummikappe verschlossenen Kulturgefäßes einlegt. Bei Bildung von Schwefelwasserstoff wird das Bleipapier gebräunt bzw. geschwärzt. Oder man hängt ein sterilisiertes Bleipapier (Fließpapier mit basisch essigsaurem Blei getränkt) oben festgeklemmt zwischen Wattepfropfen und Glaswand in das Kulturgläschen hinein.

Oder man setzt dem Nährboden etwa $5\,^0/_0$ Eisentartrat zu. Eine Schwärzung des Nährbodens zeigt Schwefelwasserstoffbildung an. Das Eisentartrat stellt man sich in folgender Weise her: Eisenchloridlösung wird mit Kalilauge ausgefällt. Der Niederschlag ($Fe[OH]_3$) wird abfiltriert, ausgewaschen und in Weinsäure gelöst. Der mit Eisentartrat versetzte Nährboden ist nachzusterilisieren.

$\gamma$) **Gas- oder Gärprobe.** Verschiedene Bakterien vermögen gewisse Zuckerarten und hochwertige Alkohole unter Gasbildung zu zersetzen. Zur Feststellung des Gärvermögens geht man in folgender Weise vor.

Nährboden. Die gewöhnlichen aus Fleisch hergestellten Nährböden (Bouillon, Gelatine, Agar) enthalten meist Muskelzucker (Glykogen) und Traubenzucker, der von sehr vielen Mikroorganismen unter Gasbildung besonders leicht vergoren wird. Ein solches Material ist zur Prüfung des Gärvermögens gegen andere, schwerer angreifbare Zuckersorten nicht ohne weiteres zu gebrauchen. In erster Linie ist zu fordern, daß das Ausgangsmaterial zuckerfrei ist, wovon man sich durch ad hoc angestellte Versuche stets überzeugen muß. Erst dann können bestimmte Mengen und bestimmte Arten von Zucker beigemengt werden.

Zuckerfreies Ausgangsmaterial erhält man, wenn man die Nährböden anstatt aus Fleisch aus Fleischextrakt (S. 168) oder Nährsalzlösungen (S. 172) herstellt, oder die aus Fleischwasser hergestellte Bouillon zunächst im Gärversuch mit B. coli auf Zucker prüft. Ist Zucker zugegen, so läßt man ihn in der gesamten zum Gärversuch zu benutzenden Bouillond urch B. coli bei $37^0$ etwa 16 Stunden lang vergären. Hierauf sterilisiert, neutralisiert, alkalisiert man die vergorene Bouillon und überzeugt sich erneut im Gärversuch, daß nunmehr der Nährboden frei von Zucker ist. Ist das der Fall, so ist der Nährboden als Ausgangsmaterial zu verwenden.

Ein Teil des Nährbodens bleibt für Kontrollen ohne Zusatz von Zucker oder hochwertigen Alkoholen, andere Teile werden mit den betreffenden Zucker- und Alkoholsorten (z. B. Trauben-, Frucht-, Rohr-, Milchzucker, Arabinose, Mannose usw. bzw. Glyzerin, Mannit usw., S. 195) versetzt, von denen man das Vergärungsvermögen durch die zu untersuchende Bakterienart feststellen will. Über die Herstellung zuckerhaltiger Nährböden vgl. S. 195.

Als Abfüllgefäße wählt man bei der Gelatine und dem Agar gewöhnliche Reagenzgläser, bei Bouillon ein Reagenzglas mit umgekehrtem Präparatenglas (Abb. 173/4) oder Mikrogärröhrchen (Abb. 175—178) oder Gärkölbchen (Abb. 171) oder Gärröhrchen (Abb. 172). Die Gärkölbchen und -röhrchen werden so weit gefüllt, daß der blindgeschlossene Schenkel vollkommen, der andere nur etwas angefüllt ist. Beim Sterili-

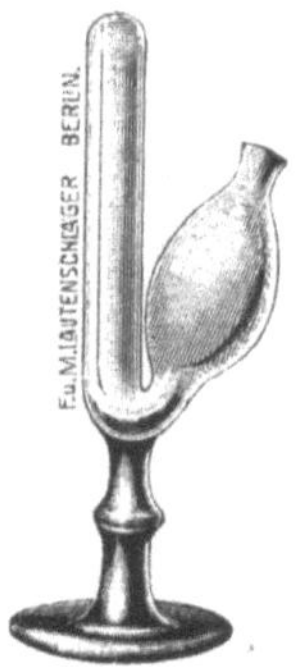

Abb. 171. Gärkölbchen.

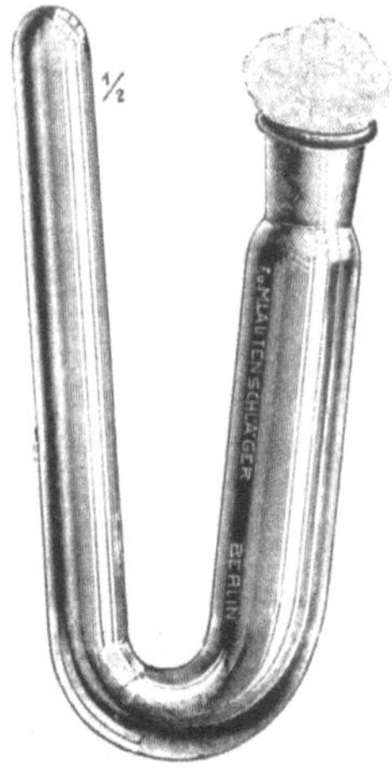

Abb. 172. Gärröhrchen.

sieren des gefüllten Röhrchens wird der lange Schenkel wagerecht gelegt, damit die Flüssigkeit nicht auskocht. Nach der Sterilisierung wird im blinden Schenkel etwa vorhandene Luft durch Flüssigkeit verdrängt. Der abgekühlte Nährboden wird geimpft. Vermögen die betreffenden Mikroorganismen die verwendeten Zucker- usw. Arten unter Gasbildung zu vergären, so sammeln sich im blinden Schenkel Gasblasen an.

Die Gärkölbchen und Gärröhrchen sind verhältnismäßig teuer und verbrauchen viel Nährboden, was bei Gärversuchen mit selteneren und teueren Zuckerarten immerhin ins Gewicht fällt. Einfacher gestaltet sich die Apparatur, wenn man ein gewöhnliches Reagenzglas mit 3 bis 4 ccm Nährboden und einem kleineren, mit der Öffnung nach unten gerichteten Präparatenglas beschickt (Abb. 173 und 174). Durch das Sterilisieren wird das Präparatenglas mit Nährboden gefüllt. Etwa vorhandene, kleine Luftblasen verschwinden in 12—24 Stunden von allein. Ist jede Spur Luft entfernt, werden die Gläser geimpft. Bei Gasbildung wird die Flüssigkeit aus dem Präparatenglas verdrängt.

Noch wesentlich sparsamer arbeitet die Mikrogärmethode nach Schmit-Jensen[1]) (Abb. 175/8). Die Gärröhrchen stellt man sich aus dünnen Glasröhren mit einem inneren Durchmesser von 1,5 mm und einer Länge von 22 cm in folgender Weise her. Die Röhren werden mit

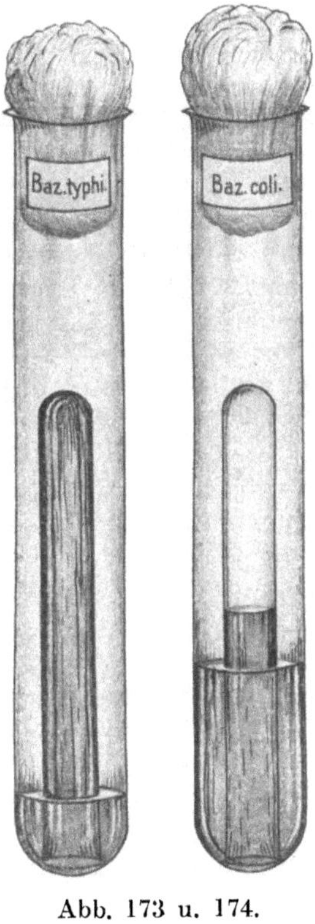


Abb. 173 u. 174.

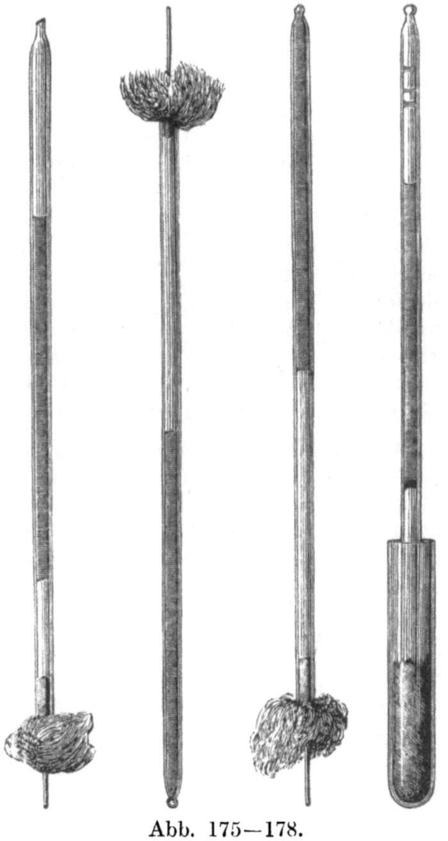

Abb. 175—178.

Abb. 173. Gärversuch mit B. typhi in Traubenzuckerfleischbrühe. Präparatenglas ist vollständig mit Fleischbrühe gefüllt. Keine Gasbildung.

Abb. 174. Gärversuch mit B. coli in Traubenzuckerfleischbrühe. Gasbildung. Fleischbrühe zum Teil durch das Gas herausgedrückt.

Abb. 175. Mikrogärröhrchen, teilweise mit zuckerhaltiger Fleischbrühe beschickt; das eine Ende mit Watte verschlossen, das andere noch offen (nach Schmit-Jensen).

Abb. 176. Mikrogärröhrchen; Fleischbrühe in das nunmehr abgeschmolzene Ende getrieben (nach Schmit-Jensen).

Abb. 177. Mikrogärröhrchen kurz nach Infektion. Fleischbrühe steht im abgeschmolzenen Ende (nach Schmit-Jensen).

Abb. 178. Mikrogärröhrchen. Nach erfolgter Gasbildung. Fleischbrühe ist durch das Gas etwas herabgedrückt worden (nach Schmit-Jensen).

[1]) Schmit-Jensen, En Mikroforgaeringsmetode for den bakt. Diagnostik Meddelelserfra den Kgl. Veterinär-og Landbohöjskoles Serumlaboratorium Nr. 48. Ref. in Dtsch. tierärztl. Wochenschr. 1920, S. 507.

verdünnter Salzsäure gereinigt, mit destilliertem Wasser nachgespült und ausgekocht. Nach dem Trocknen werden die Röhren beiderseits mit einem um eine Stecknadel mit abgekniffener Spitze gewickelten Wattebausch verschlossen. Hierauf werden die Röhren in der Mitte in der Gebläseflamme auf kurze Strecke erhitzt und ausgezogen. Man erhält so aus einer 22 cm langen Röhre zwei Röhrchen von etwa 11 cm Länge (Abb. 175). Nach Sterilisierung werden die Röhrchen etwa zur Hälfte mit der zucker- usw. haltigen Bouillon beschickt, wobei die beiden Enden des Röhrchens peinlichst vor Infektion zu bewahren sind. Man läßt den Inhalt der Röhrchen etwas gegen den Watteverschluß fließen und schmilzt das zugespitzte Ende ab. Nach dem Erkalten treibt man die Flüssigkeit in das abgeschmolzene Ende (Abb. 176). Die Luft ist aus diesem Teile völlig zu entfernen. Nach 10 Minuten langem Dämpfen und Abbrennen der Öffnung werden die Röhrchen mit Hilfe einer langen Platinnadel oder Kapillare geimpft. Schaumbildung ist zu vermeiden. Nach dem Impfen werden die Röhrchen umgekehrt (Abb. 177) und senkrecht in einem Gefäß bei 20 oder 37° aufbewahrt. Das gebildete Gas sammelt sich oben an und treibt die Flüssigkeit nach unten (Abb. 178). Die Röhrchen sind hinlänglich eng, daß die Flüssigkeit ohne Gasbildung nicht von allein herunterfließt.

Die Bouillon wird mit $^1/_2$% Zucker versetzt, nur von Rhamnose und anderen wenig Gas liefernden Zuckerarten gibt man 1% hinzu. Ferner fügt man 1% konzentrierte wässerige Lackmuslösungen hinzu und neutralisiert bei Tageslicht. Auf Reinheit der Zuckerarten ist in Kontrollversuchen zu achten. Verunreinigungen sind nicht selten (S. 195).

Bei der Verwendung fester Nährböden verflüssigt man sie wie beim Plattenverfahren (S. 232) und kühlt ab; in die noch flüssigen Nährböden impft man die Bakterien ein, mischt gut durch und läßt in hoher Schicht erstarren. Bei Gasbildung wird der Nährboden durch Gasblasen mehr oder weniger zerrissen (Abb. 142).

In der Regel gelingt es, in der angegebenen Weise das Gärvermögen festzustellen. Die eingeschlagenen Wege versagen aber, wenn die betreffenden Mikroorganismen nur bei voller Sauerstoffspannung wachsen. Unter diesen Verhältnissen ist folgende, etwas komplizierte Versuchsanordnung notwendig.

Eine Kochflasche wird etwa zur Hälfte mit der betreffenden zuckerhaltigen Bouillon beschickt, mit Watte verschlossen und sterilisiert. Nach dem Abkühlen werden die streng aeroben Mikroorganismen als dünnes Häutchen (am besten vom Kondenswasser einer Agarkultur) oben aufgebracht. Der Kolben wird mit einem frisch ausgekochten, von einem T-Rohr durchsetzten Gummistopfen verschlossen. Der eine Schenkel des T-Rohres trägt ein kurzes Gummischlauchstück, der andere ist mit einem Glasrohr, welches in ein Gasauffanggefäß hinleitet, verbunden. Der geimpfte und so armierte Kolben wird in den Thermostaten gestellt und, nachdem er und sein Inhalt auf Bruttemperatur erwärmt ist, das kurze Schlauchstück am T-Rohr abgeklemmt. Auftretende Gase werden nun durch das Verbindungsrohr nach dem Gasauffanggefäß geleitet und gesammelt.

δ) **Säure- und Baseprobe.** Die Bildung von Säure durch die Bakterien vollzieht sich vorwiegend bei Gegenwart von Zucker und hochwertigen Alkoholen. Sie ist abhängig 1. von der Bakterienart, 2. von der Zucker- und Alkoholsorte.

Zur Prüfung des Säurebildungsvermögens aus bestimmten Zuckerarten ist ein zuckerfreier Ausgangsnährboden notwendig (vgl. hierüber wie über seine Herstellung S. 261), dem man die einzelnen Zuckersorten in Mengen von 0,5—2 % zusetzt (S. 194).

Zur Sichtbarmachung stattgefundener Säurebildung verwendet man meist gute Lackmustinktur [1]), welche man zum leicht alkalisch reagierenden Nährboden im Verhältnis 1 : 10 setzt. Will man nur die Säurebildung aus Milchzucker prüfen, so bedient man sich zweckmäßig der Petruschkyschen Lackmusmolke [1]) (S. 207). Bei flüssigen Nährböden nimmt man die Säureprobe am besten in Gärröhrchen (S. 262) vor, während man bei festen Nährböden die S. 235 beschriebene Plattenkultur anlegt.

Die gebildeten Säuren qualitativ und quantitativ zu ermitteln, liegt im allgemeinen kein Bedürfnis vor. Die Menge würde durch Titration mit $\frac{1}{10}$ bis $\frac{1}{100}$ Normallauge unter Berücksichtigung des Ausgangsnährbodens zu titrieren sein. Als Indikator dient Phenolphthalein. In die Natur der gebildeten Säuren gewährt zuweilen die Polarisation einen Einblick, z. B. zur Trennung der Rechtsmilchsäure von der optisch inaktiven und Linksmilchsäure usw.

Verzichtet man auf eine quantitative Bestimmung der Säure, so kann man die Säurebildung durch Zusatz von Schlemmkreide oder Magnesium-, Barium-, Zinkkarbonat usw. zu den festen, mit den Zucker- usw. Arten versetzten Nährböden sichtbar machen. Die Menge der genannten Zusätze wird so gewählt, daß der Nährboden selbst in 1 mm dünner Schicht noch deutlich getrübt ist. Tritt Säurebildung ein, so wird die Kreide usw. gelöst und der Nährboden, soweit die Wirkung der gebildeten Säure reicht, wird durchsichtig. Dieses Verfahren eignet sich namentlich für Plattenkulturen.

Die Probe auf Bildung basischer Stoffe kann man in der Weise anstellen, daß man auf mit Lackmustinktur gefärbte oder mit Kreide versetzte, zuckerhaltige Nährböden, die man zu Platten ausgegossen hat, in senkrechten Impfstrichen säurebildende Bakterien und in wagerechten die auf Bildung basischer Stoffe zu prüfenden Bakterien aussät. An den Kreuzungsstellen der Impfstriche wird die Säurereaktion durch etwa gebildete basische Stoffe mehr oder weniger aufgehoben. Durch gegenseitige Schädigung der aufgestrichenen Bakterien ist Täuschung leicht möglich. Außerdem läßt sich die Menge des gebildeten basischen Stoffes bzw. richtiger verschiedener Ammoniakderivate exakt nachweisen und bestimmen durch Titration des Nährbodens mit $\frac{1}{10}$ oder $\frac{1}{100}$ Normalsäure vor der Einsaat der Bakterien und nach ihrer Entwicklung.

ε) **Reduktions- und Oxydationsproben.** Reduktionsprobe. Gewisse Mikroorganismen haben die Fähigkeit, Reduktionen zu bewirken. Diese

[1]) Zu beziehen von C. A. F. Kahlbaum, Adlershof bei Berlin.

Wirkung läßt sich durch Metallsalze und Farbstoffe sichtbar machen und zur Differenzierung der Mikroorganismen erfolgreich verwenden. Von Metallsalzen kommt vor allem Natrium selenosum und tellurosum in Frage. Auf 10 ccm Nährgelatine oder -Agar gibt man einen Tropfen einer 2%igen Lösung des Metallsalzes. Erfolgt eine Reduktion, so wird die Kolonie durch das Selenit ziegelrot, durch das Tellurit grauschwarz gefärbt.

Von den Farbstoffen, welche zum Nachweis der Reduktionswirkung geeignet sind, sind vor allem Indigoblau (0,1%), Methylenblau (10 ccm 0,1%ige Lösung auf 1 l Agar), Lackmustinktur (30 ccm einer konzentrierten Lackmuslösung auf 1 l Agar) (S. 207) und Neutralrot (S. 210) usw. zu nennen. Da die „verküpenden" Farbstoffe bei der Sterilisation leicht durch den Nährboden entfärbt werden, setzt man die Farben in steriler, konzentrierter, wässeriger Lösung den fertigen Nährböden zu. Bei der antiseptischen Eigenschaft der konzentrierten Farblösungen halten sich letztere leicht steril.

Unter dem Einfluß der Reduktionswirkung werden die genannten Farbstoffe zu Leukoprodukten entfärbt. Unter dem Einfluß des Luftsauerstoffes verläuft der Prozeß wieder in umgekehrter Richtung. Der störende Einfluß des Luftsauerstoffes kann durch eine 3—5 cm hohe Schicht flüssigen Paraffins oder durch Vornahme des Versuches im Gärkölbchen leicht ausgeschaltet werden. Die Reduktion geht beim Methylenblau leichter vor sich als beim Lackmusfarbstoff. Durch ungeimpfte Kontrollen überzeugt man sich von dem Fehlen einer etwaigen Reduktionswirkung des Nährbodens.

Zur Erkennung der Reduktion von Nitraten (z. B. durch die Choleravibrionen) bedient man sich der Nitrosoindolreaktion (vgl. S. 269).

Der biologische Arsennachweis, eine praktische Verwertung der Reduktionswirkung, wird in der Weise durchgeführt, daß man Schimmelpilze (Penicillium brevicaule) auf ihnen zusagenden Nährböden (Brotkrümel) züchtet, denen man das auf Arsen zu untersuchende Material zugesetzt hat. Das Brot soll nicht zu stark durchfeuchtet werden. Kontrollen mit und ohne Arsen sind daneben anzusetzen. Sämtliche Proben werden zunächst sterilisiert und dann reichlich besät. Hierzu nimmt man eine üppig bewachsene Kartoffelkultur, gibt sterile Bouillon dazu, schüttelt kräftig durch und gibt hiervon so viel auf die Brotnährböden, als von ihnen völlig aufgesaugt wird. Unter zu großer Feuchtigkeit leidet das Wachstum der Schimmelpilze. Über den Watteverschluß zieht man eine Gummikappe oder verschließt das Kulturgefäß mit verflüssigtem Paraffin luftdicht. Bis zum vierten Tag prüft man täglich unter Lüftung des Verschlusses den Geruch. Der bei Gegenwart von Arsen auftretende Geruch nach Knoblauch ist auf Diäthylarsin zurückzuführen. Ein ähnlicher Geruch tritt auch bei Selen- und Tellurverbindungen auf.

Oxydationsprobe. Zum Nachweis der Oxydationswirkung kann man wie folgt vorgehen: 1 g $\alpha$-Naphthol wird in 100 ccm Wasser in der Siedehitze und unter tropfenweisem Zusatz konzentrierter Natronlauge gelöst und nach dem Erkalten noch mit so viel Natronlauge vorsichtig versetzt, daß das teilweise wieder ausgeschiedene $\alpha$-Naphthol wieder zu einer klaren, leicht bräunlichen Flüssigkeit gelöst wird. Hierzu gibt man gleiche Teile einer 1%igen wässerigen Lösung von p-Nitrosodimethylanilin (E. Merck), filtriert, versetzt diese Mischung mit 2/3 Volumen gewöhnlichem Nähragar, gießt in Platten aus und impft den gelbgefärbten Nährboden strichweise. Bei Oxydation tritt Bläuung der Ausstriche ein. Die Oxydationsprobe besitzt, da angeblich alle Bakterien Oxydationen veranlassen, keine diagnostische Bedeutung.

$\zeta$) **Indolprobe.** Die auf Indolbildung zu prüfenden Bakterien züchtet man meist 1 (bis 2) Tage in 10%iger Peptonbouillon (S. 192) oder Peptonwasser (S. 221). Bleich empfiehlt ein Peptonwasser folgender Zusammensetzung:

| | |
|---|---|
| Pepton siccum (Witte) | 2,0 |
| Natrium chloratum puriss. | 0,5 |
| Aqua destillata | 100,0 |

0,08%ige Lösung von Kalium nitricum puriss. 30—50 Tropfen.

Frieber[1]) verwendet sog. Trypsinbouillon. Ein Liter selbst hergestellter (S. 175), etwa 1%iger Peptonlösung (auch Witte-Pepton kann hierzu verwendet werden) wird mit 5 g Fleischextrakt Liebig (reagiert sauer!), 5 g Kochsalz und 7 ccm n-Sodalösung ab Lackmusneutralpunkt versetzt, aufgekocht, in gutschließender Glasstopfenflasche auf 40° C abgekühlt, mit 0,2 g Trypsin-Grübler, 10 ccm Chloroform und 5 ccm Toluol versetzt, tüchtig geschüttelt und 24 Stunden bei 37° verdaut, durch feuchtes Filter gegossen, 1 : 3 mit physiologischer Kochsalzlösung verdünnt, zu etwa 5 ccm auf Röhrchen abgefüllt und eine Stunde im Dampftopf sterilisiert.

Wiederholt ist darauf hingewiesen worden, daß die Peptonlösungen und -Bouillon in der Zusammensetzung schwanken und hierdurch Fehlerquellen in sich schließen. Zipfel[2]) empfiehlt deshalb folgende Tryptophanlösung von stets gleicher Zusammensetzung:

| | |
|---|---|
| Tryptophan[3]) (Indol-$\alpha$-Aminopropionsäure) | 0,3 g |
| Ammonium lacticum | 5,0 g |
| Kalium phosphoricum sic. | 5,0 g |
| Magnesium phosphoricum | 0,3 g |
| Aqua destillata | 1000,0 ccm |

Der Zipfelsche Tryptophannährboden reagiert in der Zipfelschen Zusammensetzung ziemlich stark sauer. Es bleibt infolgedessen häufig jedes Wachstum aus. Er ist daher zu neutralisieren. Fortfall des Ammoniumlaktats beeinträchtigt die Indolbildung nicht (Barthel[4])).

Nach Bedarf wird noch Traubenzucker, Glyzerin usw. zugesetzt. Abfüllen und Sterilisieren im strömenden Dampf.

Wie Burow[5]) fand, bildet B. coli bei Gegenwart von aus vergorenem

---

[1]) Frieber, Zentralbl. f. Bakteriol., Parasitenk. u. Infektionskrankh., Abt. I Orig. 1921, Bd. 86, S. 427.

[2]) Zipfel, ebenda Bd. 67, S. 572.

[3]) Bezugsquellen: Schuchardt in Görlitz, Kalle u. Co. in Biebrich a. Rh. Über Selbstherstellung vgl. zitierte Arbeit von Zipfel.

[4]) Barthel, Journ. of bacteriol. 1921. Bd. 6, S. 85; ref. Zentralbl. f. Bakteriol., Parasitenk. u. Infektionskrankh., Abt. I. Ref. 1921, Bd. 72, S. 90.

[5]) Burow, Zentralbl. f. Bakteriol., Parasitenk. u. Infektionskrankh., Abt. I Orig. 1921, Bd. 86, S. 543.

Zucker gebildeter Säure aus Pepton kein Indol, wohl aber ohne Traubenzuckergegenwart (S. 261) oder unter Kalkzusatz.

Zur Züchtung sind stets gleichalterige Kulturen (24stündige), gleiche Bakterienmengen (1 Öse) und gleiche Nährbodenmengen (10 ccm) zu verwenden.

Ausführung der Indolreaktion: 1. Nach Ehrlich. Zu 10 ccm flüssiger Kultur gibt man 5 ccm einer Lösung von Paradimethylamidobenzaldehyd 4 Teile

in 96%igem Alkohol . . . . 380 Teile
und konzentrierter Salzsäure . 80 „

und fügt dann 5 ccm gesättigte, wässerige Lösung von Kaliumpersulfat ($K_2S_2O_8$) hinzu und schüttelt durch. Indol färbt rot. Nach Böhme[1]) und Burow[2]) ist getrennte Anwendung von p-Dimethylamidobenzaldehyd und Salzsäure der Anwendung eines auf Vorrat hergestellten Gemisches überlegen.

Frieber[3]) versetzt 5 ccm Kulturflüssigkeit mit 5—10 Tropfen einer Lösung von 5 g p-Dimethylamidobenzaldehyd in 50 g Alkohol und 50 g konz. Salzsäure. Indol gibt kirsch- bis himbeerrote Färbung. Das gebildete Rosindol ist in Amylalkohol und Chloroform, nicht in Äther oder Benzol löslich. Die Ehrlichsche Reaktion mit Dimethylamidobenzaldehyd ist 10mal schärfer als die Salkowskische[4]) mit Natriumnitrit und Schwefelsäure.

Bei Anwesenheit von Indol tritt sofort oder bei wenig Indol in wenigen (5) Minuten intensive Rotfärbung auf.

2. Nitroprussidnatriumreaktion nach Legal und Weyl. Zu 10 ccm Kultur setzt man 1 ccm 20%ige Natronlauge, 1 ccm frisch bereitete 2%ige Nitroprussidnatriumlösung und Essigsäure im Überschuß hinzu. Indol färbt blaurot; die Farbe ist in Amylalkohol usw. nicht löslich. Nicht nur Indol, sondern auch andere Stoffe (z. B. Kreatinin) geben positive Reaktion und somit Anlaß zur Verwechslung.

3. Nach Kitasato-Salkowski[4]). Zur 1—2 Tage alten Peptonbouillon- oder Peptonwasserkultur setzt man 1 ccm frisch bereitete 0,01%ige Kaliumnitritlösung und 1 ccm reinste 25%ige Schwefelsäure. Rotfärbung in 5 Minuten zeigt Indol an. Die Reaktion ist empfindlicher, wenn man 5 ccm Kulturflüssigkeit mit $^1/_3$ Volumen 50 volumprozentiger Schwefelsäure (konz. Schwefelsäure und Wasser $\widehat{aa}$) gut mischt und mit 0,02%iger Natriumnitritlösung tropfenweise überschichtet (roter Ring). Bei undeutlicher Reaktion kann man den roten Farbstoff zur deutlicheren Sichtbarmachung mit Amylalkohol oder Chloroform ausschütteln. Bei hohem Indolgehalt tritt bei der Salkowskischen Reaktion statt der Rotfärbung ein gelber Niederschlag auf, erst ein weiterer Zusatz der Reagentien ruft die Rotfärbung hervor. Dies ist bei der Ehrlichschen Reaktion nicht der Fall. Hier ist die Rotfärbung um so intensiver, je mehr Indol vorhanden ist.

---

[1]) Böhme, ebenda 1906, Bd. 40, S. 131.

[2]) Burow, Zentralbl. f. Bakteriol., Parasitenk. u. Infektionskrankh., Abt. I Orig., Bd. 86, S. 542.

[3]) Frieber, ebenda 1921, Bd. 87, S. 258.

[4]) Salkowski, Virchows Arch. f. pathol. Anat. u. Physiol. Bd. 110, S. 366.

Choleravibrionen und verwandte Bakterien bilden selbst Nitrite und geben schon auf Zusatz von Schwefelsäure, also ohne Kaliumnitrit, eine Rotfärbung, die **Nitrosoindolreaktion.**

4. Nach Morelli. In das Kulturgläschen wird mit dem Wattebausch ein mit warmer, gesättigter, wässeriger Oxalsäurelösung getränkter Fließpapierstreifen festgeklemmt. Indol färbt rot. Diese Reaktion ist auch bei festen Nährböden anwendbar, nur in Gelatine geht die Indolbildung sehr langsam und schwach vor sich. Die Morellische Probe hat den Vorzug daß man die Indolbildung in der weiter wachsenden Kultur verfolgen kann. Sie ist zuverlässig.

de Graafsche[1]) Reaktion mit 1,4 $\beta$-naphtho-chinonmonosulfosaurem Kalium. In Kulturflüssigkeit nicht verwertbar. 5 ccm schwach alkalisiertes Destillat werden mit einigen Tropfen wässeriger Lösung versetzt. Indol gibt braun-blaue Färbung, in Chloroform rötlich sich lösend.

Vanillinreaktion. Zu 5 ccm Kulturflüssigkeit werden 10 Tropfen 2$^0/_0$iger alkoholischer Vanillinlösung zugesetzt. Auf starkes Ansäuern mit konzentrierter Salzsäure tritt bei Gegenwart von Indol Gelborangefärbung ein.

Die verschiedenen Indolreaktionen geben keine übereinstimmenden Ergebnisse [2]).

Nitroprussidnatrium reagiert, abgesehen von Kreatinin und ähnlichen Stoffen, nur mit freiem Indol; sie ist also für die Indolreaktion hinlänglich spezifisch für freies Indol.

Die Ehrlichsche, Vanillin- und Naphthochinonreaktion erfordert eine freie $\beta$-Stelle des Indolkerns, während das $\alpha$-C-Atom methyliert sein kann. Sie fällt also nicht nur mit Indol, sondern auch $\alpha$-Methylindol positiv aus.

Die Salkowskische Reaktion erfordert umgekehrt ein freies $\alpha$-C-Atom, das $\beta$-C-Atom kann durch Essigsäure (Indolessigsäure) oder Brenztraubensäure (Indolbrenztraubensäure) substituiert sein. Sie fällt also mit Indol und den genannten Substitutionsprodukten positiv aus. Viele indolnegative Bakterien bauen Tryptophan (auch gewöhnliche Bouillon) zu Indolessigsäure, aber nicht zu Indol ab. Die Kulturflüssigkeit gibt dann die Salkowskische Indolessigsäurereaktion (die nur irrtümlich hier als Indolreaktion angesprochen worden ist), aber nicht die Ehrlichsche und Nitroprussidnatriumreaktion. Indolessigsäure (aber kein Indol) bilden Bac. typhi, paratyphi B, enteritidis, diphtheriae [3]), dysenteriae (Shiga-Kruse), pneumoniae (Friedländer), pestis, mallei, anindolische Proteus- und Parakolistämme, Staphylococcus pyogenes aureus, B. mycoides, ochraceum, vitulinum usw. Die Ehrlichsche und Nitroprussidreaktion sind der Salkowskischen entgegen von Heim,

[1]) de Graaf, Zentralbl. f. Bakteriol., Parasitenk. u. Infektionskrankh., Abt. I Orig. 1909, Bd. 49, S. 175.

[2]) Jaffé, Arch. f. Hyg. 1912, Bd. 76, S. 145; Böhme, Zentralbl. f. Bakteriol., Parasitenk. u. Infektionskrankh., Abt. I Orig. 1906, Bd. 40, S. 129; Zipfel, ebenda 1912, Bd. 64, S. 65 und 1913, Bd. 67, S. 572; Frieber, ebenda 1921, Bd. 86, S. 424 und 1921, Bd. 87, S. 254.

[3]) Entgegen Palmirski und Orlowski, Zentralbl. f. Bakteriol., Parasitenk. u. Infektionskrankh., Abt. I Orig. 1895, Bd. 17, S. 358.

Kolle-Hetsch usw., die letztere noch immer an erster Stelle führen, vorzuziehen. Die indolpositiven Bakterien (B. coli, Vibrio cholerae, Proteus X 19) bauen das Tryptophan (über Indolessigsäure) bis zum Indol ab. Ist aber Traubenzucker und anderer von ihnen leicht assimilierbarer Zucker zugegen, so bilden sie wie die indolnegativen Bakterien kein Indol, sondern nur Indolessigsäure (positive Salkowskische, negative Ehrlichsche Reaktion).

Indol bilden: Pseudodysenteriebazillen (Flexner- und Y-Bazillen), B. coli, Vibrio Metschnikoff und cholerae asiaticae.

Dagegen bilden niemals Indol: Typhus-, Mäusetyphus-, Rattenbazillen (Danysz, Isatschenko, Dunbar, Ratin), B. enteritidis (Gärtner), Paratyphus-A- und B-Bazillen, Schweinepestbazillen, Dysenteriebazillen (Shiga und Kruse), Diphtheriebazillen, Vibrio Finkler-Prior und Deneke, B. capsul. Pfeiffer, B. pneumoniae (Fränkel), B. aerogenes, B. mucos. ozaenae, B. rhinoscleromatis, B. pyocyaneus, B. prodigiosus, Bazillen der Bubonenpest, Tuberkel-, Milzbrand-, Rotz- und Rotlaufbazillen, Staphylococcus albus, aureus, citreus, Streptococcus erysipelatis und pyogenes.

$\eta$) **Skatolprobe** ($\beta$-Methylindol) reagiert mit Ehrlichschem Reagenz nicht, erst durch viel Salzsäure tritt Violett- bis Purpurfärbung, durch Nitritzusatz tiefblaue Färbung auf, die in Chloroform blaulöslich ist.

Vanillin gibt normalerweise keine Reaktion, erst viel konzentrierte Salzsäure färbt prupurn, die Farbe wird durch Persulfat nicht verändert, durch viel Nitrit entfärbt.

Salkowskisches Reagenz reagiert normalerweise nicht. Viel Schwefel- (oder Salz-) Säure färben gelb.

Nitroprussidnatrium- und $\beta$-Naphthochinon reagieren nicht.

$\vartheta$) **Hämolysine** haben die Fähigkeit, die roten Blutkörperchen bzw. das Hämoglobin aus ihnen zu lösen und hierdurch das anfangs deckfarbene Blut lackfarben zu machen. Zum Nachweis beschickt man die Nährböden (durch Aufstreichen oder Beimischen) mit Blut (S. 195) und sät darauf die zu untersuchenden Bakterien aus. In der Nachbarschaft hämolytisch wirkender Bakterien tritt in dem anfangs leicht trüben Nährboden ein durchsichtiger Hof auf.

$\iota$) **Proteinochromprobe.** Kulturen in Nährbouillon oder Peptonwasser werden mit Essigsäure leicht angesäuert und dann mit frisch gesättigtem Chlorwasser überschichtet. Rotvioletter Ring zeigt Proteinochrombildung an.

$\varkappa$) **Giftprobe.** Zum Nachweis gelöster Gifte werden Bouillonkulturen durch Bakterienfilter geschickt oder durch Toluol oder 0,5 % Phenol abgetötet und verimpft. Daneben ist durch Aussaat auf Nährböden zu prüfen, ob das Impfmaterial keimfrei ist.

Zur Gewinnung des Diphtherietoxins züchtet man die Diphtheriebazillen bei 37° in flachem Kolben mit Bouillon aus altem Fleisch. Zusatz von Schlemmkreide ist zu empfehlen. Nach 1—4 Wochen werden die Kulturen keimfrei filtriert (S. 71) oder durch Überschichten mit Toluol abgetötet und mit 0,5 %iger Karbolsäure konserviert. Vgl. hierüber auch serologischen Teil.

λ) **Untersuchung auf Farbstoffbildung.** Verschiedene Bakterien sind durch Bildung gewisser Farbstoffe ausgezeichnet, so der Staphylococcus pyogenes aureus eines goldgelben, Staphylococcus pyogenes citreus eines zitronengelben Farbstoffes. Auf die Farbstoffbildung hat die Zusammensetzung des Nährbodens, so auch seiner Salze (Magnesiumverbindungen mit Schwefel), sowie zuweilen die Temperatur einen großen Einfluß. B. cyanogenes (Bazillus der blauen Milch) bildet in leicht saurer Milch einen himmelblauen, in sterilisierter Milch einen graublauen, in Agar einen braunen, in Altheedekokt einen grünen Farbstoff. B. prodigiosus bildet nur bei Temperaturen unter 30° den charakteristischen roten Farbstoff, bei 37° wächst er zwar üppig, aber die Farbstoffbildung bleibt aus.

μ) **Untersuchung auf Lichtentwicklung** (Phosphoreszenz). Als Nährboden dient vielfach eine neutrale Gelatine oder Agar mit 1% Pepton, 0,5% Glyzerin, 3% Kochsalz und 0,5—1% Fleischextrakt. Besäen in oberflächlicher Schicht. Die Kultur ist im Dunkeln zu betrachten (Auge zuvor ans Dunkle gewöhnen!).

ν) **Resistenzprüfungen**: a) Durch Erhitzen. Die Bakterienkultur bzw. -Aufschwemmung läßt man in sterilen Kapillaren aufsteigen, schmilzt sie zu und setzt sie im Wasserbad der betreffenden Temperatur eine bestimmte Zeit aus. Hierauf werden die Kapillaren unter aseptischen Kautelen in Sublimat, Alkohol und Äther abgespült, in Bouillonröhrchen gegeben und zertrümmert. Beobachtung auf Wachstum mehrere Tage lang. Sporen vertragen $1/2$ Stunde langes Erhitzen auf 60° oder 10 Minuten langes auf 80°, während die meisten vegetativen Wuchsformen bei diesen Temperaturen abgetötet werden.

b) Durch Austrocknung. Bakterien werden unter aseptischen Kautelen an Seidenfäden oder Granaten angetrocknet und sodann von Zeit zu Zeit in Nährböden übertragen und auf ihre Vermehrungsfähigkeit geprüft. In ähnlicher Weise wird auch die Widerstandsfähigkeit gegen trockene Hitze festgestellt.

c) Durch chemische Desinfektionsmittel. Die entwicklungshemmende Kraft von Desinfektionsmitteln stellt man durch Züchtung in flüssigen Nährböden mit bestimmtem Gehalt des Desinfektionsmittels fest.

Um die abtötende Wirkung von Desinfektionsmitteln zu prüfen, werden die Bakterien an Granaten oder Seidenfäden angetrocknet, dem Desinfektionsmittel bestimmte Zeiten ausgesetzt, in sterilem Wasser bzw. physiologischer Kochsalzlösung, sodann in einer das Desinfizienz unwirksam machenden, selbst nicht desinfizierenden Lösung ausgewaschen und in geeignete Nährböden (Bouillon) ausgesät. Da die Gegenwart von Eiweiß die Desinfektionswirkung vielfach stört, sind solche Desinfektionsmittel, die bei Eiweißgegenwart Verwendung finden sollen (Wunddesinfektionsmittel), auch unter diesen Verhältnissen zu prüfen.

Die verschiedenen Bakterienarten sind gegen verschiedene Desinfektionsmittel verschieden widerstandsfähig, die an einer Bakterienart gewonnenen Ergebnisse können somit nicht verallgemeinert werden.

Bei vergleichender Prüfung chemischer Desinfektionsmittel müssen annähernd gleiche Bakterienmengen bestimmten Mengen des Desinfektionsmittels bei gleicher Temperatur ausgesetzt werden.

Nach der Einwirkung des Desinfektionsmittels müssen die Bakterien von ihm sogleich wieder möglichst befreit und sodann unter möglichst optimale Wachstumsbedingungen gebracht werden.

Zu Desinfektionsversuchen verwendet man unter den Sporenbildnern meist die Milzbrandsporen, unter den nicht sporenbildenden Arten den Staphylococcus pyogenes aureus. Neben dem zu prüfenden Desinfektionsmittel führt man die Untersuchungen auch gleichzeitig mit Sublimat bzw. einem bekannten, dem zu prüfenden Desinfektionsmittel nahestehenden durch, und zwar sowohl in wässeriger Lösung, als vor allem auch unter den Bedingungen (Gegenwart von Eiweiß usw.), unter denen es in der Praxis Verwendung finden soll. Vgl. hierüber auch den nachfolgenden 7. Abschnitt: Prüfung der Wirksamkeit chemischer Desinfektionsmittel (S. 273).

ξ) **Enzymproben.** Eiweißspaltende Enzyme der Mikroorganismen führen eine Verflüssigung der Gelatine, erstarrten Serums usw. herbei. Zum Nachweis derartiger Enzyme benutzt man gewöhnlich Nährgelatine. Mit ihr werden Strich-, Stich-, Platten- oder Schüttelkulturen (S. 230, 231, 232, 245) angelegt und bei Zimmertemperatur bebrütet. Die Verflüssigung der Gelatine ist leicht zu erkennen. Während verhältnismäßig viele Bakterienarten Gelatine verflüssigen, besitzen nur wenige die Fähigkeit, erstarrtes Serum peptonisieren zu können.

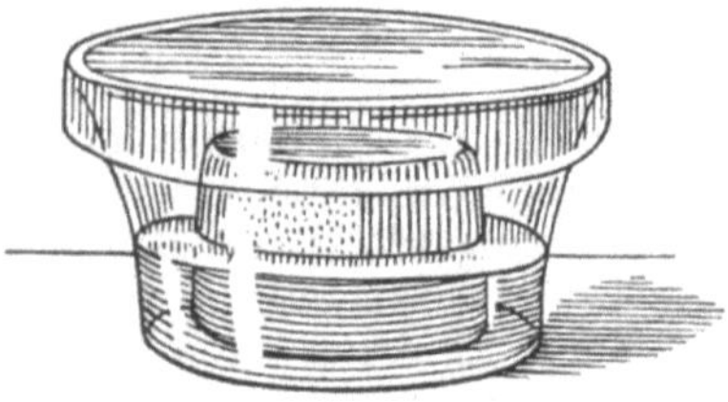

Abb. 179. Gipsblockkultur.

Einige Mikroorganismen haben die Fähigkeit, ein Labenzym zu bilden. Es bewirkt eine Gerinnung der Milch bei alkalischer Reaktion. Zum Nachweis benutzt man sterile Milch. Um Täuschung durch Säurebildung auszuschließen, sind die betreffenden Bakterien mit Lackmusmolke (S. 207) auf Säurebildung nachzuprüfen.

Die Bildung von Katalase weist man durch Zusatz von 3- und 10%igem Wasserstoffsuperoxyd zu ausgewachsenen flüssigen Kulturen nach. Bei Katalasegegenwart tritt Schaumbildung infolge Sauerstoffentwicklung auf. Viele Bakterien haben die Fähigkeit, Katalase zu bilden.

ο) **Probe auf Sporenbildung der Hefen** nach Hansen mittels Gipsblockkultur (Abb. 179). Sie findet u. a. auch bei der Züchtung von Salpeterbakterien, Azotobakterien usw., sowie vor allem bei der Prüfung der Bierhefe auf Verunreinigung mit wilden Hefen Anwendung. Zunächst werden die Hefen älterer Vegetationen durch ein- oder zweimalige Umzüchtung in frischer Nährlösung aufgefrischt. Die über der nach 24 bis 48 Stunden gebildeten Bodensatzhefe befindliche gärende Würze wird abgegossen. Eine kleine Menge der zurückbleibenden Hefe wird mit einer Pipette auf einen trockenen, sterilisierten Gipsblock in dünner

Schicht aufgetragen. Hierauf gibt man in das umgebende Glasschälchen so viel steriles Wasser, daß der Gipsblock zu etwa $^2/_3$ seiner Höhe im Wasser steht. Die Gipsblockkulturen werden bei 15° und 25° (Oberhefen bei 12°) gehalten und nach 40 und 72 Stunden auf Sporenbildung untersucht. Sporen weisen bei Bierhefen auf wilde Hefen hin.

## 7. Prüfung der Wirksamkeit chemischer Desinfektionsmittel.

Die Untersuchungen über die Wirksamkeit chemischer Desinfektionsmittel sind möglichst unter denselben äußeren Bedingungen vorzunehmen, unter denen die Desinfektionsmittel in der Praxis verwendet werden. Hierbei kommt u. a. die chemische Zusammensetzung und physikalischen Eigenschaften des Mediums in Frage. In Flüssigkeiten, die Eiweiß (z. B. Wundsekrete), suspendierte Bestandteile (z. B. Kotaufschwemmungen) usw. enthalten, wird die keimtötende Kraft des Desinfektionsmittels herabgesetzt. Einen großen Einfluß übt auch die Temperatur aus usw.

### A. Feststellung des entwicklungshemmenden (antiseptischen) Wertes eines Desinfiziens.

Geeignete, den praktischen Verhältnissen angepaßte Nährböden (Blutserum usw.) werden mit fallenden Mengen des zu prüfenden Mittels beschickt, besät und bebrütet, wobei sich die Temperatur nach den praktischen Bedürfnissen richtet. Das geringste Maß des schädigenden Mittels, das eben noch völlige Entwicklungshemmung bewirkte, stellt den gesuchten Wert dar. Die Feststellung der Entwicklungshemmung in flüssigen Nährböden kann durch Keimzählungen (S. 236) oder durch direkte mikroskopische Beobachtung im hängenden Tropfen, in festen Nährböden durch Beobachtung der Kolonienbildung erfolgen. Die Zeit, über welche die Beobachtung ausgedehnt wurde, ist anzugeben. Vielfach läßt die entwicklungshemmende Wirkung mit der Zeit nach (vgl. auch S. 278 u. 280).

Sublimat hemmt im Blutserum auf zwei Tage jede Entwicklung schon in einer Konzentration 1 : 10 000, während, um diese Wirkung auf acht Tage auszudehnen, selbst ein Gehalt von 1 : 6000 nicht genügt.

Sporenkeimung ist leichter zu hemmen als die vegetative Vermehrung. Angewöhnungen kommen vor, z. B. Milzbrandbazillen an Arsenik.

Die zu den Versuchen zu benützenden Bakterien sind vorher unter optimalen Bedingungen zu züchten. Über den Einfluß der Temperatur auf die Entwicklungshemmung vgl. S. 280.

### B. Bestimmung des keimtötenden (desinfizierenden) Wertes eines Desinfiziens.

Zur Ermittlung des keimtötenden Wertes läßt man auf die möglichst von Nährbodenresten befreiten Keime das zu prüfende Mittel unter gewissen Bedingungen und während einer bestimmten Zeitdauer einwirken, hebt sodann die schädigende Einwirkung vollständig auf und bringt die Keime in möglichst optimale Kulturbedingungen, um festzustellen, ob ihre Entwicklungsfähigkeit erloschen ist.

### a) Allgemeines.

Bei diesen Untersuchungen ist auf folgende Punkte zu achten:

1. Die Konzentration der Desinfektionsmittel ist genau festzustellen und in nicht mißzuverstehender Weise anzugeben. Zweckmäßigerweise bedient man sich hier der in der Chemie gebräuchlichen Ausdrucksweise, der Normal- oder äquimolekularen Lösungen.

Eine Normallösung ist eine solche, die in 1 l das Äquivalentgewicht (Molekulargewicht durch Wertigkeit) des Stoffes in Grammen enthält.

| Stoff | Formel | Molekulargewicht | Wertigkeit | Äquivalentgewicht |
|---|---|---|---|---|
| Silbernitrat . . . . | $AgNO_3$ | 108+14+48 = 170 | 1 | 170 |
| Sublimat . . . . . | $HgCl_2$ | 200+71 = 271 | 1 | 271 |
| Schwefelsäure . . | $H_2SO_4$ | 2+32+64 = 98 | 2 | 49 |
| Phosphorsäure . . | $H_3PO_4$ | 3+31+64 = 98 | 3 | 32,7 |

Ist nun $^1/_2$, $^1/_5$ oder $^1/_{10}$ des Äquivalentgewichtes im Liter enthalten, so spricht man von $^1/_2$, $^1/_5$ oder $^1/_{10}$ n-(Normal) oder $n/_2$-, $n/_5$- oder $n/_{10}$-Lösungen, oder von zwei-, fünf- oder zehnlitrigen Lösungen, indem man die Literzahl angibt, in der das ganze Äquivalentgewicht enthalten ist.

Die im täglichen Leben übliche Bezeichnung der prozentischen Lösungen ist vielfach unklar. Bei einer $3^0/_0$igen Lösung kann es sich um Volumen- oder Gewichtsprozente, Lösung von 3 g in 100 ccm Wasser oder mit Wasser aufgefüllt zu 100 ccm handeln. Bei manchen Mitteln (z. B. Wasserstoffsuperoxyd) kann hierdurch ein nicht unerheblicher Unterschied der Konzentration bedingt werden. Ganz fehlerhaft würde es sein, eine Salzsäurelösung, die 3 g der offizinellen Salzsäure (in der nur 25 g und nicht 100 g HCl in 100 g vorhanden sind) in 100 ccm Wasser oder Alkohol enthält, als $3^0/_0$ige Salzsäure oder $3^0/_0$igen Salzsäurealkohol zu bezeichnen, wie dies in der Medizin und der mikroskopischen Färbetechnik vielfach Brauch ist.

Da der Ausfall der Desinfektionsversuche von manchen Zufälligkeiten (z. B. jeweiliger Resistenz der Testkeime) abhängt, gibt man vielfach den Wert der Desinfektionsmittel nicht in absoluten, sondern in relativen Zahlen an, indem man das zu prüfende Desinfektionsmittel mit bekannten vergleicht. Ein solcher Vergleich ist aber nur bei Desinfektionsmitteln ähnlicher chemischer Zusammensetzung möglich, also Säuren mit Säuren, Alkalien mit Alkalien, Salze mit Salzen, Oxydationsmittel mit anderen Oxydationsmitteln usw. Ferner sind hierbei die Desinfektionsmittel bei gleichen Temperaturen, sonstigen gleichen äußeren Bedingungen in äquimolekularen und nicht in gleich prozentischen Lösungen zu prüfen. Die Verwendung äquimolekularer Lösungen ist also bei rein theoretischen Untersuchungen geboten. Dagegen benutzt man bei praktischen Desinfektionsversuchen zweckmäßiger prozentische Lösungen, da hierbei auch die wichtige Frage zu entscheiden ist, welches von den verschiedenen Mitteln bei gleicher Wirkung im

Gebrauche das billigste ist. Ferner ist in den Vorschriften für die Praxis der Gehalt an Desinfektionsmitteln in der landläufigen prozentischen Zusammensetzung anzugeben.

Als Lösungs- und Verdünnungsmittel für das Desinfiziens benutzt man Leitungswasser, seltener destilliertes Wasser.

Die für die Abtötung der Bakterien nötigen Zeiten sind bei verschiedenen Konzentrationen des gleichen Desinfektionsmittels keineswegs der Konzentration umgekehrt proportional, wie es nachfolgendes Beispiel zeigt.

Staphylokokken wurden abgetötet durch:

| | | | |
|---|---|---|---|
| 1,4%ige | Phenollösung | in | 4,5 Minuten. |
| 1,0 „ | „ | „ | 25 „ |
| 0,8 „ | „ | „ | 95 „ |
| 0,6 „ | „ | „ | 395 „ |
| 0,4 „ | „ | „ | 23,7 Tagen. |

Die Abtötungskurve der Metallsalze (Sublimat) verläuft wesentlich anders als die des Phenols.

2. Als Testobjekte sind möglichst dieselben Bakterienarten zu verwenden, gegen die das Desinfektionsmittel verwendet werden soll. Die Bakterien sind unter optimalen Bedingungen zu züchten und müssen für vergleichende Versuche eine gleiche Widerstandsfähigkeit besitzen.

Außer dem sehr erheblichen Unterschied der Widerstandsfähigkeit der Sporen gegenüber den vegetativen Wuchsformen (sporenfreier Bakterien) kommen auch unter den Sporen und unter den sporenfreien Bakterien Resistenzdifferenzen vor.

So werden Milzbrandsporen durch gesättigten Wasserdampf von 100° meist in etwa 2—5 Minuten abgetötet, dagegen beobachtete Globig, daß die Sporen des Kartoffelbazillus (B. mesentericus ruber) unter den gleichen Bedingungen erst nach $5^1/_2$ bis 6 Stunden vernichtet werden. Nach Behring tötet Sublimat in 2 Stunden Bouillonkulturen von sporenlosen Milzbrand-, Cholera- und Diphtheriebazillen schon bei einer Verdünnung von 1 : 60 000 ab, dagegen sind hierzu bei Typhus- und Rotzbazillen Verdünnungen von 1 : 30 000 nicht ausreichend und für Staphylococcus pyogenes aureus ist sogar eine Konzentration 1 : 2000 nötig. Nach Paul und Prall sind Milzbrandbazillen und -sporen gegen Formaldehydpräparate besonders empfindlich, während Tuberkelbazillen nach Anderes sich durch hohe Resistenz auszeichnen. Nach Hehewert sind selbst die einander nahestehenden Typhus- und Kolibazillen gegenüber Karbolsäure verschieden widerstandsfähig. Beim Bromieren des Naphthols nimmt die Desinfektionskraft gegen Strepto-, Staphylokokken zu, gegen Paratyphus- und Pestbazillen ab (Bechhold). Die an einer Bakterienart gewonnenen Ergebnisse können somit nicht auf andere übertragen werden.

Da es praktisch undurchführbar ist, die Desinfektionsmittel an allen möglichen Bakterien zu prüfen, hat man meist nur gewisse Krankheitserreger hierzu herausgegriffen, so benutzte Geppert [1]) Milzbrandbazillen und -sporen, Krönig und Paul [2]) Milzbrandsporen und Staphylokokken, Schneider und Seligmann [3]) Milzbrandsporen, Staphylokokken,

[1]) Geppert, Berl. klin. Wochenschr. 1890, S. 246; Dtsch. med. Wochenschr. 1891, S. 797 und 1065.

[2]) Krönig und Paul, Zeitschr. f. Hyg. u. Infektionskrankh. 1897, Bd. 25, S. 1.

[3]) Schneider und Seligmann, ebenda 1908, Bd. 58, S. 413.

Typhus- und Kolibazillen und Bechhold[1]) überdies noch Paratyphus- und Tuberkelbazillen.

Zur Prüfung stark wirkender Desinfektionsmittel (Quecksilber- und Silbersalze, starke Säuren, Oxydationsmittel wie Chlor, Brom, Jod, Wasserstoffsuperoxyd, ferner Formaldehydpräparate) bevorzugt man resistente Keime (Sporen von Milzbrand-, Heu- und Kartoffelbazillen, Staphylococcus pyogenes und mitunter B. coli), für schwächere Desinfizientien (Phenol und seine Derivate, Alkohole, Seifen usw.) dagegen Staphylokokkus- und Kolibakterien als Vertreter etwas stärkerer Widerstandsfähigkeit oder Typhus-, Paratyphus-, Diphtherie- und Prodigiosusbazillen als solche geringerer Resistenz.

Gut wird man tun, diejenigen Bakterienarten zu den Desinfektionsversuchen auszuwählen, gegen die das betreffende Mittel in der Praxis verwendet werden soll.

Selbst bei verschiedenen Stämmen einer und derselben Bakterienart kommen vielfach sehr verschiedene Grade der Widerstandsfähigkeit gegen Desinfektionsmittel vor. Derartige Beobachtungen liegen u. a. bei Milzbrandsporen (v. Esmarch) und Staphylokokken (Sammter) vor. Beim Fortzüchten läßt die Resistenz mitunter nach. Ähnliche Verhältnisse sind bei der Virulenz schon lange bekannt. Auch zur Resistenzerhöhung benutzen wir wie zur Steigerung der Virulenz die Tierpassage.

Die als Testobjekte ausgewählten Bakterienarten sind unter den günstigsten Bedingungen zu züchten. Über Nährböden vgl. auch S. 280. Milzbrandsporen gewinnt man meist von vier Tage bei 37° gehaltenen Kulturen auf Schrägagar mit und ohne Zusatz von 2% Milchzucker. Heider[2]) empfiehlt hierzu Weizenextraktagar (S. 207). Beim Trocknen nimmt die Widerstandsfähigkeit der Sporen rasch zu, erreicht nach einer gewissen Zeit ihren Höhepunkt, um dann ganz allmählich wieder nachzulassen.

Von den Staphylokokken benützt man meist 24stündige Agarkulturen. Mit dem Alter der Kultur nimmt die Widerstandsfähigkeit sporenloser Bakterien ab.

Die Stammkulturen sind zur Erhaltung einer gleichmäßigen Widerstandsfähigkeit dunkel und meist kalt aufzubewahren.

3. Die Menge der abzutötenden Keime beeinflußt die Desinfektionswirkung. Je mehr Keime zu vernichten sind, um so stärker muß das Desinfektionsmittel bzw. seine Konzentration sein, bzw. um so länger muß das Desinfektionsmittel einwirken. Bei vergleichenden Versuchen muß man mit annähernd gleichen Keimmengen arbeiten. Die Keimmenge ist festzustellen.

Nach Chick und Martin werden Paratyphusbazillen bei 21° durch 8‰ Phenollösungen abgetötet bei

187 000 Baz. in 1,0 ccm in 2,25 Minuten.
440 000 Baz. in 1,0 ccm in 4,5 Minuten.
66 000 000 Baz. in 1,0 ccm in 34,5 Minuten.

---

[1]) Bechhold, Zeitschr. f. Hyg. u. Infektionskrankh. 1909, Bd. 64, S. 113.
[2]) Heider, Arch. f. Hyg. 1892, Bd. 15, S. 341.

4. **Die chemischen Bedingungen, unter denen das Desinfektionsmittel einwirkt, beeinflussen wesentlich seine Desinfektionskraft.** Es sind die Bedingungen im Versuche jenen qualitativ und quantitativ möglichst gleichzugestalten, unter denen die praktische Nutzanwendung erfolgt. Eiweißkörper, suspendierte Stoffe (Adsorption), das Desinfektionsmittel ausfällende Stoffe usw. setzen die Desinfektionswirkung herab. **Von den Nährböden, auf denen die Bakterien gezüchtet wurden, darf somit nichts in die desinfizierenden Lösungen gebracht werden. Soll die Desinfektionswirkung bei Gegenwart bestimmter fremder Stoffe (Eiweiß usw.) bestimmt werden, so sind diese besonders zuzusetzen.**

Die **Eiweißkörper** schädigen die Desinfektionswirkung nicht nur dann, wenn sie das Desinfektionsmittel ausfällen (Metallsalze), sondern auch beim Ausbleiben einer Fällung (z. B. Sublimat-Kochsalzlösungen, bromierte Kresole, Halogensubstitutionsderivate des Naphthols usw.).

Sporenfreie Milzbrandbakterien werden abgetötet durch Sublimat in destilliertem Wasser in einer Konzentration 1 : 500 000, in Bouillon 1 : 40 000 und in Blutserum 1 : 2000.

Nach **Chick** und **Martin** werden Staphylokokken (6 Millionen in 1 ccm) bei Zimmertemperatur durch 0,5%ige Phenollösung abgetötet

bei 100 Teilen Wasser + 0 Teilen Serum in 2 Stunden,
bei 90 Teilen Wasser + 10 Teilen Serum in 2 Tagen.

Tötet eine 0,5‰ige Sublimatlösung Staphylokokken in Wasser in 7,2 Minuten, so erfolgt die Abtötung bei

| | | |
|---|---|---|
| 5% | Serumzusatz in | 10,0 Minuten, |
| 10% | „ „ | 14,2 „ |
| 20% | „ „ | 39,0 „ |
| 30% | „ „ | 62,0 „ |

Auch **suspendierte Stoffe** können durch Adsorption die Desinfektionswirkung herabsetzen.

1 g Kohlepulver, zu 50 ccm 5%iger Phenollösung gesetzt, drückt den Gehalt an gelöstem Phenol auf 3,85% herab. In emulgierten Desinfektionsmitteln (Kresol) ist die Wirkung noch größer. Ähnlich wirken auch koaguliertes Serum, lebende und tote Bakterien, sowie nicht filtrierte Fäzesaufschwemmungen. Dagegen soll eine filtrierte, 5%ige Fäzeslösung die Desinfektionswirkung des Phenols nicht wesentlich herabsetzen.

Typhusbazillen (6 Millionen in 1 ccm) werden in 15—20 Minuten abgetötet in destilliertem Wasser durch 0,5‰, in destilliertem Wasser + 3% sterile Trockenfäzes durch 5,0‰ **Sublimat** oder in destilliertem Wasser durch 0,05%ige Lösung, in destilliertem Wasser + 3% sterile Trockenfäzes durch 0,6%ige Lösung von **Kresolpräparat** 1,3.

5. **Die Temperatur beeinflußt die Desinfektionswirkung. Höhere Temperatur fördert sie auch dann, wenn die Temperatur die Bakterien noch nicht schädigt. Bei vergleichenden Versuchen ist für gleichmäßige Temperatur zu sorgen.**

Zur Abtötung von Paratyphusbazillen durch Phenollösung einer bestimmten Konzentration ist bei 10° eine 7—8 mal so lange Einwirkungsdauer nötig als bei 20° C. Die zu wählende Temperatur ist den praktischen Bedürfnissen anzupassen. Vielfach wählt man 0°, 20° und 37°.

6. **Die Dauer der Einwirkung des Desinfiziens ist genau festzustellen.**

7. **Die Keime sind, abgesehen von der beabsichtigten Einwirkung des Desinfektionsmittels, schädigenden Ein-**

flüssen möglichst zu entziehen. In dieser Richtung kommen vor allem in Frage: die Zusammensetzung der Flüssigkeiten, die zum Abschwemmen der Bakterien, zur Aufnahme des Desinfektionsmittels und zum Unwirksammachen (siehe unter 8.) und Auswaschen des Desinfektionsmittels dienen, sowie die Austrocknung der Bakterien bei der Prüfung nach dem Seidenfaden- (S. 282) und Granatverfahren (S. 283).

Eine vollkommen einwandfreie Versuchsanordnung, die jede Schädigung ausschließt, ist bei manchen Keimen und Desinfektionsmitteln nicht möglich. Mitunter ist eine Schädigung der Keime oder des Desinfektionsmittels nicht zu vermeiden.

Als Flüssigkeit zum Abschwemmen der Keime, zur Aufnahme und zum Auswaschen des Desinfektionsmittels benützt man meist destilliertes Wasser.

Sporen werden durch destilliertes Wasser kaum geschädigt. Staphylokokken werden in einer oder mehreren Stunden etwa zur Hälfte abgetötet. Nach Ficker [1]) tötet destilliertes Wasser die Choleravibrionen (10 000 Keime in 1 ccm) schon in 1—5 Stunden vollständig ab. Aber auch physiologische Kochsalzlösung wirkt auf Choleravibrionen schädigend. Dagegen ist nach Lingelsheim [2]) die Wirkung von destilliertem Wasser und von Kochsalzlösungen auf Typhus- und Milzbrandbazillen nur gering. In Aufschwemmungen von Typhusbazillen in destilliertem Wasser sank in 20 Stunden die Keimzahl von 672 Keimen in 1 ccm auf nur 424, von Milzbrandbazillen von 5132 auf 3590. Diese Bakterien werden in 0,5—0,75%igen Kochsalzlösungen am besten konserviert. Der Aufenthalt in Wasser und wässerigen Lösungen ist tunlichst abzukürzen (rasches Antrocknen an Seidenfäden und Granaten usw.).

Auch die Antrocknung der Keime an Seidenfäden und Granaten und ihre Aufbewahrung in diesem Zustande beeinträchtigt die Lebensfähigkeit und Widerstandsfähigkeit. Hierbei gehen von den sporenfreien Bakterien immer eine größere oder geringere Anzahl durch Austrocknung zugrunde. So sterben Choleravibrionen in dünner Schicht zumeist schon in 3—5 Stunden völlig ab. Auch Gonokokken und Influenzabazillen gehen durch Austrocknung rasch zugrunde. Hingegen sind der Staphylococcus pyogenes, Tuberkelbazillus und vor allem die Sporen gegen Austrocknung sehr widerstandsfähig.

Die Antrocknung der Bakterien an Seidenfäden oder Granaten nimmt man meist im Exsikkator über Chlorkalzium (nicht über Schwefelsäure! Kirstein) vor.

Die angetrockneten Bakterien sind kalt, nach Paul und Prall [3]) bei der Temperatur flüssiger Luft aufzubewahren, falls man nicht vorzieht, die Testobjekte jeweils frisch herzustellen.

8. Nach der Einwirkung des Desinfektionsmittels sind die Bakterien und ihre Träger (Seidenfäden, Granaten) von diesem möglichst vollkommen wieder zu befreien, um die Entwicklung der Bakterien in der Nachkultur nicht zu hemmen.

**Der Hemmungswert ist wesentlich kleiner als der Abtötungswert.** Während eine 2,7%ige Sublimatlösung selbst nach 9 Tagen Milzbrandsporen und nach 9 Stunden den Staphylococcus pyogenes aureus (bei 13—14° in wässeriger Aufschwemmung) noch nicht restlos abzutöten vermag, hemmt Sublimat bereits in 0,001%iger

---

[1]) Ficker, Zeitschr. f. Hyg. u. Infektionskrankh. 1898, Bd. 29, S. 52.
[2]) Lingelsheim, ebenda 1901, Bd. 37, S. 131.
[3]) Paul und Prall, Arb. a. d. Kais. Gesundheitsamte 1907, Bd. 26, S. 73.

Lösung in Nährböden Milzbrandsporen, die der Sublimatwirkung noch nicht ausgesetzt waren, und sogar in 0,00005%iger Lösung in Nährböden solche Milzbrandsporen an der Entwicklung, die zuvor 10 Minuten in Sublimatlösungen gelegen hatten.

Auf welche Weise die der Einwirkung von Desinfektionsmitteln ausgesetzten Keime vor Anlegen der Nachkulturen von anhaftenden Resten des Desinfektionsmittels zu befreien sind, darüber gehen die Meinungen noch auseinander. Während Bechhold[1], Laubenheimer u. a. nur gründliches Auswaschen in wiederholt erneuertem sterilem destilliertem Wasser oder besser in schwach alkalischer physiologischer Kochsalzlösung empfehlen, verlangen Geppert[2], Krönig und Paul[3] u. a. vor dem Auswaschen in Wasser noch ein chemisches Unwirksammachen (Fällung, Entgiftung) des Desinfektionsmittels.

Zur Entgiftung 0,1%iger Sublimatlösung verwendet Geppert 0,25%ige Schwefelammoniumlösung $(NH_4)_2S$, Paul[4]) eine 3%ige Ammoniumhydrosulfidlösung $(NH_4)SH$ für sporenhaltiges und eine 0,3%ige Lösung für sporenfreies Material, Paul und Prall[5]) für an Granaten angetrocknete Staphylokokken eine 0,2%ige Schwefelammoniumlösung.

Während die genannten Autoren die Schwefelwasserstoffverbindungen vor Anstellen der Nachkultur einwirken lassen, setzt Chick[6]) das zur Entgiftung nötige Ammoniumhydrosulfid oder gesättigtes Schwefelwasserstoffwasser (= $^1/_2$ normal — Feststellung des Titers mit Jodlösung) in Mengen von 0,15 ccm zu 10 ccm des flüssigen Nährbodens der Nachkultur selbst hinzu. Das Auswaschen in destilliertem Wasser, das für geschwächte Keime nicht unschädlich ist, fällt hier weg. Ottolenghi[7]) überträgt die Keime aus der Desinfektionsflüssigkeit in 10 ccm Bouillon, setzt das Entgiftungsmittel (z. B. Schwefelwasserstoffwasser) und 15 Minuten später 10 ccm Rinderserum hinzu.

Zur Entgiftung von Säuren und Alkalien benutzt man verdünntes Ammoniak bzw. verdünnte Essigsäure. Die hierbei entstehenden Salze stören meist nicht. Zur Entgiftung von Formaldehydpräparaten gibt man Ammoniaklösungen hinzu. Das entstehende Hexamethylentetramin ist aber nicht völlig indifferent.

Jod wird durch Natriumthiosulfat, Chlor und Brom durch Ammoniak, Phenole und Kresole werden durch starke Kali- und Natronlauge, Kresolemulsionen auch durch Rüböl entgiftet (Schneider und Seligmann)[8]).

Durch Kontrollversuche muß man sich vergewissern, daß das Entgiftungsmittel nicht schon allein die Keime schädigt und daß keine reversiblen Verbindungen entstehen, also die gebildeten Neutralisationsverbindungen beim Zusammenkommen mit Nährmedien nicht wieder in ihre früheren Komponenten zerfallen, wie dies beim sauren schwefligsaurem Natron, Zyankali, Paradiazotoluol, Toluidin, Resorzin in alkalischer Lösung, Amidophenol in alkalischer Lösung, salzsaurem Hydroxylamin, phenylhydrazinsulfosaurem Ammoniak usw. der Fall ist. Die Entwicklung wird nicht gehemmt durch vorübergehende Einwirkung von Natron- oder Kalilauge (bis 33%), Ammoniak (bis 25%), Schwefelammonium, Äthylamin (bis 33%), alkoholischem Anilin (bis 36%),

[1]) Bechhold, Zeitschr. f. angew. Chemie 1909, S. 2033.
[2]) Geppert, Dtsch. med. Wochenschr. 1891, S. 797 und 1065.
[3]) Krönig und Paul, Zeitschr. f. Hyg. u. Infektionskrankh. 1897, Bd. 25, S. 1.
[4]) Paul, Zeitschr. f. angew. Chemie 1901, Heft 14 und 15.
[5]) Paul und Prall, Arb. a. d. Kais. Gesundheitsamte 1907, Bd. 26, S. 73.
[6]) Chick, Journ. of Hyg. 1908, Bd. 8, S. 125.
[7]) Ottolenghi, „Desinfektion" 1911, S. 79.
[8]) Schneider und Seligmann, Zeitschr. f. Hyg. u. Infektionskrankh. 1908, Bd. 58, S. 413.

Terpentin, Xylol, Toluidinamin (bis 10%), Lein- und Rüböl usw. Das Ammoniak, die Kali- und Natronlauge verwendet man etwa in $^1/_2$%igen Lösungen.

Die Entgiftungsfrage ist vielfach sehr schwer zu lösen. Der Entgiftung wird nicht ohne Grund vorgeworfen, daß sie von der Praxis abweichende Bedingungen schafft und die schon ins Innere der Bakterienzellen eingedrungenen und an das Protoplasma gebundenen Desinfektionsmittel wieder daraus entferne.

9. Die nach der beabsichtigten Einwirkung der Desinfektionsmittel von diesen wieder möglichst befreiten Keime sind sodann unter optimale Züchtungsbedingungen zu bringen, hierbei ist vor allem auf die Temperatur und Zusammensetzung der Nährböden zu achten.

Als Züchtungstemperatur ist das Temperaturoptimum der betreffenden Bakterienart zu wählen. Bei den üblichen Krankheitserregern liegt es bei 37°. Bei höherer (optimaler) Temperatur sind die entwicklungshemmenden Minimalkonzentrationen der meisten Desinfektionsmittel im Gegensatze zu den tötenden Minimalkonzentrationen größer als bei niederen Temperaturen.

Nach Behring hemmt Sublimat die Auskeimung der Milzbrandsporen in Bouillon bei Zimmertemperatur bereits in einer Konzentration 1 : 400 000, dagegen bei 36° noch nicht in einer Konzentration 1 : 100 000.

Als Nährböden verwenden Gruber[1]) u. a. flüssige (Bouillon), Geppert u. a. feste Nährböden (Agarplatten und -Ausstriche). Im ersteren Falle wird nur die vollständige Abtötung und im letzteren zugleich auch meist die Zahl der überlebenden Keime festgestellt. Flüssige Nährböden bieten den Vorteil der leichteren Verteilung und Verdünnung der mit übertragenen Reste des Desinfektionsmittels. In neuerer Zeit neigt man mehr den festen Nährböden zu. Gegebenenfalls sind in Parallelversuchen die Nachkulturen in festen und flüssigen Nährböden durchzuführen.

Das m-Kresol wirkt in Bouillon bei einer Verdünnung von 1 : 6000, in Agar von 1 : 7000 entwicklungshemmend (Laubenheimer).

Die Zusammensetzung des Nährbodens (Bouillon, Agar usw.) ist so zu wählen, daß er den Bakterien optimale Ernährungsbedingungen bietet. Koch, Behring, Ottolenghi u. a. setzen Serum hinzu. Dieses bietet gleichzeitig den Vorteil, die entwicklungshemmende Wirkung des etwa mit übertragenen Desinfektionsmittels herabzudrücken. Der optimale Nährboden für Staphylokokken ist nach Süpfle und Dengler[2]) eine 3%ige Traubenzuckerbouillon, für Milzbrandbazillen eine 3%ige Traubenzuckerbouillon mit 5% Pferde- oder Rinderserum.

Als optimalen Nährboden empfiehlt Flesch (Hyg. Rundschau 1921, Bd. 31, S. 99) eine 1%ige Traubenzuckerbouillon mit Zusatz von 5% Serum für B. proteus, eine 3%ige Traubenzuckerbouillon mit 5% Serum für Schweinerotlaufbazillen und eine gewöhnliche Bouillon mit 5% Serum für Bangsche Abortusbazillen. Zur Bouillonbereitung eignet sich Cenovis-Nährbodenpulver (S. 173) an Stelle von Fleischwasser usw.

Während die Auskeimung der Milzbrandsporen in Bouillon bereits durch Sublimat 1 : 100 000 verhindert wird, hemmt in Serum selbst eine Konzentration von 1 : 10 000 noch nicht die Entwicklung.

---

[1]) Gruber, Zentralbl. f. Bakteriol., Parasitenk. u. Infektionskrankh., 1892, Bd. 11, S. 115.

[2]) Süpfle und Dengler, Arch. f. Hyg. 1916, Bd. 85, S. 193.

Schneider und Seligmann[1]) empfehlen, als Ausgangsmaterial für das Fleischwasser Fleisch statt Fleischextrakt zu verwenden. Nach Paul ist zu vermeiden, daß die Nährböden mit Metall in Berührung kommen. Es sind nur Glas- oder gut emaillierte Gefäße zu verwenden.

Auf die Gleichmäßigkeit der zu benutzenden Nährböden ist Wert zu legen. Deshalb berechnet man sich bei größeren Desinfektionsversuchen die Menge der benötigten Nährböden und läßt diese auf einmal herstellen, so daß sie untereinander absolut gleich sind. Im Eisschranke sind die fertigen Nährböden lange Zeit haltbar.

Wie außerordentlich verschieden die Resistenz der Bakterien selbst bei Verwendung desselben, aber zu verschiedenen Zeiten hergestellten Nährbodens zur Nachkultur ausfallen kann, zeigen die Versuche von Schneider und Seligmann. Nach ihnen schwankt die Resistenz der an Strichplatten angetrockneten Staphylokokken gegen $1^0/_0$ige Lysollösung zwischen weniger als fünf Minuten und einer Stunde. Zur Nachkultur wurde nach derselben Vorschrift aber zu verschiedenen Zeiten hergestellter Agar benutzt. Die Versuchsanordnung war die gleiche.

Die Bebrütungszeit der Nachkultur ist bis zum festgestellten Wachstume bzw. auf mindestens 8 (Gruber)[2]), mitunter selbst 30 (Werner)[3]) Tage auszudehnen, da die Entwicklung abgeschwächter Keime zuweilen erst nach mehreren Tagen einsetzt. Wenn die Möglichkeit einer Verunreinigung vorliegt, muß die Identität der Testkeime festgestellt werden.

Bleibt ein Wachstum aus, so kann man hieraus noch nicht ohne weiteres auf völlige Abtötung schließen, es kann auch nur eine Entwicklungshemmung infolge Übertragung von Desinfektionsmitteln vorliegen. Es würde verfehlt sein, frische Bakterien in die betreffenden Nährböden einzuimpfen und bei deren Vermehrung zu schließen (s. S. 284), daß entwicklungshemmende Substanzen fehlen. Zur Feststellung, ob Entwicklungshemmung vorliegt, ist vielmehr aus den steril gebliebenen Nährböden Material auf frische Nährböden zu übertragen. Das entwicklungshemmende Mittel wird so weiter verdünnt, und zuweilen erfolgt unter diesen verbesserten Bedingungen Wachstum.

Mitunter ist zur Prüfung der Entwicklungsfähigkeit der Krankheitskeime der Tierversuch heranzuziehen, und zwar dann, wenn zum Nachweise kleinster Keimmengen die Kultur versagt (Tuberkelbazillen). Der Tierversuch ist — hohe Virulenz der Keime natürlich vorausgesetzt — bei ungenügender Entgiftung der Keime sogar der Kultur überlegen (Geppert)[4]). Bei sehr sorgfältigem Entgiften ist infolge eintretender Abschwächung der Virulenz durch das Desinfektionsmittel jedoch der Kulturversuch dem Tierversuch überlegen. Beim Tierversuche sind die Testobjekte nach der Einwirkung der Desinfektionsmittel vor dem Verimpfen gleichfalls zu entgiften.

10. Um zahlreiche innerhalb eines längeren Zeitraumes angestellte Versuchsreihen miteinander vergleichen zu können, ist für jede einzelne Versuchsreihe die augenblicklich vorhandene Widerstandsfähigkeit der Testbakterien festzustellen. Zu diesem Zwecke

---

[1]) Schneider und Seligmann, Zeitschr. f. Hyg. u. Infektionskrankh. 1908, Bd. 58, S. 413.

[2]) Gruber, Zentralbl. f. Bakteriol., Parasitenk. u. Infektionskrankh., 1892, Bd. 11, S. 115.

[3]) Werner, Arch. f. Hyg. 1904, Bd. 50, S. 359.

[4]) Geppert, Berl. klin. Wochenschr. 1889, S. 789; 1890, S. 246.

nimmt man in jeder Versuchsreihe Kontrollversuche mit einem bekannten Desinfiziens, z. B. Sublimat (Krönig und Paul)[1]) oder Karbolsäure (v. Esmarch)[2]) oder die Kochprobe (Geppert)[3]) vor.

11. Die Desinfektionsversuche sind nach einem vorher genau aufgestellten Versuchsplan durchzuführen.

### b) Methodik.

Bei der Prüfung der Wirksamkeit von chemischen Desinfektionsmitteln finden vorwiegend folgende Verfahren Anwendung:

1. das Seidenfadenverfahren nach Koch [4]),
2. das Granatverfahren nach Krönig und Paul [5]),
3. das Batistverfahren nach Hailer,
4. das Suspensionsverfahren nach Hüppe[6]) und v. Esmarch[7]),
5. das Agarverfahren nach Bechhold und Ehrlich,
6. das Aufschwemmungsverfahren a) nach Bechhold und Ehrlich, b) nach Reiter und Arndt.
7. die Rideal-Walkersche Methode,
8. die Lancet-Methode,
9. The hygienic laboratory Phenolkoefficientmethod.

Bei Bakterien, welche die Austrocknung vertragen, finden vorwiegend die beiden ersten Verfahren Verwendung. Für lebensfeuchte Bakterien benutzt man meist das vierte und zu orientierenden Versuchen das einfache fünfte Verfahren. Anscheinend eignet sich das unter 3 genannte Batistverfahren für alle Bakterien.

### 1. Das Seidenfadenverfahren.

Bei dem Seidenfadenverfahren nach Koch[8]) werden kurze, mit Äther usw. entfettete, trockene, sterile [9]) Seidenfäden (Turnerseide Nr. 7) von 1 cm Länge in eine Bakterien- oder Sporenaufschwemmung (etwa 4 Agarkulturen auf 50—60 ccm) gelegt und, nachdem sie sich mit der Flüssigkeit vollgesogen haben, über Chlorkalzium im Vakuum (Exsikkator) bei Lichtabschluß 24—48 Stunden rasch getrocknet. Am besten ist es, wenn die Fäden noch etwas feucht und weich sind. Zu scharf getrocknete Fäden werden in der Desinfektionsflüssigkeit schwer benetzt. Auch werden manche Bakterienarten durch die Trocknung zu schwer

---

[1]) Krönig und Paul, Zeitschr. f. Hyg. u. Infektionskrankh. 1897, Bd. 25, S. 1.

[2]) v. Esmarch, ebenda 1888, Bd. 5, S. 667.

[3]) Geppert, Berl. klin. Wochenschr. 1889, S. 789; 1890, S. 246.

[4]) Koch, Über Desinfektion. Mitt. a. d. Kais. Gesundheitsamt 1881, Bd. 1, S. 234.

[5]) Krönig und Paul, Die chemischen Grundlagen der Lehre von der Giftwirkung und Desinfektion. Zeitschr. f. Hyg. u. Infektionskrankh. 1897, Bd. 25, S. 1.

[6]) Hüppe, Berl. klin. Wochenschr. 1886, S. 609.

[7]) v. Esmarch, Zeitschr. f. Hyg. u. Infektionskrankh. 1889, Bd. 5, S. 67.

[8]) Koch, Über Desinfektion. Mitt. a. d. Kais. Gesundheitsamt 1881, Bd. 1, S. 234.

[9]) Um das Gefüge der Seidenfäden zu lockern, sind sie durch trockene Hitze statt im Dampfe zu sterilisieren. Vorher aber durch Auskochen vom anhaftenden Kleister zu befreien.

geschädigt. Diese so infizierten Seidenfäden werden sodann dem zu prüfenden Desinfektionsmittel bestimmte Zeiten ausgesetzt (für gleichmäßiges Benetzen ist zu sorgen; Luftbläschen sind zu entfernen), hierauf sofort vom anhaftenden Desinfektionsmittel in sterilem Wasser bzw. durch Entgiftungsmittel (S. 278) wieder befreit und in geeignete Nährböden (S. 280) (Bouillon) übertragen und bebrütet. Daneben ist die anfängliche Sterilität der Seidenfäden und die Lebensfähigkeit der Bakterien (S. 278) vor Einwirkung des Desinfektionsmittels festzustellen.

Die Nachteile dieses Verfahrens liegen darin, daß die Seidenfäden gewisse chemische Mittel adsorbieren und damit die Einwirkungszeit des Desinfektionsmittels trotz Entgiftens und Auswaschens verlängern. Außerdem wird das im Seidenfaden in den Nährboden mit übertragene Desinfektionsmittel entwicklungshemmend wirken (Laubenheimer)[1].

Ferner kommt hinzu, daß Zufälligkeiten (Dicke der Seidenfäden, Lagerung der Keime im Faden usw.) die Einwirkungen des Desinfiziens beeinträchtigen können.

Nach Steffenhagen und Wedemann sind an dicke gedrehte Seidenfäden angetrocknete Milzbrandsporen gegen Formaldehyd widerstandsfähiger als an anders beschaffene Fäden angetrocknete. Derartige Unterschiede treten gegenüber Dampf nicht hervor.

Die erwähnten Nachteile des Seidenfadenverfahrens fallen bei der Granatmethode weg. Die Seidenfadenmethode hat aber gegenüber dem Granatverfahren den Vorteil, daß sie, wie meist auch die Praxis, vom Desinfektionsmittel eine gewisse Tiefenwirkung verlangt.

Nicht alle Bakterien eignen sich zum Antrocknen, und namentlich nicht an Seidenfäden. Viele gehen schon hierdurch zugrunde (Diphtheriebazillen, Gono- und Pneumokokken, Choleravibrionen). Für das Seidenfadenverfahren eignen sich vor allem Sporen, Staphylo- und Streptokokken, Tuberkel- und Kolibazillen. Bei Typhus-, Paratyphus- und Ruhrbazillen hat man schon häufig Mißerfolge.

## 2. Das Granatverfahren.

Das Granatverfahren nach Krönig und Paul[2]) das heute als die genaueste Methode zur Wertbestimmung chemischer Desinfektionsmittel gilt, unterscheidet sich von dem vorerwähnten nur dadurch, daß an Stelle der Seidenfäden Granaten verwendet werden. Das Granatverfahren liefert gute, einwandfreie Ergebnisse. Die Bakterien werden möglichst isoliert dem Desinfektionsmittel ausgesetzt. Sie können nach Ablauf der beabsichtigten Einwirkungszeit schnell der Einwirkung des Desinfektionsmittels entzogen werden. Das anhaftende Desinfiziens dringt nicht in die Granaten ein und wird durch Waschen mit sterilem Wasser oder durch Chemikalien rasch und sicher unschädlich gemacht. Entwicklungshemmende Nachwirkung im Nährboden wird somit vermieden. An Stelle der Granaten Glasperlen zu verwenden, empfiehlt sich nicht, da diese nur ungleichmäßig von der Desinfektionsflüssigkeit benetzt werden. Ferner lösen sich die Keime vom Glase leicht ab. Das Glas gibt leicht Alkali ab und ist nicht hinlänglich indifferent gegen chemische Stoffe.

Bereitung der Test- (Staphylokokken- usw.) Granaten. Rohe böhmische Tariergranaten von möglichst gleicher Größe (aussieben mit zwei Sieben von verschiedener Maschenweite) werden von Gesteinsresten und unregelmäßig gestalteten oder rauh erscheinenden oder rissigen Granaten befreit, mit einer Mischung von

---

[1]) Laubenheimer, Phenol und seine Derivate. Inaug.-Diss. Gießen 1909.
[2]) Krönig und Paul, Zeitschr. f. Hyg. u. Infektionskrankh., 1897, Bd. 25, S. 1.

einem Raumteil roher konzentrierter Salzsäure und drei Teilen Wasser wiederholt ausgekocht, mit Wasser geschüttelt, bis dieses völlig klar bleibt, und nacheinander in Alkohol, Äther, Alkohol und Wasser gründlich abgespült. Sie werden auf sauberem Leintuch ausgebreitet, wobei, wie auch vorher und nachher, ein Berühren mit den Händen zu vermeiden ist, und an einem staubfreien Orte getrocknet. Die Granaten werden in kleine Kölbchen zu je 100 g abgefüllt. Die Kölbchen werden mit einem kleinen Becherglase (nicht Watte!) bedeckt und mit Inhalt durch halbstündiges Erhitzen auf 150—200° sterilisiert. Die Granaten sollen sich beim Eintauchen in Wasser sofort gleichmäßig benetzen. Sie sind vor jeder Berührung mit fettigen Stoffen zu bewahren.

Die Bakterienaufschwemmung zum Benetzen der Granaten wird aus einem möglichst frischen, widerstandsfähigen Stamme hergestellt. Für 500 g Granaten genügt eine gut gewachsene Agarkultur von Staphylococcus pyogenes aureus. Über die Oberfläche der Kultur läßt man 2—3 Tropfen steriles destilliertes Wasser fließen und verreibt hiermit den Bakterienbelag mit der Platinöse. Die erhaltene Aufschwemmung spült man mit 1—2 ccm Wasser in ein Kölbchen. Vom Nährboden darf nichts in die Bakterienaufschwemmung hineingelangen. Die Bakterienaufschwemmung wird mit etwa 50 ccm Wasser versetzt, einige Minuten gut durchgeschüttelt und durch ein steriles, doppelt gehärtetes Filter gegossen. Hiermit werden etwa 500 g sterile Granaten in einem Kölbchen übergossen, gut durchgeschüttelt, und zum Abtropfen auf einen enghalsigen Trichter gegeben, der mit einer sterilen Schale bedeckt wird. Schließlich werden die Granaten auf einem Nickelsieb über Kalziumchlorid im Eisschrank in etwa 16—25 Stunden getrocknet und in Glasröhren eingeschmolzen.

Die mit Keimen beschickten Granaten können je nach der Widerstandsfähigkeit der Keime kürzere oder längere Zeit im Eisschranke, noch besser bei —20° (Kochsalzeismischung in einem Frigo (S. 70)) und am besten bei der Temperatur flüssiger Luft gebrauchsfertig aufbewahrt werden, wo sie 72 Tage ihre Lebensfähigkeit und Widerstandsfähigkeit gegen Sublimat- und Karbolsäurelösung fast unverändert bewahren (Paul und Prall) [1]. — Bei einer Aufbewahrung über Chlorkalzium im Eisschranke soll die Lebensfähigkeit von Staphylokokken in den ersten vier Tagen abnehmen, dann bis zum 12. Tage ziemlich beständig erhalten bleiben, um dann schnell abzusinken. Bernhard [2]) empfiehlt deshalb die Staphylokokkengranaten möglichst nicht vor dem 4. und nicht nach dem 12. Tage zu benutzen.

Ausführung des Desinfektionsversuches. Die Lösung (S. 274) der Desinfektionsmittel ist auf eine bestimmte Temperatur (S. 277) zu bringen und in sterile Schälchen zu geben. Die Testobjekte (etwa 30 mit Keimen beschickte Granaten) werden in das Desinfektionsmittel übertragen und nach bestimmten Zeiten wieder herausgenommen. Um das Herausnehmen ohne Zeitverlust vornehmen zu können, legt man die Testobjekte auf kleine, etwa 2 qcm große Platinsiebe mit Henkeln. Auf jeden Fall sind zum Herausnehmen nur solche Instrumente zu verwenden, die vom Desinfektionsmittel nicht angegriffen werden. Die Testobjekte werden sogleich in einem oder zwei Schälchen mit etwa 15 ccm sterilem Wasser (oder besser leicht alkalischer physiologischer Kochsalzlösung (S. 278)) abgespült, und dann in einer weiteren Schale mit etwa 20 ccm einem das Desinfiziens unwirksam machenden Mittel (S. 279) 10 Minuten lang entgiftet. Hierauf kommen sie nochmals auf 10 Minuten in Wasser. Sodann werden je 5 Granaten (dies gilt nur für das Granatverfahren) in 3 ccm Bouillon enthaltende Reagenzgläschen übertragen, 3 Minuten stets in derselben Weise, am besten miteinander in einem Drahtkörbchen gleichzeitig geschüttelt und auf 37,5° erwärmt. Es werden dann auf ein Reagenzglas 10 ccm verflüssigter und auf 42° abgekühlter Agar (Serumagar usw., S. 280) gegeben, mit dem Platinrührer (ein 25 cm langer und 1 mm starker Platindraht, am Ende spiralig zu einer Scheibe zusammengebogen, an einem Glasstab oder Nadelhalter befestigt) gründlich durchgemischt. in vorgewärmte Petrischalen ausgegossen und durch Abkühlen zum Erstarren gebracht. Um Abtropfen von Kondenswasser von der Deckschale zu verhüten, bewahrt man die Doppelschalen mit der Bodenschale nach oben auf, oder spannt zwischen Deck-

[1]) Paul und Prall, Arb. a. d. Kais. Gesundheitsamte 1907, Bd. 26, S. 99.

[2]) Bernhard, Zentralbl. f. Bakteriol., Parasitenk. u. Infektionskrankh., Abt. I Orig. 1920, Bd. 85, S. 50.

und Bodenschale steriles Fließpapier. Die Bebrütung erfolgt bei optimaler Temperatur (S. 280) etwa 8—12 Tage. Die aufgegangenen Kolonien (S. 238) werden gezählt.

Bei dem Seidenfadenverfahren werden die Testobjekte nach dem Entgiften und nochmaligem Auswaschen in flüssige Nährböden übertragen und bebrütet. In gleicher Weise verfährt man auch beim Granatverfahren, wenn man nicht die Zahl der überlebenden Keime, sondern nur die volle Abtötung aller Keime feststellen will.

Kontrollen zur Feststellung der Lebensfähigkeit der Testkeime, die unter Weglassen des Desinfektionsmittels aber sonst in gleicher Weise wie die Desinfektionsversuche durchzuführen sind, werden nebenher mit angesetzt. Gleichzeitig ermittelt man hierdurch bei der Granatmethode die Zahl der von den Granaten abwaschbaren Keime.

Auf Parallelversuche mit bekannten Desinfektionsmitteln zur Feststellung der jeweilig vorliegenden Resistenz der Keime ist schon auf S. 281 hingewiesen worden.

### 3. Das Batistverfahren nach Hailer[1]).

Die frisch und mit wenig sterilem Leitungswasser abgeschwemmten Agarkulturen der Testbakterien (Staphylokokken usw.) werden filtriert und über sterile Baumwoll-Batiststückchen (8:12 mm) ausgegossen und bleiben, um eine gute Durchdringung und reichliche Aufnahme der Keime durch das Gewebe zu erreichen, etwa $^1/_2$ Stunde lang in Berührung damit. Die einzelnen infizierten Batiststückchen werden dann mit ausgeglühten Pinzetten mit Platinschuhen entnommen und in Schalen mit den zu prüfenden Lösungen übergossen. Sie werden nach bestimmten Zeiten aus dem Desinfektionsmittel entfernt, mit je 1 ccm Entgiftungsmittel (S. 279) betropft und in Bouillon (12 ccm) übertragen. Das etwaige Wachstum der Testbakterien wird täglich kontrolliert.

### 4. Das Suspensionsverfahren[2]).

Die Bakterien werden in flüssigen Nährböden (Bouillon, Serum usw. — s. a. S. 276) gezüchtet, oder man schwemmt sie vom festen Nährboden mit sterilem destilliertem Wasser, Leitungswasser, physiologischer Kochsalzlösung, Bouillon usw. ab (s. a. S. 278). Süpfle und Dengler nehmen auf die Kulturmasse einer großen Drigalskischale 10—30 ccm Flüssigkeit. Die Bakteriensuspension ist vor dem Gebrauche von gröberen Klümpchen durch Filtration (steriles Fließpapier oder Gaze) zu befreien. Zu abgemessenen Mengen Bakterienaufschwemmung werden abgemessene Mengen des zu prüfenden Desinfektionsmittels gesetzt (vgl. auch S. 274).

Meist nimmt man gleiche Mengen der Bakterienaufschwemmung und des Desinfektionsmittels in doppelter Konzentration als die, die man auf die Keime einwirken lassen will. Die Mischung enthält dann die beabsichtigte Konzentration. Nach bestimmten Zeitabschnitten entnimmt man eine große Öse (12 mg) des Bakterien-Desinfiziensgemisches, setzt eine entsprechende Menge des Neutralisationsmittels (S. 279) hinzu, mischt mit der Öse gut durch, fügt den Nährboden (S. 280) bei usw. (S. 281) und bebrütet bei optimaler Temperatur etwa 8—10 Tage (S. 281).

---

[1]) Hailer, Arb. a. d. Reichs-Gesundheitsamte 1919, Bd. 51, S. 556; 1920, Bd. 52, S. 253 und 670.

[2]) Hüppe, Berl. klin. Wochenschr. 1886, S. 609 und v. Esmarch, Zeitschr. f. Hyg. u. Infektionskrankh. 1889, Bd. 5, S. 67.

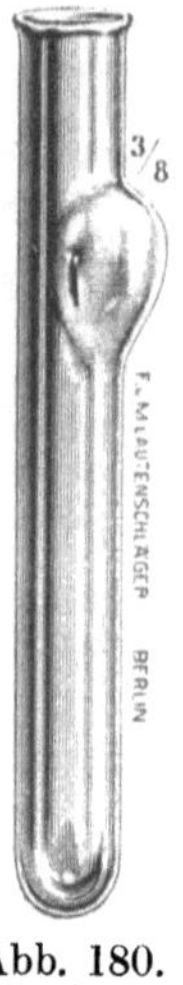


Abb. 180. Buckelröhrchen.

Für die Behandlung des Bakterien-Desinfiziensgemisches eignet sich das Buckelröhrchen (Abb. 180) nach Schneider-Seligmann[1]), in dessen unterem Teile sich der Nährboden befindet. Durch wiederholtes Ausspülen des Buckels, in dem man die Neutralisation vornimmt, ist sein Inhalt in den Nährboden restlos überzuführen.

Die Keime zeigen im Suspensionsverfahren eine meist geringere Widerstandsfähigkeit als nach den vorstehenden Antrocknungsverfahren.

Die Neutralisation des Desinfiziens wegzulassen, wie das vielfach geschieht, ist nicht unbedenklich, zumal bei der Suspensionsmethode das Auswaschen wegfällt.

Gruber fand, daß nicht nur eine Öse, sondern 5—10 ccm des Bakteriendesinfektionsmittelgemisches auf das Vorkommen lebensfähiger Keime zu prüfen ist. Das vorhandene Desinfektionsmittel ist hier unbedingt vorher zu neutralisieren. Man geht, wie folgt, vor:

5—10 ccm Bakterien-Desinfektionsmittelgemisch werden in sterile Zentrifugenröhrchen abgemessen, mit der nötigen Menge Neutralisierungsmittel (S. 279) versetzt, einige Tropfen 10%iger Dinatriumphosphat- und einige Tropfen Kalziumchloridlösung hinzugefügt, wodurch ein voluminöser Niederschlag von Kalziumphosphat entsteht und zentrifugiert. Die Bakterien gehen fast restlos in den Bodensatz über. Die klare Flüssigkeit wird abgegossen, der Niederschlag mit Nährbouillon usw. übergossen und nach Durchmischen bebrütet.

## 5. Das Agarverfahren nach Bechhold und Ehrlich.

Gut gewachsene, frische (24stündige) Schrägagarkulturen werden, nachdem man den Rand der Gläschen mit Vaseline eingefettet hat, mit dem zu prüfenden Desinfektionsmittel bis über den Rand des Agars beschickt. Nach 5, 10, 15 Minuten usw. wird die Desinfektionsflüssigkeit abgegossen und durch dreimaliges je 15 Minuten dauerndes Auswaschen mit steriler physiologischer Kochsalzlösung die den Kulturen noch anhaftenden Reste des Desinfiziens entfernt. Die Lebensfähigkeit der zurückgebliebenen Keime wird durch Überimpfen auf Nähragar geprüft.

Dieses Verfahren entspricht nicht mehr den Anforderungen einer zeitgemäßen Prüfungsmethode. Die Dicke der Bakterienschicht usw. erschwert die Wirkung des Desinfiziens sowie der Waschflüssigkeit. Sie bietet aber für die Beurteilung der praktischen Desinfektion von Schleimhäuten usw. gewisse Vorteile (Prüfung der Tiefenwirkung), sowie zur schnellen ungefähren Orientierung über die Wirksamkeit der Desinfektionsmittel, wofür sie den Vorzug der einfachen und wenig zeitraubenden Durchführung hat.

## 6. Das Aufschwemmungsverfahren.

### a) Nach Bechhold und Ehrlich.

Gleich einfach ist auch das Bechhold-Ehrlichsche Aufschwemmungsverfahren zur Bestimmung des Abtötungs- und Hemmungswertes.

Je 2 ccm Bouillon werden mit fallenden Mengen des Desinfiziens versetzt und mit physiologischer Kochsalzlösung auf 4 ccm aufgefüllt. Hierzu gibt man eine Öse bzw. drei Tropfen einer 48stündigen Bakterienkultur und hält das Gemisch bei 37°. Nach 24 Stunden wird eine Öse auf schrägem Agar aufgestrichen. Das Desinfiziens diffundiert zum großen Teile in den Agar. Die vom Desinfiziens befreiten Bakterien wachsen, soweit sie nicht abgetötet sind, zu Kolonien aus, so daß man ein annäherndes Bild bekommt, bei welcher Verdünnung eine Abtötung in 24 Stunden eintritt.

---

[1]) Schneider und Seligmann, Zeitschr. f. Hyg. u. Infektionskrankh. 1908, Bd. 58, S. 413.

Hebt man die Bouillon-Desinfiziens-Kochsalzgemische 48 Stunden und länger auf, so erhält man gleichzeitig einen Einblick in die entwicklungshemmende Wirkung des Desinfektionsmittels (S. 273). Trübung des Gemisches weist auf Bakterienwachstum hin. Durch mikroskopische Untersuchung überzeugt man sich, daß die Trübung durch die Testbakterien und nicht durch anderweitige Bakterien oder chemische Niederschläge erzeugt ist.

### b) Nach Reiter und Arndt[1]).

3—4 Schrägagarkulturen werden mit 2—3 ccm sterilem Wasser abgeschwemmt und die Emulsion $^1/_2$ Stunde scharf zentrifugiert. Der Bodensatz wird, wenn erforderlich, homogen verrieben. Im hohlgeschliffenen Objektträger wird zu einer Öse (Größe 2) Bakterienemulsion 1 Öse des zu prüfenden Desinfizienz hinzugegeben und in eine feuchte Kammer gebracht. Nach bestimmten Zeiten wird auf Agarplatten, die wie die Kultur möglichst vom gleichen Agar hergestellt sind, abgeimpft und die Platten neben Kontrollen 24—48 Stunden bebrütet. Eine Entgiftung wird nicht vorgenommen.

## 7. Die Rideal-Walkersche Methode[2]).

Dieses Verfahren beruht auf einer Vergleichung des zu prüfenden Desinfektionsmittels mit Karbolsäure. Man ermittelt, in welcher Konzentration Phenol und das zu prüfende Desinfektionsmittel Typhusbazillen in einer bestimmten Zeit abtötet. Hierzu benutzt man eine Suspensionsmethode in folgender Ausführung. Zu 5 ccm der entsprechenden Verdünnung des Desinfektionsmittels werden fünf Tropfen einer gut gewachsenen Bouillonkultur zugesetzt. Nach $2^1/_2$, 5, $7^1/_2$, 10 usw. Minuten werden eine Öse[2]) in ein Bouillonröhrchen (5 ccm) übergeimpft.

Aus den erhaltenen Ergebnissen berechnet man den Karbolsäure-Koeffizienten.

Der Karbolsäure-Koeffizient ist der Quotient aus den Lösungsverhältniszahlen des zu prüfenden Desinfektionsmittels und der Karbolsäure, bei denen die Abtötung gleicher Bakterien unter sonst gleichen Bedingungen (Temperatur usw.) in der gleichen Zeit erfolgte.

Beispiel:

| | Lösungsverhältnis | Einwirkungszeit in Minuten | | | | | |
|---|---|---|---|---|---|---|---|
| | | $2^1/_2$ | 5 | $7^1/_2$ | 10 | $12^1/_2$ | 15 |
| Phenol | 1 : 90 | + | — | — | — | — | — |
| | **1 : 100** | + | + | + | — | — | — |
| Das zu prüfende Desinfektionsmittel | 1 : 500 | + | + | — | — | — | — |
| | **1 : 550** | + | — | + | — | — | — |
| | 1 : 600 | — | — | + | + | — | — |
| | 1 : 650 | + | + | + | + | + | — |

Der Phenolkoeffizient ist in obigem Beispiel = 550 : 100 = 5,5. Die Karbolsäure ist chemisch rein zu verwenden. Die Typhusbazillen sind vor dem Versuch wiederholt alle 24 Stunden abzuimpfen. Das zu prüfende Desinfektionsmittel wird meist in 4 Verdünnungen geprüft.

[1]) Reiter und Arndt, Dtsch. med. Wochenschr. 1920, S. 568.

[2]) Rideal und Walker, Journ. of the royal sanatory institut. London 1903, Bd. 24, p. 424.

Die Nachkultur in Bouillon wird 48 Stunden bei 37° gehalten und dann auf Wachstum geprüft.

Die Rideal-Walkersche Methode findet in England [1]) und Amerika allgemeine Anwendung und nach ihr werden in England die auf den Markt gelangenden, neuen Mittel amtlich geprüft.

Diesem Verfahren haften verschiedene Mängel an, so einmal, daß Desinfektionsmittel jeder Art mit Karbolsäure verglichen werden sollen. Nach Anderson und Mc Clintic [2]) kann man mit dieser Methode ziemlich jedes Ergebnis, das man will, erhalten, je nachdem man höhere oder niedere Phenolkonzentrationen verwendet. Die Folge davon war, daß man in England und Amerika das Verfahren mehrfach abgeändert hat, wodurch es zwar komplizierter, aber nicht besser geworden ist.

Die Karbolsäurekoëffizienten fallen bei ein und demselben Desinfektionsmittel je nach der Abtötungszeit sehr verschieden aus. Es tötet z. B. eine Sublimatlösung $\frac{0,88}{1000}$ und eine Phenollösung $\frac{12}{1000}$ in 2,5 Minuten Paratyphusbazillen ab. Der Karbolsäurekoeffizient ist für die Standardzeit von 2,5 Minuten $\frac{12}{0,88} = 13,6$, dagegen beträgt er für die Standardzeit von 10 Minuten 173 und für die Standardzeit von 30 Minuten 550. Diesen Übelstand zu beseitigen schlagen Chick und Martin [3]) vor, eine Standardzeit von 30 Minuten festzulegen. Abgesehen von der Willkürlichkeit dieser Festsetzung ist diese Zeit für viele Arten der praktischen Desinfektion zu kurz (Raumdesinfektion mit Formalin), für andere zu lang.

## 8. Die Lancet-Methode [4]).

Das von der Lancet-Kommission vorgeschriebene Verfahren lehnt sich an das Rideal-Walkersche eng an. Der Koëffizient wird hier aber als Quotient der niedrigsten Prozentzahlen berechnet, in denen die Karbolsäure (Dividend) und das zu untersuchende Desinfektionsmittel (Divisor) keimtötend wirken. Man prüft hier nur nach $2^1/_2$ und 30 Minuten und nimmt den Durchschnitt der gefundenen Werte als den wirklichen Koeffizienten an.

Als Testbakterien werden hier B. coli und als Nährboden Mac Conkeys bile salt-Nährboden (S. 214) verwendet.

Beispiel:

| | | Prozentgehalt der Lösung des Desinfektionsmittels | | | | | | | |
|---|---|---|---|---|---|---|---|---|---|
| Phenol | | 1,10 | 1,00 | 0,917 | 0,846 | 0,786 | 0,733 | 0,687 | 0,647 |
| | $2^1/_2$ Min. | 0 | 0 | + | + | | | | |
| | 30 „ | | | | | 0 | 0 | + | + |
| Das zu prüfende Desinfektionsmittel | | 0,333 | 0,250 | 0,200 | 0,166 | 0,143 | 0,125 | 0,111 | 0,100 |
| | $2^1/_2$ „ | 0 | 0 | + | + | + | | | |
| | 30 „ | | | 0 | 0 | + | + | + | + |

[1]) Die verwendete Öse hat 4 mm Durchmesser.

[2]) Anderson und Mc Clintic, Journ. of infect. dis. 1911, Bd. 8, p. 1.

[3]) Chick und Martin, Journ. of hyg. 1908, Bd. 8, S. 654.

[4]) The standardization of disinfectants. „Lancet", London. Bd. 177, Nr. 4498 bis 4500.

In dem gewählten Beispiel erfolgt die Abtötung in $2^1/_2$ Minuten durch Phenol bei einem Prozentgehalt von 1,00, durch das fragliche Desinfektionsmittel von 0,25. Der Koeffizient beträgt somit 1,00 : 0,25 = 4. In 30 Minuten wirkt Phenol in einer Mindestkonzentration von 0,733%, das fragliche Desinfektionsmittel von 0,166% keimtötend. Der Koeffizient beträgt hier 0,733 : 0,166 = 4,4. Das Mittel aus den beiden Koeffizienten beträgt somit $\frac{4 + 4,4}{2} = 4,2$.

Die Lancet-Methode ist gegenüber dem Rideal-Walker-Verfahren im allgemeinen als ein Fortschritt zu bezeichnen. Ihr haftet aber gegenüber letzterem der Nachteil an, daß B. coli in seiner Widerstandsfähigkeit größere Schwankung als B. typhi aufweist. Das bile salt medium nach Mac Conkey ist für geschwächte Koli-Typhuskeime ein ungünstigerer Nährboden als gewöhnliche Bouillon. Endlich fehlt der Lancet-Methode eine gleichmäßige Verdünnungsskala (s. unten).

### 9. The hygienic laboratory Phenolcoefficient method [1]).

Anderson und Mc Clintic fanden, daß Typhusbazillen, welche in gewöhnlicher Bouillon gezüchtet sind, leichter abzutöten sind als solche auf alkalischer (Indikator Phenolphthalein; +1,5 ccm Normal-Milchsäure auf 1 Liter Nährboden [Mc Clintics Reaktions-Norm]).

Die Testbakterien (Typhusbazillen Stamm Hopkins) sind nach Anderson und Mc Clintic vor der Verwendung täglich eine Woche lang auf Bouillon umzustechen. Zur Desinfektionsmittelprüfung dienen 24stündige Kulturen, die zuvor durch Fließpapier filtriert und auf Versuchstemperatur erwärmt sind. Die Infektionsdosis beträgt 0,1 ccm auf 5 ccm Desinfektionsmittellösung. Zur Erhaltung einer gleichmäßigen Temperatur während des Versuches verwenden sie eine 20 Zoll hohe Holzkiste, in die ein 10 Zoll hoher Eimer mit Holzwolle derart eingebaut ist, daß der Rand der Kiste und des Eimers etwa in einer Ebene liegt. Beide Gefäße werden mit einem Holzdeckel abgedeckt, der Löcher für Thermometer und Versuchsgläser enthält. Die Gläser ruhen auf einem 3 Zoll unter der Oberfläche angebrachten Drahtnetz. In den Eimer gibt man Wasser.

Die Einwirkungszeiten der Desinfektionsmittel hat man hier auf $2^1/_2$ und 15 Minuten beschränkt. Aus den erhaltenen Ergebnissen wird das Mittel genommen.

Die Verdünnungen der Desinfektionsmittel sind nach einem festen Schema vorzunehmen, und zwar läßt man Verdünnungen

| | | | | | | |
|---|---|---|---|---|---|---|
| von | 1 : 1 — 1 : 70 | um je | 5 | steigen | oder | fallen |
| „ | 1 : 70 — 1 : 160 | „ „ | 10 | „ | „ | „ |
| „ | 1 : 160 — 1 : 200 | „ „ | 20 | „ | „ | „ |
| „ | 1 : 200 — 1 : 400 | „ „ | 25 | „ | „ | „ |
| „ | 1 : 400 — 1 : 900 | „ „ | 50 | „ | „ | „ |
| „ | 1 : 900 — 1 : 1800 | „ „ | 100 | „ | „ | „ |
| „ | 1 : 1800 — 1 : 3200 | „ „ | 200 | „ | „ | „ |

[1]) Anderson and Mc Clintic, Journ. of infect. dis. 1911, Bd. 8, S. 1.

| | | | | |
|---|---|---|---|---|
| also z. B. | 1 : 55 | 1 : 150 | 1 : 375 | 1 : 1600 |
| | 1 : 60 | 1 : 160 | 1 : 400 | 1 : 1700 |
| | 1 : 65 | 1 : 180 | 1 : 450 | 1 : 1800 |
| | 1 : 70 | 1 : 200 | 1 : 500 | 1 : 2000 |
| | 1 : 80 | 1 : 225 | 1 : 850 | 1 : 2200 |
| | 1 : 90 | 1 : 250 | 1 : 900 | usw. |
| | | | 1 : 1000 | |

Auch die nach Einwirkung der Desinfektionsmittel zur Nachkultur verwendeten Mengen müssen gleich sein. Zur Übertragung dient eine Platinöse von 4 mm Durchmesser und „23 U. S. standard gauge wire".

Als Nährböden für die Nachkultur sind 10 ccm aus Liebigs Fleischextrakt hergestellter Bouillon zu verwenden. Diese Bouillon ist gleichmäßiger in ihrer Zusammensetzung als solche aus Fleischwasser. Die Bouillon wird gegen Phenolphthalein neutralisiert (deutlich rosa) und dann mit 1,5 ccm Normal-Milchsäure auf 1 l Nährboden versetzt.

Die Nachkultur wird 48 Stunden bei 37$^0$ gehalten.

Der Phenolkoeffizient ist das arithmetische Mittel aus den Quotienten, die aus den eben noch abtötenden Verdünnungsgraden für das fragliche Desinfektionsmittel (Dividend) und Phenol (Divisor) (also umgekehrt wie bei der Lancet-Methode) nach $2^1/_2$ und 15 Minuten langer Einwirkung gefunden wurden.

Z. B. Phenol tötet Typhusbazillen in einer

| | | | |
|---|---|---|---|
| | Verdünnung 1 : 80 | in $2^1/_2$ | Min. ab |
| fragliches Desinfektionsmittel . . . . . . | 1 : 375 | „ $2^1/_2$ | „ „ |
| Phenol . . . . . . . . . . . . . . . . | 1 : 110 | „ 15 | „ „ |
| fragliches Desinfektionsmittel . . . . . . | 1 : 650 | „ 15 | „ „ |

$$\text{Phenolkoeffizient: } \frac{\frac{375}{80} + \frac{650}{110}}{2} = \frac{4{,}69 + 5{,}91}{2} = \frac{10{,}60}{2}\ 5{,}3.$$

Zur Bestimmung des relativen Preises eines Desinfektionsmittels vergleicht man die Desinfektionswirkung und den Preis von 100 Einheiten des fraglichen Desinfektionsmittels mit 100 Phenoleinheiten. Der relative Preis ist gleich dem Quotienten aus dem Preis des fraglichen Desinfektionsmittels für 1 Gallon [1] × 100, dividiert durch den Phenolpreis für 1 Gallon × Phenolkoeffizient des fraglichen Desinfektionsmittels.

| Desinfektionsmittel | Phenolkoeffizient | Preis für 1 Gallon | Relativer Preis |
|---|---|---|---|
| Phenol | 1,00 | 2,67 | 1,00 |
| X | 2,12 | 0,30 | 5,2 |
| Y | 4,44 | 1,00 | 8,4 |

Z. B. würde der relative Preis des Desinfektionsmittels y

$$\frac{1{,}00 \times 100}{2{,}67 \times 4{,}44} = 100 : 11{,}84 = 8{,}4 \text{ sein.}$$

[1]) 1 Gallon = 4,5 Liter.

## Die Berechnung der Wirksamkeit eines Desinfektionsmittels nach Phleps.

Der Beurteilung und Bewertung der Desinfektionsmittel mit den bisher geschilderten Verfahren durch Bestimmung des Phenolkoeffizienten haftet der Nachteil an, daß an sich variable Größen als Konstante angenommen werden. Da die Annahmen willkürlich gemacht werden, jedenfalls aber mit den in der Praxis in Frage kommenden Verhältnissen nicht übereinstimmen, so sind derartige Angaben meist nur von orientierendem Werte.

Um den Ausdruck, der die Beurteilung der Desinfektionsmittel angibt, unabhängig von den willkürlich gewählten Bedingungen zu machen, hat Earle B. Phleps [1]) eine Versuchsanordnung getroffen, aus deren Ergebnissen er mit Hilfe von Wahrscheinlichkeitsgleichungen folgende drei Konstante, die den Unterschied der Desinfektionswirkung der chemischen Stoffe ausmachen, berechnet.

Die Schnelligkeitskonstante (K) drückt unabhängig von der Konzentration (C) des Mittels die Geschwindigkeit des chemischen Vorganges der Desinfektion, also die Wirksamkeit des Mittels aus. Der Konzentrations-Exponent (n), der mathematisch das ausdrückt, worauf Chick hingewiesen hat, nämlich daß Sublimat einen Phenolkoeffizienten von 13 oder 550 haben kann, je nach der Wahl der Konzentration des Mittels, ist die Zahl, mit der die Ziffer 2 potenziert werden muß, um die Vermehrung (oder Verminderung) der Wirkung bei Verdoppelung (oder Halbierung) der Konzentration zu errechnen (z. B. ist für Phenol $n = 6$, d. h. bei Verdoppelung der Phenolkonzentration steigt die Wirkung des Phenols (oder vermindert sich die Zeit um das $2^6$- gleich das 64fache). Der Temperaturkoeffizient endlich ($\Theta$) zeigt an, um wievielmal die Wirksamkeit (Schnelligkeit der Wirkung) eines Desinfektionsmittels steigt, wenn die Temperatur um einen Grad erhöht wird.

Die praktische Durchführung gestaltet sich folgendermaßen:

Neben $5^0/_0$iger Phenollösung läßt man das zu untersuchende Desinfektionsmittel in 2 geeigneten Konzentrationen auf die zu prüfenden Bakterien verschieden lange Zeit, bis deutliche Keimabnahme (keine volle Abtötung) bei $20^0$ und zum Teil bei einer anderen Temperatur (s. Tabelle I) eintritt, einwirken.

Tabelle I.

Die Zahlen geben die Anzahl der Milzbrandsporen in 1 ccm an.

| Zeit | Phenol | Sublimat | | |
|---|---|---|---|---|
| | $5^0/_0$ | $1^0/_0$ | $0,5^0/_0$ | |
| | $20^0$ | $20^0$ | $20^0$ | $29^0$ |
| 0 | 125 000 | 125 000 | 125 000 | 125 000 |
| 2 | — | — | — | 15 500 |
| 5 | — | 7 900 | | 680 |
| 10 | | 545 | 9 250 | 4 |
| 15 | | 27 | — | — |
| 20 | — | — | 720 | — |
| 30 | — | — | 60 | — |
| 60 | 112 000 | — | — | — |
| 120 | 101 000 | — | — | — |
| 240 | 82 000 | — | — | — |

[1]) Earle, B. Phleps, The Journ. of infect. dis. 1911, Vol. 8, Nr. 1, p. 27.

In den Formeln zur Berechnung der verschiedenen obenerwähnten Konstanten bedeutet:

B: Anfangszahl der Keime, aus obiger Tabelle zu ersehen.
b: Endzahl der Keime,
t: verstrichene Zeit,
C: Konzentration des Desinfektionsmittels in %.
K: Schnelligkeitskonstante bestimmt für die Temperatur des Versuches,
$K_{T_0}$: dasselbe zu einer beliebigen Temperatur,
$K_{20}$: dasselbe zu einer Temperatur von 20°,
n: Konzentrationsexponent,
$\Theta$: Temperaturkoeffizient.

Formel $\log \frac{B}{b} = K\,C^n\,t$

$$K\,C^n = \frac{\log \frac{B}{b}}{t}$$

In obiger Tabelle die Werte für $K\,C^n$ berechnet und eingesetzt gibt:

Tabelle II.

| Zeit | Phenol | Sublimat | | |
|---|---|---|---|---|
| | 5% | 1% | 0,5% | |
| | 20° | 20° | 20° | 29° |
| 0 | — | — | — | — |
| 2 | — | — | — | 0,453 |
| 5 | — | 0,240 | — | 0,440 |
| 10 | — | 0,236 | 0,113 | 0,460 |
| 15 | — | — | — | — |
| 20 | — | — | 0,112 | — |
| 30 | — | — | 0,110 | — |
| 60 | 0,00080 | — | — | — |
| 120 | 0,00078 | — | — | — |
| 240 | 0,00077 | — | — | — |
| Durchschnitt: | 0,00078 | 0,240 | 0,112 | 0,451 |

Da n für Phenol gleich 6 ist, und $K_{20}\,C^n$ gleich 0,00078, so berechnet sich $K_{20}$ als $\frac{0{,}00078}{5^6}$ gleich 0,000 000 05 oder $0{,}05 \cdot 10^{-6}$.

Für Sublimat ist: $K\,C^n$ gleich 0,240 bei C gleich 1,
$K\,C^n$ „ 0,112 „ C „ 0,5.

Hieraus ist zu berechnen nach der Formel: $n = \log \frac{K'}{K} : \log \frac{C'}{C}$

n gleich $\log \frac{0{,}240}{0{,}112} : \log \frac{1}{0{,}5}$ gleich 1,08.

Berechnet man wie oben für Phenol nun für Sublimat $K_{20}$, so ergibt sich auch von der Konzentration 0,5 ausgehend ein Wert von 0,24. Sublimat $K_{29}$ ist gleich 0,451 : 0,51 . 08, gleich 0,953.

Die dritte Konstante $\Theta$ berechnet man aus folgender Formel: $K_{T_0}$ gleich $K_{20} \cdot \Theta$ (T—20), (T—20) log $\Theta$ gleich log $\frac{K_T}{K_{20}}$. Hierbei ist T eine beliebige Temperatur, in vorliegendem Beispiel 29°. 9 log $\Theta$ gleich log $\frac{K_{29}}{K_{20}} = 0{,}600$.

$$\log \Theta = 0{,}067$$
$$\Theta = 1{,}17$$

Wie soeben an einem Beispiele die Feststellung der Konstanten dargelegt worden ist, so kann natürlich umgekehrt für jede mit Hilfe der Formeln aus den bekannten, vielleicht dem Mittel mitgegebenen Konstanten die Wirkungsweise für jede beliebige Temperatur, Konzentration usw. berechnet werden.

Vollständige Desinfektion ist als Grenzfall in den Formeln nicht auszudrücken, da $\frac{B}{b}$ bei $b = 0_x$ wäre; in diesem Falle ist $b = < 1$ anzunehmen.

## III. Der Tierversuch.

Über die Aufbewahrung und Haltung der Tiere, sowie die notwendigen Instrumente vgl. S. 79. Hier handelt es sich vorwiegend um die Infektions- und Sektionstechnik.

### 1. Die Infektion.

Die Tiere sind bei der Infektion sicher zu **halten** bzw. zu **fixieren**. Hierbei bedient man sich meist der auf S. 85 besprochenen Hilfsmittel.

Weiße Mäuse hält man mit der einen Hand am Schwanze, läßt sie auf der Mäusebüchse laufen und ergreift sie mit der anderen Hand im Genick. Mit dem kleinen Finger der Hand, die den Schwanz hält, stützt man sie meist am Bauch, damit sie sich beim Impfen nicht zu sehr durchbiegen. Kaninchen wickelt man bei Operationen am Kopf in ein Handtuch straff ein.

**Narkose und Anästhesie** sind bei bakteriologischen Impfungen meist nicht nötig. Bei der Impfung in die vordere Augenkammer verwendet man Lokalanästhesie mit 5%iger Kokain- oder 1%iger Akoinlösung, die man in den Lidsack eintropft.

Die allgemeine Narkose führt man bei kleineren Versuchen mit Äther durch. Einen damit benetzten Wattebausch legt man direkt auf die Nasenöffnung oder man hält ein damit beschicktes Bechergläschen über die Nase.

**Enthaarung.** Außer Abscheren und Rasieren kommt die Enthaarung mit chemischen Mitteln in Frage. Man verwendet sie dann, wenn jede Verletzung der äußeren Haut vermieden werden soll, so bei perkutaner Infektion, intrakutaner Reaktion usw. Hierzu streicht man an einer Brustseite usw. des Versuchstieres einen Brei von Calciumsulfhydrat (E. Merck, Darmstadt) oder Strontiumsulfid oder nach Unna hergestelltem Depilatorium (Beiersdorf u. Co.) oder einer Mischung aus gleichen Teilen ungelöschtem Kalk, Schwefelnatrium und Stärkemehl oder von 35 Teilen Natrium sulfuratum (Merck) zu 65 Teilen destilliertem Wasser mit Hilfe eines Holzspatels auf. 3—5 Minuten später wird der Brei mit dem Spatel schonend abgeschabt und abgewaschen, wobei die Haare mit entfernt werden. Nach Abtrocknen kann das Tier in den Versuch genommen werden.

Auch ein Gemisch von Barium sulfuratum 20,0, Zincum oxydatum und Amylum āā 10,0 hat sich gut bewährt und ist länger haltbar. Vor dem Gebrauch wird es mit Wasser zu einem Brei angerührt und wie obige Mittel auf die Haut aufgetragen.

Über Spritzen und deren Handhabung vgl. S. 85.

Die gebräuchlichsten bakteriologischen **Impfmethoden** sind:

a) die subkutane Impfung und
b) die intramuskuläre Impfung. Es folgt
c) die intraperitoneale Impfung,
d) die Impfung in die Blutbahn, ferner
e) die intrakutane Impfung (z. B. zur Auswertung von Tuberkulin- und Malleinpräparaten). Von
f) der perkutanen Infektion macht man meist nur bei der Untersuchung unreinen Materials auf Pest- und Rotzbazillen, von
g) der Infektion in die vordere Augenkammer vorwiegend nur bei Untersuchung auf Tollwut, seltener Tuberkulose, Gebrauch. Es seien noch erwähnt die Impfung in den Glaskörper und die Hornhaut. Selten wird die Impfung
h) in den Magen und Darm und
i) in die Harnblase vorgenommen. Endlich sind noch anzuführen
k) die intraartikuläre Infektion (zu Virulenzprüfungen von Staphylo- und Streptokokken, sowie Kolibakterien usw.),
l) die subdurale Impfung (Tollwut),
m) die Impfung in die Lunge und
n) die Impfung in die Brusthöhle.

a) **Die subkutane Impfung.** Als Impfstelle wählt man bei der Maus den Rücken nahe der Schwanzwurzel, beim Meerschweinchen die Innenfläche des Hinterschenkels oder den Bauch oder Rücken, beim Kaninchen am besten den Rücken, seltener die unteren Teile der äußeren Ohrfläche, bei der Katze die obere (dorsale) Halsseite, bei dem Huhn die Brust neben dem Kiel (Sternum), bei Schaf, Ziege, Rind und Pferd die Hals- oder Schulterseite.

Die Haare werden vielfach abgeschoren. Die Haut wird mit Spiritus leicht abgerieben; bei kleineren Tieren muß man sich hüten, die Haut in einem zu großen Umkreis zu benetzen. Mit ausgeglühten und wieder erkalteten Instrumenten hebt man eine Hautfalte ab und macht einen kurzen Scherenschnitt; mit einer Scherenklinge fährt man unter die Haut und bildet eine Tasche, in die man mit einer Platinöse das infektiöse Material überträgt und ausstreicht. Die Wundränder werden aneinandergeschoben und die Wunde mit Collodium elasticum verschlossen. Flüssiges Material kann man natürlich auch mit einer Pravazschen Spritze injizieren.

b) **Die intramuskuläre Impfung** führt man meist in die Oberschenkelmuskulatur mit einer Pravazschen Spritze aus, nachdem man die Haut mit Spiritus abgerieben und eventuell die Haare abgeschnitten hat.

c) **Bei der intraperitonealen Infektion** (Abb. 181 u. 182) empfiehlt es sich die Haare abzuschneiden und die Haut mit Spiritus abzureiben.

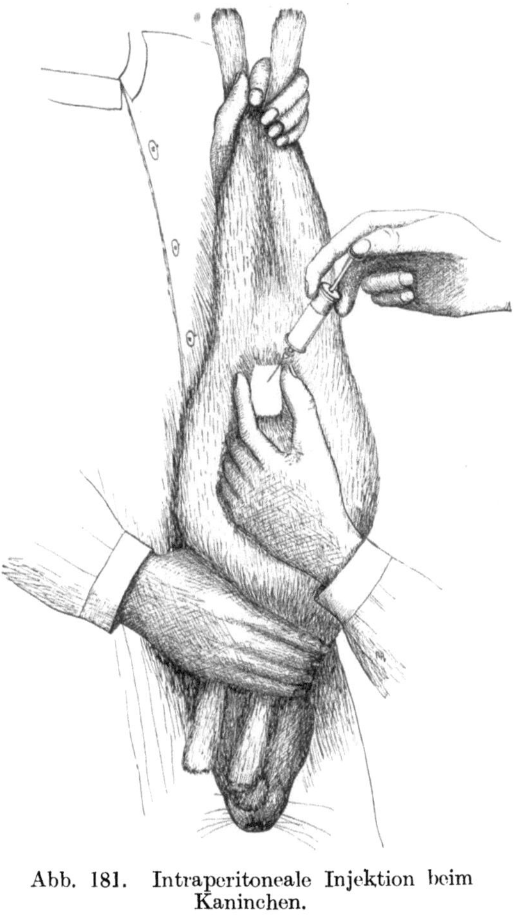

Abb. 181. Intraperitoneale Injektion beim Kaninchen.

Als Impfstelle wählt man bei den Laboratoriumstieren die hinteren (kaudalen) und unteren (ventralen) Partien des Bauches. Das Hinterteil des Tieres wird höher gehalten (Abb. 181). Man durchsticht mit der Kanüle zunächst nur die äußere Haut, zieht die Haut an der Kanüle etwas in die Höhe und durchsticht nun vorsichtig die Bauchdekken. Oder man hebt die Bauchhaut in einer Falte ab, legt einen 1 cm langen Schnitt an und schiebt die abgestumpfte Kanüle durch die tieferen Bauchdecken in die Bauchhöhle ein und injiziert. Beim Meerschweinchen geht man ohne Assistenz vielfach auch in der Weise vor, daß man Kopf und Vorderteil des Tieres in die Brusttasche des Laboratoriummantels steckt, die Hinterbeine zwischen Ring- und Mittelfinger der linken Hand faßt und das Hinterteil des Tieres horizontal (Abb. 182) abbiegt. Zeigefinger und Daumen der linken Hand fixieren die Kanüle. Abb. 108 zeigt die wohl gebräuchlichste Ausführung der intraperitonealen Injektion mit Hilfe des Meerschweinchenhalters nach Voges (S. 84 u. 85).

d) **Die Impfung in die Blutbahn** nimmt man beim Kaninchen in die äußere Ohrvene, die an der äußeren Fläche nahe dem äußeren Ohrrand hinzieht (Abb. 184) oder sicherer, wenn auch etwas umständlicher, in die V. jugularis vor. Letzteren Weg kann man auch beim Meerschweinchen einschlagen, sehr häufig spritzt man aber hier das Material in die Herzkammer ein. Diesen Eingriff an und für sich vertragen die

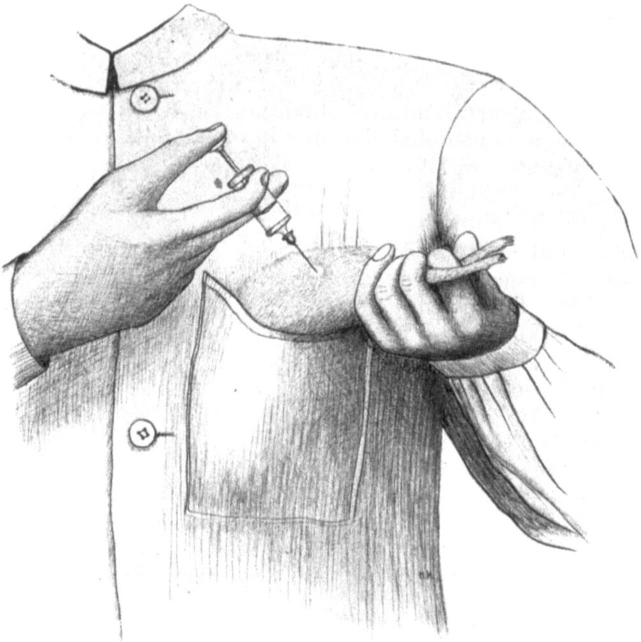

Abb. 182. Intraperitoneale Injektion beim Meerschweinchen.

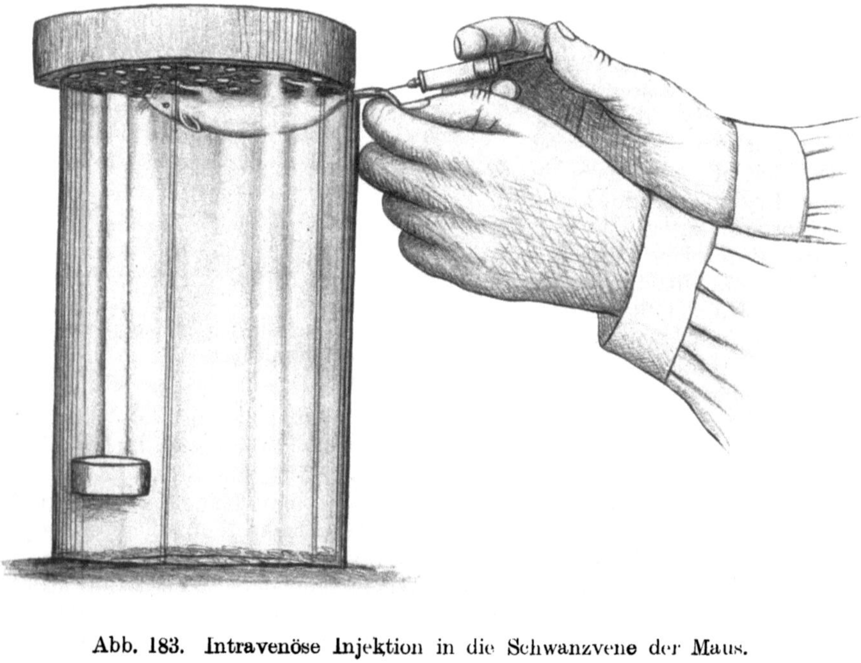

Abb. 183. Intravenöse Injektion in die Schwanzvene der Maus.

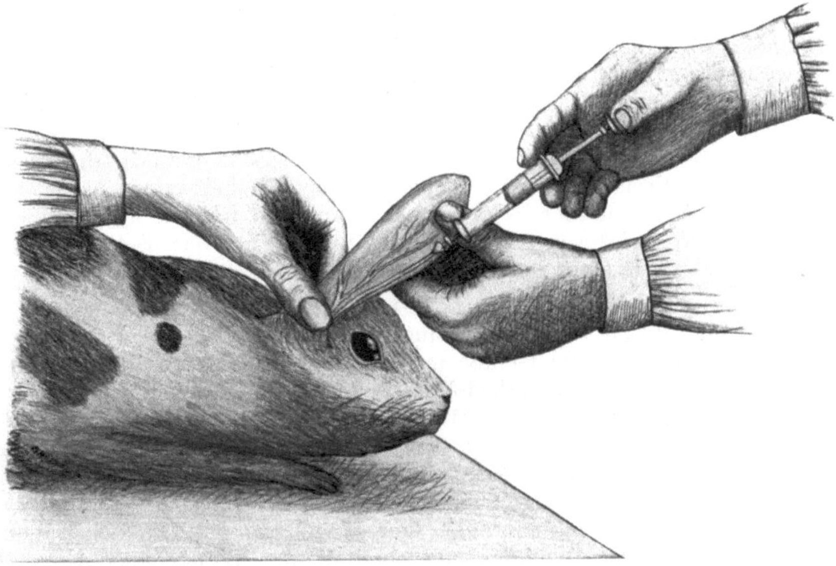

Abb. 184. Intravenöse Injektion in die äußere Ohrvene beim Kaninchen.

Meerschweinchen wider Erwarten gut. Bei Mäusen spritzt man in die Schwanzvene ein, nachdem man das Blut angestaut hat (Abb. 183).

Zur intravenösen Injektion sind im allgemeinen nur verhältnismäßig kleine Mengen Flüssigkeit zu verwenden. Die Flüssigkeit soll etwa Bluttemperatur haben und frei von sichtbaren Flocken sein. Hämolytisch wirkende Stoffe sind zu vermeiden. Sind im Verlaufe des Versuches mehrere Einspritzungen vorzunehmen, so ist die erste möglichst peripher und jede folgende etwas zentraler durchzuführen, da häufig an der Stelle der Injektion Thrombenbildung eintritt.

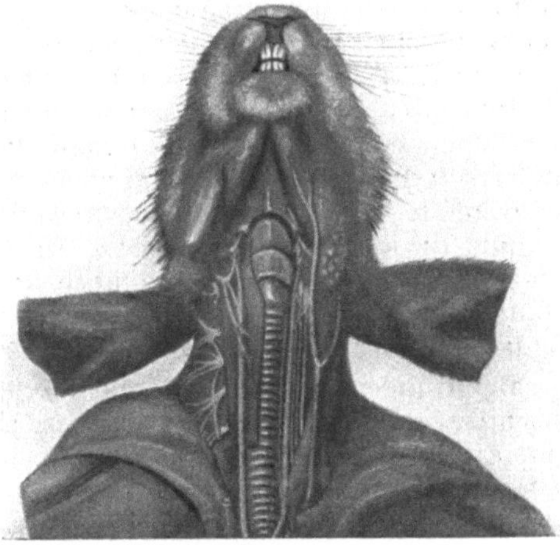

Abb. 185. Halsorgane des Kaninchens nach Gerhardt.

Bei **Mäusen** klemmt man die Schwanzwurzel am einfachsten in der Weise ab, daß man den Körper der Maus in ein Mäuseglas steckt, während der Schwanz über den Rand des Glases heraussteht (Abb. 183). Nun legt man den Deckel auf das Glas und klemmt den Schwanz ein. Die Schwanzspitze wird mit dem linken Daumen und Zeigefinger gehalten. Dicht über die Vene an der unteren Schwanzseite führt man einen heißen Pinzettenschenkel oder eine glimmende Zigarre. Die durch die Hitze geschädigte oberflächliche Epithelschicht läßt sich nun mit dem Messer leicht abschaben, so daß die Vene frei liegt. Mit sehr feiner Kanüle sticht man in die Vene ein. Sind im Verlauf eines Versuches mehrere Einspritzungen nötig, so wird die erste nahe der Schwanzspitze und die folgenden allmählich mehr nach der Schwanzwurzel ausgeführt. Wird das Schwanzende nekrotisch, so schneidet man es ab.

Vor der Einspritzung in die **äußere Ohrvene beim Kaninchen** macht man das Ohr durch Reiben, Eintauchen in heißes Wasser usw. hyperämisch, komprimiert die Gefäße am Grunde des Ohres, reibt die Einstichstelle mit Alkohol und Xylol ab, bedeckt die Ohrwurzel mit einem in heißes Wasser getauchten Wattebausch, legt einen kurzen Hautschnitt an und sticht die dünne Kanüle in die angestaute Vene ein. Entleert sich aus der Kanüle Blut, so setzt man die Spritze auf, injiziert und verschließt dann die Wunde mit einem Tropfen Kollodium. Die Blutung steht meist sofort, wenn man mit dem Nagelrand des Daumens einen kräftigen Druck auf die Vene kurz oberhalb der Wunde ausübt.

Bei der Einspritzung in die **V. jugularis** (Abb. 185) wird das Versuchstier (**Kaninchen** oder **Meerschweinchen**) mit der Bauchseite nach oben auf den Operationstisch (S. 85) festgebunden, die Haare am Halse abgeschoren, die Haut mit Alkohol oder 1—2 %igem Lysol usw. abgerieben und in der Drosselrinne durchgetrennt. Die Vene wird mit Schere oder Messer freigelegt, mit dem stumpfen Sucher frei präpariert und durch nahe am Brusteingang ausgeübte Kompression zur Anschwellung gebracht. In die mit der Pinzette gefaßte Vene wird die Kanüle eingestochen. Das aus der Kanüle auslaufende Blut zeigt die gelungene Einführung an. Die Kompression wird aufgehoben und die Einspritzung vorgenommen. Hierauf nimmt man die Spritze von der Kanüle wieder ab, erneut die Kompression und überzeugt sich durch das aus der Kanüle austretende Blut nochmals nachträglich von der richtigen Lage der Kanüle, die man dann herauszieht. Die Einstichstelle drückt man mit der Pinzette zu, zieht die Faszie über die Vene und vernäht die äußere Haut. Nachdem man etwa ausgetretenes Blut ausgedrückt hat, verschließt man die Wunde mit Kollodium.

Bei **Hunden, Schafen, Ziegen, Pferden und Rindern** spritzt man bei der intravenösen Injektion in die Vena jugularis durch die Haut hindurch ein. Zuvor werden die Haare geschoren und rasiert, sowie die Haut gründlich gereinigt und desinfiziert. Die Vene wird unterhalb der Einstichstelle mit dem Daumen der linken Hand zusammengedrückt. Beim Rind bedient man sich zur Kompression der Jugularis vielfach der sog. Aderlaßschnur, eines um den Hals gelegten, fest angezogenen Strickes. Die Vene tritt deutlich sichtbar und fühlbar hervor und wird beim Einstich leicht getroffen.

Bei Hunden wählt man vielfach auch die Vena poplitea. Sie hebt sich unter der hier nur dünnen Haut deutlich ab.

Beim **Menschen** geschieht die intravenöse Einspritzung am leichtesten in der Ellenbeuge gleichfalls durch die Haut hindurch (vgl. auch S. 24).

Bei der **intrakardialen Injektion** wird das **Meerschweinchen** meist in der Hand gehalten, seltener aufgespannt. In der Herzgegend werden die Haare abgeschoren und die Haut mit Alkohol abgerieben. Man verwendet eine 1 mm weite Kanüle mit kurzer, scharfer Spitze und einer schwach ovalen, fast kreisrunden Mündungsfläche. Der Operateur legt sich meist das Meerschweinchen mit der Rückenseite auf sein Oberbein, die Hinterbeine sich zugekehrt. Den Unterkörper bis zum Rippenbogen bringt man zwischen die Oberschenkel und fixiert ihn durch leichten Schenkeldruck. Mit den kleinen Fingern beider Hände hält man je einen Vorderfuß kopfwärts zurück. Nun sticht man an der Stelle, wo der Herzstoß am kräftigsten ist, in dorsaler und leicht kranialer Richtung rasch ein. Das aus der bei jedem Herzschlag hin- und herbewegten Kanüle austretende Blut zeigt den gelungenen Einstich an. Man spritzt bis zu 2 ccm Flüssigkeit ein. Nach der Injektion nimmt man die Spritze wieder von der Kanüle und überzeugt sich nochmals davon, daß sich das Kanülenende in der Herzkammer befindet und zieht die Nadel mit einem kurzen Ruck heraus.

e) Bei der **intrakutanen Injektion** werden die Haare entfernt (S. 293) und eine sehr dünne Kanüle $^1/_2$—1 cm weit kurz unter der Epidermis hin in die Haut eingestochen. Zumeist wird $^1/_{10}$ ccm der Impfflüssigkeit eingespritzt. Die hierbei entstehende, kleine hanfkorngroße Quaddel wird nicht verstrichen. Die intrakutane Injektion findet hauptsächlich bei Infektionen mit Eitererregern und bei Tuberkulin- und Malleinversuchen Anwendung.

f) Zwecks **perkutaner Infektion** wird die Haut gewöhnlich an der Brust oder am Bauche enthaart (s. oben). Auf die enthaarte Haut wird das infektiöse Material mit einem in der Pinzette gehaltenen Wattebausch oder einem Glasstab schonend eingerieben.

g) **Die Impfung in die vordere Augenkammer** wird am kokainisierten oder akoinisierten (S. 293) Auge vorgenommen. Das Kaninchen wird durch ein mehrfach um den Körper fest angelegtes Tuch, welches nur den Kopf herausschauen läßt, gefesselt. Mit einer Hakenpinzette fixiert man den Augapfel und sticht die möglichst dünne und scharfe Kanüle am oberen Hornhautrand, ohne die Iris zu verletzen, in die vordere Augenkammer ein, läßt das Kammerwasser (ca. 0,2—0,3 ccm beim Kaninchen, 0,1 bis 0,2 ccm beim Meerschweinchen) unter leichtem Druck auf die Hornhaut ausfließen und spritzt hierauf das infektiöse Material etwa in der Menge des abgeflossenen Kammerwassers ein.

Nach der Infektion werden die Augenlider zuweilen mit einem durch die äußere Haut gelegten Heft geschlossen.

Will man festes Material in die vordere Augenkammer bringen, so legt man einen Schnitt am oberen äußeren Rande der Kornea an.

Zur Impfung in den Glaskörper sticht man die Kanüle durch die Sklera in den Glaskörper ein.

Bei Impfung in die Hornhaut wird diese gestichelt und das infektiöse Material eingerieben.

h) **Die Infektion vom Magen** aus bewirkt man durch Beimengung des infektiösen Materials zum Futter oder durch Eingeben mit der Magensonde. Die elastische Magensonde führt man durch einen Gummi- oder Holzkeil, den man dem Tier ins Maul klemmt. Bei kleinen Tieren bedient man sich zur Öffnung des Maules auch vielfach einer gewöhnlichen oder Cornetschen Pinzette. Damit die Infektionsstoffe durch den sauren Magensaft nicht abgetötet werden, führt man den Infektionsstoff in den nüchternen Magen ein, oder neutralisiert die Säure mit mehreren Kubikzentimetern 5%iger Sodalösung oder einer Aufschwemmung von Magnesia usta, welche die Magenschleimhaut weniger reizt als Soda.

Bei Injektion in den **Darm** wird die Bauchhöhle geöffnet und in den gewünschten Darmteil injiziert.

i) In die **Harnblase** wird das Infektionsmaterial mit einem Katheter eingebracht.

k) **Die intraartikuläre Infektion** führt man meist am Kniegelenk des Kaninchens mit einer kurzen, wenig abgeschrägten Kanüle aus. Die Haare werden dort ausgezupft und die Haut durch zweimaligen Anstrich mit 5%iger Jodtinktur desinfiziert. Ein Gehilfe hält das Kaninchen und fixiert den Oberschenkel, der Operateur den Unterschenkel. Er sticht bei leicht gebeugtem Unterschenkel an der äußeren Seite neben der Quadrizepssehne bis auf den Knochen ein, läßt das Gelenk etwas erschlaffen, verschiebt die Kanüle am Knochen entlang etwas nach der medianen Seite und spritzt mindestens 1 ccm ein. Hierbei darf ein Widerstand nicht zu bemerken sein. Der obere Rezessus des Gelenkes muß sich leicht fühlen lassen. Sie findet bei Virulenzprüfungen von Staphylo- und Streptokokken sowie Kolibakterien usw. Anwendung.

l) Bei der **subduralen Impfung** wird das Tier auf dem Operationsbrett gut befestigt. Die Haare werden an der Stirn entfernt. Die Haut wird mit Alkohol abgerieben und 2 mm von der Mittellinie entfernt $1^1/_2$ cm lang nebst den darunter liegenden Weichteilen durchtrennt. Die Knochenhaut wird beiseite geschoben und der Schädel trepaniert. Mit einer meist gekrümmten Kanüle sticht man unter die Dura mater ein und injiziert etwa $^1/_{10}$ ccm von der Infektionsflüssigkeit, oder man durchschneidet die Dura und impft mit einer Platinnadel. Die Wunde wird vernäht und mit Kollodium und Watte bedeckt.

m) Die **Infektion in die Lunge** geschieht durch Einatmen versprayter oder verstäubter Infektionsstoffe oder durch intratracheale Injektion. Um nicht Menschen zu gefährden, ist größte Vorsicht nötig! Setzt man das ganze Versuchstier der Infektion aus, so sind auch die Haare mit infiziert!

n) Die **Impfung in die Brusthöhle** erfolgt mit stumpfer Kanüle von einem Zwischenrippenraum aus.

## 2. Die Behandlung der geimpften Tiere.

Die **geimpften Tiere** sind sachgemäß zu verpflegen und hinsichtlich ihres Gesundheitszustandes (Appetit, Munterkeit, Stellung und Lage, Ausflüsse, Lähmungen usw.) genau zu beobachten. Vielfach verfolgt man auch den Temperaturverlauf [1]) (Thermometer Abb. 109, S. 84) und das Lebendgewicht (Wage S. 57). Die Wägungen werden am besten früh nüchtern, jedenfalls stets zu gleicher Tageszeit vorgenommen.

Will man zu Lebzeiten der Versuchstiere **Blut entnehmen**, so schneidet man Mäusen einfach ein Stückchen Schwanz ab und verarbeitet den hervortretenden Blutstropfen. Bei Kaninchen entnimmt man das Blut der äußeren Ohrvene (Vorbereitung wie bei intravenöser Injektion, S. 298) und beim Meerschweinchen schneidet man das Ohr etwas an. Zur Stillung der Blutung klemmt man einen Wattebausch auf der Wunde mit einer Pinzette fest. Oder man entnimmt das Blut bei beiden Tierarten aus der Jugularis oder Karotis, oder mit Hilfe der Zahnschen oder Reichschen Saugpumpe, oder beim Meerschweinchen durch Herzpunktion.

Nach einem größeren Aderlaß (z. B. 5 ccm beim Meerschweinchen) spritzt man den Tieren die gleiche Menge physiologische Kochsalzlösung subkutan ein.

Bei der Blutentnahme aus der Ohrvene des Kaninchens befeuchtet man das Ohr mit Xylol und reibt das Ohr zwischen den Händen oder einem Tuche warm. Das Ohr wird dann über den Finger gespannt und ein linsengroßes Hautstück über der Randvene (Abb. 184) mit einer gebogenen Schere herausgeschnitten. Das hervortretende Gefäß wird mit einer sterilen Schere angeschnitten und bis etwa 3 ccm Blut in einem sterilen Reagenzglas aufgefangen. Die Blutung wird durch Kompression gestillt.

Größere Blutmengen gewinnt man beim Kaninchen und Meerschweinchen am bequemsten mit dem Saugapparat nach Reich [2]) oder Zahn. Die Haare werden um das Ohr geschoren; das Ohr wird eingeschnitten, in die Öffnung (Abb. 186) gesteckt und das Glas an die Haut angedrückt. Unten ist ein Zentrifugengläschen durch die Gummidichtung angeschlossen. Die dritte Öffnung wird mit der Luftpumpe verbunden. Zu starkes Saugen ist zur Vermeidung von Gleichgewichtsstörungen zu unterlassen.

Abb. 186. Saugapparat nach Zahn zur Blutabnahme beim Meerschweinchen.

Beim Kaninchen und Meerschweinchen entnimmt man das Blut mitunter nach Freilegen der Jugularis (S. 298) aus dieser, beim Meerschweinchen zuweilen auch durch Herzpunktion. Über die Technik vgl. intravenöse und intrakardiale Injektion S. 298 und 299.

Entnimmt man das Blut aus der Karotis, so ist diese hierauf doppelt zu unterbinden. Einseitige Unterbindung der Karotis vertragen die Tiere anstandslos, aber eine beiderseitige meist nicht. Die Herz-

[1]) Die Normaltemperatur beträgt beim Hund 37,5—39°, beim Kaninchen 38,8—39,6°, beim Meerschweinchen 37,1—39,6°, beim Huhn 41—42,5°.

[2]) Reich, Dtsch. med. Wochenschr. 1917, S. 1117; zu beziehen bei Leitz, Berlin NW, Luisenstr. oder F. u. M. Lautenschläger (vgl. Firmenverzeichnis am Ende des Buches).

punktion kann beim Meerschweinchen wiederholt meist gefahrlos durchgeführt werden, wenn auch Verluste durch intraperikardiale und intrapleurale Blutungen nicht ausgeschlossen sind.

Bei den Vögeln entnimmt man das Blut der großen Flügelvene.

Die **Tötung** der Versuchstiere erfolgt durch Nackenschlag, Chloroformierung oder Entblutung.

Zur Entblutung von Kaninchen und Meerschweinchen spannt man sie auf ein Operationsbrett auf, legt die Karotis frei und sticht eine Kanüle oder eine in eine kurze Kapillare ausgezogene Glasröhre ein. Bei Verstopfung des Rohres saugt man (mit der Spritze) etwas an und drückt Bauch und Brust des Tieres. Mitunter durchtrennt man auch die auf eine größere Strecke freigelegte Karotis kopfwärts und leitet das ausströmende Blut unmittelbar in ein Reagenzglas. Endlich läßt man das Tier mitunter auch in die Brusthöhle verbluten. Dazu wird das aufgespannte Tier chloroformiert. Man befeuchtet die Haare an Unterbrust und Bauch mit Alkohol, durchtrennt die Haut durch einen medianen Längsschnitt, legt den Brustkorb frei, entfernt die vordere Brustwand und schneidet das Herz an. Das Tier entblutet in die Brusthöhle, währenddessen schneidet man die Lungen heraus. Das Blut wird mit einer Pipette mit weiter Ausflußöffnung entnommen und in einen sterilen Zylinder oder mehrere Reagenzgläser gegeben. Zur Serumgewinnung läßt man das Blut in schräger Schicht gerinnen. Nach 24stündigem Stehen bei Zimmertemperatur wird das Serum mit steriler Pipette abgehoben und eventuell durch Zentrifugieren oder Absitzenlassen geklärt.

### Virulenzsteigerung.

Haben pathogene Bakterien ihre Virulenz so weit eingebüßt, daß sie empfängliche Versuchstiere nicht mehr töten, so züchtet man sie zunächst in einem Schilfsäckchen (S. 254), das man in die Bauchhöhle eines lebenden Versuchstieres (meist Kaninchen) bringt. Hierauf sucht man ein Versuchstier mit großer Bakterienmenge aus dem Schilfsäckchen, die man intraperitoneal (S. 255) verimpft, zu töten. Gelingt das, so entnimmt man das Exsudat der Bauchhöhle steril und verimpft es auf ein anderes Versuchstier. Nach 1—2 Tierpassagen ist die Virulenzsteigerung meist gelungen.

Die Virulenzsteigerung tritt häufig nur einseitig für die verwendete Tierart ein und geht oft mit Virulenzabnahme für andere Tierarten einher (z. B. Schweinerotlaufbazillen · Kaninchen Schweine).

## 3. Die Sektion.

Die bakteriologische Sektion ist möglichst bald nach dem Tode vorzunehmen, weil sonst das bakteriologische Bild durch eindringende Fäulniserreger getrübt und die pathogenen Bakterien (z. B. Milzbrandbazillen) selbst völlig verdrängt werden können. Die Einwanderung der Fäulnisbakterien vollzieht sich

| | bei Eisschranktemperatur in Stunden | bei Zimmertemperatur in Stunden | bei Bruttemperatur in Stunden |
|---|---|---|---|
| In der toten Maus . . . . . . . . . | 24 | 20 | 5 |
| In der toten Ratte . . . . . . . . . | 20 | 18 | 5 |
| Im toten Kaninchen . . . . . . . . . | 20 | 16 | 6 |

Die Kadaver werden nur mit Pinzette oder Gummihandschuhen angefaßt.

Vielfach legt man das Kadaver vor der Sektion einige Zeit in eine 2%ige Lysol- oder 3%ige Kreolinlösung.

Die Kadaver werden, nachdem man die in der Totenstarre gebeugten Beine gestreckt hat, auf das **Sektionsbrett** (S. 88) mit Tuchnadeln, Nägeln oder Pfriemen mit dem Bauch nach oben festgesteckt (Abb. 120 u. 121) bzw. festgebunden. Um eine Infektion des Brettes durch Blut usw. zu verhüten, legt man vielfach zwischen Kadaver und Brett einige Lagen Fließpapier.

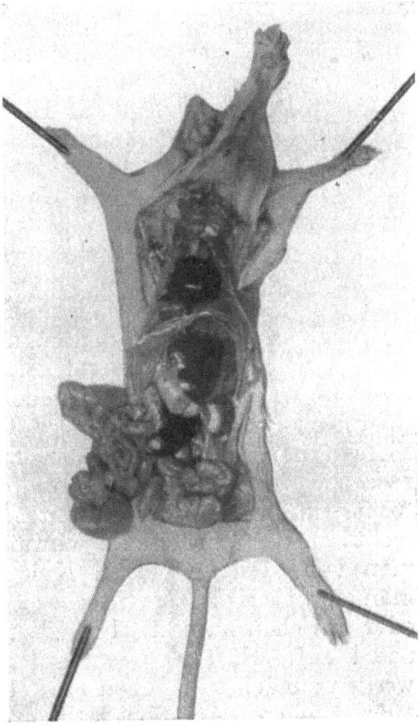

Abb. 187. Bakteriologische Sektion einer Maus.

Die Haut wird zum mindesten in der Gegend der Schnittführung mit Alkohol abgerieben. Sie wird bei den Kaninchen und Meerschweinchen meist in der Mittellinie vom Kinnwinkel bis zur Schambeinfuge durchgetrennt und mit sterilem Messer und Pinzette, die von Zeit zu Zeit erneut in der Flamme ausgeglüht werden, zurückgeschlagen und festgesteckt (Abb. 187). Bei der Maus wählt man die gleiche Technik, oder man durchtrennt die Haut von einer Kniefalte zur anderen, geht sodann beiderseits seitlich, ohne die Bauchmuskeln zu durchtrennen, bis in den Kinnwinkel herauf, klappt die Haut an Bauch, Brust und Hals in die Höhe und schiebt die Haut an den Seitenflächen des Körpers möglichst herab (Abb. 187).

Vögel müssen zunächst gerupft werden; vorher benetzt man die Federn mit Sublimatlösung oder Spiritus. Man durchschneidet sodann die vom Schenkel zum Rumpf gehende Hautfalte, biegt die Schenkel ab, schneidet die Bauchwand von der Kloake bis zum Brustbein in der Mittellinie, hierauf seitlich rechts und links am hinteren Rand des Brustbeins bis gegen die Wirbelsäule auf, durchtrennt die Rippen in ihrem mittleren Teil und klappt das Brustbein nach oben (kranial). Im übrigen verfährt man wie bei den anderen Versuchstieren (s. u.). Es sei hier nur noch daran erinnert, daß die Milz beim Vogel **rechts** nahe der Wirbelsäule liegt.

Nach Durchtrennung und Zurückschlagen der Haut öffnet man bei Allgemeininfektion vielfach zuerst die **Brusthöhle.** Damit von außen keine verunreinigenden Keime nach innen verschleppt werden, ist es notwendig, die Instrumente des öfteren in der Flamme abzubrennen. Rechts und links vom Brustbein durchtrennt man bei den kleinen Versuchstieren die Rippen mit einer sterilen Schere, klappt das Brustbein nach unten und schneidet die noch bestehende Verbindung mehr oder weniger durch. Mit frisch sterilisierten Instrumenten schiebt man die Lungenflügel etwas beiseite und legt das Herz gut frei, schneidet die Herzspitze ab oder öffnet die Vorkammern. Ist eine meist nicht entbehrliche kulturelle Untersuchung beabsichtigt, so werden zuerst die Kulturen angelegt und hierauf erst die mikroskopische Untersuchung usw. vorgenommen. Während der Untersuchung schützt man das Kadaver vor Fliegen und Luftkeimen durch eine übergestürzte Glasglocke.

Bei der Öffnung der **Bauchhöhle** muß man sich hüten, den Magen oder Darm anzuschneiden. Indem man die Bauchdecken beim Durchschneiden mit der Schere gut hochhebt, ist eine Verletzung der genannten Organe leicht zu vermeiden. Die Bauchdecken werden in der Längs- und Querrichtung durchschnitten. Der Darm wird an der rechten Seite des Tieres (vom Beschauer gesehen links) herausgeschoben. Die Leber liegt zwischen Zwerchfell und Magen, die Milz links (vom Beschauer gesehen rechts) mehr oder weniger unter dem Magen und die Nieren links und rechts an der Wirbelsäule schwanzwärts von der Leber und Milz. Will man von diesen Organen Kulturen anlegen, so reißt oder schneidet man ein Stück ab, zerquetscht es etwas zwischen den Pinzettenschenkeln oder zwischen zwei sterilen Glasplatten und streicht es mit der Platinnadel auf. Härtere Gewebe (z. B. tuberkulöse Lymphknoten usw.) werden zunächst zwischen zwei sterilen Glasplatten zerdrückt und dann aufgestrichen. An die Platinnadel ist das Gewebe leicht zu fixieren, wenn ein Teil des Gewebes mit der heißen Nadel vorsichtig berührt wird.

Sollen Proben aus dem **Darm**inhalt entnommen werden, so unterbindet man einzelne Stellen doppelt, schneidet sie heraus und öffnet sie auf einer sterilen Glasplatte.

Die Herausnahme der einzelnen Organe ist meist nur bei genauer pathologisch-anatomischer Untersuchung nötig. Man beginnt mit der Lunge und dem Herzen, die man nach Durchtrennung der Luftröhre und des Schlundes am Halse mit der Pinzette faßt und mit Nachhilfe eines Messers herausnimmt.

Von den Organen der Bauchhöhle exenteriert man zuerst die Milz, dann wird der Magen am Schlund gefaßt und mit dem Darm unter Durchschneidung des Gekrößes und der Gefäße über die Blase nach unten geschlagen. Es werden die Leber und schließlich die Nieren herausgeschnitten. Die Organe werden der Reihe nach auf eine Glasplatte oder in eine Petrische Doppelschale gelegt.

Schließlich werden die Impfstelle und die benachbarten Lymphdrüsen angesehen und untersucht. Bei der subkutan (S. 294) geimpften Maus durchschneidet man die Halswirbelsäule und die Verbindung mit den Vorderbeinen, faßt die Wirbelsäule mit der Pinzette und zieht den Rumpf vom Fell bis zur Impfstelle ab.

**Nach beendeter Sektion** sind die Kadaverteile unschädlich zu beseitigen, alle Instrumente usw. zu desinfizieren und die Hände zunächst mit Seife und Bürste zu reinigen und durch etwa $^1/_2$ Minute lange Einwirkung von 1 $^0/_{00}$ Sublimatlösung usw. (S. 34) zu desinfizieren.

Will man sich Organe für Demonstrationszwecke aufbewahren, so legt man sie in Kaiserlingsche Lösung (S. 126) ein.

# IV. Besondere Untersuchungsmethoden für den Nachweis und die Unterscheidung der wichtigsten pathogenen und einiger anderer Mikroorganismen.

1. **Abortusbazillen,** B. s. Corynebakterium abortus infectiosi Bang, hauptsächlichster Erreger des Verwerfens der Tiere (namentlich der Kühe, nicht der Stuten, hier Paratyphusbazillen s. Typhaceen Nr. 98 S. 345).

Material: Veränderte Zotten der Eihäute, Labmageninhalt der frisch verworfenen toten Föten.

Ausstrich: Färben mit gewöhnlichen Anilinfarben (S. 105), bevorzugt verdünntes Karbolfuchsin (S. 120). Nicht nach der Original-Gramschen Methode, wohl aber nach modifizierter Gram-Weigertschen (S. 140). Zunächst wird das Material in Tellyesniczkyscher Flüssigkeit (100 ccm 3 $^0/_0$ige Lösung von Kalium dichromicum, 5 ccm Essigsäure und 10 ccm Formalin) fixiert. Die Schnitte werden in Parakarmin vorgefärbt, mit Karbolgentianaviolett (S. 120) und Lugolscher Lösung (S. 120) nachbehandelt und mit Anilin-Xylol entfärbt. Andere gramnegative Bakterien (Koli-, Nekrosebazillen usw.) können nach diesem Verfahren gleichfalls gefärbt werden. Kleine, vielfach kokkenähnliche, ungleichmäßig gefärbte Bakterien. In verunreinigtem Material als solche nicht sicher zu erkennen, da nicht genügend charakteristisch.

Kultur. Lackmusneutraler bis schwach alkalischer ($p_H = 7{,}2$—$7{,}3$) Agar, Serum-Gelatine-Agar ($\widehat{aa}$), Gelatine-Agar ($\widehat{aa}$) mit und ohne Amnionflüssigkeit. Strichkultur neben Milzbrand- oder Heubazillenstrichkulturen ($\widehat{aa}$) in engen, luftdicht verschlossenen Büchsen (Ascoli, S. 254), weniger gut Strichkultur mit Paraffinverschluß, Schüttelkultur (S. 245). Kleine tautropfenähnliche Kulturen, im auffallenden Licht leicht bläulich-weißlich-grau, im durchfallenden Licht, namentlich ältere, bräunlich.

Tierversuch. Subkutane oder intramuskuläre Impfung von Meerschweinchen, 10 Wochen später töten. Veränderungen ähnlich der der Tuberkulose, daraus Kultur.

Klinisch: Agglutination (S. 363), Komplementbindung (S. 408) mit dem Patientenserum. Antigennachweis in Extrakten aus veränderten Eihäuten durch Komplementbindung (S. 409).

2. **Achorion** s. unter Favus Nr. 24, S. 314.

3. **Aktinomyzes,** Strahlenpilz.

Quetschpräparat: Weißgelbe bis gelbbraune Körnchen im aktinomykoseverdächtigen Eiter zwischen Objektträger und Deckglas vorsichtig zerdrückt, mit verdünnter Essigsäure oder Kalilauge aufgehellt, lassen schon bei schwacher Vergrößerung (Abblenden!) charakteristische Pilzdrusen erkennen.

Schnittpräparat nach Gram (S. 139) 24 Stunden färben, eventuell vorher einige Minuten in 0,01⁰/₀igem KOH, 15 Minuten Lugolsche Lösung. Nachfärben mit Bismarckbraun und Eosin. (Myzel meist schwarzblau; bei einigen Aktinomyzesarten ist Myzel nicht gramfest; Kolben rot, Kerne braun.)

Oder nach Weigert-Gram (S. 139), oder mit Hämalaun (S. 161) und Eosin (Kolben deutlich), oder nach Boström: Anilinwassergentianaviolett 15 Minuten, direkt in Pikrokarmin (nach Weigert, S. 122) 5—10 Minuten, Wässern, Entfärben in absolutem Alkohol bis Schnitte rotgelb, Zedernöl usw. Myzel blaßblau, Keulen rot, Gewebe gelbrot.

Kultur: Pilzdrusen anreiben mit Bouillon, aufstreichen auf übliche Nährböden, besonders Glyzerinagar und Blutserum bei 37$^0$ (20$^0$). Manche Arten wachsen anaerob. Erste Generation wächst meist schlecht, spätere besser. Kolonien trocken, später weiß oder gelb oder rötlich, wie bestäubt, in Nährböden sich „einfressend", Serum und Gelatine langsam verflüssigend. In jungen Kulturen kokken- und stäbchenartige Wuchsformen, in älteren lange Fäden, Keulen nur selten.

4. **Amöben** s. unter Dysenterieamöben Nr. 22, S. 311.

5. **Anthraxbazillen** s. unter Milzbrandbazillen Nr. 52, S. 322.

**Aspergillus** s. unter Schimmelpilze Nr. 75, S. 331.

6. **Babesia** s. unter Piroplasma Nr. 57, S. 326.

**Bacterium** und **Bacillus** s. unter dem betreffenden Beinamen, so Bac. abortus unter Abortusbazillen usw.

7. **Bartflechte** s. unter Trichophyton S. 343.

8. **Botryomyzes s. Botryokokkus,** s. Micrococcus ascoformans, s. Micrococcus botryogenes, Traubenkokkus.

Ungefärbtes Präparat: Gelbweiße, sandkorngroße Körperchen im eitrig-schleimigen Inhalt der gelbbraunen Erweichungsherde im Innern der botryomykotischen Geschwülste werden mit Essigsäure oder Kalilauge aufgehellt. Der Botryomyzes erscheint bei schwacher Vergrößerung als brombeerähnliches Konglomerat kugliger Ballen. Bei starker Vergrößerung sieht man, daß die Kugeln aus Mikrokokken, eingebettet in gallertigen Massen, bestehen.

Schnittpräparat: Färbung nach Gram (S. 139) oder Nicolle (S. 131), Nachfärben mit Eosin oder Pikrinsäure. Kokken schwarz, gallertige Zooglöa rot bzw. gelb.

Kultur (ähnlich dem Staphylococcus pyogenes aureus): Auf Agar, Glyzerinagar bei Zimmertemperatur: orangefarbige, saftige Beläge, bei 37$^0$ anfangs farblos. Auf Kartoffel mattgelber, reifartiger Überzug von obstartigem Aroma. Gelatine wird verflüssigt. In Kultur fehlt Kapsel.

9. **Botulinusbazillen** (B. botulinus).

Mikroskopisches Präparat: Färbbar mit gewöhnlichen Anilinfarben (S. 105) und nach Gram, vorsichtig entfärben! Größe: 1—1,2 $\mu$: 4—6 $\mu$, Enden abgerundet, schwach beweglich, bei Sporenbildung Zitronen- oder Keulenform.

Kultur: Anaërob, auf üblichen Nährböden mit Traubenzucker bei alkalischer Reaktion, Gasbildung bei Traubenzuckergegenwart, Verflüssigung der Gelatine (nach Kendall, Day und Walker[1]) bildet der B. botulinus kein proteolytisches Ferment), Buttersäuregeruch. In Gelatine runde, durchsichtige, leicht gelbliche Kolonien mit Verflüssigungshof. Temperaturoptimum 20—25$^0$. Toxinbildung nur unter 35$^0$, nicht hitzebeständig, ruft subkutan bei Tieren rasch motorische Paresen, Mydriasis und Tod hervor. Keine Vermehrung im Körper.

10. **Bradsotbazillen** (B. gastromycosis ovis).

Material: Labmagenschleimhaut, Nieren usw.

Mikroskopisches Präparat und Kultur wie bei Nr. 9. Temperaturoptimum 37$^0$. Keine Toxinbildung.

**Bubonenpestbazillen** s. unter Pestbazillen Nr. 56, S. 325.

11. **Choleravibrionen** (Vibrio s. Mikrospira cholerae asiaticae).

Material: Stuhlprobe von 10—20 ccm oder Inhalt einer 10 cm langen Darmschlinge aus dem untersten Teil des Ileum. Bei abgelaufenen Fällen 3 ccm Venenpunktions- oder Schröpfkopfblut.

Für mikroskopische Untersuchung, wenn möglich, Schleimflocken aus Kot oder Darminhalt.

Ausstrich-Präparat: Färben mit Anilinfarben, namentlich Fuchsin, 10 Sekunden, bzw. verdünntem Karbolfuchsin (1 : 9) 10 Sekunden unter leichtem Erwärmen. Nicht gramfest. Eigenbeweglich, schießend. Keine Sporen. Gekrümmt oder gerade.

Kultur: Gewöhnliche Nährböden, alkalische Reaktion vorteilhaft. Auf Gelatine helle, „glasbröckchenähnliche" Kolonien, zuweilen auch dunkelgelbliche mit gefasertem Rand. Gelatinestich: „luftblasenartige" Verflüssigung. Auf Agar bläuliche durchscheinende Kolonien. Zur Anreicherung: Peptonwasser (S. 221), Dieudonnéscher Blutalkaliagar (S. 218), Blutsodaagar (S. 218), Nährboden nach Hesse, sowie nach Baerthlein und Gildemeister usw. Die Choleravibrionen geben Nitrosoindolreaktion (S. 269). Identifizierung durch Agglutination (S. 363) und Pfeifferschen Versuch (S. 472).

Zur bakteriologisch-diagnostischen Untersuchung sind nur bestimmte Institute zugelassen.

Über Anweisung des Bundesrats vom 9. 12. 1915, V. K. G. A 1916 S. 210 s. S. 8.

Schnittpräparat: 5—10 Minuten Löfflersches Methylenblau.

**Ciliaten** s. u. Flagellaten S. 315.

---

[1]) Kendall, Day und Walker, Journ. of infect. dis. 1922, vol. 30. p. 141, ref. im Zentralbl. f. d. ges. Hygiene 1922, Bd. 1. S. 213.

12. **Coccidien.** Nachweis im Kot: Der Kot wird mit der 50—100-fachen Menge Wasser verrieben, kurz und schwach zentrifugiert, die stark trübe Flüssigkeit wird abgegossen und 15—20 Minuten scharf (3000 Umdrehungen in der Minute) zentrifugiert. Der hierbei auftretende Bodensatz wird auf Objektträger dünn ausgestrichen und ungefärbt bei schwacher Vergrößerung durchgemustert. Weitere Anreicherungsverfahren s. S. 98.

Die Kokzidienknoten der Leber werden geöffnet und die eitrige Flüssigkeit ungefärbt bei schwacher Vergrößerung untersucht.

Zum Nachweis der Kokzidien im Darmepithel wird der Dick- oder Blinddarm geöffnet; der Darminhalt mit Wasser leicht abgespült, die Schleimhautoberfläche mit dem Messer leicht abgestrichen, der Abstrich dünn ausgestrichen und wie oben untersucht.

Die Kokzidien treten schon bei schwacher Vergrößerung als verhältnismäßig große, eiförmige Gebilde (15—20 : 30—40 $\mu$) mit doppelt konturierter Kapsel hervor.

13. **Colibazillen** (B. coli communis). Kurzes, plumpes (1 : 2—3 $\mu$) Stäbchen mit abgerundeten Enden. Schwach eigenbeweglich.

Ausstrichpräparate färben mit gewöhnlichen Anilinfarben, nicht nach Gram. Über das Färben von Colibazillen nach dem abgeänderten Gramschen Verfahren vgl. S. 305 unter 1. Abortusbazillen, Ausstrich.

Kultur auf gewöhnlichen Nährböden. Flächenartige, leicht irisierende Beläge mit gebuchtetem Rand, in der Tiefe wetzsteinartige, bräunliche Kolonien. Gelatine nicht verflüssigend. Differenzierung von Typhus-, Paratyphus- und Ruhrbazillen, vgl. Zusammenstellung S. 348. B. coli variiert ziemlich stark, manche Eigenschaften fehlen zuweilen. Stammesunterschied auch bei der Agglutination nachweisbar.

Beim Eijkmanschen[1]) Verfahren zum Nachweis des B. coli im Wasser versetzt man das zu untersuchende Wasser mit (ungefähr $^1/_8$ seines Volumens) einer sterilen wässerigen Lösung von 10% Traubenzucker, 10% Pepton und 5% Kochsalz, füllt das Gemisch in Gärkölbchen und hält es bei 46°. Bei Anwesenheit des B. coli tritt in 24 Stunden Trübung und Gasbildung auf. Auch andere Bakterien (Buttersäurebazillen usw.) rufen Gärung hervor. Deshalb sind die Bakterien im Gärkölbchen noch auf Spezialnährböden (Milch, Barsiekow-Trauben- und Milchzuckerlösung [S. 211] usw.) zu untersuchen.

Etwas zuverlässigere Ergebnisse als das Eijkmannsche Verfahren liefert jenes von Bulíř[2]). 2 Teile Untersuchungswasser werden mit einem Teil 3%iger Mannit-Pepton-Kochsalzbouillon mit Neutralrotzusatz (2 Teile 0,1%ige Neutralrotlösung auf 100 Teile Wasserfleischbrühegemisch) versetzt. Die Bouillon ist aus Rindfleisch, nicht aus Fleischextrakt herzustellen. Ferner enthält sie 2,5% Pepton und 1,5% Kochsalz. Die Fleischbrühe wird $1^1/_2$ Stunden gekocht, mit Sodalösung neutralisiert, filtriert und 2 Stunden im Dampf sterilisiert. Obiges Gemisch wird in Gärkölbchen abgefüllt und bei 45,5—46° bebrütet. Bei Gegenwart

---

[1]) Eijkman, Zentralbl. f. Bakteriol., Parasitenk. u. Infektionskrankh., Abt. I Orig. 1904, Bd. 37. S. 742.

[2]) Bulíř, Arch. f. Hyg. 1907, Bd. 62.

von B. coli tritt in 12—24 Stunden Gasbildung, Trübung, Verfärbung in gelb bis grün (fluoreszierend) und Säurebildung auf. Zum Säurenachweis werden 10 ccm Flüssigkeit aus dem Gärkölbchen entnommen und mit 1 ccm alkalischer Lackmustinktur (100 ccm Lackmustinktur Kahlbaum + 2 ccm Normalnatronlauge) vermischt. Rötung zeigt Säurebildung an. Fehlt eine der angegebenen vier Reaktionen, so liegt nach Buliř echtes B. coli nicht vor. Nach Jungeblut [1]) fehlt Verfärbung etwa in der Hälfte aller Fälle, Gasbildung in 6 von 79 Fällen ganz; in 8 Fällen wurde Gas erst nach 48 Stunden gebildet. Gasbildung und Entfärbung wurden auch durch andere Bakterien (z. B. Heubazillus) hervorgerufen. Auch Kolistämme, die frisch aus Kot herausgezüchtet wurden, reduzieren nur zu einem kleinen Teil Neutralrot. Auch bei diesen kann die Gasbildung, wenn auch selten, ausbleiben. Dagegen verursachten sämtliche Kolistämme, auch aus dem Wasser, Trübung und Säurebildung. Die Bakterien des Gärkölbchens sind noch weiter zu identifizieren (vgl. hierüber auch unter Typhusbazillen Nr. 98 S. 345).

Die quantitative B. coli-Bestimmung im Wasser nimmt man nach dem Petruschky-Puschschen Verfahren (Zeitschr. f. Hyg. u. Infektionskrankh. 1903, Bd. 43, S. 304) mit fallenden Wassermengen vor. Vgl. hierüber Handbuch der Nahrungsmitteluntersuchung, herausgegeben von Beythien, Hartwich und Klimmer Bd. 3, S. 545.

14. **Conjunktivitisbakterien** s. Koch-Weeksche Bazillen Nr. 38, S. 318.

15. **Diplococcus catharrhalis.**

Ausstrich färben mit gewöhnlichen Anilinfarben, nicht nach Gram. Vgl. auch Meningokokkus Nr. 47, S. 321.

16. **Diplococcus gonorrhoeae** s. Gonokokkus Nr. 29, S. 316.

17. **Diplococcus meningitidis** s. Meningokokkus Nr. 47, S. 321.

18. **Diplococcus lanceolatus** s. Pneumokokkus Nr. 59, S. 326.

19. **Diphtheriebazillen** (Bac. s. Corynebacterium diphtheriae). Keine Eigenbewegung.

Material: Rachenbelag (S. 26).

Ausstriche färbt man mit Löfflerschem Methylenblau (S. 105), verdünntem Karbolfuchsin (S. 120), zur Erleichterung der Diagnose nach Neißer (S. 136), nach Giemsa (S. 135) oder nach Gram (S. 139) (Nicht zu stark entfärben!). Schlanke Stäbchen, gekreuzt oder im Winkel zueinander liegend. Keulen- und Spindelform, unterbrochen gefärbt. (Werden statt Diphtheriebazillen dafür B. fusiformis und feine Spirochäten fast in Reinkultur gefunden, so spricht das für Plaut-Vincentsche Angina oder Stomatitis ulcerosa. Stets Kulturen auf Diphtheriebazillen anlegen!)

Die Polkörperchenfärbung nach Neißer ist anzuwenden für Belagausstriche und 12—24stündige, bei 35—36° gewachsene Serumkultur (an einem oder beiden Polen, zuweilen auch in der Mitte blaue Körnchen, während die den Diphtheriebazillen ähnliche Bazillen zu dieser Zeit Körnchenfärbung zumeist noch nicht zeigen; selten fehlen die Körnchen bei Diphtherie oder treten erst später auf. Selten zeigen

[1]) Jungeblut, Arch. f. Hygiene 1921, S. 63.

auch Pseudodiphtheriebazillen (den Xerosebazillen ähnliche) und andere Bazillen Körnchen. Diese Methode ist also nicht völlig zuverlässig. Im Zweifelsfall ist Diphtherie anzunehmen (Heilserum usw.).

Schnitte: färben nach Löffler (S. 130) oder nach Gram (S. 139), aber Jodjodkaliumlösung nur $^1/_2$ Minute. Kontrolle der Entfärbung in Alkohol unter dem Mikroskop.

Klatschpräparat (S. 103) aus Kultur: färben nach Neißer (S. 136).

Kultur auf Löfflerschem Blutserum (S. 200), möglichst vom Hammel, Bronstein-Grünblattschen Nährböden (Diphtheriebazillen rubinrot, Pseudodiphtheriebazillen grün — S. 223); weitere Spezialnährböden s. S. 221 bis 223; wenig üppig und charakteristisch auf Agar, Glyzerinagar und Tochtermannschem Serumagar (S. 221). Prüfung der Nährböden auf Tauglichkeit mit Reinkultur.

Bei Kultur aus Untersuchungsmaterial fraktionierte Aussaat (S. 236) auf 6—8 Serumröhrchen oder einige Platten.

Auf Serum üppiges Wachstum, feuchte, weißgelbe, halbkugelige Kolonien von mehreren Millimetern Durchmesser in 20 Stunden. Die Kolonien von Pseudodiphtherie- und Xerosebazillen sind wesentlich kleiner. Wenn kein Wachstum von Diphtheriebazillen, so öftere Wiederholung der Untersuchung (bis 48 Stunden nach Aussaat — beginnend nach 6 Stunden — namentlich bei Rekonvaleszenten und Bazillenträgern). Verdächtige Bazillen sind reinzuzüchten (Plattenverfahren nach vorheriger Verdünnung in Bouillon). Zur Differentialdiagnose dient u. a. die **Reaktionsprobe**: Leicht alkalisches Fleischwasser (S. 167) aus frischem Fleisch mit Diphtheriebazillen besät, wird sauer (10 ccm in 24—28 Stunden bei 37° = etwa 0,35—1 ccm $^1/_{10}$ n-Schwefelsäure — Indikator Phenolphthalein). Dagegen bildet der Hoffmann-Löfflersche Pseudodiphtheriebazillus Alkali (= 0,2—0,4 $^1/_{10}$ n-Natronlauge) (S. 274). Die Xerosebazillen bilden dagegen gleichfalls Säure, mitunter so viel als Diphtheriebazillen; dann Probe nicht entscheidend. In Nährbouillon wegen gelber Farbe Titration erschwert. Auf dem Prinzip der Säurebildung beruht der Thielsche (S. 222), Rothesche (S. 222) und Bronstein-Grünblattsche (S. 223) Nährboden.

| | Verhalten von | | |
|---|---|---|---|
| | Diphtheriebazillen | Pseudodiphtheriebazillen | Xerosebazillen |
| im Thielschen Nährboden (S. 222) | Rötung u. Trübung | (meist) klar, unverändert | klar unverändert |
| im Rotheschen Nährboden (S. 222) | Rot bei Trauben- und Fruchtzucker | vergären nur Malz- und Rohrzucker | vergären keine Zuckerart |
| im Bronstein- und Grünblattschen Nährboden (S. 223) | rubinrot | grün, später (12 Stunden) rot | |

In hoher Schicht wachsen die Diphtheriebazillen in einem Nähragar mit 1,5% Traubenzucker und 12,5% Normalsoda über den Lackmusneutralpunkt anaerob, die meisten Pseudodiphtheriebazillen jedoch nicht.

**Tierversuch**: Einem Meerschweinchen von etwa 200 g Gewicht wird subkutan (S. 294) an der Brust eine große Öse 1—2tägiger (37°) Serumreinkultur oder 0,2—1 ccm gleich alter Bouillonreinkultur eingeimpft. Durch Diphtheriebazillen erkrankt das Tier nach einem Tag mit starkem Infiltrat an der Impfstelle. Tod meist nach 2 Tagen. Bei der Sektion findet man stets großes, oft hämorrhagisches Infiltrat an der Impfstelle, serösen Pleuraerguß, Nebenniere groß, blutreich, Organe steril. Wird die Diphtheriekultur mit 0,2 ccm eines mindestens 200fachen Diphtherieheilserums verimpft, so bleibt das Tier am Leben. Keine oder nur geringe Reaktion an Impfstelle. Pseudodiphtheriebazillen töten in gleicher Dosis auch ohne Serum nicht und erzeugen örtlich höchstens geringes Ödem.

20. **Drusekokken** s. Streptococcus equi Nr. 85, S. 339.

21. **Ducrey-Unnascher Bacillus** s. Ulcus-molle-Bacillus Nr. 99, S. 351.

22. **Dysenterieamöben** (Amoeba dysenteriae histolytica).

Ausstriche ungefärbt: Blutig gefärbte Flöckchen frischen, höchstens 4 Stunden alten Kotes werden ohne Zusatz zwischen Deckglas und Objektträger, lebenswarm, womöglich auf geheiztem Objekttisch, untersucht, nur bei sehr festem Kot setzt man etwas angewärmte 0,85%ige Kochsalzlösung oder Ringersche Lösung zu. Stärkerer Druck ist zu vermeiden. Die Dysenterieamöbe unterscheidet sich von Leukozyten und anderen Körperzellen durch Größe, Bewegung, Kernform und Einschlüsse. Bei negativem Ergebnis ist die Untersuchung 2- oder 3 mal an verschiedenen Tagen zu wiederholen. Abführmittel (Rizinusöl!) stören die Untersuchung. Noc[1]) empfiehlt zuerst ein Reinigungsklysma mit 500 ccm Wasser zu geben und dann ein zweites ($^1/_2$ l Wasser mit etwas Thymol), das $^1/_2$ Stunde gehalten werden soll. Zur Untersuchung entnimmt man der 2. Klysmaflüssigkeit besonders die glasigen Schleimflocken und solche mit etwas blutiger Beimengung. In rein blutigen oder in kotigen oder in eitrigen Massen sind Amöben selten, wohl aber Zysten in den kotigen Massen. Bei ganz frischem Material ist Erwärmen unnötig. Die Amöben sollen noch Eigenbewegung zeigen.

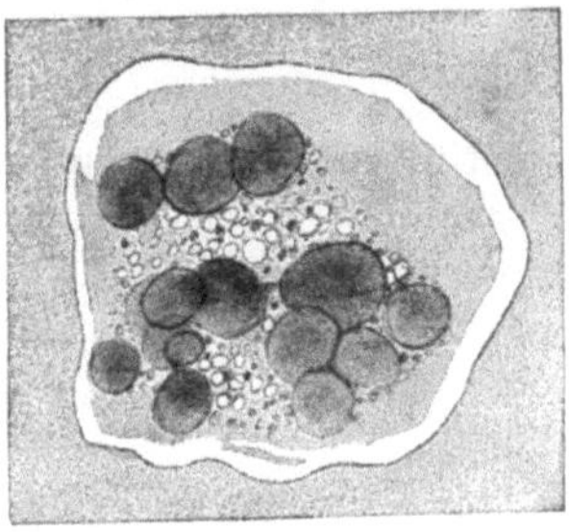

Abb. 188. Entamoeba histolytica Schaudinn. Menschliche Dysenterieamöbe mit deutlicher Sonderung in Ekto- und Entoplasma und vielen gefressenen Blutzellen; nach dem Leben. Vergr. ca. 1300. Nach Hartmann.

Zur Vitalfärbung (Abb. 188) benutzt man Neutralrot (1:10000 Kochsalzlösung). Ektoplasma bleibt ungefärbt, Entoplasma und Kern färben sich bei Ruhramöbe, nicht bei Entamoebo coli (Abb. 190), schwach rot. Mit 1%iger Methylenblaulösung färben sich die Leukozyten, aber nicht die Amöben. Verdünnte Eosinlösung färben tote Amöben. Die lebenden Amöben heben sich als helle Blasen vom rosa gefärbten Untergrund ab (vgl. auch S. 133).

[1]) Noc, ref. Jahresber. f. d. ges. Medizin 1916, S. 272.

Zum Nachweis von Zysten (Abb. 189 und 191) setzt man Lugolsche Lösung (2 Jod, 4 Jodkali in 300 ccm Kochsalzlösung) oder gesättigte Jodlösung in 70—80 %igen Alkohol hinzu. Die Zysten werden goldgelb, die Kerne etwas dunkler.

Färbung: Fixierung noch feuchter, dünner Ausstriche durch Eintauchen in 60—70° heißen Sublimatalkohol (2 g Sublimat in 30 g

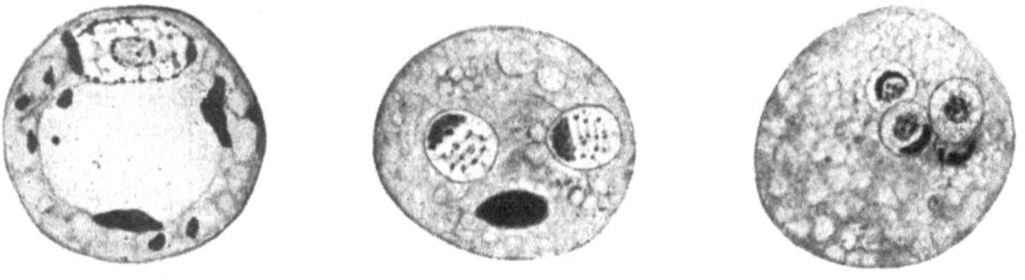

a b c

Abb. 189 a, b, c Entamoeba histolytica Schaudinn. Zystenbildung. a einkernige Zyste mit großer jodophiler Vakuole (Glykogen) und vielen Chromidialbrocken; b zweikernige Zyste kurz nach der Kernteilung; c vierkernige Zyste ohne Chromidialkörper. Vergr. ca. 1950. Nach Hartmann.

destilliertem Wasser unter Kochen lösen, nach Erkalten filtrieren, davon 2 Teile auf 1 Teil absoluten Alkohol) einige Sekunden. Auswaschen in Jodalkohol (60 %iger Alkohol und Jod bis zur bräunlichen Färbung)

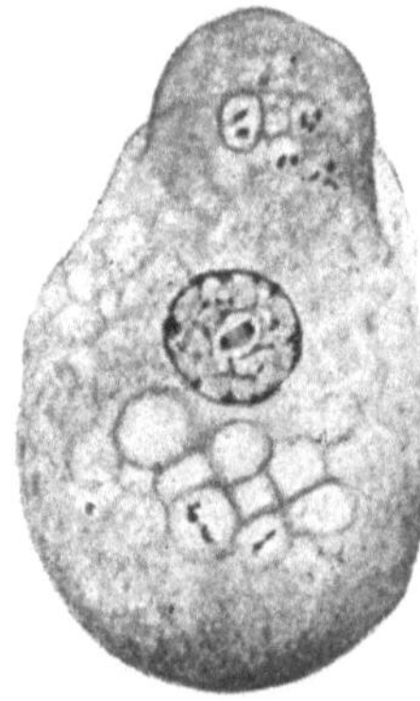

Abb. 190. Entamoeba coli Schaudinn. Vegetative Form. Vergr. ca. 1300. Nach Hartmann und Whitmore.

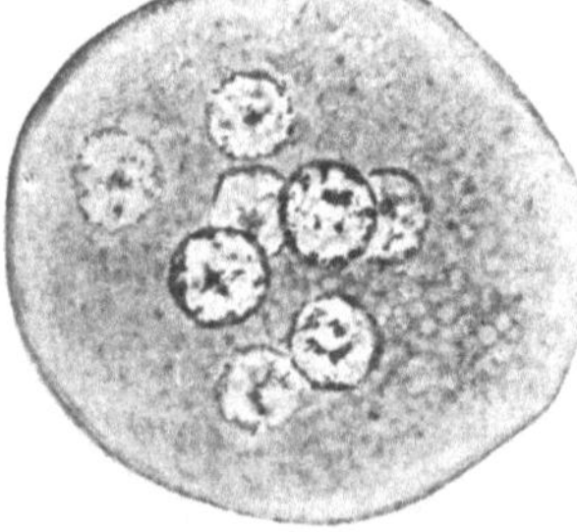

Abb. 191. Entamoeba coli Schaudinn. Achtkernige Zyste. Vergr. ca. 1950. Nach Hartmann und Whitmore.

30 Minuten, darauf in 70 %igem Alkohol, Abspülen in destilliertem Wasser.

Beizen in 5 %iger Eisenoxydammoniumsulfatlösung 2 Stunden. Sorgfältig abspülen.

Färben in alter, 1 %iger alkoholischer Hämatoxylinlösung, der vor Gebrauch gesättigte wässerige Lithiumkarbonatlösung bis zur dunklen Rotfärbung zugesetzt ist, 5 Minuten, Abspülen, eventuell Differenzieren mit 5%iger Eisenoxydammoniumsulfatlösung, Entwässern in Alkohol, Zedernöl.

Ausgezeichnetes leistet auch die Riegelsche Methode (S. 160). Die schärfsten Bilder erhält man durch Fixieren in heißem Sublimatalkohol (2 Teile konzentrierte Sublimat-Kochsalzlösung, 1 Teil absoluter Alkohol) mit nachfolgender Jodierung und Färbung mit Heidenhainschem Eisenhämatoxylin (S. 161) oder Giemsascher Lösung (Amöben blau). Auch Fixierung nach Zenker (S. 108) und Färbung nach van Gieson (S. 160) oder nach Unna-Pappenheim (S. 124) oder Osmiumfixation (20 Sekunden über 1% Osmium) ist brauchbar. Wiener[1]) fixiert mit Methylalkohol, jodiert und färbt mit Methylenblau und dann mit Eosin.

Zum Nachweis von Zysten haben sich die Anreicherungsverfahren nach Telemann (für Parasiteneier — S. 98) oder Cropper-Row (S. 98) bewährt. Zysten sind in 5%iger Formalin-Kochsalzlösung jahrelang haltbar aufzubewahren.

Schnitte: wie oben. Gegenfärbung mit Eosin. Oder nach Giemsa (S. 135).

Dysenterieamöben zeigen zum Unterschied von Entamoeba coli hyalines Ektoplasma. Kern ist ungefärbt kaum sichtbar; gefärbt ist das Karyosom von hellem Hof umgeben. Die häufigste Art (Entamoeba tetragena) bildet vierkernige Zysten, während die Zysten der harmlosen Entamoeba coli 8 oder 16 Kerne enthalten.

Tierversuch: an Katzen per os oder Klysma.

Kultur saprophytischer Arten, nicht der Dysenterieamöben möglich auf den üblichen Nährböden, oder auf einem Agar aus Agar 0,5—1,5, Leitungswasser 90,0, alkalische Nährbouillon 10,0, oder Heu- oder Strohnährboden: 20—40 g Heu oder Stroh werden mit 1 Liter Leitungswasser $^1/_2$ Stunde gekocht, mit Soda leicht alkalisch gemacht, aufgekocht, filtriert. Zusatz von $1^1/_2$% Agar, oder $2^1/_2$—5% Fucus crispus (Carrhagen wird in verdünnter Bouillon oder Leitungswasser eingeweicht, bis zur Lösung gekocht (lange!) und leicht alkalisiert).

In den Kulturen müssen Bakterien vorhanden sein, von denen sich die Amöben nähren. Werden die Mischkulturen, die keine Bakteriensporen, Schimmel- und Hefepilze, aber enzystierte Amöben enthalten, 72 Stunden mit 20%iger Lösung wasserfreier Soda behandelt, so sterben die Bakterien ab. Die Amöbenzysten wachsen erst dann aus, wenn sie auf Kulturen ihnen zusagender Bakterien gebracht werden (Mischkultur von Amöben mit bestimmten Bakterien).

**Dysenteriebazillen** s. unter Typhusbazillen Nr. 98, S. 345.

23. **Emphysembazillen** (B. emphysematosus s. phlegmonis emphysematosae), Gas-, Gasbrand- oder Gasphlegmonebazillen. Zu Lebzeiten nur an und um Infektionsstelle, nach dem Tode auch in inneren Organen (dann eventuell auch dort Gasbildung — Schaumorgane).

Färben sich mit gewöhnlichen Anilinfarben (S. 105) und nach Gram (S. 139). Diplobazillen oder Fäden, plump, unbeweglich (Welch-Fränkelsche Typen), zum Teil auch beweglich (Putrificustyp und Rauschbrandtyp). Sporen (in alkalischen Nährböden) mittel- oder end-

[1]) Wiener, Wien. klin. Wochenschr. 1917, Nr. 36.

ständig; Anaerobier. Der Fränkelsche Bazillus bildet keine Klostridien und Sporen. Im infizierten Gewebe findet meist keine Sporenbildung statt.

Züchtung: Übliche Nährböden unter anaeroben Bedingungen, Gelatine wird erweicht. Milch gerinnt. Gas- und Buttersäurebildung. Zucker wird lebhaft zersetzt; die zugehörigen mehrwertigen Alkohole werden nicht angegriffen, jedoch wird Glyzerin von manchen Stämmen fermentiert. Das Wachstum ist in zuckerfreien Nährböden schwach. In Milch findet starke Gas- und Säurebildung statt. Es tritt ein leicht rosafarbenes Koagulum und deutlicher Buttersäuregeruch auf. Auf Hirnbrei (2 Hirn + 1 Wasser) keine Schwarzfärbung. Vgl. auch Malign.-Ödem-Baz. (S. 320) und Rauschbrandbaz. (S. 329).

Tierversuch: Pathogen für Meerschweinchen (subkutan Gasgangrän), nicht für Kaninchen.

Serologisch. Im Agglutinations- und Komplementbindungsversuch weisen die Gasödembazillen große Unterschiede auf.

**Fadenpilze** s. unter Schimmelpilz Nr. 75, S. 331.

24. **Favuspilz** (Achorion Schoenleinii). Zupf- und Quetschpräparat der Borken und Hautschuppen unter Zusatz von 3—15%iger Natronlauge. Untersuchung in ungefärbtem Zustand. (Abblenden!).

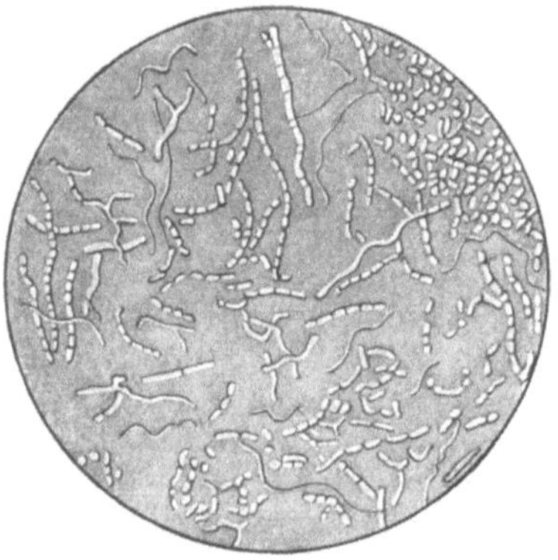

Abb. 192. Achorion Schönleii; aus einem Favusskutulum; nach Lesser.

Färbung nach Bizzozero-Plaut: Hautschuppen werden unter Zusatz von Eisessig zwischen zwei Objektträgern breitgequetscht, mit Alkohol angefeuchtet und erwärmt, bis Alkohol und Eisessig fast völlig verdunstet sind. Hierauf Färbung mit Karbolfuchsin 3 Minuten. Abtupfen mit Fließpapier, Lugolsche Lösung (S. 120) 1 Minute, Abtupfen, wiederholtes Aufbringen und Abtupfen von Anilin, bis kein Farbstoff mehr abgegeben wird. Achorion dunkelrot, Schuppen blaßrosa.

Färbung nach Unna: Vorbereitung wie zuvor, eventuell Entfetten mit Alkohol-Äther. Färbung mit Borax-Methylenblau (S. 118) 10 Minuten, Abspülen in Wasser, eventuell Entfärben in Unnas Glyzerin-Äthermischung (Grübler-Leipzig) 2 Minuten oder in 1%iger Essigsäure 10 Sekunden, oder in 1%iger Oxal- oder Zitronensäure 1 Minute. Auswaschen.

Achorion bildet meist ein knorriges, verzweigtes Myzel. Sporen treten zurück (Abb. 192).

Kultur: Borken werden mit ausgeglühter, erkalteter Infusorienerde im sterilen Mörser verrieben, eventuell mit 50%igem oder stärkeren Alkohol 1—24 Stunden zur Abtötung der Bakterien behandelt, auf Agar- oder besser Plautsche (S. 228) Agarplatten (S. 235) ausgestrichen und bei 30° bebrütet. Rückseite der Kulturen zeigen Dunkelgelb- bis Rotfärbung. Wachstum von Achorion in Wachs- oder Flaumtyp. Wachstyp: gelblicher Kuchen mit radiären Falten und zentraler Erhebung, zuweilen kurzer Flaum (Luftmyzel). Flaumtyp: weiße, mit hohem Flaum bedeckte Scheiben mit unregelmäßiger zentraler Erhebung. Oder Züchtung in situ nach Plaut: Einige Hautschüppchen oder erkrankte Haare werden zwischen zwei sterilen Objektträgern zerdrückt, der eine Objektträger wird durch ein steriles Deckglas ersetzt, das man an den Ecken mit Wachströpfchen befestigt. Wasserzusatz ist zu vermeiden! Einlegen in eine feuchte Kammer (Doppelschale, deren Boden mit nassem Fließpapier ausgelegt ist — Präparat auf trockenes Bänkchen). Die Pilze wachsen gut, vorhandene Bakterien vermehren sich nicht oder sehr wenig. Nach einigen Tagen impft man vom Rande der Pilzwucherung ab.

Gelatine wird langsam verflüssigt.

Tierversuch: Sehr empfänglich sind graue Mäuse. Schon nach Fütterung bekommen sie Skutula am Kopf. Impfung erfolgt meist an der Schwanzwurzel.

25. **Flagellaten.** Züchtung von Bodo-Arten und Prowazekia analog der von Amöben (Oehler[1]) (S. 313). Reinzüchtung: 2—3maliges Überimpfen auf Agarplatte. Begleitbakterien schwinden. Reinkulturen auf Schrägagar nebenher mit lebenden oder abgetöteten Bakterien (z. B. B. coli $1^1/_2$ Stunde auf 56°) als Nahrung beschicken. Nach drei Tagen Zystenbildung. Werden Zysten auf frische Röhrchen mit abgetöteten Bakterien ausgesät, so erneutes Auswachsen, namentlich im bakterienhaltigen Kondenswasser.

Auch zerriebenes Organeiweiß (Muskelfleisch vom Stockfisch) oder Eiweißpulver eignet sich an Stelle von Bakterien zur Ernährung der Flagellaten und Ziliaten. Die aufgenommenen Bakterien lassen sich nicht mehr färben. Wohl aber bietet der B. amylobacter durch seinen Gehalt an mit Jod färbbarer Granulose die Möglichkeit, ihn im Ziliaten- oder Flagellatenleib darzustellen. Auch kann man die Bakterien zunächst färben und sie dann erst verfüttern.

26. **Fusiformisbazillen** (B. fusiformis).

Färbung schwer, am besten Silberimprägnierung nach Levaditi (S. 158). 6—12 $\mu$ lange Fäden mit unregelmäßigen Vakuolen. Nach Giemsa (S. 135) rote Körner im blauen Bacillus mit Kapsel. Nicht gramfest. Unbeweglich.

Kultur in Serum oder Aszites und Traubenzucker enthaltenden Nährböden unter anaeroben Verhältnissen bei 37°. Die Kolonien sind klein (2—3 mm im Durchmesser groß), gelblichweiß und unscharf umrandet. Um Begleitbakterien fernzuhalten, empfiehlt Paul 1—3% Essigsäure zuzusetzen. Die Fusiformisbazillen bilden kein Gas, aber Indol und üblen Geruch. Gelatine wird nicht verflüssigt.

27. **Gas-, Gasbrand- oder Gasphlegmonebazillen** s. unter Emphysembazillen Nr. 23. S. 313.

28. **Geflügelcholerabazillen** (B. avisepticus). Kleine, ovale (0,25:1 bis 1,5 $\mu$) Bakterien mit abgerundeten Enden, nur an den Polen sich färbend,

[1]) Oehler, Arch. f. Protistenk. 1919/20, Bd. 40, S. 16.

Mittelstück ungefärbt (bei Überfärbung oder Kulturbakterien auch Mittelstück gefärbt). Unbeweglich.

Ausstrich: Um die charakteristische bipolare Färbung gut zu erhalten, empfiehlt sich Fixierung in Alkohol-Äther (aa) [Eintauchen und Abdunsten lassen]. Färben mit Gentianaviolett unter Erwärmen, bis Dampf aufsteigt, Abspülen in 0,5%iger Essigsäure 3 Sekunden, Wasserspülung; oder mit Methylenblau 1/2 Minute, gründliche Wasserspülung. Nicht gramfest.

Kultur auf üblichen Nährböden. Gelatine nicht verflüssigend. Auf Agar oder Gelatine stecknadelkopfgroße, im auffallenden Licht leicht grauweiß, im durchfallenden leicht bläulich opaleszierende Kolonien. Milch wird nicht koaguliert.

Tierversuch: Mäuse verenden nach subkutaner Impfung in 1 bis 2 Tagen. Bakterien in Blut und Organen. Hühner oder Tauben werden in Brustmuskel geimpft. An Impfstelle lokale Nekrose der Haut und Muskulatur mit massenhaften Bazillen. Ferner hämorrhagische Enteritis und seröse Perikarditis. Tod in 1—2 Tagen.

29. **Gonokokken** (Micrococcus gonorrhoeae, Tripperkokken).

Gonokokken sind kleine, kaffeebohnenähnliche Diplokokken, die vielfach in den Eiterzellen liegen.

Ausgangsmaterial frisch entnehmen und warm aufbewahren sowie schnell verarbeiten.

Ausstriche färben mit gewöhnlichen Anilinfarben, besonders Löfflers Methylenblau (S. 121), oder nach Giemsa (S. 135), besonders schön nach Unna-Pappenheim (S. 131), ferner Neißer (S. 136), Nicolle (S. 131), Pick-Jakobsohn (S. 136). Nicht nach Gram färbbar (Anilinwassergentianaviolett ist vorzuziehen), färben sich mit der Kontrastfarbe (Fuchsin).

Bei gonokokkenarmen Sekreten alter Fälle sind dicke Ausstriche der Tripperfäden oder vorheriges Propagieren durch Einspritzung von Gonokokkenvakzine angezeigt. Bei Färbung nach Gram ist bis nach der Entfärbung mit Alkohol Abspülung im Wasser zu vermeiden.

Schnitte färbt man nach Zieler (S. 133) oder mit Löfflers Methylenblau oder verdünntem Karbolfuchsin (3:10) 1—2 Stunden mit nachfolgendem kurzen Eintauchen in 1‰ige Essigsäure, Alkohol 2 Minuten, Xylol, Balsam.

Kultur auf Menschenblutserum- oder Aszitesagarplatten nach Wertheim (neutraler Nähragar mit Serum oder Aszites aa), Oberflächenausstrich. Feuchte Oberfläche! Oder (namentlich zur Fortzüchtung) auf Nutrose-Nährboden nach Wassermann (S. 225) oder blutbestrichenem Agar nach Abel (S. 225). Nach Buschke und Langer[1]) hat sich Blutagar (1 Teil Blut und 2 Teile Agar) recht gut bewährt. Auf gewöhnlichen Nährböden erfolgt meist kein Wachstum, höchstens in späteren Generationen. Temperaturoptimum liegt bei 36° (nicht höher!). Lebensdauer in gewöhnlicher Kultur 10—14 Tage. Über Lebensverlängerung vgl. S. 255.

[1]) Buschke und Langer, Dtsch. med. Wochenschr. 1921, S. 65.

Unterschied von Meningokokken durch Fundort, Kultur auf Lackmuszuckernährböden und gewöhnlichen Nährböden (s. Meningokokken, S. 321).

30. **Guarnierische Körperchen** s. Vakzinekörperchen Nr. 100, S. 351.

31. **Hefepilze** s. Sproßpilze Nr. 82, S. 337.

32. **Hühnerpestvirus.** Mikroskopisch nicht sichtbar (ultravisibel, filtrierbar, nicht kultivierbar — vgl. hierüber auch Maul- und Klauenseuche S. 320).

Kleinsche Körperchen [1]) in den Ganglienzellen (Gehirn) von Gänsen sind mit Pappenheims Panchrom (G. Grübler u. Co., Leipzig) gut färbbar.

Tierversuch: Pathogen für Hühner, nicht für ältere Tauben, Mäuse, Kaninchen, für die Geflügelcholerabazillen pathogen sind.

33. **Influenzabazillen** (B. influenzae). Sehr kleine, dünne Bazillen, die mit verdünntem Karbolfuchsin zuweilen Polfärbung erkennen lassen.

Dem Influenzabazillus ähnelt in Form und Kultur der Koch-Weeksche Bazillus. Differentialdiagnostisch ist bemerkenswert, daß der Koch-Weeksche Bazillus, dem Patienten entnommen, schlank, ziemlich lang, nur wenig kürzer als der Tuberkelbazillus ist. Der Influenzabazillus dagegen ist wesentlich kürzer, vielfach punktförmig. Bei Kulturbazillen verschwindet dieser Unterschied. Der Influenzabazillus wächst nur bei Gegenwart von Hämoglobin und hier wesentlich üppiger als der Koch-Weeksche Bazillus, der auch auf Serumnährböden gedeiht. Der Influenzabazillus bildet wasserklare, nicht weiße, erhabene Kolonien, die den Nährboden nicht aufhellen.

Als Ausgangsmaterial dient meist frisches Bronchialsputum, am besten Morgensputum, direkt vom Kranken (das durch Abspülen in mehreren Schälchen mit sterilem Wasser von anhaftenden Mundbakterien befreit wird) oder bei tödlich verlaufenden Influenzapneumonien Saft aus bronchopneumonischen Herden, der mit 1—2 ccm Bouillon gut verrieben wird.

Ausstriche färbt man mit Löfflers Methylenblau (S. 121) oder besser mit zehnfach verdünntem Karbolfuchsin (S. 120; mehrere Minuten) oder nach Löfflers Malachitgrünverfahren (S. 136), nicht nach Gram.

Schnitte: nach Pfeiffer (S. 131).

Kultur: Vor allem auf Levinthalschem Nährboden (S. 227, daselbst auch weitere Spezialnährböden für Influenzabazillen), ferner auf Agar, das mit Blut (Taubenblut — an der Flügelinnenseite leicht steril zu entnehmen) bestrichen oder besser gemischt ist. Oder 95—100° heißer Nähragar wird mit etwa 5% defibriniertem oder nicht defibriniertem Blut (Hammel u. a.) versetzt, einige Minuten im kochenden Wasserbad gehalten und nach langsamem Abkühlen auf 50—60° in Schalen oder Röhrchen gegossen. Auch Hämoglobinagar (S. 196) kann Verwendung finden. Die Influenzabazillen bevorzugen einen schwachen (1½—2%) Agargehalt, leicht alkalische Reaktion und feuchte Oberfläche von frisch erstarrten Nährböden. Sie bilden in 24 Stunden bei 37° meist dicht gedrängt stehende, kleine, glashelle, tautropfenähnliche Kolonien (Besichtigung mit Lupe). Bei gut getrennter Lage erlangen

---

[1]) Kleine, Zeitschr. f. Hyg. u. Infektionskrankh. Bd. 51, S. 177.

auf Levinthalschen Nährböden die tautropfenähnlichen, klaren, durchsichtigen, leicht bläulich schimmernden Kolonien in 16—18 Stunden schon fast Stecknadelkopfgröße (Streptokokkenkolonien bleiben um diese Zeit meist deutlich an Größe zurück). Auf Czaplewskischem Blutagar bildet er dickere, graugelbe, durchscheinende Kolonien. Die Kulturen sterben in wenigen Tagen ab. Auf gewöhnlichen Nährböden erfolgt kein Wachstum.

Serologie. Die Influenzastämme verhalten sich agglutinatorisch recht verschieden. Serum von Patienten agglutiniert den homologen Stamm 1 : 50—100.

34. **Kälberpneumoniebazillen** (B. vitulisepticus) verhalten sich wie Geflügelcholerabazillen (s. Nr. 28, S. 315).

35. **Kälberruhrbazillen** s. Colibazillen Nr. 13, S. 308.

36. **Keuchhustenbazillen** (Bordet und Gengou). Kleine, ovoide Bakterien mit Polfärbung. Zuweilen von Zellen eingeschlossen.

Ausstriche färbt man mit gewöhnlichen Anilinfarben, nicht nach Gram.

Kultur auf bluthaltigem Glyzerin-Kartoffelagar (S. 206). Erst nach 2—3 Tagen entstehen kleine, weiße, erhabene Kolonien. Sie wachsen auf dünn mit Taubenblut bestrichenem Agar nicht, aber beim Abimpfen auf Aszitesagar, wenn auch langsam, zu dicken weißen Kolonien (Unterschied vom Influenzabazillus Nr. 33, S. 317).

37. **Kleinesche Körperchen** s. Hühnerpest Nr. 32, S. 317.

38. **Koch-Weekscher Bazillus** (Konjunktivitisbazillus). Sehr feine, dünne, nicht gramfeste Bakterien. In klumpigen Schleimflocken meist massenhaft, zuweilen auch intrazellulär.

Kultur auf Serum- und Blutnährböden. (Vgl. auch Influenzabazillen S. 317.)

**Kokzidien** s. u. Coccidien S. 308.

39. **Kolibazillen** s. Colibazillen Nr. 13, S. 308.

**Konjunctivitisbazillen** s. u. Koch-Weekscher Bazillus Nr. 38.

**Kryptokokkus** s. Sproßpilze Nr. 82, S. 337.

40. **Leprabazillen** färben sich nach den für säurefeste Bazillen üblichen Methoden (S. 146—155) bei kürzerer Entfärbung, ferner nach Baumgarten (S. 155) und nach Gram (S. 139).

Bei Lepraverdacht Untersuchung des Nasenschleims und der verdächtigen Körperstellen, eventuell Anreicherung mit Antiformin (S. 90).

Kultur bisher nicht gelungen.

41. **Leptospira icteroides,** Gelbfieberspirochäte [1]).

Bei der Untersuchung im Dunkelfeld (S. 41) erscheinen sie als sehr zarte, fadenförmige Gebilde mit sehr feinen, regelmäßigen Windungen und sehr feinen Spitzen; ähneln der Spirochäte der Weilschen Krankheit, sind aber kürzer. Durch Berkefeldfilter gehen sie hindurch. (Vgl. auch unter Spirochaete S. 333.)

42. **Lungenseucheerreger** wird zu den ultravisiblen, filtrierbaren Mikroorganismen gerechnet.

Über Züchtung vgl. S. 412.

---

[1]) Hoffmann, Dtsch. med. Wochenschr. 1920, S. 174.

Serologie S. 412 und 467.
Allergische Reaktion in Form der Augenprobe anwendbar.

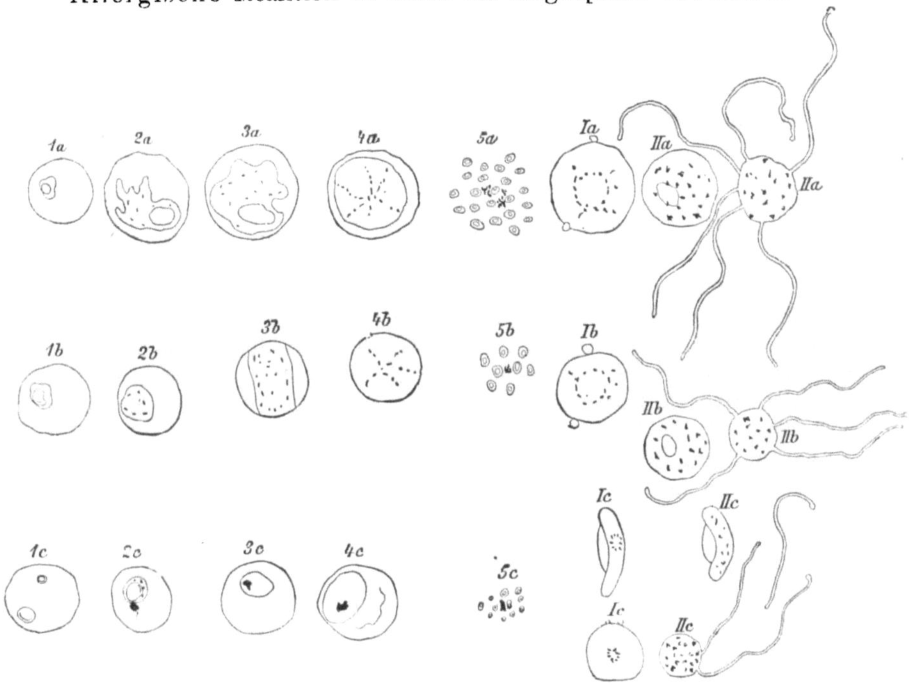


Abb. 193. Vergleichende Übersicht der einzelnen Malariaparasitenarten nach Ziemann. 1—5 Schizonten. I weibliche, II männliche Gameten. a Tertiana, b Quartana, c Tropica.

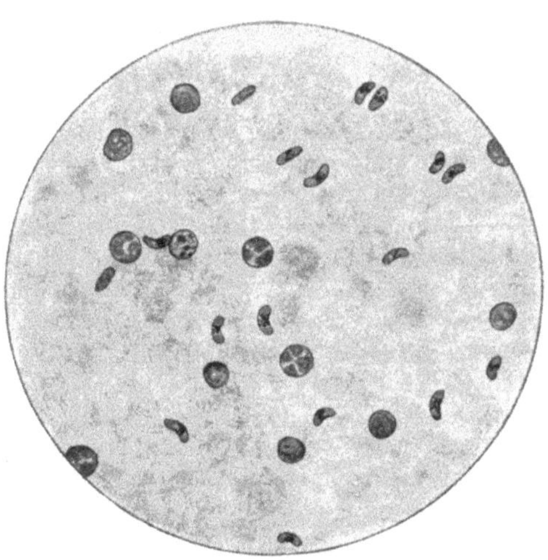

Abb. 194. Halbmonde aus dem Zentrifugat des mit Essigsäure versetzten Blutes. Vergr. 500. Nach Lenhartz-Meyer.

43. **Malariaplasmodien** (Abb. 193 und 194).

Herstellung der Ausstriche s. S. 103. Steht nur geronnenes Blut zur Verfügung, so entnimmt man ein Stückchen aus der Mitte und zieht es vorsichtig über den Objektträger. Bei wenig Parasiten (behandelte Fälle) untersucht man im dicken Tropfen (1 Tropfen Blut auf Objektträger auffangen, mit Glasstab in Zehnpfennigstückgröße ausstreichen und (vor Insekten geschützt) völlig lufttrocken werden lassen). Zum Ausziehen des Hämoglobins Einlegen des nicht fixierten Präparates in 2%iges Formalin + 0,5—1% Essigsäure, dann färben ohne Fixieren. Bei Giemsafärbung erübrigt sich ein besonderes Ausziehen des Hämoglobins. Präparate nicht scharf abspülen.

Fixieren des lufttrockenen Präparats mit Alkohol-Äther (S. 104) oder absolutem Alkohol (S. 104) oder Methylalkohol.

Färben geschieht nach Manson (S. 134) oder Appel (S. 136) oder altes Verfahren nach Giemsa (Modifikation der Methode Romanowsky-Nocht) (S. 135) oder Schnellfärbung nach Giemsa (S. 135) oder Schnittfärbung nach Giemsa (S. 135) oder mit Hämalaun und Eosin (S. 161).

44. **Malign.-Ödem-Bazillus** (B. oedematis maligni) findet sich zu Lebzeiten nur an und um Infektionsstelle, wo er schnell fortschreitende, namentlich subkutane Ödeme, oft mit Gasbildung, erzeugt. Vgl. auch Rauschbrandbaz. S. 329 und Emphysembaz. S. 313.

Färbung mit gewöhnlichen Anilinfarben, auch nach Gram (S. 139) bei vorsichtiger Entfärbung. Meist zu Fäden ausgewachsene, dicke, große Bakterien, die bei der Sporulation in Einzelbazillen zerfallen. Sporen mittel- oder endständig. Eigenbeweglich, keine Kapsel.

Kultur: Zuckerliebender Anaerobier; er bildet stinkendes Gas, verflüssigt Gelatine, schwärzt Hirnbrei. Zum Unterschied vom Gasbrandbazillus vergärt er Glyzerin und Stärke nicht wesentlich, Saccharose nicht oder nur schwach. In Milch Gas- und Säurebildung. Das Koagulum hat eine rosa Farbe.

Tierversuch: Pathogen für Mäuse, Meerschweinchen und meist für Kaninchen.

**Malleusbazillen** s. Rotzbazillen Nr. 72, S. 330.

**Mastitisstreptokokken** s. Streptokokken S. 339.

45. **Maul- und Klauenseucheerreger** ist ein ultravisibler, filtrierbarer Mikroorganismus. Züchtung in besonderen flüssigen Nährböden, die opalisierend getrübt werden. In den mit Lackmuslösungen versetzten Kulturen tritt ferner Rötung auf. Die Kulturen besitzen antigene Eigenschaften. Sie rufen, auf Rinder verimpft, die Bildung spezifischer Antikörper hervor und geben mit Immun- bzw. Rekonvaleszentenserum Komplementbindung [1]).

Mikroskopisch sind in den Kulturen weder im Dunkelfeld noch in gefärbten Präparaten Mikroorganismen zu erkennen.

46. **Mäusetyphusbazillus** gehört zur Gruppe Paratyphus-B-Bazillus s. S. 345 unter Nr. 98.

[1]) Titze, Berl. tierärztl. Wochenschr. 1922, S. 37 und Reinhardt, ebenda S. 54.

47. **Meningococcus intracellularis** (Diplococcus intracellularis meningitidis).

Material: Gehirneiter, Zerebrospinalflüssigkeit, Lumbalpunktat, Nasenrachenschleim, frisch entnommen und warm aufbewahrt.

Färbung wie Gonokokken (Nr. 29, S. 316), denen sie in Gestalt ähneln. In Lumbalpunktat, falls Kokken spärlich, Anreichern durch 24stündiges Bebrüten bei 37°.

Kultur auf Blutagar nach Esch (S. 225) oder Menschenblutagar (Agar + 20% Blut und 2% Traubenzucker) oder Aszitesagar (S. 226) oder Löfflerserum (S. 221) oder Menschenplazentaagar nach Kutscher (S. 225) oder Schweineserum-Nutroseagar usw. (S. 225). Nach Conradi zentrifugiert man das Lumbalpunktat, erwärmt die klare Flüssigkeit auf 45°, mischt mit 3 Teilen Nähragar und gießt Platten, auf die der Bodensatz ausgestrichen wird. Erste Generation zarte, milchtropfenähnliche Kolonien, spätere üppiger. Anfangs täglich, später alle 5 bis 7 Tage umzüchten. Feucht (Gummikappe usw.) und bei 37° aufbewahren, sonst schnell absterbend. Spätere Generationen auch in Bouillon und auf Agar wachsend (Gonokokken nicht wachsend. — Micrococcus catarrhalis wächst von vornherein gut auf Agar und Gelatine).

Differenzierung durch Agglutination mit Serum immunisierter Tiere oder nach v. Lingelsheim [1]) und Rothe [2]) mit Lackmuszuckernährböden (10%ige Zuckerlösungen in Lackmuslösung [Kahlbaum], 2 Minuten kochen, abkühlen, auf je 10 ccm 0,5 ccm Normalsodalösung. 1,5 ccm alkalische Zucker-Lackmuslösung auf 13,5 ccm Mischung von 3 Teilen 3%igem Nähragar und 1 Teil Aszitesflüssigkeit). Meningokokken röten bei Traubenzucker und meist bei Maltose, Gonokokken nur bei Traubenzucker. Micrococcus catarrhalis und die meisten anderen Kokken röten überhaupt nicht, oder auch bei Fruchtzucker. Vgl. Zusammenstellung.

| | **Vergärung** von | | | | |
|---|---|---|---|---|---|
| | Rohrzucker | Milchzucker | Traubenzucker | Fruchtzucker | Malzzucker |
| durch Meningokokken . . . | negativ | negativ | positiv | negativ | positiv (meist) |
| „ Micrococcus catarrhal. | „ | „ | negativ | „ | negativ |
| „ Diplococcus crassus . | positiv | positiv | positiv | positiv | positiv |
| „ „ flavus . . | negativ | negativ | „ | „ | „ |
| „ „ „ (pigmentarm) . . . . | negativ | „ | „ | negativ | „ |
| „ Micrococcus pharyng. sicc. . . . . . . . . | negativ | „ | „ | positiv | „ |
| „ Micrococcus cinereus . | negativ | „ | negativ | negativ | negativ |

Tierversuch: Schwach pathogen (toxisch) für Mäuse und Meerschweinchen von der Bauchhöhle aus.

[1]) v. Lingelsheim, Klin. Jahrb. Bd. 15, S. 410.

[2]) Rothe, Zentralbl. f. Bakteriol., Parasitenk. u. Infektionskrankh., Abt. I Orig., Bd. 46, S. 645.

Serologie: Blutserum Erkrankter agglutiniert in 24 Stunden bei 37° meist (über 1:50 beweisend).

48. **Micrococcus ascoformans** s. **botryogenes**, s. Botryomyzes Nr. 8, S. 306.

49. **Micrococcus catarrhalis** s. Diplococcus catarrhalis Nr. 15, S. 309.

50. **Microspira cholerae asiaticae** s. Choleravibrionen Nr. 11, S. 307.

51. **Milben.** Über Anreicherung s. S. 99.

52. **Milzbrandbazillus** (B. anthracis).

Ausstrich: Kapselfärbung nach Johne (S. 141), Olt (S. 141), Klett (S. 141), Friedländer (S. 141), Ribbert (S. 141), Giemsa (S. 135) [faules Material] oder Tuscheverfahren nach Burri (S. 131) usw. Untersuchung des fertigen Präparats besser in Wasser als Balsam. Die aus tierischem oder menschlichem Körper (Blut, Milz usw.) frisch entnommenen Milzbrandbazillen sind dicke, plumpe, viereckige, unbeweg-

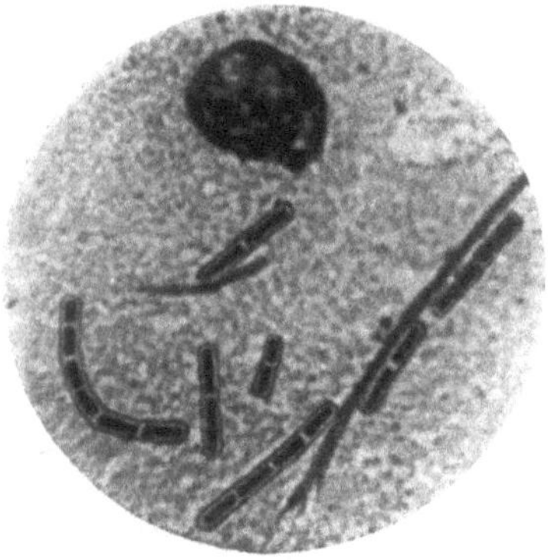

Abb. 195. Milzbrandbazillen mit Kapseln.

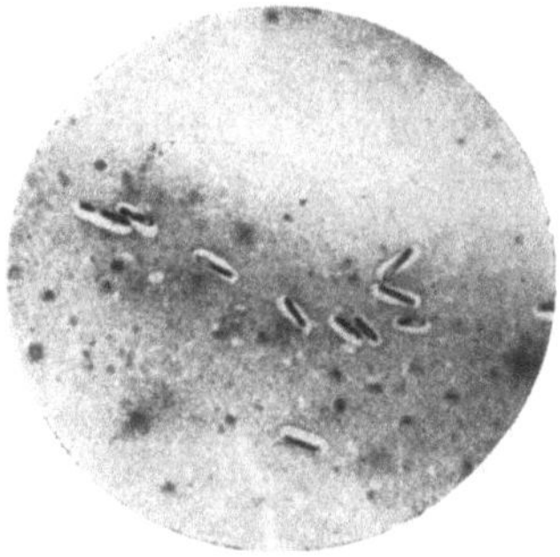

Abb. 196. Serumhöfe um Fäulnisbakterien.

liche, gramfeste Stäbchen, mit Kapsel, ohne Sporen, meist in kürzeren oder längeren Ketten angeordnet (Abb. 195). Die für den Milzbrandbazillus recht charakteristische Kapsel ist nicht mit sog. Serumhöfen (Abb. 196) zu verwechseln. In diesen Kunstprodukten liegen die Bakterien mehr oder weniger unsymmetrisch, während die Kapseln die Milzbrandbazillen sehr regelmäßig umgeben.

Schnitte: Kapselfärbung nach Friedländer (S. 142), sonst mit Gentianaviolett (S. 130) oder nach Gram-Weigert (S. 139).

Kultur: Wachstum auf gewöhnlichen Nährböden. Zur Anreicherung: Endoscher Agar (S. 209). Zur Versporung: Weizenextraktnährboden nach Heider (S. 207).

Auf Agar: schmutzig weißer Belag, Randpartien durchscheinend, Zentrum undurchsichtig, gekörnt, matt. Umgrenzung vielfach unregelmäßig, gebuchtet oder mit gelockten, kometschwanzähnlichen Ausläufern. Bei schwacher Vergrößerung von Oberflächenkolonien oder in Abklatschpräparaten (S. 103): medusenhauptähnliche Lockenbildung, namentlich am Rande.

Tiefenkolonien: flaumfederähnlich, bei schwacher Vergrößerung moosrosenähnliches Aussehen mit Ausläufern, die gedrehten Zöpfen ähneln.

Auf Gelatine wie auf Agar, außerdem wird Gelatine verflüssigt.

Gelatinestich ähnelt einem umgekehrten Tannenbaum. Verflüssigung.

Serum wie oben, wird langsam verflüssigt. Auf Kartoffel schmutzig weißer, matter, gekörnter Belag.

In Bouillon flockiger Bodensatz. Bouillon bleibt klar. Keine Kahmhaut.

Tierversuch: Pathogen für Mäuse (subkutan), sonst auch Meerschweinchen, Kaninchen usw., meist nicht für Ratten. Tod meist in 1 oder 2 Tagen.

Serologie. Durch Fäulnis gehen Milzbrandbazillen bald zugrunde. Nachweis durch mikroskopische Untersuchung (Kapseln bleiben etwas länger als Bazillen erhalten). Kultur und Tierversuch dann nicht mehr möglich, sondern nur noch durch die Präzipitation (S. 393), die selbst nach monatelanger Fäulnis, Aufbewahren in Alkohol usw. positiv ausfällt.

Aufbewahrung des milzbrandverdächtigen Tiermaterials für mikroskopische Untersuchung in Deckglas- und Objektträger-Ausstrichen, für Kultur- und Tierversuch auf angefeuchtetem Fließpapier oder Gipsstäbchen.

Vierkantige Gipsstäbchen werden sterilisiert, vor dem Gebrauch eine Minute in Leitungswasser gelegt, mit dem milzbrandverdächtigen tierischen Material dünn bestrichen und in ein geeignetes, starkwandiges, unten mit einem Wattebausch beschicktes Reagenzglas gegeben, dieses verschlossen und zum Versenden in eine Holzhülse verpackt. Die Stäbchen werden bei 20—22° aufbewahrt. Zur Untersuchung wird das Material vom Gipsstäbchen abgeschabt, in Bouillon aufgenommen, 10 Minuten auf 65° erhitzt und damit Agar-Plattenkulturen (S. 232) angelegt. Bei negativem Ausfall ist der Nachweis nach 24-, 48- und 72stündigem Aufbewahren der Gipsstäbchen bei 20—22° zu wiederholen.

An Stelle von Gipsstäbchen, die von Lautenschläger in Berlin zu beziehen sind, kann man auch Filtrierpapierrollen, sterilisierte Ziegelsteinstücke oder Kreide verwenden. Vgl. hierüber auch die Vorschriften für die Nachprüfung des amtstierärztlichen Gutachtens bei Milzbrand S. 20.

Nachweis von Milzbrandkeimen in Futtermitteln, an Haaren usw. gelingt bei der meist geringen Menge von Milzbrandkeimen und zahlreichen Begleitbakterien nicht leicht. Das Untersuchungsmaterial schwemmt man in Wasser auf, erhitzt es 1 Stunde auf 75—80°, zentrifugiert und legt aus dem Bodensatz Plattenkulturen auf gewöhnlichen Agar und Fuchsinmilchzuckeragar nach Endo (S. 209) an. Das häufige Vorkommen von Pseudomilzbrandbazillen erschwert den Nachweis. Jede verdächtige Kolonie ist auf Pathogenität zu prüfen. Ferner sind Fütterungs- und Impfversuche mit dem unvorbehandelten und erhitztem Untersuchungsmaterial durchzuführen.

Bei Häuten bieten zuweilen dunkelrote Stellen oder Reste von Karbunkeln einen Anhalt. Hier kann man auch die Präzipitation (S. 393) anwenden.

Herstellung von Milzbrandsporenfäden und -Granaten s. S. 282 u. ff.

Differentialdiagnose. Neben dem echten Milzbrandbazillus gibt es eine ganze Anzahl verschiedener Pseudomilzbrandbazillen, die in Fischmehlen, Milch usw. gefunden worden sind. Namentlich in der Kultur gleichen sie vielfach den Milzbrandbazillen. Einige geben sogar mit Milzbrandserum eine deutliche Präzipitation, stehen also dem Milzbrandbazillus zum Teil sehr nahe. Zur Unterscheidung empfiehlt sich die Impfung eines Meerschweinchens, das der Milzbrandinfektion zumeist nach 1(—2) Tagen erliegt, dagegen sich gegen Pseudomilzbrandbazillen refraktär verhält. Manche milzbrandähnliche Bakterien sind zum Unterschied von B. anthracis eigenbeweglich, nicht gramfest, trüben die Bouillon gleichmäßig, bilden Häutchen auf verflüssigter Gelatine, rufen in Löfflergrünlösungen (S. 213) giftgrüne Färbung und in Barsiekowlösung (S. 211) Rötung oder Entfärbung und Gerinnung hervor (B. anthracis verhält sich umgekehrt und verändert Grün- und Barsiekowlösung nicht).

**Mukor** s. Schimmelpilze Nr. 75, S. 331.

53. **Negrische Tollwutkörperchen.** Färbung nach Lentz (S. 159) oder Bohne (S. 159). An Stelle von Schnittpräparaten kann man auch Abklatsch- oder Quetschpräparate von einem frischen Querschnitt des Ammonshorns anlegen. Im letzteren Falle hebt man einen Teil der Ganglienzellenschicht heraus, zerquetscht sie zwischen zwei Objektträgern, fixiert in Methylalkohol, spült in absolutem Alkohol ab und färbt wie die Schnitte.

Die Tollwutkörperchen ähneln den Nervenzelleinschlüssen bei der Hundestaupe (S. 338). Letztere finden sich in hochgradig degenerierten Zellen und extrazellulär vor und besitzen keine Innenkörperchen, die die Negrischen Körperchen auszeichnen.

Tierversuch. Intramuskulär, intraokulär usw. mit Tollwutmaterial geimpfte Kaninchen verenden nach meist 14 Tagen (oder später) unter Lähmung der Hinterbeine. Mit Staupematerial intramuskulär oder subdural geimpfte Kaninchen verenden gleichfalls (nach etwa 8 bis 16 Tagen) unter Lähmungserscheinungen. Die Lähmung erstreckt sich aber hier auf Blase und Mastdarm. Wut läßt sich durch Impfung (Material z. B. von Ammonshorn) von Kaninchen auf Kaninchen weiter übertragen, Staupe ist dagegen auf ein zweites Kaninchen nicht zu überimpfen.

54. **Nekrosebazillen** (B. nekrophorus, s. nekroseos, Streptothrix nekrophora, s. cuniculi). Erreger diphtherischer, nekrotischer Prozesse bei Tieren.

Die Nekrosebazillen sind schlanke (0,7—1,5 $\mu$ dicke) Stäbchen von verschiedener Länge, vielfach zu längeren, ungeteilten, geraden oder gekrümmten Fäden auswachsend, die selten verzweigt sind und oft regelmäßig abwechselnd ungefärbte Lücken aufweisen. Sie finden sich an der Grenze lebenden und abgetöteten Gewebes.

Ausstriche färbt man nach Claudius mit Pikrinsäure-Methylviolett (S. 140) oder mit Löfflers Methylenblau (S. 105) oder verdünntem Karbolfuchsin (S. 120) oder nach Nicolle (S. 131), nicht nach Gram.

Schnitte: Spezifische Färbung nach Jensen (S. 137) und Ernst (S. 137).

Kultur. Anaerobes Wachstum auf Serumnährböden bei 37°. Tiefenkolonien büschelig mit faserigen Ausläufern. Bildung übelriechender Gase (an Käse und Leim erinnernd).

Tierversuch: Subkutane Übertragung auf Kaninchen (Ohr) oder Mäuse. Tod in 1—2 Wochen an fortschreitender Nekrose und Thrombose der Blutgefäße.

**Oidium albicans** s. Soorpilz Nr. 80, S. 333.

**Oidium lactis** s. Schimmelpilze Nr. 75, S. 331.

**Parasiteneier,** Nachweis in Fäzes s. im Anhang S. 353.

**Paratuberkelbazillus** s. Pseudotuberkelbazillus Nr. 62, S. 327.

55. **Paratyphusbazillus** s. Typhusbazillus Nr. 98, S. 345.

**Pasteurella** s. Geflügelcholerabazillus Nr. 28, S. 315.

**Penicillium** s. Schimmelpilze Nr. 75, S. 331.

56. **Pestbazillus** (Bazillus der Bubonenpest). Anweisung des Bundesrates zur Bekämpfung der Pest, Berlin 1905 (Rich. Schötz), Anlage 7 beschränkt das Vorrätighalten von lebenden Pestkulturen sowie wissenschaftliche Untersuchungen und Tierversuche mit ihnen in Deutschland auf bestimmte, besonders eingerichtete Pestlaboratorien. In der Praxis sind nur mikroskopische und kulturelle Untersuchungen zur Feststellung der Diagnose bei pestverdächtigen Fällen erlaubt (S. 1).

Die Pestbazillen sind unbewegliche kleine ovoide, nicht gramfeste Bakterien, die sich vornehmlich an den beiden Polen färben, mikroskopisch somit den Bazillen der hämorrhagischen Septikämie (Nr. 28, S. 315) sehr ähneln.

Als Untersuchungsmaterial dient Buboneninhalt, Blut, Sputum, Rachensekret.

Ausstriche fixiert man mit absolutem Alkohol (Auftropfen und nach 1 Minute durch Erwärmen entfernen). Dann Behandlung mit $^1/_2$%iger Essigsäure $^1/_2$ Minute, Färben mit Löfflers Methylenblau (S. 121) oder verdünntem Karbolfuchsin (S. 120) 2—3 Minuten oder mit Boraxmethylenblau (S. 118) $^1/_2$ Minute, Abspülen in Wasser, eventuell unter Zwischenschalten von $^1/_2$%iger Essigsäure 10 Sekunden.

Oder nach Romanowsky-Kossel: Alkoholfixierung, Romanowsky-Kosselsche Lösung (S. 123) 8 Minuten, kräftige Wasserspülung, Eintauchen in leicht angesäuertes Wasser (1 Öse Essigsäure auf 1 Petrische Schale Wasser), sofortiges Abspülen und Trocknen.

Schnittpräparat. Fixieren in Alkohol oder Sublimat (nicht Formalin). Färbung mit Löfflers Methylenblau (S. 130) oder nach Romanowsky-Kossel (s. o.), Färbedauer hier 2 Stunden, Abspülen in Wasser. Auswaschen in angesäuertem Wasser (s. o.), bis der Schnitt rosa wird, Abspülen in Wasser, schnelles Entwässern in Alkohol, Xylol, Balsam.

Kultur auf Agar, Blutserum, Gelatine (schwach alkalisch, namentlich für unreines Material). Wachstum in 1. Generation ziemlich langsam (48 Stunden). Gelatine nicht verflüssigend, Zucker nicht vergärend. In Bouillon Ketten bildend.

Tierversuch: Pathogen für Ratten, Meerschweinchen auch nach Einreiben auf rasierte Haut (Meerschweinchen)!

Serologisch: Durch Agglutination von pestähnlichen Bazillen leicht zu trennen (Nachweis bei spontan gestorbenen Ratten). Beim Menschen positive Agglutination schon bei einer Serumverdünnung von 1 : 5—10 für Pest beweisend. Pestrekonvaleszentenserum reagiert unsicher.

57. **Piroplasmen** (Babesia, s. Piroplasma bigemina, parva usw., Erreger der Rinderhämoglobinurie [Texasfiebers], des Ostafrikanischen Küstenfiebers usw.).

In roten Blutkörperchen schmarotzende, in der Regel paarige Parasiten von meist birnförmiger Form (Abb. 197).

Anfertigung, Fixierung und Färbung der Präparate wie bei Malariaplasmodien Nr. 43, S. 320.

Zu Kulturversuchen verwendet man dieselben Nährböden wie bei Trypanosomen Nr. 96, S. 343.

58. **Pneumobazillus** (Bac. pneumoniae Friedländer).

Die Pneumobazillen sind unbewegliche Kapselbakterien; aus der Kultur entnommenen, fehlt die Kapsel meist. Ihre Gestalt gleicht dann etwa der des B. coli, oder sie stellen ungefärbte Ovale dar, die im Innern feine Striche und Punkte als Reste des gefärbten Endoplasmas aufweisen.

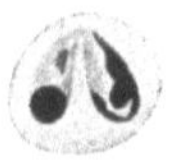

Abb. 197. Piroplasma bigeminum. Vergr. ca. 1300. Nach Hartmann u. Schilling.

Als Ausgangsmaterial nimmt man zähes, blutiges Sputum usw.

Ausstriche sind nach Ribbert (S. 141), Johne (S. 141), Klett (S. 141), Tuscheverfahren (S. 131) usw. (auch mit den gewöhnlichen Methoden, nicht nach Gram), Schnitte nach Friedländer (S. 142) zu färben.

Kultur: Sie wachsen auf den gewöhnlichen Nährböden schon bei Zimmertemperatur, auf Agar als schleimiger, glasig-weißer Überzug, im Gelatinestich als nagelförmige Kultur.

Tierversuch. Rufen auf Mäuse subkutan verimpft Septikämie hervor.

59. **Pneumokokken** (Diplococcus lanceolatus capsulatus [Fränkel-Weichselbaum]). Dem Körper entnommen treten die Pneumokokken als lanzettförmig ausgezogene, von einer breiten Kapsel umgebene Diplokokken auf. In Nährböden pflegt die Kapsel zu fehlen, in flüssigen Nährböden bilden sie kurze Ketten.

Als Ausgangsmaterial nimmt man möglichst frisch entleertes rostbraunes Sputum, Punktionseiter, Lumbalpunktat, Konjunktivalsekret, Blut und Harn, je nach der Erkrankung.

Färbung im Ausstrich und Schnitt (am besten nach Gram-Weigert [S. 139] mit Karminvorfärbung [S. 121, Nr. 54)], wie bei Pneumobazillen (Nr. 58), außerdem auch nach Gram (S. 139).

Kultur: Wachsen auf Serum, Serumagar, Blutnährböden, doch auch auf gewöhnlichen Nährböden bei 37° (nicht unter 20°), auf Agar in Form feiner Tautröpfchen. Meist bald (in 8—10 Tagen) absterbend, auf Blutnährböden länger lebend. Hämolyse (S. 270) fehlt. In 24stündiger Bouillonkultur werden sie durch Zusatz frischer 10%iger wässeriger

Lösung von taurocholsaurem Natron aa aufgelöst, dagegen wird der Streptococcus pyogenes und mucosus nicht aufgelöst. Gut im hängenden Tropfen (S. 245) zu verfolgen.

Tierversuch: Mäuse oder Kaninchen, subkutan geimpft, gehen in 48 Stunden an Septikämie zugrunde. Über Unterscheidung von Streptokokken (mitior, mucosus) vgl. daselbst (Nr. 85, S. 339).

**Pockenvirus** s. Vakzinekörperchen Nr. 100, S. 351).

60. **Proteus** (B. proteus vulgaris, mirabilis, fluorescens, piscicidus versicolor, Weil-Felix $X^{19}$, Proteus-Kälberruhrbaz. usw.). Eigenbewegliche, gramnegative, kürzere oder längere Stäbchen mit abgerundeten Enden, zu kürzeren oder längeren Fäden auswachsend.

Färbung mit gewöhnlichen Anilinfarben (S. 105) meist gleichmäßig, selten bipolar oder Körnelung aufweisend.

Kultur auf üblichen Nährböden. Auf Agar vielfach runde, matte oder glänzende Kolonien mit glattem Rand ohne Hofbildung und Ausläufer (24 Stunden) oder charakteristische Schwarmbildung (Proteus mirabilis u. a.), baldige Überwucherung des Nährbodens. Hofbildung mit konzentrisch angeordneten Ringen bei Proteus Hauser und Weil-Felix.

Mikroskopisch sind die glattrandigen, runden Kolonien homogen; der feine Hof erscheint als ein weitmaschiges Netzwerk von rankenartigen, verschlungenen, breiten Strängen, das peripher allmählich feiner wird und in arabeskenartigen Ausläufern ausstrahlt.

Besonders üppig und charakteristisch (Schwarmbildung) ist das Wachstum auf Blutagar. Nur Proteus fluorescens und piscicidus schwärmen hier nicht, ersterer aber auf Serumagar. Hämolyse zeigen Proteus vulgaris, fluorescens und piscicidus.

Zur Züchtung von Typhus-, Paratyphus-B-, Hühnertyphus-, Ferkeltyphus-, Rotlauf- und Geflügelcholerabazillen aus Gemischen mit Proteus eignet sich die Eichloff-Blauplatte (S. 228). Auf dieser wachsen die Proteusstämme meist als runde, kleine Kolonien ohne Hofbildung. Das störende Schwärmen unterbleibt meist.

Eine Unterdrückung von Proteus ist auch auf Karbolsäureagar möglich; auf diesem wachsen Rotlauf-, Typhus- und Paratyphus B-Bazillen gut, dagegen Milzbrandbazillen schlecht oder gar nicht, Geflügelcholera-, Hühner- und Ferkeltyphus überhaupt nicht (S. 228).

61. **Protozoen, parasitische,** werden vielfach am besten im frischen Zustand untersucht. Zur Verdünnung usw. benutzt man physiologische Kochsalzlösung (S. 126) oder entsprechendes Blutserum. Bei gewissen Gewebsschmarotzern (Miescherschen Schläuchen) empfehlen sich Zupf- und Quetschpräparate oder vitale Färbung (S. 132). Bezüglich der Amöben (S. 331, Nr. 75), Coccidien (S. 308), Flagellaten (S. 315), Malariaplasmodien (S. 320), Piroplasmen (S. 326) und Trypanosomen (S. 343) s. daselbst.

**Pseudorotzerreger** s. Sproßpilze S. 337.

62. **Pseudotuberkelbazillus.**

a) Paratuberkelbazillus oder Bazillus der Enteritis chronica specifica oder der Johneschen Seuche der Rinder,

Säure- und gramfeste, Tuberkelbazillen ähnliche, meist jedoch etwas kürzere Stäbchen, meist in dichten Haufen.

Färbung der Ausstriche und Schnitte wie beim Tuberkelbazillus (S. 146 u. ff).

Kultur: Wie beim Tuberkelbazillus (S. 345) unter Zusatz von abgetöteten Tuberkelbazillen (Typ. hum.) oder säurefesten Saprophyten [namentlich Thimotheebazillen] (2%) oder von Glyzerinextrakten aus diesen (5%) oder von Tuberkulin. Wachstum sehr langsam (6 Wochen), ähnlich dem Tuberkelbazillus. Durch reichliche Luftzufuhr (Durchblasen von durch Watte filtrierter Luft) wird das Wachstum wesentlich begünstigt und auch auf den üblichen Tuberkelbazillennährböden ermöglicht.

Tierversuch: Pathogen für Rinder (Kälber), Schafe, Ziegen und Kaninchen[1]) nach subkutaner, intravenöser und intraperitonealer Impfung und vor allem durch Fütterung. Die übrigen Tiere (Meerschweinchen usw.) sind nicht empfänglich. Diffuse Verdickung der Dünn- und Dickdarmschleimhaut ohne Knötchen- und Geschwürsbildung.

b) Bazillus der Pseudotuberkulose der Nagetiere. Ziemlich plumpes, unbewegliches, nicht gram- und säurefestes Stäbchen von wechselnder Größe. In flüssigen Nährböden bilden die hier kürzeren, fast kokkenähnlichen Stäbchen Ketten.

Ausstriche färbt man mit gewöhnlichen Anilinfarben (S. 105), nicht nach Gram oder für Tuberkelbazillen-Färbung angegebenen Verfahren.

Schnittpräparate: nach Löffler (S. 130) oder mit Gentianaviolett (S. 130) oder nach Nicolle (S. 131) usw.

Kultur: auf gewöhnlichen Nährböden in Form weißer, irisierender Häutchen, Gelatine nicht verflüssigend.

Tierversuch. Pathogen für Mäuse nach subkutaner oder intraperitonealer Impfung oder nach Verfütterung (Tod in 3—5 Tagen), desgleichen für Kaninchen und Meerschweinchen (Tod in 1—3 Wochen). In Leber und Milz tuberkuloseähnliche Knötchen.

c) Bazillus der Pseudotuberkulose der Schafe. Der Bazillus ist unbeweglich, kurz, zuweilen kokkenähnlich, dünn, etwas dicker wie Rotlaufbakterien, mit abgerundeten Enden. Zuweilen kolbig verdickt und unterbrochen gefärbt wie Diphtheriebazillen, jedoch kleiner als diese. Keine Sporenbildung. Aus dem Tierkörper entnommen, sind sie schwach gramfest, aus Kultur nicht gramfest, niemals säurefest.

Färbung wie unter b.

Kultur. Er wächst auf gewöhnlichen Nährböden, bildet auf Agar in 3—6 Tagen grauweiße, dünne, trockne, rundliche, leicht gebuchtete Kolonien von 1—4 mm Durchmesser mit zentraler Verdickung und konzentrischen Ringen und auf Serum kleine, gezackte, feuchtglänzende Kolonien, die sich allmählich orangegelb färben.

Tierversuch. Durch subkutane und intraperitoneale Impfung ist er auf Mäuse, Meerschweinchen und Kaninchen übertragbar. Tod erfolgt in 1 bis 4 Wochen. Eitrig-käsige Knoten in inneren Organen.

---

[1]) Andersen, Arch. f. wissensch. u. prakt. Tierheilk. 1921, Bd. 47, S. 77.

63. **Pyozyaneusbazillus** (Bazillus des blaugrünen Eiters). Bewegliche, schlanke, dünne (1—3 : 0,4 $\mu$), sporenlose, nicht gramfeste Bakterien.

Ausstriche: Färben mit gewöhnlichen Anilinfarben (S. 105), nicht nach Gram (S. 139, Fußnote).

Schnitte sind nach Löffler (S. 130) usw. zu färben.

Kultur: Auf gewöhnlichen Nährböden. Gelatine wird verflüssigt. Nährböden grün fluoreszierend, später braun. Auf Kartoffeln dicker, gelbgrüner, später sich braunfärbender Belag. Milch anfangs koaguliert, später peptonisiert bei alkalischer Reaktion.

Tierversuch: Pathogen namentlich für Meerschweinchen (intraperitoneal). Tod in 1—3 Tagen. Nach subkutaner Verimpfung meist Abszesse bildend.

64. **Pyogenesbazillus.** Erreger von Eiterungsprozessen, Bauch-, Brustfell-, Gelenk- und Euterentzündungen usw. bei Tieren. Kleine, sehr dünne (0,3—2 $\mu$), zuweilen fast kokkenähnliche, unbewegliche, sporenlose, wenig gramfeste Bazillen, die in Gestalt den Schweinerotlaufbazillen (S. 333) und Influenzabazillen ähneln. Kulturbazillen sind zuweilen keulenförmig verdickt.

Färbung wie bei Pyozyaneusbazillus Nr. 63.

Kultur gelingt auf Serumnährböden bei 37° in Form kleiner, weißer Kolonien; Serum wird in 1—2 Tagen verflüssigt. Milch gerinnt unter Säurebildung, später wieder Verflüssigung zu einer ziemlich klaren Molke. Auf Agar wächst er nur in der ersten Generation in Form grauweißer, tautropfenähnlicher Kolonien.

65. **Pyogeneskokken** s. Staphylokokken (S. 338) und Streptokokken (S. 339).

**Pyosepticum-equi-Bakterium** s. Viscosum-equi-Bakterium S. 353.

66. **Rauschbrandbazillus** (B. s. Clostridium sarcophysematos bovis, s. B. Chauveaui) findet sich vorwiegend im veränderten (Gasgangrän), subkutanen und intramuskulären Bindegewebe und in den ockergelben, zunderartigen Leberherden[1]). Vgl. auch Emphysembazillen S. 313 und Mal.-Ödembazillen S. 320.

Der Rauschbrandbazillus ist ein eigenbeweglicher Bazillus (3 bis 6 : 0,5—0,7 $\mu$) mit abgerundeten Enden, einzeln liegend, keine Fadenbildung. Durch end- oder mittelständige Sporen bekommt er die verhältnismäßig charakteristische Keulen- oder Clostridium- (Zitronen-) Form. Sporenbildung bereits im Tierkörper.

Färbung wie Malign.-Ödem-Bazillus (S. 320). Mit Jod färben sich die Rauschbrandbazillen meist rotbraun bis schwarzviolett.

Kultur: Anaerobes Wachstum (S. 246), Serumzusatz begünstigt das Wachstum. Gelatine wird verflüssigt. Gasbildung, Schwefelwasserstoff wird erzeugt, Hirnnährböden werden (in 3 Tagen) nicht geschwärzt, wohl aber vom Mal.-Ödembaz. Auf Serumagar dünne, bläulichweiße, rundliche, gelappte Kolonien. Im Serumagar (Platte, auch mit Zusatz von Serum) kleine, runde oder linsenförmige, feingekörnte Kolonien ohne strahlige, fetzige oder verfilzte Ausläufer (letztere bei Ödembaz.). Milch gerinnt, die Gerinnsel werden zum Unterschied vom Mal.-Ödem-

[1]) v. Hibler, Kulturen der pathogenen Anaerobien 1908.

Bazillus nicht wieder gelöst (peptonisiert). Kulturen riechen säuerlich oder ranzig, bei Ödembazillen stinken sie.

Tierversuch. Pathogen für Meerschweinchen, nicht für Kaninchen. Zur Vermeidung von Mischinfektion ist das Impfmaterial (Muskulatur) zuvor zu trocknen, mit Wasser zu verreiben und 10 Minuten auf 65° zu erhitzen. Die Meerschweinchen erliegen der intramuskulären Infektion in 1—2 Tagen. Auf der Leberoberfläche findet man die einzeln liegenden Rauschbrandbazillen, während die Bazillen des malignen Ödems angeblich stets Fäden bilden sollen. Nach eigenen Beobachtungen treten letztere jedoch oft (namentlich bei hoher Außentemperatur) als einzeln liegende sporenhaltige Bazillen auf. Der Bazillus des malignen Ödems wächst in gewöhnlichem Agar und Traubenzuckeragar, der Rauschbrandbazillus dagegen nicht [1]).

Serologie. Mit Hilfe der Agglutination [2]), Präzipitation [3]) und Komplementbindung [4]) kann der Rauschbrandbazillus von den verschiedenen Stämmen des Bac. oedematis maligni, putrificus, den Bazillen von Fränkel und Ghon-Sachs usw. getrennt werden. Bei der Komplementbindung sind Schüttelextrakte aus Reinkulturen als Antigen zu verwenden.

67. **Rekurrenzspirillen** s. Spirochaete Obermeieri S. 334.

68. **Rhinosklerombazillus.** Der Rhinosklerombazillus ähnelt dem Pneumobazillus, hat wie dieser eine Kapsel.

Ausstriche färben nach Gram (S. 139) [zum Unterschied vom Pneumobazillus (S. 326)] nach vorausgegangener Osmiumsäurefixierung (S. 104), sonst nicht gramfest, oder nach Kapselfärbeverfahren (S. 141).

Schnitte nach Gram (S. 139) nach vorausgegangener Härtung mit Müllerscher Flüssigkeit (S. 108) oder Osmiumsäure, sonst nicht gramfest. Bei Vorfärben mit Lithiumkarmin läßt man die Farbe 2 bis 24 Stunden einwirken. Oder man färbt mit Hämalaun und Eosin (S. 161) [hyaline Massen].

Kultur und Wachstumsform wie Pneumobazillus.

69. **Rinderseuchebazillen** (B. bovisepticus) verhalten sich wie Geflügelcholerabazillen S. 315, s. daselbst.

70. **Ringflechteerreger** s. Trichophyton S. 343.

71. **Rotlaufbazillus** s. Schweinerotlaufbazillus S. 333.

72. **Rotzbazillus** (B. mallei). Vorsicht! Infektionsgefahr! Erlaubnis zum Arbeiten mit Kulturen beschränkt! (S. 1 u. ff.).

Rotzbazillen sind schlanke, unbewegliche, sporenlose, nicht gramfeste Bazillen (2—5 : 0,2—0,5 $\mu$), zuweilen leicht gekrümmt, mitunter kolbig verdickt. Aus Kulturen nehmen manche Bazillen die Farbe leichter

---

1) Uchimura, Zeitschr. f. Hyg. u. Infektionskrankh. 1921, Bd. 92, S. 291.

2) Bachmann, Zentralbl. f. Bakteriol., Parasitenk. u. Infektionskrankh., Abt. I Orig., Bd. 37; Markoff ebenda Bd. 60; Leclainche und Vallée, Ann. de l'Institut Pasteur, T. 14.

3) Hecht, Zentralbl. f. Bakteriol., Parasitenk. u. Infektionskrankh., Abt. I Orig., Bd. 67.

4) Rocchi, ebenda Bd. 60; Held, Biolog. Unters. über Rauschbrand. Vet. med. Diss. Berlin 1913.

an als andere. Randpartien meist kräftiger gefärbt. Bazillen aus älteren Kulturen weisen oft in regelmäßigen Abständen helle Lücken auf.

Ausstriche färbt man mit Löfflers Methylenblau (S. 121) oder verdünntem Karbolfuchsin (S. 120) oder Karbolmethylenblau (S. 120) oder Karbolthionin (S. 121) oder nach folgendem Verfahren. Anilinwasserfuchsin oder -Gentianaviolett (S. 116), das frisch mit gleichen Teilen Kalilauge (1:10000) oder $^1/_2\,^0/_0$iger Lösung von Liq. ammon. caustici verdünnt ist, läßt man unter leichtem Erwärmen einwirken. Abspülen in Wasser. Eintauchen (1 Sekunde) in $1\,^0/_0$ige Essigsäure, die durch Tropäolin 00 (wässerige Lösung) rheinweingelb gefärbt ist. Abspülen in destilliertem Wasser. Trocknen, Balsam.

Schnitte. Paraffineinbettung (S. 110), Färben mit polychromem Methylenblau (S. 124, Nr. 90) oder nach Löffler mit Löfflers Methylenblau 5—10 Minuten, Entfärben 3—5 Sekunden mit destilliertem Wasser, das auf 10 ccm 2 Tropfen konzentrierte Lösung von schwefliger Säure und 1 Tropfen $5\,^0/_0$ige Oxalsäurelösung enthält. Auswaschen, Entwässern in Alkohol, Xylol, Balsam. Oder nach Noniewicz: Färben mit Löfflers Methylenblau (S. 121) 2—5 Minuten, Abspülen in Wasser, Entfärben durch kurzes Eintauchen bis zu 3—5 Sekunden in ein Gemisch aus 75 Teilen $^1/_2\,^0/_0$iger Essigsäure und 25 Teilen $^1/_2\,^0/_0$iger wässeriger Lösung von Tropäolin 00, gründliches Wässern, Auflegen auf den Objektträger, Austrocknenlassen, Balsam.

Kultur auf natursauren Agar- oder Bouillonnährböden mit und ohne Glyzerinzusatz (4—5 $^0/_0$) oder auf Kartoffeln (S. 204) bei 25—40°. Auf solchem Agar bilden sie grauweiße schleimige Kolonien von einem Durchmesser bis zu $^1/_2$ cm. Auf Kartoffeln entstehen am 1.—2. Tage klare, honiggelbe Kolonien, die sich später trüben und bräunen und auf Blutserum anfangs klare, später weiße Kolonien.

Tierversuch. Pathogen für Meerschweinchen, Feldmäuse und Katzen. Tod in etwa 8—14 Tagen. Rotzgeschwüre an Impfstelle. Rotzige Veränderungen in Lymphdrüsen, Milz, Hoden usw.

Serologie. Zur klinischen Diagnose dienen Agglutination (S. 363), Komplementbindung (S. 410), K-H-Methode (S. 444), Konglutination (S. 441) und Präzipitation (S. 391). Unter den allergischen Reaktionen hat sich die Malleinaugenprobe [1]) besonders bewährt.

**Ruhrbazillen** s. Typhusbazillen S. 345.

**Saccharomyces** s. Sproßpilze S. 337.

73. **Sarkophysembazillen** s. Rauschbrandbazillen S. 329.

74. **Schafrotzbazillen** (B. ovisepticus) verhalten sich wie Geflügelcholerabazillen S. 315, s. daselbst.

75. **Schimmelpilze** (Oidium lactis, Penicillium-, Mucor- und Aspergillusarten usw. (Abb. 198).

Bei Oidium lactis (Milchschimmel) erfolgt Sporenbildung am verzweigten Fruchtträger. Penicillium (Pinselschimmel) trägt am Ende des Fruchtträgers zwei primäre Sterigmen (stielartige Gebilde) und darauf je drei sekundäre Sterigmen und an deren Ende die Sporen.

[1]) Klimmer im Handbuch für Serumtherapie und Serumdiagnostik, herausgegeben von Klimmer und Wolff-Eisner, S. 321.

Bei Aspergillus (Kolbenschimmel) hat das freie Ende des Fruchtträgers eine Kolumella (kolbige Anschwellung), darauf stehen zahlreiche Sterigmen und an deren Ende die Sporen (offenes Köpfchen). Bei Mucor (Kopfschimmel) liegen die Sporen um die Kolumella und sind von einem Sporensack eingehüllt (geschlossenes Köpfchen). Einige Aspergillus und Mucorarten sind pathogen.

Zupfpräparate im frischen Zustand: Anfeuchten mit $50\,^{0}/_{0}$igem Alkohol, dem etwas Ammoniak zugesetzt ist. Nach Anfeuchten wird

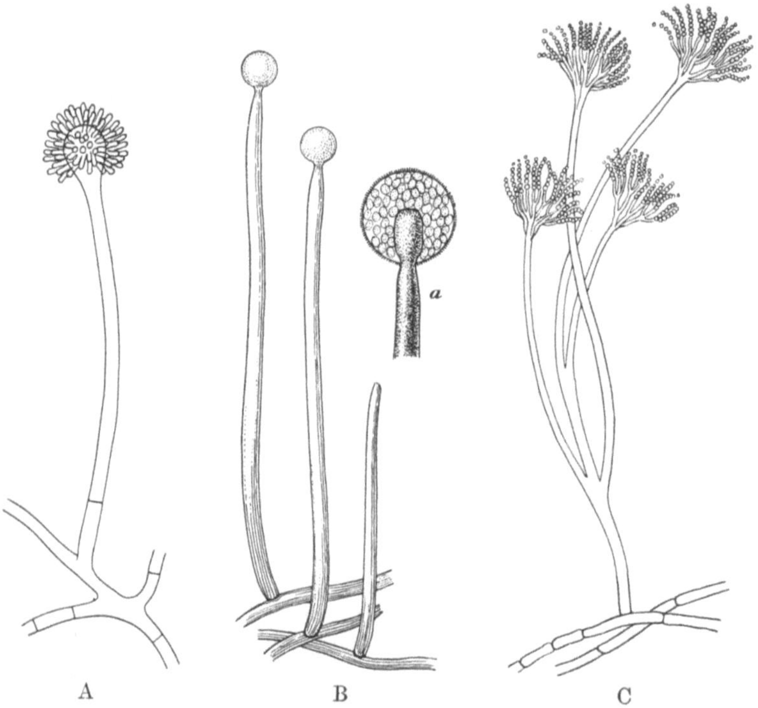


Abb. 198. Schimmelpilze. A Aspergillus; B Mucor (a ein stärker vergrößertes Köpfchen im Durchschnitt); C Penicillium, die Querteilungen der Fruchtträger sind in der Zeichnung nicht zum Ausdruck gekommen. Nach Griesbach.

der Alkohol wieder abgesaugt und durch verdünntes Glyzerin ersetzt. Zur Aufbewahrung legt man einen Balsam- oder Lackring auf Deckglas und Objektträger. Bei vorgeschrittener Sporulation sind die Sporen vorher wegzukochen ($^{1}/_{4}$—$^{1}/_{2}$ Minute bei aufgelegtem Deckglas).

Von der Färbung macht man meist nur bei Schnittpräparaten Gebrauch. Methylenblau (1 Minute bis 1 Stunde) und Nachfärben mit Eosin oder Karbolfuchsin und Bismarckbraun geben gute Bilder.

Kultur: auf gewöhnlichen Nährböden, namentlich bei natursaurer Reaktion, bei 20—30°, pathogener Arten auch bei 37°. Über besondere Nährböden vgl. S. 228.

Nachweis von Arsen durch Schimmelpilze s. S. 266. Über Soorpilz (Nr. 80), Favus (S. 314), Trichophyton (S. 343) und Sproßpilze (S. 337) s. daselbst.

76. **Schweinepesterreger** ist ein ultravisibles, filtrierbares Virus (vgl. auch unter Maul- und Klauenseuche S. 320).

77. **Schweinepestbazillus** (B. suipestifer), vgl. unter Typhusbazillen S. 345.

78. **Schweinerotlaufbazillus** (B. rhusiopathiae suis). Kleine (1—1,5 $\mu$), schlanke, sehr dünne, unbewegliche, sporenlose, gramfeste Stäbchen, vielfach in Haufen und oft phagozytiert.

Ausstriche und Schnittpräparate sind nach Gram (S. 139) zu färben. Besonders bakterienreich sind die Nieren.

Kultur erfolgt auf den üblichen Nährböden. Auf Agar entstehen tautropfenähnliche Kolonien. Gelatinestrich: Hineinwachsen in die langsam erweichende Gelatine in Form wolkiger oder büschliger Kolonien. Im Gelatinestich wolkiges oder büschliges Wachstum, meist geschichtet (Gläserbürste), gegen das untere Ende meist kräftiger. Gelatineplatte: wolkige, blaugraue, seltener büschlige Kolonien (Betrachten gegen dunklen Hintergrund). In Bouillon Trübung und grauweißer Bodensatz, beim Umschütteln moiréartige Zeichnung.

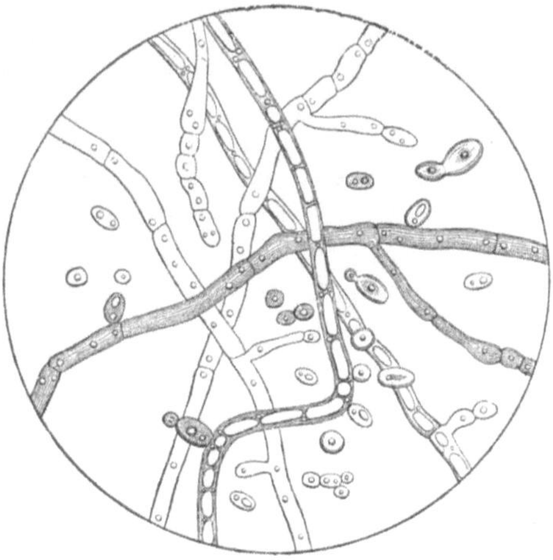

Abb. 199. Soorpilz. Nach Lenhartz.

Tierversuch: Pathogen für Mäuse, Tod nach 3 Tagen.

Serologie: Ascolische Thermopräzipitation (S. 397) ist unsicher.

79. **Schweineseuchebazillus** (B. suisepticus). Verhält sich wie Geflügelcholerabazillus Nr. 28 S. 315, s. daselbst.

80. **Soorpilz** (Oidium albicans, s. Monilia candida, Erreger des Schwämmchens der Säuglinge, Kälber usw., Abb. 199).

Färbung erfolgt mit gewöhnlichen Anilinfarben (S. 105 und S. 116).

Kultur auf Bierwürzegelatine (Erweichung, nicht bei gewöhnlicher Gelatine). Über besondere Nährböden vgl. S. 228.

Tierversuch. Kaninchen werden durch intravenöse Infektion getötet.

81. **Spirochäten.**

Ausstriche: Untersuchung des frischen Präparates im Dunkelfeld (S. 41) oder nach dem Burrischen Tuscheverfahren (S. 131) oder nach einem Färbeverfahren. Hier vorher Fixieren mit Osmiumsäure (S. 104) oder mit absolutem Alkohol (S. 104) oder Alkohol-Äther (S. 104) oder Sublimatalkohol. Im letzteren Falle läßt man das Präparat 10 Minuten auf erwärmtem Sublimatalkohol, Butterseite nach unten, schwimmen, Auswaschen mit durch Alkohol verdünnter Jodtinktur. Über Färbung vgl. S. 156.

Schnitte werden nach dem Silberimprägnationsverfahren nach Levaditi und Hoffmann (S. 158) oder nach der Färbemethode nach Giemsa-Schmorl (S. 158) usw. behandelt.

a) Spirochäte der afrikanischen Rekurrens (Zeckenfieber) verhält sich färberisch wie Spirochaete Obermeieri (vgl. unten).

b) Spirochäte der Framboesia tropica verhält sich wie Sp. pallida (S. 335).

c) Spirochaete anserina, gallinarum und Theileri verhalten sich wie Sp. pallida (S. 335).

d) Spirochäte der Angina Plaut-Vincent lassen sich leicht mit verdünnter Karbolfuchsinlösung (S. 120) oder wässerigen Anilinfarben (S. 116) oder nach dem Tuscheverfahren (S. 131), im Schnitt nach Levaditi-Hoffmann (S. 158) darstellen.

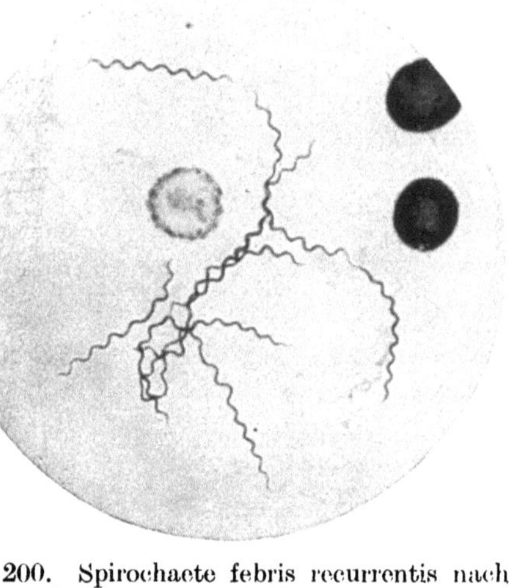

Abb. 200. Spirochaete febris recurrentis nach Jochmann und Zettnow.

e) Spirochäten ulzeröser und gangräneszierender Prozesse (der Angina Ludovici, Noma, Balanitis, des Karzinoms, Lungengangräns) verhalten sich wie Spirochaete pallida (S. 335).

f) Spirochäte des Gelbfiebers s. u. Leptospira icteroides Nr. 41, S. 318.

g) Spirochaete Obermeieri s. Febris recurrentis (des Rückfallfiebers).

Die Sp. Obermeieri bildet flache, unregelmäßige Windungen (Abb. 200). Sie ist bei Anfällen im Blute zahlreich, sonst spärlich vorhanden (Untersuchung im dicken Blutstropfen).

Blut-Ausstriche färbt man mit gewöhnlichen Anilinfarben (S. 116) unter Erwärmen und längerer Einwirkung der Farbe. Um die Spirochäten zwischen den roten Blutkörperchen besser hervortreten zu lassen, legt man die bei 75° im Thermostaten fixierten Ausstriche 10 Sekunden in 5%ige Essigsäure, bläst sie mit einem zugespitzten Glasrohr schnell ab, hält sie, die Butterseite nach unten, wenige Sekunden über Ammoniak, spült mit Wasser ab und färbt in gewöhnlicher Weise (S. 105) oder kurze Zeit mit Anilinwassergentianaviolett (S. 117) oder nach Becker (S. 157) oder Giemsa (S. 156). Auch das Tuscheverfahren (S. 131) ist zu empfehlen.

Schnitte behandelt man nach dem Silberimprägnationsverfahren (S. 157) oder färbt sie nach Alkoholhärtung und Paraffineinbettung mit einem Gemische aus konzentrierter, wässeriger Methylenblaulösung 10 ccm, 1%iger alkoholischer Tropäolinlösung 5 ccm, Wasser 10 ccm, 1‰iger Ätzkalilösung 2—5 Tropfen 24 Stunden, spült in Wasser ab, entwässert in Alkohol-Äther und läßt Bergamottöl, Xylol und Balsam folgen.

Kultur: in hoher Schicht in Aszitesflüssigkeit mit Zusatz eines Stückchen frischen, sterilen Tierorganes (Noguchi[1]).

h) Spirochaete dentium.

Färbung wie unter g.

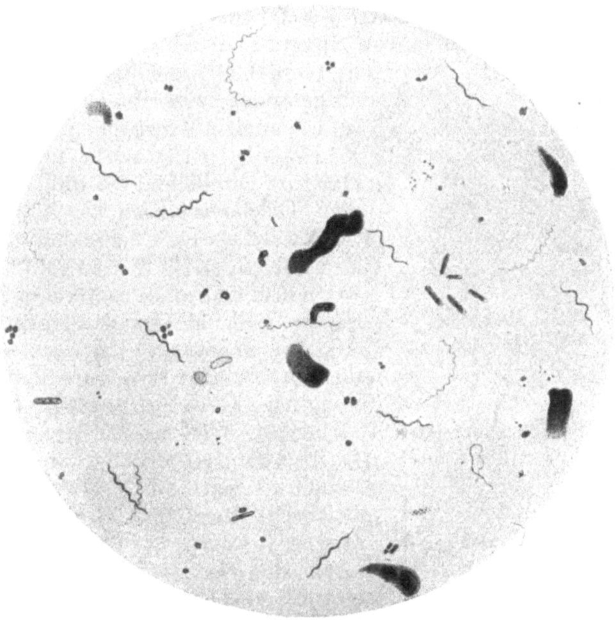

Abb. 201. Spirochaete refringens (die dicken Formen) und Spirochaete pallida (die feinen Fäden). Giemsa-Präparat vom Sekret einer nässenden Papel, nach Hoffmann.

Kultur anaerob bei 37° im Pferdeserumagar (1 : 2) in hoher Schicht. Nach 10 Tagen hauchartige Kolonien.

i) Spirochaete pallida oder Syphilis-Spirochäte; Sp. refringens, balanitidis usw. (Abb. 201 und 202). Die Sp. pallida zeichnet sich vor anderen Arten (Sp. refringens und balanitidis im Genitalsekret, dentium und buccalis im Munde) aus durch ihre verhältnismäßig schwere Färbbarkeit, ihre außerordentliche Feinheit, ihre zahlreichen (10—26), regelmäßigen, steilen Windungen (auch in der Ruhe) und ihre zugespitzten Enden.

[1]) Noguchi, Münch. med. Wochenschr. 1912, Nr. 36.

Material: Bei der Untersuchung von syphilitischen Primär- oder Sekundäraffekten ist zunächst die betreffende Hautstelle mit Petroläther (Benzin, Benzol oder Tetrachlorkohlenstoff) von den Krusten, Eiter, Hautbakterien, saprophytischen Spirochäten und Spirillen gut zu reinigen. Am besten eignet sich Gewebssaft (Reizserum) aus der Tiefe der erkrankten Stellen. Die Oberfläche der Geschwüre usw. wird mit einem Tupfer abgerieben bzw. trockene Papeln und Roseolen mit scharfem Löffel abgeschabt und das hervorsickernde Reizserum zur Untersuchung benutzt. Seltener entnimmt man das Material verdächtigen Lymphdrüsen und zwar dann meist durch Punktion, seltener exstirpiert man sie.

Bei dem mehr aus wissenschaftlichen als praktischen Gründen durchgeführten Nachweis von Spirochäten im Blute wird 1 ccm Blut in 9 ccm 0,33 %iger Essigsäure oder Wasser aufgefangen, zentrifugiert und der Bodensatz schnell ausgestrichen.

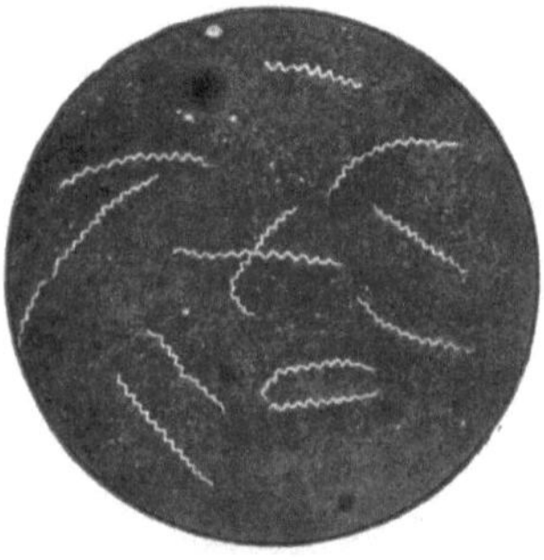

Abb. 202. Syphilisspirochäten (Tuscheverfahren) nach Lenhartz. Vergr. ca. 1000.

Frische Präparate untersucht man meist im Dunkelfeld (S. 156), seltener nach dem Tuscheverfahren (S. 157).

Ausstriche behandelt man nach Becker (S. 157), Fontana (S. 157) oder werden mit absolutem Alkohol 20 Minuten (1/4 bis 1/2 Stunde) fixiert, der überschüssige Alkohol abgetupft. Erhitzen ist zu vermeiden. Schöne Präparate liefert die Färbung nach Giemsa (S. 156; 2--16 Stunden färben). Auch das Löfflersche Verfahren (S. 145) gibt gute Bilder. Mit den gewöhnlichen Farben würde sehr lange Färbung notwendig sein. Das Gramsche Verfahren ist nicht anwendbar. Nach Oelze[1]) waren von 100 im Dunkelfeld nachweisbaren Spirochäten durch die Giemsafärbung nach Alkohol-Ätherfixierung 15 %, nach Fixierung mit Osmiumsäuredämpfen (S. 104) 60—70 %, mittels der Fontanaschen Silberimprägnationsmethode 35 %, in Kollargolausstrichen (S. 132) 30 % und mit Burrischer Tusche (S. 131) nur 7 % nachweisbar.

Schnitte: Silberimprägnationsverfahren nach Levaditi-Hoffmann (S. 158) oder Färbung nach Giemsa-Schmorl (S. 158). Bei der Silberimprägnation werden die Spirochäten tiefschwarz, Gewebe gelbbraun, Bindegewebs- und elastische Fasern oft dunkelbraun, Nervenfasern im Zentralnervensystem tiefschwarz (Vorsicht vor Verwechslung! Gehirnpräparate besser nach Noguchi [Münch. med. Wochenschr. 1913 S. 737] behandeln). Bei negativem Befund Wiederholung an anderen Stücken.

Kultur: anaerob in erstarrtem Pferdeserum oder in Pferdeserum-Neutralagar āā oder 1 : 2 in hoher Schicht. Wolkige Kolonien.

---

[1]) Oelze, Untersuchungsmethoden und Diagnose der Erreger der Geschlechtskrankheiten 1921. Verlag L. F. Lehmann, München.

Serologie. Wassermannsche Reaktion (S. 418), Sachs-Georgische Reaktion (S. 446), Meinickesche Reaktion (S. 457) usw. (S. 469).

k) Spirochaete icterogenes, Erreger der Weilschen Krankheit oder ansteckenden Gelbsucht ist sehr zart und schlank, ohne typische Windungen und zuweilen mit kleinsten knopfartigen Verdickungen. Die Länge schwankt von kommaähnlicher Form (6—8 $\mu$) bis zu Längen, die das Mehrfache eines roten Blutkörperchendurchmessers ausmachen (85 $\mu$). Die Durchschnittslänge beträgt etwa 6—15 $\mu$ und die Breite etwa 0,2 $\mu$. Das meist gerade Mittelstück ist dicker, starrer als die gekrümmten, verjüngten Enden. Es besteht aus einem feinen Achsenfaden, der von einer regelmäßigen, engen Spirale umwunden ist (Dunkelfeld).

Färbung der Ausstriche gelingt nach Giemsa (Färbedauer 8 Stunden, Spirochäte blaß rötlich), May-Grünwald (15 Tropfen Farbe auf 25 ccm destilliertes Wasser und 5 Tropfen 1 $^0/_0$iger Kaliumkarbonatlösung, hiermit färben 24 Stunden bei 50$^0$, differenzieren mit Azeton-Xylol, bis Grund ganz blaßblau und die Sp. leuchtend rot sind), Hoffmann, Fontana-Tribondeau, der Schnitte nach Levaditi (S. 158 usw.). Die Sp. icterogenes ist nach Levaditi nur nach Alkohol-Äther-Fixierung darstellbar (im Gegensatz zur Syphilisspirochäte, die mit reinem Alkohol vorbehandelt werden kann). Mit Karmin, Hämatoxylin, Heidenhainschem Eisenhämytoxylin, Methylviolett und Safranin färbt sich die Weilsche Spirochäte nicht. Im Dunkelfeld zeigen die lebenden Sp. lebhafte, meist rotierende Bewegungen.

Züchtung in frischem, inaktivierten Serum (namentlich vom Kaninchen) unter Luftabschluß durch flüssiges Paraffin oder in Aszitesflüssigkeit, die mit einem Stückchen Meerschweinchenniere beschickt ist, oder in festem oder halbfestem Meerschweinchen- und Menschenblutagar oder Blutgelatine oder sterilem Brunnenwasser mit 3 $^0/_0$ Serum oder halberstarrtem Rinder- und Kaninchenserum. Ungeeignet ist Ratten- und Schweineserum. Das Wachstum beginnt nach 1 bis 2 Tagen und erlangt nach 5—10 Tagen seinen Höhepunkt. Die geeignetste Temperatur ist 37$^0$.

Material entnimmt man dem Blut oder der Leber.

Tierversuch. Das geeignetste Versuchstier ist das Meerschweinchen. Beschränkt empfänglich sind ferner Kaninchen (besonders junge), Mäuse, Ratten, Hunde, Affen, nicht Katzen, Ferkel, Schafe, Hühner und Esel.

Meerschweinchen zeigen am 4. oder 5. Tag Injektion der Skleragefäße, Nachlassen im Fressen und Mattigkeit, 24 Stunden später Gelbfärbung der Sklera und der Schleimhäute; bald darauf verenden sie (Fromme) [1].

**Spironema** s. Spirochaete S. 333.

82. **Sproß- oder Hefepilze.**

Ausstriche: färben mit gewöhnlichen Anilinfarben (S. 116), meist nach nach Gram (S. 139).

Schnitte: färben mit Hämalaun (S. 161) 15 Minuten, Spülen in Wasser 5 Minuten, Färben in verdünntem Karbolfuchsin (1:20; $^1/_2$—24 Stunden).

[1]) Fromme, Ergebn. d. Hyg., Bakteriol., Immunitäts-Forsch. u. exp. Therapie, herausgeg. v. W. Weichardt 1920, Bd. 4, S. 21.

Differenzieren in 60%igem Alkohol, hierauf in absolutem Alkohol, Zedernöl usw. — Hefen (nicht alle!) rot, Gewebskerne blau. Auch mit verdünnter Giemsalösung (S. 135) oder nach Gram-Weigert (S. 139) erhält man gute Bilder.

Sporenfärbung s. S. 143.

Kultur: auf schwach sauren, zuckerhaltigen Nährböden, namentlich Bierwürze (S. 228) oder Backpflaumenabkochung (S. 206) oder Traubenmost mit Agar oder Gelatine (ohne weitere Zusätze). Reinzüchtung durch Plattenverfahren (S. 232) oder Ein-Zell-Kultur (S. 243).

Der Saccharomyces hominis Busse u. S. s. Cryptococcus farciminosus s. Rivoltae, die zu den Sproßpilzen gehören, sind verhältnismäßig schwer aus dem lebenden Körper zu züchten. Als Nährböden verwendet man hier schwach alkalischen Pferdefleischagar mit Zusatz von 2% Traubenzucker, 2,5% Glyzerin und 3—4 ccm Pferdeserum und nachfolgenden Eiernährboden [1]).

Frische Hühnereier werden mit Bürste und Seife sorgfältig gereinigt, 1/2 Stunde lang in eine 5‰ige Sublimatlösung gelegt und nach Abwaschen in sterilem Wasser zwischen Fließpapier getrocknet. Nach vorsichtigem Öffnen der Eier nach Hausfrauenart und Abfließenlassen des Eiweiß wird das Eigelb in einer größeren Schüttelflasche mit sterilen Perlen aufgefangen. Nach Zusatz von 2% Traubenzucker, 1% Glyzerin und etwa 1/10 Vol. Bouillon wird das Gemisch durch längeres, zur Vermeidung von Schaumbildung aber vorsichtiges Schütteln homogenisiert und in weite Reagenzröhrchen abgefüllt. Das Erstarrenlassen erfolgt unter Schräglage zunächst allmählich bei 70° C im Dampftopfe, dem noch zur Erzielung absoluter Sterilität eine zweistündige Erhitzung auf 85° folgen muß.

Die Kulturaufstriche hält man 2 Tage bei 37° und hierauf bei etwa 20°.

Zur Reinzüchtung aus verunreinigtem Material läßt man zuvor 7—10%ige Antiforminlösung 12 Stunden lang einwirken.

83. **Staphylokokken** färben sich mit gewöhnlichen Anilinfarben (S. 105 und 116), meist (so Staphylococcus pyogenes) auch nach Gram (S. 139); im Schnitt nachfärben mit Karmin (S. 122, Nr. 75).

Kultur auf üblichen Nährböden. Auf Agar und Gelatine bilden die Staphylokokken saftige, große, goldgelbe, zitronengelbe oder weiße Kolonien. Gelatine wird verflüssigt. Auf Blutnährböden meist Hämolyse.

**Starrkrampfbazillen** s. Tetanusbazillen (S. 342).

84. **Staupeerreger.** Der Erreger der Hundestaupe ist nicht bekannt. Nach den Untersuchungen von Carré und Kragenow handelt es sich um einen ultravisiblen, filtrierbaren Mikroorganismus, während Ferry Torrey und Mc. Sowan den B. bronchisepticus (bronchicanis), v. Wunschheim den B. paratyphosus B als den Erreger bezeichnen. Sinigaglia, Sanfelice u. a. fanden in den Ganglienzellen des Gehirns und Rückenmarkes, den Epithelzellen der Bronchien, Konjunktiva usw. Einschlußkörperchen (Staupekörperchen). Diese ähneln den Negrischen Tollwutkörperchen. Über Differentialdiagnose mit diesen vgl. S. 324, Negrische Körperchen.

---

1) Lange, Dtsch. tierärztl. Wochenschr. 1921, S. 369.

85. **Streptokokken** (Kettenkokken).

Färbung wie bei Staphylokokken. Str. equi (Druseerreger, Abb. 203), Str. mastitidis (Erreger des gelben Galtes) sind bei der Gramschen Färbung mit Alkohol vorsichtig zu entfärben. Streptococcus mucosus zeigt eine Kapsel (S. 141). Str. mastitidis bildet meist sehr lange gewundene oder zusammengeknäulte Ketten, die einzelnen Kokken sind flach gedrückt und liegen mit der Breitseite aneinander. In der Kultur tritt die Kettenbildung nur in flüssigen Nährböden deutlich hervor.

Kultur. Die meisten Streptokokken wachsen auf den gewöhnlichen Nährböden und bilden auf Gelatine, die nicht verflüssigt wird, kleine tautropfenähnliche Kolonien, auf Agar stecknadelkopfgroße, durchscheinende, weißliche Kolonien. In Bouillon weißlicher, flockiger Bodensatz, Bouillon bleibt meist klar. Auf bluthaltigen Nährböden zeigen Streptococcus pyogenes, equi, mastitidis Hämolyse, Streptococcus mitior s. viridans meist keine oder geringe

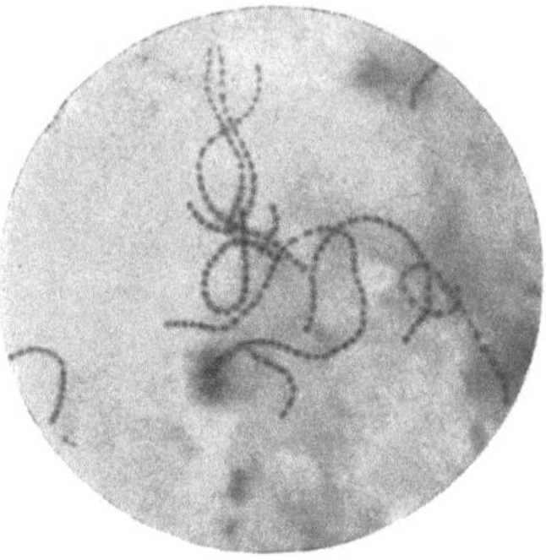

Abb. 203. Drusestreptokokken.

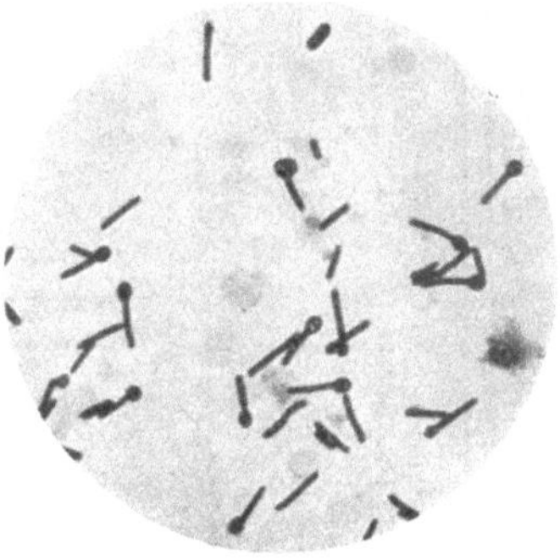

Abb. 204. Tetanusbazillen mit Sporen.

Hämolyse, aber Bildung grünlicher, sehr kleiner Kolonien. Streptococcus mucosus wächst hier in Form zarter, grüner, deutlich schleimiger Kolonien. Hinsichtlich Differenzierung der verschiedenen Streptokokken vgl. Zusammenstellung (S. 340). Zur Züchtung von Streptococcus equi empfiehlt sich, dem Nährboden Traubenzucker (S. 194) oder Glyzerin (S. 194) oder Serum (S. 200) zuzusetzen. Die optimale Alkaleszenz liegt bei einer H-Ionenkonzentration $p_H = 7{,}5$—$7{,}7$ (S. 179).

Tierversuch. Streptococcus pyogenes (vielfach), equi, mastitidis (zuweilen) und mucosus sind pathogen für Mäuse nach subkutaner oder intraperitonealer Impfung (Tod in 1—3 Tagen).

Streptococcus mitior ist meist nicht tierpathogen.

86. **Streptotricheen.**

Färbung mit gewöhnlichen Anilinfarben oder nach Gram (aber nicht alle Streptothrixarten sind gramfest).

Kultur wie bei Aktinomyzes Nr. 3, S. 306.

87. **Suipestiferbazillus** (Schweinepestbazillus) verhält sich wie Paratyphus-B-Bazillen, s. Typhusbazillen Nr. 98, S. 345.

**Zusammenstellung über die Differenzierung von Strepto- und Pneumokokken.**

| | Streptococcus pyogenes (longus) | Streptococcus mitior, s. viridans | Streptococcus mucosus | Pneumococcus |
|---|---|---|---|---|
| Pathogenität | Sehr virulent für Mensch und Tier | Pathogenität für Mäuse anfangs gering, später größer | — | Anfangs sehr virulent, später weniger |
| Kapselbildung | — | Auf geeigneten Nährböden, zuweilen im Tierkörper (Herzblut der Maus — Bieling) [1] | Im Tier (Herzblut der Maus) [1] | Im Menschen- oder Tierkörper Kapselbildung. Kokken lanzettförmig |
| Schottmüllers Blut-Agar (S. 225) (Münch. med. Wochenschr. 1910 Nr. 13; ref. Zentralbl. f. Bakteriol., Parasitenk. u. Infektionskrankh., Abt. I Ref. Bd. 48, S. 738) | Hämolyse, Entfärbung des Blutfarbstoffes, Agar wird grünlich, hell und durchsichtig | Selten spurweise Hämolyse; nach 24 Stunden feine graue oder schwarze Auflagerungen; schwarzgrüne Kolonien. Kräftigeres Wachstum auf Ottens Zuckeragar (oft schon in 24 Stunden) | Schleimige, linsengroße Kolonien. Dunkelgraugrüner Farbstoff | Ähnlich Str. mitior, aber größere Kolonien, intensive Farbstoffbildung |
| Hißsches Inulin-Serum-Wasser (1% Inulin, 1 Teil Rinderserum und 2 Teile destilliertes Wasser) | Keine Gerinnung des Nährbodens | Keine Gerinnung des Nährbodens | Gerinnung des Nährbodens | Gerinnung des Nährbodens |

[1] Bieling, Zentralbl. f. Bakteriol., Parasitenk. u. Infektionskrankh., Abt. I Orig., Bd. 86, S. 258.

| | Streptococcus pyogenes (longus) | Streptococcus mitior, s. viridans | Streptococcus mucosus | Pneumococcus |
|---|---|---|---|---|
| Lackmusnutroseagar | Bläulich rot bis langsame Rötung | Üppige, grauweiße Schicht. Agar rot | Üppige, schleimige Kolonien. Keine Änderung der Farbe | Glänzender, dünner Belag ohne Farbänderung |
| Galle-Bouillontropfenkultur (0,1 ccm Kaninchengalle, 1,0—2,0 ccm Bouill.) | Keine Auflösung | Keine Auflösung | In 20 Minuten Auflösung | In 20 Minuten Auflösung |
| 5 bzw. 2,5%ige Lösung von taurocholsaurem Natrium (E. Merck, Darmstadt) | Keine Auflösung | Keine Auflösung | (Oft sofortige) Auflösung | (Oft sofortige) Auflösung |
| Milch | Keine Gerinnung | Gerinnung | — | — |
| Kochblutagar nach Voges, Boxer und Bieling[1]) (S. 226) | Keine Färbung | Grüngelbe Färbung | — | Grüngelbe Färbung |
| Blutwasseragar[1]) (S. 226) | Abstreichbar | Trocken, nicht abstreichbar | — | Schleimig |
| Blutwasseroptochinagar[1]) | Abstreichbar | Trocken, nicht abstreichbar | — | Kein Wachstum |

[1]) Bieling, Zentralbl. f. Bakteriol., Parasitenk. u. Infektionskrankh., Abt. I Orig., Bd. 86, S. 258.

88. **Suiseptikusbazillus** (Schweineseuchebazillus) verhält sich wie Geflügelcholerabazillus S. 315 Nr. 28, s. daselbst.

89. **Syphilisspirochäte** s. Spirochaete pallida S. 335 Nr. 81, i.

90. **Tetanusbazillen** (Starrkrampfbazillen). Schlanke, bewegliche (peritriche) Stäbchen mit endständiger runder Spore (Trommelschlägelform, Abb. 204), die auch im Körper gebildet wird. Vorkommen nur an Infektionsstelle mit anderen Bakterien.

Färbung mit gewöhnlichen Anilinfarben (S. 116) oder nach Gram (S. 139) bei vorsichtiger Entfärbung mit Alkohol oder nach Claudius (S. 140).

Wachstum auf allen Nährböden unter anaeroben Verhältnissen. Gas- und Säurebildung. Der Tetanusbazillus ist kein zuckerliebender Mikroorganismus. Milch wird nicht sichtbar verändert. Optim. 37°. Gelatine wird nicht verflüssigt (Kendall, Day und Walker[1]), Hirnbrei (2:1 Wasser) geschwärzt. Zur Reinzüchtung aus Eiter, Erde usw. impft man mehrere weiße Mäuse subkutan. Nach deren Tod Vorkultur aus Wundeiter oder Ödem anaerob (S. 246) in Bouillon bei 37°. Die 1—2tägige Kultur wird nach reichlicher Sporenbildung 1 Stunde auf 65—80° zur Abtötung der Begleitbakterien erhitzt. Hierauf anaerobes Plattenverfahren (S. 250) oder Kultur in hoher Schicht (S. 247). Reinkultur mitunter schwierig. Es wird auch empfohlen, Herz und Milz der gestorbenen Versuchstiere 24 Stunden bei 37° aufzubewahren und daraus Kulturen anzulegen.

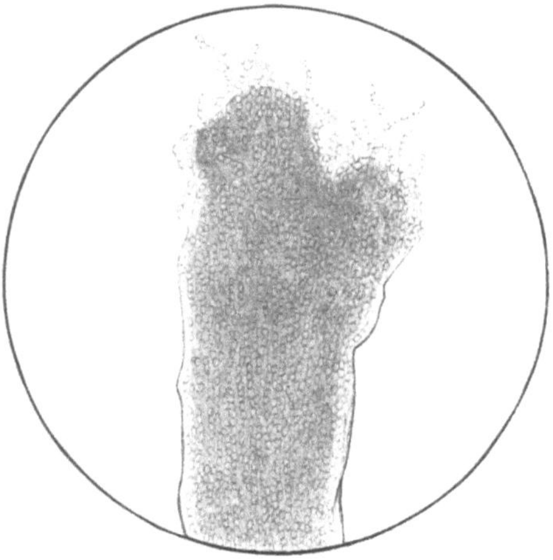

Abb. 205. Haar mit Trichophytonpilzen, nach Lesser.

Der Tetanusbazillus bevorzugt alkalisch reagierende Nährböden. Er wächst zwar bei einer Wasserstoffionenkonzentration $p_H = 5$ bis $p_H = 8,5$; das Optimum liegt aber zwischen $p_H = 7—7,6$ (S. 179).

Das Stabilitätsoptimum des Toxins befindet sich zwischen 6,6—7,5. Bei der Herstellung des Toxins ist darauf zu achten, daß das Medium nicht sauer wird ($p_H$ nicht kleiner als 6,8). Der Ausgangs-$p_H$ soll 8 sein. Ist nach 2 Tagen $p_H$ niedriger als 6,8, so ist erneut zu alkalisieren[2]). Die Pseudo-Tetanusbazillen bilden kein Toxin.

91. **Tetragenuskokken** (Micrococcus tetragenes). Kokken zeigen aus Tierkörper (Peritonealflüssigkeit von intraperitoneal geimpften Meer-

---

[1]) Kendall, Day und Walker, Journ. of infect. dis. 1922, vol. 30, p. 141, ref. im Zentralbl. f. die ges. Hygiene 1922, Bd. 1. S. 213.

[2]) Dernburg und Allander, Biochem. Zeitschr. 1921, Bd. 123, S. 245.

schweinchen) charakteristische Anordnung zu vieren (Tetraden) und Kapsel.

Färbung und Kultur wie Staphylococcus pyogenes albus (S. 338), außerdem Kapselfärbemethode (S. 141).

Tierversuch: Meerschweinchen oder Mäuse.

92. **Tollwutkörperchen** s. Negrische Körperchen Nr. 53, S. 324.

93. **Traubenkokken** s. Botryomyzes Nr. 8, S. 306.

**Treponema** s. Spirochaete S. 333.

94. **Trichophyton** (Trichophyticpilz).

Man zupft die Haare an der Grenze von kranken und gesunden Hautpartien heraus, setzt Glyzerin oder bei stärkerer Borkenbildung 2$^0/_0$ige Kalilauge zu und legt nach eventuellem Zerzupfen und Zerquetschen das Deckglas auf.

In Haartasche und um Haarwurzel massenhafte runde bis polygonale 4—7 $\mu$ große, stark glänzende Sporen oder Sporenketten, die das Myzel fast ganz verdecken (Abb. 205).

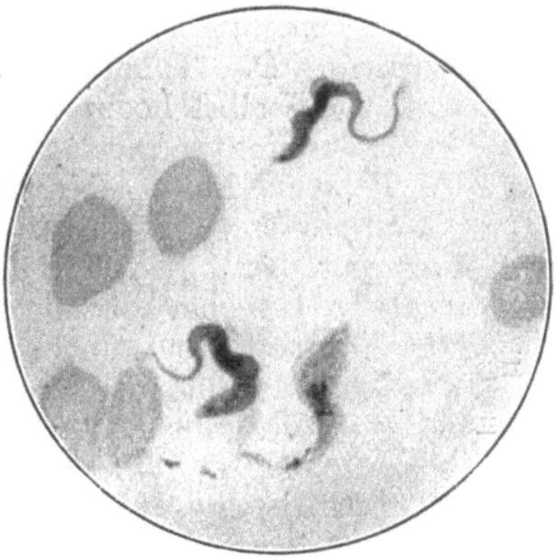

Abb. 206. Trypanosoma hominis. Nach Lenhartz-Meyer.

Wachstum auf gewöhnlichen Nährböden, ferner Bierwürzeagar, 4$^0/_0$igem Traubenzucker- oder Rohmaltoseagar usw. (S. 228), sowie nach den unter Favus (S. 314) angegebenen Verfahren. Gelatine wird verflüssigt.

Auf Bierwürzeagar wächst Trichophyton als grauweißer, trockener (wie mit Gips bestreuter), hügeliger Belag.

Tierversuch an Kaninchen oder Meerschweinchen, namentlich an den Ohren.

95. **Tripperkokken** s. Gonokokken Nr. 29, S. 316.

96. **Trypanosomen** (Abb. 206).

Frische, ungefärbte Bewegungspräparate stellt man mit einem Tropfen Blut her (bei der Beschälseuche 4—5 Tage nach der natürlichen Infektion auch mit Urethral- oder Scheidenschleim, später auch mit der ausgedrückten serösen Flüssigkeit aus Quaddeln und Veränderungen an den Geschlechtsteilen — bei der Schlafkrankheit der Neger auch mit der Zerebrospinalflüssigkeit — eventuell mit dem Bodensatz des Zentrifugats).

Das Blut wird meist mit etwas 0,85$^0/_0$iger Kochsalzlösung verdünnt und im hängenden Tropfen (S. 100) oder im gewöhnlichen Deckglaspräparat (gegen schnelles Austrocknen mit Vaseline umranden) frisch untersucht. Die Trypanosomen sind durch ihre lebhafte Bewegung leicht zu finden.

Färbung von Ausstrich- (S. 105) und Schnittpräparaten (S. 130) nach Giemsa (altes Verfahren oder Chromatin- [S. 135] und

Schnellfärbung [S. 135] und Schnittfärbung [S. 135]) [bei der Chromatinfärbung jedoch 5 Minuten färben] oder nach Löffler (S. 136). Vgl. auch Färbung der Malariaplasmodien Nr. 43, S. 320.

Kultur[1]) ist im Kondenswasser eines reichlich besäten Kaninchenblut-Nähragars aa bei 20—37° möglich.

Serologie: Agglutination s. S. 377, Komplementbindung S. 414 und Meinickesche Reaktion S. 464.

97. **Tuberkelbazillen** (Bac. tuberculosis).

Die Tuberkelbazillen sind unbewegliche, schlanke (0,5—4 : 0,4 $\mu$), vielfach etwas gebogene, säure- und gramfeste Stäbchen mit abgerundeten Enden. Sie liegen einzeln oder zu zweien parallel, gekreuzt oder im Winkel neben-, selten hintereinander oder in regellosen Haufen neben- und übereinander. Die Färbung ist vielfach nicht gleichmäßig, sondern unterbrochen. Verzweigungen und Kolbenformen kommen mitunter vor. Der Typus humanus ist schlanker, Typus bovinus meist plumper.

Färbung. Die Tuberkelbazillen nehmen die Farbe schwer an, halten sie aber selbst hochprozentischen Mineralsäuren gegenüber fest. Sie sind säurefest. Diese Säurefestigkeit besitzen auch die Lepra- (S. 318), Paratuberkulose- (Nr. 62, a, S. 327) Bazillen und einige säurefeste Saprophyten. Sie färben sich bei nachgenannten Doppelfärbeverfahren mit der ersten Farbe, während die anderen Bakterien und die tierischen Gewebe, die nicht säurefest sind, die zur Nachfärbung benützte Kontrastfarbe annehmen.

Ausstriche färbt man nach den Bundesrats-Ausführungsbestimmungen zum Viehseuchengesetz vom 7. 12. 1911 (S. 19) oder nach Ziehl-Neelsen (S. 148), Konrich (S. 151), Jötten-Haarmann (S. 150), Kronberger (S. 152) usw. (S. 146ff). Außerdem können sie nach Gram (S. 139) gefärbt werden. Aus differentialdiagnostischen Gründen macht man hiervon in der Regel keinen Gebrauch. Das Muchsche Verfahren zur Färbung des nicht nach Ziehl färbbaren Tuberkulosevirus bietet gegenüber den erstgenannten Verfahren keine Vorteile (S. 153).

Schnitte färbt man nach Koch-Ehrlich (S. 154) oder Schmorl (S. 155).

Untersuchung von Sputum (Harn, Milch usw.). Über Probeentnahme s. S. 22 bis 28. Sogenannte Linsen fischt man aus dem Sputum (Schale aus schwarzem Glas oder über schwarzen Untergrund) und zieht sie zwischen zwei Objektträgern aus. Harn, Milch usw. werden zentrifugiert und der Bodensatz ausgestrichen.

Bei wenigen Bazillen sind Anreicherungsverfahren (S. 89) anzuwenden. Über Homogenisierung der Milch vgl. S. 96. Auch die Neusallösung, die zur Fettbestimmung der Milch nach der Salmethode dient, ist zur Homogenisierung der Milch zu verwenden. Man setzt zu 9,7 ccm Milch 4 ccm Neusallösung, erwärmt 4 Minuten auf 50°, schüttelt durch und zentrifugiert. Die Tuberkelbazillen sind im Bodensatz und Fett.

Bei mikroskopischer Untersuchung sind bei nicht streng aseptischen Arbeiten, und selbst auch dann, Verwechslungen mit säurefesten Saprophyten möglich (S. 92 und 148).

[1]) Nöller, Arch. f. Schiffs- u. Tropenhyg. Bd. 21, S. 53.

Kultivierung bei 37° auf Blutserum (S. 197). Glyzerinagar (4% Glycerin optimum), Glyzerin-Kartoffeln (S. 205), Glyzerinbouillon (Oberflächenwachstum, schwimmende Partikelchen aufbringen) usw. (S. 194). Feste Nährböden sind durch Paraffinverschluß (S. 231) oder Gummikappen vor Austrocknung zu schützen. Das Wachstum ist langsam (4 Wochen). Der Typus humanus wächst in Form trockener, faltiger Häutchen. Typus bovinus bildet vielfach sehr dünne Häutchen mit Warzen. Typus gallinaceus wächst etwas schneller und in Form schmieriger, feuchter, schmutzig weißer Beläge. Das Ausgangsmaterial zur Züchtung muß frei von anderen Bakterien sein, nicht säurefeste Bakterien sind durch Antiformin (S. 93) leicht abzutöten. Die Züchtung findet für diagnostische Zwecke kaum Verwendung [Verfahren nach Hesse mit Aussaat auf Heydenagar (S. 224)].

Tierversuch. Da beim mikroskopischen Nachweis der Tuberkelbazillen selbst bei aseptischem Arbeiten Verwechslungen mit säurefesten Saprophyten nicht sicher ausgeschlossen, ferner negative Befunde nicht beweisend sind, müssen zur genauen Feststellung Tierversuche angestellt werden. Das Sputum wird vorher vielfach homogenisiert, Milch, Harn usw. zentrifugiert (Bodensatz bzw. Rahm-Bodensatzgemenge werden verimpft). Kot ist vorher zur Abtötung der Darmbakterien mit Antiformin zu behandeln (S. 97). Als Versuchstiere dienen Meerschweinchen (S. 81). Die Impfung erfolgt am besten subkutan (S. 294) oder intramuskulär (S. 295) am Hinterschenkel. Sobald die regionäre Lymphdrüse anschwillt (mitunter schon nach 10—14 Tagen), wird eines der beiden Versuchstiere getötet, sonst wird der Versuch meist nach 6 Wochen abgebrochen (Versuchstiere getötet). Bei der Sektion ist auf von der Impfstelle ausgehende Tuberkulose zu achten. In den Veränderungen sind die Tuberkelbazillen mikroskopisch nachzuweisen. (Auch die nicht säurefesten Bazillen der Pseudotuberkulose der Nagetiere [S. 328], der nicht säurefeste B. abortus [S. 305] und der Paratyphusbazillus [S. 346] rufen tuberkuloseähnliche Veränderungen beim Meerschweinchen hervor!) Um sicher zu gehen, kann man auch Kulturen anlegen. Tuberkelbazillen wachsen sehr langsam, die anderen Bakterien meist wesentlich üppiger. In der Praxis macht man aber von der Kultur nur selten Gebrauch.

Typus humanus ist für Kaninchen nach subkutaner Impfung meist wenig oder gar nicht pathogen. Pathogenität für Rinder fehlt in der Regel. Typus bovinus ist auch für Kaninchen und Rinder meist pathogen. Typus gallinaceus ist für Meerschweinchen meist nicht pathogen.

98. **Typhazeen**: **Typhus-, Paratyphus-** Mäusetyphus-, Suipestifer- [Schweinepest-]), **Enteritidis-, Coli-** (vgl. auch S. 308) **und Ruhr-** (Dysenterie- [Kruse-Shiga-, Flexner- und „Y"-]) **Bazillen.** Auch der Erreger des **Verfohlens** gehört hierher. Er ist aber weder mit Paratyphus A oder B, noch mit B. enteritidis und dem Smith-Kilbornschen Bazillus identisch [1]). Meist wird er zum B. paratyphosus B ge-

[1]) Lautenbach, Zentralbl. f. Bakteriol., Parasitenk. u. Infektionskrankh., Abt. I Orig. 1913, Bd. 71, S. 349; Meyer und Boerner, Journ. of med. research 1913, Vol. 29 (News series Vol. 24), p. 325; Heelsberger, Zentralbl. f. Bakteriol.,

stellt. Die Bazillen des Verfohlens bilden auch untereinander keinen einheitlichen Typus. Oft weichen sie in ihrem serologischen Verhalten erheblich voneinander ab [1]). Lütje [2]) konnte 30% des Stutenabortus auf Paratyphus, 10% auf Coli-Aerogenes und 8% auf Streptococcus longus (gramfest) zurückführen. Die von Lütje festgestellten Paratyphusstämme zeigten meist den Smith-Kilbornschen Typ.

Die Bakterien dieser Gruppe sind kurze (1—2 $\mu$ lange), plumpe, nicht gramfeste, sporenlose Stäbchen mit abgerundeten Enden, mit Ausnahme der unbegeißelten Ruhrbazillen zeigen sie Eigenbewegung (peritriche Begeißelung).

Ausstriche färbt man mit gewöhnlichen Anilinfarben (S. 116), namentlich verdünntem Karbolfuchsin (S. 120) oder Löfflers Methylenblau (S. 121). Bakterien (namentlich aus älteren Kulturen) sind mitunter an den Polen oder auch in der Mitte intensiver gefärbt. Kulturpräparate sind gut zu fixieren. Bazillen lösen sich leicht los.

Schnitte: Färben mit polychromem Methylenblau (S. 124. Nr. 90 oder Karbol- oder Anilinwasserfuchsin (S. 131) oder Thionin (S. 131) oder Löfflers Methylenblau (10—30 Minuten, Abspülen in $^1/_2$%iger Essigsäure (5 Sekunden), Auswaschen in Wasser 2—3 Minuten, absolutem Alkohol, Xylol, Balsam. Bei Untersuchung auf Typhusbazillen usw. in der menschlichen Milz sucht man zunächst mit schwacher Vergrößerung die intensiver gefärbten Bazillenherde auf. Zur Bakterienanreicherung hebt man die frische Milz 6—12 Stunden (zur Verhütung oberflächlicher Fäulnis in ein sublimatbefeuchtetes Tuch eingewickelt) bei 37° auf. Hierauf härtet man usw. Vgl. auch S. 107 u. ff.

Kultivierung auf gewöhnlichen Nährböden bei Zimmer- und Bruttemperatur. Die optimale Alkaleszenz liegt bei H-Ionenkonzentration $p_H = 7{,}2$—$7{,}9$. Gelatine nicht verflüssigt. In Gelatine graue bis gelbliche, runde oder wetzsteinförmige Kolonien, auf Gelatine zarte, opaleszierende, weinblattförmige (gelappte und geaderte) Kolonien, etwa in der Mitte mit Verdickung (Nabel). Nach einigen Tagen werden die Kolonien leicht braun. Verhalten auf Kartoffel, Milch, Spezialnährböden sowie zur Indolprobe vgl. Zusammenstellung auf S. 348 u. 349.

Kulturelle und biologische Eigenschaften sind, namentlich bei älteren Stämmen, nicht immer typisch. Die sicherste Unterscheidung erfolgt durch die serologische Untersuchung.

Tierversuch. Typhusbazillen sind für Meerschweinchen und Mäuse pathogen, Paratyphusbazillen und Enteritidisbazillen außerdem auch für Kaninchen, Mäusetyphusbazillen (per os!) vorwiegend nur für Mäuse (weiße und graue Hausmaus Mus musculus, Feldmaus Arvicola arvalis, Wald- und Springmaus Mus silvaticus, und Wasserratte Arvicola aquatilis, dagegen nicht für Brandmäuse Mus agrarius, Ratten, Hamster, Ziesel, Meerschweinchen, Kaninchen usw.), Ruhrbazillen sind für Versuchstiere nicht infektiös, wirken aber toxisch.

---

Parasitenk. u. Infektionskrankh., Abt. I Orig. 1914, Bd. 72, S. 38; Pfeiler, Ergebn. d. Hyg., Bakteriol., Immunitäts-Forsch. u. exp. Therapie, herausgeg. v. Weichardt 1919, S. 289; Murray, The journ. inf. dis. Chicago 1919, Vol. 25, p. 341.

[1]) Gminder, Arb. a. d. Reichs-Gesundheitsamte 1920, Bd. 52, S. 113.

[2]) Lütje, Dtsch. tierärztl. Wochenschr. 1921, S. 448.

Serologie findet als Agglutination, Widalsche Reaktion (S. 370) und Pfeifferscher Versuch (S. 472) zur Differentialdiagnose viel Anwendung.

Typhusdiagnose beim Menschen. Agglutinine treten im Verlaufe der Krankheit erst allmählich, bisweilen spät oder gar nicht auf. Bakteriologische Blut-, Fäzes- und Roseolenuntersuchungen geben meist früher positives Ergebnis. Meist von der 3. Krankheitswoche ab treten auch im Harn Typhusbazillen auf. Die aus Krankheitsfällen herausgezüchteten Bazillen sind durch Agglutination und Spezialnährböden zu identifizieren.

Untersuchung von Blut auf Typhusbazillen. 10—20 ccm aus der Vena mediana aseptisch entnommenes Blut (S. 22) werden im Verhältnis von 1 Teil Blut zu 3 Teilen $45^0$ warmem Nähragar oder Drigalskischen oder Endoschen Agar zu Platten (S. 232) ausgegossen. Typhus- und Paratyphusbazillen bilden schwarzgrüne Kolonien. In der ersten Krankheitswoche geben bis $90^0/_0$ der Fälle positives Ergebnis; in 2. Woche jedoch nur $55^0/_0$ und in der 3. Woche nur $40^0/_0$ positive Ergebnisse.

Besser ist es, die Bakterien vor Ausgießen in Platten anzureichern: Zusatz von 1 Teil Patientenblut zu 2 Teilen sterilisierter Rindergalle (S. 26 und 214) mit oder ohne Zugabe von $10^0/_0$ Pepton und Glyzerin. Blut gerinnt nicht. Gut durchschütteln, 12—24 Stunden bei $37^0$, Platten gießen wie zuvor. Bei negativem Ausfall Wiederholung der Aussaat nach 48 und 72 Stunden. Die Gallenmischung empfiehlt sich auch für Versendung des Untersuchungsmaterials.

Auch das bei der Blutentnahme zur Widalprobe (Agglutination) sich ergebende Blutgerinnsel kann benützt werden. Zuvor Zerkleinern und Anreichern im Galleröhrchen. Hinsichtlich Lösung des Gerinnsels mit Trypsin vgl. Kirstein, Zentralbl. f. Bakteriol., Parasitenk. u. Infektionskrankh., Abt. I Orig., Bd. 59, S. 478.

Untersuchung der Fäzes auf Typhusbazillen. Die Typhusbazillen sind vom Ende der 1. Krankheitswoche an reichlich, in der 4. und 5. Woche meist spärlich, in der Rekonvaleszenz oft wieder reichlich im Kote vorhanden.

Dünne Fäzes werden unverdünnt und nach 10—20facher Verdünnung mit steriler, $0{,}85^0/_0$iger Kochsalzlösung, feste Fäzes nach dünner Verreibung auf mehrere Platten (von 10—20 cm Durchmesser) mit Drigalski-Conradi-Agar (S. 208) oder Endoagar (S. 209) oder Kongorotagar (S. 216), oder Malachitgrün-Safranin-Reinblauagar (S. 214) oder Malachitgrünagar nach Lentz und Tietz (S. 212) usw. (S. 207 u. ff.) nacheinander (fraktioniert — S. 236) mit einem Glasspatel (S. 235) auf der Oberfläche ausgestrichen, $^1/_2$ Stunde staubgeschützt offen stehen gelassen, dann mit Deckschale nach unten bei $37^0$ gehalten. Nach 14 bis 24 Stunden untersucht: Typhus- und Paratyphuskolonien auf Drigalskiagar 1—3 mm groß, blau, glasig, nicht doppelt konturiert, tautropfenähnlich; Kolikolonien 2—6 mm, leuchtend rot, nicht durchsichtig. Typhus- und Paratyphuskolonien auf Endoagar farblos, Kolikolonien intensiv rot; Typhus auf Kongorotagar rot durchsichtig, Kolikolonien blauschwarz. Typhus-Kolonien auf Malachitgrün-

## Zusammenstellung über die kulturelle Differenzierung der

| | Typhus-bazillus | Paratyphus-A | Paratyphus-B (Mäusetyphus, B. suipestifer) | B. enteritidis Gärtner |
|---|---|---|---|---|
| Beweglichkeit | Lebhaft (8—14 peritr. Geißeln) | Lebhaft (peritr. G.) | Lebhaft (peritr. G.) | Lebhaft (peritr. G.) |
| Kartoffel (S. 204) | Kaum sichtbar | Zart durchscheinend | Graugelb | Graugelb |
| Indol (S. 267) | 0 | 0 | 0 | 0 |
| Milch (S. 203) | Keine Gerinnung | Keine Gerinnung | Keine Gerinnung, nach 1—3 W. Aufhellung | Keine Gerinnung |
| Lackmusmolke (S. 207) | Geringe Trübung; Rötung | Geringe Trübung und Rötung | Trübung und Rötung; nach einigen Tagen Aufhellung und Bläuung | |
| Drigalski-Conradi-Agar (S. 208) | Durchsichtig, blau | Durchsichtig, blau | Saftig blau | Saftig blau |
| Endoagar (S. 209) | Farblose Kolonien | Farblos | Farblos | Farblos |
| Barsiekow I Traubenzucker (S. 211) | Rötung (meist Trübung) | Rötung, Gerinnung | Rötung, Gerinnung | Rötung, Gerinnung |
| Barsiekow II Milchzucker (S. 211) | Unverändert | Unverändert | Uunverändert | Unverändert |
| Neutralrotagar (S. 210) | „ | „ | Zuerst unverändert, nach 1—2 Wochen braun aufgehellt | Zuerst unverändert, nach 1—2 Wochen braun aufgehellt |
| Löfflers Grünlösung I (S. 213) | Gerinnung, überstehende Flüssigkeit klar, grün | Gärung, Flockenbildung, Schaumring | Gärung, Flockenbildung, Schaumring | Gärung, Flockenbildung, Schaumring |
| Löfflers Grünlösung II (S. 213) | Unverändert | Unverändert | Keine Gärung, deutliche langsame Fluoreszenz | Keine Gärung, deutliche langsame Fluoreszenz |
| Traubenzuckerbouillon (S. 192 und 194) | Keine Gasbildung | Gasbildung | Gasbildung | Gasbildung |
| Lackmusrohrzuckeragar (S. 194) | Keine Veränderung | Keine Veränderung | Keine Veränderung | Keine Veränderung |
| Lackmusmannitagar (S. 194) | Rötung | Rötung | Rötung | Rötung |
| Lackmusmaltoseagar (S. 194) | „ | „ | „ | „ |

**Typhus-, Paratyphus-, Enteritidis-, Koli- und Ruhrbazillen.**

| B. faecalis alkaligenes | B. coli | B. dysenteriae Kruse-Shiga | B. dysenteriae Flexner | B. dysenteriae „Y“ |
|---|---|---|---|---|
| Lebhaft (1—6 polare Geißeln) | Träge (4—8 peritr. G.) | Nur starke Brownsche Molekularbewegung | | |
| Graugelb | Dick gelb bis graubraun | Kaum sichtbarer Belag | | |
| 0 | Stark | 0 | Nach 3—5 Tage + | Bisweilen nach Tagen + |
| Keine Gerinnung | Gerinnung in 1—2 Tagen | Keine Gerinnung | Keine Gerinnung | Keine Gerinnung |
| Geringe Trübung, starke Bläuung | Starke Trübung und Rötung | Keine Trübung und geringe Rötung | | |
| Saftig blau | Undurchsichtig, rot | Durchsichtig, blau | | |
| Farblos | Leuchtend rot | Farblos | Farblos | Farblos |
| Unverändert oder Bläuung | Rötung, Gerinnung, Gasbildung | Rötung, Gerinnung | Rötung, Gerinnung | Rötung, Gerinnung |
| Unverändert oder Bläuung | Rötung, Gerinnung, Gasbildung | Unverändert | Unverändert | Unverändert |
| Unverändert | Gasbildung, Fluoreszenz | ,, | ,, | ,, |
| | Gärung, Fällung, Schaumring | | | |
| | Gärung, Fällung, Schaumring | | | |
| Keine Gasbildung | Gasbildung | Keine Gasbildung | Keine Gasbildung | Keine Gasbildung |
| Keine Veränderung | Rötung (meist) | Keine Veränderung | Keine Veränderung | Keine Veränderung |
| Keine Veränderung | Rötung | Keine Veränderung | Rötung | Rötung |
| Keine Veränderung | Rötung | Keine Veränderung | Rötung | Keine Veränderung |

Safranin-Reinblauagar blau durchscheinend, flach pyramidal mit unebener Oberfläche und Metallglanz nach mehr als 24 Stunden, Paratyphus-B sehr ähnlich, Paratyphus-A rund, glashell. bläulich, Enteritidis-Kolonien rund, saftig rot, Koli rot oder rötlich: Malachitgrünagar nach Lentz und Tietz, auf dem Koli nicht wächst, dient nur zur Anreicherung (S. 212). Typhusähnliche Kolonien werden nach 20 bis 22 Stunden im hängenden Tropfen der vorläufigen Agglutination (S. 366) und, sofern der Verdacht bestätigt, auf Schrägagar abgeimpft und weiter untersucht.

Als weiteres Anreicherungsverfahren kommt das mit Bolus nach Kuhn (Med. Klin. 1916 Nr. 36) in Frage: Fäzes werden mit 0,85%iger Kochsalzlösung verrieben, durch Wattescheibe auf Porzellanfilterplättchen im Glastrichter filtriert. Zu 4—5 ccm Filtrat gibt man Argilla alba pulvis subtilis 0,02 g, schüttelt durch, läßt einige Minuten absitzen, saugt Flüssigkeit ab, der Bodensatz wird mit 0,2 ccm phys. Kochsalzlösung aufgeschwemmt und zu Platten wie oben verarbeitet.

Über das Petrolätherverfahren vgl. Bierast, Berl. klin. Wochenschr. 1916, Nr. 20.

Untersuchung von Roseolen auf Typhusbazillen. Die Haut wird mit Alkohol und Äther (Wattebausch) durch mäßiges Reiben gereinigt. Man schneidet in die Roseole mit dem Skalpell leicht ein und schabt, bevor Blut austritt, etwas Gewebssaft sofort mit der Messerspitze ab und bringt ihn in Bouillon. Auf die Wunde gibt man einige Tropfen Bouillon, um dickere Gerinnselbildung zu vermeiden. Das so verdünnte Blut wird gleichfalls in Bouillon gebracht. Auf diese Weise werden mehrere frische Roseolen untersucht. Die beschickte Bouillon wird zu Agar- (Drigalski- usw.) Platten verarbeitet. Dieses Verfahren liefert in etwa 75% aller Fälle positive Ergebnisse.

Untersuchung von Harn auf Typhusbazillen. Der Harn wird zentrifugiert und der Bodensatz auf farbige Agarplatten (vgl. unter Fäzes), zuweilen erst nach Anreicherung mit Malachitgrünagarplatten (s. o.) oder nach dem Bolusverfahren (s. o.) ausgesät. Zuweilen wird der Harn auch wie Wasser (s. u.) behandelt.

Typhusbazillen treten im Harn meist erst nach der 3. Krankheitswoche auf und halten sich oft längere Zeit.

Untersuchung von Wasser auf Typhusbazillen. Eine Anreicherung von Typhusbazillen sucht man teils durch Filtration größerer Wassermengen durch Bakterienfilter (S. 258) oder durch Fällung (S. 257), oder durch Züchtung (S. 257), oder durch Agglutination (S. 259) oder durch Verdunstung (S. 260) herbeizuführen. Anschließend daran bringt man das Material, das verdächtig ist, Typhusbazillen zu enthalten, zur Aussaat auf farbige Nährböden (s. o.).

Bei den **Ruhr**untersuchungen spült man Schleimflöckchen aus frisch entleerten Fäzes in steriler, 0,85%iger Kochsalzlösung ab und streicht sie auf Lackmusnutroseagar- oder Endoplatten (ohne Kristallviolettzusatz!, auch Nutrose ist entbehrlich — S. 209) auf. Die Ruhrbazillen wachsen wie die Typhusbazillen (S. 347). Das Bolusverfahren (c. o.) ist zu versuchen.

Bei alten Fällen kommt man mit Abstrichen vom erkrankten Darmabschnitt mittels Rektoskops mitunter zum Ziele.

Der Ruhrbazillus Kruse-Shiga bildet Gift, der Flexner- oder Y- oder Pseudodysenteriebazillus bildet keines.

Vgl. auch Zusammenstellung auf S. 349.

99. **Ulcus-molle-Bazillus** (Ducrey-Unna; Streptobacillus ulceris mollis).

Färbung mit Löfflers Methylenblau (S. 221), Schnitte werden nach Färbung kurz (nur Eintauchen) mit absolutem Alkohol und Anilin behandelt oder nach Nicolles Tanninverfahren (S. 131) oder nach Saathoff-Pappenheim (S. 131) gefärbt.

Kultur auf (Menschen-) Blutagar (S. 225). In Kondenswasser lange Ketten bildend. Kulturen sterben in wenigen Tagen ab. Erste Generation wächst nur im Kondenswasser. Als Ausgangsmaterial benutzt man die noch geschlossenen Abszeßchen am Scheideneingang. Die Kolonien sind stecknadelkopfgroß, in toto abhebbar und verursachen keine Hämolyse.

Tierversuch. Nur auf Affen und auf das Kaninchenauge übertragbar.

100. **Vakzine-Körperchen** (Guarnierische Körperchen, Pockenvirus).

Pockenvirus ist ultravisibel, filtrierbar und zur Zeit auch in vitro nicht zu züchten.

Zum Nachweis bedient man sich des Paulschen Verfahrens [1], das auch für die praktische Diagnose brauchbar ist, da es bei sicheren Pockenfällen in 82% positive, bei andersartigen Erkrankungen aber fast stets negative Ergebnisse liefert. Auch zum Nachweis des Virus im Blut, Harn, Auswurf usw. Pockenkranker usw. sowie zur Auswertung der Pocken-Impflymphe ist das genannte Verfahren geeignet [2]. Das Paulsche Verfahren, das sich an makroskopisch sichtbare Veränderungen hält, wird nach Ungermann und Zuelzer [2]) wie folgt ausgeführt: Das Versuchskaninchen wird festgebunden, das Auge kokainisiert und mit flachen, stumpfen Instrumenten aus der Orbita herausgehoben. Die Hornhaut wird mit einer harten, spitzen Impfnadel unter gleichmäßigem Druck von oben nach unten mehrfach in Abständen von 1—2 mm (bei Vakzine von 3—4 mm) geritzt. Auf scharfe Spitze der Impfnadel und gleichmäßigen Druck ist besonders zu achten. Das auf Objektträgern in dicker Schicht angetrocknete Untersuchungsmaterial [3] wird mit wenigen Tropfen Glyzerin-Kochsalzlösung abgeschwemmt, in eine Kapillare aufgenommen und unter Einreiben mit der flach gehaltenen Impflanzette oder eines elastischen Spatels auf die Hornhaut aufgetropft. Oder der angetrocknete Eiter wird,

[1]) Paul, Zentralbl. f. Bakteriol., Parasitenk. u. Infektionskrankh., Abt. I Orig. 1915, Bd. 75 und 1918, Bd. 80, Heft 6; Dtsch. med. Wochenschr. 1917, Nr. 29.

[2]) Ungermann und Zuelzer, Arb. a. d. Reichs-Gesundheitsamte 1920, Bd. 52, Heft 1, S. 41.

[3]) In dick eingetrockneten Pockenborken bleibt das Virus länger (15 Monate und darüber) infektiös als in dünnen Eiterausstrichen.

ohne ihn vorher aufzuweichen, unmittelbar in die Skarifikationen eingerieben. Mitunter schon nach 24, sonst nach 48 Stunden, zeigen sich auf der glatten, spiegelnden Hornhaut bei Lupenvergrößerung im Verlauf der Impfrisse glänzende Buckel, die sich durch Reiben weder entfernen noch verschieben oder in ihrer Form verändern lassen. Eine perlschnurartige Anordnung der Buckel im selben Impfriß ist besonders charakteristisch. Die beim Ritzen der Hornhaut sich ablösenden Gewebsfetzen, die ebenfalls flache Höcker bilden, sind nach 24 Stunden noch nicht immer leicht und sicher von den Pockenbuckeln zu unterscheiden, aber am zweiten Tag pflegen sie sich abzulösen, während die Pockenknötchen bleiben. Letztere sind flach erhaben, breit aufsitzend, unverschieblich und glashell. Kleine, spärliche Effloreszenzen treten oft erst nach Härtung des zumeist schon 24 Stunden nach der Impfung entfernten Auges in Sublimat-Alkohol hervor.

Damit das Auge bei der Herausnahme seine Prallheit behält (Schrumpfung des Auges würde zur Fältelung und Trübung der Hornhaut und zur Verdeckung kleiner Pockenherde führen), wird der Augapfel des narkotisierten Auges mit einer scharf angezogenen und mehrfach geknoteten Schlinge umfaßt und der Stiel des Bulbus möglichst weit hinter der umschnürten Stelle durchtrennt. Das enukleierte Auge wird sogleich unter einem sanft fließenden Wasserstrahl von Blut, eitrigem Schleim usw. befreit und in Sublimat-Alkohol (30 Teile konzentrierter Sublimatlösung in destilliertem Wasser mit 70 Teilen $70\,^0/_0$igem Alkohol) auf etwa 1—2 Minuten eingehängt. Die gesunden Teile der Hornhaut sollen durchscheinend bleiben. Die weitere Härtung erfolgt in $70\,^0/_0$igem Alkohol.

Die Pockenknötchen treten in der nun milchig getrübten Hornhaut als rundliche, stärker milchweiß (Ungermann und Zuelzer), oder kreideweiß (Paul, Gins[1])), nicht gelbweiß (Abszesse) gefärbte, flach erhabene Flecke von 1—3 mm Durchmesser hervor. Bei den 48 Stunden und später nach der Infektion enukleierten Augen zeigen die Flecke im Zentrum eine kraterförmige Vertiefung.

Bei frischem, virusreichen Material (Vakzinelymphe) ist die Conjunctiva corneae zuweilen insgesamt geschwollen und getrübt. Die Diagnose ist dann schwer, desgleichen auch, wenn bei virusarmem Material die Herde spärlich und klein bleiben oder nur ein einziges, selbst typisch gebautes Knötchen aufgeht. Zur Klärung solcher Fälle beobachtet man das Auge 3 oder 4 Tage, bevor man es enukleiert. Zweckmäßig ist es, beide Augen in der angegebenen Weise zu impfen, das eine Auge 48 Stunden nach der Infektion zu enukleieren und bei positivem Befund am enukleierten das 2. Auge zum Nachweis der Guarnierischen im frisch gefärbten Zupfpräparat (S. 163) zu benützen. Ist der Befund am 1. Auge negativ, so wird das 2. Auge noch weitere 24 Stunden beobachtet und dann gleichfalls enukleiert. Können an ihm typische Herde nachgewiesen werden, so werden die Guarnierischen Körperchen im Schnittpräparat (S. 162) nachgewiesen.

---

[1]) Gins, Dtsch. med. Wochenschr. 1916, S. 1118 und 1155; Zeitschr. f. Hyg. u. Infektionskrankh. 1916, Bd. 82; 1918 Bd. 86.

Ausstriche: Ein kleiner Tropfen Lymphe wird mit einem Tropfen filtriertem, abgekochten Leitungswasser verdünnt und auf 3—4 Objektträger dünn ausgestrichen, 12 Stunden getrocknet, $^1/_2$ Stunde in destilliertes Wasser gelegt (senkrecht stehend), erneut getrocknet, mehrere Stunden in absoluten Alkohol gebracht, mit Löfflers Geißelbeize (S. 121 oder von Grübler, Leipzig) 5—10 Minuten bei 60° in gut zugedeckter Schale behandelt, in destilliertem Wasser abgespült, mit Karbolfuchsin 5—10 Minuten bei 60° in gut zugedeckter Schale gefärbt, in Wasser abgespült, eventuell in absoluten Alkohol kurz eingetaucht und dann nochmals in Wasser abgespült, getrocknet und in Balsam eingelegt.

Schnittpräparate: Färben mit Heidenhainschem Hämatoxylin (S. 161) oder nach Biondi-Heidenhain (S. 119). Vakzine Körperchen im ersteren Falle schwarz, im letzteren blau, Leukozytenkerne und Kernteilungsfiguren grün, Kerne der Bindegewebs- und Epithelzellen blau (mit roten Nukleolen), Protoplasma rot.

**Variolavirus** s. Vakzinekörperchen S. 351.

**Verfohlenbazillen** s. Abortusbazillen und Paratyphusbazillen B, Nr. 98, S. 345 (Tryphaceen).

**Verkalbebazillen** s. Abortusbazillen S. 305.

**Viscosum-equi-Bakterium** (Bact. viscosum equi, s. Bact. pyosepticum equi) ähnelt dem Bact. coli, jedoch zum Teil kokken- oder kommaförmig. Es ist unbeweglich, gramnegativ, ohne Kapsel und bildet keine Sporen.

Wächst auf gewöhnlichen, neutralen oder schwach sauren Nährböden spärlich, besser auf glyzerin-, serum- oder hämoglobinhaltigen Nährböden. Auf diesen bildet es erhabene, trübe, glanzlose, grünlichweiß-graue Kolonien, die fest am Nährboden haften und die zäh, gummiartig sind. Lackmusmolke wird leicht gerötet, desgleichen Drigalski-Conradischer Agar. Das Bacterium v. e. bildet kein Gas, verflüssigt Gelatine nicht und erweist sich im Tierversuch schwach pathogen für Mäuse.

101. **Vibrio cholerae asiaticae** s. Choleravibrionen Nr. 11, S. 307.

102. **Weideflechtenerreger** s. Trichophyton Nr. 94, S. 343.

103. **Wild- und Rinderseuchebazillus** (B. bovisepticus) verhält sich wie Geflügelcholerabazillus Nr. 28, S. 315.

104. **Xerosebazillen** s. Diphtheriebazillen Nr. 19, S. 309.

105. **Ziliaten** s. Flagellaten S. 315, Nr. 25.

## Anhang.

**Parasiteneier.** Nachweis in Fäzes.

Von fünf verschiedenen Stellen der Fäzes wird ein erbsengroßes Stück Kot entnommen und mit 15 ccm einer Mischung von 25%igem Antiformin und Äther āā im Reagenzglas geschüttelt. Harter Kot ist vorher mit Kochsalzlösung zu verreiben. Die Kotaufschwemmung wird durch Verbandmull filtriert und 1 Minute zentrifugiert. Die Parasiteneier sammeln sich in der untersten Schicht des Bodensatzes an und werden hier mit einer Pipette entnommen. Ist zu viel Bodensatz abgesetzt, so setzt man einige Kubikzentimeter verdünnte Salzsäure zu, schüttelt nochmals gut durch und zentrifugiert. Über weitere Verfahren vgl. S. 98.

# C. Serologischer Teil.

## I. Allgemeines.

Als **allgemeine Regel** gilt auch für die serologischen Arbeiten peinlichste Sauberkeit. Alle Reagenzgläser, Pipetten usw. sind gründlich zu reinigen und zu sterilisieren.

Bei den serologischen Arbeiten, so namentlich der Präzipitation, müssen alle Flüssigkeiten absolut klar und steril sein.

Die Klärung erfolgt durch Ausschleudern (S. 59) oder Filtrieren (S. 71).

Durch Hämoglobin gefärbte Organextrakte usw. werden durch Schütteln mit Chloroform aufgehellt bzw. durch mit Chloroform getränkten Asbest filtriert. Man läßt hierbei zunächst das schwere Chloroform ablaufen und fängt dann erst das Extrakt auf.

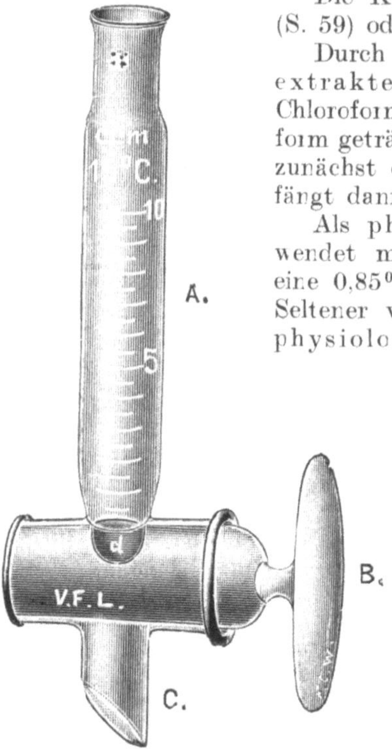

Abb. 207. Automatische Pipette.

Als physiologische Kochsalzlösung verwendet man bei serologischen Arbeiten meist eine 0,85%ige Lösung in destilliertem Wasser. Seltener verwendet man die sog. gepufferte physiologische Kochsalzlösung, die zur Agglutination von Meningokokken von Evans [1]) empfohlen wird. Es ist das eine 0,85%ige Kochsalzlösung in destilliertem Wasser, die auf 1 l noch 2 ccm folgender Salzlösung enthält. 8,7 g $KH_2PO_4$ und 165 g $K_2HPO_4$ werden in 1000 ccm destilliertem Wasser gelöst. Die gepufferte physiologische Kochsalzlösung hat eine Wasserstoffionenkonzentration von $p_H = 7{,}4$ (Michaelis) (S. 179).

Die Sera sind tunlichst vor Licht zu schützen und kühl aufzubewahren.

Das Inaktivieren von Sera wird durch $^1/_2$stündiges Erhitzen im Wasserbad auf 56° bewirkt. Bei der Inaktivierung werden manche Agglutinine und Präzipitine geschädigt und sogar vernichtet.

Zum Abmessen zahlreicher gleicher Dosen von Bakterienaufschwemmungen bei der Agglutination, des hämolytischen Systems und der Komplement-Kochsalzlösung bei der Komplementbindung usw. bedient man sich an Stelle des zeitraubenderen Pipettierens vielfach der Ab-

[1]) Evans Journ. of infektions dis. 1922. Vol. 30. S. 95.

messung mittels Büretten (Abb. 51 S. 54) und automatischer Pipetten (Abb. 207). Zum Gebrauch fettet man den Hahn mit wenig Vaseline leicht ein. Die Delle muß aber frei von Fett bleiben. Die abgemessene Flüssigkeit läßt man in schräger Haltung der Pipette auslaufen, den an der Ausflußöffnung hängen bleibenden Tropfen streift man an der inneren Kante des Reagenzglases ab.

Über **Einrichtung des serologischen Laboratoriums** vgl. S. 32 u. ff.; außerdem werden besondere serologische Hilfsmittel bei den einzelnen Abschnitten erwähnt werden. Bezüglich der Impfverfahren wird auf S. 293, der Haltung der Versuchstiere auf S. 79 u. 300 verwiesen. Soweit Kaninchen als Versuchstiere in Frage kommen, bevorzugt man langohrige Rassen. Bei diesen lassen sich die Einspritzungen in die Ohrvene leichter durchführen.

# Gewinnung und Konservierung des Serums.

## Vorbehandlung (Immunisierung) der Serumtiere.

Bei der Gewinnung hochwertiger Immunsera geht man je nach dem hierzu benützten Antigen und dem zu erzeugenden Antikörper etwas verschieden vor. Man hat für den Laboratoriumsgebrauch besondere Immunisierungsschemata aufgestellt. Über die Technik der intravenösen, intraperitonealen und subkutanen Einspritzung vgl. S. 294 und 295.

### 1. Gewinnung hämolytischer Sera (vgl. auch S. 400).

Serumtier: Kaninchen; Antigen: gewaschene Blutkörperchen (S. 400) von Schaf, Ziege usw.

1. Intravenöse Einspritzung (S. 295) von 0,5—5 ccm, nach 6—8 Tagen eine nochmalige intravenöse Einspritzung von 0,5—5 ccm. Vielfach läßt man eine intraperitoneale Einspritzung von 2—5 ccm im gleichen Zeitabstand folgen. Blutabnahme 8 Tage nach der letzten Einspritzung.

2. nach Sachs: Intraperitoneale Einspritzung von 30 ccm, Wiederholung mit 30—40 ccm nach 8—10 Tagen. Blutabnahme 9—10 Tage nach letzter Einspritzung.

3. Intravenöse (Ohrvene-) Impfung mit 3 ccm, 3 Tage später mit 2 ccm, 3 Tage später mit 1 ccm gewaschenen Schafblutkörperchen. Sechs Tage nach der 3. Einspritzung wird eine Blutprobe aus der Ohrvene genommen und das Serum ausgewertet.

Bei ungenügendem Serumwert werden nochmals 1 bzw. 5 ccm Blutkörperchen subkutan oder intravenös eingespritzt.

### 2. Erzeugung präzipitierender Sera (vgl. auch S. 381).

Serumtier: Kaninchen; Antigen: inaktiviertes Serum, eiweißhaltige Auszüge, zelliges Material usw.

1. Verfahren nach Uhlenhuth: Intravenöse (oder intraperitoneale) Einspritzung von 1—3 ccm inaktiviertem Serum, 2malige Wiederholung nach je 5—6 Tagen. Probeentnahme 6 Tage nach der letzten Einspritzung.

2. Schnellimmunisierung nach Fornet und Müller[1]): Intraperitoneale Einspritzung von 5 ccm, am nächsten Tage von 10 ccm, am 3. Tage von 15 ccm Serum. Verbluten am 12. Tag.

3. Wiener Verfahren: Intravenöse Einspritzung von 1 ccm Serum auf 1 kg Körpergewicht. Wiederholung nach 4 Wochen. Entbluten 8 Tage später.

4. Vorbehandlung mit zellhaltigem Material: Intraperitoneale Einspritzung von 3—5 ccm, 2malige Wiederholung nach je 5—6 Tagen. Blutabnahme 6 Tage nach letzter Einspritzung.

### 3. Immunisierung gegen Cholera.

a) Agglutinierendes Serum. Serumtier: Kaninchen; Antigen: 24stündige Agarkultur, abgetötet durch einstündiges Erhitzen auf 60°. Virulente Kultur ist brauchbarer als avirulente und atypische.

Intravenöse Einspritzung von 1 Öse Bakterienmasse, Wiederholung nach 3—7 Tagen mit 3 Ösen, nach weiteren 7 Tagen mit 5 Ösen. Blutabnahme 7—10 Tage nach letzter Einspritzung.

b) Bakteriolytisches Serum: Serumtier: Kaninchen. Zum Ausgleich der Individualität sind mehrere Tiere zu impfen und die erhaltenen Sera zu mischen.

$\alpha$) Einmalige intraperitoneale Einspritzung einer ganzen, durch Erhitzen eine Stunde lang auf 56° abgetöteten Cholerakultur. Blutabnahme 14 Tage später.

$\beta$) Subkutane oder intraperitoneale Einspritzung von 1 Öse, wie unter $\alpha$ abgetöteter Kultur. Wiederholung nach je 7 Tagen mit 3 und 5 Ösen. Blutabnahme 7—14 Tage nach letzter Einspritzung.

### 4. Immunisierung gegen Typhus.

a) Serumtier: Kaninchen.

$\alpha$) Agglutinierendes und bakteriolytisches Serum. $^1/_2$ bis 1 Öse von 1 Stunde bei 58° abgetöteten Typhusbazillen intravenös. Wiederholung nach je 8—10 Tagen mit 2—$2^1/_2$, bzw. $2^1/_2$ bis 5 Ösen. Tritt starke Gewichtsabnahme ein, so ist die kleinere Dose zu nehmen. Blutabnahme 8 Tage nach letzter Einspritzung.

$\beta$) Bakteriolytisches Serum.

Verfahren nach Besserer und Jaffé[2]). Subkutane Einspritzung von $^1/_2$ durch 1—2stündiges Erhitzen auf 60° abgetöteter Typhusagarkultur. Nach je 10 Tagen werden 1 abgetötete Kultur subkutan, $^1/_2$, 1, 2 abgetötete Kulturen intraperitoneal nachgespritzt.

b) Serumtier: Ziege. Bakteriolytisches und agglutinierendes Serum. Verfahren nach Neißer: Intravenöse Einspritzung von einer durch einstündiges Erhitzen auf 65—70° abgetöteten Agarkultur. Nach 10 Tagen bzw. nach Erholung der Ziege werden zwei abgetötete Kulturen nachgespritzt.

c) Versuchstier: Meerschweinchen.

$\alpha$) Antigen: Durch 1—2stündiges Erhitzen auf 60° abgetötete Typhusbazillen.

---

[1]) Fornet und Müller, Zeitschr. f. biol. Techn. u. Method. 1908, Bd. 1, S. 201.
[2]) Besserer und Jaffé, Dtsch. med. Wochenschr. 1905, S. 2044.

Einspritzung von $1/4$ Kultur subkutan. Wiederholung nach je 12 Tagen mit $1/2$ Kultur subkutan, $1/4$ und $1/2$ Kultur intraperitoneal.

$\beta$) Antigen: Lebende Typhusbazillen. Dosis let. für 500 g Meerschweinchen $1/2$ Öse.

Intraperitoneale Einspritzung von $1/10$ Öse, Wiederholung nach je 8 Tagen mit $1/5$, $1/2$ und 1 Öse.

### 5. Immunisierung gegen Paratyphus B.

Serumtier: Kaninchen.

a) Agglutinierendes Serum:

$\alpha$) Verfahren nach Sobernheim und Seligmann. Antigen: Durch einstündiges Erhitzen auf 56° abgetötete Paratyphus-B-Bazillen. Intravenöse Einspritzung von $1/20$ bis $1/10$ Öse, Wiederholung nach je 5—7 Tagen mit $1/5$ bis $1/4$ bzw. $1/2$ und eventuell 1 Öse. Blutabnahme 7 Tage nach letzter Einspritzung.

$\beta$) Oder intravenöse Einspritzung von 1 Öse 20 Stunden alter Agarkultur, in 1—2 ccm Kochsalzlösung aufgeschwemmt und durch einstündiges Erhitzen auf 60° abgetötet. Wiederholung nach je acht Tagen mit 3, 5 und 6—10 Ösen. Bei toxischen Stämmen ist mit $1/4$ oder $1/2$ Öse zu beginnen und dann auf 1 und 2 Ösen zu steigern.

b) Bakteriolytisches Serum.

$\alpha$) Subkutane Immunisierung. Zwischenpausen 10 Tage. Einspritzung von $1/4$ und $1/2$ Agarkultur, durch zweistündiges Erhitzen auf 60° abgetötet, $1/8$ und eventuell $1/4$ Kultur lebender Bazillen. Blutabnahme 10 Tage nach letzter Einspritzung.

$\beta$) Intraperitoneale Immunisierung (Verfahren nach Kutscher und Meinicke)[1]. Zwischenpausen 10 Tage. $1/4$, $1/2$ und 1 Kultur abgetöteter (2 Stunden 60°) und $1/4$ Kultur lebender Bakterien.

### 6. Immunisierung gegen Paratyphus A.

Wie bei dem Verfahren nach Sobernheim und Seligmann vgl. 5a $\alpha$.

### 7. Immunisierung gegen Dysenteriebazillen (Kruse-Shiga).

Agglutinierendes Serum. Serumtiere: kräftige Kaninchen. Antigen: lebende Agarkultur. Zwischenzeiten 5—6 Tage. Intravenöse Einspritzung von $1/100$, $1/50$, ($1/50$), $1/25$—$1/16$, $1/12$—$1/5$, $1/6$—$1/2$ Öse. Blutabnahme 8—10 Tage nach letzter Einspritzung.

### 8. Immunisierung gegen Dysenteriebazillen (Flexner, Y).

Wie unter 7. Dosen: $1/2$, 2 und 6 Ösen 24stündiger Kultur.

### 9. Immunisierung gegen Toxine.

Zur Erzeugung antitoxischer Sera werden die Versuchstiere subkutan vorbehandelt (geringere Giftigkeit des Toxins und besserer Immuni-

[1]) Kutscher und Meinicke, Zeitschr. f. Hyg. u. Infektionskrankh. Bd. 52. S. 301.

sierungseffekt). Man beginnt mit etwa $^1/_{10}$ der Dosis letalis und läßt $^1/_5$, $^1/_2$, 1 und 2 tödliche Dosen nachfolgen.

Über den **Zeitpunkt der Blutabnahme** sind vorstehend schon einige Angaben gemacht worden. Zumeist nimmt man das Blut (7) 9—10 Tage nach der letzten Einspritzung ab.

Nach subkutaner Injektion wartet man besser noch einige (2—3) Tage länger. Mitunter erlangt die Antikörperbildung erst nach 2 und selbst 3 Wochen ihren Höhepunkt.

Vor der Blutabnahme läßt man das Serumtier 24 Stunden hungern, um ein klares Serum zu erhalten.

Über die **Abnahme** von **Blutproben** beim Menschen vgl. S. 22, bei größeren Tieren S. 25, beim Kaninchen S. 301 und beim Meerschweinchen S. 301, sowie über die Serumgewinnung S. 197. Kleinere Blutmengen läßt man in schräger Schicht erstarren. Die Serumausbeute ist so besser. Durch Zentrifugieren des geronnenen Blutes kann man die Serumausscheidung beschleunigen. Zum Abheben des Serums bedient man sich der Kapillarpipette (Abb. 208).

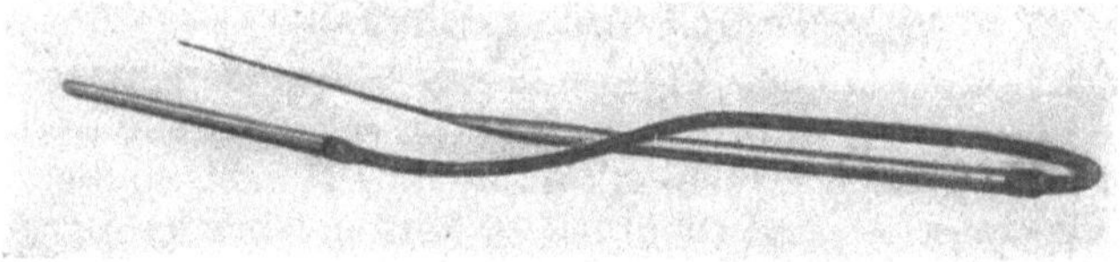

Abb. 208. Kapillarpipette.

Die **Konservierung des Serums.** Steril gewonnene Sera werden am besten ohne Konservierungsmittel in sterile Ampullen abgefüllt, eingeschmolzen, durch $^1/_2$stündiges Erhitzen im Wasserbad auf 56° inaktiviert und im Eisschrank aufbewahrt. Sie bleiben meist jahrelang brauchbar, auch wenn ein gelb- oder weißgrauer Niederschlag nicht bakterieller Art auftritt. Derartige Trübungen und Niederschläge sind vor dem Gebrauch abzuzentrifugieren. Die Sera von verschiedenen Tierarten sind nicht zusammenzumischen. Als chemische Konservierungsmittel nimmt man meist 0,5%ige Phenol-, 0,1%ige Diaphtherinlösung oder Chloroform (S. 166) (1%), oder Toluol im Überschuß, seltener Chinosol (0,1%), Formalin, Trikresol usw., oder man konserviert die Sera durch Eintrocknen oder Einfrieren. Die chemisch konservierten Sera werden im Eisschrank aufbewahrt.

Das Phenol setzt man zur Verhütung einer Serumschädigung in 5%iger Lösung (1 Teil auf 9 Teile Serum) tropfenweise unter ständigem Umschütteln zu. Noch schonender wirkt die Kochsche Lösung, bestehend aus 5,5 g Phenol, 20 g Glyzerin und 100 ccm destilliertem Wasser. Man nimmt auch hier 1 Teil auf 9 Teile Serum.

Zur Formalinkonservierung benützt man ein Gemisch von 2,0 ccm Formalin und 100 ccm 0,9%ige Kochsalzlösung. Hiervon nimmt man 1 Teil auf 3 oder 4 Teile Serum oder 2 Teile auf 3 Teile Serum.

In neuester Zeit wird ein Zusatz von gleichen Teilen Glyzerin empfohlen. Der Titer des Serums soll sich 3 Jahre unverändert halten und das Glyzerin soll den hämolytischen Versuch nicht stören[1].

In dem mit chemischen Mitteln konservierten Serum läßt der Wirkungswert der Immunsera allmählich nach, durch Entkeimung mittels Filtration (S. 71) oder durch Trocknen des Serums und Aufbewahrung im Vakuum oder durch Einfrierenlassen des frischen Serums und Aufbewahrung in diesem Zustand kann man die Wirksamkeit des Serums längere Zeit unverändert erhalten.

Die durch Filtration (S. 71) entkeimten Sera füllt man unter aseptischen Kautelen mit steriler Pipette oder unmittelbar aus dem Filtrierapparat (Abb. 82) in kleine Ampullen aus braunem oder farblosem Glas zu 1 ccm ab, verschließt sie vorläufig mit steriler Watte und schmilzt sie, wenn sie bei mehrtägigem Stehen bei 20 oder 37° klar geblieben sind, vorsichtig zu.

Zum Trocknen bringt man das Serum in möglichst dünner Schicht auf große Glasplatten in den Brutschrank oder besser in einen Vakuumapparat, dessen Heizplatte auf 30—35° erwärmt wird. In wenigen Stunden ist das Serum trocken. Es wird mit dem Spatel abgenommen und in einem zugeschmolzenen luftleeren Röhrchen aufbewahrt. Zum Gebrauch wird das getrocknete Serum in physiologischer Kochsalzlösung aufgelöst. Zunächst läßt man das Trockenserum in wenigen Tropfen Kochsalzlösung gut aufquellen, und setzt erst dann so viel Kochsalzlösung zu, bis das ursprüngliche Volumen erreicht ist.

Zuweilen trocknet man Serum auch an dickes Papier (Trockenpapier 600 von Schleicher und Schüll) an. Auf kleine Papierstücke werden je 0,1 ccm Serum gegeben und im Brutofen getrocknet. Die Aufbewahrung geschieht vor Licht und Wärme geschützt im Exsikkator. Vor dem Gebrauch wird das Papier mit dem eingetrockneten Serum kurz mit Kochsalzlösung abgespült und hierauf das Serum in abgemessener Kochsalzlösung gelöst. Man legt das Papier mit der Serumseite nach oben auf die Flüssigkeit, läßt es vollsaugen und taucht es erst dann unter.

Das eingefrorene Serum bewahrt man in einem Gefrierraum oder in einem Frigo (S. 70) oder einer Kältemischung (Eis oder Schnee mit Viehsalz) in einer Eiskiste (S. 70) auf. Beim Gefrieren trübt sich oft das Serum, zuweilen kommt es sogar zur flockigen Ausscheidung.

Das Immunserum gleichsam im lebenden Tier aufzubewahren, ist nicht zweckmäßig, da mit Aussetzen der Immunisierung der Wert des Serums meist bald wieder absinkt. Auf neuerliche Einspritzungen steigt zwar der Serumtiter in der Regel schnell wieder, aber oft gehen die Versuchstiere auf erneute Behandlung unter anaphylaktischen und marantischen Erscheinungen zugrunde.

Agglutinierende Sera konserviert man meist mit Phenol oder Glyzerin, präzipitierende Sera versetzt man vielfach mit Toluol oder bewahrt sie keimfrei filtriert ohne Zusätze in unten spitz ausgezogene Röhrchen (Absetzen spontaner Niederschläge) auf.

---

[1]) Bitter, Zentralbl. f. Bakteriol., Parasitenk. u. Infektionskrankh., Abt. I Orig. 1921, Bd. 87, S. 560. Richters, Zeitschr. f. Veterinärkunde 1922.

Zur Konservierung des Komplements im frischen Meerschweinchenserum setzt Friedberger[1]) 8% Kochsalz hinzu. Vor der Benutzung wird das Serum mit dem zehnfachen Volumen destillierten Wassers verdünnt. Man hat dann eine 10%ige Komplementverdünnung in 0,8% Kochsalzlösung. Nach der Verdünnung tritt schnell (innerhalb 5 Stunden) Komplementschwund ein.

Eine Komplementkonservierung durch Eintrocknen ist weniger zu empfehlen, da bei der Trocknung größere Mengen Komplement verloren gehen. Im getrockneten Serum ist das noch vorhandene Komplement gut haltbar und sogar hitzewiderstandsfähig geworden.

Nach Hammerschmidt[2]) und Dold[3]) hat sich die Konservierung des Komplements nach Rhamy durch Mischen des frischen Meerschweinchenserums mit steriler 10%iger Lösung von Natriumazetat in physiologischer Kochsalzlösung im Verhältnis 4:6 und Aufbewahrung im Eisschrank gut bewährt. Das Komplement soll 10 Tage verwendungsfähig bleiben. Nach Mohr[4]), Kranich und Löffler kann man das Komplement durch Einfrieren mit fester Kohlensäure wochenlang unverändert aufbewahren. Wiederholtes Auftauen und Einfrieren schädigen nur wenig, aber das Serum scheidet sich in wasserklare, komplementarme obere und goldgelbe, komplementreiche untere Schicht.

Nach Klein[5]) hat sich das mit Natriumazetat oder durch Einfrieren konservierte Komplement zur Komplementbindung (Wassermannsche Reaktion) nicht bewährt. Es führt zu zweideutigen Ergebnissen (inkomplette Bindung und Eigenhemmung positiver Sera).

Vor der Verwendung konservierten Komplements zur Komplementbindung (Wassermannsche Reaktion usw.) wird vielfach noch gewarnt.

Nach Hammerschmidt[6]) und Richters hat sich nach einjähriger Erfahrung die Komplementkonservierung mit 10% Natrium aceticum in der Praxis jedoch gut bewährt. Die konservierten Meerschweinchenseren (Komplement) sind in einer Woche zu verbrauchen.

Zur Konservierung von **roten Blutkörperchen** ist mehrfach (Armand-Delille und Launoy, Bernstein und Kaliski) Formalin empfohlen worden. Man setzt es zu Blut (neben Ammoniumoxalat oder Natriumzitrat zur Aufhebung der Gerinnung — S. 26) oder gewaschenen roten Blutkörperchen 1:800—200 hinzu. Die Konservierungsdauer soll 15 Tage bis 4 und selbst 8 Wochen betragen. Nach den oben genannten Autoren sollen sich die mit Formalin konservierten Blutkörperchen gegen hämolytisches Serum und Saponin wie frische verhalten und zur Komplementbindung (Wassermannsche Reaktion) usw. gut

---

[1]) Friedberger, Zentralbl. f. Bakteriol., Parasitenk. u. Infektionskrankh., Abt. I Orig. 1908, Bd. 46, S. 441.

[2]) Hammerschmidt, Münch. med. Wochenschr. 1920, S. 1382.

[3]) Dold, Dtsch. med. Wochenschr. 1920, S. 62.

[4]) Mohr, Die Konservierung des Meerschweinchen-Komplements mit besonderer Berücksichtigung der Haltbarmachung mit fester Kohlensäure. Vet.-med. Inaug.-Diss. Berlin 1919; ref. Berl. tierärztl. Wochenschr. 1920, S. 521.

[5]) Klein, Münch. med. Wochenschr. 1921, S. 1453.

[6]) Hammerschmidt, Münch. med. Wochenschr. 1922, S. 122. Richters, Zeitschr. f. Veterinärkunde 1922.

brauchbar sein. Die vor der Konservierung gewaschenen und dann mit Formalin versetzten Blutkörperchen sind wenigstens 3—4 Wochen ohne weiteres brauchbar. Dagegen fand v. Eisler den konservierenden Einfluß von $2^0/_{00}$igem Formalin zu gewaschenen $5^0/_0$igen Hammelblutaufschwemmungen geringer. Die konservierten Blutkörperchen sind gegen hämolytische Sera, Saponin und Alkohol bedeutend resistenter als normale. Dagegen ist die Agglutinabilität gegen spezifische Sera nur wenig schwächer. Die Rizinagglutination ist deutlich vermindert.

**Herstellung von Verdünnungen** nimmt man mit physiologischer (0,8 oder meist $0{,}85^0/_0$iger) Kochsalzlösung vor.

Da kleinere Flüssigkeitsmengen als 0,1 ccm meist nicht mehr mit der nötigen Genauigkeit abgemessen werden, soll man sie vermeiden und an ihrer Stelle zu Verdünnungen greifen. Bei den Verdünnungen halte man sich möglichst an das Dezimalsystem.

Die Verdünnungen sind erst unmittelbar vor dem Gebrauch herzustellen. Viele Stoffe sind nur in konzentrierter Form gut haltbar, verlieren aber in Verdünnungen ihre Wirksamkeit.

Nachfolgend ein Verdünnungsschema:

| Benötigte Menge des unverdünnten Mittel | Verdünnung 1:10 | Verdünnung 1:100 | Verdünnung 1:1000 |
|---|---|---|---|
| 0,05 ccm = | 0,5 ccm | | |
| 0,01 „ = | 0,1 „ = | 1,0 ccm | |
| 0,005 „ = | | 0,5 „ | |
| 0,001 „ = | | 0,1 „ | = 1,0 ccm |
| 0,0005 „ = | | | = 0,5 „ |

Um eine Verdünnung 1 : 10 herzustellen, gibt man zu 1 ccm des konzentrierten Stoffes (z. B. Serum) 9 ccm Kochsalzlösung hinzu. Eine Verdünnung 1:100 erhält man, wenn man 1 ccm Serum usw. mit 99 ccm Kochsalzlösung oder 1 ccm der Verdünnung 1:10 mit 9 ccm Kochsalzlösung, oder 0,1 ccm Serum usw. mit 9,9 ccm Kochsalzlösung, oder 0,2 ccm Serum usw. mit 19,8 ccm Kochsalzlösung usw. mischt.

Bevor man eine Verdünnung herstellt, berechnet man deren Bedarf. Stets muß man bestrebt sein, mit möglichst geringen Mengen des wirksamen Stoffes auszukommen, um mit dem kostbaren Material, sei es ein Immunserum oder ein Toxin usw., zu sparen.

Als Einheitsmaß für auf festen Nährböden gewachsene Bakterien dient die Normalöse = 2 mg Bakterienmasse (S. 50). Gebraucht man kleinere Mengen Bakterien, so stellt man sich Verdünnungen her.

Benötigt man z. B. $^1/_{10}$ Öse Kultur, so schwemmt man 1 Öse Kultur in 1 ccm Kochsalzlösung auf, mischt 9 ccm Kochsalzlösung hinzu und nimmt davon 1 ccm.

Von den **serologischen Verfahren** kommen vorwiegend folgende in Frage.

Die **Agglutination** dient sowohl zur bakteriologischen (Identifizierung der Bakterien- und Stammesart), als auch klinischen Diagnostik und zwar beim Typhus (Widalsche Reaktion), Paratyphus (Fleischvergiftungen), Cholera, Rotz, infektiösem Abortus der Tiere, Fleckfieber (Weil-Felixsche Reaktion) usw. Die Agglutination hat gegenüber der gleichen Zwecken dienenden Komplementbindung den Vorzug der einfacheren Ausführung; sie ist aber vielfach nicht ganz so sicher wie jene. Zumeist führt man beide biologische Verfahren nebeneinander durch. Auch bei Protozoen (Amöben, Trypanosomen) kann die Agglutination (Agglomeration) Verwendung finden (S. 363—378).

Die **Präzipitation** findet Anwendung zum Nachweis des Ursprungs von Fleisch, Wurstwaren, Milch, Blut, Ölen, Fetten, Mehlen, Honig usw. Bei stärker erhitztem (gekochten, nicht aber geräucherten) Material tierischen Ursprungs versagt die Präzipitation infolge Koagulation der Eiweißkörper. Da aber beim Kochen und Braten die Hitze nur langsam in das Innere von Fleischstücken usw. vordringt, so wird man auch bei erhitztem Material die Präzipitation versuchen, wobei man das Untersuchungsmaterial dem Innern der Stücke entnimmt (S. 385).

Ferner hat die Präzipitation eine Bedeutung zur Feststellung des Milzbrandes, Rauschbrandes, Schweinerotlaufes, des Paratyphus, des infektiösen Abortus usw. erlangt (S. 389).

Die **Komplementbindung** ist ein wichtiges diagnostisches Hilfsmittel bei Syphilis (Wassermannsche Reaktion), Rotz, infektiösem Abortus, Typhus, Paratyphus usw. Auch bei der Identifizierung von Bakterien kann sie Verwendung finden, wenn auch hierzu die Agglutination in der Regel bevorzugt wird (S. 397—441).

Ferner dient die Komplementbindung wie die Präzipitation zur Ermittlung des Ursprunges von Fleisch, Wurstwaren, Milch, Blut, Ölen, Fetten usw. und kann hier zum Unterschied von der Präzipitation (s. o.) auch mit gekochtem Material erfolgreich durchgeführt werden. Sie wird aber durch die gleichzeitige Anwesenheit von verschiedenen Stoffen (so z. B. von eingetrocknetem Schweiß beim Blutnachweis, von Gewürzen, Pökellake, Salpeter beim Nachweis von Fleischverfälschungen usw.) zuweilen schwer gestört und unbrauchbar. Größte Vor- und Umsicht, hinlängliche Kontrollen usw. sind bei der Komplementbindung ganz besonders geboten.

Von der Fleischbeschaugesetzgebung ist die Komplementbindung als forensisch anerkanntes Verfahren nicht zugelassen.

Von der **Konglutination und Hämagglutination** (abgeänderten Komplementablenkungsmethode oder **K-H-Reaktion**) [S. 441] macht man fast ausschließlich nur bei selbstbindenden Rotzsera Gebrauch.

Die **Sachs-Georgische Ausflockungsreaktion** (S. 446) ist ein wertvolles Syphilisdiagnostikum; sie wird bei anderen Krankheiten aber kaum angewendet.

Die **Ambozeptorbindungsreaktion** nach Sachs und Georgi ist zur Erkennung von gekochtem Pferdefleisch empfohlen worden. Ihr Wert ist noch viel umstritten (S. 452). Bei unerhitztem Material wird sie von der Präzipitation erheblich übertroffen.

Die **Lipoidbindungsreaktion** nach Meinicke **(M. R. u. D. M.)** (S. 455) hat eine praktische Bedeutung zur Feststellung der Syphilis, Lungenseuche, Trypanosomenkrankheiten (Beschälseuche) usw. erlangt.

Auch zum Nachweis des Ursprungs von Fleisch, Blut usw, wird sie von Meinicke empfohlen.

Ferner sind einige **weitere Ausflockungsreaktionen** nach Porges und Meier, Elias, Neubauer, Porges und Salomon, Hermann und Peritz (S. 471) als Luesdiagnostika zu erwähnen, die aber wegen ihrer Unsicherheit eine größere praktische Bedeutung nicht erlangt haben. Wertvoll scheint die **Trübungsreaktion** nach Dold zu sein (S. 469).

Der **Pfeiffersche Versuch** findet besonders bei der bakteriologischen Diagnostik der Cholera- und Typhus-Erreger und Feststellung abgelaufener Cholerafälle Anwendung (S. 472).

Die praktische Nutzanwendung des **Bakterizidieversuches** mit (S. 474) anschließendem Plattenverfahren und der **Phagozytose** einschließlich der **Bakteriotropine** und **Opsonine** (Bestimmung des opsonischen Index) zur (bakteriologischen und) klinischen Diagnostik und Prognostik ist im allgemeinen sehr gering. Noch am meisten hat die Bestimmung des opsonischen Index (durch Wright und seine Schüler) Verwendung gefunden (S. 476).

Vom **Nachweis von Bakterientoxinen** und von **Antistaphylolysinen** (S. 483) macht man in der Praxis nur selten Gebrauch.

Die **Anaphylaxie** verwendet man neben der Präzipitation und Komplementbindung zum Nachweis des Ursprungs von Blut, ferner von Nahrungs- und Futtermitteln sowie von ihren Verfälschungen und Verunreinigungen und zwar bei unerhitztem und gekochtem Material. Ihre Genauigkeit wird zumeist geringer als die der beiden anderen Verfahren bewertet (S. 485).

Die **Allergie** ist ein wertvolles Hilfsmittel zur Feststellung (und Voraussage) namentlich der Tuberkulose, des Rotzes, der Lungenseuche usw. (S. 496).

Endlich sind noch die **Meiostagmin-** (S. 499) und **Antitrypsinreaktion** (S. 501), die **Aggressine** (S. 501) sowie die **optische Methode** und das **Dialysierverfahren** nach Abderhalden (S. 502) erwähnt.

## II. Die Agglutination.

Unter Agglutination versteht man im allgemeinen das Zusammenklumpen von aufgeschwemmten Bakterien usw. durch die Einwirkung zugehörigen Immun- oder Krankenserums.

Die Agglutination dient zur klinischen und bakteriologischen Diagnostik.

Bei der klinischen Diagnostik läßt man das Patientenserum auf eine aufgeschwemmte Reinkultur der Erreger der vermuteten Krankheit (z. B. Typhus-, Paratyphus-, Cholera-, Rotz-, Abortusbazillen usw.) einwirken. Auftretende Agglutination weist bei Ausschluß einer diesbezüglichen Schutzimpfung auf bestehende oder überstandene Infektion mit den angewandten Bakterien hin.

Bei der bakteriologischen Diagnostik geht man vom Immun- (oder sicher festgestelltem Kranken-) Serum aus und läßt es in bestimmten Konzentrationen auf die zu identifizierenden Bakterien einwirken. Erfolgt eine Agglutination, so sind die betreffenden Bakterien mit den Erregern der künstlich herbeigeführten Immunität (bzw. der festgestellten Krankheit) identisch.

Auf Normal-Agglutinine, Gruppenagglutination usw. wird später hingewiesen (S. 370 u. 374).

**Herstellung der Bakterienaufschwemmung.** Frische Reinkulturen der betreffenden Bakterien (Typhus-, Paratyphus-, Enteritidis- und Cholerabakterien eintägige, Rotzbazillen 1—2tägige, Abortusbazillen 2—3tägige) in Bouillon oder besser auf Agar werden durch 1—2stündiges Erhitzen auf 60° abgetötet. Die Agarkulturen werden mit Phenol- (0,5%) Kochsalz- (0,85%)-Lösung sorgfältig an der Glaswand verrieben und abgeschwemmt. Die Bouillonkultur wird mit 0,5% Phenol versetzt und dann wie die Bakterienaufschwemmung durch Filtration durch Fließpapier von gröberen Flöckchen befreit. Zur Einstellung der Dichte werden beide mit Phenol-Kochsalzlösung derart verdünnt, daß die Flüssigkeit im durchfallenden Lichte noch deutlich getrübt ist bzw. durch eine ca. 4 cm hohe Schicht der Bakterienaufschwemmung eine Druckschrift wie diese gerade noch entziffert werden kann.

Zur Typhus-Agglutination (Widalsche Probe) verwendet man vielfach eine eintägige Typhusbouillonkultur, die durch Zusatz von 1 ccm Formalin auf 100 ccm Kultur oder von 1 Teil 5%iger Phenollösung auf 9 Teile Kultur abgetötet ist (vgl. auch Anm. 1 auf S. 373). Typhusbazillenaufschwemmungen können als „Fickers Typhusdiagnostikum" von E. Merck, Darmstadt, gebrauchsfertig bezogen werden. Vor dem Gebrauch sind die Bazillenaufschwemmungen gründlich durchzuschütteln.

Über die Herstellung von Bakterienaufschwemmungen zur orientierenden Agglutinationsprobe vgl. diese auf S. 366.

Zur Abmessung der Bakterienaufschwemmung bedient man sich der Pipette, Bürette und vor allem der automatischen Pipette (S. 354).

Die Agglutinierbarkeit der einzelnen Bakterienarten ist sehr verschieden. Gut agglutinabel sind: Typhus-, Koli-, Paratyphus-, Enteritidis-, Dysenterie-, Cholera-, Proteus-, Rotz-, Pest-, Abortus-Pyozyaneusbazillen, Maltafiebererreger usw. Geringer ist die Agglutinierbarkeit (Patientenserum ist meist unwirksam, nur Immunserum gibt Reaktionen) bei Milzbrand-, Diphtherie-, Rauschbrand-, Tetanus-, Tuberkelbazillen, bei Staphylo-, Strepto-, Pneumo-, Gono- und Meningokokken, Hefe und Soor. Die Agglutination versagt selbst mit Immunserum meist völlig bei Sklerom-, Friedländerschen Pneumonie- und Mukosebazillen.

Das **Serum** ist vor Anstellung der Agglutinationsprobe nicht durch einstündiges Erhitzen auf 56° zu inaktivieren. Wenn auch die meisten Agglutinine eine derartige Erhitzung vertragen, werden einige, so die Pest- und Tuberkuloseagglutinine hierdurch schon vernichtet. Auch die Tierart ist auf die Widerstandsfähigkeit von Einfluß. Typhusagglutinine vom Kaninchen sind resistenter als die vom Pferd.

Die Gewinnung agglutinierender Immunsera erfolgt, wie auf S. 356 beschrieben. Hinsichtlich des Probeaderlasses, Verblutens und der Serumgewinnung sei auf S. 358 verwiesen.

Die **Serumdosen und -verdünnungen** wählt man bei Patientenserum usw., wie es nachfolgende Tabelle zeigt.

| Typhus-Patientenserum | | Cholera-(Nachweis abgelaufener Fälle) Menschenserum | | Rotz-Pferdeserum | | Abortus-Rinderserum | |
|---|---|---|---|---|---|---|---|
| Dosis 1:10 verdünnten Serums in ccm | Verdünnungsgrad in 1 ccm Bakterienaufschwemmung | Dosis und Verdünnung des zuzusetzenden Serums | Verdünnungsgrad des Serums in 2 ccm Bakterienaufschwemmung | Dosis des 1:40 verdünnten Serums in ccm | Verdünnungsgrad in 2 ccm Bakterienaufschwemmung | Dosis und Verdünnung des zuzusetzenden Serums | Verdünnungsgrad in 2 ccm Bakterienaufschwemmung |
| 0,25 | 1:40 | 0,4 ccm (1:10) | 1:50 | 0,26 | 1:300 | 0,10 | 1:20 |
| 0,12 | 1:80 | 0,2 „ (1:10) | 1:100 | 0,2 | 1:400 | 0,06 | 1:33 |
| 0,05 | 1:200 | 0,4 „ (1:100) | 1:500 | 0,16 | 1:500 | 0,4 (1:10) | 1:50 |
| 0 | | 0,2 „ (1:100) | 1:1000 | 0,13 | 1:600 | 0,3 (1:10) | 1:66 |
| Daneben Kontrollen mit Paratyphus A und B, vgl. auch S. 372 | | 0,1 „ (1:100) | 1:2000 | 0,1 | 1:800 | 0,2 (1:10) | 1:100 |
| | | 0 | | 0,08 | 1:1000 | 0,15 (1:10) | 1:133 |
| | | | | 0,05 | 1:1600 | 0,1 (1:10) | 1:200 |
| | | | | 0,04 | 1:2000 | 0 | - |
| | | | | 0,02 | 1:4000 | | |
| | | | | 0,01 | 1:8000 | | |
| | | | | 0 | | | |

Bei Massenuntersuchungen titriert man die zu untersuchenden Sera meist nicht vollständig aus, sondern setzt zunächst meist nur je zwei Agglutinationsproben mit den einzelnen Seris an, und zwar nimmt man hier vielfach einerseits den positiven Grenzwert (vgl. Beurteilung der Ergebnisse bei der klinischen Diagnostik S. 370) und andererseits (zur Vermeidung von Irrtümern durch paradoxe Agglutination: positive Agglutination in stärkerer Serumverdünnung bei gleichzeitiger negativer Agglutination in schwächer verdünntem Serum) die etwa doppelte bis dreifache Verdünnung des Grenzwertes. Die hierbei fraglich und positiv reagierenden Sera werden sodann genau austitriert, die negativ reagierenden gelten als erledigt. Die Bakterienaufschwemmung setzt man mit einer automatischen Pipette zu (Abb. 207).

Bei der Verwendung von Immunserum [1]) zur Identifizierung von Bakterien geht man mit der Serumdosis und -verdünnung meist noch wesentlich weiter herunter als oben bei der Auswertung von Krankenseren angegeben wurde. Man richtet sich nach dem Titer des Serums und nimmt die Titration außer mit der zu untersuchenden fraglichen Bakterienart noch mit je einer homologen und heterologen Bakterienart zur Kontrolle vor. Das Immunserum soll mindestens einen Titer 1:1000 haben und mindestens 100mal wirksamer als das Normalserum unvorbehandelter Tiere sein. Verschiedene Stämme gleicher Bakterienart können ausnahmsweise verschieden agglutinabel sein. So zeigen frisch aus dem Menschen oder Tier gezüchtete Bakterien zuweilen eine selbst 10fach geringere Agglutinabilität als ältere Laboratoriumsstämme. Durch

[1]) Typhus- und Choleraimmunsera, sowie Meningokokkenserum können vom Institut für Infektionskrankheiten „Robert Koch", Berlin N, Föhrerstr., vom Reichs-Gesundheitsamt Berlin, Klopstockstr. und vom Schweizer Seruminstitut in Bern bezogen werden.

wiederholtes Fortzüchten auf künstlichen Nährböden wird sie meist bald auf die für die betreffende Bakterienart charakteristische Höhe gebracht (Typhusbazillen usw.).

**Orientierende Agglutinationsprobe.** Dieses Verfahren dient dazu, auf den mit dem Untersuchungsmaterial beschickten Agarplatten diejenigen Kolonien herauszufinden, die als „verdächtig" zur Anlegung von Reinkulturen und weiteren Differenzierung abzuimpfen sind. Man geht hierbei in der Weise vor, daß man in je einem Tröpfchen zweier verschiedener, der Titergrenze nicht allzufern liegender Serumverdünnungen mit der Platinnadel einen Bruchteil der Kolonie bis zur leichten Trübung der Flüssigkeit gleichmäßig verteilt. Erfolgt nicht bald die Agglutination, so werden die Tröpfchen in einem hohlgeschliffenen Objektträger (S. 245) eingeschlossen, für 20 Minuten in den Thermostaten gestellt und dann mit der Lupe oder schwachen Vergrößerung untersucht. Kontrollproben einerseits mit Normalserum und fragliche Bakterien, andererseits mit Immunserum und homologen Bakterien sind notwendig.

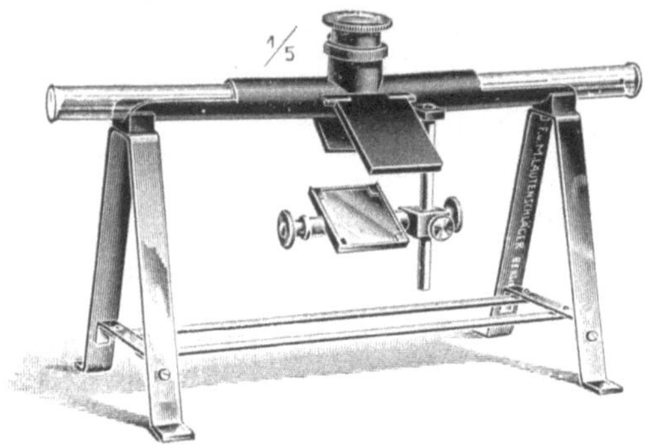


Abb. 209. Agglutinoskop nach Kuhn-Woithe.

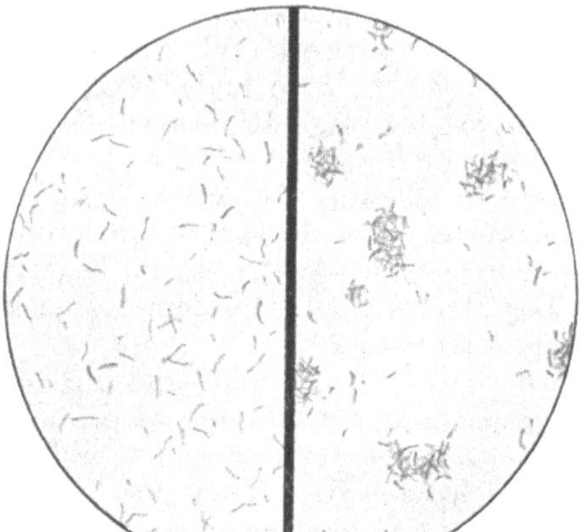

Abb. 210. Agglutination unter dem Mikroskop. (Lenhartz-Meyer).

Über die endgültige Identifizierung von Typhusbazillen und Choleravibrionen durch die Agglutination vgl. S. 15 u. 11.

Die Agglutination geht nur bei Gegenwart von Kochsalz vor sich.

**Hauptversuch.** Nach Vermischung von Bakterienaufschwemmung und Serum in meist kleineren, etwa 7 cm hohen und 1 cm weiten, offenen Reagenzgläsern auf Stativen kommen die Proben in den Brutofen.

Die **Agglutinationszeit** wird durch die Temperatur beeinflußt. Typhusbazillen werden bei 37° in etwa 2 Stunden, bei Zimmertemperatur in 4—8 Stunden agglutiniert. Höhere Temperaturen (50—55°) begünstigen die Agglutination der Typhus- und Cholerabakterien, nicht aber die der Staphylokokken.

Der Aufenthalt im Brutofen wird verschieden bemessen. Vielfach begnügt man sich mit 1—3 Stunden. Oft läßt man die Proben 24 Stunden

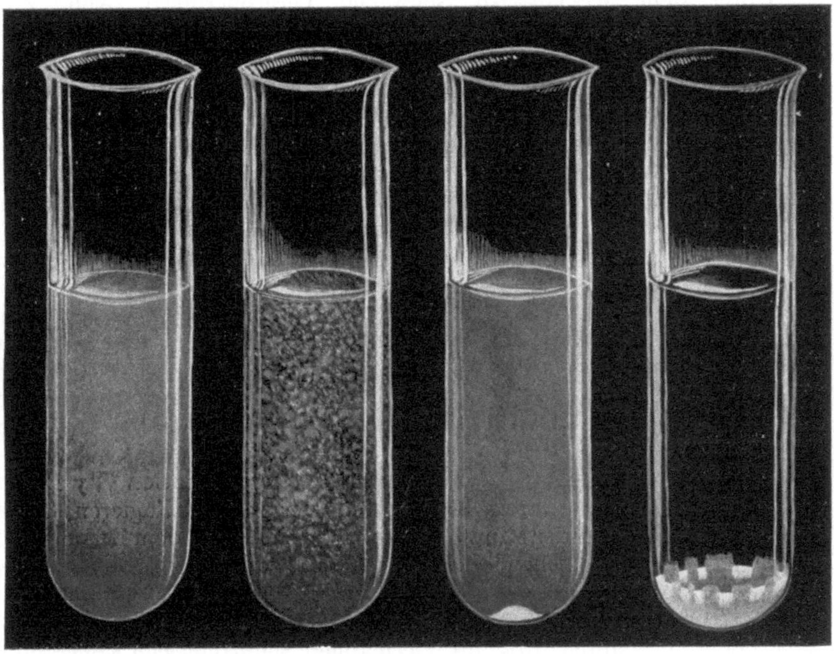

I II III IV

Abb. 211. Agglutination, gesehen mit unbewaffnetem Auge.

I. Frisch angesetzte Probe, Flüssigkeit gleichmäßig trübe.
II. Beginnende Agglutination, Flüssigkeit flockig-körnig.
III. Negativer Ausfall der Agglutination, Flüssigkeit ist trübe geblieben, einige Bakterien zu Boden gesunken, bilden knopfförmigen Bodensatz.
IV. Positive Agglutinationsprobe, Flüssigkeit klar, Bakterien bilden einen am Glas in die Höhe kriechenden charakteristischen Bodensatz.

im Brutofen. Vgl. auch S. 372 Widalsche Probe und nachfolgend „Schnellagglutination“.

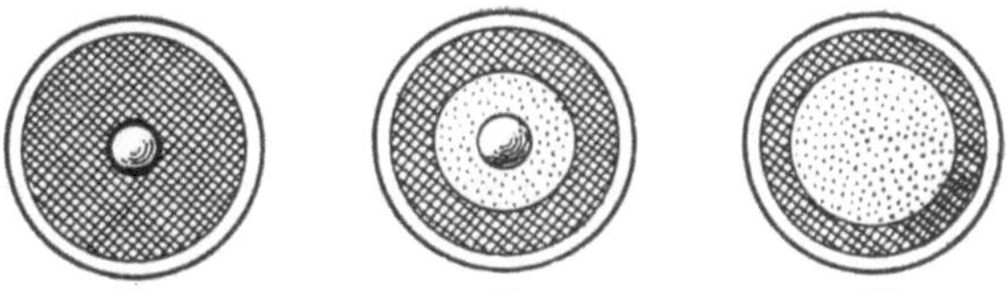

I II III

Abb. 212. Agglutinationsröhrchen von unten gesehen.
I. Negative Agglutination (Knopf). II. Positive Agglutination (daneben Knopf).
III. Typische positive Agglutination.

Die stattgefundene Agglutination gibt sich durch ein Zusammenklumpen der Bakterien zu erkennen. Dieselbe kann sowohl unter dem Mikroskop (Lupe), mit dem Agglutinoskop (Abb. 209), als vor allem auch mit unbewaffnetem Auge erkannt werden.

Unter dem Mikroskop (schwache Vergrößerung!) (Abb. 210) beobachtet man, daß lebende eigenbewegliche Bakterien ihre Beweglichkeit einbüßen und daß sich die vorher einzelnen und gleichmäßig verteilten Bakterien zu allmählich größer werdenden Häufchen zusammenballen.

Mit unbewaffnetem Auge (Abb. 211 u. 212) sieht man, daß in der anfangs durch die aufgeschwemmten Bakterien gleichmäßig getrübten Flüssigkeit unter der Einwirkung des agglutinierenden Serums zunächst kleine Flöckchen auftreten, die größer werden und sich zu Boden senken. Unter Klärung der Flüssigkeit tritt ein Niederschlag auf, der dadurch scharf charakterisiert ist, daß er flächenartig über die ganze Kuppe des Reagenzglases ausgebreitet, sein Rand häufig stellenweise gezackt oder umgeschlagen ist, und daß er sich beim Umschütteln flockig erhebt. Tritt die Agglutination nicht ein, so bleibt die Flüssigkeit gleichmäßig trübe und die etwa zu Boden gesunkenen Bakterien bilden nur an der tiefsten Stelle ein rundes, punktförmiges Häufchen („Knopf"), das sich beim Umschütteln leicht und gleichmäßig in der Flüssigkeit verteilen läßt.

**Schnellagglutination.** Die zum Ablauf der Agglutination (Typhus) nötige Zeit läßt sich durch 10 Minuten langes Zentrifugieren (etwa 1600 Umdrehungen in der Minute) (Gaehtgens[1])) nach dem Zusammenmischen auf die angegebene Zeit vermindern. Während bei fehlender Agglutination ein Teil der Bakterien ausgeschleudert wird und einen scharf umschriebenen, etwa 2 mm im Durchmesser breiten Bodensatz bildet, der durch drei- bis viermaligen Schütteln sich vollständig verteilen läßt, bilden die agglutinierten Bakterien (ein Teil bleibt auch hier in Suspension) einen mehr oder weniger flächenartigen Bodensatz, der nach drei- bis viermaligem Schütteln sich zumeist nicht völlig gleichmäßig verteilen läßt, sondern makroskopisch sichtbare Flocken und mikroskopisch in einem Tropfen mehrere Häufchen aus mindestens 10 Bakterien aufweist.

Bei Rotzuntersuchungen stellt man die Proben vielfach zunächst eine halbe Stunde in den Brutofen (38°) oder taucht sie eine Minute lang in ein Wasserbad von 58°, schüttelt kräftig durch und zentrifugiert 5 Minuten lang bei 3000 Umdrehungen. Darauf liest man ab, indem man jedes Röhrchen aufschüttelt.

Die Schnellagglutination hat sich bei Massenuntersuchungen (z. B. bei Rotz) [2]) gut bewährt.

Hinsichtlich der **klinischen Verwendung** der Agglutination sei folgendes erwähnt.

Bei Typhus, Paratyphus A und B tritt positive Agglutination zuweilen schon am 3. Tage, in der Regel zu Beginn der 2. Krankheitswoche auf und kann dann zuweilen Monate und selbst Jahre vorhanden sein. Sera Ikterischer sollen oft höhere Agglutinationswerte geben.

[1]) Gaethgens, Arb. a. d. Reichs-Gesundheitsamte 1907, Bd. 25, S. 218.
[2]) Giese, Arb. a. d. Reichs-Gesundheitsamte 1920, Bd. 52, S. 468.

Zuweilen können die Agglutinine verspätet auftreten und selbst ganz fehlen. Vgl. auch „Typhusbazillen“ S. 347.

Bei der Genickstarre (Meningitis cerebrospinalis epidemica) agglutiniert das Krankenserum oft schon in den ersten Tagen bei einer Verdünnung 1:10. Höhere Titer als 1:50 sind selten. Die Agglutination erfordert 24 Stunden und 56°.

Bei der Dysenterie sind nur Titer von 1:30 und darüber klinisch-diagnostisch verwertbar. Die Bazillen der Flexner-Gruppe bilden leichter Agglutinine und werden leichter agglutiniert als die der Shiga-Kruse-Gruppe. Mitagglutinationen mit dem heterologen Dysenteriestamm, Typhus- und Kolibazillen sind nicht selten.

Bei der Pest treten die Agglutinine meist erst am 9. Krankheitstage auf. Schon eine Agglutination bei einer Serumverdünnung 1:3 gilt als positiv. Die Reaktion ist sehr spezifisch.

Bei Maltafieber ist eine Agglutination des Micrococcus melitensis erst bei einer Serumverdünnung von über 1:30 positiv.

Bei Pneumo-, Staphylo- und Streptokokkenerkrankungen hat die Agglutination keine praktische Bedeutung.

Bei Gonorrhöe hat die Agglutination für klinisch-diagnostische Zwecke keine Bedeutung. Die Stammesunterschiede und das verschiedene agglutinatorische Verhalten der zahlreichen verschiedenen Gonokokkenstämme [1]) erschweren die Nutzanwendung. In neuerer Zeit ist aber die Agglutination in den Dienst der spezifischen immunisierenden Therapie gestellt worden. In den Fällen, in denen die Herstellung einer Autovakzine scheidert, ermittelt man mit der Agglutination die Stammeszugehörigkeit der die Krankheit bedingenden Gonokokken und verwendet eine stammgleiche Vakzine zur Heilimpfung.

Bei der Tuberkulose ist die Agglutination für die klinische Diagnostik bedeutungslos; Koch empfiehlt sie als Wertmesser der Tuberkulintherapie; sie findet aber wohl kaum Anwendung.

Beim Rotz (der Einhufer) gibt die Agglutination bei frischen Infektionen und akuten Stadien bei chronischem Verlauf wertvolle Ergebnisse. Sie gibt bei frischen Übertragungen des Rotzes früher (zuweilen schon nach 4—7 Tagen) positive Reaktionen als die Komplementbindung. Nach 14 Tagen erreicht der Titer oft schon seinen Höhepunkt, um dann mehr oder weniger selbst bis zum Normalwert allmählich abzusinken. Der Wert der Agglutination ist im allgemeinen geringer als der der Komplementbindung. Nach Schnürer [2]) beträgt die Zahl der Fehlresultate etwa 15% nach beiden Seiten, nach Meyer [3]) 26% bei rotzigen und 3% bei rotzfreien Pferden und nach Poppe [4]) sogar 70% (Fehlresultate!) bei vorwiegend chronisch rotzigen Pferden.

Beim infektiösen Verkalben ist die Agglutination ein sehr wertvolles, wenn auch nicht absolut zuverlässiges Diagnostikum. Weniger

[1]) Fey, Zeitschr. f. Immunitätsforschung u. exp. Therap., Abt. I. Orig. 1921. Bd. 33, S. 178. — Jötten, Münch. med. Wochenschr. 1920, Nr. 37 u. Zeitschr. f. Hygiene u. Infektionskrankheiten. Bd. 92. H. 1.

[2]) Schnürer, Wiener tierärztl. Monatsschr. 1914. Bd. 1, S. 83.

[3]) Meyer, Journ. of inf. dis. 1913, Bd. 13, S. 170.

[4]) Poppe, Berl. tierärztl. Wochenschr. 1919. Nr. 21.

sicher ist sie beim infektiösen Verfohlen. Hier ist nur die positive Reaktion beweisend.

Bei den Trypanosomenkrankheiten (Beschälseuche usw.) findet die Agglutination bei der schwierigen Beschaffung des Antigens (S. 377) wenig Anwendung. Sie ist hier nichtartspezifisch, wenn auch der Titer für die homologen Parasiten größer ist als für die heterologen [1]).

**Beurteilung der Ergebnisse bei der klinischen Diagnostik.**

| | + | ? | — |
|---|---|---|---|
| Typhus (Widalsche Probe) | 1:75 und darüber | 1:50 | 1:40 und darunter |
| Genickstarre | 1:10 „ „ | — | 1:8 „ „ |
| Dysenterie | 1:30 „ „ | — | 1:4 |
| Menschenpest | 1:3 „ „ | — | 1:1 |
| Maltafieber | 1:35 „ „ | — | — |
| Rotz (Einhufer) | 1:1000 „ „ [2]) | 1:500—800 [3]) | 1:400 „ „ [4]) |
| Abortus (Rind, B. abortus Bang) | 1:50 „ „ | 1:33—40 | 1:20 |
| Asiatische Cholera | 1:10 „ „ | — | 1:6 „ „ |
| Abortus (Pferd, Paratyphus B.) | 1:800 „ „ | 1:400 | 1:300 „ „ |
| Abortus (Pferd, B. abortus Bang) | 1:66 „ „ | — | 1:50 „ „ |

Über die **Titer von Normalsera** geben u. a. die Arbeiten von Bürgi [5]) und Mamlok [6]) Aufschluß. Sie beziehen sich auf Sera von Mensch, Pferd, Rind, Schaf, Ziege, Schwein, Hund, Kaninchen, Meerschweinchen, Ratte, Huhn, Gans und Taube und gegen Bac. typhi, paratyphi A und B, coli, dysenteriae Shiga und Flexner, mallei, proteus, alkaligenes, pyocyaneus, typhi murium, suipestifer, cholerae gallinarum und anthracis, Vibrio cholerae asiaticae und Metschnikoff, sowie gegen Staphylococcus. Aus den Angaben sei hier folgendes erwähnt.

---

[1]) Mattes, Zentralbl. f. Bakteriol., Parasitenk. u. Infektionskrankh., Abt. I Orig. 1912. Bd. 65, S. 538.

[2]) Ein Agglutinationstiter bei Rotz (Pferd) von 1:1000 ist noch nicht für Rotz sicher beweisend. Selbst bei völlig gesunden oder an anderen Krankheiten (Druse, Katarrh der Luftwege, Rotlaufseuche, Tuberkulose) leidenden Pferden sind Titer 1:4000 und selbst 1:8000 (Giese, Arb. a. d. Reichs-Gesundheitsamte 1920, Bd. 52, S. 468), bei negativem Ausfall der Komplementbindung, Konglutination, Hämagglutination und Malleinaugenprobe beobachtet worden. Vgl. auch S. 411. Nach subkutaner usw. Malleïneinspritzung (nicht durch Eintropfen von Malleïn in den Lidsack) werden auch bei gesunden Tieren vielfach vom 3. Tag ab bis etwa zum Ende des 1.—3. Monats positive Agglutination und Komplementbindung erhalten.

[3]) Ändert sich der Titer in 3 Wochen, so bezeichnen Schütz und Mießner (Arch. f. wiss. u. prakt. Tierheilk. 1905, Bd. 31) auch die Pferde mit einem Titer von 1:500—800 als rotzkrank. Rotzkranke Pferde zeigen oft beträchtliche Schwankungen im Agglutiningehalt, während gesunde Pferde recht konstanten Titer aufweisen.

[4]) Rotzkranke Pferde zeigen mitunter (in chronischen Fällen) einen Titer von 1:300—500.

[5]) Bürgi, Arch. f. Hyg. Bd. 62, S. 239.

[6]) Mamlok, ebenda Bd. 68, S. 95.

| | Cholera | Typhus | Koli | Dys. Shiga |
|---|---|---|---|---|
| Mensch | unv [1]) 1 : 2 | unv 1 : 8 | unv 1 : 4 | voll [1]) 1 : 4 |
| Kaninchen | ,, 1 : 2—4 | ,, 1 : 8 | ,, 1 : 8 | ,, 1 : 4 |
| Meerschweinchen | ,, 1 : 2 | ,, 1 : 8 | ,, 1 : 4 | — |
| Ziege | voll 1 : 32 | voll 1 : 64 | ,, 1 : 256 | unv 1 : 32 |
| Rind | — | — | voll 1 : 256 | — |

| | Paratyphus A | Paratyphus B | Dys. Flexner | Rotz |
|---|---|---|---|---|
| Mensch | — | — | voll 1 : 16 | — |
| Kaninchen | unv 1 : 2 | unv 1 : 2 | ,, 1 : 32 | voll 1 : 4 |
| Meerschweinchen | — | — | ,, 1 : 8 | — |
| Hund | unv 1 : 8 | — | ,, 1 : 16 | voll 1 : 2 |
| Schaf | voll 1 : 128 | unv 1 : 16 | ,, 1 : 128 | ,, 1 : 16 |
| Ziege | ,, 1 : 16 | ,, 1 : 16 | ,, 1 : 256 | ,, 1 : 64 |
| Pferd | ,, 1 : 32 | voll 1 : 16 | ,, 1 : 256 | unv 1 : 64 |
| Rind | ,, 1 : 32 | ,, 1 : 16 | ,, 1 : 256 | ,, 1 : 64 |
| Schwein | — | ,, 1 : 64 | — | — |

| | Proteus | Alkalig. | Pyozyaneus |
|---|---|---|---|
| Mensch | voll 1 : 8 | voll 1 : 4 | voll 1 : 2 |
| Kaninchen | unv 1 : 4 | unv 1 : 8 | ,, 1 : 4 |
| Meerschweinchen | — | — | — |
| Schaf | unv 1 : 32 | voll 1 : 16 | ,, 1 : 32 |
| Ziege | ,, 1 : 32 | ,, 1 : 16 | ,, 1 : 64 |
| Pferd | ,, 1 : 32 | ,, 1 : 32 | ,, 1 : 64 |
| Rind | ,, 1 : 64 | ,, 1 : 64 | unv 1 : 64 |
| Schwein | ,, 1 : 64 | — | voll 1 : 32 |

Aus der Literatur seien noch folgende Angaben über Normalagglutinine erwähnt.

B. pyocyaneus: Mensch 1 : 3 (Kretz, zit. nach Kreißel im Handb. der Technik u. Methodik d. Immunitätsforschung, herausgeg. v. Kraus und Levaditi. Bd. 2, S. 707.)

1 : 10 (Achard, Loeper, Grênet, Compt. rend. des séances de la soc. de biol. 1902. t. 54.

1 : 20—40 (Klieneberger, Zeitschr. f. Immunitätsforsch. u. exp. Therap., Orig. 1908. Bd. 2, S. 686).

1 : 20 (Lewandowski, Münch. med. Wochenschr. 1907 Nr. 46).

1 : 30 (Voß, Veröff. a. d. Geb. d. Mil.-San.-Wesens 1906, Heft 33).

in max. 1 : 30 (Schlagenhofer, Zentralbl. f. Bakteriol., Parasitenk. u. Infektionskrankh., Abt. I Orig. 1911, Bd. 59, S. 385).

B. coli:

| | | | |
|---|---|---|---|
| Mensch, erwachsen | | 1 : 300 | Geiße, Zentralbl. f. Bakteriol., Parasitenk. u. Infektionskrankh., Abt. I Orig. 1908, Bd. 46, S. 360. |
| ,, neugeb. | 0—1 : 40—60 | | |
| Rind | in max. | 1 : 400 | |
| Schaf | ,, ,, | 1 : 150 | |
| Schwein | ,, ,, | 1 : 300 | |
| Kaninchen | ,, ,, | 1 : 60 | |
| Mensch, erwachsen | bis zu | 1 : 1280 | Klieneberger, Arch. f. klin. Med. Bd. 96, Heft 3/4. |
| ,, neugeb. | ,, ,, | 1 : 160 | |

| | | |
|---|---|---|
| Pferd | 1 : 128 | Müller, Über Agglutination normaler Tiersera. Vet.-med. Diss. Bern 1901. |
| Rind | 1 : 128 | |
| Schaf | 1 : 16 | |
| Ziege | 1 : 32 | |
| Schwein | 1 : 64 | |
| Kalb | 1 : 4 | |

[1]) unv = unvollständig; voll = vollständig.

| | | | | | | |
|---|---|---|---|---|---|---|
| B. suipestifer: | Pferd | 1 : 32 | B. typhi murium: | Pferd | 1 : 16 | wie vor. |
| | Rind | 1 : 16 | | Rind | 1 : 16 | |
| | Schaf | 1 : 32 | | Schaf | 1 : 128 | |
| | Ziege | 1 : 16 | | Ziege | 1 : 16 | |
| | Schwein | 1 : 32 | | Schwein | 1 : 64 | |

B. influenzae: 1 : 50 (Levinthal, Zeitschr. f. Hyg. u. Infektionskrankh. 1918, Bd. 86, S. 14).
1 : 20—400 (Messerschmidt, Hundshage und Scheer, ebenda, Bd. 88, S. 562).

B. diphtheriae: Mensch: 1 : 30 (Bruno, Berl. klin. Wochenschr. 1898, S. 1127).
Pneumokokken: Mensch 1 : 1—10 (Gargano und Fattori, Zentralbl. f. Bakteriol., Parasitenk. u. Infektionskrankh., Abt. I Ref. 1904, Bd. 35, S. 50).
Meningokokken: Mensch 1 : 20—25 (Kutscher, Handb. d. pathog. Mikroorg., herausgeg. von Kolle und Wassermann, Bd. 4, S. 630).
Streptokokken: Mensch 1 : 2—8 (Moser und v. Pirquet, Zentralbl. f. Bakteriol., Parasitenk. u. Infektionskrankh., Abt. I Orig. 1903, Bd. 34, S. 719).
Fleckfieber-Proteus X 19: Mensch 1 : 25—200 (Messerschmidt, Handb. d. biol. Arbeitsmethoden von Abderhalden. Lief. 19, S. 196).
B. proteus vulg.:
Pferd, Rind, Schaf und Schwein 1 : 128 } Müller, Agglutinine normaler Tiersera.
Ziege . . . . . . . . . . . . . 1 : 64 } Vet.-med. Diss. Bern 1901.
B. dysenteriae (Kruse-Shiga): Mensch 1 : 50 } Dresel und Marchand, Zeitschr. f. Hyg. 1914, Bd. 76 S. 324.
B. dysenteriae (Flexner): Mensch 1 : 100 }
B. typhi:
Mensch 1 : 80 (Lommel) } zit. nach Messerschmidt im Handb. d. biol.
„ 1 : 100 (Krencker, Grünbaum) } Arbeitsmethoden. Lief. 19, S. 197, und Lüdke, Handb. d. Technik u. Methodik d. Immun.-
„ 1 : 200 (Bredow) } Forsch., Erg. Bd. 1, S. 524 ff.
Pferd, Rind, Schaf, Ziege und Schwein 1 : 32 (Müller, l. c.).

B. melitensis: Mensch bis zu 1 : 30 (Kretz, zit. nach Kreißl, Handb. d. Technik u. Methodik d. Immun.-Forschung, Bd. 2, S. 713.
„ negativ (Steffanelli, Zentralbl. f. Bakteriol., Parasitenk. u. Infektionskrankh., Abt. I Ref. 1908. Bd. 41, S. 442).

B. enteritidis (Gärtner): Blutserum von Rindern im Durchschnitt 1 : 150, von Kälbern im Durchschnitt 1 : 50. Fleischauszüge (1 : 10) agglutinieren nicht. Bei einem Blutserumtiter kranker Tiere von 1 : 50 000 reagierte der Fleischauszug nur 1 : 700. (Müller, Zentralbl. f. Bakteriol., Parasitenk. u. Infektionskrankh., Abt. I Orig. 1912, Bd. 66, S. 221 und Bd. 80, S. 433.) Nach Weise [1]) agglutinieren normale Rinder-, Kälber- und Schweinesera nicht über 1 : 10, Schafsera unter 1 : 10.

B. paratyphosus B: Rind in 82% der Fälle bis 1 : 20, in 2,5% 1 : 50, 7,5% 1 : 150, 2,5% 1 : 200 und in 5% 1 : 400; Kälbersera zu 93% bis zu 1 : 50, zu 7% 1 : 100; Schafsera zu 90% bis 1 : 20, zu 10% 1 : 100; Schweinesera im Durchschnitt 1 : 126, im Höchstfalle 1 : 1000 (Weise) [1]), im Pferdesera bis zu 1 : 300 (Glander) [2]), selten 1 : 600 (Lehnert) [3]). (Vgl. auch S. 376.)

Bei der **Widalschen Reaktion (Typhus-Agglutination)** wird das Ergebnis zumeist mikroskopisch abgelesen. Die hier übliche Technik ist folgende:

---

[1]) Weise, Beiträge zum serologischen Nachweis von B. paratyphosus B. und enteritidis bei der bakteriologischen Fleischbeschau. Vet.-med. Diss. Dresden 1921.

[2]) Glander, Beitrag zur Diagnose des Stutenabortus durch die Agglutinationsprüfung des Mutterserums. Vet.-med. Diss. Berlin 1920; ref. in Dtsch. tierärztl. Wochenschr. 1921, S. 605.

[3]) Lehnert, Der Wert der Agglutinationsprüfung und Komplementbindungsmethode beim Paratyphusabortus des Pferdes. Inaug.-Diss. Hannover 1921.

Man gibt in zwei Reihen von je 6 Reagenzgläschen oder Blockschälchen (oder zwei zusammenhängende Glasklötze mit je 6 näpfchenartigen Vertiefungen) in das erste Gläschen oder Schälchen der ersten Reihe 2 ccm, in die übrigen 0,5 ccm klare (filtrierte) 0,8%ige Kochsalzlösung; nur das erste Schälchen der zweiten Reihe bleibt zunächst noch leer. Die eine Reihe dient zur Typhus-, die andere zur stets nebenher auszuführenden Paratyphusagglutination. In das mit 2 ccm beschickte Näpfchen der ersten Serie kommt 0,2 ccm Patientenserum. Nach gründlichem Durchmischen gibt man hiervon 0,5 ccm in Näpfchen 2 der ersten Reihe und in Näpfchen 1 und 2 der zweiten Reihe. Nach jeweiligem guten Durchmischen überträgt man aus dem Schälchen 2 in 3 jeder Reihe, sodann aus 3 in 4 und aus 4 in 5 je $^1/_2$ ccm. Aus dem Schälchen 5 beider Reihen wird ebenfalls $^1/_2$ ccm entnommen und weggetan, also nicht zu 6 hinzugesetzt, dieses bleibt als Kontrolle ohne Serumzusatz. Zu jedem der 6 Schälchen der ersten Reihe kommt $^1/_2$ ccm mit Formalin abgetöteter Typhuskultur, zu jedem Schälchen der zweiten Reihe $^1/_2$ ccm Paratyphuskultur [1]) (bzw. Fickersches Reagens — E. Merck, Darmstadt). Die Serumkonzentrationen in den einzelnen Gläschen bzw. Schälchen betragen nunmehr 1:20, 1:40, 1:80, 1:160, 1:320 und 0. Hierauf werden die Schälchen 2 Stunden bei 37° und 1 Stunde bei Zimmertemperatur oder 1 Stunde bei 50° und 1 Stunde bei Zimmertemperatur gehalten und sodann bei schwacher Vergrößerung (etwa 20—30fach) untersucht. Zuweilen läßt man die Proben nach 2stündigem Aufenthalt bei 37° noch 22 Stunden bei Zimmertemperatur stehen. Wie Kleinsorge [2]) u. a. nachgewiesen haben, ist die Gruber-Widalsche Reaktion in vielen Fällen nach 2 Stunden bei 37° noch nicht immer abgelaufen. Zwischen 2- und 24stündiger Betrachtung steigt die Zahl der positiven um 41 (!)%. Diese 41% gehen verloren, wenn die Diagnose schon nach 2 Stunden abgegeben wird (Kleinsorge). Die Zahl der paradoxen Reaktionen nimmt zwischen 2- und 24stündiger Betrachtung ab. Ähnlich liegen die Verhältnisse auch bei der Paratyphusagglutination, wenn auch hier der Unterschied nicht ganz so groß ist. Kleinsorge empfiehlt die Proben 2 Stunden bei 37° und 22 Stunden bei 20° zu halten. Die Ablesung mit schwacher Lupe oder mit dem Agglutinoskop von Kuhn-Woithe (Abb. 209) gibt genauere Ergebnisse als die makroskopische Betrachtung, wenn man sich durch eine Kontrolle des eingesandten Serums vor einer Verwechslung mit Kokken und Blutkörperagglutination schützt.

Als positiv gilt die Reaktion bei Typhus, wenn noch in der Verdünnung 1 : 80 Agglutination eingetreten ist. In Zweifelsfällen ist die Reaktion nach 2—3 Tagen zu wiederholen. Bei Ikterus wird selbst,

---

[1]) Die Typhus- und Paratyphuskulturen sind eintägige Bouillonkulturen gut agglutinabler (!) Stämme. Auf je 100 ccm gibt man 1 ccm des käuflichen Formalins. Hierauf läßt man 48 Stunden lang im Meßzylinder bei 37° absetzen. Die gleichmäßig getrübte Flüssigkeit wird vom Sediment abgehoben, gegebenenfalls durch Filtration durch ein Faltenfilter getrennt. Im Eisschrank aufbewahrt ist die Bakterienaufschwemmung ein Monat haltbar.

[2]) Kleinsorge, Zeitschr. f. Hyg. u. Infektionskrankh. Bd. 91, Heft 3, S. 353, mit einschlägigen Literaturangaben.

ohne daß Typhus besteht, Agglutination bis 1 : 80 beobachtet. Bei Ikterus sind erst Werte von 1 : 100 beweisend. Schwere Typhusfälle gehen zuweilen auch in der späteren Zeit mit negativem Widal einher. Die Prognose ist dann ungünstiger als bei positivem Widal.

Reicht die Serummenge für obige Versuchsanordnung nicht aus (weniger als 0,2 ccm), so empfiehlt sich folgende Technik (Dienstanweisung für die zur Typhus-Bekämpfung eingerichteten Untersuchungs-Ämter, Veröff. d. Reichsgesundheitsamtes 1912, Bd. 41 S. 20, s. S. 16). In je einem auf ein Deckglas gebrachten Tropfen der Serum-Verdünnung 1 : 50 und 1 : 100 wird von einer eintägigen Typhusagarkultur, in je zwei weitere Tröpfchen von je einer Kultur von Paratyphus-A- und -B-Bazillen eine Nadelspitze Bazillenmasse völlig gleichmäßig verrieben. Mit Hilfe hohlgeschliffener Objektträger werden die beschickten Deckgläschen zu hängenden Tropfen-Präparaten (S. 100) verarbeitet. Die Untersuchung erfolgt unter dem Mikroskop bei schwacher Vergrößerung. Treten in jedem Gesichtsfeld reichliche Häufchen aus mindestens 6—7 Bazillen bestehend auf, so liegt Agglutination vor. Erfolgt Agglutination nur in 50facher Verdünnung des Serums, so ist der Fall verdächtig; tritt sie auch in 100facher Verdünnung auf, so ist die Probe positiv.

### Diagnose von Mischinfektionen mit der Agglutinationsprobe (Absättigungsversuch nach Castellani)[1].

Typhussera reagieren vielfach nicht nur mit Typhusbazillen, sondern verursachen auch gegenüber den nahestehenden Paratyphusbazillen eine Mit- oder Gruppenagglutination. Diese gleichzeitige Reaktion gegen Paratyphusbazillen tritt natürlich auch bei Mischinfektion mit Typhus- und Paratyphusbazillen auf. Zur Entscheidung, ob Mitagglutination oder Mischinfektion vorliegt, dient der Castellanische Versuch.

Prinzip: a) Das Serum eines infolge Infektion durch nur eine einzige Bazillenart erkrankten Individuums verliert seine Wirksamkeit allen Arten gegenüber, die es beeinflußt hat, wenn es mit dem homologen Stamm erschöpft wird. Wird das Serum dagegen mit der nur mitagglutinierten heterologen Bakterienart zusammengebracht, so verliert es sein Agglutinationsvermögen nur für diese, nicht aber für die homologe Bakterienart.

b) Das Serum eines infolge Infektion durch zwei verschiedene Bakterienarten erkrankten Individuums verliert bei Behandlung mit einer Bakterienart seine Agglutinationskraft nur gegen diese Bakterienart.

Ausführung: In je 1 ccm des 1 : 10, 1 : 50 und 1 : 100 verdünnten, zu untersuchenden Serums, das in diesem Beispiel Typhus- und Paratyphus B-Bazillen agglutiniert, werden in der 1. und 2. Versuchsreihe je 1 Öse Typhusbazillen, in der 3. und 4. Versuchsreihe je 1 Öse Paratyphus B-Bazillen verrieben. Nach zweistündiger Erwärmung auf 37$^0$ werden die Proben zentrifugiert. In dem klaren Abguß der 1. und 3. Versuchsreihe wird 1 Öse Typhusbazillen, der 2. und 4. Versuchsreihe

[1]) Zeitschr. f. Hyg. u. Infektionskrankh. 1902, Bd. 40.

wird 1 Öse Paratyphus-B-Bazillen verrieben. Nach erneutem Aufenthalt im Brutofen ist

a) bei vorliegendem Typhus das Agglutinationsvermögen in der 1. Reihe für Typhus und in der 2. und 4. Reihe für Paratyphus vermindert bzw. geschwunden, während es in der 3. Reihe für Typhus erhalten ist;

b) bei vorliegendem Paratyphus das Agglutinationsvermögen in der 1. und 3. Reihe für Typhus und in der 4. Reihe für Paratyphus mehr oder weniger aufgehoben, in der 2. Reihe für Paratyphus erhalten;

c) bei einer Mischinfektion ist der Titer in 1. und 4. Reihe vermindert, in 2. und 3. Reihe erhalten, wie es nachfolgende Übersicht zeigt.

| Reihe | 1. Aggl. angesetzt mit | 2. Aggl. angesetzt mit | Bei Typhus Ergebnis der 2. Aggl. | Bei Parat. Ergebnis der 2. Aggl. | Bei Mischinf. Ergebnis der 2. Aggl. |
|---|---|---|---|---|---|
| 1 | Typhus | Typhus | − | − | − |
| 2 | Typhus | Parat. | − | + | + |
| 3 | Parat. | Typhus | + | − | + |
| 4 | Parat. | Parat. | − | − | − |

Die **Weil- und Felixsche Reaktion**[1]) zur Feststellung von **Fleckfieberfällen** ist eine mit Patientenserum und B. proteus (Stamm X 19, der aus dem Harn eines Fleckfieberkranken gezüchtet wurde)[2]) durchgeführte Agglutination.

X 19 ist auf neutralem Schrägagar aus frischem Fleisch (nicht Fleischextrakt) fortzuzüchten[3]). Dem Agar ist 1% Traubenzucker zuzusetzen. Bazillen, die auf zuckerfreien Nährböden gewachsen sind, lassen sich schlecht agglutinieren. Mit steigendem Zuckergehalt nimmt die Agglutinabilität zu[4]). Die Bazillenaufschwemmung zeigt nach 2—3tägigem Aufenthalt im Eisschrank die beste Agglutinabilität[5]). Im Frigo (S. 70) bleibt sie mindestens 2 Monate brauchbar. Phenolkonservierung gibt nur dann brauchbares Testmaterial, wenn man 0,5% Phenol zu der auf 60° erhitzten Bakterienaufschwemmung hinzusetzt[6]).

Als positiver Grenztiter gelten 1 : 100—200; Fleckfieberkrankenserum reagiert vielfach sogar 1 : 800—1000. Mitagglutination kommt bei Paratyphus vor.

Die Reaktion setzt zuweilen am 4.—5., meist erst am 7. Krankheitstage (mit Einsetzen des Exanthems) ein und erreicht zwischen dem 9. und 16. Krankheitstag zur Zeit der Entfieberung den Höhepunkt. Mit

[1]) Weil und Felix, Wien. klin. Wochenschr. 1916 Nr. 2.
[2]) Der B. proteus spielt beim Fleckfieber keine ätiologische Rolle.
[3]) Felix, Wiener med. Wochenschr. 1917 Nr. 39.
[4]) Weltmann und Seufferheld, Wien. klin. Wochenschr. 1918, Nr. 52 und Schiff. Münch. med. Wochenschr. 1919 Nr. 6.
[5]) Jacobitz, Münch. med. Wochenschr. 1917, Nr. 49.
[6]) Sachs, Dtsch. med. Wochenschr. 1917 Nr. 31; 1918 Nr. 17.

Abnahme des Fiebers sinkt der Agglutinationstiter meist ziemlich schnell ab.

Nach Löns[1]) fand auch eine positive Agglutination (1 : 100—800) eines X 19-Stammes und zweier gewöhnlicher Proteusstämme durch das Serum Pockenkranker statt. Die betreffenden Stämme hatte er in Pockenpusteln eingeimpft und nach 1 und 2 Tagen wieder daraus reingezüchtet.

### Agglutinationsprobe beim infektiösen Verfohlen.

Die praktische Verwendung der Agglutination zur Feststellung des infektiösen Stuten-Abortus ist durch zahlreiche Stammesverschiedenheiten der Erreger (besonderer Stämme aus der Gruppe der Paratyphusbazillen — s. a. u. Typhazeen S. 345) erschwert. Als Antigen wird eine Bazillenabschwemmung von nicht über 24stündigen Agarkulturen[2]) in Phenolkochsalzlösung verwendet, die zur Zerkleinerung gröberer Bakterienklümpchen 2 Stunden im Schüttelapparat behandelt wird. Die Bakterien werden sodann durch einstündiges Erhitzen auf 58—60° im Wasserbad abgetötet. Lehnert läßt das Antigen vor der Verwendung 2—3 Tage kühl stehen. Dunkel und kühl aufbewahrt bleibt es wochenlang brauchbar. Die Dichte der Aufschwemmung wählt Lehnert derart, daß in 1 ccm etwa 170 Millionen Bakterien enthalten sind (S. 242). Ältere als 24stündige Kulturen sind weniger agglutinabel. Bouillonkulturen sind nicht immer ganz zu verlässig.

Das Krankenserum wird 1:200, 1:400, 1:800, 1:1600, 1:3200 und nach Bedarf 1:6400 und 12800 verdünnt.

Die Proben bleiben 24 Stunden bei 37° im Thermostat; darauf wird das Ergebnis abgelesen. Zur Feststellung etwaiger Spontanagglutination ist jeweils eine Kontrolle ohne Serum mit Kochsalzlösung anzustellen.

Beurteilung des Ergebnisses. Titer 1:300 und darunter gelten als negativ, 1:400—600 zumeist als fraglich und von 1:800 und darüber als positiv. Bei der Beurteilung der fraglichen Ergebnisse (1:400—600) ist der allgemeine Befund des betreffenden Pferdebestandes zu berücksichtigen. Ist nur ein Pferd in einem Bestand mit einem derartigen fraglichen Ergebnis, so wird man an hoch normalen Agglutiningehalt zu denken haben. Dagegen spricht ein Titer von 1:400—600 in einem nachweislich verseuchten oder seuchenverdächtigen Bestand, namentlich wenn er bei mehreren Tieren gefunden wird, für Infektionsverdacht.

Der Titer ist meist 8 Tage nach dem Verfohlen am höchsten, hält sich einige Monate (2—7, längstens bis 15) in den positiven Grenzen (etwa 1:800—1000), um dann allmählich auf 1:300 und darunter abzusinken. Am Tage des Verfohlens und kürzere Zeit (bis zu 6 Tage) danach ist ein höherer Agglutiningehalt meist nicht festzustellen. Zuweilen treten die Immunagglutinine jedoch schon etwa 3 Wochen vor

---

[1]) Löns, Zeitschr. f. Hyg. u. Infektionskrankh. 1921, Bd. 92, S. 485.

[2]) Lütje empfiehlt Mischtestflüssigkeit aus gut agglutinablen und serologisch-elektiven Paratyphustämmen, die allerdings den Nachteil haben, die Deutlichkeit der Ergebnisse (feinschollige Ausflockung) zu beeinträchtigen. Daneben verwendet er möglichst Ortsstämme. Bei Koli-Stutenabortus ist eine Auswahl der Stämme nicht möglich.

dem Verfohlen auf. Nicht selten (in etwa 20—30%) scheint die Bildung von Immunagglutininen ganz auszubleiben. Eine positive Agglutination beweist nur, daß eine Infektion stattgefunden hat. Diese muß aber keineswegs in jedem Falle zum Verfohlen führen.

Beim infektiösen Verfohlen liefert die Agglutination zuverlässigere Ergebnisse als die Komplementbindung, doch kommen auch Fälle vor, wo die Agglutination versagt und die Komplementbindung positive Ergebnisse zeitigt. Um sicher zu gehen, sind beide serologische Verfahren anzuwenden und tunlichst mit der bakteriologischen Untersuchung zu vereinigen.

## Agglutination (Agglomeration) von Trypanosomen.

Die Agglutination von Trypanosomen kann wie die Bakterienagglutination zur klinischen Diagnostik (z. B. Beschälseuche der Pferde) Anwendung finden. Hierzu eignen sich jedoch nur lebende Trypanosomen, während der Verklumpung toter kein diagnostischer Wert beizumessen ist.

Herstellung der Trypanosomenaufschwemmung:

Empfängliche Versuchstiere werden mit der fraglichen Trypanosomenart infiziert; bei Beschälseuche verwendet man hierzu zweckmäßig Ratten oder Meerschweinchen. Auf der Höhe der Infektion werden die Versuchstiere aus der Karotis entblutet. Das Blut wird in 2%iger Natriumzitratlösung (S. 26) aufgefangen und kurz zentrifugiert, um die Blutkörperchen auszuschleudern. Die Trypanosomen sammeln sich über den Blutkörperchen an. Eine Öse Trypanosomenmaterial wird mit fallenden Dosen Serum vermischt. Es tritt bei positiv reagierendem Serum sofort oder nach 3—10 Minuten eine Agglomeration (Zusammenkleben mit dem Hinterende, Rosettenbildung) bei Erhaltung der Beweglichkeit ein [1]). Spätere Reaktionen (nach 15—20 Minuten) sind nicht mehr beweisend. Das Serum der an Beschälseuche erkrankten Pferde reagiert noch in einer Verdünnung von 1 : 800—1 : 12000 und darüber positiv. Daneben sind Kontrollen mit Serum sicher beschälseuchefreier Pferde anzusetzen. Die Trypanosomenaufschwemmung ist nur ganz frisch (innerhalb 15—20 Minuten) verwendbar. Nach längerem Stehen tritt spontane Zusammenballung der Trypanosomen ein. Dieses Verfahren hat weiterhin den Nachteil, daß es hochinfizierte Versuchstiere voraussetzt. Die Agglutination findet in der Praxis bei der Beschälseuche kaum Anwendung.

Hier sind die Lipoidreaktionen (s. u. Meinickescher Reaktion S. 464) empfehlenswerter.

## Agglutination von Amöben.

Amöbenarten lassen sich durch Agglutination trennen. Lebende Amöben werden durch Abkugelung unbeweglich und verklumpen, später kriechen sie wieder auseinander [2]).

## Säureagglutination nach Michaelis [3]).

Ausführung: Junge Bakterienkulturen auf Agar werden nach Abschwemmung mit Kochsalzlösung, solche in Bouillon erst nach zweimaligem Auswaschen mit Kochsalzlösung (S. 400), in destilliertem Wasser aufgeschwemmt und durch Fließpapier filtriert. Durch Verdünnen mit destilliertem Wasser werden die Bakterienaufschwemmungen auf etwa dieselbe Dichte gebracht. Da durch Zusatz der Säuregemische eine starke Verdünnung eintritt, sind die Bakterienaufschwemmungen hinlänglich dicht zu halten. 3 Teile Bakterienaufschwemmung werden mit 1 Teil Säuregemisch versetzt, durchgemischt, bei 37° gehalten und nach bestimmten Zeiten das Ergebnis abgelesen.

---

[1]) Dahmen und David, Berl. tierärztl. Wochenschr. 1921, S. 305.
[2]) v. Schuckmann, Arb. a. d. Reichs-Gesundheitsamte Bd. 52, S. 133.
[3]) Michaelis, Dtsch. med. Wochenschr. 1911, S. 969.

Das Säuregemisch variiert man nach Georgi [1]) in folgender Weise:

a) 1 Teil normal NaOH + 1,5 Teil norm. Essigs. + 17,5 Teile $H_2O$ = 0,9 . $10^{-5}$ (H˙)-Konzentration
b) 1 „ „ NaOH + 2 „ „ „ + 17 „ $H_2O$ = 1,8 . $10^{-5}$ (H˙)-Konzentration
c) 1 „ „ NaOH + 3 „ „ „ + 16 „ $H_2O$ = 3,6 . $10^{-5}$ (H˙)-Konzentration
d) 1 „ „ NaOH + 5 „ „ „ + 14 „ $H_2O$ = 0,7 . $10^{-4}$ (H˙)-Konzentration
e) 1 „ „ NaOH + 9 „ „ „ + 10 „ $H_2O$ = 1,4 . $10^{-4}$ (H˙)-Konzentration
f) 1 „ „ NaOH + 17 „ „ „ + 2 „ $H_2O$ = 2,8 . $10^{-4}$ (H˙)-Konzentration.

Beniasch [2]) verwendet folgende Säuregemische: Durchgängig 0,5 ccm $^1/_{10}$ n milchsaures Natron. Hierzu:

| Milchsäure | | Wasser | (H˙) Konzentration |
|---|---|---|---|
| 1. 0,06 | n/10 | 1,54 | 1,7 . $10^{-5}$ |
| 2. 0,12 | n/10 | 1,48 | 3,5 . $10^{-5}$ |
| 3. 0,25 | n/10 | 1,35 | 0,7 . $10^{-4}$ |
| 4. 0,5 | n/10 | 1,1 | 1,4 . $10^{-4}$ |
| 5. 1,0 | n/10 | 0,6 | 2,8 . $10^{-4}$ |
| 6. 0,2 | n | 1,4 | 5,5 . $10^{-4}$ |
| 7. 0,4 | n | 1,2 | 1,1 . $10^{-3}$ |
| 8. 0,8 | n | 0,8 | 2,2 . $10^{-3}$ |
| 9. 1,6 | n | 0 | 4,4 . $10^{-3}$ |

$n/_{10}$ milchsaures Natron ist frisch zu bereiten aus genauer Absättigung von 20 ccm n-Natronlauge mit Milchsäure, Auffüllen auf 60 ccm (= $n/_3$-Lösung, mit Thymol zu konservieren). Hiervon 3 Teile + 7 Teile destilliertes Wasser gibt $n/_{10}$ milchsaures Natron.

Beniasch gibt auf 2 Teile Säuregemisch 1 Teil Bakterienaufschwemmung und setzt die Probe nach Durchmischen $^1/_2$—1 Stunde in den Brutofen. Die Agglutination kann bei einigen Bakterienarten schon nach dieser Zeit abgelesen werden; bei anderen erst nach einem weiteren 8—12stündigen Aufenthalt bei Zimmertemperatur. Die Säureagglutination gleicht makro- und mikroskopisch vollkommen der spezifischen Agglutination.

Die Säureagglutination erfolgt
bei B. typhi am besten bei einer (H˙)-Konzentration 4 . $10^{-5}$
B. enteritidis z. T. „ „ „ „ „ 1,4 . $10^{-4}$
z. T. „ „ „ „ „ 2,2 . $10^{-3}$
B. paratyphos. B. „ „ „ „ „ 1,6—3,2 . $10^{-4}$
B. faecalis alcaligenes „ „ „ „ „ 1,4—2,8 . $10^{-4}$
Tuberkelbaz. (T. hum., bov., poikil.) u. säuref. Saproph. 2,8 . $10^{-4}$ — 1,1 . $10^{-3}$
Hühnertuberkelb. wird nicht agglutiniert.
B. coli wird meist nicht oder nur sehr wenig agglutiniert.

Durch Säureagglutination können Cholera- und choleraähnliche Vibrionen, ferner Diphtherie- und Pseudodiphtheriebazillen nicht, wohl aber die verschiedenen Erreger des Gasödems voneinander (Putrifikustyp vom Rauschbrand- und Welch-Fränkelschen Typ) getrennt werden. Für Putrifikusstämme ist die geringste, für Rauschbrandstämme meist eine höhere, für Welch-Fränkel-Stämme die stärkste H-Ionenkonzentration erforderlich, wofern überhaupt bei letzteren eine Säureagglutination zu erzielen ist [3]).

---

[1]) Georgi, Arb. a. d. Inst. f. exp. Therap. 1919, Heft 7, S. 35.

[2]) Beniasch, Zeitschr. f. Immunitätsforsch. u. exp. Therap., Orig. 1912, Bd. 12, S. 268.

[3]) Kolle, Sachs, und Georgi, Dtsch. med. Wochenschr. 1918, Nr. 10, S. 257, und Zeitschr. f. Hyg. u. Infektionskrankh. Bd. 85, S. 113.

# III. Die Präzipitation.

Führt man einem Versuchstier (z B. Kaninchen) parenteral, also nicht auf dem Wege des Verdauungskanals, sondern intravenös, intraperitoneal oder subkutan in seinen Blut- oder Lymphstrom körperfremdes Eiweiß tierischen, pflanzlichen oder bakteriellen Ursprungs (Präzipitinogen, Antigen) ein, so bildet es ein sog. Präzipitin. Das Präzipitin findet sich im Blutserum vor. Es fällt lediglich das Eiweiß jenes Ursprungs aus (präzipitiert), von dem das eingespritzte Präzipitinogen stammte. Die Bildung und Wirkung des Präzipitins ist also streng spezifisch. Zum Beispiel: Auf die parenterale Einverleibung von Pferdeeiweiß antwortet das Kaninchen mit der Bildung nur eines Pferdeeiweißpräzipitins, nicht aber eines Rinder-, Schweine-, Erbsen- oder Milzbrandbazillen- usw. Eiweißpräzipitins. Das gebildete Pferdeeiweißpräzipitin bildet nur mit Pferdeeiweiß, nicht aber mit Rinder-, Erbsen- oder Milzbrandbazillen- usw. -Eiweiß ein Präzipitat.

Die erfolgte Präzipitation tritt zunächst als Trübung (ringförmig beim Überschichten, diffus nach Durchmischung) der anfangs klaren Eiweißlösung auf. Im weiteren Verlauf kommt es zur Flockenbildung und schließlich zu einem flächenartig ausgebreiteten Niederschlag unter Klärung der Flüssigkeit. Die Trübungen sind am besten zu erkennen, wenn das durchfallende Licht vor dem Reagenzglas durch ein schwarzes Papier leicht abgeblendet wird.

### Gewinnung von Präzipitin-Antigen und präzipitierenden Sera.

Als **Versuchstiere** benützt man meist 3—5 Kaninchen mit langen Ohren (die intravenösen Einspritzungen lassen sich hier leichter durchführen), seltener Schafe, Ziegen, Pferde oder Esel. Bei der Auswahl der Versuchstiere sollten diese vor der Immunisierung geprüft werden, daß ihr Serum mit physiologischer Kochsalzlösung keine Trübung gibt.

Als **Präzipitinogen (Antigen)** dienen bei der Herstellung von Blut- oder Fleischsaftpräzipitinen zumeist Blutserum, seltener defibriniertes Blut, Fleischpreßsaft oder Fleischauszüge der fraglichen Tierart, von Milchpräzipitinen (sog. Laktosera) die Milch der betreffenden Tierart, von Pflanzeneiweißpräzipitinen die Auszüge aus den zerkleinerten Samen der betreffenden Pflanzenarten, von Bakterienpräzipitinen zur Immunisierung meist abgetötete Bakterien, jedoch zur Ausführung der Präzipitation die Filtrate (S. 71) alter, flüssiger (Bouillon-) Kulturen oder Auszüge aus den fraglichen Bakterienarten (s. unten).

Die als Antigen zu verwendenden Bakterienextrakte kann man gewinnen durch Abschwemmen frischer (1—3 Tage alter) Agarkulturen (Kolleschalen, Rouxschen Flaschen) mit physiologischer Kochsalzlösung, Ringerscher Flüssigkeit (S. 126), destilliertem Wasser, $\frac{n}{4}$ Salzsäure, $\frac{n}{4}$ Sodalösung oder selten mit Serum. Hierauf werden die Abschwemmungen in gut verschlossenen Flaschen meist mit Glasperlen 2—4 Tage im Schüttelapparat (S. 77) geschüttelt (Pick[1])) und durch Bakterienfiltration (S. 71) oder besser durch Zentrifugieren (geringere Antigenverluste) geklärt. Mit Serum hergestellte Bakterienextrakte (Vorsicht! Auf Tierart usw. achten!) sind meist stark opaleszierend. Die Konservierung geschieht meist mit Phenol (0,5%, S. 358). Das Phenol setzt man den Extraktionsmitteln meist schon vor dem Ausziehen zu.

Bei den meisten Bakterienarten kann das Schütteln, vielfach selbst das Abschwemmen unterbleiben; es genügt hier, die Agarkulturen mit einer der oben genannten Flüssigkeiten zu übergießen, diese öfters leicht hin und her zu bewegen und einige Stunden stehen zu lassen.

Endlich eignen sich die meisten Bakterien (z. B. Milzbrand- und Pseudomilzbrand-, Rotz-, Rauschbrand-, Rotlauf-, Typhus-, Paratyphus-, Enteritidis-, Koli-, Abortus-, Pest- und Maltafiebererreger usw.) auch zur Herstellung der Kochextrakte. Auf 1 Agarkulturröhrchen gibt man etwa 5 ccm obengenannter Flüssigkeiten, schwemmt die Bakterien ab, kocht etwa 5 Minuten und klärt wie oben.

v. Eisler[2]) setzt auf 10 ccm Aufschwemmung 2—3 ccm $\frac{n}{4}$ Salzsäure oder Natronlauge hinzu und kocht 15—20 Minuten. Nach dem Kochen wird neutralisiert und der Niederschlag durch Fließpapier abfiltriert. Die so erhaltene klare Flüssigkeit enthält das Präzipitinogen.

Neufeld[3]) löst die Pneumokokken mit Galle (auf 1 ccm Bouillonkultur etwa 1 Tropfen Kaninchengalle) auf.

Mit Antiformin lassen sich die nicht säurefesten Bakterien (z. B. Rotzbazillen) auflösen. Zu 10 ccm 7—8%iger Antiforminlösung setzt man so viel Bakterienaufschwemmung hinzu, als gelöst wird, 2 Stunden später wird mit verdünnter (etwa normaler) Schwefelsäure gegen Lackmus neutralisiert und durch Fließpapier und Bakterienfilter filtriert.

In 0,1%iger Äthylendiaminlösung (20 ccm) lösen sich gut getrocknete (24 Stunden bei 60°, hierauf Aufbewahrung im Exsikkator), fein zerriebene Bakterien (1 g Diphtheriebazillen, Streptokokken) auf. Die Lösung wird durch mehrstündiges Schütteln und 24stündiges Stehen begünstigt. Klärung durch Filtration oder Zentrifugieren. Die Lösung gibt auf Zusatz von Essigsäure einen starken Niederschlag (Aronsohn[4]), v. Wassermann[5])).

Zur Gewinnung möglichst konzentrierter Bakterien-Präzipitinogenlösungen engt man die erhaltenen Antigene auf mäßig temperiertem Wasserbad oder bei 37° im Vakuum oder im Heim-Faustschen Apparat (S. 79) ein.

---

[1]) Pick, Hofmeisters Beitr. z. chem. Physiol. u. Pathol. 1902, Bd. 1, S. 351 und 445.

[2]) v. Eisler, Handb. d. Techn. u. Methodik d. Immunitätsforsch., herausgeg. von Kraus und Levaditi 1909, 2. Bd. S. 834.

[3]) Neufeld, Arch. f. wiss. u. prakt. Tierheilk. 1910, Bd. 36, Suppl. S. 347.

[4]) Aronsohn, Arch. f. Kinderheilk. Bd. 30.

[5]) v. Wassermann, Dtsch. med. Wochenschr. 1902. Jahrg. 28, S. 785.

Die Bakterienpräzipitinogene sind vor Licht geschützt aufzubewahren.

In Chloroform sind sie unlöslich, gegen Fäulnis, Mineralsäuren sehr widerstandsfähig. Beim Dialysieren gehen sie in 24—48 Stunden nur spurweise in das Dialysat über. Sie geben die Biuret-, aber nicht die Eiweiß- (Koch-, Alkohol-, Salpetersäure- usw.) -Reaktion.

Die zur Vorbehandlung der Versuchstiere dienenden Antigene müssen möglichst steril gewonnen werden. Über sterile Blutserumgewinnung s. S. 197 und 358. Bei der Herstellung von Auszügen nimmt man sterile Kochsalzlösung, der man Chloroform als Konservierungsmittel zusetzt. Vor der Einspritzung läßt man das Chloroform durch leichtes Erwärmen abdunsten. Zur Konservierung des Antigens verwendet man Chloroform oder 0,5% Phenol, oder man trocknet es in 1—5 mm dicker Schicht im Brutschrank bei 37° ein. Das trockene Material ist fast unbegrenzt haltbar; vor der Benutzung wird es im Mörser zerrieben und in physiologischer Kochsalzlösung gelöst.

Die **Vorbehandlung**[1]) der Kaninchen (vgl. auch S. 355) geschieht durch intravenöse (S. 395) oder im Notfall intraperitoneale (S. 395) Injektionen. Das Serum der Versuchstiere ist vor der Immunisierung daraufhin zu prüfen, daß es mit physiologischer Kochsalzlösung keine Trübung gibt, bzw. es ist unter diesem Gesichtspunkt die Auswahl unter den Versuchstieren zu treffen. Die intravenöse Injektion der Antigene pflegt am wirkungsvollsten zu sein. Es folgen die intraperitoneale und schließlich die subkutane. Die Dosis beträgt beim Serum 1—3 ccm. Es ist zuvor zu inaktivieren (S. 354). Von Bakterienreinzüchtungen verwendet man vielfach $^1/_4$, $^1/_2$ und 1 Schrägagarkultur, die man meist durch einstündiges Erhitzen auf 60° zuvor abtötet. Vielfach genügen bereits 3, zuweilen erst 5 und selbst 7—10 Einspritzungen, die man bei der Schnellimmunisierung an aufeinanderfolgenden Tagen (meist intraperitoneal) oder sonst in Pausen von 3—6 Tagen (meist intravenös) folgen läßt. Die Präzipitinbildung pflegt 7—10 Tage nach der letzten Einspritzung den Höhepunkt zu erreichen. Durch einen Probeaderlaß (S. 358) und Prüfung des erhaltenen Serums überzeugt man sich von dessen Wertigkeit. Das schon nach wenigen Stunden ausgeschiedene Serum wird mit der Kapillarpipette (Abb. 208, S. 358) (kapillar ausgezogenes Glasröhrchen mit Gummischlauch) vorsichtig entnommen und eventuell durch Zentrifugieren geklärt. Gibt das klare Serum mit dem verdünnten Antigen (Serum 1:1000) sofort oder nach einigen Minuten eine Trübung, so ist das präzipitierende Serum brauchbar, und das betreffende Serumkaninchen wird dann am besten bald — nach 24stündigem Hungern — durch Verbluten (S. 302) getötet, da im lebenden Tier der Titer allmählich wieder zurückgeht und zuweilen selbst durch Nachbehandlung nicht wieder hoch zu treiben ist. Das Serum ist möglichst bald vom Blutkuchen zu trennen, damit es kein Hämoglobin aufnimmt. Solche „hämolytische" Seren geben oft nicht spezifische Reaktionen und sind dann nicht zu gebrauchen.

[1]) Die gebräuchlichsten präzipitierenden Sera können vom Reichsgesundheitsamt Berlin-Großlichterfelde oder vom Sächs. Serumwerk Dresden bezogen werden.

Das erhaltene Serum soll klar, steril, hochwertig und artspezifisch sein.

Klarheit wird durch Filtration durch ein gehärtetes Papierfilter (Schleicher u. Schüll Nr. 575, 603 oder 605) oder zur Not durch ein Bakterienfilter (S. 71) erreicht. Opaleszenz läßt sich nicht wegfiltrieren, aber dadurch sicher vermeiden, daß man das Versuchstier vor dem Aderlaß einen Tag hungern läßt.

**Titerbestimmung.** Das Antigen [1]) (nicht das gewonnene präzipitierende Kaninchenserum) wird mit steriler $0{,}85\,^0/_0$iger Kochsalzlösung verdünnt — bei Serum wählt man Verdünnungen von 1:1000, 1:10000 und 1:20000. Manche Sera geben mit sterilisierter $0{,}85\,^0/_0$igen Kochsalzlösung leichte Trübungen. In diesen Fällen benutzt man Ringersche Lösung (S. 126) oder, wo angängig, Milchserum (S. 203) zur Verdünnung. In sterile, untereinander gleichdicke, etwa 0,3 bis 0,9 cm starke

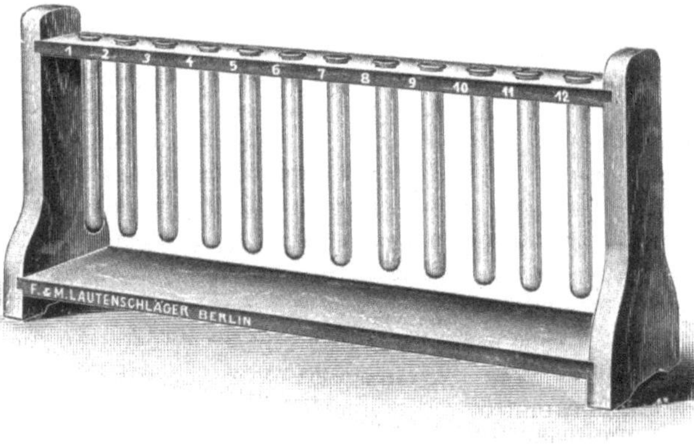


Abb. 213. Stativ nach Uhlenhuth.

und 3—10 cm lange Reagenzgläser (Abb. 213) I, II und III werden je 1 ccm obiger klarer Verdünnungen, in Röhrchen IV 1 ccm steriler $0{,}85\,^0/_0$iger Kochsalzlösung bzw. die zur Verdünnung benutzte Flüssigkeit gegeben. Bei Verwendung der engen Röhrchen ist entsprechend weniger Flüssigkeit zu nehmen. Hierauf unterschichtet man vorsichtig die Flüssigkeiten mit je 0,1 ccm des zu prüfenden präzipitierenden Serums. Die präzipitierenden Seren sind vor der Verwendung nicht zu erhitzen (inaktivieren). Schon ein Erhitzen auf $50-60^0$ schädigt manche Präzipitine. Die Röhrchen dürfen nicht geschüttelt werden. In Röhrchen I soll spätestens in 1 bis 2 Minuten, in Röhrchen II und III in 3 bzw. 5 Minuten eine anfangs hauchartige Trübung an der Berührungsfläche beider Flüssigkeiten, später, nach 5 Minuten, eine dicke, wolkige Trübung und weiterhin ein Bodensatz auftreten. Röhrchen IV muß absolut klar bleiben. Die Veränderungen sind am besten zu sehen,

[1]) Antigenüberschüsse verhindern die Ausflockung, bzw. lösen sogar gebildete Niederschläge auf.

wenn man zwischen Lichtquelle und Reagenzröhrchen ein schwarzes, schräg nach oben geneigtes Brettchen hält.

**Technik der Schicht- oder Ringprobe,** die der Mischprobe überlegen ist. Bei der Unterschichtung gibt man zunächst die spezifisch leichtere Flüssigkeit (das wird in der Regel das Antigen sein) in das Präzipitationsröhrchen. Hierauf läßt man die schwerere Flüssigkeit (Antiserum) aus einer engen Pipette an der Wandung des geneigten Röhrchens herunter und unter die erstgenannte Flüssigkeit fließen; ein Auftropfen ist zu vermeiden. Eine bessere Schichtung erhält man, wenn man das Serum aus einer Kapillarpipette (Abb. 208, S. 358) unter dem Antigen am Boden des Gefäßes ausströmen läßt.

Bei der Überschichtung, die meist der Unterschichtung vorgezogen wird, gibt man zuerst die spezifisch schwerere Flüssigkeit (Serum) in das Röhrchen und läßt darauf die leichtere aus einer engen Pipette an der Wandung des mäßig geneigt gehaltenen Röhrchens in der durch das kurz zuvor eingefüllte Serum angefeuchteten Bahn einfließen. Ist die Serumbahn nicht mehr feucht genug, so haucht man kurz in das Röhrchen hinein. Ein Auftropfen ist auch hier zu vermeiden.

Die Höhe der beiden Flüssigkeitsschichten wählt man etwa 3—5 mm hoch.

Bei der Kapillarmethode nach Hauser[1]) benutzt man als Aufnahmegefäß ausgekochte, bei Lupenbetrachtung völlig klare Kapillarröhrchen. In diese läßt man das Antigen etwa 1 cm hoch eintreten, verschließt das Röhrchen mit der Fingerkuppe und läßt sodann ebensoviel Antiserum gegebenenfalls unter leichtem Ansaugen nachströmen. Es ist darauf zu achten, daß beide Flüssigkeiten sich berühren und nicht etwa durch ein Luftbläschen getrennt sind. Die Kapillare wird hierauf unten mit Plastilinkitt verschlossen oder abgeschmolzen.

Die Präzipitation läßt man zumeist bei Zimmertemperatur ablaufen.

Das Ablesen des Ergebnisses nimmt man bei den weiteren Aufnahmegefäßen meist mit unbewaffnetem Auge, bei den Kapillarröhrchen zumeist mit der Lupe vor. Der Apparat nach Dürck [Eintauchen der Präzipitationsröhrchen in Zedernöl zum Auslöschen der Reflexe an der Glaswandung), sowie das Agglutinoskop (S. 366) und die Dunkelfeld- bzw. Tyndallbeleuchtung (Jakobsthal) haben zum genauen Ablesen bisher keine allgemeinere Anwendung gefunden, wohl aber die erwähnte einfache Abblendung. Bei positiver Reaktion tritt, wie bereits oben erwähnt, an der Berührungsfläche eine scheibenförmige Trübung usw. auf.

**Spezifitätsbestimmung.** Heterologe[2]) Sera werden 1:200 und 1:1000 verdünnt und zu je 1 ccm in einzelne Röhrchen gebracht, ein drittes Kontrollröhrchen wird mit 1:1000 verdünntem homologen[2]) Serum,

[1]) Hauser, Münch. med. Wochenschr. 1904. Bd. 51, S. 289.

[2]) Homolog ist ein Antigen (Serum usw.), wenn es zur Immunisierung und Präzipitation von derselben, heterolog von verschiedenen Tier- (Pflanzen- oder Bakterien-)Arten stammt.

und hierauf werden alle Röhrchen mit 0,1 ccm des zu prüfenden präzipitierenden Serums beschickt. In dem homologen Serum soll die oben erwähnte Trübung auftreten, dagegen sollen die mit heterologen Seris beschickten Proben selbst noch nach 20 Minuten absolut klar bleiben. Pferdeeiweiß präzipitierende Sera sind stets gegen Schweine- und Rinderserum (bzw. Schweine- und Rindfleischauszügen) genau auf Spezifität zu prüfen. Präzipitierende Sera, die mit heterologen Eiweißlösungen Trübungen geben, sind für die Praxis unbrauchbar.

Die Beurteilung der Präzipitation wird durch das Vorkommen nicht spezifischer „Normalpräzipitine" und durch Mitreaktion verwandter (Verwandtschaftsreaktion) und zuweilen selbst fernstehender Eiweißkörper erschwert. Um Irrtümern zu entgehen, ist die Verwendung hochwertiger, streng spezifischer Sera, stärkere Verdünnung der Eiweißlösungen (des Antigens), genaue Befolgung der Versuchsanordnung und vorherige Prüfung der zu verwendenden Sera notwendig.

Abb. 214. Serumröhrchen mit kapillarem Ansatz. $^2/_3$ nat. Größe.

Verwandtschaftsreaktionen bestehen bei Rind, Schaf, Ziege und Hirsch; bei Pferd, Esel und Tapir; bei Hund und Fuchs; Schwein und Wildschwein; Huhn und Taube; Mensch und anthropomorphen Affen; bitteren und süßen Mandeln usw. Bei der Immunisierung von Kaninchen werden mitunter auch Sera erhalten, die nicht nur die homologen, zur Immunisierung benutzten Eiweißkörper und die der verwandten Tierarten, sondern auch fernstehender Tierarten präzipitieren, so z. B. ein Antipferdeserum, das nicht allein Pferdeeiweiß und Eseleiweiß, sondern auch Eiweiß von Rind, Hirsch, Ziege, Schaf, Schwein und Mensch annähernd in der gleichen Stärke präzipitiert. Vielfach kann man solche unspezifische Sera durch Behandeln (Kontakte von 15 Minuten bei 37°) mit frischen oder auf 100° erhitzten Schafblutkörperchen aus 0,01 ccm Blut von den übergreifenden Präzipitinen befreien, ohne das isogenetische Hauptpräzipitin zu schädigen, sie somit in streng spezifische Sera verwandeln. Aber nicht immer gelingt dies, weder hierdurch noch durch andere Absättigungen (Friedberger und Jarre[1]). Übergreifende Sera sind für die forensische Praxis auszuschalten. Hier sind nur streng spezifische Sera zu verwenden.

Nach Manteufel und Berger[2]) treten heterologe Trübung auch bei Herstellung von Antisera mit alten und konservierten Antigenen öfter auf als bei frischem Antigen. Ferner ist die Immunisierung rasch und ununterbrochen durchzuführen. Präzipitierende Antisera, die nach 3 Injektionen den erforderlichen Titer erreicht haben, zeigen sich meist

---

[1]) Friedberger und Jarre, Über spezifische präzipitierende Sera. Zeitschr. f. Immunitätsforsch. u. exp. Therap. I Orig. 1920, Bd. 30, S. 351.

[2]) Manteufel und Berger, Zeitschr. f. Immunitätsforsch. u. exp. Therap., Orig. I 1921. Bd. 33, S. 348.

spezifischer als solche, bei denen 8 und 10 Einspritzungen erforderlich waren. Als zweckmäßiger hat sich eine dreimalige Einspritzung von kleinen Dosen am 1., 4. und 7. Tage erwiesen, als die öftere Injektion von steigenden Mengen in Abständen von 10—14 Tagen. Allerdings erreichen viele Antisera in dieser kurzen Zeit nicht die erforderliche Titerhöhe von 1 : 20000. Nach Manteufel und Berger geben Kaninchen bei Haferfütterung (beginnend 10 Tage vor der Immunisierung) bessere Antisera als bei Grünfutter und Kartoffeln. Endlich sind die Antisera vor dem Gebrauch zu klären, und zwar sind nicht nur die offensichtlich trüben Seren, sondern grundsätzlich jedes Antiserum vor dem Gebrauch scharf zu zentrifugieren und vorsichtig von dem oft nur geringen Bodensatz abzupipettieren. Dieses wird durch Verwendung von unten kapillär ausgezogenen Röhrchen (Abb. 214) erleichtert.

Stören die Verwandtschaftsreaktionen, so kann man diese durch entsprechende Auswahl des serumliefernden Versuchstieres umgehen. Ist z. B. der Nachweis zu erbringen, ob Ziegeneiweiß neben Schafeiweiß vorliegt, so ist das Ziegeneiweiß präzipitierende Kaninchenserum hierzu wenig geeignet, da dieses auch Schafeiweiß mit ausfällt. In diesem Falle wird man ein Schaf mit Ziegeneiweiß immunisieren. Da Isopräzipitine (gegen die eigene Tierart gerichtete Präzipitine) nicht gebildet werden, wird das Serum des mit Ziegeneiweiß immunisierten Schafes nur Ziegen-, nicht aber Schafeiweiß präzipitieren.

**Konservierung präzipitierender Sera** s. S. 358.

## Bestimmung des Ursprungs von Blut nach der Präzipitationsmethode (Uhlenhuth)[1].

a) Herstellung des Antigens. Man stellt sich zunächst als Vergleichsmaterial von etwa in Frage kommenden, an Fließpapier oder Gaze angetrockneten, wenn möglich nicht über 4—6 Wochen alten Blutsorten ohne Umschütteln eine Lösung in etwa 5 ccm steriler physiologischer Kochsalzlösung her. Ist eine genügende Menge Eiweiß in Lösung gegangen (1—24 Stunden), was daran erkannt wird, daß eine abgegossene Probe (2 ccm) beim Schütteln stehenbleibenden Schaum gibt, so gießt man auch den Rest vorsichtig vom Bodensatz ab. Trübe Blutlösungen sind durch Filtration — meist genügt Fließpapier — zu klären. Die Blutlösung soll etwa 0,1 %ig sein, was man an folgenden Reaktionen erkennen kann. 1 ccm Blutlösung + 1 Tropfen 25 %iger Salpetersäure soll beim Kochen eine leicht opaleszierende Trübung geben, oder die Blutlösung über 1 Tropfen rauchender Salpetersäure + 3 ccm Salpetersäure vorsichtig geschichtet, soll an der Berührungsfläche beider Flüssigkeiten einen deutlichen Ring geben. Konzentriertere Blutlösungen sind mit 0,85 %iger steriler Kochsalzlösung auf eine Verdünnung von 0,1 % zu bringen.

Mit dem **Untersuchungsmaterial** geht man in ähnlicher Weise vor; auf Holz eingetrocknete Blutflecken werden abgekratzt, oder nachdem man einen Wachsring fest um den Fleck gelegt hat, auf der Unterlage

---

[1]) Uhlenhuth und Weidanz. Praktische Anleitung des biologischen Eiweißdifferenzierungsverfahrens. G. Fischer, Jena 1909.

mit 0,85%iger Kochsalzlösung gelöst und auf die entsprechende Konzentration gebracht. Flecke in Leinwand usw. werden herausgeschnitten, fein zerschnitten, zerzupft und sodann gelöst. Die Lösung wird durch Fließpapier (Schleicher und Schüll Nr. 575, 603 und 605) und eventuell durch Berkefeld-Kieselgurfilter (S. 71) filtriert. Die Lösungen sind frisch noch am selbigen Tage zur Prüfung zu benutzen. Ist der Blutfleck auf einem Stoff eingetrocknet, so ist eine Kontrollprobe mit einem Auszug nur aus fraglichem Stoff anzusetzen.

Die Lösungen des Antigens sollen neutral **reagieren**; sauer reagierende werden mit 0,1%iger Sodalösung neutralisiert. Vor der Ausführung der Probe ist scharf darauf zu achten, daß alle Gläser, Instrumente usw. sauber und steril und alle Flüssigkeiten absolut klar sind.

b) Ausführung der Präzipitationsreaktion.

Das präzipitierende Serum und das Antigen müssen vollkommen klar sein und keine Neigung haben, spontan auszufallen. Nachfolgenden Ausführungen ist der Nachweis des Ursprungs von Menschenblut zugrunde gelegt.

In das Reagenzglasgestell (Abb. 213) werden 6 bzw. 7 0,9 cm weite Reagenzgläser gehängt. Es werden beschickt Röhrchen I und II mit je 1 ccm der zu untersuchenden Blutlösung, III mit 1 ccm der dem zugehörigen Antiserum entsprechenden (homologen) Blutlösung, IV und V mit je 1 ccm der Kontrollblutlösung (z. B. Rinder- und Schweineblut), VI mit 1 ccm 0,85%iger Kochsalzlösung und eventuell VII mit 1 ccm eines Kontrollauszuges des in Frage kommenden blutfreien Stoffes. Mit Ausnahme des Röhrchens II erhält ferner jedes Röhrchen 0,1 ccm geprüftes Antiserum (würde es sich um den Nachweis von Menschenblut handeln, also von Mencheneiweiß präzipitierendes Serum). In Röhrchen II wird 0,1 ccm eines klaren Serums von einem nicht vorbehandelten Kaninchen gegeben. Das Serum wird unterschichtet, indem man es an der Wand des Reagenzglases herunterlaufen läßt. Jedes Schütteln ist zu vermeiden. Die Gläschen werden bei Zimmertemperatur gehalten.

Bei Verwendung kleinerer und engerer ($3 \times 30$ mm) Präzipitationsröhrchen mit breitem Rand zum Einhängen in ein mit durchlochtem Karton belegtes Stativ wird an Material gespart und eine leichte Überschichtung der leichteren Flüssigkeit über die schweren ermöglicht.

Bei positivem Ausfall tritt in Röhrchen I und III die auf S. 382 erwähnte Trübung auf. Die Kontrollröhrchen II, IV, V, VI, VII müssen mindestens 20 Minuten völlig klar bleiben.

Der biologische Blutnachweis gelingt vielfach bei selbst schon stark in Fäulnis übergegangenem Blut. Im getrockneten Zustand bleibt das Blut jahrelang reaktionsfähig. Rostbildung stört oft die reaktionsfähigen Substanzen.

Da die Präzipitation nicht eine spezifische Blut-, sondern eine spezifische Eiweißreaktion ist, so ist bei einer exakten Blutuntersuchung noch der **Nachweis von Blut als solchem** zu erbringen, denn Eiter, Harn, eitriges Sputum, Sperma usw. reagieren bei der Präzipitation wie Blut. Zum Blutnachweis benutzt man vornehmlich die Farbe der Blutflecken, die Guajak- oder Ozonprobe nach van Deen, Benzidinprobe, mikroskopische Untersuchung, Hämochromogen-, Hämaporphyrinprobe, Darstellung der Teichmannschen Kristalle (vgl. hierüber Beythien, Hartwich und Klimmer, Handbuch der Nahrungsmitteluntersuchung Bd. 1 S. 1056).

## Biologischer Nachweis der Fleischarten.

Bei dem Nachweis von Fleischverfälschungen handelt es sich meist um die Feststellung von Pferdeeiweiß. Über den biologischen Pferdefleischnachweis mittels der Präzipitation vgl. S. 20. Nachfolgende Zusammenstellung zeigt die Versuchsanordnung und die aus dem Ergebnis zu ziehende Schlußfolgerung.

| Glas | enthält: | | Reaktion |
|---|---|---|---|
| 1. | 1 ccm Auszug aus verdächtigem Fleisch | + 0,1 ccm Antipferdeserum (vom Kaninchen) | tritt nach 5 Minuten hauchartige Trübung, nach 10 Minuten wolkige Trübung und nach 30 Minuten Bodensatz auf und die anderen Proben zeigen das erwähnte Verhalten, so liegt Pferdefleisch vor. |
| 2. | wie 1. | + 0,1 ccm normales Kaninchenserum | muß 20—30 Minuten klar bleiben |
| 3. | 1 ccm Auszug aus Pferdefleisch | + 0,1 ccm Antipferdeserum | muß die unter 1 angegebene Reaktion zeigen |
| 4. | 1 ccm Auszug aus Schweinefleisch | + 0,1 ccm Antipferdeserum | muß 20—30 Minuten klar bleiben |
| 5. | 1 ccm Auszug aus Rindfleisch | + 0,1 ccm Antipferdeserum | muß 20—30 Minuten klar bleiben |
| 6. | 1 ccm 0,85 %ige Kochsalzlösung | + 0,1 ccm Antipferdeserum | muß klar bleiben |

Die Reaktion ist bei Zimmertemperatur vorzunehmen. Über die Technik vgl. „Bestimmung des Ursprungs von Blut" S. 385. Der Nachweis anderer Fleischarten (Hunde-, Katzen- usw. Fleisch) wird in analoger Weise erbracht, nur nimmt man ein gegen das Eiweiß derjenigen Tierart hergestelltes Antiserum, auf dessen Anwesenheit die betreffende Fleischware untersucht werden soll. Ferner wird Gläschen 3 in obiger Versuchsanordnung anstatt mit einem Auszug aus Pferdefleisch mit einem dem Antiserum homologen beschickt.

Die Auszüge aus fettem (über Fettextraktion s. nächste Seite) oder gepökeltem Fleisch filtriert man besser durch ausgeglühte Kieselgur, die man mit steriler Kochsalzlösung zu einem dünnen Brei verrührt und sodann durch einen mit Fließpapier sorgfältig bedeckten Buchnerschen Trichter (eine Art Nutsche) absaugt, so daß darauf eine gleichmäßige, etwa 2 mm hohe Schicht zurückbleibt. Darauf legt man nochmals eine Scheibe Fließpapier und saugt sodann den Fleischauszug mit Hilfe der Saugpumpe durch. Ein derartiges Kieselgurfilter ist wesentlich billiger als die hartgebrannten Bakterienfilter. An Stelle von Kieselgur kann auch Asbest benutzt werden (S. 74).

Die Herstellung der für die Untersuchung von Fleischgemischen (Hackfleisch, Wurst) nötigen Auszüge erfolgt wie beim Fleisch (S. 21). Fette Teile sind auszusondern, bzw. das Fett vorher mit Benzin, Äther oder Chloroform auszuziehen. Bei Würsten entnimmt man das Material (50 g) möglichst aus der Mitte, fern von der häufig aus Pferdedärmen hergestellten Wurstschale. Die Auszüge sind vor der Verwendung zu neutralisieren. Bei dem Pferdefleischnachweis pflegt man auf die Mitreaktion von Esel-, Maultier- und Mauleselfleisch nicht zu achten, da das Vorhandensein dieser Fleischarten (in anders deklarierten Waren) wie Pferdefleisch zu beurteilen ist.

Auch bei erhitzten Fleischwaren wird man die Präzipitation versuchen (S. 362) und wenn diese infolge Eiweißgerinnung versagt, die Komplementbindung, Anaphylaxie und die Ambozeptorbindungsreaktion nach Sachs und Georgi zu Rate ziehen.

Zuweilen gelingt die Präzipitation auch bei Fettgewebe und ausgelassenem Fett.

Das Fettgewebe wird geschabt, das Fett mit mehrfach erneuertem, auf 37° C angewärmtem Benzin [Vorsicht! Feuergefährlich!] durch Anrühren in einem auf 37° angewärmten Mörser) ausgezogen, bis das abgegossene Benzin auf Papier keinen Fettfleck hinterläßt. Der Rückstand wird bei 37° im Brutofen völlig getrocknet und sodann mit destilliertem Wasser (besser als Kochsalzlösung) ausgezogen.

Zur biologischen **Milch**unterscheidung sind mehrere Kaninchen durch 5—8malige intravenöse Einspritzungen von etwa 5 ccm 15 Minuten auf 65° erhitzter Milch oder durch subkutane Injektion von 10—50 ccm unerhitzter, mit Chloroform sterilisierter Milch zu präparieren. Die Zeiten zwischen den einzelnen Einspritzungen betragen 1—4 Tage. 12 bis 20 Tage nach der letzten Injektion gewinnt man das „Laktoserum" nach erfolgreicher Prüfung auf Wirksamkeit und Spezifität. Verwandtschaftsreaktionen (S. 384) zwischen Rinder-, Ziegen- und Schafmilch stören vielfach, aber nicht immer die Identifizierung der Milchproben. Durch Vorbehandlung mehrerer Kaninchen, durch genaues Auswerten des Serums oder eine Versuchsanordnung ähnlich der des Absättigungsversuchs von Castellani (S. 374) oder durch Benützung von Schafen oder Ziegen als Serumspender können die durch Verwandtschaftsreaktion bedingten Schwierigkeiten überwunden werden. Bei der Probe verdünnt man die zu untersuchende Milch 1:40—60 mit physiologischer Kochsalzlösung und gibt zu 3 ccm dieser Verdünnungen fallende Mengen Laktoserum. Schütze[1]) ließ die Proben einige Stunden bei Zimmertemperatur stehen und erhielt charakteristische, durch Verwandtschaft (Ziege und Kuh) nicht gestörte Reaktionen. Baumann setzt zu 1 ccm Serum 2 Tropfen Milch.

Sion und Laptes[2]) immunisierten ihre Versuchskaninchen durch 6—7malige intraperitoneale Einspritzungen von 10—20 ccm

---

[1]) Schütze, Zeitschr. f. Hyg. u. Infektionskrankh. 1901, Bd. 36, S. 5.
[2]) Sion und Laptes, Zeitschr. f. Fleisch- u. Milchhyg. Bd. 13, S. 4.

unter aseptischen Kautelen ermolkener, frischer Milch in 5—10tägigen Zwischenräumen.

Zur Reaktion nehmen sie frische, unverdünnte Milch mit der 5- bis 10fachen Menge Immunserum. Die Proben werden gemischt. An der Wandung treten bei homologem Serum sogleich große weiße Flocken auf, die sich in 1—2 Minuten unter Klärung des Gemisches vereinigen und in 10—15 Minuten am Boden zu einem kompakten Konvolut absetzen, wobei die Flüssigkeit klar bis etwas opaleszierend wird. Bei heterologem Serum tritt selbst bei bestehender Verwandtschaft (Schaf, Ziege, Rind) in 5—15 Minuten keine Reaktion ein. Erst nach 12—24stündigem Stehen tritt eine unvollständige Ausfällung auf. In Mischungen von Kuhmilch mit Schafmilch konnten sie letztere noch bei einem Gehalt von $2^1/_2{}^0/_0$ nachweisen. Mit einigen Laktoseren beobachteten sie zwischen Ziegen- und Schafmilch Verwandtschaftsreaktionen, andere Laktoseren waren auch in dieser Richtung streng spezifisch. Mitreaktionen von Kuhmilch beobachteten sie bei Schaf- und Ziegenlaktoseren nicht. Dagegen fand Moro[1]), daß Kuhlaktoserum auch Ziegenmilch präzipitierte, Baumann[2]), daß Kuhlaktoserum nur Schaf-, aber nicht Ziegenmilch ausfällte.

Auch bei anderen eiweißhaltigen Nahrungsmitteln hat man die Präzipitation zur Erkennung von Verfälschungen erfolgreich angewandt, so bei angeblich Eiereiweiß bzw. Eigelb enthaltenden Nahrungsmitteln (Nudeln) und Nährpräparaten (Uhlenhuth, Galli-Valerio und Bornand[3]), Emmerich[4]) u. a.); bei Kaviar (Kodama[5]) u. a.) — Kaviararten reagieren untereinander gleich, aber verschieden von Fischfleischeiweiß derselben Tiere —; bei Pilzen (Fellmer)[6]); bei Naturhonig gegenüber Kunsthonig (Langer[7]), Thöny)[8]). Dagegen ist die Präzipitation bei dem Nachweis von Verfälschungen von Olivenöl und Mehl zur Zeit noch wenig aussichtsreich (Thöny und Thaysen)[9]).

## Präzipitation zur klinischen Feststellung von Infektionskrankheiten.

Für die **klinische** Diagnostik hat die Präzipitation nur eine sehr geringe Bedeutung erlangt. Sie leistet hier (Typhus [Fornet[10]], Paratyphus, Rotz, Gonorrhöe usw.) nicht mehr als die einfachere, ein-

[1]) Moro, Wien. klin. Wochenschr. 1901, Nr. 49.

[2]) Baumann, Hyg. Rundschau 1904, Bd. 14, S. 10.

[3]) Galli-Valerio und Bornand, Zeitschr. f. Immunitätsforsch. u. exp. Therap. I Orig. 1912, Bd. 14, Heft 1.

[4]) Emmerich, ebenda 1913, Bd. 17, Heft 3.

[5]) Kodama, Arch. f. Hyg. Bd. 78, Heft 6.

[6]) Fellmer, Zeitschr. f. Immunitätsforsch. u. exp. Therap. I Orig. 1914, Bd. 22, S. 1.

[7]) Langer, zitiert nach Kossowicz, im Handb. der Nahrungsmitteluntersuchung, herausgeg. von Beythien, Hartwich und Klimmer, Bd. 3. Bakteriologischer und biologischer Teil, S. 467. Leipzig 1920. Verlag von Tauchnitz.

[8]) Thöny, ebenda.

[9]) Thöny und Thaysen, Zeitschr. f. Immunitätsforsch. u. exp. Therap. I Orig. 1914, Bd. 23, S. 83.

[10]) Fornet, Münch. med. Wochenschr. 1906, S. 1862; Zentralbl. f. Bakteriol., Parasitenk. u. Infektionskrankh., Abt. I Orig. 1906, Bd. 43, S. 843; Vallée und Finzi, Compt. rend. de la soc. de biolog. 1910, T. 68, p. 259.

deutigere und somit sichere Agglutination. Bei Septikämien bzw. Typhus usw. verwendet Fornet[1]) in frischen Fällen das Patientenserum als Antigen und mischt es mit präzipitierendem Typhusserum. Ist die Bakteriämie eben erst eingetreten, so ist der bakterienhaltige Blutkuchen erst nach Anreicherung der Bakterien für die Präzipitogengewinnung zu verwenden. Hochwertiges präzipitierendes Serum erhält man nach dem Fornet-Müllerschen[2]) Schnellimmunisierungsverfahren. Bei 65° abgetöteten Bakterien werden Kaninchen an drei aufeinander folgenden Tagen in Mengen von 1/4, 1/2 und 1 Schrägagarkultur in die Bauchhöhle eingespritzt. 8 Tage später folgt die Blutabnahme.

Die diagnostische Bedeutung der Präzipitation ist durch die Möglichkeit, den Typhusbazillus auch schon in den ersten Tagen der Erkrankung aus dem Blute herauszuzüchten, wie selbst Fornet zugibt, vollkommen zurückgedrängt worden. Nur in vereinzelten Fällen, z. B. zum Nachweis von Bakteriensubstanzen in Exsudaten (Genickstarre), ferner bei gewissen Bakterien (Kapselbakterien, Pneumonie-, Rhinosklerom- und Ozänabazillen), bei denen die Agglutination schwer oder nicht durchführbar ist, macht man von der Präzipitation in der Praxis Gebrauch.

Wohl die meiste Anwendung hat die Präzipitation in dieser Richtung bei der **Meningitis cerebrospinalis** erlangt. Nach Vincent und Bellot[3]) werden zu 50—100 Tropfen klar zentrifugierter Zerebrospinalflüssigkeit ein (— 5) Tropfen Meningokokkenserum gegeben. Die Proben werden verschlossen und bei 50—53° gehalten. Bei positiver Reaktion tritt in 8—12 Stunden eine Trübung auf. Die Reaktion soll schon 11—13 Stunden nach Ausbruch der Erkrankung positiv sein und nach 12—20 Tagen wieder verschwinden. Die verschiedenen Meningokokkensera reagieren nicht gleich gut. Kontrollen 1. mit Meningokokkenserum und spezifischem Antigen und 2. mit Zerebrospinalflüssigkeit und Normalserum sind geboten. Lemoïne, Gaehlinger und Tilmant[4]) halten die Präzipitationsprobe bei 20°. Die Reaktion pflegt etwa bis zum 14. (20.) Krankheitstage positiv auszufallen und sinkt dann allmählich ab (40. Tag).

Bei Infektion mit Pneumokokken ist Pneumokokkenserum bei Streptokokkenmeningitis Streptokokkenserum zu verwenden (Vincent und Bellot). Nebenreaktionen mit Antigenen aus dem Mikrococcus catarrhalis (Vincent und Bellot) und Diplococcus crassus (Dopter)[5]) sind beobachtet worden.

Im pneumonischen Auswurf hat Facchin[6]) Antigene des Pneumokokkus nachgewiesen. Zahlreiche Nachprüfungen haben eine

---

[1]) Fornet und Müller, Zeitschr. f. Hyg. u. Infektionskrankh. 1910, Bd. 66, S. 215.

[2]) Fornet, Zentralbl. f. Bakteriol., Parasitenk. u. Infektionskrankh., Abt. I Orig. 1906. Bd. 43, S. 843; Gaehtgens, ebendas. 1909, Bd. 48, S. 223.

[3]) Vincent und Bellot, Bull. soc. méd. des hôp. de Paris 1909, t. 27, p. 952. Acad. de méd. 1909. 16 mars.

[4]) Lemoïne, Gaehlinger und Tilmant, Bull. et mém. de la soc. méd. des hôp. de Paris. 1909, t. 27. 3. série, p. 704.

[5]) Dopter, Cpt. rend. des séances de la soc. de biol. 1909, Nr. 23.

[6]) Facchin, zit. nach Dopter (5).

Bestätigung obiger Angaben gebracht. [Salebert[1]), Louis (de Renes)[2]), Jean und Victor Baur[3]), Letulle und Lagane[4]) usw.]

Immunseren gegen die Kapselbakterien (Bact. pneumoniae Friedländer, Rhinosklerom und Ozänabazillen) gewannen v. Eisler und Porges[5]) durch 4—5malige subkutane Injektion von durch Hitze abgetöteter Aufschwemmungen von Agarkulturen.

Bei **parasitären Erkrankungen** durch Echinokokken[6]) und Bandwürmer hat die Präzipitation zumeist unsichere Ergebnisse gezeitigt. Nur bei Botriozephaluserkrankungen war der Erfolg besser (van den Velden, Isaak). Die Patientensera hat man hier auf Auszüge aus den fraglichen Parasiten einwirken lassen.

Auch für die **Krebs**diagnose hat man die Präzipitation mehrfach zu verwenden gesucht, aber der erhoffte Erfolg blieb bisher aus.

In der Veterinärmedizin kann die Präzipitation beim Rotz, infektiösen Abortus usw. Verwendung finden, tritt aber auch hier gegen die Agglutination und Komplementbindung zurück.

Beim **Rotz** verwendet man als Antigen klare Rotzbazillenextrakte wie bei der Komplementbindung (S. 404, vgl. auch S. 379) oder Mallein (0,025 g Malleinum siccum in 10 ccm physiologischer Kochsalzlösung) und als Antiserum das zu untersuchende Patientenserum. Die Genauigkeit der Präzipitation ist hier etwa wie die der Agglutination (S. 369). Allein findet sie bei ihrer Ungenauigkeit keine Verwendung, wohl aber zuweilen zur Ergänzung der sonstigen serologischen Untersuchungsverfahren. Die besten Ergebnisse gibt noch die Schichtprobe[7]). Es soll sich hier kurz nach dem Überschichten an der Grenze beider Flüssigkeiten ein an Stärke zunehmender, scharfer Ring bilden, der nach 24stündigem Stehen unter Klärung der Flüssigkeit ein schleierartiges Präzipitat absetzt.

Die Proben werden bei Zimmertemperatur oder nach Mießner 2 Stunden bei 37° gehalten. Stark präzipitinhaltige Sera reagieren in 1—10 Minuten durch Bildung eines kräftigen grauen Ringes an der Berührungsstelle beider Flüssigkeiten. Das Ergebnis ist spätestens nach 1 Stunde (2 Stunden — Mießner) endgültig abzulesen. Spätere Reaktionen sind nicht mehr hinlänglich spezifisch. Vielfach verschwinden unspezifische Reaktionen nach 2—4 Stunden wieder, während spezifische in Form unscharfer Trübungen noch nach 12—24 Stunden meist zu erkennen sind. Extrakt-Kontrollen mit sicher rotzfreien und sicher rotzigen Seren sind anzusetzen, ferner auch Patientenserum mit der zur Extraktherstellung benutzten Flüssigkeit.

---

[1]) Salebert, zit. nach Handbuch der path. Mikroorganism. Herausgegeb. von Kolle und Wassermann, 2. Aufl. Bd. 2, S. 791.

[2]) Louis (de Renes), Cpt. rend. des séances de la soc. de biol. 1909, Nr. 18.

[3]) Jean und Victor Baur, ebendas. 1909, t. 67. Nr. 28, p. 341.

[4]) Letulle und Lagane, ebendas. 1909. t. 66. Nr. 17, p. 758.

[5]) v. Eisler und Porges, Zentralbl. f. Bakteriol., Parasitenk. u. Infektionskrankh., Abt. I Orig. 1906, Bd. 42. S. 660.

[6]) Feig und Lisbonne, Cpt. rend. des séances de la soc. de biol. 1907, t. 62, p. 1198; Welsh und Capman, The Lancet. Vol. 174, p. 1338 und Australasian medical Gazette 1908.

[7]) Schnürer, Zeitschr. f. Infektionskrankh., parasit. Krankh. u. Hyg. d. Haustiere 1905, Bd. 1. Mießner, Zentralbl. f. Bakteriol., Parasitenk. u. Infektionskrankh., Abt. I Orig. 1909, Bd. 48. — Pfeiler, Arch. f. wiss. u. prakt. Tierheilk. 1909, Bd. 35.

Als Antigen verwendet Müller[1]) Bazillenextrakte. Dreitägige Glyzerinagarkulturen werden mit physiologischer Kochsalzlösung abgeschwemmt (5 ccm auf eine Reagenzglaskultur oder 20 ccm auf eine Kultur in einer Rouxschen Flasche). Die Aufschwemmung wird nach 1—2tägigem Aufenthalt bei 37° durch Chamberland-Kerzen (S. 71) filtriert. Schüttelextrakte fand Müller weniger wirksam.

Koneff[2]) benutzt als Antigen „Malease", ein Antiforminextrakt aus Rotzbazillen. Eintägige Agarkulturen werden mit 3%iger Antiforminlösung (10 ccm auf ein Kulturröhrchen) abgeschwemmt, geschüttelt und 24 Stunden bei 38—40° gehalten. Die Flüssigkeit wird mit 5%iger Schwefelsäure gegen Lackmus neutralisiert, zur Entfernung des Chlors 24 Stunden bei 38° gehalten und durch Fließpapier und Berkefeldkerzen filtriert. Das Filtrat wird durch Trocknen bei 40° in ein lange haltbares Pulver verwandelt. Zum Gebrauch wird das Pulver in destilliertem Wasser (die Hälfte des Volumens des ursprünglichen Filtrats) gelöst und filtriert.

Durch die subkutane (nicht konjunktivale) Malleinisierung werden wie Agglutinine (S. 370, Anm. 2) so auch Präzipitine von rotzfreien Pferden gebildet.

Eine wesentliche Schwierigkeit liegt in der Extraktherstellung. Einzelne Seren geben mit physiologischer Kochsalzlösung schwach unspezifische Reaktionen. Durch Verwendung Ringerscher Lösung (S. 126) wird dieser Übelstand meist beseitigt, zuweilen aber noch nicht genügend aufgehoben. Am besten hat sich ein Milchserum (S. 203) bewährt, mit dem ich Kochextrakte aus den Rotzbazillen herstelle.

Beim **infektiösen Verkalben** (Klimmer)[3]) liefert ebenfalls das infizierte Tier das präzipitierende Serum, das man auf einen Extrakt aus B. abortus Bang einwirken läßt. Die Herstellung eines guten Bakterienauszuges ist hier schwierig und zeitraubend. Praktische Nutzanwendung hat dieses Verfahren nicht gefunden.

Auch bei verschiedenen anderen Infektionskrankheiten kann die Präzipitation Anwendung finden, ohne bisher jedoch genügend Eingang gefunden zu haben. Dagegen dürfte der Nachweis von Antigen in den Eihäuten mit Hilfe spezifischen Serums durch die Präzipitation neben der Komplementbindung Erfolg versprechen. Das gleiche gilt auch vom Stutenabortus

Nach Dahmen ist die Präzipitation zur Diagnostik der **Beschälseuche** unzuverlässig, er empfiehlt hierzu das Lipoidfällungsphänomen, die Lipoidpräzipitation und Lipoidbindungsreaktion. Vgl. hierüber unter Meinickesche Reaktion S. 464.

## Präzipitationsmethode bei Lungenseuche.

A. Präzipitinnachweis im Untersuchungsserum.

Als Antigen verwendet man Chloroform- oder Kochextrakte aus den erkrankten Lungenteilen, wobei deren Erkrankungsstadium und Alter ohne Einfluß ist.

Die „Chloroformextrakte" gewinnt man durch dreistündiges Ausziehen gut zerkleinerter, mit Seesand fein zerriebener kranker Lungenstückchen zunächst mit Chloroform unter öfterem Umrühren. Nach Weggießen des Chloroforms wird der Lungenbrei 24 Stunden mit 0,5% karbolisierter physiologischer Kochsalzlösung

---

[1]) Müller, Zeitschr. f. Immunitätsforsch. u. exp. Therap. I Orig. 1909, Bd. 3.

[2]) Koneff, Zentralbl. f. Bakteriol., Parasitenk. u. Infektionskrankh., Abt. I Orig. 1910, Bd. 55.

[3]) Klimmer, Ergebn. d. Hyg., Bakteriol., Immunitäts-Forsch. u. exp. Therapie, Bd. 1 S. 143.

extrahiert. Dieses Extrakt wird durch Papier- und Asbestfilter geklärt, vorhandenes Hämoglobin durch Erwärmen auf 80° ausgefällt und das Extrakt erneut klar filtriert. Der Kochextrakt wird aus zerkleinertem Lungenseuchematerial und vierfacher Menge physiologischer Kochsalzlösung durch 10 Minuten langes Erhitzen auf 100° im Wasserbad, Filtration durch Papier- und Asbestfilter und Versetzen mit 0,5% Karbolsäure hergestellt.

Die Probe wird als Schichtprobe in kleinen, engen Gläschen (0,3: 3 cm) durchgeführt. Extrakt ist auf das zu untersuchende Serum zu schichten. Kontrollproben mit Rinderserum von sicher lungenseuchekranken und -freien Tieren sowie mit Extrakt aus gesunder Lunge sind erforderlich. Die Reaktion tritt sofort oder innerhalb 10 Minuten als Ring auf.

B. Präzipitinogennachweis im Untersuchungsserum und Organteilen.

Als Antiserum verwendet man stark positiv reagierendes Patientenserum, das, wenn es mit dem auf Antigen zu prüfenden Serum unterschichtet werden soll, zuvor mit physiologischer Kochsalzlösung zu gleichen Teilen verdünnt wird. Auf das zu untersuchende Serum bzw. auf ein Extrakt aus verdächtigen Lungenteilen wird das verdünnte Antiserum geschichtet. Auftretende Ringbildung spricht dafür, daß im zu untersuchenden Serum bzw. Organextrakt Präzipitinogen (das nach der Infektion früher als Präzipitin auftritt) vorhanden ist. Kontrollen mit Normalrinderseren bzw. Auszügen aus gesunden Lungen sind anzusetzen.

Nach Mießner und Albrecht reagierten von 239 (bzw. 372) nach obigen Methoden untersuchten lungenseuchekranken Tieren 78% (bzw. 97,5%).

Die **Präzipitation** hat bei der **postmortalen Feststellung** gewisser Infektionskrankheiten, so vor allem des **Milzbrandes,** eine sehr große praktische Bedeutung erlangt. Die Bedeutung dieses Verfahrens liegt hier darin begründet, daß die Milzbrandbazillen im Kadaver durch die Fäulnis in verhältnismäßig kurzer Zeit (im Sommer vielfach schon nach 1—2 Tagen) zerstört werden und dann weder mikroskopisch, noch kulturell, noch im Tierversuch, wohl aber durch die Präzipitation nachgewiesen werden können.

Auch bei anderen Infektionskrankheiten (Schweinerotlauf, Rauschbrand, Fleischvergiftung usw.) kann die Präzipitation erfolgreich benutzt werden. Da aber bei diesen die Erreger längere Zeit nachweisbar bleiben, hat die Präzipitation bei diesen Krankheiten nicht die große praktische Bedeutung erlangt wie beim Milzbrand.

Bei den oben genannten Infektionskrankheiten liefert das erkrankte, bzw. verendete Tier das Antigen, auf das man hochwertiges, spezifisches Serum einwirken läßt.

Aus dem toten Organismus gelingt die Bakterien-Präzipitinogen-Gewinnung bzw. der entsprechende Nachweis für diagnostische Zwecke nur bei reichlichem Vorkommen von Bakterien (Septikämie, Milzbrand, Rotlauf, Rauschbrand, im Fleische bei Fleischvergiftungen usw.).

Als Ausgangsmaterial für die Präzipitinogene benutzt man die geklärten Flüssigkeiten in Körperhöhlen, das Blutserum (Septikämie, Typhus), den Liquor cerebrospinalis (Genickstarre), die Hydatidenflüssigkeit (Echinokokkenkrankheit) oder Extrakte aus Organen.

Beim **Milzbrand** gewinnt man die Organextrakte 1. durch das sehr zuverlässige, einfache Ausziehen.

Ein haselnußgroßes Stück (Milz, Blut, Leber, Nieren oder andere Organe bei Milzbrand) wird mit etwa 10 g trockenem Quarzsand verrieben, mit Chloroform überschichtet, das Chloroform wird nach einigen Stunden abgegossen, die Masse zerdrückt, mit Phenolkochsalzlösung überschichtet, nach 2 Stunden gründlich umgerührt, die Flüssigkeit abgegossen und durch Papier oder Asbest klar filtriert.

2. Als Schüttelextrakte aus Organen. Ein haselnußgroßes Organstückchen wird mit Quarzsand verrieben, mit 5 ccm Karbolkochsalzlösung 3 Minuten kräftig geschüttelt, mit 1 ccm Chloroform gut durchgeschüttelt und die Flüssigkeit durch Filtration durch Fließpapier geklärt.

3. Als Kochextrakte aus Organen. Organstückchen werden in der 1—5—10fachen Flüssigkeitsmenge zerdrückt, in der Flamme aufgekocht oder im siedenden Wasserbad 10 Minuten belassen und die Flüssigkeit geklärt. Die Opaleszenz bleibt vielfach bestehen. Zusatz von 1 ‰ Essigsäure zur Extraktionsflüssigkeit beseitigt die Opaleszenz nicht immer und gibt zuweilen schon mit Normalseren Trübungen.

Die Ausbeute an Präzipitinogenen ist bei dem unter 1 genannten einfachen Extraktionsverfahren am besten und liefert somit bei der diagnostischen Verwendung die besten und zuverlässigsten Ergebnisse (Fischoeder)[1]. Dieses Extraktionsverfahren erfordert aber mehrere Stunden Zeit; viel schneller ist der Kochextrakt herzustellen, der dem vorgenannten nur wenig nachsteht. Der Schüttelextrakt steht den beiden anderen Auszügen nach. Gibt der Schüttel- und Kochextrakt negative Ergebnisse, so ist die Probe mit einem einfachen Auszug zu wiederholen.

Zur Konservierung des Präzipitinogens in Organen eignen sich Alkohol, Glyzerin und 2%iges Formalin.

Die größte Bedeutung hat die Präzipitationsprobe zur postmortalen Diagnose beim Milzbrand in Form der Thermopräzipitin-Reaktion nach Ascoli[2]) erlangt.

Technik. 1. Man füllt das präzipitierende Serum[3]) aus einer Phiole (deren beide Enden in horizontaler Lage abzubrechen sind) in das Standgefäß (auch ein Reagenzglas kann hierzu benutzt werden) über und führt erst dann den mit Asbest beschickten Trichter in dessen obere Öffnung ein.

2. Man stellt sich eine physiologische Kochsalzlösung her, indem man eine Kochsalztablette in das graduierte und mit Ausguß versehene Reagenzglas einführt, es bis zur Hälfte mit Wasser füllt und gelinde erwärmt.

3. Nach Zusatz von ein paar Gramm des zu prüfenden Materials taucht man das Reagenzglas für einige Minuten in ein kochendes Wasser-

---

[1]) Fischoeder, Zeitschr. f. Infektionskrankh., parasit. Krankh. u. Hyg. d. Haustiere 1912, Bd. 12, S. 84 u. 169.

[2]) Ascoli, Zentralbl. f. Bakteriol., Parasitenk. u. Infektionskrankh., Abt. I Orig. 1911, Bd. 58 S. 63.

[3]) Präzipitierendes Milzbrandserum nebst Hilfsmitteln ist von Gans in Oberursel a. Taunus zu beziehen. Die Milzbrandseren, die zu Schutz- und Heilzwecken Verwendung finden, präzipitieren meist nur wenig oder gar nicht. Zur Gewinnung präzipitierender Sera sind die Versuchstiere mit bekapselten, schwach virulenten oder avirulenten Milzbrandbazillen (Züchtung auf Agar unter Zugabe flüssigen Serums) zu immunisieren. — Schütz und Pfeiler, Arch. f. wiss. u. prakt. Tierheilk. 1912, Bd. 38, S. 207 u. 311; Drescher, Mitt. d. Kais. Wilh.-Inst. f. Landw. Bromberg 1913, Bd. 5, S. 281.

bad, oder bringt es direkt über der Flamme zum Sieden. Bakterienantigene sind hitzebeständig.

4. Nach dem Abkühlen des Reagenzglases gießt man behutsam das Extrakt in den Trichter: das Filtrat fließt im Standgefäß der Glaswand entlang und schichtet sich genau über das Serum (Abb. 215).

5. Man nimmt das Standgefäß in die rechte Hand und beobachtet die Berührungsfläche zwischen den beiden Flüssigkeiten gegen Licht, indem man sich mit dem linken Rockärmel oder dem Deckel des Schächtelchens einen dunklen Hintergrund schafft.

Ist das geprüfte Material milzbrandig, so erscheint an der Berührungsfläche zwischen den beiden Flüssigkeiten innerhalb weniger Minuten eine weiße, ringförmige Trübung. Die Präzipitation versagt jedoch vor Eintritt der Bakteriämie (Januschke[1])).

Nach dem Gebrauch sind die Gläser gut zu reinigen und das Asbest im Trichter zu erneuern. Man gibt zunächst etwas Watte in das Filterrohr und preßt eine etwa 1 cm hohe Asbestschicht darauf.

Da die Filtrate der gekochten Proben vielfach trübe und somit unbrauchbar sind, empfiehlt Pfeiler[2]) ein haselnußgroßes Organstück mit Sand zu verreiben und zunächst 2—4 Stunden mit Chloroform zu behandeln. Hierauf wird das Chloroform abgegossen und der Organbrei einige Stunden mit Karbol- (0,5%), Kochsalz- (0,85%) Lösung bei Zimmertemperatur ausgezogen. Das klare Filtrat hiervon dient zur Präzipitationsprobe.

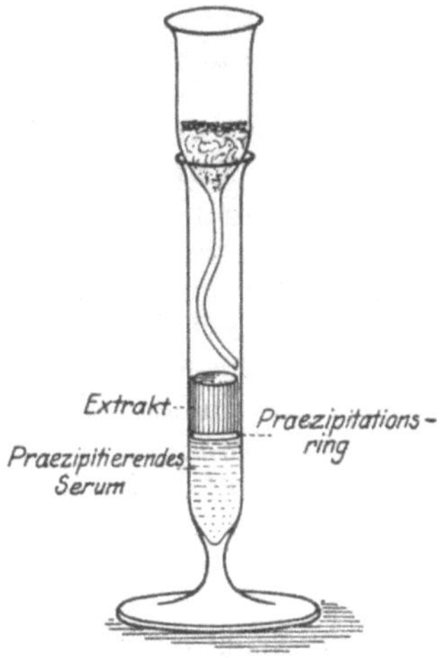


Abb. 215. Milzbrandpräzipitation nach Ascoli.

Kontrollen sind geboten:

1. mit präzipitierendem Serum und Extrakt aus sicherem Milzbrandmaterial, eventuell Kultur;
2. mit präzipitierendem Serum und Extrakt aus gesunden Organen derselben Tierart;
3. mit Normalserum und zu untersuchendem Extrakt;
4. mit präzipitierendem Serum und verwendeter Kochsalzlösung.

Bei negativem Ausfall der mit dem Kochextrakt angestellten Probe ist eine Wiederholung mit einem nach Pfeiler hergestellten Extrakt vorzunehmen.

Bezüglich der zur Probe zu verwendenden Organe empfiehlt Roncaglio in erster Linie Milz und sulzige Ödeme in der Subkutis, sodann Herz, Lunge, Blut, Muskeln, Leber und Niere.

[1]) Januschke, Zeitschr. f. Infektionskrankh., parasit. Krankh. u. Hyg. d. Haustiere. Bd. 23, S. 60.
[2]) Pfeiler, Berl. tierärztl. Wochenschr. 1912, S. 986.

Die Ascolische Reaktion gestattet die Milzbranddiagnose noch an Jahre altem, faulen Material zu erbringen. Auch Milzbrandmaterial, das mit Kalk und Petroleum übergossen war (Casalotti [1]) oder längere Zeit in Alkohol, 2%igem Formaldehyd oder Glyzerin aufbewahrt war, gibt noch positive Reaktion. Ferner hebt auch die Verarbeitung von Milzbrandfleisch zu Wurstwaren (Salzen, Würzen, Trocknen bei Temperaturen bis zu 60°) und Aufbewahren der Wurst bis zu 30 Tagen die Präzipitabilität nicht auf (Silva [2]), ebenso verhält sich die Pökelung [3]). Eine Konservierung des Milzbrandmateriales erfolgt nach Zibordi am besten in Alkohol. Ungeeignet sind hierzu Sublimat-, Kreolin- und Septoformlösungen.

Die Spezifität der Reaktion ist für die Praxis ausreichend. Ein mehr wissenschaftliches Interesse besitzt die Tatsache, daß auch viele Pseudomilzbrandbazillenantigene mit präzipitierendem Milzbrandserum gleichfalls deutliche Reaktionen geben. Die Erfahrungen der Praxis haben aber gezeigt, daß diesem Umstand bei der Milzbranddiagnose im Kadaver mittelst der Präzipitation eine größere Bedeutung nicht zukommt [4]), [5]).

Die Stärke der Reaktion richtet sich nach der Zahl der im Untersuchungsmaterial vorhandenen Keime. Dementsprechend pflegt bei dem bazillenarmen lokalen Milzbrand der Schweine die Reaktion schwach auszufallen. Hier pflegen nur die erkrankten Teile das Antigen in nachweisbaren Mengen [6]) zu beherbergen.

Getrocknete Häute milzbrandkranker Tiere geben vielfach die Reaktion [4]), [7]), [8]). Durch Gerbprozeß wird jedoch das Antigen allmählich zerstört [5]).

Die Zahl der Fehlresultate ist bei an Milzbrand verendeten Rindern auf etwa 1—2% zu schätzen.

Zum Nachweis von Milzbrandkeimen in Futtermitteln ist die Präzipitation meist nicht zu gebrauchen (wenige Milzbrandbazillen; Vorkommen von Pseudomilzbrandbakterien; Auszüge aus Pflanzenstoffen geben vielfach unspezifische Reaktionen). Hier sind die bakteriologischen Untersuchungsverfahren in erster Linie zu verwenden (Lammert [9])).

In analoger Weise verfährt man auch beim Nachweis von Rotlauf [10]) und Rauschbrand mit rotlauf- usw. präzipitierendem Serum.

---

[1]) Casalotti, Berl. tierärztl. Wochenschr. 1911, Nr. 49.

[2]) Silva, Zeitschr. f. Infektionskrankh., parasit. Krankh. u. Hyg. d. Haustiere. 1912, Bd. 12, S. 98.

[3]) Pfeiler, Berl. tierärztl. Wochenschr. 1912, S. 463; Schwär, Studien über die Präzipitationsreaktion nach Ascoli bei Milzbrand. Inaug.-Diss. Hannover 1913.

[4]) Schütz und Pfeiler, Arch. f. wiss. u. prakt. Tierheilk. 1912, Bd. 38, S. 207 und 311.

[5]) Schwär, Studien über die Präzipitinreaktion nach Ascoli bei Milzbrand. Inaug.-Diss. Hannover 1913.

[6]) Pfeiler und Weber, Zeitschr. f. Infektionskrankh., parasit. Krankh. u. Hyg. d. Haustiere. 1915, Bd. 16, S. 287.

[7]) Negroni, Biochemica e Terap. Sper. Vol. 3, fasc. 7.

[8]) Belfanti, Congresso dei Conciatori (für Lederindustrie) Torino 1911.

[9]) Lammert, Nachweis von Milzbrand in Futtermitteln mit Hilfe der Präzipitation. Inaug.-Diss. Hannover 1913.

[10]) Ascoli, Berl. tierärztl. Wochenschr. 1912.

Auch bei Paratyphus (Fleischvergiftung) leistet die Thermopräzipitation nach Reinhardt[1]), Weise[2]), Rothacker[3]), namentlich bei vorgeschrittener Fäulnis und negativem Ausfall der bakteriologischen Untersuchung und bei der postmortalen Rotzdiagnose nach Lenfeld[4]) ersprießliches. Auch bei der postmortalen Diagnose der Kälberruhr (Parakoli-, Paratyphus- und Gärtner-Infektion) und der Untersuchung der Organe infizierter verworfener Pferdeföten (Paratyphusinfektion) kann die Präzipitation mit Vorteil benutzt werden, ferner bei der Feststellung von Pest in den in Fäulnis übergegangener Ratten sowie im Rattenkot (Piras[5]), Döll und Warner[6])).

Beim **Rauschbrand** gewinnt man die Kochextrakte aus der hämorrhagischen Muskulatur oder der von Gasblasen durchsetzten Leber. Die Reaktion tritt nach 15—30 Minuten auf [7]), [8]), [9]).

Beim **Rotlauf**[10]) ist die Präzipitation wenig spezifisch und gibt ziemlich viel Fehlresultate[11]). Zumeist kommt man hier mit dem bakteriologischen Verfahren aus, da der Rotlaufbazillus sehr fäulnisresistent ist. Gute Ergebnisse mit der Präzipitation hatten dagegen Profé[12]) u. a.

## IV. Komplementbindung (Bordet-Gengousche[13]) Methode).

Mischt man in bestimmten Mengenverhältnissen ein Antigen [A] tierischen (z. B. Serum einer bestimmten Tierart), pflanzlichen (z. B. einen Auszug aus Erbsenmehl) oder bakteriellen (z. B. ein Extrakt aus Rotzbazillen) Ursprungs mit dem zugehörigen durch $^1/_2$stündiges Erhitzen auf 56° inaktivierten Kranken- oder Immunserum [S] und fügt Komplement [K] (frisches Meerschweinchenserum) hinzu, so wird das Komplement durch das Immunserum an das Antigen gebunden (Abb. 216). Setzt man

[1]) Reinhardt, Zeitschr. f. Fleisch- u. Milchhyg. 1912, Heft 3.

[2]) Weise, Beiträge zum serologischen Nachweis von Bacillus paratyphosus B und enteritidis Gärtner bei der bakteriologischen Fleischbeschau. Inaug.-Diss. Dresden-Leipzig 1921.

[3]) Rothacker, Zeitschr. f. Immunitätsforsch. u. exp. Therap., I Orig. 1913, Bd. 16, Heft 5/6; Pfeiler und Engelhardt, Mitt. d. Kais. Wilhelm-Inst. f. Landwirtsch. Bromberg 1914, S. 244.

[4]) Lenfeld, Zeitschr. f. Infektionskrankh., parasit. Krankh. u. Hyg. d. Haustiere 1913, Bd. 14, S. 68.

[5]) Piras, Zentralbl. f. Bakteriol., Parasitenk. u. Infektionskrankh., Abt. I Orig. 1913, Bd. 71, S. 69.

[6]) Döll und Warner, Zeitschr. f. Hyg. u. Infektionskrankh. 1917, Bd. 84, S. 67.

[7]) Hecht, Zentralbl. f. Bakteriol., Parasitenk. u. Infektionskrankh., Abt. I Orig. 1912, Bd. 67, S. 371.

[8]) Declich, Zeitschr. f. Infektionskrankh., parasit. Krankh. u. Hyg. d. Haustiere. 1912, Bd. 12, S. 434 (negative Ergebnisse).

[9]) Mießner und Lange, Deutsche tierärztl. Wochenschr. 1914, Nr. 49 u. 50.

[10]) Ascoli, Berl. tierärztl. Wochenschr. 1912, S. 165.

[11]) Drescher, Mitt. d. Kais. Wilhelm-Inst. f. Landw. Bromberg 1913, Bd. 5, S. 322; Seibold, Zeitschr. f. Fleisch- u. Milchhyg. 1912, Bd. 23, S. 150; Iwicki, Berl. tierärztl. Wochenschr. 1912, S. 401.

[12]) Profé, Zentralbl. f. Bakteriol., Parasitenk. u. Infektionskrankh., Abt. I Orig. 1912, Bd. 64, S. 185; Gauß, Untersuchung über die Thermopräzipitation zum Nachweis des Schweinerotlaufs. Inaug.-Diss. Stuttgart 1912.

[13]) Bordet et Gengou, Sur l'existence de substances sensibilisatrices dans la plupart des sérums antimicrobiens. Annales de l'institut Pasteur 1901, t. 15, p. 289.

hierauf ein hämolytisches System (rote Blutkörperchen [B] und inaktiviertes hämolytisches Serum [H]) hinzu, so erfolgt keine Auflösung der roten Blutkörperchen [Fall I], weil das hierzu notwendige Komplement durch das Antigen und Immunserum vorher bereits gebunden ist. Fehlt dagegen das an erster Stelle genannte Antigen oder die im Serum S enthaltenen Immunkörper (Ambozeptoren) [Fall II], so wird das Komplement nicht gebunden, es bleibt frei; das freie Komplement tritt dann in das hämolytische System ein und löst die roten Blutkörperchen auf, was daran zu erkennen ist, daß die anfangs undurchsichtige, deckfarbene Blutkörperchenaufschwemmung durchsichtig, lackfarben wird und das Hämoglobin sich in der Flüssigkeit löst. Das hämolytische System ist also der Indikator für die etwa erfolgte Komplementbindung durch Antigen und Immunkörper (Ambozeptor) bzw. das Vorhandensein beider Stoffe. Nachfolgende Zusammenstellung gibt einen bequemen Überblick über die ablaufenden Reaktionen. Dem Beispiel ist die Komplementbindung bei Rotz zugrunde gelegt (s. S. 399).

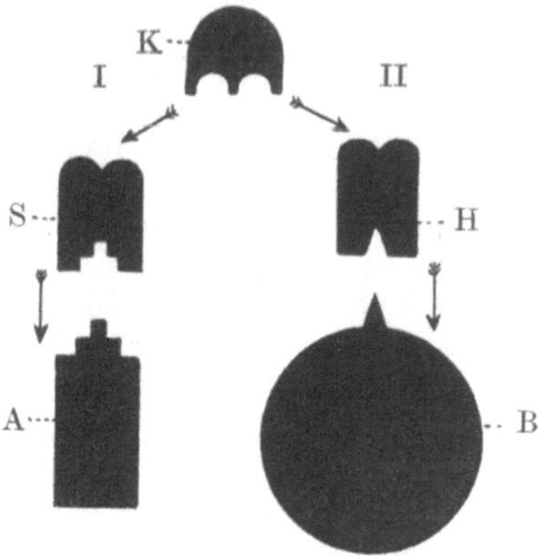

Abb. 216. Komplementbindung bei Rotz.

In neuerer Zeit hat man die Anschauung, daß die Komplementbindung eine spezifische Antigen-Antikörperreaktion im Sinne Ehrlichs sei, vielfach und hinsichtlich der Wassermannschen Reaktion mit Recht verlassen und faßt die Komplementbindung als eine auf physikalischen oder physikalisch-chemischen Ursachen beruhende Kolloidreaktion auf (Moreschi[1]), Gay[2]), Elias, Porges, Neubauer und Salomon[3]), Seligmann[4]), Landsteiner[5]) usw.).

Der Komplementbindungsversuch findet Anwendung:

1. Zur Identifizierung des Antigens; nur ein zum Antiserum (A) passendes Antigen kann das Komplement binden und somit die Hämolyse aufheben oder hemmen (Nachweis des Ursprunges von Blut, Fleisch [S. 407]) usw.; Nachweis und Identifizierung von Bakterien). Für die allgemeine Praxis kommt die Komplementbindung zum Nachweis des Ursprunges von Blut, Fleisch, Wurst usw. nur wenig in Frage, da sie sehr umständlich und in der Beurteilung sehr schwierig ist. Nach Uhlenhuth

---

[1]) Moreschi, Berl. klin. Wochenschr. 1905, Nr. 37; 1906, Nr. 4 und 38; 1907, Nr. 38.
[2]) Gay, Zentralbl. f. Bakteriol., Parasitenk. u. Infektionskrankh., Abt. I Orig. 1905, Bd. 39; 1906, Bd. 40.
[3]) Elias, Porges, Neubauer und Salomon, Wien. klin. Wochenschr. 1918, Nr. 21.
[4]) Seligmann, Berl. klin. Wochenschr. 1907, Nr. 32; Biochem. Zeitschr. 1908, Bd. 10; Zeitschr. f. Immunitätsforsch. u. exp. Therap., Orig. 1909, Bd. 1.
[5]) Landsteiner, Wien. klin. Wochenschr. 1917, Nr. 50.

Schematischer Überblick — Komplementbindung bei Rotz.

| | Fall I<br>Pferd rotzig | Fall II<br>Pferd rotzfrei |
|---|---|---|
| Inaktiviertes Pferdeserum | Rotzimmunkörper vorhanden | Rotzimmunkörper fehlt |
| Frisches Meerschweinchenserum | Komplement | Komplement |
| Rotzbazillenextrakt | Rezeptoren für Rotzimmunkörper | Rezeptoren für Rotzimmunkörper |
| 1 Stunde bei 37° | Komplement durch Immunkörper an Rezeptoren gebunden | Da Immunkörper fehlt, bleibt Komplement frei |
| Zusatz des hämolytischen Systems:<br>a) Schafblutkörperchen | Rezeptoren für hämolytischen Immunkörper | Rezeptoren für hämolytischen Immunkörper |
| b) Inaktiviertes hämolytisches Serum | Hämolytischer Immunkörper | Hämolytischer Immunkörper |
| 1 Stunde bei 37° | Komplement war bereits an Rotzimmunkörper gebunden, es kann somit nicht mehr in das hämolytische System eintreten | Komplement war freigeblieben, da Rotzimmunkörper fehlte, es tritt in das hämolytische System ein |
| Ergebnis | Keine Hämolyse | Hämolyse |
| Schlußfolgerung | Pferd rotzig | Pferd rotzfrei |

ist pro foro bei negativem Ausfall der Präzipitinreaktion auf Grund des positiven Ausfalles der Komplementbindung ein Urteil nicht abzugeben.

2. Zum Nachweis von Immunkörpern im Blute von Menschen und Tieren. Bei gewissen Infektionskrankheiten (Rotz, infektiösem Abortus [S. 408]), Typhus) usw. und Invasions-Krankheiten (Echinokokkenerkrankung, S. 417) werden spezifische Immunkörper gebildet, ihre Gegenwart weist somit auf bestehende oder überstandene Infektion bzw. Erkrankung hin (Anwendung zur klinischen Diagnostik). Die komplementbindenden Ambozeptoren treten nach starker Infektion etwa vom 5.—12. Tage, nach kleineren Dosen entsprechend später im Blute auf. Meist sind Agglutinine etwas früher als Ambozeptoren nachweisbar.

Zum Komplementbindungsversuch werden gebraucht:

1. gewaschene, rote Blutkörperchen,
2. inaktiviertes hämolytisches Serum,

3. Komplement (frisches Meerschweinchenserum),
4. Antigen,
5. Immun- bzw. Patientenserum.

Vielfach verwendet man die in Abb. 213 S. 382 ersichtliche Form der Reagenzglasstative, welche eine leichtere Ablesung der Hämolyse gestatten.

**Rote Blutkörperchen.** Notwendig ist es, daß die Blutkörperchen derselben Tierart zum Versuch benutzt werden, deren Blutkörperchen zur Gewinnung des hämolytischen Serums Verwendung gefunden haben. Gewöhnlich verwendet man Schafblutkörperchen. Sie werden in folgender Weise gewonnen: Schafblut wird beim Schlachten oder durch Aderlaß aus der Drosselvene (Abscheren der Haare, Abreiben der Haut mit Alkohol, Zusammendrücken der Drosselvene unterhalb der Einstichstelle, Einstechen einer weiten, sterilisierten Hohlnadel) in einer mit etwa 20—30 Glasperlen beschickten, sterilisierten Glasflasche mit Wattestopfen aufgefangen und zur Defibrinierung 15 Minuten lang geschüttelt, durch sterilisierte Leinwand geseiht, mit steriler 0,85%iger Kochsalzlösung 1:2—3 versetzt und $^1/_4$ Stunde zentrifugiert. Die über den roten Blutkörperchen stehende klare Flüssigkeit wird vorsichtig abgegossen, der Bodensatz mit Kochsalzlösung aufgeschwemmt, wiederum zentrifugiert usw. Nach der dritten Waschung werden vielfach je 1 ccm der roten Blutkörperchen mit 100 ccm 0,85%iger Kochsalzlösung versetzt und davon 0,5 ccm als Arbeitsdosis verwendet.

Die Blutaufschwemmung ist bei aseptischem Arbeiten und Aufbewahrung im Eisschrank zwei Tage haltbar. Über Blutkörperchenkonservierung vgl. S. 360.

Das **hämolytische Serum**[1]) gewinnt man in der Weise (vgl. auch S. 355), daß man etwa zwei Kaninchen je 1 ccm gewaschene Schafblutkörperchen intravenös, 3 Tage später 5 ccm intraperitoneal und weitere 6 Tage später nochmals 10 ccm intraperitoneal einspritzt. Nachdem man sich 10 Tage nach der letzten Injektion durch einen Probeaderlaß (S. 358) von der Wirksamkeit (s. unten) überzeugt hat, werden die Kaninchen durch Verbluten getötet (S. 302). Das steril gewonnene Serum wird in kleinen Ampullen zu 1 ccm eingeschmolzen und im Kühlraum vor Licht geschützt aufbewahrt (vgl. auch S. 358). Vor der Verwendung wird das Serum durch $^1/_2$stündiges Erhitzen im Wasserbad auf 56° inaktiviert.

Das als **Komplement dienende frische (aktive) Meerschweinchenserum** wird jedesmal kurz vor dem Versuch frisch gewonnen. Große Meerschweinchen kann man wiederholt zur Blutentnahme (S. 301) benutzen. Über schnelle Serumgewinnung vgl. S. 358. An beiden Hinterschenkeln werden nach der Blutabnahme vielfach je 3 ccm sterile 0,85%ige Kochsalzlösung injiziert. Die zweite Blutabnahme soll nicht vor Ablauf von 8—12 Tagen erfolgen. Das Komplement ist auch bei kühler und dunkler Aufbewahrung nur etwa 24—36 Stunden nach

---

[1]) Hämolytisches Serum kann vom Sächs. Serumwerk in Dresden bezogen werden.

der Blutabnahme hinlänglich wirksam. Von der Konservierung des Komplementes (S. 360) macht man wenig Gebrauch.

**Wertbestimmung des hämolytischen Serums.**

Für die Reaktion sind erforderlich: Reagenzgläschen und Stativ, sowie in hundertstel und zehntel Kubikzentimeter geteilte Meßpipetten (Inhalt 1 und 10 ccm).

Technik: Zu je 0,5 ccm Schafblutkörperchenaufschwemmung kommen je 0,1 ccm eines 1:5 mit 0,85%iger Kochsalzlösung verdünnten frischen Meerschweinchenserums [1]), sodann je 2 ccm 0,85%ige Kochsalzlösung und das inaktivierte 1:100 mit 0,85%iger Kochsalzlösung verdünnte hämolytische Serum in fallenden Dosen (vgl. Tabelle 1). Die Proben werden durchgeschüttelt und (1/2—)1 (—2) Stunden im Brutschrank oder besser Wasserbad bei 37° gehalten. Als Arbeitsdosis verwendet man für die weiteren Untersuchungen die 2½—3- oder 5fache Minimaldosis, welche gerade noch vollständige Hämolyse herbeiführt. Das hämolytische Serum ist im verdünnten Zustand bei Aufbewahrung im Eisschrank etwa 8 Tage, im unverdünnten Zustand jahrelang fast unverändert haltbar. Die Zeit, in der das Hämolysin wirkt, ist verschieden. Sie ist beim Titer mit anzugeben und im ganzen Versuch konstant zu halten.

Tabelle 1.

| I. | II. | III. | IV. | V. |
|---|---|---|---|---|
| Hämolytisches Serum 1:100 | Komplement 1:5 [1]) | Physiologische Kochsalzlösung | Blutkörperchen 1:100 | Ergebnis |
| 0,50 | — | 2,0 | 0,5 | 0 |
| 0,50 | 0,1 | 2,0 | 0,5 | 100 |
| 0,25 | 0,1 | 2,0 | 0,5 | 100 |
| 0,10 | 0,1 | 2,0 | 0,5 | 100 |
| 0,05 | 0,1 | 2,0 | 0,5 | 100 |
| 0,02 | 0,1 | 2,0 | 0,5 | 0 |

Den Grad der Hämolyse bezeichnet man zweckmäßig mit Zahlen:

0 = keine Hämolyse
10 = geringe Hämolyse
50 = die Hälfte der Blutkörperchen gelöst
90 = fast alle Blutkörperchen gelöst
100 = alle Blutkörperchen gelöst, also vollständige Hämolyse.

**Austitrierung des Komplementes.** Sie ist jeweils am selben Tage kurz vor dem Komplementbindungsversuch durchzuführen. Die Versuchsordnung ist aus Tabelle 2 ersichtlich. Bezüglich der Stärke des hämolytischen Serums ist der im Vorversuch (Tabelle 1) ermittelte Titer zugrunde gelegt und die 5fache Minimaldose als Arbeitsdose verwendet worden.

[1]) Zuweilen verdünnt man das Meerschweinchenserum 1:10, dann ist die doppelte Menge zu nehmen.

Tabelle 2.

| Hämolytisches Serum 1:100 | Komplement 1:5[1] | Physiologische NaCl-Lösung | Blutkörperchen 1:100 | Gesamtvolumen ccm | Ergebnis |
|---|---|---|---|---|---|
| — | 0,10 | 2,0 | 0,5 | 2,60 | 0 |
| 0,05 | 0,10 | 2,0 | 0,5 | 2,65 | 100 |
| 0,25 | 0,08 | 2,0 | 0,5 | 2,83 | 100 |
| 0,25 | 0,06 | 2,0 | 0,5 | 2,81 | 100 |
| 0,25 | 0,04 | 2,0 | 0,5 | 2,79 | 100 |
| 0,25 | 0,02 | 2,0 | 0,5 | 2.77 | 0 |

Das erste Röhrchen der Reihe dient als Kontrolle dafür, daß das Meerschweinchenserum nicht selbständig hämolytisch wirkt. Ich habe dies in der gewählten Menge nie beobachtet.

Das zweite Röhrchen dient als Kontrolle dafür, daß das hämolytische Serum noch den Titer $\frac{0,05}{100}$ ccm hat.

Jedes einzelne Glas wird umgeschüttelt und nachher die ganze Reihe bei 37° C $^1/_2$ (1—2) Stunde im Wasserbad oder Brutschrank stehen gelassen, worauf die Ablesung erfolgt.

Als Arbeitsdosis des Komplements dient zumeist die 1,5fache Minimaldosis, also im vorliegenden Fall $0,04 \times 1,5 = 0,06$ ccm der Verdünnung 1:5, nur bei der Rotzdiagnostik ist nach Schütz und Schubert die einfache Minimaldosis des Komplements zu nehmen.

Zur Vereinfachung der Abmessung von Komplement und physiologischer Kochsalzlösung wird für die Austitrierung des Antigens und den Hauptversuch Komplement und Kochsalzlösung derart vermischt, daß in 2 ccm der Mischung die Arbeitsdosis des Komplements enthalten ist. Ebenso werden die 1:100 aufgeschwemmten Blutkörperchen mit dem 1:100 verdünnten hämolytischen Serum vermischt („hämolytisches System"), und zwar so, daß in je 0,75 ccm der Mischung 0,5 ccm Blutkörperchenaufschwemmung und 0,25 ccm verdünntes hämolytisches Serum enthalten sind, vorausgesetzt, daß der Titer des hämolytischen Serums $\frac{0,05}{100}$ ccm die Arbeitsdose also $\frac{0,25}{100}$ ccm ist. Diese Mischungen werden jedesmal kurz vor dem Gebrauche hergestellt.

In der Regel begnügt man sich, das Komplement in obiger Weise auszuwerten Besser ist es, die Wertigkeit des Komplements auch in weiteren drei Reihen mit a) dem ausgewerteten Antigen, b) einem Normalserum und c) einem sicheren Krankenserum (Krankheit mittleren Grades) festzustellen. Bei Auswertung des Komplements allein zeigt sich im Hauptversuch oft unvollständige Hämolyse infolge Komplementmangel (zu knappe Bemessung bei Gegenwart von Serum und Extrakt) usw. Falsche Schlußfolgerungen werden bei Einstellung des Komplementes bei Gegenwart obengenannter Stoffe in nachfolgender Anordnung vermieden.

---

[1]) Siehe Anm. S. 401.

Tabelle für Auswertung des Komplements.

| | | | | | | | | |
|---|---|---|---|---|---|---|---|---|
| I | 1. Komplement (1:10)[1] | 0,2 | 0,25 | 0,3 | 0,35 | 0,4 | 0,45 | 15 Minuten in Wasserbad von 38° |
| | 2. NaCl-Lösung | 0,3 | 0,25 | 0,2 | 0,15 | 0,1 | 0,05 | |
| | 3. NaCl-Lösung | 2,5 | 2,5 | 2,5 | 2,5 | 2,5 | 2,5 | |
| | 4. Hämolytischer Ambozeptor | 1,0 | 1,0 | 1,0 | 1,0 | 1,0 | 1,0 | |
| | 5. Blutkörperchen | 1,0 | 1,0 | 1,0 | 1,0 | 1,0 | 1,0 | |
| II | 1. Komplement (1:10)[1] | 0,2 | 0,25 | 0,3 | 0,35 | 0,4 | 0,45 | 20 Min. in Wasserbad von 38° (1.–4.); 15 Minuten in Wasserbad von 38° |
| | 2. NaCl-Lösung | 0,3 | 0,25 | 0,2 | 0,15 | 0,1 | 0,05 | |
| | 3. NaCl-Lösung | 1,5 | 1,5 | 1,5 | 1,5 | 1,5 | 1,5 | |
| | 4. **Antigen** | 1,0 | 1,0 | 1,0 | 1,0 | 1,0 | 1,0 | |
| | 5. Hämolytischer Ambozeptor | 1,0 | 1,0 | 1,0 | 1,0 | 1,0 | 1,0 | |
| | 6. Blutkörperchen | 1,0 | 1,0 | 1,0 | 1,0 | 1,0 | 1,0 | |
| III | 1. Komplement (1:10)[1] | 0,2 | 0,25 | 0,3 | 0,35 | 0,4 | 0,45 | 20 Minuten in Wasserbad von 38° (1.–5.); 15 Minuten in Wasserbad von 38° |
| | 2. NaCl-Lösung | 0,3 | 0,25 | 0,2 | 0,15 | 0,1 | 0,05 | |
| | 3. NaCl-Lösung | 1,5 | 1,5 | 1,5 | 1,5 | 1,5 | 1,5 | |
| | 4. **Antigen** | 1,0 | 1,0 | 1,0 | 1,0 | 1,0 | 1,0 | |
| | 5. **Normalserum** | 0,05 | 0,05 | 0,05 | 0,05 | 0,05 | 0,05 | |
| | 6. Ambozeptor | 1,0 | 1,0 | 1,0 | 1,0 | 1,0 | 1,0 | |
| | 7. Blutkörperchen | 1,0 | 1,0 | 1,0 | 1,0 | 1,0 | 1,0 | |
| IV | 1. **Krankenserum** | 0,2 | 0,2 | 0,2 | 0,2 | 0,2 | 0,2 | 20 Minuten in Wasserbad von 38° (1.–5.); 15 Minuten in Wasserbad von 38° |
| | 2. NaCl-Lösung | 1,5 | 1,5 | 1,5 | 1,5 | 1,5 | 1,5 | |
| | 3. NaCl-Lösung | 0,3 | 0,25 | 0,2 | 0,15 | 0,1 | 0,05 | |
| | 4. Komplement (1:10) | 0,2 | 0,25 | 0,3 | 0,35 | 0,4 | 0,45 | |
| | 5. **Antigen** | 1,0 | 1,0 | 1,0 | 1,0 | 1,0 | 1,0 | |
| | 6. Hämolytischer Ambozeptor | 1,0 | 1,0 | 1,0 | 1,0 | 1,0 | 1,0 | |
| | 7. Blutkörperchen | 1,0 | 1,0 | 1,0 | 1,0 | 1,0 | 1,0 | |

In allen Reihen ist das Komplement 1 : 10 (0,85%ige Kochsalzlösung) verdünnt.

Der Aufenthalt im Wasserbad (15—20 Minuten) ist dem im Thermostaten (1 Stunde) vorzuziehen. Der Versuch ist aber dann einheitlich im Wasserbad durchzuführen.

Das **Antigen.** Die Herstellung und Einstellung der Antigene ist je nach dem Zwecke der Komplementbindung recht verschieden.

a) Beim forensischen **Blutnachweis** und beim Nachweis des Ursprunges von Fleisch, Fleischwaren, sonstigen Nahrungs- und Futtermitteln und deren Verunreinigungen sowie Verfälschungen verwendet man 1 ccm eines 1:1000 bis 10000 verdünnten, inaktivierten Blutes, Serums oder gleichwertigen Fleisch- usw. Auszuges. Über die Einstellung der entsprechenden Konzentration (Salpetersäureprobe) vgl. S. 385. Man überzeugt sich, daß diese Mengen allein die Hämolyse nicht hemmen.

**b) Bakterielle Antigene.** Die bakteriellen Antigene gewinnt man meist in folgender Weise: Kulturen der betreffenden Bakterien werden auf Agar (Röhrchen oder besser Kollesche Flaschen, S. 65) kultiviert, durch 1stündiges Erhitzen auf 60° abgetötet, mit Phenol- (0,5%) Kochsalz- (0,85%) Lösung abgeschwemmt (auf 1 Agarröhrchen etwa 5 ccm, auf 1 Kollesche Flasche etwa 30—50 ccm), 4 Stunden bis 2 Tage im Schüttelapparat bei Zimmertemperatur geschüttelt und etwa 1/4 Stunde zentrifugiert. Die erhaltene klare Flüssigkeit ist das gewünschte Antigen.

[1]) Siehe S. 401, Wertbest. d. hämolytischen Serums und Anm. S. 401.

Bei der Herstellung mancher bakteriellen Antigene haben sich nachfolgende, besondere Vorschriften eingebürgert:

*α*) Abortusantigen: Drei — achttägige Agarkulturen von Abortusbazillen werden mit je 2—3 ccm 0,5% Phenol enthaltender physiologischer Kochsalzlösung oder mit Phenolwasser (0,5%) abgeschwemmt und in einer Rollflasche mit Glasperlen 1—2 mal 24 Stunden geschüttelt. Nach Befreien der geschüttelten Abschwemmung von den Glasperlen werden die Abortusbazillen bis zur vollständigen Klärung der Flüssigkeit ausgeschleudert. Soweit zur Abschwemmung destilliertes Wasser benutzt wurde, ist 9 Teilen des klaren Zentrifugats 1 Teil 10%ige Kochsalzlösung zuzusetzen, so daß 0,9% NaCl vorhanden ist. Beide klare Flüssigkeiten — der Wasserextrakt nach dem eben erwähnten Zusatze, der Kochsalzextrakt ohne weiteres — stellen das Antigen dar.

Oder: 9 Teile einer etwa 1½ Monate alten Serumbouillonkultur des Baz. abortus infectiosi Bang werden mit 1 Teil einer Karbol- (5 Teile) Glyzerin- (10 Teile) Kochsalz- (85 Teile einer 1%igen) Lösung versetzt und 15 Minuten bei 3000 Umdrehungen in der Minute zentrifugiert. Die über dem Niederschlag stehende Flüssigkeit dient als Antigen.

*β*) Rotzantigen: Früher schüttelte man die Aufschwemmung der durch 1—2stündiges Erhitzen auf 60° abgetöteten, 48stündigen Rotzbazillenkulturen in Karbolkochsalzlösung 4×24 Stunden und zentrifugierte sie bis zur völligen Klarheit (etwa 1 bis 2 Stunden bei etwa 3000 Umdrehungen in 1 Minute). Den erhaltenen Bakterienextrakt benutzte man möglichst erst 8 Tage nach der Herstellung. Er bleibt im Eisschrank aufbewahrt etwa 4—6 Wochen haltbar. Die Arbeitsdosis beträgt nach Schütz und Schubert[1]) 1 ccm einer 1:100 hergestellten Verdünnung.

In jüngster Zeit haben Pfeiler und Weber[2]) gezeigt, daß durch Abschwemmen der Rotzbazillen wie oben, Filtrieren durch Glaswolle, ½stündiges Kochen (die Rotzantigene sind hitzebeständig) und Zentrifugieren vollwirksame und sicher ungefährliche Rotzantigene gewonnen werden können.

Die Koch- und Schüttelextrakte sind gleichwertig.

*γ*) Syphilisantigen S. 418, Lungenseucheantigen S. 412, Beschälseuche S. 415.

**Austitrierung der unterbindenden Dosis des bakteriellen Antigens.** Das Antigen darf nicht selbst hämolytisch wirken und ohne Antiserum Komplement in der zu den Hauptversuchen benutzten Dosis nicht binden. Da manche bakteriellen Antigene in höheren Dosen allein schon Komplement binden und somit die Hämolyse unterbinden, ist diese unterbindende Dosis zunächst zu ermitteln. Nachfolgende Tabelle zeigt die Versuchsanordnung.

Im folgenden Beispiel beträgt die Dosis des Antigens, welche die Hämolyse gerade nicht mehr stört („unterbindende Dosis"), 0,1 ccm des unverdünnten Antigens.

---

[1]) Schütz und Schubert, Arch. f. wiss. u. prakt. Tierheilk. Bd. 35 S. 44.

[2]) Pfeiler und Weber, Zeitschr. f. Immunitätsforsch. u. exp. Therap., Orig. Bd. 15, S. 180.

Tabelle 3.

| Antigen | | Komplement u. Kochsalzlösung (vgl. S. 402) | Inaktiv. hämolytisches Serum und Schafblutkörperchen (vgl. S. 402) | Ergebnis |
|---|---|---|---|---|
| 0,75 | unverdünnt | 2,0 | 0,75 | 0 |
| 0,50 | unverdünnt | 2,0 | 0,75 | 0 |
| 0,25 | unverdünnt | 2,0 | 0,75 | 50 |
| 0,10 | unverdünnt | 2,0 | 0,75 | 100 |
| 0,75 | 1:10 verdünnt | 2,0 | 0,75 | 100 |
| 0,50 | 1:10 verdünnt | 2,0 | 0,75 | 100 |
| 0,25 | 1:10 verdünnt | 2,0 | 0,75 | 100 |
| 0,10 | 1:10 verdünnt | 2,0 | 0,75 | 100 |

Zur Austitrierung des Antiserums verwendet man die halbe unterbindende Dosis, in diesem Beispiel also 0,05 ccm, als Arbeitsdosis. Über die Auswertung des bakteriellen Antigens siehe S. 407. Um sie vornehmen zu können, ist zunächst das Antiserum auszutitrieren.

Bei dem Rotzantigen verzichten Schütz und Schubert auf eine Austitrierung der unterbindenden Dosis. Sie benutzen stets 1 ccm 1:100 verdünntes, nach mitgeteilter Vorschrift hergestelltes Antigen, von dem sie sich durch eine Kontrolle überzeugen, daß es allein in derselben und doppelten Dosis Komplement nicht bindet.

Auch bei Verwendung des Komplementbindungsversuches zum Nachweis des Ursprunges von Blut, Fleisch usw. kann man auf eine Austitrierung der unterbindenden Dosis des Antigens verzichten, da es hier in derart starker Verdünnung benutzt wird, daß es allein eine Hemmung der Hämolyse nicht verursacht, wovon man sich außerdem durch Kontrollversuche überzeugt.

**Antiserum.** Für den Nachweis des Ursprunges von Blut, Fleisch usw. sowie die bakteriologische Diagnostik benötigt man ein hochwertiges Antiserum, welches in gleicher oder ähnlicher Weise wie das präzipitierende Serum (S. 355 und 381) gewonnen wird. Zum Nachweis von Menschenblut braucht man natürlich ein Menscheneiweißantiserum, gewonnen durch Vorbehandlung von Kaninchen mit Menschenserum, zum Nachweis von Pferdefleisch ein Pferdeeiweißantiserum, gewonnen durch Vorbehandlung von Kaninchen mit Pferdeserum oder Pferdefleischsaft, zum Nachweis von bestimmten Pflanzenstoffen ein betreffendes Pflanzen- (z. B. Erbsen-) eiweißantiserum, gewonnen durch Vorbehandlung der Kaninchen mit den betreffenden Pflanzenstoffen. Bei der klinischen Diagnostik (Rotz, infektiösen Abortus der Kühe, Typhus, Syphilis usw.) benutzt man das Blutserum des fraglichen Patienten.

**Auswertung des Antiserums gegen tierisches und pflanzliches Eiweiß.** Beim Nachweis des Ursprunges von **Blut** geht man nach Neißer und Sachs in der Weise vor, daß man eine Versuchsreihe mit und eine ohne Antigen mit fallenden Antiserumdosen ansetzt. Da die meisten Antisera erfahrungsgemäß in geringeren Mengen als 0,01 ccm eine vollständige Komplementbindung nicht mehr geben, genügt es, mit 10fach verdünntem Antiserum zu arbeiten. Die Versuchsanordnung ist folgende: In Reihe A werden die in Tabelle 4 verzeichneten fallenden Mengen des Antiserums mit 0,2 ccm 1:2000 verdünnten Menschenserums und 2 ccm Komplementkochsalzlösung (S. 402) gemischt und $^1/_4$ Stunde im Wasserbad oder 1 Stunde im Brutofen bei 37° gehalten. (Über das „Kälteverfahren" s. S. 440). Hierauf wird 0,75 ccm verdünntes inaktiviertes hämolytisches Serum + Schafblutkörperchen (S. 402) hinzugesetzt. Nach weiterem, gleichlangen Aufenthalt bei 37° wird das Ergebnis abgelesen. In Reihe B ist die Versuchsanordnung nur insofern anders, als an Stelle von 0,2 ccm 1:2000 verdünntes Menschenserum die gleiche Menge (0,2 ccm) einer 0,85%igen Kochsalzlösung verwendet wird.

Tabelle 4.

| Menge des 10fach verdünnten Antiserum in ccm | Eingetretene Hämolyse | |
|---|---|---|
| | Reihe A | Reihe B |
| 1,0 | 10 | 100 |
| 0,75 | 10 | |
| 0,5 | 0 | |
| 0,35 | 0 | |
| 0,25 | 0 | |
| 0,15 | 10 | |
| 0,1 | 50 | |
| — | 100 | |

Wie Tabelle 4 zeigt, darf das Antiserum ohne Antigen (Reihe B) die Hämolyse nicht hemmen. Bei Verwendung größerer Antiserummengen erfolgt bei Gegenwart von Antigen zuweilen eine unvollständige Komplementbindung infolge Komplementablenkung. Als Arbeitsdosis des Antiserums wählt man die 1,5fache Menge der kleinsten Antiserumdosis, welche noch eine vollständige Komplementbindung (keine Hämolyse) gibt.

Der Wert des Antiserums bleibt längere Zeit konstant.

**Auswertung von antibakteriellem Serum.** Antigen in der halben unterbindenden Dosis (S. 404) wird mit 2 ccm Komplementkochsalzlösung (S. 402) und fallenden Dosen des antibakteriellen Serums (vgl. Tabelle 5) versetzt, durchgemischt, $^1/_4$ Stunde im Wasserbad oder 1 Stunde im Brutofen bei 37° gehalten (über Kälteverfahren s. S. 440), hierauf mit 0,75 ccm hämolytischem System (S. 402) versetzt, durchgemischt, eine weitere Stunde im Brutofen gehalten und darauf werden die Ergebnisse abgelesen. Als Arbeitsdosis für die noch vorzunehmende genaue Auswertung des Antigens wird die 3fache Minimaldosis Antiserum, bei der gerade noch vollständige Hemmung eintrat, benutzt.

Bei der Rotzdiagnose auf Grund der Komplementbindungsmethode, bei der eine genaue Titrierung der unterbindenden Dosis (S. 405) und des Wertes des Antigens (s. unten) unterbleibt, wählt man die Dosen des inaktivierten Antiserums (vom Pferd) 0,02, 0,05, 0,1, 0,2 und 0,4 ccm.

Tabelle 5.

| Antigen | Antiserum unverdünnt | Antiserum 1 : 10 | Antiserum 1 : 100 | Kompl. NaCl-Lösung | Hämolyt. System | Ergebnis | |
|---|---|---|---|---|---|---|---|
| 0,15 | 0,10 | — | — | 2,0 | 0,75 | 0 | 0 |
| 0,15 | 0,05 | — | — | 2,0 | 0,75 | 0 | 0 |
| 0,15 | — | 0,20 | — | 2,0 | 0,75 | 0 | 0 |
| 0 15 | — | 0,10 | — | 2,0 | 0,75 | 0 | 0 |
| 0,15 | — | 0,05 | — | 2,0 | 0,75 | 0 | 0 |
| 0,15 | — | — | 0,30 | 2,0 | 0,75 | 0 | 10 |
| 0,15 | — | — | 0,10 | 2,0 | 0,75 | 100 | 100 |
| 0,15 | — | — | 0,05 | 2,0 | 0,75 | 100 | 100 |
| — | 0,10 | — | — | 2,0 | 0,75 | 100 | 100 |

Tabelle 6.

| Antigen unverdünnt | Antigen 1:10 | Antiserum 1:10 | Kompl. Kochsalz-Lösung | Hämolyt. System | Ergebnis | |
|---|---|---|---|---|---|---|
| 0,15 | — | 0,15 | 2,0 | 0,75 | 0 | 0 |
| 0,15 | — | 0,15 | 2,0 | 0,75 | 0 | 0 |
| 0,15 | — | 0,15 | 2,0 | 0,75 | 0 | 0 |
| — | 0,30 | 0,15 | 2,0 | 0,75 | 0 | 0 |
| — | 0,20 | 0,15 | 2,0 | 0,75 | 0 | 10 |
| — | 0,10 | 0,15 | 2,0 | 0,75 | 100 | 100 |
| — | 0,05 | 0,15 | 2,0 | 0,75 | 100 | 100 |
| 0,30 | — | 0,15 | 2,0 | 0,75 | 100 | 100 |

**Auswertung des bakteriellen Antigens.** Nachdem die unterbindende Dose des bakteriellen Antigens und das antibakterielle Serum ausgewertet sind, bestimmt man beim Abortusantigen noch die bindende Kraft des Antigens. Die Versuchsanordnung ist folgende: die 3fache Minimaldosis des Antiserums wird mit 2 ccm Komplementkochsalzlösung und mit fallenden Antigendosen (vgl. Tabelle 6) versetzt, umgeschüttelt, wie zuvor bei 37° gehalten (über Kälteverfahren s. S. 440), hierauf 0,75 ccm hämolytischen Systems (S. 402) hinzugefügt, umgeschüttelt, wie zuvor bei 37° gehalten und das Ergebnis abgelesen.

Als Arbeitsdosis des Antigens wird im Hauptversuch die 4fache Minimaldosis gewählt, vorausgesetzt, daß sie die halbe unterbindende Dose (S. 404) nicht überschreitet.

Bei der Rotzdiagnose sieht man, wie erwähnt, nach Schütz und Schubert von einer Bestimmung des Antigenwertes ab.

## Der Hauptversuch.

**a) Forensischer Blutnachweis.** Zu 2 ccm Komplementkochsalze lösung (S. 402) werden 0,2 ccm 1:200—2000 (Ausfall der Eiweißprob- S. 385) verdünnter, inaktivierter Lösung des auf seinen Ursprung zu untersuchenden Blutfleckes (im Beispiel Menschenblutes) und die 1,5fache Menge der minimalen Dosis (S. 405) des inaktivierten Antiserums, in vorliegendem Beispiel (Tabelle 4) 0,37 ccm des 1:10 verdünnten Menschenantiserums zugesetzt und gut durchgeschüttelt. Nach entsprechendem Aufenthalt bei 37° (über Kälteverfahren siehe S. 440) erfolgt Zusatz von 0,75 ccm hämolytischem System (S. 402), gutes Durchmischen, nochmals Aufenthalt bei 37°. Hierauf wird das Ergebnis abgelesen.

Um alle Fehlerquellen nach Möglichkeit auszuschließen, sind folgende **Kontrollen** nebenher anzusetzen:

1. An Stelle der auf Menschenblut zu untersuchenden, inaktivierten Lösung sind zu verwenden
   a) inaktivierte Blutlösung sicher menschlichen Ursprungs,
   b) ,, Rinderblutlösung,
   c) ,, Schweineblutlösung,
   d) 0,85%ige Kochsalzlösung.
   e) ein Auszug aus der blutfreien Unterlage des Blutfleckes.
2. Bei weiteren Kontrollen mit der Untersuchungsflüssigkeit ist das inaktivierte Menschenantiserum
   a) wegzulassen,
   b) durch normales, inaktiviertes Kaninchenserum zu ersetzen.

Die übrige Versuchsanordnung ist dieselbe wie oben.

**b) Nachweis des Ursprunges von Fleisch, Wurst und anderen Nahrungs- und Genußmitteln** erfolgt in analoger Weise wie bei **a)**.

**c) Klinische Diagnostik.** Da bereits im Blutserum gesunder Menschen und Tiere Antistoffe gegen bakterielle Antigene vorkommen, so genügt deren Nachweis noch nicht, sondern es ist ein genaues Austitrieren notwendig. Es ist also festzustellen, in welchen Verdünnungen das Antiserum noch Komplement zu binden vermag.

Bei der Komplementbindung zur Feststellung der verschiedenen Infektionskrankheiten verfährt man nicht einheitlich, sondern bei gewissen Infektionskrankheiten hat sich eine Abstufung der Antiserummenge, bei anderen eine solche der Antigenmenge eingebürgert. Es ist infolgedessen eine getrennte Besprechung notwendig.

*α*) **Abstufung der Antiserummenge.** Diese Versuchsanordnung ist gebräuchlich bei Feststellung des infektiösen Abortus der Kühe, des Rotzes der Pferde, der Lungenseuche, Beschälseuche, chronischen Gonorrhöe und Echinokokkenkrankheit usw.

Beim **infektiösen Abortus der Rinder** entspricht die Versuchsanordnung jener der Auswertung von antibakteriellem Serum (S. 406).

2 ccm Komplementkochsalzlösung (S. 402) + Antigen in 4facher Minimaldosis, die nicht größer als die halbe unterbindende Dosis sein darf, + fallende Dosen des zu untersuchenden, inaktivierten (S. 354) Rinderserums (vgl. Tabelle 5) werden neben einer Kontrolle unter Weglassen des Antigens jeweilig zusammengemischt, entsprechende Zeit (S. 406) bei 37° gehalten (über Kälteverfahren s. S. 440), hierauf mit 0,75 ccm hämolytischem System (S. 402) versetzt, durchgemischt, eine weitere Stunde im Brutofen gehalten und die Ergebnisse abgelesen.

Vielfach begnügt man sich bei Massenuntersuchungen an Stelle einer völligen Austitrierung des Antiserums nur den Grenzwert (0,05 ccm) und eine kleinere Dosis (etwa 0,01 ccm) nebst Kontrollen unter jeweiligem Weglassen von Antiserum bzw. Antigen anzusetzen.

Der Ausfall der Komplementbindung spricht für eine Infektion (die nicht immer zur Zeit bestehen muß, sondern eventuell auch vor einer gewissen Zeit bestanden haben kann) mit infektiösem Abortus der Rinder, wenn bei obiger Versuchsanordnung 0,05 ccm (und darunter) des untersuchten Rinderserums eine vollständige Hemmung der Hämolyse bewirken. Impfungen gegen Abortus erhöhen gleichfalls den Titer, ohne daß eine Infektion vorliegt oder vorgelegen haben muß. Komplementbindende Ambozeptoren treten etwa 8 Tage nach der Impfung (Rind) und etwa 14 Tage nach der Aufnahme virulenter Bazillen per os (Kaninchen) auf.

Die Komplementbindung beim infektiösen Verkalben kann man auch verwenden zum Nachweis von Antigen in Kochextrakten (S. 380) aus veränderten Kotyledonen der Nachgeburt mit Hilfe hochwertiger Abortusseren.

Beim **infektiösen Abortus der Pferde** liefert die Komplementbindung im allgemeinen ungenauere Ergebnisse als die Agglutination (S. 376), aber es kommen auch Fälle vor, wo die Komplementbindung die Agglutination an Genauigkeit übertrifft. Zur Sicherung der Diagnose sind beide serologischen Verfahren nebeneinander durchzuführen und tunlichst mit der bakteriologischen Untersuchung zu vereinigen.

Das Antigen bereitet man sich aus Abschwemmungen von 2tägigen oder älteren Kulturen möglichst verschiedener Stämme in Phenolkochsalzlösung (etwa 10 ccm auf ein Reagenzglas). Die Aufschwemmung wird mit Sand oder Perlen 100 Stunden geschüttelt und hierauf 3—4 Stunden zentrifugiert. Die vom Bodensatz abgehobene klare Flüssigkeit ist das Antigen. Es wird 1:10 mit Phenolkochsalzlösung verdünnt.

Zur Auswertung (S. 407) gibt man in drei Reihen Röhrchen fallende Mengen Antigen (1,8—0,05 ccm). Die erste Reihe bleibt ohne Serumzusatz. Die 2. Reihe wird mit 0,2 ccm Paratyphusabortusserum, die dritte mit 0,5 ccm Normalserum beschickt. Alle drei erhalten Komplement, und zwar die über die Minimaldose nächst höhere. Als Arbeitsdose des hämolytischen Serums verwendet man die doppelte Minimaldose, die des Extraktes die nächsthöhere der niedrigsten, völlige Bindung zeigenden Extraktdosis, wenn das Einundeinhalbfache bis Doppelte der fraglichen Arbeitsdose nicht schon an und für sich die Hämolyse beeinträchtigt. Meist liegt die Arbeitsdosis zwischen 0,2 und 0,6 ccm des 1:10 verdünnten Antigens. Das Antigen ist zuweilen nur kurze Zeit, mitunter auch wochenlang brauchbar.

Im Hauptversuch (S. 408) verwendet man fallende Mengen inaktivierten Patientenserums (0,5—0,002 ccm). Daneben sind Kontrollen 1. mit 0,2 ccm Antigen ohne Serum, 2. mit 0,5 ccm Patientenserum ohne Antigen, 3. mit 0,5 ccm Normalserum und Antigen, 4. ohne Antigen und Serum und 5. nur mit dem hämolytischen System anzusetzen.

Beurteilung der Ergebnisse. Tritt bei 0,5 ccm und darunter des Krankenserums eine vollständige Bindung ein, so ist die Reaktion als positiv anzusehen. Der höchste Komplementbindungstiter beträgt etwa 0,002.

Das Auftreten der komplementbindenden Substanzen fällt etwa mit dem der Agglutinine (S. 376) zusammen. Meist sind sie etwas längere Zeit nach erfolgtem Abortus nachzuweisen als die Agglutinine. Die Zahl der Fehlresultate beträgt bei der Komplementbindung etwa 30% gegenüber 20—30% bei der Agglutination.

Für die **Rotzdiagnose** ist die Komplementbindung im allgemeinen die beste serologische Methode. Die Rotzambozeptoren treten 7—12 Tage nach der Infektion auf und halten sich bei chronischem Verlauf weit länger als die Agglutinine, die schon früher (5—7 Tage nach der Infektion), in erhöhtem Maße nachweisbar sind.

Schütz und Schubert empfehlen bei der Komplementbindung folgende Versuchsanordnung:

In Reagenzglas A werden gegeben: 1 ccm 0,85%ige Kochsalzlösung, 0,2 ccm des zu untersuchenden inaktivierten Pferdeserums und 1 ccm 1:100 verdünntes Rotzbazillenextrakt;

in Röhrchen B: 2 ccm Kochsalzlösung, 0,2 ccm Pferdeserum, kein Rotzbazillenextrakt;

in Röhrchen C: 1 ccm Kochsalzlösung, kein Pferdeserum, 1 ccm (1:100 verdünntes) Rotzbazillenextrakt.

Außerdem fügt man in Röhrchen A, B und C je die im Vorversuch (S. 401) ermittelte einfache, mit Kochsalzlösung auf 1 ccm aufgefüllte Minimalkomplementmenge hinzu. Nach Durchmischung des natürlich getrennt zu haltenden Inhalts eines jeden Röhrchens kommen die Proben 1 Stunde in den Brutofen[1]), (37°) (über Kälteverfahren s. S. 440), werden sodann mit der doppelten Minimaldose des inaktivierten hämolytischen Serums (S. 401), mit Kochsalzlösung auf 1 ccm aufgefüllt, und mit 1 ccm 5%iger Blutkörperchenaufschwemmung (S. 400) versetzt, durchgemischt, 1 Stunde in den Brutofen[1]) (37°) eingestellt und das Ergebnis abgelesen.

Daneben ist ein Röhrchen D zur Kontrolle des hämolytischen Systems mit 2 ccm Kochsalzlösung, den gleichen Mengen Meerschweinchenserum (Komplement), inaktiviertem hämolytischen Serum und roten Blutkörperchen, wie in Röhrchen A, B und C zu beschicken, durchzumischen und gleichfalls in den Brutofen zu stellen.

Ein Röhrchen E dient zur Kontrolle des Komplementes, man beschickt es mit 3 ccm Kochsalzlösung und den angegebenen Mengen Komplement und roten Blutkörperchen, während Röhrchen F zur Kontrolle des hämolytischen Serums mit 3 ccm Kochsalzlösung und den angegebenen Mengen hämolytischem Serum und roten Blutkörperchen beschickt und nach Durchmischung ebenfalls wie alle anderen Röhrchen in den Brutofen eingestellt wird.

---

[1]) Die Zeiten können auf je 1/4 Stunde abgekürzt werden, wenn man die Proben anstatt in den Brutofen in ein Wasserbad von etwa 38° einstellt.

Sind mehrere Sera gleichzeitig zu prüfen, so genügt es, für die weiteren Untersuchungen jeweilig nur Röhrchen A und B anzusetzen.

Im Röhrchen A weist vollständige Hämolyse darauf hin, daß fragliches Pferd, dessen Serum zur Untersuchung dient, frei von Rotz ist; fehlt jedoch die Hämolyse oder ist sie unvollständig, so ist das betreffende Pferdeserum noch genau auszutitrieren (s. unten).

Im Röhrchen B und C soll vollständige oder fast vollständige Hämolyse, in D vollständige und in E und F, denen zweckmäßig noch ein Röhrchen G mit Kochsalzlösung und roten Blutkörperchen beigegeben wird, keine Hämolyse auftreten.

Bei der genauen Austitrierung des zu untersuchenden, frisch inaktivierten Pferdeserums nimmt man im Hauptversuch [A] (mit Rotzbazillenextrakt) 0,02, 0,05, 0,1 und 0,2 ccm, im Kontrollversuch [B] (ohne Rotzbazillenextrakt) 0,2 und 0,4 ccm Pferdeserum. Dazu kommen noch eine Kontrolle ohne Pferdeserum [C] mit der doppelten Menge Rotzbazillenextrakt (0,02 ccm) und eine Kontrolle mit 0,2 ccm Pferdeserum ohne Bazillenextrakt und ohne Meerschweinchenserum. Hierzu kommen noch die oben erwähnten Kontrollen [D, E, F und G]. Auch hier bringt man die Flüssigkeit durch Kochsalzlösung vor Zusatz des hämolytischen Systems auf 3 ccm und nach Zusatz desselben auf 5 ccm.

Beurteilung der Ergebnisse. Bewirkt 0,1 ccm Pferdeserum vollständige Hemmung der Hämolyse, so ist das Pferd als rotzkrank anzusehen, tritt dagegen selbst bei 0,2 ccm Pferdeserum nur unvollständige Hemmung auf, so ist das Pferd nur dann als rotzkrank anzusehen, wenn die Agglutinationsprobe (S. 370) positiv ausfällt.

Auf Grund der Kriegserfahrung ist für das Heer folgendes Beurteilungsschema aufgestellt worden. Als rotzkrank sind anzusehen:

A. Bei der ersten Untersuchung Pferde, deren Serum

1. vollständige Komplementbindung bis **0,02** oder **0,05** zeigt mit Agglutinationswerten von 1300 und darüber;
2. vollständige Komplementbindung bis **0,02** zeigt mit Agglutinationswerten bis mindestens 1000 oder, falls Agglutination fehlt, mit einwandfrei positivem Ergebnis der Augenprobe. Die Augenprobe muß nach positivem Ausfalle sofort wiederholt dasselbe Resultat ergeben haben;
3. deutliche, unvollständige Komplementbindung (stärkere bis mittelgradige Trübung) bis **0,02** oder **0,05** zeigt mit Agglutinationswerten bis **2000** und darüber in Beständen, in denen bereits Rotzfälle ermittelt sind.

B. Nach mindestens zweimaliger Untersuchung, die in Abständen von 8—14 Tagen ausgeführt ist, Pferde, deren Serum wiederholt

1. vollständige Komplementbindung bis **0,02** zeigt mit Agglutinationswerten unter **1000**, selbst bei negativem Ergebnis der Augenprobe;
2. vollständige Komplementbindung bis (mindestens **0,1** und gleichzeitig unvollständige Komplementbindung (stärkere oder mittelgradige Trübung) bis **0,02** oder mindestens **0,05** zeigt mit Agglutinationswerten von **1300** und darüber;
3. unvollständige Komplementbindung bis **0,05** oder mindestens **0,1** zeigt mit Agglutinationswerten von **800—1000** und gleichzeitig einwandfrei positiver Augenprobe. (Die Augenprobe muß, in Abständen von 8—14 Tagen mehrmals wiederholt, stets positiv ausgefallen sein.)

4. Agglutinationswerte bis **2000** und darüber zeigt bei einwandsfrei positiver Augenprobe in Beständen in welchen akuter Rotz herrscht und Rotlaufseuche auszuschließen ist.

In den übrigen Fällen sind die Pferde, deren Serum vollständig oder unvollständige Komplementbindung oder Agglutinationswerte über 800 zeigt, zunächst als rotzverdächtig zu bezeichnen.

Zuweilen besitzen die Pferde-, Esel- und Maultiersera die Eigenschaft, Komplement auch in Abwesenheit von Antigen zu binden. Diese nicht spezifische **Eigenbindung** macht die Komplementbindungsreaktion in der angegebenen Weise unbrauchbar. Liegt sie vor, so ist die Konglutination (S. **441**) oder KH-Methode (S. **444**) durchzuführen, oder man zerstört die nicht spezifischen eigenbindenden Substanzen durch $^1/_2$stündiges Erhitzen der Pferdesera auf 55 (— 60)$^0$, der Esel- und Maultiersera auf 63—65$^0$ C (Manninger[1])). Der spezifische Rotzambozeptor verträgt $^1/_2$stündiges Erhitzen bis zu 70$^0$, büßt aber schon bei 65$^0$ ganz erheblich an seinem Bindungsvermögen ein. Schwach positive Sera können bei 65$^0$ rotznegativ werden. Berndt[2]) empfiehlt die Inaktivierung bei 62$^0$ vorzunehmen. Tritt dann noch Eigenbindung auf, so sind nach Berndt die Konglutination und KH-Methode durchzuführen.

Die Komplementbindung liefert als Diagnostikum des Rotzes des Pferdes zuverläßliche, wenn auch keine absolut sicheren Ergebnisse. Die Zahl der Fehlresultate beträgt bei Rotzkranken etwa 1$^0/_0$, bei Rotzfreien etwa 2—5$^0/_0$. Zur Erhöhung der Sicherheit verbindet man die Komplementbindung mit der Agglutination (S. **363**). Mießner und Trapp[3]) geben an, daß bei der Verwendung beider Verfahren nur $^1/_2$$^0/_0$ gesunder Pferde irrtümlich getötet wurden. Nach Poppe reagierten von **2669** rotzigen Pferden 99$^0/_0$ auf die Komplementbindung positiv, auf die K-H-Methode (S. **444**) 89$^0/_0$, auf das Konglutinationsverfahren (S. **441**) 88$^0/_0$; dagegen auf die Agglutination nur **30**$^0/_0$ positiv. Daß die Agglutination so häufig versagte, führt Poppe auf die große Zahl von alten Rotzfällen (S. **369**) in seinem Material zurück.

Nach subkutaner usw. Malleineinspritzung (nicht nach dem Eintropfen in den Lidsack — Augenprobe) werden auch bei gesunden Tieren vielfach vom **3.** Tage bis etwa zum Ende des **1.—3.** Monats positive Agglutination und Komplementbindung erhalten. Zur Vermeidung von Irrtümern hat die subkutane Einspritzung (thermische Malleinreaktion) bis zum Abschluß der Blutuntersuchung zu unterbleiben.

Mit der Komplementbindung zur Feststellung der **Lungenseuche** haben Titze und Giese[4]) gute Erfolge erzielt.

Als Antigen verwendet man nach Giese ein Kulturantigen in Martinscher Bouillon (S. 200) oder noch besser in Rindfleischbouillon

---

[1]) Manninger, Zeitschr. f. Immunitätsforsch. u. exp. Therap. 1921, Bd. 31, S. 222.

[2]) Berndt, Arch. f. wiss. u. prakt. Tierheilk. 1921, Bd. 46, S. 252.

[3]) Mießner und Trapp, zit. nach Mießner, Komplementbindung im Handbuch der Serumtherapie und Serumdiagnostik. Herausgeg. von Klimmer und Wolff-Eisner. Leipzig, Verlag W. Klinkhardt.

[4]) Titze und Giese, Berl. tierärztl. Wochenschr. 1919 S. 281 und Giese, ebenda 1921, S. 541 und 1922, S. 25.

mit $8\%$ Pferdeserumzusatz und einer Alkalinität von $P_H=7{,}7-7{,}9$[1]) (S. 179) [zur Züchtung aus dem Organismus ohne Peptonzusatz]. 2—3 Tage nach der Impfung der Martinschen Bouillon mit Lungenseuchevirus trübt sich die Kultur opaleszierend. Nach 10—14 Tagen erreicht die Trübung ihren Höhepunkt. Nachdem man sich mikroskopisch und kulturell (Agarstrich- und Bouillonkultur) von der Abwesenheit von Bakterien in der 2—6 Wochen alten Kultur überzeugt hat, wird sie 2 Stunden auf 60° erhitzt. Das Antigen ist dann gebrauchsfertig. Vorherige Klärung durch Zentrifugieren oder Asbestfiltration ist zu empfehlen. Nach Mießner sind auch Koch-Extrakte brauchbar, die wie folgt hergestellt werden:

Kleinerbsengroße, frische Lungenstücke mit akuten Prozessen oder Lymphknoten werden mit Kochsalzlösung im Wasserbad 20 Minuten gekocht. Das Extrakt wird filtriert, 2—3 Stunden scharf zentrifugiert und karbolisiert ($0{,}5\%$). Nur etwa $20\%$ der auf diese Art gewonnenen Extrakte sind brauchbar.

Das Antigen ist zunächst auf Eigenhemmung zu prüfen. Fallende Mengen Antigen (1,0—0,5—0,4—0,3—0,25—0,2—0,15—0,1 0,05—0,025—0,01) werden mit Kochsalzlösung auf 1 ccm ergänzt. Zu jeder Probe wird je 1,0 ccm Kochsalzlösung (an Stelle von Serum) und 0,5 ccm $10\%$iges frisches Meerschweinchenserum (Komplement) zugesetzt. Nach 15 Minuten langem Aufenthalt im Wasserbad bei 40° wird das inaktivierte hämolytische Serum (2—3fache Titerdosis in 1 ccm) und 1 ccm $4\%$ige Blutkörperchenaufschwemmung hinzugegeben. Nach 15 Minuten langem Aufenthalt im Wasserbad bei 40° wird abgelesen. Meist besitzen die Antigene (Koch-Extrakte) in höheren Konzentrationen Eigenhemmung. Am geeignetsten waren nach Mießner und Albrecht $20\%$ige Antigene. Als Arbeitsdosis verwendete Mießner und Albrecht die größte nicht mehr selbst bindende Titerdosis des Antigens. Giese wertet das Antigen aus und bestimmt hiernach die Arbeitsdosis.

Die Auswertung des Antigens erfolgt in der üblichen Weise (S. 407) und zwar in $^1/_2$ Dosen in 3 Reihen: a) mit einem Lungenseucheserum von hohem Bindungswert, b) einem Normalserum und c) einer Kontrollreihe ohne Serum. Die in Reihe a noch eben vollständig hemmende geringste Antigenmenge wird für den Hauptversuch in entsprechender Verdünnung benutzt.

Die Auswertung des Komplements erfolgt in $^1/_2$ Dosen in zwei Versuchsreihen: a) in Gegenwart von 0,1 ccm inaktiviertem, 1 : 50 verdünntem Serum mittleren Bindungswertes von einem lungenseuchekranken Rinde und b) von 0,1 ccm inaktiviertem, 1 : 50 verdünntem Serum von einem gesunden Rind. Die erforderlichen Einzelmengen Komplement (0,1—0,15—0,2—0,25—0,3—0,35—0,4—0,45—0,5—0,55—0,6 ccm 1 : 9 verdünntes Meerschweinchenserum), sowie Antigen und inaktiviertes Serum werden, wie gebräuchlich, durch Nachfüllen von physiologischer Kochsalzlösung auf je 0,5 ccm (z. B. 0,1 ccm Serum + 0,4 ccm NaCl) gebracht, so daß sich die $^1/_4$stündige Bindung im Wasserbad von 38—40° in der Gesamtmenge von 1,5 ccm (0,5 ccm ver-

[1]) Joseph, Berl. tierärztl. Wochenschr. 1922, S. 101.

dünntes Serum, 0,5 ccm verdünntes Antigen, 0,5 ccm verdünntes Komplement) vollzieht. Hierauf wird 1 ccm des hämolytischen Systems (S. 402) aufgefüllt und werden die Proben wieder in das Wasserbad eingestellt.

Der hämolytische Ambozeptor wird in 3—4facher Titerdosis, die Hammelblutkörperchen (0,5 ccm) in $4^0/_0$iger Aufschwemmung benutzt. Durch die Gegenüberstellung der beiden Versuchsreihen wird eine genauere Einstellung des Komplements und gleichzeitig die Geeignetheit des Antigens dargetan. Ist in den beiden Reihen, die mit Lungenseuche- und Normalserum angesetzt sind, ein deutlicher Lösungsunterschied wahrnehmbar und die Hämolyse in den beiden Kontrollen ohne Antigen vollständig, so werden die Proben aus dem Wasserbad entfernt, ihre Lösungsdauer notiert und das Ergebnis sofort abgelesen und die ermittelte Komplementmenge (mit leichtem Überschuß) für den folgenden Hauptversuch festgestellt. Je größer die Unterschiede der Hämolyse in den beiden Reihen (Kranken- und Normalserum) ist, um so günstiger sind die Aussichten auf gute Ergebnisse beim Hauptversuch.

Der Hauptversuch wird in $^1/_2$ oder ganzen Dosen durchgeführt (S. 408). Neben den üblichen Kontrollen sind mehrere positive und normale Seren mitanzusetzen. Man nimmt also

1. 0,5 (bzw. 1,0) ccm $2^0/_0$iges Patientenserum (bzw. Kontrollserum von kranken bzw. gesunden Rindern),
2. 0,5 (bzw. 1,0) ccm Antigen (verdünnt nach den Ergebnissen der Auswertung);
3. 0,5 (bzw. 1,0) ccm Komplement (verdünnt nach den Ergebnissen der Komplementauswertung);
4. $^1/_4$stündiger Aufenthalt im Wasserbad von 38—40°;
5. 1,0 (2,0) ccm hämolytisches System (2—3fache Ambozeptordosis in 0,5 (1,0) ccm + 0,5 (1,0) ccm $4^0/_0$ige Blutkörperchenaufschwemmung);
6. Aufenthalt im Wasserbad von 38—40° solange, wie bei der Komplementaustitrierung ermittelt wurde — Ablesen.

Zur Kontrolle auf Eigenbindung des Untersuchungsserums ist eine Probe, bei der man das Antigen (2) durch physiologische Kochsalzlösung ersetzt, anzustellen. Unspezifische Nachlösungen kommen oft schon in 20 Minuten vor. Der Versuch ist demnach nach 15 Minuten abzuschließen. Von 56 Seren von lungenseuchekranken Tieren reagierten $84^0/_0$ positiv, von 204 Seren gesunder Rinder reagierten $92^0/_0$ negativ.

Die Komplementbindung wird vielfach[1]) zur Feststellung der **Beschälseuche** der Pferde empfohlen. Nach Watson[2]) reagierten $100^0/_0$, nach Semmler[3]) $85{,}5^0/_0$ der klinisch kranken Tiere. Nach künstlicher

[1]) Waldmann und Knuth, Berl. tierärztl. Wochenschr. 1920, S. 267; Nußhag, ebenda 1921, S. 402; ferner Landsteiner, Müller, Pötzl, Wien. klin. Wochenschr. 1907, S. 1421; Levaditi und Mutermilch, Zeitschr. f. Immunitätsforsch. u. exp. Therap., Orig. 1909, Bd. 2, S. 702; Manteufel und Woithe, Arb. a. d. Kais. Gesundheitsamte 1908, Bd. 29, S. 452; Winkler und Wyschеleßky, Berl. tierärztl. Wochenschr. 1911, S. 933; Mohler, Eichhorn und Buck, Americ. H. vet. med. 8, S. 58 u. J. Agric. Research. Dep. of Agric. 1. Nov. 1913.

[2]) Watson, Parasitology 1915, Bd. 8, S. 156.

[3]) Semmler, Dtsch. tierärztl. Wochenschr. 1921, S. 588.

Infektion treten die Ambozeptoren schon nach 11 Tagen auf. Für die Praxis empfiehlt Watson einer negativen Reaktion erst dann entscheidende Bedeutung beizumessen, wenn zwei Monate seit der Ansteckungsgefahr verstrichen sind. Die Ambozeptoren sollen nach Watson noch 5 Jahre nach erfolgter Heilung nachweisbar sein. Nach Semmler reagieren die Sera beschälseuchekranker, mit Bayer 205 behandelter Pferde 10—20 Tage nach der Behandlung jedoch nicht mehr.

Als Antigen erwiesen sich nach Semmler[1]) Auszüge aus einem Trypanosomenmaterial und aus Blutkuchen trypanosomenkranker Pferde und Hunde als brauchbar. Waldmann und Knuth [2]) nehmenTrypanosomen aus dem Blut künstlich infizierter Ratten. Nußhag [2]) empfiehlt eine Aufschwemmung oder einen alkoholischen Auszug oder ein Schüttelextrakt aus gewaschenen Trypanosomen. Den Blutkuchenextrakt fand er wenig wirksam. Semmler beobachtet auch bei gutem Antigen nur deutliche bzw. undeutliche, in keinem Falle vollständige Hemmung der Hämolyse. Ferner waren von den Blutkuchenextrakten nur 23,2 $^0/_0$ brauchbar. Organextrakte waren nach Semmler und Nußhag durchgängig unbrauchbar; die Hemmung der Hämolyse blieb auch mit Krankenserum aus.

Zur Gewinnung des Antigens aus reinem Trypanosomenmaterial fängt man das stark trypanosomenhaltige Blut eines Pferdes oder Hundes in 1 $^0/_0$iger Natriumzitratlösung auf, zentrifugiert die Trypanosomen aus, hebt sie von der roten Blutkörperchenschicht mittels Kapillare ab, wäscht sie 3—4 mal mit physiologischer Kochsalzlösung aus, schwemmt sie in physiologischer Kochsalzlösung auf, schüttelt sie 3 Tage im Schüttelapparat und erhält dann durch Zentrifugieren eine schwach milchig getrübte Flüssigkeit, das Antigen. Zur Konservierung benutzte Semmler Formalin (5 Vol.-Proz. einer Mischung von 15 ccm Formalin mit 85 ccm physiologischer Kochsalzlösung).

Das Blutkuchenextrakt (Antigen) gewinnt man nach Angleitner und Danek [3]) durch feines Verreiben des nach Auspressen des Serums zurückbleibenden Blutkuchens mit sterilem Seesand und der vierfachen Menge Karbol (0,5 $^0/_0$ig)-Kochsalzlösung. Nach 24stündiger Aufbewahrung im Eisschrank erhitzt man 20 Minuten im Dampftopf auf 100$^0$, bewahrt wiederum 24 Stunden im Eisschrank auf und zentrifugiert 20 Minuten. Die erhaltene graugelbliche, opaleszierende Flüssigkeit ist das Antigen.

Ferner kann man nach Angleitner und Danek den Blutkuchen im Faust-Heimschen Apparat (S. 79) zunächst trocknen, dann pulverisieren und mit der vierfachen Gewichtsmenge Karbolkochsalzlösung viermal 24 Stunden auslaugen. Nach 10 Minuten langem Erhitzen im Wasserbad auf 80$^0$ und Filtrieren erhält man ein schwach opaleszierendes Antigen. Die Verwertbarkeit der Blutkuchenantigene waren unabhängig von Grad und Dauer der Krankheit, vom Trypanosomengehalt des

[1]) Semmler, Dtsch. tierärztl. Wochenschr. 1921, S. 588.
[2]) Siehe Anm. 1 S. 414.
[3]) Angleitner und Danek, Berl. tierärztl. Wochenschr. 1916, S. 541.

Blutes und von feuchter oder trockener Verarbeitung des Blutkuchens. Trübe Antigene werden durch Asbestfilter geklärt.

Viele Auszüge aus Blutkuchen von gesunden wie kranken Tieren hemmen mit Serum von gesunden und kranken Tieren. Sie sind dann also unbrauchbar.

Das Antigen ist auf Eigenhemmung (S. 404) und Verwendbarkeit zu prüfen. Zur Feststellung der ersteren verwendet man 1—50%ige Antigenmischungen. 10%ige Antigene erweisen sich meist als am brauchbarsten. Zur Auswertung der Verwendbarkeit des Antigens sind Reihen mit Serum von gesunden und trypanosomenkranken Tieren anzusetzen.

Das Patientenserum wird in Mengen von 0,2, 0,1, 0,05, 0,02, 0,01 und 0,005 verwendet. Als positiv gelten Titer von 0,2 und darunter (0,05). Das Ablesen erfolgt nach 10 und 20 Minuten langem Aufenthalt im Wasserbad bei 38°.

Die Inaktivierung des Patientenserums wird durch ½stündiges Erhitzen auf 56—58° im Wasserbad bewirkt. Die Patientenseren können durch vorsichtigen Zusatz von 0,5% Karbolsäure konserviert werden. Vorprüfung bzw. Kontrolle auf Eigenhemmung ist erforderlich. Als Arbeitsdosen sind die 2½—3fache Minimaldose des inaktivierten hämolytischen Serums bei Gegenwart von Antigen, 1 ccm 2,5 bis 4%ige Blutkörperchenaufschwemmung, 0,5 ccm unverdünntes Antigen, die einfach lösende Dosis des Komplements (bei Gegenwart von Antigen) zu verwenden. Die Flüssigkeitsmenge beträgt vor Zufügung des 2 ccm betragenden hämolytischen Systems 3 ccm. Die Bindung läßt man im Wasserbad von 40° in 20 Minuten vor sich gehen, desgleichen die Hämolyse.

Nach Dahmen[1]) ist die Komplementbindung zur Diagnostik der Beschälseuche (entgegen Watson, Semmler, Waldmann und Knuth usw.) unzuverlässig. Er empfiehlt hierzu die Lipoidbindungsreaktion nach Meinicke (S. 404).

Die Komplementbindung ist bei Trypanosomenerkrankungen, wie die Agglutination, nicht art-, sondern nur gattungsspezifisch.

Nach Cominotti[2]) gibt die Komplementbindung bei Beschälseuche nur bei positivem Ausfall verwertbare Ergebnisse. Das Ausbleiben der Komplementbindung beobachtete er oft auch bei klinischer und mikroskopischer Feststellung der Krankheiten. Mit dem Serum von 24 frisch infizierten Tieren mit klinischen Erscheinungen bekam er nur bei 14, von 14 älteren Fällen nur bei 10 und von 36 latenten Fällen sogar nur bei 3 positive Komplementbindung.

Die Komplementbindung hat sich als Diagnostikum auch bei der **chronischen Gonorrhöe** nach Müller und Oppenheim[3]), Demska[4]),

---

[1]) Dahmen, Berl. tierärztl. Wochenschr. 1921, S. 31.
[2]) Cominotti, La clinica veterinaria 1921, H. 4, ref. in Berl. tierärztl. Wochenschrift 1921, S. 492.
[3]) Müller und Oppenheim, Wien. klin. Wochenschr. 1906, Nr. 27.
[4]) Demska, Dermatol. Zeitschr. 1921, Nr. 11.

Finkelstein[1]), Smith und Wilson[2]) gut bewährt, während sie bei akuten Erkrankungen versagt. Als Antigen benutzt man 48stündige Dinatriumphosphatagarkulturen, die durch Behandlung mit Alkohol und Äther von Lipoiden befreit, getrocknet, fein verrieben, in der 200-fachen Menge Kochsalzlösung aufgeschwemmt und eine Stunde auf 80° erhitzt werden. Fey[3]) benutzte Extrakte aus Gonokokkenreinkulturen, die ihm in den filtrierten Impfstoffen zur Verfügung standen, in Mengen von 0,5 ccm, die vorher auf Eigenhemmung kontrolliert waren. Die Versuchsanordnung war wie vorstehend. Normalseren gaben nie (Fey) Komplementbindungen. Bei der Komplementbindung mit den Patientenseren traten Stammesunterschiede der Gonokokken weniger als bei der Agglutination und Präzipitation hervor. Für die Praxis empfiehlt es sich, polyvalente Extrakte zu verwenden. Die bei der Präzipitation und Agglutination auftretenden Stammesunterschiede der Gonokokken machen die Verwendung dieser Untersuchungsverfahren für die Diagnostik unmöglich. Aber die stammesspezifische Agglutination gibt für die spezifische Behandlung, falls nicht eine Autovakzine hergestellt werden kann, wertvolle Hinweise.

**Komplementbindung bei der Echinokokkenerkrankung.** Die Technik lehnt sich eng an die vorstehend beschriebene an. Als Antigen nimmt man die Flüssigkeit aus den Echinokokkenblasen vom Menschen oder besser vom Schaf. Blumenthal und Weinberg erzielten günstige Ergebnisse.

Die Ausführung ist aus nachfolgender Versuchsniederschrift von Weinberg ersichtlich:

| Echinokokkenflüssigkeit | Inakt. Patientenserum | Komplement | Hämolyse | Blutkörperchen 5%ige Aufschwemmung | Ergebnis |
|---|---|---|---|---|---|
| 0,4 | 0,5 | 0,1 | 2 × lösende Dosis | 1 ccm | Hemmung |
| 0,4 | 0,4 | 0,1 | „ | „ | Hemmung |
| 0,4 | 0,3 | 0,1 | „ | „ | teilweise Hemmung |
| 0,4 | 0,2 | 0,1 | „ | „ | Hämolyse |
| 0,4 | — | 0,1 | „ | „ | Hämolyse |
| — | 0,5 | 0,1 | „ | „ | Hämolyse |

Bei der **Tuberkulose** liefert die Komplementbindung sehr unzuverläßliche Ergebnisse (Wyschielesski)[4]). Dagegen soll sie nach Bang[5])

[1]) Finkelstein und Gerschun, Practiczesky Wratsch 1912, S. 157.

[2]) Smith und Wilson, Journ. of Immunol. 1920, Bd. 5, S. 493, ref. im Zentralbl. f. Bakteriol., Parasitenk. u. Infektionskrankh., Abt. I, Ref. 1921, Bd. 72, S. 102.

[3]) Fey, Zeitschr. f. Immunitätsforsch. u. exp. Therap., Orig. I 1921, Bd. 33, S. 187.

[4]) Wyschielesski, Beitrag zur Untersuchung der aktiven und latenten Tuberkulose des Rindes. Zeitschr. f. Tuberkul. 1912, Bd. 19, S. 209.

[5]) Bang, O., Verhandl. d. 10. intern. tierärztl. Kongresses. 1914, Bd. 3, S. 157.

bei der paratuberkulösen Enteritis der Rinder (Johnesche Seuche) brauchbar sein. Bezüglich ihrer diagnostischen Verwendbarkeit bei der **Brustseuche** (Pfeiler)[1]), **Schweinepest** (Rickmann)[2]), der **hämorrhagischen Septikämien** (Mohler und Eichhorn)[3]), der **Tollwut** (Heller und Tomarkin[4]), Friedberger[5]), Zell[6]), Müller[7]) usw.), des **Milzbrands** (Bierbaum und Boehnke)[8]) und der **Schafpocken** (Manninger[9]), Wiesinger)[10]) liegen nur vereinzelte Versuche vor. Ob das Verfahren sich auch zur Ermittlung von Kokzidien, Sarkosporidien usw. eignet, bedarf noch der Untersuchung.

*β*) **Abstufung der Antigenmenge.** Diese Versuchsanordnung haben Wassermann und Bruck für den Nachweis von Antistoffen gegen **Tuberkulin** benutzt. Von einer vorherigen Titrierung eines spezifischen Antiserums und Auswertung des Antigens kann hier abgesehen werden, es genügt das hämolytische Serum sowie das Komplement auszutitrieren und sich davon zu überzeugen, daß das Antigen allein die Hämolyse nicht beeinflußt.

Versuchsanordnung: Je 0,2 ccm inaktiviertes Antiserum, 2 ccm Komplement-Kochsalzlösung (S. 402) und fallende Mengen Antigen-(Tuberkulin) (0,1, 0,05, 0,01, 0,005, 0,001 ccm) sowie eine Kontrolle ohne Antigen, eine andere mit Antigen 0,1, aber ohne Antiserum werden nach Durchmischen und einstündigem Aufenthalt bei 37, mit 0,75 ccm hämolytischem System (S. 402) versetzt, eine weitere Stunde bei 37° gehalten und dann die Ergebnisse abgelesen.

## Wassermannsche Reaktion.

Wassermannsche Reaktion, ausgearbeitet von A. Wassermann, A. Neißer und C. Bruck. Die notwendigen Reagenzien sind u. a. bei L. W. Gans, Oberursel a. T. erhältlich.

Die Wassermannsche Reaktion beruht im Sinne der Ehrlichschen Seitenkettentheorie[11]) darauf, daß inaktiviertes Serum (S. 354) Syphilitischer bei Gegenwart von Antigen Komplement bindet und dadurch die Hämolyse im zugesetzten hämolytischen System (Blutkörperchen und inaktiviertes hämolytisches Serum) verhindert.

Als Antigen verwendete Wassermann anfangs wässerige Auszüge aus syphilitischer Leber luetischer Föten (erhältlich aus der Universitätsklinik für Hautkrankheiten in Breslau, Merck in Darmstadt usw.).

---

[1]) Pfeiler, Zeitschr. f. Infektionskrankh., parasit. Krankh. u. Hyg. d. Haustiere. 1910, Bd. 8, S. 155.

[2]) Rickmann, Arch. f. wiss. u. prakt. Tierheilk. 1910, Bd. 36, S. 249.

[3]) Mohler und Eichhorn, Americ. veterinar. review 1913, Bd. 42, S. 409.

[4]) Heller und Tomarkin, Deutsche med. Wochenschr. 1907, Nr. 20.

[5]) Friedberger, Wien. klin. Wochenschr. 1907, Nr. 29.

[6]) Zell, Americ. journ. of veterin. med. 1913. Vol. 8, S. 637.

[7]) Müller, E., Wiener tierärztl. Monatsschr. 1919, S. 74.

[8]) Bierbaum und Boehnke, Zeitschr. f. Infektionskrankh., parasit. Krankh. u. Hyg. d. Haustiere. 1913, Bd. 14, S. 231.

[9]) Manninger, ref. in Deutsch. tierärztl. Wochenschr. 1918, Nr. 9.

[10]) Wiesinger, Wiener tierärztl. Monatsschr. 1918, Bd. 5, S. 353.

[11]) Nach der jüngst von H. Sachs formulierten Betrachtungsweise handelt es sich jedoch nicht um eine eigentliche Komplementbindung, sondern um eine Komplementinaktivierung infolge von Globulinveränderungen.

Später ist hierfür ein alkoholischer Auszug aus luetischen Organen und sodann auch aus normalen Organen (Meerschweinchenherzen, normalen Menschenlebern usw.) eingeführt worden. Bei zweifelhaftem Ausfall der Reaktion empfiehlt sich eine Nachprüfung mit wässerigem Auszug aus syphilitischen Organen, weil die Auszüge aus normalen Organen unsicherer wirken.

Herstellung des Antigens: Frische, luetische Organe von Föten werden fein zerkleinert, im Verhältnis 1:4 mit Karbol (0,5$^0/_0$)-Kochsalz (0,85$^0/_0$)-Lösung und etwas Seesand verrieben, 24 Stunden im Schüttelapparat extrahiert und klar zentrifugiert.

Vielfach wird empfohlen, den Auszug nicht sofort abzuzentrifugieren, sondern ihn im Eisschrank 4 Tage und länger absetzen zu lassen und den noch nicht benötigten Auszug über den Bodensatz im Eisschrank aufzubewahren. Nach Bedarf werden kleinere Mengen abgegossen und durch Zentrifugieren geklärt. Der Auszug stellt eine opaleszierende, aber von Flöckchen freie Flüssigkeit dar.

Zur Gewinnung alkoholischer Extrakte werden die Organe zuvor getrocknet und gemahlen. Das getrocknete Pulver wird in absolutem Alkohol (1:30) verteilt, mehrere Stunden geschüttelt, einige Stunden bei 37$^0$ gehalten und dann durch Zentrifugieren geklärt.

Das Extrakt muß in Mengen von 0,2 ccm mit 0,1 ccm sicher syphilitischem Serum vollkommene Hemmung geben, während es mit 0,2 ccm normalem Menschenserum jedoch keine Hemmung hervorrufen darf. Endlich darf das Extrakt weder allein (hämolytische Wirkung) noch mit Komplement (Eigenhemmung — S. 404) in der Menge von 0,5 ccm die Hämolyse beeinflussen, andernfalls ist es mit physiologischer Kochsalzlösung entsprechend zu verdünnen.

Auch eine genaue Auswertung des Extraktes (S. 407) mit 0,1 ccm sicher luetischem Serum ist wertvoll.

Das Antiserum (Blutserum, Lumbal- und Aszitesflüssigkeit) wird durch $^1/_2$stündiges Erhitzen auf 56$^0$ inaktiviert. Bezüglich des Komplementes, der Blutkörperchenaufschwemmung (5$^0/_0$ig) und des hämolytischen Serums sei auf S. 400 und 401 verwiesen. Daneben benötigt man zum Vergleich ein sicher syphilitisches gut reagierendes Serum und das Serum eines Gesunden, das also keine Bindung gibt.

Auch hier ist zunächst das hämolytische Serum (Arbeitsdosis gleich der 2—3fachen Minimaldosis — S. 401) auszutitrieren. Die Komplementmenge beträgt hier stets 1 ccm eines 1:10 mit 0,85$^0/_0$iger Kochsalzlösung verdünnten frischen Meerschweinchenserums.

Endlich wird mit Hilfe eines sicher syphilitischen Serums die geeignetste Antigenmenge ermittelt.

Die Kontrollen mit normalem Leberextrakt sind bei wichtigen Differentialdiagnosen, z. B. zwischen Lues und Karzinom, sowie bei allen Gehirnkrankheiten wertvoll. Bei annähernd gleichstarker Hemmung mit luetischem und normalem Leberextrakt ist Lues nicht erwiesen (Citron).

Negativer Ausfall der Reaktion, d. h. Eintritt der Hämolyse in Röhrchen 1 schließt Syphilis nicht aus. Bei negativem Ausfall der Wassermann-Reaktion in verdächtigen Fällen empfiehlt sich eine Provokation durch 1 oder 2 Neosalvarsangaben (0,1 g als erste, 0,3 g als zweite Gabe) und unmittelbar danach nochmalige Blutuntersuchung. Bei schwacher Reaktion empfiehlt sich Wiederholung nach einigen Wochen. Zunahme der Hemmung spricht für Syphilis.

Bestehende oder kurz zuvor bestandene Erkrankung an Scharlach, Malaria, Lepra können positive Reaktion bei fehlender Syphilis hervorrufen; der Ausfall ist dann nicht beweiskräftig.

Zweifelhafte Reaktion gestattet noch nicht die Diagnose Lues zu stellen. Sie findet sich aber nur selten bei wirklich Gesunden, öfter bei Typhus, Masern, Scharlach und bei Tumoren.

Die zweifelhafte Reaktion ist aber bei früher festgestellter Lues wichtig. Sie spricht dafür, daß noch nicht vollkommen normale Verhältnisse vorliegen. Als Endergebnis der Therapie genügt sie noch nicht, es muß vollkommen negative Reaktion erzielt werden.

Bei zweifelhaften Reaktionen empfiehlt es sich, neben der Wassermannschen Reaktion auch die Flockungsreaktion nach Sachs und Georgi (S. 446) oder die dritte Modifikation (D.M.) der Meinickeschen Reaktion (S. 457) auszuführen, die bei frischen Infektionen früher und bei behandelten Fällen länger positive Ergebnisse als die Wassermannsche Reaktion liefern.

Bei klinischen Erscheinungen der Syphilis werden in 75—100%, im latenten Stadium in 50%, bei Paralyse in etwa 90%, bei Tabes in 60—85% der Fälle positive Reaktionen erhalten. Werden frische Fälle spezifisch behandelt, so schwindet die Wassermannsche Reaktion und es tritt Blutlösung im Versuch auf.

Für die Ausführung der Wassermannschen Reaktion hat der Reichsgesundheitsrat Anleitungen [1]) herausgegeben. Sie lauten:

**Anleitung für die Ausführung der Wassermannschen Reaktion** (festgestellt in der Sitzung des **Reichs-Gesundheitsrats** vom 11. Juli 1919) [2]).

1. Zur Ausführung der Wassermannschen Reaktion sind nur staatlich geprüfte Extrakte und als Ambozeptor nur staatlich geprüfte hammelblutlösende Kaninchensera zu verwenden. Andere Extrakte und Ambozeptoren dürfen nicht benutzt werden.

2. Das Komplement und die Hammelblutaufschwemmung müssen von den Untersuchungsstellen selbst gewonnen bzw. hergestellt werden.

Das Komplement darf nur von Meerschweinchen, die noch nicht zu anderen Versuchen verwendet worden sind, stammen. Es soll frisch oder höchstens am vorhergegangenen Tag entnommen sein. Die Aufbewahrung des Meerschweinchenserums muß im letzteren Falle auf Eis oder im Eisschrank erfolgen. Es empfiehlt sich, das Komplement von mehreren Tieren zu mischen.

Die roten Hammelblutkörperchen müssen durch sorgfältiges dreimaliges Waschen mit der mindestens fünffachen Menge 0,85%iger

---

[1]) Veröff. d. Reichsgesundheitsamtes 1920, Bd. 44, S. 843.

[2]) Nach dem Rundschreiben des Reichsministers des Innern an die Landesregierungen vom 27. 3. 1920 soll die Anleitung kein starres, unabänderliches Schema zur Ausführung der Wassermannschen Reaktion bilden, sondern nur die Mindestforderungen für gewerbsmäßige, öffentliche und amtliche Untersuchungen enthalten.

Kochsalzlösung und nachfolgendem Ausschleudern von allen Resten anhaftenden Serums befreit werden.

Die als Bodensatz ausgeschleuderten Blutkörperchen sind mit steriler, 0,85%iger Kochsalzlösung derart aufzuschwemmen, daß die Blutkörperchenaufschwemmung stets in gleicher Dichte benutzt wird und der Mischung von 1 ccm Bodensatz und 19 ccm 0,85%iger Kochsalzlösung entspricht.

Bei der Versuchsanordnung sind folgende Vorschriften zu beachten:

3. Das menschliche Serum darf nur in inaktiviertem Zustand untersucht werden, d. h. nach ½stündiger Erhitzung im Wasserbad auf 55 bis 56° C.

Je ein Teil des inaktivierten Serums ist mit 4 Teilen steriler 0,85%iger Kochsalzlösung zu verdünnen.

4. Jedes menschliche Serum muß gleichzeitig mit mindestens drei verschiedenartigen Extrakten, darunter möglichst einem aus syphilitischer Leber gewonnenen Extrakt untersucht werden. Es empfiehlt sich indessen, besonders auch bei Wiederholungen der Untersuchung und bei früher bereits sicher festgestellter Lues mit fünf Extrakten zu arbeiten.

Die Gebrauchsdosis der einzelnen Extrakte ist durch Vergleichsprüfung an einer größeren Reihe als „sicher positiv" und „sicher negativ" bekannter Menschensera ausprobiert. Auf den Fläschchen ist angegeben, mit wieviel physiologischer Kochsalzlösung 1 ccm des Extraktes verdünnt werden muß, damit die Gebrauchsdosis beim Arbeiten mit je 0,5 ccm der einzelnen Komponenten in 0,5 ccm der Verdünnung enthalten ist.

Die Extrakte müssen kurz vor Ansetzen des Versuchs durch Zugabe der entsprechenden Mengen steriler physiologischer Kochsalzlösung verdünnt werden.

In welcher Art (unter Schütteln, langsam oder schnell usw.) die Verdünnung zu erfolgen hat, geht aus der den Fläschchen beigegebenen Anweisung hervor.

5. Die Wassermannsche Reaktion wird in der Weise ausgeführt, daß jede der fünf in Betracht kommenden Komponenten in einem Flüssigkeitsvolumen von 0,5 ccm enthalten ist. Das Gesamtvolumen beträgt demnach in jedem einzelnen Versuchsröhrchen 2,5 ccm

Aus Sparsamkeitsrücksichten darf die Flüssigkeitsmenge der einzelnen Komponenten auch auf 0,25 ccm, das Gesamtvolumen auf 1,25 ccm herabgesetzt werden. In diesem Falle sind die folgenden Zahlenangaben sinngemäß auf die Hälfte zu vermindern.

Vor Ausführung der Wassermannschen Reaktion ist jeweils die Wirksamkeit des benutzten Komplements und des hämolytischen Ambozeptors in Vorversuchen zu bestimmen.

Das Komplement wird sowohl in den Vorversuchen wie auch im Hauptversuch in 10facher Verdünnung (1 Teil Meerschweinchenserum + 9 Teile steriler 0,85%iger Kochsalzlösung) bzw. in 20facher Verdünnung (1 Teil Meerschweinchenserum + 19 Teile steriler 0,85%iger Kochsalzlösung) verwendet.

### Hämolytischer Vorversuch.

6. Von dem hämolytischen Ambozeptor (Hammelblutkörperchen lösendes Kaninchenserum) werden, um die im Hauptversuch anzuwendende „Gebrauchsdosis" zu ermitteln, absteigende Mengen (bzw. verschiedene Verdünnungen) geprüft, um zunächst die kleinste völlig lösende Dosis festzustellen.

Zugleich wird unter Verwendung eines Extraktes die eigenhemmende (antikomplementäre) Wirkung der Extraktverdünnung auf das jeweils benutzte Komplement durch folgende Feststellung berücksichtigt. Es werden einerseits Mischungen von absteigenden Mengen von Ambozeptor und Hammelblutaufschwemmung (sensibilisierte rote Blutkörperchen), andererseits ein Gemisch von Komplement und Extraktverdünnung hergestellt. Nach 45 Minuten langem Verweilen dieser Gemische im Brutschrank werden den Ambozeptor und Hammelblutaufschwemmung enthaltenden Versuchsröhrchen gleiche Mengen des Gemisches von Komplement und Extraktverdünnung zugefügt, so daß die unter diesen Bedingungen völlig lösende Dosis des Ambozeptors ermittelt wird.

Der Vorversuch gestaltet sich daher bei einem Titer des hämolytischen Ambozeptors 1 : 2000 folgendermaßen:

#### A. Bestimmung der völlig lösenden Dosis.

| Röhrchen | Hämolytischer Ambozeptor | Kochsalzlösung | Komplement | Hammelblutkörperchen |
|---|---|---|---|---|
| 1. | 1,5 ccm Verd. 1:3000 (= 0,5 ccm 1 : 1000) | 0 | 0,5 ccm 1 : 10 | 0,5 ccm 1 : 20 |
| 2. | 1,0 ccm Verd. 1:3000 (= 0,5 ccm 1 : 1500) | 0,5 | „ | „ |
| 3. | 0,75 ccm Verd. 1:3000 (= 0,5 ccm 1 : 2000) | 0,75 | „ | „ |
| 4. | 0,5 ccm Verd. 1:3000 (= 0,5 ccm 1 : 3000) | 1,0 | „ | „ |
| 5. | 1,5 ccm Verd. 1:12000 (= 0,5 ccm 1 : 4000) | 0 | „ | „ |
| 6. | 1 ccm Verd. 1:12000 (= 0,5 ccm 1 : 6000) | 0,5 | „ | „ |
| 7. | 0,75 ccm Verd. 1:12000 (= 0,5 ccm 1 : 8000) | 0,75 | „ | „ |
| 8. | 0,5 ccm Verd. 1:12000 (= 0,5 ccm 1 : 12000) | 1,0 | „ | „ |
| 9. | 0 | 1,5 | „ | „ |

Die in Klammern beigefügten Verdünnungen stellen die Ambozeptorenverdünnungen, auf ein Volumen von 0,5 ccm berechnet, dar, also auf diejenigen Bedingungen bezogen, wie sie im Hauptversuch praktisch zur Anwendung gelangen.

Die fertig beschickten Röhrchen werden 1 Stunde im Brutschrank oder $^1/_2$ Stunde im Wasserbad bei $37^0$ gehalten. Danach wird im Vorversuch A die kleinste lösende Dosis („Titerdosis") des Ambozeptors bestimmt, durch Feststellung desjenigen Röhrchens von 1 bis 9, in dem gerade noch völlige Lösung der Blutkörperchen eingetreten ist.

Die Blutkörperchen dürfen bei alleinigem Komplementzusatz keine Lösung zeigen. Demgemäß muß in dem Röhrchen 9 die oberhalb der Blutkörperchen stehende Flüssigkeit farblos bleiben.

B. Bestimmung der völlig lösenden Dosis nach vorherigem Zusammenwirken von Extrakt und Komplement unter Verwendung sensibilisierten Blutes.

| Röhrchen | Hämolytischer Ambozeptor | Kochsalzlösung | Hammelblutkörperchen | |
|---|---|---|---|---|
| 10. | 0,5 ccm 1:100 (1:100) | 0 | 0,5 ccm 1:20 | Nach $^3/_4$stündigem Verweilen im Brutschrank wird je 1,5 ccm einer gleichfalls zuvor $^3/_4$ Stunde im Brutschrank gehaltenen Mischung von gleichen Teilen Extraktverdünnung, physiologischer Kochsalzlösung und 10fach verdünntem Meerschweinchenserum zugefügt. |
| 11. | 0,25 „ 1:100 (1:200) | 0,25 | „ | |
| 12. | 0,5 „ 1:300 (1:300) | 0 | „ | |
| 13. | 0,3 „ 1:300 (1:500) | 0,2 | „ | |
| 14. | 0,2 „ 1:300 (1:750) | 0,3 | „ | |
| 15. | 0,15 „ 1:300 (1:1000) | 0,35 | „ | |
| 16. | 0,1 „ 1:300 (1:1500) | 0,4 | „ | |

Aus dem Vorversuch B (Röhrchen 10 bis 16) ergibt sich die völlig lösende Ambozeptordosis bei vorheriger Einwirkung des Extraktes auf das Komplement. Sie ist durch die antikomplementäre Extraktwirkung bzw. durch Abschwächung des verdünnten Komplements größer als bei der einfachen Bestimmung des Ambozeptortiters. Es muß daher einerseits mindestens die im Vorversuche B völlig lösende Ambozeptormenge, andererseits mindestens das vierfache der in Reihe A ermittelten Titerdosis für den Hauptversuch angewandt werden.

Enthält z. B. im Vorversuch A Röhrchen 3 die kleinste völlig lösende Dosis, im Vorversuche B Röhrchen 13, so ergibt sich als Gebrauchsdosis 0,5 ccm der 500fachen Ambozeptorverdünnung.

Enthält aber z. B. im Vorversuche A Röhrchen 3 die völlig lösende Dosis, im Vorversuche B aber Röhrchen 11, so ergibt sich als Gebrauchsdosis für den Hauptversuch 0,5 ccm einer Ambozeptorverdünnung von 1:200.

Enthält endlich z. B. im Vorversuche A Röhrchen 3 die völlig lösende Dosis, im Vorversuche B aber Röhrchen 15, so ergibt sich als Gebrauchsdosis 0,5 ccm der Ambozeptorverdünnung 1:500.

Zugleich sind die beiden Vorversuche A und B in gleicher Weise anzusetzen, nur mit dem Unterschiede, daß das Komplement anstatt in 10facher in 20facher Verdünnung zur Anwendung gelangt. Dabei ist in dem Versuchsteil B derjenige Extrakt zu verwenden, der auch im Hauptversuche bei 20facher Komplementverdünnung benutzt wird.

Die Gebrauchsdosis ergibt sich auch in diesem Falle aus den oben erörterten Regeln [1]).

[1]) Wenn ausnahmsweise im Vorversuche B unter Verwendung 20facher Komplementverdünnung auch bei der größten Ambozeptormenge in Röhrchen 10 keine völlige Lösung eintritt, kann trotzdem der Hauptversuch mit der größten Ambozeptormenge des Vorversuches B ausgeführt werden. Tritt in derartigen Ausnahmefällen in den Kontrollröhrchen nicht vollständige Hämolyse ein, so ist bei sich ergebenden Zweifeln die Untersuchung mit demselben Serum zu wiederholen.

7. Um eine Gewähr dafür zu haben, daß im Hauptversuche einerseits eine hinreichende Komplementmenge vorhanden ist, andererseits ein Komplementüberschuß vermieden wird, empfiehlt es sich, unter Verwendung der nach dem Verfahren in Ziffer 6 bestimmten Gebrauchsdosen des Ambozeptors den Grad der Komplementwirkung qualitativ auszuwerten.

Ein derartiger Kontrollversuch gestaltet sich folgendermaßen:

| Röhrchen | Komplement | Kochsalzlösung | Ambozeptor-Gebrauchsdosis | Hammelblut |
|---|---|---|---|---|
| 1. | 1 ccm Verd. 1:20 = 0,5 ccm 1:10 | 0,5 | für Kompl. Verd. 1:10 0,5 | 0,5 ccm 1:20 |
| 2. | 0,5 ccm Verd. 1:20 = 0,5 ccm 1:20 | 1 | " | " |
| 3. | 0,25 ccm Verd. 1:20 = 0,5 ccm 1:40 | 1,25 | " | " |
| 4. | 1 ccm Verd. 1:160 = 0,5 ccm 1:80 | 0,5 | " | " |
| 5. | 0,5 ccm Verd. 1:160 = 0,5 ccm 1:160 | 1 | " | " |
| 6. | 1 ccm Verd. 1:20 = 0,5 ccm 1:10 | 0,5 | für Kompl. Verd. 1:20 0,5 | " |
| 7. | 0,5 ccm Verd. 1:20 = 0,5 ccm 1:20 | 1 | " | " |
| 8. | 0,25 ccm Verd. 1:20 = 0,5 ccm 1:40 | 1,25 | " | " |
| 9. | 1 ccm Verd. 1:160 = 0,5 ccm 1:80 | 0,5 | " | " |
| 10. | 0,5 ccm Verd. 1:160 = 0,5 ccm 1:160 | 1 | " | " |

Die fertig beschickten Röhrchen werden 1 Stunde im Brutschrank oder $1/_2$ Stunde im Wasserbade bei 37° gehalten. Danach werden diejenigen Röhrchen der beiden Versuchsreihen bestimmt, in denen gerade noch völlige Lösung der Blutkörperchen eingetreten ist. Diese beiden Röhrchen geben den Komplementtiter an und zeigen, ob in den Komplementverdünnungen 1:10 bzw. 1:20 hinreichend und nicht zu viel Komplement enthalten ist. Der Komplementgehalt ist sicher hinreichend, wenn die Komplementverdünnungen 1:10 bzw. 1:20 das Doppelte des Komplementtiters enthalten, d. h. wenn in Röhrchen 2 bzw. in Röhrchen 8 gerade noch völlige Lösung der Blutkörperchen eingetreten ist. Ist die hämolytische Wirkung geringer, so liegt ein schwacher Komplementgehalt vor, ist sie stärker, so ist ein Komplementüberschuß vorhanden. Bei der Anordnung mit 20fach verdünntem Meerschweinchenserum kommt ein Komplementüberschuß nur in Ausnahmefällen in Betracht.

Dieser Versuch ist nur als Sicherung für die Beurteilung einer Versuchsreihe an einem jeweiligen Tage zwecks Berücksichtigung des schwankenden Komplementtiters aufzufassen. Wenn also z. B. aus dem Versuche hervorgeht, daß das Meerschweinchenserum sehr komplementarm war und im Hauptversuche eine auffallende Menge von partiellen Hemmungen vorhanden ist, so mahnt diese Kontrolle zur Vorsicht in der Beurteilung positiver Fälle bzw. zur Neuanstellung des Versuchs mit anderem Komplement.

## Hauptversuch mit Kontrollen.

8. Außer der eigentlichen Prüfung der eingesandten menschlichen Untersuchungsflüssigkeiten muß durch Vergleichungsuntersuchungen festgestellt werden:

a) daß das verwendete hämolytische System durch alleinigen Zusatz der Extrakte in seiner Wirksamkeit nicht beeinflußt wird: „Extraktkontrollen“ (Röhrchen 1, 2 und 3);

| Röhrchen | Menschenserum (1:5) | Extrakte (A B C) | Komplement (Verd. 1:10) | Komplement (Verd. 1:20) | Kochsalzlösung | Ambozeptor[1]) (Gebrauchsdosis) | Hammelblut | |
|---|---|---|---|---|---|---|---|---|
| 1. | — | A 0,5 ccm | 0,5 ccm | — | 0,5 ccm | 0,5 ccm | 0,5 ccm | Extrakt-kontrollen |
| 2. | — | B 0,5 „ | „ | — | „ | „ | „ | |
| 3. | — | C 0,5 „ | — | 0,5 ccm | „ | „ | „ | |
| 4. | Negat. Vergl.-Serum 0,5 | A 0,5 ccm | 0,5 ccm | — | — | 0,5 ccm | 0,5 ccm | Negative Standard-Kontrollen |
| 5. | | B 0,5 „ | „ | — | — | „ | „ | |
| 6. | | C 0,5 „ | — | 0,5 ccm | — | „ | „ | |
| 7. | Posit. Vergl.-Serum 0,5 | A 0,5 ccm | 0,5 ccm | — | — | 0,5 ccm | 0,5 ccm | Positive Standard-Kontrollen |
| 8. | | B 0,5 „ | „ | — | — | „ | „ | |
| 9. | | C 0,5 „ | — | 0,5 ccm | — | „ | „ | |

b) daß ein aus früheren Versuchen als „sicher negativ“ bekanntes Menschenserum bei richtiger Versuchsanordnung keine Hemmung der Hämolyse bewirkt, „Negative Standard-Kontrollen“ (Röhrchen 4, 5 und 6);

c) daß aber durch ein aus früheren Versuchen als „sicher positiv“ bekanntes Menschenserum Hemmung der Hämolyse hervorgerufen wird, „Positive Standard-Kontrollen“ (Röhrchen 7, 8 und 9);

d) daß ohne Zusatz der Extrakte die zu untersuchenden Flüssigkeiten in der Menge von 1 ccm der Verdünnung 1:5 das hämolytische System in seiner Wirksamkeit nicht beeinträchtigen. „Serumkontrollen“ (Röhrchen 19 bis 28).

9. Um eine gute Übersicht zu haben, empfiehlt es sich, in den Reagenzglasgestellen die einzelnen, mit den entsprechenden Nummern versehenen Röhrchen so aufzustellen, daß alle das gleiche Serum enthaltenden Röhrchen hintereinander, alle den gleichen Extrakt enthaltenden Röhrchen nebeneinander stehen.

---

1) In denjenigen Röhrchen, die 20fach verdünntes Komplement enthalten (also in Röhrchen 3, 6, 9, 12, 15, 18, 20, 22, 24, 26 und 28) ist die Gebrauchsdosis des hämolytischen Ambozeptors eine andere als in den übrigen Röhrchen, in denen die Komplementverdünnung 1 : 10 benutzt wird. Die Gebrauchsdosis ergibt sich aus den in Ziffer 6 beschriebenen Vorversuchen.

Die Ausführung der Hauptversuche gestaltet sich demnach bei der Untersuchung von drei Krankensera unter Verwendung von drei Extrakten folgendermaßen:

| Röhrchen | Menschenserum (1:5) | Extrakte (A B C) | Komplement (Verdünnung 1:10) | Komplement (Verdünnung 1:20) | Kochsalzlösung | Ambozeptor (Gebrauchsdosis) | Hammelblut | |
|---|---|---|---|---|---|---|---|---|
| 10. | Krankenserum I 0,5 | A 0,5 ccm | 0,5 ccm | — | 0,5 ccm | 0,5 ccm | 0,5 ccm | |
| 11. | | B 0,5 „ | „ | — | — | „ | „ | |
| 12. | | C 0,5 „ | — | 0,5 ccm | — | „ | „ | |
| 13. | Krankenserum II 0,5 | A 0,5 „ | 0,5 ccm | — | — | „ | „ | |
| 14. | | B 0,5 „ | „ | — | — | „ | „ | |
| 15. | | C 0,5 „ | — | 0,5 ccm | — | „ | „ | |
| 16. | Krankenserum III 0,5 | A 0,5 „ | 0,5 ccm | — | — | „ | „ | |
| 17. | | B 0,5 „ | „ | — | — | „ | „ | |
| 18. | | C 0,5 „ | — | 0,5 ccm | — | „ | „ | |
| 19. | Negat. Vergleichs-Serum 1,0 | — | 0,5 ccm | — | — | 0,5 ccm | 0,5 ccm | Serumkontrollen |
| 20. | | — | — | 0,5 ccm | — | „ | „ | |
| 21. | Posit. Vergleich-Serum 1,0 | — | 0,5 ccm | — | — | „ | „ | |
| 22. | | — | — | 0,5 ccm | — | „ | „ | |
| 23. | Krankenserum I 1,0 | — | 0,5 ccm | — | — | „ | „ | |
| 24. | | — | — | 0,5 ccm | — | „ | „ | |
| 25. | Krankenserum II 1,0 | — | 0,5 ccm | — | — | „ | „ | |
| 26. | | — | — | 0,5 ccm | — | „ | „ | |
| 27. | Krankenserum III 1,0 | — | 0,5 ccm | — | — | „ | „ | |
| 28. | | — | — | 0,5 ccm | — | „ | „ | |

Auch bei der Benutzung von mehr als drei Extrakten wird immer nur ein Extrakt mit der Komplementverdünnung 1:20 angesetzt.

10. Es werden zunächst das menschliche Serum, die Extrakte und das Komplement (in den Röhrchen 1, 2 und 3 an Stelle des Serums die entsprechende Menge Kochsalzlösung) miteinander gemischt und alle Röhrchen eine Stunde bei 37° C im Brutschrank gehalten. Hierauf erfolgt der Zusatz des sensibilisierten Hammelbluts. Zur Sensibilisierung sind Ambozeptorverdünnung und Hammelblutkörperchenaufschwemmung gut zu mischen und $^1/_2$ Stunde bei 37° im Brutschrank zu halten. Die Röhrchen kommen nach kräftigem Durchschütteln ihres nunmehr überall 2,5 ccm betragenden Gesamtinhalts wiederum in den Brutschrank oder in das auf 37° C eingestellte Wasserbad.

Durch zeitweise Betrachtung der Röhrchen wird der Verlauf der Reaktion beobachtet und der Zeitpunkt festgestellt, an dem in den Kontrollröhrchen 1 bis 6 und 19 bis 28 die Blutkörperchen überall völlig gelöst sind. Alsdann wird das Ergebnis festgestellt [1]).

[1]) Unter Berücksichtigung der Tatsache, daß die Reaktion eine biologische ist und als solche trotz Einhaltung aller Kautelen eine gewisse Breite der Beurteilung verlangt, sei auf folgendes hingewiesen:

11. Bei der Untersuchung von Lumbalflüssigkeiten werden absteigende Mengen der nicht inaktivierten Lumbalflüssigkeit (0,5—0,4—0,3—0,2 bis 0,1 ccm) mit dem Extrakt gemischt. Es genügt hierbei die Verwendung einer 10fachen Komplementverdünnung und die Benutzung von 2 Extrakten, wobei für den 2. Extrakt die Lumbalflüssigkeit nur in der Dosis von 0,5 benutzt wird.

Die Untersuchung einer Lumbalflüssigkeit gestaltet sich demnach folgendermaßen:

| Röhrchen | Lumbalflüssigkeit (unverdünnt) | Extrakte (A B) (Gebrauchsdosis) | Komplement (Verdünnung 1:10) | Kochsalzlösung | Hämolytischer Ambozeptor (Gebrauchsdosis) | Hammelblut 1:20 |
|---|---|---|---|---|---|---|
| 1. | 0,5 ccm | A 0,5 ccm | 0,5 ccm | — | 0,5 ccm | 0,5 ccm |
| 2. | 0,4 „ | „ | „ | 0,1 | „ | „ |
| 3. | 0,3 „ | „ | „ | 0,2 | „ | „ |
| 4. | 0,2 „ | „ | „ | 0,3 | „ | „ |
| 5. | 0,1 „ | „ | „ | 0,4 | „ | „ |
| 6. | — | „ | „ | 0,5 | „ | „ |
| 7. | 0,5 ccm | B 0,5 ccm | 0,5 ccm | — | 0,5 ccm | 0,5 ccm |
| 8. | — | „ | „ | 0,5 | „ | „ |
| 9. | 1,0 ccm | — | 0,5 ccm | — | 0,5 ccm | 0,5 ccm |
| 10. | 0,6 „ | — | „ | 0,4 | „ | „ |
| 11. | 0,4 „ | — | „ | 0,6 | „ | „ |
| 12. | 0,2 „ | — | „ | 0,8 | „ | „ |

Steht von der Lumbalflüssigkeit zu wenig Material zur Verfügung, so genügt unter Umständen, falls nicht eine Herabsetzung der Flüssigkeitsmengen der einzelnen Komponenten auf die Hälfte vorgezogen wird (vgl. Ziff. 5, Abs. 2), das Arbeiten mit einem Extrakt. In diesem Falle scheiden also die Röhrchen 7 und 8 aus.

Im übrigen gilt für die Untersuchung von Lumbalflüssigkeiten das gleiche, was unter Ziff. 10 für die Serumuntersuchung gesagt ist.

12. Der Ausfall der Reaktion in den einzelnen Röhrchen ist in den

---

In den Versuchsreihen, die eine Komplementverdünnung 1:20 enthalten, tritt die Hämolyse in der Regel langsamer ein. Bei der Ablesung und Beurteilung müssen daher die Reihen mit der Komplementverdünnung 1 : 10 und 1:20 gesondert behandelt werden.

Wenn eine Serumkontrolle mit der Komplementverdünnung 1:10 zu einer Zeit nicht gelöst ist, zu der die anderen Serumkontrollen bereits gelöst sind, so ist das betreffende Serum als zu stark eigenhemmend nicht zu beurteilen. Die Beurteilung der übrigen in dem gleichen Versuch angesetzten Sera wird dadurch nicht beeinträchtigt.

Die Eigenhemmung des Serums ist zuweilen bei der Komplementverdünnung 1:20 ausgesprochener als bei der Komplementverdünnung 1:10. Die Ergebnisse bei Verwendung 20fach verdünnten Komplements (Extrakt C) sind dann mit entsprechender Vorsicht zu verwerten und müssen unter Umständen (bei unzureichender Lösung in den Kontrollen) bei der Beurteilung ausgeschieden werden (s. Ziff. 13).

Befundniederschriften überall gleichmäßig in folgender Weise zu verzeichnen:

++++ bedeutet: Blutkörperchen ungelöst, darüberstehende Flüssigkeit farblos.
+++ bedeutet: Blutkörperchen fast ungelöst, darüber stehende Flüssigkeit schwach rosa gefärbt.
++ bedeutet: zu etwa $^1/_2$ gelöst: sog. „große Kuppe".
+ bedeutet: zu $^3/_4$ oder mehr gelöst: sog. „kleine Kuppe".
— bedeutet: völlig gelöst: klare, lackfarbenrote Flüssigkeit.

### Beurteilung der Befunde.

13. Die Reaktion darf nur dann als positiv bezeichnet werden, wenn die Kontrollen vollständig gelöst sind, d. h. wenn diejenigen Röhrchen, welche die doppelte Menge der Untersuchungsflüssigkeit (ohne Extrakt) und die einfache Extraktmenge (ohne Serum) enthalten, völlige Auflösung der Blutkörperchen aufweisen. Ist in den Serumkontrollen nicht völlige Hämolyse eingetreten, so kommen folgende Möglichkeiten in Betracht:

a) In den Hauptversuchsröhrchen (Extrakt + Untersuchungsflüssigkeit enthaltend) ist die Lösung der roten Blutkörperchen vollständig oder mindestens ebenso stark, wie in den Kontrollen eingetreten: das Ergebnis ist dann als negativ zu bezeichnen.

b) In den Hauptversuchsröhrchen ist vollständige Hemmung der Hämolyse oder stärkere Hemmung als in den Kontrollen eingetreten: das Ergebnis ist dann offen zu lassen. In diesen verhältnismäßig seltenen Fällen kann durch Wiederholung der Versuche mit absteigenden Serummengen unter Umständen noch ein eindeutiges positives Ergebnis erhalten werden.

Im übrigen gelten für die Beurteilung der Untersuchung folgende Grundsätze:

Das Ergebnis ist als „positiv", „verdächtig" oder „negativ" zu bezeichnen. Bei dem biologischen Charakter der Methode soll der Erfahrung und dem Ermessen des Untersuchers ein gewisser Spielraum gelassen werden. Insbesondere wird es sich für die Entscheidung nicht selten empfehlen, mit der gleichen Probe am nächsten Tage die Untersuchung mit absteigenden Serummengen zu wiederholen.

Bei dem Ergebnis „verdächtig" empfiehlt es sich, die Einsendung einer neuen Blutprobe nach etwa 14 Tagen zu veranlassen.

### A. Beurteilung der mit Blutserum angestellten Wassermannreaktion.

Das Serum ist als positiv zu bezeichnen, wenn bei der Mehrzahl der verwendeten Extrakte (also bei Verwendung von 3 Extrakten bei 2 Extrakten, bei der Verwendung von 5 Extrakten bei 3 Extrakten) völlige oder fast völlige Hemmung der Hämolyse festzustellen war (++++ oder +++).

Ist nur bei der Minderheit der verwendeten Extrakte völlige Hemmung festzustellen, oder ist bei allen bzw. der Mehrzahl der Extrakte eine Kuppe (++ oder +) vorhanden, so ist das Serum als „verdächtig" zu bezeichnen. Ergibt sich aus der Anamnese früher festgestellte Lues, so ist das Ergebnis nach der positiven Seite zu deuten. Ist Hemmung der Hämolyse nur bei demjenigen Extrakte vorhanden, der mit 20fach verdünntem Meerschweinchenserum angesetzt wird, so darf das Ergebnis nicht als positiv, sondern nur als verdächtig bezeichnet werden.

Im übrigen sind für die Beurteilung die unter Ziff. 7 zur Komplementfrage beschriebenen Ausführungen sinngemäß zu berücksichtigen.

**B. Beurteilung der mit Lumbalflüssigkeit angestellten Wassermannreaktion.** (Vgl. Ziff. 11.)

Der Befund ist als positiv zu bezeichnen, wenn bei einem Extrakte vollständige Hemmung der Hämolyse eingetreten ist. Es genügt hierbei, wenn das in denjenigen Röhrchen, die die größte Menge Lumbalflüssigkeit enthalten, der Fall ist. Die Versuchsreihen müssen regelmäßig verlaufen, d. h. der Hemmungsgrad muß mit absteigender Menge der Lumbalflüssigkeit (Röhrchen 1 bis 5) gleichbleiben oder abnehmen.

Ist die Hemmung der Hämolyse nur partiell, aber auch in den nur die geringeren Lumbalflüssigkeitsmengen enthaltenden Röhrchen vorhanden, so ist das Ergebnis im allgemeinen als verdächtig und nur bei hinreichenden anamnestischen Angaben bzw. bei gleichzeitig positivem Ausfall der Wassermannreaktion mit Blutserum desselben Kranken als positiv zu bezeichnen. Ist nur bei Verwendung der größten Lumbalflüssigkeitsmengen partielle Hemmung der Hämolyse eingetreten, so ist die Lumbalflüssigkeit als negativ bzw. unter Umständen (klinisch anamnestische Angaben) als verdächtig zu bezeichnen.

Sollen zum Zwecke der klinischen Differentialdiagnostik (sog. Auswertungsmethode) die geringsten Mengen der Lumbalflüssigkeit, die noch positiv reagiert haben, bzw. die größten Mengen mit negativer Reaktion bezeichnet werden, so sind die sich aus der Unterziffer 11 angeführten Tabelle ergebenden Zahlenwerte bei der Angabe zu verdoppeln. (Also 1,0—0,8—0,6—0,4—0,2 ccm.)

### Listenführung.

14. Über die ausgeführten Untersuchungen sind von den Untersuchungsstellen Listen zu führen, welche Herstellungsstätte, Operationsnummer und Verdünnungsgrad bzw. Gebrauchsdosen der Extrakte und des hämolytischen Ambozeptors, mit denen die einzelnen Untersuchungen ausgeführt sind, ersehen lassen müssen.

Die Regeln, die die vorstehende Anleitung enthält, stellen auf experimenteller Grundlage ruhende und durch Erfahrung bewährte Vorschriften für die Methodik der Wassermannschen Reaktion dar. Wenn daher die hier beschriebene Methodik als Mindestforderung für öffentliche und amtliche Untersuchungen betrachtet werden muß, so soll damit nicht ausgeschlossen werden, daß neben ihr bzw. zu ihrer Ergänzung auch andere Methoden angewandt werden können.

Für alle diese zusätzlich ausgeführten besonderen Verfahren bleibt aber auch die grundsätzliche Verantwortung dem ausführenden Untersucher überlassen. Insbesondere ist zu betonen, daß die staatlich geprüften Extrakte in ihren Gebrauchsdosen bzw. in den Verdünnungsgraden nur für die hier beschriebene Methodik bestimmt sind, und daß daher die quantitativen Zahlenangaben keineswegs für irgendwelche Abänderung der Technik und Methodik Geltung beanspruchen können.

## Vorschriften über die bei der Wassermannschen Reaktion zur Anwendung kommenden Extrakte und Ambozeptoren.

(Festgestellt in der Sitzung des Reichs-Gesundheitsrats vom 11. Juli 1919.)

§ 1. Extrakte oder Ambozeptoren, welche zur Verwendung für die Wassermannsche Reaktion bestimmt sind, dürfen von dem Hersteller nicht in den Verkehr gegeben, auch nicht zur Einfuhr aus dem Ausland zugelassen werden, bevor sie einer staatlichen Prüfung nach den Vorschriften der §§ 2 bis 10 unterworfen und für brauchbar erklärt worden sind.

§ 2. Wer Extrakte oder Ambozeptoren für die Ausführung der Wassermannschen Reaktion herstellen und in den Verkehr bringen will, bedarf dazu der Erlaubnis der zuständigen Landesbehörde, welche jeweils einen Sachverständigen bestimmt, der nach den Vorschriften der §§ 3 bis 10 bei der staatlichen Prüfung mitzuwirken hat.

§ 3. Jeder Hersteller von Extrakten oder Ambozeptoren, welche zur Ausführung der Wassermannschen Reaktion abgegeben werden sollen, hat über deren Herstellung je eine Liste zu führen, welche folgende Angaben enthalten muß:

a) Bezüglich des Extrakts:

1. Operationsnummer des Extrakts.
2. Art und Zusammensetzung des Extrakts.
3. Menge des Extrakts.
4. Zeit der Herstellung.
5. Ergebnis der Prüfung durch den Hersteller.
6. Der Tag der Absendung an die Prüfungsstelle.
7. Tag des Eingangs des Bescheides der Prüfungsstelle und das mitgeteilte Prüfungsergebnis.
8. Tag der Abgabe des Extrakts und Name der Abnehmer.
9. Vermerk über die Benachrichtigung der Prüfungsstelle über den 6 Monate nach der Prüfung etwa noch vorhandenen Vorrat der Operationsnummer.

b) Bezüglich des Ambozeptors:

1. Operationsnummer des Ambozeptors.
2. Tag der Blutentnahme.
3. Menge des erhaltenen Serums.
4. Art der Konservierung des Serums.
5. Ergebnis der Prüfung durch den Hersteller.
6. Tag der Absendung an die Prüfungsstelle.
7. Tag des Eingangs des Bescheides der Prüfungsstelle und das mitgeteilte Prüfungsergebnis.
8. Tag der Abgabe des Ambozeptors und die Namen der Abnehmer.

§ 4. Sobald eine bestimmte Menge von Extrakt oder Ambozeptor der Prüfung unterworfen werden soll, ist bei dem Sachverständigen die Einleitung der Prüfung von dem Hersteller zu beantragen.

Sind der zu prüfende Extrakt oder der zu prüfende Ambozeptor in verschiedenen Behältern aufbewahrt, so hat der Sachverständige zu untersuchen und nach Anhörung des Herstellers darüber zu entscheiden, ob und inwieweit nach Maßgabe der angestellten Vorprüfungen und der etwa vorgenommenen Mischungen verschiedener Extrakte oder verschiedener Ambozeptoren die Gleichwertigkeit der in den verschiedenen Behältern aufbewahrten zu prüfenden Extrakte oder Ambozeptoren als gleich nachgewiesen anzusehen ist. Von jedem gleichwertigen Extrakt hat der Sachverständige 10 Fläschchen zu 20 ccm, von jedem gleichwertigen Ambozeptor 3 ccm zu entnehmen. Sind der Extrakt oder der Ambozeptor in verschiedenen Behältern untergebracht, so ist die Probeentnahme so einzurichten, daß die Proben Extrakt bzw. Ambozeptor aus allen Behältern enthalten. Nach der Probeentnahme sind die die Proben enthaltenden Gefäße von dem Sachverständigen zu plombieren. Ebenso sind die Behälter, in denen sich der zu prüfende Extrakt oder der zu prüfende Ambozeptor befinden, mit einer Plombe zu verschließen. Die Behälter sind in einem von dem Hersteller zur Verfügung zu stellenden Raume unter Mitverschluß des Sachverständigen aufzubewahren.

Der Hersteller hat die Extrakt- oder Ambozeptorproben mit einem Begleitschreiben nach dem Muster der Anlage 1 an die Prüfungsstelle zu senden. Auf den die Proben enthaltenden Gefäßen sind die Operationsnummern des Extrakts bzw. des Ambozeptors anzugeben. Der Inhalt des Begleitschreibens ist von dem Sachverständigen auf seine Richtigkeit zu prüfen. Die Begleitschreiben sind von ihm gegenzuzeichnen.

Die Extrakte dürfen erst 2 Monate nach der Beendigung ihrer Herstellung eingesandt werden, da die Extrakte in der ersten Zeit nach ihrer Herstellung noch biologische Veränderung erfahren können.

§ 5. Die staatliche Prüfung der Extrakte und Ambozeptoren erfolgt in dem Preußischen Institut für experimentelle Therapie in Frankfurt a. M.

§ 6. Für die Prüfung der Extrakte und Ambozeptoren und für die Beurteilung der Prüfungsergebnisse gelten die in Anlage 2 gegebenen Vorschriften.

Von dem Ausfall der Prüfung ist dem Hersteller sofort durch Schreiben nach dem Muster der Anlage 3 Nachricht zu geben.

§ 7. Extrakte und Ambozeptoren, welche nach dem Prüfungsergebnis untauglich sind, dürfen zur Ausführung der Wassermannreaktion von dem Hersteller nicht abgegeben werden.

Extrakte und Ambozeptoren, welche tauglich befunden wurden, sind zur Abgabe freizugeben. Die Entfernung der Plomben von den Behältern, in denen die Extrakte und Ambozeptoren aufbewahrt waren, und die Abfüllung der Extrakte und Ambozeptoren in die Versandgefäße darf nur unter Kontrolle des Sachverständigen erfolgen. Die Gefäße, in denen die geprüften Extrakte und Ambozeptoren in den Verkehr gebracht werden, müssen mit Plombenverschluß gesichert und mit Vermerken versehen sein, aus denen Herstellungsstelle, Operationsnummer und die Zeitangabe der staatlichen Prüfung ersichtlich sind. Ferner muß auf den Versandgefäßen bei den Extrakten der Verdünnungsgrad und die Verdünnungsart für den Gebrauch mit 0,5 ccm, bei den Ambozeptoren der Titer angegeben sein. Auf den Plomben muß sich das Hoheitszeichen des Einzelstaates befinden, in dem die Herstellungsstelle gelegen ist, auch müssen die Gefäße die deutliche Aufschrift tragen „Staatlich geprüft“.

§ 8. Tauglich befundene Extrakte müssen nach 6 Monaten einer erneuten Prüfung unterzogen werden, wenn die betreffende Operationsnummer bis dahin noch nicht verbraucht ist. Der Hersteller hat darüber der Prüfungsstelle Mitteilung zu machen.

§ 9. Der Sachverständige hat über jede Prüfung eine Aufzeichnung anzufertigen, aus der ersichtlich sind:

a) Bei der Prüfung der Extrakte:

1. Operationsnummer des Extrakts und Namen des Herstellers.
2. Menge des Extrakts.
3. Menge des zur Prüfung entnommenen Extrakts.
4. Tag der Einsendung an die Prüfungsstelle.
5. Ergebnis der Prüfung.
6. Tag der Einfüllung in die Fläschchen und Menge des freigegebenen Extrakts.

b) Bei der Prüfung der Ambozeptoren:

1. Operationsnummer des Ambozeptors und Name des Herstellers.
2. Menge des Ambozeptors.
3. Menge des zur Prüfung entnommenen Ambozeptors.
4. Tag der Einsendung des Serums an die Prüfungsstelle.
5. Ergebnis der Prüfung.
6. Tag der Einfüllung in Fläschchen und Menge des freigegebenen Ambozeptors.

10. Die Gebühren der staatlichen Prüfung einschließlich der dem Sachverständigen zu zahlenden Vergütung fallen dem Hersteller zur Last.

Für 1000 ccm des von einem Hersteller zur Prüfung eingesandten Extraktes ist an die Prüfungsstelle eine Gebühr von 250 Mk. zu entrichten. Bei größeren Extraktmengen steigt die Prüfungsgebühr um je 75 Mk. für je 1000 ccm.

Für 50 ccm des von einem Hersteller zur Prüfung eingesandten Ambozeptors ist an die Prüfungsstelle eine Gebühr von 25 Mk. zu entrichten. Bei größeren Ambozeptormengen steigt die Prüfungsgebühr um je 10 Mk. für je 50 ccm.

**Anlage 1.**

Begleitschein Nr. . . . zu dem
von . . . . . . . . . . in . . . . . . . . . .
eingesandten Extrakt 0 für die Wassermannsche Reaktion.
Ambozeptor 0

Bei Extrakten:
Operationsnummer des Extrakts . . . .
Menge des Extrakts . . . . . . . . . .
Art und Zusammensetzung des Extrakts
Zeit der Herstellung . . . . . . . . . .
Ergebnis der Prüfung durch den Hersteller . . . . . . . . . .
Angabe der erforderlichen Verdünnung . . . . . . . . . .
Tag der Einsendung zur Prüfungsstelle
Bemerkungen . . . . . . . . . .

Bei Ambozeptoren:
Operationsnummer des Ambozeptors . . . . . . . . . .
Tag der Blutentnahme . . . . . . . . . .
Menge des erhaltenen Serums . . . . . .
Art der Konservierung des Serums . . .
Ergebnis der Prüfung durch den Hersteller . . . . . . . . . .
Tag der Einsendung an die Prüfungsstelle . . . . . . . . . .
Bemerkungen . . . . . . . . . .

Unterschrift.

**Anlage 2.**

## a) Prüfung der Extrakte.

1. Die Prüfung der Extrakte zur Feststellung ihrer Reaktionsfähigkeit mit dem Blutserum von Syphiliskranken und zur Feststellung, daß sie keine unspezifischen Reaktionen mit dem Blutserum von nicht an Syphilis erkrankten Personen geben, erfolgt durch vergleichende Untersuchung mit 5 Standardextrakten der Prüfungsstelle.

2. Als Standardextrakte werden von der Prüfungsstelle Extrakte benutzt, deren spezifische Wirksamkeit während 4 Wochen an mindestens 20 Tagen nach der Anleitung zur Ausführung der Wassermannschen Reaktion an mindestens 250 Sera von Syphiliskranken und an mindestens 100 Kontrollsera genau erprobt und sicher gestellt ist.

Von den zur Einstellung der Standardextrakte benutzten 250 Sera von Syphiliskranken sollen mindestens 10% von primären, 30% von latenten, 20% von in Behandlung stehenden Syphilisfällen herrühren.

Von den 100 Kontrollsera soll eine größere Anzahl von Geschwulstkranken oder von an fieberhaften Krankheiten, Ulcus molle, Tuberkulose leidenden Personen stammen.

3. Bei der Prüfung müssen die einzelnen Operationsnummern der eingesandten Extrakte während 14 Tagen bei Untersuchung an mindestens 6 Tagen im Vergleich mit den Standardextrakten und in gleicher Weise wie die Standardextrakte mit mindestens 80 Sera von Syphiliskranken und mit mindestens 40 Kontrollsera untersucht werden. Von den 80 Sera von Syphiliskranken sollen wieder mindestens 10% von primären, 30% von latenten und 20% von in Behandlung stehenden Syphilisfällen herrühren und von den 40 Kontrollsera mindestens 10

von Geschwulstkranken oder von an fieberhaften Krankheiten, Ulcus molle oder Tuberkulose leidenden Personen stammen.

Extrakte, die in Alkohol oder anderen Lipoidlösungsmitteln (z. B. Azeton) gelöst sind, müssen zur Prüfung mindestens 6fach mit 0,85%iger Kochsalzlösung verdünnt werden.

Die Extrakte dürfen in der Gebrauchsverdünnung (0,5 ccm) beim Arbeiten mit 0,5 ccm Hammelblutaufschwemmung im Vergleich mit den Standardextrakten an und für sich keine Hemmung der Hämolyse verursachen. Die Extrakte dürfen in dem doppelten Multiplum der Gebrauchsdosis und bei Zusatz von 0,5 ccm 10fach verdünnten Meerschweinchenserums nicht hämolytisch wirken (Versuchsordnung: 1 ccm Extraktverdünnung + 0,5 ccm 10fach verdünntes Meerschweinchenserum + 0,5 ccm 0,85%iger Kochsalzlösung + 0,5 ccm Hammelblutaufschwemmung).

4. Ein Extrakt ist als tauglich anzusehen, wenn er den Anforderungen unter Ziff. 3 entspricht und mit den 40 untersuchten Kontrollsera keine positiven Reaktionen gegeben hat, sowie hinsichtlich der Anzahl der positiven Reaktionsergebnisse mit den Sera von Syphiliskranken gegenüber den mit den Standardextrakten erhaltenen positiven Ergebnissen um nicht mehr als 5% zurückgeblieben ist.

5. Ein als tauglich befundener Extrakt ist nach 6 Monaten erneut zu prüfen, wenn die betreffende Operationsnummer des Extrakts bis dahin noch nicht verbraucht ist. Bei der wiederholten Prüfung ist der Extrakt im Vergleich mit den 5 Standardextrakten nur während 8 Tagen mit 40 Sera von Syphiliskranken und mit 20 Kontrollsera zu untersuchen.

Werden bei der wiederholten Prüfung stärkere Veränderungen des Extraktes festgestellt, so hat die Prüfungsstelle die Einziehung des noch vorhandenen Extrakts dieser Operationsnummer anzuordnen.

6. Über den Verlauf der Prüfungsuntersuchungen sind von der Prüfungsstelle genaue Aufzeichnungen zu führen.

b) Prüfung des Ambozeptors.

1. Zur Prüfung darf nur Ambozeptor eingesandt werden, der von Kaninchen stammt und durch Vorbehandlung der Kaninchen mit roten Hammelblutkörperchen gewonnen ist.

2. Die Prüfung erfolgt zur Feststellung der Wertigkeit des Serums.

3. Der Prüfungsversuch wird in der Weise ausgeführt, daß an 3 Tagen mit verschiedenen Komplementen je 2 Prüfungsreihen, eine mit dem Standardambozeptor der Prüfungsstelle und eine zweite mit dem zu prüfenden Ambozeptor, nach den in der Anleitung zur Ausführung der Wassermannschen Reaktion gegebenen Vorschriften für den Hämolyseversuch angesetzt werden.

4. Der Ambozeptor, welcher mindestens einen Titer von 1:1000 haben soll, ist als brauchbar und genügend hochwertig anzusehen, wenn er auf Grund des Vergleichs mit dem Standardambozeptor mindestens den angegebenen Titer aufweist, und wenn sein Titer im Vergleich zu dem des Standardambozeptors bei den vergleichenden Untersuchungen an den drei Untersuchungstagen konstant bleibt.

5. Über den Verlauf der Prüfungsuntersuchungen sind von der Prüfungsstelle genaue Aufzeichnungen zu führen.

**Anlage 3.**

Bescheinigung
über das Prüfungsergebnis zum Begleitschein Nr. ......
betreffend den ..... / den ..... } von .......... aus ..........
am .......... eingesandten Extrakt / eingesandten Ambozeptor } zur Anwendung bei der Wassermannschen Reaktion.
Eingetroffen am ..........
Operationsnummer .......
Gesamtmenge des zur Prüfung eingesandten
Extrakts } ..........
Ambozeptors } ..........
Der Extrakt } entspricht den Vorschriften und ist zu verdünnen .........
Der Ambozeptor } „ „ „ „ hat einen Titer von ......
Der Extrakt / Der Ambozeptor } wird beanstandet, weil ..........
Die Kosten betragen ..........
Bemerkungen ..........
.........., den ..........
Unterschrift.

## Abänderungen der Wassermannschen Reaktion.

Die Wassermannsche Reaktion ist von zahlreichen Autoren **modifiziert** worden. So verwendet **G. Meier** im Wassermannschen Laboratorium an Stelle der klaren Extrakte trübe Aufschwemmungen der luetischen Leber.

Nach dem Schütteln wird der Brei nur durch Gazefilter gegossen. Die erhaltene Flüssigkeit ist hell- bis dunkelbraun, auch in dünner Schicht undurchsichtig. Beim längeren Stehen kann sich ein brauner Bodensatz bilden; er ist vor dem Gebrauch durch Schütteln wieder zu verteilen. Dieser Extrakt ist 5—10mal stärker als die klare Lösung.

Der Extrakt wird zunächst nachfolgender orientierender Prüfung unterzogen: Serumdose 0,1 ccm, Komplement (unverdünnt) 0,05 ccm, hämolytisches Serum 0,5 ccm, Blutkörperchen 0,5 ccm usw. wie bei der Wassermannschen Reaktion. Da die Eigenhemmung der trüben Aufschwemmung größer ist, so ist die 3—4fache Titerdose des Hämolysins zu verwenden.

| | Ergebnis bei | | |
|---|---|---|---|
| | sicher luetischem Serum | sicher luesfreiem Serum | Kochsalzlösung |
| Neu hergestellter Extrakt 0,2 | Hemmung | teilweise Hemmung | teilweise Hemmung |
| „ „ „ 0,1 | „ | Lösung | Lösung |
| „ „ „ 0,05 | „ | „ | „ |
| „ „ „ 0,025 | „ | „ | „ |
| „ „ „ 0,0125 | geringe Hemmung | „ | „ |
| sicher luetischer Extrakt 0,035 | Hemmung | Lösung | Lösung |
| Kochsalzlösung + doppelte Serummenge | Lösung | „ | „ |

Hiernach würden 0,05 und 0,025 ccm des neu hergestellten Extraktes brauchbare Ergebnisse liefern. Beide Dosen werden nun in Parallelreihen mit einem guten luetischen Extrakt an etwa 10 Patientensera neben einem sicher luetischen und sicher luesfreien Serum nachgeprüft. Die Dose, die insgesamt die besten Ergebnisse liefert, wird dann als Arbeitsdose verwendet. Der Titer des Extraktes hält sich sehr lange konstant (im Gegensatz zu alkoholischen Extrakten aus normalen Organen).

**Landsteiner, Müller und Pötzl** benutzen alkoholische Auszüge aus dem Herzen gesunder Meerschweinchen. Das Herz wird vom Blut befreit und zerrieben. 1 g Brei wird mit 5 ccm $95^0/_0$igem Alkohol mehrere Stunden auf $60^0$ erwärmt, hierauf durch Fließpapier abfiltriert und das Filtrat bei Zimmertemperatur aufbewahrt.

Der Vorzug dieser Extraktbereitung liegt in der leichten Beschaffung des Ausgangsmaterials, der Nachteil in der etwas geringeren Sicherheit der Ergebnisse. Sachs verbessert den Auszug durch Zusatz von Cholesterin. Alkoholische Extrakte trüben sich bei der Verdünnung. Da zwischen den alkoholischen Normal- und Luesextrakten keine nachweisbaren Unterschiede bestehen, so fällt die Kontrollserie bei der Verwendung der Alkoholextrakte weg.

Nach **Taege** (Breslauer Methode) wird luetische Leber fein zerkleinert (Hackmaschine) und mit der 4fachen Menge absolutem Alkohol vermischt. Nach 24stündigem Stehen wird etwa 12 Stunden geschüttelt, filtriert und das Filtrat im Vakuumapparat bei $40^0$ zu einem Brei eingedickt. Hiervon wird 1 g in 100 ccm $0,85^0/_0$iger Kochsalzlösung fein aufgeschwemmt und 24 Stunden geschüttelt. Die erhaltene milchige Flüssigkeit wird mit $0,3^0/_0$ Phenol versetzt und im Eisschrank aufbewahrt.

An Stelle des Eindampfens kann man auch 1 Teil der zerkleinerten Leber mit 10 Teilen absolutem Alkohol und einigen Glasperlen 24 Stunden schütteln. Das Filtrat ist das fertige Leberextrakt.

Zum Gebrauch wird 1 Teil Extrakt mit 3 Teilen Kochsalzlösung gemischt.

Das hämolytische Serum wird im Vakuum getrocknet, zu 0,3 g in kleine braune Röhrchen eingeschmolzen und im Gebrauchsfalle in 3 ccm destilliertem Wasser gelöst. 0,1 ccm dieser Stammlösung werden mit 60 ccm Kochsalzlösung verdünnt (Serumlösung). Die Auswertung erfolgt nach folgendem Schema:

| | | | |
|---|---|---|---|
| 1. Röhrchen: | 2 ccm Kochsalzlösung | +1 | ccm wie oben hergestellte Serumlösung |
| 2. ,, | : 2 ,, ,, | +0,5 | ,, ,, ,, ,, + 0,5 Kochsalzlösung |
| 3. ,, | : 2 ,, ,, | +1 | ccm von 1 ccm Serumlösung+2 ccm Kochsalzlösung (3fach verdünnt) |
| 4. ,, | : 2 ,, ,, | +1 | ,, von 1 ccm Serumlösung+3 ccm Kochsalzlösung (4fach verdünnt) |
| 5. ,, | : 2 ,, ,, | +1 | ,, von 1 ccm 3fach verd. Serumlösung + 1 ccm Kochsalz |
| 6. ,, | : 2 ,, ,, | +1 | ,, von 1 ccm 4fach verd. Serumlösung + 1 ccm Kochsalz. |

Zu allen Röhrchen gibt man noch 1 ccm Komplement[1]) und 1 ccm $5^0/_0$ige Hammelblutkörperchenaufschwemmung. Nach Durchmischen und Aufenthalt im Brutofen soll

| | | | | |
|---|---|---|---|---|
| Röhrchen | 1 | nach 15 | Minuten | volle Hämolyse zeigen, |
| ,, | 2 | ,, 30 | ,, | ,, ,, ,, |
| ,, | 3 u. 4 | ,, 30—45 | ,, | ,, ,, ,, |
| ,, | 5 u. 6 | ,, 2 Stunden | | ,, ,, ,, |

Erfolgt die Hämolyse früher, so ist die Serumlösung auf das Doppelte zu verdünnen, dagegen später, so wird noch 0,1 ccm Stammlösung zur Serumlösung gesetzt.

Zur Antigenprüfung werden 2 ccm Extrakt mit je 1 ccm Serumlösung, Komplement[1]) und Blut versetzt. Nach einstündigem Stehen im Brutofen muß volle Hämolyse eintreten. Ferner sind 10—12 luesfreie und einige luetische Sera mit diesem Antigen zu prüfen. Mit ersteren darf keine Hemmung der Hämolyse eintreten. Mit letzteren soll sie erfolgen; anderenfalls ist das Antigen zu verstärken.

Der Hauptversuch mit Kontrollen wird in folgender Weise angesetzt:

| | | | | | |
|---|---|---|---|---|---|
| 1. Röhrchen: | 1 ccm Komplement[1]) | +2 ccm Kochsalzlösung | | | |
| 2. ,, | : 1 ,, ,, | +1 ,, | Antigen | +1 ccm normales Serum[1]) | |
| 3. ,, | : 1 ,, ,, | +1 ,, | ,, | +1 ,, | sicher luetisches Serum[1]) |
| 4. ,, | : 1 ,, ,, | +2 ,, | ,, | | |
| 5. ,, | : 1 ,, ,, | +1 ,, | ,, | +1 ,, | fragl. Patientenserum[1]) |
| 6. ,, | : 1 ,, ,, | +0,5 ,, | ,, | +0,5 ,, | + 1 ccm Kochsalzlösung |
| 7. ,, | : 1 ,, ,, | +2 ,, | fragl. Patientenserum[1]). | | |

Nach einstündigem Stehen bei 37° wird 1 ccm hämolytische Serumlösung (S. 401) und 1 ccm $5^0/_0$ige Blutkörperchenaufschwemmung hinzu gegeben. Nach weiter einstündigem Stehen bei 37° muß Röhrchen 1, 2, 4 und 7 vollkommene Hämolyse, 3 Hemmung zeigen; ist im Röhrchen 5 und eventuell auch 6 Hemmung vorhanden, so liegt Lues vor.

**Hoehne** (Frankfurter Methode) verwendet als Antigen einen alkoholischen Auszug aus der Leber hereditär syphilitischer Kinder (1 g Leber + 5 ccm Alkohol). Der Auszug wird vor dem Gebrauch vierfach mit Kochsalzlösung verdünnt und in Mengen a) von 0,75, b) 0,50 und c) von 0,25 ccm benutzt. Hierzu kommen je 1 ccm des 10fach verdünnten, inaktivierten Patientenserums. Ein Röhrchen d erhält nur Patientenserum, aber kein Extrakt. Ferner gibt man 0,5 ccm fünffach verdünntes Meerschweinchenserum hinzu und füllt mit Kochsalzlösung auf 2,5 ccm auf. Neben dieser Versuchsreihe werden Parallelreihen mit sicher luetischem und sicher normalem Serum, sowie folgende Kontrollen angesetzt.

| | | | | | |
|---|---|---|---|---|---|
| c) | 2 ccm 10fach verd. Patientenserum | +0,5 ccm | 5fach verdünntes Meerschweinchenserum | | Kochsalzlösung |
| f) | 1,5 ,, Extrakt | +0,5 ,, | | +0,5 ccm | |
| g) | 1,0 ,, ,, | +0,5 ,, | | +1,0 ,, | |
| h) | 0,75 ,, ,, | +0,5 ,, | | +1,25 ,, | |
| i) | 0,5 ,, ,, | +0,5 ,, | | +1,5 ,, | |

Nach $1^1/_4$stündigem Stehen sämtlicher Proben bei 37° werden 0,5 ccm einer täglich frisch einzustellenden hämolytischen Serumlösung ($2^1/_2$-

[1]) Das Komplement (Meerschweinchenserum) ist 1:5 verdünnt (S. 401), das Menschenserum inaktiviert und 1:5 verdünnt.

bis 3fache Titerdose) und 1 ccm 5%ige Hammelblutkörperchenaufschwemmung zugesetzt und weitere 2 Stunden bei 37° gehalten.

Die Röhrchen d—i müssen volle Hämolyse zeigen, desgleichen a—e bei Verwendung von Normalserum. Bei luetischem Serum muß in a—c Hemmung vorliegen. Verhält sich das Patientenserum wie luetisches, so liegt Syphilis vor.

Landsteiner, Poetzl und Müller geben in 7 Röhrchen je 10 Tropfen Kochsalzlösung und 1 Tropfen Meerschweinchenserum, dazu ferner:

| | | | | |
|---|---|---|---|---|
| in 1. Röhrchen: | 1 Tropfen | inaktiviertes | Patientenserum | |
| „ 2. „ : | 1 „ | „ | „ | +2 Tropfen Extrakt |
| „ 3. „ : | 1 „ | „ | luetisches Serum | |
| „ 4. „ : | 1 „ | „ | „ „ | +2 Tropfen Extrakt |
| „ 5. „ : | 1 „ | „ | normales „ | |
| „ 6. „ : | 1 „ | „ | „ „ | +2 Tropfen Extrakt |
| „ 7. „ : | 2 „ | Extrakt. | | |

Nach einstündigem Aufenthalt bei 37° werden 1 Tropfen 50%ige (!) Blutkörperchenaufschwemmung und die doppelte lösende Dose des hämolytischen Serums zugesetzt und nach $1^1/_2$stündigem Stehen bei 37° das Ergebnis abgelesen.

Ferner sind an Stelle des Luesleberextraktes normale alkoholische Extrakte verschiedener Art, zum Teil auch mit verschiedenen Zusätzen, von Marie und Levaditi [1]), Weil [2]), Kraus und Volk [3]), Weigandt [4]), Plaut [5]), Landsteiner und Müller [6]), L. Michaelis [7]), höhere Serumdosen von Citron [8]), Boas [9]), Alexander [10]), Kromayer und Trinchese [11]), die Ausschaltung der Normalambozeptoren von Jacobäus [12]), Mintz [13]) u. a., stärkere Verdünnung des Antigens und geringere Serummenge von Ito [14]), Aoki [15]) (Hühnerherzextrakt) usw., Ersatz des hämolytischen Kaninchenserums durch Normalmenschenserum von Bauer [16]), Hecht [17]), oder durch Schweineserum von Maslakowetz und Liebermann [18]), Ersatz des Meerschweinchenkomplements durch

---

[1]) Marie und Levaditi, Ann. de l'inst. Pasteur 1907. T. 21.

[2]) Weil, Wien. klin. Wochenschr. 1907 Nr. 18.

[3]) Kraus und Volk, ebenda 1907 Nr. 17.

[4]) Weigandt, Dtsch. med. Wochenschr. 1907 Nr. 30.

[5]) Plaut, Berl. klin. Wochenschr. 1907 Nr. 5; Münch. med. Wochenschr. 1907 Nr. 30.

[6]) Landsteiner und Müller, Wien. klin. Wochenschr. 1908 Nr. 7.

[7]) L. Michaelis, ebenda 1908 Nr. 2.

[8]) Citron, Berl. klin. Wochenschr. 1908 Nr. 9.

[9]) Boas, ebenda 1909 Nr. 9; Die Wassermannsche Reaktion mit besonderer Berücksichtigung der klinischen Verwertbarkeit. Berlin 1911.

[10]) Alexander, Med. Klinik 1912 Nr. 19.

[11]) Kromayer und Trinchese, ebenda 1912 Nr. 41.

[12]) Jacobäus, Zeitschr. f. Immunitätsforsch. u. exp. Therap., Orig. Bd. 8, Heft 4.

[13]) Mintz, ebenda Bd. 9, Heft 1.

[14]) Ito, Jap. Zeitschr. f. Dermatol. u. Urol. 1910.

[15]) Aoki, Zeitschr. f. Immunitätsforsch. u. exp. Therap., Orig. Bd. 16, Heft 2.

[16]) Bauer, Berl. klin. Wochenschr. 1909 Nr. 14.

[17]) Hecht, ebenda 1909 Nr. 10.

[18]) Maslakowetz und Liebermann, Zentralbl. f. Bakteriol., Parasitenk. u. Infektionskrankh., Abt. I Orig. 1908, Bd. 47 Nr. 3; Zeitschr. f. Immunitätsforsch. u. exp. Therap. Bd. 2, Heft 5.

frisches Menschenserum von Hecht[1]), Stern[2]), Tschernogubow[3]), Ersatz der Schafblutkörperchen durch solche vom Menschen von Tschernogubow[3]), Noguchi und v. Dungern[4]), oder solche vom Rind von Ballner und Decastello[5]), Mc Kenzie[6]), oder solche vom Pferd von Detre[7]) empfohlen werden. Endlich haben Müller und Weidanz[8]), Engel[9]), Halle und Přibram[10]) die sog. Mikroreaktion mit lediglich kleineren Mengen ohne wesentliche Änderung der Methodik angewendet (s. a. S. 437) und Wechselmann[11]) zur Verhütung der Komplementoidverstopfung das inaktivierte Serum mit Bariumsulfat ausgeschüttelt. Damit sind die Abänderungsvorschläge zur Wassermannschen Reaktion noch keineswegs erschöpft. Es würde aber den Rahmen dieses Buches überschreiten, wenn ich noch näher auf die erwähnten und auf die sonstigen Vorschläge hier eingehen wollte. Nur auf die Komplementtitrierung nach Kaup und Gaehtgens sei hier noch hingewiesen.

Zur Auswertung des Komplements sah sich Kaup[12]) aus folgenden Gründen veranlaßt: 1. dem reziproken Verhältnis zwischen den zur vollen Hämolyse erforderlichen Mengen von Ambozeptor und Komplement, 2. der stark schwankenden lytischen Wirkung des Meerschweinchenserums, 3. der wechselnden Eigenhemmung des Patientenserums, 4. der schwankenden eiweißfällenden und hämolytischen, teilweise hemmenden Wirkung der Organextrakte und 5. der Wirkung der Patientenseren auf die Extrakte.

Für die Auswertung des Komplements verwendet Kaup die vierfache Hämolysindosis. Enthält aber das Komplement eigenen hämolytischen Ambozeptor, so wird das Doppelte derjenigen Hämolysinmenge genommen, die mit 0,1 oder 0,2 ccm Komplement völlige Hämolyse ergeben hat. Die Komplementtitrierung erfolgt in vier Reihen zu 6—10 Röhrchen. In der 1. Reihe wird nur Komplement, Ambozeptor und 0,5 ccm 5%ige Hammelblutkörperchenaufschwemmung, in der 2. desgleichen, aber bei Gegenwart von Normalserum, in der 3. bei Zusatz von Extrakt und in der 4. in Gegenwart von Normalserum und Extrakt angesetzt. In der Praxis können Reihe 2 und 3 fortfallen. Das Normalserum soll mit der gewöhnlichen Komplementmenge keine oder nur spur-

---

1) Hecht, Berl. klin. Wochenschr. 1909 Nr. 10.

2) Stern, Zeitschr. f. Immunitätsforsch. u. exp. Therap., Orig. Bd. 1, Heft 3.

3) Tschernogubow, Berl. klin. Wochenschr. 1908 Nr. 47; Dtsch. med. Wochenschr. 1909 Nr. 15.

4) Noguchi und v. Dungern, Münch. med. Wochenschr. 1909 Nr. 10; Journ. of the Americ. med. assoc. 12. 6. 1909, ref. in Dtsch. med. Wochenschr. 1909 Nr. 28.

5) Ballner und Decastello, Dtsch. med. Wochenschr. 1908 Nr. 5.

6) Mc Kenzie, Journ. of path. and bakt. 1909 p. 311.

7) Detre, Wien. klin. Wochenschr. 1906 Nr. 21; 1908 Nr. 49 u. 50.

8) Müller und Weidanz, Berl. klin. Wochenschr. 1908 Nr. 50.

9) Engel, ebenda 1910, Nr. 39.

10) Halle und Přibram, Wien. klin. Wochenschr. 1916 Nr. 32.

11) Wechselmann, Zeitschr. f. Immunitätsforsch. u. exp. Therap., Orig. 1909, Bd. 3, Heft 5.

12) Kaup, Kritik der Methodik der Wassermannschen Reaktion und neue Vorschläge für die quantitative Messung der Komplementbindung. München, R. Oldenburg 1917.

weise Eigenhemmung zeigen und die Extrakteigenhemmung möglichst aufheben. Die geringste Komplementmenge, die in Reihe 4 zur Hämolyse genügt, wird als Komplementeinheit bezeichnet und als Minimaldosis im Hauptversuch benutzt.

Im Hauptversuch wird an steigenden Komplementdosen festgestellt, wieviel Komplementeinheiten vom Patientenserum gebunden werden. Mit jedem Serum werden 8 Röhrchen angesetzt. Die ersten 5 dienen der eigentlichen Untersuchung, sie enthalten 0,5 ccm 1:5 verdünntes Patientenserum, Extrakt und die einfache, bzw. $1^1/_2$-, 2-, 3- und 4fache Komplementeinheit. Die 3 letzten Röhrchen (Serumkontrollen) werden wie die 3 ersten Röhrchen, aber unter Weglassen des Extraktes beschickt. Auf die Extraktkontrolle verzichtet Kaup, da Extrakt- und Serumeigenhemmung sich nicht addieren, sondern gegenseitig vermindern. Nur um nachzuweisen, daß der Komplementtiter im wesentlichen unverändert geblieben ist, wird eine aus 3 Röhrchen bestehende Extrakt-Normalserum-Kontrolle angesetzt. Das 1. Röhrchen enthält die doppelte Extraktmenge, 0,1 ccm Normalserum und die einfache Komplementdosis, das 2. und 3. Röhrchen die einfache Extraktmenge, 0,1 Normalserum und die 1-, bzw. $1^1/_2$fache Komplementdosis. Die im Hauptversuch wiederholte, 3 Röhrchen umfassende Kontrolle des hämolytischen Systems enthält die $^1/_2$- bzw. 1-, bzw. $1^1/_2$fache Komplementeinheit. Nach $^1/_2$—$^3/_4$stündiger Bindung bei 37° werden diesen Gemischen sensibilisierte Hammelblutkörperchen zugesetzt und nach $^1/_2$stündigem Aufenthalt bei 37° die Ergebnisse vorläufig abgelesen. Die endgültige Ablesung erfolgt nach einer weiteren Stunde (bei Zimmertemperatur) oder am nächsten Morgen.

Die Kaupsche Bindung ist im Vergleich zum Originalverfahren zuverlässiger und empfindlicher. Unspezifische Hemmungen sind in bemerkenswertem Maße bisher nicht zur Beobachtung gekommen.

In der Auswertung des Komplements geht Gaehtgens[1]) noch einen Schritt weiter. Er sucht für jedes Serum den Komplementbedarf mit Hilfe einer indifferenten Kontrollflüssigkeit zu bestimmen. Als solche Kontrollflüssigkeit, die nur die eigenhemmende, nicht aber die gegenüber wassermannpositiven Seren charakteristische Extraktwirkung zur Geltung bringt, verwendet Gaehtgens eine 0,1 $^0/_0$ige alkoholische Cholesterinlösung in 25—30facher Verdünnung mit physiologischer Kochsalzlösung (fraktionierter Zusatz). Diese entspricht in ihrer Eigenhemmung dem Organextrakt und gibt mit syphilitischen Seren keine Komplementbindung.

Bei der Untersuchung der Patientenseren wird zunächst der Komplementbedarf bei Gegenwart obiger Cholesterinlösung ermittelt. Von jedem Serum werden 3 Röhrchen angesetzt, das 1. mit der im Vorversuch ermittelten Komplementminimaldosis, das 2. und 3. mit einer um 0,05 bzw. 0,1 ccm größeren Komplementmenge. Diese Gemische Serum + Cholesterin + Komplement kommen $^1/_2$ Stunde in das Wasserbad von 37°, erhalten das hämolytische System und werden nach weiterem

[1]) Gaehtgens, Zeitschr. f. Immunitätsforsch. u. exp. Therap., Orig. I. 1921, Bd. 33, S. 1.

$^1/_2$stündigen Aufenthalt bei 37° beurteilt und somit der minimale Komplementbedarf für jedes Serum festgestellt.

Im Hauptversuch wird zum Serum und Extrakt entweder nur das ermittelte Komplementminimum hinzugesetzt, oder mit steigenden Komplementmengen (1-, $1^1/_2$-, 2-, 3- und 4faches Komplementminimum) beschickt.

Nach dem Verfahren Gaehtgens werden mehr (10%) positive Befunde (vorwiegend behandelte Luesfälle) als nach der Originalmethode erhoben, die, abgesehen von seltenen Ausnahmen, streng spezifischer Natur sind (Bestätigung durch Sachs-Georgi-Reaktion). Die Ergebnisse stimmen mit denen der Kaupschen Modifikation fast völlig überein. Gaehtgens empfiehlt sein Verfahren als Ergänzung und Kontrolle der Originalmethode.

### Das Kälteverfahren nach Jacobsthal[1]).

Dieses Verfahren unterscheidet sich von der gewöhnlichen bei 37° durchgeführten Komplementbindung dadurch, daß man die 1. Phase (Bindung des Komplements durch Patientenserum und Antigen) bei 16—18° in 30 Minuten oder bei 5—8° in $1^1/_2$ Stunden, oder bei 0—3° (Vorkühlen in Eiswasser) in $^1/_2$ Stunde ablaufen läßt. Die 2. Phase, die Hämolyse nach Zusatz des hämolytischen Systems, läßt man auch beim Kälteverfahren bei 37° im Brutofen oder besser im Wasserbad ablaufen.

Bei dem Kälteverfahren ist zur Herbeiführung der Hämolyse eine geringere Komplementdose als bei der bei 37° durchgeführten Komplementbindung nötig.

Bei Rotz erfolgt nach Ketz [2]) die Reaktion bei 5—8° in $1^1/_2$ Stunden und ist meist schwächer als bei 16—18° ($^1/_2$ Stunde) und bei 37°. Es gibt aber auch Sera, die bei 5—8° stärker positiv als bei 38° reagieren. Die bei 16—18° erfolgte Bindung gibt meist eine ebenso scharfe oder schärfere Reaktion als die bei 38°.

Bei Syphilis erfolgt nach Jacobsthal, Graetz[3]) u. a. die Bindung des Komplements in der Kälte (0—4°) besser als bei 37°. Es reagieren in der Kälte mehr (2%) luetische Sera als in der Wärme, und zwar gibt die Kältemethode bei beginnender Syphilis früher eine Reaktion als die Original-Wassermann-Reaktion. Ferner hält die Reaktion der Kältemethode bei behandelten Fällen des II. und III. Luesstadiums (Spätlatenz bzw. Metalues) länger als die der Original-Wassermann-Reaktion an.

Thomsen und Boas[4]) empfehlen die Original-Wassermannsche Reaktion mit der Kältemethode derart zu vereinen, daß die eine angesetzte Versuchsreihe die ganze Temperaturbreite von 0—37° durchläuft.

---

[1]) Jacobsthal, Münch. med. Wochenschr. 1910, Nr. 13, S. 689.

[2]) Ketz, Zeitschr. f. Veterinärkunde 1920, Bd. 32, S. 339 und 1921, Bd. 33, S. 36.

[3]) Graetz, Zeitschr. f. Hyg. u. Infektionskrankh. 1919, Bd. 89, S. 285.

[4]) Thomsen und Boas, Zeitschr. f. Immunitätsforsch. u. exp. Therap., Orig. 1913, Bd. 18, S. 516.

Auch nach Schwab [1]) ist die Kältebindung dem Originalverfahren überlegen. Er empfiehlt zur Erzielung von höchster Genauigkeit beide Verfahren nach dem Vorschlag von Guggenheimer und Graetz oder besser das vereinte Verfahren nach Thomsen und Boas anzuwenden und wenn möglich im letzteren Falle eine Versuchsreihe mit Luesleberextrakt und eine weitere mit cholesteriniertem Extrakt nebeneinander anzusetzen.

Die Bindung bei Verwendung von Cholesterinextrakt ist von der Temperatur wenig abhängig. Diese Extrakte empfehlen sich somit für das getrennte Verfahren nach Guggenheimer und Graetz. Das konventionelle cholesterinfreie Luesleberextrakt ist temperaturempfindlicher und seine Reaktivität oft von der Anwendung niederer Temperaturen weitgehend abhängig.

## V. Die Konglutination und Hämagglutination.

### a) Konglutination.

Die Konglutination [2]) findet vor allem bei der Rotzdiagnostik Anwendung. Bringt man ein Gemisch von Antikörpern (Rotzserum, inaktiviert), Antigen (Rotzextrakt) und Komplement (frisches Normalpferdeserum) zusammen, so wird auch hier wie bei der Komplementbindung das Komplement gebunden. Die Bindung des Komplementes bleibt beim Fehlen des Antikörpers (inaktiviertes Serum vom rotzfreien Pferd) natürlich auch hier aus. Die erfolgte oder ausgebliebene Bindung des Komplements macht man sich hier durch das konglutinierende System (inaktiviertes Normalrinderserum + Schafblutkörperchen) sichtbar. Im ersteren Falle bleibt die Konglutination (Zusammenklumpung) der Blutkörperchen aus, im letzteren Falle tritt sie ein. Für die Rotzdiagnostik ist die Konglutination von Pfeiler und Weber [3]) ausgearbeitet worden. Das Verfahren ist namentlich bei solchen Esel-, Maultier- und Maulesel-, gelegentlich auch bei Pferdesera, welche bei der Komplementbindung mit Meerschweinchenserum Eigenhemmung geben, wertvoll [4]). Sonst findet das ziemlich umständliche Verfahren wenig Anwendung.

Komplementgewinnung. Frisches Normalpferdeserum wird zur Entfernung etwaiger Hämagglutinine mit gewaschenen Schafblutkörperchen gemischt, einige Stunden in der Kälte (Eiskiste S. 70) aufbewahrt und dann abzentrifugiert.

Als konglutinierendes Serum verwendet man durch 35 Minuten langes Erhitzen auf 56° inaktiviertes und mit 0,5% Phenol konserviertes mehrere Wochen haltbares Normal-Rinderserum, dessen Hämagglutinine zunächst (ohne Komplement) durch Mischen fallender Mengen von inaktiviertem Rinderserum mit Schafblutkörperchenaufschwemmung —

[1]) Schwab, Zeitschr. f. Immunitätsforsch. u. exp. Therap., Orig. 1921, Heft 32, S. 87.

[2]) Ehrlich und Sachs, Berl. klin. Wochenschr. 1902, Nr. 14, 15 und 21.

[3]) Pfeiler und Weber, Berl. tierärztl. Wochenschr. 1912, Nr. 43, 47; Zeitschr. f. Infektionskrankh., parasit. Krankh. u. Hyg. d. Haustiere 1912, Bd. 12, und Mitt. d. Kaiser Wilhelm-Instituts f. Landw. in Bromberg 1913.

[4]) Die Konglutinine sind Ambozeptoren, die Hämagglutinine wie die gewöhnlichen Agglutinine Seitenketten II. Ordnung. Letztere brauchen zu ihrer Wirkung also kein Komplement, wohl aber die ersteren.

unter Auffüllung der Serummenge mit $0,85^0/_0$iger Kochsalzlösung auf 2,0 ccm — ermittelt werden. Rinderseren mit möglichst geringem Hämagglutiningehalt sind natürlich zu bevorzugen. Nun folgt die Auswertung der Konglutinine mit je 0,05 ccm des oben gewonnenen Komplements. Als Arbeitsdose des Konglutinins verwendet man die 5—10fache Titerdose, falls die doppelte Arbeitsdosis ohne Komplement die Schafblutkörperchen nicht agglutiniert.

Die Auswertung des etwa 24 Stunden alten (besser als ganz frischen) Komplements nimmt man mit steigenden Mengen (0,01—0,1 ccm) in drei Reihen vor: in Reihe a ohne Serumzusatz, in Reihe b mit 0,05 ccm rotzfreien und in Reihe c mit der Bindungsmenge eines rotzigen Serums. Als Arbeitsdosis dient die größte Komplementmenge, bei der in der Rotzserumreihe noch vollkommene Hemmung der Konglutination erzielt wurde, sofern die gleiche Menge in der gleichzeitig angesetzten Normalserumreihe und der serumfreien Extraktreihe eine restlose Konglutination bewirkte. Tabelle a, b und c werden die Verhältnisse noch deutlicher machen.

Tabelle a serumfreie Extraktreihe.

| Komplement (jede Dose mit NaCl-Lösung auf 0,3 ccm aufgefüllt) | Rotzbazillenextrakt (auf 0,3 ccm aufgefüllt) | NaCl-Lösung | Ia. Rinderserum (auf 1,0 ccm aufgefüllt) | Schafblutkörperchen ($2-3^0/_0$ige | Ergebnis |
|---|---|---|---|---|---|
| 0,01 ccm | | | | | — |
| 0,02 „ | | | | | ± |
| 0,03 „ | | | | | + |
| 0,04 „ | | | | | + |
| 0,05 „ | 0,3 ccm | 0,3 ccm | 1,0 ccm | 2 Tropfen | + |
| 0,06 „ | | | | | + |
| 0,07 „ | | | | | + |
| 0,08 „ | | | | | + |
| 0,09 „ | | | | | + |
| 0,10 „ | | | | | + |

Tabelle b Normalserumreihe.

| Komplement (wie oben) | Ia. Rotzfreies Pferdeserum (Bindungswert in 0.3 ccm Flüssigkeit enthalten | Rotzbazillenextrakt (wie oben) | Konglutination Ia. Rinderserum (wie oben) | Schafblutkörperchen (wie oben) | Ergebnis |
|---|---|---|---|---|---|
| 0,01 ccm | | | | | — |
| 0,02 „ | | | | | ± |
| 0,03 „ | | | | | + |
| 0,04 „ | | | | | + |
| 0,05 „ | 0,3 ccm | 0,3 ccm | 1,0 ccm | 2 Tropfen | + |
| 0,06 „ | | | | | + |
| 0,07 „ | | | | | + |
| 0,08 „ | | | | | + |
| 0,09 „ | | | | | + |
| 0,10 „ | | | | | + |

Tabelle c Rotzserumreihe.

| Komplement[1]) (wie oben) | Ia. Rotzserum (Bindungswert in 0,3 ccm (wie oben) | Rotzbazillenextrakt (wie oben) | Konglutinierendes ia. Rinderserum (wie oben) | Gewaschene Schafblutkörperchen (wie oben) | Ergebnis |
|---|---|---|---|---|---|
| 0,01 ccm | 0,3 ccm | 0,3 ccm | 1,0 ccm | 2 Tropfen | — |
| 0,02 „ | | | | | — |
| 0,03 „ | | | | | — |
| 0,04 „ | | | | | — |
| 0,05 „ | | | | | — |
| 0,06 „ | | | | | ± |
| 0,07 „ | | | | | + |
| 0,08 „ | | | | | + |
| 0,09 „ | | | | | + |
| 0,10 „ | | | | | + |

Die Arbeitsdosis des Komplements ist nach vorstehender Tabelle = 0,05 ccm.
Zeichenerklärung: — keine Konglutination (vollständige Hemmung),
± unvollständige Konglutination (unvollständige Hemmung,
+ Konglutination (keine Hemmung).

Als Rotzbazillenextrakt verwendet man denselben wie bei der Komplementbindung (S. 404). Er wird in einer Rotzserum- und Normalserumreihe, sowie auf Eigenhemmung ausgewertet (S. 404). Als Arbeitsdose dient die dreifache Titermenge, falls sie nicht größer ist als die halbe unterbindende Dose und falls sie mit einem rotzfreien Serum die Konglutination nicht hemmt.

Untersuchungsgang: Mit den ausgewerteten Reagenzien wird das Komplement nach Tabelle a bis c eingestellt. Komplement und Rotzbazillenextrakt werden so verdünnt, daß die Arbeitsdose in 0,3 ccm enthalten, das Rinderserum so, daß die Gebrauchsdosis in 1,0 ccm enthalten ist. 0,05 ccm der zu untersuchenden inaktivierten Pferdesera werden mit Rotzbazillenextrakt und Komplement versetzt, gut geschüttelt und 15 Minuten bei Zimmertemperatur gehalten. Nach Zufügen von inaktiviertem Rinderserum und 2 Tropfen einer 2—3%igen Schafblutkörperchenaufschwemmung kommen die Proben 2 Stunden in den Brutschrank. Hierauf werden sie $^1/_2$ Minute zentrifugiert (1000 Umdrehungen). Die Ablesung erfolgt unter Aufschütteln. Bei vollständiger Konglutination treten beim Schütteln grobfaserige Flocken in klarer Flüssigkeit, bei vollständiger Hemmung rote, gleichmäßige Trübung der Flüssigkeit auf. Sera mit positiver oder zweifelhafter Reaktion sind in fallenden Mengen (0,1, 0,05, 0,02, 0,01 ccm) auszuwerten.

Daneben sind folgende Kontrollen mit anzusetzen:

1. Die doppelte Dosis des zu untersuchenden Pferdeserums ohne Extrakt — Hemmung darf nicht eintreten.
2. Die doppelte Arbeitsdosis des Rotzbazillenextraktes ohne inaktiviertes Pferdeserum — Hemmung darf nicht eintreten.

---

[1]) Die angegebene Komplementmenge bezieht sich auf unverdünntes Serum.

3. Die doppelte Komplementdose allein mit Schafblutkörperchen — eine Konglutination darf nicht eintreten.
4. Die doppelte Rinderserumdose ohne Komplement — eine Zusammenballung der Blutkörperchen darf nicht eintreten.
5. Kochsalzlösung mit Blutkörperchen — keine Konglutination.
6. Das zu untersuchende Serum mit Rinderserum, inaktiviertes Komplementserum und Blutkörperchen — keine Hämagglutination.
7. Rotzserum im vollständigen Versuch — keine Konglutination.
8. Rotzfreies Serum im vollständigen Versuch — Konglutination.

Um den Ausbau der Konglutination haben sich Waldmann[1]), Müller[2]) und Pohle[3]) Verdienste erworben.

Patienten, deren Seren in Mengen von 0,1 und darunter keine Konglutination zeigen, sind rotzverdächtig (S. 411).

Bei der Rotzdiagnostik ist die Komplementbindung am zuverlässigsten. Die Konglutinations- und Hämagglutinationsergebnisse verlaufen in der Regel parallel mit denen der Komplementbindung. Einen praktischen Fortschritt für die Rotzdiagnostik spricht Giese[4]) der Konglutination und Hämagglutination nicht zu. Als das leistungsfähigste sero-diagnostische Verfahren hat sich die kombinierte Agglutinations- und Komplementbindungsmethode erwiesen.

Nach Kranich und Kliem[5]), Pfeiler und Scheffler[6]) sowie Poppe[7]) steht die K.-H.-Reaktion der Komplementbindung bei der Rotzdiagnose an Genauigkeit nicht oder nur wenig nach.

### b) Hämagglutination oder abgeänderte Komplementbindungsmethode oder K-H-Reaktion[8]).

Die Hämagglutination findet in der Rotzdiagnostik Anwendung wie die Konglutination (S. 441). Den übrigen serologischen Untersuchungsmethoden ist sie nicht überlegen. Die Sera müssen möglichst frisch sein.

Sie unterscheidet sich von der gewöhnlichen Komplementbindung dadurch, daß bei ihr als Komplement Pferdeserum (statt Meerschweinchenserum), als hämolytischer Ambozeptor inaktiviertes Normal-Rinderserum (statt Kaninchen-Immunserum) und als Blutkörperchen solche vom Meerschweinchen (statt vom Schaf) verwendet werden. Das zu untersuchende Pferdeserum wird mit frischem Normalpferdeserum (Komplement) und Rotzbazillenextrakt versetzt. Nach etwa erfolgter Komplementbindung wird das hämolytische System (inaktiviertes Rinderserum + Meerschweinchenblutkörperchen) zugesetzt. War das Komplement durch den Rotzambozeptor an den Rotzextrakt gebunden, so tritt keine Hämolyse, wohl aber eine Zusammenballung der Meerschweinchen-

---

[1]) Waldmann, Arch. f. wiss. u. prakt. Tierheilk. 1914, Bd. 40, 1916 Bd. 42.
[2]) Müller, Zeitschr. f. Veterinärk. 1916, Heft 9.
[3]) Pohle, Berl. tierärztl. Wochenschr. 1917 Nr. 38 u. 39.
[4]) Giese, Arb. a. d. Reichs-Gesundheitsamte 1920 Bd. 52, S. 468.
[5]) Kranich und Kliem, Zeitschr. f. Veterinärkunde. Bd. 27, S. 289.
[6]) Pfeiler und Scheffler, Berlin. tierärztl. Wochenschr. 1914, Nr. 39.
[7]) Poppe, ebendas. 1919, Nr. 21.
[8]) Komplementbindung (K) und Hämagglutination (H).

blutkörperchen (Hämagglutination), bei fehlender Komplementbindung jedoch eine Hämolyse ein [1]).

Das komplementhaltige Serum (frisches Normalpferdeserum) darf eine hämolytische Wirkung auf Meerschweinchenerythrozyten nicht entfalten. Das inaktivierte Rinderserum darf gleichfalls nicht hämolytisch, wohl aber hämagglutinierend wirken.

Zur Einstellung des Rinderserums läßt man fallende Dosen (2,0, 1,5, 1,2, 1,0, 0,8, 0,6, 0,4, 0,2) 1:10 verdünnten, inaktivierten Rinderserums, mit 0,85%iger Kochsalzlösung auf 2,8 ccm aufgefüllt, neben je 1,2 ccm 1:10 verdünntem Komplement auf je 2 Tropfen 2—3%ige Meerschweinchenblutkörperchenaufschwemmung 20 Minuten im Wasserbad von 38—40° einwirken. Als Arbeitsdose dient für die weiteren Versuche die 2—3fache Titerdose, welche gerade noch Hämolyse bewirkte.

Zur Auswertung des Komplements nimmt man fallende Mengen (1,2, 1,1, 1,0, 0,9, 0,8, 0,7, 0,6, 0,5, 0,4, 0,3 ccm) 1:10 verdünnten Pferdeserums, füllt mit 0,85%iger Kochsalzlösung zu 2,0 ccm auf und setzt je die ermittelte Arbeitsdose inaktiviertes Rinderserum und 2 Tropfen Blutkörperchenaufschwemmung hinzu. Nach 20 Minuten langem Aufenthalt im Wasserbad bei 38—40° wird das Ergebnis (Hämolyse) abgelesen.

Der Rotzbazillenextrakt wird wie bei der Komplementbindung (S. 407) in drei Versuchsreihen von 0,1—10%igen Verdünnungen ausgewertet.

Untersuchungsgang. Die zu untersuchenden Pferdesera werden durch 15 Minuten langes Erhitzen auf 58—60° inaktiviert. 0,2 ccm dieses Serums werden mit je 1 ccm Kochsalzlösung mit dem verdünnten Komplement (= Titerdosis) [2]) und verdünntem Extrakt versetzt. Nach 15 Minuten langem Aufenthalt im Wasserbad bei 38—40° fügt man 1 ccm verdünntes Rinderserum und 2 Tropfen Blutkörperchenaufschwemmung hinzu. Erneuter 20 Minuten langer Aufenthalt im Wasserbad (38—40°).

Als Kontrollen sind anzusetzen:

1. eine Serumkontrolle ohne Extrakt (Hämolyse);
2. eine Extraktkontrolle (doppelte Menge — ohne Serum) (Hämolyse);
3. eine Kontrolle mit Rotzserum (Trübung, Hämagglutination, keine Hämolyse);
4. eine Kontrolle mit rotzfreiem Serum (Hämolyse).

Geben 0,2 ccm der zu untersuchenden Sera eine Hemmung (Hämagglutination), so sind sie in fallenden Mengen (0,1, 0,05, 0,02 ccm) auszuwerten. Patienten, deren Seren in Mengen von 0,1 und darunter keine Hämolyse zeigen, sind rotzverdächtig (S. 411).

Um das Ablesen zu erleichtern, zentrifugiert man die (das zweitemal) aus dem Wasserbad herausgenommenen Proben $^1/_2$ Minute.

---

[1]) Schütz und Waldmann, Arch. f. wiss. u. prakt. Tierheilk. 1914 Bd. 40, und Waldmann, ebenda 1916 Bd. 42.

[2]) Kranich und Kliem, Zeitschr. f. Veterinärk. 1915, Heft 10, verwenden Titerdose + 0,02 ccm Überschuß als Arbeitsdose.

# VI. Die Ausflockungs-Reaktion nach Sachs und Georgi.

## a) Bei Syphilis.

Die Ausflockungsreaktion nach Sachs und Georgi[1]) (im nachfolgenden vielfach „S.G.R.“ abgekürzt) weist mit der Wassermannschen Reaktion (Wa.R.) im Wesen weitgehende Übereinstimmungen auf. Bei beiden Verfahren handelt es sich zunächst um die Einwirkung des Syphilitikerserums auf Lipoidgemische von geeigneter kolloidchemischer Beschaffenheit, die bei der S.G.R. unmittelbar bzw. nach Cholesterinzusatz durch die auftretende Ausflockung in die Erscheinung tritt, während sie bei der Wa.R. erst nachträglich durch das hämolytische System sichtbar wird.

## b) Methodik der S.G.R. bei Syphilis.

**1. Bereitung und Prüfung der cholesterinierten Extrakte.** Als Ausgangsmaterial für die Extraktherstellung dienen möglichst fettfreie Herzen vom Rind oder Menschen oder Lebern von Luetikern. Diese werden fein zerschnitten oder durch die Fleischhackmaschine getrieben und sodann mit etwas Seesand fein zerrieben. Ein Teil feuchter Organsubstanz wird mit 5 Volumenteilen Alkohol versetzt, unter Beigabe von Glasperlen im Schüttelapparat 4—5 Stunden geschüttelt und die Flüssigkeit am nächsten Tag durch ein Fließpapier abfiltriert. Der so erhaltene Rohextrakt bleibt mindestens 2 Tage im Eisschrank stehen und wird dann vom entstandenen Niederschlag durch Filtration getrennt.

Der Rohextrakt wird für Erprobung der optimalen Bedingungen für die Ausflockung mit verschiedenen Mengen Alkohol und $1\,^0/_0$iger Cholesterinlösung, wie nachfolgendes Beispiel zeigt, versetzt.

Versuchsbeispiel: Man verdünnt etwa den Rohextrakt

I mit gleichen Teilen Alkohol,<br>
II „ 2 „ „<br>
III „ 3 „ „

und setzt zu je 10 ccm dieser Verdünnungen

a) 0,3 ccm $1\,^0/_0$ige Cholesterinlösung<br>
b) 0,45 „ „ „<br>
c) 0,6 „ „ „<br>
d) 0,75 „ „ „

Unter Umständen muß man Zwischenstufen der Verdünnung und Cholesterinierung einschalten. In Parallelreihen mit Standardextrakt, Serumkontrolle, Wa.R. und Extraktkontrolle sind obige Verdünnungen und Cholesterinierungen mit etwa 14 Seren, darunter etwa je die Hälfte von lueskranken und luesfreien Patienten, auszuwerten. Diejenige Verdünnung und Cholesterinierung wird ausgewählt, die bei möglichst starker Empfindlichkeit das charakteristische Gepräge zeigt. Die Kombination III (3fach verdünnter Rohextrakt) b und c (Zusatz von 0,45 und 0,6 ccm $1\,^0/_0$iger Cholesterinlösung) hat sich meist am besten bewährt. Geprüfte

---

[1]) Sachs und Georgi, Arb. a. d. Inst. f. exp. Therap. in Frankfurt a. M. 1920. Heft 10, S. 23.

Extrakte sind von Sachs und Georgi, Frankfurt a. M., Institut für experimentelle Therapie, erhältlich.

Vermast[1]) stellt ein Extrakt in folgender Weise her:

Ein halbes Rinderherz wird von allen Blutgefäßen, Fett, Sehnen, Papillarmuskeln, Endo- und Perikard befreit und möglichst fein zerkleinert. Nach einstündigem Abtropfen wiegt man 100 g ab und übergießt sie in einer weithalsigen 1 Liter-Flasche mit Glasstöpsel mit 500 ccm 96⁰/₀igem Alkohol. Die Flasche wird mit dem paraffiniertem Stöpsel sicher verschlossen und 300mal umgeschüttelt. Das Schütteln wird in den folgenden 10 Tagen 100mal wiederholt. Der Extrakt wird dann abfiltriert und auf 24$^0$ eingestellt (wenn möglich in einem Thermostat). In zwei vorher gewogene Wiegegläser werden je 5 ccm Extrakt gegeben und bei 37 oder 56$^0$ zur Trockne eingedampft und die Menge des Rückstandes bis auf 0,1 mg genau ermittelt[2]) und hiernach der Gehalt an Extraktivstoffen mit 96$^0/_0$igem, auf 24$^0$ erwärmten Alkohol derart eingestellt, daß der hergestellte Extrakt in 1 ccm 3,5 mg Extraktivstoffe enthält. In dem so eingestellten (verdünnten) Extrakt von 24$^0$ C löst man so viel Cholesterin, daß 1 ccm 3,5 mg Cholesterin enthält. Die Flasche mit dem cholesteriniertem Extrakt wird mit einem Kautschukstopfen gut verschlossen und in einem Thermostat von 24$^0$ C eingestellt. Mit der 6fachen Menge physiologischer (0,85$^0/_0$iger)[3]) Kochsalzlösung verdünnt, soll er Schlieren zeigen. Die Extraktverdünnungen sind nach $1^1/_2$ Stunden zu gebrauchen.

2. Das **Patientenserum** ist möglichst frisch (höchstens 3 Tage alt) zu verwenden. Es soll klar sein. Geringer Hämoglobingehalt scheint ohne Bedeutung zu sein. Es wird durch $^1/_2$stündiges Erhitzen auf 55$^0$ inaktiviert, 1:9 mit Kochsalzlösung verdünnt und nach etwa 3 bis 4 Stunden verwendet.

3. Als **Verdünnungsflüssigkeit** dient für Extrakt und Patientenserum eine 0,85$^0/_0$ige mit destilliertem Wasser bereitete, sterile, möglichst frische und vor dem Gebrauch filtrierte Kochsalzlösung. Ältere Lösungen können Eigenflockung geben.

4. Die **Extraktverdünnung** wird 1:5 mit obiger Kochsalzlösung 2 zeitig durchgeführt. Ein Teil Extrakt wird zunächst mit einem Teil Kochsalzlösung rasch gemischt und nach kurzem Umschwenken mit weiteren 4 Teilen Kochsalzlösung versetzt.

Die Verdünnungen werden empfindlicher, wenn man zwischen den beiden Akten der Verdünnung 5—10 Minuten wartet, oder die 5 Teile Kochsalzlösung unter stetem Schütteln hintereinander langsam zulaufen läßt. Dabei muß man aber achten, daß durch eine zu langsame Verdünnung keine zu starke Trübung oder gar Ausflockung auftritt.

5. **Ausführung.** Die Reagenzglasgestelle mit den Versuchsröhren sind so aufzustellen, daß die das gleiche Serum enthaltenden Röhrchen hintereinander, die den gleichen Extrakt enthaltenden Röhrchen neben-

---

[1]) Vermast, Zeitschr. f. Immunitätsforsch. u. exp. Therap., Orig. 1922, Bd. 34, S. 95.

[2]) 1 ccm unverdünnter Extrakt soll mindestens 6,125 mg Extraktivstoffe enthalten.

[3]) Das Kochsalz ist vorher gut zu trocknen.

einander stehen. Es empfiehlt sich, mindestens 2—3 Extrakte zu verwenden [1]).

Je 1 ccm (1:9) verdünntes Serum werden mit 0,5 ccm 1:5 verdünntem Extrakt gemischt.

Ferner werden zur Extraktkontrolle 0,5 ccm verdünntes Extrakt mit 1 ccm Kochsalzlösung und zur Serumkontrolle 1 ccm verdünntes Serum mit 0,5 ccm 1:5 verdünntem Alkohol gemischt.

Daneben ist ein positives und ein negatives Vergleichsserum heranzuziehen.

Die Gemische bleiben entweder

a) 2 Stunden im Brutofen und sodann über Nacht bei Zimmertemperatur oder

b) 18—20 Stunden im Brutschrank [2]).

Versuchsanordnung a) ist empfindlicher, kann aber unter Umständen zu gelegentlichen unspezifischen Reaktionen führen, die bei längerem Verweilen im Brutofen wieder verschwinden.

Versuchsanordnung b) ist charakteristisch für Lues, aber etwas weniger empfindlich. Die Empfindlichkeit bei b) kann durch langsamere Extraktverdünnung oder durch Einschiebung eines Zeitintervalls bei der Verdünnung gesteigert werden.

Vermast nimmt die Probe in 7 so engen Röhrchen, daß ein Einfüllen der Flüssigkeiten gerade noch gut möglich ist, nach folgendem Schema vor:

| Nr. | Verdünnter Cholesterin-extrakt in ccm | 10%iges mit physiologisch. Kochsalzlösung verdünntes Serum in ccm | Physiologisch. Kochsalzlösung in ccm | 5%iger Alkohol in phys. Koch-salzlösung in ccm | Index |
|---|---|---|---|---|---|
| 1 | 0,25 | 0,5 | — | — | 0,2 |
| 2 | 0,25 | 0,4 | 0,1 | — | 0,4 |
| 3 | 0,25 | 0,3 | 0,2 | — | 0,6 |
| 4 | 0,25 | 0,2 | 0,3 | — | 0,8 |
| 5 | 0,25 | 0,1 | 0,4 | — | 1,0 |
| 6 | 0,25 | — | 0,5 | — | Extrakt-kontrolle |
| 7 | — | 0,5 | — | 0,25 | Serum-kontrolle |

Die Proben werden 2 Stunden bei 37° und weitere 22 Stunden bei 24° C aufbewahrt.

Gaehtgens [3]) empfiehlt die Original S.G.R. noch weitere 24 Stunden (insgesamt also 48) Stunden bei Zimmertemperatur stehen zu lassen.

---

[1]) Scheer (Münch. med. Wochenschr. 1919 Nr. 32) u. Lipp (ebenda 1919 Nr. 42) empfehlen für die Untersuchung kleinerer Blutmengen ihre abgeänderten Mikromethoden (S. 450 u. 451).

[2]) Meyer (Med. Klinik 1919 Nr. 11) und Gaehtgens (Münch. med. Wochenschr. 1919 Nr. 33) kürzen die Ausflockung durch Zentrifugieren ab. Wilk (Zentralbl. f. Bakteriol., Parasitenk. u. Infektionskrankh., Abt. I Orig. Bd. 86, S. 169) empfiehlt 30stündigen Aufenthalt bei 37°.

[3]) Gaehtgens, Münch. med. Wochenschr. 1919 S. 933.

Die Vorteile sind nach ihm Verstärkung schwacher Reaktion und Verschwinden unspezifischer Ausflockungen.

6. **Beurteilung der erhaltenen Ergebnisse.** Die Ergebnisse werden im Agglutinoskop von Kuhn und Woithe (Abb. 209, S. 366) oder mit der Lupe oder bei Verwendung von Blockschälchen im Mikroskop bei schwacher Vergrößerung 18—24 Stunden nach Ausführung der Probe abgelesen. Die Extraktkontrolle muß völlig klar sein. Sind die Serumkontrollen ausgeflockt, so ist die Untersuchung zu wiederholen. Selbstausflockende Sera sind ungeeignet. Positiv ist die Reaktion bei Auftreten heller Körnchen auf dunklem Grunde. Starke positive Reaktion ist schon makroskopisch gut zu sehen. Negative Proben sind klar oder schwach opaleszierend.

**Beurteilung der S.G.R. bei Syphilis.** Nach einer Zusammenstellung von Sachs und Georgi[1]) sind von den verschiedenen Untersuchern in der Regel gut übereinstimmende Ergebnisse bei der S.G.R. und Wa.R. gefunden worden. Bei über 1200 untersuchten Fällen schwankten die übereinstimmenden Ergebnisse zwischen 85 und 98%, im Mittel betrugen sie 92,44%. Ferner fand Rabe[2]) in 90%, Fränkel[3]) in 95%, Gaehtgens[4]) in 94%, Messerschmidt[5]) in 85%, Hauck[6]) in 81%, Merzweiler[7]) in 86% und Wilk[8]) in 99% der Fälle Übereinstimmung mit der Wa.R. Einen recht vollständigen Überblick über die bisher mit der S.G.R. im Vergleich zur Wa.R. erhaltenen Ergebnisse gibt Vermast[9]).

Die S.G.R. ist wesentlich einfacher und billiger als die Wa.R. Wilk[8]) empfiehlt sie als Ersatz für die Kältemethode und in allen Zweifelsfällen als Ergänzungsverfahren neben der Original Wa.R. (Weisbach[10]) u. a.).

Nach Wilk[8]), Weisbach[10]), Stern[11]) u. a. gibt die S.G.R. (desgleichen auch die Kältemethode, s. S. 440) bei beginnender Lues schon positive Reaktion, wo die Original Wa.R. noch nicht positiv ausfällt.

Nach Nathan und Weichbrodt[12]), Münster[13]), Wilk[8]), Weisbach[10]), Stern[11]) u. a. ist die S.G.R. bei behandelten Fällen zuweilen länger positiv als die Wa.R. und sollte deshalb immer als Kontrolluntersuchung herangezogen werden.

---

[1]) Sachs und Georgi, Arb. a. d. Inst. f. exp. Therap. in Frankfurt a. M. 1920, Heft 10.

[2]) Rabe, Berl. klin. Wochenschr. 1919 Nr. 43.

[3]) Fränkel, Dtsch. med. Wochenschr. 1919 Nr. 37.

[4]) Gaethgens, Münch. med. Wochenschr. 1919 Nr. 33.

[5]) Messerschmidt, Dtsch. med. Wochenschr. 1920, Nr. 6.

[6]) Hauck, Münch. med. Wochenschr. 1919 Nr. 49.

[7]) Merzweiler, Dtsch. med. Wochenschr. 1919 Nr. 46.

[8]) Wilk, Zentralbl. f. Bakteriol., Parasitenk. u. Infektionskrankh., Abt. I Orig. Bd. 86, Heft 2, S. 172.

[9]) Vermast, Zeitschr. f. Immunitätsforsch. u. exp. Therap. Orig. 1922. Bd. 34, S. 95.

[10]) Weisbach, Hyg. Rundschau 1921, S. 196.

[11]) Stern, Zeitschr. f. Immunitätsforsch. u. exp. Therap., Orig. 1921, Bd. 32, S. 167.

[12]) Nathan und Weichbrodt, Münch. med. Wochenschr. 1918 Nr. 46.

[13]) Münster, ebenda 1919 Nr. 19.

Diese bei der S.G.R. gegenüber der Wa.R. mehr erhaltenen positiven Reaktionen bedingen zu einem guten Teil die Differenzen in den Ergebnissen. Diese kleinen Unstimmigkeiten sind also sicherlich nicht zuungunsten der S.G.R. zu deuten. Dennoch ist nach Stern [1]) die alleinige Untersuchung nach S.G.R. zur Zeit noch nicht anzuraten. In Fällen von Lues I und II ist die Wa.R. vorzuziehen. Die S.G.R. ist eine wertvolle Bereicherung der Lues-Diagnose, wenn sie neben der Wa.R. ausgeführt wird. Dagegen nimmt Müller [2]) einen recht ablehnenden Standpunkt gegenüber der S.G.R. ein.

Nach Lesser [3]) und Nathan [4]) ist die S.G.R. namentlich bei Ulcus molle unspezifisch. Über die weitere Beurteilung der S.G.R. vergl. auch S. 458.

Bei der Untersuchung von **Lumbalflüssigkeit** steht die S.G.R. in bezug auf Empfindlichkeit der Wa.R. nach (Sachs und Georgi) [5]) (bei 9,5 $^0/_0$ der nach der Wa.R. positiv reagierenden Lumbalflüssigkeiten bleibt die S.G.R. aus).

Ausführung: 1,0 und 0,5 ccm unverdünnter Lumbalflüssigkeit werden mit je 0,5 ccm 6fach fraktioniert verdünntem, cholesterinierten, alkoholischen Extrakt [6]) gemischt. Die Ablesung der Ergebnisse im Agglutinoskop (Abb. 209) erfolgt wie auch sonst üblich.

## Abänderungen der S. G. R.

1. **Mikromethode nach Scheer** [7]). Bei Frühgeburten und Säuglingen ist es oft nicht leicht, die zur Wa.R. erforderliche Blutmenge zu erhalten. Die Wa.R. so zu modifizieren,. daß sie mit geringen Serummengen angestellt wird (Weidanz), ist nicht geglückt (Boas). Erfolgreicher war Scheer, die S.G.R. derart abzuändern, daß sie mit kleinsten Blutmengen angestellt werden kann (Mikromethode). Zum Abmessen dient eine Zeißsche Leukozytenpipette, wie sie zum Zählen der weißen Blutkörperchen üblich ist. 9 Teilstriche der Pipette mit 0,85 $^0/_0$iger Kochsalzlösung, 1 Teilstrich (= 0,002 ccm) mit bei 56 $^0$ inaktiviertem Serum, und 5 Teilstriche mit (2zeitig) verdünntem Extrakt werden in gläsernen Blockschälchen (wie sie zum Widal gebraucht werden — S. 373) gemischt. Es werden mindestens zwei Untersuchungen mit zwei verschiedenen Extrakten, sowie die sonst übliche Kontrolle angesetzt. Die Schälchen werden mit eingefetteter Glasplatte luftdicht verschlossen und 2 Stunden bei 37 $^0$ und 18—20 Stunden bei Zimmertemperatur aufbewahrt. Das Ergebnis wird mit der Lupe gegen einen dunklen Hintergrund abgelesen. Bei positiver Reaktion tritt Flockenbildung auf.

---

[1]) Stern, Zeitschr. f. Immunitätsforsch. u. exp. Therap., Orig. 1921, Bd. 32, S. 167.

[2]) Müller, Berl. klin. Wochenschr. 1921, S. 253.

[3]) Lesser, Berl. klin. Wochenschr. 1919 Nr. 10.

[4]) Nathan, Med. Klinik 1918, Nr. 41.

[5]) Sachs und Georgi, Arb. a. d. Inst. f. exp. Therap. und dem Georg Speyer-Hause in Frankfurt a. M. 1919. Heft 6, S. 29.

[6]) Sachs und Georgi, Med. Klinik 1918 Nr. 33, und Georgi, Zeitschr. f. Immunitätsforschung u. exp. Therap., Orig. 1918.

[7]) Scheer, Münch. med. Wochenschr. 1919, Nr. 32, S. 902.

Zur Untersuchung mit zwei Extrakten und einer Serumkontrolle werden 0,006 ccm = $^1/_8$ Tropfen Serum benötigt, dagegen bei Original-S.G.R. und bei Wa.R. 0,3 ccm. Bei Kontrolluntersuchungen mit Original S.G.R. wurden die gleichen Ergebnisse wie mit der Mikromethode erhalten.

2. **Tropfenmethode** nach Lipp[1]). Bei diesem Verfahren gibt man 1 Tropfen inaktiviertes Serum, 9 Tropfen Kochsalzlösung und 5 Tropfen verdünntes Extrakt in ein 1 cm weites Reagenzglas oder mit einer Glasplatte zu bedeckendes Uhrglas. Zum Abmessen der Tropfen dient eine Tropfenpipette. Die Ablesung erfolgt mit der Lupe oder schwacher mikroskopischer Vergrößerung (Frontlinse abgeschraubt). Lipp hatte in 1000 Fällen mit der Original S.G.R. und seiner Tropfenmethode übereinstimmende Ergebnisse.

3. **Zentrifugenmethode** nach Meyer[2]) und Gaehtgens[3]). Das Extrakt-Serum-Gemisch läßt man nach Meyer 3—4 Stunden im Brutofen stehen und zentrifugiert dann, während Gaehtgens[3]) die Proben gleich nach Mischung 20 Minuten bei mittlerer Tourenzahl (2000—2500) ausschleudert. Stark positive Sera setzen einen unregelmäßig sternförmigen zarten Bodensatz von 4—6 mm Durchmesser ab. Bei leichtem Schütteln treten Flocken auf. Negative Sera zeigen keine Veränderung.

4. **Kombinierte Sachs - Georgi - Wassermannsche Reaktion** nach Keining[4]), (Jacob[5]) und Kafka[6])). 0,5 ccm 1:6 fraktioniert verdünntes und auf Höchstempfindlichkeit eingestelltes Extrakt werden mit 0,5 ccm 1:5 verdünntem Serum, das zuvor unverdünnt eine halbe Stunde auf 56° erhitzt wurde, gemischt und $3^1/_2$ Stunden bei 37° sowie 1 Stunde bei Zimmertemperatur gehalten. Hierauf wird das Ergebnis der Ausflockung (S.G.R.) abgelesen. Sodann werden 0,5 ccm 1:10 verdünntes Meerschweinchenserum zugesetzt. Nach einstündigem Aufenthalt bei 37° wird 1 ccm hämolytisches System (Ambozeptor in 4facher Minimaldosis) zugesetzt und nach erneutem einstündigem Aufenthalt bei 37° das Ergebnis der Wa.R. abgelesen.

Nach Keining ist die S.G.R. eine Lipoidreaktion, während die Wa.R. an die Euglobulinfraktion gebunden ist.

Die Ergebnisse beider Reaktionen können auch bei obiger Versuchsanordnung voneinander abweichen. Nach Nathan[7]) ist die von Jakob, Kafka und Keining vorgeschlagene Kombination der S.G.R. mit der Wa.R. nur mit der größten Vorsicht zu verwerten bzw. um Fehlresultate (infolge Verlust der komplementbindenden Kraft der Gemische während Ablauf der S.G.R.) zu vermeiden, besser gänzlich zu unterlassen.

---

[1]) Lipp, Münch. med. Wochenschr. 1919, S. 1200.
[2]) Meyer, Med. Klinik 1918, S. 262.
[3]) Gaehtgens, Münch. med. Wochenschr. 1919 Nr. 33.
[4]) Keining, Dtsch. med. Wochenschr. 1921, S. 157 und Zentralbl. f. Bakteriol., Parasitenk. u. Infektionskrankh., Abt. I, Ref. 1921, Bd. 72, S. 457.
[5]) Jacob, Dermat. Zeitschr. Bd. 31, S. 287.
[6]) Kafka, Deutsch. med. Wochenschr. 1921, Nr. 10.
[7]) Nathan, Zeitschr. f. Immunitätsforschung u. exp. Therap. 1922, Bd. 34, S. 124.

### e) S.G.R. bei anderen Infektionskrankheiten.

Es hat nicht an Versuchen gefehlt, die S.G.R. auch bei anderen Infektionskrankheiten, so bei Rotz der Einhufer, Abortus der Rinder und Beschälseuche der Pferde zu verwenden. Bisher sind aber diese Versuche fehlgeschlagen. So schreibt Gilbricht[1]), daß die S.G.R. für Rotz weder spezifisch noch charakteristisch, somit unbrauchbar sei. Cominotti[2]) bezeichnet sie bei der Beschälseuche als wertlos.

Beim infektiösen Abortus der Rinder berichten Sachrock und Rösner[3]) (mit etwas abgeänderter Technik) über günstige Erfahrung, während Stickdorn[4]) völlige Mißerfolge hatte. Sicherlich bietet das infolge hohen Globulingehaltes leicht zur Ausflockung neigende Serum selbst gesunder Rinder besondere Schwierigkeiten für die S.G.R. Da die S.G.R. hier über einige Laboratoriumsversuche noch nicht hinausgekommen ist, beschränke ich mich darauf, auf die erwähnten Arbeiten zu verweisen.

## VII. Ambozeptorbindungsreaktion nach Sachs und Georgi[5]) zum Nachweis von Fleischarten (Pferdefleischnachweis in gekochten Fleisch- und Wurstwaren).

Die Ambozeptorbindungsreaktion nach Sachs und Georgi[5]) stützt sich auf Forssmanns[6]) Feststellung der heterogenetischen Hämolysine, nach der durch Einspritzungen von Organverreibungen (Niere, Leber, Gehirn usw.) vom Meerschweinchen, Katze oder Pferd bei Kaninchen Stoffe gebildet werden und ins Serum übergehen, die Blutkörperchen vom Schaf kräftig, von Ziege schwach und vom Rind gar nicht auflösen (Schafhämolysine). Diese heterogenetischen Schafhämolysine gehen sowohl mit ihrem Antigen, als auch mit Organen, z. B. Muskelfleisch gewisser anderer Tiere, Bindungen ein. Das so seines Hämolysins beraubte Kaninchenserum kann nach Zusatz von Komplement Schafblutkörperchen nicht mehr lösen. Das Antigen ist nach Doerr und Pick[7]) kochbeständig. Solche kochbeständige, sich mit dem heterogenetischen Hämolysin verbindende Stoffe (Antigen) enthalten die Organe (Fleisch!) von Pferd, Hund, Katze, Fuchs, Dachs, Eichhörnchen, Kamel, Walfisch, Meerschweinchen, Hamster, Strauß, Geier, Huhn und Schildkröte (Amako)[8]), nicht aber von Rind, Hirsch,

---

[1]) Gilbricht, Prüfung der Fällungsreaktion nach Sachs und Georgi auf Rotz. Veterinär-med. Inaug.-Diss. Berlin 1920, Zeitschr. f. Veterinärk. 1921, S. 115; ref. in Dtsch. tierärztl. Wochenschr. 1921, S. 50.

[2]) Cominotti, La clinica veterinaria 1921, Heft 4; ref. Berl. tierärztl. Wochenschr. 1921, S. 497.

[3]) Sachrock und Rösner, Dtsch. tierärztl. Wochenschr. 1920 S. 344.

[4]) Stickdorn, Berl. tierärztl. Wochenschr. 1921, S. 109.

[5]) Sachs und Georgi, Zeitschr. f. Immunitätsforsch. u. exp. Therap., Orig. Bd. 21, S. 342.

[6]) Forssmann, Biochem. Zeitschr. Bd. 38, S. 78.

[7]) Doerr und Pick, ebenda 1913, Bd. 50 und Zeitschr. f. Immunitätsforsch. u. exp. Therap., Orig. 1913, Bd. 19, S. 251.

[8]) Amako, Zeitschr. f. Chemotherapie 1912, Bd. 1.

Reh, Gemse, Schwein, Kaninchen, Hase, Ratte, Gans, Taube, Kabeljau, Schellfisch, Hering, Schimpanse und Mensch und fehlen auch in den Organen (Fleisch von Schaf und Ziege, deren (Schaf und Ziege) Blut hingegen antigenhaltig ist. In der Hitzebeständigkeit dieser Antigene und dem unterschiedlichen antigenen Verhalten der Organe (des Fleisches!) der verschiedenen Tierarten gegenüber dem heterogenetischen Hämolysin erblicken Sachs und Georgi die Möglichkeit einer praktischen Verwendung dieser Reaktion zu diagnostischen Zwecken, vor allem zum Nachweis von Pferdefleisch. Soweit Antigen vorkommt, findet es sich nur im Fleische, nicht aber im Blut (Serum) vor. Nur das Schaf- und Ziegenblut macht hiervon, wie erwähnt, eine Ausnahme; dieses ist antigenhaltig, während das Fleisch dieser Tierarten kein Antigen enthält.

Antiserumgewinnung. Kaninchen werden mit einer feinen, filtrierten Verreibung [1]) von Meerschweinchen- oder Pferdenieren (5:15) intraperitoneal (S. 295) oder intravenös (2 ccm) 2—3mal in 5—8tägigen Zwischenpausen vorbehandelt, ihnen 10—14 Tage nach der letzten Einspritzung Blut entnommen und daraus das Serum gewonnen. Das Serum wird durch $^1/_2$stündiges Erhitzen auf 56° inaktiviert.

**Antigengewinnung.** Da gekochtes Material ein größeres Bindungsvermögen als rohes besitzt, ist das Material zuvor zu kochen.

Bei Wurst werden die Fettklümpchen entfernt. Das zu untersuchende Material wird zerkleinert, auf einer Glasplatte im Brutofen getrocknet. Fettreiches Material ist zuvor mit Äther auszuschütteln. 3 g getrocknetes Untersuchungsmaterial werden mit 12,5 ccm 1:50 mit physiologischer Kochsalzlösung verdünntem Antiserum verrieben und unter mehrmaliger Aufschüttelung 1 Stunde bei 37° gehalten. Hierauf wird das Serum klar auszentrifugiert, abgegossen oder abfiltriert (Schleicher und Schüll 605) und auf Hämolysingehalt geprüft.

### Prüfung des mit dem Untersuchungsmaterial digerierten Antiserums auf Hämolysin.

**Vorversuch.** 0,5 ccm 1:10 verdünntes, frisches Meerschweinchenserum werden mit 0,5 ccm 5%iger Schafblutkörperchenaufschwemmung versetzt und 2 Stunden bei 37° gehalten. Tritt Hämolyse nicht ein, so ist das Meerschweinchenserum zu weiteren Versuchen brauchbar.

**Hauptversuch:** Fallende Mengen (1,0—0,5—0,25—0,15—0,1—0,05—0,025—0,015—0,01 und 0 ccm) 1:50 verdünntes, digeriertes Antiserum werden mit physiologischer Kochsalzlösung auf 1 ccm (nach Wagner [2]) auf 5 ccm) aufgefüllt, mit je 0,5 ccm 5%iger Schafblutkörperchenaufschwemmung und 10 Minuten später mit je 0,5 ccm Meerschweinchenserum (1:10 verdünnt) versetzt, durchgemischt und 2 Stunden im Wasserbad von 37° gehalten. Hierauf wird das Ergebnis abgelesen. Bleibt die Hämolyse aus, so stammt das Material ganz oder teilweise (Wurst) vom Pferd, Hund oder Katze (S. 452).

---

[1]) Es empfiehlt sich, die Verreibung zunächst auszuzentrifugieren und den Bodensatz in frische Kochsalzlösung erneut aufzunehmen.

[2]) Wagner, Münch. tierärztl. Wochenschr. 1920, S. 777.

**Kontrollversuche:** 1. Das Antiserum ist mit sicherem Rind- oder Schweinefleisch bzw. Wurst statt mit dem Untersuchungsmaterial vorzubehandeln und mit ihm wie im Hauptversuch weiter zu verfahren. Hämolyse soll eintreten. Zuweilen fällt aber das 1. Röhrchen aus.

2. Das Antiserum ist unvorbehandelt mit den Schafblutkörperchen und Komplement wie im Hauptversuch anzusetzen (Hämolyse).

3. Das Antiserum ist mit sicherem Pferdefleisch oder -Wurst vorzubehandeln und dann wie im Hauptversuch weiterzubehandeln (keine Hämolyse).

4. Prüfung des unverdünnten und mit dem Untersuchungsmaterial vorbehandelten Antiserums (1 und 0,5 ccm) mit Schafblutkörperchen, aber ohne Meerschweinchenserum. Hämolyse soll nicht oder höchstens mit 1 ccm Antiserum eintreten.

Wurstbindemittel, die aus Blutserum der Schlachttiere oder aus Kasein hergestellt sind, hemmen die Hämolyse im allgemeinen nicht, ausgenommen Hammelserum und -Fibrin.

Fällt die Sachs-Georgische Reaktion positiv aus, so läßt sie nur den Schluß zu, daß minderwertige Fleischsorten vorliegen, sie läßt aber die Frage offen, ob Pferde-, Hunde-, Katzen-, Kamel- oder Walfischfleisch vorliegt (die sonstigen kommen praktisch wohl kaum in Frage). Gerade diese Feststellung aber kann unter Umständen und besonders in gerichtlichen Fällen von weittragender Bedeutung sein. Wenn im nachfolgenden kurz von Pferdefleisch gesprochen wird, so hat hierauf obige Einschränkung selbstverständlich Gültigkeit.

**Beurteilung der Methode.** Den Pferdefleischnachweis in gekochten Fleisch- und Wurstwaren nach Sachs-Georgi hat Bauer [1]) als brauchbar gefunden. Nach Wagner [2]) bietet die Sachs-Georgische Methode zwar wertvolle Hinweise für die forensische Praxis, ihre Verwendbarkeit als sicheres Beweismittel ist aber sehr eingeschränkt. Das Verfahren eignet sich zum Nachweis von Verfälschungen nur unter ganz bestimmten Voraussetzungen, wenn die Möglichkeit gegeben ist, alle noch im Prinzip liegenden Fehler auszuschließen.

Nach Gaehtgens [3]) wird der praktische Wert des Verfahrens dadurch beeinträchtigt, daß ein positives Ergebnis gelegentlich auch bei Fleisch- und Wurstwaren erhalten wird, in denen Pferdeeiweiß weder festzustellen noch anzunehmen ist. Ferner stören bei nicht pferdefleischhaltigem Material mitunter partielle Hemmungen der Hämolyse infolge antikomplementärer Wirkung oder unspezifischer Adsorption der Hämolysine. Diese lassen sich aber durch 1—2 Minuten langes Kochen des Untersuchungsmaterials weitgehend einschränken. Gaehtgens hält die jetzige Methodik zur sicheren Identifizierung von gekochtem Eiweißmaterial noch nicht als geeignet, doch vermag sie in manchen Fällen das Ergebnis der Präzipitation und der chemischen Untersuchung zu ergänzen und zu stützen. In den Fällen jedoch, in denen Pferde-

---

[1]) Bauer, Zeitschr. f. Fleisch- u. Milchhyg. Bd. 27, S. 97.

[2]) Wagner, Münch. tierärztl. Wochenschr. 1920. S. 777.

[3]) Gaehtgens, Zeitschr. f. Immunitätsforsch. u. exp. Therap., Orig. 1921, Bd. 31, S. 512.

fleisch vorlag oder anzunehmen war, gab die Methode stets positive Ergebnisse.

Seligmann und v. Gutfeld[1]) sprechen sich ungünstig aus. Sie halten die Sachs-Georgische Reaktion in ihrer bisherigen Anwendungsform nicht für geeignet, gekochtes Eiweiß mit Sicherheit biologisch nachzuweisen. „Die Fehlerquellen sind so groß und verschiedenartig, daß sie ein wissenschaftlich begründetes Gutachten in der Praxis nicht gestatten.“ Sie hatten bei pferdefleischhaltigen Wurstproben etwa 20% Fehlergebnisse.

## VIII. Die Lipoidbindungsreaktion nach Meinicke.

Anfangs war Meinicke[2]) der Ansicht, daß die Lipoidbindungsreaktion ähnlich der Komplementbindung derart verlaufe, daß spezifisch aufeinander eingestellte Stoffe (Antigen und Antikörper) analog der Bindung von Komplement auch Organlipoide binden könnten und hierdurch kochsalzbeständige Flocken bildeten. Diese Hypothese hat sich als unrichtig erwiesen[3]). Er nimmt jetzt an[4]), daß die Extraktkolloide bei der Reaktion zwischen Serum und Extrakt das Kochsalzgleichgewicht der Serumglobuline im Sinne einer Kochsalzentziehung störe. Diese Reaktion verläuft bei den positiven Seren intensiver als bei den negativen. Die verschiedenen Formen der Lipoidbindungsmethode (Wassermethode, M.R. und dritte Modifikation) sind nur der Ausdruck der verschiedenen Variationsmöglichkeiten dieser Grundidee.

Die Lipoidbindungsreaktion dient zum Feststellen des Ursprungs von Blut, Fleisch usw. (Eiweißdifferenzierung) und zur klinischen Diagnostik, so bei Syphilis (S. 457), Rotz (S. 461), Beschälseuche der Pferde (S. 464), Lungenseuche der Rinder (S. 467) usw. Während im allgemeinen außer den Organlipoiden der Zusatz eines spezifischen Antigens erforderlich ist, kann er beim Nachweis der Syphilis in gleicher Weise wie bei der Wassermannschen Reaktion (S. 418) wegfallen.

Meinicke hat drei Modifikationen der Lipoidbindungsreaktion ausgearbeitet:

1. Die Wassermethode[4]). 0,2 ccm 1 Stunde inaktiviertes Serum + 1,5 ccm 1:12 verdünnten Extraktes, 1 Stunde in den Brutschrank. Dann Zusatz von 2,5 ccm destillierten Wassers. Über Nacht ausflocken lassen. Oder: 0,3 ccm Serum + 0,7 ccm Extrakt + 4 ccm Wasser, sonst wie oben.

Merkmal: Dem System wird relativ viel Wasser zugefügt. Ergebnis: Nur die negativen Sera flocken aus.

Man kann den Wasserzusatz so einstellen, daß die negativen Seren noch eben geflockt werden, die positiven aber nicht mehr. Für die Luesreaktion sind die geeigneten Dosen bei Verwendung der Pferdeherz-

---

[1]) Seligmann und v. Gutfeld, Berl. klin. Wochenschr. 1919, S. 964.

[2]) Meinicke, Berl. klin. Wochenschr. 1917 Nr. 25 und 50; 1918 Nr. 4; Münch. med. Wochenschr. 1917 Nr. 41 und 51.

[3]) Meinicke, Zeitschr. f. Immunitätsforsch. u. exp. Therap., Orig. 1919, Bd. 28, S. 280.

[4]) Meinicke, Berl. klin. Wochenschr. 1917, Nr. 25 u. 50; 1918, Nr. 4; Münch. med. Wochenschr. 1917, Nr. 41 u. 51.

Ätherrestextrakte folgende: Zu 0,3 ccm 1 Stunde bei 56° inaktiviertem Serum fügt man 0,7 ccm einer mit Wasser hergestellten Extraktverdünnung 1:16, läßt eine Stunde im Brutschrank stehen und gibt dann je 4 ccm destilliertes Wasser zu. Die Ablesung erfolgt nach eintägigem Aufenthalt der Proben bei 37°.

Die Wassermethode hat weder für die Luesdiagnostik noch für die Erkennung anderer Infektionskrankheiten eine praktische Bedeutung.

2. Die Kochsalzmethode (Meinicke-Reaktion = M.R.)[1, 2]. Bei dieser gibt man zu 0,2 ccm $^1/_4$ Stunde inaktivierten Kranken- oder Immunserums durchschnittlich 1,0 ccm [einer Mischung aus Antigen und] Lipoidextrakt. Die Proben werden etwa 20 Stunden bei 37° gehalten. In dieser Zeit flocken alle Sera aus. Der Bodensatz wird durch leichtes Schütteln zu einer gleichmäßigen, grobkörnigen Aufschwemmung verteilt. Man setzt 1 ccm Kochsalzlösung von bestimmtem Prozentgehalt zu und liest nach einstündigem Aufenthalt der Proben im Brutofen die Reaktion wie eine Agglutination ab. Sind die Flocken gelöst, so ist die Reaktion negativ, bei positiver bleiben sie dagegen bestehen.

Die M.R. findet bei der Eiweißdifferenzierung (S. 461) und der klinischen Diagnostik des Rotzes (S. 461), der Beschälseuche der Pferde (S. 464) und der Lungenseuche der Rinder (S. 467) in Form der Lipoidbindungsreaktion in der Praxis Anwendung, bei der Syphilis ist sie durch die dritte Modifikation verdrängt worden.

3. Die „dritte Modifikation" oder D.M., die die S.G.R. an Einfachheit noch übertrifft und im allgemeinen günstig beurteilt wird. 0,3 ccm $^1/_4$ Stunde inaktiviertes Serum + 0,3 ccm 10%ige Kochsalzlösung + 0,6 ccm 1:8 verdünntes Extrakt. Über Nacht ausflocken lassen.

Merkmal: Dem System wird relativ viel Kochsalz zugefügt. Ergebnis: Nur die positiven Seren flocken aus.

**Extraktbereitung.** Anfangs benutzte Meinicke das Original-Wassermannsche Antigen, später selbst hergestellte Auszüge aus frischen, schließlich nur noch aus getrockneten Pferdeherzen.

Die Pferdeherzauszüge haben den Vorteil, daß das Ausgangsmaterial leicht zu beschaffen und in seiner Zusammensetzung einheitlicher als Menschenherzen ist[1]. Meinicke verwendet Menschenherzextrakte nicht mehr[3].

Das Pferdeherzextrakt[4] gewinnt er in folgender Weise. Der frische Herzmuskel wird von Fett, Sehnen usw. befreit, durch die Fleischhackmaschine ganz fein zerkleinert, auf Glasplatten dünn ausgestrichen und im Wärmeschrank bei 50—55° in 8 Stunden getrocknet. Die getrocknete Muskelmasse wird abgeschabt, im Porzellanmörser fein verrieben und in gut verschlossenen Flaschen im Vorrat genommen.

---

[1]) Meinicke, Zeitschr. f. Immunitätsforsch. u. exp. Therap. 1919, Bd. 28, S. 280.

[2]) Meinicke, ebenda 1918. Bd. 27, S. 350.

[3]) Meinicke, ebenda 1920. Bd. 29. S. 396.

[4]) Meinicke, Zeitschr. f. Immunitätsforsch. u. exp. Therap., Orig. 1918, Bd. 27, S. 513.

2 g Pferdeherzpulver werden mit 18 ccm Äther 1 Stunde geschüttelt, über Nacht stehen gelassen und schnell durch ein doppeltes Filter gegossen. Der Rückstand in Flasche und Filter wird im Brutofen getrocknet, der Filterrückstand wird abgekratzt und zum Rückstand in der Flasche gegeben. Dann fügt man 18 ccm 96%igen Alkohol zu, zieht einen Tag unter häufigem Umschütteln aus, läßt 3 Tage absetzen, filtriert ab und erhält so das Ätherrestextrakt 1:10.

In ähnlicher Weise können auch die Chloroform- und Benzolrestauszüge erhalten werden.

Durch Vorproben überzeugt man sich von der Brauchbarkeit des Extraktes, wie folgt[1]):

Zu 5 Extraktproben von je 0,5 ccm setzt man in Röhrchen 1 0,5 ccm destilliertes Wasser, in 2 0,5 ccm physiologische Kochsalzlösung, die 1:8 mit destilliertem Wasser verdünnt ist, in 3 0,5 ccm desgleichen, jedoch 1:4 verdünnt, in 4 desgleichen, jedoch 1:2 verdünnt und in 5 0,5 ccm unverdünnte physiologische Kochsalzlösung. Diese Zusätze werden schnell hinzugegeben und schnell durch Schütteln mit dem Extrakt gemischt. Nach 1—2stündigem Stehen bei Zimmertemperatur zeigen brauchbare Extrakte in Röhrchen 1 leichte Trübung und hellgraue Farbe, in Röhrchen 2 stärkere Trübung und leicht gelbe Farbe, in Röhrchen 3 dichte Trübung und Flockenbildung (mit bloßem Auge oder Lupe betrachtet) und in Röhrchen 4 und 5 noch stärkere Flockenbildung. Durch Zusatz von Pferdeherzpulver sind zu schwache Extrakte zu verstärken, durch Zugabe von Alkohol zu starke Extrakte zu verdünnen.

Bei der Extraktverdünnung für die Luesdiagnose dürfen die Extrakte durch das Wasser nicht erschüttert werden (Hineintropfen ist also zu vermeiden — im Gegensatz zur Extraktverdünnung bei der Rotzdiagnose).

### M.R. und D.M. bei Syphilis[2]).

Die **Seren** sind durch $^1/_4$stündiges Erhitzen auf 55—56° zu inaktivieren. Chylöse, leicht blutig gefärbte oder ikterische Seren beeinflussen nach Ruete die D.M. nicht. Das Pferdeherz-(Lipoid-)**Extrakt** wird, nachdem es durch Zugabe von Alkohol auf die richtige Konzentration[3]) gebracht worden ist (vgl. oben), mit der halben Menge destillierten Wassers gemischt und nach einstündigem Stehen für die D.M. mit der 7fachen Menge 2%iger Kochsalzlösung schnell versetzt. (Beispiel: 3 ccm Extrakt + 1,5 ccm Wasser, nach 1 Stunde dazu $3 \times 7 = 21$ ccm 2%ige Kochsalzlösung.) Bei der M.R. wird das Extrakt auch in der 2. Phase mit destilliertem Wasser verdünnt. Die Wirksamkeit der Extrakte kann man erhöhen, wenn man die primäre Verdünnung mit Wasser oder

---

[1]) Meinicke, Zeitschr. f. Immunitätsforsch. u. exp. Therap., Orig. 1920, Bd. 29, S. 396.

[2]) Meinicke, Münch. med. Wochenschr. 1919, S. 932 (ferner ebenda 1918 Nr. 49). Dtsch. med. Wochenschr. 1917 Nr. 7 und Zeitschr. f. Immunitätsforsch. u. exp. Therap., Orig. Bd. 28, Heft 3/5.

[3]) Richtig konzentrierte gebrauchsfertige Extrakte gibt Chefarzt Dr. Meinicke, Heilstätte Ambrock bei Hagen i. W. ab.

die sekundäre mit 2%iger Kochsalzlösung (bzw. Wasser) längere Zeit stehen läßt.

Die Extraktverdünnung ist jeweils frisch zu bereiten.

**Hauptversuch** bei [der M.R. (s. a. S. 456 u. 461) und] D.M.: 0,2 ccm inaktiviertes Serum werden mit 0,8 ccm verdünntem Extrakt (s. o.) gut gemischt und Proben bis zum anderen Tage (mindestens 16 Stunden) bei 37° (!)[1]) gehalten. Ruete empfiehlt die Proben 24 Stunden bei 37° und 12 Stunden bei Zimmertemperatur stehen zu lassen. Bei der D.M. flocken nur die positiven Seren aus. Das Ergebnis wird mit bloßem Auge oder der Lupe abgelesen.

Bei der M.R. zeigen dagegen alle Seren Flocken, die durch leichtes Schütteln gleichmäßig zu verteilen sind. Hierauf setzt man 1 ccm Kochsalzlösung von bestimmtem Prozentgehalt zu und liest nach einstündigem Aufenthalt bei 37° die Reaktion wie eine Agglutination ab. Bei positiver Reaktion bleiben die Flocken bestehen, bei negativer gehen sie in Lösung.

Über die Auswertung und den Prozentgehalt der zur Auflösung dienenden Kochsalzlösungen vgl. S. 463 unter M.R. bei Rotz.

Die Reagenzien sollen eine Temperatur von 20—22° haben, da sonst Unregelmäßigkeiten bei der Ausflockung eintreten[2]).

Die Seren sind nicht sofort nach der Inaktivierung zum Versuch anzusetzen, weil dann die Zustandsänderungen, die sie durch das Erhitzen erfahren, noch nicht stabil genug geworden sind.

Zur Luesdiagnose bedient man sich in der Praxis heute fast ausschließlich der einfachen D.M. Die Ergebnisse der D.M. stimmen in etwa 90—95% mit denen der M.R. und Wa.R. überein.

**Beurteilung der Methode.** Konitzer[3]) und mit ihm die meisten Autoren geben an, daß die D.M. nach einer Infektion früher ein positives Ergebnis als die Wa.R. liefert. Die D.M. kann aber ebensowenig wie die M.R. und S.G.R. die Wa.R. völlig ersetzen, dagegen kann die gleichzeitige Vornahme der D.M. und S.G.R. empfohlen werden.

Nach Kirschner und Segall[4]) liefert die M.R. in 95% mit der Wa.R. übereinstimmende Ergebnisse. In 3% ist sie durch Anzeigen hauptsächlich latenter Lues der Wa.R. überlegen, während 2% auf unspezifische Reaktionen kommen.

Nach Stern[5]) ist die sehr einfach auszuführende D.M. empfindlicher als Wa.R. bei Lues II, bei Lues latens und bei behandelter Lues, dagegen ist die Wa.R. bei Lues I vorzuziehen. Sie empfiehlt die D.M. nur neben der Wa.R. Bei der D.M. kommen aber auch nichtspezifische Reaktionen vor.

---

[1]) Durch höhere Temperatur wird die Reaktion abgeschwächt. Einige positive Seren bleiben dann unausgeflockt. Meinicke empfiehlt, den Brutofen nur auf 35° einzustellen, damit nachts bei steigendem Gasdruck die kritische Temperatur nicht überschritten wird.

[2]) Meinicke, Med. Klinik 1920, S. 1324.

[3]) Konitzer, Med. Klinik 1919 Nr. 14 und Zeitschr. f. Immunitätsforsch. u. exp. Therap., Orig. 1920, Bd. 30, Heft 3/4.

[4]) Kirschner und Segall, Wien. klin. Wochenschr. 1920, S. 377.

[5]) Stern, Zeitschr. f. Immunitätsforsch. u. exp. Therap., Orig. 1921. Bd. 32, S. 167.

In neuerer Zeit wird die D.M. im allgemeinen günstig beurteilt (Lesser[1]), Blumenthal[2]) Ruete[3]), Gloor[4]) usw.), aber es fehlt auch nicht an ablehnenden Stimmen (Schröder[5]), v. Kaufmann[6]), Merzweiler[7])) u. a.

Nachfolgend eine kleine Übersicht über die Ergebnisse noch einiger Autoren mit der D.M. und Wa.R.

| Autor | Zahl der unters. Fälle | Überein-stimmung mit Wa.R. | Abweichung von Wa.R. | Wa.R. + M.D. − | Wa.R − D.M. + |
|---|---|---|---|---|---|
| Blasius | 1182 | 83,9% | 16.1% | 2,5% | 4.5% |
| Gaehtgens | 1018 | 92,4 ,, | 7,6 ,, | 5,0 ,, | 0,8 ,, |
| Pesch | — | 96,4 ,, | 3,6 ,, | 1,8 ,, | 1,8 ,, |
| Schmitt u. Pott | 1333 | 94,5 ,, | 5,5 ,, | 3,9 ,, | 1,6 ,, |
| Ruete | 4796 | 95,2 ,, | 4,8 ,, | 2,8 ,, | 2,0 ,, |
| Hübschmann | 2800 | 83,0 ,, | 17,0 ,, | 5,0 ,, | 12,0 ,, |
| Jantzen | 859 | 88,4 ,, | 11,6 ,, | 2,1 ,, | 9,5 ,, |

In allen von Blasius mitgeteilten, im Ergebnis voneinander abweichenden Fällen handelte es sich um sichere Lues. Primäraffekte gaben bei je 6 Fällen D.M. + und Wa.R. —, sowie umgekehrt D.M. — und Wa.R. +.

Bei den anderen abweichenden Fällen handelte es sich um latente Lues und um Fälle kurz nach der Behandlung.

In den divergierenden Fällen Peschs war 40mal die D.M. und 10mal die Wa.R. der anderen Reaktion überlegen. Die Wa.R. gab 15, die D.M. 1 unspez. Reaktion.

Von 74 abweichenden Ergebnissen Schmitt-Potts gaben 17 sichere Luesfälle + Wa.R. und — D.M., 12 + D.M. und — Wa.R.

Von 209 abweichenden Fällen Ruetes gaben

12 Seren unspezifische + Wa.R. und — D.M.
2 ,, ,, + D.M. und — Wa.R.

Bei Primäraffekten war Wa.R. — und D.M. + 3mal und W.R. + und D.M. — ebenfalls 3mal.

Bei III. Lues war 1mal Wa.R. + und D.M. —.

[1]) Lesser, Dtsch. med. Wochenschr. 1918 Nr. 42 und Berl. klin. Wochenschr. 1919 Nr. 10.
[2]) Blumenthal, Med. Klinik 1919, Nr. 31.
[3]) Ruete, Münch. med. Wochenschr. 1922, S. 83.
[4]) Gloor, Schweizerische med. Wochenschr. 1920, S. 466.
[5]) Schröder, Med. Klinik 1919, Nr. 21.
[6]) v. Kaufmann, ebenda 1918 Nr. 33.
[7]) Merzweiler, Dtsch. med. Wochenschr. 1919 Nr. 46.

| | | | | | | | | |
|---|---|---|---|---|---|---|---|---|
| Bei II. Lues vor der Kur war | Wa.R. | — | und | D.M. | + | 12 mal, |
| | ,, | ,, | ,, | ,, | + | ,, | ,, | — 11 mal, |
| nach | ,, | ,, | ,, | ,, | — | ,, | ,, | + 7 mal, |
| | | | | ,, | + | ,, | ,, | — 4 mal. |

Von 18 nach Wa.R. + reagierenden Seren gaben nur 10 nach Wassermann sehr stark reagierende eine + D.M.

Insgesamt gaben von 11 129 Fällen 94,2% übereinstimmende Ergebnisse. In 3,6% war die Wa.R. in 3,9% die D.M. der anderen Reaktion überlegen. Die D.M. hat den Vorzug, Eigenhemmungen wie die Wa.R. niemals zu geben.

Ruete hat mit der Zentrifugiermethode nach Gaehtgens (analog der bei S.G.R. — S. 451) zuweilen unspezifische Ergebnisse. Kleine Abweichungen in der Zusammensetzung und Einstellung der Extrakte können beim Zentrifugieren große Abweichungen von der Original-D.M. geben. Benutzt man sie dennoch, so soll man nur ganz frisch angesetzte Proben (ohne Aufenthalt im Brutofen) zentrifugieren.

D.M. gibt nach Ruete weniger unspezifische und mehr positive Reaktion als Wa.R. Bei Lumbalflüssigkeiten ist jedoch die Wa.R. der D.M. überlegen.

Es sind mindestens beide Reaktionen (Wa.R + D.M.) auszuführen.

In der Geburtsperiode werden häufig unspezifische Reaktionen erhalten, aber bei der D.M. immerhin noch bedeutend weniger als bei der Wa.R.

Weißbach[1]) hatte von 1500 nach Wassermann, Sachs-Georgi (Brutschrankmethode) und Meinicke (D.M.) untersuchten Fällen nur bei 83% übereinstimmende Ergebnisse. Bei negativer Flockungsreaktion war die Wa.R. + in 2,3%, umgekehrt in 6%. Die beiden Flockungsreaktionen stimmten in 91,5% überein. Die Ausflockungsreaktionen, namentlich die S.G.R. gaben auch hier bei frischer Lues früher, bei latenter häufiger und bei behandelter Lues länger einen positiven Ausschlag als die Wa.R. Weißbach gibt der S.G.R. den Vorzug vor der D.M.

Jantzen[2]) hält $^1/_4$- und $^1/_2$stündiges Erhitzen auf 55° zur Inaktivierung der Seren für gleichwertig. Neben inaktivierten Seren sind auch frische zu verwenden (Empfindlichkeit wird gesteigert, ohne daß unspezifische Reaktionen auftreten). Er empfiehlt, die Proben 24 Stunden bei 37° und 24 Stunden bei Zimmertemperatur stehen zu lassen, da manche positive Seren erst am 2. Tage ausflocken. Man muß sich aber bei dem Ablesen der Ergebnisse nach 48 Stunden vor Verwechslung mit unspezifischen, großen, plumpen, in der homogenen, leicht trüben Flüssigkeit schwimmenden Flocken hüten. Die erst nach 48 Stunden auftretenden spezifischen Flocken sind dagegen meist sehr kleinflockig und in der Flüssigkeit gleichmäßig verteilt (ähnlich einer feinen Suspension). Die schon nach 24 Stunden in stark positiven Seren auftretenden Flocken sind oft auch sehr großflockig, aber völlig gleichmäßig in der klar gewordenen Flüssigkeit verteilt.

[1]) Weißbach, Deutsche med. Wochenschr. 1921, S. 620.
[2]) Jantzen, Zeitschr. f. Immunitätsforschung u. exp. Therap., Orig. 1921, Bd. 33, S. 156.

Mit Spirochaeta pallida in die Testikel geimpfte Kaninchen zeigten nach 2—6 Wochen die ersten positiven Reaktionen nach D.M. Wird der infizierte Hoden entfernt, so ist die Reaktion in 3 Wochen wieder negativ.

## M.R. zur Eiweißdifferenzierung (Nachweis des Ursprungs von Blut, Fleisch usw.).

Als **Antigen** benutzt Meinicke[1] $^3/_4$ Stunde bei 56° inaktiviertes Serum bestimmter Tierarten. Dieses dient auch zu der in üblicher Weise durchgeführten Gewinnung von Antiserum (S. 381). Die Inaktivierungszeit des Antigens ist so lang gewählt worden, um ein Selbstausflocken der Antigene im Versuch zu verhindern, das eine spezifische Ausflockung vortäuschen könnte. Das Antiserum wird nur durch $^1/_4$stündiges Erhitzen auf 56° inaktiviert.

Der **Lipoidextrakt** wird durch Ausziehen von 1 Teil frischer Kaninchenleber mit 4 Teilen 96%igem Alkohol und Verdünnen 1:8 mit Wasser gewonnen[2]. Auf 9,9 ccm Extrakt wird 0,1 ccm a) des un verdünnten, b) des 1:10 und c) des 1:100 mit physiologischer Kochsalzlösung verdünnten Eiweißantigens gegeben und so Eiweißverdünnungen 1:100, 1:1000 und 1:10000 erzielt.

Im **Hauptversuch** nimmt man je 0,2 ccm Antiserum und je 1 ccm dieser Eiweißlipoidverdünnungen. Die Proben werden etwa 20 Stunden bei 37° gehalten und nach dem Kochsalzverfahren (S. 456) weiter behandelt.

Es entstehen dann kochsalzbeständige Flocken, wenn zum Antiserum das zugehörige Antigenlipoidgemisch zugesetzt wird, also zu einem Antipferdeeiweißserum Pferdeeiweißlipoidgemisch.

Über die Auswertung und den Prozentgehalt der zur Auflösung der Flockungen in den negativen Proben dienenden Kochsalzlösungen vgl. S. 463 unter M.R. bei Rotz.

Hämoglobinhaltige Sera werden schwerer ausgeflockt und ihre Flocken sind kochsalzbeständiger als die nicht hämoglobinhaltigen Seren. Bei der Serumgewinnung ist darauf zu achten, möglichst hämoglobinfreie Seren zu erhalten.

Die Versuchsergebnisse können durch Zusatz von 1%iger alkoholischer Lösung von Natrium glycocholicum verschärft werden.

## M.R. bei Rotz.

Die M.R. ist für die Rotzdiagnostik von Meinicke und Bley[3] ausgearbeitet und von Meinicke und Neumann[4] sowie Bley[5] verbessert worden. Die Ausführung gestaltet sich wie folgt.

---

[1]) Meinicke, Berl. klin. Wochenschr. 1917 Nr. 50 und Zeitschr. f. Immunitätsforsch. u. exp. Therap., Orig. 1918, Bd. 27, S. 350.

[2]) Meinicke, Berl. klin. Wochenschr. 1918, Nr. 4.

[3]) Meinicke und Bley, Zeitschr. f. Veterinärk. 1918, Bd. 30, S. 97 und Berl. tierärztl. Wochenschr. 1918 Nr. 10.

[4]) Meinicke und Neumann, ebenda S. 265.

[5]) Bley, ebenda S. 308.

Es werden benötigt: das zu untersuchende Serum, Rotzbazillenextrakt, Organextrakt (Lipoid), Kochsalzlösung und ein Kontrollextrakt (z. B. Koli-[1]) oder Abortusantigen)[2]).

Das zu untersuchende **Serum** soll möglichst bald vom Blutkuchen getrennt werden. Es soll klar und tunlichst frei von Hämoglobin sein. Das anfangs empfohlene[3]) Inaktivieren (10 Minuten bei 55—56°, bzw. 50°) ist zu unterlassen[4]). Seren, die lange aktiv auf ihren Blutkuchen aufbewahrt werden oder starkem Frost ausgesetzt waren, büßen vielfach ihre Fällbarkeit zum Teil ein. Die Sera von Pferden, die im Ernährungszustand stark heruntergekommen oder die schwer an Räude erkrankt sind, zeigen oft vermindertes Flockungsvermögen. Das Serum ist unverdünnt in den Versuch zu nehmen; bei Serummangel kann das Serum zur Not 1:5 mit destilliertem Wasser verdünnt werden[2]). Nach Kohler[2]) sollen hämoglobinhaltige Sera die gleichen Ergebnisse wie unzersetzte Seren liefern. Ein 0,5%iger Karbolsäurezusatz zum Serum stört die Reaktion nicht[2]).

Als **Rotzbazillenextrakt** dient das zur Komplementbindung benützte Antigen (S. 404).

Zur **Organextrakt-(Lipoid-)** Herstellung verwendet man zumeist Pferdeherzen. Es ist hierbei bedeutungslos, ob das betreffende Pferd rotzkrank war oder nicht. Der Herzmuskel wird fein zerkleinert und auf je 1 g mit je 4 ccm 96%igen Alkohols versetzt. Nach 1—2 Tage langem Schütteln im Schüttelapparat und 1 tägigem Stehen im Eisschrank wird der Auszug vom Bodensatz abgegossen und durch Fließpapier filtriert. Er soll völlig klar und leicht gelblich gefärbt sein. Er ist monatelang haltbar. Ein gutes Extrakt soll alle Pferdesera ausflocken und ein gutes Bindungsvermögen besitzen.

Vor dem Gebrauch wird der Auszug mit destilliertem Wasser 1:8 verdünnt, wobei man das Wasser aus einer Bürette zu dem im Meßzylinder befindlichen Extrakt langsam und gleichmäßig in 28 Minuten hineintropfen läßt. Der Extrakt wird bei jedem Tropfen erschüttert und fängt nach einiger Zeit leicht zu schäumen an. Die Technik der Extraktverdünnung unterscheidet sich hier also von der für die Luesdiagnostik benötigten Lipoidverdünnung (S. 456).

Um die angegebene Zeit einzuhalten, ist die Bürette so einzustellen, daß das der gewählten Extraktmenge gleiche Wasservolumen in 4 Minuten austropft. Will man also z. B. 20 ccm Organextrakte verdünnen, so muß die Bürette so tropfen, daß in 4 Minuten 20 ccm oder in 1 Minuten 5 ccm ausfließen. Das Verdünnen des Extraktes dauert also jedesmal, unabhängig von der zu verdünnenden Menge, $4 \times 7 = 28$ Minuten.

Ist die 7 fache Menge Wasser zugesetzt, so mischt man durch mehrmaliges Hin- und Hergießen gleichmäßig durch. Die erhaltene gebrauchsfertige Extraktverdünnung ist stark milchig getrübt, aber in dünner Schicht durchscheinend.

---

[1]) Meinicke und Neumann, Berl. tierärztl. Wochenschr. S. 265.

[2]) Kohler, Zeitschr. f. Infektionskrankh., parasit. Krankh. u. Hyg. d. Haustiere 1920, Bd. 21, S. 288.

[3]) Meinicke und Bley, Zeitschr. f. Veterinärk. 1918, Bd. 30, S. 97 und Berl. tierärztl. Wochenschr. 1918 Nr. 10.

[4]) Bley, ebenda S. 308.

Zum verdünnten Pferdeherzauszug gibt man so viel Rotzbazillenextrakt zu, wie seinem Titer bei der Komplementbindung entspricht; z. B. von einem Rotzbazillenextrakt 1:100 je 1 ccm auf 99 ccm des verdünnten Lipoids. Durch öfteres Hin- und Hergießen wird sodann gut durchgemischt. Die Mischung ist vor dem Gebrauch frisch herzustellen.

Von der **Kochsalzlösung** hält man sich eine 10%ige Stammlösung in einem Gefäß mit eingeschliffenem Glasstopfen vorrätig, von der aus man die erforderlichen Verdünnungen mit destilliertem Wasser herstellt. Kohler verlangt eine stets frisch bereitete und ganz klare Kochsalzlösung.

Als **Kontrollextrakt** verwenden Meinicke und Neumann einen Auszug aus B. coli Stamm 922 mit Lipoidextrakt wie der Rotzbazillenextrakt 1:100 verdünnt.

**Hauptversuch.** In 4 Reagenzröhrchen von etwa 16 mm Durchmesser gibt man je 0,2 ccm des zu untersuchenden Serums. Außerdem setzt man den Röhrchen a und c je 1 ccm einer frischen Mischung von Rotzbazillen- und Organauszug, den Röhrchen b und d Kontrollextrakt-Organauszuggemisch (1 ccm) hinzu. Die Proben werden gut durchgeschüttelt und 24 Stunden bei 37° gehalten. Alle Sera sollen mehr oder weniger ausflocken [1]). Nach gleichmäßiger Verteilung des Bodensatzes durch Schütteln gibt man in Röhrchen a und b je 1 ccm 3%iger Kochsalzlösung, indem man sie an der Wandung des Glases herunterlaufen läßt. Schütteln und Erschüttern der Proben ist jetzt zu vermeiden. Nach 1stündigem Aufenthalt bei 37° wird die Flockung wie bei der Agglutination mit Lupe oder Agglutinoskop (Abb. 209, S. 366) abgelesen. Auch hier ist ein stärkeres Schütteln zu vermeiden.

Sind die Flocken in beiden Röhrchen nach einer Stunde gelöst, so versetzt man die Röhrchen c und d nach dem Aufschütteln mit 1 ccm 2%iger Kochsalzlösung, waren die Flocken nicht gelöst, mit der gleichen Menge 6%iger Kochsalzlösung und hält auch diese Proben 1 Stunde bei 37°. Besitzt das Lipoidextrakt nur schwaches Bindungsvermögen, so setzt man den Kochsalzgehalt von 3 auf $2^1/_2$, von 2 auf $1^1/_2$ und von 6 auf 5% herab.

Die Flocken normaler Sera werden in den Rotz- und Koliröhrchen zumeist durch 3%ige Kochsalzlösung völlig, durch 2%ige unvollständig, aber in beiden Röhrchen in gleichem Grade gelöst. Zuweilen löst auch 2%ige Kochsalzlösung die Flocken in beiden Röhrchen glatt. Selten erfolgt die Lösung in beiden Röhrchen erst durch 6%ige Kochsalzlösung; in Ausnahmefällen selbst durch 6%ige Lösung noch nicht. Es liegt dann Eigenhemmung vor. Wesentlich für den negativen Ausfall der Probe ist, daß kein Unterschied in der Löslichkeit zwischen den Rotz- und Koliröhrchen besteht.

Rotzsera zeigen dagegen eine größere Kochsalzbeständigkeit der Flocken in den Rotzröhrchen als in den Koliröhrchen. In den Koliröhrchen verschwinden die Flocken auch hier meist auf Zusatz 3%iger, zuweilen schon 2%iger, selten erst 6%iger Kochsalzlösung, während

---

[1]) Vgl. S. 456.

sie in den Rotzröhrchen meist auf 6%ige Kochsalzlösung bestehen bleiben. Zum mindesten muß bei 3- bzw. 2%iger Kochsalzlösung ein deutlicher Unterschied gegenüber den Koliröhrchen auftreten.

Bei positiver Reaktion findet man ferner oft eine stärkere und gröbere Flockung in den Rotzröhrchen als in den Koliröhrchen.

Eigenhemmung kann auch bei Rotzseren vorkommen.

**Beurteilung der Methode.** Die Lipoidbindung gibt nach Meinicke und seinen Mitarbeitern bei akutem Rotz zumeist stark positive Ausschläge, bei chronischem Rotz in der Regel nur dann deutliche Reaktion, wenn die Agglutination positiv ist. Hinsichtlich ihrer Genauigkeit steht sie mindestens zwischen der Agglutination und Komplementbindung, nach Meinicke und Neumann sogar über letzterer.

Maultier-, Maulesel- und Eselseren zeigen auch hier, wie bei der Komplementbindung, vielfach Eigenhemmung. Diagnostische Schlüsse sind dann aus ihrem Verhalten nicht zu ziehen, wenn es nicht gelingt, mit höherem Kochsalzgehalt einen Unterschied in den Rotz- und Koliröhrchen herbeizuführen.

Ein wesentlicher Vorzug der Lipoidbindungsreaktion vor der Komplementbindung liegt darin, daß erstere unabhängig von Versuchstieren arbeitet, einfacher ist und dennoch gute Ergebnisse liefert.

Krankheiten (Räude, Lymphangitis epizootica, perniziöse Anämie, Fieber) üben auf den Ausfall der Reaktion keinen störenden Einfluß aus [1]).

Die M.R. bei Rotz ist von Kohler [1]) nachgeprüft worden. Kohler untersuchte 71 rotzfreie und 11 rotzpositive Sera. Er fand die Kochsalzlöslichkeit der rotznegativen Seren zumeist bei Zusatz von 1 ccm 3%iger Kochsalzlösung, als oberste Grenze beobachtete er Lösung nach Beigabe von 1 ccm einer 4%igen Kochsalzlösung (in 7 von 71 Fällen). Dagegen lag der untere Grenzwert bei positiven Seren bei 10 — (2 von 11 Seren), zumeist bei 20 — (7 von 11 Seren), der oberste Grenzwert zwischen 20- und 33%iger Kochsalzlösung. Seine Ergebnisse stimmten mit denen der Agglutination und Komplementbindung überein. Er empfiehlt die M.R. als gleich gute Ergänzungsreaktion neben der Komplementbindung und Agglutination. Dagegen hatte Cominotti [2]) ungünstige Ergebnisse mit der M.R.

## Die Meinickesche Reaktion bei Beschälseuche der Pferde.

Die Meinickesche Reaktion ist von Dahmen erfolgreich bei der Beschälseuche der Pferde angewendet und für diesen Zweck in drei Modifikationen, der Lipoidbindungsreaktion [3]), dem Fällungsphänomen [4]) und der Lipoidpräzipitation [5]) abgeändert worden.

Den für diese Verfahren benötigten **Trypanosomenextrakt** (Beschälseuchenantigen) stellt er in folgender Weise her.

[1]) Kohler, Zeitschr. f. Infektionskrankh., parasit. Krankh. u. Hyg. d. Haustiere 1920, Bd. 21, S. 288.

[2]) Cominotti, La clinica veterinaria 1921, Heft 4; ref. Berl. tierärztl. Wochenschr. 1921, S. 492.

[3]) Dahmen, Berl. tierärztl. Wochenschr. 1920, S. 532.

[4]) Dahmen, ebenda 1921 S. 31.

[5]) Dahmen, ebenda 1921, S. 617.

Frisch gewaschenes reines Trypanosomenmaterial (S. 415) wird bei 50 bis 55° getrocknet, pulverisiert und auf je „0,1 ccm" mit 1,0 ccm Äther versetzt. Das Gemisch wird öfters geschüttelt und nach 1 Stunde filtriert, der Rückstand bei 37° getrocknet mit derselben Menge absolutem Alkohol versetzt, wie vorher Äther verwendet wurde und 2 Tage unter öfterem Umschütteln aufbewahrt. Der Alkoholauszug wird abzentrifugiert (3 Minuten bei 3000 Umdrehungen) und gut verkorkt dunkel und kühl aufbewahrt. Dieser Auszug ist auch zur Komplementbindung geeignet und hier besser als wässerige Auszüge.

### α) Lipoidbindungsreaktion.

Dahmen[1]) führt die Lipoidbindungsreaktion bei der **Beschälseuche** der Pferde in Anlehnung an die M.R. (S. 461) wie folgt aus:

Alkoholisches Pferdeherzextrakt (S. 456) wird mit der Hälfte destillierten Wassers versetzt (starke Trübung). 2 Stunden später wird schnell siebenmal so viel destilliertes Wasser zugegeben, als man ursprünglich Extrakt genommen hatte (z. B. 3 ccm Extrakt + 1,5 ccm destilliertes Wasser, nach 2 Stunden $7 \times 3 = 21$ ccm destilliertes Wasser). Zu dieser Mischung wird Beschälseucheantigen „im selben Prozentsatz hinzugefügt, wie es bei der Komplementbindung (S. 414) verwandt wird". 1 ccm dieser Mischung wird mit 0,2 ccm nicht inaktiviertem Patientenserum versetzt. Als Kontrolle dient ein alkoholischer Pferdeherzextrakt, der aber ein anderes Antigen, z. B. Kolibazillenextrakt, im gleichen Prozentsatz enthält.

Die Proben kommen für 16—24 Stunden in den Brutofen bei 37°. Alle Proben sind hierauf mehr oder weniger ausgeflockt. Die Flocken werden durch vorsichtiges Schütteln gleichmäßig verteilt. Es folgt Zusatz von 1 ccm 3%iger Kochsalzlösung. Weiteres Schütteln ist zu vermeiden. Nach weiterem einstündigem Aufenthalt im Brutofen haben sich die Flocken in den Kontrollen und in den negativ reagierenden Proben gelöst oder zerfließen bei geringer Bewegung. Dagegen bleiben die Flocken selbst nach Schütteln in den positiv reagierenden Proben bestehen.

Dahmen hatte bei der Untersuchung von 52 Sera (darunter 14 von beschälseuchefreien Pferden) mit der Komplementbindung übereinstimmende Ergebnisse. Zuweilen waren die Ausschläge bei der Meinickeschen Reaktion stärker und konnten die zweifelhaften Ergebnisse der Komplementbindung im positiven Sinne bestärken. Die Lipoidausflockungsreaktion empfiehlt Dahmen bei der Beschälseuche als eine ausgezeichnete Kontrolle der Komplementbindung.

### β) Lipoidfällungsphänomen.

Das Serum darf nicht zu alt sein. Trübungen sind durch 10 Minuten langes Zentrifugieren zuvor zu entfernen. Hämolysierte Sera geben oft auch von gesunden Tieren positive Ausschläge und sind deshalb nicht zu verwerten.

---

[1]) Dahmen, Berl. tierärztl. Wochenschr. 1920, S. 532.

Zur Ausführung der Reaktion werden in ein Gläschen mit ebenem Boden von 7—10 cm Höhe und 2,5—3 cm Durchmesser 25 ccm 0,9 oder 1,5%ige Kochsalzlösung gefüllt. Letztere hat man vorher einige Tage ruhig absitzen lassen; man läßt sie an der Wand des Gefäßes langsam ausfließen. Dazu gibt man 0,15 ccm Trypanosomen-Extrakt, den man mit der Pipette in die Kochsalzlösung einführt und durch vorsichtiges Umrühren gleichmäßig verteilt. Schickt man durch die Mischung seitlich einen starken, hellen Lichtkegel (Tyndallicht), so erscheint sie gleichmäßig schwach trübe.

Zur Extraktprüfung verwendet man je zwei positive und negative Seren. Man setzt hiervon einen Tropfen (0,04 ccm) vorsichtig auf die Oberfläche der Extraktmischungen. Die positiven Seren zeigen sofort einen rauchblauen Ring, der sich abwärts bewegt und sich verbreitert, um dann schlierenartig wieder aufzusteigen. Die negativen Sera sollen keinen farbigen Ring zeigen; tritt er auf, so ist die Extraktmischung zu stark und ist mit Kochsalzlösung zu verdünnen. Ist der Ring mit positiven Seren zu schwach, so ist der Extraktmischung Extrakt zuzusetzen. Die so gefundene Extraktmischung ist auf ihre Alkoholwirkung zu prüfen. Man setzt zu 25 ccm Kochsalzlösung dieselbe Menge Alkohol wie vorher Extrakt und prüft, ob die Seren bei gleichprozentiger Zugabe einen Ring zeigen; ist dies der Fall, so ist der Auszug unbrauchbar.

Die zu prüfenden Sera werden 1:10 verdünnt und der Extraktmischung wie oben zugesetzt. In derselben Extraktkochsalzlösungmischung kann man etwa 40—50 Seren hintereinander nach jeweiligem vorsichtigen Umrühren mit einem Glasstab untersuchen. Nach etwa 10 Seren schaltet man ein sicher positives und negatives Serum ein. Die positiv reagierenden Seren sind mit Alkohol-Kochsalzlösungsgemisch (s. o.) nachzuprüfen. Hierbei reagierende Sera sind als positive Ergebnisse nicht zu verwerten.

Positive Sera sind in Verdünnungen 1:20, 40, 80 und 100 auszuwerten.

### γ) Lipoidpräzipitation.

Das als Antigen für die Lipoidpräzipitation benötigte **Extrakt** stellt Dahmen in folgender Weise her, wobei er von dem alkoholischen Trypanosomenextrakt (S. 465) ausgeht.

Letzterer wird mit physiologischer Kochsalzlösung schnell verdünnt; er bleibt hierbei vollständig klar, ohne bläulichen Schimmer und milchige Trübung. (Auf tropfenweisen Zusatz tritt Trübung ein, ein getrübtes Extrakt ist hier nicht zu gebrauchen.) Zur Ermittlung des nötigen Verdünnungsgrades wird das alkoholische Trypanosomenextrakt in fallenden Mengen (0,5—0,4—0,3—0,2—0,1—0,05 ccm) zumeist mit 0,85%iger Kochsalzlösung auf je 5,0 ccm aufgefüllt. Die Kochsalzlösung wird aus der Pipette mit weiter Ausflußöffnung unter starkem Druck in das Extrakt hineingeblasen. Als Kontrollextrakt dient ein alkoholischer Pferdeherzextrakt in gleicher Konzentration (10, 8, 6, 4, 2, 1%). Die Extraktprüfungen erfolgen an positiven und negativen klaren, sowie negativen mit Hämoglobin versetzten (S. 467) Seren. Das Trypanosomenextrakt darf nur in den positiven Seren einen Ring bilden, das Kontrollextrakt nur in den hämoglobinhaltigen. Hiernach ist die Einstellung vorzunehmen. Dabei muß noch darauf geachtet werden, daß der Alkoholgehalt im Kontrollextrakt höher als im Trypanosomenextrakt ist, um eine Alkoholwirkung ausschließen zu können. Gegebenenfalls ist das Kontrollextrakt vor dem Gebrauch mit Alkohol zu versetzen.

Ausführung der Reaktion. Je 0,2 ccm des zu untersuchenden Serums werden in Uhlenhuthsche Röhrchen gegeben. Das Serum in Röhrchen I überschichtet man mit 0,3 ccm der ermittelten Trypanosomenextraktverdünnung und in Röhrchen II mit der gleichen Menge der Kontrollextraktverdünnung. Nach einstündigem Aufenthalt im Brutschrank (37°) wird abgelesen, nach einer weiteren Stunde bei 20° nochmals, sowie nach 24 Stunden. Die Reaktion ist meist nach 2 Stunden abgelaufen. Nach 24 Stunden neu auftretende Ringbildung im Hauptversuch ohne Ring oder Trübung in den Kontrollen werden als zweifelhaft bezeichnet. Hämoglobinfreiheit und Klarheit der zu untersuchenden Sera ist erforderlich.

## Die Meinickesche Reaktion bei der Lungenseuche der Rinder.

Dahmen[1]) hat die Meinickesche Reaktion in ähnlicher Weise wie für die Beschälseuche (S. 464), so auch für die Lungenseuche abgeändert; hier hat er zwei Verfahren, die Lipoidbindungsreaktion und das Fällungsphänomen, ausgearbeitet.

Das zu beiden Verfahren benötigte spezifische **Extrakt** gewinnt er in folgender Weise:

Lymphe aus einer lungenseuchenkranken Lunge wird in Petrischalen bei 50° getrocknet und im Mörser pulverisiert. Zu je 1,0 g Pulver gibt man 10 ccm Äther und läßt 2 Stunden unter häufigem Umschütteln stehen und filtriert dann durch ein Doppelfilter. Der Rückstand wird bei 37° getrocknet, mit halb soviel absolutem Alkohol, wie vorher Äther genommen, versetzt und 48 Stunden unter öfterem Umschütteln extrahiert. Der Auszug wird abzentrifugiert (3 Minuten bei 3000 Umdrehungen) und gut verkorkt kühl und dunkel aufbewahrt.

Zur Prüfung des Extraktes wird 1 ccm des Auszuges mit 0,5 ccm destilliertem Wasser vermischt. Nach einer Stunde gibt man zur schwach getrübten Mischung 20 ccm 1,5%iger Kochsalzlösung in der unter Beschälseuche (S. 464) angegebenen Anordnung. Die Mischung erscheint im Tyndallicht (seitlichem starken, hellen Lichtkegel) schwach getrübt. 0,04 ccm (1 Tropfen) je zweier positiver und negativer 1:40 verdünnter Sera werden auf die Oberfläche der verdünnten Extraktproben gegeben. Die positiven Sera sollen einen rauchblauen Ring zeigen, die negativen farblos erscheinen. Das Kontrollextrakt wird aus fein zerkleinertem normalem Lungengewebe gewonnen, das auf Glasplatten bei 50° getrocknet, pulverisiert und wie oben mit Äther und Alkohol ausgezogen wird.

Die Prüfung des Kontrollextraktes erfolgt mit frischem und verdorbenem Serum. Letzteres erhält man durch Auflösen von 0,1 ccm

[1]) Dahmen, Berl. tierärztl. Wochenschr. 1921, S. 31 u. 73.

Blutkuchen in 10 ccm destilliertem Wasser. Hiervon gibt man 0,2 ccm auf je 1 ccm klares positives und negatives Serum.

Der Kontrollextrakt wird wie der spezifische angesetzt. Ersterer gibt mit künstlich verdorbenen positiven wie negativen Seren einen grauen Ring, der spezifische Auszug nur mit positivem frischen wie verdorbenen Serum einen blauen Ring. Das frische positive wie negative Serum gibt mit dem Kontrollauszug keinen Ring.

### α) Lipoidbindungsreaktion bei Lungenseuche[1]).

Als Antigen dient mit destilliertem Wasser verdünntes, alkoholisches Pferdeherzextrakt (S. 456). Zu diesem gibt man spezifisches Lungenseucheantigen (S. 467) hinzu. Zur Einstellung des Antigens füllt man fallende Mengen (0,25, 0,20, 0,15, 0,12, 0,10, 0,07, 0,05, 0,03, 0,02, 0,01 ccm) spezifischen Lungenseucheantigens (S. 467) durch Zugabe des mit destilliertem Wasser vorbehandelten Pferdeherzextraktes auf 1,0 ccm so auf, daß die Proben das Antigen zu 25, 20, 15, 12, 10, 7, 5, 3, 2, 1 % enthalten. Diese Antigenverdünnungen werden in 4 Reihen angesetzt. In jedes Röhrchen der Reihe 1 und 3 gibt man 0,1 ccm Serum eines lungenseuchekranken, in Reihe 2 und 4 eines gesunden Tieres. Nach Durchmischung kommen die Proben auf 16—20 Stunden in den Brutofen (37°). Hierauf werden die Flocken gleichmäßig verteilt und jedes Gläschen der Reihe 1 und 2 mit 1 ccm 5%iger, der Reihe 3 und 4 mit 1 ccm 6%iger Kochsalzlösung versetzt. Nach weiterem einstündigen Aufenthalt bei 37° wird abgelesen und die Antigen- und Kochsalzkonzentration ausgewählt, die bei negativen Seren keine Flockung, bei positiven Seren möglichst starke Flockung zeigt.

Als Kontrollantigen verwendet Dahmen hier ein Beschälseucheantigen (S. 465), das mit dem gleichen verdünnten Pferdeherzextrakt versetzt wird, und prüft das Gemisch an klaren und künstlich verdorbenen (S. 467), positiven und negativen Seren. Das Kontrollantigen darf mit klarem, positivem und negativem Serum nach Kochsalzzugabe (1 Stunde 37°) keine Flocken zeigen, bzw. sie müssen sich durch geringes Schütteln zerteilen lassen. Dagegen bildet das Kontrollantigen mit künstlich verdorbenem, positivem und negativem Serum kochsalzbeständige Flocken in geringer Menge. Das künstlich verdorbene negative Serum darf jedoch mit dem spezifischen Extrakt keine kochsalzbeständigen Flocken geben.

Im Hauptversuch gibt man zu je 0,1 ccm Patientenserum 1 ccm a) spezifisches Extraktgemisch, b) Kontrollextraktgemisch. Nach Durchmischen kommen die beiden Proben für 16—20 Stunden in den Brutofen. Die Flocken werden vorsichtig verteilt und mit 1 ccm 5%iger (6%iger) Kochsalzlösung versetzt, eine Stunde bei 37° gehalten und abgelesen, und zwar zunächst mit bloßem Auge unter gleichmäßigem Schütteln, sodann mit der Lupe. Bei schräg einfallendem Licht können auch die feinsten Flöckchen festgestellt werden. Unspezifische Flocken gehen beim Schütteln in Lösung, spezifische werden höchstens zerkleinert.

Beurteilung. 1. Nur im Hauptversuch Flockung: positiv.

2. Im Hauptversuch stärkere Flockung als in Kontrolle: zweifelhaft.

[1]) Dahmen, Berl. tierärztl. Wochenschr. 1921, S. 74.

3. Flocken fehlen im Haupt- und Kontrollversuch: negativ.
4. Gleiche oder stärkere Flocken in Kontrolle: Eigenflockung, nicht zu bewerten.

Dahmen hält die Lipoidbindungsreaktion für geeignet, bei der serologischen Diagnose der Lungenseuche wertvolle Dienste zu leisten.

### β) Fällungsphänomen und Lungenseuche.

Über spezifisches und Kontroll-Extrakt und ihre Auswertung s. S. 467 u. f.

Der Hauptversuch setzt klare Sera und gewissenhafte Sauberkeit der Gläser usw. voraus.

Die Sera werden 1:40 verdünnt. Hiervon werden 0,04 ccm (1 Tropfen) auf die Oberfläche der spezifischen Auszüge gegeben. Positive Sera geben einen rauchblauen Ring, negative nicht. Erfolgt bei der Prüfung mit dem Kontrollextrakt gleichfalls Ringbildung, so sind die Sera als verdorben zu betrachten und diagnostisch nicht zu verwerten. Die brauchbaren Sera werden in Verdünnungen 1:50, 60, 80 und 100 ausgewertet. Da Alter und Art der Konservierung der Seren bedeutungsvoll sind, setze man Kontrollen mit zu gleicher Zeit abgenommener und gleich behandelter Sera lungenseuchefreier Rinder an. Ferner sind Kontrollen mit sicher positiven und negativen Seren anzusetzen.

## IX. Die Trübungs- und Flockungsreaktion nach Dold[1]).

Die Trübungs- und Flockungsreaktion findet als Syphilisdiagnostikum Verwendung. Sie lehnt sich eng an die S.G.R. an und beruht darauf, daß Luesseren durch cholesteriniertes Rindherzextrakt getrübt bzw. ausgeflockt werden, während normale Seren höchstens leichte Opaleszenz zeigen.

Das cholesterinierte Rinderherzextrakt wird in der gleichen Weise hergestellt wie jenes, das bei der S.G.R. verwendet wird (S. 446). Aber es wird 1 Teil Extrakt mit 10 Teilen neutraler physiologischer Kochsalzlösung verdünnt, und zwar einzeitig und rasch unter Umschwenken. Der verdünnte Extrakt soll opaleszent, aber nicht stärker getrübt sein.

Ausführung der Trübungsreaktion: 0,4 ccm unverdünntes, $^1/_2$ Stunde bei 55° inaktiviertes Patientenserum wird mit 2 ccm 1 : 10 verdünntes Extrakt versetzt und beide werden durchgeschüttelt. Daneben werden eine Serum-Alkoholkontrolle (0,4 ccm inaktiviertes Serum + 2 ccm eines 1:11 mit physiologischer Kochsalzlösung verdünnten, ursprünglich 96$^0/_0$igen Alkohols) und eine Extraktkontrolle (0,4 ccm Kochsalzlösung + 2 ccm verdünntes Extrakt) angesetzt. An Stelle dieser getrennten Extrakt- und Serumkontrollen hat Dold in jüngster Zeit die sog. Formolkontrolle gesetzt. Die Formolkontrolle beruht auf der Feststellung Dolds, daß das Formalin die Reaktionsfähigkeit syphilitischer Seren aufhebt, und den im Augenblick des Zusammenmischens von Serum und Extrakt jeweils bestehenden optischen Zustand der Proben fixiert.

---

[1]) Dold, Medizin. Klinik, 1921, Bd. 17, Nr. 31; 1922, Bd. 18, Nr. 7, S. 212 und Deutsche med. Wochenschr. 1921, Nr. 49; 1922, Nr. 8, S. 247; Nr. 24.

Ausführung der Formolkontrolle: Zu 0,4 ccm inaktiviertes Serum werden 2 Tropfen des mit der doppelten Raummenge mit physiologischer Kochsalzlösung verdünnten offizinellen (35%igen) Formalins aus einem besonderen Tropffläschchen und nach leichtem Durchschütteln 2 ccm verdünntes Extrakt hinzugefügt. Um die Menge in den Versuchs- und Kontrollröhrchen gleichzumachen, kann man in die Versuchsröhrchen an Stelle der Formalinlösung 2 Tropfen Kochsalzlösung zusetzen. Nach 4stündigem Aufenthalt der Proben bei 37°[1]) wird bei gutem Tageslicht gegen das einige Meter entfernte Fensterkreuz abgelesen. Negative Seren lassen das Fensterkreuz klar erscheinen, während positive einen mehr oder weniger deutlichen nebelartigen Schleier vor dem Kreuz zeigen. Ist das Versuchsröhrchen trüber als die Kontrollröhrchen, so ist das Ergebnis positiv. Werden die Proben nach der Frühablesung der Trübungsreaktion wieder in den Brutofen gestellt und ohne weiteres nach 20—24 Stunden abgelesen (Spätablesung), so ist auf Ausflockung zu achten. Das Ergebnis der Flockungsreaktion ist im Agglutinoskop oder Seroskop abzulesen. In der Regel ist die Spätablesung überflüssig.

Bei der Trübungs- und Flockungsreaktion sind neben den zu untersuchenden Seren noch mindestens 1 sicher positives und 1 sicher negatives Serum mitanzusetzen.

Dold hatte mit seiner Trübungsreaktion bei 600 Fällen in 94% Übereinstimmung mit der Wa.R. und S.G.R. in 95% mit der Wa.R. und in 98—99% mit der S.G.R.

Beurteilung der Methode. Pöhlmann[2]) hatte mit der Doldschen Trübungsreaktion ungünstige Ergebnisse. Zu brauchbaren Resultaten kam Strempel[3]). Von 515 Proben gaben 92% übereinstimmende Ergebnisse (häufig auch in der Stärke der Reaktion) nach Wassermann und Dold. Strempel benutzt zur Feststellung der Ergebnisse das Agglutinoskop bei Tageslicht. Positive Seren zeigen starke Trübung bis Flockenbildung, während die negativen klar erscheinen. Schwache Reaktionen sind von einfacher Opaleszenz schwer zu unterscheiden. Schwachtrübe (chylöse) und hämolysierte Seren können noch verarbeitet werden, stärker veränderte sind auszuschließen.

Von den 41 Seren (= 8%), die sich bei der Wa.R. und Doldschen Reaktion verschieden verhielten, reagierten 15 sichere Luesfälle (meist ältere behandelte) + nach Dold und — nach Wassermann. 19 Luesfälle gaben + Wa.R. und — Doldsche Reaktion.

Die Wa.R., S.G.R., D.M. und Doldsche Trübungsreaktion gaben in 93,7% übereinstimmende Ergebnisse. Bei behandelten Fällen werden nach Dold, Sachs-Georgi und Meinicke mehr positive Ergebnisse erzielt als nach Wassermann. Negativer Befund nach Dold ergab mitunter positiven Ausschlag bei den drei anderen Verfahren.

---

[1]) Früher hatte Dold die Proben 2 Stunden bei 37° und hierauf 2 Stunden bei Zimmertemperatur stehen lassen.

[2]) Pöhlmann, Münch. med. Wochenschr. 1921, Nr. 42.

[3]) Strempel, Münchner med. Wochenschr. 1922, S. 85.

Auch Meinicke[1]) spricht sich günstig über die Doldsche Reaktion aus. Er empfiehlt abgestimmte, entfettete Pferdeherzextrakte (S. 456) mit Cholesterinzusatz (Meinickesche Trübungsreaktion). Die gebrauchsfertigen Pferdeherzextrakte[2]) verdünnt Meinicke im Verhältnis von 2 Teilen Extrakt auf 3 Teile 96⁰/₀igen Alkohols und fügt zu 10 ccm dieser Verdünnung 1 ccm einer 1⁰/₀igen alkoholischen Cholesterinlösung. Schließlich werden zu dem in einem Kölbchen befindlichen, cholesteriniertem Extrakt aus einer Pipette die 10fache Menge einer 2⁰/₀igen Kochsalzlösung schnell hinzugesetzt. Die fertige Extraktverdünnung ist leicht opaleszierend. Als Kontrollflüssigkeit dient nicht verdünnter Alkohol (Dold), sondern ein stark verdünnter Ätherauszug aus Pferdeherzen, dessen Opaleszenzgrad derjenigen des Versuchsextraktes genau entspricht. Der Ätherauszug wird hierzu getrocknet und der Rückstand „mit der gleichen Menge 96⁰/₀igen Alkohols" aufgenommen. Dieser sog. Ätherauszug wird mit Alkohol auf etwa 1:15 verdünnt und dann mit der 10fachen Menge 2⁰/₀iger Kochsalzlösung versetzt. Diese Kontrollflüssigkeit hat den gleichen Alkohol- und Salzgehalt wie der Versuchsextrakt. Durch weniger starkes Verdünnen des in Alkohol gelösten Ätherauszuges mit Alkohol bzw. durch Hinzufügen von Alkoholkochsalzlösung wird der Opaleszenzgrad dieser Kontrollflüssigkeit genau auf den des Versuchsextraktes eingestellt. Die Kontrollflüssigkeit läßt die Sera vollkommen klar. Die weitere Versuchsanordnung schließt sich der Doldschen eng an.

## X. Einige weitere Ausflockungsreaktionen als Diagnostika bei Syphilis.

Im nachfolgenden sind die Ausflockungsreaktionen

a) nach Porges und Meier,

b) nach Elias, Neubauer, Porges und Salomon,

c) nach Herman und Perutz

nur kurz erwähnt, da sie bisher eine allgemeine Bedeutung nicht erlangt haben und bei ihrer verhältnismäßig geringen Genauigkeit wohl auch nicht erlangen werden.

### a) Reaktion nach Porges und Meier[3]).

Zur Syphilisdiagnose nach Porges und Meier sind erforderlich:

1. Patientenserum, 1:5 mit Kochsalzlösung verdünnt, daneben in gleicher Weise verdünntes, sicher normales und sicher luetisches Serum.
2. Eine 1⁰/₀ige Verreibung von Lezithin (Kahlbaum) in Kochsalzlösung, die bis zur Homogenität zerschüttelt wird. Zur Konservierung dient 0,5⁰/₀ Phenol.

Ausführung: 1 ccm verdünntes Serum wird mit 0,2 ccm der Lezithinaufschwemmung gemischt und einige Stunden bei 37⁰ aufbewahrt.

[1]) Meinicke, Deutsche med. Wochenschr. 1922, Bd. 48, S. 219.

[2]) Gebrauchsfertige Pferdeherzextrakte nach Meinicke werden von der Adlerapotheke in Hagen i. W. ausgegeben.

[3]) Porges und Meier, Berl. klin. Wochenschr. 1908, Nr. 15.

Bei positiver Reaktion tritt in $1/_2$—24 Stunden eine anfangs sehr feine, später gröbere Ausflockung auf. Normalserum darf keine Trübung geben. Die Ergebnisse dieser Probe sollen sich mit denen der Wa.R. meist decken. Nach dem Urteil anderer Autoren (Citron usw.) soll sie wenig spezifisch sein. Viele nichtsyphilitische Sera sollen gleichfalls positive Reaktion geben.

### b) Reaktion nach Elias, Neubauer, Porges und Salomon [1].

Bei der Luesdiagnose nach Elias, Neubauer, Porges und Salomon werden benötigt:

1. 0,5 ccm vollkommen klares Patientenserum, ferner zur Kontrolle normales und sicher luetisches Serum. Stark hämoglobinhaltige Sera sind zu verwerfen.
2. Frische 1%ige Lösung von Natrium glycocholicum (Merck). Ein Zusatz von Phenol ist zu unterlassen.

Ausführung: Je 0,2 ccm Serum und Lösung von glykocholsaurem Natron werden gemischt und 16—20 Stunden bei Zimmertemperatur ruhig stehen gelassen. Bei positiver Reaktion treten gröbere Flocken auf, die meist oben aufschwimmen. Trübungen und kleinste Flöckchen gelten als negative Reaktion.

Die Ergebnisse dieses Verfahrens sollen sich mit denen der Wa.R. zumeist decken. Von vielen Autoren wird auch diese Reaktion, wie die Porges-Meiersche Probe, abgelehnt.

Diesem Verfahren ähnelt

### c) Die Ausflockungsreaktion von Herman und Perutz.

Bei ihr wird eine alkoholische Lösung von glykocholsaurem Natron und Cholesterin zu verdünntem Patientenserum hinzugesetzt. Nach Perutz [2]) tritt diese Reaktion bei primärer Syphilis früher als die Wa.R. auf und bleibt bei spezifischer Behandlung länger bestehen.

## XI. Pfeifferscher und Metschnikoffscher Versuch.

### Der Pfeiffersche Versuch.

Die Prüfung eines Serums auf spezifisch bakteriolytische Wirkung in vivo (Pfeifferscher Versuch) findet vorwiegend zur Identifizierung von Bakterien (Choleravibrionen, Typhus- und Paratyphusbazillen) und zur Feststellung abgelaufener Cholerafälle Verwendung. Bei abgelaufenen Fällen pflegt der Pfeiffersche Versuch längere Zeit ein positives Resultat zu geben als die Agglutination.

**Prinzip.** Wird eine Bakterienkultur mit homologem Immun- (bzw. Patienten-)Serum gemischt und in die Bauchhöhle eines Meerschweinchens eingespritzt, so werden die Bakterien unter typischer Granulabildung bald aufgelöst, während sie bei Verwendung normalen Serums oder heterologen Immun-(Patienten-)Serums nicht zerfallen, sondern lebend und beweglich bleiben.

---

1) Elias, Neubauer, Porges und Salomon, Wien. klin. Wochenschr. 1908, Nr. 23.

2) Perutz, Wien. klin. Wochenschr. 1919, S. 953.

**Versuchsanordnung** bei der **bakteriologischen Diagnostik,** und zwar ist der Besprechung die Identifizierung von Choleravibrionen zugrunde gelegt (vgl. auch S. 11).

Für die Anstellung des Pfeifferschen Versuchs ist hochwertiges Kaninchenimmunserum zu benutzen, von dem 0,0002 g genügen, um bei Injektion von einer Aufschwemmung einer Öse (1 Öse = 2 mg) einer 18-stündigen Choleraagarkultur von konstanter Virulenz in 1 ccm Nährbouillon die Cholerabakterien innerhalb einer Stunde in der Bauchhöhle des Meerschweinchens zur Auflösung unter Körnchenbildung zu bringen, d. h. das Serum muß mindestens einen Titer von 1:5000 haben [1]).

Zur Ausführung des Pfeifferschen Versuchs sind vier Meerschweinchen von je 200 g Gewicht erforderlich.

Tier A erhält die 5fache Titerdosis, also 1 mg von einem Serum mit dem Titer 1:5000.

Tier B erhält die 10fache Titerdosis, also 2 mg von einem Serum mit Titer 1:5000.

Tier C dient als Kontrolltier und erhält die 50fache Titerdosis, also 10 mg vom normalen Serum derselben Tierart, von welcher das bei Tier A und B benutzte Serum stammt.

Die verschiedenen Serumdosen müssen stets auf gleiches Volumen (0,2 ccm) aufgefüllt werden. Hierzu löst man 0,2 g Trockenserum in 20 ccm physiologischer Kochsalzlösung, davon enthalten 0,2 ccm = 0,002 g = 2 mg. Verdünnt man diese Stammlösung aufs doppelte, so enthalten 0,2 ccm nur noch 1 mg Serum.

0,2 g getrocknetes Normalserum werden in 4 ccm Kochsalzlösung gelöst. Auch hier ist die Dose 0,2 ccm, in ihr sind 10 mg normalen Serums enthalten.

Sämtliche Tiere erhalten diese Serumdosen gemischt mit je einer Öse der zu untersuchenden, 18 Stunden bei 37° auf Agar gezüchteten Kultur in 1 ccm Fleischbrühe (nicht in Kochsalz- oder Peptonlösung) in die Bauchhöhle eingespritzt.

Tier D erhält nur 1 Öse der zu untersuchenden Kultur in die Bauchhöhle zum Nachweis, daß die Kultur für Meerschweinchen virulent ist.

Zur Einspritzung benutzt man eine Hohlnadel mit abgestumpfter Spitze. Die Einspritzung in die Bauchhöhle geschieht nach Durchschneidung der äußeren Haut; es kann dann mit Leichtigkeit die Hohlnadel in den Bauchraum eingestoßen werden. Die Entnahme der Peritonealflüssigkeit zur mikroskopischen Untersuchung im hängenden Tropfen erfolgt vermittels Haarröhrchens gleichfalls an dieser Stelle. Auf Druck auf den Bauch steigt die Peritonealflüssigkeit in der Kapillare leicht auf. Die Betrachtung der Flüssigkeit geschieht ungefärbt im hängenden

---

[1]) Cholera-, Typhus- und Paratyphusimmunsera sind vom Reichs-Gesundheitsamte, Berlin, und dem Institut für Infektionskrankheiten, Berlin N, Föhrerstr. zu beziehen oder leicht selbst herzustellen (S. 356). Kaninchen werden mit bei 60° abgetöteten Kulturen von Cholera-, Typhus-, bzw. Paratyphusbazillen auf Agar ein- oder mehrmals intraperitoneal geimpft. 14 Tage nach der letzten Injektion werden die Kaninchen, nachdem man sich von der Wirksamkeit des Serums überzeugt hat, durch Verbluten getötet. Das erhaltene Serum wird durch Trocknung (S. 359) konserviert.

Tropfen bei starker Vergrößerung, und zwar sofort, 20 Minuten und 1 Stunde nach der Einspritzung,

Bei Tier A und B muß nach 20 Minuten, spätestens nach 1 Stunde typische Körnchenbildung oder Auflösung der Vibrionen erfolgt sein, während bei Tier C und D eine große Menge lebhaft beweglicher oder in ihrer Form gut erhaltener Vibrionen vorhanden sein muß. Damit ist die Diagnose gesichert.

Die Identifizierung von **Typhusbazillen** durch den Pfeifferschen Versuch wird analog durchgeführt, vgl. hierüber auch S. 17.

Behufs Feststellung abgelaufener Cholerafälle ist der Pfeiffersche Versuch in der auf S. 11 angegebenen Weise durchzuführen.

Beim **Typhus** verläuft die Bakteriolyse weniger typisch als bei Cholera. Zur Diagnostik wird der Pfeiffersche Versuch nur dann herangezogen, wenn die Agglutination kein klares Ergebnis liefert.

Noch unvollkommener ist Bakteriolyse beim **Paratyphus A** und **B** und verwandten Bakterien, ferner bei Dysenterie- und Tuberkelbazillen.

Bei Milzbrand, Pest und den verschiedenen Kokkenerkrankungen tritt die Bakteriolyse nicht auf.

Neben Immun-Bakteriolysinen gibt es auch Normal-Bakteriolysine. Ihr Vorkommen ist nach der Tier- und Bakterienart sehr verschieden. Im Normalmenschenserum kommen nur wenig Bakteriolysine gegen Cholera- und Typhusbazillen vor. Dagegen werden 1 Öse virulenter Choleravibrionen im Pfeifferschen Versuch aufgelöst durch:

| | | | |
|---|---|---|---|
| 0,1 —0,3 | ccm | normales | Kaninchenserum, |
| 0,02 —0,03 | ,, | ,, | Ziegenserum, |
| 0,01— 0,02 | ,, | ,, | Eselserum, |
| 0,005—0,01 | ,, | ,, | Pferdeserum. |

### Anhang: Metschnikoffscher Versuch.

Der Metschnikoffsche Versuch schließt sich nur in der Technik, nicht im Wesen an den Pfeifferschen Versuch an.

Ausführung: Einem Meerschweinchen werden 5—10 ccm Aleuronataufschwemmung oder Bouillon in die Bauchhöhle eingespritzt. Es setzt eine starke Leukozytose (und Protoplasmaaktivierung) ein. Etwa 12 Stunden später wird demselben Meerschweinchen die gleiche Menge Choleravibrionen wie im Pfeifferschen Versuch, aber ohne Immunserum, eingespritzt. Es tritt Phagozytose (S. 480) ein und das Meerschweinchen bleibt am Leben.

Dagegen gehen die Meerschweinchen auch bei gleichzeitiger Immunserumeinspritzung zugrunde, wenn sie zuvor durch Opiumtinktur narkotisiert worden sind (Lähmung der Leukozyten — Metschnikoff).

## XII. Das bakterizide Plattenverfahren.

Prinzip: Man gibt zu einer bestimmten Bakterienmenge fallende Dosen des zu prüfenden, inaktivierten Serums und eine konstante Menge frisches Normalserum als Komplement hinzu und stellt das Gemisch gewisse Zeit in den Brutofen. Hieraus stellt man durch das

Plattenverfahren (S. 232) fest, wieviel Bakterien im Gemisch am Leben geblieben sind (Glöckner [1]), Wall [2]), Stern und Korte [3])).

**Anwendung**: Das bakterizide Plattenverfahren könnte als klinisches Diagnostikum bei Cholera, Typhus, Dysenterie, infektiösem Abortus und gewissen anderen Infektionskrankheiten verwendet werden. Es ist aber sehr zeitraubend und erfordert eine sehr peinliche Asepsis. Es ist infolgedessen in die klinische Praxis nicht eingedrungen. Bei wissenschaftlichen Untersuchungen (Bestimmung der Wirkungsweise von Immunsera usw.) ist es vielfach unentbehrlich.

**Ausführung.** Das sterile Immun- (bzw. Patienten-)Serum wird inaktiviert (S. 354), zu je 1 ccm in fallender Konzentration in sterile Reagenzgläser gegeben und mit 0,5 ccm einer frischen Bouillonkultur der betreffenden Bakterienart in einer Verdünnung mit Bouillon von 1:5000 oder 1:10000 und mit 0,5 ccm frischem, normalem, sterilem 1:12 mit Kochsalzlösung verdünntem Kaninchenserum versetzt. Hüne nimmt eine mit $^1/_6$ Bouillon und $^5/_6$ 0,85 %iger Kochsalzlösung hergestellte Bakterienaufschwemmung, und zwar nimmt er zu 1 ccm der Aufschwemmung von Choleravibrionen $^1/_{5000}$, von Typhusbazillen $^1/_{10000}$ und von Paratyphusbazillen $^1/_{20000}$ Öse einer 24stündigen Agarkultur. Nach gründlicher Durchmischung kommen die Röhrchen auf 3 Stunden in den Brutofen. Hierauf wird der gesamte Inhalt jedes Röhrchens zu einer Agarplatte verarbeitet. Nach Auswachsen der Kolonien (bei Typhus-, Cholera- und Paratyphusbazillen nach 24 Stunden, bei Abortusbazillen nach vier Tagen) werden letztere gezählt und der Grenzwert der Serumwirkung festgestellt.

Die Konzentrationen des Immun- bzw. Patientenserums wählt man bei den verschiedenen Krankheiten natürlich verschieden. Beim Typhus empfehlen sich folgende Verdünnungen 1:100, 500, 1000 usw. bis 500000; bei infektiösem Abortus 1:2, 4, 8, 16, 32, 64, 128, 256, 512, 1024 und 2048. Man geht hier in der Weise vor, daß man in 12 Röhrchen je 1 ccm Kochsalzlösung und in Röhrchen 1 einen Kubikzentimeter Serum gibt, nach Durchmischung nimmt man aus dem 1. Röhrchen wieder 1 ccm und gibt ihn in Röhrchen 2, nach Durchmischung in 3 usw.

Die Bakterienmenge wählt man am besten derart, daß aus der 3 Stunden lang bebrüteten Kontrollprobe ohne jedem Serumzusatz 500—1000 Kolonien aufgehen. Bei Abortusbazillen erhält man diese Menge, wenn man eine dreitägige Schrägagarkultur (Reagenzgläser 17 mm im Durchmesser und 15,5 cm lang) mit 10 ccm Kochsalzlösung abschwemmt und hiervon eine Verdünnung von 1:Milliarde herstellt. Die Zählung der Bakterienkolonien nimmt man am besten bei schwacher Vergrößerung mit dem Hesseschen Schlitten (S. 239) vor.

---

[1]) Glöckner, Ist die Immunität beim infektiösen Verkalben auf bakterizide Stoffe zurückzuführen. Dtsch. tierärztl. Wochenschr. 1921, S. 627 und 1922 S. 132.

[2]) Wall, Zeitschr. f. Infektionskrankh., parasit. Krankh. u. Hyg. d. Haustiere 1911, Bd. 10, S. 23 und 132.

[3]) Stern und Korte, zit. nach Müller, Technik der serodiagnostischen Methoden, 2. Aufl.

Als **Kontrolle** ist die gleiche Versuchsreihe mit Normalserum derselben Tierart anzusetzen, von der das Immun- bzw. Patientenserum stammt. Ist die Unwirksamkeit dieses Normalserums erbracht, so genügt ein Röhrchen mit inaktiviertem Normalserum in der maximalen Konzentration des Immunserums. Ferner

ein Röhrchen
- nur mit 0,5 ccm Bakterienaufschwemmung und 1,5 ccm Kochsalzlösung,
- „ „ Bakterienaufschwemmung, das sofort zur Platte verarbeitet wird,
- „ „ Kaninchenserum zur Sterilitätsprüfung,
- „ „ Immunserum zur Sterilitätsprüfung,
- mit 0,5 ccm Bakterienaufschwemmung, 0,5 ccm Kaninchenserum und 1 ccm Kochsalzlösung,
- „ 0,5 „ Bakterienaufschwemmung, 0,5 ccm Immunserum in der stärksten verwendeten Konzentration + 1 ccm Kochsalzlösung.

Das Phänomen der *Komplementablenkung* (*Neißer* und *Wechsberg*) tritt hier vielfach auf.

*Korte* und *Steinberg* fanden bei *typhuskranken* und -freien Personen folgende *Titer*:

Es reagierten bei einer Serumverdünnung

| | | | | |
|---|---|---|---|---|
| unter 1:100 | Normale | 74% | Typhöse | 0%, |
| zwischen 1:100 und 1:1000 | „ | 8,6% | „ | 3,3%, |
| „ 1:1000 und 1:10000 | „ | 15,4% | „ | 15,1%, |
| „ 1:10000 und 1:100000 | „ | 2% | „ | 23,3%, |
| über 1:100000 | „ | 0% | „ | 58,3%. |

Der *bakterizide Titer* geht mit dem der Agglutination und des Pfeifferschen Versuchs nicht streng parallel. Er sinkt gegen Ende der Erkrankung und ist schon während der Rekonvaleszenz niedrig.

Cholerabazillen eignen sich besonders gut für bakterizide Versuche. Auch Abortus- (Bang) und Typhusbazillen sind noch gut zu gebrauchen. Dagegen werden Paratyphusbazillen so gut wie nicht beeinflußt.

## XIII. Die Bestimmung des opsonischen Index.

**Prinzip**: Es werden Bakterien, Serum und gewaschene Leukozyten miteinander gemischt, bestimmte Zeit bei 37° aufbewahrt, auf Objektträger ausgestrichen und gefärbt. Hierauf wird die Zahl der Leukozyten und die Zahl der in diesen Leukozyten befindlichen Bakterien gezählt. Das Verhältnis zwischen der Zahl der gefressenen Bakterien und der der Leukozyten ist die *phagozytäre Zahl* (Phagocytic count) und das Verhältnis der phagozytären Zahl bei Kranken und Gesunden ist der *opsonische Index*.

Der opsonische Index ist nach *Wright* für die Widerstandsfähigkeit des Organismus gegen eine Infektion bedeutungsvoll. Er verwendet ihn ferner zur klinischen Diagnostik. Nach *Wright* werden alle die Phagozytose befördernden Stoffe als *Opsonine* bezeichnet (*Neufeld* nennt die diesbezüglichen thermostabilen Immunstoffe *Bakteriotropine*).

Heute versteht man unter Opsoninen thermolabile, aus Ambozeptor und Komplement bestehende Komplexe, während Bakteriotropine einfach gebaute, durch Erwärmen auf 56° nicht unwirksam werdende Stoffe sind, die also bereits ohne Komplement wirken.

**Ausführung**: Es werden benötigt: Patientenserum, Serum von Gesunden, gewaschene Blutkörperchen und eine Bakterienaufschwemmung.

Das **Blutserum** gewinnt man durch Einstechen in das Ohrläppchen oder in den Finger nahe der Nagelwurzel, nachdem man zuvor das Blut im Nagelglied durch Abbinden angestaut hat. Das austretende Blut saugt man mit dem gekrümmten Ende eines gebogenen Glasröhrchens auf, dessen kapillar ausgezogene Enden abgebrochen sind (Abb. 217 und 218).

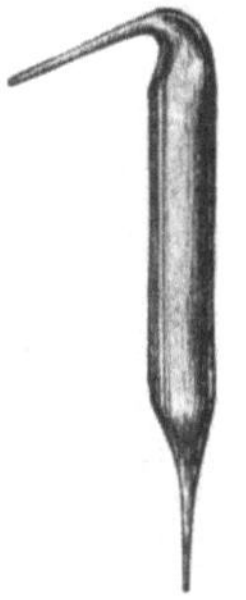

Abb. 217. Blutröhrchen.

Hierauf schmilzt man erst das gerade Ende des Blutröhrchens mit der kleingestellten Gasflamme zu. Beim Abkühlen zieht sich das Blut vom gebogenen Ende selbst zurück. Nun wird auch dieses zugeschmolzen. Die Ausscheidung des Serums aus dem geronnenen Blut kann man durch Zentrifugieren beschleunigen. Das Blutserum ist frisch und unerhitzt (komplementhaltig) zu verwenden.

Zur Gewinnung der **gewaschenen Blutkörperchen** füllt man ein 3—4 ccm fassendes Reagenzgläschen zu $^2/_3$ mit einer täglich frisch zu bereitenden 1,5%igen Lösung von Natrium citricum und läßt 6—7 Tropfen Blut von einem gesunden Menschen hineintropfen, mischt durch zweimaliges vorsichtiges Umkippen des Gläschens gut durch und zentrifugiert nicht zu stark (Wasserzentrifuge, 800—1000 Umdrehungen in 1 Minute, 3—5 Minuten lang). Die klare Flüssigkeit wird unter Schonung des grauweißen Leukozytenschleiers auf den roten Blut-

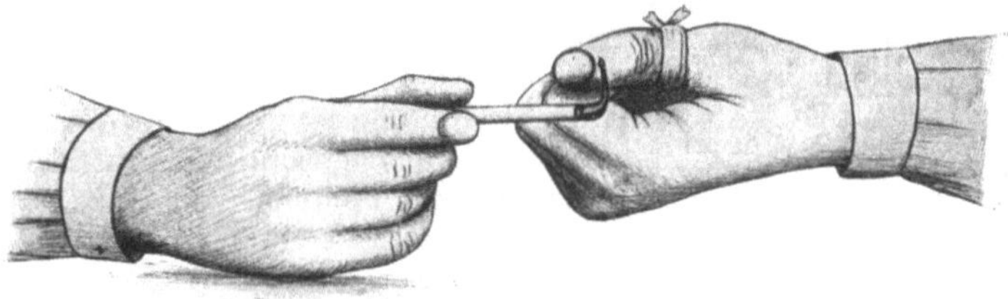

Abb. 218. Blutentnahme.

körperchen abgehoben und durch 0,85%ige Kochsalzlösung ersetzt, mischt wie oben (kräftiges Schütteln schädigt die Leukozyten) und zentrifugiert wieder. Nach Abheben der Kochsalzlösung wird der Rückstand durch Hin- und Herrollen zwischen den Handflächen unter gelegentlichem Neigen gemischt. Von einer Isolierung der Leukozyten sieht Wright ab; er verwendet die Aufschwemmung der gewaschenen Blutkörperchen (rote und weiße). Die Blutkörperchen sollen höchstens einige Stunden alt sein und dürfen mit Normalserum āā gemischt keine Konglutination zeigen. Die Leukozyten sollen im ungefärbten frischen Präparat Pseudopodien zeigen. Glattrandige sind meist abgestorben.

Die **Bakterienaufschwemmung.** Von Staphylokokken und anderen grampositiven Kokken nimmt man eine 24stündige, von gramnegativen Kokken und Bakterien der Koligruppe eine 4—10stündige Agarkultur; Tuberkelbazillen sollen nicht über 20 Tage alt sein.

Bei einigen Bakterienarten (z. B. Pneumokokken) sind geeignete phagozytierbare Stämme auszusuchen, bei anderen (Kulturmilzbrand-[1]), Influenza-, Pest-, Diphtheriebazillen) kommen Unterschiede in der Phagozytierbarkeit nicht vor[2]). Von den Bakterien verreibt man 1 Öse in 4—5 ccm einer 0,85 $^0/_0$igen (bei gramnegativen Kokken einer 1,5 $^0/_0$igen) Kochsalzlösung. Diese Emulsion gibt man in ein Uhrglas und saugt sie mit einer lang ausgezogenen und glatt abgeschnittenen Kapillarpipette (Abb. 219) wiederholt auf und preßt wieder aus, um die Bakterien möglichst fein zu verteilen. Die Aufschwemmung wird dann in ein Gläschen gefüllt und mit Kochsalzlösung verdünnt. Das Gläschen wird zugeschmolzen, längere Zeit kräftig geschüttelt und dann mit dem zugeschmolzenen ausgezogenen Ende nach unten einige Zeit hingestellt. Die gröberen Bakterienklümpchen sinken zu Boden. Das untere Ende mit dem Bodensatz wird abgeschnitten. Die Bakterienaufschwemmung wird vor dem Gebrauch meist zentrifugiert. Die Bakterienaufschwemmungen sollte man auch im Eisschrank nicht länger als 24 Stunden aufbewahren und verwenden. Für Tuberkulose benützt man abgetötete getrocknete Tuberkelbazillen (Impfstoffwerk **Phava**, Dohna i. Sa.), die im Achatmörser $^1/_4$—$^1/_2$ Stunde hindurch zu einem feinen Pulver verrieben werden. Man gibt in längeren Pausen tropfenweise 1,5 $^0/_0$ige Kochsalzlösung unter weiterem Verreiben hinzu, bis eine dicke Aufschwemmung entsteht, die dann beliebig verdünnt und durch einstündiges Erhitzen auf 60° sterilisiert wird. Sie ist etwa 1 Woche brauchbar. Abfüllen in ein Gläschen, sedimentieren usw. wie zuvor.

Abb. 219. Kapillarpipette.

Die Bakterienaufschwemmung ist gut, wenn die Bakterien einzeln und nicht in Haufen liegen und wenn in 1 ccm etwa 7—10 Millionen Bakterien vorhanden sind. Man stellt dies fest durch Vermischen gleicher Teile Blut und Bakterienaufschwemmung, Aufstreichen eines Tropfens hiervon auf einen Objektträger, Fixieren mit Alkohol-Äther (S. 104), Färben (mit Methylenblau) und Zählen der roten Blutkörperchen und Bakterien. Da etwa 5 Millionen Erythrozyten in 1 cmm Blut enthalten sind, so sollen im Präparat auf ein rotes Blutkörperchen durchschnittlich gegen 2 Bakterien kommen. Bei größerer Zahl ist entsprechend zu verdünnen. Wenn man einige Erfahrungen hat, stellt man die Dichte nach dem Augenmaß her, bzw. vergleicht sie mit Standardaufschwemmungen von Bakterien, Lezithin- oder Bariumsulfat.

**Hauptversuch.** Je ein Teil Krankenserum (daneben eine Kontrolle mit Normalserum), gewaschene Blutkörperchen und Aufschwemmung der im vorliegenden Krankheitsfalle in Frage kommenden Krankheitserreger werden mit Hilfe einer mit einer Gummisaugkappe ver-

---

[1]) Gekapselte tierische Milzbrandbazillen werden dagegen nicht phagozytiert.

[2]) Gruber und Futaki, Münch. med. Wochenschr. 1907; Messerschmidt, Zeitschr. f. Hyg. u. Infektionskrankh. Bd. 83; Löhlein, Ann. Inst. Pasteur Bd. 19 und 20.

sehenen, 16 cm langen Kapillarpipette (Abb. 219) gemischt. Zum Abmessen der genannten drei Flüssigkeiten bringt man sich auf der Kapillare mit einem Fettstift eine 2,5 cm vom Ende entfernte Marke an; zwischen jede Flüssigkeit schaltet man beim Abmessen eine kleine Luftblase ein. Das Ganze wird auf einen Objektträger oder in ein kurzes, enges Reagenzglas ausgeblasen, wiederholt aufgesaugt und wieder ausgeblasen. Nachdem so eine gründliche Durchmischung vorgenommen worden ist, saugt man den luftblasenfreien Inhalt wieder so hoch auf, daß die Flüssigkeit etwa 4 cm von der Öffnung der Kapillare entfernt steht, schmilzt das freie Ende der Kapillare in einer kleingestellten Flamme ab und bringt die Kapillare in den Brutschrank, bzw. nach Abnahme des Gummihütchens in den Opsonizer, einem für die Aufnahme der Kapillar-

Abb. 220. Ausstreicher.

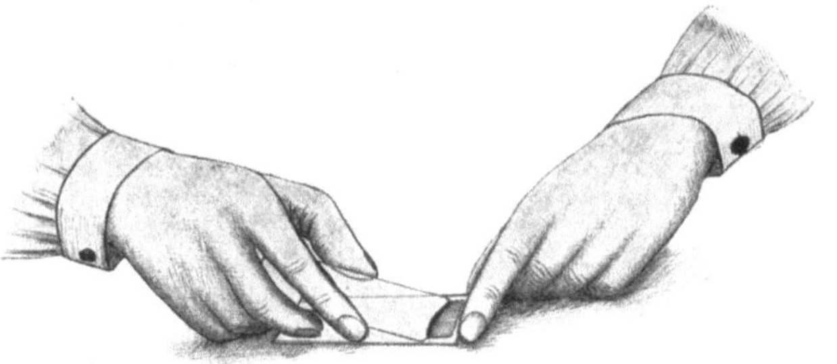

Abb. 221. Das Ausstreichen.

röhrchen besonderem Wasserbad. Die mit Staphylokokken und Streptokokken beschickten Kapillaren hält man 10—15 Minuten, Bact. coli und typhi, sowie gramnegative Kokken 8—10 Minuten und Tuberkelbazillen 15—20 bis 25 Minuten bei 37°. Hierauf wird das zugeschmolzene Ende abgebrochen, der Inhalt der Kapillare auf einem Objektträger erneut gemischt, von der Mischung ein kleiner Tropfen auf das Ende eines sauberen, fettfreien (S. 47), mit Schmirgelpapier rauh gemachten und mit einem Wischlappen gereinigten Objektträgers gegeben und mit einem „Ausbreiter“ ausgestrichen. Die Objektträger sind auf ihrer konvexen Seite zu benützen[1]). Den Ausbreiter stellt man sich aus einem abgebrochenen Objektträger her, die Bruchkante soll eine leicht konkave Form (Abb. 220) haben; die Ecken werden abgebrochen. Der Ausbreiter wird im spitzen Winkel (Abb. 221) auf den geschmirgelten Objektträger aufgesetzt und mit gleichmäßigem, nicht zu starkem Druck

[1]) Die konvexe Seite erkennt man leicht, wenn man den Objektträger auf eine horizontale Glasplatte legt und ihn durch Stoßen an eine Ecke zu drehen versucht. Mit der konkaven Seite nach unten liegt er fest auf, auf der konvexen „tanzt“ er.

über ihn ausgestrichen. In gelungenen Ausstrichen findet man die Leukozyten am scharf abgeschnittenen Ende des Ausstriches. Das Präparat wird in einer gesättigten Sublimatlösung 2—3 Minuten fixiert, in Wasser abgespült, mit Karbol-(1%)-Thionin-($^1/_4$%)-Lösung oder nach Alkoholfixierung mit Giemsalösung, Tuberkelbazillen mit Ziehlscher Lösung (S. 148) gefärbt und letztere mit 2,5% Schwefelsäure entfärbt. Zur Auflösung der roten Blutkörperchen werden die Präparate mit 4%iger Essigsäure behandelt und die Tuberkelbazillenpräparate mit $^1/_2$%igem Methylenblau, dem $^1/_2$% Soda zugesetzt ist, nachgefärbt.

Die Präparate und vor allem die Bakterienaufschwemmung ist gut, wenn 5—8 Bakterien (2—4 Tuberkelbazillen) auf 1 Leukozyte kommen.

Es werden im Patientenserum mindestens 50, besser 100 polynukleäre Leukozyten und die in ihnen enthaltenen Bakterien gezählt. Wenn nur 50 Zellen gezählt werden, so wird die Gesamtzahl der Bakterien mit 2 multipliziert und durch 100 dividiert; dies gibt die phagozytische Zahl. Im Normalserum werden 100 Leukozyten gezählt.

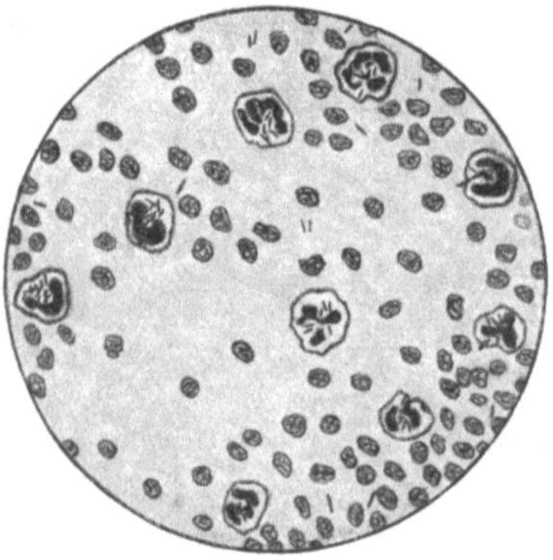

Abb. 222. Phagozytose von Tuberkelbazillen.

Die phagozytische Zahl des Patientenserums dividiert durch die des Normalserums gibt den **opsonischen Index.**

Dieses Verfahren erfordert Übung und Sorgfalt. Es ist bei den Zählungen stets einheitlich zu verfahren. Zweifelhafte Kokken dürfen nicht einmal mitgezählt, das andere Mal ausgelassen werden. Leukozyten, die außergewöhnlich viele Bakterien enthalten (spontane Phagozytose), werden nicht mitgezählt. Das Normalserum ist stets von derselben Person (noch besser von stets denselben 3 Personen) zu entnehmen. Bei opsonischen Bestimmungen bei Tieren sind die Kontrollsera (Normalsera) natürlich von der gleichen Tierart zu entnehmen.

Aus dem gefundenen opsonischen Index zieht man (Sauerbeck[1]) u. a.) folgende Schlußfolgerungen:

Normaler Index schließt eine Infektion aus.

Dauernd niedriger Index weist auf einen lokalen Prozeß, dauernd erhöhter Index auf überwundene Infektion oder vorausgegangene Impfung hin.

**Beurteilung des Verfahrens.** Die Bestimmung des opsonischen Indexes wird von Busse[2]), Michaelis[3]), Strubell[4]), Böhme[5]) u. a.

---

[1]) Sauerbeck, Neue Tatsachen und Theorien der Immunitätsforschung. Bergmann, Wiesbaden 1907.

[2]) Busse, Dtsch. med. Wochenschr. 1909.

[3]) Michaelis, Handb. d. path. Mikroorg. von Kolle und Wassermann, 2. Aufl. Bd. 3.

[4]) Strubell, Zur Klinik der Opsonine, Jena 1913.

[5]) Böhme, Ergebn. d. inn. Med. u. Kinderheilk., Bd. 12, S. 39.

günstig, von Rolly[1]), Saathoff[2]), Becher und Laub[3]) u. a. abfällig beurteilt. Den Methodenfehler gibt Wright mit 5%, White mit 8%, Rolly mit 10%, Glynn und Cox mit 15—17%, Fleming gelegentlich über 20% an. Strubell hält 10% als erlaubt.

Der Wert der recht zeitraubenden opsonischen Bestimmungen ist ziemlich beschränkt. In Deutschland findet das Verfahren zu diagnostischen Zwecken keine Anwendung. Aber auch zur Ermittlung des Immunitätsgrades eignet es sich nur bei einigen wenigen Krankheitserregern (z. B. Staphylokokken). Bei der Tuberkulose, wo die Bestimmung des opsonischen Indexes von Strubell[4]) u. a. früher empfohlen wurde, hat das Verfahren versagt. Nach Ungermann[5]) geht der opsonische Index weder bei der erworbenen noch der natürlichen Immunität gegen die Tuberkulose mit dem Immunitätsgrad parallel.

## XIV. Die Auswertung der Bakteriotropine.

### Nachweis von Bakteriotropinen nach Neufeld und Rimpau[6]).

Bei den Untersuchungen auf Bakteriotropine benützt man zum Unterschied von den auf Opsonine inaktiviertes, also komplementfreies **Serum.** Ferner bestimmt man hier nicht die Zahl der gefressenen Bakterien, sondern die Serumverdünnung, bei der noch Phagozytose eintritt, bzw. gegenüber einem zur Kontrolle dienenden Normalserum deutliche Verstärkung der Phagozytose erfolgt.

**Ausführung**: Es werden benötigt Leukozyten, Serum und Bakterienaufschwemmung. Die **Leukozyten** nimmt man meist aus dem Peritonealexsudat von Meerschweinchen (von 250—300 g), denen man 16 bis 24 Stunden zuvor 5—10 ccm sterile (aufgekochte) Aleuronataufschwemmung (1:10—20 Bouillon) intraperitoneal (S. 295) eingespritzt hat. Um von Kaninchen auf diese Weise Leukozyten zu erhalten, spritzt man 50—100 ccm 3—10%ige Peptonbouillon, Mäusen 1 ccm Aleuronatbouillon ein. Menschliche Leukozyten erhält man aus Abszessen oder Blut.

Um das Peritonealexsudat zu erhalten, tötet man die Versuchstiere 16—24 Stunden nach der Einspritzung, spült die Bauchhöhle mit 40 bis 60 ccm steriler, auf 37° erwärmter Kochsalzlösung aus, der man meist 0,1—0,5% zitronensaures Natron zugesetzt hat. Gröbere Fibrinflocken werden durch Absitzenlassen (in einem schräg gestellten Erlenmeyerkölbchen) entfernt. Die abgehobene Flüssigkeit wird nicht zu stark zentrifugiert (sonst verkleben die Leukozyten) und der Bodensatz (Leukozyten) wiederholt (2—3mal) mit Kochsalzlösung ausgewaschen (S. 477) und schließlich der Bodensatz, d. h. die Leukozyten in der 10fachen Menge Kochsalzlösung aufgeschwemmt. Für die einzelnen nebeneinander

---

[1]) Rolly, Mitt. a. d. Grenzgeb. d. Med. u. Chirurg. 1908, S. 226.
[2]) Saathoff, Münch. med. Wochenschr. 1910.
[3]) Becher und Laub, Wien. klin. Wochenschr. 1908, Nr. 44.
[4]) Strubell, Zur Klinik der Opsonine, Jena 1913.
[5]) Ungermann, Arb. a. d. Reichs-Gesundheitsamte, Bd. 34, S. 286 und Bd. 48, S. 381.
[6]) Neufeld und Rimpau, Zeitschr. f. Hygiene u. Infektionskrankh. 1905, Bd. 51.

angesetzten Versuchsreihen sind die Leukozyten eines Meerschweinchens zu verwenden.

Das **Serum** wird 1/2 Stunde bei 56° inaktiviert; bei älteren, karbolisierten Sera ist dies nicht notwendig, die sind bereits komplementfrei. Sera von Tuberkulösen pflegt man ebenfalls nicht zu inaktivieren, die Tuberkulosebakteriotropine sind nicht hinlänglich hitzebeständig.

Die Sera werden 1:10, 100, 1000, 10 000 verdünnt und hiervon meist je 0,1 und 0,2 ccm zum Versuch genommen.

Als **Bakterienaufschwemmung** benützt man meist 16—24stündige Bouillonkulturen. Bei Meningokokken werden Agarkulturen bevorzugt. Von Agarkulturen verreibt man 1—2 Ösen, nach Schönborn drei Schrägagarkulturen in 1 ccm eines Gemisches aus gleichen Teilen Kochsalzlösung und Bouillon oder nur in Bouillon. Tuberkelbazillen (abgetötete und getrocknete — zu beziehen vom Impfstoffwerk Phava, Dohna i. Sa.) werden im Achatmörser mit Bouillon verrieben (S. 478).

Zur **Mischung** der drei Komponenten werden 0,2—0,1 ccm oder 1—2 Tropfen (Boehncke[1]), Neufeld) Serum, bzw. dessen Verdünnungen, in kleine Reagenzgläser (4—5 cm lang und 1 cm weit), dazu die gleiche Menge Bakterien- und die gleiche oder doppelte Menge Leukozytenaufschwemmung gegeben. Nach Durchmischung und Verschließen der Gläschen mit Watte oder Kork stellt man die Proben 1/4—4 Stunden in den Brutofen[2]), hierauf gießt oder saugt man die Flüssigkeit vom Bodensatz ab, mit dem man in der üblichen Weise je zwei Deckglaspräparate anfertigt. Zur Fixierung empfiehlt sich Alkohol-Äther (S. 104) und zur Färbung meist Methylenblau bzw. Mansonsches Methylenblau, bei Rotlaufbakterien die Fuchsin-Patentblaufärbung nach Frosch (S. 137) oder noch mehr die Gramsche Färbung (S. 139). Die kleinste Serummenge, die gegenüber Normalserum der gleichen Tierart noch deutliche Beförderung der Phagozytose bewirkt, gibt den Titer des Serums an.

**Kontrollen**: 1. Mit Normalserum, in dem gegen gewisse, namentlich wenig virulente Bakterien oft mäßige Mengen, so gegen Rotlaufbakterien bis 1:500[3]) Tropine vorhanden sind.

2. Stammen Leukozyten und Serum von verschiedenen Tierarten, so sind beim Ausbleiben der Phagozytose die Versuche mit Leukozyten derselben Tierart, von der das Serum stammt, zu wiederholen, oder die Bakterien sind mit dem Serum vorzubehandeln (sensibilisieren) und vor dem Zusammenbringen mit den Leukozyten vom überschüssigen Serum wieder zu befreien.

3. Außerdem werden noch für jede Versuchsreihe zwei Kontrollröhrchen mit je 0,2 ccm physiologischer Kochsalzlösung und Leuko-

---

1) Boehncke, Arbeiten a. d. K. Institut f. experim. Therapie zu Frankfurt a. M. 1913, H. 5, S. 3.

2) Der Phagozytose sind Choleravibrionen 20—30 Minuten, Pneumokokken 4 Stunden, die meisten anderen Bakterien (z. B. Rotlaufbakterien) 1 1/2—2 Stunden auszusetzen. Bei zu langen Zeiten werden die aufgenommenen Bakterien verdaut und sind dann nicht mehr nachweisbar.

3) Neufeld und Kandiba, Arb. a. d. Kais. Gesundheitsamt 1912, Bd. 40; Lückmann, Deutsche tierärztl. Wochenschr. 1918, S. 14; Schönborn, Über die Verwendung der Bakteriotropine zur Wertbemessung des Rotlaufserums. Vet.-med. Inaug.-Diss. Berlin, 1920.

zyten- sowie Bakterienaufschwemmungen (wie im Hauptversuch) eines am Anfang und eines am Ende der Versuchsreihe angesetzt.

Hochvirulente Bakterien werden nur bei Gegenwart spezifischen Serums, wenig virulente bzw. avirulente Bakterien vielfach [1]) auch ohne dieses phagozytiert. Neufeld empfiehlt deswegen nur hochvirulente Bakterien zu verwenden.

Die Phagozytose ist „stark", wenn die meisten Leukozyten ganz von Bazillen und Granula erfüllt, „sehr stark", wenn fast alle Leukozyten mit einer unzählbaren Menge von dicht aneinander liegenden Bakterien vollgestopft, „mäßig", wenn einige maximal gefüllte Leukozyten vorhanden sind neben anderen, die wenige oder zum Teil gar keine Bazillen aufgenommen haben, „gering", wenn durchschnittlich nur wenige Bakterien, aber doch mehr als in der Normalserum- bzw. Kochsalzkontrolle aufgenommen sind.

Die Serumverdünnung wird in der Konzentration angegeben, in der sie sich in den Proben befindet. Bei Serumverdünnungen kann man auch von mit Karbol konservierten Sera ausgehen.

Es ist nicht notwendig, daß Leukozyten und Serum von derselben Tierart stammen. Die Leukozyten von Mensch, Ziege, Hund, Kaninchen, Meerschweinchen, Ratte, Maus, Vögeln und sogar von wirbellosen Tieren sind gut verwendbar.

Im Eisschrank können die Leukozyten kurze Zeit aufbewahrt werden. Am besten ist es aber, sie möglichst frisch zu verwenden.

## XV. Der Nachweis von Diphtherietoxin im Patientenblut.

Prinzip. Kleine Mengen Diphtherietoxin, wie sie im Patientenblut vorkommen, rufen bei subkutaner Injektion deutliches Ödem bzw. Infiltrat und selbst Nekrose hervor.

Nutzanwendung zur klinischen Diagnostik. Nach Uffenheimer [2]) soll dieses Verfahren den Nachweis der echten Diphtherie vielfach schneller als die bakteriologische Untersuchung ermöglichen. Das Verfahren ist aber unsicherer und hat deshalb wenig Anwendung gefunden.

Ausführung: 0,1—0,3 ccm Patientenserum in 2—4 ccm Kochsalzlösung werden einem Meerschweinchen (am Bauche) subkutan eingespritzt. Nach 17—20 Stunden kann bei vorliegender Diphtherie eine sehr deutliche Anschwellung zu fühlen sein. Nach 48 Stunden wird das Tier durch Nackenschlag getötet; bei der Sektion ist auf Ödem an der Injektionsstelle zu achten.

## XVI. Der Nachweis von Antistaphylolysin.

Prinzip: Auswertung eines Serums anf seine Fähigkeit, rote Blutkörperchen vom Kaninchen vor der Auflösung durch Staphylolysin zu schützen.

---

[1]) Löhlein, Ann. de l'inst. Pasteur 1905, S. 647. Marchand, Arch. de méd. exp. 1898. T. 10, S. 253.

[2]) Uffenheimer, Münch. med. Wochenschr. 1906 und 1907.

Anwendung des Verfahrens als klinisches Diagnostikum. Ein hoher Antistaphylolysingehalt zeigt eine Staphylokokkenerkrankung an.

Ausführung. Es werden benötigt gewaschene rote Blutkörperchen vom Kaninchen, Staphylolysin, Patientenserum und als Kontrolle getrocknetes Normalserum vom Pferd, das 1:10 in sterilem, destilliertem Wasser gelöst wird.

Zur Gewinnung gewaschener roter Blutkörperchen vom Kaninchen fängt man das aus der Karotis, Jugularis (S. 298) oder äußeren Ohrvene (S. 301) abfließende Blut entweder in einem Gefäß mit sterilen Glasperlen auf und defibriniert es sogleich durch Schütteln, oder man versetzt es in einem Gefäß mit 1 %iger Natriumzitratlösung zu gleichen Teilen, um die Gerinnungsfähigkeit aufzuheben. Durch Zentrifugieren, Auffüllen und Verteilen des Bodensatzes in Kochsalzlösung, erneutes Zentrifugieren und Abgießen der Flüssigkeit befreit man die Blutkörperchen vom Serum. Schließlich werden die so gewaschenen Blutkörperchen in Kochsalzlösung aufgeschwemmt und so viel Kochsalzlösung zugegossen, bis das alte Blutvolumen wieder erreicht ist.

Das Staphylolysin gewinnt man durch keimfreie Filtration (Berkefeld-Filter — S. 71) einer etwa 14tägigen Bouillonkultur eines kräftig Hämolysine bildenden (S. 270) Staphylococcus pyogenes aureus-Stammes. [Die Bouillon soll gegenüber Phenolphthalein schwach sauer reagieren (nur $^2/_6$—$^3/_6$ jener Alkalimenge erhalten, die zur vollen Neutralisation nötig wäre — S. 178).]

Das Kulturfiltrat wird mit 0,5 % Phenol versetzt und im Eisschrank aufbewahrt.

Das Patientenserum ist durch $^1/_2$stündiges Erhitzen auf 56° zu inaktivieren.

Auswertung des Staphylolysins: In eine Reihe Reagenzgläschen kommen fallende Staphylolysinmengen (1,0, 0,75, 0,5, 0,25, 0,1 usw. bis 0,001 ccm — S. 361), ferner Kochsalzlösung zur Auffüllung auf 2 ccm und je ein Tropfen der Kaninchenblutkörperchenaufschwemmung. Nach Umschütteln werden die Proben 2 Stunden bei 37° gehalten, das Ergebnis abgelesen, hierauf etwa 16 Stunden im Eisschrank aufbewahrt und das Ergebnis, das sich mit dem vorherigen fast deckt, nochmals abgelesen. Die kleinste, noch vollständig lösende Dosis des Staphylolysins dient zur Auswertung des Serums. Vielfach verwendet man auch die doppelte Dosis.

### Auswertung des Antistaphylolysingehaltes des Patienten-Serums.

Fallende Dosen des zu prüfenden Serums (0,75, 0,5, 0,25, 0,1 usw. bis 0,001), sowie eine serumfreie Kontrolle werden je mit der einfachen oder doppelten kleinsten, noch vollständig lösenden Dose Staphylolysin versetzt, mit Kochsalzlösung auf 2 ccm aufgefüllt und mit einem Tropfen Blutkörperchenaufschwemmung versetzt, umgeschüttelt, 2 Stunden bei 37° gehalten und nach Ablesen der Ergebnisse etwa 16 Stunden in den Eisschrank gestellt. Hierauf wird nochmals das Ergebnis abgelesen.

Diejenige kleinste Serummenge, die die Hämolyse vollkommen aufhebt, gibt den Titer an.

In gleicher Weise ermittelt man den antihämolytischen Wert von getrocknetem Normalpferdeserum, den man vergleichenden Untersuchungen deshalb zugrunde legt, weil er sehr konstant bleibt. Der Staphylolysingehalt ist dagegen veränderlich. Bei Staphylokokkenerkrankungen ist der Antistaphylolysingehalt um das 10- bis 100fache erhöht.

## XVII. Die Anaphylaxie.

Unter Anaphylaxie [1]) versteht man die durch parenterale, d. h. nicht auf dem Verdauungswege erfolgte Zuführung artfremden (heterologen) Eiweißes erworbene Überempfindlichkeit.

Wichtig ist hierbei, daß es sich

1. um artfremdes Eiweiß handelt; dasselbe kann tierischen, pflanzlichen oder bakteriellen Ursprungs sein;

2. daß dieses Eiweiß als artfremdes Eiweiß in den Säftestrom des Versuchstieres eintritt. Dies wird am sichersten durch Einspritzung unter die Haut, in die Bauchhöhle, Blutbahn usw. erreicht. Dagegen wird das genossene Eiweiß durch den Verdauungsvorgang in der Regel zerlegt, des artfremden Charakters entkleidet und bei der Absorption zu arteigenem Eiweiß aufgebaut. Findet jedoch eine Überfütterung mit artfremdem Eiweiß statt, so kann es zuweilen, namentlich bei schwacher Verdauung, zur Absorption artfremden Eiweißes vom Verdauungskanal aus und somit zur Ausbildung einer Überempfindlichkeit gegen dieses Eiweiß kommen.

Die erste parenterale Einverleibung artfremden Eiweißes ist, wenn es sich nicht um giftige Eiweißkörper handelt, für das betreffende Tier unschädlich, macht es aber überempfindlich, sensibilisiert es gegen den betreffenden Eiweißkörper.

Folgt nach Ablauf einer Latenzperiode eine wiederholte parenterale, intraperitoneale und namentlich intravenöse oder intrakardiale Injektion desselben Eiweißes, so reagiert der tierische Organismus anders, und zwar im Sinne einer erhöhten Empfindlichkeit.

Als **Versuchstier** eignet sich besonders das Meerschweinchen; sehr wenig geeignet ist das Kaninchen. Meerschweinchen (von etwa 300 g, nicht unter 200 und nicht über 350 g) reagieren hinlänglich konstant. Es sind möglichst gleich schwere, gesunde, unvorbehandelte Tiere in den Versuch zu nehmen.

Die **Vorbehandlung** (Sensibilisierung, Präparierung) nimmt man meist durch eine einmalige subkutane oder intraperitoneale Injektion vor. Durch wiederholte Injektion (mit Zwischenpausen von 3—4 Tagen) kann man die Überempfindlichkeit steigern (praktisch wichtig für sehr eiweißarme Substrate). An Stelle der subkutanen oder intraperitonealen Injektion kann man die Einverleibung auch auf sonstigem parenteralen Wege (intravenös, intrakardial usw.) vornehmen, was aber keine besonderen Vorteile bietet. Zur Erzielung maximaler Überempfindlichkeit durch einmalige subkutane Injektion benützt man eine solche Menge

---

[1]) ἀναφύλαξις, Schutzlosigkeit.

artfremden Eiweißes, wie sie in 0,01—0,1 ccm Serum vorhanden ist. Sowohl kleinere als auch allzugroße Mengen wirken weniger sicher. Als geringste Grenzwerte sind etwa 0,00001 ccm Serum oder 0,0000001 g kristallisiertes Eiweiß beobachtet worden.

Bei der Sensibilisierung mit Zellen von Organen oder Geweben muß man undifferenzierte Zellelemente mit injizieren. Um die feineren Differenzen in den Reaktionen nicht zu verwischen, ist der fein verriebene Organbrei mit Hilfe der Zentrifuge so lange mit Wasser auszuwaschen, bis die darüber stehende klare Flüssigkeit jede Rotfärbung verloren hat. Der schließlich erhaltene Bodensatz wird über Schwefelsäure im Exsikkator getrocknet und ist lange Zeit brauchbar.

Zur Sensibilisierung mit Pflanzenteilen (Samen usw.) stellt man sich aus den fein zerkleinerten Teilen in bestimmten Verhältnissen mit Kochsalzlösungen, die man unter öfterem Umschütteln 1—2 Tage einwirken läßt, Auszüge her. Die Extrakte werden durch Zentrifugieren oder Filtrieren geklärt. Durch vorsichtige Dosierung ist eine etwaige Giftwirkung auszuschalten.

Bei der Sensibilisierung mit Bakterien verwendet man Vollbakterien oder Auszüge aus diesen. Die Bakterien tötet man in der Regel durch längeres Erhitzen auf 55—60° ab (Sterilitätsprüfung) und benützt etwa 1 ccm einer Aufschwemmung von 0,1—0,01 g feuchter Bazillen in 1 ccm. Über die Gewinnung von Bakterienextrakten vgl. S. 379.

Das Bakterieneiweiß reagiert gegenüber dem tierischen Eiweiß verhältnismäßig schlecht im Anaphylaxieversuch; ganz besonders gilt dies von den Streptokokken und Milzbrandbakterien, die auch nur geringe Mengen Ambozeptoren und erstere auch nur wenig Präzipitin im lebenden Tierkörper erzeugen. Leichter gelingen anaphylaktische Versuche mit Vibrionen und Tuberkelbazillen. Lokale Anaphylaxie (Allergie) kann bei an Typhus, Lues, Pocken, Hauthyphomykosen, Verkalben, Lungenseuche, Tuberkulose, Rotz und Gonorrhöe erkrankten Individuen ausgelöst werden. Bei den letzten drei genannten Krankheiten können auch allgemeine Reaktionen hervorgerufen werden.

Die **Inkubationszeit** (Latenzstadium, präanaphylaktische Periode) beträgt mindestens 5 Tage. In der Regel ist sie nach 9 Tagen, bei Sensibilisierung mit sehr eiweißarmen Material (auf 80° und darüber erhitzte Eiweißkörper, Öle usw.), sowie nach großen Dosen erst nach 1—$1^1/_2$ Monat abgelaufen. Die Überempfindlichkeit kann sich beim Meerschweinchen nach einmaliger Sensibilisierung mit Pferdeserum bis zu 3 Jahren erhalten. Vielfach klingt sie schon früher ab und kann sogar schon nach 1 Monat (Schildkrötenserum) verschwinden. Meist nimmt man die Reinjektion nach 10—21 Tagen vor.

Die **Probe (Reinjektion,** injection déchainante, épreuve) besteht in der erneuten Einverleibung des zur Vorbehandlung verwendeten Substrates.

Bei der Reinjektion ist besonders darauf zu achten, daß das Injektionsmaterial nicht an sich, also auch auf unvorbehandelte Tiere, eine Giftwirkung entfaltet und hierdurch gleiche oder ähnliche Erscheinungen wie die der Anaphylaxie hervorruft. Frisches artfremdes Eiweiß (Serum usw.) wirkt bei ungeeigneter Dosierung und Einverleibung auch auf unvorbehandelte Tiere häufiger toxisch als dies mitunter angenommen wird.

Namentlich Seren von Rind, Mensch und Katze vermögen im aktiven Zustand und in größeren Mengen (2—5 ccm) bei jungen Meerschweinchen auch bei der erstmaligen Injektion die Temperatur herabzusetzen, während kleinere Mengen wirkungslos sind (Pfeiffer und Mita)[1]. Oelssner[2]) beobachtete bei unvorbehandelten Meerschweinchen eine maximale Temperaturabnahme auf die intraperitoneale Einspritzung von je 5 ccm

| | | |
|---|---|---|
| Rinderserum, | nicht inaktiviert um 4,3°, | dagegen inaktiviert um 0,6° |
| Schafserum, | „ „ „ 2,9°, | „ „ „ 1,0° |
| Schweineserum | „ „ „ 3,3°, | „ „ „ 2,1° |
| Kaninchenserum, | „ „ „ 3,9°, | „ „ „ 1,1° |

Ranzi[3]) erhob bei unvorbehandelten Meerschweinchen folgende Temperaturabnahmen nach intraperitonealer Einspritzung von

| | | |
|---|---|---|
| physiologischer Kochsalzlösung | 4 ccm | um 0,7° |
| „ „ | 5 „ | „ 1,6° |
| „ „ | 10 „ | „ 2,2° |
| Bouillon | 4 „ | „ 1,5° |
| unerhitztes Pferdeserum | 2 „ | „ 0,7° |
| „ „ | 3 „ | „ 1,0° |
| „ Schweineserum | 3 „ | „ 4,4° |
| „ Menschenserum | 1,5 „ | „ 0,6—4,0° |
| „ „ | 2—3 „ | „ 3,3—4,2° |
| „ „ | 3,5 „ | „ 1° |
| „ „ | 4 „ | „ 3—5,7° |

Um solchen durch die Giftigkeit des Injektionsmateriales bedingten Fehlerquellen auszuweichen, überzeugt man sich durch Vorversuche von der Ungiftigkeit des Materials in der verwandten Dosierung oder entgiftet das Material zuvor. Bei den Seren genügt meist $^1/_2$stündiges Erhitzen auf 56° (Inaktivieren). Doerr und Raubitschek[4]) zerstörten die toxische Komponente des Aalserums durch zweistündiges Erhitzen auf 60° oder durch Zusatz von 0,4—1 % konzentrierter Salzsäure und nachträgliches Neutralisieren mit Sodalösung. Die Anaphylaxie auslösende Wirkung blieb hierbei erhalten. Mita[5]) entgiftete von Körperzellen stammende Eiweißkörper (Augenlinseneiweiß) durch Trocknen über Schwefelsäure im Vakuum und längere Aufbewahrung im getrockneten Zustand. Pfeiffer und Mita[6]) befreiten stark toxische Organverreibungen (so der Niere) durch wiederholtes Auswaschen mit Kochsalzlösung (S. 400). Unter den verschiedenen Organen liefert die Lunge (des Kaninchens) das giftigste Extrakt (für Mäuse). Die Giftigkeit wird durch 2 Stunden langes Erhitzen auf 100° oder 10 Stunden auf 38° oder nach einigen Tagen bei Eisschranktemperatur zerstört (Sakamoto)[7]). Toluol zerstört die Giftwirkung nicht. Nur bei indiffe-

---

[1]) Pfeiffer und Mita, Zeitschr. f. Immunitätsforsch. u. exp. Therap., Orig. Bd. 6, S. 729.

[2]) Oelssner, Beitrag zur Serum- und Bakterienanaphylaxie. Diss. Dresden-Leipzig 1912.

[3]) Ranzi, Wien. klin. Wochenschr. 1909, S. 1372.

[4]) Doerr und Raubitschek, Berl. klin. Wochenschr. 1908 Nr. 33.

[5]) Mita, Zeitschr. f. Immunitätsforsch. u. exp. Therap., Orig. 1910, Bd. 5, S. 297.

[6]) Pfeiffer und Mita, ebenda 1910, Bd. 3, S. 358.

[7]) Sakamoto, Zeitschr. f. Immunitätsforsch. u. exp. Therap., Orig. 1921, Bd. 32, S. 1.

renten Stoffen (Hühnereiklar, Hämoglobin) kann man von einer Vorbehandlung absehen.

Um sicher zu gehen, begnügt man sich nicht mit der Entgiftung des Injektionsmaterials und seiner Prüfung am nicht vorbehandelten Tiere, sondern prüft das Injektionsmaterial auch an Meerschweinchen, die mit andersartigem Material vorbehandelt sind.

In gewöhnlicher Weise inaktiviertes Pferdeserum wird nach Bräuning [1]) von unvorbehandelten Meerschweinchen in folgenden Dosen reaktionslos vertragen: 0,1 ccm intrakardial oder intravenös, 1,0 ccm intramuskulär oder 5,0 ccm intraperitoneal oder subkutan. Auch Braun [2]), Thomsen [3]), Kraus und Doerr [4]), Mita [5]), Otto [6]) u. a. heben die Wirkungslosigkeit des Pferdeserums in der hier in Frage kommenden Richtung hervor.

Das Injektionsmaterial ist körperwarm zu verwenden. Beimengungen größerer korpuskulärer Elemente stören bei der subkutanen und intraperitonealen Einspritzung nicht, sind aber bei der Injektion in die Blutbahn streng zu vermeiden. Wünscht man dennoch die Blutbahn für den Versuch zu benützen, so kann man den gewaschenen mit Sand verriebenen Zellbrei in einer Buchner-Presse unter hohem Druck auspressen, den Preßsaft von Zelltrümmern und Sand durch Zentrifugieren klären und die erhaltene klare Flüssigkeit verwenden.

**Applikationsweise** und Dosierung des Injektionsmaterials **bei der Reinjektion.**

Die subkutane Reinjektion (Arthus, Smith, Otto) ist bei anaphylaktischen Arbeiten am Meerschweinchen heute verlassen, es sei denn, daß die örtlichen Veränderungen beobachtet werden sollen. Tod im anaphylaktischen Schock tritt selbst bei großen Serummengen (5—10 ccm) nur selten ein. Auch aus der Schwere der allgemeinen Erscheinungen wird man ohne Feststellung der Temperatur nicht immer zu zuverlässigen Ergebnissen kommen (vgl. auch S. 492).

Die intrakutane Injektion findet bei Serumversuchen wenig Anwendung, wohl aber bei der (allergischen) Diagnostik von Infektionskrankheiten (S. 498). Die Hautstelle wird enthaart. Die Dosis beträgt 0,1—0,001 ccm Serum (vgl. auch S. 498). Nach 12—24 Stunden tritt eine kreisförmige, hochrote, heiße Quaddel von 0,5—2 cm Durchmesser auf. Sie erreicht in 1—$1^1/_2$ Tagen ihren Höhepunkt und geht oft mit oberflächlicher und selbst tiefer Nekrose der Haut einher.

Zur intraperitonealen Einspritzung (über Ausführung s. S. 295) verwendet man etwa 5 (1—6) ccm Serum. Bei gut entwickelter Überempfindlichkeit treten regelmäßig schwere Krankheitserscheinungen, fast stets Temperatursturz und oft der Tod in ($^1/_2$—) 2 (—4) Stunden ein. Die intraperitoneale Einspritzung eignet sich u. a. namentlich für solche (pflanzliche) Stoffe, die wegen ihrer hämagglutinierenden Wirkung nicht in die Blutbahn injiziert werden können.

---

[1]) Bräuning, Die Normaltemperatur des gesunden und tuberkulösen Meerschweinchens und die Einwirkung von Seruminjektionen usw. Diss. Dresden-Leipzig 1911.

[2]) Braun, Zeitschr. f. Immunitätsforsch. u. exp. Therap., I Orig. Bd. 4, S. 596.

[3]) Thomsen, ebenda Bd. 1, S. 745.

[4]) Kraus und Doerr, Wien. klin. Wochenschr. 1908, S. 1009.

[5]) Mita, Zeitschr. f. Immunitätsforsch. u. exp. Therap., Orig. I Bd. 5, S. 301.

[6]) Otto, Münch. med. Wochenschr. 1907, S. 1667.

Die Einspritzung in die Blutbahn (intravenöse und intrakardiale) ist heute die übliche. Sie ruft die schwersten Krankheitserscheinungen und meist akuten Tod hervor. Die intravenöse Injektion ist in der Wirkung der intrakardialen gleichwertig, technisch leichter durchführbar, weniger eingreifend und wird deshalb von Doerr, Pfeiffer u. a. für zuverlässiger gehalten und bevorzugt, während Uhlenhuth sich der intrakardialen bedient.

Die Injektionsdosis beträgt 0,01—0,1—0,25 ccm, bei gering entwickelter Anaphylaxie 1,0—2,0 ccm (Friedberger und Burkhardt) [1]). Im allgemeinen sind die höheren Dosen nicht zu empfehlen. Von Pflanzeneiweißlösungen nimmt Uhlenhuth 1 ccm von 10—25%igen Auszügen. Die Flüssigkeit ist langsam einzuspritzen, um schädigende Volumenschwankungen in der Blutbahn zu vermeiden.

Die sonstigen Einverleibungsweisen, so die subdurale (Besredka) [2]), intratracheale usw., sind wenig gebräuchlich, zum Teil umständlicher und meist ungenauer als die oben genannten.

Obige Angaben beziehen sich ausschließlich auf das Meerschweinchen, das übliche Versuchstier bei anaphylaktischen Arbeiten. Bei den **sonstigen Tieren** führt man die Reinjektion in folgender Weise durch:

Maus: 0,2—0,5 ccm Serum auf 1 kg Lebendgewicht intravenös (Jugularis oder Schwanzvene) nach 2—4 Wochen.

Kaninchen: 5 ccm Serum auf 1 kg Lebendgewicht intravenös (Ohrvene) nach 4 Wochen.

Hund: 10 ccm Serum auf 1 kg Lebendgewicht intravenös (Beinvene) nach vier Wochen.

Katze: 0,5 ccm Serum auf 1 kg Lebendgewicht intravenös nach 3 Wochen.

Huhn und Ente: 0,75 ccm Serum auf 1 kg Lebendgewicht intravenös (Flügelvene) nach 1—3 Wochen.

Taube: 1,0 ccm Serum auf 1 kg Lebendgewicht intravenös (Flügelvene) nach 1—3 Wochen.

Frosch: 0,25 ccm Serum auf 1 kg Lebendgewicht intravenös (Bauchvene) nach 1—4 Wochen.

Bei der **passiven** Anaphylaxie verwendet man meist das Kaninchen zur Antikörpergewinnung [3]) und das Meerschweinchen zum anaphylaktischen Versuch. Diese Versuchsanordnung bietet den Vorteil genauer quantitativer Auswertung des Grades der Überempfindlichkeit (vgl. Verwandtschaftsreaktion S. 494).

Die Versuchsanordnung ist hier folgende:

Mehrere Meerschweinchen (250 g) erhalten je 1 ccm des betreffenden, vom Kaninchen gewonnenen Antiserums intraperitoneal und nach 24, 48 oder 72 Stunden fallende Antigendosen intravenös. Die kleinste Antigenmenge, die noch akut tötet (Dosis letalis minima) oder deutliche Krankheitserscheinungen hervorruft (kleinste krankmachende Dose) oder typischen Temperatursturz auslöst, gibt den Antikörpertiter an. Die wirksamsten Kaninchensera sensibilisierten passiv Meerschweinchen

---

[1]) Friedberger und Burckhardt, Zeitschr. f. Immunitätsforsch. u. exp. Therap., Orig. 1909, Bd. 2, S. 109; Bd. 3. S. 181; 1910, Bd. 7, S. 706.

[2]) Besredka, Compt. rend. soc. biol. 1907, Bd. 62, S. 477.

[3]) 2000—3000 g schwere Kaninchen erhalten am 1., 4., 7. Tag je 2 ccm artfremdes Eiweiß intravenös, am 13. oder 14. Tag Probeaderlaß, eventuell nach weiteren 2—3 Wochen nochmals 1 ccm intravenös. Hauptaderlaß 4—7 Tage später.

für 0,005 ccm artfremdes Serum tödlich. Bei einer Sensibilisierung und Reinjektion in die Blutbahn genügt schon eine Inkubationszeit von 4 Stunden. Doerr und Ruß [1]) untersuchten ein Antihammelserum vom Kaninchen, das Hammeleiweiß und in abnehmendem Grade auch Ziegen-, Rinder-, Schweine-, Menschen- und Pferdeeiweiß, nicht aber Hühnerserum präzipitierte. Meerschweinchen, die mit 1,0 ccm dieses Antihammelserums passiv anaphylaktisch gemacht wurden, verendeten auf 0,006 ccm Hammel- oder Ziegenserum; 0,02 ccm Rinderserum, 1,0 ccm Schweineserum; 1,0 ccm Menschenserum erzeugten schwere, 2,0 ccm Pferdeserum leichte Symptome, Hühnerserum war wirkungslos.

## Die klinischen Krankheitserscheinungen.

Bei hoch sensibilisierten Meerschweinchen tritt nach einer Reinjektion mit größeren Dosen in die Blutbahn der perakute Verlauf mit stürmischen Reaktionen auf, dagegen bei kleineren, bzw. verdünnteren Eiweißmengen oder bei schwach sensibilisierten Tieren oder bei intraperitonealer oder subkutaner Einspritzung selbst größerer Eiweißmengen ein mehr verzögerter tödlicher oder in Genesung ausgehender Verlauf.

Beim perakuten Krankheitsverlauf, der nur durch große Dosen von der Blutbahn aus hervorgerufen wird, verendet das Meerschweinchen plötzlich (Theobald Smithsches Phänomen), oder es ist zunächst aufgeregt und schreckhaft, schnuppert herum, kratzt sich am Kopf, sträubt die Haare, setzt Harn und anfangs festen, später flüssigen und selbst blutigen Kot ab, schreit, zeigt schwere Dyspnoe und Krämpfe und fällt um. Unter Zyanose, ruckweisen Streckkrämpfen der Rücken- und Beinmuskeln, aussetzender, jappender Atmung und mehr oder weniger vollständigen Sistieren der Exspiration erfolgt der Tod in 2 bis 10 Minuten (Anaphylaktischer Shock).

Einen subakuten Verlauf nimmt der anaphylaktische Versuch bei Reinjektion kleiner verdünnter Eiweißmengen bei stark, oder größerer Mengen bei schwach sensibilisierten Tieren in die Blutbahn sowie bei intraperitonealer Injektion kompakter Dosen in hoch überempfängliche Tiere. Es treten hier die obengenannten Aufregungserscheinungen gleichfalls auf. Sie gehen aber zunächst in ausgesprochene Depression (Mattigkeit, Muskelschwäche) über. Die Tiere liegen längere Zeit in tiefer Ohnmacht mit gelähmten Beinen und erhaltenem Korneareflex auf der Seite, atmen langsam und tief. Schwerere Dyspnoe fehlt hier bis zur Agonie. Vor dem Tod wird die Atmung periodenweise schneller und tiefer, dann lassen Tiefe und Schnelligkeit wieder nach, bis völliger Atemstillstand eintritt. Nach einer Pause beginnt wieder die Atmung, wird schneller und tiefer, um dann erneut nachzulassen (Cheyne-Stokes-Atmen). Der Tod tritt etwa nach 1—2, zuweilen erst nach 8 Stunden ein.

Gehen die Tiere nicht zugrunde, so erholen sie sich rasch, werden wieder munter und freßlustig und zeigen am nächsten Tage bis auf eine ausgesprochene Leukozytose, Temperatursteigerung und Abnahme ihres Körpergewichts keine Krankheitserscheinungen mehr.

---

[1]) Doerr und Ruß, Zeitschr. f. Immunitätsforsch. u. exp. Therap., Orig. 1909, Bd. 3, Heft 2.

Werden zur intraperitonealen Injektion Organbrei und Zellemulsionen verwendet, so sind das erste Auftreten und der Ablauf der Krankheitserscheinungen verzögert.

Die intraperitoneale Injektion kleiner und kleinster Dosen ruft nur geringe Mattigkeit, Lähmung der Hinterbeine, leichtes Schreien hervor oder diese wenig charakteristischen Erscheinungen können auch völlig fehlen.

Bei der Maus sind die Erscheinungen ähnlich wie beim Meerschweinchen: angestrengte Atmung, allgemeine Schwäche, Lähmung der Hinterbeine, in schweren Fällen klonisch-tonische Krämpfe und Tod unter Atmungslähmung (v. Sarnowsky) [1]).

Beim Kaninchen kann der akute Tod durch intravenöse, seltener auch intraperitoneale Injektion großer Dosen herbeigeführt werden. Meist erfolgt der Tod erst auf eine 2. Reinjektion 8 Tage nach der 1. Reinjektion (Friedemann) [2]).

Der Hund kann durch die intravenöse Reinjektion großer Dosen nur selten innerhalb $^1/_2$ Stunde getötet werden (Lungenblähung fehlt). Auch bei ihm bemerkt man Unruhe, ferner Brechbewegung, Harn- und Kotentleerung, Depression und Muskelschwäche. Die Reflexe sind erhalten. Nach einigen Stunden ruhigen Liegens erholen sich die Hunde meist schnell (Biede und Kraus).

Die Katze verhält sich wie der Hund (Edmunds) [3]).

Bei den Hühnern, Enten und Tauben treten auf: lebhafter Juckreiz, Unruhe, Unsicherheit des Fluges, Dyspnoe, Depression, Gleichgewichtsstörungen und angestrengte Atmung. Nach einmaliger Vorbehandlung tritt meist Genesung, nach wiederholter fast stets akuter Tod ein (Uhlenhuth und Haendel [4]), Friedberger und Joachimoglu) [5]).

Bei Fröschen (besonders geeignet Sommerfrösche) sieht man Lähmung der Hinterbeine und Tod in 24 Stunden (Friedberger und Mita) [6]).

Außer den erwähnten grobklinischen Krankheitserscheinungen ist hier noch auf

**die Lokalreaktionen**

hinzuweisen. Sie treten beim Kaninchen namentlich bei subkutanen (vgl. auch S. 498) und beim Meerschweinchen nach intrakutanen (vgl. auch S. 498) Reinjektionen deutlich hervor in Form von Ödem (Quaddel) und Hämorrhagien an der Injektionsstelle (Arthussches Phänomen) [7]), während bei den Kontrollen die Injektionsflüssigkeit glatt resorbiert wird. Im weiteren Verlauf wird die Kutis blaß, vielfach zunderartig morsch, später tritt ein braunschwarzer lederartiger Schorf (abge-

---

[1]) v. Sarnowsky, Zeitschr. f. Immunitätsforsch. u. exp. Therap., Orig. 1913, Bd. 17, S. 577.

[2]) Friedemann, ebenda 1909, Bd. 3, S. 721.

[3]) Edmunds, ebenda 1914, Bd. 22, S. 181.

[4]) Uhlenhuth und Haendel, ebenda 1909, Bd. 4, S. 761.

[5]) Joachimoglu, ebenda 1911, Bd. 8, S. 458.

[6]) Friedberger und Mita, Zeitschr. f. Immunitätsforsch. u. exp. Therap., Orig. 1911, Bd. 10, S. 1 und Fröhlich, ebenda 1914, Bd. 20, S. 476.

[7]) Arthus, Compt. rend. soc. biol. 1903, Bd. 55, S. 20.

storbene Haut) auf, der nach einigen Tagen unter Zurücklassung eines tiefen Geschwüres mit aufgeworfenen Rändern abgestoßen wird. Nekrose und Geschwürsbildung bleiben bei geringer Dosis oder wenig überempfindlichen Tieren aus. Bei passiv mit Umgehung der Subkutis vorbehandelten Tieren bleibt die Lokalreaktion vollkommen aus. Bei intravenöser Vorbehandlung reagiert die Haut schwächer als bei subkutaner (Fukuhara) [1]).

## Die Temperaturveränderungen im Anaphylaxieversuch.

Der anaphylaktische Temperatursturz ist bei verzögertem Krankheitsverlauf sowie beim Fehlen von Allgemeinerscheinungen ein sehr wichtiges Kriterium der Anaphylaxie. Er kann beim Meerschweinchen bei Ausgang in Genesung 7—9°, in Tod sogar 11—13° betragen. Auch beim Kaninchen und Hund ist er unter geeigneten Bedingungen zu beobachten, wenn er auch hier nicht so erheblich ist.

Die Rektaltemperatur der gesunden, normalen Meerschweinchen beträgt im Mittel 38,8—39,4°, kann aber, ohne daß besondere Gründe vorliegen, zwischen 38,4 und 40,5° schwanken (Bräuning) [2]). Die Tagesschwankungen betragen im Mittel 0,6—0,9, im Höchstfalle 1,5°, im Minimum 0,3°.

Über den Einfluß erstmaliger Injektionen, sowie operativer Eingriffe auf die Temperatur vgl. S. 487.

Die Versuchstiere sind in einem wohltemperierten Raum zu halten, in den sie schon 12 Stunden vor dem Versuch gebracht wurden. Das Enthaaren und Desinfizieren der Injektionsstelle ist auf das eben gerade genügende Maß zu beschränken und die Injektion des körperwarmen Materials rasch durchzuführen.

Die Temperatur ist im allgemeinen kurz vor der Einspritzung, jedoch nach der Desinfektion der Operationsstelle, bei gefesselten Tieren erst nach der Befreiung aufzunehmen und dann bei Temperaturabfall alle 15 Minuten, bei Ansteigen alle halbe Stunden bis zur Norm weiter zu verfolgen.

Haben die Kontrollen auf die Einspritzung nicht reagiert, so kann ein Temperaturabfall um 1,5° als positive Reaktion angesprochen werden. Bei leichten Reaktionen ist man vielfach auf den Temperaturverlauf allein angewiesen. Treten weitere Erscheinungen (Depression, Krämpfe, Dyspnoe usw.) auf, so sind sie natürlich mit zu verwerten.

Auf Grund des anaphylaktischen Temperatursturzes hat H. Pfeiffer [3]) eine **Maßmethode des anaphylaktischen Shocks** ausgearbeitet. Er benutzt hierzu Meerschweinchen von 350—400 g Gewicht und führt die Sensibilisierung und Reinjektion intraperitoneal durch. Das Injektionsmaterial ist sicher zu entgiften (S. 487), gegebenenfalls wiederholt je 1 Stunde zu inaktivieren, bis es seine temperaturherabsetzende Wirkung

---

1) Fukuhara, Zeitschr. f. Immunitätsforsch. u. exp. Therap., Orig. 1911, Bd. 11, S. 640.

2) Bräuning, Die Normaltemperatur des gesunden und des tuberkulösen Meerschweinchens usw. Diss. Dresden-Leipzig 1911.

3) H. Pfeiffer, Vierteljahrsschr. f. gerichtl. Med. u. öff. Sanitätsw., Suppl.-Bd. 3, Folge 39, S. 115.

auf unvorbehandelte Tiere bei der gleichen Injektionsweise sicher eingebüßt hat, d. h. die Temperatur um höchstens 1° herabsetzt.

Nach Pfeiffer ist die Shockgröße bei Ausgang in Genesung (Se) gleich dem halben Produkt aus der Größe der Temperaturabnahme (ta) in Zehntelgraden und der Dauer der Abnahme (Z) in Minuten, $Se = \frac{ta \cdot Z}{2}$. Für die Einschätzung der Shockgröße bei einem tödlichen Verlauf hat Pfeiffer die empirisch gefundene Formel $S\dagger = 30000 + 20000 - \frac{ta\dagger \cdot Z\dagger}{2}$ aufgestellt, wobei ta† die bis zum Tode eingetretene Temperaturabnahme in Zehntelgraden und unter Z† die bis zum Tode verflossene Zeit in Minuten zu verstehen ist.

Zum Beispiel: ta = 30, Z = 500, Se = 7500
ta = 10, Z = 75, Se = 375
ta† = 50, Z† = 60, S† = 48500
ta† = 50, Z† = 90, S† = 47750

Den reduzierten, rein anaphylaktischen Shock erhält man durch Abzug der Reaktionsgröße der Kontrollen von jenen der sensiblen Tiere.

Wiederholt man nach Ablauf des anaphylaktischen Temperaturabfalles die Reinjektion, so bleibt ein neuer Temperatursturz nicht nur meist aus, sondern es tritt vielmehr eine anaphylaktische Fieberreaktion ein. Sie tritt auch primär, d. h. bereits auf die erste Reinjektion auf, wenn die den Temperatursturz auslösende Dosis um ein Vielfaches verkleinert wird. Zwischen der temperaturherabsetzenden (psychrogenen) und der fiebererzeugenden (pyrogenen) Dosis liegt eine solche, die eine Temperaturänderung in den ersten Versuchsstunden nicht auslöst (obere Konstanzgrenze). Verkleinert man die fiebererregende Dosis, so kommt man schließlich zu einer Antigenmenge, die auch kein Fieber mehr auslösen kann (untere Konstanzgrenze).

Unter anaphylaktischem Index versteht man den Quotient aus einer einen bestimmten Effekt (Temperatursturz oder Fieber) noch auslösenden Dosis für das normale und für das anaphylaktische Tier. Er zeigt an, um wievielmal die Vorbehandlung die Empfindlichkeit des Versuchstieres gegenüber dem Normaltier gesteigert hat.

Beträgt z. B. die psychrogene Dosis für ein Normaltier 1,0 ccm, für ein sensibles Tier 0,00001 ccm, so ist der anaphylaktische Index $\frac{1}{0{,}00001} = 100000$.

## Sektionsbefund.

Das im anaphylaktischen Shock gestorbene Tier zeigt bei perakutem Krankheitsverlauf hochgradiges Lungenemphysem (Auer-Levissche Phänomen). Die geblähten Lungen sind vielfach auffallend blaß und auf der Schnittfläche trocken. Zuweilen weisen sie auch subpleurale oder auch tief im Gewebe sitzende, punktförmige bis flächenhafte Blutungen oder Lungenödem auf (Graetz)[1]. Die

[1] Graetz, Zeitschr. f. Immunitätsforsch. u. exp. Therap., Orig. 1911. Bd. 8., S. 740.

Magen-Darmschleimhaut ist hyperämisch und mitunter von Blutungen durchsetzt. Die Gallenblase ist prall gefüllt.

Bei subakutem und subletalem Verlauf fehlt die Lungenblähung. Die Hyperämie der Bauchorgane ist fast stets vorhanden, häufig auch Blutungen im Magen-Darmkanal (namentlich beim Kaninchen). Die Gallenblase ist stets prall gefüllt. Bei längerem Krankheitsverlauf (1—2 Tage) findet man zahlreiche kleine Geschwüre im Magen und Darm, schwere parenchymatöse und fettige Degeneration der Leber und der Nieren.

Das Blut hat im anaphylaktischen Shock seine Gerinnungsfähigkeit und seinen Komplementgehalt eingebüßt. Es besteht Leukopenie.

Das Gesetz der Artspezifität hat auch hier Geltung. Hierauf beruht die Nutzanwendung beim Nachweis des Ursprunges von Fleisch, Milch, vegetabilischen Stoffen usw. Verwandtschaftsreaktionen treten aber auch hier wie bei der Präzipitation und Komplementbindung auf, so bei Eiweiß vom Menschen und anthropomorphen Affen, von Pferd und Esel, Ziege und Schaf, Hase und Kaninchen, Erbse, Saubohne und Wicke, Roggen und Weizen.

Durch quantitatives Arbeiten kann man auch hier wie bei der Präzipitation nahestehende Eiweißkörper differenzieren. Gleichartig sensibilisierte Meerschweinchen reagieren auf homologe Antigene stärker als auf heterologe.

Die passiv anaphylaktische Versuchsanordnung ermöglicht eine genauere Dosierung des Antikörpers, d. h. des Grades der Überempfindlichkeit als die aktive; sie ist hier deshalb besonders geeignet (S. 489). Neben der Artspezifität, die besonders gegen das Serum zum Ausdruck kommt, tritt noch eine Organ- oder Gewebsspezifität mit geringer Artspezifität auf. Bei durch Kochen usw. denaturierten Eiweißkörpern geht die Art- und Organspezifität in die Zustands-Spezifität über.

Da aber die Hitze nur langsam in die Fleischstücke vordringt und die Denaturierung sich allmählich vollzieht, so wird man bei erhitztem Material versuchen, aus dem Innern der Fleischstücke einen Auszug herzustellen und damit Meerschweinchen zu sensibilisieren. Zur Reinjektion verwendet man natives Eiweiß. Die Anaphylaxie gibt bei erhitztem Material vielfach noch verwertbare Ergebnisse, wo die Präzipitation bereits versagt. Nur Eiweißkörper (Globulin, Albumin, Kasein, Hämoglobin, Muzin usw.), nicht Fette und Kohlenhydrate wirken anaphylaktogen, d. h. sensibilisieren empfindliche Tierarten (Meerschweinchen) und rufen bei der Reinjektion die für die Anaphylaxie charakteristischen Erscheinungen hervor. Wenn man auch mit Speisefetten, Ölen usw. sensibilisieren kann, so wirken hierbei die darin enthaltenen Eiweißspuren anaphylaktogen, nicht das Fett als solches.

Analog der heterogenetischen Hämolyse gibt es auch eine **heterogenetische Anaphylaxie**[1]). Eine aktive heterogenetische Anaphylaxie

[1]) Amako, Zeitschr. f. Immunitätsforsch. u. exp. Therap., Orig. 1914, Bd. 22, S. 641.

des Kaninchens gegen Reinjektion von Schafblutkörperchen läßt sich erzeugen durch Gehirn, Leber, Milz, Herz und Nieren der Schildkröte, des Huhnes, Meerschweinchens und Hundes. Die Organe verschiedener Fischarten, des Kaninchens, Schweines und Rindes sind in dieser Richtung nur schwach wirksam. Eine praktische Nutzanwendung hat die heterogenetische Anaphylaxie nicht gefunden.

**Nutzanwendung**: Die Anaphylaxie hat eine gewisse Bedeutung zum Nachweis des Ursprunges von Blut, Fleisch, Fleischwaren, Ölen, Fetten, Futtermitteln usw. Sie hat den Vorteil, daß sie auch bei gekochtem Material, bei der eventuell die Präzipitation versagt, erfolgreich angewendet werden kann; andererseits haftet ihr der Mangel an, daß die Ergebnisse durch die wechselnde individuelle Disposition der hierzu benötigten Meerschweinchen getrübt werden. Für jeden Versuch sind eine größere Anzahl von Versuchstieren notwendig.

Für die klinische Diagnostik hat die Anaphylaxie (die hier von der Allergie abgetrennt ist) eine praktische Bedeutung bisher nicht erlangt.

Die Anaphylaxiereaktion zum Nachweis des Ursprunges von Fleisch (Pferdefleischnachweis) wird wie folgt ausgeführt.

Zur Erzeugung der Überempfindlichkeit empfiehlt sich, namentlich bei gekochtem Material, eine dreimalige intraperitoneale Einspritzung des aus dem Untersuchungsmaterial hergestellten Antigens an drei aufeinanderfolgenden Tagen. Die Probe ist etwa 1 Monat später durch intravenöse (intrakardiale) Einspritzung von durch halbstündiges Erhitzen auf 60° inaktiviertem Material (Pferdeserum) vorzunehmen. Kontrollversuche an mit Auszügen aus erhitztem und unerhitztem Pferdefleisch vorbehandelten Meerschweinchen sind daneben durchzuführen. Ferner sind einige mit dem Untersuchungsmaterial und mit sicher Pferdefleisch vorbehandelte Meerschweinchen mit Rinder- usw. Serum zu reinjizieren.

Die Auszüge aus unerhitztem Fleisch nimmt man wie auf S. 20 beschrieben vor. Gekochtes Fleisch wird zerkleinert und nur mit der gleichen Menge physiologischer Kochsalzlösung längere Zeit ausgelaugt. Hierauf preßt man ab und benützt die trübe, aber von sichtbaren Bestandteilen freie Flüssigkeit zur Sensibilisierung.

Beurteilung. Während einige Autoren die Anaphylaxie bei sachgemäßem Arbeiten für spezifisch halten und sie empfehlen, trauen ihr Uhlenhuth und Haendel [1]) sowie Übbert [2]) nicht. Bei unerhitztem Material ist nach diesen die Präzipitation unbedingt vorzuziehen. Bei erhitztem Material, welches zur Präzipitation nicht mehr zu verwenden ist, wovon man sich in jedem einzelnen Fall zunächst durch den Versuch zu überzeugen hat, ist die Anaphylaxie nach den genannten Autoren nicht ganz artspezifisch.

---

[1]) **Uhlenhuth**, Zeitschr. f. Immunitätsforsch. u. exp. Therap., Orig. Bd. 4, Heft 6.

[2]) Übbert, Zur Technik der biologischen Untersuchung von Wurstwaren und Nachweis von Pferdefleisch in Düsseldorfer Würsten. Inaug.-Diss. Hannover 1914.

Zur **Vermeidung der Anaphylaxie** (bei Immunisierungen usw.) wiederholt man die Injektionen innerhalb der Inkubationszeit (binnen 8 Tagen). Ist man genötigt, nach dieser Zeit zu injizieren, so spritzt man zunächst eine ganz kleine Serummenge und erst am folgenden Tage eine größere Dose ein. Auch durch vorausgeschickte Einverleibung hypertonischer Salzlösungen kann man vielfach den anaphylaktischen Shock vermeiden. Die auf einem dieser Wege herbeigeführte verminderte Reaktionsfähigkeit, bzw. Beseitigung der Überempfindlichkeit bezeichnet man als Antianaphylaxie. Eine ausgesprochene Abnahme der Überempfindlichkeit kann sich nach intravenöser Injektion schon nach 2—4 Stunden entwickeln. Zumeist wartet man jedoch 12—24 Stunden, um eine auf die 1. Reinjektion gefolgte Reaktion sicher vorübergehen zu lassen. Bei intraperitonealer Injektion läßt man mindestens 24, besser 48 Stunden zwischen beiden Reinjektionen verstreichen. Nach Pfeiffer und Mita [1]) läßt man bei genauer Auswertung der Antianaphylaxie gegenüber der Anaphylaxie zwischen dem Überstehen des anaphylaktischen Shocks und der 2. Reinjektion bzw. der vollen Entwicklung einer veränderten Reaktionsfähigkeit 2—4 Tage vergehen.

# XVIII. Die Allergie.

Die allergischen Reaktionen finden bei der klinischen Diagnostik der Tuberkulose des Menschen [2]) und der Haustiere, sowie des Rotzes der Einhufer [3]) eine allgemeine und erfolgreiche Anwendung. Auch bei anderen Infektionskrankheiten, so der Lungenseuche der Rinder [4]) usw. kann sie wertvolle diagnostische Aufschlüsse geben. Es würde den Rahmen dieses Buches weit überschreiten, wenn ich auf diese wichtigen diagnostischen Verfahren der Human- und Veterinärmedizin hier näher eingehen wollte. Nur auf die Verwendung der allergischen Reaktion bei den Laboratoriumsversuchstieren will ich kurz hinweisen.

Von den **allergischen Reaktionen** erwähne ich die thermische (charakterisiert durch Fieber, zuweilen irrtümlich als subkutane Reaktion bezeichnet), die konjunktivale (oder Ophthalmo- oder Augenprobe), die Dermo- oder Kutan-Reaktion, die intrakutane und die subkutane Reaktion. Bei letzterer spielt sich die Reaktion zum Unterschied von der thermischen an der Injektionsstelle in der Unterhaut und den hiervon ausgehenden Lymphgefäßen und den regionären Lymphknoten ab.

## A. Die thermische Tuberkulinprobe.

Am Abend (etwa 6—7 Uhr) vor der Tuberkulineinspritzung ist die Rektaltemperatur der zu prüfenden Tiere festzustellen. Fiebernde Tiere sind von dieser Probe auszuschließen. Als obere Grenze der Nor-

---

[1]) Pfeiffer und Mita, Zeitschr. f. Immunitätsforsch. u. exp. Therap., Orig. 1910, Bd. 4, S. 410.

[2]) Bandelier und Röpke, Spezielle Diagnostik und Therapie der Tuberkulose.

[3]) Klimmer und Wolff-Eisner, Handbuch der Serumtherapie und Serumdiagnostik in der Veterinärmedizin. Leipzig 1911.

[4]) Giese, Berl. tierärztl. Wochenschr. 1921, S. 601.

maltemperatur gelten beim Hund 39,0°, bei der Katze 39,2°, beim Kaninchen 40° (Raschke)[1]) und beim Meerschweinchen 39,7 (—40,5°) (Bräuning)[2]). Die Dosis des unverdünnten Alttuberkulins (bzw. Phymatins des Impfstoffwerkes Phava, Dohna i. Sa.) beträgt

| | | |
|---|---|---|
| für den Hund | . . . . . . 0,01 | —0,05 g, |
| „ die Katze | . . . . . . 0,01 | —0,015 g, |
| „ das Kaninchen | . . . . 0,025 | —0,25 g, |
| „ das Meerschweinchen | . 0,0025 | —0,025 g. |

Das betreffende Phymatin bzw. Alttuberkulin verdünnt man mit physiologischer Kochsalzlösung mit oder ohne Zusatz von 0,5% Phenol und spritzt es subkutan ein. Die thermische Reaktion beginnt beim Kaninchen meist mit der 4.—6. Stunde nach der Einspritzung des Tuberkulins und hält 4—15 Stunden an. Beim Meerschweinchen fällt der Anfang der Reaktion in die 2.—10. Stunde, die Dauer beträgt vielfach nur 1 Stunde (Brenner)[3]). Bei der Katze fängt die Reaktion etwa zur 3. Stunde an und hält etwa 6 Stunden an, beim Hund fällt der Beginn zuweilen in die 2. Stunde. Diesen Angaben entsprechend sind die Temperaturmessungen schon bald nach der Tuberkulineinspritzung aufzunehmen und möglichst einstündlich durchzuführen.

Als positive Reaktionen sind beim Hund Temperatursteigerungen um mindestens 0,7° und über 39,5°, beim Kaninchen und Meerschweinchen um 0,6° und über 40,0° und bei der Katze um etwa 1° und auf mindestens 40° anzusehen.

Die thermische Reaktion gibt bei der Katze, beim Kaninchen und Meerschweinchen zuverlässige, beim Hund ziemlich unsichere Ergebnisse. Beim Geflügel (Haus- und Truthühnern) versagt die thermische Reaktion vollständig (Klimmer und Saalbeck)[4]).

### B. Die Augenprobe (Konjunktival- oder Ophthalmoreaktion).

Während die Augenprobe heute die gebräuchlichste und beste Methode ist, um beim lebenden Rind die Tuberkulose festzustellen[5]), auch bei den Einhufern zur Feststellung des Rotzes recht wertvolle Dienste leistet, versagt dagegen diese einfache und bequeme Reaktion bei den üblichen Versuchstieren, namentlich hinsichtlich der Tuberkulose fast vollständig. Beim Hund liegen widerstreitende Berichte bei Tuberkulose vor (Klimmer und Wolff-Eisner)[5]), beim Kaninchen, Meerschweinchen und Hausgeflügel ist sie bei Tuberkulose nicht zu verwerten[5]).

Ausführung. Die Augenprobe ist, um Irrtümer zu vermeiden, am rechten Auge vorzunehmen. Nur wenn dieses erkrankt ist, wird das linke Auge verwendet und diese Abweichung vermerkt. Der Kopf des

---

[1]) Raschke, Untersuchungen über die Normaltemperatur gesunder und tuberkulöser Kaninchen usw. Diss. Dresden-Leipzig 1911.

[2]) Bräuning, Die Normaltemperatur des gesunden und tuberkulösen Meerschweinchens usw. Diss. Dresden-Leipzig 1911.

[3]) Brenner, Reagiert das tuberkulöse Meerschweinchen in spezifischer Weise allgemein oder örtlich? Diss. Dresden 1910.

[4]) Klimmer und Saalbeck, Zeitschr. f. Tiermed. 1910, Bd. 14, S. 222.

[5]) Klimmer und Wolff-Eisner, Handbuch der Serumtherapie und Serumdiagnostik in der Veterinärmedizin, S. 106.

auf Tuberkulose zu prüfenden Tieres wird so gehalten, daß das Auge, an dem die Probe durchgeführt wird, nach oben gerichtet ist. Die Lider werden vorsichtig auseinander- und das untere etwas abgezogen und 2 Tropfen Phymatin (Alttuberkulin eignet sich hierzu weniger) in den äußeren Augenwinkel eingeträufelt. Das behandelte Auge ist in den nächsten 24 Stunden mehrfach zu besichtigen und mit dem unbehandelten zu vergleichen. Die Reaktion äußert sich durch Rötung und Schwellung der Konjunktiva, Tränenfluß und schleimig-eitriges Exsudat.

### C. Die Reaktionen der äußeren Haut.

Von den Reaktionen der äußeren Haut (Kutan-, Dermo-, Intrakutan- und Subkutanreaktion) hat sich die Intrakutanreaktion zur Feststellung der Tuberkulose beim Meerschweinchen und die subkutane zum gleichen Zweck beim Kaninchen gut bewährt (Klimmer und Wolff-Eisner), während die genannten Reaktionen sonst bei Hunden, Katzen, Kaninchen, Meerschweinchen und Geflügel versagen.

Ausführung der Kutanreaktion. Die Haut wird rasiert oder auf andere Weise enthaart (S. 293), abgetrocknet und an drei Stellen kreuzweise mit einem scharfen Messer skarifiziert. Das mittlere Kreuz bleibt als Kontrolle unbehandelt, auf die beiden seitlichen streicht man mit einem Pinsel verdünnte oder konzentrierte Tuberkulinpräparate usw. auf. Nach 24 Stunden wird die Impfstelle auf Rötung und Schwellung untersucht. Bei positiver Reaktion findet man sicht- und fühlbare Infiltrationen, die bei 1 cm langem Schnitt 2—6 cm im Durchmesser erreichen können und meist mehrere Tage bestehen bleiben. Die Reaktion der Kontrolle zeigt eine leichte Anschwellung der Schnittränder, die rasch wieder verschwindet.

Bei der Dermoreaktion wird die Haut wie oben enthaart. Das meist konzentrierte Tuberkulinpräparat usw. wird aufgetragen und eingerieben. Das Auftreten eines deutlichen Ödems zeigt positive Reaktion an.

Die Intrakutanreaktion wird an enthaarter Haut (S. 293) vorgenommen. Man bildet zwischen Daumen und Zeigefinger der linken Hand eine Längsfalte der Haut, in die man die Kanüle der Impfspritze möglichst dicht unter der Oberhaut einführt und 0,1 ccm einer 20%igen Phymatin- oder Tuberkulinlösung einspritzt. Es tritt eine etwa erbsengroße Beule auf, die nicht durch Streichen verteilt werden darf. Beim tuberkulösen Meerschweinchen tritt eine mit oder ohne Blutextravasat verbundene Quaddel auf. Die Reaktion beginnt nach etwa 24 Stunden und hält 3—5 Tage an. Beim Meerschweinchen ist die Intrakutanreaktion mindestens ebenso genau wie die thermische.

Die Subkutanreaktion beim Kaninchen wird mit 0,1 ccm einer 1‰igen Aufschwemmung von getrockneten und abgetöteten Tuberkelbazillen in physiologischer Kochsalzlösung in der Mitte der äußeren Fläche der Ohrmuschel nach Abschneiden der Haare vorgenommen. Bei tuberkulösen Kaninchen treten starke Rötung (Betrachtung im durchfallenden Licht), Schwellung und vermehrte Wärme auf, die nach 24 Stunden ihren Höhepunkt erreichen und nach 2—3 Tagen abklingen.

### D. Die Kehllappenreaktion beim Geflügel.

Auf die Kehllappenreaktion reagiert tuberkulöses Geflügel in etwa 80%, tuberkulosefreies in etwa 10 bis 33%.

Ausführung. 0,1 ccm Geflügeltuberkulin werden am unteren Rande des einen Kehllappens intrakutan eingespritzt. Nach 24—30 Stunden wird die Reaktion (Schwellung) am besten mit einer Schubleere zahlenmäßig festgestellt. Eine Dickenzunahme um 2 mm spricht für vorhandene Tuberkulose.

## XIX. Die Meiostagminreaktion.

Beim Zusammenbringen von Typhuspatientenserum mit Typhusantigen beobachtete Ascoli[1]) eine Abnahme der Oberflächenspannung. Die jeweils herrschende Oberflächenspannung läßt sich aus der Größe der Tropfen, die von einer konstanten Fläche abtropft, vergleichsweise ermessen. Bei Erniedrigung der Oberflächenspannung werden die Tropfen

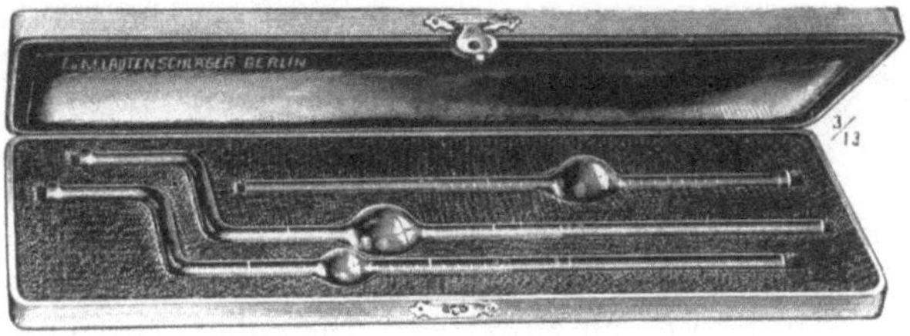

Abb. 223. Stalagmometer.

kleiner und ihre Zahl in einer bestimmten Flüssigkeitsmenge entsprechend größer. Die Tropfenzahl stellt man mit Hilfe eines Traubeschen Stalagmometers fest (Abb. 223).

Die Beobachtung, daß unter der Einwirkung von Antigen auf das Antiserum (Meiostagmin) die Oberflächenspannung herabgesetzt und die Tropfenzahl erhöht (positive Meiostagminreaktion) wird, ist auch bei anderen Infektionskrankheiten gemacht worden.

Die Meiostagminreaktion ist in der klinischen Diagnostik mehrfach versucht worden, so von Ascoli[1]) und Vigano[2]) bei Typhus sowie Paratyphus A und B, von Izar und Usuelli[3]) bei Syphilis, von Izar und Ascoli[4]) bei Sarkomen, von Kelling[5]) und Catoretti[6]) bei Karzinom, von Ascoli[1]) bei Maul- und Klauenseuche und von

---

[1]) Ascoli, Zeitschr. f. Infektionskrankh., parasit. Krankh. u. Hyg. d. Haustiere 1910, Bd. 8 und Münch. med. Wochenschr. 1910 Nr. 2.
[2]) Vigano, Münch. med. Wochenschr. 1910 Nr. 32.
[3]) Izar und Usuelli, Zeitschr. f. Immunitätsforsch. u. exp. Therap., Orig. 1910, Bd. 6, S. 191.
[4]) Ascoli und Izar, Münch. med. Wochenschr. 1910 Nr. 8.
[5] Kelling, Wien. klin. Wochenschr. 1911 Nr. 3.
Catoretti, ebenda 1911 Nr. 18.

Gasharrini[1]), Valillo[2]), Abbo[3]), D'Este[4]) und Izar[5]) bei Tuberkulose (zum Teil auch zur Trennung von aktiven und latenten Fällen), und zwar angeblich mit gutem Erfolg, während Fukahara[6]) in der Geschwulstdiagnostik und Wyschelessky[7]) u. a. bei der Tuberkulose unbrauchbare Ergebnisse erzielten. Die Meiostagminreaktion ist inzwischen fast in Vergessenheit geraten. Die Anwendung in der Praxis und in wissenschaftlichen Versuchen (Weichardt, Kenotoxinstudien) ist gering.

**Ausführung.** Nachfolgender Antigenherstellung lege ich das Tuberkelbazillenantigen nach Izar zugrunde.

Tuberkelbazillen werden mit 96⁰/₀igem Alkohol verrieben und mit öfters erneutem Alkohol bei 37⁰ digeriert, bis der Alkohol klar bleibt. Der bei 47⁰ getrocknete Bazillenrückstand wird mit Äther ausgezogen, nochmals getrocknet und erneut mit Alkohol bis zur Erschöpfung extrahiert. Die Alkoholauszüge werden vereint, filtriert und bei 30⁰ getrocknet. Der Rückstand wird in absolutem Alkohol gelöst und filtriert. Die klare Flüssigkeit wird bei 47⁰ eingeengt, bis sich etwas auszuscheiden beginnt, hierauf nochmals filtriert. Zum Filtrat wird tropfenweise Äther zugesetzt, bis sich nach Zusatz von etwa $^1/_{10}$ Volumen kein Niederschlag mehr bildet. Nach Filtration durch ein dichtes Filter (Dreverhoff Nr. 417) wird der Äther vom Filtrat abgedampft. Diese Fällung wird so oft wiederholt, bis kein Niederschlag mehr entsteht. Hierauf wird das Extrakt nochmals getrocknet, in absolutem Alkohol aufgelöst und wie oben bis zur Sättigung eingeengt.

Das erhaltene Antigen ist in verschiedenen Verdünnungen mit Normal- und spezifischem Serum auszuwerten. Diejenige Antigendosis ist als Arbeitsdosis zu verwenden, die mit Normalserum bedeutend kleinere Reaktionen als mit spezifischem Serum gibt. Izar fand Verdünnungen von 1:80—100 als gut brauchbar. Das Stammantigen ist haltbar, während die Verdünnung in 48 Stunden unwirksam wird.

Das Serum wird meist 1:20 mit 0,85⁰/₀iger Kochsalzlösung verdünnt und zunächst hiervon mit dem Traubeschen Stalagmometer die Tropfenzahl festgestellt. Hierauf gibt man zu 9 ccm verdünntem Serum 1 ccm verdünntes Antigen. Die mit dieser Mischung beschickten offenen Reagenzgläser kommen auf 2 Stunden in den Thermostat (37⁰) oder auf 1 Stunde in ein Wasserbad von 50⁰. Sodann wird mit demselben Stalagmometer erneut die Tropfenzahl festgestellt. Ausschläge von mindestens 2 Tropfen werden bei Verwendung eines Stalagmometers von etwa 56 Tropfen Inhalt zumeist als positiv angesprochen. Geringere Ausschläge können auch bei Normalseren vorkommen.

---

[1]) Gasharrini, Münch. med. Wochenschr. 1910 Nr. 32.

[2]) Valillo, Zeitschr. f. Infektionskrankh., parasit. Krankh. u. Hyg. d. Haustiere 1910, Bd. 8, p. 417.

[3]) Abbo, Pathologica 1910, Bd. 2, S. 280.

[4]) D'Este, Corriere sanit. 1910 Nr. 18, 21, 22.

[5]) Izar, Münch. med. Wochenschr. 1910, Nr. 16.

[6]) Fukahara, Zeitschr. f. Immunitätsforsch. u. exp. Therap., Orig. 1911, Bd. 9, S. 283.

[7]) Wyschelessky, Zeitschr. f. Tuberkul. 1912. Bd. 19, S. 209.

## XX. Die Antitrypsinreaktion.

Eine Trypsinlösung (0,1 g Trypsin in 5 ccm Glyzerin und 5 ccm destilliertem Wasser) wird mit Blut bzw. Serum in folgenden verschiedenen Mengenverhältnissen gemischt: 1 Teil Blut zu $^1/_2$, 1, 2, 3, 4 usw. bis zu 10 Teilen Trypsinlösung. Von jeder dieser Mischungen werden 6—8 Ösen getrennt auf eine Loefflersche Serumplatte (S. 221) gegeben, daneben als Kontrolle einige Ösen Trypsinlösung ohne Blutzusatz. Die Platten werden 5 Stunden bei 37° gehalten und dann besichtigt, ob durch die verdauende Wirkung des Trypsins auf der Oberfläche Dellen aufgetreten sind, und ob durch den Blutzusatz die Dellenbildung gehemmt wird. Bei dem genaueren Verfahren nach v. Bergmann und Meyer wird eine Kaseinlösung der Verdauung ausgesetzt und dann beim Ansäuern mit Essigsäure festgestellt, ob eine Verdauung erfolgt ist oder nicht; im letzteren Falle erhält man auf Essigsäurezusatz eine Fällung bzw. Trübung.

## XXI. Die Aggressine.

Unter Aggressinen versteht Bail im Tierkörper erzeugte, eigentümliche Stoffe der Bakterien, die selbst wenig oder gar nicht giftig sind, aber die Widerstandsfähigkeit des Organismus herabsetzen und dadurch das Haften der Bakterien erleichtern. Sie machen im Organismus untertödliche Bakteriendosen zu tödlichen und bedingen einen schwereren Infektionsverlauf, indem sie die Schutzkräfte des Organismus (Phagozyten) lähmen. Bei vorsichtiger, parenteraler Zufuhr solcher bakterienfreier Aggressine rufen sie eine antiaggressive Immunität hervor, die namentlich gegen die Voll- oder Ganzparasiten (B. plurisepticus), bei denen eine Immunisierung mit lebenden Bakterien nur sehr schwer oder unmöglich ist, bedeutungsvoll ist.

Die Bailsche Aggressintheorie ist viel bekämpft worden. Nach der heute wohl herrschenden Anschauung sind die Aggressine identisch mit der gelösten Leibessubstanz der Bakterien, die man auch künstlich in vitro durch Autolyse und Extraktion der Bakterien herstellen kann.

**Gewinnung der Aggressine in vivo.** Zu Aggressinversuchen eignen sich besonders der Rauschbrandbazillus sowie die Bazillen der hämorrhagischen Septikämie (B. plurisepticus). Als Beispiel wähle ich den Schweineseuchenbazillus.

Ein Kaninchen erhält 1 Tropfen 24stündige Bouillonkultur in 3 ccm Bouillon intraperitoneal (S. 295). In wenigen Stunden ist das Kaninchen tot. Das Bauchhöhlenexsudat wird steril entnommen, mit einem Teil 5%igem Phenol (S. 358) auf 9 Teile Exsudat tropfenweise unter ständigem Umschütteln versetzt und klar zentrifugiert. Die geklärte Flüssigkeit wird durch dreistündiges Erhitzen auf 44° C sterilisiert (Prüfung auf Sterilität).

**Herstellung der Aggressine in vitro.** 24stündige Bakterienmassenkulturen (auf Kolleschen Schalen — S. 65) werden mit 10—12 ccm frischem normalen Kaninchenserum (seröse Aggressine) oder destilliertem

Wasser (wässerige Aggressine) auf je 1 Kollesche Schale abgeschwemmt. Die trübe, milchige Aufschwemmung gießt man in eine braune Flasche und schüttelt sie 1—2 Tage im Schüttelapparat (S. 77). Hierauf setzt man 0,5 % Phenol (S. 358) zu, zentrifugiert und sterilisiert durch dreistündiges Erhitzen auf 44° C.

**Immunisierung mit Aggressinen.** Bei der Immunisierung von Kaninchen mit Aggressinen impft man entweder einige Male 1—2 ccm natürlicher Aggressine intraperitoneal, oder ein oder mehrere Male 2—4 ccm subkutan. Nach 6—18 Tagen injiziert man $^1/_{10}$, später 1 Öse virulente Bakterienkultur subkutan oder intravenös nach.

Der Vorzug der Aggressinimmunisierung liegt namentlich bei den Vollparasiten in der Gefahrlosigkeit dieses Verfahrens.

## XXII. Die optische Methode und das Dialysierverfahren nach Abderhalden[1]).

Auf die parenterale Einführung von Eiweißstoffen bildet der lebende Körper u. a. auch Fermente, welche diese Eiweißkörper abbauen. Die Bildung und Wirkung der Fermente ist streng spezifisch und hierauf beruht das Abderhaldensche Untersuchungsverfahren. Die spezifischen „Abwehrfermente" sind nur dann vorhanden, wenn zuvor Organ- oder artfremde Eiweißkörper parenteral in den Organismus eingedrungen sind. Das Vorhandensein von Abwehrfermenten beweist also ein vorheriges Eindringen der betreffenden antigenen Eiweißkörper.

Bei der **optischen Methode** nach Abderhalden wird der Nachweis des in vitro erfolgten Abbaues durch die Änderung des Drehungsvermögens der Eiweißlösung nach der Einwirkung des betreffenden Fermentes erbracht. Zur Bestimmung des Drehungsvermögens bedient man sich eines Polarisationsapparates.

Ausführung. In ein Reagenzglas gibt man 1 ccm absolut hämoglobinfreies, steriles, von zelligen Elementen freies Untersuchungsserum. Dazu wird 1 ccm einer 5—10 %igen Peptonlösung aus den betreffenden Organen, Bazillen oder Eiweißkörpern hinzugefügt. Über die Darstellung des Peptons für dieses Verfahren vergleiche die zitierte Arbeit von Abderhalden[1]). Serum und Peptonlösung werden gemischt und in ein 2 ccm fassendes Polarisationsrohr gegeben. Das Drehungsvermögen wird festgestellt. Die Probe wird auf 37° erwärmt und das Drehungsvermögen weiter verfolgt. Ändert sich dasselbe, so spricht dieses für einen fermentativen Abbau des Peptons.

Bei dem Dialysierverfahren trennt man die diffusiblen Eiweißspaltprodukte (Peptone) von den nichtdiffusiblen, der Fermentwirkung noch nicht anheim gefallenen Eiweißkörpern und weist erstere im Diffusat mit Ninhydrin nach.

Unmittelbar vor jedem Versuch überzeugt man sich, daß das dem Abbau der fraglichen Fermente auszusetzende, gut zerkleinerte Material

[1]) Abderhalden, Abwehrfermente des tierischen Organismus gegen körper-, blutplasma- und zellfremde Stoffe, ihr Nachweis und ihre diagnostische Bedeutung zur Prüfung der Funktion der einzelnen Organe. Berlin: Julius Springer 1913.

(Organe) durch Wässern völlig frei von auskochbaren, mit Ninhydrin reagierenden Stoffen (Hämoglobin) ist. Zu diesem Zwecke kocht man das zerkleinerte Organ 5 Minuten mit Wasser in einem Reagenzglas, filtriert durch ein gehärtetes Filter und gibt zu 5 ccm Filtrat mindestens 1 ccm 1%ige Ninhydrinlösung. Bei der geringsten Spur von Violettfärbung ist das Material erneut wie oben auszukochen, was so lange fortzusetzen ist, bis die Probe negativ ausfällt. Hierauf wird das Material zwischen Fließpapier ausgepreßt und in Mengen von etwa $^1/_2$ g in geeichte Dialysierhülsen gebracht, die sich in einem trockenen, weithalsigen Erlenmeyer-Kölbchen befinden. Zu dem Material setzt man 1—1,5 ccm von dem zu untersuchenden Serum hinzu. Daneben ist zur Kontrolle 1—1,5 ccm des gleichen Serums ohne Organmaterial in eine zweite Hülse zu geben. Die Hülsen werden mit destilliertem Wasser gründlich abgespült und in mit 20 ccm sterilem, destilliertem Wasser beschickte, weithalsige Erlenmeyer-Kölbchen gesetzt. Schließlich werden in die Hülsen und die Außenflüssigkeit einige Tropfen Toluol gegeben. Die Hülsen müssen über die äußere und innere Toluolschicht mindestens 0,5 ccm herausragen.

Die Proben werden 16 Stunden bei 37° gehalten. Hierauf werden die Hülsen aus den Erlenmeyer-Kölbchen in leere Kölbchen gebracht. Von dem Dialysat entnimmt man mit einer absolut sauberen Pipette 10 ccm und gibt sie in ein weites, absolut reines Reagenzglas, setzt 0,2 ccm 1%ige wässerige Ninhydrinlösung und einen reinen Siedestab hinzu und kocht gleichmäßig 1 Minute. $^1/_2$ Stunde später wird die Färbung festgestellt. Violettfärbung der Hauptprobe bei farbloser Seumkontrolle zeigt die Gegenwart von Abbauprodukten im Dialysat bzw. von Abwehrfermenten im untersuchten Serum an.

Die Dialysierhülsen sind vor dem Gebrauch daraufhin zu prüfen, daß sie für Eiweiß undurchlässig sind, jedoch Pepton hindurchzutreten gestatten.

Das Blutserum muß vollkommen frei von Hämoglobin sein, denn auch dieses diffundiert wie die Peptone durch die Hülsen. Seine Gegenwart würde eine positive Reaktion vortäuschen können. Um ein hämoglobinfreies Serum zu gewinnen, ist das Gefäß (Zentrifugenröhrchen) mit Blut bis zum Stopfen zu füllen und das Blut vor dem Transport erst vollkommen gerinnen zu lassen.

Der Nachweis spezifischer Abwehrfermente ist von Abderhalden zur Feststellung der Schwangerschaft und gewisser Infektionskrankheiten benutzt worden.

### 1. Der Nachweis der Schwangerschaft.

Während der Schwangerschaft gelangen Chorionzottenepithelien und andere fötale Zellen in das mütterliche Blut und geben zur Bildung spezifischer Abwehrfermente Anlaß, die im mütterlichen Blute nachweisbar sind.

Ausführung. Das Blutserum der auf Schwangerschaft zu untersuchenden Mutter wird mit besonders zugerichteten fötalen Plazentagewebes (s. v.) der gleichen Tierart in eine Dialysierhülse (Schleicher und Schüll) gebracht. Ist das betreffende Individuum (Mensch oder

Tier) schwanger, so finden sich im Blutserum desselben fötales Plazentagewebe abbauende Fermente vor, die Abbaustoffe des Plazentagewebes diffundieren in das die Dialysierhülse umgebende Wasser und können hier nach etwa 20 Stunden mit Ninhydrin nachgewiesen werden.

Die Tiere läßt man vor der Blutabnahme möglichst 24 Stunden hungern.

### 2. Der Nachweis von Infektionskrankheiten[1]).

Die fraglichen Krankheitserreger oder die von ihnen krankhaft veränderten Organe werden nach entsprechender Vorbereitung mit dem Blutserum des Patienten in die Dialysierhülse und diese in ein Erlenmeyer-Kölbchen mit Wasser (s. o.) verbracht und nach 24stündigem Aufenthalte werden die Abbauprodukte im umgebenden Wasser mit Ninhydrin nachgewiesen.

Die Ergebnisse mit dem Abderhaldenschen Dialysierverfahren sind bei Tuberkulose so widerspruchsreich, daß daraus weder theoretische noch diagnostische Schlüsse gezogen werden können [2]). Auch bei den übrigen Infektionskrankheiten sowie zur Feststellung der Schwangerschaft hat das Dialysierverfahren eine diagnostische Bedeutung nicht erlangt.

Den Nachweis von Abwehrfermenten bzw. der durch sie gebildeten Abbaustoffe hat später Hirsch [3]) durch seine interferometrische Methode verschärft. Aber auch in dieser Form hat das Verfahren keinen Eingang in die Praxis gefunden.

# Anhang.

## Bezugsquellen.

Bereits im Text und in den Fußnoten ist mehrfach auf die Bezugsquellen hingewiesen worden. Der bequemeren Übersichtlichkeit halber lasse ich hier nochmals einige folgen:

Antiformin: Oskar Kühn, Berlin C 25, Dircksenstr.

Autoklaven s. u. Bakteriologische Gerätschaften; ferner: Gustav Christ & Co., Berlin S, Fürstenstr. 17. F. A. Lentz, Berlin C, Spandauerstr. 36/37.

Bakterienkulturen: Králs Bakteriologisches Museum, Wien IX/2, Zimmermanngasse 3.

Bakteriologische Gerätschaften: Lautenschläger, Berlin N 39, Chausseestraße 92. Dr. H. Rohrbeck, Berlin NW, Karlstr. 20a. P. Altmann, Berlin NW, Luisenstr. 47. R. Muencke, Berlin NW, Luisenstr. 58. Vereinigte Fabriken für Laboratoriumsbedarf, Berlin NW 39, Scharnhorststr. 22.

Brutschränke s. u. Bakteriologische Gerätschaften.

Chemikalien: E. Merck, Darmstadt.

Chemische Gerätschaften: Franz Hugershoff, Leipzig, Carolinenstr. 13.

---

[1]) Abderhalden und Andryewsky, Optische Methode und Dialysierverfahren bei Infektionskrankheiten. Münch. med. Wochenschr. 1913, Bd. 60, Nr. 30. — Fränkel und Gumpertz, Dialysierverfahren bei Tuberkulose. Dtsch. med. Wochenschr. 1913, Bd. 39, Nr. 33. — Lampé, Desgleichen. Dtsch. med. Wochenschrift 1913, Nr. 37.

[2]) Misch, Zeitschr. f. Hyg. u. Infektionskrankh. 1918, Bd. 89, S. 212.

[3]) Hirsch, Zeitschr. f. physiol. Chem. 1914, Bd. 91, S. 440 und Dtsch. med. Wochenschr. 1914, Nr. 31; Fermentstudien. Jena: G. Fischer 1917. Vgl. auch Abderhaldens Handbuch der biochemischen Arbeitsmethoden 1915, Bd. 8, S. 561.

Farbstoffe, Agar usw.: Dr. G. Grübler & Co., Leipzig, Liebigstr. 1 b und Dufourstraße 17. Kahlbaum, Berlin-Adlershof.
Filtrierpapier: Schleicher & Schüll, Düren a. Rh. Dreverhoff, Dresden N, Glacisstr.
Fußbodenöl s. u. Westrumit.
Glasgeräte: Greiner & Friedrichs, Stützerbach i. Th. Warmbrunn & Quilitz, Berlin NW 40, Heidestr. 55/57. Dr. Siebert & Kühn, Kassel, Hohenzollernstr. 4.
Mikroskope: Zeißwerke, Jena oder Berlin NW, Dorotheenstr. 29. E. Leitz, Wetzlar und Berlin NW, Luisenstr. 45. C. Reichert, Wien VIII, Bennogasse 24/26. Voigtländer, Braunschweig.
Mikrotome: R. Jung in Heidelberg.
Nährböden: Impfstoffwerk Phava, Dohna i. Sa. Bakteriologisches Laboratorium von Dr. A. Wolff-Eisner, Berlin W, Potsdamerstr. 92. Dr. Piorkowski, Berlin NW, Luisenstr. 45.
Pepton: F. Witte, Rostock i. M.
Platindraht usw.: Haereus, Hanau,
Sterilisatoren usw.: s. u. Bakteriologische Gerätschaften, ferner G. Christ & Co., Berlin S, Fürstenstr. 17. E. A. Lentz, Berlin C, Spandauerstr. 36/37.
Trockennährböden: Chemische Fabrik Bram, Ölzschau b. Leipzig. Siebert, Wien IX, Garnisonsgasse.
Wagen: F. Sartorius, Göttingen. G. Westphal in Celle. V. Verbeck & Peckholdt in Dresden. Ferner s. u. Bakteriologische und Chemische Gerätschaften.
Westrumit: Kontinentale Ölbesprengungs- und Straßenteerungs-Gesellschaft Berlin SW 61, Gitschinerstr. 14.
Zentrifugen: Runne, Rohrbach b. Heidelberg. Ferner s. u. Bakteriologische Gerätschaften und Sterilisatoren.

## Druckfehlerberichtigung und Zusätze.

S. 109 aufzunehmen: Zenkersche Flüssigkeit: Zu 100 ccm Müllersche Flüssigkeit (2—2,5 g Kalium bichromicum, 1 g Natrium sulfuricum und 100 ccm Wasser) werden 5 g Sublimat und 5 ccm Eisessig gegeben. Die Stücke werden in diesem Gemisch je nach Größe bis zu 24 Stunden belassen, mit fließendem Wasser ausgewaschen und in Alkohol nachgehärtet (S. 108). Die Fixation der zelligen Elemente ist gut. Das Färbevermögen bleibt gut erhalten.
S. 116, 117, 121 usw. Loeffler statt Löffler.
S. 119 Nr. 35: 0,5 g statt 1 g Haematein. crist.
S. 121 Nr. 58: Methylblaulösung statt Methylenblaulösung.
S. 282 u. 285 Hueppe statt Hüppe.

# Sachverzeichnis.

MIX
Papier aus verantwortungsvollen Quellen
Paper from responsible sources
FSC® C105338
FSC
www.fsc.org

If you have any concerns about our products,
you can contact us on
**ProductSafety@springernature.com**

In case Publisher is established outside the EU,
the EU authorized representative is:
**Springer Nature Customer Service Center GmbH**
**Europaplatz 3, 69115 Heidelberg, Germany**

Printed by Libri Plureos GmbH
in Hamburg, Germany